中国水文 CHINA HYDROLOGY

U0275415

江西水文监测研究与实践
（第一辑）
水文监测

江西省水文监测中心 编

中国水利水电出版社
www.waterpub.com.cn
·北京·

内 容 提 要

江西省水文监测中心（原江西省水文局）结合工作实践，组织编写了江西水文监测研究与实践专著，包括：鄱阳湖监测、水文监测、水文情报预报、水资源调查评价、水文信息化应用、水生态监测六个分册，为水文信息的感知、分析、处理和智慧应用提供了科技支撑。

本书为水文监测分册，共编选了22篇论文，反映了近年来江西省水文监测中心在水文监测领域的研究与实践成果。

本书适合从事水文监测、水文情报预报、水资源管理等工作的专家、学者及工程技术人员参考阅读。

图书在版编目（CIP）数据

江西水文监测研究与实践. 第一辑. 水文监测 / 江西省水文监测中心编. -- 北京：中国水利水电出版社，2022.9
ISBN 978-7-5226-0415-2

Ⅰ．①江… Ⅱ．①江… Ⅲ．①水文观测－江西－文集 Ⅳ．①P33-53

中国版本图书馆CIP数据核字(2022)第168361号

书　　名	江西水文监测研究与实践（第一辑）　水文监测 JIANGXI SHUIWEN JIANCE YANJIU YU SHIJIAN（DI - YI JI）SHUIWEN JIANCE
作　　者	江西省水文监测中心　编
出版发行	中国水利水电出版社 （北京市海淀区玉渊潭南路1号D座　100038） 网址：www.waterpub.com.cn E - mail：sales@mwr.gov.cn 电话：(010) 68545888（营销中心）
经　　售	北京科水图书销售有限公司 电话：(010) 68545874、63202643 全国各地新华书店和相关出版物销售网点
排　　版	中国水利水电出版社微机排版中心
印　　刷	北京印匠彩色印刷有限公司
规　　格	184mm×260mm　16开本　55.25印张（总）　1344千字（总）
版　　次	2022年9月第1版　2022年9月第1次印刷
印　　数	0001—1200册
总　定　价	**288.00元（共6册）**

《水 文 监 测》
编 委 会

序

　　水文科学是研究地球上水体的来源、存在方式及循环等自然活动规律，并为人类生产、生活提供信息的学科。水文工作是国民经济和社会发展的基础性公益事业；水文行业是防汛抗旱的"尖兵和耳目"、水资源管理的"哨兵和参谋"、水生态环境的"传感器和呵护者"。

　　人类文明的起源和发展离不开水文。人类"四大文明"——古埃及、古巴比伦、古印度和中华文明都发端于河川台地，这是因为河流维系了生命，对水文条件的认识，对水规律的遵循，催生并促进了人类文明的发展。人类文明以大河文明为主线而延伸至今，从某种意义上说，水文是文明的使者。

　　中华民族的智慧，最早就表现在对水的监测与研究上。4000年前的大禹是中国历史上第一个通过水文调查，发现了"水性就下"的水文规律，因势疏导洪水、治理水患的伟大探索者。成功治水，成就了中国历史上的第一个国家机构——夏。可以说，贯穿几千年的中华文明史册，每一册都饱含着波澜壮阔的兴水利、除水害的光辉篇章。在江西，近代意义上的水文监测始于1885年在九江观测降水量。此后，陆续开展了水位、流量、泥沙、蒸发、水温、水质和墒情监测以及水文调查。经过几代人持续奋斗，今天的江西已经拥有基本完整的水文监测站网体系，进行着全领域、全方面、全要素的水文监测。与此相伴，在水文情报预报、水资源调查评价、水生态监测研究、鄱阳湖监测研究和水文信息化建设方面，江西水文同样取得了长足进步，累计74个研究项目获得国家级、省部级科技奖。

　　长期以来，江西水文以"甘于寂寞、乐于奉献、敢于创新、善于服务、精于管理"的传统和精神，开创开拓、前赴后继，为经济社会发展立下了汗马功劳。其中，水文科研队伍和他们的科研成果，显然发挥了科学技术第一生产力的重大作用。

　　本书就是近年来，江西水文科研队伍艰辛探索、深入实践、系统分析、科学研究的劳动成果和智慧结晶。

　　这是一支崇尚科学、专注水文的科研队伍。他们之中，既有建树颇丰的

老将，也有初出茅庐的新人；既有敢于突进的个体，也有善于协同的团队；既有执着一域的探究者，也有四面开花的多面手。他们之中，不乏水文科研的痴迷者、水文事业的推进者、水文系统的佼佼者。显然，他们的努力应当得到尊重，他们的奉献应当得到赞许，他们的研究成果应当得到广泛的交流、有效地推广和灵活的应用。

然而，出版本书的目的并不局限于此，还在于激励水文职工钻科技、用科技、创科技，营造你追我赶、敢为人先的行业氛围；在于培养发现重用优秀人才，推进"5515"工程，建设实力雄厚的水文队伍；在于丰富水文文化宝库，为职工提供更多更好的知识食粮；在于全省水文一盘棋，更好构筑"监测、服务、管理、人才、文化"五体一体发展布局；推进"135"工程。更在于，贯彻好习近平总书记"节水优先、空间均衡、系统治理、两手发力"治水思路，助力好富裕幸福美丽现代化江西建设，落实好江西水利改革发展系列举措，进一步擦亮支撑防汛抗旱的金字招牌，打好支撑水资源管理的优质品牌，打响支撑水生态文明的时代新牌。

谨将此书献给为水文事业奋斗一生的前辈，献给为明天正在奋斗的水文职工，献给实现全面小康奋斗目标的伟大祖国。

让水文随着水利事业迅猛推进的大态势，顺应经济社会全面发展的大形势，在开启全面建设社会主义现代化国家新征程中，躬行大地、奋力向前。

2021 年 4 月于南昌

前　言

水文监测是水文事业的立身之本，是贯穿于水文历史始终的长期工作，是水文行业核心竞争力之所在。

因事业单位机构改革，2021年1月江西省水文局正式更名为江西省水文监测中心，原所辖9家单位更名、合并为7家分支机构。本文作者所涉及单位仍保留原单位名称。

江西省水文监测中心正在推进的"监测、服务、管理、人才、文化"五位一体发展布局，就是把监测放在首位，作为江西水事业改革发展重要支柱之首。

本书所述水文监测，系指对江、河、湖泊、水库、渠道和地下水等水体各项水文参数的实时监测，包括水位、流量、流速、降水、墒情、蒸发、泥沙、水质等内容。

众所周知，江西用近代科学方法开展水文监测，始于1885年在九江进行的降水量观测。这一年，被史志记载为江西水文气象事业创始之年。

此后，江西水文监测项目不断扩展——1904年水位监测、1922年流量与泥沙监测、1928年蒸发监测、1936年水文调查、1954年水温监测、1957年水质监测，以及后来的墒情监测。经过多年建设发展，江西水文监测站网不断优化、领域不断拓展、手段不断丰富、技术不断提升、装备日趋精良，已形成基本适应经济社会发展需要的水文监测体系。

时代是发展的。

进入新的历史时期，防汛抗旱减灾、水资源管理、水生态环境保护，以及强度越来越大的人类活动、标准越来越高的社会治理、精度越来越细的水文队伍管理，无一不对水文监测工作提出了新的更高的要求，水文监测面临着前所未有的挑战。

面对挑战，江西水文工作者致力于新环境下的水文监测实践，开展了大量探索、分析和研究，在诸如水文监测站网的评价优化调整、水文监测新仪器新技术新方法的引进研发与运用、水工程条件下的水文监测、山洪灾害调查评价、监测数据的处理分析与运用等方面取得了大量分析研究成果，本书就是其中一部分优秀成果的集成。

相信本书的出版对广大读者更科学更全面地认识把握水文监测规律，推进优化"驻巡结合、巡测优先、测报自动、应急补充"的水文监测模式，夯实江西水文五位一体发展布局有较高的借鉴与参考意义。

限于水平，本书难免存在疏漏，敬请广大读者批评指正。

在此，对本书出版过程中给予关心支持的领导和专家表示衷心感谢。

编者

2021 年 4 月

目 录

CONTENTS

基于声学多普勒流速剖面仪（ADCP）的应用研究

陈福春　唐晶晶　康修洪　邓凌毅

（江西省水文局，江西南昌　330002）

摘　要： 本文通过声学多普勒流速剖面仪（ADCP）在江西省吉安水文站开展的流量比测试验研究，探讨并解决该仪器在赣江测流中遇到的技术问题。

关键词： 声学多普勒流速剖面仪；实验；方法；流量；流速；水位；比测；误差评定

1　引言

河流流量测验是水文测验的重要工作之一，传统的流量测验方法主要有流速仪法、浮标法等，测验手段有人工船测、缆道测量等，这些传统的测验方法原理简单明了、实用性强，但费工费时，效率低。为适应新时期经济社会发展和防汛工作的需要，及时向各级防汛抗旱部门提供准确的水文信息，特别是在大洪水时，快速采集河流的洪水流量数据，应用 ADCP 测流有其不可比拟的优越性，主要体现在：一是现代化水平高，符合现代化水文的要求；二是适时性强，可及时向防汛抗旱指挥部门提供实时水文信息；三是测流历时短，安装使用方便，测量时不扰动流场，测速范围广，测验精度高；四是大大节省了人力、物力、财力，同时由于缩短了测量时间，有利于安全生产。

2　试验环境

吉安水文站位于吉安市吉州区，是长江流域赣江中游主要控制站，属国家重要水文站，集水面积 56223km²，距河口 240km。该站设立于 1931 年，目前主要测报项目有水位、降水量、水质、流量、悬移质含沙量、泥沙颗粒分析和水文情报预报，担负向国家防总、长江委防总、江西省防总和吉安市、宜春市、九江市防总等 12 个单位的雨水情报汛及洪水预报任务，向沿江两岸提供水文情报预报服务。

吉安站测验河道大致顺直，河床由中砂及卵石组成，断面宽在中低水位时约为 700m，高水位时约为 800m。测验断面主槽为 W 形，主流位于左侧，水位在 43m 左右断面开始出现沙洲。由于河道取砂，断面上、下游形成大量砂石堆，对低水水流有影响。上游 113km 处 1993 年建成万安水利枢纽，由于水库泥沙沉积，多年平均悬移质输沙量由建库前的 748 万 t 减少至建库后的 318 万 t。

吉安站实测历史最高水位 54.05m（黄海高程），实测历史最低水位 42.10m（黄海高程），实测最大流量 19600m³/s，实测最大流速 3.59m/s，实测最大含沙量 1.81kg/m³，实测最大年降水量 2183.1mm。吉安站水位级划分为：44.50m（吴淞基面，下同）以下为低水位，44.50～48.00m 为中水位，48.00m 以上为高水位。

3 研究方法

ADCP 法与流速仪法测流在吉安站比测试验的主要包括以下内容：

（1）垂线流速测定对比。

（2）垂线水深测定对比。

（3）流量测定对比。

（4）ADCP 盲区及岸边流量计算方法的选定。

（5）断面输沙率测定对比。

ADCP 法与流速仪法流量比测按高、中、低水位级均匀布设测次。进行流量测验时，流速仪测流开始用 ADCP 测一测回（1 个往返），测量结束后再用 ADCP 测一测回。ADCP 测量时，测船航速控制在小于断面最大流速内，位置尽量控制在流速仪测流断面。流速仪测量在测流断面固定垂线上进行。比测垂线水深及垂线平均流速时，用流速仪法测定固定垂线，同时在 ADCP 操作软件上读取垂线水深及垂线平均流速。

3.1 ADCP 流量计算

3.1.1 实测区域流量计算

ADCP 基于如下公式计算实测区流量：

$$Q_M = \iint su\xi \, ds \tag{1}$$

式中：Q_M 为断面流量，m³/s；s 为河流某断面部分面积，m²；u 为河流断面某点处流速矢量；ξ 为作业船航迹上的单位法线矢量；ds 为河流断面上微单元面积，m²。

3.1.2 非实测区域流量估算

（1）岸边区域流量由下式估算：

$$Q_{NB} = \alpha A_a V_m \tag{2}$$

式中：Q_{NB} 为岸边区域流量，m³/s；A_a 为岸边区域面积，m²；α 为岸边流速系数，按流速仪法取值，吉安站左右岸均为 0.85；V_m 为起点微断面（或终点微断面）内的平均流速，m/s。

（2）表层和底层流量推算。表层和底层平均流速借助于指数流速剖面来推算：

$$\frac{u}{u_*} = 9.5 \cdot \left(\frac{z}{z_0}\right)^b \tag{3}$$

式中：u 为离河底高度 z 处的流速，m/s；u_* 为河底摩阻流速，m/s；z_0 为河底粗糙高度，m；b 为经验常数，取 1/6。

3.2 流速比测

ADCP 法和流速仪法的流速比测收集比测资料 14 次，每次分别记录了 13 根垂线平均流速，共计 182 根垂线。在 14 次 182 根垂线流速比测中（有 3 根垂线比测经分析属明显不合理，故作为特殊点，不参加误差评定），高水测次 4 次，测速垂线 52 根，中水测次 7 次，测速垂线 91 根，低水测次 3 次，测速垂线 36 根。比测的水位变幅为 43.52～50.12m，ADCP 法测定流速变幅为 0.11～1.84m/s，流速仪法测定流速变幅 0.09～1.86m/s。

3.3 水深比测

ADCP 法和水文绞车的水深比测收集比测资料 14 次（同流速比测测次），每次分别记录了 13 根垂线水深，共计 182 根垂线。在 14 次 182 根垂线水深比测的资料中，高水测次 4 次，垂线 52 根；中水测次 7 次，垂线 91 根；低水测次 3 次，垂线 39 根。比测的水位变幅 43.52～50.12m，ADCP 法测定水深变幅 0.47～10.60m，绞车测定水深变幅 0.54～10.80m。

3.4 流量比测

ADCP 法和流速仪法的流量比测收集比测资料 54 次，其中高水测次 18 次，中水测次 28 次，低水测次 8 次。比测的水位变幅 43.41～50.66m，ADCP 法测定流量变幅 635～9220m³/s，流速仪法测定流量变幅 647～9580m³/s。

3.5 非实测区流量比测

吉安站流速仪法实测流量为固定测速垂线，当出现应调整或补充测速垂线的情况时，则对测速测深垂线作出调整或补充，岸边部分流速计算以靠岸边垂线平均流速乘以岸边流速系数 α 得到。ADCP 法施测时测船尽量靠近两岸岸边，测船距岸边一般在 4～10m，从记录的 20 次比测资料分析，左右岸非实测区流量在 20m³/s 以内，占断面总流量的 0.1%～0.7%，均未超过 1%。

流速仪法实测流速是在固定垂线上，而 ADCP 法实测左右岸边部分流量时，最边垂线是任意的。由于左右岸边流速仪法测速垂线与 ADCP 法靠岸边实测垂线不在同一位置，且左右岸非实测区流量占断面总流量的比重较小，故岸边部分流量未进行比测。

3.6 误差评定依据

根据《河流流量测验规范》（GB 50179—2015）和《水文测验实用手册》有关规定，以流速仪法实测水文要素为标准值，统计 ADCP 法实测水文要素与流速仪法实测水文要素的误差，误差评定标准为：垂线平均流速和水深的随机不确定度不超过 3%，比测条件差的随机不确定度不超过 5%，系统误差不超过 ±1%，标准差不超过 ±5%；断面流量的随机不确定度不超过5%，系统误差不超过±1%，标准差不超过±5%。同时以水位流量关系定线的标准（75%以上的中高水点与平均关系曲线的偏离不超过±5%，75%以上的低水点与平均关系曲线的偏离不超过±8%）作为评定ADCP法和流速仪法流量比测误差的另一标准。

4 试验研究结论

4.1 流速比测结论

吉安站ADCP法和流速仪法流速比测误差评定结果见表1。

表1　　　　　吉安站ADCP法和流速仪法流速比测误差评定表

水位级 /m	测点数	系统误差 /%	标准差 /%	随机不确定度/%	最大相对误差/%	误差评定		
						相对误差/%	合格点数	合格率/%
高水位 H>48.00	52	−2.3	4.4	8.7	−12.9	±5	43	82.7
						±3	37	71.2
中水位 H=44.50~48.00	91	−1.7	5.1	10.2	−23.5	±5	74	81.3
						±3	64	70.3
低水位 H<44.50	36	−0.1	6.8	13.5	−23.8	±5	27	75.0
						±3	20	55.5
总计	179	−1.5	5.2	10.5	−23.8	±5	144	80.4
						±3	121	67.6

ADCP法与流速仪法流速比测所测流速在低水位级时，系统误差符合规范要求，但随机不确定度超出规范规定。在高、中水位级时系统误差和随机不确定度均超出规范规定，主要原因在于高、中水位级存在河底床沙运动和测船摆动及两种仪器测速位置不对应。

4.2 水深比测结论

吉安站ADCP法和水文绞车的水深比测误差评定结果见表2。

表2　　　　　吉安站ADCP法和水文绞车的水深比测误差评定表

测点数	最大误差/%	最小误差/%	系统误差/%	标准差/%	随机不确定度/%
182	16.7	0	0.4	2.9	5.7

ADCP法与绞车法测定水深相关线呈近45°直线，两者具有很好的相关性，表明ADCP测定水深总体与绞车测定水深相等，但随机不确定度超标，其原因是两种仪器很难做到在同一测点上测深，测点之间存在间距。

4.3 流量比测结论

ADCP法和流速仪法水位流量关系如图1所示，误差评定结果见表3。

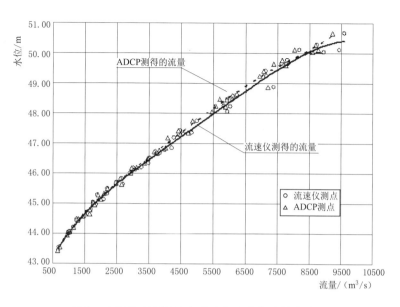

图 1　吉安站 ADCP 法和流速仪法水位流量关系图

表 3　　　　　　　　　　　　吉安站流量比测成果评定表

水位级 /m	测点数	系统 误差/％	测点标准 差/％	随机不确 定度/％	最大相对 误差/％	相对误差评定		
						相对误差 /％	合格 点数	合格率 /％
高水位 H＞48.00	18	−3.1	3.9	7.8	−8.3	±8	17	94.4
						±5	16	88.9
中水位 H＝44.50～ 48.00	28	−2.1	3.0	6.0	−5.0	±8	28	100
						±5	28	100
低水位 H＜44.50	8	−0.4	3.5	7.0	−4.7	±8	8	100
						±5	8	100
总计	54	−2.2	3.2	6.5	−8.3	±8	53	98.1
						±5	52	96.3

　　分析表 3，吉安站 ADCP 法与流速仪法流量比测有较高的合格率，但在高、中水位时系统误差偏小，其误差超出规范规定，原因主要为高水位时含沙量大，床沙的动河床效应明显，使 ADCP 测得的流速偏小，而且水位越高，误差越大。从图 1 可见，水位从 45.00m 起，ADCP 法与流速仪法所测得的流量点出现分叉，并且随水位增高分叉变大，也说明高中水位时 ADCP 法测得的流量较流速仪法测得的流量随着水位增高误差逐渐增大。

4.4　ADCP 实测流量修正分析

　　通过 ADCP 法与流速仪法的流量比测分析，ADCP 法实测流量较流速仪法实测流量呈系统偏小趋势，且随水位增高偏差变大。为此，可与流速仪实测流量作进一步的相关分析，探求其可适用性。

ADCP 法测定流量与流速仪法测定流量从关系线分析，水位自 45m 起，两者关系线出现分叉，且随水位增高分叉越大。自水位 45m 起，水位每增高 0.10m，分叉线上流量的差值约为 5m³/s，至所定流量线最高水位 51m，差值约为 300m³/s。根据此关系，以 ADCP 测定时的水位（H）作参证，建立 ADCP 流量修正关系为 $Q_{ADCP修正} = (H-45)/0.02$（修正水位不小于 45m 所测 ADCP 流量），将此修正流量加上 ADCP 测定流量，即为修正后的 ADCP 流量。

由于 ADCP 法测定流量随着水位的增高与流速仪法测定流量的差值呈线性关系，故可利用此相关关系和水位求出修正后的 ADCP 流量，再与流速仪法测定的流量进行误差评定。

经过修正后的 ADCP 流量与流速仪法实测流量的误差评定结果见表 4。结果显示，修正后的比测误差符合评定依据的要求，表明吉安站 ADCP 实测流量经修正后，误差未超出规范要求，可作为常规流量测验成果。

表 4　　　　　　　修正后的 ADCP 流量与流速仪法实测流量的误差评定表

水位级/m	测点数	系统误差/%	测点标准差/%	随机不确定度/%	最大相对误差/%	相对误差/%	合格点数	合格率/%
高水位 $H>48.00$	18	−0.2	2.3	4.5	−5.7	±8	18	100
						±5	17	94.4
中水位 $H=44.50\sim48.00$	28	−0.6	2.2	1.2	−4.8	±8	28	100
						±5	28	100
低水位 $H<44.50$	8	−0.4	3.5	7.0	−4.7	±8	8	100
						±5	8	100
总计	54	−0.4	2.3	4.6	−5.7	±8	54	100
						±5	53	98.1

5　存在问题与建议

吉安站高、中水位级 ADCP 法与流速仪法流速比测可取得较高的精度，而低水位级比测的合格率比高、中水位级偏低，主要原因为低水 ADCP 法测速受行船不稳定影响，或水深太浅，流速紊乱。

各水位级 ADCP 法测定水深与绞车法测定水深有很好的相关性。

（1）通过对吉安站比测试验情况进行分析，存在的主要问题如下：

1）中、低水位级实测流量 ADCP 法与流速仪法基本相符，而高水位级实测流量 ADCP 法较流速仪法呈系统偏小趋势，且随水位增高偏差增大。

2）高、中水位级存在底沙运动，导致底跟踪失效，测定的船速失真，水流速偏小。

（2）针对以上问题，提出如下建议：

1）配备 GPS，采用 GPS 测量船速，以消除有底沙运动时的影响。

2）配备手持测距仪，测定 ADCP 至岸边的距离。

3）配备 GPS 后，应重新与流速仪法进行比测分析。

由于 ADCP 法测定流量随着水位的增高与流速仪法测定流量的差值呈线性关系，利用此相关关系和水位求出修正后的 ADCP 流量，误差评定符合要求，表明吉安站 ADCP 实测流量经修正后，误差未超出规范要求，可作为常规流量测验成果。

高沙站下游抱子石水电站泄流效率系数 η 的率定与分析

段青青

（江西省九江市水文局，江西九江 332000）

摘 要： 受水利工程的影响，有不少水文站的水文测验无法正常开展，水文资料整编也无法进行，为保持水文资料收集的连续性和一致性，通过现场试验，分析率定出实际效率系数，进而可根据实际率定的效率系数和发电功率推算发电流量。本文对修水高沙站下游抱子石水电站泄流效率系数 η 进行实验率定，并对成果进行了检验，探索新的测验方式和资料收集手段。

关键词： 抱子石水电站；泄流效率系数 η；实验率定；成果分析

随着江河水能资源的不断开发利用，南方水资源丰沛、水能具备开发价值的天然河道逐级逐步进行了截流开发，原有的天然河道或自由河段不断缩减，一大批水文站的自然观测环境和监测条件受到严重影响，不少水文站常规收集的资料监测工作变得十分困难和复杂。

江西九江修水高沙水文站因下游建起抱子石水电站后，其基本测验断面受回水淹没影响，流量测验资料已无法满足资料整编精度要求。因此，在抱子石水电站区间开展流量方式的测量研究，通过现场实测试验，分析验证本区域水电站发电泄流效率系数 η，进而通过实测效力因数和电站出力、实测水头等要素，利用水力学原理和计算方法，推算河段实际径流过程。

1 ▶ 引言

高沙水文站位于江西省修水县城附近四都镇高沙村，建于 1957 年，集水面积 5303km²，承担水位、流量、泥沙、颗粒分析、降水和水温等基础水文要素的常年监测和资料收集任务，同时为流域内的修水县城防汛抗旱和下游柘林水库安全调度提供实时水雨情信息。

高沙水文站实测最大年径流量是 1998 年的 94.06 亿 m³，最小年径流量是 1968 年的 22.39 亿 m³。实测最高水位 99.00m，相应流量 9200m³/s，实测最大流速为 7.14m/s，实测最大水深 15.8m；实测多年平均流量为 156.2m³/s，最大水位变幅 14.2m。

位于高沙水文站下游 7.8km 处的抱子石水电站，1998 年开始设计，2001 年 12 月 9

日正式开工兴建，坝址控制流域面积为 5343km²，水库总库容为 4810 万 km³，正常蓄水位 93.5m，相应库容 4270 万 km³，装机容量 2×2 万 kW，年平均发电量为 12775 万 kW·h。抱子石水电站建成后，严重影响高沙水文站的水位-流量关系。

2 ▶ 率定泄流效率系数 η 的意义

高沙水文站自从下游抱子石水电站运行以来，除高水期间测流不受太大影响外，中低水时受电站回水影响无法正常开展测流，年度资料整编无法进行。通过电站出力和大坝上下游水位同步观测来推算流量过程从水力学角度来分析是可行的，国内外已经有这方面的研究。一般采用水电站工程流量计算，其理论公式为

$$Q = N_s / 9.8 \eta h \tag{1}$$

或

$$q = N / 9.8 \eta h \tag{2}$$

式中：Q 为流量，m³/s；N_s 为各机电总功率，kW；η 为效率，%；h 为实测水头（反击式水轮机为站上、下水位差；冲击式水轮机为站上水位与喷嘴中心高之差），m；q 为单机流量，m³/s；N 为单机电功率，kW。

在实际应用时理论公式中的系数大多是理论值或经验值，这些系数或因实际建筑物的建筑质量或因地理因素和环境因素，差别较大，导致推算结果与实际泄流有较大出入。式（1）中发电出力 N_s 可通过工程计量设备直接获得，水头 h 可以通过上下游水位计实测获得，唯一不确定因素就剩下效率系数 η，而影响效率系数的因素较多，如水轮机、发电机、变压器、传动装置等设备的效率以及水头损失等。

可见，效率系数 η 的率定是关键，只要通过试验研究确定了效率系数 η，使用电站出力和大坝上下游同步观测水位来推算整个流量过程是可行的。因此，在实际应用时需要对效率系数 η 进行率定，并以此率定后的成果作为全面应用的依据。

3 ▶ 应用与分析

由 $\eta = N_s / 9.8 Q h$ 或 $\eta = N / 9.8 q h$ 可知，电功率 N_s（或 N）可以根据实际发电出力得到，水头 h 也可以由上下游实际观测的水位求得，只有流量 Q（或 q）待定，而且也是较难得出真实数值的因数，必须通过水文测验方式才能率定效率系数 η。

3.1 分析方法

应用水文测验方式，按照《河流流量测验规范》（GB 50179—2015）要求，实测修水抱子石水电站发电运行时水轮机实际过水流量。为尽量收集各种条件下，水轮机发电流量变化情况，必须分期分批，针对不同机组运行组合、不同季节水头情况，实测

收集稳定出流流量。实测流量次数要求：为收集较稳定的水轮机运行出流，避免人为因素随机性，以建立具有代表性和可靠性的发电与泄流量的关系，应至少实测 40～60 次不同机组组合运行的实际过水流量，最低不能少于 30 次。收集实测流量期间；水电站实际运行记录资料，包括机组运行状况、发电出力、实际水头变化详细资料等，并挑选出对应实测流量时间的平均出力 N_s 和平均水头 h。根据实测流量和相应发电功率、实际水头，采用合并效率法分析率定合并效率系数 η。根据逐次实测资料的分析计算，建立抱子石水电站综合的发电功率与发电效率系数的关系，运用水文资料分析评定标准和方法，进行关系评定。

每次测流时，都是选在水电站不泄洪的晴天或阴天进行，尾水渠内只有发电尾水，无其他客水加入。所测流量，一般都是电站调度运行的最佳效率发电状态。抱子石水电站的水轮机的实验模型效率系数为 0.84～0.85，为抱子石水电站提供的理论值。

抱子石水电站装有 2 台 2 万 kW 的水轮发电机，单机满负荷发电功率 2 万 kW，尾水流量一般为 150m³/s 左右，2 台机组满负荷发电时的尾水流量为 300m³/s 左右。运行时，单机发电功率为 1 万～2 万 kW，2 台机组发电功率为 2.2 万～4 万 kW。毛水头为上游进水口水位与下游坝下水位之差。

3.2 分析过程

水电站通过实测流量率定合并效率系数 η，一般常以实测水头 h，电功率 N_s 或单机功率 N 以及额定功率百分比 P_1（N/n_1）或限制功率百分比 P_2（N/n_2）等与 η 或 Q、q 建立相关关系，进行定线推流。

综合实际需要，决定采用电功因子与出流量直接相关法：根据水电站出流公式 $Q = N_s/9.8\eta h$，可建立 $Q-N_s/h$ 相关关系线或建立 $Q = K(N_s/h)^a$ 关系方程式（待定参数 K 与 α 根据实测资料求解）据此推流。先分析确定真实稳定的效率系数，再利用实测效率系数和发电出力，推求实际流量过程。

根据在抱子石水电站尾水槽测流断面实测的流量成果，制成实测流量成果表。由于现场野外流量实测分两个年度（2010 年和 2011 年）进行。故资料成果也分两部分汇总。

2010 年实测的流量共 18 次，测验方法为相对水深 0.6 水深一点法，基本上是 1 台机组运行发电的成果，实测最小流量 80.8m³/s，最大流量 150m³/s，最大流速 1.38m/s，最大水深 6.1m，水位变幅只有 0.40m。

2011 年汛期实测水轮机发电流量 104 次。实测工作分两种情况进行：一种情况是 1 台水轮机组运行发电；另一种情况是 2 台机组运行发电。2011 年 1 台机组运行时，实测了 62 次流量，实测最小流量 76.9m³/s，最大流量 152m³/s，最大流速 1.29m/s，最大水深 6.2m，水位变幅只有 0.5m。挑选 2010—2011 年 1 台机组运行时的部分流量测次见表 1。2011 年 2 台机组运行时，实测了 42 次流量，实测最小流量 235m³/s，最大流量 329m³/s，最大流速 2.59m/s，最大水深 6.9m，水位变幅 0.4m。挑选 2011 年 2 台机组运行时的部分流量测次见表 2。

表 1　　　　修水抱子石水电站实测发电流量成果表（水轮机组运行数量：1 台）

施测号数	施测时间			起止时间		测验方法（流速仪）	基本水尺水位/m	流量/(m³/s)	断面面积/m²	流速/(m/s)		水面宽/m	水深/m	
	年份	月	日	时：分	时：分					平均	最大		平均	最大
1	2010	11	8	11：57	13：30	15/0.6	8.65	80.8	135	0.60	0.78	32.4	4.17	5.7
2				14：40	15：37	15/0.6	67.00	85.5	135	0.63	0.85	32.4	4.17	5.7
3			9	13：30	14：20	15/0.6	9.00	143	147	0.97	1.32	34.0	4.32	6.1
4			10	14：50	15：51	15/0.6	8.99	144	147	0.98	1.35	34.0	4.32	6.1
5				16：08	17：08	15/0.6	9.01	144	147	0.98	1.38	34.0	4.32	6.1
6			11	14：00	14：50	15/0.6	8.99	145	147	0.99	1.32	34.0	4.32	6.1
7			12	13：00	14：00	15/0.6	84.00	119	143	0.83	1.13	33.4	4.28	5.9
8	2011	5	10	11：23	11：48	15/0.6	8.87	123	142	0.87	1.19	33.6	4.23	5.9
9				16：15	16：39	15/0.6	91.00	127	144	0.88	1.18	33.6	4.29	6.0
10		6	1	15：00	15：46	15/0.6	65.00	76.9	135	0.57	0.67	32.7	4.13	5.7
11				17：25	18：03	15/0.6	77.00	97.1	138	0.70	0.84	32.9	4.19	5.8
12			2	11：45	12：12	15/0.6	81.00	121	140	0.86	1.10	33.2	4.22	5.9
13				12：15	12：56	15/0.6	85.00	120	141	0.85	1.07	33.4	4.22	5.9
14		7	6	14：00	14：30	15/0.6	9.01	139	147	0.95	1.16	34.0	4.32	6.1
15			14	13：00	13：30	15/0.6	11.00	140	151	0.93	1.19	34.2	4.42	6.2
16			15	10：00	10：34	15/0.6	8.92	114	144	0.79	0.95	33.6	4.29	6.0
17				16：00	16：42	15/0.6	94.00	118	144	0.82	0.98	33.8	4.26	6.0
18			18	15：14	15：44	15/0.6	9.08	147	149	0.99	1.29	34.4	4.33	6.1
19			19	10：30	11：00	15/17	6.00	139	149	0.93	1.15	34.4	4.33	6.1
20				16：00	16：25	15/0.6	8.00	138	149	0.93	1.16	34.4	4.33	6.1
21			20	11：40	12：13	15/0.6	5.00	141	149	0.95	1.25	34.2	4.33	6.1
22		8	1	16：04	16：43	15/0.6	2.00	134	147	0.91	1.17	34.0	4.32	6.1
23				17：12	17：37	15/0.6	4.00	132	147	0.90	1.04	34.2	4.30	6.1
24				18：02	18：36	15/0.6	5.00	132	148	0.89	1.18	34.2	4.33	6.1
25			2	19：01	19：25	15/0.6	1.00	130	147	0.88	1.18	34.0	4.32	6.1
26		11	10	11：18	12：30	15/43	8.80	84.6	139	0.61	0.83	33.2	4.19	5.8
27				13：34	16：20	15/41	81.00	88.2	140	0.63	0.84	33.2	4.22	5.9
28				16：20	17：23	15/17	81.00	82.5	140	0.59	0.81	33.2	4.22	5.9
29			11	13：32	14：59	15/19	92.00	94.9	144	0.66	0.96	33.7	4.27	6.0

注　表中水位基面为假定。

表2　　　　修水抱子石水电站实测发电流量成果表（水轮机组运行数量：2台）

| 施测号数 | 施测时间 | | | 起止时间 | | 测验方法（流速仪） | 基本水尺水位/m | 流量/(m³/s) | 断面面积/m² | 流速/(m/s) | | 水面宽/m | 水深/m | |
	年	月	日	时：分	时：分					平均	最大		平均	最大
1	2011	6	9	9：00	9：27	15/0.6	9.81	322	175	1.84	2.14	37.3	4.69	6.9
2				9：28	10：00	15/0.6	82.00	316	176	1.80	2.08	37.4	4.71	6.9
3				15：00	15：26	15/17	63.00	285	168	1.70	1.84	36.3	4.63	6.7
4				16：32	17：01	15/17	60.00	260	168	1.55	1.69	36.3	4.63	6.7
5				17：02	17：30	15/0.6	60.00	259	168	1.54	1.76	36.3	4.63	6.7
6				17：32	18：00	15/17	59.00	261	168	1.55	1.78	36.2	4.64	6.7
7				19：00	19：30	15/0.6	46.00	241	162	1.49	1.68	35.7	4.54	6.5
8				19：31	20：00	15/0.6	42.00	235	161	1.46	1.65	35.5	4.54	6.5
9			23	12：41	13：05	15/0.6	85.00	285	176	1.62	1.92	37.4	4.71	6.9
10				14：43	15：07	15/0.6	56.00	224	166	1.35	1.67	36.2	4.59	6.6
11			24	13：40	14：01	15/0.6	58.00	321	166	1.93	2.17	36.2	4.59	6.6
12				14：03	14：26	15/0.6	67.00	309	169	1.83	2.10	36.5	4.63	6.7
13				14：34	15：02	15/17	70.00	329	171	1.92	2.26	36.7	4.66	6.8
14				17：10	17：37	15/17	84.00	320	176	1.82	2.17	37.4	4.71	6.9
15				18：20	18：42	15/0.6	85.00	329	176	1.87	2.16	37.5	4.69	6.9
16			27	15：12	15：39	15/0.6	69.00	273	171	1.60	1.81	36.7	4.66	6.8
17				15：41	16：12	15/0.6	70.00	274	171	1.60	1.83	36.7	4.66	6.8
18				16：58	17：21	15/0.6	69.00	272	171	1.59	1.80	36.7	4.66	6.8
19				18：03	18：29	15/0.6	67.00	266	169	1.57	1.78	36.6	4.62	6.7
20				20：00	20：28	15/0.6	67.00	262	169	1.55	1.78	36.6	4.62	6.7
21				20：30	21：00	15/0.6	67.00	265	169	1.57	1.79	36.6	4.62	6.7
22			29	10：00	10：36	15/17	85.00	329	176	1.87	2.59	37.5	4.69	6.9
23				10：39	11：02	15/0.6	85.00	316	176	1.80	2.02	37.5	4.69	6.9
24				11：05	11：26	15/0.6	87.00	322	177	1.82	2.01	37.8	4.68	6.9
25				15：00	15：28	15/0.6	85.00	310	176	1.76	1.97	37.5	4.69	6.9
26				17：00	17：26	15/0.6	88.00	315	177	1.78	2.01	37.8	4.68	6.9
27				18：37	19：04	15/0.6	85.00	309	176	1.76	2.00	37.5	4.69	6.9
28		7	19	17：34	18：00	15/0.6	58.00	283	166	1.70	1.91	36.2	4.59	6.6
29				18：02	18：35	15/0.6	62.00	276	166	1.66	1.88	36.2	4.59	6.6
30				18：37	19：21	15/17	64.00	280	168	1.67	1.82	36.4	4.62	6.7

注　表中水位基面为假定。

3.3 成果率定

（1）根据垂线平均流速分析成果，共选出 58 次垂线比测资料，对 0.6 水深一点法流速与多点法垂线平均流速进行综合分析。经过分析，二者呈线性相关，相关系数为 0.9842，点相关标准差为 3.658%，置信水平为 95% 的随机不确定度为 7.316%，符合一类精度水文站单一关系随机不确定度 8% 的标准。将部分采用垂线 0.6 水深一点法施测的流量成果计算的虚流量换算成计算实际流量 Q。

（2）根据水电站提供的上下游水位资料和发电出力资料，计算出每次实测流量起止时刻的瞬时水头和瞬时出力，并以此计算出对应实测流量成果的平均水头 $\overline{H}$ 和平均出力 $\overline{N_s}$。

（3）根据计算流量（实测成果）Q 和相应时间的平均水头 $\overline{H}$、平均出力 $\overline{N_s}$，按照综合效率系数计算公式 $\eta = \overline{N_s}/9.8Q\overline{H}$ 计算出每次实测流量时机组运行的发电效率系数 η。

（4）从计算结果来看，机组运行的不同组合（单机 1 号机组、单机 2 号机组或两台机组全开），发电效率系数 η 没有明显的区别，在分析计算的 122 个实测成果中，仅有第 28、第 29、第 75 次等测流时刻正逢水轮机组刚刚启动运行，出力处于不稳定状态，故其计算成果偏差较大（作为特殊点不予考虑）。其余实测成果相对稳定。

经相关分析，95% 的实测成果稳定在 0.91 上下，其相对偏差小于 8%。经多次试算，最后确定，发电效率系数 η 为一固定常数 0.91，如图 1 所示。

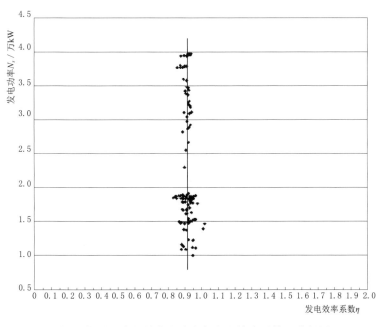

图 1　抱子石水电站发电功率与发电效率系数 η 分析图

4　效率系数 η 的确定

参照《水文资料整编规范》（SL 247—2012）中的定线精度要求，发电效率系数 η 的确定方法如下：

（1）标准差可按下式计算：

$$S = \left[\frac{1}{n-2} \sum (\ln Q_i - \ln Q_{ci})^2 \right]^{\frac{1}{2}} \tag{3}$$

或

$$S = \left[\frac{1}{n-2} \sum \left(\frac{Q_i - Q_{ci}}{Q_{ci}} \right)^2 \right]^{\frac{1}{2}} \tag{4}$$

式中：S 为实测点标准差；Q_i 为第 i 次实测流量；Q_{ci} 为第 i 次实测流量 Q_i 对应的曲线上的流量；n 为测点总数。

将流量 Q 因素换算成发电综合效率系数 η 进行评定。

（2）随机不确定度可按下式计算：

$$X'_Q = 2S \tag{5}$$

式中：X'_Q 为置信水平为 95% 的随机不确定度。

实测关系点与关系线无明显示系统偏离时，系统误差可取测点（或校正点）与关系线相对误差的均值。

对照水文站定线误差标准（表3），高沙站属于一类精度水文站，以相对误差控制在 $\pm 8\%$ 以内为标准，进行综合分析评定。

表3 水文站定线误差标准

站 类	定线方法	定 线 精 度 指 标	
		系统误差/%	随机不确定度/%
一类精度的水文站	单一曲线法	1	8
	水力因素法	2	10
二类精度的水文站	单一曲线法	1	10
	水力因素法	2	12
三类精度的水文站	单一曲线法	2	11
	水力因素法	3	15

抱子石水电站效率系数 $\eta = 0.91$，定线合格率为 95%；定线系统误差 $\overline{\mu} = \dfrac{\sum\limits_{1}^{n} \mu_i}{n} = -0.02\%$，在 $\pm 1\%$ 的允许误差范围之内，符合要求；标准差 $S = 3.40\%$；置信水平为 95% 的随机不确定度 $X'_Q = 6.80\%$（表4）。

表4 效率系数 η 率定成果及质量评定表

比测次数	效率系数 η	系统误差	误差≤±8%定线合格率	标准差	随机不确定度
122	0.91	-0.02%	95%	3.40%	6.80%

分析抱子石水电站效率系数高于理论值的原因，主要是水电站计算水头的上下游水位计安装位置与水轮机组位置过近，尤其是下游尾水波浪无形中抬高了水位，造成计算的水头偏小。这也是不同水电站实际效率系数与理论值产生差异的重要原因之一。

5 ▶ 结论与建议

通过水电站发电出力、相应水头资料和实际发电流量，率定出抱子石水电站实际发电效率系数 η 为 0.91。因此，可以用此率定成果推算出实际发电泄流量，并按照面积倍比推算出高沙水文站在下游抱子石水电站正常发电期间（非大坝泄流）的径流过程，配合在洪水期大坝泄洪时在高沙水文站测验断面实测流量，那么高沙站完整的径流过程也就能相应地推算出来。

随着抱子石水电站的运行，考虑水轮机的消耗磨损等因素，效率系数也可能会发生变化，仍需要通过 1～2 年的率定补充工作，确定效率系数的变化范围和规律，随后每年是否可通过 30 次左右的实测成果率定出效率系数，推求高沙水文站的径流过程，这将是下一步探讨研究的工作重点。

如今，受水利工程影响的水文站越来越多，探索全新测验和整编方法，给我们带来了新的挑战，此次率定方法和率定成果对有类似水电站蓄水影响的水文站资料分析和收集具有参考借鉴作用。

参 考 文 献

［1］ 张志昌. 水力学 ［M］. 北京：中国水利水电出版社，2011.
［2］ 汪正学. 淠河上游磨子潭水电站发电综合效率系数的率定 ［J］. 江淮水利科技，2012（1）：25－26.
［3］ 王增海. 水电站发电流量计算方法探讨 ［J］. 人民黄河，2012（8）：117－119.

基于图像处理的水位信息自动提取技术

陈　翠[1,5]　刘正伟[2]　陈晓生[3]　骆曼娜[3]　牛智星[1,5]　阮　聪[4,5]

(1. 江苏南水科技有限公司，江苏南京　210012；

2. 云南省水文水资源局昆明分局，云南昆明　650000；

3. 江西省鄱阳湖水文局，江西九江　332800；

4. 水利部南京水利水文自动化研究所，江苏南京　210012；

5. 水利部水文水资源监控工程技术研究中心，江苏南京　210012)

摘　要： 为满足水尺量测水位自动化和实时性的需求，本文提出通过图像处理技术实现对水尺图像自动提取水位信息的技术方法。首先通过对水尺图像进行图像增强、二值化、边缘检测和去除噪声等处理定位出水尺；然后根据水尺上字符的特征实现字符分割，采用模板匹配法实现字符识别，并运用最长等差数列法对识别结果进行优化校正；最后根据识别结果，分不同情况计算出水尺读数。试验结果表明，该方法识别信息的正确性和精确性较高，可满足实际应用需求。

关键词： 图像处理；字符识别；水尺图像；水位信息；Matlab；自动提取

安装水尺进行水位量测，具有读数稳、抗干扰、费用低、寿命长等优点，因而得到广泛应用。但这种方法需要人工读数，受环境因素和人为因素的影响较大，在环境恶劣的情况下，观测不便，水位监测实时性和观测人员的人身安全得不到保证。

随着数字化、网络化的日益发展，应用计算机和图像处理技术自动化、智能化地识别图像成为可能。本文将数字图像处理技术应用于水尺图像上的水位自动提取中，并采用Matlab7.0作为开发工具，对拍摄的水尺图像进行图像处理和水位计算。

1 水尺图像的预处理

通过 CCD 摄像机或数码相机采集到的水尺图像主要包括水尺及复杂的背景信息，如图 1 所示。光照、天气等因素影响可能导致图像质量降低，因此需要对待识别的图像进行一系列的图像处理操作以削弱背景信息，去除噪声等无用信息，从而突出水尺信息，提高水尺识别和水位计算的准确度和可靠性。

1.1 图像灰度化和增强

从监测点采集到的原始图像是 RGB 真彩色图像（见图 1）。在真彩色图像中，每个像素都具有 R（红）、G（绿）、B（蓝）3 个颜色分量，对于一个尺寸为 $M \times N$ 的真彩色图像来说，就需要 $M \times N \times 3$ 的空间来存储，而灰度图像的颜色空间是一维 [灰度值 $Y=(R=G=B)$] 的，只需要 $M \times N$ 的存储空间。在水尺图像中，字符的颜色并没有特殊的含义，因此灰度图像即可满足水尺识别的需求（见图 2），且基于灰度图像进行图像处理和计算可以占用较少的系统资源，减小计算量，提高执行速度。

图 1　原始彩色图像　　　　　　图 2　灰度化图像

RGB 彩色图像灰度化是指将像素的 R、G、B 三个颜色分量根据一定的规则计算出可以体现像素特点的灰度值。灰度值的取值范围是 0~255，其中灰度值 255 表示白色，0 表示黑色。常用的计算方法有 4 种：分量法、最大值法、平均值法和加权平均值法。不同的灰度化方法适应于不同的应用需求。由于人眼对绿色的敏感度最高，对蓝色敏感度最低，因此，本文按下式对 RGB 三分量进行加权平均得到灰度化的图像：

$$Y=0.299R+0.587G+0.114B \tag{1}$$

生成的灰度图如图 2 所示。为了将水尺与背景更准确地分离开来，需要增强水尺与背景的对比度。本文首先采用形态学方法中的开操作进行背景图像提取，然后从原始图像中减去背景图像，从而实现水尺图像增强的效果。该方法的关键步骤是开启操作中结构元素的选取，结构元素的选取直接影响图像处理的结果。尺寸过小，会破坏图像中水尺上的字符结构，如图 3（a）所示；尺寸过大，提取的背景信息不全面，使得水尺与背景对比度不明显，如图 3（b）所示，水尺和背景中的石头灰度值区分度过低。

通过多次试验和对比分析，本文选择的结构元素为半径长度等于 12 的圆盘。处理后的图像如图 4 所示，水尺与背景的灰度区别比较明显。

1.2　图像二值化

二值图是指每个像素不是白（255）就是黑（0），灰度值没有中间过渡的图像。水尺不像人物和风景那样需要很多的灰度级来描述内部细节，非黑即白的二值图像即可以展示出水尺及其上面字符的轮廓，满足后续水尺定位和字符识别的需求。

为了得到二值图像，通常采用的方法是阈值分割技术，以阈值作为分割线，将图像分割为前景和背景两个部分。不同的阈值分割产生的二值图像可能截然不同。目前，许多研

（a）结构元素过小　　　　　　（b）结构元素过大

图 3　不同结构元素的处理结果对比

（a）提取的背景图像　　　　　　（b）灰度图像减去背景图像的结果

图 4　图像增强的结果

究者提出了多种阈值选择方法，根据阈值的应用范围可将这些方法划分为局部阈值法和全局阈值法两大类。

（1）局部阈值法。局部阈值法是将图像分成若干子图像，然后针对每个子图像分别确定阈值，最后将分割的结果合并成完整的图像。常用的局部阈值法有 Niblack 法和 Bernsen 法等。由于局部阈值法要对每个子图像进行处理，计算量大，所以子图像尺寸分割的越小，二值化处理速度越慢。局部阈值是根据单个子图像确定的，因此子图像间的阈值联系不紧密，可能产生相邻子图像之间过渡不平滑甚至产生突变的现象。

（2）全局阈值法。全局阈值法就是对整幅图像只采用一个阈值进行图像分割。常用的方法有自定义阈值法和 OTSU 算法等。自定义阈值法是人为地设定阈值，不需要耗费系统资源计算，在拍摄水尺的相机位置固定、光照、背景变化不大时可以应用此方法，但是此方法对环境变化的适应性不高。OTSU 算法是一种自适应的阈值确定方法，在汽车牌照识别、验证码识别等多个领域有着广泛的应用。

水尺图像识别应满足自动化及实时性的需求，尽量减少人工干预并快速地计算出结果，因此，本文阈值的确定选用全局阈值 OTSU 算法。OTSU 算法又称为最大类间方差法，主要思想是前景和背景如果错分，其类间差别就会变小，因此，类间方差越大就意味着错分的概率越小。所以，求出最大类间方差所对应的灰度值即为最佳阈值。该算法的主要步骤如下：

1）读入灰度图像。

2）求出灰度图像灰度值的取值范围 $[a，b]$。

3）取阈值 $T \in [a，b]$。

4）根据 T 将图像分割成前景和背景两类，并计算每类像素的个数 $n_{目}$、$n_{背}$。

5）计算每类区域内图像的灰度均值 $\mu_{目}$、$\mu_{背}$ 及其所占总图像的比例 $\omega_{目}$、$\omega_{背}$。

6）计算阈值为 T 时的类间方差，并保存到数组中，计算公式为

$$g(T) = \omega_{目} \times \omega_{背} (\mu_{目} - \mu_{背})^2 \tag{2}$$

7）遍历 $[a，b]$ 内的灰度值，根据步骤 4）～步骤 6）计算每个灰度值对应的类间方差。

8）找出最大类间方差 $\max[g(T)]$，则其所对应的灰度值 T 即为所求阈值。

采用 OTSU 算法求出图 4（b）的二值化灰度阈值为 107，二值化结果如图 5 所示。

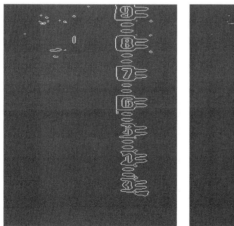

图 5　二值化图像

1.3　边缘检测

水尺包含明显的边缘信息，是区别于背景图像的一个重要特征，所以边缘检测对水尺定位相当重要。边缘检测是图像识别领域中的研究热点之一，已取得大量的研究成果，如

Sobel 算子、Roberts 算子、Perwitt 算子、Laplacian 算子、Canny 算子等。Canny 边缘检测算法是一个具有滤波、增强和检测功能的多阶段优化方法，通过对信噪比与定位乘积进行测度，得到最优化逼近算子，属于先平滑后求导数的方法。虽然相较于其他几个算法，实现起来比较麻烦，但是效果也较好。本文采用 Canny 边缘检测算法进行水尺边缘检测。

1.4　噪声处理

图像在二值化后所得到的边界往往很不平滑，目标区域内通常会分布一些噪声孔，背景区域上也会散布着一些小的噪声物体。为了去除噪声，本文对水尺图像的噪声处理包括两个部分：面积去噪和图像形态学去噪。面积去噪指的是将图像中面积小于给定值的小物体过滤掉。

图像形态学处理的基本运算有膨胀、腐蚀、开启和闭合。先膨胀后腐蚀的过程称为闭合运算，其中的膨胀操作可使物体的边界向外扩张，如果物体内部存在小空洞的话，经过膨胀操作可将这些洞补上，使其不再是边界，再进行腐蚀操作时，外部边界将变回原来的样子，而这些内部空洞则永远消失了。先腐蚀后膨胀的过程称为开启运算，其中的腐蚀操作可以去掉物体的边缘点，细小物体的点都会被认为是边缘点，因此会被整个删去，再做膨胀时，留下来的大物体会变回原来的大小，而被删除的小物体则永远消失了。因此，组合使用这些基本运算可实现复杂噪声的处理。

对图 6 的边缘图像，首先进行面积去噪，然后按照先闭合再开启的顺序组合对边缘图像进行形态学处理，之后再进行一次面积去噪，从而实现了过滤掉小的噪声物体、填补一些小的空洞、连接邻近物体和平滑水尺边界区的效果。噪声处理的过程和结果如图 6 所示。

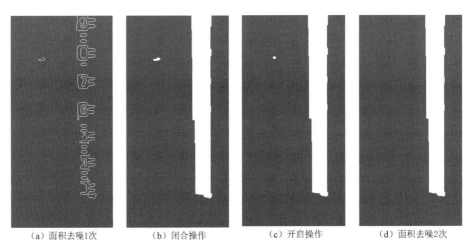

(a) 面积去噪1次　　　(b) 闭合操作　　　(c) 开启操作　　　(d) 面积去噪2次

图 6　噪声处理过程

2　水尺定位

在图像预处理后，最优的状态是将背景区域上的噪声物体全部滤除，将水尺与背景完全分离，但有时仍会残留一些背景物体，因此需要对水尺进行精确定位。水尺定位过程是水尺图像识别研究中的关键过程，是水尺字符分割的基础，对识别水位起到决定性作用。

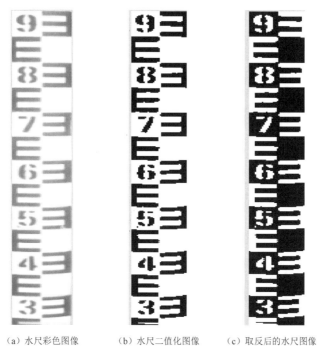

（a）水尺彩色图像 （b）水尺二值化图像 （c）取反后的水尺图像

图 7 截取的水尺图像

水尺定位算法主要是针对水尺图像的某种特征然后加以处理。水尺的形状和投影特征如下：

（1）图像中的水尺通常为水平方向窄、垂直方向长的矩形形状，因而其垂直方向的投影像素和较大，与背景上的其他物体的像素和之间的差值也较大。

（2）相较于水尺上下边缘外的背景物体，水尺左右两侧的背景区域更大，出现背景物体的概率更大。

首先确定水尺的左右边缘，再在此基础上确定上下边缘。具体的水尺定位算法描述如下：

（1）在整个图像范围内，计算每一列像素灰度值的总和：

$$\mathrm{Col}[j] = \sum_{j=1}^{\mathrm{Column}} f(i,j) \quad (i = 1, 2, \cdots, \mathrm{Row}) \tag{3}$$

（2）找出像素和最大的列坐标：$\max(j)$。

（3）以 $\max(j)$ 为分界点，分别向该列左右两边搜寻水尺的左右边界 j_1 和 j_2，判断是否是边界的条件为：列号在图像的范围内且该列的像素和小于预定值。

（4）在 j_1 和 j_2 列范围内，计算每一行像素灰度值的总和：

$$\mathrm{Row}[i] = \sum_{i=1}^{\mathrm{Row}} f(i,j) \quad (j = 1, 2, \cdots, col) \tag{4}$$

（5）找出像素和最大的行坐标：$\max(i)$。

（6）以 $\max(i)$ 为分界点，分别向该行上下两边搜寻水尺的上下边界 i_1 和 i_2，判断是否是边界的条件为：行号在图像的范围内且该行的像素和小于预定值。

在原始图像中行号 i_1、i_2，列号 j_1、j_2 范围内的图像即为水尺，截取的水尺原始图像如图 7（a）所示。由于水尺底色为白色，字符为红色或蓝色，因此二值化后的水尺字符灰度值为 0，水尺底板灰度值为 255，如图 7（b）所示，这样的结果不利于后续字符的识别，因此需要对二值化后的水尺图像取反，得到的图像如图 7（c）所示。

3 水尺字符分割与字符识别

3.1 水尺字符分割

为了将水尺上的字符最终识别出来，需要将水尺上的字符逐一分割出来。所谓的字符分割，是指确定每个字符的上下左右边界，将其从水尺中分离出来，作为后续字符识别的输入数据。

水尺上字符的特点为：水尺上左右两边的 E 在相邻的地方间隙非常小，由于拍照角度等原因，某些地方甚至有黏连；垂向上，数字字符的中间有间断；数字字符的右侧都有一个 E 字；虽然实际上每个 E 的高度和宽度一样，但由于水尺较长及拍摄角度的原因，图像上的第一个字符与最后一个字符的大小存在一定程度的差距。

划分两个字符的依据是字符之间的间隙，根据上述水尺字符的排列和间隙等特点，本文提出的字符分割方法如下：

（1）将水尺分割成左右两边。

（2）对左侧的水尺作水平方向的投影，如图 8 所示，根据字符之间间隙的投影像素和为 0，确定每个字符的上下边界。

 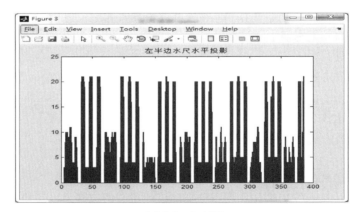

（a）左半边水尺　　　　　　　　　　（b）左半边水尺水平投影

图 8　左半边水尺及其投影

（3）根据上下边界分割字符。

（4）对分割后的字符作垂直投影，分别从图像的第 1 列和最后 1 列开始，逐列向中间寻找像素和大于 0 的列作为字符的左右边界。

（5）根据左右边界再次分割该字符，完成字符的分割。

右半边水尺上只有字符 E，本文不进行字符识别，后续只用来精确确定水位。左半边水尺分割后的字符图像如图 9 所示。

图 9　分割后的字符

3.2　水尺字符识别

水尺上的字符只有 11 种，字符分类器结构比较简单，因此本文选择模板匹配法进行字符识别。将水尺上的 11 种字符制成 20mm×28mm 的标准模板，保存在字符库中。然后将待识别的字符与模板一一匹配，取相似度最高的字符所代表的字作为识别结果。为了消除由于字符图像大小、位置的差异对字符匹配的影响，在与模板匹配之前，首先对分割后的字符图像进行大小归一化处理，使其与标准模板大小相同。

模板匹配法具有简单、快速的优点，但也有误识别率高的缺点。本文在模板匹配识别后，对识别结果进行检查和校正，以提高水尺识别的正确率。左侧水尺上字符的排列规律为：字母 E 与数字交替出现，且数字是公差为 −1 的等差数列。那么，如果识别结果中连续的几个字符满足上述规律，则这几个字符被正确识别的可能性就较高。本文通过从识别结果中找出满足上述字符排列规律的最长的子字符串，并据此推求其他位置的字符，验证其他位置的识别结果是否正确，从而达到提高识别正确率的效果，具体优化流程如图 10 所示。

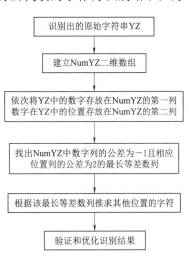

图 10　字符识别结果优化流程图

4　水位计算

因水面淹没最后一个字符的情况可以有很多种，无法制作各种情况的字符模板来识别最后一个字符代表的具体值，以 E 为例，如图 11 所示。按照上述识别方法和识别结果优化方法，这几个图识别的结果是一样的，但实际上它们表示的水位是不同的。因此，需要计算出最后一个字符表示的高度，才能精确地计算出水位。

图 11　水面淹没最后一个字符的多种情况

因为 E 的水平投影呈"峰谷峰谷峰"的特征，当最后一个字符是 E 时，就根据它的水平投影的"峰"数确定其表示的高度；当最后一个字符是数字时，根据水尺上数字右侧是 E 这一特征，计算该数字右侧同等高度位置的字符 E 水平投影的"峰"数来确定高度（单位为 cm）。

当峰数为 1 时，表示的高度 Corre 为
$$Corre = (1/5) \times 5 \tag{5}$$
当峰数为 2 时，表示的高度 Corre 为
$$Corre = (3/5) \times 5 \tag{6}$$
当峰数为 3 时，表示的高度 Corre 为
$$Corre = 5 \tag{7}$$

确定最后一个字符表示的高度后，根据识别字符中是否有数字以及最后一个字符是数字还是 E，水位的计算方法分为以下几种情况。

（1）识别结果中有数字且最底端一个字符是 E：
$$Nowlevel = (Lastnum \times 10 - Corre) \div 10 \tag{8}$$

（2）识别结果中有数字且最底端一个字符是数字：
$$Nowlevel = (Lastnum \times 10 + 5 - Corre) \div 10 \tag{9}$$

（3）识别结果仅有一个 E，此种情况作为水面即将淹没水尺处理：
$$Nowlevel = (100 - Corre) \div 10 \tag{10}$$

（4）其他情况，作为识别结果错误处理：
$$Nowlevel = -1 \tag{11}$$

Nowlevel 表示当前水位，单位为 m；Lastnum 表示识别出的最后一个数字。

5　结果与分析

水尺图像水位信息提取结果如图 12 所示。

采用模板匹配法初次识别的结果为 9E8E7E6E5E4E36，采用本文最长等差数列法优化校正后，最终的识别结果为 9E8E7E6E5E4E3E。可以看出，将模板匹配法和本文的优化校正法结合使用，可有效提高水尺字符识别的正确性。

根据识别的结果中有数字且最后一个字符是 E，当前水位的计算方法采用式（8）计

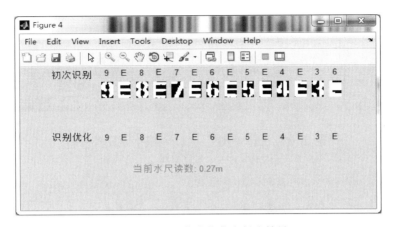

图 12 水尺图像水位信息提取结果

算，得出当前水尺的读数为 0.27m。通常水位数据的精度为 0.01m，按照本文上述水位计算方法误差范围为 0～1cm，可以满足精度需求。

6 结语

将现代化的图像处理技术与传统的水尺量测水位的方法相结合，可提高水情遥测的自动化程度。此外，应用计算机代替人工进行水尺水位判读，可提高水位观测的及时性，降低人工成本，提高水位监测工作的工作效率。试验结果表明，应用本文的方法能够较准确地识别出水尺的字符，计算出的水尺读数与人工读数基本一致，可满足实际应用需求。当然，若要将本文的水尺识别方法应用于实际中还需要进一步的完善，因为在野外拍摄的水尺图像受光照、天气等因素的影响，图像质量可能较低，会影响到识别的正确性。因此实际应用时需要考虑各种因素，通过在现场安装一些辅助设施或者在图像预处理时增加应对处理操作来提高识别正确性。

参 考 文 献

[1] 陈金水. 基于视频图像识别的水位数据获取方法 [J]. 水利信息化，2013 (1)：48-51.

[2] 胡桂珍. 基于数字图像处理的车牌识别系统研究 [D]. 成都：西南交通大学，2010.

[3] 万丽，陈普春. 一种基于数学形态学的图像对比度增强算法 [J]. 现代电子技术，2009, 32 (13)：131-133.

[4] 江明，刘辉，黄欢. 图像二值化技术的研究 [J]. 软件导刊，2009 (4)：175-177.

[5] 吴冰，秦志远. 自动确定图像二值化最佳阈值的新方法 [J]. 测绘学院学报，2001, 18：283-286.

[6] 范九伦，赵凤. 灰度图像的二维 OTSU 曲线阈值分割法 [J]. 电子学报，2007, 35 (6)：751-755.

[7] 段瑞玲，李庆祥，李玉和. 图像边缘检测方法研究综述 [J]. 光学技术，2005 (3)：415-419.

[8] 王植，贺赛先. 一种基于 Canny 理论的自适应边缘检测方法 [J]. 中国图象图形学报，2004 (9)：957-962.

[9] 张艳玲，刘桂雄，曹东，等. 数学形态学的基本算法及在图像预处理中应用 [J]. 科学技术与工程，2007 (7)：356-359.

一种突发山洪非接触式实时流量监测技术

李世勤[1]　骆曼娜[2]　王江燕[3]　王吉星[3]

（1. 江西省水文局，江西南昌　330002；

2. 江西省鄱阳湖水文局，江西九江　322000；

3. 水利部南京水利水文自动化研究所，江苏南京　210012）

摘　要： 本文对比传统流量监测，提出一种非接触测流方式，介绍非接触雷达流量传感器的主要特点，详述基于非接触式测流原理的雷达流量传感器及其监测系统的实现方法，设计出基于非接触流量传感器的流量在线监测传输系统，就其实践应用进行分析，以期后续得以推广应用。

关键词： 山洪；非接触测流；RQ30 测流装置

山洪灾害发生突发洪水期间，水文测验条件非常恶劣，主要表现是在高速漂流浮物、泥沙等影响下，常用的缆道测流、走航式 ADCP 测流、船测和桥测均不能进行；突发山洪的最高流速很可能超出缆道测流或走航式 ADCP 测流的最大流速范围。现有的测流技术不能满足山洪灾害引发高流速环境下的测流需求，采用非接触式的流量测验方式是另一种技术手段。

在国外，法国国家水文气象与洪水预报中心（SCHAPI）为应付赛文（Cévennes）山脉地区严重的雷暴和突发性洪水的威胁设立了野外流量监测站，采用非接触式的流量测验技术，提供山洪暴发期间的连续监测信息；该技术能进行 24h 不间断的流速、水位、流量监测，为易于产生突发性洪水地区的洪水预报提供支持和帮助，使监测管理部门和地区环境办公室能关注区域洪水的实时变化。

非接触式流量监测技术是一种全新的全天候流速流量自动测验技术，其他技术无法替代，可作为常规水文测验技术的补充或替代，也是水文测验的发展趋势。本文通过水利科技计划项目引入非接触测流进行了技术示范应用。

1　技术原理

RQ30 测流设备采用的是非接触式雷达测量技术，其主要原理是通过监测水位和流速参数，结合一种水力学模型计算方法，综合合成流量数据。

RQ30 测流设备全天候野外在线工作，野外防护等级达 IP 68。雷达工作波段为 Ka 波段；测速频率为 24GHz，适应水流方向为顺流、逆流可选，流速测量范围为 0.2～15m/s；

水位测量范围达 30m；流速测量分辨率为 1mm/s；水位测量分辨率为 1mm。设备每 5min 自动测验 1 次河道流量。该设备的工作原理如下。

1.1 表面流速监测

流速测量的理论基础是电磁波的多普勒频移效应。

流速测量时，传感器利用专用支架安装在最高水位水面以上，测流速雷达波与水平面成 58°角左右，测量时仪器以 58°角向水面发送 Ka 波段 24GHz 的雷达波，这个雷达信号中一部分会被流动水面叠加一个频移分量并反射回到雷达天线中，反射信号在经过可调滤波器后被记录和算出流速。

设河流水面波速为 v，观察点靠近波源速度为 c，则单位时间内观测点将接收到 $(c+v)/\lambda$ 个完整波形（远离波源时 v 为负值），即接收点频率为 $f'=(c+v)/\lambda$；电磁波的多普勒效应可结合狭义相对论推出，其结果为

$$f'=\frac{\sqrt{1-\beta^2}}{1-\beta\cos\theta}f \tag{1}$$

其中，c 为雷达波传播的速度（即光速），θ 为所在点与波源连线到速度方向的夹角，易知上述公式中除 β 外均为已知量，通过 β 可求出 v，即求出所测点的水流速度。

河流表层水流速度主要利用河流湍流和涌流产生的短波布拉格散射信息进行计算。主要原理如下：当探头发射的雷达信息射到非光滑水的表面，因厘米波长面波后向散射的作用，将产生多普勒频移。在河水不流动时，在厘米面波传播方向上会产生正向和负向多普勒频移。对于河流湍流散射而言，正向和负向多普勒频移基本相等，在河水不流动的情况下，两者的均值为零。而对于流动的河流，面波将随水流向下游传播，从而产生多普勒频移叠加。因此，通过对接收到的面波后向散射信息进行波谱分析即可获取表层水流速度。

1.2 水位监测

水位测量利用 26GHz（K 波段）雷达波，它的原理为：雷达发射电磁波，经水面反射，经过时间 t 后接收器接收到反射波，测得发射与接收的时间间隔 t，则距离 $h=ct/2$，以传感器测量点为基面则水位值为 h。若以河道底部为基面，可设雷达传感器距河道底部高度为 H（此参数在工程设施时可测得），则水位 $d=H-h$，即 $d=H-vt/2$，其中仅有时间间隔 t 为未知参数，由传感器测得时间间隔 t，即可算出水位值。水位精度可达到 1mm，误差范围为 ±3mm。

1.3 流量计算

流量测量的原理如下：h 为雷达距水面高度，v_e 为流速测量雷达测得的水表面流速，v_m 为该截面的平均流速，A 为截面积，$A(h)$ 表示截面积与高度 h 之间的关系，流量 Q 的计算公式为

$$Q = A(h) \cdot v_m \tag{2}$$

式中：A 为截面积；v_m 为通过截面积的流速，对于连续流在任意截面都有 $Av_m =$ 常数。

截面积是通过预置在传感器内部断面图与实际测得的水位推出，测速雷达测出测量点表面流速。平均流速 v_m 符合以下关系：

$$v_m = v_l \cdot k(h) \tag{3}$$

其中 k 是无量纲校正系数因子，最终，流量测得结果可从下式得到：

$$Q = A(h) \cdot v_l \cdot k(h) \tag{4}$$

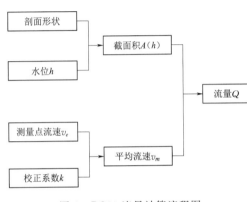

图 1　RQ30 流量计算流程图

其中，$A(h)$ 为截面积与水位 h 的关系，一般可通过水位 h 与简单的几何学知识计算出来。综上可知流量 Q 的精确值依赖于测得流速 v_l 与水位 h，相比较而言 h 易于测量，v_e 一般也可较精确地测量，因而影响精度的关键因素为 $k(h)$。

综上所述，RQ30 流量计算流程如图 1 所示，测量基本过程为由水位雷达传感器测得水位 h，表面流速雷达传感器测得表面流速 v_e，通过水位 h 结合传感器内部的存储的河道剖面形状，传感器会自动计算出截面积 A，同时，通过水位 h 结合传感器内部的存储的 $k-h$ 对照表，查找出对应水位的 k 值，可计算出平均流速 v_m，最后即可算出此断面流量 Q。

2　率定校正

由上节可知，流量基本原理为通过测得选取点的流速，然后流量通过 $Q = A(h) \cdot v_e \cdot k(h)$ 公式求得的，其中引入一个校正因子 k，k 是一个基于水位、剖面形状与流速的无量纲因子，$k = v_m / v_e$，其中 $v_m = Q/A$，即 v_m 为区域平均流速，v_e 为测量点的线性平均测量值或测量点的精确流速。k 系数保存在设备中，设备可提取系数 k，结合流速和水位计算出流量，并自行校正，输出流量值。

3　系统集成运用实例

RQ30 实时流量传感器已经在实践中得到应用，并且表现良好，以江西中小河流坳下坪水文站一个实际测量用例来解释测量流程。

江西坳下坪水文站是长江流域赣江水系遂川江二级支流禾源水上的小河水文站，位于江西省遂川县禾源镇禾源村，东经 114°25.6′，北纬 26°11.2′，集水面积 86.4km²，距河口 18.5km。

经过考察，选择该河流中一段较为顺直的河段，长度约为 400m。在河流一侧安装支架，支架采用可回旋式结构，高 2.5m，横臂长 5m，RQ30 设备通过卡箍固定在横臂顶端以利于测到中泓。因 RQ30 测流设备安装在上下游顺直段均分处，测验条件比较理想，河道断面图如图 2 所示，此断面输入到 RQ30 测流设备中参加流量计算，另外 RQ30 的安装位置（以起点距计算）和河床的糙率等参数也要输入到 RQ30 设备中，使其对 k 值产生影响。

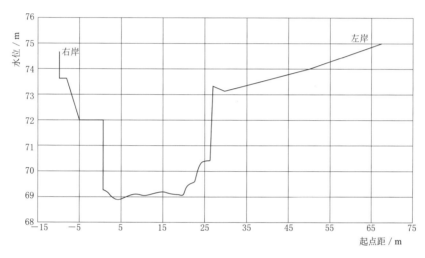

图 2　坞下坪站 2012 年断面图

数据采集传输装置主控芯片采用 FREESCARE－S12 双核微处理器芯片，该芯片为军用级芯片，工作温度范围宽，可靠性高。装置电路原理如图 3 所示。

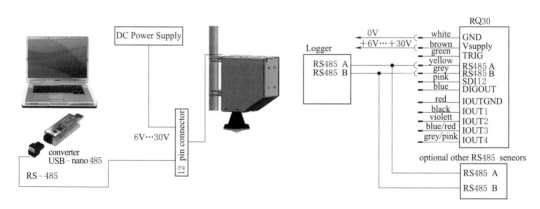

图 3　测流系统集成运用

通过 RQ30 监测到坞下坪站的一次突发洪水过程（见图 4 和图 5）。图 4 展示了该次洪水过程中水位、流速的实际的连续的监测数据，图 5 呈现了该装置自动结合断面面积和边坡糙率系数，通过水力学模型自动输出流量的变化过程。

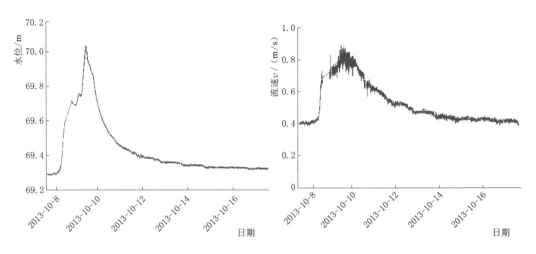

图 4　水位和流速的监测实例图

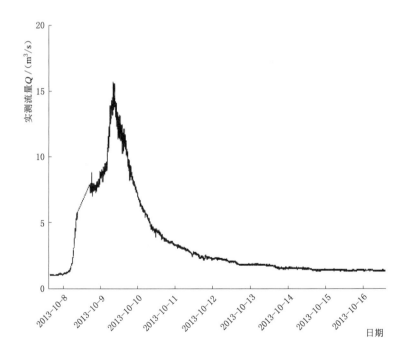

图 5　测流装置流量计算成果图

设备采集数据与缆道数据比较

　　表 1 在 2013 年度测验数据中随机给出了设备从 2013 年 11 月 15 日 8：00—13：00 的数据。经过误差分析，统计平均误差结果在 4％之内。

表 1 设备数据与缆道数据对比分析（2013 年 11 月 15 日）

时 间	水位 h/m	流速 v/(m/s)	实测流量 Q/(m³/s)	缆道数据/(m³/s)	误差分析
8：00	69.358	0.440	1.67	1.66～1.78	在区间内
8：15	69.353	0.449	1.66	1.66～1.78	在区间内
8：30	69.362	0.442	1.71	1.78～1.90	3.93％
8：45	69.351	0.444	1.63	1.66～1.78	1.81％
9：00	69.357	0.452	1.71	1.66～1.78	在区间内
9：15	69.353	0.436	1.62	1.66～1.78	2.41％
9：30	69.350	0.437	1.59	1.54～1.66	在区间内
9：45	69.352	0.445	1.64	1.66～1.78	1.20％
10：00	69.351	0.453	1.66	1.66～1.78	在区间内
10：15	69.348	0.432	1.56	1.54～1.66	在区间内
10：30	69.353	0.440	1.63	1.66～1.78	1.81％
10：45	69.352	0.444	1.64	1.66～1.78	1.20％
11：00	69.356	0.437	1.65	1.66～1.78	0.60％
11：15	69.351	0.444	1.64	1.66～1.78	1.20％
11：30	69.352	0.457	1.69	1.66～1.78	在区间内
11：35	69.347	0.458	1.64	1.54～1.66	在区间内
11：40	69.353	0.439	1.63	1.66～1.78	1.81％
12：00	69.347	0.442	1.58	1.54～1.66	在区间内
12：15	69.351	0.440	1.61	1.66～1.78	3.01％
12：30	69.349	0.438	1.59	1.54～1.66	在区间内
12：45	69.348	0.438	1.58	1.54～1.66	在区间内
13：00	69.348	0.444	1.6	1.54～1.66	在区间内

5 结语

流量是水利工程及水文分析中最重要的资料，在水资源管理、防汛抗旱以及水利工程建设方面均需要准确、丰富的流量资料作为参考。本文分析了 RQ30 流量传感器技术原理及其应用，并开展了山洪流量监测，且连续监测山洪水位、流速和流量变化数据，为山洪灾害防治提供决策依据。

非接触式测量在水文测量中具有一定的优势，山洪灾害发生地区水文测验条件极其恶劣，在常规水文测验无法实现高流速下的洪水流量水位自动监测的情况下，利用该技术可实现连续监测和随时应急监测，满足水文及防汛部门对山洪灾害监测的及时性需求。非接触式雷达流量测验系统不受气候、测量手段、测量安全、回应时间等限制，很容易在洪水期进行流量测验。

传统的流量测验方法在过去一个世纪中发挥了重要作用，但流量测验手段都是基于接触式测量，无论是缆道还是 ADCP 测流，人员及设备都存在安全隐患，受其他因素影响也比较多，误差来源比较多，因此在突发高水位时流量测验工作中比较困难；又由于高水位时的流量资料样本缺乏，整编时只能采用高水位延长的方法推算流量。非接触式雷达流量测验系统可获取实测流量过程线。同时，该系统可对水位流量曲线进行率定和定期修正，不需花费大量的人力物力就可获得满意的效果，有一定的应用前景。

参　考　文　献

［1］ 卢善龙，吴炳芳. 河川径流遥感监测研究进展［J］. 地球科学进展，2010（8）：821.

［2］ 罗国政，王君善. 水文站高洪测验水面流速系数分析研究［J］. 陕西水利，2012（4）：27 - 28.

［3］ 孙同景，陈桂友. Freescale 9S12 十六位单片机原理及嵌入式开发技术［M］. 北京：机械工业出版社，2008.

GPS 技术在水文水资源监测方面的应用

邓　凡　徐会青

（江西省抚州市水文局，江西抚州　344000）

摘　要：随着各种新技术的创新和发展，GPS 技术也得到了前所未有的发展与进步，尤其是网络 RTK 技术的发展更是提高了我国水文水资源监测技术水平，从一定程度上保证了监测质量。本文主要对现阶段我国 GPS 技术的使用进行简要的分析与总结，并就其存在的问题提出合理化的解决措施。

关键词：水文水资源；GPS；监测；应用

随着生活水平的逐渐提高，人们的环境保护意识也在不断加强。作为环境保护的重要组成部分之一，监测技术在水质监测中起到了不可替代的重要作用。本文主要针对现阶段我国水体污染现状及相关技术监测存在的一些问题进行简要的分析与总结，并为其他监测手段提供可靠的技术支持。加强水质监测技术质量控制，不仅可以有效地对数据进行分析对比，还能提升水环境的整体监测水平，通过一系列的监测行为及规范，可以将数据信息进行有效的整理，从而指导水文监测的正确性与相关的执法力度的实施。

从某种意义上而言，GPS 技术不仅可以有效进行毫米精度定位，更具有全球性、连续性和全天候等特点。其中 RTK 软件定位系统可以配合其他先进的监测系统及导航测量软件，实时定位监测并绘制成图。尤其是在河道、湖泊、水库等施工方面的应用，通过图纸分析能有效地作出各种险情预测，并能够清晰准确地上报存在的问题，有利于相关负责人作出决策。

RTK 技术虽然在使用过程中带来了极大的便利，但也应该看到不足。20 世纪 90 年代中期，就有人提出了将这项技术与网络相结合，利用信息网络可以弥补 GPS 技术对水文监测的不足，真正意义上实现全面覆盖，可以拟设置一个虚拟网络来对水文监测进行实时掌控，通过对某一地区的水质进行检测来估算其正确的计算方法。

1　RTK 系统的主要功能

目前网络 RTK 系统具备的主要功能如下：

（1）采用 VRS 作为系统实时定位技术，提供实时定位差分数据服务。

（2）采用 GPRS 或 GSM 数据通信方式提供实时数据访问，通过 Internet 实现事后精密定位的数据服务。

（3）永久性的基准站网络系统，可升级为国家级 GPS 跟踪站、国家地壳形变监测站。

（4）服务范围包括陆上导航和海上导航，地理信息采集、更新、定位；测绘，地籍，规划，工程建设，变形监测，地壳形变监测等。

2 GPS 技术在水文水资源监测方面的应用

2.1 GPS 水位数据自动采集及实时传输系统的含义

2.1.1 系统的研制

（1）局部精密高程转换模型的建立。GPS 实测的是大地高程，而水位测量中通常采用的是 1985 国家高程基准，这就需要通过建立高程转换模型，实现大地高程向 1985 国家高程的转换。

（2）实时水位的提取。在掌上电脑（PDA）上编制软件，实时提取 RTK 高程数据，并利用已经建立的高程转换模型，获取以 1985 国家高程表达的水位。

（3）渐进式水位数据的滤波算法研究。为确保水位数据的精度，研制一定的滤波模型，对短时间内水位数据进行渐进式滤波处理，以消除观测误差的影响。研制模型，编制软件并镶入 PDA 中，确保水位数据的正确无误。

（4）野外观测单元子系统的合成。PDA 收集到水位数据以后，需要将数据发送到监控中心。数据发送可以采用手机中的 GPRS 通信模式实现（也可采用网络或别的传输系统）。要实现整个系统，首先需要将 PDA 系统与手机系统实现合成，在此基础上，将水位数据进行编码并向手机输送。

（5）监控单元。数据发送出去后，在监控单元需要实现数据的接收。数据的接收由接收单元（手机/手机模块/固定电话）以及数据管理单元（中央计算机）组成。编制程序对加密的编码进行解密处理，并对水位数据进行管理。

（6）智能监控系统的建立。水位数据的自动采集以及实时传送实现智能化。通过编写软件，实现监控中心对野外观测单元的工作状态监测和管理（GPS 开关机操纵、采样间隔设置，以及数据传输内容、频率和模式选择）、数据质量管理（设置选择不同的滤波参数或模型），真正实现对野外测量单元的智能监控。

2.1.2 GPS 水位数据自动采集及实时传输系统的特点

GPS 水位数据自动采集及实时传输系统具有如下特点：

（1）方便灵活。可方便地移动到任何位置、在任何状态下进行水位测量。

（2）全自动化。无须进行任何参数设置，实现水位数据的自动提取、发送、接收、数据的管理和初步分析。

（3）智能化。参数设置，指令发布、执行等整个操作在监控中心通过计算机实现，无须到野外执行。

（4）高质量的水位数据。网络 RTK 技术、GPS 接收机以及滤波技术，确保了对水位数据的质量控制。

2.1.3 洪水调度

借助该系统可以实现实时监测水位的变化，并将各个位置的水位数据传输到领导决策层的办公室，计算机中的信息系统将根据实施监控的水位，绘制水位曲线，并动态地显示实际的洪水推进、蓄洪区淹没，并给出可能涉及的迁移人口、需要转移的可能位置和可能造成的经济损失等信息。领导决策层根据这些信息，对水情就会有一个全面的掌握，并能够准确地下达防洪决策指令。

2.2 GPS 技术在其他方面的应用

2.2.1 流量测验中的应用

独流减河河口水文巡测断面，高洪期水面宽，同时要考虑潮位的影响，过去采用常规测验定位方法——基线辐射杆六分仪夹角定位法，靠测船抢测。由于视距长，障碍物多，标志背景复杂，原来设置的断面标已无法通视。为了保证水文巡测工作不中断，利用GPS 施测独流减河断面，收集高洪期水文资料。从测验的情况看，GPS 系统运行正常，解决了水文巡测中断面测验定位难的问题。

2.2.2 水质监测方面的应用

在一定程度上，水库中的水质其污染程度相对比较严重，所以利用GPS 技术能够对水库中的水质进行采样定位、信息搜集。然后将这些信息进行合理化验分析，得出水库中各种水质的监测结果，并以不同形式的直线图呈现出来，这样就可以依据显示的信息总结水质污染规律。

3 GPS 应用展望

近年来，为了有效降低洪涝灾害影响，减少雨洪资源的不合理使用，依据实际发展需要而建立了蓄水洪区。以往信息的掌握并不能准确地体现出蓄滞洪区的水资源状况，从而限制了水文监测的范围，并在一定程度上也影响其质量。但网络 RTK 技术的出现却大大改变了这一现状，它不仅可以远距离地进行监测，更能对地貌、土壤以及管线等各种信息进行准确的测量与采集，进而完善了蓄滞洪区的信息监测系统，并为其他相关部门提供了可靠的科学依据。

4 结语

综上所述，各种新技术的出现在很大程度上推动了我国水文监测技术的发展，但也应该认识到其不足。在未来的发展过程中，必须依据实际情况，不断引进先进的技术及管理经验，从多个方面来提升水文监测信息采集的准确性以及安全性。相信在未来的发展过程中，我国水文水资源监测技术将得到长久的发展与进步，从根本上推动我国经济建设的发展。

参 考 文 献

［1］ 刘会建. 水环境监测质量控制相关措施的探讨［J］. 北方环境，2011（12）：152－154.

［2］ 曹小红. 论水环境监测质量保证工作的实施［J］. 北方环境，2011（9）：28－69.

［3］ 蒋树艳. 实验室水质监测的质量控制和质量保证［J］. 中国资源综合利用，2010（7）：40－41.

廖家湾水文站悬移质输沙率间测分析

刘海凤　廖良春　余瑶佳

（江西省抚州市水文局，江西抚州　344000）

摘　要： 为简化测验手段，提高工作效率，以腾出更多的人力和仪器设备，更好地开展水文测验其他各项工作，本文对廖家湾水文站2006—2012年悬移质输沙率历史资料进行了统计分析。分析结果表明，廖家湾水文站可实行输沙率间测。

关键词： 悬移质；输沙率；间测分析

1　测站基本情况

1.1　流域概况

抚河属于长江流域，鄱阳湖水系，是江西的第二大河流。抚河所在的城市抚州位于江西省的东部。抚河水系在抚州市集水面积1.68万 km^2，占全市土地总面积的84.6%，多年平均径流量为75.9亿 m^3。抚河上游（南城县万年桥以上）称盱江，长约158km；南城县万年桥以下称抚河，其间以南城县万年桥至抚州市城区为中游，河长约77km；其下为抚河下游，长约114km，其中抚州市城区至临川区大岗镇礁石坝长约43km。抚河的一级支流主要有盱江、黎滩河、芦河、临水和东乡河，宜黄河与崇仁河是抚河的两条重要支流。

抚河流域属中亚热带湿润季风气候区，冬夏长、春秋短，无霜期274d。多年平均气温17.8℃，极端最高气温42.1℃（1971年）、最低气温－12.7℃（1991年），相对湿度79.2%。夏季风向偏南，冬季风向偏北，春秋季风向多变，平均风速1.8m/s。

1.2　测站概况

廖家湾水文站建于1952年，为国家重要水文站，地处临川区湖南乡高堑村，东经116°24′、北纬27°58′，流域面积8723 km^2，是抚河中游控制站，观测项目有水位、流量、降水量、泥沙、泥沙颗粒分析、水温、水质污染监测等。

廖家湾站测验河段大致顺直，右岸为唱凯大堤，左岸为付家堤，河床由细沙组成，冲淤变化频繁，特别是在低水时，测流断面处有多股串沟，水位代表性差，影响测流精度，造成低水流量测点散乱。该站基本水尺断面上游，25km处有金临渠进水闸，160m处有一座东临大桥；基本水尺断面下游 2km 处有千金坡分流口，约 6km 处建有橡胶坝一座，在 37.50m 以下，受其严重的回水顶托影响，该站水位流量关系紊乱。在该站至临川区文昌桥之间，河道内有很多挖沙机采砂作业，造成河道千疮百孔。下游有抚河水系控制站李家渡水文站。

廖家湾站多年平均年降雨量为 1650mm，降雨集中在 4—9 月，占全年总雨量的 66%；1—3 月、10—12 月的年平均降水量仅占全年总量的 34%。降水时空分配不均，最大年降水量 2517.4mm（1998 年）、最小年降水量 975.6mm（1986 年），多年平均年水面蒸发量为 894mm。

该站实测历年最高水位为 42.78m（冻结基面），发生时间是 1982 年 6 月 18 日，实测历年最大流量为 7330m^3/s，发生时间是 2010 年 6 月 21 日；实测历年最低水位 34.62m，发生时间是 2011 年 12 月 14 日，实测历年最小流量为 0.68m^3/s，发生时间是 1978 年 9 月 24 日；多年平均流量为 271m^3/s，多年平均年径流量 85.5 亿 m^3。

1.3 测站水沙特性

1.3.1 泥沙主要来源

廖家湾站的泥沙主要来源于上游的干支流及中下游两岸支流汇入的泥沙。

抚河流域森林覆盖率为 53%，森林覆盖率较低，上游南丰毁林开荒种植南丰蜜橘，水土流失较严重，水土流失面积占该区域土地面积的 23.82%，高于鄱阳湖流域比例（20.03%），是鄱阳湖流域水土流失重点治理区。大量泥沙涌入抚河河道，致使抚河河道淤积严重。同时，当局部河段水沙条件或河床边界发生较大变化时，水流挟沙力处于非饱和状态且水流流速大于床沙的启动流速时，床面冲刷，河岸崩塌，泥沙被水流挟带至下游流速较小的河段堆积。上游的洪门水库、廖坊水库等大型水库拦蓄了枯水期上游来的悬移质和推移质，泥沙主要在洪水期开闸泄洪时随洪水输运至下游河床。

此外，沿河两岸多为丘陵山谷，坡降陡峻，大部分山体为强风化花岗岩，在雨水的冲刷下，风化花岗岩进入河中，随水流带入抚河。有些地方的石料开采也导致不同程度的水土流失，部分地区或部门也存在向河中倾倒煤灰、垃圾等现象，这些流失的泥土或废料将转化为河沙而成为泥沙的另一个来源。

1.3.2 河道采砂情况

抚河采砂的历史由来已久，随着抚州市城乡经济的快速发展，建筑业驶入了快车道，市场对建筑砂石的需求旺盛。据对抚河干流沿线的广昌、南丰、南城、金溪和临川等县区采砂情况的粗略统计，由于高速公路修建和城镇发展及其他基础设施建设的需要，近 3 年的采砂总量超过了前 10 年的总和，采砂量由过去的年采 50 万 m^3 增加到 200 万 m^3 以上。

根据《江西省抚河中下游干流河道采砂规划（2009—2013）》，抚河中下游干流河道采砂规划在抚河水域划出洲上、塔城、文港、温圳等 9 个可采砂区和 5 个保留区，在上述 14 个采砂区之外的抚河水域采砂将被视为非法作业。严格控制采砂区的年采砂总量，限制采砂船的功率、数量、采期等，防止无序采砂。

1.3.3 河流泥沙特性及水沙关系分析

抚河流域来沙量与来水量大小密切相关，而抚河流域径流为降水补给型，降水量大、径流量大、泥沙量也就大。同时，降水年内分配不均，导致径流年内分配不均，也产生输沙量年内分配不均，三者年内分配基本一致。输沙量从1月开始逐月增加，至6月达到最大，然后逐月减少，至12月达到最小。4—9月的输沙量占全年输沙总量的81.92%，其余6个月仅占全年输沙总量的18.08%。抚河流域年输沙量年际变化较大，年径流量大时年输沙量也大，各河年际极值比为3.15～18.2。

1.4 站网及水利工程分布情况

1.4.1 水文站、雨量站分布情况

廖家湾水文站设有配套雨量站：石门站、金溪站、浒湾站、滕桥站、沟树站。资料系列为1952年至今。

1.4.2 流域水利工程分布情况

廖家湾水文站断面以上建有洪门水库、廖坊水库两座大型水库，断面以下建有橡胶坝。

洪门水库是抚河一级支流黎滩河下游的大（1）型水库，又名醉仙湖，位于江西省南城县东南部、黎川县西北部，西北距南城县城12km。1958年7月动工，1960年蓄水。

廖坊水库是抚河干流中游上的大（2）型水库，位于江西省临川区东南部、南城县西北部，西北距抚州城区45km、南距南城县城27km。2002年10月动工，2005年12月下闸蓄水，2006年3月第一台机组发电。

抚河橡胶坝工程可在枯水期抬高水位3～3.5m，使抚河最深水位达到7m以上，形成3.44km² 的湖面，同时将改善区域性小气候。坝顶可以溢流，并可根据需要调节坝高，控制上游水位，可以发挥灌溉、发电、航运、防洪、挡潮等效益。橡胶坝蓄水同时影响着廖家湾水文站水位流量关系。

2 悬移质输沙率测验方法及历年单断沙关系

廖家湾水文站采用选点法"横式 固定一线0.6一点""横式 固定二线0.6一点""横式 固定三线0.6一点"施测悬移质输沙率，建立断面平均含沙量与单样含沙量的关系。相应单样含沙量采用"横式 固定一线0.6一点""横式 固定二线0.6一点""横式固定三线0.6一点"法，视水位高低在悬移质输沙率测验开始、结束时于起点距218m、463m、778m相应深度各取一次，以两次的均值作为相应单样的含沙量。

一年内悬移质输沙率的测次主要分布在洪水期，且随水位流量变化分布，年测次要求不少于30次，但在枯水年份含沙量小造成输沙率测次减少。该站历年来单断沙关系均为一条通过原点的单一直线，比例系数为0.93～1.07。据历年资料分析，输沙量从1月开始逐月增加，至6月达到最大，然后逐月减少，至12月达到最小。4—9月的输沙量占全年输沙量的81.92%，其他6个月仅占全年输沙量的18.08%。

3 单断沙关系分析

3.1 技术依据和资料选取

以《河流流量测验规范》(GB 50179—93)、《河流悬移质泥沙测验规范》(GB 50159—92)、《水文巡测规范》(SL 195—97)、《水文资料整编规范》(SL 247—1999)等为依据。

二类、三类站应有5～10年以上的资料证明,当实测输沙率的沙量变幅占历年变幅的70%以上,水位变幅占历年水位变幅的80%以上时,历年单断沙关系稳定的站,可按《河流悬移质泥沙测验规范》(GB 50159—92)第7.7.1条规定进行间测输沙率的分析。

3.2 资料分析情况

按《河流悬移质泥沙测验规范》(GB 50159—92)第7.7.1条规定进行间测输沙率的分析。

(1) 点绘历年单断沙关系线并绘制综合曲线于一张图上。

(2) 点绘历年单断沙关系综合线及历年单断沙点据于一张图上,并做三检验。

(3) 当各年关系线偏离综合关系线的最大值±5%以内,可实行间测,间测期间可只测单样含沙量,并用历年综合关系线整编资料。

廖家湾水文站属沙量二类站,历年最小含沙量为 $0kg/m^3$,最大含沙量为 1.9 kg/m^3(1967年6月29日),2002—2012年间实测输沙率最大含沙量为 $1.22kg/m^3$(2002年6月17日),占历年变幅的50.5%,未达到控制历年变幅70%的规范要求。原因是2006年廖坊水库正式蓄水改变了该站的水沙特性,使本站河段含沙量减少,故在分析中,采用2006—2012年资料作为历史资料,这期间,历年最小含沙量为 $0kg/m^3$,最大含沙量为 $0.632kg/m^3$,实测输沙率最大含沙量为 $0.608kg/m^3$(2010年6月21日),占历年变幅的96.2%,符合控制历年变幅70%的规范要求。

选用近10年以上连续资料,其中实测流量的水位变幅已控制历年(包括大水、枯水年份)水位变幅80%以上,如最近10年未出现高于历年水位变幅80%的水位,则资料系列外延。

廖家湾水文站2006—2012年共7年的水位流量资料中,最高实测流量的水位为2010年6月21日的42.57m,历年水位变幅为34.62～42.78m,水位控制历年变幅的97.4%,超过80%的下限,资料选取符合规范。

3.2.1 历年综合单断沙关系分析

将2006—2012年实测悬移质输沙率成果表绘制历年综合单断沙关系线(图1),并分别做低沙、中高沙适线三检验,其与综合线的定线误差及评定见表1。

历年单断沙关系点均达到规范要求,三检验通过。

表 1　　　　廖家湾单断沙关系实测点据与综合线的定线误差及评定表

单断沙	实际定线误差		规范允许定线误差指标		是否合理
	系统误差/%	不确定度/%	系统误差/%	不确定度/%	
中高沙（0.29 以上）	−2.0	12.4	3.0	18.0	是
低沙（0.29 以下）	0.0	18.2	3.0	27.0	是

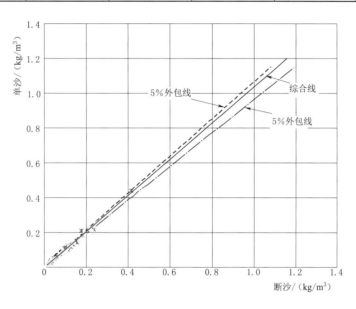

图 1　廖家湾历年单断沙点据及综合线图（2006—2012 年）

3.2.2　各年单断沙关系线与历年综合线的偏离分析

　　将 2006—2012 年单断沙关系线与综合线绘制于同一图中，如图 2 所示。经绘制 5％外包线分析，各年的关系线与历年的综合线最大偏离在 ±5％ 以内，符合规范要求的标准。

3.3　资料分析的结果

　　由以上分析图、表可以看出，各年关系线偏离综合关系线的最大值在 ±5％ 以内，系统误差及不确定度都在规范允许范围内，可以实行输沙间测，间测期间可只测单样含沙量，并用历年综合关系线整编资料。间测期间，若发现沙量、水位超过历年实测变幅或发现人类活动影响使沙量断面分布情况发生明显变化时，应及时恢复输沙率测验。综合线节点如图 2 所示。

4　结语

　　对廖家湾水文站多年实测悬移质输沙资料分析结果表明，可按《河流悬移质泥沙测验规范》（GB 50159—1997）进行间测输沙率的分析，各年单断沙关系线与历年综合线的偏离分析表明廖家湾站悬移质输沙率可进行间测。

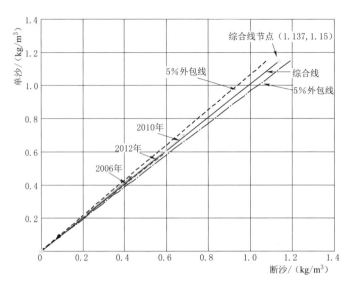

图 2 廖家湾历年单断沙关系线及综合线图（2006—2012 年）

参 考 文 献

［1］ 河流悬移质泥沙测验规范：GB 50159—1997［S］.

［2］ 水文巡测规范：SL 195—1997［S］.

［3］ 朱晓原，张留柱，姚永熙. 水文测验实用手册［M］. 北京：中国水利水电出版社，2013.

［4］ 水文资料整编规范：SL 247—1999［S］.

［5］ 王武成. 神木（二）水文站悬移质输沙率间测分析［J］. 延安职业技术学院学报，2011，25（4）：
100－101，112.

河流泥沙粒径计法分析成果改正方法的实验研究

谭　璐　张扬林

（江西省抚州市南丰水文站，江西抚州　344500）

摘　要： 为了使河流泥沙粒径计法有比较科学的参考标准，国家相关技术部门一直通过开展相关的工作对其分析成果的方法进行必要的改进。由于影响粒径级配与标准级配的因素较多，必须进行全面的分析，以便得到科学的实验结果。根据相关的实验研究，可以对河流泥沙的粒径通过科学的分析方法进行统一的计算，得到科学的实验数据。本文将通过河流泥沙粒径计法分析成果改正方法的实验研究，为后续工作的展开提供一些建议。

关键词： 河流泥沙；粒径；分析成果；实验数据

在开展河流泥沙粒径相关工作的过程中，颗粒分析方法的使用比较常见。它的主要特点是：操作简单、适用范围广、同一次的研究实验可以多次进行验证等。这种方法在很长的一段时间内被广泛应用，对相关研究工作有巨大的参考价值。但是，在实际应用过程中，这种方法也有着一定的局限性。它用整体的研究方法对泥沙颗粒的相关特性进行了必要的研究，结果与单个泥沙颗粒的自由沉降有着很大的差异。因此，必须对河流泥沙粒径计法分析成果改正方法进行必要的实验研究，以便获得可靠的实验数据，为整体工作的有效开展带来科学的工作思路。

1　河流泥沙颗粒分析方法综述

常见的河流泥沙颗粒分析方法主要有两种：泥沙颗粒沉降速度分析法和直接型的测量分析法。在泥沙颗粒沉降速度分析法中，不同的沉降体系下泥沙颗粒的结果显示差异较大。在理想的状态下，一般选用的是清水型的沉降体系。它的工作原理主要是指个体颗粒沉降过程中保持自然的状态，不受任何外界的影响因素。但在实际的研究过程中，由于河流泥沙的颗粒较多，清水沉降体系的应用受到了一定的约束，无法得到科学的参考数据。这主要是因为单个颗粒在实际的沉降过程中会受到水质差异性的影响：清水中的沉降速度可能远远大于浊水中的速度。实际的测量结果依照这些实验数据，会使泥沙粒径的偏差越来越大。这也客观地体现出了泥沙粒径法实际应用中的局限性。因此，必须对泥沙粒径的分析结果进行必要的改造，使其能够恢复到清水沉降体系下单颗颗粒沉降的具体应用机制中，保证实验结果的合理性。这些修正方法必须是在实际的参考模型上深入展开的，其中的实验数据也必须具有一定的科学合理性。粒径计法在应用过程中的缺陷无法从整体上掩饰它重复性较好、实验程序简单等优点。因此，这种分析方法在实际的应用过程中依然有着一定的参考价值，需要结合相关的理论体系对其中涉及的内容进行综合的研究和评估。

2　实验方法相关内容的全面分析

本实验主要是利用单颗沉降分析法的基本原理对相关的操作过程进行必要地指导。实验设备主要包括：内径约为 2.3cm、长度约为 100cm 的粒径计量试管；单颗沉降分析法中涉及的沉降管内径约为 5.3cm、总长度约为 83.5cm。其中，不考虑试管内壁的影响因素。

粒径计法的实验步骤主要如下：①将获取到的泥沙样品经过相关的技术处理，用符合一定指标的水进行清洗。②将一定范围内的泥沙样品进行称重和分类，主要从密度、筛选方法、粒径的参考标准这 3 个方面进行分类。③将分为 3 个样品的实验数据与理论数据进行比对，获取均值最为相似的粒径值作为最终的分析结果。④按照相关的计算公式进行必要的分析计算，获取最终的主要实验技术指标参数。

单颗沉降分析法的主要实验步骤如下：①将粒径基本相同的泥沙颗粒相互混合，保持整体的均匀性，作为实验样本。②在实验样本中，按照粒径大小的不同（以 0.15mm 为基准），采用特殊的均值分类法进行逐步的分组，然后开始单颗沉降。③在泥沙颗粒沉降过程中基本达到均匀的状态时，开始测量它的速度。一般情况下，时间间隔以 25 颗泥沙颗粒为基准，通过观察泥沙颗粒在水面上的沉降过程，获得相关的实验数据。其中，主要测量的是单颗的沉降速度及时间。④利用相关的计算公式算出不同的沉降粒径。

实验结果的分析比对主要的参考公式为

$$D = 10\varphi^{2/3}/g^{1/3}(\rho_s/\rho_w - 1)^{1/3} \tag{1}$$

$$\varphi = 10[5.777 - \sqrt{39 - (\lg sa + 3.665)^2}] \tag{2}$$

式中：φ 为沉降速度，cm/s；D 为泥沙颗粒的沉降粒径，mm；ρ_s 和 ρ_w 为泥沙及清水的密度，g/cm。

通过对这些实验数据的精确测量，便可以大致估算出单颗泥沙的粒径。

经过相关实验的验证，可以分析得到单颗沉降分析法中泥沙的沉降速度明显大于其他状态下的沉降速度。这主要是由于忽略了水质及试管内壁相关因素的影响，前提条件是处于理想状态下。

3　粒径分析成果改正方法的综合研究

为了使实验结果各有科学代表性，必须对粒径分析成果的方法进行必要的改进。改进的主要内容如下：

（1）将粒径变化的曲线与标准的曲线做比较，对实验中与标准曲线偏差较大的参考点进行必要的纠正。纠正的主要方法是进行重新测量。

（2）在制作实验中粒径变化的曲线时，横坐标和纵坐标分别对应表示的粒径及粒径所占比重的大小在刻度上应该进行细分，一般精确到毫米级的数量单位。

（3）整个曲线最终呈现的状态应该是：上端不闭合，下端重合。

（4）为了使实验数据达到科学的要求，应该通过多次测量取均值的方法分别计算出均值。

（5）在绘制实验所需的曲线图时，依据最新的沉降规律，及时地计算出对应的沉降粒径。

（6）沉降粒径的准确测量还可以通过实验粒径与标准粒径是否相关的方法进行测量，利用相关性的特点可以得到较为准确的数据。

4 结语

为了使河流泥沙粒径结果更为科学，必须对单颗沉降分析法进行综合研究，准确地计算和分析出满足实验要求的相关数据。在进行实验操作的具体过程中，必须对所有的影响因素综合考虑，以便获得更加精确的数据。做好泥沙粒径分析成果的改进工作，具有现实的参考意义。

参 考 文 献

［1］ 王玮浩. 泥沙启动流速研究现状分析［J］. 科技创新导报，2014（27）：32 - 34.

［2］ 谷硕，李静. 黄河泥沙颗粒分析新技术的引进及应用［J］. 人民黄河，2014（9）：14 - 15，19.

水文缆道绝缘子的选用对信号传输效率的影响

隆国忠

（江西省宜丰水文站，江西宜丰　336300）

摘　要： 本文阐述了江西省宜丰水文站在水文缆道信号传输方面，以及绝缘子选择上的一些做法。利用供电线路上的盘形悬式绝缘子代替普通拉式绝缘子，可增加阴雨天缆道信号的绝缘性能，提高缆道信号传输效率。

关键词： 水文缆道；盘形悬式；绝缘子；信号传输衰减；信号传输效率

水文缆道是我国大多数水文测站进行测流取沙的主要测验设备，它的使用均在水汽充足的江河水系边。尤其是在阴雨潮湿的南方，洪水期水汽更足，将会影响缆道的信号传输效率，因此解决信号传输效率问题显得尤为重要。

1　未使用盘形悬式绝缘子前

江西省宜丰水文站在未使用盘形悬式绝缘子前，每遇阴雨天，特别是久晴后的阴雨天测流，都要上 5～7m 高的缆道架处理信号传输事宜：重新接线，以增强信号传输。当时，为了提高缆道的信号传输效率，使用了以下一些办法：

（1）在绞车与地面连接处垫橡皮垫。

（2）在导向滑轮的轴上加尼龙绝缘套。

（3）在导向滑轮与抱箍中加拉紧瓷绝缘子。

（4）在信号索上加拉式绝缘子。

这些方法简便、易行，有一定的绝缘作用，但当下一轮雨洪天气来临时，又要面对同样的问题。究其原因是无法消除表层水膜的导电问题，特别是很不易消除久晴后阴雨天的水膜导电，因为这时绝缘子上的杂质与水膜混在一起更易导电。我国南方的水文缆道，在阴雨连绵的洪水期，雨水将户外设备（如水泥杆或铁塔、抱箍、导向轮、行车架等）全部淋湿，在户外所有部件包括绝缘部分的表层形成水膜。这层水膜使需要绝缘的部分变成了具有一定阻值的导电通路，从而使绝缘性能降低。户外各绝缘点都形成了能导电的表层水膜，相当于各绝缘点导电阻的并联，这时缆道的信号传输效率就会大大降低。对于 150m 以上较大跨度的缆道，就更为明显，以至于计数器无法正常工作。有时使用"无线"信号的水文缆道平时能正常使用，但到了阴雨连绵的洪水期，却在信号接收上出毛病，找不到"工作点"。

2 使用盘形悬式绝缘子后

实际探索发现，表层水膜导电是信号传输衰减的一个重要原因。为解决水文缆道需绝缘点表层水膜导电问题，可选用供电部门用于输电线路的盘形悬式绝缘子代替原来的拉紧瓷绝缘子，以达到提高讯号传输效率的目的。

盘形悬式绝缘子，从结构上看，上部是呈圆弧形的伞，下部有几个弧形同心圈的瓷环裙。这种伞裙结构形式，垂直使用时帽向上，雨水可顺着圆弧形伞流走，水平使用时，帽连向水泥杆抱箍，这时底部同心圆瓷环裙有防雨作用。无论是垂直使用或者水平使用，都难以在绝缘子的帽与脚间形成表层水膜导电。江西省宜丰水文站在水文缆道维修中，选用了盘形悬式绝缘子，更换原有的拉紧瓷绝缘子，取得了较好的效果。该站缆道跨度160m，主河宽60m左右，近缆道房有一个60m的滩地。缆道为无偏角悬杆式双索缆道，采用循环索与启动索分开布设的形式。由于受缆道结构影响，导向滑轮数目较多：循环索上有6个，启动索上有7个。这样只有信号索单独架设，还是不能完全解决信号衰减变化的问题。采用盘形悬式绝缘子后，晴天、雨天缆道对地电阻变化不大，保证了信号传输效率。宜丰水文站缆道信号传输简图如图1所示。

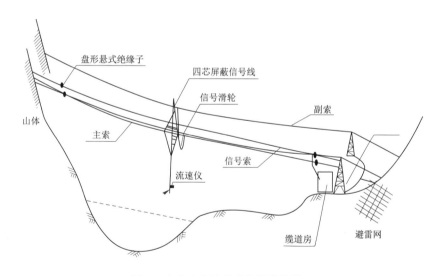

图1 宜丰水文站缆道信号传输简图

此缆道单独架设2条信号传输索来传输流速仪、水面、河底信号，信号传输索与缆道系统绝缘，以保证信号传输可靠。流速仪、水面、河底信号用四芯屏蔽信号线经信号滑轮与信号索联通，信号索用盘形悬式绝缘子保证阴雨天与缆道的绝缘。自缆道更换盘形悬式绝缘子至今，宜丰水文站在施测流量中用缆道能测到洪水全过程，信号传输部分未发现故障，正常、稳定。

3 结语

可见，在水文缆道信号传输中，消除缆道各绝缘点表层水膜导电对保证信号传输效率很重要。在水文缆道上更换或增加盘形悬式绝缘子，对缆道各运行索布设形式无须改动，工作量不大，投资小，比较方便，易行，值得推广。

石市水文站流量测次精简分析

戈晓斌

（江西省宜春水文局，江西宜春 336000）

摘　要： 本文通过对石市水文站实测流量次数和施测时机的精简分析，在保证流量测验和推算径流量精度的前提下，科学合理地减少流量测次，优化测验方式方法，从而达到提高测报工作效率的目的。

关键词： 石市水文站；流量测验；精简测次；误差计算

针对江西省宜春水文局水文站点数量大幅度增加、水文测验工作量越来越大这一实际情况，本文通过研究石市水文站实测流量次数和施测时机，在保证测验精度的前提下，优化现有的测验方式方法。该方法不仅可以达到减少测验工作量、拓宽水文服务领域的目的，也是对基层测站管理模式的改革创新。

1 概况

1.1 站点位置

石市水文站于 1999 年 4 月 1 日设立，被确定为国家基本水文站、省重要水文站。该站位于东经 114°46′、北纬 28°16′，地处江西省宜春市宜丰县石市镇。该站控制流域面积 2807km²，占万载河流域面积的 73.3%；距上游危坊水文站 58.7km，距下游凌江口 8.9km。该站观测项目有水位、流量、降水量，属二类精度站，能承担水文调查、勘测、水文水利计算分析，河道地形测量，以及水情预报、防汛抗旱、水资源管理等服务功能。

1.2 测验河段控制条件

测验河段基本顺直，河槽近似梯形，中高水河槽宽 160～230m，上游无支流加入，河床组成为：左岸细沙，右岸卵石及部分岩石；断面上游约 80m 处有一座五孔混凝土桥，上游 400m 处有三座沙洲，生长杂草和树木。下游 306m 以下部分河段，在该站水位 53.50m 以上左岸出现漫滩，水面宽由 200 多 m 增至约 300m，下游约 500m 处有一向左弯道，中高水起控制作用，约 3.5km 处建有滚水坝一座，坝宽 210。滚水坝上游 650m 处设有锦惠渠进水闸，闸孔三个，孔宽 3.2m，高 2.2m。该站下游约 10km 与宜丰河汇合，当宜丰河来水量大时有顶托影响。

1.3 目前流量测验方案

石市水文站实测年最高水位为 53.66m（黄海基面），最大流量为 2180m³/s；最低水位为 47.32m，最小流量为 3.4m³/s。水位在 55.00m 以下时流量采用常规流速仪法，中高水水文缆道，低枯水测船施测，测速垂线 15～20 根，水面一点法为常测法；水位在 55.00m 以上时流量采用比降面积法。按照水位级和洪水过程布置测次。水位级划分标准：高水大于 50.20m，中水为 49.00～50.20m，低水小于 49.00m。一般洪水过程测次 5 次（涨退水面各不少于 1 次、峰顶附近 1 次）测速历时 100s，当水位变幅大于平均水深 20% 时，测速历时可缩短至 60s；全年测次在 60～150 次之间。

1.4 水位流量关系

流量资料整编目前采用的方法是临时曲线法，要求每条曲线上下相邻点允许最大水位差：中高水不大于 0.40m，低水不大于 0.15m，必须通过"符号检验""适线检验""偏离数值检验"三个检验。水位流量关系影响因素主要来自下游宜丰河与万载河交汇口涨、落时差和锦惠渠开关闸影响，加之断面上、下游长期采砂影响。推流方法主要是临时曲线法和连时序法。

2 断面稳定性分析

2.1 分析总体思路与方法

通过对石市水文站水位流量关系线的历年综合线分析，计算其定线误差，探索水位流量关系的变化规律，寻求最高、最低水位流量关系线延长处理方法。在确定水位流量关系处理方法的基础上，适当简化测次布设数量，计算精简前后的年总水量、汛期总量和一次洪水总量误差，在保证适宜精度要求的前提下，寻求流量巡测、间测测次布设方案。

2.2 断面稳定性分析

（1）选用 2003—2012 年的大断面资料，且 2010—2012 年选用 2 次（汛前、汛后），2003—2009 年选用汛前 1 次，共 13 次大断面资料，石市站历年大断面图如图 1 所示。

（2）利用近 10 年的实测大断面成果，计算出各年水位-面积关系线，并将各年水位-面积关系线点绘于一张图上，确定综合面积曲线（图 2），计算各年关系线与综合线的相对误差，确定稳定（<3%）、较稳定（3%～6%）、不稳定（>6%）外包线。由图 2 可以看出石市水文站在水位级 51.50m 以上时断面较稳定，年内断面无较大变化，年际之间变化也不大。水位级在 51.50m 以上时各年关系线与综合线的最大相对误差为 −5.03%，在 6.0% 之内；但水位级在 51.50m 以下时相对误差较大，最大相对误差为 −67.25%，断面不稳定。

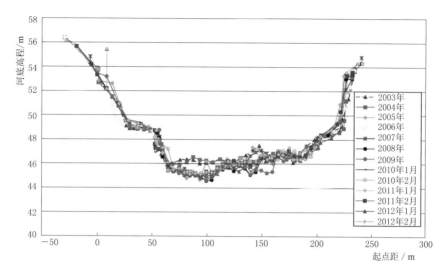

图1　石市水文站历年大断面图

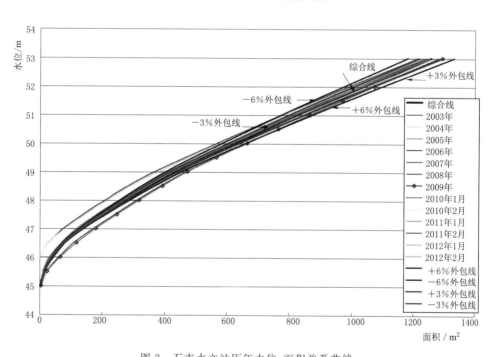

图2　石市水文站历年水位-面积关系曲线

（3）计算各级水位相邻测次或年份（即年内或年际间）面积相对偏离百分数（$A_本$ —$A_上$）/$A_上$×100％，即相邻年际间水位面积变化分析，点绘断面面积变化过程图［即中水水位级（50.00m）的相邻测次或年份面积相对偏离百分数与时间关系图］，纵坐标为相对偏离百分数，横坐标为时间，如图3所示。分析可知：2004—2006年、2008—2009年、2011年汛前、2012年汛前为冲刷，2007年、2010年、2011年汛后、2012年汛后为不经常性冲淤，属局部冲淤。从上述分析可知该断面不稳定。

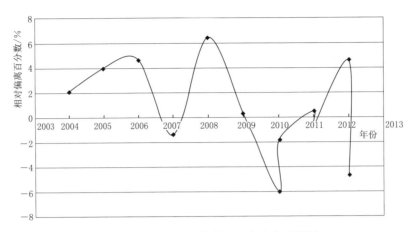

图 3　石市水文站历年断面面积变化过程图

2.3　历年综合线分析

　　该站历年水位流量关系曲线较稳定，大多为 3～8 条临时曲线。历年水位流量关系曲线综合分析：将 2003—2012 年水位流量关系曲线点绘于同一张图纸上（图 4）。通过线群中心绘制一条综合线，综合线节点见表 1。

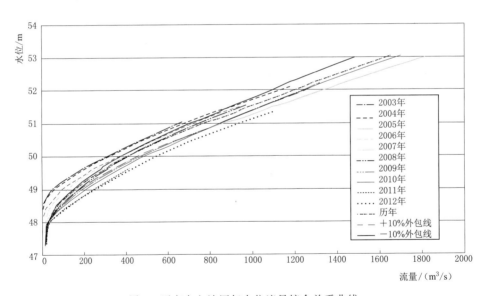

图 4　石市水文站历年水位流量综合关系曲线

表 1　　　　　　　　　石市水文站历年水位流量综合关系曲线节点表

水位/m	47.30	47.40	47.50	47.60	47.70	47.80	48.00	48.10
流量/(m³/s)	15.7	17.2	19.4	20.6	21.6	22.6	27.9	38.0
水位/m	48.20	48.30	48.40	48.50	48.60	48.70	48.90	49.00
流量/(m³/s)	49.3	56.5	67.8	75.3	89.0	106	143	163

水位/m	49.10	49.20	49.30	49.40	49.50	49.60	49.80	49.90
流量/(m³/s)	184	207	232	258	284	311	357	388
水位/m	50.00	50.10	50.20	50.30	50.40	50.50	50.70	50.80
流量/(m³/s)	419	454	489	523	559	595	670	709
水位/m	50.90	51.00	51.10	51.20	51.30	51.40	51.60	51.70
流量/(m³/s)	748	788	844	886	929	960	1050	1092
水位/m	51.80	51.90	52.00	52.10	52.20	52.30	52.50	52.60
流量/(m³/s)	1134	1174	1218	1258	1290	1338	1424	1468
水位/m	52.70	52.80	52.90	53.00				
流量/(m³/s)	1513	1558	1605	1655				

根据综合线和各年线的水位流量节点，计算每年水位流量关系线与综合线的相对偏离值、相邻年份曲线间的相对偏离值。统计每条关系线与综合线曲线间的最大相对偏离值、相邻年份曲线间的最大相对偏离值见表2。

表 2   **各年曲线与历年综合线、相邻年份曲线间最大偏离值统计表**

水位级	各年曲线与历年综合线之间最大偏离值/%	是否合理	允许误差/%	相邻年份的曲线之间最大偏离值/%	允许误差/%	是否合理
50.20m 以上	−38.8	否	5.0	15.7	5.0	否
49.00～50.20m	−89.7	否	8.0	94.3	8.0	否
49.00m 以下	−94.3	否	12.0	295	12.0	否
全线	−94.3			295		

注   允许误差分别按《水文巡测规范》（SL 195—2015）。

由表2可以看出，高、中、低水各项误差都在允许范围外，用历年综合线推流不合理，所以该站巡间测不可行。

2.4 精简测次分析

经历年水位流量关系综合分析可知，不能满足停间测时，应进行水位流量关系精简测次分析。多线型分析方法及步骤如下：

（1）根据该站历史资料按年径流量进行排频，选取频率20%、50%、80%作为对应丰水、平水、枯水年，在近10年资料中选择与丰水、平水、枯水年径流相当的3年资料（尽可能选最近年份）进行分析，其中必须有一年实测流量的水位变幅占历年水位变幅的80%以上，丰水、平水、枯水年对应的典型年分别为2010年、2008年、2004年。

（2）对选取的3年实测流量资料每年按间隔10d、15d分别进行抽样，同时控制水位变化过程，每年利用抽取的实测流量成果单独进行定线，抽样前后的各月流量测次对照见表3。

（3）对所确定水位流量关系线进行"三检"（符号检验、适线检验、偏离数值检验）。

表 3　　　　　　　　　　　　　抽样前后的各月流量测次

年份	抽样情况	1 月	2 月	3 月	4 月	5 月	6 月	7 月	8 月	9 月	10 月	11 月	12 月	全年
2004	抽样前	5	4	5	5	18	9	6	4	3	3	3	6	71
	样本一	3	3	5	4	9	5	4	3	3	3	3	4	49
	样本二	3	1	4	3	8	4	3	3	3	2	3	4	41
2008	抽样前	6	4	8	6	13	20	6	5	4	4	11	6	93
	样本一	4	4	5	4	8	9	4	5	4	4	6	5	62
	样本二	3	2	4	2	6	9	4	4	2	2	4	3	45
2010	抽样前	8	6	8	13	30	30	6	8	4	4	3	8	127
	样本一	5	3	6	5	22	16	4	7	4	3	3	6	85
	样本二	3	3	4	4	14	11	3	7	2	2	2	6	61

（4）计算实测关系点据对水位流量关系线的定线误差，计算系统误差和不确定度，并评定定线精度指标是否符合《水文巡测规范》（SL 195—2015）第 4.3.1 条规定，样本一、样本二计算结果分别见表 4、表 5。样本一、样本二各典型年抽样后水位流量关系曲线"三检"结果分别符合《水文资料整编规范》（SL 247—2012）第 2.4.1 条要求。

表 4　　　　　　　　　样本一实测点据与综合线的定线误差及评定表

年份	实际定线误差		规范允许定线误差指标		是否合理
	系统误差/%	不确定度/%	系统误差/%	不确定度/%	
2004	−0.4～0.9	9.2～9.8	1	10.0	合理
2008	−1.0～0	6.6～10.0	1	10.0	合理
2010	−0.6～0.2	7.6～8.4	1	10.0	合理

表 5　　　　　　　　　样本二实测点据与综合线的定线误差及评定表

年份	实际定线误差		规范允许定线误差指标		是否合理
	系统误差/%	不确定度/%	系统误差/%	不确定度/%	
2004	−0.3～−0.2	8.6～9.8	1	10.0	合理
2008	−0.5～0.3	7.0～10.0	1	10.0	合理
2010	0～0.1	6.6～9.2	1	10.0	合理

（5）进行时段总量及其误差的计算。用精简测次后的关系线进行推流，计算年总量、汛期总量和一次洪水总量，并与原整编值比较，计算其相对误差，按《水文巡测规范》（SL 195—2015）第 4.3.3.2 条规定，如果误差值不超过该规范指标，则测次精简成立，否则逐步增加测次再进行分析，样本一、样本二计算结果分别见表 6 和表 7。

由表 6 和表 7 可知，丰水、平水、枯水年精简后年总量与原整编值误差最大值为 1.0%，小于允许误差 3.0%；汛期总量与原整编值误差最大值为 −1.2%，小于允许误差 3.5%；一次洪水总量与原整编值误差最大值为 −0.6%，小于允许误差 6.0%；所以精简测次方案可行。

表6   样本一各时段总量及其误差评定表

时段名称		丰水年（20%）-2010年			平水年（50%）-2008年			枯水年（80%）-2004年			允许误差/%	是否合理
		精简后推算值/亿 m³	原整编值/亿 m³	误差/%	精简后推算值/亿 m³	原整编值/亿 m³	误差/%	精简后推算值/亿 m³	原整编值/亿 m³	误差/%		
年总量		33.64	33.57	0.2	19.52	19.33	1.0	15.06	14.98	0.5	3.0	√
汛期总量		24.57	24.87	−1.2	12.20	12.13	0.6	11.98	11.88	0.8	3.5	√
一次洪水总量	洪水日期	5月21日至5月27日			6月5日至7月5日			4月22日至6月16日			6.0	√
	总量	3.407	3.407	0	4.407	4.408	−0.02	5.805	5.808	−0.05		

注　一次洪水总量分别选自丰水、平水、枯水年中最大的一次洪水过程。

表7   样本二各时段总量及其误差评定表

时段名称		丰水年（20%）-2010年			平水年（50%）-2008年			枯水年（80%）-2004年			允许误差/%	是否合理
		精简后推算值/亿 m³	原整编值/亿 m³	误差/%	精简后推算值/亿 m³	原整编值/亿 m³	误差/%	精简后推算值/亿 m³	原整编值/亿 m³	误差/%		
年总量		33.62	33.57	0.1	19.49	19.33	0.8	15.00	14.98	0.1	3.0	√
汛期总量		24.75	24.87	−0.5	12.20	12.13	0.6	11.92	11.88	0.3	3.5	√
一次洪水总量	洪水日期	5月21日至5月27日			6月5日至7月5日			4月22日至6月16日			6.0	√
	总量	3.407	3.407	0	4.407	4.408	−0.02	5.775	5.808	−0.6		

注　一次洪水总量分别选自丰水、平水、枯水年中最大的一次洪水过程。

3 结语

通过上述分析，得出以下结论或建议：

（1）石市水文站最近几年受断面上、下游采砂等人类活动影响，河床稳定性遭受破坏，中、低水影响更为严重，导致水位流量关系点据分布比较散乱，经分析计算不符合《水文巡测规范》（SL 195—2015）的误差评定要求，所以各级水位都不能进行巡测，只能进行精简测次。

（2）因断面不稳定，水深测量在测深能力以内必须实测，每条垂线必须进行两次测深且误差符合规范规定，借用断面应在洪水退后及时施测水道断面。测深垂线的布设应能控制河床变化的转折点，使部分水道断面面积无大补大割情况。

（3）丰水年全年测次宜为60～80次，平水年全年测次宜为45～60次，枯水年全年测次宜为40～50次。遇较大洪水时，涨、落水面测次各不少于2次，一般洪水各不少于1次。年最高水位、最低水位流量必须全部实测；当发生洪水、枯水超出历年实测流量的水位时，应对超出部分增加测次。

（4）临时曲线法定线推流时，两相邻曲线间的过渡线，可根据过渡段的水位变化和关系点的分布情况，采用自然方法过渡。对水位流量关系曲线高低水延长可采用水位土面积、水位流速关系曲线法，但高水部分延长不应超过当年实测流量所占水位变幅的30％，低水部分延长不应超过15％。

（5）流速仪法单次流量测验允许误差，高水：总随机不确定度不大于6％，系统误差－2％～1％；中水：总随机不确定度不大于7％，系统误差－2％～1％；低水：总随机不确定度不大于10％，系统误差－2％～1％。

参 考 文 献

［1］ 水文巡测规范：SL 195—2015［S］.
［2］ 水文资料整编规范：SL 247—2012［S］.
［3］ 河流流量测验规范：GB 50179—2015［S］.

基于双音频信号控制的水文缆道测沙自控仪的研制

康修洪[1]　李先哲[2]　肖　英[2]　朱　兵[2]

（1. 江西省吉安市水文局，江西吉安　343000；

2. 井冈山大学电子与信息工程学院，江西吉安　343009）

摘　要： 针对水文站中普遍使用的自动缆道测流仪器均存在进水阀密封、信号控制、与缆道测流系统整合等诸多问题的情况，研制了一种基于嵌入式的水文缆道测沙自控仪。该自控仪将双管双稳态水样采集阀门与铅鱼有机结合，合理布置进排水管线和通信线路，水文缆道的水平和垂直运行准确定位，采用双音频信号传输可靠的控制水下采样器阀门的开关，测取断面各位置、不同水深的水样，并及时发回阀门开关状况信号。实践证明，采用了双管双稳态水样采集阀门解决了关闭状态下进水管淤积泥沙问题，同时阀门不必进行全密封，还实现了水文监测数据岸上至水中和水中至岸上的双向控制传输，研制的仪器获得成功应用。

关键词： 双管双稳态；河流含沙量；缆道测沙；自控仪

　　我国是一个多沙河流的国家，泥沙问题较为突出。在水利水电工程建设、泥沙运动规律和土壤侵蚀研究、水土流失治理等方面，河流泥沙的测验是一个十分重要的课题。随着我国社会经济的快速发展，对水文水资源信息的采集、传输、处理和水文预测预报智能化提出了更高要求。近年来，雨量和水位自动采集、传输、处理已基本实现，流量和蒸发自动采集仪器设备也有较大发展，而河流泥沙监测仪器设备研究一直无大的突破。

　　目前，在水文站中普遍使用的自动缆道测流系统均存在进水阀密封、信号控制、与缆道测流系统整合等诸多问题：一是阀门结构不合理，使用中容易锈蚀和被泥沙卡住；二是控制传输过程中，受到缆道运转以及周边环境带来的各种信号干扰，阀门的开启无法正确控制，影响采样结果；三是在岸上控制时无法知道阀门的开启状态；四是目前使用的仪器为单根管径采样，在完成一个采样周期后，关闭阀门到下一个采样周期阀门打开前，破坏了管中水流状态，并在管中会残余泥沙，影响最终含沙量的检测精度。为解决上述问题，本文介绍了测沙自控仪的研制。

1　缆道测沙自控仪整体设计

　　基于嵌入式系统的缆道水文数据传输系统由主控制台端和沉入水下的泥沙采样端两部

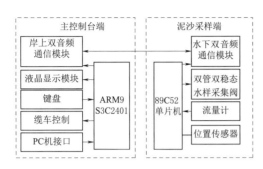

图1 系统组成框图

分组成，系统组成框图如图1所示。主控制台端以 ARM9 S3C2401 处理器为核心，由岸上双音频通信模块、液晶显示模块、键盘、缆车控制、PC机接口共同组成。泥沙采样端以 89C52 单片机为核心，由水下双音频通信模块、双管双稳态水样采集阀、流量计、位置传感器组成。

ARM9 S3C2401 处理器负责发送控制命令、记录和显示各项测验数据，键盘用于调整采样时间参数，缆车将装有泥沙采样端的铅鱼送入指定的水中位置；89C52 单片机负责接收采样时间、控制双管双稳态水样采集阀开启和关闭，位置传感器提供水面信号、河底信号，流量计提供河水瞬时流速信号；岸上双音频通信模块和水下双音频通信模块负责控制信号和数据信号的发送和接收。

2 双管双稳态水样采集阀门设计

针对阀门结构不合理，使用中容易锈蚀和被泥沙卡住的问题，设计了双管双稳态水样采集阀门。双管双稳态水样采集阀门按照河流泥沙测验规范要求设计，通过水文缆道的水平和垂直运行准确定位，用双音频信号无线信号控制器控制水下采样器阀门的开关，测取断面各位置、不同水深的水样，为准确分析出断面含沙量及输沙率提供保证。设计制作的双管双稳态水样采集阀门已获中国实用新型专利（申请号：200920142120.X），其结构如图2所示。

该阀门由顶座（1）、弹簧（2）、压杆1（3）、压杆2（4）、铰链（5）、穿橡胶管圆孔1（6）、穿橡胶孔2（7）、铁（8）、线圈1（9）、线圈2（10）、定向连接器1（11）、定向连接器2（12）、底座（13）、滚珠（14）等组成。由于水道采用Y形双管，接收到控制端的采样信号后，设备打开采样器管道，关闭另一管道，含沙水流流入采样瓶或皮囊，采样结束时发送关闭信号，设备打开通向河流下游管

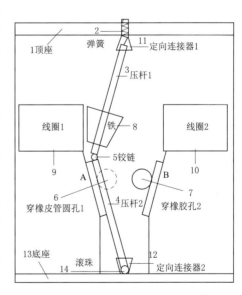

图2 双管双稳态水样采集阀门结构图

道，关闭采样管道，含沙水流流入河内，管中基本没有残留积沙，水流接近天然流速，较少干扰天然流态。同时，状态传感器将设备工作状态实时直观地显示在控制端。

3 缆道测沙自控仪控制系统

3.1 信号传输

本系统有水面位置信号、河底到达位置信号、采样器工作控制信号、流速数据信号等。现有的信号传输方式有脉冲方式、无线通信方式、单音频方式。脉冲方式是一种时域处理方法，它用脉冲的个数来表示号码数字，遇到雷电、洪水、暴雨等环境，可靠性差；无线通信方式的功率要求大，受体积的影响，使用的电池容量有限，使用时间不够完成 1 次完整取样，且天线必须露出水面，一般不使用；单音频方式只有一种频率的信号，对于一般性的干扰就容易造成误判。因此，本仪器采用双音频通信方式。

为了满足 500～1000m 河宽通信要求，本仪器采用 500～2000Hz 范围的音频频率，采用 MT5087 双音频编码芯片和 MT8870 双音频解码芯片作为双音频信号的发生器与接收器，完成信号的传输。将音频的高端和低端搭配，采用 4×4 的矩阵编码，共有 16 种组合，每种组合代表一个数字。

3.2 处理器的选择

岸上系统处理器选 STC89C58RD，水下系统处理器选 89C52 单片机。在传输过程中信号需要放大，选用 SPY0030A IC 音频功率放大器将双音频信号放大。在数据显示和人机交互界面方面采用多功能 LCD1602 液晶显示屏，在数据保存方面采用 U 盘读写模块将数据从单片机中读入 U 盘并自动建立 Excel 文件；同时还能增加和计算机对接的功能，将数据直接输入到计算机中进行控制，升级空间非常大，具有很强的人性化设计。

3.3 接口扩展芯片的选择

选择 74HC573D 锁存器来扩展单片机的 I/O 端口，由于单片机本身的 24 个 I/O 端口不够用，因此用 2 块 74HC573D 将接口扩展至 40 个，这样才能满足系统要求，此款锁存器具有低功耗、低成本、易用、易控制等优点。基于多方面的综合考虑和分析，选择 74HC573D 作为接口扩展芯片。

3.4 人机交互显示模块

人机交互功能对于产品非常重要，是体现人性化设计的一个重要方面，其中显示和控制是主要体现。采用 LCD1602 液晶作为数据和信息的实时显示界面，采用键盘来输入控制信号，而单片机的实时程序检测键盘的信号。因此用键盘操作给整个系统带来了更为人性化的理念。

3.5 水面、河底失重信号

水面信号是指流量监测装置下到水面的瞬间，提供给岸上控制端计算装置在水下位置的起点信号。该水面信号由水介质接触开关信号完成，单片机的 P1.0 脚和正极电源两个极板，单片机设计成中断状态，当铅鱼入水时，两接触点导通，即给单片机 P1.0 脚一个高脉冲，单片机进入服务程序，发出"入水"信号；出水时，极板断开，即给单片机 P1.0 脚一个低脉冲，单片机进入服务程序，发出"出水"信号。缆道测沙自控仪双音频通信控制系统电路原理如图 3 所示。

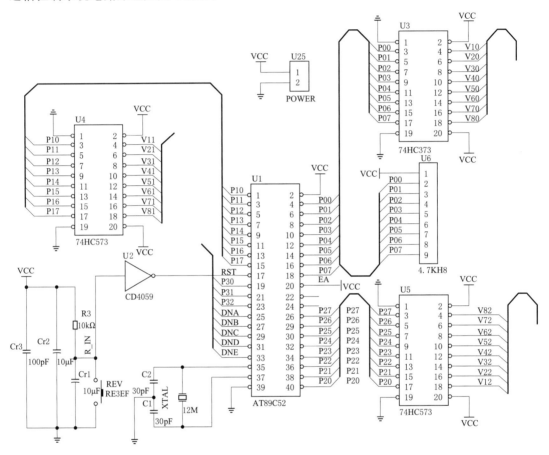

图 3　双音频通信控制系统电路原理图

4　工作原理

从节约和实用的角度考虑，拟利用缆道钢丝循环索构成监测数据的传输回路，最大限度地利用现有设备，如图 4 所示。

其工作过程：将包含流量计在内的流量监测装置安放在缆道钢丝循环索上的铅鱼中运行，运行到预先设计的垂线位置后放入河水中，入水瞬间将产生的下水信号传输到岸上控制接收端，当装置按要求下到一定水深时，岸上控制接收端的单片机发出控制信号，该控制信号是一种代表数字信号的双音频信号，控制信号通过水介质、大地和缆道钢丝循环索传送，水下流速监测记录端接收到该开始工作的控制信号，按照要求开始记录流量计转动的个数，单片机将该数据转换成代表数字信号组合的双音频信号，不同组合的音频信号同

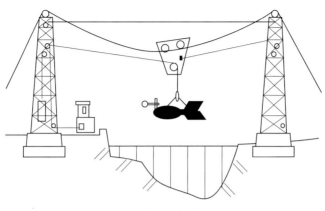

图 4　缆道基本结构图

样通过水介质、大地和缆道钢丝循环索传送，传回控制点，接收到的信号被还原成流速数据，按照公式计算出流量。

5　系统软件设计

岸上控制终端软件流程如图 5 所示，水下数据采集终端软件流程如图 6 所示。

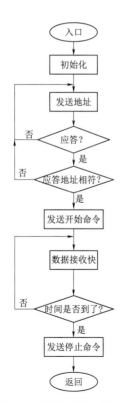

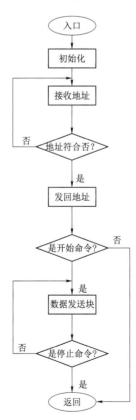

图 5　岸上控制终端软件流程图　　图 6　水下数据采集终端软件流程图

6 采样方法与结果

6.1 采样方法

首先，在河道中取任一断面采样，根据要求将断面分为若干条垂线，每两条垂线间的面积为部分面积，由相邻两条垂线上的采样点按设定时间采集。本仪器各垂线的起点距和水深的测量是由水文缆道测距仪实现的，水文缆道测距仪、光电传感器配合水文绞车实现了测流铅鱼的定位系统。水文缆道测距仪由起点距测量和水深测量两部分组成，起点距、水深传感器均由光电增量编码传感器直接感应循环轮和起重轮。为避免绳索感应方式的打滑故障，传感器与绞车转动轴采用直接柔性相连的方式，使传感器与绞车传动轴同步转动。使用时先初步算出绳长系数（一般转轮直径为30cm，测出绞车转轮周长，由传感器每转所产生的信号数为200，可知绳长系数为3.14×30/200＝0.472），并设置到测距仪的起点距或入水深对应的存储单元中，以期可直接算出绳索长度，从而确定起点距及水深参数。装载本采样仪的铅鱼水平位置和垂直位置是由移动的绳长确定的。光电编码信号与绳长的转换系数由式（1）和式（2）确定：

$$X(起点距转换系数)＝\frac{循回轮周长}{200} \tag{1}$$

$$H_x(入水深转换系数)＝\frac{起重轮重量}{200} \tag{2}$$

由于缆道横跨于断面上的主索总有一定的弧度，以光电编码器光电信号记录的绳长作为实际起点距与理论上要求的起点距总有一定误差。

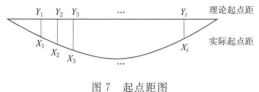

图 7　起点距图

如图 7 所示，起点距使用经纬仪测出了理论数值 Y_1，Y_2，Y_3，$\cdots$，Y_i。由于主索有垂弧度，仅用绳长测出了实际 X_1，X_2，X_3，$\cdots$，X_i。本仪器为此设计了垂弧度自动修正技术方案，即将若干段线用时测法求出每段的修正系数，保存在仪器存储器中，实际使用时，以期自动识别每段修正系数，测出精确的起点距。

如：第 1 段线的修正系数为：$K_1＝Y_1/X_1$

第 2 段线的修正系数为：$K_2＝Y_2/X_2$

……

第 i 段线的修正系数为：$K_i＝Y_i/X_i$

一旦系数确定，使用时仪器自动按 $Y_i＝K_i/X_i$ 计算出起点距。设起点距的总长为 L，则可计算出 L 值为：

$$L＝Y_1＋Y_2＋\cdots＋Y_i＝K_1X_1＋K_2X_2＋\cdots＋K_iX_i \tag{3}$$

在设计中，为测距仪设计了自动停车的功能，也即当测距仪记录的水平起点距与设定垂线起点距相等以及铅鱼入水深达到测点位置时，测距仪自动向交流变频调速仪系统发出停车信号，这样可大大提高测验的效率和准确性。

整个断面总流量，即由相邻两垂线上的平均流速与部分断面面积乘积而得到部分流量，而各部分流量之和即为断面间总流量，如图8所示。

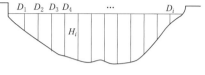

图 8　测流断面示意图

设：第 i 条垂线与第 $i-1$ 条垂线间的距离为：$D_i - D_i - 1$；第 i 条垂线上的水深为：H_i，则第 i 个部分断面面积为：$S_i = 1/2(D_i - D_i - 1) \times (H_i + H_i - 1)$。

第 i 条垂线上各测点的平均流速为 V_i，则断面总流量 Q_i 由式（4）求得

$$Q_i = \sum_{i=1}^{\max} \frac{1}{4}(D_i - D_{i-1})(d_i + d_{i-1})(V_i + V_{i-1}) \qquad (4)$$

6.2　采样效果

将该仪器在江西省上沙兰、赛塘水文站采用上述部分面积和部分流速计算法进行采样。依据《河流悬移质泥沙测验规范》（GB 50159—2015），使用管径 4mm 的采集瓶采样，效果见表 1。

表 1　　　　　　　　　　　　　水文站采样结果表

参数名称	采样数据								
离岸距离/m	5	10	20	30	50	100	150	200	300
水下距离/m	1	10	2	5	15	10	2	5	1
采集时间/h	1	2	3	10	1	2	3	5	8
取样容积/mL	1000	1100	900	600	1200	1000	500	1300	300
实测流速/(m/s)	1.01	1.22	1.31	1.32	1.35	1.22	1.13	1.05	0.95
进口流速/(m/s)	1.005	1.187	1.341	1.261	1.29	1.214	1.124	1.087	0.931
进口流速系数	0.995	0.973	1.024	0.955	0.955	0.955	0.955	1.035	0.98

7　结语

运行表明，当河流流速小于 5m/s 和含沙量小于 30g/m³ 时，管嘴进口流速系数在 0.9～1.1 的保证率均大于 75%，缆道测沙自控仪能按照河流泥沙测验规范要求顺利采样。经过双管双稳态水样采集阀门与铅鱼有机结合，合理布置进排水管线和通信线路，水文缆道的水平和垂直运行准确定位，采用双音频信号传输可靠地控制水下采样器阀门的开关，测取断面各位置、不同水深的水样，并及时发回阀门开关状况信号。双管双稳态水样采集解决了关闭状态下进水管淤积泥沙问题，同时阀门不必进行全密封，还实现了水文监测数据岸上至水中和水中至岸上的双向控制传输。该仪器提出的泥沙采样方法是水文泥沙数据测验中的一种新方法。实践证明，该系统稍加改进还可用于船测站取沙，除能在水文测验

中广泛应用外，还能在水土保持、水环境监测等项目中广泛应用。

参 考 文 献

［1］ 王智进，宋海松．河流泥沙测验仪器的研究［J］．水文，2005，25（3）：38－40．

［2］ 吴伟华，钱春．泥沙测验技术进展简述［J］．泥沙研究，2010（5）：77－80．

［3］ 刘勇．基于 ARM 的水文泥沙图像数据采集系统的研究［D］．南昌：华东交通大学信息工程学院，2010．

［4］ 肖英，魏志刚，刘永红，等．一种基于水介质传输数据的新型山区河水流量监测装置［J］．井冈山大学学报，2012，31（1）：60－63．

［5］ 肖英，陈春玲．基于插值算法的水样采集控制系统［J］．井冈山大学学报（自然科学版），2010，31（1）：91－94．

［6］ Xiao Y，Peng X G，Leng M，et al．The research of image collection method for sediment online－detection［J］．Journal of Computes，2010，5（6）：893－900．

［7］ Zhu B，Zhou X Y，Tan B．Algorithm for Detecting the Image of River Sediment Based on Hydrometric cableway［J］．Journal of Software，2011，6（8）：1437－1444．

［8］ 朱兵，周旭艳，谭斌，等．基于 DTMF 的河流流速测量系统研究与设计［J］．计算机测量与控制，2012（1）：47－49，77．

［9］ 陆旭．我国水文测验仪器计量技术管理综析［J］．信息科技，2008（1）：100－103．

［10］ 河流悬移质泥沙测验规范：GB 50159—2015［S］．

［11］ 河流泥沙测验及颗粒分析仪器：SL/T 208—1998［S］．

激光粒度仪在江西河流泥沙颗粒分析中的应用

刘建新[1]　邓凌毅[2]　唐晶晶[2]

(1. 江西省水文局，江西南昌　330000；

2. 江西省吉安市水文局，江西吉安　343000)

摘　要： 江西省自1967年陆续开展悬移质泥沙颗粒级配分析工作以来，河流、湖泊的颗分方法为沉降法中的粒径计法，该方法工作步骤繁多、时效性较差、重复性不好，且其分析范围有限，已达不到水利部关于颗分精度的新要求。激光粒度分析仪（马尔文MS2000型）具有速度快、精度高、成果质量佳、稳定可靠、误差小的特点，能满足颗分及资料整编的精度要求，能较好地适用于江西省河流颗分工作，大幅提高成果的精度，极大地减轻劳动强度，节省工作时间，解放生产力。本文主要介绍激光粒度仪在江西省部分河流颗分站的使用、比测及分析情况。

关键词： 激光；粒度仪；泥沙；颗粒

1　概述

悬移质泥沙颗粒级配分析（以下简称"颗分"）是江西省水文测验工作的一项重要内容，是定性、定量研究河流泥沙颗粒大小分布及水沙运动规律的主要手段。泥沙颗粒级配是涉水工程建设、江河整治、防治水土流失、维持河势稳定、维护生态平衡等工作不可或缺的重要基础资料。

江西省位于长江中下游南岸，河流众多，以赣江、抚河、信江、饶河和修河五大河流为主体，从东、南、西三个方向汇入鄱阳湖，经鄱阳湖调蓄后由湖口汇入长江，形成完整的鄱阳湖水系。全省自1967年陆续开展颗分工作以来，河流、湖泊的颗分方法为沉降法中的粒径计法，该方法具有物理概念清晰、直观可视的优点，但人为操作影响因素较大；受群体沉降和扩散的影响使小粒径级（$D < 0.062$mm）级配值系统偏小；当水温低于11℃时0.004mm粒径颗粒沉降时间长达24h以上，且工作步骤繁多、时效性较差、重复性不好，其分析范围有限，已达不到水利部关于颗分精度的新要求。激光粒度分析仪（马尔文MS2000型）具有速度快、精度高、成果质量佳、稳定可靠、误差小的特点，能满足颗分及资料整编的精度要求，能较好地适用于本省河流颗分工作，大幅提高成果的精度，极大地减轻劳动强度，节省工作时间，解放生产力，为颗分工作带来了根本性变革。

2 流域泥沙颗粒级配情况

2.1 各流域河流悬移质泥沙颗粒级配特征

全省有 13 个颗分站，主要分布于赣江、抚河、信江三大河六地（市），积累了大量长系列资料，能较好地反映该三大河流多年泥沙颗粒级配变化状况。三大河流流域悬移质泥沙粒径及级配各有不同，呈现出各自的特征，多数站悬移质泥沙颗粒粒径小于 1.0mm，泥沙粒径相对较细，主要以黏粒和粉砂（0.004～0.062mm）为主，少部分站以砂粒（0.062～2.0mm）为主，但不同的流域、区域河流悬移质泥沙颗粒级配往往有一定差别，同一断面一年内不同时期也有较大不同，年际间亦有变化。

从悬移质泥沙多年平均颗粒级配值相似性分析，总体而言，赣江上游干支流及中游支流各站均较相似；赣江下游外洲站、支流锦江高安站与抚河下游李家渡站均较相似；抚河流域各站均较相似；赣江中游吉安站受万安水库影响，与该流域上、下游各站相比差异明显。

2.2 河流悬移质泥沙颗粒级配年内分布不均

江西省各站各年年内平均粒径最小值为 0.01～0.05mm，最大值为 0.06～0.12mm；4—6 月降雨集中、8—9 月时有台风，使得江西省 4—9 月洪水频发，山体滑坡、泥石流现象多发。河流泥沙粒径峰值常伴着洪峰，多在 4—7 月出现，洪水期泥沙粒径粗、水样浊度大；平枯水期泥沙粒径细、水样清；在多旱少雨的非汛期，虽然发生洪水的规模较小，但由于地表干燥，土壤、泥沙更易被冲刷入河流，此时水流中往往也容易挟带较粗的泥沙颗粒；输沙、颗分工作多在含沙量大的时期进行。

2.3 河流悬移质泥沙颗粒级配年际变化较大

根据赣江、抚河、信江流域河流悬移质泥沙年平均粒径历年变化可知，多数站年平均粒径多在 0.03～0.1mm 之间，年际变幅较大；大水年份年平均粒径一般偏粗；蓄水工程对河流悬移质泥沙年平均粒径变化影响明显，例如赣江吉安站和章水坝上站分别位于万安水库下游和八境湖翻板闸尾水顶托段，受工程影响，断面以上部分河段的平均流速和河流挟沙能力均变小和减弱，所以两站分别从 1995 年、1998 年起，年平均粒径呈逐年缓慢变小趋势。

3 激光法基本原理及分析方法

激光粒度分析法是利用激光这一特殊光源，根据颗粒的光散射现象，进行悬移质泥沙颗粒分析的一种方法。激光具有很好的单色性和极强的方向性，一束平行的激光在没有阻碍的无限空间中会照射到无限远处，并且在传播过程中很少发生散射现象。由物理光学推论，颗粒对于入射的散射服从经典的米氏理论，当光束遇到颗粒阻挡时，会产生各个方向强度不一的散射光。在其前方向的散射光强度最大，这一现象称为衍射。散射光的传播方向将与主光束的传播方向形成一个夹角 θ，颗粒越大，产生的散射光的 θ 角就越小；反之则产生的散射光的 θ 角就越大。散射光的强度与该粒径颗粒的数量成正比。

在适当的位置放置一个富氏透镜，在其后焦平面上放置一组多元光探测器，使不同角度的散射光通过富氏透镜照射到多元光电探测器上，这些包含粒度分布信息的光信号转换成电信号并传输到电脑中，将各种体积不规则的物体换算成同体球体，从而得到准确的样品粒度分布，并可根据各自的要求输出不同粒径级的级配值。

激光法水样取样与处理方法和粒径计法一致，泥沙颗粒分析方法严格按照《马尔文 MS2000 激光粒度仪分析使用手册》进行。

4 激光粒度仪与粒径计法比测情况

2013 年选择赣江上游翰林桥站、中游吉安站、下游外洲站，抚河流域娄家村站，信江流域梅港站，共五站作为两种颗分方法比测站点。比测期间，激光法实验室共收集各比测站悬移质沙样 293 份、中沙沙样 24 份、粗沙沙样 28 份。其中各比测站沙样均为细沙，80％以上均为汛期沙样，中沙、粗沙沙样均为人工配制（泥沙颗粒粒径 0.35mm 以下为细沙，0.35～0.5mm 为中沙，大于 0.5mm 为粗沙）。

经分析，两种分析成果存在一定差异，当激光法分析为细沙、中沙型的沙样，在粒径计法成果中可能分析为细、中、粗三种沙型；当激光法分析为粗沙的沙型，粒径计法成果中则可能分析为中、粗沙型。以吉安站为例，细沙激光法与粒径计法比测情况见图1～图4和表1。

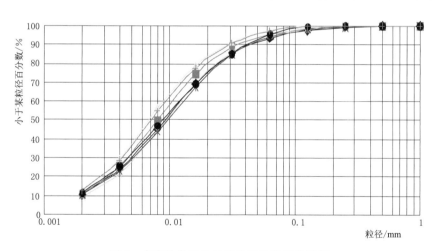

图 1 吉安站激光法悬移质泥沙级配曲线图

表 1   吉安站激光法与粒径计法级配数值对比表   %

测量方法	小于某粒径沙量百分数									
	<0.002mm	<0.004mm	<0.008mm	<0.016mm	<0.031mm	<0.062mm	<0.125mm	<0.25mm	<0.5mm	<1mm
激光法1#	10.6	24.3	45.5	69.3	85.7	93.5	97.5	99.4	100	100
粒径计法1#			33.3	48.6	66.4	85.5	97.2	100	100	100

测量方法	小于某粒径沙量百分数									
	<0.002mm	<0.004mm	<0.008mm	<0.016mm	<0.031mm	<0.062mm	<0.125mm	<0.25mm	<0.5mm	<1mm
互差			12.2	20.7	19.3	8.0	0.3	−0.6	0	0
激光法 2#	10.8	25.5	50.1	74.5	88.6	95.5	98.6	99.6	100	100
粒径计法 2#			33.5	45.4	63.6	87.2	96.7	97.8	100	100
互差			16.6	29.1	25.0	8.3	1.9	1.8	0	0
激光法 3#	12.2	29.4	56.6	78.9	91.0	97.5	100	100	100	100
粒径计法 3#			56.6	70.6	84.8	90.2	95.4	100	100	100
互差			0	8.3	6.2	7.3	4.6	0	0	0
激光法 4#	9.1	21.6	44.3	69.4	85.7	94.2	98.9	100	100	100
粒径计法 4#			7.6	17.1	48.7	97	99.4	100	100	100
互差			36.7	52.3	37.0	−2.8	−0.5	0	0	0
激光法 5#	10.3	23.4	43.8	67.3	84.7	94.0	98.1	99.3	99.7	100
粒径计法 5#			17.7	32.7	67.7	97.2	98.8	100	100	100
互差			26.1	34.6	17.0	−3.2	−0.7	−0.7	−0.3	0
激光法 6#	11.6	25.7	47.2	69.2	85.1	95.6	99.8	100	100	100
粒径计法 6#			19.5	28.7	44.1	74	99.3	100	100	100
互差			27.7	40.5	41.0	21.6	0.5	0	0	0
激光法 7#	12.4	28.9	54.6	77.5	90.5	97.3	99.7	100	100	100
粒径计法 7#			39.3	47.3	65.4	90.7	97.8	99.2	100	100
互差			15.3	30.2	25.1	6.6	1.9	0.8	0	0

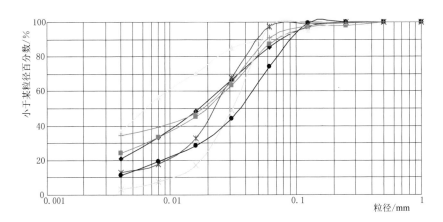

图 2　吉安站粒径计法悬移质泥沙级配曲线图

4.1　各比测站比测成果相关关系分析

中沙、粗沙型沙样激光法与粒径计法，五个比测站比测成果具有较好的相关关系，激

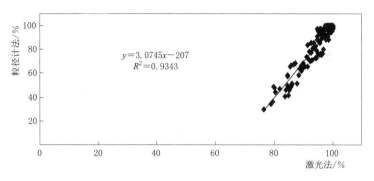

图 3　吉安站细沙激光法与粒径计法比测成果关系图（激光法级配值小于 81%）

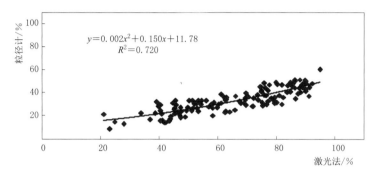

图 4　吉安站细沙激光法与粒径计法比测成果关系图（激光法级配值不小于 81%）

光法成果可通过统一公式转换成粒径计法成果；由于两种分析方法存在物理原理、分析及操作方式、分析误差的不同，以及细沙型易出现絮凝现象等，各站细沙型沙样难于用比测成果拟合成全省统一的激光法与粒径计法成果转换关系，需分站进行拟合。

4.1.1　中沙、粗沙激光法与粒径计法转换关系

共选取中沙、粗沙样 52 份，分别进行激光法与粒径计法比测。经分析，两种不同分析方法的中沙、粗沙相关关系均较好，两种沙型的关系线线型非常接近，因此两线合为一线。经多次拟合定线，在剔除外包线之外散乱的数据后，约有 84% 的点据参与拟合定线。中沙、粗沙激光法与粒径计法比测成果关系见图 5。

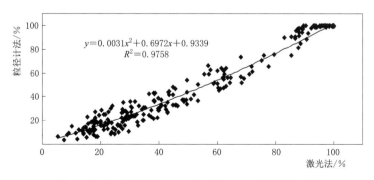

图 5　中沙、粗沙激光法与粒径计法比测成果关系图

经分析，江西省各站激光法中沙、粗沙沙样级配成果可采用统一公式转换为粒径计法成果（详见表2）。

表2　　　　　　　　　　各站激光法与粒径法比测成果转换表

站名/沙型	成果转换	转换公式	公式适用范围
中沙、粗沙	激光法转换为粒径计法	$y=0.0031x^2+0.6972x+0.9339$	$0\leqslant x\leqslant100\%$
翰林桥站/细沙	激光法转换为粒径计法	$y=0.0128x^2-0.7902x+47.68$	$0\leqslant x\leqslant100\%$
	粒径计法转换为激光法	$y=30.867+39.0625(0.0512x-1.8168)^{1/2}$	$x\geqslant35.5\%$
吉安站/细沙	激光法转换为粒径计法	$y=0.0026x^2+0.1501x+11.784$	$0\leqslant x<81\%$
		$y=3.0745x-207$	$x\geqslant81\%$
	粒径计法转换为激光法	$y=-28.865+192.308(0.0104x-0.1)^{1/2}$	$9.6\%\leqslant x<42\%$
		$y=(x+207)/3.0745$	$x\geqslant42\%$
外洲站/细沙	激光法转换为粒径计法	$y=0.0058x^2-0.5134x+31.658$	$0\leqslant x<92\%$
		$y=0.271x^2-43.807x+1770.3$	$x\geqslant92\%$
	粒径计法转换为激光法	$y=44.259+86.2069(0.0232x-0.4709)^{1/2}$	$20.3\%\leqslant x\leqslant33.5\%$
		$y=80.825+1.845(1.084x+0.048)^{1/2}$	$x\geqslant33.5\%$
娄家村站/细沙	激光法转换为粒径计法	$y=0.0088x^2-0.5643x+21.018$	$0\leqslant x<92\%$
		$y=7.1555x-614.79$	$x\geqslant92\%$
	粒径计法转换为激光法	$y=32.0625+56.8182(0.0352x-0.4214)^{1/2}$	$11.9\%\leqslant x<43.5\%$
		$y=(x+614.79)/7.1555$	$x\geqslant43.5\%$
梅港站/细沙	激光法转换为粒径计法	$y=0.0086x^2-0.6908x+52.443$	$0\leqslant x<89\%$
		$y=3.656x-265.23$	$x\geqslant89\%$
	粒径计法转换为激光法	$y=40.1628+58.1395(0.0344x-1.3268)^{1/2}$	$38.6\%\leqslant x<60\%$
		$y=(x+265.23)/3.656$	$x\geqslant60\%$

4.1.2　分站细沙转换关系

对各比测站分别进行细沙激光法与粒径计法悬移质泥沙颗粒级配比测成果转换关系分析，经统计，各站通过多次拟合定线，剔除外包线之外散乱的数据对（点）后，均有80%~90%的点据参与拟合定线。各比测站均可拟合出满足《河流泥沙颗粒分析规程》（SL 42—2010）中要求的关系线。中粗沙、分站细沙比测成果系统误差 ξ 和均方差 σ 均小于3和8，符合《河流泥沙颗粒分析规程》（SL 42—2010）的相关要求。

4.2　最大粒径分析

在颗分比测中，激光法中最大粒径分布明晰，但与粒径计法最大粒径相比，相关关系离散性非常大，无法确定其关系。由于激光法中，理论上代表最大粒径的 $D100$ 或 $D99.9$ 有时会出现明显的奇异值（比如在重复性很好的情况下，$D100$、$D99.9$ 突然出现

2000μm)。因此，根据江西省的实际情况，激光法最大粒径取 $D99.5$ 为宜，即级配值为99.5％对应的粒径为最大粒径。

5 结论与建议

上述成果说明，激光粒度分析仪具有较好的准确性和稳定性；激光法分析悬移质泥沙级配重复性、平行性好，分析的成果精度高、不受人为因素影响，分析成果可完全满足资料整编刊印要求；率定的参数范围可较好地适用于江西省悬移质泥沙特性；选取比测站点进行激光法与粒径计法比测，建立了翰林桥站、吉安站、外洲站、娄家村站和梅港站两种分析方法成果的互换关系，有效地延长了该五站的颗分历史资料系列，并保持了资料的一致性和连续性。

激光粒度分析仪在江西省颗分工作中的使用和推广，使原本烦琐的工作量极大地简单化、标准化，使颗分工作能较好地满足社会及行业发展对水文工作的新需求，并将迅速、整体地提高颗分工作质量和水平。

建议使用单位建立推广该新仪器、新方法的保障体系。保障体系包括组织保障、技术保障、人员保障、质量保障等。使用单位要重视该项工作，保证技术指导人员及分析操作人员的素质配备，及时取样、送样、测样及资料整理，颗分要按章操作、爱护仪器设备，定期做好仪器养护、校准和误差检验工作，培养更多的操作技术人员，不断提高操作人员的技术水平，确保颗分成果质量。

参 考 文 献

[1] 河流泥沙颗粒分析规程：SL 42—2010 [S].
[2] 田岳明，黄双喜，吕金城，等. 激光粒度分析仪在长江泥沙分析研究中的应用 [J]. 人民长江，2006 (12)：53－55.
[3] 马尔文仪器有限公司. 马尔文 MS2000 激光粒度仪分析使用手册 [M]. 郑州：黄河水利出版社，2001.

液位传感器在缆道测深上的应用

刘训华

（江西省赣州市水文局，江西赣州　341000）

摘　要： 本文简述了液位传感器在水文行业中的应用，并介绍了液位传感器应用在水文缆道上的优点。

关键词： 液位传感器；缆道测深；应用

在水文行业中，水文缆道是流量测验的主要测验设备，与其他测验设施设备相比，在抢测洪峰、安全保障、节省人力、操作方便、改善劳动条件等方面有突出的优点。但是水文缆道测深一直是缆道流量测验中的技术瓶颈。目前，水文缆道测深基本采用湿绳测绳法，利用水面信号和铅鱼河底托盘、干簧管及磁钢装置产生的河底信号作为计算起始，受缆道主索弹跳、悬索偏角等影响，测深误差大。缆道主索垂度调整、悬索更换后及偏角改变时等都应进行比测率定，工作量大。当河底淤泥较深时，容易导致河底信号失灵影响工作效率，错失测流时机。

利用液位传感器测深具有许多优点，例如：①精度高；②不受缆道主索弹跳及悬索偏角影响；③体积小，功耗低；④抗干扰能力强等；本文提出一种新型的缆道测深方法，该方法利用液位传感器压力测深原理，从根本上解决水文缆道测深技术难题，提高了测深精度和工作效率。

1 总体设计

系统分上位机（岸上）和液位传感器（水下）两部分，上位机通过 I/O 端口和 DAC 控制铅鱼前进、后退、上、下四个方向及速度，与液位传感器之间通过短波无线通信。当铅鱼向下运行时，上位机实时发送命令采集液位传感器数据，当到达河底时得到水深 H（$H=h_1+h_2$，h_1 为压力水深，h_2 为传感器安装位置到铅鱼底部的距离）。该系统工作流程及原理如图 1 所示。

2 系统主要器件

2.1 液位传感器

MPM4700 型智能液位传感器是一款全不锈钢设计全密封潜入式智能化液位测量仪

表。该产品选用高稳定、高可靠性压阻式 OEM 压力传感器及高精度的智能化变送器处理电路,采用精密数字化温度补偿技术及非线性修正技术,是一款高精度水位测量产品。防水电缆与外壳密封连接,通气管在电缆内,可长期投入液体中使用。一体化的结构和标准化的输出信号,为现场使用和自动化控制提供了方便。该产品以两线制方式工作,体积小巧、重量轻、易安装,使用方便。综合精度为 $\pm 0.075\%$ FS,补偿温度为 $-10\sim70℃$,工作温度为 $-10\sim80℃$。

电气连接示意图如图 2 所示。

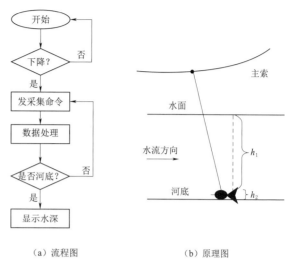

(a)流程图　　　　(b)原理图

图 1　系统工作流程及原理图

2.2　上位机

上位机主件采用 C8051F020,C8051F020 是美国 Cygnal 公司推出的 C8051F 系列单片机,是完全集成的混合信号系统级 MCU 芯片,单周期指令运行速度是 8051 的 12 倍,全指令集运行速度是 8051 的 9.5 倍,使得以 8051 为内核的单片机上了一个新的台阶。C8051F020 具有与 8051 兼容的 CIP－51 微控制器内核,包括两个具有可编程数据更新方式的 12 位 DAC,64K 字节可系统编程的 FLASH 存储器,两个 UART 串行接口(方便与 PC 机接口),片内看门狗定时器。C8051F020 通过交叉开关配置寄存器 XBR0、XBR1、XBR2,方便对 I/O 端口进行配置,减少了外部连线和器件扩展,有利于提高可靠性和抗干扰能力。

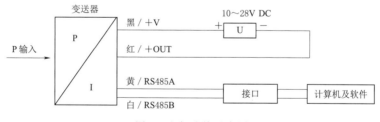

图 2　电气连接示意图

3　软件设计

软件采用 Keil C51 编程,Keil C51 是美国 Keil Software 公司出品的 51 系列兼容单片机 C 语言软件开发系统,C51 语言结构清晰,语言简洁,易学易用,兼备高级语言与低级语言的优点,在功能上、结构性、可读性、可维护性上比汇编语言有更明显的优势,同时具有汇编语言的硬件操作能力。

软件主要功能包括：①通过无线模块与传感器通信；②参数设置，包括水平系数、加常数等；③控制铅鱼前进、后退、上、下、停止及运行速度；④实时显示水平、水深数据。

主程序如下：

```
main()
{
SYSCLK_Init();//时钟初始化
serial_init();//串口、交叉开关设置
ES0=1;      //中断使能
while(1)
{
if(flag_read==1)  //有数据收到
  {
TranslateNum();//数据处理
DisplayNum();//显示数据
flag_read=0;//清标志
  }
        if(Cmd_Go){modeF=1;FXinfor(modeF);}//前进
if(Cmd_Back){modeF=4;FXinfor(modeF);}//后退
if(Cmd_Up){modeF=2;FXinfor(modeF);}//上
if(Cmd_Down){modeF=3;FXinfor(modeF);}//下
if(Cmd_Stop){modeF=0;FXinfor(modeF);}//停止
if(modeF==2||modeF==3)SendCMD();//采集命令
}
}
```

4 结语

液位传感器应用技术在多个水文站得到推广，实用性强、性能稳定、测验精度高。2014年7月28日，江西省水文局组织水文专家和代表在赣州召开了"液位传感器在缆道测深上的应用"项目评审会，并形成如下评审意见：

（1）该项技术利用MPM4700型智能液位传感器测得水面至河底的垂直水深，通过缆道测流系统软件和数据通信模块，对所测数据进行自动接收、抗干扰处理、数据解码、数据合理化检查、完成显示并传输到计算机。

（2）该项技术克服了传统测深时缆道主索垂度、弹跳、偏角改正、河底开关托板灵敏度等影响测深精度的系列因素。测验精度高、重复性好，符合流量测验相关规范的要求。

（3）该项技术应用具有劳动强度小、工作效率高、使用维护简单等特点。

（4）该项技术在坝上、麻州、汾坑等7个水文站缆道测验中得到应用，性能稳定、可靠，解决了实际生产问题。创造性地解决了长期困扰水文缆道测深难的问题，填补了缆道

测深技术的空白，具有很好的推广价值。

参 考 文 献

［1］ 徐煜明. C51 单片机及应用系统设计［M］. 北京：电子工业出版社，2009.

［2］ 任家富. 数据采集与总线技术［M］. 北京：北京航空航天大学出版社，2008.

关于赣州市 2011 年度中小河流水文监测系统工程建设的思考

成 鑫

（江西省赣州市水文局，江西赣州 341100）

摘 要： 中小河流水文监测系统建设工程投资规模大、社会关注度高、点多面广，一个雨量站、一个水位站或一个水文站建设投资都比较小，但是有一个出问题，就可能影响全局，影响水文形象。本文总结赣州市 2011 年度中小河流水文监测系统工程建设的经验，指导后续工程更好地实施。

关键词： 中小河流；水文；建设管理

我国近年来气候异常，强降雨引发的中小河流洪水灾害严重，暴露了我国中小河流治理的突出问题和薄弱环节。党中央、国务院高度重视，要求进一步加大中小河流治理力度。

中小河流水文监测系统是国务院批准的《全国中小河流治理和病险水库除险加固、山洪地质灾害防御和综合治理总体规划》中的重要建设内容之一，是国家发展和改革委员会重点安排、优先实施的项目，旨在提高中小河流水文信息采集、传输和洪水预测预报能力，为中小河流治理、山洪地质灾害防治、易灾地区生态环境综合治理提供更加及时、准确的水文信息支撑。

1 工程概况

赣州市中小河流水文监测系统工程建设以完善中小河流的水文监测预警体系为目标，以充实完善水文站、水位站、雨量站等监测站点为重点，基本建成覆盖赣州市中小河流的水文监测体系，为赣州中小河流防洪除涝提供及时、准确的决策依据和技术支撑，同时为水资源的开发、利用、保护和管理提供服务。赣州市中小河流水文监测系统工程建设共分 2011 年、2012 年、2013 年、2014 年 4 个年度实施。

江西省发展和改革委员会于 2011 年 10 月 21 日以《关于江西省中小河流水文监测系统建设工程的批复》（赣发改农经字〔2011〕2307 号）批复赣州市（赣江流域上游）2011 年度中小河流水文监测系统建设工程任务为：改建水文站 16 处，新建水位站 14 处，改建水位站 6 处，建设雨量站 145 处。

赣州市 2011 年度中小河流水文监测系统建设工程（土建）项目法人为江西省水文局江西省中小河流水文监测系统建设项目部（以下简称"省项目部"），施工单位为江西金峰水利建筑工程有限公司，监理单位为江西省水利工程监理公司，设计单位为江西省水利规划设计院，现场管理单位为赣州市水文局赣州市中小河流水文监测系统建设项目部（以下简称"赣州项目部"）。

2 工程特点

（1）总体规模大，单站工程规模相对较小。工程共需开挖土方 7356m³，需建设生产生活用房 2044m²，但平均每站只需开挖土方 204m³，每站只需建设 127m² 的生产生活用房。

（2）总体造价大，单站工程造价相对较小。工程建设总价为 948.955224 万元，但水文站单站造价只有 50 万元，水位站单站造价只有 10 万元。

（3）工程建设地点高度分散，点多、面广，建设与管理难度大。工程建设地点分散于赣州市 17 个县（市）的山区、河边，建设点最远横跨 500km，增加了工程建设管理、施工、监理的难度。

（4）建设项目多、内容繁杂，涉及专业多、专业性强。工程共需建设桩点、码头、道路、水位井、降水蒸发观测场、生产生活用房及其他附属设施等项目，既涉及建筑、水利专业，又涉及水文专业。设计、监理、施工承包基本上均是第一次承建水文建设项目，对水文建设项目基本知识不是很熟悉。

（5）时间要求紧，建设任务重，但受汛期洪水等因素影响，有效施工期相对较短。工程建设合同于 2012 年 1 月 19 日签订，计划工期只有 168 天，横跨赣州主汛期，有效施工期只有 120 天左右。

3 存在问题

赣州市 2011 年度中小河流水文监测系统建设工程（土建）于 2012 年 2 月 15 日正式开工建设，在计划工期内未完工，经过三次延期，计划于 2013 年 12 月 31 日完工。截至 2013 年 10 月 20 日，6 处水文站、12 处水位站建设完成，其余水文站、水位站均主体完工。在建设过程中主要存在管理、施工、监理、设计等方面的问题。

3.1 管理方面

（1）省项目部负责办理工程量及价款、工程独立费审核及其资金的拨（支）付，赣州项目部现场管理，导致赣州项目部人员督促施工单位加快施工进度时，施工人员拒不听从；赣州项目部人员无权现场签证，必须等省项目部反馈意见。

（2）赣州项目部人员的工作思想有时仍停留在传统的建设管理模式，导致工作程序不够规范，面对繁杂的工作流程和众多的不如意，浮躁情绪时现。有时变更没有及时走程序或没有走完程序就开始施工，给工程建设带来影响。

（3）由于时间紧、任务重，前期工作未全部落实，存在部分建设点现场查勘不足和征地未落实现象，并且有部分站点的供电、供水未落实，影响施工。

（4）施工期间，部分站点时常出现周边百姓扰工现象，需花费大力气解决。

（5）工期安排在汛期，有效施工时间较短，并且还要考虑安全度汛，工期安排不合理。

3.2 施工方面

（1）施工单位位于江西省上饶市，具体施工人员现场招募，导致施工人员素质参差不齐，工人的文化素养、安全意识、质量意识较差；施工单位工程技术人员配备不齐全，对技术要点、难点交底不详尽、不过细；单个建设点规模小且分散，施工单位不便于管理。导致经常出现施工质量问题，返工整改耗费时间。

（2）施工单位项目经理一直未在岗，无法有效管理施工。省项目部虽多次约谈施工单位，但效果不明显。

（3）施工单位资料员素质不高，施工资料与施工进度不同步，无法及时有效申请工程进度款。

（4）赣州市正全面实施农村危旧房改造，致使工程每个建设点施工人数较少，无法满足施工需要。

3.3 监理方面

（1）由于单站建设规模小，只是召开总体建设会议，而单站没有召开建设工地会议。

（2）监理人员配备不足，无法实现现场监理。

（3）监理人员技术水平不一，旁站监理时无法及时发现施工质量和安全隐患。

3.4 设计方面

（1）由于时间紧、任务重，施工图设计未按建设站点单独设计，省项目部、赣州项目部未认真审校图纸，致使设计较为粗放，有些设计因素考虑不到位。

（2）设计单位位于江西省南昌市，设计变更时手续繁杂，联系、反馈困难。

4 建议

（1）贯彻落实项目法人责任制、招标投标制、建设监理制和合同管理制，严格建设程序，做好前期工作。建设单位一要提前切实落实好征地、供电、供水及"三通一平"工作；二要提前查勘工程所在地，提供详细地形、地貌图，积极主动与设计单位沟通、协调；三要合理安排好工期，确保有效施工。

（2）加强对施工单位、监理人员的日常监管，及时了解掌握工程进度、质量和施工中存在的问题，在工程实施过程中，强化现场机械设备、材料采购是否按投标承诺履行到位、监理人员是否按规定进行旁站的监督检查，督促施工单位、监理人员按要求切实履行职责，确保工程质量、安全和人员配备到位。

（3）及时跟踪合同，加强合同管理。签订合同时务必考虑周全，对不履行合同规定的，上报主管部门约谈施工单位或监理单位，规定约谈三次以上的，记入不良记录（黑名单），给予相应的处理，并禁止该施工单位或监理单位在江西省从事水利工程。

（4）加强培训，提高素质。一是认真对照《监理规划》《监理实施细则》及相关规范，加强监理人员培训；二是施工单位技术负责人、监理工程师讲解施工中存在的要点、难点及施工工序，加强施工单位施工人员培训；三是由水文专业技术人员讲解施工中存在的水文问题，使施工单位、监理单位认识水文、了解水文，按水文相关规律进行施工管理。

（5）建立健全施工图纸的审查制度，实行一个建设点一套施工图纸并进行图审的制度；对不涉及结构安全性的设计变更，简化变更程序。

5 结语

随着赣州市中小河流水文监测系统建设工程的深入推进，工程建设管理还会出现许多新的问题，这需要我们不断地思考与探索，学习与借鉴先进的建设管理经验，开拓创新，努力提高自身水平，切实保证工程建设项目的顺利实施。

参 考 文 献

［1］ 水利部水文局. 中小河流水文监测系统建设技术指导意见［Z］，2011.

坝上水文站测流缆道主索受力计算与分析

邵艳华　赵　华

（江西省赣州市水文局，江西赣州　342200）

摘　要： 水文测流缆道主索受力计算是水文缆道设计的主要工作，是后续建筑结构设计的前提。本文以坝上水文站缆道改建工程为例，对缆道主索受力进行了详细分析，具有一定的工程参考价值。

关键词： 坝上水文站；水文缆道；主索受力；计算分析

江西省坝上水文站位于赣州市章贡区水南镇腊长村，地理位置为东经 $114°57'$、北纬 $25°49'$，是赣江水系章水控制站，控制流域面积为 $7657km^2$，属大河一般控制站，是国家重要水文站。坝上水文站改建工程旨在提高防洪和测洪标准，为当地防汛抗旱和水资源管理提供强有力的技术支撑。

1 设计依据

（1）实测历年最高水位：103.83m，50 年一遇洪水位 $H_{p=2\%}=103.90$m，河底高程 $H_{min}=90.5$m，偏安全。

（2）最大实测流量：3.35m/s，$V_{max}=4.0$m/s，偏安全。

（3）跨度 $L=245.0$m，左边跨 $L_a=0$m（垂直下地），右边跨 $L_b=27$m。

（4）循环索（牵引索、悬索）直径 $d_a=4$mm；拉偏索直径 $d_b=4$mm。

（5）单位长度循环索（$d_a=4$mm）近似自重：$q_x=0.53$N/m。

单跨承载索示意如图 1 所示。

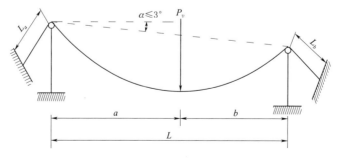

图 1　单跨承载索示意图

2 架设高程

（1）设计架顶高程按不通航河流考虑：

架顶高＝103.90＋2.50＋2.50＋f_v＝108.90＋8.17＝117.07（m）

其中，加载垂度取上限，按 $L/30$ 设计即 f_v＝245.0/30＝8.17（m）。

（2）左岸支架高度：$H_左$＝117.07－105.13＝11.94（m），取支架高12m。

（3）右岸支架高度：$H_右$＝117.07－103.50＝13.57（m），取支架高13.5m。

3 主索（承载索）设计

3.1 设计参数

常用符号：

f_0：空索垂度，m。

H_0：空索拉力，N。

f_v：加载垂度，m。

H：加载拉力，N。

P_v：垂直集中荷载，N。

P_z：水平集中荷载，N。

ω：承载索单位长度风荷载，N/m。

E_k：承载索弹性模数，N/cm^2。

F_k：承载索钢丝横截面积，cm^2。

d：主索直径，mm，本例取 d＝18mm。

3.2 设计验算

主索规格：6×19＋FC－18 合成纤维芯钢丝绳。

公称抗拉强度：1670MPa。

最小破断拉力：T_j＝166kN。

单位长度钢丝绳近似自重：q＝10.68N/m。

钢丝横截面积：F_k＝2.54cm^2。

参数：E_k＝1.3×10^{7}N/cm^2，计算最大垂度时，E_k＝0.7×10^{7}N/cm^2。

3.2.1 荷载计算

3.2.1.1 集中荷载

（1）垂直集中荷载 P_v 包括行车重、铅鱼重和牵引索重量。

拉偏条件下的铅鱼重量可按下式计算：

$$P = (2.58q_a + 0.5q_b)h_m \tag{1}$$

其中

$$q_a = 0.5k_a\rho d_a v_m^2 ; \quad q_b = k_b\rho d_b v_m^2$$

式中：P 为铅鱼重量，kg；q_a 为悬索上单位长度的水流冲（阻）力，kgf/m；q_b 为拉偏索上单位长度的水流冲（阻）力，kgf/m；k_a 为悬索阻水体型系数，取 0.8；k_b 为拉偏索阻水体型系数，取 0.4；v_m 为垂线平均流速，m/s，本例取 4.0；ρ 为清水密度，kg/m³；h_m 为最大水深，m，本例取 $h_m = 103.9 - 90.5 = 13.4$，偏安全。

经计算 $P = 99.06$kg，综合考虑摩擦力等因素，取 $P = 150$kg。

铅鱼重 $P = 150 \times 9.8 = 1470$（N），行车重 $G = 30 \times 9.8 = 294$（N），牵引索重量 $Q = 0.5q_x L = 64.93$（N）；$P_v = P + G + Q = 1828.93$N。

（2）水平集中荷载 P_z 包括作用在循环索上的风荷载、起重索水面以上风荷载、水面以下动水压力。

$$\sum P_A = K_A \rho_A F_A V_A^2 / 2 = 3200.19 \text{（N）} \tag{2}$$

$$\sum P_B = K_B \rho_B F_B V_B^2 / 2 = (\sum F_{c1} + \sum F_{c2}) \omega_k = 244.9 \text{（N）} \tag{3}$$

则

$$P_z = 0.5 \sum P_A + \sum P_B = 1845 \text{（N）} \tag{4}$$

查阅相关资料，断面多年平均含沙量 $C_s = 0.158$kg/m³，$\rho_{沙} = 1600$kg/m³：

$$\rho_A = C_s + 1000(1 - C_s / 1600) = 1000.058 \text{（kg/m}^3\text{）} \tag{5}$$

式中：$\sum P_A$ 为入水悬索（悬杆）、仪器（铅鱼或采样器）等项的水流冲力，N；$\sum P_B$ 为水上悬索（悬杆）、行车上牵引索（开口牵引按 0.5L 长度计算）、测沙盛样架、行车本身等项的风阻力，N；V_A、V_B 为水的流速和风速，m/s，V_A 按设计最大流速 4.00m/s，偏安全；F_A、F_B 为阻水面积和挡风面积，m²，本工程中取 $F_A = 0.5$m²；ρ_A 为浑水的密度，kg/m³；ρ_B 为空气的密度，kg/m³，取 1.225；K_A、K_B 为与物体体形有关的阻水、阻风体型系数，本工程中取 $K_A = 0.8$；$\sum F_{c1}$ 为行车架受风面积，约为 0.29m²（统计数）；$\sum F_{c2}$ 为铅鱼及附着物的受风面积，约为 0.50m²（统计数）。

作用在单位面积上的风载荷：

$$\omega_k = \beta_z \mu_s \mu_z \omega_0 = 0.31 \text{kN/m}^2 \tag{6}$$

式中：β_z 为高度 z 处的风振系数，取 1.14；μ_s 为风荷载体型系数，取 0.9；μ_z 为风压高度变化系数，取 1.0；ω_0 为坝上当地 50 年一遇风压，0.30kN/m²。

3.2.1.2 均布荷载

（1）单位长度风荷载 ω 计算。

$$\omega = \omega_k dL = 5.58 \text{N/m} \tag{7}$$

（2）承载索单位长度自重荷载：$q = 10.68$N/m。

3.2.2 主索拉力与垂度

（1）方法一：先定加载垂度法，计算顺序为 $f_v \rightarrow H \rightarrow H_0 \rightarrow f_0$。

1）拟订所选主索跨度中央处的加载垂度 f_v，取用的 f_v 在 $\left(\dfrac{1}{50} \sim \dfrac{1}{30}\right) L$ 之间；

2）按式（8）计算加载拉力 H；

3）根据安全系数 K 验算是否满足 $KH < T_j$，如果不能满足，应重新拟订直径并重复以上步骤，直到满足要求；

4）把 H 代入式（9）计算出 H_0；

5）把 H_0 代入式（10）计算出 f_0；

6）检查 f_0 是否在合理范围内。

（2）方法二（检验）：先定空载垂度法，计算顺序为 $f_0 \rightarrow H_0 \rightarrow H \rightarrow f_v$。

1）拟订所选主索跨度中央处的空载垂度 f_0，取用的 f_0 在 $\left(\dfrac{1}{70} \sim \dfrac{1}{30}\right) L$ 之间；

2）按式（9）计算空载拉力 H_0；

3）把 H_0 代入式（8）计算出 H；

4）根据安全系数 K 验算是否满足 $KH < T_j$，如果不能满足，应重新拟订直径并重复以上步骤，直到满足要求；

5）把 H 代入式（10）计算出 f_v；

6）检查 f_v 是否在合理范围内。

$$Hf_v = 0.125qL^2 + 0.25P_VL \tag{8}$$

$$H_0^3 - \left(H - A\,\frac{E_K F_K (B+C)}{24H^2}\right)H_0^2 = A \cdot \frac{E_K F_K}{24} \cdot q^2 \cdot L^3 \tag{9}$$

其中　$A = 1/(L_a + L + L_b)$，$B = L^3(q^2 + \omega^2)$，$C = 3L^2\left(\dfrac{P_V^2 + P_Z^2}{L} + qP_V + \omega P_Z\right)$

$$f_0 = \frac{qL^2}{8H_0} \tag{10}$$

$$H^3 - \left(H_0 - \frac{AE_K F_K q^2 L^3}{24H_0^2}\right)H^2 = \frac{AE_K F_K (B+C)}{24} \tag{11}$$

3　结语

从表 1 看出，坝上水文站缆道主索选用 18mm 纤维芯钢丝绳，主索拉力为 39.2kN，主索安全系数为 4.23，设计合理。从表 1 中可以看出，先定加载垂度法相对合理取值范围为 $f_v \in (1/50 \sim 1/35)L$，先定空载垂度法相对合理取值范围为 $f_0 \in (1/60 \sim 1/30)L$；可以看出 $f_v \nearrow$，$\dfrac{H_v}{H_0} \nearrow$，$\dfrac{H_v}{H_0} \in (1.978 \sim 2.52)$；通过 A1 与 B6 的对比，可知两种方法算得的 H 偏差为 0.0485%，从而验证了先定垂度法的合理性。以上合理取值范围的总结，必将为类似工程实践提供参考。

表 1　　　　　　　　　　坝上缆道主索受力简明计算表

方法	序号	f_v假设	f_0假设	H/N	安全系数 K	H_0/N	f_v算/m	f_0算/m	合理性	H_v/H_0
先定加载垂度法	A1	$L/50$		39215.38	4.23	19815.32		4.04	合理	1.979
	A2	$L/30$		23519.63		9790.6		8.18	不合理	
	A3	$L/35$		77450.76		11215.1		7.145	合理	2.45

方法	序号	$f_{v假设}$	$f_{0假设}$	H/N	安全系数 K	H_0/N	$f_{v算}/m$	$f_{0算}/m$	合理性	H_v/H_0
先定空载垂度法（验算）	B1		$L/30$	24729.4		980.25	7.78		合理	2.52
	B2		$L/50$	35283.4		16353.75	5.45		合理	2.158
	B3		$L/70$	42170	3.94	22895.25	4.56		不合理	
	B4		$L/65$	40645.7		21255.54	4.73		不合理	
	B5		$L/60$	39033.6	19640.53		4.92		合理	1.9874
	B6		4.04m	39234.4		19834.99	4.9		合理	1.978

注 规范规定 $f_v \in (1/50 \sim 1/30)L$，$f_0 \in (1/70 \sim 1/30)L$，$k \geqslant 2.5$。

参 考 文 献

［1］ 水文缆道测验规范：SL 443—2009 ［S］.

［2］ 建筑结构荷载规范：GB 50009—2012 ［S］.

浅析铁路桥梁勘测设计中的水文勘测

胡冬贵

（江西省赣州市水文局，江西赣州　342200）

摘　要： 铁路桥梁是我国非常重要的基础设施，在设计过程中加强勘测对于深化环境保护、提高设计方案的质量具有非常重要的意义。铁路桥梁勘测设计中的水文勘测内容主要集中于项目建设的初级阶段，在实施过程中要做好水文径流的验证与调查，通过收集各种资料得到准确的勘测结果，提高初期阶段的数据准确性。本文主要对铁路桥梁勘测设计过程中的水文调查工作进行探讨，分析勘测方法。

关键词： 铁路桥梁勘测设计；水文勘测；水文断面

随着我国经济水平的提高，铁路桥梁基础工程作为社会主义建设过程中最为重要的基础设施，也得到了快速的发展。在桥梁设计过程中，了解径流的水文情况将直接影响到后期孔径设计与基础埋深，对桥梁建筑质量起到决定性的作用。要确保桥梁水文资料的准确性，在设计阶段做好水文勘测工作是非常必要的。通过收集历年的气象、降水等资料，全面分析水文状况，在这一基础上得到的计算结果才能够为桥梁设计提供精确的依据。

1 形态勘测与资料审查方法

1.1 形态调查与资料收集

首先是进行水文调查，收集历史洪水资料，洪水发生的年代及灾害气象等；其次是流域河道情况调查，了解流域中的地形、水系、制备、坡道与河道情况，尤其是注意记录水文断面的两岸状况、河道弯曲情况以及河床稳定性等；第三是对现场桥址的调查，对比重要河道上的桥位方案；最后是收集建设资料，全面收集地方上的水利工程设施、河流上的水文站、水位站等水工建筑物以及河堤防洪措施与规划等资料，深入有关部门开展调查。

1.2 形态测量

对形态调查现场的环境等进行测量与丈量工作，例如历史洪水位测量、流量断面与桥址断面测量、防洪堤高度与河床坡的测量；对现有的水工建筑物设施及管线、铁路桥涵孔径标高进行测量。要注意丈量和测量的工点应与桥址、流量断面有一定的联系。

1.3 审查资料的可靠性

针对形态勘察得到的结果，进一步了解水文站、流量站以及水工建筑物的位置与标高系统是否发生变化。审查勘测资料，确定结果的可靠程度。资料可能受到方法、手段和技术要素的影响，例如自动测速仪和人工浮标得到的结果会存在一定的误差。调查得到的历史洪水位是否可靠，按照相关规定确定可靠程度。

1.4 系列代表性审查

水文现象是自然环境中常见的随机现象，但是随机现象也存在统计学规律，属于统计学的范畴中。结果中短系列样本是否具有代表性，还应该结合邻近的水文站进行比较判断。结合我国情况，《铁路工程勘察规范》（TB 10012—2019）中规定："超过 20 年及以上的实测流量资料，调查得到历史洪水的结果之后，直接选择流量资料计算频率，并推算得到数据流量。"对勘测流域而言，对历史洪水进行调查考证是必要的工作环节，应当充分利用历史洪水洪峰流量大小、重现期等资料，尽可能减少设计洪水频率计算结果的误差，最大限度接近总体样本精度。

2 计算方法

铁路桥梁勘察中设计洪水的方法主要有两种：其一是直接法，直接法所指的是利用实测得到的水位、流量等正确数据资料计算设计洪水，它又分为形态法即历史洪水调查法以及数理统计法；其二是间接法，间接法则是利用流域、地理与气象资料，也就是利用降水以及流域参数等推求设计洪水。包含多种计算方法，如形态法、推理公式法、铁三院山丘公式法和铁四院径流计算公式等流时线法等。本文主要对形态法和铁三院山丘公式法进行分析。

2.1 形态法

形态法主要是指根据得到的可靠历史洪水位对洪峰流量进行推求，使用的公式为皮尔逊Ⅲ型公式：

$$Q = \overline{Q}(1 + C_V \Phi_P) \tag{1}$$

例如某一河流调查发现两次历史大洪水，永兴县的洪水痕迹当地居民可考。两次洪水的水位分别为 H_1 和 H_2，流量分别为 Q_1 和 Q_2，得到两次洪水的频率 Q_{p1} 为 50 年、Q_{p2} 为 80 年，$R = Q_{p1}/Q_{p2}$，根据公式，使 $K_p = 1 + C_V \Phi_P$，则可以进一步得到

$$Q_{P_1} = \overline{Q}(1 + C_V \Phi_{P_1}) = Q K_{P_1} \tag{2}$$

$$Q_{P_2} = \overline{Q}(1 + C_V \Phi_{P_2}) = Q K_{P_2} \tag{3}$$

两个公式相除得到

$$R = \frac{Q_{P_1}}{Q_{P_2}} = \frac{1 + C_V \Phi_{P_1}}{1 + C_V \Phi_{P_2}} \tag{4}$$

通过等式变换得到

$$C_V = \frac{R-1}{\Phi_{P1} - R\Phi_{P2}} \qquad (5)$$

假定 C_V 与 C_S 的值之后查离均系数表可以得到 Φ_{P1}、Φ_{P2}，然后代入公式即可以得到 C_V 的值，如果得到的计算结果和假定的值存在差异，则要重新假定和计算，指导两者接近，这样将得到的 C_V 与 C_S 值代入公式之后得到 $\overline{Q}$，即得到了一条设计洪水的频率曲线。应用计算必须保证历史洪水可靠，最好是调查 3 次及以上次数的可靠历史水平，这样准确性更高。

2.2　铁三院山丘公式法

根据具体的勘测范围选择地形公式，本文选择如下公式：

$$a_p = S_P / t$$

$$Q_p = \frac{C_2 F^{g\Phi} I_4}{L_4^{PO}} \cdot \eta^{\frac{1+r_0}{1-mo\eta}}$$

C_2 参数可以计算得到结果，根据《水文手册》中的相关内容查取参数；S_P 是指频率为 P 的雨力；P_0 的计算可以按照以下公式：

$$P_0 = \frac{n_0 n (1+r_0)}{1 - m_0 n}$$

$$g_0 = 1 + m_0 p_0$$

其中 n_0 代表的参数同样可以从《水文手册》中查取。

以上式中：n 为暴雨衰减系数；L_4 为流域长度；I_4 为流域的坡度；F 为流域面积；η 为暴雨点面折减系数。

3　结语

综上所述，桥梁水文勘测结果是决定铁路桥梁质量、使用寿命最基本的要素之一，也是衡量一座桥梁是否满足建设标准的重要指标之一。铁路桥梁勘测设计中水文勘测工作是非常重要的环节。应根据不同流域、不同建设任务的不同情况，有针对性地开展工作。整体设计洪水过程中最为重要的是应当根据流域与河道的特点做好详细的调研、考证以及分析计算工作，明确实测的长短。此外，如果出现调蓄区的情况，还要开展调蓄或者调洪计算工作。只有认真搜集基本资料，选择合适的方法进行计算才能够得到符合流域具体情况的水文成果，为铁路桥梁建设工作提供科学、精确的依据。

参 考 文 献

［1］　穆伟，李群善，吴昊，等. 山西中南部铁路通道武陵至兖州段小流域径流计算方法的确定［J］. 铁道勘察，2009，35（3）：49-51.

［2］　曾琼佩，王义刚，黄惠明，等. 感潮河段桥梁壅水计算方法比较及敏感性分析［J］. 长江科学院院报，2015（7）：58-63.

［3］　张佰战，林应丑. 京沪高速铁路南京上元门越江工程（桥梁）水文泥沙问题试验研究［J］. 中国铁道科学，2001，22（3）：47-50.

修河一级支流渣津水文站测流断面变化及水位流量关系浅析

曾倩倩　易　云

（江西省九江市水文局，江西九江　332000）

摘　要： 本文根据修河一级支流渣津水文站建站以来的实测水文资料，通过实测大断面面积、流速、流量等水文要素，对渣津水文站测流断面变化及水位流量关系进行了分析，为探求渣津水文站流量测验现状及历年变化情况，进一步提高流量测验精确度提供了参考。

关键词： 修河一级支流；渣津站；断面变化；水位流量关系；浅析

1 概述

1.1 流域概况

　　渣津水为修水一级支流，发源于湘、鄂、赣三省交界幕阜山脉的黄龙山东麓，河源位于东经 113°57′、北纬 29°03′。流域面积 952km²，主河长 71.5km，流域平均高程 364.00m，主河道纵比降 3.20‰，流域平均坡度 0.54m/km²，流域长度 47.8km。流域地形呈扇形分布，西高东低，北、西、南三面为幕阜、九岭两山脉蟠结，地面崎岖，河道蜿蜒曲折，支流众多。渣津水自芦家祠由西南向北，在大庄埏集白岭水折向东，全丰镇纳黄沙港水，过青板桥折向南，出古市会杨田水折向东，直奔渣津镇，与上衫水、东港水两大支流会合，于司前纳杨津水，在修水县马坳镇塘三里村注入修水干流，河口位于东经 114°21′、北纬 29°03′。

　　渣津水上游河面宽一般小于 60m，属山区性河流，水势暴涨暴落，靠近渣津地势平坦，河槽逐渐开阔，一般有 150m 左右，宽浅弯曲，河床多为粗、细沙覆盖。流域内杨津水、东港水两支流内森林茂密，植被良好，噪口水、上衫水两支流以荒山为主，植被较差，古市以上白沙裸露，水土流失严重，是长江流域严重水土流失区，面积达 65hm²。由于多处采金，造成河道淤塞，河道不通航。流域内为构造剥蚀或侵蚀构造中、低山区，下部为花岗岩、砂岩，已探采的有金矿。

1.2 测站概况

　　渣津水文站位于修水县渣津镇朴田村，集水面积 644km²，其前身为杨树坪水文站，

1957 年 12 月设站，后因苏区堰电站建设，2005 年 1 月，九江市水文局把杨树坪水文站迁到渣津镇，更名为渣津水文站，是渣津水控制站，属国家二类水文站和省级重点站，隶属九江市水文局。设站时观测项目有降水、蒸发、水位、流量，后增加泥沙。其测验河段顺直，测验条件主要为河槽控制，河床由细沙、砾石组成，冲淤较频繁；枯水露沙洲，左岸有串沟。

2 资料使用与分析方法

2.1 资料使用情况

文中数据均使用渣津水文站 2005—2016 年的资料整编成果，质量可靠。

2.2 分析方法

根据所选资料，绘制历年实测大断面图并进行对比分析，判断测流断面的稳定性；绘制历年水文流量关系图，选取同级水位对应的流量、面积、流速进行对比，简要分析水位流量关系变化情况。

3 测流断面稳定性分析

3.1 测流断面变化分析

由图 1 可知，2005 年 4 月 28 日至 2010 年 11 月 10 日河床底部在起点距 33.0～57.0m 处发生了较明显的下切现象，河床两侧河槽边壁无明显变化。河床底部较明显的下切主要发生在 2005 年 4 月 28 日至 2006 年 7 月 18 日。根据渣津水文站水文资料可知，在 2005 年 6 月 27 日曾发生了一次特大洪水，洪峰水位达 126.50m，超警戒水位 1.50m。因此，这次大洪水是造成渣津站断面较大冲刷的主要原因。

由图 2 可知，2010—2014 年河床逐年下切，2014 年与 2015 年的测流断面基本吻合，无明显变化，2016 年测流断面整体变化较小，河床底部下切比较明显，左岸护坡发生明显变化。其中，2010—2012 年河床下切比较明显，2013—2014 年河床下切严重，河道两侧变窄。根据渣津水文站实测资料得知，渣津站在 2011 年 6 月 10 日和 2012 年 5 月 12 日先后发生了两次洪水过程，洪峰水位分别达 126.67m 和 126.01m，超警戒 1.67m 和 1.01m。2010—2012 年河床比较下切，主要是因为下游河道采砂导致渣津站纵比降变大，同级水位流速变大，特别是 2011 年 6 月 10 日和 2012 年 5 月 12 日两次大洪水对河床产生的冲刷。2013 年和 2014 年河床底部下切严重，河道两侧变窄，主要是因为中小河流治理河道疏浚，两岸砌了护坡。2016 年河床底部下切较明显，主要是受 2016 年 7 月 2 日洪水冲刷影响，洪峰水位达 122.93m，涨幅 1.88m，平均流速达 3.08m/s。左岸护坡发生明显变化，主要是因为 2016 年对缆道设施进行改造。

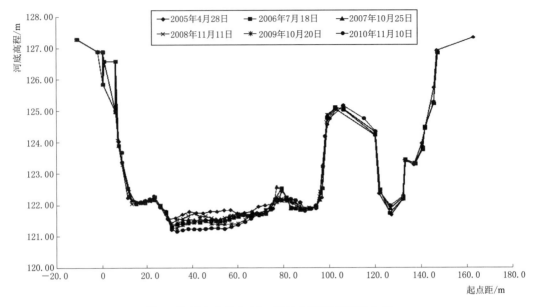

图 1 渣津水文站 2005—2010 年测流断面对比图

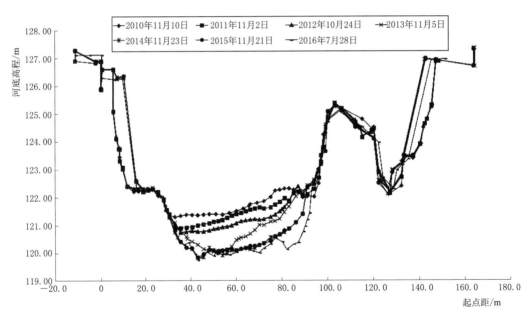

图 2 渣津水文站 2010—2016 年测流断面对比图

3.2 测流断面面积对比分析

依据渣津水文站测流断面情况，选取 122.00m（低水）、123.50m（中水）、125.50m（高水）来对比面积变化。由表 1 可知，122.00m（低水）时断面面积除 2015 年较上年变化较小外，其余年份均变化很大，其中 2006 年断面面积较 2005 年明显增大，主要是受2005 年 6 月 27 日洪水冲刷的影响。123.50m（中水）时年际变化比较大，其中 2009—

2014 年断面面积逐年增大，主要是受河床下切影响；2015 年趋于稳定；2016 年面积增大，主要是受河床下切影响。125.50m（高水）时年际变化比较小。

表1   渣津水文站各级水位面积变幅表

122.00m（低水）			123.50m（中水）			125.50m（高水）		
年份	面积/m²	年际变化幅度/%	年份	面积/m²	年际变化幅度/%	年份	面积/m²	年际变化幅度/%
2005	6.3	—	2005	145	—	2005	390	—
2006	14.7	133.33	2006	151	4.14	2006	393	0.77
2007	12.7	−13.61	2007	147	−2.65	2007	389	−1.02
2008	10.1	−20.47	2008	145	−1.36	2008	386	−0.77
2009	17.2	70.30	2009	153	5.52	2009	394	2.07
2010	23.0	33.72	2010	158	3.27	2010	398	1.02
2011	36.0	56.52	2011	169	6.96	2011	411	3.27
2012	49.6	37.78	2012	180	6.51	2012	422	2.68
2013	72.1	45.36	2013	194	7.78	2013	411	−2.61
2014	96.9	34.40	2014	220	13.40	2014	437	6.33
2015	95.8	−1.14	2015	219	−0.45	2015	438	0.23
2016	109.0	13.78	2016	233	6.39	2016	457	4.34

3.3 测流断面深泓高程历年变化分析

由图 3 可见，因渣津水文站断面发生变化，断面深泓高程除了 2007 年、2008 年和 2015 年持平或略微抬高，其余年份均呈逐渐下降趋势，其中 2013 年断面高程下降最为严重，达 0.75m，主要是受中小河道治理影响；2011 年断面高程下降次之，达 0.61m，主要是受 2011 年 6 月 10 日大洪水冲刷影响。

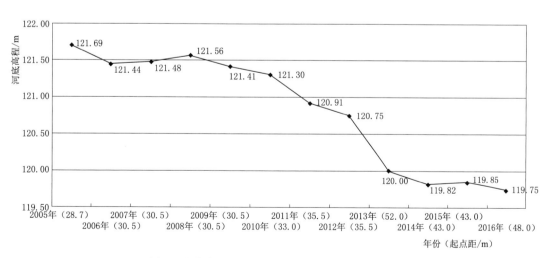

图3   渣津水文站深泓（起点距）断面高程变化图

3.4 纵断面变化

因渣津水文站没有纵断面实测资料，以测站工作人员实地调查和基本断面历年变化情况来看，总体而言，渣津水文站上下游河道均被冲刷，其中下游河道在经历了2013年和2014年中小河流治理河道疏浚后，冲刷较为严重。

4 水位流量关系分析

4.1 流速、流量对比分析

渣津水文站123.00m（中水）时的流速、流量对照表见表2。

表2　　　　　渣津水文站123.00m（中水）时的流速、流量对照表

年份	平均流速/(m/s)	流量/(m³/s)	年份	平均流速/(m/s)	流量/(m³/s)
2005	0.63	52.7	2011	1.32	149
2006	0.68	64.4	2012	1.22	139
2007	0.75	67.4	2013	2.10	254
2008	0.74	65.7	2014	2.29	323
2009	0.86	76.3	2015	2.60	434
2010	1.07	101	2016	3.08	576

将2005年和2016年123.00m水位组对应的流速、流量进行对比，2005年对应的流速和流量分别为0.63m/s、52.7m³/s，2016年对应的流速和流量分别为3.08m/s、576m³/s，相差388.9%和993.0%。另根据渣津站实测大断面数据，选取2005年和2016年断面中泓点起点距54.0m处河底高程进行对比，2016年（水位120.02m）较2005年（水位121.96m）水位下降了1.94m，纵比降发生明显变化。由于河床下切，纵比降变化导致流速逐年增大，特别是2009—2016年流速明显增大；面积和流速增大，导致流量增大。河底高程发生变化使得河道行洪能力更强。

4.2 水位流速历年变化关系分析

渣津水文站水位流速历年变化关系表见表3。

表3　　　　　　　渣津水文站水位流速历年变化关系表

年份	流速		
	0.26m/s	0.63m/s	2.07m/s
2005	122.15	123.00	125.50
2006	122.57	122.90	125.08
2007	122.57	122.89	—
2008	122.57	122.89	—

年份	流速		
	0.26m/s	0.63m/s	2.07m/s
2009	122.30	122.60	—
2010	122.01	122.44	124.68
2011	121.74	122.28	124.58
2012	121.74	122.18	124.02
2013	121.32	121.68	122.94
2014	120.71	121.30	122.73
2015	120.82	121.09	122.40
2016	120.75	121.02	121.92

根据渣津水文站历年资料整编情况，选定 2005 年作为基准年，选取 2005 年 122.15m（低水）、123.00m（中水）和 125.50m（高水）对应的流速 0.26m/s、0.63m/s 和 2.07m/s，再从该站 2005—2016 年水位流速关系曲线中反查相应的水位值（见图4），以此来分析水位流速以及与河床变化情况的关系。经分析得出，同一流速值所对应的水位有逐年降低的趋势，高中低流速均如此，反过来可以推算出同一水位值，流速有逐年增大的趋势，从而佐证渣津站河床逐年下切，水位逐年有降低的变化规律，也反映出水位流速关系之间的上述变化规律。

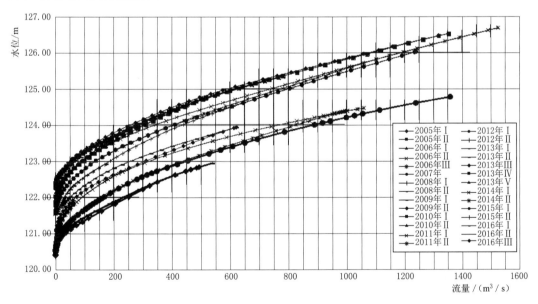

图4　渣津站 2005—2016 年水位流量关系图

4.3　水位流量关系变化

据渣津站历年实测断面绘制的水位流量关系线分析，渣津站各级水位流量关系逐年偏大，水位流量关系线逐渐右偏。选取 123.00m（中水）同级水位级对应的流量计算平均偏差为 26%。

5 结语

上述分析表明，渣津水文站自建站以来，由于受洪水冲刷、中小河流治理河道疏浚以及下游人工无序超量采砂的影响，测流断面主河槽冲刷严重，河床底部发生了严重下切，低水（123.00m 以下）断面很不稳定，中水（123.00～125.00m）断面不稳定。尤其是河床纵比降发生变化，导致断面面积、流速的增大，导致各级水位流量关系逐年偏大，水位流量关系线逐渐右偏。

建议渣津水文站加强水文测验河段的保护和执法，使测验河段不受人为影响，确保历史资料的延续性；同时，为确保流量测验质量，掌握流量变化过程，应增加断面施测频次，中水时全年不少于 2 次（全断面 3 点法）；在大洪水期间加密对河道水下地形和断面的测量，洪水前后不得少于 2 次，当测洪条件具备时，全年不少于 2 次以上测次（全断面 3 点法）。当水位涨落率大，测流期间的水位变幅超过平均水深的 20% 时，可改为施测 2 次以上（部分垂线 3 点法以上）垂线平均流速，大洪水后进行大断面测量，以便及时掌握河道变化情况。

峡江水文站水位流量关系单值化分析

王永文[1]　　刘启华[1]　　刘卫林[1]　　刘金霞[2]

(1. 南昌工程学院，江西省水文水资源与水环境重点实验室，江西南昌　330099；
2. 江西省吉安市水文局，江西吉安　343000)

摘　要： 峡江水文站是长江流域赣江中游的主要控制站，受峡江水利枢纽工程影响，水位涨落变化急剧。本文根据峡江水文站测验断面上下游河段的水文特性，利用峡江水文站2002—2015年共14年的水位、实测流量数据，采用水位后移法进行水位流量关系线单值化处理分析，并将计算值和实测值进行对比。结果表明，整编成果误差较小，满足水文资料整编规范精度要求，实施后可以大幅度精简流量测次。

关键词： 水位流量关系；水位后移法；单值化；峡江水文站

1 引言

受冲淤、洪水涨落、变动回水或其他因素的影响，河段断面水位流量关系常常表现为不稳定，不利于用水位来推求流量。因此，分析这种水位流量关系的特征，是流量资料数据处理中的基本任务之一。水文测站能利用采样自记仪器设备连续观测到水位变化过程，水位流量关系稳定的水文站流量推求通常根据连续的水位资料，通过水位流量关系推算、转换为连续的流量资料，以供水文计算或水文预报分析使用；水位流量关系不稳定的水文站推求流量往往要求测次能够控制流量变化过程，流量测次多，但流量测验技术比较复杂、耗资比较昂贵，难以连续进行，尤其是高洪测验难度大，危险系数高。如果对不稳定水位流量关系进行单值化处理并应用到实践生产中，可以大大减少流量测次，简化资料定线复杂程序，减轻测站测验、整编工作量和野外作业强度。鉴于此，本文以峡江水文站为例，根据峡江水文站测验断面上下游河段的水文特性，利用峡江水文站2002—2015年的水位、实测流量数据样本，采用水位后移法进行水位流量关系线单值化处理，以期精简测流任务、提高绳套线型水位流量关系的时段相应流量报汛精度。

2 基本概况

2.1 测站基本情况

峡江水文站位于江西省吉安市峡江县巴邱镇，东经$115°09'$，北纬$27°33'$，是长江流域赣江中游的主要控制站，流域面积 62724km²，距河口 174km。1957 年 1 月设站，1976 年 1 月基本水尺断面下迁 1076m，更名为峡江（二）水文站。2007 年 1 月 1 日，流速仪测流断面下迁 860m，与基本水尺断面重合。峡江水文站现为国家重要水文站，承担着向国家防总、长江水利委员会、江西省防总和吉安市、宜春市防总等七家单位的雨、水情报汛及洪水预报任务。

峡江水文站主要测验项目包括水位、流量、悬移质输沙、水温、降水量、水质。峡江站管理的雨量站 33 站，水文（位）站 7 站。水位、降水量观测均采用自记记录，流量测验采用缆道和船测、走航式 ADCP 及流速仪施测，泥沙测验采用船测、横式采样器取样，水温采用人工观测。输沙处理采用过滤烘干法处理。

基本水尺断面兼流速仪测流断面，上、下浮标测流断面分别位于基本水尺断面上、下游各 110m，上、下比降断面分别位于基本水尺断面上游 310m 和下游 295m。断面设施布置如图 1 所示。

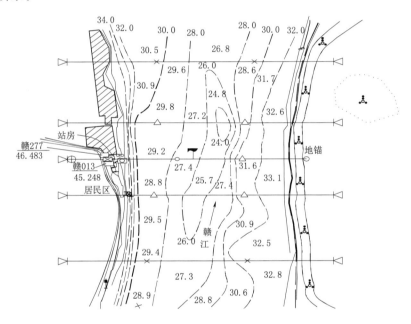

图 1　峡江水文站断面设施布置图

2.2　水利工程分布情况

峡江水文站断面上游 3km 建有峡江水利枢纽，该水利枢纽是一座以防洪为主兼有发电、航运、灌溉、水库养殖等综合效益的大（1）型水利枢纽工程。电站安装 9 台水轮发电机组，装机容量 360kW，对流域的水流沙关系有直接影响。受峡江水利枢纽工程蓄放水施工及调试发电影响，流域水位涨落变化急剧，水位过程经常出现锯齿状，在此过程中流量测验点据明显出现偏离。峡江水文站以上（区间）主要水利工程基本情况见表 1。

表1　　　　　　　　峡江水文站以上（区间）主要水利工程基本情况表

工程名称	地　点	总库容/万 m³	主要功能
江口水库	吉安县万富镇老岗虎溪村	2800	防洪、灌溉
双山水库	吉水县阜田镇双山村	3270	防洪、灌溉
银湾桥水库	吉安县固江镇下村村	2750	防洪、灌溉
万宝水库	峡江县金江乡庙下村小木山	2970	防洪、灌溉、发电
横山水库	吉水县双村镇横山	1293	防洪、灌溉
峡江水利枢纽	峡江县巴邱镇上游 4km 处	118700	防洪、发电、航运

3 河段内断面分析

峡江水文站测验河段顺直，长度约为 800m。河流右岸为高山，岩石陡岸，生长树木、杂草，左岸为居民住房和菜地，两岸均无崩塌。河床由岩石、卵石、细沙组成，右边为卵石、岩石，左边为细沙。由于 2007 年峡江站流速仪测流断面下迁 860m，2007 年以后的断面与原断面的断面形态发生了改变。本次断面分析，选用 2007—2014 年实测的大断面资料共 13 份。利用 8 年的实测大断面成果，采用不同符号表示，点绘河底高程沿横断面分布图，历年实测大断面图如图 2 所示。

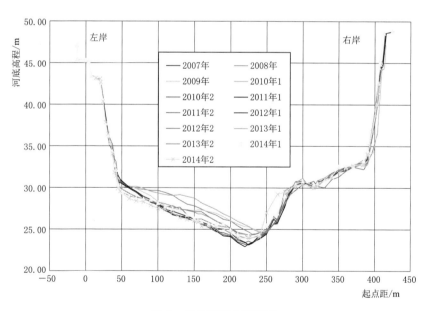

图 2　历年实测大断面图

通过 2007—2014 年实测大断面资料，统计各年实测大断面深泓点高程，高程随时间变化的关系线，如图 3 所示。

从图 3 可以看出，峡江站属局部冲淤，冲淤位置主要在起点距 50～240m。通过深泓点变化可以看出，河床深泓点位置为 220～250m，2011—2014 年深泓位置没有发生改变，

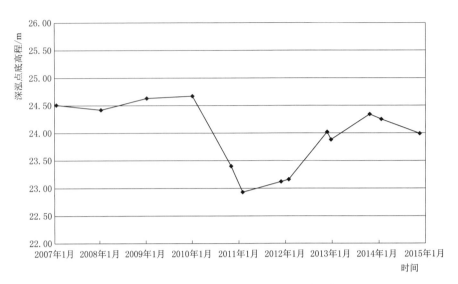

图 3　断面深泓点高程随时间变化的关系线

一直在 225m，说明主流位置较稳定。受上游峡江水利枢纽围堰工程建设影响，断面有所淤积，2010 年大水过冲刷后，深泓点加深，后又逐年淤积。

通过以上分析，峡江站大断面总体属于不经常性冲淤，除大水前后冲淤严重外，基本以局部冲淤为主，位置为 50～240m。断面较稳定，对水位流量关系影响不大。

4　水位流量单值化分析

峡江站测验河段基本稳定，下游不受变动回水影响，支流入汇占比较小。水位流量关系受洪水涨落影响，历年水位流量关系呈临时曲线和绳套曲线，每年绳套线为 1～2 个，少数年份在 3 个以上，绳套走向均为反时针方向。根据相关规范要求，依据影响峡江站水位流量关系的主要因素，采用水位后移法进行当年水位流量关系线单值化处理分析。

4.1　水位后移法

水位后移法是一种流量整编方法，其基本原理是用本站实测流量与本站测流时间后移一个时段的水位建立关系，使绳套曲线转化成单一的水位流量关系曲线，利用此线推求流量。后移时间的确定是水位后移法的关键，一般取特征河长洪水波传播时间的一半，常用试错法进行确定。具体步骤如下：

（1）通过实测的水位流量关系点据中涨落率为 0 的点初定一条稳定的水位流量关系曲线。

（2）计算各测点距初定水位流量关系线的水位纵差。

（3）将水位纵差除以相应测点的涨落率，求其平均时间，作为后移时段的初始值。

（4）在此基础上，进行多次试算，以满足单一曲线定线要求且水位流量关系曲线不确定度最小者为最优，最后确定后移时间。

4.2 后移时间确定

考虑到 2010 年是近 10 年中水位最高的年份，2014 年为受上游峡江水利枢纽蓄放水调试发电影响水位涨落率最快的年份，这两年水位流量关系曲线绳套较为明显，故选取 2010 年、2014 年的资料确定后移时间。

根据上述后移时间确定方法，通过对峡江站后移 80min、后移 100min、后移 120min 三种情况进行试算，点绘出水位流量关系曲线，并对每条单一线都进行了检验和定线误差分析。后移后水位流量关系曲线如图 4～图 9 所示，不同后移时间误差评定表见表 2。

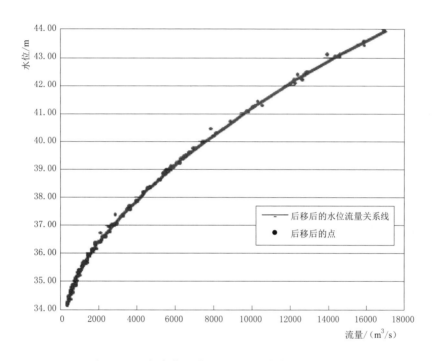

图 4 2010 年水位后移 80min 后的水位流量关系线

表 2 不同后移时间误差评定汇总表

年份	2010			2014			允许误差
后移时间	80min	100min	120min	80min	100min	120min	
符号检验	0.39	0.2	0.1	1.43	1.12	1.02	1.15
适线检验	0	0	0	0	0	0	1.28
偏离数值检验	2.06	0.13	1.48	−1.71	0.76	−2.59	1.28
随机不确定度	11.16	10.61	10.72	10.88	10.09	10.94	11
系统误差	1.09	0.06	0.76	−0.93	0.39	−1.38	1

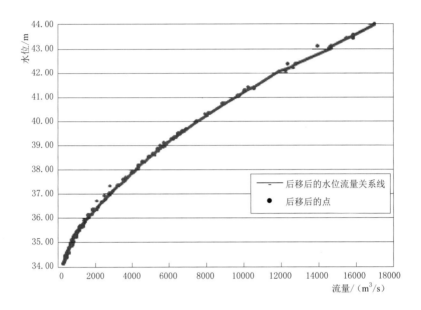

图 5 2010 年水位后移 100min 后的水位流量关系线

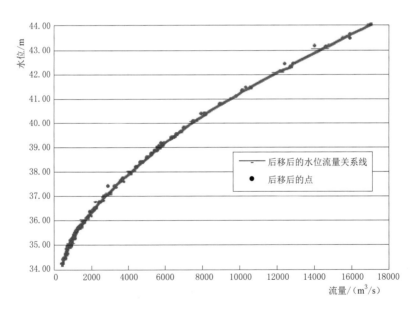

图 6 2010 年水位后移 120min 后的水位流量关系线

从表 2 中可看出，3 种不同水位后移时间里，后移时段为 100min 时，两年的误差都最小；后移时段为 80min 与 120min 时，都有不符合要求的误差。其中，后移时间为 80min 时，2010 年关系曲线偏离数值检验、随机不确定度及系统误差不符合要求，2014

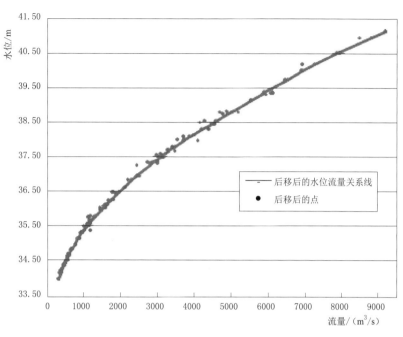

图 7 2014 年水位后移 80min 后的水位流量关系线

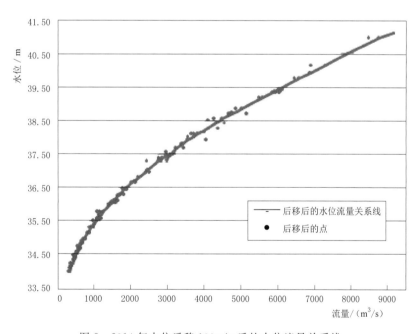

图 8 2014 年水位后移 100min 后的水位流量关系线

年关系曲线符号检验及偏离数值检验不符合要求；后移时间为 120min 时，2010 年偏离数值检验不符合要求，2014 年偏离数值检验及系统误差不符合要求。综合各种误差评定，水位后移 100min 为最优。因此，最终确定峡江站水位后移时间为 100min。

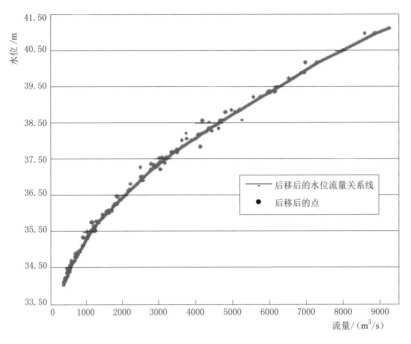

图9 2014年水位后移120min后的水位流量关系线

5 成果检验

分别选建库前的2003年与建库后的2015年的资料进行检验。为保持整编方法的一致性，检验水位后移时间时，采用全年水位后移，不做单个绳套时间内的水位后移处理。误差评定表见表3，后移后的水位流量曲线见图10和图11。

表3　　　　　　　　　　　误 差 评 定 表

年份	2003	2015	允许误差
后移时间	100min	100min	
符号检验	0.10	0.68	1.15
适线检验	1.26	0.00	1.28
偏离数值检验	−0.52	−0.08	1.28
随机不确定度	7.17	10.78	11.00
系统误差	0.14	−0.41	1.00

从表3可看出，2003年和2015年实测流量资料通过水位后移100min后，可建立单一的水位流量关系，2003年和2015年单一曲线均通过"三检"并且"三检"合理、系统误差均符合《水文资料整编规范》（SL 247—2012）的要求。所以峡江水文站可以采用本站水位后移法进行水位流量单值化处理，后移时间为100min。

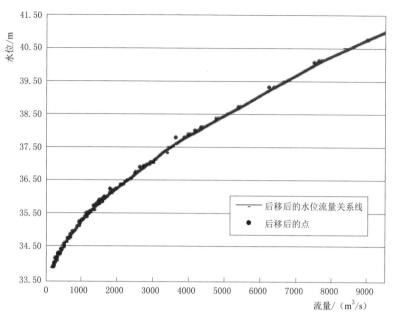

图 10　2003 年水位后移后的水位流量关系线

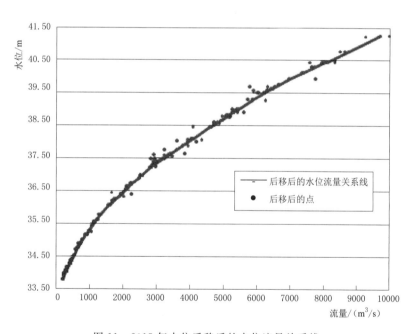

图 11　2015 年水位后移后的水位流量关系线

6　结语

本文利用峡江水文站的实测水位、流量数据，采用水位后移法对峡江站水位流量关系线单值化处理分析，使洪水时绳套形的水位流量关系曲线转化为单一的水位流量关系曲线。分析结果表明，峡江站水位后移时间为 100min，且相应成果的误差较小，满足水文资料整编规范精度要求，实施后可以大幅度精简流量测次，可推广至类似水文站。

参 考 文 献

［1］ 孙孝波. 对受洪水涨落影响的水位流量关系单值化的探讨［J］. 水文，2001，21（2）：41－44.

［2］ 王毅，蒲冬祥，邹润，等. 大河边水文站水位流量关系单值化分析［J］. 陕西水利，2017（1）：135－137.

［3］ 张亭，吴尧. 汉口水文站水位流量单值化方案及其应用［J］. 人民长江，2014，45（9）：39－42.

［4］ 陈苑. 本站水位后移法在缸瓦窑站流量整编的应用［J］. 广东水利水电，2011（3）：33－34，37.

［5］ 水文资料整编规范：SL 247—2012［S］.

受壅水影响的水文站两种 ADCP 流速比测分析

徐珊珊　冯弋珉　孔　斌

（江西省赣州市水文局，江西赣州　342200）

摘　要： ADCP 是一种利用声学多普勒效应测量河道流量的新型流量测验系统。本文在受下游闸坝壅水影响的坝上水文站和窑下坝（二）水文站开展了水文缆道流速仪、在线式 ADCP、走航式 ADCP 三套设备的流量比测分析，建立了三种测流方案成果相互之间的关系，得到了在线式 ADCP 和走航式 ADCP 的实测流量及流量资料整编成果，分析了走航式 ADCP 和在线式 ADCP 对两站流量测验的适用性。

关键词： 走航式 ADCP；在线式 ADCP；比测分析

1　引言

随着水资源开发利用程度的提高，新建河道水利工程增多，受其影响的水文测验河段，水位壅高、水深增大、流速减缓、流量多变，测验河段水流状态发生明显变化。如何在该河段监测流量时，提高测验精度、简化测验程序、保证监测质量，为防汛抗旱决策提供及时准确的实时流量信息，以及积累真实可靠的流量资料，为经济社会发展服务，是河道流量测验面临的一个重要课题。ADCP 作为一种新型的声学多普勒测流仪器，具有速度快、信息化水平高等优势，是解决这一问题的有效途径。

2　测站基本情况

2.1　坝上水文站

坝上水文站地处章水河口上游约 11km，集水面积 7657km²，属于长江流域鄱阳湖区赣江水系一级支流章水控制站，为一类精度水文站，是国家重要基本水文站。该水文站 1953 年设立至今，实测最大流量 5060m³/s，实测最小流量 3.57m³/s，2002 年 5 月地处章水河口上游约 450m 处的八境湖水库建成蓄水前，主要受不经常性冲淤影响，水位流量关系多为临时曲线，洪水期有时还受贡江回水顶托影响，水位流量关系短期内呈时序性变化。八境湖水库建成蓄水后，坝上水文站处在该水库回水中段，中枯水水流状态发生了显著变化，枯水时水位壅高 2.3m 左右，建库后水深是建库前的 4 倍；平水时水位壅高 1.5m 左右，建库后水深是建库前的 1.8 倍；建库后中枯水流速仅为 0.02～0.20m/s。受八境湖水库壅水影响，水位流量关系呈时序性变化，中低水尤为显著，2003 年以后采用连实测流量过程线法整编流量。

2.2 窑下坝（二）水文站

窑下坝（二）水文站地处章水中游的南康区蓉江镇南水村河段，属于长江流域鄱阳湖区赣江水系一级支流章水区域代表站，为二类精度水文站，2002 年 1 月由其上游约 4km 窑下坝水文站下迁至此，集水面积 1944km²，实测最大流量 1600m³/s，实测最小流量 0m³/s，2005 年 3 月地处该站下游约 4.5km 处的康阳水电站建成蓄水前，主要受不经常性冲淤影响，水位流量关系为临时曲线，中高水位水位流量关系单一且基本稳定。康阳水电站蓄水后，窑下坝（二）水文站处在水库回水中段，平水时水深从建坝前的 1m 左右，壅高至 4m 左右，枯水时水位壅高 4m 左右，建库后水深是建库前的 5 倍；中枯水流速仅为 0.07～0.30m/s，水流状态发生了显著变化，严重影响流速仪法流量测验精度；受康阳水电站壅水影响，水位流量关系呈时序性变化，中低水尤为显著，2005 年以后采用连实测流量过程线法整编流量。

3 比测实验

3.1 仪器测流原理及优缺点

（1）走航式 ADCP 测量的基本原理是物理学中的声学多普勒效应，当一个声源在移动时，它相对于接收者的频率将因为在介质中传播而发生相应变化。在水流速度不是很大、河底没有流沙的河道，采用底跟踪系统对反射回来的声波信号进行处理。通过接收和处理河底反射回来的信号来确定船体的绝对速度和实测断面处的平均水深，并通过接收和处理断面水体中的颗粒物反射回来的信号来确定水流相对于船体的速度，从而得出水流的绝对速度。

（2）在线式 ADCP 是采用了一种称为声学多普勒频移的物理原理来测量水流的速度。其测量原理是：如果一个声源与接收声波物体之间有相对运动时，则接收声波物体所接收到的声波频率与声源发射的声波频率之间有一个差异，即有一个多普勒的频移。因此，测量得到的多普勒频移就能得到相应的点流速。

（3）流速仪法测流是目前流量流速测验应用最广泛、最基本的方法，也是目前衡量、评定各种测流新方法精度的标准。该测验方法基于速度面积法，在断面上布设测流垂线和测速点（一般采用积点法测量流速），以测量断面面积和流速。因此断面的选择对该测流方法非常重要，要求断面选在河道顺直、水流分布均匀、无旋涡或回流的地方，顺直段需满足测验规范的要求，断面垂直于水流方向。

（4）不同仪器的优缺点见表1。

表1 不同仪器的优缺点比较

测流仪器名称	优　　点	缺　　点
走航式 ADCP	适用范围广、速度快、精度高、信息化水平高，不受河宽宽窄、流向顺逆限制	流速小时精度无保障、测得的流量为瞬时流量，不能测到较长时间的连续流量成果，维修成本较高
在线式 ADCP	速度快、精度高、信息化水平高，不受流速大小、流向顺逆限制，能测到长时间的连续流量过程	受水流浑浊度影响大且测量范围受限。仪器寿命较短，维修成本较高
流速仪	原理简单、方法实用，精度较高，成果可靠，维修成本较低，不受河宽宽窄限制	对断面选择严格，速度较慢，信息化水平低，测得的流量为瞬时流量，不能测到较长时间的连续流量过程，跨河设备较复杂，费时费力，流速不宜过大过小

3.2　比测条件

3.2.1　仪器的选用与安装

坝上水文站走航式 ADCP 选用的是 RiverSurveryor M9 声学多普勒水流剖面仪；在线 ADCP 安装的是美国维赛公司（SonTek/YSI）研制的淘金者（Argonaut - SL500）水平型测量系统。

根据实际地形、流态等情况，坝上水文站将在线 ADCP 仪器安装在基本水尺断面左岸，位于起点距26.0m、高程94.75m处（图1）。窑下坝（二）水文站安装在基本水尺断面右岸，位于起点距25.0m，高程116.50m处（图2）。

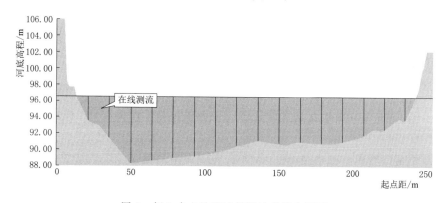

图1　坝上水文站流速仪测速垂线布置图

3.2.2　坝上水文站走航式 ADCP 比测

坝上水文站走航式 ADCP 法流量与缆道流速仪法比测分析资料为2016年4月13日至2017年6月4日，共比测36次（高水3次，中水17次，低水16次），流速仪法流量变幅为 $76.4 \sim 1730 \mathrm{m^3/s}$，水位变幅为96.3～99.57m；走航式 ADCP 流量变幅为 $75 \sim 1669 \mathrm{m^3/}$ s，水位变幅为96.30～99.57m，最大流速为1.20m/s、最小流速为0.074m/s。

3.2.3　坝上水文站在线式 ADCP 比测

坝上水文站在线式 ADCP 法流量与缆道流速仪法比测分析资料为2014年11月27日至2015年6月21日，共比测95次（高水1次，中水30次，低水64次），流速仪法流量

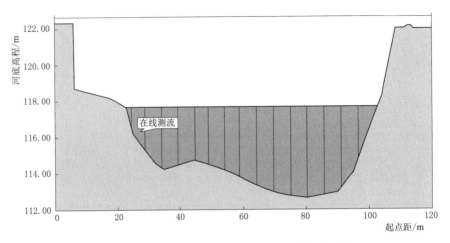

图 2 窑下坝（二）水文站流速仪测速垂线布置图

变幅为 $38.9 \sim 867\mathrm{m}^3/\mathrm{s}$，水位变幅为 $96.90 \sim 99.31\mathrm{m}$；在线式 ADCP 法流量变幅为 $35.1 \sim 1037.8\mathrm{m}^3/\mathrm{s}$，水位变幅为 $96.90 \sim 99.31\mathrm{m}$，最大流速为 $0.706\mathrm{m/s}$、最小流速为 $0.036\mathrm{m/s}$。

3.2.4 窑下坝（二）水文站在线式 ADCP 比测

窑下坝（二）水文站在线式 ADCP 法流量与缆道流速仪法比测分析资料为 2016 年 2 月 2 日至 2017 年 7 月 3 日，共比测 42 次（高水 8 次，中水 31 次，低水 3 次）（含 9 次走航式 ADCP 实测流量），流速仪法流量变幅为 $39.6 \sim 937.0\mathrm{m}^3/\mathrm{s}$，水位变幅为 $96.90 \sim 99.31\mathrm{m}$；在线式 ADCP 法部分流量变幅为 $25.0 \sim 807.0\mathrm{m}^3/\mathrm{s}$，水位变幅为 $116.77 \sim 119.42\mathrm{m}$，最大流速为 $1.92\mathrm{m/s}$、最小流速为 $0.1\mathrm{m/s}$。

3.3 比测成果相关性分析

（1）点绘 2016 年坝上水文站走航式 ADCP 与流速仪实测流量共 36 次相关图，如图 3 所示。

从图 3 中可以看出，36 次走航式 ADCP 实测流量和流速仪实测点在同一系列上，呈密集带状分布，关系较为密集。求得相关流量方程：$Q_{应用} = 1.026 \times Q_{走航ADCP}$。适线、符号、偏离数值三检合格：正点 17、负点 17、零点 2；系统误差为 0、不确定度为 8.0%，相对误差 ±8% 以内的点次有 33 个，占总点数的 91.7%，相对误差 ±5% 以内的点次 30 次，占总点次的 83.3%，符合本站流量测验精度要求，可直接采用走航式 ADCP 替代缆道流速仪法进行流量测验及整编。

（2）点绘 2014—2015 年坝上水文站在线式 ADCP 与流速仪实测流量共 95 次相关图，如图 4 所示。

从图 4 中可以看出，95 次在线式 ADCP 实测流量和流速仪实测点在同一系列上，呈密集带状分布，关系较为密集。求得相关流量方程：$Q_{应用} = 0.939 \times Q_{在线ADCP}$。适线、符号、偏离数值三检合格：正点 45、负点 50；系统误差为 -0.50、不确定度为 17.2%，误差略大于本站流量测验允许误差。

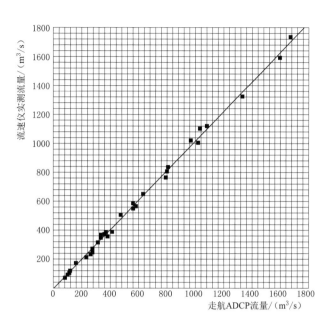

图 3　坝上水文站走航式 ADCP 与缆道流速仪法流量关系图

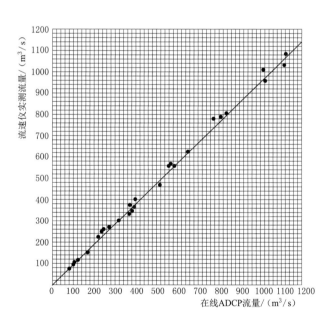

图 4　坝上水文站在线式 ADCP 与缆道流速仪法流量关系图

（3）点绘 2016—2017 年窑下坝（二）水文站在线式 ADCP 实测与流速仪实测流量共42 次相关图，如图 5 所示。

从图 5 可以看出，9 次走航式 ADCP 实测流量和流速仪实测点在同一系列上，42 次比测成果呈密集带状分布，关系较为密集。求得相关流量方程：$Q_{流速仪} = 1.122 \times$

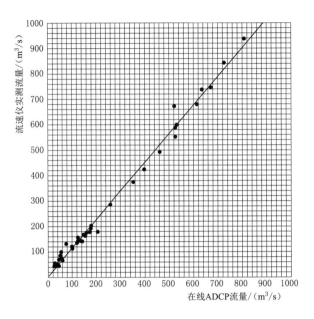

图 5　窑下坝（二）站在线式 ADCP 与缆道流速仪法流量关系图

$Q_{在线 ADCP}$。适线、符号、偏离数值三检合格：正点 22、负点 20；系统误差为 0.64、不确定度为 10.2%，符合本站流量测验精度要求。

当断面流量大于 $100\text{m}^3/\text{s}$ 时，流速仪法施测和在线式 ADCP 施测的流量密集呈带状，相关关系良好，此时断面上没有回流和层流；但在低水时（流量小于 $100\text{m}^3/\text{s}$ 时）误差相对较大，流速仪实测流量点子相差较多，说明河段流量较小时，受下游闸坝壅水影响严重，河段流向不一，水流紊乱，流速仪法已经不适宜用于此时的流量测验。

4　流量整编成果比对分析

（1）坝上站依据 2016 年 4 月 13 日至 2017 年 6 月 4 日走航式 ADCP 实测流量成果，采用连实测流量过程线法整编流量，比例系数采用本次分析的 1.026；与流速仪法整编流量成果对照，径流总量误差为 0.12%，汛期洪水总量误差为 0.53%，次洪水总量平均误差为 0.78%，日平均流量平均误差为 1.2%。

（2）坝上站 2014 年 11 月至 2015 年 6 月依据在线式 ADCP 实测流量成果，采用连实测流量过程线法整编流量，比例系数采用本次分析的 0.939；与流速仪法整编流量成果对照，径流总量误差为 1.56%，汛期洪水总量误差为 2.23%，次洪水总量平均误差为 1.78%，日平均流量平均误差为 7.8%。

（3）窑下坝（二）水文站 2016 年 2 月 2 日至 2017 年 7 月 3 日依据在线式 ADCP 实测流量成果，采用连实测流量过程线法整编流量，比例系数采用本次分析的 1.122，2009—2017 年年径流系数为 0.35~0.67，与上下游对照基本合理，与 1957—2008 年年径流系数 0.21~0.73 对照也基本合理。

5 结语

传统的缆道流速仪法适宜畅流期河道流量测验,具有操作简便、维护简单等优势,但当受下游闸坝影响严重时,河段水流紊乱,难以保证测验精度;走航式 ADCP 使用范围广、测量时间较短、可施测紊流流量、精度高,但在流速过小时其测验精度也难于保证;在线式 ADCP 测得的流量成果连续,断面基本稳定测站精度较高,但受水流浑浊度影响大,测量范围局限性大,同时安装维护成本最高。

走航式 ADCP 测流精度符合坝上站测量精度要求,且能完全反映垂线流态,然而在流速过小时测验精度还是难以保证。在线式 ADCP 测流误差略大于坝上站测量精度要求,主要原因为在线式 ADCP 只能测得部分断面流量,建议:①可在坝上站断面左、右两岸分别安装一台在线 ADCP;若要覆盖全断面,还可在坝上站上游 2.5km 处沙石大桥桥墩上再增加一台在线 ADCP,三台 ADCP 同测减少误差。②在不增加在线 ADCP 的情况下,用在线 ADCP 测得连续流量,定期用走航式 ADCP 实测流量数据校正在线式 ADCP 测流成果。

窑下坝(二)水文站最大河面宽不超过 120m,用在线式 ADCP 测流效果较好,符合该站测量精度要求。建议窑下坝(二)水文站使用在线式 ADCP 测流,同时用走航式 ADCP 作为在线 ADCP 维护期间或应急监测时的备用测验手段。

参 考 文 献

[1] 王莹,王韦华,苏文峰. 多普勒测流仪——"河猫"在水文的应用 [J]. 黑龙江水利科技,2010,38 (1):231-232.

[2] 谢志锋. 化州(城)水文站新仪器 H-ADCP 的应用研究 [J]. 珠江水运,2015 (22):74-75.

[3] 蔡培青. 几种主要测流方法的简述 [J]. 数字化用户,2007,13:107.

基于自动分段的水位流量关系优化定线研究

王燕飞[1]　付燕芳[2]　黄燕荣[2]

(1. 中国能源建设集团广西电力设计研究院有限公司，广西南宁　530007；

2. 江西省抚州市水文局，江西抚州　344000)

摘　要： 本文在"用于水位流量关系曲线的一类保凸保单调函数"水位流量关系模型的基础上，通过引入自动分段策略和起始点自适应方式，解决这一模型存在的分段点难以界定和起始点敏感的问题。研究结果表明，采用引入新策略的水位流量关系模型可以很好地拟合水位流量关系曲线，减少人工分段的额外操作，领域搜索差分进化算法在该模型优化率定求解中很有效。

关键词： 自动分段；水位流量关系；曲线拟合；优化；定线

1 引言

水位流量关系曲线是用来描述测站基本断面的水位与通过该断面的流量两者之间关系的曲线，怎样处理好水位与流量之间的关系是水利水电工程规划、设计与施工过程中一个重要的研究课题，尤其近年来对资料整编的时效性要求越来越高，有效而且高效地进行水位流量关系曲线率定是一种强有力的支撑手段。本文采用了《用于水位流量关系曲线的一类保凸保单调函数》提出的基于分段多项式函数描述的水位流量关系模型，这一模型具有连续保单调不反曲的特性，同时对不同量级（低水、中水、高水）水位流量分段拟合。但在实际使用这一模型的过程中，发现不同分段点位置对于率定结果有很大影响，人工进行分段较难找到合适的分段点；同时起始点位置很敏感，特别是在低水部分实测水位流量数据点多的情况下。为了有针对性地解决上面两个问题，本文引入自动分段策略和起始点自适应方式，基于此方式开发了软件并投入实际使用，效果理想，此方式可以高效完成关系曲线率定，满足水位流量关系曲线的率定要求（即通过了符号检验、适线检验、偏离数值检验）。

笔者曾采用差分进化算法求解基于保凸保单调的分段幂函数建立的水位流量关系曲线优化模型，此次研究采用领域搜索差分进化算法（NSDE）对改进后的自动分段多项式水位流量关系模型进行求解。

2 水位流量关系的保凸保单调分段多项式函数模型与自动分段策略和起始点自适应方式的引入

《用于水位流量关系曲线的一类保凸保单调函数》中构建了一类保凸保单调分段多项

式函数，使用该类函数的水位流量关系模型可以有效地兼顾各级水位级别（低水、中水、高水）的拟合效果。保凸保单调分段多项式函数如下：

$$p(x) = c_{1i} + c_{2i}(x - \xi_i) + \frac{1}{2}c_{3i}(x - \xi_i)^2 \quad \xi_i \leqslant x \leqslant \xi_{i+1} \tag{1}$$

每段曲线的起点为 $p(\xi_i) = c_{1i}$。

分段多项式曲线在分段断点处连续，因此可知：

$$c_{1,i+1} = p(\xi_{i+1}) = c_{1i} + c_{2i}\Delta\xi_1 + \frac{1}{2}c_{3i}(\Delta\xi_1)^2 \Delta\xi_i = \xi_{i+1} - \xi_i \tag{2}$$

式（1）和式（2）中：ξ_i 为分段断点；c_{1i}、c_{2i}、c_{3i} 为参数，$c_{2i} > 0$，$c_{3i} \geqslant 0$。

实际应用过程中，发现采用这一水位流量关系模型进行优化率定时，选择不同的 ξ_i 进行分段，最后自动优化率定的结果有比较大的差别，人工选择不同的起始点对结果影响也很大，尤其是低水部分实测数据点比较多的时候更为明显。为了很好地解决这一问题，本文引入了自动分段的策略，把分段点 ξ_i 作为优化模型待求解的参数，在模型求解过程中自动选择分段点 ξ_i。同时针对起始点敏感的问题，把参数 c_{11} 也作为优化模型待求解的参数，通过模型自动求解起始点位置，从而达到水位流量关系曲线的起始点自适应。

3 水位流量关系曲线优化模型的建立与求解

水位流量关系曲线模型的优化目标函数采用加权残差平方和。模型目标函数如下：

$$\min f = \sum [w_i(Q_i - Q_{ct})/Q_{ct}] \tag{3}$$

式中：$w_i = Q_i/\sum Q_i$ 为权重 Q_i 为第 i 次实测流量 Q_{ci} 为率定出来的水位流量关系曲线上查到第 i 次实测水位的对应流量。模型约束条件：

$$\begin{cases} p \leqslant p_a \\ u < u_{1-a/2} \\ \mu < u_{1-a} \\ \tau < t_{1-a/2} \end{cases} \tag{4}$$

式中：p 为系统误差；p_a 为系统误差允许值；u 为符号检验统计量；μ 为适线检验统计量；τ 为偏离数值检验统计量。

式（3）和式（4）构成了带约束的最小化优化问题，引入的自动分段策略和起始点自适应的水位流量关系模型为复杂的非线性优化问题，使用常规优化方法很难求解，而采用人工智能算法通常可以取得很好的求解效果，本文使用领域搜索差分进化算法（NSDE）进行求解。

4 领域搜索差分进化算法

差分进化算法（DE）是一种全局并行优化算法，差分进化算法涉及三个主要操作：变异操作、交叉操作和选择操作。最基本的变异成分是差异向量，差异向量由两个向量或多个向量的差构成。

领域搜索的差分进化算法中，固定的缩放因子 F 不利于算法更广泛地进行探索，因此缩放因子 F 使用高斯分布和柯西分布随机产生。

$$\begin{cases} GaussianRand(0.5,0.5) & if\ U(0,1){<}f_p \\ CauchyRand() & otherwise \end{cases}$$

式中：$U(0,1)$ 为均匀分布随机数，f_p 取值为 0.5；$GaussianRand(0.5,0.5)$ 为均值＝0.5、方差＝0.5 的高斯分布随机数；$CauchyRand()$ 为柯西分布随机数。

5 实例分析

5.1 实例 1

为了验证引入的自动分段策略和起始点自适应方式的分段多项式函数水位流量关系模型及领域搜索差分进化算法的可行性和有效性，以某水文站某年的水位流量关系曲线率定为计算实例，实测水位流量原始观测数据见表 1，通过领域搜索差分进化算法自动优化率定后得到的统计参数如下（分 3 段多项式函数）：系统误差＝0.057％、符号检验统计量＝0.183、适线检验统计量＝0.371、偏离数值检验统计量＝0.110、标准差＝2.910％，优化率定成果可以通过定线"三检验"，而且满足定线精度要求，优化计算成果见表 1，相应的水位流量关系曲线成果图如图 1 所示。

表 1 水位流量关系曲线计算成果表（1）

水位/m	实测流量/(m³/s)	线上流量/(m³/s)	水位/m	实测流量/(m³/s)	线上流量/(m³/s)
33.96	76.3	72.1	33.64	28.5	29.0
33.86	52.6	56.8	33.59	23.6	23.8
33.85	54.0	55.4	33.77	44.1	44.4
33.83	52.4	52.5	33.89	63.4	61.2
33.79	46.5	47.1	33.53	18.6	18.1
33.90	62.8	62.7	33.50	15.4	15.5
33.82	52.3	51.1	36.29	987	976.3
33.75	40.7	41.9	36.94	1450	1452.1
34.68	236	231.8	37.48	2000	1999.7
34.34	140	145.6	37.08	1560	1567.8
33.89	62.5	61.2	36.62	1200	1205.2
34.41	163	161.8	35.63	606	596.6
34.82	260	272.9	35.20	395	405.2
34.26	134	128.1	34.68	234	231.8
33.91	67.5	64.3			

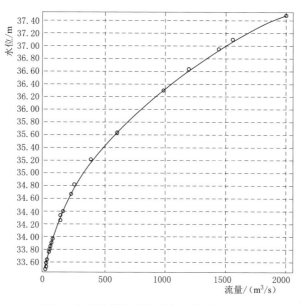

图 1   水位流量关系曲线率定成果图（一）

5.2   实例 2

再以另一水文站某年的水位流量关系曲线率定为计算实例，实测水位流量原始观测数据见表 2，通过领域搜索差分进化算法自动优化率定后得到的统计参数如下（分 3 段多项式函数）：系统误差＝0.414％、符号检验统计量＝0.588、适线检验统计量＝0、偏离数值检验统计量＝0.595、标准差＝3.651％，优化率定成果可以通过定线"三检验"，而且满足定线精度要求，优化计算成果见表 2，相应的水位流量关系成果图如图 2 所示。

表 2   水位流量关系曲线计算成果表（2）

水位/m	实测流量/(m³/s)	线上流量/(m³/s)	水位/m	实测流量/(m³/s)	线上流量/(m³/s)
35.40	115	110.1	35.52	133	131.6
35.18	71.7	74.7	35.92	219	219.9
35.14	72.3	68.9	37.08	725	706.9
35.18	80.3	74.7	37.42	978	982.6
34.94	40.9	42.3	37.19	755	784.1
34.96	45.8	44.7	36.30	344	340.1
35.16	70.8	71.8	37.62	1200	1196.0
35.50	123	127.9	37.21	801	799.4
35.18	69.2	74.7	36.83	579	568.8
34.82	28.4	28.5	36.07	263	263.0
35.08	60.8	60.4	35.30	89.6	93.3
35.10	68.4	63.2	37.39	963	953.9
35.14	71.6	68.9	37.15	763	754.7

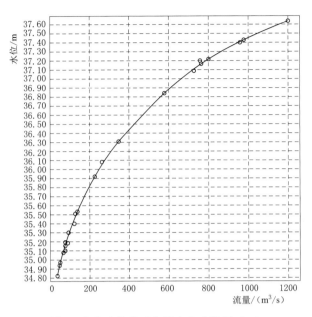

图 2　水位流量关系曲线率定成果图（二）

5.3　实例 3

为验证本文方法在有大量数据点情况下拟合均线的可行性，以广西某个站点多年的水位流量关系曲线率定为计算实例，原始观测数据达 20423 个数据点，通过领域搜索差分进化算法自动优化率定后优化计算成果见表 3，相应的水位流量关系曲线成果图如图 3 所示。从图 3 中可以看到自动优化率定的水位流量关系曲线可以很好地拟合实测数据，同时经过多次优化率定的关系曲线很稳定，优化时间通常在 3min 以内，能较好地适用于大量数据点的水位流量关系曲线拟合，大大提高了拟合效率，并有效避免了传统的人工曲线拟合方法对成果带来的不确定性。

表 3　　　　　　　　　　　水位流量关系曲线计算成果表（3）

水位/m	线上流量/(m³/s)	水位/m	线上流量/(m³/s)
52.00	11.3	54.00	204
52.20	21.6	54.20	265
52.40	32.0	54.40	336
52.60	42.3	54.60	419
52.80	52.6	54.80	513
53.00	62.9	55.00	618
53.20	73.3	55.20	734
53.40	89.2	55.40	854
53.60	116	55.60	977
53.80	155	55.80	1102

续表

水位/m	线上流量/(m³/s)	水位/m	线上流量/(m³/s)
56.00	1230	58.00	2651
56.20	1361	58.20	2808
56.40	1494	58.40	2967
56.60	1629	58.60	3128
56.80	1768	58.80	3292
57.00	1909	59.00	3459
57.20	2052	59.20	3628
57.40	2198	59.40	3800
57.60	2347	59.60	3974
57.80	2498	59.80	4151

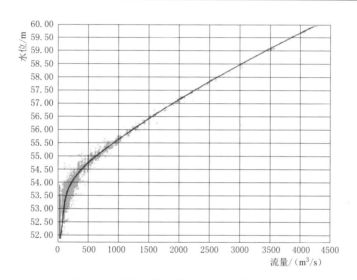

图3　水位流量关系曲线率定成果图（三）

6　结语

本文首先在用于水位流量关系曲线的一类保凸保单调函数的基础上，引入自动分段策略和起始点自适应方式，把分段点和起始点同时作为待优化参数引入模型求解中，针对性地解决原模型在分段点界定和起始点位置比较敏感的问题；然后采用领域搜索差分进化算法对水位流量关系曲线优化模型进行求解。实例表明领域搜索差分进化算法（NSDE）可以有效地求解水位流量关系曲线模型，自动优化率定出来的水位流量关系曲线能满足定线的"三检验"（即通过符号检验、适线检验、偏离数值检验）要求，同时减少人工分段的额外操作，避免了人工对起始点不好选定的问题，有效地提高了水位流量关系曲线的率定效率，满足资料整编更高的时效要求。同时验证了本文方法可以很好地应用在解决大量数据点自动优化拟合的问题上，有效避免了传统的人工曲线拟合方法对成果带来的不确定性。进一步可以把自动分段策略和起始点自适应方式引入到保凸保单调的分段幂函数的优化模型中，相信此方法也可以取得很好的效果。

参 考 文 献

［1］ 黄燕荣，黄勇峰. 用于水位流量关系曲线的一类保凸保单调函数［C］//水文水资源技术与实践. 南京：东南大学出版社，2009.

［2］ 王燕飞，黄燕荣. 基于保凸保单调的分段幂函数在水位流量关系曲线拟合中的应用［J］. 红水河，2011，30（6）：19-23.

［3］ 王春霞. 稳定水位流量关系加权有约束优化模型及求解［J］. 水文水资源，2009，35（1）：7-9.

［4］ STORN R，PRICE K. Differential evolution – a simple and efficient heuristic for global optimization over continuous spaces［J］. Journal of Global Optimization，1997，11（4）：341-359.

赣州市山洪灾害现状调查评价与对策研究

李明亮[1]　吴　晓[2]

（1. 江西省赣州市水文局，江西赣州　341000；

2. 江西省水利科学研究院，江西南昌　330029）

摘　要：本文在赣州市山洪灾害全面调查的基础上，采用水文学方法，对重点防治区的暴雨洪水特征、现状防洪能力、预警指标等方面进行分析评价，得到赣州市山洪灾害现状和特点，提出相应的防御对策，可供防汛减灾决策参考。

关键词：山洪灾害；预警指标；防治对策；赣州市

1 引言

山洪灾害对人民群众的生命财产安全构成极大威胁，是防汛的重点和难点。本文在对赣州市山洪灾害全面调查的基础上，围绕小流域暴雨洪水特性，对防灾对象现状防洪能力进行了综合分析，获得了较为合理的预警指标，成果通过了水利部专家审查，在实际应用中防灾减灾效果明显。

2 赣州市概况

赣州市位于赣江上游，江西南部，处于武夷山脉、南岭山脉与罗霄山脉的交汇地带，呈典型的亚热带丘陵山区湿润季风气候，地貌以丘陵、山地为主，占全市土地面积的83％。地形地质条件复杂，特殊气候条件和降水时空分布不均，极易形成局部强降雨，导致山洪灾害频发。境内大小河流1270条，河流密度为0.42km/km²，赣州市辖2区1市15县294个乡镇，国土总面积39408km²，2014年末全市总人口为935.8万人。

3 山洪灾害防御现状

赣州市山洪灾害存在点多、面广、突发性强、破坏力强、防御难度大等特点，往往对受灾地区人民生命财产造成巨大损失，因赣南山丘区山高坡陡，溪河密集，降雨迅速转化为径流，汇流快、流速大，降雨后几小时即成灾受损。山洪灾害发生时往往伴生滑坡、崩塌、泥石流等地质灾害，每年均会发生不同程度的山洪灾害。例如：2006年7月26日上犹县出现特大暴雨山洪灾害，造成重大人员伤亡，直接经济损失达 3.69 亿元。2009 年出现在崇义县聂都一带的"7·3"暴雨，聂都站 24h 最大降雨量达 528.0mm，刷新了历史记录，造成直接经济损失超过 5000 万元；2015 年梅江中下游"5·19"暴雨洪水，受灾人口达 89.28 万人，倒塌房屋 1829 户 4477 间，直接经济损失达 20.12 亿元。

各级政府采取了一系列措施加强防御，目前赣州市境内已建非工程措施有：水雨情自动监测站 1527 处（含气象部门站点 489 处），简易雨量站 3836 处，简易水位站 286 处，无线预警广播站 6314 处。落实了山洪灾害监测、预报、预警、转移安置和抢险救灾等各项措施，形成了一套较为完善的防御体系。尽管如此，依然存在着防御对象数量、分布、防御能力不清等诸多难题，为进一步摸清防御对象，提高预警转移的针对性，赣州市山洪防御现状进行了全面调查。

4 山洪灾害调查

针对赣州市境内流域面积 200km² 以下的山丘区小流域溪河洪水，本着客观科学的态度，采用文献收集、历史资料分析、实地调查、专家座谈与咨询、运用遥感和地理信息系统等技术手段，进行了水文气象资料、社会经济统计、危险区居民住宅位置与高程测量、河道断面测量等 11 个方面内容的资料收集。

对重点沿河村落进行了详细调查，测量居民房屋平面位置与高程，调查居民户的人口、房屋数量及房屋结构类型，现场获取相关影像，并将其位置标绘在工作底图上；并测量相应河段纵横断面。历时一年多，完成全市 18 个县（区）的调查，成果通过了专家评审。

5 山洪灾害分析评价

基于调查数据，围绕小流域暴雨洪水特性、防灾对象现状防洪能力和预警指标确定等方面，对 1762 个重点防治区进行分析评价。

首先，对重点小流域进行设计暴雨洪水，假定暴雨与洪水同频，采用《江西省暴雨洪水查算手册》（2010 年）中的方法进行。

其次，对重点防灾对象进行现状防洪能力、危险区等级划分。将处于沿河不同位置的危险区居民房屋高程投影到最近河段，再按照河段的洪水比降换算到控制断面，与控制断面设计洪峰水位进行比较，从而确定该居民房屋的防洪能力；采用频率法对危险区进行危险等级划分。

然后，对重点防灾对象进行预警指标分析。基于南方地区降雨特点，假定一次降雨过程为 6h，按三种流域蓄水状态（$0.5W_m$、$0.8W_m$、$1.0W_m$）分别进行计算，当达到成灾流量时的降雨量即为该流域在此蓄水状态下的预警雨量，最大 1h 即 1h 预警雨量，最大 3h 即 3h 预警雨量，以此类推。

按照上述方法所获得的成果进行了系统研究与分析评价，得到赣州市山洪灾害现状以及评价对象现状防洪能力，见表 1 和表 2。

表1 赣州市山洪灾害现状

一般防治区（自然村）		重点防治区（自然村）		受威胁人口		受严重威胁人口		受威胁单位		影响的涉水工程/座	
数量/个	占比/%	数量/个	占比/%	数量/万人	占比/%	数量/万人	占比/%	数量/个	路涵	桥梁	堰坝
18046	38.4	1762	3.7	638.2	68.2	72.1	7.7	545	85	1444	467

表2 评价对象现状防洪能力

极高危险区（小于5年一遇）			高危险区（5~20年一遇）			危险区（20~100年一遇）		
数量/个	人口/万人	占比/%	数量/个	人口/万人	占比/%	数量/个	人口/万人	占比/%
571	5.31	32	749	7.23	43	402	10.45	23

　　雨量预警指标受成灾水位、河道地形等因素影响，各地分布不一，信丰县崇仙乡桥头村雨量预警指标见表3和图1。

表3 信丰县崇仙乡桥头村雨量预警指标

蓄水状态	时段/h	预警指标/mm	
		准备转移	立即转移
0.5W_m	1	80	90
	3	105	120
	6	125	140
0.8W_m	1	60	75
	3	80	95
	6	95	115
1.0W_m	1	50	60
	3	65	80
	6	75	95

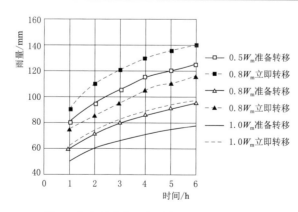

图1 信丰县崇仙乡桥头村雨量预警指标图

　　上述结果表明，赣州市山洪灾害分布广、影响人口多、影响企事业单位多，沿河村落防洪能力较低，山洪危害大，所获得的预警指标较为科学、合理，对山洪灾害防御、人员转移有重要意义。当然，还存在小流域缺乏实测资料等问题，有待实践检验和率定。

6 山洪灾害防御对策

结合调查评价中发现的一些问题，提出如下建议：

（1）完善山洪预警指标。通过本次调查分析评价，获得了全市山洪灾害防治区、重点防治区范围、人口分布、现状防洪能力、预警指标等成果，应当充分运用好这些成果，进一步完善站点预警信息关联、预警指标优化等工作。今后应加强对预警指标的复核、检验和率定，同时应加强上下联动，信息共享共同防御。

（2）采取工程措施提高防洪能力。加快山洪沟治理步伐，尽快开展小流域综合治理，对山洪影响严重且防洪能力低的河段，进行河道整治；加强水利工程除险加固，对有安全隐患的山塘、水库进行除险加固，增强上游蓄水能力，降低山洪灾害发生的概率。

（3）采取非工程措施提高防洪能力。目前赣州市境内自动监测站点数量已经足够，但没有把水库和气象站点统一到防御平台。建议把已建站点整合到统一平台，充分利用，实现资源共享；加强预警预报信息化平台建设，依托现有山洪灾害县级决策支持系统，充分利用这次分析评价得出的成果，建立自动的信息计算处理、报送系统，通过精确预警，争取主动做好防御工作；延伸调查评价范围，调查发现除山洪外，受大中河流影响的洪涝灾害相对严重，因此建议总结经验，进一步开展大江大河（200km² 以上的）洪涝灾害调查评价工作，为防洪减灾提供支撑。

（4）规范涉水建筑管理。应继续加强山洪灾害防御知识的普及宣传，增强居民对山洪灾害的防御意识；对部分山区居民实行整体搬迁；加强河道管理，提高河道行洪能力；进一步落实防灾责任体系，责任要落实到个人。

山洪灾害防御是一项复杂、动态的系统工程，需适时从自然、社会、经济等多方面进行综合分析、研究与论证。本次调查评价成果为赣州市的山洪灾害预警、预案编制、人员转移等工作提供了科学的资料、初步结论和信息支持。

参 考 文 献

[1] 雷声. 江西省山洪灾害防治项目概述 [J]. 江西水利科技，2015 (3)：179-181.

[2] 刘志雨. 山洪预警预报技术研究与应用 [J]. 中国防汛抗旱，2012 (2)：41-42.

[3] 邱启勇. 江西省山洪灾害防御预警响应工作对策及成效 [J]. 中国防汛抗旱，2014 (S1)：66-67.

[4] 王小笑，傅群. 资溪县山洪灾害特征与防治对策研究 [J]. 江西水利科技，2011 (2)：130-132.

[5] 郭良，等. 开展全国山洪灾害调查评价的工作设想 [J]. 中国水利，2012 (23)：10-11.

[6] 李昌志，孙东亚. 山洪灾害预警指标确定方法 [J]. 中国水利，2012 (9)：54-55.

OBS501 浊度仪在监测含沙量中的应用

桂　笑　魏树强

（江西省景德镇市水文局，江西景德镇　333000）

摘　要： 河道悬移质泥沙测定，目前是采用船只在河道规定垂线现场取样后，通过沉淀、过滤、称重等分析河道含沙量，该方法操作繁杂，耗时长，效率低，不能实时连续观测泥沙变化过程。近年来，光学仪器已广泛应用于悬沙浓度的观测研究中，OBS501 可自记测验点的浊度、水温等特征值，数据的采集、处理均可在现场完成，自动化程度高，且操作简单，能够快速、实时、连续测量，目前多应用于水体含沙量波动较大的潮汐河口及沿海悬浮泥沙的监测，而对于河道断面含沙量在线监测应用较少。为了实现连续观测泥沙变化过程，本文将 OBS501 浊度仪推算含沙量与实测含沙量进行比测分析，检验是否满足测验精度要求，以便推广应用。

关键词： 浊度仪；含沙量；测验分析

1 引言

渡峰坑水文站于 1941 年设立，是饶河支流昌江的国家重点控制站，实测多年平均含沙量 $0.090kg/m^3$，实测最大单沙 $4.21kg/m^3$，该站为二类精度泥沙站，采用水文缆道施测流量和含沙量。悬移质输沙率采用固定七线垂线混合法，横式 1000mL 采样器取样，单位含沙量测验的垂线取样方法与输沙率方法一致，采样位置为起点距 175m 处，用烘干法处理水样。断面平均含沙量采用历年单断沙综合关系线推求。

OBS501 在线测沙是一种光学测量仪器（图 1），它通过接收红外辐射光散射量观测悬浮颗粒，通过建立水体浊度与实测悬沙浓度之间的相关关系，进行浊度转化，从而得到 OBS501 观测的悬沙浓度，主要技术参数见表 1。

表 1　　　　　　　　　　　　OBS501 技 术 参 数 表

技术指标	参　数	技术指标	参　数
双探头	90°侧散射和后向散射	供电要求	9.6～18V DC
测沙范围	0～10kg/m³	测量时间	＜10s
人工与自净防污	快门刷、灭菌剂、铜套壳	最大工作深度	100m
测沙精度	读数的 2%	直径	4.8cm

续表

技术指标	参数	技术指标	参数
温度范围	0～40℃	长度	27cm
温度精度	±0.3℃	重量	0.59kg
发射波长	850nm	最大电缆长度	＞500m
休眠模式耗电量	＜200μA	测量时耗电量	＜40mA
通信时耗电量	＜40mA	最大峰值电流	200mA/ms

OBS501 采用固定式安装，位于渡峰坑水文站流速仪测流断面下游 280m 左岸，如图 2 所示，仪器面向下游，免受漂浮物影响。支架整体为 304 不锈钢材质，可长期在水下使用。

图 1　OBS501 设备外形

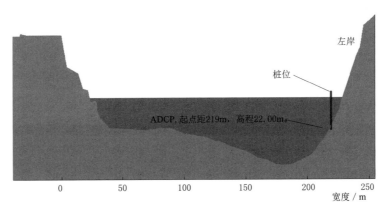

图 2　固定式安装示意图

2　比测试验方法

为了解烘干法测沙与 OBS501 测沙结果的关系，在渡峰坑水文站进行了 OBS501 测沙和烘干法测沙的比测工作，并作了对比分析。OBS501 在线监测频率为 30min，选取靠近单沙取样时间的仪器测量值，尽可能地保持 OBS501 浊度仪与单沙取样同步进行。

自 2017 年 4 月起至 2017 年 12 月，实测含沙量为 0.004～0.970kg/m³。覆盖了全年的实测最大含沙量。在含沙量为 2kg/m³ 以下的水体中，光源所发出的红外光，碰到悬移质泥沙后，以 90°散射回来的概率较大，即在含沙量低的条件下，侧散射探头所测的数据更为准确。故在收集的数据中只采用侧散射采集的数据与实测数据对比分析。

3 率定分析

泥沙在线监测系统率定时间段为 2017 年 3 月至 2018 年 6 月。在此期间，水位变幅为 22.99～32.72m，实测最大流量为 6500m³/s，含沙量变幅为 0.951kg/m³。

3.1 率定原理

光束通过浑浊的液体时，光线经过一段距离后光强度会有一定程度的减弱。减弱的主要原因是光线被浑浊液体内的介质吸收或反射散射偏离原来方向。测量散射回来的光强度，可以计算出液体的浊度。

天然水体中泥沙含量是影响水浊度的最重要因素，在很多场合，泥沙含量是决定浊度的唯一因素。系统采用后散射探头和侧散射探头来测量浊度，从而测得悬移质含沙量。

3.2 同步时间选择

在单沙取样时，泥沙在线监测系统同步进行监测，选择同步时间的在线数据遵循以下原则：

（1）单沙取样时间是整点或半点时，选取与单沙取样时间一致的仪器测量值。

（2）单沙取样时间不是整点或半点时，选取最靠近单沙取样时间的仪器测量值。

3.3 散射数据选择

系统采用的传感器有后散射探头和侧散射探头，后散射探头接收光强度的角度为 125°～170°，侧散射探头接收光强度的角度为 90°。含沙量为 2kg/m³ 以上的水体中，光源所发出的红外光，碰到悬移质泥沙后，以大于 90°散射回来的概率较大，即在含沙量高的条件下，后散射探头所测的数据更为准确。含沙量为 2kg/m³ 以下的水体中，光源所发出的红外光，碰到悬移质泥沙后，以 90°散射回来的概率较大，即含沙量低的条件下，侧散射探头所测的数据更为准确。

3.4 散射数据处理

由于测沙仪安装位置离岸边较近，受水生植物、漂浮物、人为因素等影响，有时会造成测沙仪浊度值异常，有突变数据，应对异常数据进行处理，处理方法主要是参照水位过程线及雨量资料，将异常数据删除。

3.5 关系率定

采用收集到的 223 份数据，使用 Excel 规划求解功能建立相关关系线为

$$C_{单沙} = 0.0000002684 NTU_{仪器}^2 + 0.00116458 NTU_{仪器}$$

其相关关系如图 3 所示。

3.6 验证分析

对 $C_{单沙}$－$NTU_{仪器}$ 关系线进行"三检验"分析，定线精度指标参照《水文资料整编规

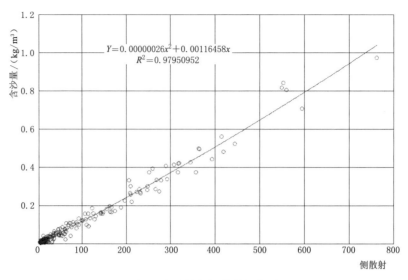

$$Y = 0.00000026x^2 + 0.00116458x$$
$$R^2 = 0.97950952$$

图3　含沙量与侧散射相关图

范》（SL 247—2012）中的规定（见表2），检验分析结果如下。

表2　　　　　　　　　　　　**OBS浊度仪与含沙量关系检验成果表**

项　目	计算值	允许值	是否合理
符号检验	3.88	1.15	不合理
适线检验	2.35	1.64	不合理
偏离数值检验	6.22	1.28	不合理
系统误差/%	20.5	±3	不合理
随机不确定度/%	53.4	±20	不合理

3.7　场次洪水过程对照

　　如图4和图5所示，选用"0624""0702"两次洪水过程，对渡峰坑水文站起点距175m的含沙量与浊度值单点比测分析，单点含沙量与浊度值随时间的变化过程基本一致，当含沙量增大时浊度值增大，当含沙量减小时浊度值减少，当含沙量达到峰值时浊度值也达到峰值，且含沙量与浊度值变化幅度基本一致。

4　结语

　　（1）泥沙在线监测系统是解放生产力的监测系统，它简化了泥沙的测验步骤，实现了自动化在线监测，具有安装简便、日常运行成本低、快捷、实时等优点，对外界抗干扰能力强，有良好的适应性。

　　（2）在进行水文资料整编时，减少了资料二次录入带来的错误，提高了资料整编质量

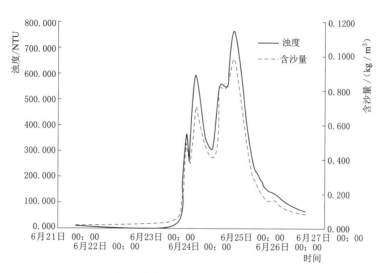

图 4　含沙量与浊度变化过程（6 月 24 日洪水过程）

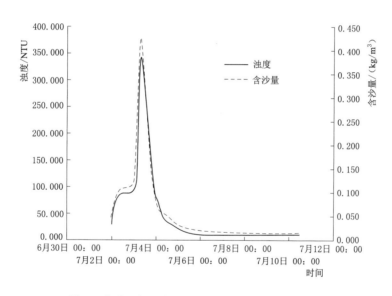

图 5　含沙量与浊度变化过程（7 月 2 日洪水过程）

和工作效率，可在智能平台上输出符合水文规范的含沙量表和输沙率表。

（3）从浊度过程线看，能较好地反映含沙量变化过程，对于人工取样有参考作用。

（4）渡峰坑水文站浊度值与含沙量有较好的相关关系，但误差较大，测验精度无法满足资料整编要求，主要原因是：影响因素太多，安装位置不理想，靠岸边太近，周边环境对浊度值影响较大。针对此情况，技术人员及时对安装环境进行了重新评估和勘察，鉴于昌江水流特性，渡峰坑河段涨落率大，洪水时漂浮物太多，无法找到合适的位置安装，也无法采用浮标式。

参 考 文 献

［1］ 薛元忠，何青，王元叶. CTD - OBS 浊度计测量泥沙浓度的方法与实践研究 ［J］. 泥沙研究，2004（4）：56 - 60.

［2］ 水文资料整编规范：SL 247—2012 ［S］.

峡江水利枢纽运行前后吉安水文站水文要素变化情况

刘金霞　王贞荣　林清泉

（江西省吉安市水文局，江西吉安　343000）

摘　要： 吉安水文站是长江流域赣江中游的主要控制站，位于峡江水利枢纽上游。自 2014 年峡江水利枢纽工程运行后，吉安水文站水位、流量、沙量等水文要素特征值发生了变化。本文利用吉安水文站历年实测资料根据峡江水利枢纽工程运行前后进行对比分析，探索吉安水文站水文要素的变化情况。结果表明，从近几年资料来看，峡江水利枢纽运行后，吉安站断面河床有冲有淤，水位流量关系散乱，多年平均水位略有增高，径流量增加，输沙量减小。

关键词： 吉安水文站；峡江水利枢纽；水文要素；变化情况

1　引言

水利工程是指为控制、调配、开发、管理和保护自然界的水资源所兴建的各种工程。第一次全国水利普查将我国的水利工程分为水库工程、水电站工程、水闸工程、泵站工程、引调水工程、堤防工程、农村供水工程、塘坝工程、窖池工程等九类。水利工程的建设运行改变了下垫面条件、河道特性等流域边界条件，从而影响流域产汇流过程。同时，由于水利工程拦蓄和滞洪，对河道洪峰流量有削减作用。大型水利枢纽工程的运行，对河道的水流、航运等也会造成一定程度的影响。峡江水利枢纽工程是赣江干流梯级开发的主体工程，也是江西省大江大河治理的关键性工程。水库以防洪、发电、航运为主，兼有灌溉等综合利用功能。水库蓄水后，将改变河流原有的水利水文特性，进而改变整个系统的物质场和能量场，改变河流原有的水位流量关系和水文特征。

利用吉安水文站历年实测数据，按峡江水利枢纽运行前后的时间节点进行分析对比，探索近几年吉安站水文要素的变化情况。

2　基本概况

2.1　吉安站基本情况

吉安水文站位于江西省吉安市吉州区沿江路 190 号，东经 $114°59'$，北纬 $27°06'$，是长江流域赣江中游的主要控制站，流域面积 $56223km^2$，距河口 240km。1930 年 3 月设站为水位站，1947 年 1 月断面下迁 2km，1951 年 6 月断面上迁 1km 由水位站改水文站，1961 年 7 月由水文站改水位站，1964 年 1 月由水位站改水文站，2006 年 1 月断面下迁 30m。吉安水文站为国家重要水文站，担负向国家防总、长江水利委员会、江西省防总、吉安市防总、宜春市防总、九江市防总等 12 个单位的雨、水情报汛及洪水预报任务，向沿河两岸提供水文情报预报服务。

吉安水文站主要测验项目有水位、流量、悬移质输沙、颗粒分析、降水量、水质。本站流量测验属一类站，泥沙测验属二类站，管理的雨量站 4 站。水位、降水量观测均采用自记记录，流量测验采用船测、走航式 ADCP 及流速仪施测，泥沙测验采用船测、横式采样器取样。输沙采用过滤烘干法处理，颗粒分析往年采用粒径计法，2013 年粒径计法与激光法同步分析比较，2014 年全部采用激光法进行分析。该站布设有基本水尺断面，流速仪测流断面位于基本水尺断面上游 30m，浮标上、中、下测流断面分别位于基本水尺断面上游 190m、上游 30m、下游 110m，比降上、下断面分别位于基本水尺断面上、下游 800m。

2.2 峡江水利枢纽工程情况

峡江水利枢纽工程位于赣江中游峡江县巴邱镇上游 6km 的峡谷河段上，坝址控制流域面积 62710km^2，是赣江干流梯级开发的主体工程，也是江西省大江大河治理的关键性工程。水库以防洪、发电、航运为主，兼有灌溉等综合利用功能。

工程建成后，水库正常蓄水位 46m（黄海基面，下同），死水位 44.00m，防洪高水位 49.00m，设计洪水位 49.00m，校核洪水位 49.00m；总库容 11.87 亿 m^3，防洪库容 6.00 亿 m^3，调节库容 2.14 亿 m^3，死库容 4.88 亿 m^3。初选电站装机容量 360MW，多年平均发电量约为 11.42 亿 kW·h。布置最大过坝船舶吨位为 1000t 的船闸，灌溉耕地面积 33 万亩。

工程建成后，可将南昌市防洪标准从 100 年一遇提高到 200 年一遇，使赣东大堤的防洪标准从 50 年一遇提高到 100 年一遇；电站在满足江西省电力发展需要的同时，对改善电网电源结构也将发挥一定作用；水库可渠化航道约 77km，对实现赣江航道全线达到三级及以上通航标准具有关键作用；水库下游可新增自流灌溉面积 11.69 万亩，改善灌溉面积 21.26 万亩。枢纽主要建筑物包括混凝土重力坝、混凝土泄水闸、河床式厂房、船闸、左右岸灌溉进水口、鱼道等，最大坝高 23.1m，坝顶全长 874m，库区防护堤总长 70.126km。

3 峡江水利枢纽运行前后断面分析

吉安水文站测验河段基本顺直，河槽呈 W 形，中高水主河槽宽约 740m。各级水位主流均偏左岸，水位在 52.00m（吴淞基面，下同）以上时右岸开始漫滩，滩地最大宽度约 145m。水位在 43.00m 左右，断面开始出现沙洲。河床由块石、卵石及中沙组成，两岸为防洪堤，浆砌块石护坡，左岸堤顶高程 57.30m，右岸堤顶高程 55.00m。基本水尺断面上游 20km 处有泰和石虎塘航电枢纽，5km、4.5km 和 1km 处分别有赣江铁路大桥、永和大桥和赣江公路大桥，4km 处左岸有禾泸水汇入；下游约 2.6km 处有赣江吉安大桥，3.5km 处左侧有白鹭洲，洲尾有井冈山大桥，63km 处有峡江水利枢纽，蓄水期间，受回水顶托影响。起点距 470m 至右岸，由于河道取沙，断面上、下游形成大量沙石堆，对低水水流有影响。利用吉安水文站 2004—2017 年的实测大断面成果，采用不同符号表示，点绘河底高程沿横断面分布图，历年实测大断面图如图 1 所示。

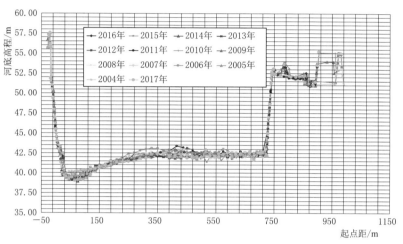

图 1　吉安水文站历年实测大断面图

通过 2004—2017 年实测大断面资料，统计各年实测大断面深泓点河底高程，点绘深泓点高程与时间变化关系线，如图 2 所示。

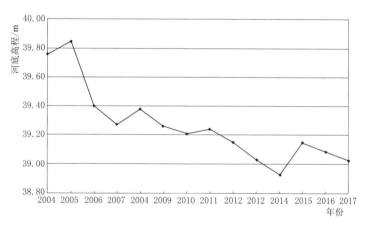

图 2　吉安水文站断面深泓点随时间变化关系图

从图 1 可以看出，吉安水文站大断面年际变化有冲有淤，断面河床呈锯齿形变化，由于受沙石堆影响，起点距 400～700m 锯齿形变化尤为明显。河床部分 43.0m 以下冲淤较频繁，相同起点距高程变化可达 1.0m，但总体面积变化不大，为不经常性局部冲淤。

从图 2 深泓点高程历年变化可看出，受当年洪水影响不同，河床深泓点变化大小不一，但总体来看，深泓点有下降的趋势。2014 年明显较历年低了很多，之后受上游峡江水利枢纽围堰工程建设影响，断面有所淤积，但断面逐年呈下切趋势。

通过以上分析，吉安水文站大断面为不经常性局部冲淤，冲刷年份较多，受上游峡江水利枢纽和洪水影响河床有下切趋势。断面不稳定，对水位流量关系有影响。

4 峡江水利枢纽运行前后水位-流量关系分析

吉安站水位流量关系主要受洪水涨落影响，历年水位流量关系呈临时曲线和绳套曲线，一般高水位级多绳套。2014 年峡江水利枢纽运行后，受洪水顶托和水库蓄放水影响，吉安水文站水位流量关系较散乱，水位和流量之间无法建立一一对应的关系，采用连实测流量过程线进行推流。历年水位流量关系如图 3～图 7 所示。

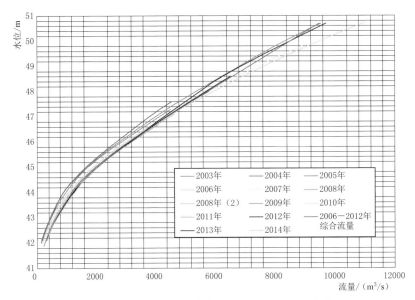

图 3 吉安水文站历年水位流量关系图（临时曲线）

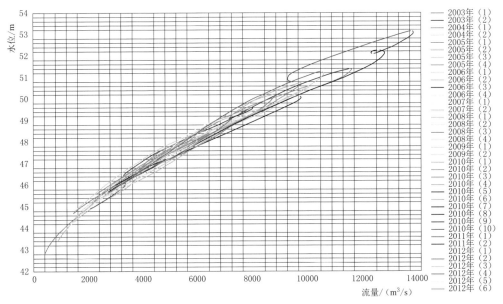

图 4 吉安水文站历年水位流量关系图（绳套曲线）

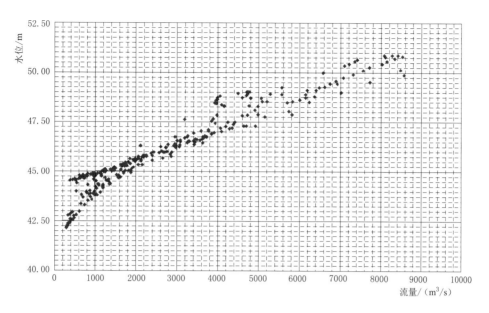

图 5　吉安水文站 2015 年水位流量关系图

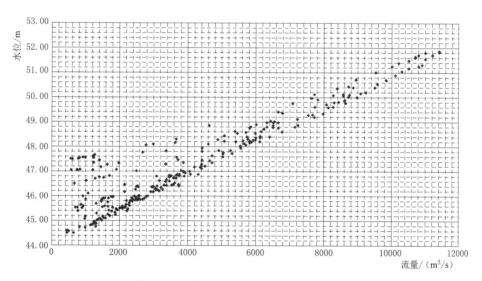

图 6　吉安水文站 2016 年水位流量关系图

5 ▶ 峡江水利枢纽运行前后特征值变化

利用峡江水利枢纽运行前 1950—2013 年与运行后 2014—2017 年的逐年平均水位、年径流量、年输沙量进行多年平均计算进行对比,见表 2。

通过以上分析,说明自峡江水利枢纽运行后,受洪水顶托影响,多年平均水位较之前要高,多年平均径流量有增加;受水库拦蓄影响,输沙量减小。

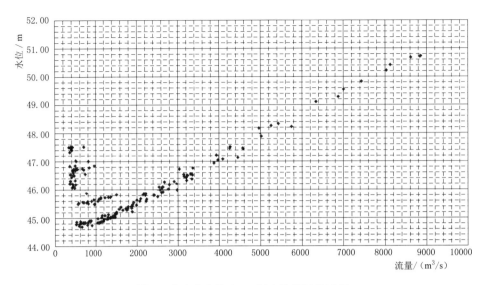

图 7　吉安水文站 2017 年水位流量关系图

表 2　　　　　　　　　　　　　　多年平均特征值对比表

时　　间	多年平均水位 /m	多年平均径流量 /(m³/s)	多年平均输沙量 /(kg/m³)
1950—2013 年	43.72	25.5	650
2014—2017 年	45.34	29.8	237

6　结语

　　本文利用吉安水文站的实测水位、流量、沙量数据，根据峡江水利枢纽运行前后的时间节点进行对比分析。分析结果表明，吉安站在峡江水利枢纽运行后的近几年中，受峡江水利枢纽蓄放水和洪水顶托以及河道挖沙影响，断面有冲有淤，水位流量关系较散乱，多年平均水位增高，多年平均径流量增大，多年平均输沙量减小。

参　考　文　献

［1］　王秀颖. 辽宁省典型河流水利工程对流域水文特征的影响 [J]. 中国防汛抗旱，2016，26（2）：235 - 239.
［2］　李帆，夏自强，王跃奎. 葛洲坝水利枢纽工程对宜昌河段水文水力特征的影响 [J]. 河海大学学报，2010，38（1）：36 - 40.

江西水文监测研究与实践
（第一辑）

水生态监测

江西省水文监测中心 编

中国水利水电出版社
www.waterpub.com.cn
·北京·

内 容 提 要

　　江西省水文监测中心（原江西省水文局）结合工作实践，组织编写了江西水文监测研究与实践专著，包括：鄱阳湖监测、水文监测、水文情报预报、水资源调查评价、水文信息化应用、水生态监测六个分册，为水文信息的感知、分析、处理和智慧应用提供了科技支撑。

　　本书为水生态监测分册，共编选了19篇论文，反映了近年来江西省水文监测中心在水生态监测领域的研究与实践成果。

　　本书适合从事水文监测、水文情报预报、水资源管理等工作的专家、学者及工程技术人员参考阅读。

图书在版编目（ＣＩＰ）数据

江西水文监测研究与实践. 第一辑. 水生态监测 /
江西省水文监测中心编. -- 北京 : 中国水利水电出版社,
2022.9
　　ISBN 978-7-5226-0415-2

　　Ⅰ．①江… Ⅱ．①江… Ⅲ．①水环境－环境监测－江
西－文集 Ⅳ．①P33-53

中国版本图书馆CIP数据核字(2022)第168368号

书　　　名	**江西水文监测研究与实践（第一辑）　水生态监测** JIANGXI SHUIWEN JIANCE YANJIU YU SHIJIAN（DI－YI JI） SHUISHENGTAI JIANCE
作　　　者	江西省水文监测中心　编
出 版 发 行	中国水利水电出版社 （北京市海淀区玉渊潭南路 1 号 D 座　100038） 网址：www.waterpub.com.cn E-mail：sales@mwr.gov.cn 电话：(010) 68545888（营销中心）
经　　　售	北京科水图书销售有限公司 电话：(010) 68545874、63202643 全国各地新华书店和相关出版物销售网点
排　　　版	中国水利水电出版社微机排版中心
印　　　刷	北京印匠彩色印刷有限公司
规　　　格	184mm×260mm　16 开本　55.25 印张（总）　1344 千字（总）
版　　　次	2022 年 9 月第 1 版　2022 年 9 月第 1 次印刷
印　　　数	0001—1200 册
总　定　价	**288.00 元**（共 6 册）

序

　　水文科学是研究地球上水体的来源、存在方式及循环等自然活动规律，并为人类生产、生活提供信息的学科。水文工作是国民经济和社会发展的基础性公益事业；水文行业是防汛抗旱的"尖兵和耳目"、水资源管理的"哨兵和参谋"、水生态环境的"传感器和呵护者"。

　　人类文明的起源和发展离不开水文。人类"四大文明"——古埃及、古巴比伦、古印度和中华文明都发端于河川台地，这是因为河流维系了生命，对水文条件的认识，对水规律的遵循，催生并促进了人类文明的发展。人类文明以大河文明为主线而延伸至今，从某种意义上说，水文是文明的使者。

　　中华民族的智慧，最早就表现在对水的监测与研究上。4000年前的大禹是中国历史上第一个通过水文调查，发现了"水性就下"的水文规律，因势疏导洪水、治理水患的伟大探索者。成功治水，成就了中国历史上的第一个国家机构——夏。可以说，贯穿几千年的中华文明史册，每一册都饱含着波澜壮阔的兴水利、除水害的光辉篇章。在江西，近代意义上的水文监测始于1885年在九江观测降水量。此后，陆续开展了水位、流量、泥沙、蒸发、水温、水质和墒情监测以及水文调查。经过几代人持续奋斗，今天的江西已经拥有基本完整的水文监测站网体系，进行着全领域、全方面、全要素的水文监测。与此相伴，在水文情报预报、水资源调查评价、水生态监测研究、鄱阳湖监测研究和水文信息化建设方面，江西水文同样取得了长足进步，累计74个研究项目获得国家级、省部级科技奖。

　　长期以来，江西水文以"甘于寂寞、乐于奉献、敢于创新、善于服务、精于管理"的传统和精神，开创开拓、前赴后继，为经济社会发展立下了汗马功劳。其中，水文科研队伍和他们的科研成果，显然发挥了科学技术第一生产力的重大作用。

　　本书就是近年来，江西水文科研队伍艰辛探索、深入实践、系统分析、科学研究的劳动成果和智慧结晶。

　　这是一支崇尚科学、专注水文的科研队伍。他们之中，既有建树颇丰的

老将，也有初出茅庐的新人；既有敢于突进的个体，也有善于协同的团队；既有执着一域的探究者，也有四面开花的多面手。他们之中，不乏水文科研的痴迷者、水文事业的推进者、水文系统的佼佼者。显然，他们的努力应当得到尊重，他们的奉献应当得到赞许，他们的研究成果应当得到广泛的交流、有效地推广和灵活的应用。

然而，出版本书的目的并不局限于此，还在于激励水文职工钻科技、用科技、创科技，营造你追我赶、敢为人先的行业氛围；在于培养发现重用优秀人才，推进"5515"工程，建设实力雄厚的水文队伍；在于丰富水文文化宝库，为职工提供更多更好的知识食粮；在于全省水文一盘棋，更好构筑"监测、服务、管理、人才、文化"五体一体发展布局；推进"135"工程。更在于，贯彻好习近平总书记"节水优先、空间均衡、系统治理、两手发力"治水思路，助力好富裕幸福美丽现代化江西建设，落实好江西水利改革发展系列举措，进一步擦亮支撑防汛抗旱的金字招牌，打好支撑水资源管理的优质品牌，打响支撑水生态文明的时代新牌。

谨将此书献给为水文事业奋斗一生的前辈，献给为明天正在奋斗的水文职工，献给实现全面小康奋斗目标的伟大祖国。

让水文随着水利事业迅猛推进的大态势，顺应经济社会全面发展的大形势，在开启全面建设社会主义现代化国家新征程中，躬行大地、奋力向前。

2021 年 4 月于南昌

前　言

　　水是生命的源泉，作为生态系统的控制要素，在生态文明建设中具有举足轻重的地位。

　　尽管目前所说的生态系统是一个全新的概念，但是生态现象无疑是由来已久的，事实上，中国水文的伟大先行者大禹，就是经过艰辛探索掌握了"水性就下"的水文规律，在以人类为中心的前提下通过疏导洪水平衡生态环境关系，为回答人与自然和谐相处的历史命题进行了成功的实践。

　　因事业单位机构改革，2021 年 1 月江西省水文局正式更名为江西省水文监测中心，原所辖 9 家单位更名、合并为 7 家分支机构。本文作者所涉及单位仍保留原单位名称。

　　江西水文从事与水生态系统相关的监测分析研究实践，同样由来已久。

　　1957 年，江西水文就开始了"五河"下游的水化学分析；1959 年在鄱阳湖开展的湖泊试验，包含了湖水的物理、化学、生物等课题；1960 年在九江成立了水化学分析室；1975 年在 17 个水文站开展了水质污染监测；1983 年进行了鄱阳湖大水体污染调查。1994 年省、市水文机构并称水环境监测中心，1997 年至今一直是国家级计量认证单位，2005 年开展水功能区水质动态监测，2010 年建成水质信息管理系统。诚然，上述工作尽管体现了水文人的责任、担当、智慧和汗水，但远未覆盖水生态系统的全部范畴。

　　有这样一种观点，水生态系统是指由水生生物群落与水环境共同构成的具有特定结构和功能的动态平衡系统。这显然是一个涉水领域，水文工作责无旁贷、大有可为，要继续前行。

　　顺应水生态文明建设的时代要求和历史进程，江西水文在新的起点上，围绕水生态开展了大量监测分析研究，其中不乏开创性的工作，形成丰富的科研成果，本书就是部分成果的汇集。

　　本书内容主要涉及水资源监测工作现状与展望、流域水生态监测评估、江河湖泊水功能区纳污能力核定及排污总量控制、城市水生态文明建设思路与保障措施、农村饮用水安全保障中的水文服务、水资源实时监控与管理系统、河流湖库与地下水水质调查与评价、水电站最小下泄流量、人工湿地生态工程的设计、水功能区水质达标考核体系、保护区生态系统功能保护及其产品开发利用、水环境监测的现代化萃取技术等方面。这些成果为水生态文明建设探索了工作思路和实施路径，提供了水文智慧和解决方案，对推进水生态文明建设有一定的参考借鉴价值。

限于水平，本书难免存在疏漏之处，敬请广大读者批评指正。

在此，对本书出版过程中给予关心支持的领导和专家表示衷心感谢。

编者

2021 年 4 月

目　录

CONTENTS

序

前言

江西推进国家生态文明试验区建设的江西水生态建设科技支撑探索

方少文[1]　刘聚涛[2]　邓燕青[1]　谢颂华[3]

(1. 江西省水文局，江西南昌　330002；

2. 江西省水利科学研究院江西省鄱阳湖水资源与环境重点实验室，江西南昌　330029；

3. 江西省水土保持科学研究院，江西南昌　330029)

摘　要： 生态是江西省最大的优势，江西省具有山水林田湖草综合治理典型区域特征。江西省为国家生态文明试验区的典型示范区，依托江西省地貌类型，系统构建山林生态区、林田生态区、田园生态区、河湖生态区四个类型区的"绿、橙、黄、蓝"四道防线，提出江西省水生态建设科技支撑，为进一步推进国家生态文明试验区建设具有重要的意义，为长江大保护提供示范样板。

关键词： 国家生态文明试验区；四道防线；水生态；科技支撑；江西省

江西省国土总面积为 16.69 万 km^2，约 94% 的面积属于鄱阳湖流域，鄱阳湖流域约 97% 的面积在江西境内。江西省国土面积中，山地占 36%、丘陵占 42%、平原岗地占 12%、水域占 10%，具备典型的山水林田湖草生态试验区。

生态环境是江西最大的优势。党中央对江西生态文明建设高度重视，要求建设好、保护好江西的绿水青山。水利部也把"确保鄱阳湖一湖清水下泄"作为江西水利战略制高点。绿色发展是中央对江西的定位和要求。2014 年 6 月，江西省成为第一批全国生态文明先行示范区；2016 年 8 月，江西省被批准成为国家生态文明试验区，绿色发展、生态崛起成为江西省发展的指导性目标。2018 年 12 月，江西省印发《江西省推进生态鄱阳湖流域建设行动计划的实施意见》，要求落实系统治理、山水林田湖草生命共同体的新时代治水理念。在推进国家生态文明试验区的背景下，开展江西省水生态建设科技支撑探索，保护江西省水生态，为江西省实现国家生态文明试验区和提升区域生态文明具有重要的作用。

1　国家生态文明试验区为江西水生态建设提供了发展机遇

生态文明是工业文明之后的一个新阶段，党的十八大把生态文明建设纳入"五位一体"总体布局。生态环境是江西最大的财富。从 20 世纪 80 年代启动"山江湖工程"，到

21世纪初提出建设"三个基地一个后花园"、树立"既要金山银山，更要绿水青山"理念，到近年确立"生态立省、绿色崛起"理念，江西一直在努力探索科学发展新路。2016年，省第十四次党代会提出建设"富裕美丽幸福"江西的目标。2018年7月，江西省委确定了"创新引领、改革攻坚、开放提升、绿色崛起、担当实干、兴赣富民"工作方针。2014年7月，江西跻身首批全国生态文明先行示范区行列；2017年6月26日，中央全面深化改革领导小组第三十六次会议审议通过了《国家生态文明试验区（江西）实施方案》，江西是全国首批三个生态文明先行试验区试点之一，江西省生态文明先行试验区建设为探索生态文明建设模式提供重要的支撑。

依托国家批复的《国家生态文明试验区（江西）实施方案》，该方案定位中明确指出，打造山水林田湖综合治理样板区，主要目标中提出基本建立山水林田湖系统治理制度。水利部门重点参与构建山水林田湖系统保护与综合治理制度体系，牵头或参与实施6大体系内的14项重点任务，国家生态文明试验区建设对江西水生态建设提供了发展机遇。

2 江西省水生态建设主要任务

根据国家生态文明试验区江西建设方案以及江西省水生态文明建设行动计划，江西省水生态建设内容主要包括以下九个方面。

（1）划定水生态保护红线，建立水生态红线管控办法与考核机制。划定江西省水生态空间，并制定水生态空间保护、开发与利用政策，并开展水资源环境承载能力监测与预警评价工作，配合制定江西省水自然生态空间用途管制实施细则。

（2）江西省水资源确权登记及交易，配合出台《江西省自然资源资产管理体制试点实施方案》。建立水资源资产有偿使用制度，完善水资源资产价格形成机制，健全水资源价格评估标准和评估方法。探索水权交易制度，推进水资源确权登记和水权交易试点工作。

（3）完善水资源费征收标准，严格水资源费征收；科学制定水生态补偿标准、方法和技术，开展水功能区实施生态补偿工作，配合修订完善《江西省流域生态保护补偿办法》；制定《江西省水功能区监督管理实施细则》。

（4）落实水资源节约制度，实施最严格水资源管理制度，开展水资源消耗总量和强度"双控"行动、"水效领跑者"引领行动，研发总结海绵城市建设试点经验，推进海绵城市建设；加快节水型社会建设，研发中水回用技术，推行合同节水等管理。

（5）建立流域综合修复制度。建立流域水生态环境功能分区与评价标准，开展生态清洁型小流域综合治理；加强水土流失综合防治，加大重要生态保护区、水源涵养区、江河源头区的生态修复和保护力度；推动水土保持监测评价，探索水土流失治理市场投入与管理机制。出台《关于加强鄱阳湖流域生态系统保护与修复的决定》。

（6）建立水功能区监测和水生态环境监测网络，建设水利生态数据库，推动水环境质量趋势分析和水污染预警机制分析，开展流域水生态环境监测评估体系。配合完成江西省"生态云"大数据平台建设方案。

（7）科学核算水功能区纳污能力，严格监督排污口设置，配合排污许可证申请发放工作。推行水环境污染第三方治理。建立集中式饮用水水源地保护机制，探索适应公众健康需求的水生态环境指标统计和发布机制，完善水污染事件监测、预警及处理机制。

（8）创新流域综合管理模式。全面推行"河长制"升级版，开展水资源保护、河湖管理、水污染防治、水环境治理和水生态修复等技术。探索流域综合管理机制，研究组建流域管理机构，实施流域统一规划、统一调度、统一监测、统筹管理。出台《江西省流域综合管理暂行条例》。

（9）制定完善市县科学发展综合考核评价指标体系，配合完成《江西省生态文明建设目标评价考核办法》。配合完成《江西省自然资源资产负债表》。

3 江西省水生态"四道防线"分区建设思路

依托江西省山水林田湖草典型地形地貌类型，构建山水林田湖草综合治理样板区的"四道防线"。基于流域地形地貌，将江西省生态文明试验区分为赣江流域试验区、抚河流域试验区、信江流域试验区、饶河流域试验区、修河流域试验区、鄱阳湖湖区试验区等。在每个试验区按地形地貌特征从上往下划分为山地、丘陵、岗地平原、水域 4 个地形层级，对不同的地形层级划分为 4 个生态层级，分别为山林生态区、林田生态区、田园生态区、河湖生态区，并对应"四道防线"，分别是生态绿线、生态橙线、生态黄线、生态蓝线，针对不同的防线区，采用不同的治理方式。

（1）山林生态区，区域范围包括鄱阳湖流域内的山地地貌类型区，绝对高度在 500m 以上，相对高差 200m 以上，坡度大于 25°。该区域以保护为主，在保护中开发，严防水土流失，实行林长制。

（2）林田生态区，区域范围包括鄱阳湖流域内丘陵地貌类型区，绝对高度在 500m 以内，相对高度在 200m 以内，坡度大于 10°。该区域主要是林灌木和果木、经济作物，采取山顶戴帽，以生态修复为主，在坡地防止水土流失。实行园长制。

（3）田园生态区，区域范围包括鄱阳湖流域内平原岗地地貌类型区，一般为水体周边的区域。主要是粮食作物，以生态开发为主，防止非点源污染，实行田长制。

（4）河湖生态区，区域范围包括河湖水库等水域。以综合措施为主，开展水生态保护、水生态修复、水生态开发、水污染防治、水环境治理、水岸线管理，实行河湖长制。

4 江西水生态"四道防线"建设科技支撑

以国家生态文明试验区为契机，以打造山水林田湖草综合治理样板区为目标定位，以水利工作为依托，以水利科技为支撑，依托江西省水生态"四道防线"分区建设思路，针对不同防线区域，提出江西省水生态建设科技支撑，为实现国家生态文明试验区江西建设提供技术支撑。

（1）山林生态区建设科技支撑。

1）按照水生态红线技术指南，划定水源涵养林保护红线和生态空间，制定水源涵养林生态空间保护政策。

2）以水源涵养林建设为依托，开展水源涵养功能、价值的定量评估技术研究，科学构建评估指标体系和方法，定量评估水源涵养的功能和价值，为水生态补偿提供科学依据。

3）加强水水土保持生态修复，加大重要生态保护区、水源涵养区、江河源头区的生态修复和保护力度。

（2）林田生态区建设科技支撑。

1）开展坡地农业水资源高效利用的水土保持关键技术研究。

2）大力推广喷灌、微灌和滴管等节水灌溉技术，提高果园水利用系数，通过节水灌溉达到减少农业面源污染排放。

3）科学制定不同地貌类型区的农业用水定额，为落实最严格水资源管理红线提供支撑。

4）开展生态清洁型流域治理关键技术研究、生态旅游型小流域综合治理模式研究、水土流失实时动态快速监测与评价关键技术研究，推行水土流失治理投融资管理机制以及水土保持生态保护与修复技术集成与示范等。

5）研发农村生活污染处理技术并推广。选择有条件的区域，采用人工湿地生态处理方式，集中处理生活污水，减少生活污水污染排放。

（3）田园生态区建设科技支撑。

1）实施最严格水资源管理制度，开展水资源消耗总量和强度"双控"行动、"水效领跑者"引领行动，提高水资源利用效率。

2）以萍乡市海绵城市建设试点为依托，总结海绵城市经验，梳理海绵城市建设技术并推广，加强水资源保护，提高水资源的利用效率。

3）落实水资源节约制度，全面总结节水型社会试点建设的经验，加快节水型社会建设，研发适用于南方丰水地区的中水回用技术，推行合同节水等管理。

4）加快推进高安市、新干县、东乡区水权确权登记试点成果的应用，探索水权交易平台建设、水权交易制度等工作。

（4）河湖生态区建设科技支撑。

1）按照水生态保护红线指南，科学划定水生态红线及生态空间，并建立水生态红线管控办法、水生态空间开保护开发利用管理办法。

2）合理制定水资源环境承载力监测与评价指标体系、模型、方法和系统，为开展水资源环境承载能力监测与评价提供技术支撑。

3）科学制定水资源价格评估指标体系、评估标准和评估方法，建立水资源资产价格形成、调整机制。

4）依托现有水文、水功能区和水生态监测，优化监测网络布点，系统考虑水生态环境监测指标，合理划分水生态环境功能分区，科学计算水功能区纳污能力，完善水污染事件监测、预警及处理机制，科学制定水生态补偿标准、方法和技术，为开展水功能区生态补偿提供支撑。

5）全面推行"河长制"升级版，开展水资源保护、河湖管理、水污染防治、水环境治理和水生态修复等技术研发，重点包括重金属污染治理、黑臭水体治理等技术研发；大力挖掘各类水利遥感数据，建设水利遥感数据中心；完善江西省河长制管理信息系统平台，研发河长制河湖管理系统。探索基于生态文明的河湖健康评估指标体系、模型和方法，科学评估河湖生态系统健康，并定期发布河湖健康报告。

6）创新流域综合管理模式。探索流域综合管理机制，研究制定流域综合管理办法。

参 考 文 献

［1］魏山忠.落实长江大保护方针为长江经地带发展提供水利支撑与保护［J］.长江经济技术，2017（1）：8－12.

［2］胡振鹏.坚持流域综合管理如今人与自然和谐发展［J］.地球信息科学，2005，7（1）：4－8.

［3］刘聚涛，邓燕青，王法磊，等.鄱阳湖水生态环境保护实践与建议［J］.中国水利，2018（17）：6－8.

［4］刘聚涛，王法磊，秦晓蕾，等.论河长制背景下鄱阳湖流域综合管理［J］.中国水利，2018（4）：14－15.

2018 年江西省大气降水离子特征分析

刘建新[1] 邓燕青[1] 张 迪[2,3] 王 华[2,3] 袁伟皓[2,3]

(1. 江西省水文局,江西南昌 330002;2. 河海大学环境学院,江苏南京 210098;
3. 河海大学浅水湖泊综合治理与资源开发教育部重点实验室,江苏南京 210098)

摘 要: 为了解江西省大气降水化学特征,对 2018 年江西省 11 个设区市 109 个大气降水水质监测点开展监测,对大气降水的电导率、pH 值、氟化物、氯化物、亚硝酸盐、硝酸盐、硫酸盐、铵盐、钠、钾、钙、镁等 12 项检测参数进行分析。主要结论如下:①全省全年监测 pH 值范围为 4.3~9.0。出现偏酸性降水的地区为赣州大部分地区,九江局部地区、景德镇局部地区和萍乡局部地区;出现偏碱性降雨的地区为吉安、萍乡、新余、宜春,以及九江局部地区、赣州局部地区、抚州局部地区、景德镇局部地区。②对全省降水离子浓度的分析表明,南昌、上饶和鹰潭地区 SO_4^{2-}/NO_3^- 的比值大于 3,属于燃煤型或者硫酸型污染类型;九江、吉安、景德镇、赣州、萍乡、新余和宜春 SO_4^{2-}/NO_3^- 的比值范围为 0.5~3,属于硫酸、硝酸的混合型污染类型;抚州 SO_4^{2-}/NO_3^- 的比值小于 0.5,属于机动车型或硝酸型污染类型。③从降水离子浓度分析表明,SO_4^{2-} 和 NO_3^- 为降水中最主要的两种水溶性阴离子,Ca^{2+}、NH_4^+ 和 K^+ 为降水中最主要的三种水溶性阳离子。④根据全省全年大气降水测定均值和地表水水质进行比对分析,对地表水水质有一定影响的水溶性离子主要为 F^- 和 NO_3^-。

关键词: 江西省;大气降水;水质监测;酸雨;离子成分

随着江西省工业化、城镇化进程加快,人们生活、生产中的燃煤、燃气及燃油量不断增加,导致居住区、工厂等人类活动区排放的废气、粉尘等严重污染了大气环境,同时由于降雨过程的发生,使大气污染物随雨水降落至地面,对河道水体造成污染。大气降水是由海洋和陆地蒸发的水蒸气凝结而成,包括降雨、降雪等各种降水形式,是大气污染物质进入地表水体的主要途径。江西省多年平均降水量为 1638mm,居全国第 4 位,对研究大气降水产生的水体污染具有典型意义。2010 年,蔡哲等研究了酸雨与气象条件之间的关系,表明大气降水的洗脱作用加剧了酸雨污染;有学者通过对江西省鄱阳湖水体驱动机制的模型计算,得到大气干湿沉降对鄱阳湖水体污染的贡献率为 8.0%,大气降水引起的水体污染已成为不可忽视的一部分;孙启斌对南昌市 2016 年 4 月—2017 年 4 月大气降水样品主要离子的组成进行分析,得到 NH_4^+、Ca^+ 是最主要的两种阳离子,加权平均浓度分别为：$67.2\mu mol/L$ 和 $46.4\mu mol/L$，SO_4^{2-} 和 NO_3^- 是降水中主要阴离子，加权平均浓度分别为：$126\mu mol/L$ 和 $25.09\mu mol/L$，研究期间，大气降水污染类型属于污染中等，属于硫酸型酸雨，且正在向混合型转化。2018 年是首次基于全省范围内对大气降水离子特征进行分析，且此年度全省年平均降水量 1488mm，属平水年，对 2018 年江西省大气降水离子特征的分析，能够客观掌握沉降物的主要组成，某些污染组分的性质和含量，有利于评估当地大气环境质量以及人为因素对大气环境的产生的效应。

1 研究区域与数据监测

1.1 研究区域

江西省位于长江中下游交接处的南岸，地处北纬 $24°29'\sim30°04'$、东经 $113°34'\sim118°28'$ 之间，境内地势南高北低，边缘群山环绕，中部丘陵起伏，北部平原坦荡，四周渐次向鄱阳湖区倾斜，形成南窄北宽以鄱阳湖为底部的盆地状地形。全省有大小河流 2400 多条，总长约 18400km，全省多年平均水资源总量 1565 亿 m^3，全省雨水丰沛，水资源丰富。本次监测以江西省现有的水文站、水位站以及雨量站，按照区域监测需求兼顾考虑水功能区划分情况，进行大气降水水质监测点布设，共选取 11 个设区市 109 个监测点。

1.2 检测方法

根据《大气降水样品的采集与保存》（GB 13580.2—1992）中的相关规定，进行监测点位的布设与样品采集，大气降水水质监测点的采样时间、频次应根据降雨规模、频率确定，以控制 70% 以上降水量为原则，针对 2018 年实际降水选取典型月份降水进行监测，降雨采样器按采样方式分为人工采样器和自动采样器，后者带有湿度传感器，降水时自动打开，降水停后自动关闭。人工采样器为聚乙烯桶（上口直径 40cm，高 20cm），雪水采样器为聚乙烯容器，上口直径 60cm 以上。采样器放置的相对高度应在 1.2m 以上，以避免样品沾污。采样器具在第一次使用前，用 10%（V/V）盐酸（或硝酸）浸泡一昼夜，用自来水洗至中性，再用去离子水冲洗多次。然后加少量去离子水振摇，晾干，加盖保存在清洁的橱柜内。取每次降水的全过程样（降水开始至结束）。若一天中有几次降水过程，可合并为一个样品测定。若遇连续几天降雨，可收集上午 8 时至次日上午 8 时的降水，即 24h 降水样品作为一个样品进行测定。每次降雨（雪）开始，立即将备用的采样器放置在预定采样点的支架上，打开盖子开采，并记录开始采样时间。

降水结束 2h 内将样品从采集装置中取出，样品采集后先用孔径为 $0.45\mu m$ 的有机微孔滤膜做过滤介质，使用前将滤膜放入去离子水中浸泡 24h，并用去离子水洗涤数次后，再用于过滤操作。用于测电导率和 pH 的降水样品，装入干燥清洁的白色聚乙烯瓶中，不须过滤。所有样品在温度 $3\sim5℃$ 下保存，在测定时，先测电导率，再测 pH。采用电极法测定电导率、pH，使用 Metrohm883 型离子色谱仪对氟化物、氯化物、亚硝酸盐、硝酸盐、硫酸盐、铵盐、钠、钾、钙、镁等 12 项参数进行检测（表 1）。

表 1　　　　　　　　　　　　大气降水水质检测参数与方法标准

分 析 项 目	分析方法	方法来源
电导率	电极法	GB 13580.3—1992
pH 值	电极法	GB 13580.4—1992
NO_2^-、NO_3^-、SO_4^{2-}、F^-、Cl^-、Na^+、NH_4^+、K^+、Ca^{2+}、Mg^{2+}	离子色谱法	GB 13580.5—1992

1.3　评价内容

通过江西省各地区 pH 监测结果分析，得到江西省酸雨分布情况，酸雨等级划分依据我国环境保护局根据大气降水 pH 制定的降水酸性程度分级标准，见表 2。

表 2　　　　　　　　　　　　我国降水酸性程度的分级标准

pH	酸性程度分级	pH	酸性程度分级
pH＞7.0	碱性	4.0＜pH≤4.49	较强酸性
5.6＜pH≤7.0	中性	pH≤4.0	强酸性
4.5＜pH≤5.59	弱酸性		

对大气降水的电导率、阴阳离子浓度进行测试，电导率反映的是降水中所含离子综合指标，它的大小从整体上体现了降水中离子总浓度的高低。分析阴、阳离子的浓度占比得到大气降水中主要离子，并判断区域降水中主要的污染物质。用大气降水 SO_4^{2-}/NO_3^- 的比值可以判断区域降水的污染类型，当 SO_4^{2-}/NO_3^- 的比值大于 3 时，通常认为该地区主要为燃煤型或者硫酸型污染；当 SO_4^{2-}/NO_3^- 的比值小于 0.5 时，则认为是机动车型或硝酸型污染；当 SO_4^{2-}/NO_3^- 的比值范围介于 0.5～3 时，则认为该地区的酸雨污染类型为硫酸、硝酸的混合型污染。为了解大气降水对地表水水质的影响，可根据全年大气降水测定数据均值与其所在月份地表水数据均值进行比对分析。

2　结果分析

2.1　降水 pH 分析

对江西省 11 市监测点降水的 pH 范围、极值与酸碱度进行统计分析，全省全年监测 pH 范围为 4.3～9.0。①南昌、上饶、鹰潭、抚州 4 市 pH 基本处于中性降雨范围，属于中性降水地区；②赣州大部分地区，景德镇局部地区出现 pH＜5.6，即出现偏酸性降雨，其中赣州偏酸性降雨频次达到 88%，碱性降雨占 3%，中性降雨占 9%，这可能与赣州工、矿业污染排放有关；③吉安、萍乡、新余、宜春大部分地区以及九江部分地区出现 pH＞7.0，即出现偏碱性降雨，其中吉安市碱性降水占 98%，中性降水占 2%；新余市碱性降水 83%，中性降水占 17%。

2.2　降水电导率分析

对江西省监测站点电导率进行统计，得到电导率监测结果（见表 3，其中南昌市电导率数据缺测），分析所有站点监测数据得出鹰潭市电导率最低，监测点电导率范围为 4.85～22.4μS/cm，平均电导率为 4.85μS/cm，抚州市和九江市电导率较高，监测点电导率范围分别为 96～241μS/cm 和 11.7～135μS/cm，平均电导率也达到了 96μS/cm 和 110μS/cm，说明鹰潭市大气降水离子浓度较低，抚州市和九江市大气降水离子浓度较高。

表 3　　　　　　　　　　江西省各地区电导率监测结果　　　　　　　　单位：μS/cm

地　区	平均值	最大值	最小值
南昌市	—	—	—
上饶市	10.7	93.3	5.96
鹰潭市	4.85	22.4	4.85
九江市	110	135	11.7
吉安市	74.0	99	13
景德镇市	7.80	62.2	3.7
抚州市	96.0	241	96
赣州市	12.7	55.4	3.09
萍乡市	11.0	108	11
新余市	42.0	76	15
宜春市	17.3	38	3

2.3　主要离子组分分析

全省各地区大气降水离子浓度及所占百分比见表 4。

表 4　　　　　　　　　　　　　主 要 离 子 组 分 分 析

地　区		Ca^{2+}	Cl	SO_4^{2-}	NH_4^+	F^-	Na^+	K^+	Mg^{2+}	NO_3^-	NO_2^-
南昌市	浓度/(mg/L)	5.042	2.29	1.88	1.234	0.52	0.327	0.251	0.213	0.08	0.05
	占比/%	42.4	19.3	15.8	10.4	4.4	2.8	2.1	1.8	0.7	0.4
上饶市	浓度/(mg/L)	1.296	0.902	1.885	0.455	0.056	0.241	0.224	0.115	0.314	0.240
	占比/%	22.6	15.7	32.9	7.9	1.0	4.2	3.9	2.0	5.5	4.2
鹰潭市	浓度/(mg/L)	0.896	0.765	1.611	0.408	0.054	0.368	0.162	0.105	0.381	0.234
	占比/%	18.0	15.4	32.3	8.2	1.1	7.4	3.3	2.1	7.7	4.7
九江市	浓度/(mg/L)	2.453	0.878	2.491	0.612	0.111	0.190	0.020	0.248	1.485	0.048
	占比/%	28.7	10.3	29.2	7.2	1.3	2.2	0.2	2.9	17.4	0.6
吉安市	浓度/(mg/L)	4.849	0.46	2.543	0.805	0.052	0.160	0.187	0.066	1.039	0.02
	占比/%	47.6	4.5	25.0	7.9	0.5	1.6	1.8	0.6	10.2	0.2
景德镇市	浓度/(mg/L)	0.43	0.482	0.974	0.500	0.034	0.114	0.066	0.088	0.495	<0.04
	占比/%	13.5	15.1	30.6	15.7	1.1	3.6	2.1	2.8	15.6	0
抚州市	浓度/(mg/L)	2.528	3.198	4.223	0.479	0.199	0.081	0.030	0.236	12.807	0.049
	占比/%	10.6	13.4	17.7	2.0	0.8	0.3	0.1	1.0	53.7	0.2

地 区		Ca²⁺	Cl	SO₄²⁻	NH₄⁺	F⁻	Na⁺	K⁺	Mg²⁺	NO₃⁻	NO₂⁻
赣州市	浓度/(mg/L)	0.653	0.313	1.736	0.457	0.054	0.159	0.078	0.058	1.027	0.004
	占比/%	14.4	6.9	38.2	10.1	1.2	3.5	1.7	1.3	22.6	0.1
萍乡市	浓度/(mg/L)	6.167	1.401	2.489	0.558	0.112	0.267	2.686	0.15	1.662	0.109
	占比/%	39.5	9.0	16.0	3.6	0.7	1.7	17.2	1.0	10.7	0.7
新余市	浓度/(mg/L)	4.556	1.818	2.750	0.716	0.083	0.281	3.536	0.107	1.19	0.164
	占比/%	30	12.0	18.1	4.7	0.5	1.8	23.3	0.7	7.8	1.1
宜春市	浓度/(mg/L)	4.258	1.463	2.769	0.658	0.102	0.243	2.686	0.112	1.569	0.127
	占比/%	30.4	10.5	19.8	4.7	0.7	1.7	19.2	0.8	11.2	0.9

分析数据所得结论如下：

（1）南昌、上饶、鹰潭、九江、吉安、景德镇、赣州主要的两种阳离子是 Ca^{2+} 和 NH_4^+，萍乡、新余、宜春主要的两种阳离子是 Ca^{2+} 和 K^+；南昌、上饶、鹰潭、新余主要的两种阴离子是 Cl^- 和 SO_4^{2-}，九江、吉安、景德镇、抚州、赣州、萍乡、宜春主要的两种阴离子为 NO_3^- 和 SO_4^{2-}。吉安、萍乡、新余 Ca^{2+} 和 K^+ 离子浓度分别占到离子浓度总量的 49.4%、56.7% 和 53.3%。Ca^{2+} 和 K^+ 离子主要是来自建筑工程、街道扬尘和土壤灰尘。抚州和赣州 NO_3^- 和 SO_4^{2-} 离子浓度分别占到离子浓度总量的 71.4% 和 60.8%，主要来源于煤炭燃烧和汽车尾气排放。NH_4^+ 离子浓度较高的是赣州和南昌，NH_4^+ 离子主要来自农业生产、畜禽养殖、生物质燃烧等，这可能与赣州和南昌近几年养殖业增加及农业灌溉中化肥的使用有关。

（2）对全省降水离子浓度的分析表明，南昌、上饶和鹰潭地区 SO_4^{2-}/NO_3^- 的比值大于 3，属于燃煤型或者硫酸型污染类型；九江、吉安、景德镇、赣州、萍乡、新余和宜春 SO_4^{2-}/NO_3^- 的比值范围在 0.5～3 之间，属于硫酸、硝酸的混合型污染类型；抚州 SO_4^{2-}/NO_3^- 的比值小于 0.5，属于机动车型或硝酸型污染类型。

2.4 对地表水水质的影响

根据降水监测点所在位置，就近选取地表水质监测站准同步水质进行监测，通过全省全年大气降水测定均值和地表水水质进行比对（表5），分析各离子浓度与地表水相同指标质量浓度的比率，得出大气降水对地表水水质的影响。其中南昌、赣州、九江、抚州、萍乡 F^- 离子的浓度对地表水影响较大，南昌的 F^- 离子质量浓度比率达到 253.5%。景德镇、萍乡、新余、宜春 NO_3^- 离子的浓度对地表水影响较大，萍乡、新余、宜春三市的 NO_3^- 离子质量浓度比率超过 100%。F^- 与 SO_2 来源于化石燃料的燃烧，NO_3^- 最主要的来源为机动车及工业化石燃料燃烧产生的 NO_x 排放，经二次转化产生，由江西省统计年鉴 2019 年数据，南昌、景德镇、萍乡、新余、宜春的工业废气、粉尘排放量较严重，可能由于大气降水的洗脱作用所致。分析得出对地表水水质有一定影响的水溶性离子主要为 F^- 和 NO_3^-。

表 5 　　　　　　　大气降水与地表水相应污染物指标的比对

地 区	项 目	pH	$\rho(SO_4^{2-})$	$\rho(F^-)$	$\rho(Cl^-)$	$\rho(NO_3^-)$
南昌市	降水水质/(mg/L)	6.2	1.88	0.52	2.29	0.08
	地表水质/(mg/L)	7.2	8.786	0.205	6.77	2.649
	质量浓度比率/%	—	21.4	253.5	33.8	3.0
上饶市	降水水质/(mg/L)	6.2	1.88	0.056	0.902	0.34
	地表水质/(mg/L)	7.2	34.9	0.307	6.29	1.20
	质量浓度比率/%	—	5.39	18.24	14.34	28.33
鹰潭市	降水水质/(mg/L)	6.2	1.61	0.05	0.76	0.38
	地表水质/(mg/L)	7.1	20.1	0.43	7.86	1.25
	质量浓度比率/%	—	8.01	11.63	9.67	30.40
九江市	降水水质/(mg/L)	6.7	2.491	0.111	0.878	1.485
	地表水质/(mg/L)	7.6	24.28	0.217	13.49	5.35
	质量浓度比率/%	—	10.26	51.15	6.51	27.76
吉安市	降水水质/(mg/L)	8.1	2.54	0.052	0.46	1.04
	地表水质/(mg/L)	7.2	9.90	0.309	5.29	5.31
	质量浓度比率/%	—	25.7	16.8	8.70	19.6
景德镇市	降水水质/(mg/L)	6.2	0.97	0.03	0.48	0.50
	地表水质/(mg/L)	7.6	37.89	0.21	4.47	0.69
	质量浓度比率/%	—	2.56	14.29	10.74	72.46
抚州市	降水水质/(mg/L)	6.4	3.35	0.14	2.98	10.79
	地表水质/(mg/L)	7.3	16.29	0.19	6.93	15.19
	质量浓度比率/%	—	20.6	73.7	43.0	71.0
赣州市	降水水质/(mg/L)	5.8	1.74	0.054	0.313	1.03
	地表水质/(mg/L)	7.4	7.92	0.358	7.96	3.76
	质量浓度比率/%	—	21.97	15.08	3.93	27.39
萍乡市	降水水质/(mg/L)	7.4	2.49	0.112	1.401	1.66
	地表水质/(mg/L)	7.7	35.6	0.22	6.89	0.92
	质量浓度比率/%	—	7.0	50.9	20.3	180.4
新余市	降水水质/(mg/L)	7.2	2.75	0.083	1.818	1.19
	地表水质/(mg/L)	7.6	27.9	0.36	11.95	1.18
	质量浓度比率/%	—	9.9	23.1	15.2	100.8
宜春市	降水水质/(mg/L)	6.9	2.77	0.102	1.463	1.57
	地表水质/(mg/L)	7.4	16.2	0.26	9.77	1.16
	质量浓度比率/%	—	17.1	39.2	15.0	135.3

2.5 与其他地区比较

对江西省大气降水主要离子浓度和往年其他地区的数据进行比较（见表6），得出以下结论：总体来看江西省平均离子浓度相较于上海、天津等大城市处于较低水平，表明污染程度总体较轻；Ca^{2+}、Mg^{2+}浓度处于相对较高水平，Ca^{2+}、Mg^{2+}主要来自土壤、道路扬尘以及建筑施工水泥扬尘等开放来源，可能是因为江西土壤扬尘在大气颗粒物中占比较高，因此建议加强扬尘处理措施。

表6　　　　　江西省大气降水主要离子与往年其他地区的比较　　　　　单位：μeq/L

地区	F^-	Cl^-	NO^{2-}	NO^{3-}	SO_4^{2-}	NH_4^+	Na^+	K^+	Ca^{2+}	Mg^{2+}	数据来源
江西	4.7	33.16	2.15	35.15	48.82	31.69	9.19	24.66	141.35	10.76	本研究
南昌	6.39	17.49	—	25.09	126	67.20	23.39	8.75	46.4	2.36	孙启斌，2018
重庆	—	5.70	—	45.6	120	70.6	4.5	4.4	52	8.8	孙启斌，2018
天津	19	79	—	185	380	198	34	14.00	404	51.00	肖致美等，2015
贵阳	14.5	20.70	—	7.3	266	113	13.9	9.60	183	10.60	肖红伟等，2010
上海	20.45	66.72	—	46.14	92.73	54.34	29.75	10.81	113.39	21.96	邓黄月，2016

3 结论与建议

（1）全省全年监测pH值范围为4.3～9.0。出现偏酸性降水的地区为赣州大部分地区、九江局部地区、景德镇局部地区和萍乡局部地区；出现偏碱性降水的地区为吉安、萍乡、新余、宜春，以及九江局部地区、赣州局部地区、抚州局部地区、景德镇局部地区。

（2）Ca^{2+}、NH_4^+和K^+为降水中最主要的三种水溶性阳离子。NH_4^+主要来自农业生产、畜禽养殖、生物质燃烧等；Ca^{2+}和K^+主要是来自建筑工程、街道扬尘和土壤灰尘。NO_3^-和SO_4^{2-}主要来源于煤炭燃烧和汽车尾气排放。南昌、上饶、鹰潭、九江、吉安、景德镇、赣州主要的两种阳离子是Ca^{2+}和NH_4^+，萍乡、新余、宜春主要的两种阳离子是Ca^{2+}和K^+；南昌、上饶、鹰潭、新余主要的两种阴离子是Cl^-和SO_4^{2-}；九江、吉安、景德镇、抚州、赣州、萍乡、宜春主要的两种阴离子为NO_3^-和SO_4^{2-}。

（3）对全省降水离子浓度的分析表明，南昌、上饶和鹰潭地区SO_4^{2-}/NO_3^-的比值大于3，属于燃煤型或者硫酸型污染类型；九江、吉安、景德镇、赣州、萍乡、新余和宜春SO_4^{2-}/NO_3^-的比值范围介于0.5～3之间，属于硫酸、硝酸的混合型污染类型；抚州SO_4^{2-}/NO_3^-的比值小于0.5，属于机动车型或硝酸型污染类型。

（4）根据全省全年大气降水测定均值和地表水水质进行比，南昌、赣州、九江、抚州、萍乡F^-离子的浓度对地表水影响较大，景德镇、萍乡、新余、宜春NO_3^-离子的浓度对地表水影响较大，分析得出对地表水水质有一定影响的水溶性离子主要为F^-和NO_3^-。

（5）2018年江西省首次针对大气降水水质开展监测，因监测数据仅有一年，无法全面、准确、客观地反映和判断全省范围内大气降水对地表水质的影响。建议下一步，继续对大气降水水质进行系统检测，不断累积监测数据资料，为今后开展相关大数据分析提供科学有效支撑。

参 考 文 献

［1］ 种凯琳，郑继东，陈水龙，等．焦作市春季大气降水化学特征及来源研究［J］．河南科学，2019，37（2）：291－297．

［2］ 王剑，徐美，叶霞，等．沧州市大气降水化学特征分析［J］．环境科学与技术，2014，37（4）：96－102．

［3］ 蔡哲，贺志明，唐春燕，等．南昌市酸雨特征与气象条件关系分析研究［J］．安徽农业科学，2010，38（21）：11292－11294．

［4］ 孙启斌．南昌市大气降水化学污染特征及来源解析［D］．南昌：东华理工大学，2018．

［5］ 江西省水利厅．江西省水资源公报［R］，1997－2017．

［6］ 刘星，黄虹，左嘉，等．夏季降雨对大气污染物的清除影响［J］．环境污染与防治，2016，38（3）：20－24．

［7］ 肖致美，李鹏，陈魁，等．天津市大气降水化学组成特征及来源分析［J］．环境科学研究，2015，28（7）：1025－1030．

［8］ Zhang Xiuying，Jiang Hong，Zhang Qingxin，et al. Chemical characteristics of rainwater in northeast China，a case study of Dalian［J］. Atmospheric Research，2012：116．

［9］ 王婧，曹卫芳，司武卫，等．鄱阳湖湖流特征［J］．南昌工程学院学报，2015，34（3）：71－74．

［10］ 陈美芬，杨贵海．鄱阳湖滨湖区工业水污染状况研究［J］．江西化工，2019（4）：220－225．

［11］ 汤明．城镇化过程对鄱阳湖水域生态环境影响研究［D］．上海：上海师范大学，2019．

［12］ 魏宸，黄虹，邹长伟，等．南昌市新城区大气降水化学特征与主要成分来源解析［J］．环境科学研究，2016，29（11）：1582－1589．

［13］ 罗永宏，扈正权，伍丽娟，等．2011—2015 年泸州市大气降水离子特征分析［J］．四川环境，2017，36（5）：72－75．

［14］ 肖红伟，肖化云，张忠义，等．西沙永兴岛大气降水化学特征及来源分析［J］．中国环境科学，2016，36（11）：3237－3244．

［15］ 肖红伟，龙爱民，谢露华，等．中国南海大气降水化学特征［J］．环境科学，2014，35（2）：475－480．

［16］ 黎彬，王峰．上海青浦地区大气降水的化学特征［J］．中国环境监测，2016，32（5）：24－29．

［17］ 卢爱刚，王少安，王晓艳．渭南市降水中常量无机离子特征及其来源解析［J］．环境科学学报，2016，36（6）：2187－2194．

［18］ 杨丽丽，冯媛，靳伟，等．石家庄市大气颗粒物中水溶性无机离子污染特征研究［J］．环境监测管理与技术，2014，26（6）：17－21．

［19］ 姚孟伟．太原市大气降水化学特征及来源分析［D］．太原：太原科技大学，2014．

［20］ 伍远康，卢国富．浙江省大气降水水质对地表水水质的影响［J］．水资源保护，2013，29（6）：31－35，40．

［21］ 邓黄月．上海市大气降水的化学组成分析及来源解析［D］．上海：华东师范大学，2016．

江西水文水质监测发展历程及启示

邓燕青　常婧婕

（江西省水文局，江西南昌　330002）

摘　要： 江西水文水质监测历经 60 年的发展历程，累积了丰富的时序资料，为全省水资源保护、利用提供了有力的专业支撑。本文基于江西水文志等文件调研，从站网设置、监测项目、监测方法、质量保证和监测范围等方面切入，系统梳理和挖掘江西水质监测的发展历程及启示。结果表明，历经 60 年发展演进，江西水质监测的站网设置完成了由局部重点向系统完备跨越发展，监测类别完成了由常规项目向六大类全覆盖的全面推进，分析测试手段由化学分析为主逐步发展到以仪器分析为主的新格局，监测范围由局部区域向全省范围逐步拓宽。同时，借鉴翔实水质监测的发展历程，结合新时期水文工作要求，提出了若干启示及建议。

关键词： 江西；水质监测；历程；启示

江西省水文局（江西省水资源监测中心）作为江西省水行政主管部门水质水生态监测专门机构，其职能是负责全省水文系统水质监测站网规划、建设和管理，并负责全省日常水质监测工作。主要监测工作涉及水功能区、跨界水域、饮用水水源地、入河排污口、地下水以及鄱阳湖水生态动态监测工作。同时，按照水行政主管部门的要求负责取水许可的水质监测评价，提出水域纳污能力和限制排污总量的意见，对水资源保护和水污染防治实施监督管理。通过长期对水量、水质的监测，掌握了全省江河湖库的水资源质量状况，为有关部门开展水资源开发、利用、综合治理提供了科学依据。

1　江西水质监测发展历程

自 1958 年以来，江西水质监测工作大体可以分为三个发展阶段，分别为 1958—1996 年机构成立及初始发展阶段；1997—2015 年资质认证发展阶段以及 2016—2019 年新时期快速发展阶段。

1.1　1958—1996 年机构成立及初始发展阶段

1957 年 3 月，江西省水利厅水文总站选派 6 人赴黄河水利委员会科学研究所学习水化学分析，同年购置了相关仪器设备和药品，筹建实验室。1958 年开始，省水利厅水文总站根据水利部水文局"关于规划天然水化学站网"指示精神，自 1958 年 1 月始在赣、抚、信、饶、修等五大河流的丁家渡、李家渡、梅港、渡峰坑、虎山、三硔和万家埠等七个控制站现行开展天然水化学监测，至 1958 年年底又将湖口、坝上、麻州、翰林桥、程龙、棉津、渡头、洋埠、峡江、肖公庙、危坊、沙子岭、桃陂、上饶、德兴天门村、香田和龙潭峡等 17 处纳入监测范围，主要开展 K^+、Na^+、Ca^{2+}、Mg^{2+}、Cl^-、SO_4^{2-}、HCO_3^-、CO_3^{2-} 等水化学类型指标的检测分析。1959 年和 1963 年，分别对水化学监测断面做了局部调整；1969 年后缩减至 14 处。

1960 年，鄱阳湖水文气象实验室站与九江专区水文气象总站合作，在九江成立水化学分析室（省内设区市级第一个水化学分析室），承担了鄱阳湖湖区及九江专区各站分析任务；之后是在吉安成立。1974 年赣州地区和景德镇市水文站、1980 年宜春地区和上饶地区水文站、1982 年鄱阳湖水文气象试验站、1985 年抚州地区水文站均陆续成立了水化学分析室。

1975 年，江西省水文总站开办了为期 5 周的水质污染监测学习班，各地市（湖）站均有 1～2 人参加；并于当年在棉津、吉安、峡江、外洲、南昌、坝上、翰林桥、贾村、李家渡、弋阳、梅港、上饶、香屯、虎山、渡峰坑、高沙和万家埠等 17 处水化学分析站增加"五毒物质"（酚、氰、砷、汞、六价铬）的监测，从而正式开启水质监测，水化学站自此后也更名为水质站。1977 年开始，在长江增加布设水质站 4 处，1979 年又在鄱阳湖主要河流入湖口、湖区、出湖口增加布设水质站 19 处。1980 年 5 月，原水化学分析室改名为水质监测队。

1981 年，根据水利部水文工作会议"加强水质站网建设"的精神，江西省水文总站组织人员开展了全省主要水系水质站网规划工作。根据规划，至 1982 年实际开展监测的水质站点共有 103 处，其中基本站 10 处、辅助站 87 处、本底值站 6 处。基本站在水体水文站基本水尺断面或流速仪测流断面中泓水面下 0.2～0.5m 处取样，监测频次每月 1 次；水质辅助站即为对照断面或控制断面，监测频次为每两个月 1 次；本底值站每年 1 月和 11 月各取 1 次。监测项目在"五毒"项目、水化学监测项目基础上增加水温、电导率、pH、溶解氧、高锰酸盐指数、离子铵、硫酸盐、氯化物、硝酸盐、铁等项目。1985 年，全省范围监测站网进行了调整，调整后基本站为 28 处、辅助站为 73 处、本底值站为 8 处，共计 109 处 176 个断面。1990 年，全省水质站达到 118 处共 233 个断面。

1988 年 2 月，水质监测队改为水质监测科，全科 16 人。至 1990 年，全省水质监测实验室使用面积达到 2000m²，其中省水文总站实验室面积达到 800m²；全省从事水质分析的工作人员为 52 人，其中工程师为 6 人。

1994 年 3 月，江西省水文局增挂江西省水环境监测中心（以下简称"省中心"）牌子，各设区市（鄱阳湖）水文局同时增挂江西省水环境监测中心相应分中心牌子，水环境监测业务得以全面展开；同期，省水文局（江西省水环境监测中心）在长江干流江西段和赣、抚、信、饶、修等五大河流干流及其主要支流、鄱阳湖同步设置了水质监测站点，至此全省水质监测网络初具规模。在基础工作步入正轨后，全省水环境监测业务范围不断深入拓展，在全省江河湖库的主要省市界河、主要供水水源地及重点入河排污口布设了监测站点，监测站网体系不断完善。

截至 1996 年，全省拥有水质检测实验室面积约 2000m²，主要仪器设备有天平、原子吸收分光光度计、可见光分光光度计、测汞仪、酸度计、电导率测定仪、气相色谱仪、显微镜、生化培养箱、电动离心机等，总资产约 800 万元，基本能够满足当时水质检测工作的需要。

1.2 1997—2015 年资质认证发展阶段

1997 年 9 月，江西省水环境监测中心参加了国家质量技术监督局组织的计量认证评审并通过认证，取得向社会提供水质监测数据的资格；通过认证的检测范围包括水（地表水、地下水、生活饮用水、污水及再生利用水、大气降水）和土壤两大类合计 58 项（不重复计算），江西省水文系统水质监测自此迈入规范化、科学化监测阶段。

1998 年，根据流域水质监测工作统一安排，省中心增加了对湖口江心洲、昌江潭口、漳田河石门街等省界水质站监测。次年，以南昌试点开展了地级市集中供水水源地的水质监测，频次为每旬 1 次，至 2006 年已经覆盖了全省所有地级市。根据省政府批复的《江西省水（环境）功能区划》，省中心自 2005 年始开展水功能区水质监测并进行了评价；至 2007 年 7 月全省范围已开展水质监测的水功能区达到 187 个，并首次在《江西省水资源公报》中增加了水功能区达标评价内容。2007 年开展界河水质、水量动态监测，监测范围为省级和设区市主要河流行政区交接断面，涉及赣江等 14 条河流，设立水质站 25 处，其中省界 11 个，设区市界河 14 个，监测频次每月 1 次，监测项目增加总磷、总氮、铜、锌、氟化物、镉、铅、石油类等。2009 年全省建设完成 14 个地下水监测站并对其开展水质监测。

2009 年，鄱阳湖被水利部水文局列入全国重点湖泊水库藻类监测试点区域，根据水利部水文局《关于开展 2009 年藻类试点监测工作的通知》的文件精神，2009 年 7 月，江西省水文局鄱阳湖分局率先在蚌湖、棠荫、星子、湖口等 4 个站点开展藻类试点监测工作，填补江西省藻类监测项目空白。2010 年 6 月，全省开展了一次大范围的水质、水量同步调查，对 8 个入湖控制站、鄱阳湖内 34 个断面的 68 条垂线及赣、抚、信、饶、修等五河上中游重要水文站实施流量、水质同步监测，获取了大量第一手水质水量同步监测成果。

2007 年开始，逐年增加了对水环境监测能力建设的投入。至 2010 年，共投入 2300 余万元分批完成了省中心、赣州、吉安、宜春、抚州、九江、鄱阳湖等 7 个分中心水质监测实验室的整体化改造，实验室环境条件得到较大改善。2012 年相继完成景德镇、上饶实验室整体改造，至此全省第一轮实验室改造全部完成。通过该轮升级改造，各实验室普遍配备了原子吸收分光光度计、原子荧光、气相色谱仪、离子色谱仪、便携式多参数仪、流动注射分析仪等大型仪器设备，检测能力得以大幅提升。根据省机构设置要求，2012 年江西省水环境监测中心及分中心陆续更名为江西省水资源监测中心及设区市（鄱阳湖）水资源监测中心。

至 2015 年，全省 9 个中心实验室已配备仪器设备 327 台（套），固定资产总值达到近 3000 万元。主要仪器设备有现场采样车、便携式多参数监测仪、毒性快速检测仪、流动注射分析仪、原子荧光分光光度仪、原子吸收分光光度仪、气相色谱仪、离子色谱仪、紫外可见分光光度计、红外测油仪、BOD 测定仪、COD 测定仪等，全省水资源监测能力有较大程度提高。全省共有检测人员 65 人，其中本科以上学历 52 人，占 80%；具有工程师以上及相当职称人员 33 人，占 51%。专业涉及水资源监测与管理、水质管理、水文水资源、环境工程、分析化学、应用化学、生物技术、城市生态、陆地水文、计算机等，基本能够满足当前水资源调查、监测、评价工作需要。

1.3 2016—2019 年新时期快速发展阶段

2016 年以来，在各级领导重视关怀下，省中心紧紧抓住水资源管理系统、农村饮水县级检测中心等项目建设机会，争取投资近亿元，从实验室环境改造、仪器设备购置、人员队伍建设、信息化等方面加强能力建设。截至 2019 年 7 月，全省已完成 6 个实验室环境进一步升级改造，实现集中通风、集中供气、集中污水处理，基本实现实验室现代化环境要求。全省实验室总面积达到 9920m²，对原有原子吸收分光光度计、原子荧光分光光度仪、紫外可见分光光度计等设备进行了升级，另购置了一大批进口先进仪器设备，如气相色谱-质谱联用仪、液相色谱仪、气相色谱仪、电感耦合等离子体质谱仪、电感耦合等离子发射光谱仪、离子色谱仪、流动注射分析仪等，各实验室共有仪器设备近 600台（套），净资产超过 8000 万元。全省检测人员已达到 127 人（含合同制员工 36 人），较前期增加近一倍，其中具有硕士学位 25 人，学士学位 90 人，本科以上学历合计占比达到91%；实验室检测人员平均年龄仅 32 岁，所学专业涉及水资源监测与管理、水质管理、水文水资源、环境工程、分析化学、应用化学、生物技术、城市生态、陆地水文、计算机等，水质检测队伍初具规模。

2017 年，省中心首次实现对全省 178 个国务院批复的重要水功能区、446 个省划水功能区、13 个省界、35 个市界、30 个地市级集中饮用水水源地的全覆盖监测，监测频次为每月 1 次，监测项目按地表水质量标准执行。

2018 年，监测范围进一步扩大到对 116 个县界和 110 个县级集中式饮用水水源地的覆盖监测。上述工作的开展，使江西省成为全国少数几个完成上述水域覆盖监测的省份。为积极响应水生态文明建设需要，2018 年，省中心组织对全省实施湖长制范围的 86 个湖泊实施水生态调查，并开创性对 100 余处（站）开展了大气降水水质的监测。目前，年监测水样数量超过 15000 个，收集水质监测数据超过 40 万个，有力地支撑了全省水资源保护及河湖长制等相关工作的推进。

2 ▶ 对新时期水质监测的启示和建议

江西水文系统水质监测的发展历程，是全国水文系统水质监测发展的一个缩影，通过对江西省发展过程的梳理，有利于主动适应此轮中央机构改革的新形势和新要求，有利于厘清水文系统水质监测未来发展方向，笔者结合工作实际，提出以下启示和建议。

2.1 适时调整站网设置，实现水质水量同步监测

紧密结合当前机构改革方向，及时调整全省水质监测方向，五河一江一湖、饮用水水

源地、行政区界河、大型水库等是重点监控水域，突出"突出水量水质同步监测"，生态敏感水域需增加水生态监测指标，为最严格水资源管理、河湖长制考核、生态水量监控提供支撑。全省水质应高度重视国家、省、市三级重点水质站编制，以此为契机，调整优化我们的监测站网。

同时，充分发挥水文系统监测站网完善、监测时间序列长、水质水量同步等优势，与知名高校、科研机构等开展合作，通过纵向与横向的业务专题与科研项目，切实提高科研水平，打造区域水资源监测与评价科研平台。重点抓好鄱阳湖"三库一室一平台"建设，配合鄱阳湖基地项目部，做好招标的业务把关、项目建设的业务指导等工作，力争早见成效。

2.2　持续强化能力建设，提升水生态及有机物监测能力

持续强化能力建设，提升全省水环境、水生态监测能力，重点是提升水生态、有机物、应急监测等方面的监测能力。要在近几年硬件投入的基础上，根据新时代新要求再进一步完善有关仪器设备及环境建设；多渠道多方式强化技术培训，提升大型仪器设备操作技能水平，提升高、精、尖仪器设备的使用效率；做好年度全省水质大比武，以比促练、以比促学，提高全省水质分析操作水平；提升应急监测能力，开展常态化应急演练，发挥水量与水质综合监测在应急事件的突出作用，走出"就水质，而水质"的习惯方式，在应急事件中打造水文监测"量质联动"的特别声音，发挥特殊作用；花大力气推进水质信息化，力争年底信息化有大起色；要集全省之力，各负其责，拓展监测内容，切实提升水生态监测能力，使监测能力更上一个台阶。

2.3　加大沟通协调力度，实现与生态环保监测共享共治

在机构改革职能调整的背景下，认真贯彻落实省生态环境厅、省水利厅战略合作协议，主动对接，为区域水资源保护贡献水文力量。下一步，监测工作应契合中央要求的"统一监测，信息共享"原则，加强信息共享，携手共筑一套契合江西省水环境、水生态监测要求的站网体系，做到统一监测指标、统一检测标准、统一评价体系。与此同时，力争在今后的鄱阳湖水环境水生态监测、科研项目申报等多领域互动合作，为江西水生态文明试验区建设做好技术支撑，为建设美丽中国"江西样板"贡献力量。

城市湖泊水质污染状况研究
——以南昌市西湖水质为例

熊丽黎[1,2]　温祖标[2]　裴智超[3]

(1. 江西省南昌市水文局，江西南昌　330038；

2. 江西师范大学化学化工学院，江西南昌　330022；

3. 江西省水利水电开发总公司，江西南昌　330019)

摘　要： 本文依据《水和废水监测分析方法（第四版）》中规定的方法和原理，用单因子法和综合污染指数法，对南昌市西湖水质状况进行了研究，用湖泊（水库）营养状态标准及分级方法对南昌市西湖水质的富营养化程度进行了评价，并用 Spearman 秩相关系数法对评价结果进行了检验分析，同时对其水污染原因进行了调查，并就改善城市湖泊水质状况提出了建设性的意见。

关键词： 城市湖泊；水质污染；研究与对策

　　城市湖泊是指位于大中城市城区或近郊的中小型湖泊，是重要的水资源和旅游资源，也常为当地市民休闲游玩的首选地，在降低城市热岛效应和防洪排涝、为动植物提供栖息地并维持物种多样性等方面起着重要作用。但是，近年来，随着经济的快速发展和人为活动的日趋频繁，我国很多城市湖泊，如北京昆明湖、武汉东湖等面临着日益严重的水污染问题，这势必对湖泊的水体功能和城市景观造成严重影响。因此，城市湖泊水质污染分析研究成为城市水环境保护研究领域的一个热点。

　　南昌市西湖，地处南昌市繁华城区，位于南昌市西湖区孺子路、渊明南路、西湖路和羊子街之间的孺子亭公园内，是该公园景观的重要组成部分，对该区域防洪排涝、城市美化、休闲娱乐等方面起到重要作用。西湖作为城市湖泊，其水质污染及富营养化状况与众多城市湖泊相比具有相似之处，西湖水质的调查研究可为城市湖泊水环境保护提供重要依据。

　　本文根据《水和废水监测分析方法（第四版）》规定的方法和原理，对南昌西湖水质进行了长期调查监测，研究了其水污染状况及其变化趋势，并提出了相应的治理对策，以期在西湖水环境治理方面取得较好成果，同时将治理经验进一步推广，从而为城市湖泊水环境保护提供科学依据。

1 西湖环境概况与研究内容及方法

1.1 西湖环境概况

西湖为南昌市政城市雨水径流排入口，区域内经济发达、交通便利、土地利用率高、人口密度大，居民以商住为主。西湖岸线总长 900m，东西长 280m，宽 50～70m，平均水深约 2.5m，湖床为淤泥，岸坡红石砌筑，周边主要有居民楼、公园绿地围绕。湖区周边无工农业污染源，湖内无养殖项目、娱乐设施，水源主要依靠降雨及城市积水管道排放，换水主要依靠其毗邻的游泳馆供水，然后经市政排水管道入青山湖，后入赣江。湖泊水面长期静止，换水周期长。

1.2 研究内容及方法

根据《水和废水监测分析方法（第四版）》中的规定的方法和原理，在 2009 年 1 月至 2011 年 10 月期间，逐月对西湖水质进行监测。除现场测定了水色、嗅和味、气温、水温等项目外，还现场采集了水样，在实验室测定了其 pH、溶解氧、氨氮、高锰酸盐指数、生化需氧量、总氮、总磷等项目。用单因子法和综合污染指数法研究其水质状况，用湖泊（水库）营养状态标准及分级方法对其富营养化程度进行了评价，并用 Spearman 秩相关系数法进行了检验分析。

2 结果与讨论

2.1 水污染状况

表 1 列出了西湖水质项目测试参数与评价结果。从西湖水质项目指标测定结果分析发现，西湖水质长期受到不同程度的污染，主要超标项目有氨氮、高锰酸盐指数、生化需氧量、总磷、总氮。就西湖水质项目指标测定结果对其水质和富营养化状况进行了评价。由表 1 可知，监测期间，西湖水质多为劣 V 类，综合污染指数均已明显超过 1.0 的标准限值，有的大于 2.0。甚至数倍，富营养化评分值大于 64，有的甚至高达 85，水质处于中度—重度营养化水平。这说明西湖水质长期处于不同程度的污染状态，其水体功能受到明显制约。

2.2 水质变化趋势

2.2.1 综合污染指数变化趋势

西湖综合污染指数变化趋势如图 1 所示。将监测数据按年度及季度划分，进行综合指数变化趋势分析发现：①2009—2011 年监测期间水质综合污染指数为 2010 年＞2011 年＞2009 年；②按季节划分，水质综合污染指数春夏季节大于秋冬季节。

表 1 　　　　　　　　　　西湖水质项目测试参数与评价结果

采样时间		水质评价项目/(mg/L)							水质评价		富营养化评价	
年份	月份	pH	溶解氧	氨氮	高锰酸盐指数	生化需氧量	总磷	总氮	水质类别	综合污染指数	评分值	富营养化评价
2009	2	7.7	7.0	3.74	9.5	4.7	0.222	—	劣Ⅴ	2.73	75	中度
	3	9.0	10.2	2.76	11.1	8.2	0.136	—	劣Ⅴ	2.35	85	重度
	4	7.6	4.3	2.35	10.1	7.3	0.371	—	劣Ⅴ	3.32	80	中度
	5	8.2	6.2	1.74	6.9	4.7	0.496	—	劣Ⅴ	3.50	85	重度
	6	7.5	3.5	2.90	4.6	5.3	0.756	—	劣Ⅴ	5.03	75	中度
	7	7.9	7.4	1.22	9.3	<2.0	0.534	—	劣Ⅴ	3.43	75	中度
	8	8.4	5.8	1.54	5.2	3.9	0.441	—	劣Ⅴ	3.05	70	中度
	9	8.8	7.8	0.45	10.1	2.0	0.595	—	劣Ⅴ	3.63	80	中度
	10	7.6	6.0	0.24	4.6	2.2	0.255	—	Ⅳ	1.66	70	中度
	11	7.6	6.8	0.98	2.8	3.4	0.412	—	劣Ⅴ	2.63	65	中度
	12	8.0	7.7	1.45	4.7	5.4	0.423	—	劣Ⅴ	3.01	70	中度
2010	1	8.1	11.6	0.63	4.6	5.4	0.304	—	Ⅴ	2.21	70	中度
	2	7.9	9.3	1.76	5.9	5.4	0.535	—	劣Ⅴ	3.70	70	中度
	3	7.8	5.8	3.66	7.4	5.8	0.504	3.45	劣Ⅴ	3.97	73	中度
	4	7.9	7.9	4.53	6.6	5.6	0.746	6.30	劣Ⅴ	5.65	80	中度
	5	8.5	9.4	4.25	7.9	2.3	0.616	6.38	劣Ⅴ	4.97	83	重度
	6	7.3	7.9	2.86	6.5	7.9	1.170	1.97	劣Ⅴ	6.26	77	中度
	7	7.2	2.3	3.30	7.0	2.3	0.585	4.42	劣Ⅴ	4.23	73	中度
	8	7.2	8.9	0.73	7.2	7.8	0.623	4.22	劣Ⅴ	4.11	77	中度
	9	7.6	6.8	3.08	5.4	11.4	0.777	3.56	劣Ⅴ	5.19	69	中度
	10	8.0	12.5	1.07	7.8	6.8	0.685	3.42	劣Ⅴ	4.24	70	中度
	11	7.6	2.7	0.16	5.5	9.2	0.554	5.58	劣Ⅴ	4.01	70	中度
	12	7.6	7.8	0.50	4.6	5.9	0.525	3.11	劣Ⅴ	3.27	65	中度
2011	2	7.5	10.9	3.07	5.6	9.0	0.143	7.34	劣Ⅴ	3.29	64	中度
	3	7.5	8.2	3.42	3.9	4.3	0.771	2.34	劣Ⅴ	4.58	65	中度
	5	7.5	7.0	1.54	3.8	2.7	0.887	3.05	劣Ⅴ	4.73	66	中度
	6	7.3	6.0	2.63	4.2	<2.0	0.698	4.46	劣Ⅴ	4.40	69	中度
	7	7.0	0.6	2.55	7.2	3.4	0.432	3.44	劣Ⅴ	3.34	66	中度
	8	7.4	7.3	1.42	5.6	2.1	0.486	3.64	劣Ⅴ	3.25	66	中度
	9	7.3	4.5	1.51	7.8	8.5	0.518	4.86	劣Ⅴ	4.03	70	中度
	10	7.2	5.9	1.09	6.1	<2.0	0.768	3.82	劣Ⅴ	4.31	70	中度

2.2.2 Spearman 秩相关系数检验分析

选取监测期间氨氮、高锰酸盐指数、生化需氧量、总磷、总氮 5 个项目及综合污染指

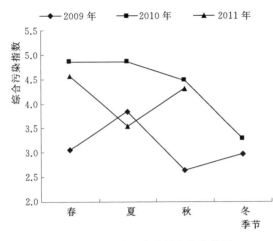

图1 西湖综合污染指数变化趋势图

数进行检验，将秩相关系数 R_S 的绝对值与 Spearman 秩相关数统计的临界值进行比较，结果见表2。由表2可得，2009—2011年间，西湖主要污染物氨氮、高锰酸盐指数、总氮的浓度略有下降，但趋势较为平稳，生化需氧量处于平稳状态，总磷的浓度则呈上升趋势。

图2是西湖5种污染物浓度随时间变化情况。从图2可以看出，污染物浓度整体呈上升趋势，水质整体呈下降趋势。其中总磷浓度上升趋势较为明显，氨氮、高锰酸盐指数、总氮浓度略有下降，但趋势不明显，随着季节变化，生化需氧量呈波动趋势，但趋势较为平稳。图中显示的变化趋势与 Spearman 秩相关系数检验所指出的趋势一致。

表2 西湖主要污染物变化趋势

项目	氨氮	高锰酸盐指数	生化需氧量	总磷	总氮	综合污染指数
R_S	-0.070	-0.283	0.0004	0.425	-0.079	0.398
W_p			0.306			
变化趋势	下降	下降	平稳	上升	下降	上升

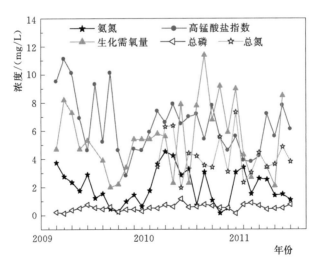

图2 西湖污染物浓度变化

2.3 水质富营养化评价

监测结果显示，西湖 pH 偏高，湖体呈弱碱性，溶解氧含量相对偏低，用评分法对湖泊富营养化程度进行评价发现该水体处于中度—重度富营养化水平（见表1）。同时在 2010 年 7 月、8 月期间对西湖泊调查取样时发现，水体颜色偏绿、水中悬浮大量绿色藻类聚集物。用 Spearman 秩相关系数检验分析发现秩相关系数 $R_s = -0.6161$，富营养化程度呈降低趋势。

2.4 水体污染源原因分析

南昌市西湖所处的区域商业发展程度高、人口密度大、车辆流通频率高，西湖水质受周边环境及城镇居民生活方式影响较大，其主要污染来自西湖周边区域降雨与区域内生活污水，并未经处理而排入城市雨水管道，后径直进入湖泊。

在人类生产活动过程中，产生大量固、液、气态污染物，行人抛弃的废物、从庭院和其他开阔地上冲刷到街道上的碎屑和污染物、建筑和拆除房屋的废土、垃圾或随风抛撒的碎屑、汽车漏油、轮胎磨损和排出的废气等对城市降雨径流污染贡献较大，下水道系统沉积池中沉积物和排水系统漫溢出的污水经降水径流首次冲洗下水道是面源污染物的一个重要来源。区域内居民生活污水未经处理直接排入城市雨水管道，而后直接进入湖泊也是造成湖泊污染的重要原因。

根据对水质的调查分析，笔者认为西湖周边区域降雨径流对西湖的影响主要表现在富营养化物质浓度偏高。

2.5 水体保护对策

2.5.1 截污工程

可在湖泊周边地区绿地、道路、岸坡等不同降雨径流源头种植下凹式绿地，进行透水铺装、建设缓冲带、生态护岸以对降雨径流进行拦截、消纳、渗透，减轻后续处理系统的污染处理负荷和负荷波动，对入湖的面源污染负荷起到一定的削减作用。将生活污水与降雨积水分开处理也是非常重要的环节。

对积聚在不透水地表上的污染物，在雨水冲刷前就从地表上清除，包括街道垃圾清运和树叶清扫等。对已被径流冲走的污染物，可在下水道中用沉积法清除，也可以在不透水区中布设一些透水带，减少地表中有效的不透水面积，以增加集水区的透水性，增加下渗，阻滞和吸附不透水地表所产生的污染物。

降雨径流通过排水管道进入湖泊之前进行集中处理。废水的处理有三种类型：物理、化学和生物处理。目前生物方法利用较为广泛，常采用储水池蓄水和人工培养菌种的方法。

2.5.2 生态修护

种植挺水植物：种植适当面积的挺水植物，长得过快时可适当收割；沉水、浮水植物有大量腐烂时应捞取。投放鱼类：严禁人工投饵，采用水层食物链的控制法，增加以藻类为食的鱼类投放，减少以吃浮游动物为主和吃水生植物的鱼类投放。通过这些途径逐步改善西湖的生态结构，达到防治富营养化的目的。

2.5.3 引水冲湖

定期引水冲湖，加速湖水交换。由于水力冲刷系数提高，引水水源污染物浓度较低，可大大提高湖泊的水质，降低湖泊的富营养化程度。

2.5.4 加强管理

确定湖水的环境目标；严格遵守湖泊环境保护相关条例；加强对群众的宣传教育；建立湖区管理机制，切实保证预防措施的实施。

2.6 结论

随着中国城市人口的急剧增长和经济社会的快速发展，城市湖泊污染日益严重，主要表现为：①水污染严重；②水质整体呈下降趋势；③富营养化程度严重。因此，必须对城市湖泊水体污染进行有效的控制。针对不同的城市湖泊污染特征，选择适用的防治方法，并形成技术体系，改进原有措施，提高处理效率，以及各项污染控制技术的实用性和可靠性，在城市湖泊污染防治、管理方面积累经验，逐步恢复城市湖泊的生态结构和功能，达到人与自然和谐和可持续发展。

参 考 文 献

[1] 彭晶倩，李琳，曹雯，等. 城市湖泊水环境安全评价研究 [J]. 环境保护科学，2010，5 (36)：62－64.
[2] 孙宁涛，李俊涛. 城市湖泊的生态系统服务功能及其保护 [J]. 安徽农业科学，2007，35 (22)：6885－6886.
[3] 荆红卫，华蕾，孙成华，等. 北京城市湖泊富营养化评价与分析 [J]. 湖泊科学，2008，20 (3)：357－363.
[4] 江西省水利厅. 江西省河湖大典 [M]. 武汉：长江出版社，2009：227.
[5] 万黎，毛炳启. Spearman秩相关系数的批量计算 [J]. 环境保护科学，2008，10 (34)：53－55，72.
[6] 金相灿，刘鸿亮，等. 中国湖泊富营养化 [M]. 北京：中国环境科学出版社，1992.
[7] 谢卫民，张芳，张敬东，等. 城市雨水径流污染物变化规律及处理方法研究 [J]. 环境科学与技术，2005，28 (6)：30－31，49.
[8] 种云霄. 利用沉水植物治理水体富营养化 [J]. 广州环境科学，2005 (9)：41－43.
[9] 刘建康. 高级水生生物学 [M]. 北京：科学出版社，1999：229－230.

鄱阳湖区城市湖泊水质变化趋势研究
——以南昌市青山湖为例

刘玉栋[1] 熊丽黎[2] 陈斯芝[1] 邓月萍[1]

(1. 江西省南昌市水文局，江西南昌 330038；2. 江西省水文局，江西南昌 330002)

摘 要： 城市湖泊是城市生态环境的重要组成部分，近年来，随着人口增加，人类活动的密集，大量城市湖泊出现富营养化、水华暴发等水污染情况。本文以环鄱阳湖区核心城市南昌市的最大城市内湖青山湖为研究对象，探索其水质现状与变化趋势，并研究环境因子对表征藻类水华的重要指标叶绿素的影响。研究表明：①青山湖水质现状以Ⅳ类、Ⅴ类水为主；各水质指标随时间变化较大，受环境影响剧烈；②年内水质变化明显，夏秋季节水质差于冬季和春季；③水质年际变化较大，较差的年份为2010年、2014年，近十年来水质整体呈好转趋势，但近两年富营养化指标有反弹趋势，值得注意；④污染源主要为城市雨污径流以及玉带河来水污染，可以通过工程、生物、源头截污等方式进行治理。本文通过对青山湖水质的研究，以期对城市湖泊水生态环境保护提供技术支撑。

关键词： 鄱阳湖区；城市湖泊；青山湖；水质；变化趋势；治理建议

1 引言

城市湖泊具有涵养水源、缓解洪涝灾害、维持生物多样性、调节城市温湿度、减少噪声、景观娱乐等功能，是城市生态系统重要的组成部分。近几十年来，随着国民经济的发展，我国许多湖泊出现河湖水力和生态联系阻隔、水体富营养化、水质下降、生物多样性减少与生态系统退化等一系列环境问题。城市湖泊作为水体富营养化的重灾区，由于水浅、自身环境容量小，在受纳大量外源污染时，水质急剧恶化；污染物进入湖体后沉积不稳定，底泥在风浪扰动时极易与湖水发生营养物质交换，造成水体二次污染。因此，城市湖泊水环境的保护已成为目前水环境水生态研究的热点。

南昌市是江西省的省会城市，素有"中国水都"之称号，是长江中游城市群重要城市，地处江西省中部偏北，赣江、抚河下游，濒临中国第一大淡水湖——鄱阳湖的西南岸。2015 年，南昌市的户籍人口达到 530 万，人口密度达到 716 人/km²，远高于全国平均人口密度（143 人/km²）。南昌市水网密布，市区湖泊主要有城外四湖：青山湖、艾溪湖、象湖、黄家湖；城内四湖：东湖、西湖、南湖、北湖，可谓城在湖中，湖在城中，水资源较丰富。

南昌市青山湖因城市发展和居民生活等人为因素致使青山湖水质呈逐年下降趋势，2008 年首次出现蓝藻，2014 年 8 月，2015 年 7 月青山湖暴发了历来最严重的蓝藻灾害，湖边水体浑浊有鱼腥味，对城市景观，居民生活，水资源管理带来较大的影响。同时，青山湖管理处投入了大量精力和财力进行治理，治理中的青山湖水系发达且困难大。青山湖与赣江相连，进入赣江尾闾而最终汇入鄱阳湖，对于鄱阳湖流域水生态保护也有一定影响。

研究青山湖的水环境特征及其变化趋势，旨在摸清楚城市湖泊水环境变化规律，并结合周边环境变化、河湖改造工程措施作用等初步探索影响水环境变化的规律，以期对南昌市水生态环境保护尤其是环鄱阳湖区湖泊水生态保护提供技术支撑作用。

2 研究区域与方法

2.1 青山湖上下游水系分布状况

青山湖位于南昌市青山湖区，赣江下游北岸，是南昌市城区最大的内湖。湖面面积 3.01km^2，正常湖水位 16.03m，控制最高水位 17.23m，一般水深 1.5m，最大水深 3m 以上。青山湖从赣抚平原灌区西总干渠的五干渠经塘山镇五联闸引入活水，玉带河北支和玉带河西支补充部分水源，经七孔闸流入青山闸电排站排入赣江。岸线总长 11km，南北长 5km，东面宽 0.3～1.5km。

赣抚平原灌区西总干渠位于抚河左岸，起于焦石拦河坝左岸，终点在南昌县的桐林铺附近，全长 70km，设计流量正常为 107m^3/s，加大时为 162m^3/s。下分一～六干，其中一干渠、二干渠、三干渠、四干渠、六干渠目前仍主要承担灌溉任务；五干渠位于西总干左岸 64+950 处，现主要作为南昌市城市生产与环境用水的引水水渠和当地雨水的汇排水渠，同时兼作城市绿化景观水面。

玉带河位于南昌市旧城区南部和西北部，为南昌市原城南、城北排渍道，分东、南、西、北四支，均用于截流地区雨污水。玉带河西支起点于抚河南路灌婴广场；南支起点于南昌飞机制造公司排水沟；东支起点于青山湖大道。三支在洛阳东路湖坊镇政府旁汇成干渠，其下游末端与十一孔溢闸同青山湖水体相连。玉带河北支起点于永外正街，联通青山湖西渠。

20 世纪 60 年代，湖水清澈，年最大捕鱼量达 850t。由于城市化进程的不断加快，特别是工业园区的发展，河湖水系的保护、管理存在诸多问题，水质呈逐年下降趋势。上游偷排漏排现象突出，市政管网建设缺失、损毁严重，生活污水渗入干渠和湖泊。近几年，青山湖水质为 Ⅴ 类或劣 Ⅴ 类，鱼类常死亡。2006 年为 Ⅳ 类水，水质不容乐观。青山湖位置及采样点位如图 1 所示。

2.2 数据来源

从 2009—2019 年间，逐月对青山湖水质进行监测分析，重点分析湖泊富营养化相关

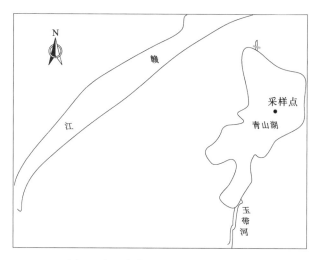

图1 青山湖位置及采样点位示意图

指标。用采水器在水下 40～50cm 处采集水样。现场测定 pH；溶解氧（DO_X）采用碘量法（国标）测定；总氮、氨氮采用碱性过硫酸钾消解紫外分光光度法（国标）测定；总磷采用钼酸铵分光光度法（国标）测定；COD_{Mn} 采用分光光度法（国标）测定。

2.3 数据分析

用 Spearman 秩相关法分析青山湖水环境指标及综合污染指数（CPI）年际变化特征。本文统计过程通过 Excel 与 Rstudio 等统计软件实现。

3 结果与分析

3.1 分布特征

如图 2 所示，2009—2019 年期间，青山湖各指标水质变化幅度较大，pH 的变化范围为 6.1～8.8，平均值为 7.7；DO_X 的变化范围为 0.10～11.60mg/L，平均值为 7.11mg/L；COD_{Mn} 的变化范围为 2.3～9.1mg/L，平均值为 5.27mg/L；NH_3-N 的变化范围为 0.07～3.63mg/L，平均值为 0.69mg/L；TP 的变化范围为 0.01～1.13mg/L，平均值为 0.17mg/L；TN 的变化范围为 0.27～15.30mg/L，平均值为 2.1mg/L；CPI 指数的变化范围为 0.49～11.58，平均值为 1.67，详见图 2。TN、TP、NH_3-N 三个指标总体随时间变化分布不稳定，离散程度较高，说明 TN、TP、NH_3-N 指标受外界环境变化影响较大；综合污染指数均值已明显超过 1.0 的标准限值，甚至超过数倍，说明青山湖水质长期处于不同程度的污染状态，其水体功能受到明显制约。

3.2 环境因子趋势分析

3.2.1 季节变化

从图 3 可以看出，除 DO_X 外，各指标随月份变化幅度较小，COD_{Mn} 春秋季节高于夏

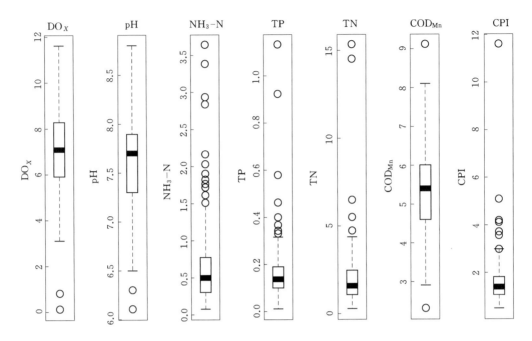

图 2　环境因子变化箱线图

季和冬季；NH_3-N、TN 最高值在 5 月，BOD_5 最高值在 6—7 月，TP 最高值在 7—9 月。CPI 指数整体夏季高于其他季节，最高值出现在 5 月和 8 月。

3.2.2　年际变化

对 COD_{Mn}、BOD_5、NH_3-N、TP、TN、污染物综合指数等指标进行 Spearman 秩相关指数检验发现：近十年来各指标呈下降趋势，且 BOD_5 和 TP 下降趋势达到显著水平（$P<0.05$），TN 下降趋势较为微弱，CPI 指数整体下降，但未达到显著水平。

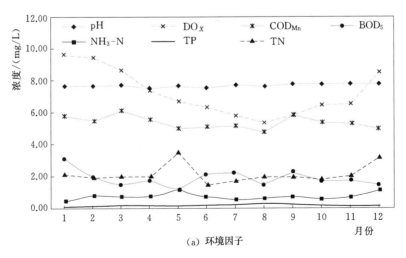

(a) 环境因子

图 3（一）　环境因子及 CPI 指数逐月平均变化情况

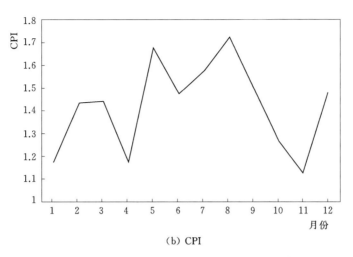

（b）CPI

图 3（二）　环境因子及 CPI 指数逐月平均变化情况

表 1　　　　　　　　　　　　　各指标 Spearman 秩相关指数

项目	COD_{Mn}	BOD_5	NH_3-N	TP	TN	CPI
R_S	-0.42	-0.67	-0.31	-0.59	-0.19	-0.54
W_p			0.564			
变化趋势	下降	下降	下降	下降	下降	下降

从图 4 可以看出，污染物 2010 年、2014—2015 年出现了污染物浓度高峰，BOD_5 在 2010 年、2016 年达到最高值，氨氮、TN 在 2010 年、2014 年达到高峰，TP 在 2014 年达到高峰。污染物整体呈下降趋势，尤其在 2015 年以来下降较为明显，但是 2018—2019 年期间，营养盐指标，CPI 恶化程度呈轻微反弹趋势，需要引起注意。

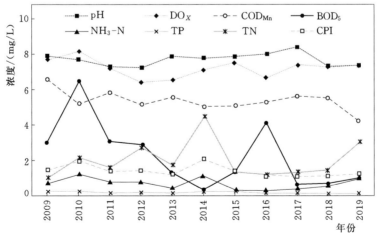

图 4　环境因子年变化

4 讨论

4.1 青山湖水环境特征与变化趋势

研究发现，近年来，南昌市艾溪湖、青山湖等城市湖泊水质整体不容乐观，本研究的结果与前人研究基本一致。但是随着河长制制度的实施以及相关部门的整治工作的开展，南昌市城市湖泊出现好转。青山湖水质为Ⅳ类，近几年水质为Ⅴ类或劣Ⅴ类，各指标受周边环境影响较大。污染物综合指数最高为 11.58，污染较为严重。大多数情况污染物综合指数超过 1，为污染状态。青山湖水质年内变化较大，夏秋季节水质差于冬季和春季。水质最差为 7 月和 8 月。年际变化明显，2010 年、2014 年水质较差，近年来水质整体好转，但仍然不容乐观，尤其是 2018—2019 年水质恶化呈轻微反弹趋势。近年来，青山湖多次发生藻类水华事件，发生时间主要为 2008 年、2014—2015 年、2018 年，说明湖泊水环境的富营养化已经对湖泊生态造成较为严重的影响，需要引起重视，应避免水质再次下降。

4.2 周边环境对青山湖水环境的影响

据调查，青山湖的水质除受到玉带河来水影响外，还包括降雨产生的径流污染、大气降水污染、周边居民生活、健身、娱乐、养殖等产生的污染。在夏秋季节，水温较高，长时间水体不交换的情况下，藻类容易暴发。玉带河近年来水质亦不容乐观，近年来基本为Ⅳ类、Ⅴ类水。据江西水文部门调查，2018 年 9 月初，玉带河的藻类水华暴发，对青山湖也造成一定影响。玉带河的水质主要受到上游幸福渠流域的影响，上游原有大量养殖场，并有大型工业企业存在，部分居民生活污水也通过管道排放进入水体。

5 结论与建议

5.1 青山湖水质现状及变化趋势

近年来，青山湖水质在"湖长制"制度的实施以后，通过截流排污、污水处理等措施处理，已经呈好转趋势，但是水质依然不容乐观，水华暴发的风险依然存在。为了保护青山湖的生态功能，必须进一步加强管理。

5.2 青山湖水环境保护措施建议

5.2.1 源头控制

青山湖区污水主要受玉带河和周边居民活动影响，因此加强环境保护专项整治行动及日常监管，加强玉带河上游幸福渠流域工业、养殖管理。建立雨污分流系统、加强农村生活污水的治理力度；加强工业废水排放监控与污水处理。

5.2.2 工程控制

加大海绵城市的建设力度，减少周边居民生活对湖泊的影响；在合适的时候，对南昌市水系进行适当连通换水也可以稀释污染物浓度；必要的年份可以开展底泥疏浚工作。

完成赣抚尾闾综合整治工程中的赣江南昌枢纽工程和洲头防护工程，在赣江南支河道中下游建闸抬水，调控赣江枯水期水位，改善青山湖水环境，在赣江左汊（西河）与右汊（东河）的分汊口扬子洲头、南支与中支的分汊口焦矶头建设两个洲头防护工程，控制赣江左、右汊与中、南支河道分流比变化，稳定洲头河势。

5.2.3 生物控制

种植水生植物，投放鱼苗，通过水生植物和鱼类生长吸收水体的营养物质。挺水植物长得过快可适当收割，沉水、浮水植物有大量腐烂应捞取。以达到转化湖体营养物质的目的。严禁人工投饵，采用水层食物链的控制法，增加以藻类为食的鲢鱼，减少以吃浮游动物为主的鳙鱼和吃水生植物的草鱼，待水生植物恢复后，再适当增加草鱼。这样逐步地改变青山湖的生态结构，达到防治富营养化的目的。

城市湖泊污染是普遍的生态问题，需要引起重视。尤其对于藻类水华易发的夏秋季节，因温度高，加之湖泊本身水流减缓缓慢，若长时间降雨量减少，而营养盐维持较高浓度，则容易导致藻类水华的暴发。强化监控手段，对已污染湖泊进行及时有效的治理与管控，显得尤为重要。环鄱阳湖区城市湖泊是鄱阳湖生态保护的重要组成部分，城市湖泊将通过对入湖河流的影响间接影响到鄱阳湖水环境的状况。因此在鄱阳湖水生态环境的研究过程中，加大对重要城市湖泊水环境的研究意义重大。

参 考 文 献

[1] 郑华敏. 城市湖泊对城市的功能 [J]. 南平师专学报，2007，26（2）：132-135.

[2] 杨桂山，马荣华，张路，等. 中国湖泊现状及面临的重大问题与保护策略 [J]. 湖泊科学，2010，22（6）：799-810.

[3] Zhang Y L，Qin B Q，Zhu G W，et al. Profound changes in the physical environment of Lake Taihu from 25 years of long term observations：implications for algal bloom outbreaks and aquatic macrophyte loss [J]. Water Resources Research，2018，54（7）：4319-4331.

[4] 秦伯强，范成新. 大型浅水湖泊内源营养盐释放的概念性模式探讨 [J]. 中国环境科学，2002，22（2）：150-153.

[5] 秦伯强. 长江中下游浅水湖泊富营养化发生机制与控制途径初探 [J]. 湖泊科学，2002，14（3）：193-202.

[6] 丁惠君，钟家有，吴亦潇，等. 鄱阳湖流域南昌市城市湖泊水体抗生素污染特征及生态风险分析. 湖泊科学 [J]. 2017，29（4）：848-858.

[7] 卢辛宇，詹健，韩玉龙. 南昌青山湖水环境现状与修复建议 [J]. 中国水运，2015，15（7）：146-147，162.

[8] 江西省水利厅. 江西河湖大典 [M]. 武汉：长江出版社，2010.

[9] 万黎，毛炳启. Spearman 秩相关系数的批量计算 [J]. 环境保护科学，2008，34（5）：52-55，72.

［10］ 黄立章，金腊华，万金保. 艾溪湖水污染现状分析及治理对策［C］//中国水利学会 2013 学术年会论文集——S2 湖泊治理开发与保护，2013：638－642.

［11］ 种云霄. 利用沉水植物治理水体富营养化［J］. 广州环境科学，2005（9）：41－43.

［12］ 刘建康. 高级水生生物学［M］. 北京：科学出版社，1999：229－230.

南昌市 14 个天然湖泊浮游生物和富营养化现状

陈斯芝

（江西省南昌市水文局，江西南昌　330038）

摘　要： 2018 年 3 月对纳入"河长制"河湖名录的南昌市境内水面面积在 $1km^2$ 以上的 14 个天然湖泊共 22 个监测点数开展了水质监测和浮游生物种类鉴定。14 个湖泊的营养化状态均已达到中营养状态，其中 5 个湖泊的水体已达到轻度富营养化状态。14 个湖泊共检出浮游植物 62 个属，浮游植物平均密度排序为：芰湖＞青山湖＞陈家湖＞前湖＞瑶岗湖 142＞瑶湖＞艾溪湖＞瑶岗湖 141＞坎下湖＞大沙湖＞芳溪湖＞下庄湖＞上池湖＞军山湖，藻型特点主要为硅藻和绿藻。14 个湖泊共检出浮游动物 4 大类，浮游动物平均密度排序为：芳溪湖＞前湖＞军山湖＞坎下湖＞艾溪湖＝瑶岗湖 141＞瑶湖＞瑶岗湖 142＞芰湖＞青山湖＞陈家湖＝大沙湖＞上池湖＞下庄湖，优势种主要为轮虫。

关键词： 湖泊；浮游生物；富营养化；南昌市

湖泊是重要湿地之一，具有供水、防洪、灌溉、航运、发电、养殖、景观、涵养水源等多种功能。江西省水系发达，水网密集，湖泊众多，据不完全统计，天然湖泊有 200 余个，人工湖泊（包括水库）有 10000 余座。浮游生物在湖泊淡水生态系统中占有十分重要的地位，它们不仅是湖泊许多经济鱼类的重要饵料，同时也是控制和治理湖泊富营养化的重要对象之一。此外，有许多浮游生物还是湖泊环境污染的指示种和重要的监测对象。

为了加强湖泊保护管理，改善湖泊生态环境，维护湖泊健康生命，实现湖泊功能永续利用，江西省重点推进河湖长制工作。《江西省全面推行河长制工作方案》中将"探索建立与生态文明建设相适应的河湖健康评价体系"作为主要工作内容予以明确，而湖泊水生态环境调查是开展湖泊健康评估的重要基础，同时也是水资源保护的一项重要工作。为深入了解湖泊水生态规律，研究湖泊富营养化控制和治理，为政府有关部门从事湖泊管理决策提供基础数据和依据，2018 年 3 月，对纳入"河长制"河湖名录的南昌市境内水面面积在 $1km^2$ 以上的 14 个湖泊开展了相关调查。

1 材料和方法

1.1 湖泊监测概况

经过实地勘察，现存纳入"河长制"河湖名录的南昌市境内水面面积在 $1km^2$ 以上的湖泊共有 14 个，湖泊总面积约 230km²，其中，湖泊面积 5km² 以下的，设置 1 个断面；湖泊面积 5～50km² 的，设置 3 个监测点数；湖泊面积 50km² 以上的，设置 5 个监测点数，共设置了 22 个监测点数。具体监测概况见表 1。

表 1　　　　　　　　　　　　　　　南昌市天然湖泊监测概况

湖泊名称	地理位置/(°)	湖泊面积/km²	监测点数/个
艾溪湖	东经 116.0，北纬 28.7	3.91	1
陈家湖	东经 116.4，北纬 28.7	18.6	3
大沙湖	东经 116.2，北纬 28.6	5.58	1
芳溪湖	东经 116.0，北纬 28.5	3.69	1
芰湖	东经 116.0，北纬 29.1	1.60	1
坎下湖	东经 116.4，北纬 28.7	2.07	1
前湖	东经 115.8，北纬 28.7	1.78	1
青山湖	东经 115.9，北纬 28.7	3.14	1
上池湖	东经 116.0，北纬 28.9	4.73	1
下庄湖	东经 115.9，北纬 28.9	1.72	1
瑶岗湖 141	东经 116.4，北纬 28.6	3.63	1
瑶岗湖 142	东经 116.5，北纬 28.6	1.76	1
瑶湖	东经 116.1，北纬 28.7	20.50	3
军山湖	东经 116.3，北纬 28.5	164.00	5

1.2　水体营养状态评价

水样采集方法为水深小于 5m 时在水面下 0.5m 处取样；水深大于 5m 时，混合取样。水样经预处理后置于暗处 4℃恒温保存，并于当日进行水质分析。

监测指标包括总氮、总磷、高锰酸盐指数、叶绿素 a 和透明度等，透明度用透明度计现场测定，叶绿素 a 用美国 YSI 多参数水质检测仪现场测定，总氮用碱性过硫酸钾法测定，总磷用钼酸铵法测定，高锰酸盐指数用滴定法测定。

目前，我国湖泊水体营养状态评价方法有 Carlson 营养状态指数（TSI）法、修正 Carlson 营养状态指数（TSI_M）法、综合营养状态指数（TLI）法、营养度指数法和评分指数法。本文根据《地表水资源质量评价技术规程》（SL 395—2007）选取营养度指数（EI）法对湖泊水体的营养状态进行评价，以透明度、高锰酸盐指数、总氮浓度、总磷浓度和叶绿素 a 浓度对所监测湖泊进行营养状态评价。

表 2　　　　　　　　　　　湖泊（水库）营养状况评价标准及分级方法

营养状态分级 EI＝营养状态指数	评价项目 赋分值 E_n	总磷 /(mg/L)	总氮 /(mg/L)	叶绿素 a /(mg/L)	高锰酸盐指数 /(mg/L)	透明度 /m
贫营养 0≤EI≤20	10	0.001	0.020	0.0005	0.15	10
	20	0.004	0.050	0.0010	0.4	5.0

续表

营养状态分级 EI=营养状态指数		评价项目 赋分值 E_n	总磷 /(mg/L)	总氮 /(mg/L)	叶绿素 a /(mg/L)	高锰酸盐指数 /(mg/L)	透明度 /m
中营养 $20<EI\leqslant50$		30	0.010	0.10	0.0020	1.0	3.0
		40	0.025	0.30	0.0040	2.0	1.5
		50	0.050	0.50	0.010	4.0	1.0
富营养	轻度富营养 $50<EI\leqslant60$	60	0.10	1.0	0.026	8.0	0.5
	中度富营养 $60<EI\leqslant80$	70	0.20	2.0	0.064	10	0.4
		80	0.60	6.0	0.16	25	0.3
	重度富营养 $80<EI\leqslant100$	90	0.90	9.0	0.40	40	0.2
		100	1.3	16.0	1.0	60	0.12

1.3 浮游生物测定方法

浮游生物的采样、计数方法按照《水环境监测规范》（SL 219—2013）中的要求执行，参照图谱进行浮游生物的种类鉴定。浮游植物的计数方法采用目镜视野法，浮游动为计数法。水样为各采样点 0～50cm 的上层水。

2 结果

2.1 湖泊营养状态的评价

采用营养度指数法计算了 14 个湖泊的 EI 值，如图 1 所示。

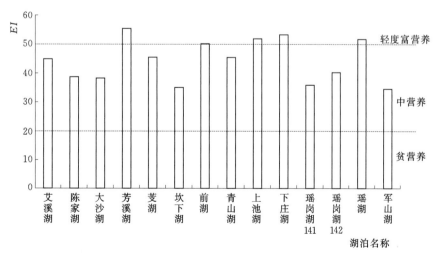

图 1 14 个湖泊营养度指数

从图 1 可以看出，14 个调查湖泊的 EI 值均大于 30，已达到中营养状态以上。芳溪湖（55.5）、前湖（50.3）、上池湖（52.0）、下庄湖（53.3）和瑶湖（51.8）等 5 个湖泊的 EI 值超过了 50，水体呈现富营养化状态，其中前湖最低，芳溪湖最高；5 个湖泊的 EI 值均未超过 60，为轻度富营养化，其占监测湖泊总数的 35.7%。其余 9 个湖泊均为中营养化湖泊，其中军山湖（34.6）、坎下湖（35.0）和瑶岗湖 141（35.8）的 EI 值较低，而芰湖（45.5）、青山湖（45.5）和艾溪湖（44.8）的 EI 值相对较大，处在富营养化临界状态。

2.2 浮游植物

2.2.1 浮游植物种类

14 个湖泊共检出浮游植物 62 个属。其中，硅藻门 13 个属，常见有小环藻、直链藻、针杆藻、菱形藻和舟形藻等；绿藻门 30 个属，常见有栅藻、集星藻、衣藻、鼓藻、纤维藻、新月藻、盘星藻等；裸藻门 3 个属，常见有囊裸藻和扁裸藻等；甲藻门 2 个属，常见有多甲藻和角甲藻；蓝藻门 12 个属，常见有平裂藻、席藻、颤藻和鱼腥藻等；隐藻门 1 个属，常见为隐藻；金藻门 1 个属，常见为锥囊藻。

表 3 为各湖浮游植物属类数量的统计结果。14 个湖泊浮游植物种类最多的为青山湖（40），其次为下庄湖（39）、瑶岗湖 142（38）、瑶湖（38）和陈家湖（36）等，最少的为芰湖（21）。

表 3　　　　　　　　　　　14 个湖泊浮游植物属类数量

湖泊	硅藻门	绿藻门	裸藻门	甲藻门	蓝藻门	隐藻门	金藻门	合计
艾溪湖	5	15	2	0	1	1	0	24
陈家湖	5	24	1	1	4	1	0	36
大沙湖	13	13	2	1	3	1	1	34
芳溪湖	5	14	2	1	5	1	0	28
芰湖	7	11	1	0	1	1	0	21
坎下湖	8	17	2	1	3	0	0	31
前湖	5	14	1	1	1	1	0	23
青山湖	7	22	2	2	6	1	0	40
上池湖	5	14	2	1	2	1	1	26
下庄湖	8	23	2	2	3	1	0	39
瑶岗湖 141	5	18	2	1	2	1	1	30
瑶岗湖 142	10	19	2	1	4	1	1	38
瑶湖	9	19	2	2	5	1	0	38
军山湖	4	17	3	0	1	1	1	27

2.2.2 浮游植物密度

表 4 为各断面浮游植物数量的测定结果。

表4			14个湖泊浮游植物数量				单位：万个/L	
湖泊名称	硅藻门	绿藻门	裸藻门	甲藻门	蓝藻门	隐藻门	金藻门	合计
艾溪湖	192.50	505.50	6.50	0	10.00	79.50	0	794.00
陈家湖	445.83	451.67	3.33	10.00	979.17	38.33	0	1928.33
	422.50	295.83	1.67	5.00	586.67	7.50	0	1319.17
	660.83	851.67	1.67	8.33	856.67	87.50	0	2466.67
大沙湖	186.33	38.83	1.50	0.50	67.83	3.83	2.67	301.50
芳溪湖	46.53	70.77	2.10	18.30	11.87	34.00		183.57
芰湖	2670.00	1066.67	3.33	0	433.33	46.67	0	4220.00
坎下湖	80.50	194.50	0.50	20.67	6.50	0	0	302.67
前湖	661.80	590.40	49.80	1.20	72.00	288.60	0	1663.80
青山湖	1136.90	901.19	14.29	5.95	332.14	84.52	0	2475.00
上池湖	14.60	20.73	1.57	0.03	21.40	18.03	0.23	76.60
下庄湖	106.93	45.93	0.80	0.40	23.53	2.93	0	180.53
瑶岗湖141	175.50	256.00	1.83	0.83	19.33	13.17	3.00	469.67
瑶岗湖142	617.50	395.17	11.33	1.33	146.67	48.67	17.67	1238.33
瑶湖	1667.33	497.33	4.00	182.67	162.00	0.00	0	2647.33
	50.00	107.33	1.33	8.00	176.67	1.33	0	344.67
	25.93	49.53	0.40	7.47	8.13	1.33	0	101.73
军山湖	6.17	7.50	0.67	0	0	6.00	0	20.33
	9.50	15.50	0.50	0	0	6.17	0	31.67
	15.50	77.00	0	0	0	49.50	0	142.00
	0.58	4.75	0.08	0	0	1.33	2.33	9.08
	1.33	19.83	0	0	0.33	2.50	0	24.00

浮游植物平均密度排序为：芰湖＞青山湖＞陈家湖＞前湖＞瑶岗湖142＞瑶湖＞艾溪湖＞瑶岗湖141＞坎下湖＞大沙湖＞芳溪湖＞下庄湖＞上池湖＞军山湖。

艾溪湖藻型特点为绿藻，陈家湖藻型特点为绿藻＋硅藻＋蓝藻，大沙湖藻型特点为硅藻＋蓝藻，芳溪湖藻型特点为绿藻，芰湖藻型特点为硅藻＋绿藻，坎下湖藻型特点为绿藻，前湖藻型特点为硅藻＋绿藻，青山湖藻型特点为硅藻＋绿藻，上池湖藻型特点为蓝藻＋绿藻＋隐藻＋硅藻，下庄湖藻型特点为硅藻，瑶岗湖141藻型特点为硅藻＋绿藻，瑶岗湖142藻型特点为硅藻＋绿藻，瑶湖藻型特点为硅藻＋绿藻，军山湖藻型特点为硅藻＋隐藻。

2.3 浮游动物

表5为各断面浮游动物数量的测定结果。

表5		14个湖泊浮游动物数量		单位：个/L	
湖　泊	原生动物	轮虫	枝角类	桡足类	合计
艾溪湖	7.5	15.0	0	0	22.5
陈家湖	3.8	5.0	0	0	8.8
	5.0	5.0	0	0	10.0
	5.0	6.3	0	0	11.3
大沙湖	2.5	0	2.5	5.0	10.0
芳溪湖	2.5	7.5	0	42.5	52.5
芰湖	0	0.6	2.5	10.0	13.1
坎下湖	2.5	3.8	25.0	3.8	35.0
前湖	40.0	5.0	0	0	45.0
青山湖	0	7.5	0	5.0	12.5
上池湖	0	0	8.8	0	8.8
下庄湖	0	0	2.5	0	2.5
瑶岗湖141	0	16.3	0	6.3	22.5
瑶岗湖142	0	11.3	3.8	2.5	17.5
瑶湖	5.0	10.0	0	5.0	20.0
	0	5.0	0	10.0	15.0
	0	2.5	5.0	12.5	20.0
军山湖	0	0	5.0	7.5	12.5
	2.5	0	2.5	10.0	15
	37.5	0	67.5	2.5	107.5
	10.0	0	10.0	0	20.0
	0	0	20.0	5.0	25.0

14个湖泊共检出浮游动物4大类，浮游动物平均密度排序为：芳溪湖＞前湖＞军山湖＞坎下湖＞艾溪湖＝瑶岗湖141＞瑶湖＞瑶岗湖142＞芰湖＞青山湖＞陈家湖＝大沙湖＞上池湖＞下庄湖。

艾溪湖优势种为轮虫，陈家湖优势种为轮虫，大沙湖优势种为桡足类，芳溪湖优势种为桡足类，芰湖优势种为桡足类，坎下湖优势种为枝角类，前湖优势种为原生动物，青山湖优势种为轮虫，上池湖优势种为枝角类，下庄湖优势种为枝角类，瑶岗湖141优势种为轮虫，瑶岗湖142优势种为轮虫，瑶湖优势种为桡足类，军山湖优势种为枝角类。

3 结论

南昌市 14 个天然湖泊的营养化状态均已达到中营养状态,其中 5 个湖泊的水体已达到轻度富营养化状态,分别是芳溪湖、前湖、上池湖、下庄湖和瑶湖。

14 个湖泊共检出浮游植物 62 个属,浮游植物平均密度排序为:芰湖>青山湖>陈家湖>前湖>瑶岗湖 142>瑶湖>艾溪湖>瑶岗湖 141>坎下湖>大沙湖>芳溪湖>下庄湖>上池湖>军山湖。藻型特点主要为硅藻和绿藻。

浮游动物平均密度排序为:芳溪湖>前湖>军山湖>坎下湖>艾溪湖=瑶岗湖 141>瑶湖>瑶岗湖 142>芰湖>青山湖>陈家湖=大沙湖>上池湖>下庄湖。优势种主要为轮虫。

参 考 文 献

[1] 高世荣,孙风英,许永香. 利用水生生物评价水质及环境污染 [J]. 中国环境卫生,2005 (2):1-8.
[2] 王明翠,刘雪芹,张建辉. 湖泊富营养化评价方法及分级标准 [J]. 中国环境监测,2002,18 (5):47-49.

东江流域赣粤出境水质评价与成因分析

曾金凤[1,2]　刘祖文[1]　刘友存[3,4]　刘旗福[2]　许燕颖[3]　徐晓娟[2]

(1. 江西理工大学建筑与测绘工程学院，江西赣州　341000；

2. 江西省赣州市水文局，江西赣州　341000；

3. 江西理工大学资源与环境工程学院，江西赣州　341000；

4. 江西省矿冶环境污染控制重点实验室，江西赣州　341000)

摘　要： 本文基于东江源区过去13年赣粤出境监测断面的11项水质指标，运用描述性统计分析、水污染指数法、相关性分析和Mann-Kendall检验等方法，分析了流域出境水质变化与成因。结果表明：①不同水文时期的水质状况均存在差异，以氯化物、硫酸盐和氨氮的时空差异性最为明显；②年内变化为汛期水质好于非汛期，劣Ⅴ类水仅存在于非汛期；年际间，2008年出境水质最差，2009年开始好转，2017—2019年全部满足Ⅱ～Ⅲ类水；③氨氮是出境水质最主要的污染物但浓度显著下降，稀土开采、果业开发和大型养殖等是影响水质的主要因素。过去十几年，东江源区出境水不同水文时期水质略有不同，但总体呈下降趋势，主要污染物氨氮浓度显著下降，源区近年采取的保护修复措施起到显著成效。

关键词： 出境水质；污染评价；成因分析；东江源

东江源区是我国香港特别行政区、粤港澳大湾区以及广东省东部地区的重要水源，同时也是江西省富藏稀土矿、果业种植和规模化养殖区域，在我国南方生态安全格局中有着非常重要的地位。源区的水质不仅事关区域的社会尤其是生态环境的可持续发展，而且事关粤东和粤港澳大湾区的建设和饮用水安全。因此，对东江赣粤出境水质时空分布特征和污染成因进行分析研究，不仅有助于评估和改善流域生态环境，更是东江源区流域水污染防治和水生态修复的首要任务。东江源区位于江西省南部，源区流域面积 $3500km^2$，流域水环境问题关系到区域的水安全和水生态的健康，也事关整个东江流域约 4000 万居民的饮用水安全，以及流域内工农业生产和生活用水质量。近年来，随着流域内废弃矿区尤其是离子型稀土废弃矿区中氨氮和其他污染物的逐步释放，赣粤出境水质出现了一些一定程度的波动。为掌握源区水质的时空演化特征，尤其是赣粤出境水质状况和影响因素，本文通过对区域近13年间2个监测断面的11个主要水质指标进行了统计分析，运用水污染指数法、相关性分析和Mann-Kendall检验等方法，分析了东江源区赣粤出境水质时空分布特征，以期为东江流域的水环境治理和水生态改善提供理论依据和数据支撑。

1 数据与方法

1.1 研究区概况

东江源区位于江西省南部，介于东经 $114°47'36''\sim115°52'36''$，北纬 $24°33'44''\sim25°12'18''$ 之间，包括江西省赣州市的寻乌县、安远县、定南县、龙南县的汶龙镇和南亨乡以及会昌县清溪乡。东江流域近似扇形，东西宽 110.0km，南北长 95.5km，流域面积约 3524.0km²，占东江流域面积的 13.0%；海拔介于 $200\sim500m$ 之间，以丘陵为主。流域气候属于典型的亚热带丘陵区湿润季风气候，年均降水量为 1581.0mm，年际变化较大，丰、枯年交替出现；且降水年内差异显著，在汛期（4~9月）部分地区洪涝灾害频发。东江流域主要包括寻乌水和定南水 2 个流域，含 2 个国家级重要江河湖泊水功能区，代表监测断面分别为寻乌斗晏和定南长滩。两个水功能区的基本情况详见表 1。

表 1　　　　　　　　东江赣粤省界缓冲区基本情况

水功能区名称	河流	范围		代表断面	长度/km	水质目标	监测年份
		起 始 断 面	终 止 断 面				
寻乌水赣粤缓冲区	寻乌水	江西省寻乌县与广东省龙川县交界处上游 10.0km	江西省寻乌县与广东省龙川县交界处下游 10.0km	寻乌斗晏	20.0	Ⅲ类	2007—2018
定南水赣粤缓冲区	定南水	江西省定南县与广东省龙川县交界处界上游 10.0km	江西省定南县与广东省龙川县交界处界下游 10.0km	定南长滩	20.0	Ⅲ类	2008—2018

1.2 数据来源

主要资料包括 pH、砷、溶解氧、高锰酸盐指数、5 日生化需氧量（BOD_5）、氨氮、总磷、氟化物、硫酸盐、氯化物和硝酸盐氮等 11 项水质指标，来源于江西省赣州市水文局 2007—2019 年对东江源区赣粤出境水域 2 个代表性水质监测断面（寻乌斗晏和定南长滩）的逐月实测资料。水质采样与分析评价按照《水环境监测规范》（SL 219—2013）、《水和废水监测分析方法（第四版）》、《地表水环境质量标准》（GB 3838—2002）、《地表水资源质量评价技术规程》（SL 395—2007）相关的操作规程执行。

1.3 研究方法

1.3.1 水污染指数法（Water Pollution Index，WPI）

该法以《地表水环境质量标准》（GB 3838—2002）水质标准与 WPI 值（表 2）判断各断面的水质类别，选取污染最严重的水质指标作为判定水质类别的一种水质综合性分析方法，不仅可将水资源污染情况量化，而且能准确反映水质的时空变化特征，进而了解水质的总体变化和发展趋势。该方法广泛用于我国湿润半湿润地区的河流和湖泊水质评价。研究基于 11 项水质指标分别对定南水与寻乌水不同流域各指标的 WPI 进行空间分析，以及对同一流域寻乌水（2007—2019 年）、定南水（2008—2019 年）不同时间的 WPI 值来分析其时间变化。

表 2   **GB 3838—2002 水质标准及对应的 WPI 值**

GB 3838—2002 水质标准	Ⅰ类	Ⅱ类	Ⅲ类	Ⅳ类	Ⅴ类	劣Ⅴ类
WPI	20	20＜WPI≤40	40＜WPI≤60	60＜WPI≤80	80＜WPI≤100	WPI＞100

当溶解氧（DO）浓度大于 7.5mg/L 时，WPI＝20；当 2mg/L≤DO≤7.5mg/L 时，WPI 值计算公式为

$$\mathrm{WPI}(i)=\mathrm{WPI}_i(i)+\frac{[\mathrm{WPI}_h(i)-\mathrm{WPI}_i(i)]\times[C_i(i)-C(i)]}{C_i(i)-C_h(i)} \tag{1}$$

当水质参数浓度未超过Ⅴ类标准时，WPI 值计算公式为

$$\mathrm{WPI}(i)=\mathrm{WPI}_i(i)+\frac{[\mathrm{WPI}_h(i)-\mathrm{WPI}_i(i)]\times[C(i)-C_i(i)]}{C_h(i)-C_i(i)} \tag{2}$$

而当水质参数浓度超过Ⅴ类标准时，WPI 值计算公式为

$$\mathrm{WPI}(i)=100+\frac{C(i)-C_5(i)}{C_5(i)}\times40 \tag{3}$$

根据各单项指标的 WPI(i)，取其最高值为该断面的水质污染指数，即

$$\mathrm{WPI}=\max[\mathrm{WPI}(i)] \tag{4}$$

以上式中：$C(i)$ 为第 i 个水质指标的实测值；$C_i(i)$、$C_h(i)$、$C_5(i)$ 分别为第 i 个水质指标在 GB 3838—2002 中所在类别标准的下限值、上限值和Ⅴ类标准限值；$\mathrm{WPI}_i(i)$，$\mathrm{WPI}_h(i)$ 分别为第 i 个水质指标所在类别标准下限值和上限值所对应的污染指数；$\mathrm{WPI}(i)$ 为第 i 个水质指标所在类别对应的污染指数。

1.3.2　其他方法

出境断面的水质趋势分析采用 Mann-Kendall 检验法，水质指标间的相关性采用 Pearson 相关性分析。此外，还运用了描述性统计分析方法。

2　分析与评价

2.1　水质评价

2.1.1　水质特征

从表 3 研究区水质参数统计特征，各指标平均值可以发现，pH、氨氮、氟化物 3 个指标汛期低于非汛期；高锰酸盐指数、硝酸盐氮 2 个指标汛期高于非汛期；砷、五日生化需氧量、总磷、氯化物 4 个指标汛期和非汛期基本持平；pH 在不同水期均接近 7.0；由于溶解氧与温度呈显著的负相关，故非汛期的溶解氧高于汛期。运用水质评价指标进行计算，可以发现，①从指标极值看，高锰酸盐指数、五日生化需氧量 2 个指标最差出现过Ⅳ类；pH、氨氮、总磷 3 个指标则出现过劣Ⅴ类水；其余 6 个指标均在目标值范围内，其

中砷、氟化物 2 个指标均为Ⅰ类，但变化幅度大；②从指标值的平均值对应的水质类别看，氨氮为Ⅲ类水标准；总磷为Ⅱ类水标准；砷、溶解氧、高锰酸盐指数和五日生化需氧量、氟化物及 pH 等指标均满足Ⅰ类水质标准；硫酸盐、硝酸盐和氯化物 3 个补充项目均在目标限值范围内。变异系数是标准差与其平均值的比值，它反映不同水质参数空间分布的离散程度，$C_v < 0.1$ 为弱变异，$0.1 \leqslant C_v < 1$ 为中度变异，$C_v \geqslant 1$ 为强变异。各项水质参数在不同水文时期均出现了不同程度的变异。从检测参数看，砷、总磷、氟化物 3 个指标为弱变异；pH、溶解氧、高锰酸盐指数、五日生化需氧量 4 个指标为中度变异；而氨氮、硫酸盐、硝酸盐氮、硝酸盐氨 4 个指标含量为强变异。从空间分布上，寻乌水的砷、总磷、氟化物 3 个指标为弱变异。pH、溶解氧、高锰酸盐指数、五日生化需氧量、氨氮 5 个指标呈中度变异。硫酸盐、氯化物、硝酸盐氮 3 个指标呈现强变异，且硫酸盐、硝酸盐氮 2 个指标的离散程度明显大于定南水，而氨氮、氯化物明显小于定南水；定南水的砷、总磷、氟化物 3 个指标为弱变异。pH、溶解氧、高锰酸盐指数、五日生化需氧量、硝酸盐氨 5 个指标呈中度变异。氨氮、硫酸盐、氯化物 3 个指标呈现强变异。从不同水期分析，寻乌水的 pH、高锰酸盐指数、硝酸盐氮 3 个指标的 C_v 汛期略大于非汛期，其他 8 项指标 C_v 均是汛期小于非汛期而定南水 11 项指标的 C_v 汛期略小于非汛期，说明降水减弱了各指标的离散程度，对定南水尤其显著。

综上所述，研究区水质参数在不同水文时期均存在一定差异。空间变化上，寻乌水的硫酸盐、氯化物、硝酸盐氮呈现强变异，定南水的氨氮、硫酸盐、氯化物呈现强变异。时间变化上，汛期离散程度小于非汛期，降水对定南水离散程度的影响尤为明显。

表 3 研究区水质参数统计特征 mg/L

水文时期	检测值	pH	砷	溶解氧	高锰酸盐指数	五日生化需氧量	氨氮	总磷	氟化物	硫酸盐	氯化物	硝酸盐氮
寻乌水全年	最小值	4.80	—	5.00	1.00	0.20	—	—	0.02	—	—	—
	最大值	8.30	0.035 00	9.70	3.60	4.70	3.94	0.42	0.99	41.40	32.79	4.98
	平均数	6.80	0.001 3	6.70	1.80	2.70	0.89	0.05	0.32	10.12	7.41	2.02
	标准偏差	0.48	0.00	0.88	0.47	0.72	0.86	0.05	0.13	7.65	6.38	1.44
	变异系数	0.23	0.00	0.77	0.22	0.52	0.75	0.00	0.02	58.60	40.69	2.08
寻乌水汛期	最小值	4.80	—	5.00	1.20	1.00	0.03	—	0.02	—	—	—
	最大值	8.30	0.035 0	8.10	3.60	4.70	3.94	0.34	0.61	24.70	22.20	4.98
	平均数	6.60	0.001 4	6.50	2.00	2.80	0.77	0.05	0.30	11.49	7.27	2.49
	标准偏差	0.51	0.00	0.63	0.50	0.62	0.77	0.05	0.09	6.67	5.06	1.41
	变异系数	0.26	0.00	0.39	0.25	0.39	0.60	0.00	0.01	44.45	25.62	1.99
寻乌水非汛期	最小值	6.00	—	5.20	1.00	0.20	—	—	0.08	—	—	—
	最大值	8.20	0.010 0	9.70	2.50	4.40	3.32	0.42	0.99	41.40	32.79	3.99
	平均数	6.90	0.001 2	7.00	1.70	2.60	1.02	0.05	0.34	8.76	7.56	1.50
	标准偏差	0.39	0.00	1.00	0.35	0.82	0.94	0.05	0.16	8.49	7.62	1.32
	变异系数	0.15	0.00	1.00	0.12	0.67	0.88	0.00	0.03	72.10	58.12	1.73

水文时期	检测值	pH	砷	溶解氧	高锰酸盐指数	五日生化需氧量	氨氮	总磷	氟化物	硫酸盐	氯化物	硝酸盐氮
定南水全年	最小值	6.20	—	4.50	0.80	0.60	0.05	—	0.02	0.03	0.29	0.26
	最大值	9.70	0.010 7	9.80	7.20	5.50	18.50	1.24	0.49	41.45	99.61	2.56
	平均数	7.20	0.001 0	6.80	2.20	2.60	1.03	0.07	0.22	5.42	14.68	0.85
	标准偏差	0.44	0.00	0.94	0.79	0.70	1.92	0.11	0.08	5.07	17.38	0.39
	变异系数	0.19	0.00	0.87	0.63	0.49	3.70	0.01	0.01	25.74	301.90	0.15
定南水汛期	最小值	6.20	—	5.00	1.10	1.00	0.05	—	0.02	0.85	1.26	0.35
	最大值	8.00	0.010 7	8.20	4.90	3.60	6.52	0.19	0.35	18.63	66.70	2.09
	平均数	7.10	0.001 1	6.50	2.30	2.50	0.81	0.05	0.21	5.24	14.26	0.89
	标准偏差	0.41	0.00	0.60	0.64	0.59	1.13	0.03	0.08	3.18	14.91	0.32
	变异系数	0.17	0.00	0.36	0.41	0.35	1.29	0.00	0.01	10.14	222.26	0.11
定南水非汛期	最小值	6.50	—	4.50	0.80	0.60	0.05	—	0.06	0.03	0.29	0.26
	最大值	9.70	0.006 2	9.80	7.20	5.50	18.50	1.24	0.49	41.45	99.61	2.56
	平均数	7.20	0.000 9	7.20	2.10	2.60	1.26	0.08	0.23	5.65	15.19	0.80
	标准偏差	0.46	0.00	1.07	0.91	0.80	2.48	0.15	0.08	6.69	20.07	0.45
	变异系数	0.21	0.00	1.13	0.84	0.63	6.13	0.02	0.01	44.78	402.74	0.20

2.1.2 时空分布

从综合污染指数分析可知：①年际变化上，2008 年出境水Ⅳ类、Ⅴ类和劣Ⅴ类水比例最高，达标率最低，2009 年开始呈现好转趋势，2017—2019 年，出境断面水质均满足Ⅱ～Ⅲ类水质标准；②年内变化上，汛期寻乌出境断面Ⅱ～Ⅲ类、Ⅳ类和Ⅴ类的比例分别为 75.0%、16.7%、8.33%；定南水分别为 63.6%、27.2%、9.09%。非汛期寻乌水出境断面Ⅱ～Ⅲ类、Ⅳ类、Ⅴ类和劣Ⅴ类的比例分别 41.6%、33.3%、16.7%、8.33%，定南水分别为 54.5%、27.2%、0、18.1%。汛期达标率高于非汛期，且劣Ⅴ类水均在非汛期，说明出境水汛期好于非汛期（见表 3 和图 1）。

空间变化上，2008 年寻乌水出境断面全年不达标，定南水出境水达标率仅为 18.2%。寻乌水出境断面 2014 年起未出现劣Ⅴ类水，2016 年未出现Ⅴ类。定南水出境断面 2015 年起未出现Ⅴ类和劣Ⅴ类水，2016 年达标率为 100%。

2.1.3 主要污染因子

从东江源区水质污染指数 WPI 与各项水质指标相关性分析结果可见（见表 4），通过显著性检验的指标有砷、高锰酸盐指数、总磷、氨氮 4 个指标。不同水文期 WPI 与氨氮指标浓度在 0.01 相关性分别为 0.978、0.974 和 0.980，氨氮是最主要污染因子。其次是砷，相关性分别是 0.756、0.803 和 0.602，且非汛期大于汛期；总磷全年和非汛期在 0.01 相关性分别为 0.761 和 0.796，高锰酸盐指数则在 0.05 上相关性分别为 0.623 和 0.628。由此可见，在汛期，出境水主要污染物有砷和氨氮 2 个，而非汛期则为砷、氨氮、总磷、高锰酸盐指数 4 个。结合源区的社会经济、优势产业及污染源分布，稀土矿业为东江源区工业主导产业，稀土采选矿业为东江源区及相应水系的主要污染源，符合稀土采选

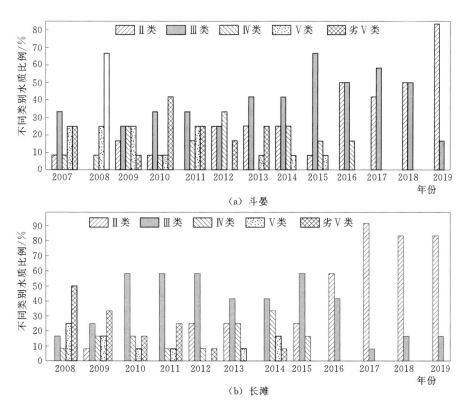

图 1 研究区 2007—2019 年不同类别水质比例

矿业工艺污染物排放特征。

表 4　　　　　水质污染指数 WPI 与各项水质指标相关性分析

水文时期	砷	pH	溶解氧	高锰酸盐指数	五日生化需氧量	氨氮	总磷	氟化物	硫酸盐	氯化物	硝酸盐
全年	0.765＊＊	－0.678	0.103	0.623＊	－0.362	0.978＊＊	0.761＊＊	－0.177	－0.311	－0.470	0.590
汛期	0.803＊＊	－0.447	－0.261	0.179	－0.085	0.974＊＊	0.539	－0.358	0.098	－0.531	0.640
非汛期	0.622＊	0.113	0.428	0.683＊	－0.593	0.980＊＊	0.796＊＊	0.026	－0.676	－0.438	0.114

注　＊相关性在 0.05 水平上显著（双尾）；＊＊相关性在 0.01 水平上显著（双尾）。

　　基于 GB 3838—2002 水质标准，绘制 2007—2019 年东江源出境水主要污染指标氨氮、砷、高锰酸盐指数、总磷含量折线图（见图 2），这 4 种指标均呈下降趋势。其中最主要污染物氨氮寻乌水出境断面 13 年平均浓度值为 1.04mg/L，最大浓度值为 3.94mg/L。超标频次为 43.9%，最大超标倍数 2.94 倍。定南水出境断面 12 年平均浓度值为 1.17mg/L，最大浓度值为 18.5mg/L，超标频次为 32.6%，最大超标倍数为 17.5 倍。寻乌水和定南水两个出境断面的氨氮浓度呈高度显著下降趋势，每年以 0.16mg/L 和 0.24mg/L 的浓度递减。两个出境断面的砷浓度均呈下降趋势且一直在 I 类水标准内。定南水出境断面的高锰酸盐指数在 2019 年 10 月、12 月出现 2 次超标，寻乌水和定南水的总磷分别在 2018 年 11 月至 2019 年 12 月间出现过 2～4 次超标，总体呈下降趋势。

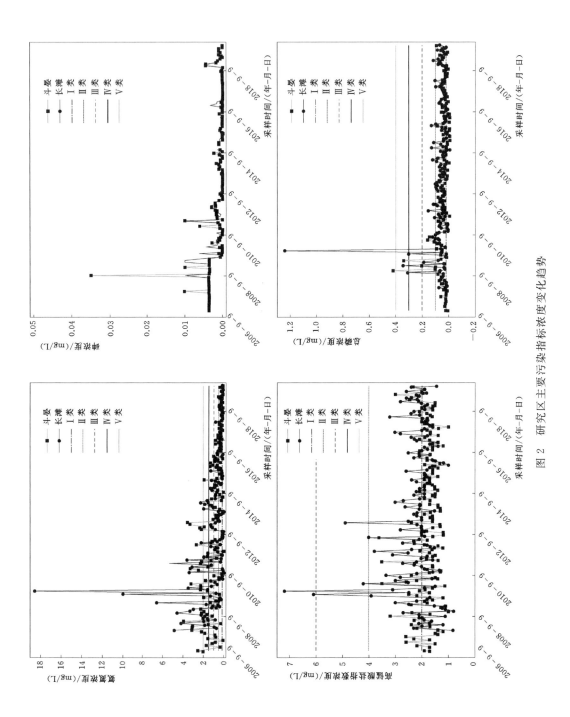

图 2 研究区主要污染指标浓度变化趋势

2.2 成因分析

2.2.1 Mann－Kendall 趋势检验

运用 Mann－Kendall 检验分析 11 个指标的变化趋势。寻乌斗晏和定南长滩出境断面的总磷、五日生化需氧量、氨氮、高锰酸盐指数、氟化物和氯化物 6 个指标，前者呈现显著或高度显著的下降趋势（见表 5）；pH 呈上升趋势，由弱酸性向逐步向中性过渡；溶解氧、砷浓度无明显升降趋势；硫酸盐和硝酸盐氮浓度呈上升趋势。东江源下降趋势综合指数 $WQTI_{DN}$ 为 0.54，无明显变化趋势指数 NN_{OM} 为 0.18，上升趋势综合指数 $WQTI_{UP}$ 为 0.18，$WQTI_{UP} < WQTI_{DN}$，表明东江源水质总体趋于好转，这与 2003 年以来开展的一系列东江源保护修复理措施相吻合。江西省政府先后在源区实施了以"青山绿水"为重点 9 项生态工程和加强稀土资源管理有关政策，同时实施了以生态补偿、河长制实施和山水林田湖草综合试点等生态环保和治理工程项目。

表 5　　　　　　　　　　研究区 Mann－Kendall 检验成果

序号	指　标	寻　乌　斗　晏				定　南　长　滩			
		n	S	Z	变化趋势	n	S	Z	变化趋势
1	总磷	144	－2164	－3.801	高度显著下降	132	－1448	－2.901	高度显著下降
2	五日生化需氧量	144	1667	2.928	高度显著上升	132	－965	－1.933	显著下降
3	氨氮	144	－3832	－6.733	高度显著下降	132	－3014	－6.04	高度显著下降
4	高锰酸盐指数	144	－652	－1.144	显著下降	132	－647	－1.295	显著下降
5	pH	144	3322	5.776	高度显著上升	132	2411	4.831	高度显著上升
6	溶解氧	144	－1200	－2.107	显著下降	132	－343	－0.686	无明显升降趋势
7	砷	144	－5265	－9.251	高度显著下降	132	203	0.883	无明显升降趋势
8	氟化物	96	－1833	－5.952	高度显著下降	96	－1809	－5.874	高度显著下降
9	硫酸盐	76	1352	6.262	高度显著上升	84	623	2.475	高度显著上升
10	氯化物	76	－1258	－5.826	高度显著下降	84	－786	－3.124	高度显著下降
11	硝酸盐氮	84	515	2.046	高度显著上升	84	593	2.444	高度显著上升

2.2.2 同源分析

一般而言，若两元素间相关性显著或者极显著，则说明两元素间具有同源性。各项水质指标相关性分析（表 6）结果显示，出境水的最主要污染物氨氮与硝酸盐氮无显著相关性，说明出境水体自然曝气效果或复氧能力较好，水中大量的氨氮在好氧条件下转为硝酸盐氮。氨氮、总磷、硫酸盐、氯化物、砷具有显著的相关性，说明其彼此存在较强的物质运移与转化关联，尤其是在非汛期。这主要是因为非汛期处于秋冬季节，平均气温比较低，因而溶解氧比较高；加之非汛期降水较少，导致农业面源和稀土矿区尾矿的释放氨氮、总磷、高锰酸盐指数、硝酸盐氮等污染物进入水体，但未能及时地得到稀释。东江源区寻乌水流域内不仅有农业面源污染，还有大型稀土企业和众多的稀土矿山废弃地造成的点源污染；而定南水则主要集中分布源区内主要的农业面源污染和居民生活污水点源污染。同时，自 2000 年东江源区果业迅速发展以来，果业农药化肥施用量增多成为东江源区另一个面源污染的主要来源。

表 6 各项水质指标相关性分析

水系	指标	砷	pH	溶解氧	高锰酸盐指数	五日生化需氧量	氨氮	总磷	氟化物	硫酸盐	氯化物	硝酸盐氮
寻乌水	砷	1										
	pH	−0.227	1									
	溶解氧	0.104	0.154	1								
	高锰酸盐指数	0.206	−0.012	−0.109	1							
	五日生化需氧量	−0.182	0.074	0.092	−0.067	1						
	氨氮	0.221	−0.138	0.372	−0.032	−0.097	1					
	总磷	0.111	−0.157	0.033	0.038	0.000	0.122	1				
	氟化物	−0.080	0.096	0.071	−0.131	−0.029	−0.055	−0.103	1			
	硫酸盐	−0.023	0.003	0.006	0.070	0.186	0.035	−0.118	0.416	1		
	氯化物	0.259	−0.029	0.020	−0.079	−0.069	0.107	0.008	0.167	−0.090	1	
	硝酸盐氮	0.060	−0.263	−0.277	−0.141	0.302	−0.291	−0.061	0.365	0.467	0.143	1
定南水	砷	1										
	pH	−0.157	1									
	溶解氧	0.044	0.183	1								
	高锰酸盐指数	−0.021	0.143	−0.035	1							
	五日生化需氧量	0.051	−0.026	0.255	−0.162	1						
	氨氮	0.292	0.231	0.214	0.525	−0.109	1					
	总磷	0.091	0.370	0.190	0.592	−0.079	0.762	1				
	氟化物	−0.079	−0.124	−0.103	0.016	−0.060	0.158	−0.013	1			
	硫酸盐	−0.106	−0.046	−0.096	0.146	−0.020	−0.050	0.034	0.329	1		
	氯化物	0.075	−0.097	−0.049	0.013	−0.074	0.433	0.039	0.193	0.501	1	
	硝酸盐氮	−0.066	−0.066	−0.098	0.110	−0.101	0.016	0.088	0.201	0.563	0.364	1

3 结论

（1）研究区域内出境断面的水质指标存在较大的时空差异，硫酸盐、氯化物在时空两个维度均呈强度变异。氨氮在寻乌水为中度变异，在定南水为强变异，硝酸盐氮在寻乌水强变异，在定南水为中度变异。时间变化上，汛期离散程度小于非汛期，降水对离散程度有一定的影响，对定南水尤为明显，定南水的 11 项指标的 C_v 汛期均小于非汛期。

（2）2008 年出境水Ⅳ类、Ⅴ类和劣Ⅴ类水比例最高，2009 年开始呈现好转趋势，2017—2019 年，出境断面水质满足Ⅱ～Ⅲ类，达标率为 100%；年内变化方面，汛期寻乌水出境断面Ⅱ～Ⅲ类、Ⅳ类、Ⅴ类的比例分别为 75.0%、16.7%、8.33%，定南水分别为 63.6%、27.2%、9.09%；非汛期寻乌水出境断面Ⅱ～Ⅲ、Ⅳ类、Ⅴ类、劣Ⅴ类的比例分别 41.6%、33.3%、16.7%、8.33%，定南水分别为 54.5%、27.2%、0、18.1%。

汛期达标率高于非汛期，且劣Ⅴ类水均在非汛期，汛期好于非汛期。

（3）2008年寻乌水出境断面水质全年不达标，2014年起未出现劣Ⅴ类水，2016年未出现Ⅴ类，2017年起达标率为100％。定南水出境断面2015年起未出现Ⅴ类和劣Ⅴ类水，2016年起水质达标率为100％。

（4）综合污染因子相关分析表明，出境水主要污染物汛期主要有砷和氨氮，非汛期则为砷、氨氮、总磷、高锰酸盐指数，而氨氮在不同水期与综合污染指数的相关性分别为0.974、0.980，是东江源出境水体最主要污染因子。稀土矿业为东江源区工业主导产业，稀土采选矿业为东江源区及相应水系的主要污染源，符合稀土采选矿业工艺污染物排放特征。

（5）Mann-Kendall检验分析表明，东江源出境水质趋于好转。可见对东江源区采取的稀土矿区整治、河长制、生态补偿和山水林田湖草等治理措施起到了显著的作用。污染物同源相关性分析得出，氨氮、总磷、硫酸盐、氯化物、砷具有显著的相关性，表明其彼此存在较强的物质运移与转化关联。最主要污染物氨氮与硝酸盐氮无显著相关性，说明出境水体自然曝气效果或复氧能力较好，水中大量的氨氮在好氧条件下转为硝酸盐氮。

（6）下一步将收集调查源区社经指标如流域内主要入河污水排放量、GDP、人口变化等数据，以及水土保持治理、生态补偿、河长制实施、山水林田湖草等保护修复的量化指标如年度资金投入、废弃矿山存量的动态面积等，深度研究出境水质变化的驱动机制与影响因素，以更进一步地指导源区保护修复治理措施的精准实施和生态补偿的合理分配。

参 考 文 献

［1］ WU Zhaoshi，WANG Xiaolong，CHEN Yuwei，et al. Assessing river water quality using water quality index in Lake Taihu Basin，China［J］. Science of the Total Environment，2018，612（1）：914-922.

［2］ LIU Siwen，HUANG Yuanying，ZHU Xiaohua，et al. Environmental effects of ion-absorbed type rare earth extraction on the water and soil in mining area and its peripheral areas［J］. Environmental Science & Technology，2015，38（6）：25-32.

［3］ 郭晶，王丑明，黄代中，等. 洞庭湖水污染特征及水质评价［J］. 环境化学，2019，38（1）：152-160.

［4］ LI Ranran，ZOU Zhihong，AN Yan. Water quality assessment in Qu River based on fuzzy water pollution index method［J］. Journal of Environmental Sciences，2016，50（12）：87-92.

［5］ 曾金凤. 东江源区氨氮时空变化及影响因素分析［J］. 人民珠江，2015，36（4）：79-84.

［6］ 曾金凤. 珠江流域江西片省界水体水质特征变化分析及对策［J］. 人民珠江，2016，37（8）：72-76.

［7］ ŞENER Ş，ŞENER E，DAVRAZ A. Evaluation of water quality using water quality index（WQI）method and GIS in Aksu River（SW-Turkey）［J］. Science of the Total Environment，2017，584：131-144.

［8］ SINGH K P，MALIK A，SINHA S. Water quality assessment and apportionment of pollution sources of Gomti river（India）using multivariate statistical techniques：A case study［J］. Analytica Chimica Acta，2005，538（1/2）：355-374.

［9］ GHOLIZADEH M H，MELESSE A M，REDDI L. A comprehensive review on water quality parameters estimation using remote sensing techniques［J］. Sensors，2016，16（8）：1298.

［10］ 江西南昌江西省水利厅，江西水利规划设计院. 江西省地表水环境水功能区划［R］，2007.

［11］ 水环境监测规范：SL 219—2013［S］. 北京：中国水利水电出版社，2016.

[12] 国家环境保护总局水和废水监测分析方法编委会. 水和废水监测分析方法 [M]. 4 版. 北京：中国环境出版集团，2002.

[13] 地表水环境质量标准：GB 3838—2002 [S]. 北京：中国环境科学出版社，2002.

[14] 地表水资源质量评价技术规程：SL 395—2007 [S]. 北京：中国水利水电出版社，2008.

[15] SOLANGI G S, SIYAL A A, BABAR M M, et al. Application of water quality index, synthetic pollution index, and geospatial tools for the assessment of drinking water quality in the Indus Delta, Pakistan [J]. Environmental Monitoring and Assessment，2019，191 (12)：731.

[16] JING Z X, XIA J, ZHANG X, et al. Spatial and temporal distribution and variation of water quality in the middle and downstream of Hanjiang River [J]. Research of Environmental Sciences，2019，32 (1)：104 - 115.

[17] 朱建春. 清水河径流量插补方法探讨 [J]. 河南水利与南水北调，2012 (21)：44 - 45.

[18] 丁倩倩，刘友存，焦克勤，等. 赣江上游典型流域水沙过程及驱动因素 [J]. 水土保持通报，2018，38 (4)：19 - 33.

[19] 赵秋娜. 基于 Mann - Kendall 模型的洋河水库水质变化趋势分析 [J]. 吉林水利，2018，3 (3)：51 - 53.

[20] 周丰，郭怀成，刘永，等. 基于多元统计分析和 RBFNNs 的水质评价方法 [J]. 环境科学学报，2007，27 (5)：846 - 853.

[21] Pejman A H, Bidhendi G R N, Karbassi A R, et al. Evaluation of spatial and seasonal variations in surface water quality using multivariate statistical techniques [J]. International Journal of Environmental Science & Technology，2009，6 (3)：467 - 476.

[22] CHEN M, LI F G, TAO Meixia, et al. Distribution and ecological risks of heavy metals in river sediments and overlying water in typical mining areas of China [J]. Marine Pollution Bulletin，2019，146 (9)：893 - 899.

[23] LV J S, ZHANG Z L, LI S, et al. Assessing spatial distribution, sources, and potential ecological risk of heavy metals in surface sediments of the Nansi Lake, Eastern China [J]. Journal of Radio analytical and Nuclear Chemistry，2014，299 (3)：1671 - 1681.

[24] ALLOWAY B J. Sources of heavy metals and metalloids in soils [M] // Heavy metals in soils. Springer, Dordrecht, 2013.

[25] LIU Y C, LIU Y, CHEN M, et al. Characteristics and Drivers of Reference Evapotranspiration in Hilly Regions in Southern China [J]. Water，2019，11 (9)：1914.

[26] 刘友存，刘正芳，刘基，等. 赣江上游龙迳河水体氨氮与重金属污染分布特征及风险评价 [J]. 有色金属科学与工程，2019，33 (4)：85 - 93.

[27] 肖子捷，刘祖文，张念. 离子型稀土采选工艺环境影响分析与控制技术 [J]. 稀土，2014，35 (6)：56 - 61.

[28] 刘旗福，曾金凤. 东江源水功能区水质变化特征与保护政策关联分析 [J]. 人民珠江，2014，36 (2)：109 - 111.

[29] 杨中茂，许健，谢国华. 东江流域上下游横向生态补偿的必要性与实施进展 [J]. 环境保护，2017，45 (7)：35 - 37.

[30] 曾金凤. 江西省河长制推行成效评价研究：以东江源区赣粤出境水质变化为例 [J]. 水利发展研究，2018，18 (6)：6 - 11.

阳明湖水库水环境现状调查与预测分析

车刘生　谢　晖　徐晓娟　钟梅芳　杜春颖

（江西省赣州市水文局，江西赣州　341000）

摘　要： 本文依据赣州市上犹江饮水工程——阳明湖水库流域水环境调查资料，结合近年来阳明湖水库上游水功能区水质、入库河流水质、污染源排放、水生态监测等情况，对流域内主要污染排放量及污染物入河（库）量、水质变化等进行了预测分析，提出了阳明湖生态环境保护的几点意见和建议。

关键词： 水质变化；现状调查；预测分析；阳明湖

阳明湖水库，又名陡水湖水库，于 1955 年 3 月开始兴建，1957 年 8 月蓄水，1959 年 8 月建成。阳明湖水库集水面积 2750km²，水库水域面积 3100 万 m²，森林面积 15500 万 m²，水库总库容 8.22 亿 m³，兴利库容 4.71 亿 m³，上犹江水力发电厂总装机 7.2 万 kW，共计 4 台机组，多年平均发电量为 2.41 亿 kW·h，多年平均径流量为 25.04 亿 m³。阳明湖水库不仅是一座下游地区灌溉的主要水源，还是防洪、发电、旅游、改善环境等综合效益的大（2）型不完全年调节水库。

随着赣州市城区面积的增大、主城区人口的增多、城镇化进程的不断加快，寻找新的水源地便显得尤其重要。自 2015 年开始，赣州市政府就将阳明湖作为赣州市城区的主要备用饮用水源地，便开展了阳明湖水环境调查。2019 年，赣州市水行政主管部门对水源地取水工程进行了水资源认证。近年来，阳明湖水库周边地区的矿业持续开发以及阳明湖景区旅游业的蓬勃兴起，阳明湖水体正承受着越来越大的环境承载压力，生态环境质量面临多重考验。一直以来，如何保护好阳明湖水库生态环境都受到当地政府的高度重视，仅上游崇义县，近四年累计投资 3.1 亿元，用于对阳明湖崇义库区岸线周边及库区范围内的工业企业、河流流域、水上餐馆、畜禽养殖、水面养殖等进行了综合治理。本文从阳明湖水库水环境现状进行分析，并预测阳明湖水库水环境变化趋势，为下一步上犹江饮水工程的实施做好水环境技术支撑。

1　阳明湖水库水环境现状调查

1.1　水质现状调查分析

（1）水功能区水质情况。阳明湖上游涉及上犹江湘赣缓冲区、上犹江崇义-上犹保留区、上犹江横水河崇义上保留区、上犹江横水河崇义工业用水区、上犹江横水河崇义下保留区以及上犹江崇义长河坝水库饮用水源区共6个市划水功能区。赣州市水资源监测中心近5年对所涉水功能区及水源地开展的监测水质监测分析评价结果表明：2014—2018年各水功能区水质达标率100%，水质优良率均呈上升趋势，见表1。

表 1　　　　　　　　　　上犹江干流所涉水功能区及水源地水质达标情况　　　　　　　　　　%

年份	上犹江湘赣缓冲区（崇义丰洲）		上犹江崇义、上犹保留区（崇义过埠）		上犹江横水河崇义上保留区（崇义水口）		上犹江横水河崇义工业用水区（崇义塔下桥）		上犹江横水河崇义下保留区（崇义茶滩）		上犹江崇义长河坝水库饮用水源区（崇义水厂）	
	达标率	优良率	达标率	优良率	达标率	优良率	达标率	优良率	达标率	优良率	达标率	优良率
2014	100	100	66.7	58.3	66.7	58.3	100	66.7	91.7	50.0	100	91.7
2015	100	100	91.7	75.0	91.7	75.0	100	66.7	91.7	58.3	100	91.7
2016	100	100	100	83.3	100	83.3	100	91.7	100	100	100	100
2017	100	100	100	83.3	100	83.3	83.3	100	100	91.7	100	100
2018	100	91.7	100	91.7	100	91.7	100	66.7	100	75.0	100	100

（2）入库河流水质情况。2014—2019年，赣州市水资源监测中心先后5次（2014年2次，2019年3次）对主要入库河流进行采样监测，采用《地表水环境质量标准》（GB 3838—2002）评价标准对单项污染指数法进行分析评价，结果见表2。

表 2　　　　　　　　　　各入库河流水质评价情况

采样点	水　质　类　别				
	2014 年 9 月	2014 年 10 月	2019 年 8 月	2019 年 9 月	2019 年 11 月
古亭水入库	Ⅱ	Ⅱ	Ⅲ	Ⅱ	Ⅱ
横水河入库	Ⅱ	Ⅲ	Ⅱ	Ⅱ	Ⅱ
营前水入库	Ⅱ	Ⅱ	Ⅱ	Ⅱ	Ⅱ

1.2　污染源调查分析

（1）工业生产污染。2017年，长江水利委员会组织开展了长江流域重点入河排污口核查，据统计库区上游共7处规模以上工业入河排污口。赣州市水资源监测中心于2018年7月—2019年3月共完成8次采样监测，监测项目均值见表3。通过对上述监测数据进行评价分析可知，工业废水排放量、COD、总氮、总磷等主要污染物指标均达标排放，其他项目也未见异常，上述排污口污染物含量达标排放率为100%。

表 3　　　　　　　　　　库区上游规模以上工业入河排污情况

序号	排污口名称	监测项目均值			
		排污量/(t/d)	COD/(mg/L)	总氮/(mg/L)	总磷/(mg/L)
1	淘锡坑选厂	7344.0	9	2.4	0.134
2	章源钨制品	4776.2	44	7.7	0.217

序号	排污口名称	监测项目均值			
		排污量/(t/d)	COD/(mg/L)	总氮/(mg/L)	总磷/(mg/L)
3	宝山废水	2649.6	10	1.9	0.282
4	新安子钨锡矿	1656.0	8	4.7	0.136
5	铜锣钱	576.0	6	1.5	0.136
6	江西耀升钨业	921.6	21	15.0	0.125
7	焦里白银铅锌	3888.0	18	1.3	0.453

（2）生活污染。参照《第一次全国污染源普查城镇生活源产排污系数手册》，阳明湖库区上游乡镇采用三区3类数据，即人均生活污水量：160L/(人·d)，COD：54g/(人·d)，总氮：9.3g/(人·d)，总磷：0.66g/(人·d)。

2018年，水库境内崇义县有12个乡镇（含城区横水镇），总人口为8.94万人；上犹县有5个乡镇，总人口为7.96万人，年生活污水排放量为986.9万t，COD排放量为3330.9t/a，氨氮排放量为456.5t/a、总氮排放量为573.7t/a、总磷排放量为40.7t/a。其中库区上游崇义县设生活污水处理厂，废污水经处理后达标排放。

（3）农业种植、牲畜和家禽养殖污染。

1）农业种植方面。农业种植污染源主要来自化肥、农药。根据目前阳明湖库区上游农业种植土地使用现状，结合《第一次全国污染源普查——农业污染源肥料流失系数手册》中农业污染的相关数据标准，选用COD：150kg/(hm^2·a)、总氮：17.73kg/(hm^2·a)、总磷：1.005kg/(hm^2·a)的排污系数值，计算流域内农业种植污染排放量，见表4。

表4 农业种植污染与牲畜和家禽养殖污染排放情况

区域	农业种植排污				牲畜和家禽养殖排污			
	耕地面积/hm^2	排放量/(t/a)			折合成猪/头	排放量/(t/a)		
		COD	总氮	总磷		COD	总氮	总磷
崇义县	5157.3	773.6	91.4	5.18	90631	2411.7	408.7	154.1
上犹县	1365.7	204.8	24.2	1.37	25038	666.3	112.9	42.6
合计	6523.0	978.4	115.6	6.55	115669	3078	521.6	196.7

2）牲畜和家禽养殖方面。按照全国水环境容量核定的相关资料，分别将牲畜和家禽转换成猪的量，即30只蛋1头猪，60只肉鸡换算成1头猪，3只羊换算成1头猪，5头猪换算成1头牛，再进行统计。参照生态环境部关于排泄系数及相关文献可知，猪的各污染物排放系数分别为COD 26.61kg/(头·a)，总氮4.51kg/(头·a)，总磷1.7kg/(头·a)。由此计算的流域内牲畜和家禽养殖污染排放量见表4。

1.3 污染物入库量及输入比重分析

依据《全国水环境容量额定技术指南》及江西省重点水域实际情况选取了主要污染物入河（库）系数，结合表4中的污染物排放情况，计算出流域内主要污染源及污染物入河（库）量（见表5）。

表5　　　　　　**2018年流域内主要污染源及污染物入河（库）量情况**

排污类型	流域主要排污量/(t/a)			入库排污量/(t/a)		
	COD	总氮	总磷	COD	总氮	总磷
工业污染	114.4	24.3	1.38	114.4	24.3	1.38
生活污染	3330.9	573.7	40.7	2997.81	516.33	36.63
农业种植	978.4	115.6	6.55	195.68	23.12	1.31
牲畜和家禽养殖污染	3078	521.6	196.7	615.6	104.32	39.34
合计	7501.7	1235.2	245.33	3923.49	668.12	78.67

对表5中污染物入库情况进行污染物指标分析，得出流域内COD、总氮、总磷污染物所占污染物输入比重情况（见表6）。

表6　　　　　　**流域内COD、总氮、总磷污染物输入比重情况**

排污类型	污染物输入比重/%		
	COD	总氮	总磷
工业污染	2.9	3.6	1.7
生活污染	76.4	77.3	46.6
农业种植	5.0	3.5	1.7
牲畜和家禽养殖污染	15.7	15.6	50.0

从上述分析结果可以看出：在污染源方面，阳明湖水库流域的主要污染源为生活污染，其次是牲畜和家禽养殖污染及工业污染；在污染物输入比重方面，阳明湖水库流域COD、总氮污染物输入主要来源于生活污染，总磷污染物输入主要来源于牲畜和家禽养殖污染。

1.4　水生态调查分析

目前国内在湖库评价中多以水体富营养化水平指标为主，而涉及的水生态监测项目参与评价还不多。由于生物的适应性及其与环境之间关系的复杂性，即浮游生物的群落结构与水环境因子间的关系，成为水生态研究的重要内容。为了掌握阳明湖库区水生态状况，2019年11月对阳明湖库区进行浮游生物监测，监测数据见表7。

表7　　　　　　**阳明湖库区浮游生物监测情况**

类别	采样点	总数/(个/L)	各门浮游植物数量占总量百分比/%								
			蓝藻门	绿藻门	硅藻门	裸藻门	隐藻门	甲藻门	金藻门	黄藻门	其他
浮游植物	1	2.8万	20.5	19.7	57.8	0.5	0.5	1	0	0	—
	2	1.8万	2	2	40	5	0	50	1	0	—
	3	7.4万	85	1	10	1	0	2	1	0	—
	4	18.3万	20.5	19.7	57.8	0.5	0.5	1	0	0	—
	5	7.4万	47.6	4.8	47.6	0	0	0	0	0	—

类别	采样点	总数/(个/L)	原生动物	轮虫	枝角类	桡足类	其他	—	—	—	—
浮游动物	1	318	5	65	0	20	10	—	—	—	—
	2	130	15	65	0	0	20	—	—	—	—
	3	70	5	65	0	15	15	—	—	—	—
	4	32.5	0	65	0	25	10	—	—	—	—
	5	12.5	0	0	0	50	50	—	—	—	—

注　库区采样点位置说明：1—古亭水入库附近；2—横水河入库附近；3—营前水入库附近；4—窑下库中；5—上犹江坝前100m。

由监测数据可知，阳明湖浮游生物数量整体偏低，这与阳明湖水体水质常年处于Ⅱ类水及冬天水生物不多有关。从浮游植物方面看，藻类主要蓝藻门和硅藻门为主。浮游动物整体偏低，主要以轮虫和桡足类为主。由于阳明湖水生态监测次数只有一次，无法全面掌握阳明湖浮游生物及其与水环境因子间的关系。

2　阳明湖水库水质预测

2.1　流域污染排放量预测

（1）工业主要污染物排放量预测。根据《赣州市全面加强生态环境保护坚决打好污染防治攻坚战的实施方案》的要求，自2020年开始，工业废水中的COD、总氮、总磷排放总量每年将分别减少0.8%、0.7%、0.6%以上，据此预测的2025年、2035年污染排放量见表8。

表8　　　　　　　　　　流域污染排放量预测值　　　　　　　　　　　　单位：t

排污类型	2018年			2025年			2035年		
	COD	总氮	总磷	COD	总氮	总磷	COD	总氮	总磷
工业污染	114.4	24.3	1.38	108.1	22.9	1.30	99.8	21.2	1.20
生活污染	3330.9	573.7	40.7	3620.7	623.6	44.2	4079.7	702.7	49.8
农业种植	978.4	115.6	6.55	978.4	115.6	6.55	978.4	115.6	6.55
牲畜和家禽养殖污染	3078.0	521.6	196.7	3078.0	521.6	196.7	3078.0	521.6	196.7
合计	7501.7	1235.2	245.33	7785.2	1283.7	248.7	8235.9	1361.1	254.2

（2）生活污水及主要污染物排放量预测。随着库区上游城镇人口的增加以及生活水平的提高，按照我国城镇化率年均提高1.2%预测，2025年、2035年的污染排放量分别比2018年提高8.7%、22.5%。

（3）农业种植主要污染物排放量预测。由于近年来国家加大了农业土地使用的管控，农业产业发展相对较慢，地处赣南山区的阳明湖流域内耕地面积也未增加，其农业种植的排污系数不变，主要污染排放量见表8。

（4）牲畜和家禽养殖主要污染物排放量预测。阳明湖景区近年来加大了库区流域牲畜和家禽大型养殖的监管管理力度，其牲畜和家禽养殖规模比较稳定，预测牲畜和家禽养殖污染基本不变，主要污染排放量见表8。

2.2 污染源主要污染物入河（库）量预测

根据上述不同污染源主要污染物排放量，结合主要污染物入河（库）系数值，预测阳明湖水库流域不同污染源主要污染物入河（库）量，见表9。

表9　　　　　阳明湖水库流域各类污染源污染物入河（库）量预测情况

排污类型	系数	2018 年污染物入河（库）量/t			2025 年污染物入河（库）量/t			2035 年污染物入河（库）量/t		
		COD	总氮	总磷	COD	总氮	总磷	COD	总氮	总磷
工业污染	1.0	114.4	24.3	1.38	108.1	22.9	1.30	99.8	21.2	1.20
生活污染	0.9	2997.81	516.33	36.63	3258.6	561.2	39.8	3671.7	632.4	44.8
农业种植	0.2	195.68	23.12	1.31	195.68	23.1	1.3	195.7	23.1	1.3
牲畜和家禽养殖污染	0.2	615.6	104.32	39.34	615.6	104.3	39.3	615.6	104.3	39.3
合计		3923.49	668.07	78.66	4177.98	711.5	81.7	4582.8	781	86.6

2.3 阳明湖水库水质变化趋势分析

（1）近几年，流域内水功能区、入库河流水质均处于优良状态，且随着当地"河（湖）长制"深入推进，库区内水环境治理与保护必然会得到进一步的加强，其水环境问题也将得到好转。可预测未来一段时间流域内水功能区、入库河流水质将保持稳定的状况，这与2019年《赣州市水资源质量月报》中上述水功能区达标情况相符。

（2）从污染源主要污染物入河（库）量预测来分析，其污染物主要来源于生活污染、牲畜和家禽养殖污染与工业污染。结合目前流域内各乡镇污水处理实施不全、生态养殖技术不高以及农村环保意识较弱等影响，流域内污染状况无法得到及时、有效的治理，故其主要污染物入河（库）量比重较大。

（3）近年对水库水质分析表明，库区水体多为Ⅱ类水，尤其是库心一带，说明城镇与经济社会在快速发展的同时，库区水质保护也在不断地加强，库区水体保持相对稳定状态。随着"十四五"规划的实施，库区水质也将面临新的挑战，但应当继续加强库区环境治理与保护工作，防止出现水体水质恶化现象的发生。

3 结论

本文通过分析近年来阳明湖水库上游水功能区及入库河流水质、污染物排放、浮游生物种群等情况，结果表明水库水环境质量较为稳定，水环境状况整体优良。预测了流域内2025年、2035年污染物入库情况，其中2020年主要污染物指标COD、总氮、总磷较2018年增加6.5%、6.5%、3.9%；2035年主要污染物指标COD、总氮、总磷较2018年增加 16.8％、16.9％、10.1％。

但随着阳明湖库区流域内工业化与城镇化进程大加快、人口增加等因素影响，结合上述污染物预测结果，至 2035 年，流域内生态环境将面临较大考验。为了更好保护和治理流域内水环境问题，提高阳明湖水环境承载能力，满足当地经济社会的发展需求，现提出以下意见和建议。

（1）优化流域内产业结构与布局。"十三五"期间，当地经济社会得到了迅猛发展，工业多以矿开采为主，存在着较大的矿山生态修复与治理的问题。当地政府必须重视目前产业模式对流域内生态环境带来的压力，优化产业结构，合理布局产业发展。同时，加强环保部门监管力度，提高流域内工业管理能力和治理水平。

（2）注重水土资源利用与保护并举。流域内企业应该提高企业水资源利用率，政府应该加大在矿山生态恢复治理上的投入，防止因矿山开发造成的地质灾害。流域内有较多的坡地改田，例如崇义县上堡梯田等，也是造成流域水土流失的重要原因，相关部门应指导好当地工业、农业的发展，提高居民的水土保护意识，保持水土保持与可持续发展的相互关系。

（3）继续做好环境保护与污染防治工作。当地政府应加大环保资金的投入，特别是在农村生活污水和生活垃圾治理方面，加快污水处理设施基础建设进程，做到整个流域环境保护与污染防治一起抓，系统全面地推进库区流域水污染防治、水环境管理和水生态保护，较好地保障库区水环境安全，树立"环境就是民生，绿水就是美丽，蓝天就是幸福"的整治观。

（4）落实好江西省生态文明试验区建设，探索新型流域生态管理思路。生态管理应当建立由当地政府统筹、相关部门多头合一的机制，有利于流域水资源可持续利用及生态环境问题的有效解决。探索"河长制"下的库区新型生态治理模式，以绿色引领保护，以生态指导发展，建设一套阳明湖生态管理新理念。

参　考　文　献

[1] 田中. 上犹江大坝水平位移监控模型研究 [D]. 南昌：南昌工程学院，2016.

[2] 徐伟成，张洪辉，李冬平. 上犹江水库防洪作用分析 [J]. 南昌工程学院学报，2005（2）：61-64.

[3] 蔡泽洪. 做好水电防汛安全工作 [N]. 中国电力报，2012-07-23（6）.

[4] 李雪衍. 关于建设赣州市城市应急饮用水源的思考 [J]. 科技情报开发与经济，2009，19（1）：138-140.

[5] 刘义，李鹏，陈崇德. 漳河水库水质现状调查与预测分析 [J]. 长江工程职业技术学院学报，2018，35（1）：14-17.

[6] 汤世松，罗文兵，赵华安，等. 漳河水库流域水资源及生态环境变化分析 [J]. 资源环境与工程 2011，25（4）：349-352，363.

[7] 陈祖梅，胡小梅，陈崇德. 漳河水库流域生态环境现状分析 [J]. 水资源开发与管理，2018（8）：33-37.

[8] 芦志广，胡晓军，史丹. 生活源产排污系数在污染源普查中的应用分析 [J]. 现代商贸业，2011，23（13）：266-267.

[9] 李晓波. 滴水湖浮游植物群落结构变化及其水质评价 [D]. 上海：上海师范大学，2009.

水文部门开展水生态监测的实践与探讨

郎锋祥[1]　彭英[2]　龚芸[1]

(1. 江西省九江市水文局，江西九江　332000；

2. 江西省南昌市水文局，江西南昌　330000)

摘　要： 水生态监测是水生态保护和修复的重要内容，是水生态文明建设的基础工作；近几年来，水文部门积极参与水生态监测，探索新思路、新技术和新方法。本文通过总结水文部门在水生态监测工作中的成功经验，探讨如何科学化、系统化、尺度化的开展水生态监测工作。

关键词： 水文部门；水生态监测；实践；保护

1 引言

随着经济社会的不断发展，水生态问题日益凸显，水体污染日益严重、湖泊面积减少、河道断流、富营养化加剧、水资源短缺、地下水位下降等。水生态保护的重要性更加突出，水生态的修复工作迫在眉睫；水生态监测作为水生态保护和修复的基础工程，提供及时准确的水生态基础信息，对水生态保护和修复具有重要的意义。

党的十八大报告提出生态文明建设，明确了基本方针、发展目标、发展途径及根本目的；2013年《水利部关于加快推进水生态文明建设工作的意见》中提出水生态文明建设，并明确了8项具体内容，是生态文明的重要组成和基础保障。水生态监测作为水生态文明建设的基础内容，开展水生态监测，收集水生态基础性资料，对加快推进水生态文明建设有着重要作用和意义。

2 水生态监测的概念与发展

2.1 水生态监测的概念

水生态是指环境水因子对生物的影响和生物对各种水分条件的适应；汪松年对水生态的理解为"与水相关的生物群落（包括动物、植物和微生物）同水体为主的无机环境共存，相互依存、相互作用，形成了江河、湖泊和海洋的生物链"。林祚顶认为水生态监测是为了了解、分析、评价水生态而进行的监测工作；《哈尔滨市水生态监测条例》中对水生态监测的定义为"通过对水文、水生生物、水质等水生态要素的监测和数据收集，分析评价水生态的现状和变化，为水生态系统保护与修复提供依据的活动。"

2.2 水生态监测的发展

国外开展水体生态和生物状况的研究已经有超过 30 年的历史，水生态监测经历了探索、论证、成熟和规范等几个阶段。2000 年欧洲颁布了《欧盟水框架指令》，其目标就是将生态状况作为反映水体生态系统健康的主要指标，实现水体的良好生态状况。我国水生态监测工作起步较晚，20 世纪 90 年代以后开始逐步重视生态保护与修复，2002 年水利部开展海河流域水生态恢复研究，2005 年水利部开展水生态系统保护与修复的试点城市，对水生态监测开始了初步探索阶段；2008 年水利部水文局启动了太湖、巢湖、滇池、洪泽湖等藻类监测试点工作，水生态监测由单一的理化指标向生物指标研究；2012 年 12 月《哈尔滨市水生态监测条例》通过批准，这是我国首部关于水生态监测的法律，表明我国水生态监测已经进入法制阶段；2013 年江西省水文局开展"DF 活体浮游植物及生态环境在线监测系统在鄱阳湖的运用"的研究工作，填补了鄱阳湖藻类在线监测的空白，水生态监测进入自动化领域。近些年来，水文部门在水生态监测方面做了大量工作，为水生态保护和修复提供了及时的监测信息，然而对于我国水生态监测的发展，还是处于起步探索阶段。

3 九江市八里湖水生态监测实践

八里湖位于江西省九江市，地处东经 $115°53.4' \sim 115°57.2'$，北纬 $29°37.6' \sim 29°42.2'$，当水位为 17.5m（吴淞基面，下同）时，水面面积为 $17.0km^2$，是九江市重点建设的生态新区，对九江市的城市可持续发展、水生态文明建设起着重要作用。八里湖的研究主要集中在水体污染、富营养化问题上；2011 年，水文部门对八里湖开展水生态动态监测研究，从水文、水质、底泥、生物等方面分析八里湖水生态现状，研究保护对策，探索水生态监测在水生态保护与修复中的作用及意义。

3.1 水文特征与水质状况关系的实践

湖泊中的水文形态要素，是支持水体中水生生物和物理化学要素的基础，是研究水生态监测的重要内容。水文部门在对水体进行水质分析的基础上，对出入湖水量、湖泊水位、水深、湖泊水岸线等进行测量，建立八里湖水位-面积-容积关系曲线；分析了入湖水体对八里湖水质的影响，建立八里湖水位与污染物的关系曲线（见图 1）。

由图 1 可知，当八里湖水位处于 17.39m 左右时，水体氨氮的浓度值最小；当水位介于 $15.87 \sim 17.39m$ 时，氨氮呈下降趋势，水位从 $19.39 \sim 17.72m$ 时，氨氮呈上升趋势，水位为 15.87m 时大大高于水位为 17.72m 时氨氮的浓度值。

3.2 水体与底泥中污染物关系研究

底泥是泥沙、有机质及各种矿物质的混合物，是湖泊水生态的重要组成物质，研究底泥可以了解湖泊的形成及污染变化。底泥可以吸附水体中的污染物，同时，底泥会释放污

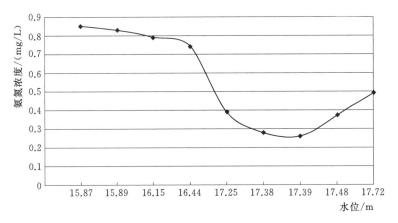

图 1　八里湖水位与氨氮浓度的关系曲线

染物，影响上覆水体水质，成为湖泊的内源污染。本文对八里湖底泥的重金属含量进行监测，与水体中重金属含量进行比较分析；研究八里湖底泥的主要物质释放速率。

根据表 1 可知，水体和底泥中，锌和铅都未检出，八里湖南中心水体中铜、砷的浓度要低于北中心，镉则高于北中心的浓度；底泥中南中心 3 项重金属的含量都要高于八里湖北中心。

表 1　　　　　　　　　　八里湖底泥和水体中重金属含量

断　　面		重 金 属 含 量				
		铜	镉	锌	砷	铅
南中心	水体/(mg/L)	0.017	0.006	—	0.0222	—
	底泥/(mg/kg)	62.3	0.024	—	7.90	—
北中心	水体/(mg/L)	0.090	0.004	—	0.0094	—
	底泥/(mg/kg)	59.6	0.022	—	7.69	—

选取总磷和总氮两个主要因子对八里湖南北两个中心的底泥进行释放速率研究，结果表明：八里湖北中心底泥中总磷的释放速率为 $-13.94\text{mg}/(\text{m}^2 \cdot \text{d})$，总氮的释放速率为 $143.35\text{mg}/(\text{m}^2 \cdot \text{d})$；八里湖南中心底泥中总磷的释放速率为 $-31.94\text{mg}/(\text{m}^2 \cdot \text{d})$，总氮的释放速率为 $153.90\text{mg}/(\text{m}^2 \cdot \text{d})$。八里湖的底泥对水体的总氮有一定的释放过程，对于总磷具有较小的吸附作用，控制八里湖的内源污染，可以提高水质，改善水生态。

3.3　水生生物监测的实践

湖泊中的水生生物对水生态环境起着重要的作用。藻类作为湖泊生态系统中最基本的初级生产者，对湖泊水质变化、富营养化及水生态系统具有重要的研究意义。由图 2 可知，八里湖藻密度随着季节的变化而变化，6 月和 12 月要相对高于 2 月和 8 月，其中 12 月相对最高。

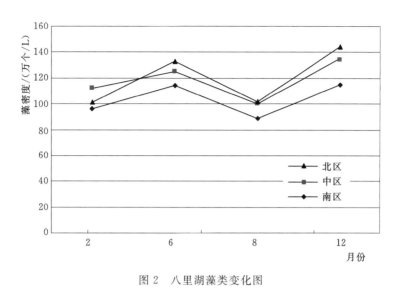

图 2　八里湖藻类变化图

4　存在的问题

4.1　水生态监测的法律法规不够完善

目前，水质监测和河流保护方面的法律法规相对比较成熟，从国家层面的《水法》《水污染防治法》，流域层面的《巢湖流域水污染防治条例》《太湖流域管理条例》，各省市层面的水源地保护条例、湖泊保护条例、水环境保护条例等，有力地促进了水质监测的开展。对于水生态保护方面，2012 年我国首个水生态监测条例《哈尔滨市水生态监测条例》颁布实施，法律法规比较滞后，体系不够完善，严重制约了水生态监测的开展和有效的保护水生态。

4.2　没有成熟的水生态监测规范和标准

技术标准是指导工作人员进行水生态保护的准则，是保护人群健康，促使生态良性循环，合理利用资源的重要依据，也是评价水生态质量的主要尺度。在水质监测领域有一套完备的标准体系，在水质采样方面有《水质　采样技术指导》（HJ 494—2009）、《水质样品的保存和管理技术规定》（HJ 493—2009），在分析、评价方面有《地表水环境质量标准》（GB 3838—2002）、《生活饮用水标准》（GB/T 5750—2006）。而水生态领域中，相关的技术标准比较缺乏，技术指标没有明确，没有形成专门的监测标准，更没有系统的标准体系，技术方法不够成熟，监测无标准可依，对于水生态保护工作的指导作用不够成熟。

4.3　水生态监测技术队伍比较缺乏

水生态监测涉及计算机、水质、水文、生物技术、测绘、遥感、地理信息系统等专业，对工作队伍的要求较高。在水质监测方面，环保系统和水利系统都有一支专业素质较强、系统化的技术队伍，对水资源保护方面起着重要的作用，然而仅仅侧重于水质监测，不能满足水生态监测的正常开展。缺乏专门的水生态监测工作队伍，不能进行多学科的联动监测，水生态监测经验不足，有关生物技术、计算机技术、地理信息技术等技术人员非常匮乏，影响了水生态监测的顺利开展和良好的发展。

5 对策与建议

5.1 建立完善的法律法规

当前，我国关于水生态监测的法律法规相对薄弱，不能满足水生态监测和保护的基本需求，建立完善的法律法规迫在眉睫。应以流域性管理和区域性管理相结合，研究制定各个层面的法律法规，满足水生态监测的顺利开展。结合本地区的特点，制定"一省一法""一市一法"的区域性法律法规，如《江西省水生态监测条例》《江西省水生态保护条例》《九江市城市水生态保护条例》等；同时，强调国家统一管理，发挥流域机构的职责，制定流域性水生态监测和保护的法律法规，如《太湖流域水生态保护条例》；明确水生态监测和保护的主管部门，明晰各部门的作用和职责，严格规范开发行为，确定保护范围，明确政府、企业、公众保护水生态的权利、义务、职责和法律责任，理顺体制，明确水文部门对区域水生态的监测和监督管理责任，健全法律监督、行政监督、公众监督和舆论监督机制。

5.2 加快技术标准建设，建立合理的指标体系

目前，我国还没有成熟的水生态监测相关的技术标准或规范，应加快建立水生态监测技术规范、水生态健康评价体系，确定水生态监测布点原则、采样要求、监测项目、分析方法、监测频率、质量保证方法、评价方法等，规范指导水生态监测的科学进行。建立合理的指标体系，对于水生态的评价和研究具有重要的意义；《欧盟水框架指令》指出河流的监测内容包括：生物质量要素、水文形态质量要素及化学和物理化学质量要素；《哈尔滨市水生态监测条例》对水生态监测内容规定为：水位、流速、泥沙含量等水文监测；鱼类、底栖动物、浮游生物、水生植物等水生生物监测；水体理化指标的水质监测。水生态是一个运动的复杂系统，应当涉及水文、水质、底泥、地形、水边环境、水生生物、微生物、区域气候、富集效应、人为干扰度等要素，使指标体系科学化、系统化、标准化。

5.3 完善水生态监测网，建立水生态监测基础信息库

充分发挥水文系统监测站网以及积累的水文水质资料的优势，加快建立水生态监测网，收集水生态基础信息，根据不同的水文因素、地形条件、地貌特征、水生生物分布、生物栖息地环境以及经济发展要求等因素，对水生态进行比较研究。如河流水生态与湖泊水生态的比较，城市水生态与自然水生态的比较，山区水生态与平原水生态的比较，研究不同条件下的水生态保护措施，对具有相同水生态特征和资源属性的水体进行统一管理。

同时建立水生态基础信息库，比较不同时期水生态状况的变化，研究水生态的发展趋势，利用地理信息系统和遥感技术，对水生态脆弱地区进行时时监控，为水生态保护和修复提供基础信息。

5.4 增加资金投入，保障和支撑水生态监测

建立政府引导、市场推动、多元投入、社会参与的投入机制，鼓励和引导社会资金参与水生态监测。确保政府财政预算内用于水生态监测的资金，并与GDP增长成正比关系；实行污水处理市场化，完善污水、垃圾处理费征收政策，进行水费改革，建立适合当前经济发展的污水处理系统，完善管网建设，以保障生活污染全部进入处理系统和治理设施正常运行；建立环境资源价格体系。进一步改革排污收费制度，使排污费不低于治理成本；建立健全资源有偿使用制度；推广试行排污权交易政策；建立以重点功能区为核心的水生态共建与利益共享的水生态补偿长效机制；推行投资主体多元化、运营主体企业化、监督管理法制化模式，以提高资金使用效益。

6 结语

水生态监测是一项长期的系统工程，现在还处于起步探索阶段，必须增强群众的水生态保护意识，加大投入，加强科技队伍的建设，提高水生态监测技术；水文部门应加深研究，结合水环境监测的实践和成果，借鉴国外水生态监测的成功经验，构建我国水生态监测体系，积极发挥水生态监测的作用，为水生态保护和修复提供及时准确的信息，为水生态文明建设给予有力支持。

参 考 文 献

[1] 汪松年. 水生态修复的理论与实践（上）[J]. 上海建设科技，2006（4）：20-23.
[2] 林祚顶. 水生态监测探析 [J]. 水利水文自动化，2008，20（4）：1-4.
[3] 韩艳利. 欧洲生态和生物监测方法及黄河实践 [M]. 郑州：黄河水利出版社，2012.

赣江吉安段水质变化情况及趋势分析

侯林丽　邹　武　徐　鹏　康思婕　曾　晨

（江西省吉安市水文局，江西吉安　343100）

摘　要： 本文基于吉安市水资源监测中心赣江吉安段 2008—2018 年时间序列数据，采用单因子评价法、综合污染指数法、季节性肯达尔检验法，研究分析河段地表水资源特性和水质趋势变化。基于年均值统计数据分析结果：赣江吉安段历年水质总体较好，均优于或符合Ⅲ类水标准，达水功能区目标要求；综合污染指数历年控制在 0.21～0.40 之间，随时间和空间没有明显变化，水质较平稳。基于月均值统计数据分析结果：溶解氧、高锰酸盐指数指标趋于改善，五日生化需氧量无变化，氨氮和总磷两项指标趋于恶化，水质整体有变差的趋势。通过探讨特征污染物的自然和人为影响因素，进一步分析了赣江吉安段水质污染成因。建议后期加强监管，控制面源和点源污染。

关键词： 赣江吉安段；水功能区；氨氮；总磷；变化趋势

　　研究分析水质时空特征和趋势变化是合理开发、利用水资源的一项基础工作，对加强水资源管理与保护，水污染防治与水生态健康维护以及"河长制"的高位推动，都具有非常重要的意义。有关水质演变及趋势分析的研究多有报道，李荣昉等基于水质综合模糊评价方法研究鄱阳湖水质时空变化规律，利用污染物通量和 SPSS 软件分析水质影响因素；李保等基于长江口总磷、总氮监测数据，研究了近十年长江口营养盐的变化趋势；卓海华等基于长江流域片近 15 年水质监测评价成果，分析了流域片水资源质量状况及其变化趋势；吴涛等研究了大黑汀水库不同季节氮磷时空分布特征及营养化状况，为水库污染防治及下游水库引水提供参考；张鹏等采用季节性肯达尔检验法对闽江下游水质指标变化趋势进行分析。

　　目前，对于赣江吉安段近十年的水质演变分析尚未见报道。赣江是江西省第一大河流，赣江吉安段位于赣江干流中游段，河段内水资源质量与吉安市工农业、生活用水及经济社会的发展息息相关，对下游宜春市及入鄱阳湖的水质也有一定影响。吉安市水资源监测中心有较为完善的水质监测站网及赣江吉安段长系列的水质监测资料。为此，本文利用吉安市水资源监测中心近十年监测数据，采用单因子评价法、水质综合污染指数法、季节性肯达尔检验法，对赣江吉安段地表水水质特征和变化趋势进行研究；结合区域内产业布局、排污口分布、废水排放量数据，探讨影响特征污染物浓度的自然和人为因素，以期为吉安市水资源可持续开发利用、百里赣江风光带建设提供技术支撑。

1 区域概况

赣江吉安段是赣江干流在吉安市辖区内的河段，主要流经吉安市 6 县 2 区，河段长 264km，流域面积 8472km²，多年平均径流量 73.06 亿 m³。境内已建成万安电站、石虎塘航电枢纽和峡江水利枢纽工程，正在建设新干航电枢纽，井冈山电站也在筹建当中；主要支流有遂川江、蜀水、孤江、禾水、乌江。吉安市水资源监测中心在该河段共布设 21 个水质监测站点。

1.1 水功能区划及水质站网

根据《江西省地表环境水功能区划（2010 年）》，赣江吉安段共划有 21 个水功能区，均为国家重要江河水功能区。其中保留区 6 个，保护区 1 个，工业用水区 6 个，过渡区 1 个，饮用水源区 7 个。每个水功能区设有 1 个水质监测站点。各水功能区名称及对应水质站点见表 1。

表 1 　　　　　赣江吉安段水功能区名称及对应水质站点

序号	水功能区名称		水质目标	测站名称	序号	水功能区名称		水质目标	测站名称
	一级区	二级区				一级区	二级区		
1	赣江万安水库万安保留区		Ⅲ	万安坑口	12	赣江吉水开发利用区	赣江吉水过渡区	Ⅲ	龙王庙
2	赣江万安开发利用区	赣江万安水库万安饮用水源区	Ⅱ～Ⅲ	万安水库	13	赣江吉水开发利用区	赣江吉水下饮用水源区	Ⅱ～Ⅲ	吉水新码头
3	赣江万安开发利用区	赣江万安工业用水区	Ⅳ	万安大桥	14	赣江吉水开发利用区	赣江吉水工业用水区	Ⅳ	吉水大桥
4	赣江万安、泰和保留区		Ⅲ	栋背水文站	15	赣江吉水保留区		Ⅲ	江口朱家
5	赣江泰和开发利用区	赣江泰和饮用水源区	Ⅱ～Ⅲ	泰和大桥	16	赣江峡江县开发利用区	赣江峡江县饮用水源区	Ⅱ～Ⅲ	峡江水文站
6	赣江泰和开发利用区	赣江泰和工业用水区	Ⅳ	泰和水厂	17	赣江峡江县开发利用区	赣江峡江县工业用水区	Ⅲ	峡江大桥
7	赣江泰和、吉安保留区		Ⅲ	七姑岭	18	赣江鲴鱼繁殖保护区		Ⅱ	车头
8	赣江吉安开发利用区	赣江吉安饮用水源区	Ⅱ～Ⅲ	吉安水文站	19	赣江新干开发利用区	赣江新干饮用水源区	Ⅱ～Ⅲ	新干水厂
9	赣江吉安开发利用区	赣江吉安工业用水区	Ⅳ	白塔山油库	20	赣江新干开发利用区	赣江新干工业用水区	Ⅳ	抽水机站
10	赣江吉安、吉水保留区		Ⅲ	村头	21	赣江新干保留区		Ⅲ	大洋洲
11	赣江吉水开发利用区	赣江吉水上饮用水源区	Ⅱ～Ⅲ	城南水厂					

1.2　入河排污口分布

根据《江西省规模以上入河排污口名录（2018年）》，赣江吉安段共有17个入河排污口（见表2），分设在6个工业用水区、3个保留区、1个饮用水源区。赣江吉安段上游（行政区域涉及万安、泰和）排污口类型均为生活污水排污，入河污染源主要为生活污染；赣江吉安段中、下游（行政区域涉及吉州区、青原区、吉安县、吉水县、新干县、峡江县），排污口类型包括工业和生活污水排污，入河污染源涉及工业和生活污染，主要入河污染物质为COD、氨氮、总磷。

表2　　　　　　　吉安市规模以上入赣江排污口基本信息

序号	地级行政区	入河排污口名称	水功能区名称		入河排污口类型
			一级区	二级区	
1	万安县	万安县新区入河排污口	赣江万安开发利用区	赣江万安工业用水区	生活
2	万安县	万安县污水处理厂入河排污口	赣江万安开发利用区	赣江万安工业用水区	市政生活
3	泰和县	泰和县污水处理厂入河排污口	赣江泰和开发利用区	赣江泰和工业用水区	市政生活
4	吉州区	吉安新源污水处理有限公司入河排污口	赣江吉安开发利用区	赣江吉安工业用水区	企业
5	青原区	江西洪城水业环保有限公司吉安市青原区分公司入河排污口	赣江泰和、吉安保留区		市政生活
6	青原区	青原区华能井冈山电厂退水口入河排污口	赣江泰和、吉安保留区		企业（工厂）
7	青原区	青原区新生入河排污口	赣江吉安开发利用区	赣江吉安饮用水源区	雨污市政排水口
8	吉安县	吉安县凤凰污水处理厂入河排污口	赣江泰和吉安保留区		市政生活
9	吉水县	江西洪城水业环保有限公司吉水分公司入河排污口	赣江吉水开发利用区	赣江吉水工业用水区	处理后生活废水
10	吉水县	吉水县电镀集控区污水处理厂入河排污口	赣江吉水开发利用区	赣江吉水工业用水区	工厂
11	吉水县	吉水县清源污水处理有限公司入河排污口	赣江吉水开发利用区	赣江吉水工业用水区	工业废水
12	新干县	新干县中盐新干盐化废水总口入河排污口	赣江新干保留区		企业
13	新干县	新干县大洋洲暨盐化城综合污水处理厂入河排污口	赣江新干保留区		混合废污水
14	新干县	江西洪城水业有限公司新干分公司入河排污口	赣江新干开发利用区	赣江新干工业用水区	市政生活
15	峡江县	峡江县富兴纸业有限公司入河排污口	赣江峡江开发利用区	赣江峡江工业用水区	混合废污水
16	峡江县	峡江县福民造纸园入河排污口	赣江峡江开发利用区	赣江峡江工业用水区	混合废污水
17	峡江县	江西省驰邦药业有限公司入河排污口	赣江峡江开发利用区	赣江峡江工业用水区	混合废污水

2 数据与方法

基于吉安市水资源监测中心 2008—2018 年赣江吉安段 21 个水功能区代表断面的水质监测数据，采用单因子评价法确定水功能区水质类别，评价项目为《地表水环境质量标准》（GB 3838—2002）表 1 中除粪大肠菌群、总氮以外的基本项目，饮用水功能区还包括表 2 的 5 项补充项目，超标项目以水功能区水质管理目标确定。

水质综合污染指数是在单项污染指数评价的基础上计算得到的。单项污染指数为各污染物实测浓度与管理目标限值的比值，水质综合污染指数是各单项污染指数的加和平均值。根据污染源特征及水功能区类型，选取 pH、氨氮、高锰酸盐指数、总磷、挥发性酚、砷等指标，采用水质综合污染指数法，分析不同类型的水功能区水质状况及其随时间和空间的变化规律，综合掌握该河段地表水资源特性。

采用《地表水资源质量评价技术规程》（SL 395—2007），运用 PWQTrehd2010 水质分析软件进行季节性 Kendall 检验（无流量调节），研究分析赣江吉安段水质变化趋势。基于 2008—2018 年《吉安市水资源公报》的废污水排放量基础数据，利用水质水量联合评价及 SPSS 软件进行数据处理，探讨特征污染物氨氮、总磷指标浓度的影响因素。

3 地表水资源特性与趋势分析

3.1 单因子评价结果

赣江吉安段 21 个水功能区历年水质较好，均优于或符合Ⅲ类水标准，评价结果详见表 3。大部分水功能区水质历年维持在Ⅱ类水，处于库区的水功能区以及少数几个水功能区某些年份水质为Ⅲ类水，但是均满足其水质管理目标（保护区的水质目标是Ⅱ类，保留区、饮用水源区、过渡区均为Ⅲ类，工业用水区则为Ⅳ类）。据历年《吉安市水资源公报》，赣江吉安段水功能区水质达标率历年均控制在 100%，满足江西省水利厅《关于印发江西省水资源管理三条红线控制指标（2020 年、2030 年）的通知》（赣水资源字〔2016〕17 号）中达标率控制指标为 95% 的要求，水资源管理达标考核均合格。综合上述分析，各水功能区历年水质整体维持在Ⅱ～Ⅲ类，均达标。

表 3   **赣江吉安段 21 个水功能区 2008—2018 年单因子评价结果**

水功能区名称	水 质 类 别										
	2008 年	2009 年	2010 年	2011 年	2012 年	2013 年	2014 年	2015 年	2016 年	2017 年	2018 年
万安水库万安保留区	—	—	—	—	Ⅲ	Ⅲ	Ⅲ	Ⅲ	Ⅲ	Ⅲ	Ⅲ
万安水库万安饮用水源区	Ⅱ	Ⅱ	Ⅱ	Ⅲ	Ⅲ	Ⅲ	Ⅲ	Ⅲ	Ⅲ	Ⅲ	Ⅲ
万安工业用水区	Ⅱ	Ⅱ	Ⅱ	Ⅱ	Ⅱ	Ⅱ	Ⅱ	Ⅱ	Ⅱ	Ⅱ	Ⅱ
万安、泰和保留区	Ⅱ	Ⅱ	Ⅱ	Ⅱ	Ⅱ	Ⅱ	Ⅱ	Ⅱ	Ⅱ	Ⅱ	Ⅱ
泰和饮用水源区	Ⅱ	Ⅱ	Ⅱ	Ⅱ	Ⅱ	Ⅱ	Ⅱ	Ⅱ	Ⅱ	Ⅱ	Ⅱ

续表

水功能区名称	水 质 类 别										
	2008 年	2009 年	2010 年	2011 年	2012 年	2013 年	2014 年	2015 年	2016 年	2017 年	2018 年
泰和工业用水区	Ⅱ	Ⅱ	Ⅱ	Ⅱ	Ⅱ	Ⅱ	Ⅱ	Ⅱ	Ⅱ	Ⅱ	Ⅱ
泰和、吉安保留区	Ⅱ	Ⅰ	Ⅱ	Ⅱ	Ⅱ	Ⅱ	Ⅱ	Ⅱ	Ⅱ	Ⅱ	Ⅱ
吉安饮用水源区	Ⅱ	Ⅱ	Ⅱ	Ⅲ	Ⅱ	Ⅱ	Ⅱ	Ⅱ	Ⅱ	Ⅱ	Ⅱ
吉安工业用水区	Ⅱ	Ⅱ	Ⅱ	Ⅱ	Ⅱ	Ⅱ	Ⅱ	Ⅱ	Ⅱ	Ⅲ	Ⅱ
吉安、吉水保留区	—	—	—	—	—	Ⅱ	Ⅱ	Ⅱ	Ⅱ	Ⅱ	Ⅱ
吉水上饮用水源区	Ⅱ	Ⅱ	Ⅱ	Ⅱ	Ⅱ	Ⅱ	Ⅱ	Ⅱ	Ⅱ	Ⅱ	Ⅱ
吉水过渡区	—	—	—	—	—	Ⅱ	Ⅱ	Ⅱ	Ⅱ	Ⅱ	Ⅱ
吉水下饮用水源区	—	—	—	—	—	Ⅱ	Ⅱ	Ⅱ	Ⅱ	Ⅱ	Ⅱ
吉水工业用水区	Ⅱ	Ⅱ	Ⅱ	Ⅱ	Ⅱ	Ⅱ	Ⅱ	Ⅱ	Ⅲ	Ⅱ	Ⅱ
吉水保留区	Ⅱ	Ⅱ	Ⅱ	Ⅱ	Ⅱ	Ⅱ	Ⅱ	Ⅱ	Ⅱ	Ⅱ	Ⅱ
峡江县饮用水源区	Ⅱ	Ⅱ	Ⅱ	Ⅱ	Ⅱ	Ⅱ	Ⅱ	Ⅱ	Ⅱ	Ⅱ	Ⅱ
峡江县工业用水区	Ⅱ	Ⅱ	Ⅱ	Ⅱ	Ⅱ	Ⅱ	Ⅱ	Ⅱ	Ⅱ	Ⅱ	Ⅱ
鲥鱼繁殖保护区	Ⅱ	Ⅱ	Ⅱ	Ⅱ	Ⅱ	Ⅱ	Ⅱ	Ⅱ	Ⅱ	Ⅱ	Ⅱ
新干饮用水源区	Ⅱ	Ⅱ	Ⅱ	Ⅱ	Ⅱ	Ⅱ	Ⅱ	Ⅱ	Ⅱ	Ⅱ	Ⅱ
新干工业用水区	Ⅱ	Ⅱ	Ⅱ	Ⅱ	Ⅱ	Ⅱ	Ⅱ	Ⅱ	Ⅲ	Ⅲ	Ⅲ
新干保留区	Ⅱ	Ⅲ	Ⅱ	Ⅱ	Ⅱ	Ⅲ	Ⅲ	Ⅲ	Ⅲ	Ⅱ	Ⅱ

3.2 综合污染指数评价结果

3.2.1 不同类型水功能区水质比较

根据水质综合污染指数来判别污染程度是相对的，即对应于水体功能要求评判其污染程度。水质综合污染指数的计算与水质管理目标密切相关，因此污染综合指数的比较只能在同一管理目标基础上进行。由表 4 分析，各功能区历年综合污染指数控制在 0.21～0.40 之间，水质较好。6 个工业用水区，除下游峡江工业用水区综合污染指数集中在 0.33 左右；其他 5 个工业用水区综合污染指数集中在 0.25 左右，这可能是由于峡江工业用水区内排污量大于其他工业用水区的排污量，所以峡江工业用水区综合污染指数偏大些。14 个保留区、饮用水源区、过渡区综合污染指数集中在 0.35 左右，1 个保护区综合污染指数集中在 0.40 左右。综合上述分析，不同类型水功能区综合污染指数存在一些差异，主要是因为水质管理目标不一样造成的，管理目标要求越高，相应的综合污染指数数值更大。总体来说，各功能区历年综合污染指数控制在 0.41 以下，水质均达管理目标的要求，这与单因子评价方法的水功能区达标考核结果一致。

3.2.2 水功能区水质随时间和空间变化规律

变异系数（C_v）能够反映数据的相对离散程度，通过 C_v 的大小可以得出数据的变化规律。通常认为 $C_v \leqslant 0.1$ 为弱变异性，$0.1 < C_v < 1$ 为中等变异性，$C_v \geqslant 1$ 为强变异性。计算得到各功能区 2008—2018 年 C_v 值在 0.08～0.1 之间，为弱变异性，说明各水功能区

表4　　　　　　赣江吉安段21个水功能区2008—2018年综合污染指数统计

水功能区名称	综合污染指数										
	2008年	2009年	2010年	2011年	2012年	2013年	2014年	2015年	2016年	2017年	2018年
万安水库万安保留区	—	—	—	—	0.36	0.37	0.40	0.34	0.38	0.36	0.40
万安水库万安饮用水源区	0.31	0.35	0.35	0.40	0.35	0.36	0.40	0.35	0.40	0.35	0.40
万安工业用水区	0.22	0.23	0.23	0.25	0.23	0.22	0.25	0.23	0.26	0.23	0.29
万安、泰和保留区	0.28	0.30	0.29	0.33	0.29	0.29	0.34	0.35	0.40	0.33	0.37
泰和饮用水源区	0.28	0.28	0.27	0.31	0.30	0.28	0.32	0.34	0.37	0.31	0.36
泰和工业用水区	0.19	0.22	0.21	0.24	0.23	0.21	0.24	0.23	0.24	0.21	0.27
泰和、吉安保留区	0.28	0.27	0.28	0.31	0.28	0.28	0.31	0.34	0.38	0.33	0.36
吉安饮用水源区	0.33	0.28	0.28	0.30	0.29	0.28	0.31	0.34	0.35	0.29	0.35
吉安工业用水区	0.21	0.22	0.21	0.24	0.22	0.22	0.24	0.24	0.23	0.19	0.26
吉安、吉水保留区	—	—	—	—	0.29	0.28	0.32	0.34	0.34	0.30	0.35
吉水上饮用水源区	0.29	0.29	0.29	0.32	0.29	0.28	0.32	0.34	0.34	0.30	0.35
吉水过渡区	—	—	—	—	0.30	0.29	0.33	0.34	0.32	0.30	0.37
吉水下饮用水源区	—	—	—	—	0.30	0.30	0.33	0.34	0.33	0.30	0.35
吉水工业用水区	0.26	0.22	0.22	0.25	0.23	0.22	0.25	0.24	0.23	0.20	0.32
吉水保留区	0.25	0.28	0.28	0.31	0.28	0.28	0.32	0.34	0.36	0.27	0.35
峡江县饮用水源区	0.29	0.28	0.28	0.33	0.30	0.28	0.33	0.34	0.36	0.29	0.34
峡江县工业用水区	0.32	0.28	0.30	0.33	0.30	0.29	0.34	0.34	0.36	0.32	0.36
鲫鱼繁殖保护区	0.36	0.40	0.40	0.40	0.40	0.40	0.40	0.35	0.40	0.40	0.40
新干饮用水源区	0.30	0.29	0.29	0.32	0.29	0.29	0.36	0.35	0.37	0.29	0.36
新干工业用水区	0.25	0.22	0.22	0.28	0.22	0.23	0.24	0.24	0.25	0.25	0.34
新干保留区	0.31	0.36	0.30	0.32	0.31	0.28	0.40	0.35	0.36	0.29	0.38

水质状况随时间变化不大，历年水质基本平稳。计算相同水质目标的水功能区上下游 C_v 值在0.1左右，为弱变异性，说明水功能区水质从上游至下游，基本上无明显变化，上中游及支流水的汇入对下游水质影响不大。综合上述分析，赣江吉安段各水功能区水质在时间和空间上变化都不大，整体水质受外界因素影响较弱，说明水资源"三条红线"监管、河长制的推行取得一定成效，使水质基本保持原有状态。

3.3　赣江吉安段水质趋势分析

栋背水文站、吉安水文站和峡江水文站为国家重要站，分属赣江吉安段上、中、下游，获取的数据具有一定的代表性，因此本文分别选取这3个控制断面2008—2018年溶解氧（DO）、氨氮（NH_3-N）、高锰酸盐指数（COD_{Mn}）、五日生化需氧量（BOD_5）、总磷（TP）五个主要污染因子监测资料进行水质变化趋势分析，其他监测项目未检出或者含量很低，因此未参与统计分析，其结果详见表5。

表 5　　　　　　　　　2008—2018 年赣江吉安段水质主要污染指标趋势变化

代表断面	水质项目	浓度 中值 /(mg/L)	浓度变化	变化率 /%	显著水平 /%	评价结论
栋背水文站	DO	7.8	0	0	43.99	无明显升降趋势
	CODMn	1.8	−0.020	−1.11	17.99	无明显升降趋势
	BOD5	0.5	0	0	11.43	无明显升降趋势
	NH3−N	0.22	0.014	6.36	0.01	高度显著上升
	TP	0.05	0.006	11.63	0	高度显著上升
吉安水文站	DO	7.95	0	0	87.38	无明显升降趋势
	CODMn	1.9	−0.018	−0.96	9.51	显著下降
	BOD5	0.65	0	0	94.23	无明显升降趋势
	NH3−N	0.19	0.017	9.01	0	高度显著上升
	TP	0.05	0.005	10.31	0	高度显著上升
峡江水文站	DO	7.90	0.050	0.63	0.24	高度显著上升
	CODMn	1.8	0	0	100	无明显升降趋势
	BOD5	0.5	0	0	77.34	无明显升降趋势
	NH3−N	0.19	0.017	8.76	0	高度显著上升
	TP	0.05	0.006	11.00	0	高度显著上升

（1）赣江吉安段上游。溶解氧、高锰酸盐指数、五日生化需氧量 3 个污染指标无明显升降趋势，氨氮、总磷两个指标呈高度显著上升趋势。上升趋势综合指数 $WQTI_{UP}$ 为 0.08，下降趋势综合指数 $WQTI_{DN}$ 为 0，$WQTI_{UP} > WQTI_{DN}$，表明近 10 年赣江吉安段上游水质有变差趋势。

（2）赣江吉安段中游。溶解氧、五日生化需氧量 2 个污染指标无明显升降趋势，氨氮、总磷两个指标呈高度显著上升趋势，高锰酸盐指数指标呈显著下降趋势。上升趋势综合指数 $WQTI_{UP}$ 为 0.08，下降趋势综合指数 $WQTI_{DN}$ 为 0.04，$WQTI_{UP} > WQTI_{DN}$，表明近 10 年赣江吉安段中游水质有变差趋势。

（3）赣江吉安段下游。高锰酸盐指数、五日生化需氧量 2 个污染指标无明显升降趋势，溶解氧、氨氮、总磷两个指标呈高度显著上升趋势。上升趋势综合指数 $WQTI_{UP}$ 为 0.08，下降趋势综合指数 $WQTI_{DN}$ 为 0.04，$WQTI_{UP} > WQTI_{DN}$，表明近 10 年赣江吉安段下游水质有变差趋势。

综合上述分析，赣江吉安段水质有变差趋势。进一步分析河段内单项水质变化特征，可知溶解氧 TUP_{DO} 为 0.33，TDN_{DO} 为 0，$TUP_{DO} > TDN_{DO}$，溶解氧指标趋于改善；高锰酸盐指数 TUP_m 为 0，TDN_m 为 0.33，$TUP_m < TDN_m$，高锰酸盐指数指标趋于改善；五日生化需氧量 $TUP_m = TDN_m = 0$，无变化；氨氮、总磷 TUP_m 为 1，TDN_m 为 0，$TUP_m > TDN_m$，氨氮、总磷指标趋于恶化；河段内主要污染因子为氨氮、总磷。虽然氨氮和总磷单项水质类别历年控制在Ⅱ～Ⅲ类范围内，但是氨氮污染物是落实最严格水资源管理"三条红线"的主要控制指标，是实施最严格水资源管理达标考核的必选指标，总磷污染物浓度的增加会造成库区的富营养化，因此后期要加强管理，控制氨氮和总磷的上升趋势。

4 特征污染物的影响因素分析

4.1 自然因素

通过水质水量联合评价分析境内自然因素对氨氮、总磷指标浓度的影响。运用 PWQTrehd2010 水质分析软件计算的季节性 Kendall 检验（流量调节）结果，以评价径流量对河段内氨氮和总磷的浓度的影响。通过残差分析计算，氨氮和总磷浓度与径流量均呈正相关性，氨氮和总磷的浓度随流量的增大而增大，说明其受面源污染影响较大。境内农林业粗放式管理会造成氮磷化肥的随雨水的冲刷进入河道，形成面源污染；水土流失也会对河段内氨氮和总磷的浓度造成一定的影响。

4.2 人为因素

人类的生产活动行为会造成大量的废水排入水体，影响水质。本文根据赣江吉安段入河排污口分布特点，采用皮尔逊相关分析法，从 2008—2018 年《吉安市水资源公报》提供的废污水排放量数据，包括城镇居民生活废污水排放量，第二产业废污水排放量，第三产业废污水排放量，入河废水量等四个指标，深入分析境内人类活动对氨氮、总磷浓度的影响，得出的皮尔逊相关性分析结果见表 6。

表 6 赣江吉安段人类活动与特征污染物浓度皮尔逊相关性分析结果

河 段	项目	相关性	城镇居民生活/万 t	第二产业/万 t	第三产业/万 t	入河/万 t
赣江吉安段上游	NH_3-N	皮尔逊相关性	0.220	0.108	−0.062	0.130
		显著性（双尾）	0.569	0.782	0.875	0.738
	TP	皮尔逊相关性	0.365	0.307	0.242	0.329
		显著性（双尾）	0.334	0.422	0.530	0.387
赣江吉安段中游	NH_3-N	皮尔逊相关性	0.693*	0.766*	0.640	0.731*
		显著性（双尾）	0.038	0.016	0.064	0.025
	TP	皮尔逊相关性	0.570	0.772*	0.567	0.742*
		显著性（双尾）	0.109	0.015	0.112	0.022
赣江吉安段下游	NH_3-N	皮尔逊相关性	0.730*	0.742*	0.341	0.543
		显著性（双尾）	0.026	0.022	0.370	0.131
	TP	皮尔逊相关性	0.612	0.681*	0.459	0.612
		显著性（双尾）	0.080	0.044	0.214	0.080

注 * 在 0.05 级别（双尾），相关性显著；＊＊在 0.01 级别（双尾），相关性显著。

从相关性大小分析，赣江吉安段上游氨氮、总磷浓度与废污水排放量几乎没有相关性；赣江吉安段中游和下游，氨氮、总磷浓度与城镇居民生活废污水排放量、第二产业废污水排放量存在明显相关性。氨氮与第二产业废污水排放量相关性最大，相关系数在中游段为 0.766，下游段为 0.742；与城镇居民生活污水排放量相关性其次，相关系数在中游段为 0.693，下游段为 0.730；与第三产业废污水排放量相关性较小，相关系数在中游段为 0.640，下游段为 0.341。总磷也与第二产业废污水排放量相关性最大，相关系数在中游段为 0.772，下游段为 0.681；与城镇居民生活污水排放量相关性其次，相关系数在中游段为 0.570，下游段为 0.612；与第三产业废污水排放量相关性较小，相关系数在中游段为 0.567，下游段为 0.459。

综合上述分析，赣江中下游河段氨氮和总磷指标浓度受人类活动影响明显，尤其受第二产业废水排放的影响较大，这与境内社会经济发展及排污口分布、污染源布局相关。工业区域主要集中在赣江中下游，因此中下游河段氨氮和总磷指标浓度一定程度上受点源污染的影响。

5 结论与建议

综合上述分析，可以得出以下结论。

（1）地表水资源特性。基于年均值统计数据，历年水质整体维持在Ⅱ～Ⅲ类，水质较好；各水功能区历年综合污染指数控制在 0.21～0.40 之间，符合各水功能水质管理目标要求，与单子评价的水质达标率结果吻合。从时间和空间分布来看，综合污染指数都为弱变异性，说明河段内各水功能水质随时间和空间变化都不大，水质较平稳。

（2）水质趋势变化。基于月均值统计数据，进行季节性 Kendall 检验（无流量调节）。结果表明，赣江吉安段主要污染因子为氨氮、总磷，这两项指标趋势变化为显著上升，水质整体有变差的趋势。这与前面采用综合污染指数分析的结果不一，主要是由于统计方法的差异造成的。由于河段整体水质较好，采用单因子评价法和综合污染指数法，看不出水质处于达标状态时的具体趋势走向。

（3）特征污染物的影响因素。从自然因素和人为因素两方面探讨了影响氨氮和总磷浓度的原因。通过分析得出：河段上游氨氮和总磷指标浓度主要受自然因素的影响，污染源主要为面源污染；中下游氨氮和总磷指标浓度受自然和人为因素的共同影响，面源污染和点源污染两者共存，这与境内产业布局和人口分布有关。

总之，赣江吉安段水质整体较好，水功能区达标考核结果合格，即便是主要污染因子氨氮、总磷有增大趋势，这两项指标的水质类别历年也控制在Ⅱ～Ⅲ类范围内。但是为了进一步落实好江西省河长制相关政策，实施最严格水资源达标考核，打造水生态文明建设江西样板，后期还要加强监管，强化部门联动，狠抓责任落实，优化产业结构，加强水土保持与修复，控制面源和点源污染，保护好一江清水。

参 考 文 献

［1］ 刘聚涛，万怡国，许小华，等. 江西省河长制实施现状及其建议［J］. 中国水利，2016（18）：51－53.

［2］ 李荣昉，张颖. 鄱阳湖水质时空变化及其影响因素分析［J］. 水资源保护，2011，27（6）：9－

13，18.

［3］ 李保，张昀哲，唐敏炯. 长江口近十年水质时空演变趋势分析［J］. 人民长江，2018，49（18）：33-37.

［4］ 卓海华，湛若云，王瑞琳，等. 长江流域片水资源质量评价与趋势分析［J］. 人民长江，2019，50（2）：122-129，206.

［5］ 吴涛，王建波，杨洁，等. 大黑汀水库水质时空变化特征及下游引水策略［J］. 水资源保护，2020，36（2）：65-72.

［6］ 张鹏，逢勇，石成春，等. 闽江下游水质变化趋势分析［J］. 水资源保护，2018，34（1）：64-69.

［7］ 张征，沈珍瑶，韩海荣，等. 环境评价学［M］. 北京：高等教育出版社，2004.

［8］ 陈欣佛，柴元冰，闵敏. 基于 Kendall 检验法的湟水水质变化趋势分析［J］. 人民黄河，2019，41（9）：97-101.

［9］ 江西省水利厅. 江西水利规划设计院. 江西省地表水环境水功能区划［R］，2007.

［10］ 江西省水利厅. 江西省水文局. 江西省规模以上入河排污口名录［R］，2018.

［11］ 吴蓉，侯林丽，郎锋祥，等. 不同水质评价方法在遂川江的应用比较［J］. 江西水利科技，2019，45（6）：435-443.

［12］ 王勇，代兴兰. 南盘江上段水环境质量评价及水质变化趋势分析［J］. 人民长江，2016，47（S1）：38-41.

［13］ 饶伟，侯林丽. 赣江中游吉安段水质变化分析及对策思考［J］. 江西水利科技，2015，41（1）：65-69.

［14］ 米武娟，吕平毓. 三峡水库重庆段整体水质变化趋势分析［J］. 人民长江，2011，42（11）：74-76，102.

［15］ 胡玉，帅钰，杜永，任良锁，等. 丹江口库区神定河水质污染成因分析［J］. 人民长江，2019，50（11）：44-48.

［16］ 洪国喜，杜明成，郑建中. 太湖无锡水域水质变化特征及原因分析［J］. 人民长江，2019，50（S1）：40-44，55.

［17］ 邢久生. 赣江水系水质污染趋势分析——季节性肯达尔检验法［J］. 江西水利科技，1996（3）：163-166.

［18］ 范可旭，张晶. 长江流域地表水水质演变趋势分析［J］. 人民长江，2008（17）：82-84.

［19］ 王乐扬，李清洲，杜付然，等. 20年来中国河流水质变化特征及原因［J］. 华北水利水电大学学报（自然科学版），2019，40（3）：84-88.

［20］ 曹艳敏，毛德华，吴昊，等. 湘江干流水环境质量演变特征及其关键因素定量识别［J］. 长江流域资源与环境，2019，28（5）：1235-1243.

水源水库表层水体锰污染特征研究

——以萍乡市山口岩水库为例

廖 凯[1] 龙 彪[1] 刘 澍[2] 吴绍飞[3]

(1. 江西省宜春水文局，江西宜春 336000；

2. 江西省萍乡生态环境监测中心，江西萍乡 337000；

3. 南昌工程学院鄱阳湖流域水工程安全与资源高效利用国家地方联合工程实验室，
江西南昌 330099)

摘　要： 山口岩水库是萍乡市极为重要饮用水水源地，但自 2012 年建成蓄水以来，已先后四次发生不同程度的锰含量超标现象，严重影响了区域供水安全。通过近年来水逐月水质监测结果、逐日降雨量、逐日气温、逐日水位等相关数据，结合历次锰超标应急监测结果，结果表明：山口岩水库表层水体锰超标主要来源于坝址附近深处，少量来源于降水汇流的面源污染，低气温、低水位伴随降雪等极端天气很可能导致山口岩水库表层锰超标；水库水体锰超标初期常伴随着铁含量上升、溶解氧短时间内异常下降等特征。相关研究可为山口岩水库的锰超标污染问题防治与提供科学支撑。研究成果可为山口岩水库锰污染防控与饮用水安全保障提供科学依据。

关键词： 锰污染；源解析；山口岩水库；水质监测

锰在自然界中广泛存在，同时也是人体必需的微量元素之一，对骨骼生长发育、脑功能、糖及脂肪代谢等有着重要作用，但摄入过量可导致神经递质紊乱从而产生神经毒素作用。世界卫生组织将 0.4mg/L 作为饮用水锰含量健康标准，我国《地表水环境质量标准》(GB 3838—2002) 中规定集中式生活饮用水水源中锰标准限值为 0.1mg/L。

水库水源地锰元素的超标的现象较为常见，如台州长潭水库、青岛王圈水库、西安金盆水库、辽宁碧流河水库等。水库水体中锰元素的来源包括内源释放和外源汇入两类。内源释放指的是水库沉积物在氧化还原电位 Eh、pH、DO、DOC、水温、沉积物粒径、离子特性、有机质、硫化物、微生物等要素的综合作用下发生的离子交换-吸附、溶解-沉淀、氧化还原以及配合-离解等一系列复杂的物理、化学与生物作用，并以沉积态、悬浮态和溶解态的锰赋存于沉积物、悬浮物、上覆水体、孔隙水和生物体内。此外，工农业生活污水、矿山开采、土壤侵蚀等易随降雨径流特别是暴雨径流作用汇入地表水体，为水库锰的主要外源污染。当前，关于水库水体锰污染特征的研究主要是基于来水条件的丰枯和季节性差异引起的水库热分层两个方面进行，其时间尺度通常为一个水文年，而基于长时间尺度的水库锰迁移变化规律的研究较少，且对于水库历次锰污染事件进行横向比较分析的研究也鲜有报道。而且江西省内已有部分水库发生常年或季节性的锰超标现象，至今仍缺乏系统调查和深入分析。

本文通过对江西省萍乡市山口岩水库近五年逐月水质监测结果、逐日降雨量、逐日气温、逐日水位等相关数据，结合历次锰超标应急监测结果，系统分析历次山口岩水库表层水体锰污染特征及其变化规律，为未来潜在的锰污染提供预警可能，为水库锰污染防控与区域饮用水安全保障提供新思路。

1 材料与方法

1.1 研究区域概况

江西省萍乡市山口岩水库地处赣江流域一级支流袁河上游的芦溪县境内，位于袁河（又称"袁水"）羊狮幕自然保护区，是一座以供水、防洪为主，兼顾发电、灌溉等综合利用的大型水利枢纽工程，控制河长 25km，控制流域面积 230km^2，总库容 1.05 亿 m^3，正常蓄水位为 244.00m，限汛水位为 243.00m。坝址位于芦溪县上埠镇山口岩村上游约 1km 处，距芦溪县城 7.6km，距萍乡市区约 30km，是萍乡市极为重要饮用水水源地，每年为萍乡市城区和芦溪县城区提供水量 7300 万 m^3，占萍乡市镇供水总量的 1/3。

1.2 断面布设与检测方法

在山口岩水库内长期设有白源水厂监测点，主要监测表层（水下 0.5m）处水质，监测频次为每月 1 次。监测点位如图 1（a）所示。自 2012 年建成蓄水以来，山口岩水库已先后四次发生不同程度的锰污染现象，其中 2014 年 11 月及 2018 年 2 月曾沿河流纵向进行过详细的水质调查，调查从山口岩水库坝址处向上游布设若干采样断面，其中坝址附近采集不同水深处水样，其余点位主要监测表层（水下 0.5m）处水样。具体点位见图 1（b）、图 1（c）。

按照《水质 铁、锰的测定 火焰原子吸收分光光度法》（GB/T 11911—1989）规范开展监测，并同步进行标准样品、空白样、平行样、加标回收等质量控制。

2 结果分析

2.1 水库锰分布规律及垂直分布特征

分别对 2014 年和 2018 年应急水质监测结果进行插值处理，得到锰污染空间分布如图 2 所示。由图 2（a）可知，锰含量峰值位于坝址附近，且离坝址越远锰含量越少。随着与坝址的远离，锰含量逐步降至标准限值内。图 2（b）中锰含量较图 2（a）显著增高，但仍然表现出一个非常相似的锰含量分布规律，即峰值集中于坝址附近，越靠近上游锰含量越小。而经过实地调查，山口岩水库库区周边均为植被覆盖山坡，可以认为基本无人类生

（a）山口岩水库常规监测点位

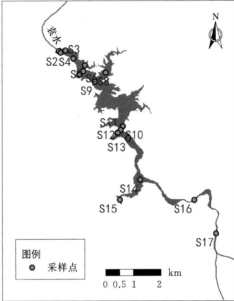

（b）2014 年 11 月应急监测点位

（c）2018 年 2 月应急监测点位

图 1　采样点位示意图

产生活产生的点源污染，且库区内水流缓慢，不具备出现将上游污染物短时间内冲刷至坝址聚集的水力条件。

　　为进一步探究水库锰来源，在首次锰超标污染事件发生后，于 2015—2016 年对水库大坝表层、水下 10m、水下 20m 水质开展了为期两年时间的系统监测，结果如图 3 所示。

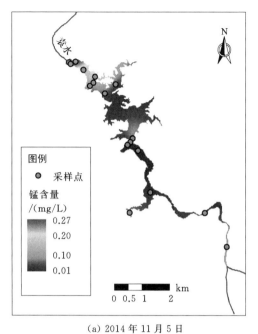 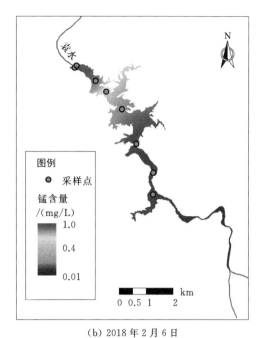

(a) 2014年11月5日   (b) 2018年2月6日

图2　锰含量分布图

由图3可知，大多数时间内随水深增加，锰含量也呈现增加趋势，表层水质大多数时候小于10m、20m处，同时10m深处锰含量大多数时间小于20m深处的含量，这间接反映山口岩水库存在来自底部的内源污染。同时应注意到并非所有时段表层锰均小于下层水样，山口岩水库表层水体锰均高于下层水样，这说明山口岩水库还存在着伴随强降水的外源污染。尤其在汛期结束后，水库水位逐步降低，周边岩石裸露，在出现降雨过程时，河网汇流时对周边岩石冲刷力度较大，引入了杂质，更易引起表层锰升高，甚至高于10~20m处锰含量。所以山口岩水库表层锰来源沉积物内源释放和外源污染引入。

对2016年2—5月表层锰超标后不同深度锰含量浓度变化进行分析还可以发现：发生超标后，在底部和表层均已降至标准限值以下时，中层锰含量还在较长的时期内保持一个

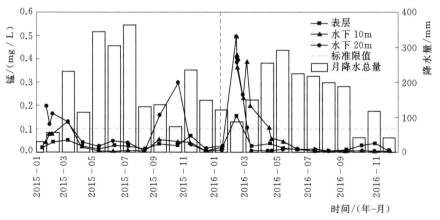

图3　2015—2016年不同水深（表层、水下10m、水下20m）监测成果

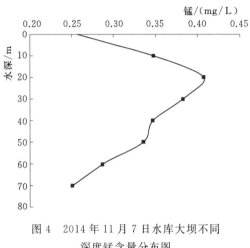

图 4 2014 年 11 月 7 日水库大坝不同
深度锰含量分布图

超标浓度，即整个水库的锰在垂线上呈现出一种中层浓度高，上下层浓度低的纺锤体分布规律。这种超标后垂向锰含量呈纺锤体分布规律在 2014 年 11 月调查时进行锰超标调查时也有发现，当时不同水深锰含量分布图如图 4 所示。这种分布规律应是由于水库水体分层引起的，通常深层湖库会有明显热分层效应。库区锰含量均超标后，下层锰可因重力作用或沉积吸附作用逐渐聚集至库底，而中层及表层无法对流至下层，随着表层锰逐渐被氧化沉积降低后，中层浓度变化较少，于是便呈现出这种纺锤体浓度分布规律。这种分层的存在将使中层保持长时期的较高浓度，对表层水质带来了隐患与威胁。

2.2 表层水质锰污染成因及规律

依据 2014 年 9 月以来的逐日最高气温及最低气温，与白源水厂历史监测数据绘制图 5（a）。由图 5（a）中可知，以往 4 次超标事件中有 3 次均出现于年最低气温附近，这说明山口岩水库表层锰超标与极端低温天气有一定的关联。气温降低导致表层水温降低，密度增大（水温为 4℃时密度达到最大），表层水体在重力作用下下沉至底部，引起上下层水体强对流，从而将库底内源污染物释放至表层。

进一步分析研究区域历史气象数据：自 2014 年 6 月以来，山口岩水库有且仅有三次发生降雪或雨夹雪天气过程，时间分别为 2016 年 1 月底、2018 年 1 月底及 2019 年 1 月，恰好与 2015 年后的三次超标事件相对应。因为极端天气常伴随气温的骤变，同时低温降水过程可促进表层水体水温骤降，引发上下层水体强对流的产生，加之历次表层水质锰含量超标均发生在山口岩水库水位下降期，水位相对偏低，给底部内源污染物对流扩散提供了良好的条件。因此，分析认为 2016 年以后三次山口岩水库表层锰超标应为低温、低水位、降雪等极端天气多因素共同作用造成的。

由图 5（b）中可以看出，2014 年 11 月发生的锰超标有三个明显特征：久旱后出现强降雨、水库水位达到局部较低值、前期气温骤降，上述三个因素均对表层水体锰污染均有不利影响。水库水位较低时，常伴随周边土岩暴露情况，在长期干燥风化作用下，土壤中的锰转为易释放的可溶颗粒物，而短期内强降水携带含锰土壤颗粒物进入库区，加之气温骤降，表层水温降低，产生密度流，导致底层高本底的含锰沉积物侵入表层水体，进而引发水库表层水体锰含量超标现象。

综上，低气温、低水位伴随降雪等极端天气很可能导致山口岩水库表层锰超标，在低水位、久旱后强降水及温度骤降等因素叠加下亦可能导致山口岩水库表层锰超标，当出现多因素叠加时需要重点关注水库水质状况。

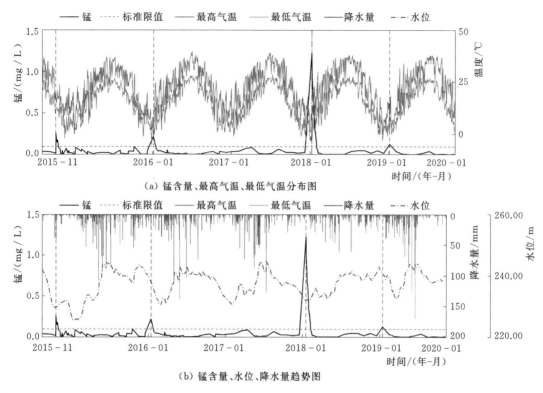

（a）锰含量、最高气温、最低气温分布图

（b）锰含量、水位、降水量趋势图

图5 白源水厂断面2014年9月—2019年12月锰含量、最高气温、
最低气温、水位、降水量趋势图

2.3 其他伴生规律

以2018年2月山口岩水库表层水体锰超标事件为典型案例进行分析发现铁、锰变化趋势呈现同一性、超标初期DO异常下降等现象（图6）。从图6可以看出，铁、锰含量变化存在着高度一致性，二者线性拟合相关系数R^2接近0.90，伴随着锰含量下降（由1.23mg/L逐渐降至0.11mg/L），铁含量从0.22mg/L逐渐降低至检出限以下，表明山口岩水库表层锰与铁应有共同来源及相似的变化规律。国内外许多大中型水库铁、锰超标也有类似特征规律同步性。在这些类似水库中，通常认为铁、锰共同来源于水库底部沉积物的释放。

对山口岩水库DO监测显示：在发生超标早期山口岩水库坝址附近DO有一个反常的下降过程。2018年2月1日于山口岩水库取水口监测DO为5.6（饱和率42.78%），远小于多年均值8.6，而同时期上游3.5km处王源大桥DO为7.8。当时监测结果显示并无使DO下降的还原性因素存在，也无生态异常事件，故此类异常降低应为湖库底层低含氧量的水体与表层高含氧量水体对流造成，同时这种对流过程也将湖库底部锰释放至顶层，造成表层水体锰超标。后在2018年2月3日进行持续监测时发现，DO已经逐渐上升为7.3，这说明DO的异常下降并不会维持很久，对于山口岩水库DO的连续时段监测或可提早发现上下水体异常对流引起的表层水体锰超标。

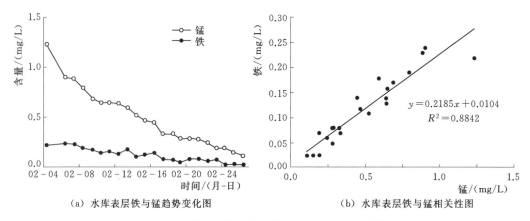

图 6　2018 年 2 月山口岩水库白源水厂表层水铁、锰调查结果

<h2>3　结论与建议</h2>

（1）山口岩水库表层超标锰主要来源于坝址附近底层，少量来源于降水汇流的面源污染，低气温、低水位伴随降雪等极端天气很可能导致山口岩水库表层锰超标，在低水位、久旱后强降水及温度骤降等因素叠加下亦可能导致山口岩水库表层锰超标。山口岩表层锰超标常伴随着铁含量上升，初期伴随着溶解氧短时间内的异常下降，在超标发生后中层水体会保持一个相对长时间内的高锰含量。

（2）建议及时构建低温时期锰超标预警机制，每年 11 月至次年 3 月密切关注库区水质情况，在低气温、低水位、伴随降雪等极端天气时应加强库区水环境监测，同时安装在线 DO 等实质监测设备，应特别关注短期内 DO 出现异常变化，在必要时可通过提高水位、控制下泄流量等措施减少上下层水体交换，防止或减少水库表层水体锰超标。

（3）筹划水源地备用取水口，建议对库中至库尾处进行充分考察，调研增设水源地备用取水口的可行性，制定相应备用方案，增强避险能力。

<h2>参 考 文 献</h2>

［1］ 刘树元，郑晨，袁琪，等. 台州长潭水库铁锰质量浓度变化特征及其成因分析［J］. 环境科学，2014，35（10）：3702－3708.

［2］ PENG H，ZHENG X L，CHEN L，et al. Analysis of numerical simulations and influencing factors of seasonal manganese pollution in reservoirs［J］. Environmental Science & Pollution Research，2016，23（14）：14362－14372.

［3］ 邓立凡，黄廷林，李楠，等. 水源水库暴雨径流过程水体锰的迁移及其影响［J］. 环境科学，2019，40（6）：2722－2729.

［4］ 姜欣，朱林，许士国，等. 水源水库季节性分层及悬浮物行为对铁锰迁移的影响：以辽宁省碧流河水库为例［J］. 湖泊科学，2019，31（2）：375－385.

［5］ 朱林. 水库沉积物中重金属的迁移与富集效应研究［D］. 大连：大连理工大学，2019.

［6］ 陈能汪，王德利，鲁婷，等. 九龙江流域地表水锰的污染来源和迁移转化机制［J］. 环境科学学

报，2018，38（8）：2955 - 2964.

［7］ 徐毓荣，徐钟际，向申，等. 季节性缺氧水库铁、锰垂直分布规律及优化分层取水研究［J］. 环境科学学报，1999，19（2）：147 - 152.

［8］ 董春颖，虞左明，吴志旭，等. 千岛湖湖泊区水体季节性分层特征研究［J］. 环境科学，2013，34（7）：2574 - 2581.

［9］ 曾明正，黄廷林，邱晓鹏，等. 我国北方温带水库周村水库季节性热分层现象及其水质响应特性［J］. 环境科学，2017，37（4）：1337 - 1343.

［10］ 谢在刚，许士国，汪天祥，等. 碧流河水库水质综合调查设计与实践［J］. 中国农村水利水电，2017，（10）：52 - 61.

［11］ GANTZER P A，BRYANT L D，LITTLE J C. Controlling soluble iron and manganese in a water - supply reservoir using hypolimnetic oxygenation［J］. Water Research，2009，43（5）：1285 - 1294.

［12］ DAVISON W. Supply of iron and manganese to an anoxic lake basin［J］. Nature，1981，290（5803）：241 - 243.

［13］ PAPINA T S，EIRIKH A N，SERYKH T G，et al. Space and time regularities in the distribution of dissolved and suspended manganese forms in novosibirsk reservoir water［J］. Water Resources，2017，44（2）：276 - 283.

栗水河水质状况及污染防治对策分析

刘卫根[1] 荣宗根[2] 邢久生[1] 郑金顺[1] 陈 东[3] 柳 诚[2]

(1. 江西省宜春水文局，江西宜春 336000；

2. 江西省上栗县环境保护局，江西萍乡 337009；

3. 中国科学院生态环境研究中心，北京 100085)

摘 要： 为研究经济发展对当地水体环境质量的影响，本文对上栗县栗水河水体环境质量进行了为期五年的长期监测。单因子分析结果表明，栗水河佛岭断面水质以Ⅱ类为主，邓家洲断面水质以Ⅲ类为主，各断面水质基本达到水环境功能区划的要求。综合污染指数法表明，2011—2015 年，佛岭断面各年份综合污染指数均低于邓家洲断面，但两断面综合污染指数总体均呈现上升趋势。通过对各污染指标的污染指数（P_{ij}）和污染分担率（K_i）进行排名可知，佛岭断面和邓家洲断面的主要污染指标均为总氮、化学需氧量（COD）、高锰酸盐指数和五日生化需氧量（BOD_5）等有机污染因子。对栗水河水质进行监测评价，分析影响水质的原因，提出污染防治对策，可为栗水河的治理提供有效依据。

关键词： 栗水河；水质评价；单因子评价法；综合污染指数法；污染防治

上栗县位于江西省西部，萍乡市北部，西、北面分别与湖南省醴陵市、浏阳市接界，为湘赣边贸重镇，总人口约 50 万人。栗水河自东向西流经上栗县城，是上栗县居民饮用水、农业灌溉用水和工业用水的主要来源。随着工业的发展和人口的增多，我国环境问题越来越严峻，江、河、湖泊、水库等水质普遍受到不同程度的污染，作为上栗县的母亲河，栗水河的水质状况和环境保护受到当地居民的普遍关注和政府的高度重视。本文通过对栗水河水质的监测，对栗水河水质的污染情况进行综合评价，为上栗的区域发展、栗水河的综合治理及水资源的有效利用提供理论依据。

1 栗水河流域概况

栗水河发源于江西省宜春市袁州区水江乡，流经上栗县城及杨岐、桐木、鸡冠山、上栗、金山 5 个乡镇，流入湖南醴陵后经渌水汇入湘江。江西省境内主河长 42km，其中上栗境内流域面积 350.0km²，宜春入境流域面积 48.6km²。栗水河流域有中型水库（枣木水库）1 座、小（1）型水库 5 座、小（2）型水库 16 座，总库容 3053 万 m³。近年来，上栗县经济发展迅速，拥有花炮、造纸、水泥、装备制造等工业体系，第一产业中的畜禽养殖业也保持稳定快速增长态势。工业废水、生活污水及畜禽养殖废水经处理后多排入栗水河，因此，对栗水河水质进行监测分析，可为栗水河水质现状评价和预测水体环境质量变化趋势提供数据支撑，对栗水河的污染防治具有重要的指导意义。

2 污染源分析

2.1 生活污染源分析

栗水河上栗段流域人口约 32.2 万人。佛岭以上河段人口约 12.4 万人，年产生活污水 362.08 万 t，其中化学需氧量排放量约 651.7t、氨氮约 54.3t。佛岭—邓家洲段约 19.8 万人（县城约 7.2 万人，其中 5.3 万人生活污水已纳管），年产生活污水 746.35 万 t，其中县城 378.43 万 t（278.5 万 t 经上栗县污水处理厂处理后达标排放，99.93 万 t 县城生活污水未经有效收集，经地表径流进入栗水河），县城外经杨岐河、金山河纳入栗水河生活污水 367.92 万 t。佛岭—邓家洲段年排放化学需氧量约 1321.4t，氨氮约 78.58t。

2.2 工业污染源分析

佛岭以上区域企业数 5 家，年排放工业废水 6.4 万 t，其中化学需氧量 2.37t、氨氮 0t。佛岭—邓家洲段企业数 28 家，年排放工业废水 146.4 万 t，其中化学需氧量 809.32t、氨氮 24.21t。

2.3 农业污染源分析

佛岭以上区域规模化以上养殖企业 10 家（均为牲畜养殖），饲养量 12300 头，化学需氧量年排放量 59.22t，氨氮 9.9t。佛岭—邓家洲段规模化以上养殖企业 11 家（均为牲畜养殖），饲养量 15400 头，化学需氧量年排放量 59.22t，氨氮 10.69t。

3 栗水河水质监测

3.1 监测断面设置

栗水河流经上栗县城，在县城上、下游分别设置一个监测断面，由萍乡市环境保护局进行长期水质监测和数据分析。县城上游监测断面——佛岭饮用水源保护区断面（对照断面），每月监测一次；县城下游监测断面——邓家洲出境水断面（削减断面），每逢单月监测一次。两个断面均为江西省省控断面，具体点位信息和水质保护目标见表 1。

表 1　　　　　　　　　　　栗水河监测断面设置及水质保护目标

序号	断面名称	具体位置	功能区划	水质保护目标 （GB 3838—2002 类别）
1	佛岭饮用水源保护区断面	上栗县水厂取水口	集中式饮用水地表水源地 二级保护区	达到或优于Ⅲ类
2	邓家洲出境水断面	上栗县金山镇麻山村邓家洲	地表水出境水	Ⅲ类

3.2　水质评价方法

3.2.1　单因子评价法

单因子评价法，即根据评价时段内该断面参评的指标中类别最高的一项来确定水质综合评价结果。各指标类别的确定方法为将所评价河流某断面该指标的实测浓度与地表水各类标准相比较，低于或等于该类标准，即报该类标准的数字，超过Ⅴ类标准的用"劣Ⅴ类"表示。该方法简单明了，可直接了解水质状况与评价标准之间的关系。目前，此方法在我国环保、水利等水环境监测系统中得到普遍应用。

3.2.2　综合污染指数法

综合污染指数法通过计算综合污染指数和污染分担率来判断河流各断面的污染情况，甄别主要的污染因子。与单因子评价法不同的是，综合污染指数法可以在同一类别中比较水质的优劣，不会因个别水质指标较差就否定综合水质，因而可以更好地反映水体环境质量变化的整体信息。

3.2.2.1　地表水综合污染指数

$$P_{ij} = C_{ij}/C_{io} \tag{1}$$

$$P_j = \sum_{i=1}^{n} P_{ij} \tag{2}$$

式中：P_{ij} 为 j 断面 i 项污染物污染指数；C_{ij} 为 j 断面 i 项污染物浓度的年均值；C_{io} 为 i 项污染物浓度评价标准值；P_j 为 j 断面水质综合污染指数；n 为参与评价的污染物项数。

3.2.2.2　污染分担率

$$K_i = P_{ij}/P_j \times 100\% \tag{3}$$

式中：K_i 为 i 项污染物在该断面污染物中的污染分担率；P_j 为 j 断面水质综合污染指数；P_{ij} 为 j 断面 i 项污染物污染指数。

4　栗水河水质评价结果

4.1　单因子评价结果

按照国家生态环境部发布的《地表水环境质量评价办法（试行）》（环办〔2011〕22号），选择《地表水环境质量标准》（GB 3838—2002）表 1 中除水温、总氮、粪大肠菌群以外的 21 项作为评价指标，采用单因子法进行水质评价。具体评价结果见表 2 和表 3。

表 2　　　　　　　　2011—2015 年栗水河佛岭断面各月份水质类别

年份	月　份											
	1	2	3	4	5	6	7	8	9	10	11	12
2011	Ⅱ	Ⅱ	Ⅱ	Ⅱ	Ⅱ	Ⅱ	Ⅱ	Ⅱ	Ⅱ	Ⅱ	Ⅱ	Ⅱ
2012	Ⅱ	Ⅱ	Ⅱ	Ⅱ	Ⅲ	Ⅱ	Ⅱ	Ⅲ	Ⅱ	Ⅱ	Ⅱ	Ⅱ
2013	Ⅱ	Ⅱ	Ⅲ	Ⅱ	Ⅱ	Ⅱ	Ⅱ	Ⅱ	Ⅱ	Ⅱ	Ⅱ	Ⅱ
2014	Ⅱ	Ⅱ	Ⅱ	Ⅲ	Ⅱ	Ⅱ	Ⅱ	Ⅱ	Ⅱ	Ⅱ	Ⅱ	Ⅱ
2015	Ⅱ	Ⅱ	Ⅱ	Ⅲ	Ⅱ	Ⅱ	Ⅱ	Ⅲ	Ⅱ	Ⅱ	Ⅱ	Ⅱ

表 3　　　　　　　2011—2015 年栗水河邓家洲断面各月份水质类别统计

年份	月　份					
	1	3	5	7	9	11
2011	Ⅲ	Ⅲ	Ⅲ	Ⅲ	Ⅱ	Ⅲ
2012	Ⅱ	Ⅲ	Ⅲ	Ⅱ	Ⅱ	Ⅲ
2013	Ⅲ	Ⅱ	Ⅲ	Ⅲ	Ⅲ	Ⅲ
2014	Ⅲ	Ⅱ	Ⅲ	Ⅲ	Ⅲ	Ⅲ
2015	Ⅲ	Ⅲ	Ⅱ	Ⅲ	Ⅱ	Ⅲ

由表 2 和表 3 可知，佛岭断面水质以Ⅱ类为主，在所有月份中所占比例达 88.3%；当水质为Ⅲ类时，通常因高锰酸盐指数、化学需氧量、总磷、汞等项目为Ⅲ类结果所致。邓家洲断面水质以Ⅲ类为主，所占比例为 66.7%，当水质为Ⅲ类时，通常因化学需氧量、五日生化需氧量、氨氮、高锰酸盐指数、汞、总磷等项目为Ⅲ类结果所致。佛岭断面因位于上游饮用水源地，水质总体优于邓家洲断面。根据各月份统计结果可知，栗水河各断面水质总体达到良好或以上水平，水质质量达到水环境功能区划要求。

4.2　综合污染指数法评价结果

根据栗水河水质监测统计结果，选择化学需氧量、氨氮、总磷、总氮、粪大肠菌群等 12 项作为评价因子，计算各项目浓度年均值（统计结果见表 4），并根据《地表水环境质量标准》（GB 3838—2002）Ⅲ类水质标准，采用综合污染指数法对每年的水质情况进行评价，评价结果见表 5。

表 4　　　　　　　　2011—2015 年栗水河主要项目监测结果统计表

断面名称	年份	高锰酸盐指数/(mg/L)	化学需氧量/(mg/L)	五日生化需氧量/(mg/L)	氨氮/(mg/L)	总磷（以 P 计）/(mg/L)	氟化物（以 F⁻ 计）/(mg/L)	汞/(mg/L)	铬（六价）/(mg/L)	石油类/(mg/L)	硫化物/(mg/L)	总氮/(mg/L)	粪大肠菌群/(个/L)
佛岭	2011	2.1	6.08	1.24	0.070	0.015	0.217	0.00001	0.011	0.006	0.007	0.985	4049
	2012	1.8	7.75	1.18	0.150	0.034	0.192	0.00003	0.009	0.010	0.007	0.776	1266
	2013	1.45	6.97	0.82	0.116	0.049	0.184	0.00002	0.011	0.010	0.011	0.951	2083
	2014	1.43	8.46	0.94	0.172	0.038	0.245	0.00003	0.010	0.010	0.012	0.923	1553
	2015	1.5	8.9	0.89	0.168	0.037	0.224	0.00004	0.005	0.010	0.010	1.166	2333
	平均值	1.7	7.63	1.01	0.135	0.035	0.212	0.00003	0.009	0.009	0.009	0.960	2257

断面名称	年份	高锰酸盐指数/(mg/L)	化学需氧量/(mg/L)	五日生化需氧量/(mg/L)	氨氮/(mg/L)	总磷(以P计)/(mg/L)	氟化物(以F⁻计)/(mg/L)	汞/(mg/L)	铬(六价)/(mg/L)	石油类/(mg/L)	硫化物/(mg/L)	总氮/(mg/L)	粪大肠菌群/(个/L)
邓家洲	2011	2.5	7.48	1.89	0.427	0.028	0.248	0.00001	0.015	0.005	0.010	1.037	5500
	2012	2.7	9.97	2.04	0.323	0.051	0.213	0.00003	0.012	0.012	0.018	1.802	3415
	2013	2.13	9.82	1.42	0.189	0.064	0.192	0.00002	0.009	0.005	0.012	1.340	2383
	2014	2.43	11.48	1.28	0.489	0.080	0.234	0.00002	0.006	0.013	0.012	1.714	1550
	2015	2.5	12.4	1.61	0.440	0.070	0.222		0.003	0.020	0.007	2.020	1707
	平均值	2.5	10.23	1.65	0.374	0.059	0.222	0.00002	0.009	0.011	0.012	1.583	2911

表 5　　栗水河主要污染物污染指数统计表

断面名称	年份	高锰酸盐指数		化学需氧量		五日生化需氧量		氨氮		总磷(以P计)		氟化物(以F⁻计)		汞		铬(六价)		石油类		硫化物		总氮		粪大肠菌群		综合污染指数(P_j)
		P_{ij}	K_i	P_{ij}	K_i	P_{ij}	K_i	P_{ij}	K_i	P_{ij}	K_i	P_{ij}	K_i	P_{ij}	K_i	P_{ij}	K_i	P_{ij}	K_i	P_{ij}	K_i	P_{ij}	K_i	P_{ij}	K_i	
佛岭	2011	0.35	10.9	0.30	9.4	0.31	9.7	0.07	2.2	0.08	2.5	0.22	6.9	0.10	3.1	0.22	6.9	0.12	3.8	0.04	1.3	0.99	30.9	0.40	12.5	3.20
	2012	0.30	9.6	0.39	12.5	0.30	9.7	0.15	4.8	0.17	5.4	0.19	6.1	0.30	9.5	0.18	5.8	0.20	6.4	0.04	1.3	0.78	24.9	0.13	4.2	3.13
	2013	0.25	7.8	0.35	10.9	0.21	6.6	0.12	3.8	0.25	7.8	0.18	5.6	0.20	6.3	0.22	6.9	0.20	6.3	0.06	1.9	0.95	29.7	0.21	6.6	3.20
	2014	0.23	6.9	0.42	12.4	0.24	7.2	0.17	5.2	0.19	5.6	0.21	6.3	0.20	6.0	0.22	6.9	0.20	6.3	0.06	1.9	0.92	27.5	0.16	4.9	3.34
	2015	0.25	6.8	0.45	12.3	0.22	6.0	0.17	4.7	0.19	5.2	0.22	6.0	0.40	11.0	0.10	2.7	0.20	5.5	0.05	1.4	1.17	32.1	0.23	6.3	3.65
	平均值	0.28	8.4	0.38	11.4	0.25	7.5	0.14	4.2	0.18	5.1	0.21	6.3	0.24	7.9	0.18	5.4	0.18	5.4	0.05	1.4	0.96	28.7	0.23	6.9	3.34
	P_{ij}总计	1.38		1.91		1.28		0.68		0.88		1.06		1.30		0.92		0.92		0.25		4.81		1.13		16.52
	平均污染分担率 K_i	0.0835		0.1156		0.0775		0.0412		0.0533		0.0642		0.0787		0.0557		0.0557		0.0151		0.2912		0.0684		
	污染名次	3		2		5		11		10		7		4		8		8		12		1		6		
邓家洲	2011	0.42	10.0	0.37	8.8	0.47	11.1	0.43	10.2	0.14	3.3	0.25	5.9	0.10	2.4	0.30	7.1	0.10	2.4	0.05	1.2	1.04	24.6	0.55	13.0	4.22
	2012	0.45	8.6	0.50	9.5	0.51	9.7	0.32	6.1	0.26	4.9	0.21	4.0	0.20	5.7	0.24	4.6	0.24	4.6	0.09	1.7	1.80	34.2	0.34	6.5	5.26
	2013	0.35	8.7	0.49	12.2	0.36	9.0	0.19	4.7	0.32	8.0	0.19	4.6	0.20	5.0	0.18	4.5	0.20	5.0	0.06	1.5	1.34	33.3	0.24	6.0	4.02
	2014	0.40	8.1	0.57	11.6	0.32	6.5	0.19	4.0	0.23	4.7	0.20	4.1	0.12	2.4	0.26	5.3	0.26	5.3	0.06	1.2	1.71	34.8	0.16	3.3	4.92
	2015	0.42	7.9	0.62	11.6	0.40	7.5	0.44	8.2	0.35	4.0	0.22	3.7	0.06	1.1	0.40		0.40		0.04	0.7	2.02	37.8	0.17	3.2	5.34
	平均值	0.40	8.4	0.51	10.8	0.41	8.6	0.37	7.8	0.30	6.2	0.22	4.6	0.20	4.2	0.18	3.8	0.22	4.6	0.06	1.3	1.58	33.3	0.29	6.1	4.74
	P_{ij}总计	2.04		2.55		2.06		1.87		1.47		1.10		1.00		0.90		1.10		0.30		7.91		1.46		23.76
	平均污染分担率 K_i	0.0859		0.1073		0.0867		0.0787		0.0619		0.0463		0.0421		0.0379		0.0463		0.0126		0.3329		0.0614		
	污染名次	4		2		3		5		6		8		10		11		8		12		1		7		

由表 5 可知，对各项目污染指数和污染分担率进行排序，得出"十二五"期间佛岭断面前六位污染因子依次为总氮、化学需氧量、高锰酸盐指数、汞、五日生化需氧量和粪大肠菌群；综合污染指数除 2012 年较 2011 年略有降低外，其余年份总体呈现上升趋势。邓家洲断面排名前六位的污染因子依次为总氮、化学需氧量、五日生化需氧量、高锰酸盐指

数、氨氮和总磷；综合污染指数先升高后降低再升高，但总体处于上升趋势。

2011—2015 年，佛岭断面各年份综合污染指数均低于邓家洲断面，与单因子评价法评价结果一致。上游水质优于下游水质主要原因是，佛岭断面位于集中式饮用水地表水源地保护区，排污受到环保、水利等管理部门的严格控制；邓家洲断面因位于县城下游，受县城生活污水和沿岸工业废水排放的影响而水质下降。佛岭断面和邓家洲断面排名前六位的污染因子中有 4 项共同因子，即总氮、化学需氧量、高锰酸盐指数和五日生化需氧量，栗水河水质总体上属于有机类污染，主要因生活污水、畜禽养殖业排泄物的大量排放及化肥的大量使用并向水源地流失等多方面原因造成。

5 结论与防治对策

5.1 结论

通过对栗水河近五年不同断面的监测，采用单因子评价法对每月水质进行评价，较直观地给出了栗水河不同断面每月的水质类别，结果表明：佛岭断面以 Ⅱ 类水质为主，邓家洲断面以 Ⅲ 类水质为主，上游水质优于下游水质，栗水河水环境质量总体较好，能够达到水环境功能区划的要求。

通过综合污染指数法对栗水河不同断面及同一断面不同污染指标的污染分担率进行评价，客观地给出了栗水河近五年来的实际污染程度，得出栗水河的主要污染指标为总氮、化学需氧量、高锰酸盐指数和五日生化需氧量等有机污染因子。由污染指数的变化趋势可知，佛岭断面和邓家洲断面的综合污染指数总体呈现上升趋势，水环境形势不容乐观，水环境保护和治理还需加强。

5.2 防治对策

为了更好地保护栗水河，力争水环境质量总体改善，根据栗水河水质监测结果和污染源统计数据，结合当地实际情况，提出以下建议：

（1）加强源头治理。佛岭以上区域主要为生活源和农业源污染，应关停和取缔饮用水源地保护区内的排污口以及与供水作业和水源保护无关的建设项目。按照饮用水水源地保护区管理要求，加强生活污水收集处理、垃圾清运、截污沟建设、生态栅栏等各项环境管理措施，确保饮用水源地水质达到水功能区划要求。

（2）狠抓工业污染防治。栗水河上栗段工业企业主要分布在佛岭—邓家洲段，佛岭上游企业数较少。①依托"水十条""蓝天碧水行动计划"，开展重污染行业水污染调查，进一步调整产业结构，优化空间布局，依法淘汰落后产能，取缔不符合产业政策的生产项目，关停取缔辖区内张光启火焙纸厂、李辉火焙纸厂、黄文明火焙纸厂及塑料加工等其他小作坊企业和落后产能；②依托"工矿企业全面达标排放"等专项行动，不断提高工业废水处理效率，减少工业废水污染物排放量；③以清洁生产为重要抓手，分行业、按年度有计划推进造纸、啤酒、食品加工等主要涉水企业清洁生产审核，从降低单位产品用水量、提高生产用水重复使用率、降低排放浓度方面着手，不断削减工业企业外排水量及污染物；④加强已关停、取缔矿井生态修复，通过"封源、清表、截污、治污、生态修复"技术手段开展矿井生态修复，不断削减矿井外涌水中铁、锰、汞等重金属对栗水河水质影响。

（3）强化城镇生活污染治理。进一步强化城区生活污水收集管网的建设、改造和维护，引进先进污水处理设施，重点解决污水处理厂进水化学需氧量浓度和污水处理量偏低的问题。全面推进集镇生活污水处理设施建设，桐木镇、鸡冠山乡、杨岐乡等乡镇应加快建立集镇污水处理设施。依托"全国农村生活污水治理示范县（上栗县）"建设项目，结合新农村、美丽乡村、特色小镇建设要求，纵深推进农村生活污水处理，不断削减污染物排放总量。

（4）推进农业农村污染防治。①继续推进禁养区养殖企业（含专业养殖户）的关停、搬迁工作；②加强限养区养殖企业（含专业养殖户）综合整治，淘汰一批不符合产业政策、整改无望的养殖企业（含专业养殖户），规范一批治污设施较规范的养殖企业（含专业养殖户），确保养殖粪污全部农业利用；③持续推进可养区养殖企业（含专业养殖户）达标治理，推进新型节水养殖、生态养殖、微生物垫床养殖模式，确保养殖粪污全部农业利用或达标排放；④推进农村环境综合整治，加强流域内农业面源的污染控制、农村生活垃圾的收集运转和治理，合理调整农业生产的结构和布局，发展生态农业，防止农业污染。

（5）加强考核和部门联动。①全面实施排污许可和总量控制。加强排污许可的审查、核发及主要污染物总量控制指标的考核；②实行最严格水资源管理制度，落实"四项制度"，严控"三条红线"。大力推行升级版"河长制"，构建完善的河湖管理保护机制。在污染减排、环评审批、工程管理、河流治理、农业灌溉等方面加强环保、水利、农业等部门的合作交流，形成合力。

<h1 style="text-align:center">参 考 文 献</h1>

［1］ 黎桂芳，彭剑峰. 萍水河水质状况及治理策略［J］. 萍乡高等专科学校学报，2008，25（3）：84-87.

［2］ 彭图，黄淼. 上栗县"2014.5.25特大暴雨"与"2008.5.28特大暴雨"影响对比分析［J］. 江西水利科技，2015，41（2）：144-147.

［3］ 周梦公，郭雅妮，惠璠，等. 延河水质污染现状分析研究［J］. 环境科学与管理，2016，41（1）：90-93.

［4］ 惠璠，郭雅妮，崔双科，等. 锦界工业园对秃尾河水质的污染调查及分析［J］. 西安工程大学学报，2015，29（3）：307-311.

［5］ 陈伟胜，童玲，许延营，等. 地下水质量综合污染指数评价模型改进及应用［J］. 给水排水，2013，39（7）：158-162.

抚河干流水质评价与成因分析

杨振宇　　杨海保

（江西省抚州市水文局，江西抚州　344000）

摘　要：本文依据抚河历年水质监测数据，采用单因子评价法和趋势检验法，分析研究抚河干流水质现状、变化趋势及污染源成因等。分析结果表明：抚河干流水质总体良好，多数河段和年份水质优于Ⅲ类；但是随着经济快速发展，工业废水、农村居民生活污水、农业生产的非点源污染随降雨径流输入河流，导致抚河干流水资源质量有下降趋势，其中氨氮、高锰酸盐指数等呈上升趋势，应引起有关部门高度重视。

关键词：抚河干流；水质评价；变化趋势；成因分析

1 引言

河流型水源地是我国城镇集中式供水水源地的重要类型之一，而抚河干流是抚州市主城区及沿河两岸城镇生产、生活重要水源地，其水质好坏直接关系着抚州四百万居民的生命健康安全。虽然，相关检测机构对抚河水质有定时监测，但一直缺乏对抚河水质变化趋势、污染源成因等方面的系统分析与研究。目前，对河流水质的变化趋势进行分析有两种方法：一种是根据水质、水量、河流地形等资料进行模拟建模，通过模型计算来预测水质变化趋势，也称水质预测。这种方法设置参数较多，比较复杂，对所需的数据要求较高，资金投入大。另一种是采用肯德尔（Kendall）趋势检验法进行水质趋势分析，即通过分析历史水质资料序列，找出污染源成因及水质发生变化趋势。该方法适用于非正态分布、数据不完整或少数值异常的数据样本分析。故本文选用第二种方法，用PWQTrend2010作为分析工具，并根据抚州市水资源监测中心水质监测历年资料，对抚河干流水质现状、主要污染物自上而下沿河变化、年际变化及污染源成因等进行评价分析，以便正确认识和掌握当前抚河干流的水质现状及变化趋势，为抚州市相关污染控制决策提供科学依据。

2 流域概况

2.1 自然地理

抚河流域位于江西省东南部，是鄱阳湖水系的五大河流之一，是江西省第二大河流。

主河发源于赣、闽边界武夷山西麓广昌县境内的里木庄，干流从南向北流经广昌、南丰、南城、金溪、自临川折向西北经南昌县青岚湖注入鄱阳湖，河长 348km，抚河流域面积 16493km²、抚州市境内面积 15717km²。

2.2 水文气象

抚河流域属中亚热带季风湿润气候区，四季分明，雨量充沛。多年平均降雨量为 1737.7mm。但降雨量年际变化较大，最大年降雨量为 4098.8mm（2002 年乐安县金竹站），最小年降雨量为 905.5mm（1963 年南城县南城站）。降雨量年内分配也不均匀，4—6 月多年平均降雨量为 818mm，占年降雨量的 46.9%。

流域内多年平均气温 17～18℃，年蒸发量 737～1050mm。水资源较为丰富，多年实测年平均径流量 168.3 亿 m³，年平均径流深 1024mm。径流主要由降水形成，年径流地区分布及年际年内变化与降水量变化相似，有明显的季节性、地区性，同时在地区、时程分配上极不均匀。

3 资料选用

1987 年至今，抚河干流从源头背景站至下游控制站陆续设立了多处水质监测站点。所设立水质监测站在 2000 年以前每年 1 月、4 月、7 月、11 月共监测四次，以后年份每月监测一次。常规监测参数包括水温、pH 值、溶解氧（DO）、高锰酸盐指数（COD_{Mn}）、五日生化需氧量（BOD_5）、氨氮（NH_3-N）、总磷（TP）、总氮、氰化物、挥发性酚、六价铬（Cr）、砷（As）、汞（Hg）、硒（Se）、铅（Pb）、镉（Cd）、铜（Cu）、锌（Zn）、锰（Mn）、氟化物（F）、硫酸盐、氯化物、硝酸盐、铁（Fe）、电导率等。考虑监测站点的稳定性和数据的可比性，本次分析研究选用抚河干流水质监测资料系列较长、监测频次较多的沙子岭、白舍、南丰、新丰、南城、浒湾、廖家湾、赣东桥、柴埠口等 11 个水质监测站。现状水质评价选用 2010—2013 年的水质监测资料；水质变化趋势及污染源成因分析选用 1987—2013 年的水质监测资料。

4 结果与分析

4.1 水质评价结果

根据 2010—2013 年抚河干流 5 个主要水质监测站的 26 项监测参数，依据《地表水环境质量标准》（GB 3838—2002），采用单因子评价法，按全年期、汛期、非汛期 3 个评价时段进行分析评价。分析评价结果显示，抚河干流多数河段和年份水质优于Ⅲ类，只有南丰、南城部分河段和部分时段为Ⅲ类，主要是总磷（TP）为Ⅲ类，见表 1。

4.2 主要污染物沿程变化

依据 2010—2013 年抚河上游东坑至抚河下游市界柴埠口水质监测站氨氮（NH_3-N）、

表1 抚河干流 2010—2013 年水质评价结果

站点	评价时段	水 质 类 别			
		2010 年	2011 年	2012 年	2013 年
沙子岭	全年期	Ⅱ	Ⅱ	Ⅱ	Ⅱ
	汛期	Ⅱ	Ⅱ	Ⅱ	Ⅱ
	非汛期	Ⅱ	Ⅱ	Ⅱ	Ⅱ
南丰	全年期	Ⅱ	Ⅱ	Ⅱ	Ⅱ
	汛期	Ⅱ	Ⅱ	Ⅱ	Ⅱ
	非汛期	Ⅱ	Ⅲ	Ⅲ	Ⅱ
南城	全年期	Ⅱ	Ⅱ	Ⅱ	Ⅱ
	汛期	Ⅱ	Ⅲ	Ⅲ	Ⅱ
	非汛期	Ⅱ	Ⅱ	Ⅱ	Ⅱ
廖家湾	全年期	Ⅱ	Ⅱ	Ⅱ	Ⅱ
	汛期	Ⅱ	Ⅱ	Ⅱ	Ⅱ
	非汛期	Ⅱ	Ⅱ	Ⅱ	Ⅱ
柴埠口	全年期	Ⅱ	Ⅱ	Ⅱ	Ⅱ
	汛期	Ⅱ	Ⅱ	Ⅱ	Ⅱ
	非汛期	Ⅱ	Ⅱ	Ⅱ	Ⅱ

高锰酸盐指数（COD_{Mn}）、总磷（TP）、溶解氧（DO）等主要污染物沿程变化进行分析，如图 1～图 6 所示。从图中可知，氨氮（NH_3-N）沿河自上而下呈上升趋势，且出南城之后上升明显，是上游的 1～2 倍；总磷（TP）沿河自广昌至南城河段呈上升趋势，出廖坊水库库区呈下降趋势，南城河段总磷（TP）为一个较高峰值、其含量是上游新丰、下游浒湾河段的倍数；高锰酸盐指数（COD_{Mn}）沿程变化不大趋于稳定，一般维持在 2mg/L 左右；溶解氧（DO）虽然沿程变化也不大，但溶解氧（DO）易受水温控制，水温高时溶解氧（DO）含量低、水温低时溶解氧（DO）含量相对较高。结果表明，抚河从上游至下游水质呈下降趋势，这与人口、经济沿河分布密切相关。因为下游为抚州市主城区，人口、工业集中，抚河干流穿城而过，所以污染相对较大。

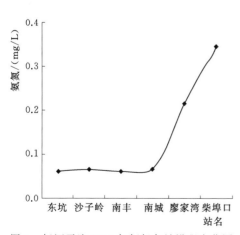

图 1 抚河干流 2010 年氨氮各站沿程变化图

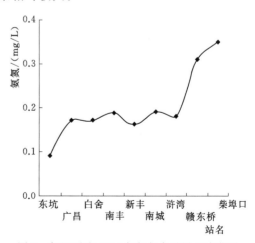

图 2 抚河干流 2013 年氨氮各站沿程变化图

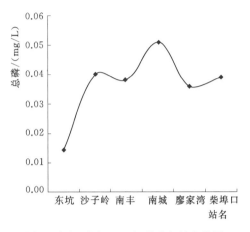 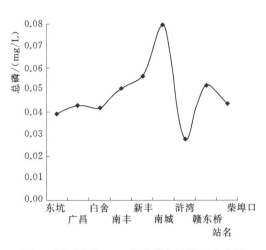

图3 抚河干流2010年总磷各站变化图　　图4 抚河干流2013年总磷各站沿程变化图

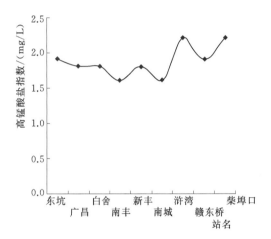 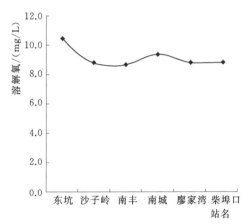

图5 抚河干流2013年高锰酸盐指数各站变化图　　图6 抚河干流2011年溶解氧各站沿程变化图

4.3 年际变化趋势分析

氨氮（NH_3-N）、高锰酸盐指数（COD_{Mn}）是反映抚河干流水质状况的2个重要参数，选择沙子岭、南丰、南城、廖家湾4个水质监测站1987—2013年共27年的监测资料进行水质变化趋势分析。

4.3.1 氨氮（NH_3-N）变化趋势分析

沙子岭、南丰、南城、廖家湾4站氨氮（NH_3-N）的年均值：1987—2003年17年均值小于0.15mg/L，达Ⅰ类水质；2004—2013年10年均值除南丰站外均大于0.2mg/L，南城站高达0.3mg/L是1987—2003年17年均值的2.6倍，见表2。表明氨氮（NH_3-N）的含量自2004年以后氨氮（NH_3-N）呈上升趋势，如图7、图8所示。

4.3.2 高锰酸盐指数（COD_{Mn}）变化趋势分析

沙子岭、南丰、南城、廖家湾4站高锰酸盐指数（COD_{Mn}）的年均值：1987—1995年9年均值小于2.0mg/L，达Ⅰ类水质；1996—2013年18年均值多数年份大于0.2mg/L，

表2 抚河干流主要站氨氮特征变化比较表

站　　名	沙子岭	南丰	南城	廖家湾
1987—2013年27年均值/(mg/L)	0.187	0.139	0.182	0.161
1987—2003年17年均值/(mg/L)	0.154	0.111	0.113	0.128
2004—2013年10年均值/(mg/L)	0.249	0.187	0.298	0.218
倍数	1.617	1.685	2.637	1.703

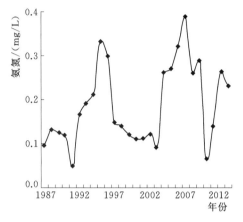

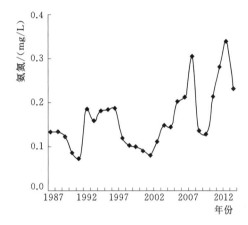

图7　抚河干流沙子岭站氨氮年际变化图　　　图8　抚河干流廖家湾站氨氮年际变化图

最大值达3.1mg/L，见表3。表明高锰酸盐指数（COD_{Mn}）的含量自1996年以后高锰酸盐指数（COD_{Mn}）呈上升趋势，如图9、图10所示。

表3 抚河干流主要站高锰酸盐指数特征变化比较表

站　　名	沙子岭	南丰	南城	廖家湾
1987—2013年27年均值/(mg/L)	2.12	1.90	2.14	2.04
1987—1995年9年均值/(mg/L)	1.63	1.74	1.72	1.78
1996—2013年18年均值/(mg/L)	2.37	1.98	2.35	2.17
最大值/(mg/L)	3.10	2.40	3.10	2.60

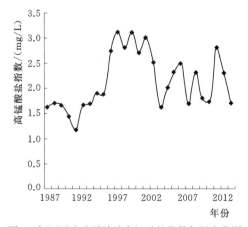

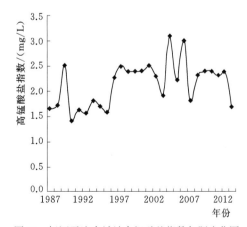

图9　抚河干流沙子岭站高锰酸盐指数年际变化图　　　图10　抚河干流南城站高锰酸盐指数年际变化图

5 污染源成因分析

5.1 暴雨径流过程产生的面污染源

暴雨径流过程产生的面污染与流域水土流失和农业生产、农村居民生活习惯有密切相关。抚河柴埠口断面以上区域农村人口 218.79 万人、占总人口的 56.7%，耕地面积 315 万亩，农业生产的施用化肥、农药和农村居民生活污水随降雨径流流入水体。抚河流域存在不同程度的水土流失，据 2000 年水土流失遥感调查，全流域水土流失总面积为 4602.79km²，占土地总面积的 25.41%。全流域年归槽土壤流失量 146.3 万 t，年均归槽土壤侵蚀模数 92.5t/km²。水土流失主要分布在抚河中上游及支流宝塘水，开展水土保持以来，与 1987 年全流域水土流失遥感调查结果相比较，水土流失面积在逐步减少，流失程度在减轻，水土保持生态环境状况总体上正在逐步得到改善。但是局部地区水土流失面积和流失程度仍有加重的趋势。

依据 2013 年对抚河中游河段赣东大桥站监测资料分析，氨氮（NH_3-N）、总磷（TP）随着流量的增大而增加，其中最大流量所监测的氨氮（NH_3-N）含量是最小流量所监测的氨氮（NH_3-N）含量的 2.22 倍，最大流量所监测的总磷（TP）含量是最小流量所监测的总磷（TP）含量的 1.96 倍，高锰酸盐指数（COD_{Mn}）与流量变化非线性相关，见表 4、图 12、图 13。从上述表明，氨氮（NH_3-N）、总磷（TP）主要来源面污染。

表 4 抚河干流中流河段赣东大桥几个主要参数与流量变化比较表

月份	氨氮 /(mg/L)	总磷 /(0.1mg/L)	高锰酸盐指数 /(mg/L)	流量 /(250m³/s)
1	0.32	0.49	1.93	0.90
2	0.15	0.33	1.27	0.87
3	0.16	0.35	1.57	1.43
4	0.35	0.81	2.13	1.56
5	0.68	0.47	1.47	2.04
6	0.40	0.55	1.83	2.06
7	0.37	0.49	1.63	0.75
8	0.06	0.31	2.03	0.32
9	0.29	0.32	1.97	0.24
10	0.25	0.13	1.97	0.22
11	0.18	0.28	2.00	0.20
12	0.23	0.26	2.50	0.34

5.2 城镇生活污水及工业废水排放产生的点污染源

据调查 2013 年废污水排放量 24898 万 t，其中城镇居民生活污水 7321 万 t、占总排放

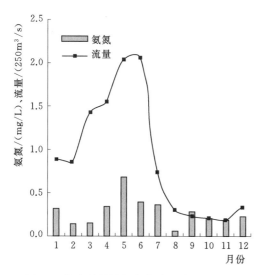

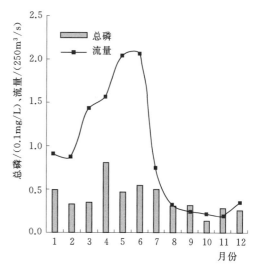

图 11 赣东大桥站氨氮与流量变化比较图   图 12 赣东大桥站总磷与流量变化比较图

量 29.4％，第二产业废水 15900 万 t、占总排放量 63.9％，第三产业废水 1677 万 t、占总排放量 6.7％，主要污染物有氨氮（NH₃-N）、总磷（TP）、高锰酸盐指数（COD$_{Mn}$）和悬浮物（suspended solids）等。近年来城镇生活污水及工业废水排放量逐年递增，2013年废污水排放量比 2012 年增加 3.3％、比 2010 年增加 18.7％。受污水处理厂污水处理能力限制，2013 年经污水处理厂处理达标后排放仅 6926.8 万 t，其余污水未经任何处理直排河流，导致水质下降。

6 结论与建议

6.1 结论

分析表明：抚河干流水资源质量总体良好，如 2013 年沿河各站全年期、汛期、非汛期水质评价均为Ⅱ类，只有少数河段和个别年份的部分评价时段水质为Ⅲ类。但是，氨氮（NH₃-N）的含量沿抚河干流自上而下呈上升趋势，且自 2004 年以后氨氮（NH₃-N）的含量呈上升趋势；高锰酸盐指数（COD$_{Mn}$）的含量自 1996 年以后呈上升趋势；洪水期氨氮（NH₃-N）、总磷（TP）含量比枯水期大。目前，抚河干流水资源质量有下降趋势，应引起有关部门高度重视。

6.2 建议

针对抚河干流水资源质量下降趋势，需要对污染源排放进行严格控制。加强工业企业的监管力度和农业生产、城乡居民生活污水产生的面源治理，是今后抚河流域污染防治的一项长期任务。

（1）控制面污染。面源污染主要源自农业生产的施肥、农药、畜禽及水产养殖和农村居民生活污水、有机垃圾、人畜粪便等。由于降水等其他因素的影响，其氮、磷类化合物通过地表径流流入江河水体，从而引起氨氮、总磷含量偏高。因此，①必须加大宣传力度，改变城乡居民卫生习惯，提高居民环保意识；②加强对农民科学施肥的指导，减少化肥使用，积极探索生态农业发展道路；③实行畜禽养殖规模化养殖，对畜禽类粪便集中处理，实施畜禽养殖废水生态还田综合利用；④加快乡村污水处理设施和有机垃圾处理设施建设，对有机垃圾进行分类存放，集中处理，从而降低生活源对水体的污染；⑤保护湿地及池塘，利用湿地及水塘系统吸收农业排水中的氮、磷，净化水质，缓解面源污染。

（2）加大城镇污水处理力度。2013 年城镇居民生活污水、第三产业废水共 8998 万 t，而经污水处理厂处理达标后排入污水为 6926.8 万 t，仍有 2071.2 万 t 未进行处理直排水体。因此，加大城镇污水管网和污水处理厂扩容建设，使城镇居民生活污水、第三产业废水 100％处理后达标排放。

（3）继续加强工业污染治理和监管，加大流域内污染较为严重的环境监察及监测力度，发现问题立即整改；有条件的工业园区，尽可能把企业生产废水集中处理，达标排放。

参 考 文 献

[1] 谢永红. 牛栏江流域水污染特征与水资源保护对策研究 [J]. 水文，2014，34 (3)：61-65.

[2] 杨海保. 抚河流域水土流失发展态势研究 [J]. 江西水利科技，2007，33 (2)：121-125.

[3] 吕兰军. 鄱阳湖水质现况及变化趋势 [C]// 鄱阳湖水文论文选集（第三辑），2003，10：118-123.

玉山县七一水库多光谱水质在线监测站运行稳定性分析研究

邱海兵　　纪　凯　　叶玉新　　韩建军

（江西省上饶水文局，江西上饶　334000）

摘　要： 饮用水源地水资源保护在近年来受到了越来越多的关注，而水质安全保障是其中的首要任务。为了实时在线监测水质变化情况，江西水利部门在国家重要饮用水源地玉山县七一水库引入了一套新型多光谱水质在线监测系统。研究结果表明：七一水库水质符合Ⅲ类水标准（湖、库），水质情况良好；2018 年在线监测数据上报率达到 98.08%，在线运行稳定性良好。

关键词： 多光谱；在线监测；运行稳定性

1 引言

水质在线监测技术主要分为化学法在线监测技术和光谱法在线监测技术。化学法在线监测技术原理是将水质有机物综合指标的实验室常规化学分析流程自动化，是目前最常见的一种水质在线监测方法。光谱分析法是依据物质发射、吸收电磁辐射以及物质与电磁辐射的相互作用而建立起来的分析方法，主要有紫外光谱分析法、荧光光谱分析法、红外吸收光谱分析法、拉曼光谱分析法等。近年来，紫外光谱法、荧光光谱法以及多种光谱融合等逐渐有所应用发展，已应用于饮用水、地表水、工业废水等水体的在线监测中。与传统化学法在线监测相比，多光谱水质在线监测技术属于一种新兴技术，具有无须站房、无须化学试剂、不产生有毒废液、监测频次高、运维成本低等优势，但同时也存在光谱探头设计与制造、浊度干扰及光路遮挡、水下清洗与密封、模型算法构建等技术研发难点。

为保障国家重要饮用水源地水质安全，江西省水利厅依托江西省国控二期水源地水质在线监测项目，在玉山县七一水库引入了一套杭州希玛诺光电技术股份有限公司开发的多源光谱融合水质在线监测系统，实时在线监测七一水库水质变化情况。本文主要对该套系统的运行稳定性进行分析研究。

2 材料与方法

（1）七一水库多光谱水质在线监测系统，为潜入式多参数水质自动监测站，采用水面浮动平台，主要包括自动监测仪器仪表、辅助系统、安防监控系统。监测参数包括水温、

pH、溶解氧、高锰酸盐指数、总氮、总磷、氨氮等。其中，高锰酸盐指数、总磷、总氮采用光学法在线监测技术。

（2）在江西省水资源管理系统平台上导出 2018 年七一水库水质在线监测系统全年监测数据，分析多光谱水质在线监测系统的运行稳定性。

3 结果与讨论

3.1 在线监测数据分析

在线监测数据显示，2018 年七一水库水体高锰酸盐指数年均值为 2.2mg/L、总磷年均值为 0.017mg/L、总氮年均值为 0.37mg/L，符合《地表水环境质量标准》（GB 3838—2002）Ⅲ类水标准（湖、库），水质情况良好。图 1 为 2018 年七一水库多光谱水质在线监测系统水质变化情况。

从图中可以看出，三个水质指标在 2018 年 7 月 18 日—11 月 3 日之间出现波动，可能原因是：①七一水库水质情况在一定范围内波动；②光学测量窗口前出现气泡或者有微小悬浮动植物遮挡测量光路，导致在线监测值波动。

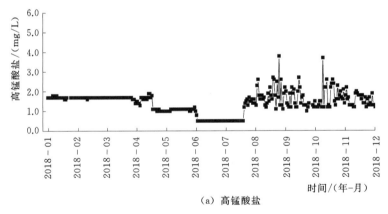

（a）高锰酸盐

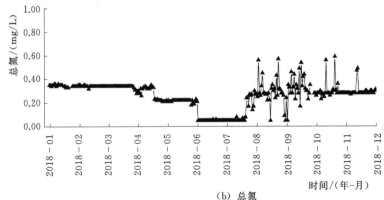

（b）总氮

图 1（一） 2018 年七一水库多光谱水质在线监测系统水质变化情况

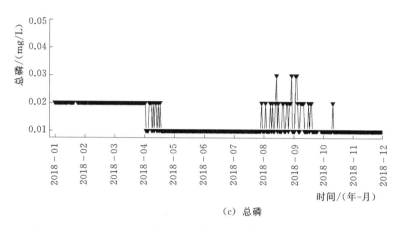

(c) 总磷

图 1（二） 2018 年七一水库多光谱水质在线监测系统水质变化情况

3.2 在线监测稳定性分析

在线监测数据显示 2018 年共有 7 天缺失有效数据，即 2018 年 1 月 15 日、1 月 21—23 日和 9 月 23—25 日。其中，1 月 21—23 日和 9 月 23—25 日为现场仪表维护导致数据中断，1 月 15 日数据缺失原因为监测点信号故障，数据未能及时传输。在线监测数据上报率达到 98.08%，在线运行稳定性良好。

七一水库多光谱水质在线监测系统采用的是 UV（紫外）＋FL（现场荧光）光谱融合分析技术，依托浙江大学研究成果，将紫外吸收光谱分析技术与现场荧光分析技术有机融合，在一定程度上降低了紫外光谱容易受无机悬浮物的干扰，荧光光谱存在淬灭、自吸收、内滤光等不稳定因素的影响，显著提升了水体有机物综合指标的在线分析性能，同时也提升了系统运行稳定性。

4 结论

（1）玉山县七一水库水质良好，保持在Ⅲ类水以上；2018 年七一水库多光谱水质在线监测站数据上报率达到 98.08%，在线运行稳定性良好。

（2）多光谱水质在线监测技术，有机融合多种光谱分析技术，对于未来建立绿色环保的低成本大范围联网水质在线监测系统具有优势，尤其在湖库型饮用水源地水质在线监测领域具有较好的适用性。

参 考 文 献

[1] 李晓静，王晓杰，王爽，等. 光谱分析在水质监测中的应用进展 [J]. 盐科学与化工，2019（9）：12－16.

[2] 周昆鹏，白旭芳，毕卫红. 基于紫外-荧光多光谱融合的水质化学需氧量检测 [J]. 激光与光电子学进展，2018，55（11）：477－486.

［3］ 熊双飞，魏彪，吴德操，等. 一种紫外-可见光谱法水质监测系统的可变光程光谱探头设计［J］. 激光杂志，2015，36 (11)：94-98.

［4］ 曾甜玲，温志渝，温中泉，等. 基于紫外光谱分析的水质监测技术研究进展［J］. 光谱学与光谱分析，2013，33 (4)：1098-1103.

［5］ 穆海洋. 多源光谱融合水质分析的多模型组合建模方法［D］. 杭州：浙江大学，2011.

江西省上饶市大气降水水质特征分析及其对地表水的影响研究

叶玉新　纪　凯　周　密　邱海兵　何　彧　韩建军

（江西省上饶水文局，江西上饶　334000）

摘　要： 以上饶市为研究对象，以 2018 年一整年的大气降水监测数据为依据，分析大气降水中 pH、电导率、主要离子特征及其对地表水水质的影响。研究表明：上饶市 pH 范围为 5.7～6.8；降水中溶解性的离子浓度基本上随电导率的增大而增大的趋势；在降水量小于 10mm 时电导率随降雨量的增加急速下降，然后下降趋势减缓；SO_4^{2-} 和 Ca^{2+} 为降水中最主要的两种水溶性离子，降水中 8 种主要离子浓度的季节变化趋势保持一致，为冬季＞秋季＞夏季＞春季；上饶市大气降水污染类型属于燃煤型或者硫酸型；除了降水的酸度较地表水高以外，其他指标均低于地表水水质浓度，NO_3^- 对地表水水质影响不容忽视。

关键词： 大气降水；pH；电导率；主要离子；季节变化；地表水

近年来，人们生活、生产中的燃煤燃气及燃油量不断增加，导致居住区、工厂等人类活动区排放的废气、粉尘等严重污染了人们生存的大气环境，同时由于降雨过程的发生，空气中的粉尘颗粒物、可溶性的气体随雨水降落至地面，对河道水体造成污染。降水是污染物从大气中去除的重要途径，降水化学组成的变化一定程度上能够反映大气的污染情况。本文以 2018 年大气降水监测资料分析上饶市范围内 pH 值、电导率、主要离子组分特征并通过与地表水水质比对分析，以揭示上饶市大气降水特征及其对地表水水质的影响大小，为资源开发和环境治理工作提供初步依据。

1 基本概述

1.1 水文气象特征

上饶市位于江西省的东北部，为东经 $116°13'～118°29'$，北纬 $27°48'～29°34'$ 之间。东西向宽 210km，南北向长 194km，境内水系发达，河流众多。江西省五大河流中的信江、饶河为上饶市的主要河流，两条河流汇入鄱阳湖后经湖口注入长江，其中信江全流域面积 17599km²，上饶市境内面积约 9523km²；饶河全流域面积为 15300km²。上饶市属于中亚热带大陆季风气候，多年平均降水量为 1776.9mm，降水的季节分配不均匀，春夏多、秋冬少。全市多年平均水资源总量为 256.8 亿 m^3，列全省第二位；2018 年水资源总量为 211.5 亿 m^3，丰富的水资源，为上饶市的国民经济和社会发展发挥了重要作用。

1.2 监测站点布设

根据《水环境监测规范》（SL 219—2013）要求，按照区域监测需求兼顾水功能区划分情况，以上饶市现有的水文站点为基础，在全市 12 个县、市（区）范围内布设 13 个站点。

2 大气降水水质监测

2.1 样品采集

各站点从 2018 年 1 月 1 日后的第一场大规模降雨开始采样，按照《水环境监测规范》（SL 219—2013）要求。以控制 70％以上降水量为原则，共采集了四个季度的大气降水水样。采集的样品严格按项目参数保存条件保存，24h 内送至上饶水文局实验室进行检测。

2.2 监测项目及方法

监测项目为 pH、电导率、F^-、Cl^-、NO_2^-、NO_3^-、SO_4^{2-}、NH_4^+、Na^+、K^+、Ca^{2+}、Mg^{2+} 等 12 项。监测方法标准见表 1。

表 1　　　　　　　　　　　　　监 测 方 法 标 准

监 测 项 目	标 准 编 号	分 析 方 法
pH	GB 13580.4—1992	玻璃电极法
电导率	GB 13580.3—1992	电导仪法
NO_2^-	GB 13580.5—1992	N－（1-萘基）-乙二胺光度法
F^-、Cl^-、NO_3^-、SO_4^{2-}	GB 13580.5—1992	离子色谱法
NH_4^+	GB 13580.11—1992	纳氏试剂分光光度法
Na^+、K^+	GB 13580.12—1992	原子吸收分光光度法
Ca^{2+}、Mg^{2+}	GB 13580.13—1992	原子吸收分光光度法

3 大气降水分析

3.1 采样期间大气降水量

2018 年对上饶市四个季度的大气降水进行了监测，大气降水特征的分析为一个周期。上饶市采样阶段季度降雨分布如图 1 所示。由图 1 可知，上饶市降水年内分配不均匀，夏季居多，春、秋季次之，冬季最少。

3.2 降水 pH 值

降水酸性是酸雨研究中最重要的指标，降水酸性程度一般运用 pH 值来反映，且降水的 pH 值在一定程度上可以指示该地酸雨的强弱。我国环境保护局根据大气降水 pH 值进一步制定了雨水酸性程度分级标准，见表2。根据该雨水酸性程度分级标准，上饶市四个季度的降水酸性程度为中性，未监测到酸雨与监测频次少有

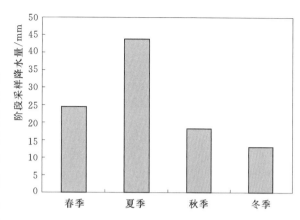

图 1 上饶市采样阶段季度降水分布图

关。各站点全年监测 pH 值范围为 5.7～6.8，酸度级别为中性。最小值为 5.7，分别为 3 月 19 日监测的广丰水文站和 6 月 21 日监测的沙溪站；最大值为 6.8，为 12 月 2 日监测的铁路坪站。

表 2   我国降水酸性程度的分级标准

pH	酸度分级	pH	酸度分级
pH>7.00	碱性	4.00<pH<4.49	较强酸性
5.60<pH<7.00	中性	pH<4.00	强酸性
4.50<pH<5.59	弱酸性		

3.3 降水电导率分析

3.3.1 电导率的时空特征

电导率是反应溶液中所含可溶性离子的综合指标，对于降水样品可间接反映观测地区大气污染程度。电导率与离子浓度的关系如图 2 所示，从图中可以看出，降水中溶解性的离子浓度基本随电导率的增大而增大。上饶市全年电导率在 $5.96～93.3 \mu S/cm$ 之间，其中电导率最小的站次出现于 2018 年 3 月 18 日江西省与安徽省交界的山区站点石门街站；电导率最大的站次出现于 2018 年 12 月 2 日市区站点上饶水文站，说明该站点大气污染最为严重。

3.3.2 电导率与降水量的关系

电导率与降水量的关系如图 3 所示，图中显示，在降水量小于 10mm 时电导率随降水量的增加急速下降；在降水量小于 10mm 时，电导率随降水量的增加下降趋势减缓。由此可知，降水的开始阶段对大气中污染物的冲刷作用明显，随着降水量的增大，对气溶胶粒子及溶解性的气体清洗效率提高，沉降的离子总量增加，同时降水量增大对离子的稀释作用也在增强，促使电导率进一步降低。

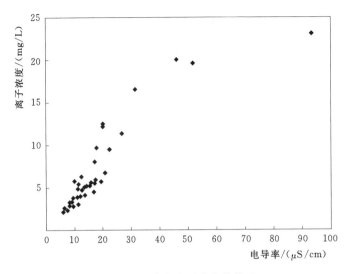

图 2　电导率与离子浓度的关系

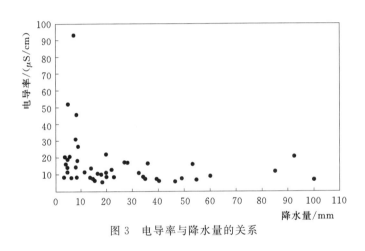

图 3　电导率与降水量的关系

3.4　上饶市大气降水主要离子特征分析

3.4.1　降水中主要离子组成分析

采样期间上饶市大气降水离子浓度见表 3。由表 3 可知，上饶市大气降水中主要包含 K^+、Ca^{2+}、Na^+、Mg^{2+}、NH_4^+、Cl^-、F^-、NO_3^-、NO_2^- 和 SO_4^{2-} 等水溶性离子。各离子年平均值从大到小的顺序为：$SO_4^{2-} > Ca^{2+} > Cl^- > NH_4^+ > NO_3^- > Na^+ > NO_2^- > K^+ > Mg^{2+} > F^-$。$SO_4^{2-}$ 和 Ca^{2+} 为降水中最主要的两种水溶性离子，分别占降水总离子浓度的 32.9% 和 22.6%。SO_4^{2-} 主要来源于煤炭燃烧和汽车尾气排放；Ca^{2+} 主要是来自建筑工程、街道扬尘和土壤灰尘等。

各阴离子和阳离子的百分比组成如图 4 所示，从图上可以看出，阴离子中 SO_4^{2-} 占主要阴离子的 55%，其次是 Cl^- 占 27%；阳离子中 Ca^{2+} 占的比重最大，占主要阳离子的 56%，其次是 NH_4^+ 占 19%。

表3 上饶市大气降水离子浓度表

离子	最大值/（mg/L）	最小值/（mg/L）	平均值/（mg/L）	所占比例/%
F^-	0.4	0.03	0.056	1.0
Cl^-	3.76	0.832	0.902	15.7
NO_2^-	0.34	0.19	0.240	4.2
NO_3^-	1.08	0.18	0.314	5.5
SO_4^{2-}	10.5	0.432	1.885	32.9
NH_4^+	3.457	0.163	0.455	7.9
Na^+	1.197	0.028	0.241	4.2
K^+	1.239	0.032	0.224	3.9
Ca^{2+}	7.085	0.226	1.296	22.6
Mg^{2+}	0.514	0.015	0.115	2.0

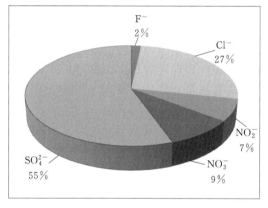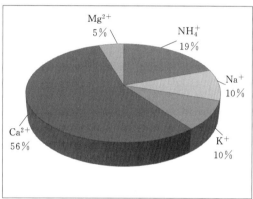

图4 各阴离子和阳离子百分比组成

3.4.2 降水中主要离子浓度的季节变化趋势

上饶市大气降水主要离子浓度的季节变化如图5所示。除 NO_3^- 和 NH_4^+ 外，阴离子 F^-、SO_4^{2-}、Cl^-、NO_2^- 和阳离子 Na^+、Mg^{2+}、K^+、Ca^{2+} 浓度的季节变化特征均为冬季＞秋季＞夏季＞春季，浓度在冬、秋季较高，在春、夏季较低，与降水量季节变化趋势保持一致。一方面是因为春夏季降水频率高、降水量大，对大气有较好的冲刷作用，从而导致了降雨中所含化学组分相对减少；另一方面是因为秋冬季温度低，气象条件不利于污染物的扩散和植被的吸收净化，从而引起降水中含量的离子浓度较高。

3.4.3 降水中特征离子浓度比例分析

为了更好地分析上饶市降水的污染类型，采用大气降水 SO_4^{2-}/NO_3^- 的比值进行判断，它可以反映机动车等移动源和燃料燃烧等固定源对降水酸性程度的贡献率，从而判断一个地区或城市的降水的污染类型，当 SO_4^{2-}/NO_3^- 的比值大于3时，通常认为该地区主要为燃煤型或者硫酸型污染：当 SO_4^{2-}/NO_3^- 的比值小于0.5时，则认为是机动车型或硝酸型污染：当 SO_4^{2-}/NO_3^- 的比值范围在0.5～3之间时，则认为该地区的酸雨污染类型为

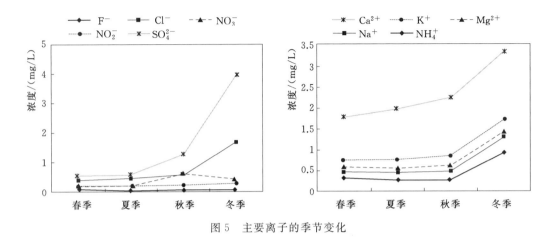

图 5　主要离子的季节变化

硫酸、硝酸的混合型污染。2018 年上饶市大气降水 SO_4^{2-}/NO_3^- 的比值大于 3，污染类型属于燃煤型或者硫酸型，与我国降水的基本类型一致。

3.5　对地表水水质的影响

选取地表水对应监测指标 pH、SO_4^{2-}、F^-、Cl^- 和 NO_3^-，分析大气降水对地表水水质的影响。根据上饶市全年大气降水测定均值和地表水水功能区年平均水质进行比对分析，分析成果见表 4。

表 4　　　　　　　　　　大气降水与地表水相应污染物指标比对

项 目	pH	$\rho(SO_4^{2-})$ /(mg/L)	$\rho(F^-)$ /(mg/L)	$\rho(Cl^-)$ /(mg/L)	$\rho(NO_3^-)$ /(mg/L)
降水水质	6.2	1.88	0.056	0.902	0.34
地表水质	7.2	34.9	0.307	6.29	1.20
质量浓度比率/%	—	5.39	18.24	14.34	28.33

由表 4 可知，除了大气降水的酸度较地表水高以外，其他指标均低于地表水水质浓度；降水中 SO_4^{2-}、F^-、Cl^- 和 NO_3^- 与地表水相同指标质量浓度的比率分别为 5.39%、18.24%、14.34% 和 28.33%，表明降水中 SO_4^{2-}、F^-、Cl^- 对地表水水质影响较小，NO_3^- 对地表水水质影响不容忽视。

4　结论

（1）上饶市全年监测 pH 范围为 5.7～6.8，酸度级别为中性，酸雨频率较低。

（2）降水中溶解性的离子浓度基本随电导率的增大而增大；在降水量小于 10mm 时电导率随降水量的增加急速下降，然后下降趋势减缓。

（3）SO_4^{2-} 和 Ca^{2+} 为降水中最主要的两种水溶性离子，各占降水总离子浓度的 33% 和 23%。降水中 8 种主要离子浓度的季节变化趋势保持一致，为冬季＞秋季＞夏季＞春季，变化趋势与上饶市水文气象因素有关。

（4）2018 年上饶市大气降水 SO_4^{2-}/NO_3^- 的比值大于 3，污染类型属于燃煤型或者硫酸型。

（5）除了大气降水的酸度较地表水高以外，其他指标均低于地表水水质浓度。NO_3^- 与地表水相同指标质量浓度的比率为 28.33%，NO_3^- 对地表水水质影响不容忽视。

5 建议

由于数据量有限，无法全面、准确、客观地反映和研判上饶市范围内大气降水水质特征分析及其地表水水质的影响，今后将持续开展大气降水水质监测，不断累积监测数据资料，为今后开展相关大数据分析提供科学有效支撑。

参 考 文 献

［1］ 鲁群岷. 三峡库区重庆段大气与降水组分分析及其时空特征研究 ［D］. 重庆：西南大学，2013：7-10.
［2］ 陈志远，刘志荣. 中国酸雨研究 ［M］. 北京：中国环境科学出版社，1997.
［3］ 周竹渝，陈德容，殷捷，等. 重庆市降水化学特征分析 ［J］. 重庆环境科学，2003，25（11）：112-114.
［4］ 伍远康，卢国富. 浙江省大气降水水质对地表水水质的影响 ［J］. 水资源保护，2013（6）：31-35.

浅析水文水质检测在饮水安全中的第三方公正作用

吕兰军

（江西省九江市水文局，江西九江　332000）

摘　要： 自来水公司以自检为主的水质检测体系的公正性、水质信息的真实性往往会受到质疑，第三方检测机构参与饮用水水质检测，可以提高公信力。通过具体事例论述了水文水质检测机构更具备第三方公正检测的条件和能力，可以在饮用水安全保障方面起到第三方公正作用。

关键词： 水文；水质检测；第三方公正；饮水安全

2014 年 4 月 10 日 17 时，兰州威立雅出厂水苯含量高达 $118\mu g/L$，远远超出国家规定的饮用水苯含量不超过 $10\mu g/L$ 的标准，引起兰州市民一片恐慌。自 2010 年以来，就先后有 2012 年 2 月江苏镇江水源被苯酚污染致自来水产生异味、2011 年浙江余杭自来水被污染造成几十万居民无法饮用自来水等十多起类似事件见诸报端。自来水厂水质通常由企业自行检测，社会大众对其检测结果往往会产生质疑，兰州的这次事件就是如此。现在好多水厂公布的监测指标都是合格的，但公众可能不相信他们的数据，是否可以建立第三方检测机制，而成为一种监督机制。

我国目前没有建立统一的、独立的第三方检测机制进行自来水检测。能独立开展水质检测的机构很多，如高等院校、科研院所等，但从水质检测能力、检测范围来综合分析，水文水质检测更具备第三方公正条件。水文部门在 20 世纪 90 年代便建立起了国家、流域、省、市四级水环境监测机构，取得国家级计量认证资质，2001 年起开始了重点城市饮用水水源地的水质监测，作为第三方水质检测机构，水文水质检测更具有公信力。

1　水文水质检测机构具备第三方公正条件

第三方检测又称公正检验，指两个相互联系的主体之外的某个客体。第三方以公正、权威的非当事人身份，根据有关法律、标准或合同所进行的检验活动。

水文部门最早在 20 世纪 50 年代就开展了江河湖库的水质监测，监测项目、监测频次逐年有所增加，一般由水文部门的内设科室承担监测任务。进入 90 年代以后，各流域、省、市陆续成立了水环境监测中心。如江西省水环境监测中心于 1994 年经江西省机构编制委员会《关于省水文局增挂牌子的通知》（赣发〔1994〕10号）批准成立。省、市水文局与省、市水环境监测中心是两块牌子一套人员。

1.1 水文各级水质检测机构的公正性声明

水文各级水质检测机构都会发表公正性声明，比如江西省水环境监测中心在《质量手册》中写明："中心的一切检测活动不受上级行政管理部门或人员，以及商务、经济利益等其他任何关系的外界压力和影响，保证独立进行检测，做到结果公正、准确"。江西省水环境监测中心及各市分中心，从事江河湖库水体水质检测已经有30多年的历史，为水资源管理和水环境保护提供了大量的监测资料，在对外服务中从未有过不良现象。

1.2 水文水质检测机构上级主管部门的公正性文件

江西省水环境监测机构的上级主管部门，江西省水利厅在"关于确保江西省水环境监测中心检测工作公正性的通知"中指出：江西省水环境监测中心隶属江西省水利厅，且具有独立法人资格。其检测工作具有独立性，可面向社会开展水环境质量检测业务，各有关单位应不干预监测中心的正常检测业务活动及正常出具公正数据，以确保质检机构的相对独立性、权威性和社会公正地位。

1.3 水文水质检测机构主要从事江河湖库水质监测

水文水质检测机构主要从事水资源质量监测，负责辖区内江河湖库、水利工程建设、取水许可水质监测，检测经费政府确保，与废水、污水排放单位没有任何瓜葛，加上水文是条管单位，在水质监测方面与当地政府没有直接的联系，所出具的检测数据不受任何行政、外界的干扰，具有公正、独立性。

1.4 水文水质检测机构拥有国家级资质

水文水质监测机构质量体系接受国家级技术监督，出具的检测数据有质量上的保证。流域、省、市水环境监测中心每年参加国家级盲样考核和"飞检"，每隔3年接受一次国家级计量认证复查换证考试、考核并取得国家级计量认证资质。

2 水文水质检测机构具有第三方公正的检测能力

2.1 建立了自上而下的监测体系

水文部门建立起了国家、流域、省、市三级水环境监测机构，承担水功能区、入河排污口、行政区界水体、饮用水水源地、地下水等政府下达的指令性水质监测任务，每月监测一次，当发现有污染危及水体安全时，实行水质动态监测，跟踪掌握江河湖库的水质变化情况，积累了30多年的监测资料。另外，水文部门沿江、沿河都设有水文站和水质监测断面，一旦发现有突发性水污染事件，能全江段及时通报信息，比如长江从上游攀枝花到下游上海的21个城市江段形成了完整的水质监测网络，哪个江段一旦发生了水污染事件，水文水质监测信息能立即上报到上级水行政主管部门和当地政府。

2.2 认证的范围包括第三方检测

水文水质检测机构主要从事水资源质量监测，检测范围涵盖各类水及第三方检测。如江西省水环境监测中心的职责是负责监测本省境内江河湖库的水质状况、水利工程建设水质监测、取水许可水质监测，参与辖区内重大水污染事件和由水污染引起的水事纠纷的调查、仲裁，承担水资源论证勘测评价及第三方检测。认证的检测范围为地表水、地下水、生活饮用水、污水及再生利用水、大气降水和底质与土壤两大类 58 个项目参数。

2.3 水文水质检测机构已经开展了饮用水水质检测

水利部于 1999 年 3 月 9 日下发了"关于组织发布重点城市主要供水水源地水资源质量状况旬报的通知"（以下简称《旬报》），要求从 1999 年 4 月开始各地水行政主管部门在征得当地政府同意后发布《旬报》，由经国家计量认证考核合格的各级水环境监测中心对城市供水水源地进行水质监测，保证监测结果的准确性和公正性。水文部门从 1999 年 4 月开始陆续在 20 万以上人口的城市开展了《旬报》编制工作。九江市水环境监测中心从 2000 年 5 月开始在九江市区三个水厂的取水水源地采集水样进行检测，监测项目逐年增加，监测结果及时由水行政主管部门对外发布。水文水质监测为城镇居民用水起到了安全保障作用，受到政府、社会大众和有关部门的肯定。

2.4 水文水质检测机构具有水量水质同步监测优势

水量、水质监测监管的总体目标是建立起先进的信息采集、信息传输和实时监控的水质水量监测体系，而水量、水质同步监测正是水文水质检测机构的优势所在。水文水质检测机构通过水量、水质同步监测可以有效监测污染物状况、水源地水质和河道上游来水情况，实现水量、水质监测的网络化和信息化，为入河污染物总量控制、保障供水安全、改善生态环境提供准确可靠的监测手段、成果和监督管理依据。

2.5 水文水质检测机构对主要排污口建立了档案

水文水质检测机构按照水利部的统一要求，20 世纪 90 年代以来，每隔 3～5 年开展一次入河排污口调查，掌握了各江段、河段的排污口分布。如九江市水环境监测中心，2014 年 3 月对分布在 12 个县（市、区）的 168 个排污口进行了调查，对每个排污口都建档立案，包括各个排污口的污染物种类、排放规律、排放量，对影响较大的污染源，根据河道情况、周边环境和经济发展，评估工矿企业灾害和事故引发的水污染事件的风险和预案。

2.6 水文水质检测机构成功应对了多起水污染事件

水文水质检测机构成功应对过多起水污染事件，在饮用水安全保障中发挥了积极作用。如 2008 年 9 月 25 日湖北阳新驰顺化工有限公司的排污管道因焊接处出现裂缝造成约 5t 废水泄漏长江事件，事故地点离九江市长江取水口约 40km，九江市水文局与上游黄石市、下游安庆市水文局迅速取得联系，在第一时间将水质监测及事故现场信息报告九江市政府及环境、水利部门，并在电视中滚动播报，使市民放心饮用自来水。

另外，水利系统通力协作，通过加大水库下泄流量来应对水污染事件的案例很多。如2007年12月14日12时，赣州市章水南康自来水厂因大余县新城镇2家炼钨企业向章水直排工业废水造成严重的水污染，出现死鱼现象。此次污染事件致使南康区全面停水，且直接威胁到赣州市城区几十万人饮水安全。江西省水文局、赣州市水文局及时报告水质监测情况和分析计算结果，江西省防汛抗旱总指挥部依据水文成果，及时下达了罗边水电站、峡口水库分别下泄 $125m^3/s$、$40m^3/s$ 流量稀释污染水浓度的命令，确保了水污染事件及时有效地处理。这次水污染事件，水文部门连续进行了22次101个断面的水质监测分析，发送实时监测信息22期。赣州市委、市政府对水文部门反应迅速和主动服务能力给予了充分肯定和高度评价。

3 几点思考

3.1 饮用水水源地监测扩大到县级城镇

目前水文水质监测机构只监测20万以上人口的重点城市饮用水水源地，每旬监测一次，但广大的县级饮用水水源地没有纳入监测体系之中。要进一步扩大水源地监测的范围，增加监测频次，县级以上饮用水源地监测频次每月不少于一次，其他水库型水源地每季度不少于一次。监测过程中一旦发现有异常情况或发生水污染突发事件，应加密监测频次，跟踪水质动态，及时上报监测结果。

3.2 切实加强水文水质监测能力建设

2007年7月，我国强制实施了生活饮用水新国标，共106项，而目前部分省、市水环境监测中心还没有达到106项指标的检测能力。应进一步加强省、市水环境监测中心能力建设，完善设施设备，引进专业人才，开展业务培训，提高监测能力和水平。加快水文水质监测与评价信息系统的研究与开发，实时、客观地发布水功能区水质信息，实现资源共享。

3.3 适时建立县级水质检测机构

全国约有4.5万个乡镇，2012年3月公布的《全国农村饮水安全工程"十二五"规划》要求在2015年之前解决2.98亿农村人口的饮水安全问题，将在全国建设22.5万处集中式供水设施。目前，已建成和即将建成投产的农村自来水厂，都需要对供水水质进行监测。但农村自来水厂的水质监测室一般都比较简单，监测项目不多，大部分的乡镇自来水厂没有水质监测室。省、市水环境监测中心目前不具备开展农村饮用水监测的能力，因而有必要设置县级水质检测机构。

3.4 在重点城市饮用水水源地建立水质自动监测站

水质自动监测站能连续、及时、准确地监测目标水域的水质及其变化状况，检测结果直接传输到水环境监测中心信息平台，一旦发生水污染事故，自动监测系统会迅速报警。应尽早在重点城市饮用水水源地建立水质自动监测站，并与中心实验室相通，以及时掌握水源地的水质状况。以往对饮用水水源地水质监测要安排人员到实地采样，回到实验室进行分析，需要3～5天才能出结果。水质自动监测站的建成，能结束多年水质监测采用传统手工采样监测的历史，大大提高水质监控能力，更加全面、客观、真实地反映水质的变化情况。

3.5　配备应急监测设备

目前水文水质检测机构缺乏应有的水污染事件应急监测设施和设备。众所周知，水污染事故的发生带有偶然性和突发性，应急监测以快速准确地判断污染物种类、污染浓度、污染范围及其可能的危害为核心内容。在应急监测中调查、布点、采样、追踪监测污染物等必须要有相应数量的交通工具和采样装备、样品保存设备以及野外多参数水质测定仪，晚间监测还要有照明设施，为了对污染进行全程监测和反映现状，还要有摄影通信器材等。为提高水文水质检测机构应对突发性水污染事件的能力，应增加流动监测设施设备，配备流动监测车和现场水质监测仪。

以企业自检为主的水质检测体系的公正性、水质信息的真实性受到质疑，政府可以通过购买服务的方式，委托第三方检测机构参与饮用水水质检测，以提高公信力。水文部门已经建立起了国家、流域、省、市四级水质检测机构，业务范围涵盖主要江河湖库、重要城市饮用水水源地及行政区界水体，具备了第三方公正检测的条件和能力。

参 考 文 献

[1]　卢卫. 浙江省水功能区水质监测站网建设 [J]. 中国水利，2008 (11)：50-51.

[2]　陕西省水利厅. 建立水质监测网络保障城乡供水安全 [J]. 中国水利，2010 (9)：26.

[3]　黄瑞，张鸿，彭辉，韩龙喜. GIS与数模支持下的苏子河水质预警系统 [J]. 人民黄河，2013 (11)：70-72.

[4]　冯鹤信，吕增起. 沧州市深层地下水的开发、利用与保护 [J]. 河北水利，2006 (2)：33-34.

[5]　张改云. 沧州市深层地下水资源评价及利用对策 [D]. 南京：南京理工大学，2007.

[6]　韩占成，韩彦霞. 沧州市地下水环境地质问题与防治措施 [J]. 地下水，2006 (3)：61-64，92.

[7]　史栾生，幸成. 广东省地表水水功能区水质达标评价 [J]. 广东水利水电，2006 (6)：58-60，82.

水资源实时监控与管理系统建设的作用

朱 翔[1] **江 霞**[2]

(1. 江西省景德镇市水文局，江西景德镇 333000；

2. 江西省景德镇市水务局，江西景德镇 333000)

摘 要：本文以景德镇市水资源实时监控与管理系统为例，对国内中小型城市水资源管理现状及城市水资源实时监控与管理系统建设的架构及可行性进行分析，通过水资源的合理调配，减少因水资源短缺引起的对水生态环境的影响，防止生态环境的恶化。水资源管理系统的建设有助于景德镇市水环境的改善，提高生态治理和保护能力，为城市综合竞争力和城市人居提供良好的生态环境保障。

关键词：水资源管理；实时监控；水生态；水污染事件

水是基础性的自然资源和战略性的经济资源，是生态环境的控制性要素，是经济社会发展的重要支撑和保障。人多水少，水资源时空分布不均、与生产力布局不相匹配，既是现阶段我国的突出水情，也是我国将要长期面临的基本国情，水资源供需矛盾突出是我国可持续发展的主要瓶颈。党中央、国务院高度重视水资源管理工作，中央水利工作会议和2011年中央一号文件《关于加快水利改革发展的决定》提出实行最严格的水资源管理制度，把严格水资源管理作为加快转变经济发展方式的战略举措。

1 景德镇市水资源现状

景德镇市位于江西省东北部，地处皖、浙、赣三省交界处。位于东经 $116°57'\sim$ $117°42'$，北纬 $28°44'\sim29°56'$。地处亚热带湿润季风区，雨量充沛，是长江中下游暴雨中心之一。市内河川纵横，支流密布。境内主要河流是饶河。左支乐安河，流域内虎山水文站多年平均径流量 70.64 亿 m^3，饶河右支昌江，多年平均径流量 45.7 亿 m^3。

人均占有地表水资源 3420m^3，亩均占有地表水资源为 4860m^3，都高于全省、全国的平均水平。市区的用水基本上从昌江抽取，地下水利用不多。2012年景德镇市用水情况见表1。

景德镇市水资源虽然丰富，但由于对水资源保护意识不够，由森林砍伐导致水土流失、经济社会发展导致的大量工业废水排放、城市人口增加导致大量生活污水的直接排放、人类活动加剧导致流态改变而造成水体自净能力下降，加上农业使用农药和化肥增加等多种原因，水资源受到一定程度的污染。2012年景德镇市废污水排放量情况见表2。

表 1 　　　　　　　　　　　　　2012 年景德镇市用水情况表 　　　　　　　　　　　　单位：亿 m³

行政分区	农田灌溉	林牧渔畜	工业	城镇公共	居民生活	生态环境	总用水量
市区	0.23	0.04	1.28	0.12	0.29	0.07	2.03
浮梁县	1.06	0.03	0.38	0.02	0.14	0.01	1.64
乐平市	2.69	0.07	0.88	0.06	0.40	0.04	4.14
全市	3.98	0.14	2.54	0.20	0.83	0.12	7.81

表 2 　　　　　　　　　　　　2012 年景德镇市废污水排放量情况表 　　　　　　　　　　单位：万 t

行政分区	废污水排放量				矿坑排水量	入河废污水量
	城镇居民生活	第二产业	第三产业	合计		
市区	2091	7717	825	10633		8506
浮梁县	525	2360	150	3035		2428
乐平市	1881	5206	375	7462	371	5970
全市	4497	15283	1350	21130		16904

2012 年，景德镇全市废污水排放量为 21130 万 t。其中，城镇居民生活污水排放量 4497 万 t，占总排放量的 21.3%，基本已进入城市污水处理管网；第二产业废水排放量 15283 万 t，占总排放量的 72.3%，第三产业废水排放量 1350 万 t，占总排放量的 6.4%。全市入河废污水排放量为 16904 万 t。

据 2009 年景德镇市水文局对景德镇市重要河流纳污能力核定的结果，景德镇市水功能区河流 COD 污染物入河限制排放总量为 30742.20t，氨氮污染物入河限制排放总量为 1315.41t。景德镇市水功能区河流 COD 污染物入河削减量为 17259.39t，氨氮污染物入河削减量为 1892.41t（见表 3）。合理利用和保护珍贵的水资源，保护景德镇的水生态已成为景德镇市刻不容缓的战略任务。

表 3 　　　　　　2009 年景德镇市废污水（COD 和氨氮）排放量及入河削减量 　　　　　　单位：t

行政分区	COD 现状排放量	氨氮现状排放量	COD 入河削减量	氨氮入河削减量
市区	8744.34	1788.49	3180.05	1409.48
浮梁县	1049.28	19.62	0.00	0.00
乐平市	27294.60	1156.95	14079.34	482.93
全市	37088.22	2965.09	17259.39	1892.41

2 存在的问题

根据以上数据的结果可看出景德镇市水功能区的水资源形势的严峻，主要体现在以下几点：

（1）随着经济的发展和引用水量的增长，部分河段的水质情况已超出了水功能区的纳污能力，水质污染形势日趋严峻，突发水污染事件发生的风险较高。

（2）水资源管理中的水质数据收集主要依靠人工方式进行水质取样和排污口监控等信

息的采集和上报，水资源的连续性无法得以满足，基本上以瞬时数据为主。信息化程度不足，应对突发性水污染事件的能力有所欠缺。

（3）水资源的开发利用过程的主要环节包括水源地、取水、输水、供水、用水和排水，目前对这个环节的监测还比较薄弱，数据信息主要依靠抄表统计途径获得，信息化程度不足，无法做到实时的控制。

3 水资源信息管理系统的处置方案

建立流域管理与区域管理相结合的水资源管理体制。健全取水许可与水资源有偿使用制度、用水总量控制和定额管理制度、水功能区监督管理制度、饮用水水源地保护制度等多项水资源管理制度，加强对水资源这种关系国计民生的稀缺资源管理。

3.1 信息采集与传输系统

信息采集与传输系统是景德镇市城市水资源实时监控与管理系统的重要信息来源，是水资源管理和水环境保护的基础。重点针对辖区内的取水、用水、排水等水资源开发利用循环的主要环节，包括水资源信息的自动采集传输、人工采集传输及社会经济等相关信息的外部接入，基础地理等大数据量信息的离线交换。如图1所示。

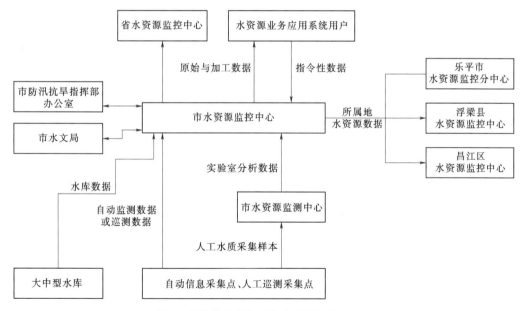

图 1　景德镇市水资源信息系统机构流程图

3.1.1 水资源监测信息

对辖区内全市、县（市、区）的分界控制断面实现在线水量和水质常规监测，为解决水污染应急处理提供决策支持；对地表水及地下水重要监测站实现水位自动监测和水质常规监测，为水资源评价和防止水资源污染提供支撑。

3.1.2 取用水监测信息、排水与水环境监测信息

对年取水量大于 100 万 m³，取水量占总取水量 98％的重点取水口实现水量在线实时监测，促进取水许可和水资源费征收监督管理；对占排污总量 95％的重要排污口实施水量和水质常规监测，确保排水安全和水资源保护工作的有效落实。

3.1.3 建立景德镇市突发性水污染事件预警模型

在昌江流域（景德镇河段），开展河流突发性水污染事件风险评估研究。以丹麦水力学研究所（DHI）MIKE 软件中的水动力（Flow Model，FM）以及水质（EcoLab、AD）模块为基础，建立研究区域一、二维水动力—水质耦合预警计算模型，模拟设计水文条件和事故条件下污染物质时空变化情况。根据预警模型计算出环境中有害物质的浓度、强度、频率及时间，判定风险等级并进行风险结果表达与解释。

3.2 水污染事件预警及防治

通过水资源管理系统的建立，充分的获取可能出现水污染事件的企事业单位的基本信息，包括取水量、排水量、主要污染成分；并建立污染物泄漏报告机制，存在风险的个体有责任对出现的污染物泄漏予以上报；在水功能区水质在线监测与巡测结合的同时，迅速掌握污染物的情况，预警信息系统发出警报，提前准备并采取相关措施，首先切断污染源，建立隔离区域，防止污染程度进一步加大。通过预警模型计算对事故进行模拟，可大致确定污染范围及之后的发展趋势，从而为进一步的解决水环境问题做出合理的方案做到运筹帷幄。水污染事件的发生有时会呈线性的增长，尤其是出现持续性污染的情况，初段入河废污水的介入在早期被发现的情况下可较好地切断污染源，预防水污染事件进一步升华。

4 结论

通过城市水资源实时监控与管理系统建设，强化水资源统一管理，实现水资源管理信息化，能有效地监测水体污染情况和水量情况，对污染物排放总量进行监督，并根据水功能区的纳污能力及污染物排放总量控制方案，对水污染实行有效防治。同时，通过水资源的合理调配，减少因水资源短缺引起的对水生态环境的影响，防止生态环境的恶化。水资源管理系统的建设将有助于景德镇市水环境的改善，提高生态治理和保护能力，为城市综合竞争力和城市人居提供良好的生态环境保障。

参 考 文 献

[1] 谢新民，蒋云钟，闫继军，等. 水资源实时监控管理系统理论与实践 [M]. 北京：中国水利水电出版社，2005.

[2] 陈明忠，闫继军，谢新民. 建设水资源实时监控管理系统——水利现代化的技术方向 [J]. 中国水利，2000，(7)：27-28，38，4.

[3] 李洪波，李凌，李凤保. 绵阳市水资源实时监控与管理系统 [J]. 中国水利，2005 (13)：169-171.

[4] 崔伟中，刘晨. 松花江和沱江等重大水污染事件的反思 [J]. 水资源保护，2006 (1)：1-4.

西河湾浮游植物调查及营养状况评价

占　珊　陈佳洁

（江西省景德镇市水文局，江西景德镇　333000）

摘　要： 对西河湾2019年3—11月的水体理化指标和浮游植物群落结构进行调查，监测结果表明，西河湾水质状况为Ⅴ类水标准，主要超标项目为总磷、总氮。各采样点的综合营养状态指数在43.9～49.6之间波动，西河湾整体达到中营养化水平。调查期间共发现浮游植物8门58属116种，其中绿藻门和硅藻门在种类上占据优势，分别占藻类种类数的41.38％和31.03％。各采样点藻细胞密度变化范围较大，全年波动于3.5万～1806万 ind./L之间，平均为197万 ind./L。Margalef丰富度指数、Shannon-Wiener多样性指数、均匀度指数随时间呈现出一定的变化，西河湾水体的污染程度3月、9月高于5月、7月、11月。3种多样性指数对西河湾水质评价结果一致，显示该水体几乎全年处于中污型状态，与综合营养状态指数分析结果也具有较好的一致性。

关键词： 西河湾；水质；浮游植物；营养状况

1 引言

西河是昌江一级支流，在景德镇市区三间庙南侧西港口汇入昌江，西河湾位于西河下游段，主城区西南侧。河道的鲤鱼洲段沿岸地势低洼，加之西河防洪基础薄弱，长期以来，遭受暴雨内涝及洪水倒灌双重影响，周边自然环境和西河水环境均被破坏。

为了从根源上起到缓解内涝、防洪的作用，同时带动周边地区的经济发展、改善周边地区的自然环境，景德镇市委市政府在2015年启动了西河水系综合治理项目。在西河下游段，通过新建水力翻板坝抬高水位，在上游形成约57.33hm²的新昌南湖景观水面，在承担着防洪调洪基本功能的同时，形成了集生态改善、旅游休闲等功能于一体的西河湾湿地公园。翻板坝蓄水后会导致水体流动速度放缓、水体自净能力下降；同时，由于人类活动的影响，将会导致不同程度的水体污染及水体富营养化。浮游植物是水域生态系统的重要组成部分，对水体综合或慢性污染反应敏感，其种类组成和数量变化能反映水环境质量，因此对西河湾浮游植物群落进行调查，利用综合营养状态指数、浮游植物多样性指数对水体富营养化程度进行评价，为今后西河湾的水生态环境和水资源保护提供基础数据。

2 材料与方法

2.1 采样时间和采样点

2019 年 3—11 月，每 2 个月对西河湾进行采样调查。在西河湾湖区及上、下游共设 6 个采样点（见图 1）。从西河上游到经过西河湾至下游与昌江汇合处，依次命名为 A（洪源）、B（体育馆）、C（沙滩）、D（石岭桥）、E（水坝）、F（人民公园）。A 点（北纬 29°20′15″，东经 117°8′53″）位于西河湾上游洪源水文站，B 点（北纬 29°18′23″，东经 117°9′2″）位于西河湾上游洪源下游体育馆处，C 点（北纬 29°18′17″，东经 117°9′55″）位于西河湾沙滩处，D 点（北纬 29°18′27″，东经 117°10′3″）位于西河湾中间石岭桥处，E 点（北纬 29°18′21″，东经 117°10′30″）位于西河湾翻板坝内侧处，F 点（北纬 29°18′21″，东经 117°11′36″）位于西河湾下游与昌江交界人民公园处。

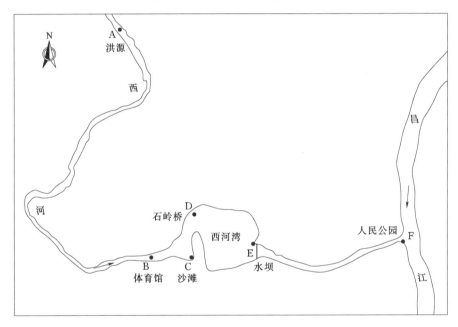

图 1　西河湾采样点示意图

2.2 样品的采集与处理

每个样点均采集表层 0.5m 处水样及浮游植物样品。

水质样品的采集按照《水和废水监测分析方法（第四版）》，水温、pH 现场测定，溶解氧、总磷、总氮、叶绿素、高锰酸盐指数、氨氮等指标在实验室进行测定。

浮游植物的定性、定量样品的采集、固定、浓缩均按照《水库渔业资源调查规范》（SL 167—2014）进行。浮游植物定性样品用 25 号浮游生物网（孔径 64μm）在表层水中作"∞"字形来回拖曳 5min 左右，将其倒入已准备好的样品瓶，加入鲁哥氏液固定后，带回实验室待镜检鉴定。

浮游植物定量样品用有机玻璃采水器采 1L 水样于水样瓶中，加入鲁哥氏液固定，带回实验室静置 48h 沉淀后浓缩至 50mL，放入样品瓶内保存待检。计数时充分摇匀后，用移液器吸取 0.1mL 样品置于 0.1mL 浮游植物计数框内，在显微镜（Olympus CX31，400×）下采用视野法计数，每个样品计数 2 次，2 次误差不应超过 15%，如果超过再计数第 3 次，取误差较小 2 次的平均值作为最后的定量结果。

每升水样中浮游植物数量的计算公式如下：

$$N = \frac{C_s}{F_s \times F_n} \times \frac{V}{v} \times P_n \tag{1}$$

式中：N 为升水中浮游植物的数量，ind. /L；C_s 为计数框的面积，mm^2；F_s 为视野面积，mm^2；F_n 为每片计数过的视野数；V 为一升水样经浓缩后的体积，mL；v 为计数框的容积，mL；P_n 为计数所得个数，ind. 。

2.3 评价方法

2.3.1 综合营养状态指数法

采用中国环境监测总站推荐的"湖泊水库富营养化评价方法及分级技术规定——综合营养状态指数法"中，以 Chla、TP、TN、SD 和 COD_{Mn} 为评价标准，对水体富营养化状况进行评价，评价标准见表 1。综合营养状态指数计算公式如下：

$$TLI(\Sigma) = \sum_{j=1}^{m} W_j \cdot TLI(j) \tag{2}$$

式中：$TLI(\Sigma)$ 为综合营养状态指数；$TLI(j)$ 为第 j 种参数的营养状态指数；W_j 为第 j 种参数的营养状态指数的相关权重；m 为评价参数的个数。

表 1　　　　　　　　　　　综合营养状态指数评价标准

营养状态等级	指标值 $TLI(\Sigma)$	定性评价
贫营养	$0 < TLI(\Sigma) \leqslant 30$	优
中营养	$30 < TLI(\Sigma) \leqslant 50$	良好
（轻度）富营养	$50 < TLI(\Sigma) \leqslant 60$	轻度污染
（中度）富营养	$60 < TLI(\Sigma) \leqslant 70$	中度污染
（重度）富营养	$70 < TLI(\Sigma) \leqslant 100$	重度污染

2.3.2 生物多样性指示法

浮游植物的物种多样性可以说明不同环境下藻类个体的分布丰度和水体污染程度。本文选择应用较广泛的 Shannon – Wiener 多样性指数 H'、Margalef 丰富度指数 d 和 Pielou 均匀度指数 J' 对西河湾水质进行评价。计算公式分别为

$$H' = -\sum_{i=1}^{x} P_i \log_2 P_i, P_i = n_i / N \tag{3}$$

$$d = \frac{S-1}{\ln N} \tag{4}$$

$$J' = \frac{H}{\log_2 S} \tag{5}$$

式中：n_i 为第 i 种的数量；N 为采集样品中的所有种类总个体数；S 为采集样品的种类总数。

浮游植物多样性指数评价标准见表 2。

表 2 浮游植物多样性指数评价标准

多样性指数	清洁型	α-中污型	β-中污型	重污型
H'	>3	2～3	1～2	<1
d	>3	2～3	1～2	<1
J'	>0.8	0.8～0.5	0.5～0.1	<0.1

3 结果与讨论

3.1 水质状况及营养状态分析

调查期间各样点水质监测结果表明（见表 3），西河湾水温在 10.5～30.0℃ 之间，最高水温出现在 9 月，最低水温出现在 3 月，均值为 21.2℃；pH 值范围为 6.9～8.2，均值为 7.4，水体呈弱碱性；总磷浓度范围在 0.024～0.259mg/L，均值为 0.066mg/L；总氮浓度范围在 0.75～6.53mg/L，均值为 1.91mg/L。按照《地表水环境质量标准》（GB 3838—2002），主要超标项目为总磷、总氮，水质状况为 V 类水标准。

表 3 各采样点的水质状况

月份	数据类型	水温/℃	pH 值	溶解氧/(mg/L)	总磷/(mg/L)	总氮/(mg/L)	叶绿素 a/(μg/L)
3	最小值	10.5	7.4	8.1	0.040	1.03	1.84
	最大值	11.5	7.9	8.9	0.060	1.25	18.08
	均值	10.8	7.7	8.2	0.047	1.16	3.07
5	最小值	20.0	7.3	6.9	0.024	2.58	3.01
	最大值	22.0	8.2	8.2	0.136	6.53	20.10
	均值	21.2	7.6	7.8	0.070	4.46	3.61
7	最小值	25.3	7.2	8.1	0.040	0.75	7.18
	最大值	28.7	7.6	8.7	0.259	1.20	28.00
	均值	26.8	7.4	8.4	0.109	0.94	6.33
9	最小值	26.4	6.9	8.0	0.030	0.68	7.18
	最大值	30.0	7.6	8.5	0.105	1.39	31.70
	均值	28.6	7.3	8.3	0.047	0.91	27.77
11	最小值	18.5	7.1	7.6	0.027	1.24	1.10
	最大值	19.0	7.9	9.0	0.151	4.37	70.90
	均值	18.8	7.6	8.5	0.058	2.07	26.73

依据"湖泊水库富营养化评价方法及分级技术规定",对西河湾 6 个采样点的营养状态进行分析。从表 4 可知,在调查期间各采样点的综合营养状态指数在 43.9~49.6 之间波动,西河湾整体达到中营养化水平。

表 4 　　　　　　　　　　　　西河湾水质综合营养状态指数

采样点	3 月	5 月	7 月	9 月	11 月
A	43.3	52.6	48.5	45.5	43.4
B	42.4	51.6	49.1	44.5	47.3
C	42.8	48.9	48.7	50.0	50.7
D	47.4	50.2	44.6	49.5	48.8
E	40.3	41.6	46.1	51.9	50.0
F	47.2	47.3	42.1	56.4	52.0
平均值	43.9	48.7	46.5	49.6	48.7
营养状态等级	中营养	中营养	中营养	中营养	中营养

3.2 浮游植物种类组成和分布

在调查期间共鉴定出浮游植物 8 门 58 属 116 种,其中绿藻门和硅藻门在种类上占据优势,分别占藻类种类数的 41.38% 和 31.03%;蓝藻门次之,占 14.66%;其余各门占的比例都较小。全流域各门藻类种类数所占比例见表 5。

表 5 　　　　　　　　　　　　西河湾浮游植物的种类组成

门	属数	种数	种数百分比/%
蓝藻门	8	17	14.66
绿藻门	24	48	41.38
硅藻门	16	36	31.03
隐藻门	2	3	2.59
裸藻门	3	7	6.03
甲藻门	2	2	1.72
金藻门	2	2	1.72
黄藻门	1	1	0.86
合计	58	116	100.00

浮游植物种类组成月分布如图 2 所示。硅藻门、绿藻门、蓝藻门、隐藻门、裸藻门和甲藻门所含的藻种数目每月以不同的比例出现。全年以硅藻和绿藻的种类数最多,占总种数的 70% 以上。3—9 月各种藻类的优势种群交替出现,3 月以硅藻为优势,5—7 月以硅藻和绿藻为优势,9 月以硅藻、绿藻和蓝藻为优势,11 月以硅藻和绿藻为优势。基本符合 PEG(Plankton Ecology Group)模式,即冬春季(3 月)以硅藻门为主,夏季(5 月、7 月)以绿藻门为主,夏末秋初(9 月)蓝藻比例增大,随后(11 月)又逐渐恢复硅藻门低温条件下的竞争优势。

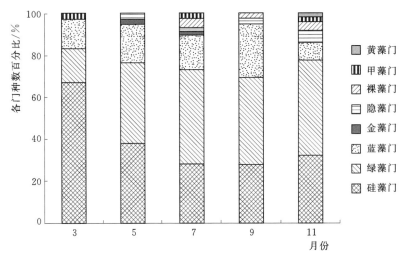

图 2　西河湾浮游植物的种类月分布

3.3　藻细胞密度的时空变化

各采样点藻细胞密度变化范围较大，全年波动于 3.5 万～1806 万 ind./L 之间，最高为 11 月 E 点水坝处，最低为 3 月 A 点洪源处。均值为 197 万 ind./L。

空间上，各采样点的藻细胞密度从西河上游一直到西河湾翻板坝（A→E）呈逐渐增加趋势，到出湖口 F 点又急剧减少。表明翻板坝在一定程度上对浮游植物起到了聚集作用，且 E 点因为水体流速慢形成了静态水面，藻类会上浮以获得更多的光照，导致采样时表层水体藻类浓度高，而坝下游 F 点因为水体流速快致使水体上下垂直混合，以及与昌江水体的交换致使水体水平混合，藻类均匀分布在水柱中，从而导致在 E 点集中分布表层的藻类到了 F 点完全均匀分布各个水层，因此 F 点采样时表层水体藻类浓度下降。

时间上，从 3 月到 5 月逐渐增加，随后一直到 9 月逐渐减少，到 11 月又急剧增加。3 月、5 月 C 点沙滩处藻细胞密度最大，9 月、11 月 F 点水坝处藻细胞密度最大。3 月、5 月气温适宜，可能为人类活动干扰有关，居民在沙滩处活动频繁；9 月、11 月随着降雨量的减少，水流流速偏低，导致藻类富集在浅滩区及水坝内侧相对死水区，最终使水坝处藻细胞密度达到峰值（全年最大）。西河湾藻细胞密度的时空变化如图 3 所示。

3.4　浮游植物多样性指数

浮游植物多样性指数和均匀度指数也可以较好地反映水质变化状况，水中检出的藻类种数越多，并且各个藻种的分布均匀度越高，说明该水体中浮游植物群落的稳定性越高，水环境质量也越高。

由表 6 可知，调查期间西河湾浮游植物的 Margalef 丰富度指数（d）各月平均值在 1.05～1.84 之间；Shannon-Wiener 多样性指数（H'）各月平均值在 1.87～2.88 之间；均匀度指数（J'）各月平均值在 0.51～0.65 之间。根据相应指数评价标准评价西河湾水体污染情况，Margalef 丰富度指数、Shannon-Wiener 多样性指数基本介于 1～3，属于

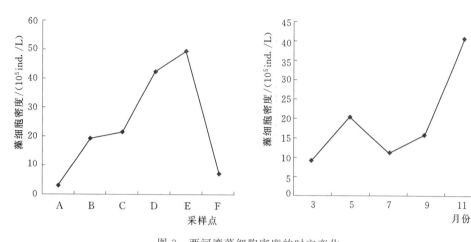

图 3　西河湾藻细胞密度的时空变化

中污型，均匀度指数介于 0.5～0.8，属于中污型。因此 3 种多样性指数对西河湾水质评价结果一致，显示该水体几乎全年处于中污型状态。

表 6　　　　　　　西河湾浮游植物的丰富度指数、多样性指数和均匀度指数

指数	采样点	3 月	5 月	7 月	9 月	11 月
d	A	0.77	1.18	2.87	1.59	3.18
	B	1.58	0.77	2.28	1.49	1.81
	C	1.49	1.38	1.72	1.62	2.44
	D	0.99	0.99	1.10	0.48	1.12
	E	0.74	1.81	2.07	0.73	0.66
	F	1.45	1.52	0.98	0.41	1.31
	均值	1.17	1.27	1.84	1.05	1.75
H'	A	1.46	3.03	2.98	2.63	2.54
	B	1.98	2.37	2.73	3.02	1.74
	C	3.33	2.30	3.14	1.16	4.61
	D	1.43	3.30	3.00	0.89	2.88
	E	2.21	2.80	2.89	1.01	0.37
	F	1.99	2.54	2.52	2.50	2.64
	均值	2.06	2.72	2.88	1.87	2.46
J'	A	0.46	0.74	0.60	0.59	0.49
	B	0.47	0.66	0.53	0.70	0.36
	C	0.74	0.51	0.68	0.25	0.91
	D	0.36	0.85	0.73	0.30	0.70
	E	0.64	0.59	0.59	0.28	0.10
	F	0.49	0.56	0.66	0.97	0.62
	均值	0.52	0.65	0.63	0.51	0.53

3 种多样性指数随时间呈现出一定的变化。Margalef 丰富度指数平均值的变化趋势为：9 月＜3 月＜5 月＜11 月＜7 月，Shannon－Wiener 多样性指数平均值的变化趋势为：9 月＜3 月＜11 月＜5 月＜7 月，均匀度指数平均值的变化趋势为：9 月＜3 月＜11 月＜7 月＜5 月。3 种多样性指数都显示 9 月最低、3 月次之。水体的污染程度与多样性指数的大小变化呈相反趋势，因而西河湾水体的污染程度 3 月、9 月高于 5 月、7 月、11 月。

9 月平均水温 28.6℃，在调查期间的 5 次采样中水温是最高的，甚至超过 7 月，这与采样当天的个体差异有关。水温适宜蓝藻、绿藻的生长，同时因为水体流速减小导致隐藻数量的快速增长，而 9 月的藻类总种数又最少，因此造成了多样性指数最小。

3 月平均水温 10.8℃，低于大多数浮游植物的最适生长温度，却最适宜喜冷的硅藻门的生长，因此 3 月水体藻类种数少，仅次于 9 月，群落结构较单一。

4 结论

（1）根据水质监测结果表明，西河湾水质状况为 V 类水标准，主要超标项目为总磷、总氮。在调查期间各采样点的综合营养状态指数在 43.9～49.6 之间波动，西河湾整体达到中营养化水平。

（2）调查期间，西河湾共鉴定出浮游植物 8 门 58 属 116 种，以绿藻、硅藻为主要类群；各采样点藻细胞密度变化范围较大，从西河上游一直到西河湾翻板坝呈逐渐增加趋势，到出湖口又急剧减少，表明翻板坝在一定程度上对浮游植物起到了聚集作用，且 E 点因为水体流速慢形成了静态水面，藻类会上浮以获得更多的光照，导致采样时表层水体藻类浓度高，而坝下游 F 点因为水体流速快致使水体上下垂直混合，以及与昌江水体的交换致使水体水平混合，藻类均匀分布在水柱中，从而导致在 E 点集中分布表层的藻类到了 F 点完全均匀分布各个水层，因此 F 点采样时表层水体藻类浓度下降。因此需防范 10—11 月水量减少的情况下，翻板坝处浮游植物的聚集造成突发水华。

（3）Margalef 丰富度指数、Shannon－Wiener 多样性指数、均匀度指数随时间呈现出一定的变化，西河湾水体的污染程度 3 月、9 月高于 5 月、7 月、11 月。3 种多样性指数对西河湾水质评价结果一致，显示该水体几乎全年处于中污型状态，与综合营养状态指数分析结果也具有较好的一致性。

参 考 文 献

［1］ 国家环境环保总局. 水和废水监测分析方法［M］. 北京：中国环境科学出版社，2002.

［2］ 张觉民，何志辉. 内陆水域渔业自然资源调查手册［M］. 北京：农业出版社，1991.

［3］ 胡鸿均，魏印心，等. 中国淡水藻类——系统、分类及生态［M］. 北京：科学出版社，2006.

［4］ 水利部水文局，等. 中国内陆水域常见藻类图谱［M］. 武汉：长江出版社，2012.

［5］ 王明翠，刘雪芹，张建辉. 湖泊富营养化评价方法及分级标准［J］. 中国环境监测，2002，18（5）：47-49.

［6］ SHANNON C E. A mathematical theory of communication［J］. Bell System Technical Journal，1948，27：379-423，623-656.

［7］ MARGALEF D R. Information theory in ecology ［J］. General Systems，1958，3：36 – 71.

［8］ 孙军，刘东艳. 多样性指数在海洋浮游植物研究中的应用 ［J］. 海洋学报，2004，26（1）：62 – 75.

［9］ ANDREW K，JOHN B. Effects of mixing and silica enrichment on phytoplankton seasonal succession ［J］. Hydrobiologia，1991，210（3）：171 – 181.

［10］ 宋勇军，戚菁，刘立恒，等. 程海湖夏冬季浮游植物群落结构与富营养化状况研究 ［J］. 环境科学学报，2019，39（12）：4106 – 4113.

鄱阳湖入湖、出湖污染物通量时空变化及影响因素分析（2008—2012年）

刘发根　王仕刚　郭玉银　曹　美

（江西省鄱阳湖水文局，江西九江　332800）

摘　要： 研究鄱阳湖入、出湖污染物通量是加强鄱阳湖及长江水功能区限制纳污红线管理的前提，是建立鄱阳湖水质预测模型的基础。本文基于2008—2012年鄱阳湖8条主要入湖河流、出湖的逐月水量水质同步监测资料，根据污染源特征优选算法，计算总磷、氨氮、COD_{Mn}的入、出湖污染物通量，并分析时空变化特征及影响因素。结果表明：①出湖口和乐安河入湖口断面的氨氮、总磷，及昌江入湖口断面的总磷，以点源污染为主，采用每月瞬时通量作为月平均通量的算法更准确；其余以非点源污染为主，采用瞬时污染物浓度与月平均流量之积来计算月平均通量更准确；②2008—2012年的年平均入湖污染物通量：COD_{Mn}为304398t、氨氮为53063t、总磷为9175t，年平均出湖污染物通量：COD_{Mn}为367436t、氨氮为45814t、总磷为8452t。每年的水量、COD_{Mn}通量和个别年份的氨氮、总磷通量，八河入湖值小于出湖值，主要是因为未计算区间产流及相应排污和采砂引起的内源污染；③入、出湖污染物通量在年际间主要受流量影响而呈现W形波动变化趋势，总磷、氨氮、COD_{Mn}入湖通量及COD_{Mn}出湖通量均集中在汛期，总磷、氨氮出湖通量则是冬季较多（低水位下湿地植被净化作用受限）。入湖的总磷、氨氮、COD_{Mn}通量主要来自赣江、信江、乐安河，而氨氮、总磷浓度最高的是乐安河、信江。

关键词： 鄱阳湖；污染物通量；算法；时空变化；影响因素

　　鄱阳湖是中国最大淡水湖和全球重要生态区，承载着鄱阳湖生态经济区的可持续发展，以占长江15.5%的年径流量影响长江中下游用水安全，生态、生活、生产地位重要。但近年来，随着江西工业化城镇化加快及人口增长，污水排放增加，给鄱阳湖水环境保护造成威胁。因此，研究鄱阳湖入湖、出湖污染物通量及时空变化特征，分析影响因素，可为鄱阳湖水环境模拟、大型通江湖泊"江-湖"关系研究提供参数，是加强鄱阳湖及长江水功能区限制纳污红线管理、严格控制入湖和入江排污总量的前提，对保护"一湖清水"、保障长江中下游水环境安全具有重要意义。

　　关于污染物通量，早期研究集中在海湾、河流入海口等近海地带，后来扩展到内陆河流，特别在太湖流域研究较多。对鄱阳湖的相关研究已取得初步成果，如计算 2004—2007 年的五河入湖污染负荷（COD、TN、TP）、2008—2010 年部分时段里多种污染物综合后的入出湖通量、重金属的入出湖通量，但都尚未对通量算法进行辨析，而通量算法精度的高低决定通量分析的准确性；且在通量的时空分布特征、影响因素、入出湖通量对比等方面，也有待延续和深入。

本文基于 2008—2012 年鄱阳湖入湖、出湖逐月水量水质同步监测资料，研究算法以提高通量计算准确度，计算鄱阳湖入湖（8 条主要入湖河流）、出湖的污染物（总磷、氨氮、高锰酸盐指数）通量，分析其时空分布特征和影响因素（如河湖两相转换影响生物净化能力等），对比入、出湖通量，探讨出湖通量大于入湖通量的原因（水量平衡、内源污染等），从而对鄱阳湖近五年的入、出湖污染物通量取得较全面的认识。

1 研究区域概况

1.1 鄱阳湖水系

鄱阳湖汇纳赣江、抚河、信江、饶河（由昌江、乐安河汇合而成）、修河等五大河及西河、博阳河等区间径流，经调蓄后于湖口注入长江，鄱阳湖水系在江西省境内的面积占 96.62%。作为过水性、季节性、吞吐型通江湖泊，鄱阳湖具有"高水是湖、低水似河"的独特形态，每年 4—6 月随五河洪水入湖而水位上涨，7—9 月因长江洪水顶托或倒灌而维持高水位，10 月稳定退水。丰水期湖水漫滩，湖面扩大；枯水期湖水落槽，洲滩显露，湖面缩小，流速加快，与河道无异。丰、枯水期的湖泊面积相差 27 倍，容积相差 66 倍，多年平均换水周期为 19d。

江西水文部门自 2007 年 9 月启动鄱阳湖水量水质动态监测，在 8 条主要入湖河流的水位控制站：赣江（外洲站）、抚河（李家渡站）、信江（梅港站）、修河（永修站）、昌江（渡峰坑站）、乐安河（石镇街站）、西河（石门街站）、博阳河（梓坊站），布设断面开展水量水质同步监测；在湖口布设出湖监测断面；监测频率均为每个月一次。

鄱阳湖入出湖水量平衡——假定鄱阳湖年内蓄水变化量为零，则水量平衡公式为

$$主要径流入湖水量＋区间产流＝出湖水量$$

其中　　　　区间产流＝区间降雨量－区间总蒸发量(陆地蒸发＋湖面蒸发)

据研究，1999—2009 年间，区间产流约为五河入湖水量的 13.2%～25.3%，平均为 18.5%。此处的"区间"，指五河六个水文控制站（赣江外洲站、抚河李家渡站、信江梅港站、修河永修站、饶河的昌江渡峰坑站和乐安河石镇街站）以下至湖口（含湖面），面积约 29519km²，占五河控制面积的 19.0%。另据统计，五河多年（1956—2006 年）平均入湖水量为 1257 亿 m³，鄱阳湖多年（1956—2005 年）平均入江水量为 1473.6 亿 m³，则多年平均区间产流为五河入湖水量的 17.2%。

1.2 入湖、出湖水质

1.2.1 入湖水质

按流量占比分析，8 河入湖水体 2008—2012 年Ⅰ～Ⅲ类水年均比例为 86.0%～93.1%，年际变化无明显差异（Spearman 秩相关系数检验）。在季节变化上，汛期（4—9月）水质好于非汛期，5 年间各月入湖水质有 8 次的Ⅰ～Ⅲ类水比例低于 80%，其中 6 次出现在非汛期；1 次出现在 2012 年 8 月，为受台风引发强降雨影响，大量非点源污染物冲刷入湖。如图 1 所示。总之，2008—2012 年入湖水质总体维持较好状态，在非汛期和暴雨初期水质下降，主要超标污染物是氨氮、总磷。

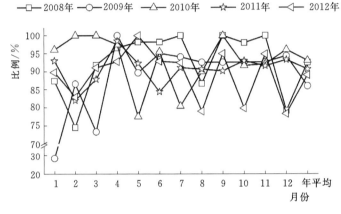

图 1 历年逐月入湖Ⅰ～Ⅲ类水所占比例

1.2.2 出湖水质

出湖口 2008—2012 年Ⅰ～Ⅲ类水年均比例为 41.7%～58.3%，年际变化无明显差异（Spearman 秩相关系数检验）。劣于Ⅲ类水质主要出现在非汛期（频率达 78%），主要污染物是总磷。

1.3 数据来源

根据鄱阳湖水环境污染特征（主要污染物为总磷、氨氮）和已有逐月水量水质同步监测资料，选取总磷、氨氮、高锰酸盐指数 3 个指标，代表营养盐污染和耗氧有机物污染，计算 2008—2012 年鄱阳湖 8 条主要入湖河流的入湖污染物通量和出湖污染物通量。

2 污染物通量算法

污染物瞬时通量是流量与污染物浓度的乘积，长时段的通量（如年通量）需要对该时段内瞬时流量和浓度的监测数据进行研究。流量资料常有每天一次的连续监测数据，而水质监测频率多为每个月一次。因此，如何利用有限、离散的水质数据和实时、连续的流量数据来提高长时段通量计算的准确性成为一个研究热点。富国讨论了不同污染源对通量贡献的影响，给出不同通量计算方法的适用范围：点源作用下（假定排放量恒定），径流量只影响污染物浓度，浓度多与流量呈负相关；非点源作用下，污染物产生量与径流量成正比，浓度多与流量呈正相关；点源、非点源混合作用下，径流量的变化会改变污染物通量和浓度。浓度与流量关系较为复杂，可能呈正相关、负相关、无关。

故计算时段通量，首先应确定主要污染源类型（实地考察、资料调研、或对污染物浓度与流量做相关分析：负相关明显，以点源污染为主；正相关明显或相关不明显，以非点源污染为主），再根据表 1 选择适合的算法。理论和实例研究表明，表 1 中两种时段通量算法的准确性较高。注意不同污染物的主要污染源类型可能不同，需分别考虑。还可根据丰水期、平水期、枯水期的水文特征，就各时段的污染物通量分别选择最优算法。

表 1   常 用 时 段 通 量 算 法

算法	公 式	含 义	特点及应用范围
C	$W_C = K \sum\limits_{i=1}^{n} \dfrac{C_i Q_i}{n}$	瞬时通量 $C_i Q_i$ 平均值	弱化径流量的作用，较适合点源污染为主的情况
D	$W_D = K \sum\limits_{i=1}^{n} C_i \overline{Q_P}$	瞬时浓度 C_i 与该时段平均流量 Q_P 之积	强调径流量的作用，较适合非点源污染为主的情况

注　W—时段通量；n—时段内的监测次数；K—时段转换系数。

对 2008—2012 年鄱阳湖入湖、出湖断面的水量水质数据进行相关关系分析，结果见表 2。可知，乐安河（石镇街断面）和出湖口断面的氨氮、总磷，以及昌江（渡峰坑断面）的总磷，浓度与流量的负相关关系明显，表明主要受点源污染影响（例如，乐安河的污染主要来自乐平工业园所排制药化工废水），其通量适合用算法 C 计算，即月平均通量等于瞬时通量。而其他的污染物浓度与流量呈正相关或相关关系不明显，表明存在非点源污染为主、或点源与非点源复合污染情况，适合用算法 D 计算通量，即月平均通量为瞬时污染物浓度与月平均流量之积。

表 2   鄱阳湖入湖、出湖监测断面污染物浓度与流量的 Pearson 相关系数

污染物	赣江（外洲）	抚河（李家渡）	信江（梅港）	修河（永修）	昌江（渡峰坑）	乐安河（石镇街）	西河（石门街）	博阳河（梓坊）	湖口
COD_{Mn}	0.058	0.266*	0.218	0.24	0.086	−0.082	0.203	0.202	0.013
NH_3-N	−0.089	0.127	0.434**	0.231	−0.205	−0.439**	0.402**	0.148	−0.345**
TP	0.231	0.259*	−0.123	−0.089	−0.256*	−0.345**	−0.053	−0.108	−0.328*

注　* 指 $p < 0.05$；** 指 $p < 0.01$。

3　结果与分析

3.1　入湖、出湖通量及对比

根据前述算法，计算 2008—2012 年 COD_{Mn}、氨氮、总磷的八河入湖年均值分别为 304398t/a、53063t/a、9175t/a，出湖年均值分别为 367436t/a、45814t/a、8452t/a，详

见表3。理论上分析，污染物入湖后，在物理降解、生物转化等自净作用下，出湖通量应小于入湖值。但2008—2012年的水量、COD_{Mn}通量和个别年份的氨氮、总磷通量，八河入湖值小于出湖值，这与有关研究结果相似。分析有如下原因：

表3 鄱阳湖八河入湖及出湖的水量、污染物通量对比

年份	水量/亿 m^3			COD_{Mn}通量/(t/a)			NH_3-N通量/(t/a)			TP通量/(t/a)		
	入湖	出湖	入/出	入湖	出湖	入/出	入湖	出湖	入/出	入湖	出湖	入/出
2008	1027	1296	79%	260752	339022	77%	36688	26451	139%	7709	5563	139%
2009	843	1060	80%	172546	237473	73%	42506	18237	233%	5182	5213	99%
2010	1800	2217	81%	489361	500592	98%	79169	60134	132%	12703	12634	101%
2011	738	970	76%	199421	207154	96%	34695	43722	79%	4497	6752	67%
2012	1761	2120	83%	399907	552938	72%	72257	80528	90%	15785	12098	130%
平均	1234	1532	81%	304398	367436	83%	53063	45814	116%	9175	8452	109%

（1）未计算区间产流及相应污染物通量。据分析，除五河入湖外，另需加上相当于五河入湖水量17.2%～18.5%的区间产流（区间降雨量-区间总蒸发量），鄱阳湖入、出湖水量才能平衡，对应的入、出湖通量才能平衡。

本研究中，部分入湖通量仅为出湖通量的6～7成，主要是因为未计算滨湖区污水排放、湖面大气干湿沉降等污染物其他入湖来源，这与已有研究结果相一致：1987—1988年五河输入的氮、磷各占入湖总量的66.8%、76.6%；2004—2007年五河输入的COD、TN、TP各占入湖总量的98.7%、77.8%、82.4%。对2011年7月湖区水质的研究表明，在入江水道呈现从星子到湖口总氮浓度增加的趋势，表明滨湖区排污对水质有影响。另外，1987—1988年，大气沉降带入的氮、磷总量分别占入湖氮、磷总量的2.5%、1.0%；2010年8月—2011年7月湖区大气干湿沉降的氮、磷总量占五河入湖总量的2.6%、2.3%。

（2）未计算内源污染。底泥中的污染物在一定条件下可能释放而造成内源污染。底泥扰动使表层底泥再悬浮，增加底泥颗粒的反应界面，促进磷的释放，同时也加速了底泥间隙水中磷的扩散。自2001年长江禁止开采河砂以来，鄱阳湖采砂活动频繁，加剧了底泥中污染物的释放。研究发现，2011年7月湖区总磷浓度极高值出现在松门山北部等采砂区水域，表明采砂加剧了总磷的内源污染释放。总磷出湖通量中，内源污染的贡献量应不可忽视；氨氮易降解转化，内源污染可能贡献较小。

由表4可见，与太湖2001—2002水文年、2000—2002年平均、2009年相比，鄱阳湖（2008—2012年平均）入湖水量是太湖的13.8～15.4倍，而高锰酸盐指数、总磷、氨氮的入湖通量仅为太湖的4.0～8.9倍，表明鄱阳湖入湖水质优于太湖入湖水质；鄱阳湖（2008—2012年平均）出湖水量是太湖的15.8～19.1倍，而高锰酸盐指数、总磷、氨氮的出湖通量为太湖的5.2～12.7倍，表明鄱阳湖出湖水质总体优于太湖出湖水质（但太湖2000—2002年平均总磷出湖浓度低于鄱阳湖）。

表 4　　　　　　　　　鄱阳湖与太湖的入湖、出湖水量、污染物通量对比

项　目	入　湖				出　湖			
	水量/亿 m³	COD_{Mn}/(t/a)	TP/(t/a)	NH_3-N/(t/a)	水量/亿 m³	COD_{Mn}/(t/a)	TP/(t/a)	NH_3-N/(t/a)
鄱阳湖（2008—2012 年平均）	1234	304398	9175	53063	1532	367436	8452	45814
太湖（2001—2002 水文年）	80	37571	1029	—	97	35431	668	—
太湖（2000—2002 年平均）	89	58567	1557	—	80	30267	350	—
太湖（2009 年）	88	50957	1918	13198	93	44697	1103	8893
鄱阳湖/太湖（2001—2002 水文年）	15.4	8.1	8.9	—	15.8	10.4	12.7	—
鄱阳湖/太湖（2000—2002 年平均）	13.8	5.2	5.9	—	19.1	12.1	24.1	—
鄱阳湖/太湖（2009 年）	14.0	6.0	4.8	4.0	16.5	8.2	7.7	5.2

3.2　入湖、出湖通量年际变化

结合流量分析通量年际变化特征，详见图 2（纵轴为每年的通量或流量占五年总和之比）。可见，总磷、氨氮、高锰酸盐指数 3 种污染物的入湖、出湖通量均与相应流量的年际变化较一致（除出湖氨氮通量与流量的相关性略差外，其他均显著相关。Person 相关系数，$p<0.05$），在 2008—2012 年间呈 W 形波动变化趋势。据江西省水资源公报数据分析，2008—2012 年入湖流量的波动变化，主要为鄱阳湖流域年降雨量波动变化所致。

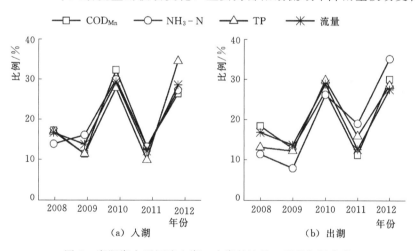

图 2　鄱阳湖主要河流入湖、出湖的流量、通量年际变化

有学者采取污染物通量等于平均浓度与月平均流量之积的算法，计算 2004—2007 年的五河入湖污染负荷。对比发现，2008—2012 年的总磷入湖通量总体上较前几年有所降低（图 3）；但按 Spearman 秩相关系数检验，变化趋势无显著意义。

3.3　入湖、出湖通量年内变化

图 4 所示为 2008—2012 年入湖、出湖的污染物通量与流量的年内分布图（纵轴为每月的通量或流量占当年值之比）。汛期入湖通量平均占年通量的 71.4%，表明污染物入湖

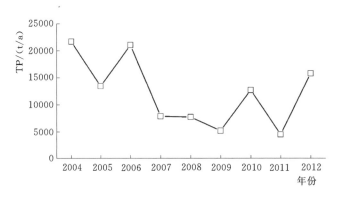

图 3　鄱阳湖主要河流 TP 入湖通量年际变化

集中在汛期的 4—7 月（2009 年、2012 年在 3 月提前入汛）。入湖通量与入湖流量的季节变化特征总体一致（二者各月占比呈极显著相关：$p < 0.001$），特别是 2011 年三种污染物入湖通量、2008—2012 年的 COD_{Mn} 入湖通量与相应入湖流量季节变化的一致性很好，而部分月份的氨氮、总磷入湖通量与入湖流量的季节分布有较大差异。表明鄱阳湖入湖污染物主要来自面源，入湖通量主要受入湖流量影响。

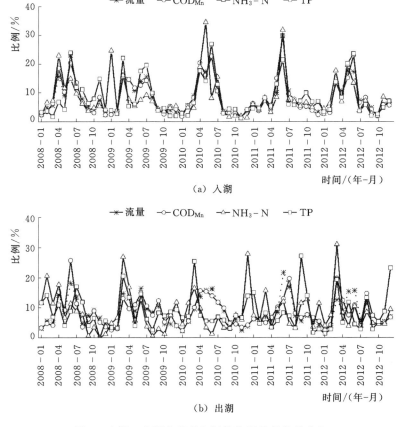

图 4　入湖、出湖的流量与污染物通量的各月分布

出湖方面，COD_{Mn} 出湖通量与出湖流量的季节变化特征一致（二者各月占比呈极显著相关：$p < 0.001$），峰值出现在 4—7 月，表明出湖 COD_{Mn} 通量主要受出湖流量影响，集中在汛期出湖。而氨氮、总磷出湖通量与出湖流量在季节变化上的关系较为复杂，除 2009 年总磷出湖通量与出湖流量的各月占比呈显著正相关外，其他年份出现正相关、负相关、不相关等多种情况。氨氮、总磷出湖通量的高峰值多出现在每年 3 月、12 月，也偶尔出现在其他月份。

从图 5 可见，COD_{Mn} 通量的入湖曲线与出湖曲线的重叠性较好（极显著正相关：$p < 0.001$），入湖通量大，出湖通量也大；而总磷、氨氮的入湖各月占比与出湖各月占比则无显著相关关系。原因可能是：鄱阳湖具有河湖两相，水位 14.00m 以上湖水开始浸漫洲滩，由河道特性转向湖泊特性。2008—2012 年间，鄱阳湖月均水位（星子站，吴淞高程）高于 14.00m 均出现在每年 5—9 月（6—9 月占 90%）。此时主航道水体进入湖区草洲或将其浸没，又逢春夏秋季节有利于植被生长，植被降解水体氮、磷的生物净化作用较强，故尽管营养盐通量入湖较多，但出湖较少；而冬季湖区洲滩裸露，入湖水体仅在主航道流动，未与洲滩上植被接触，水体中营养盐降解较少，营养盐通量尽管入湖较少，出湖仍较多。故营养盐出湖通量一般是冬季多、春夏秋季少。

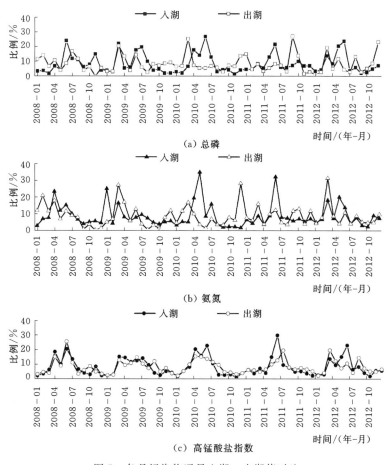

图 5　各月污染物通量入湖、出湖值对比

有研究采取瞬时浓度（每季度一次）与月平均流量之积为月平均通量的算法，计算2010年8月—2011年7月的总磷出湖通量为12500t/a，与本文结果大致接近。但该研究得出的湖口总磷通量季节分布特征（通量值大小排序：2011年6月＞2011年7月＞2011年1月＞2011年4月＞2010年10月），与本研究（2011年1月＞2010年10月＞2011年6月＞2011年7月＞2011年4月）不一致，可能是水质采样时间及采样点的不同导致总磷浓度监测值不同、通量算法不同等因素所致。本文对通量算法的研究表明，计算湖口总磷通量，宜以每月监测的瞬时浓度与瞬时流量之积作为月平均通量。

3.4 入湖通量空间分布

2008—2012年间，8条主要入湖河流输入鄱阳湖的COD_{Mn}总量中，60%来自赣江、信江，赣江历年占比均超过45%；氨氮总量的60%来自赣江（2008—2009年占比超过50%，后三年占约30%）和乐安河（2011年占46%，其他年份占约25%）；总磷方面，赣江占约40%，信江占约20%，乐安河占约15%。有研究采取瞬时浓度（每季度一次）与月平均流量之积为月平均通量的算法，计算2010年8月—2011年7月的五河入湖总磷通量为10750t/a；赣江输入量占五河入湖总磷通量的41.5%，饶河、信江各占31.3%和18.8%，这与本文结果接近，即入湖污染物主要来自赣江、信江、乐安河，如图6所示。

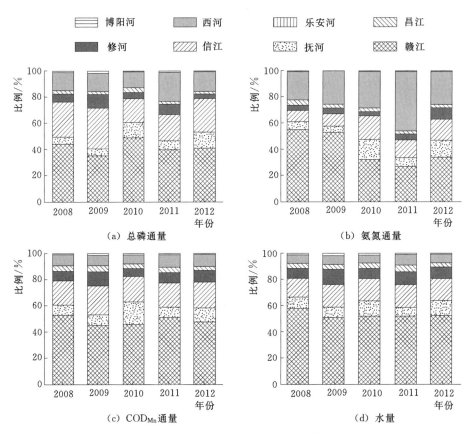

图 6　入湖通量、水量的空间分布

但据图 7 分析各河污染物浓度可发现，超标污染物总磷、氨氮浓度最高的是乐安河、信江；赣江污染物浓度较低，只是因水量最多（2008—2012 年每年占八河总水量的比例均超过 51.9%）而成为三种污染物入湖通量的最大贡献者。故防治鄱阳湖水环境污染，需对输入污染物总量最多的赣江和污染物浓度最大的乐安河、信江进行统筹治理。

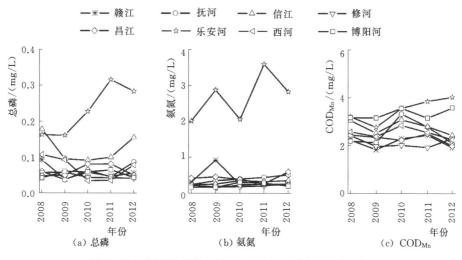

图 7　各入湖河流总磷、氨氮、COD_{Mn} 年均浓度（mg/L）

4　结论及建议

4.1　结论

（1）根据 2008—2012 年总磷、氨氮、高锰酸盐指数浓度与流量数据的相关性分析，出湖口和乐安河入湖口断面的氨氮、总磷及昌江入湖口断面的总磷，以点源污染为主，采用每月瞬时通量作为月平均通量的算法更准确；其余以非点源污染为主，宜以瞬时污染物浓度与月平均流量之积来计算月平均通量。

（2）2008—2012 年的年平均入湖污染物通量：COD_{Mn} 为 304398t、氨氮为 53063t、总磷为 9175t，年平均出湖污染物通量：COD_{Mn} 为 367436t、氨氮为 45814t、总磷为 8452t。由于未计算区间产流及相应污染物通量和采砂引起的内源污染，每年的水量、COD_{Mn} 通量和个别年份的氨氮、总磷通量，八河入湖值小于出湖值。与太湖（2001—2002 水文年、2000—2002 年平均、2009 年）相比，鄱阳湖入、出湖水质总体优于太湖。

（3）2008—2012 年，入湖、出湖污染物通量在年际间主要受流量影响而呈 W 形波动变化趋势，总磷、氨氮、COD_{Mn} 入湖通量及 COD_{Mn} 出湖通量均集中在汛期，总磷、氨氮出湖通量则是冬季较多（高峰值多出现在 12 月、3 月）。入湖污染物主要来自面源。

氨氮、总磷入、出湖通量的季节变化特征不一致的原因可能是：汛期虽然氮磷营养盐入湖较多，但高水位下湖水漫滩，洲滩湿地植被降解水体营养盐，故营养盐出湖量较少；

而冬季水位低，鄱阳湖转为河相，入湖水体仅在主航道流动，洲滩湿地植被出露而未能与湖水接触，水体的生物净化作用减弱，使得营养盐出湖量相对较多。

（4）从污染物总量来看，入湖总磷主要来自赣江、信江、乐安河，入湖氨氮主要来自赣江、乐安河，入湖 COD_{Mn} 污染主要来自赣江、信江；而总磷、氨氮浓度最高的是乐安河、信江。

4.2 建议

（1）鄱阳湖出湖水质劣于入湖水质，部分污染物的出湖通量多于入湖通量，故开展鄱阳湖水功能区限制纳污红线管理，应重点加强对滨湖区城镇排污、采砂扰动加剧内源污染的治理，并统筹治理污染物浓度贡献最大的乐安河、信江和污染物总量输入最多的赣江。

（2）出湖口冬季流量较小，但氨氮、总磷出湖通量较多，故保护长江中下游水环境，需重点关注鄱阳湖枯季时的排污贡献。鄱阳湖水利枢纽工程建成后，是否会因提高水位而加强湿地净化作用、减少出湖营养盐通量，值得跟踪研究。

参 考 文 献

[1] 袁宇，朱京海，侯永顺，等.以大辽河为例分析中小河流入海通量的估算方法 [J].环境科学研究，2008，21（5）：163-168.

[2] 刘玉机.鸭绿江口主要污染物入海通量的研究 [J].海洋环境科学，1988，7（2）：13-16.

[3] 许朋柱，秦伯强.2001—2002水文年环太湖河道的水量及污染物通量 [J].湖泊科学，2005，17（3）：213-218.

[4] 燕姝雯，余辉，张璐璐，等.2009年环太湖入出湖河流水量及污染负荷通量 [J].湖泊科学，2011，23（6）：855-862.

[5] 罗缙，逄勇，林颖，等.太湖流域主要入湖河道污染物通量研究 [J].河海大学学报（自然科学版），2005，33（2）：131-135.

[6] 翟淑华，张红举.环太湖河流进出湖水量及污染负荷（2000—2002年）[J].湖泊科学，2006，18（3）：225-230.

[7] 李志军.鄱阳湖水资源保护规划研究 [J].人民长江，2011，42（2）：51-55.

[8] 李荣昉，张颖.鄱阳湖水质时空变化及其影响因素分析 [J].水资源保护，2011，27（6）：9-13，18.

[9] 区铭亮，周文斌，胡春华.鄱阳湖水系重金属出入湖通量估算 [J].广东农业科学，2012，39（4）：114-117.

[10] 江西省水利厅.江西河湖大典 [M].武汉：长江出版社，2010.

[11] 金国花，谢冬明，邓红兵，等.鄱阳湖水文特征及湖泊纳污能力季节性变化分析 [J].江西农业大学学报，2011，33（2）：388-393.

[12] 郭家力，郭生练，李天元，等.鄱阳湖未控区间流域水量平衡分析及校验 [J].水电能源科学，2012，30（9）：30-32，58.

[13] 莫蕾.鄱阳湖污染物最大日负荷估算和分配研究 [D].南昌：南昌大学，2010.

[14] 江西省水文局.江西省水资源公报（1999—2012）[R]，2012.

[15] 富国.河流污染物通量估算方法分析（Ⅰ）——时段通量估算方法比较分析 [J].环境科学研究，2003，16（1）：1-4.

［16］ 王君丽，姜国强，任秀文，等. 流域污染物通量测算方法研究 ［J］. 新疆环境保护，2011，33（2）：1-7，18.

［17］ 郝晨林，邓义祥，汪永辉，等. 河流污染物通量估算方法筛选及误差分析 ［J］. 环境科学学报，2012，32（7）：1670-1676.

［18］ 谭恒，赵文晋，王伦. 东辽河分水期污染物通量估算研究 ［J］. 安徽农业科学，2012，40（1）：337-339.

［19］ PHILLIPS J M，WALLING D E，et al. Load estimation methodologies for British rivers and their relevance to the Lois Racs（r）Programme ［J］. The Science of the Total Environment，1997，194/195：379-389.

［20］ 刘元波，张奇，刘健，等. 鄱阳湖流域气候水文过程及水环境效应 ［M］. 北京：科学出版社，2012：221-255.

［21］ 姜加虎，窦鸿身. 中国五大淡水湖 ［M］. 合肥：中国科学技术大学出版社，2003.

［22］ 陈晓玲，张媛，张珧，等. 丰水期鄱阳湖水体中氮、磷含量分布特征 ［J］. 湖泊科学，2013，25（5）：643-648.

［23］ 朱海虹，张本. 鄱阳湖 ［M］. 合肥：中国科学技术大学出版社，1997.

［24］ 高丽，周健民. 磷在富营养化湖泊沉积物-水界面的循环 ［J］. 土壤通报，2004，35（4）：512-515.

［25］ 董浩平，姚琪. 水体沉积物磷释放及控制 ［J］. 水资源保护，2004，20（6）：20-23，69.

［26］ 方春明，曹文洪，毛继新，等. 鄱阳湖与长江关系及三峡蓄水的影响 ［J］. 水利学报，2012，43（2）：175-181.

江西水文监测研究与实践
（第一辑）
水文情报预报

江西省水文监测中心　编

中国水利水电出版社
www.waterpub.com.cn
·北京·

内 容 提 要

江西省水文监测中心（原江西省水文局）结合工作实践，组织编写了江西水文监测研究与实践专著，包括：鄱阳湖监测、水文监测、水文情报预报、水资源调查评价、水文信息化应用、水生态监测六个分册，为水文信息的感知、分析、处理和智慧应用提供了科技支撑。

本书为水文情报预报分册，共编选了 24 篇论文，反映了近年来江西省水文监测中心在水文情报预报领域的研究与实践成果。

本书适合从事水文监测、水文情报预报、水资源管理等工作的专家、学者及工程技术人员参考阅读。

图书在版编目（ＣＩＰ）数据

江西水文监测研究与实践. 第一辑. 水文情报预报 / 江西省水文监测中心编. -- 北京 ：中国水利水电出版社，2022.9
ISBN 978-7-5226-0415-2

Ⅰ．①江… Ⅱ．①江… Ⅲ．①水文预报－江西－文集
Ⅳ．①P33-53

中国版本图书馆CIP数据核字(2022)第168359号

书　　　名	江西水文监测研究与实践（第一辑）　水文情报预报 JIANGXI SHUIWEN JIANCE YANJIU YU SHIJIAN（DI - YI JI） SHUIWEN QINGBAO YUBAO	
作　　　者	江西省水文监测中心　编	
出 版 发 行	中国水利水电出版社 （北京市海淀区玉渊潭南路1号D座　100038） 网址：www.waterpub.com.cn E - mail：sales@mwr.gov.cn 电话：(010) 68545888（营销中心）	
经　　　售	北京科水图书销售有限公司 电话：(010) 68545874、63202643 全国各地新华书店和相关出版物销售网点	
排　　　版	中国水利水电出版社微机排版中心	
印　　　刷	北京印匠彩色印刷有限公司	
规　　　格	184mm×260mm　16 开本　55.25 印张（总）　1344 千字（总）	
版　　　次	2022 年 9 月第 1 版　2022 年 9 月第 1 次印刷	
印　　　数	0001—1200 册	
总 定 价	**288.00** 元（共 6 册）	

序

　　水文科学是研究地球上水体的来源、存在方式及循环等自然活动规律，并为人类生产、生活提供信息的学科。水文工作是国民经济和社会发展的基础性公益事业；水文行业是防汛抗旱的"尖兵和耳目"、水资源管理的"哨兵和参谋"、水生态环境的"传感器和呵护者"。

　　人类文明的起源和发展离不开水文。人类"四大文明"——古埃及、古巴比伦、古印度和中华文明都发端于河川台地，这是因为河流维系了生命，对水文条件的认识，对水规律的遵循，催生并促进了人类文明的发展。人类文明以大河文明为主线而延伸至今，从某种意义上说，水文是文明的使者。

　　中华民族的智慧，最早就表现在对水的监测与研究上。4000 年前的大禹是中国历史上第一个通过水文调查，发现了"水性就下"的水文规律，因势疏导洪水、治理水患的伟大探索者。成功治水，成就了中国历史上的第一个国家机构——夏。可以说，贯穿几千年的中华文明史册，每一册都饱含着波澜壮阔的兴水利、除水害的光辉篇章。在江西，近代意义上的水文监测始于1885 年在九江观测降水量。此后，陆续开展了水位、流量、泥沙、蒸发、水温、水质和墒情监测以及水文调查。经过几代人持续奋斗，今天的江西已经拥有基本完整的水文监测站网体系，进行着全领域、全方面、全要素的水文监测。与此相伴，在水文情报预报、水资源调查评价、水生态监测研究、鄱阳湖监测研究和水文信息化建设方面，江西水文同样取得了长足进步，累计74 个研究项目获得国家级、省部级科技奖。

　　长期以来，江西水文以"甘于寂寞、乐于奉献、敢于创新、善于服务、精于管理"的传统和精神，开创开拓、前赴后继，为经济社会发展立下了汗马功劳。其中，水文科研队伍和他们的科研成果，显然发挥了科学技术第一生产力的重大作用。

　　本书就是近年来，江西水文科研队伍艰辛探索、深入实践、系统分析、科学研究的劳动成果和智慧结晶。

　　这是一支崇尚科学、专注水文的科研队伍。他们之中，既有建树颇丰的

老将，也有初出茅庐的新人；既有敢于突进的个体，也有善于协同的团队；既有执着一域的探究者，也有四面开花的多面手。他们之中，不乏水文科研的痴迷者、水文事业的推进者、水文系统的佼佼者。显然，他们的努力应当得到尊重，他们的奉献应当得到赞许，他们的研究成果应当得到广泛的交流、有效地推广和灵活的应用。

然而，出版本书的目的并不局限于此，还在于激励水文职工钻科技、用科技、创科技，营造你追我赶、敢为人先的行业氛围；在于培养发现重用优秀人才，推进"5515"工程，建设实力雄厚的水文队伍；在于丰富水文文化宝库，为职工提供更多更好的知识食粮；在于全省水文一盘棋，更好构筑"监测、服务、管理、人才、文化"五体一体发展布局；推进"135"工程。更在于，贯彻好习近平总书记"节水优先、空间均衡、系统治理、两手发力"治水思路，助力好富裕幸福美丽现代化江西建设，落实好江西水利改革发展系列举措，进一步擦亮支撑防汛抗旱的金字招牌，打好支撑水资源管理的优质品牌，打响支撑水生态文明的时代新牌。

谨将此书献给为水文事业奋斗一生的前辈，献给为明天正在奋斗的水文职工，献给实现全面小康奋斗目标的伟大祖国。

让水文随着水利事业迅猛推进的大态势，顺应经济社会全面发展的大形势，在开启全面建设社会主义现代化国家新征程中，躬行大地、奋力向前。

2021 年 4 月于南昌

前　言

　　水文情报预报的内容包括通过水文监测获得的有传递价值的雨情水情等水文要素以及通过专业处理、系统分析、科学判断得到的对未来水文情势变化的预估预测。水文情报预报为管理机构提供了决策依据，为相关单位部门和社会公众提供了终端显示，是水文科学、水文行业提炼的独特产品、名牌产品、拳头产品。

　　没有情报预报，就没有把握打胜仗。纵览社会发展实践，水文情报预报往往能够为打胜防御水旱灾害总体战、打赢人水和谐持久战、打好青山绿水保卫战赢得主动、争取胜局。正因如此，科学全面及时的水文情报预报，为各级政府所肯定、为受益群体所称道，也就顺理成章了。

　　江西水文情报工作始于 1921 年，水文预报工作始于 1952 年，在防汛抗旱减灾的斗争中充当着"耳目"和"参谋"。仅从江西近年来的情况看，无论是抗御 1998 年长江鄱阳湖历史性大洪水、2017 年乐安河上游超 100 年一遇特大洪水、2018 年吉安蜀水超历史记录特大洪水，还是应对 2013 年严重伏秋旱，抑或是建设峡江水利枢纽建设、治理保护城乡水生态环境，水文情报预报都发挥了应有的作用，显示了科学技术第一生产力的巨大能量。

　　社会是不断向前发展的。新时代以人民为中心的治水方针，以民生为主轴的水利改革发展总基调，以生命至上为底线的水旱灾害防御工作，对水文情报预报提出了更高更严更多的要求，催促着水文情报预报在社会管理上有新贡献、在技术路径上有新突破、在服务半径上有新扩大——水文任重道远。

　　因事业单位机构改革，2021 年 1 月江西省水文局正式更名为江西省水文监测中心，原所辖 9 家单位更名、合并为 7 家分支机构。本文作者所涉及单位仍保留原单位名称。

　　顺应上述情势与要求，江西省水文监测中心将近年来本系统水文科研人员撰写的相关论文汇集成册，供读者参考探讨，旨在促进学术交流，推进情报预报工作不断进步。

　　本书内容主要涉及典型场次暴雨洪水分析、多种模型预报方案探索、抗旱预警方案研究与编制、城市水文建设实践与思考、山洪灾害预警技术研究应用、中小河流洪水预报路径探索、水工程与水文预报关系分析、泥沙变化模拟分析、水害特点与成因探究等，基本涵盖江西水文情报预报的方方面面，希望能给读者特别是有志者带来有益帮助。

由于水平所限，本书难免存在疏漏，敬请广大读者批评指正。

在此，对本书出版过程中给予关心支持的领导、专家表示衷心感谢。

编者

2021年4月

目 录

CONTENTS

江河湖库旱警水位确定分析

张　阳[1]　卢静媛[1]　曹卫芳[2]

(1. 江西省水文局，江西南昌　330002；

2. 江西省鄱阳湖水文局，江西九江　332800)

摘　要： 近年来，受全球气候变化影响，江西省部分江河湖库水位连创新低，旱情频发，严重影响城乡居民生活、工农业生产用水、环境生态用水安全。旱警水位作为防旱预警和水资源可持续利用的警示性指标，是防旱抗旱调度的重要依据。本文以江西省为例，介绍了江、河、湖、库旱警水位确定工作思路和方法，分析评定确定结果，以供有关旱警水位确定研究和防旱预警应急管理工作的部门及技术人员参考。

关键词： 江河湖；旱警水位；监测分析

据统计，2014 年江西省农作物因旱受灾面积为 168.39 万亩、成灾面积为 52.68 万亩、绝收面积 5.878 万亩，全省粮食产量约为 1217.13 万 t，减产粮食 11.24 万 t，经济作物损失 2.35 亿元。全省因旱直接经济损失 7.71 亿元，有 6.23 万人和 1.788 万头大牲畜出现饮水困难。面对这种形势，江西省为了改善上述状况及更好地做好抗旱减灾工作，对反映旱情的各项重要参数［江河湖库水位（流量）、水库蓄水等］进行了分析，并确定了其旱警和旱限指标，如此有利于江河湖库干旱预警工作更好更快的开展和推进，进而满足社会经济发展的需要。

1 江西省干旱基本情况

1.1 概况

江西省地处亚热带湿润地区，雨量丰沛，河流众多，水资源相对较丰富。全省多年平均降水量约为 1638mm，多年平均水资源总量约为 1565 亿 m³，均高于全国平均水平。但由于降水时空分布不均，旱情常有发生。江西的旱灾具有空间上的广泛性和时间上的多发性，一次旱灾往往殃及数十县，所谓"水灾一线，旱灾一片"。省内旱灾以赣江流域及鄱阳湖滨湖平原区发生次数最多、旱情最为严重；其次是赣西的萍乡市与信江中游地区；与外省毗邻的山区地带是干旱频次相对较少、受灾程度较轻的地区。

1.2　江西省干旱成因

江西省干旱的成因与当年大气环流演变、副热带高压进退情况等气候条件紧密关联。根据历史旱灾资料，结合地形、地质、气候、水文等特点综合分析，江西省干旱的成因如下。

1.2.1　自然条件影响

江西省降水在时间分布上，主要集中在 4—6 月，一般于每年 6 月底 7 月上旬进入晴热少雨的干旱期。7—8 月，在单一干热气团控制下，月降水量一般只有 100mm 或小于 100mm，而蒸发量可达 200mm 以上，大大超过降水量，9—10 月降水量一般小于蒸发量。另外，气温、地下水、地表水资源的时空分布不均匀也是造成旱灾的重要自然原因。

1.2.2　社会及人为影响

江西省形成干旱的重要条件主要为已建抗旱工程少、现有蓄水工程抗旱能力差等。江西省现有大中型水库大多同时兼有灌溉、供水、防洪等多项任务，但工程控制水资源能力有限，遇到干旱年份，抗旱作用甚微。

旱灾形成的根本原因是自然因素，但也与社会经济条件有密切关系。当前影响旱灾的社会因素主要有：一是抗旱工程不能满足需要；二是人水矛盾进一步加剧；三是社会经济快速发展和城市集镇发展带来的供需水矛盾。

2　水库旱警（限）水位指标参数确定

本文以宁都水文站为例，通过确定其旱警（限）水位指标参数，反映其旱情现状，可有效地推进当地抗旱减灾工作的开展，对做好抗旱减灾工作具有十分重要的作用。

2.1　宁都水文站概况

宁都水文站设立于 1958 年，位于江西省赣州市宁都县城关镇，集水面积 2372km²，水位流量关系不甚稳定。测验河段较顺直，河床由细沙组成，流域内植被较差，水土流失严重，河床宽浅。上游 300m 处有竹坑河汇入，上游 700m 处有会同河汇入。宁都站历年实测最高水位 189.26m（1984 年，吴淞基面，下同），最大流量 2640m³/s（1984 年），最低水位 182.51m（2011 年），最小流量 2.28m³/s（1963 年）。

2.2　用水需求

据赣州市水文局调研，梅川河宁都段担负着为市区 13.5 万余居民提供生活、工农业生产、环境生态等用水的需求。

2.3　指标选择

干旱影响主要考虑城市取水流量、环境生态流量，因此，采用流量作为旱警指标。

2.4　指标确定

2.4.1　城市取水

根据宁都县水利局资料，宁都河段附近城乡居民生活及大部分工业生产用水来自自来水厂。自来水厂取水管可上下伸缩，在历史最低水位 182.51m 时，该取水口仍然可以正常取水。"十二五"规划日平均抽水量为 6 万 m^3 左右，换算成流量为 0.694m^3/s。

2.4.2　环境生态流量

据赣州市水文局分析计算，宁都站多年平均流量为 75.7m^3/s，按 10%～20%计算，生态流量为 7.57～15.1m^3/s；按逐年最小月平均流量的 90%计算为 9.85m^3/s，则可以确定宁都河段生态流量为 9.85m^3/s。

2.4.3　灌溉用水

据宁都县防办资料，宁都县城附近约 4 万亩耕地灌溉用水取自梅川河，年取水 2640 万 m^3，换算成流量为 0.837m^3/s。

综上所述，宁都河段附近城乡居民生活、工农业生产及生态需水量之和约为 11.4m^3/s，考虑到相对于该河段枯季径流是可以保证的，依据旱警水位《确定办法》，初步确定梅川宁都站旱警流量为 12.0m^3/s，相应水位为 182.65m^3。由此可知宁都站流量在 12.0m^3/s 以上时，各项用水需求才能得到保障。即确定了宁都站水位的旱警和旱限指标，通过观察比较水位旱警及旱限指标与实际水位，就可以掌握实际的旱情情况，进而保证在有旱情发生时及时地发布旱情预警，并采取应对措施，做好抗旱减灾工作。

3　旱警（限）用水分析

按照《确定方法》，参考宁都水库旱警（限）水位指标参数确定的经验，依据江西省水资源实情，为了做好抗旱减灾工作，对旱警（限）指标参数确定进行了量化分析。

3.1　用水定额量化

用水定额主要依据 2011 年出台的《江西省水资源调查评价》中工农业生产用水、居民生活用水及河道生态需水量计算指标标准及计算方法。

3.1.1　工业用水定额 G_g

依据《江西省工业企业主要产品用水定额》（DB36/T 420—2011）、近年的《江西省水资源公报》，对多年工业用水定额进行综合分析。

规模以上工业：　　　　　$G_g = 125$ 万 m^3/亿元

规模以下工业：　　　　　$G_g = 110$ 万 m^3/亿元

3.1.2　农田灌溉用水定额 N_m

依据《江西省农业灌溉用水定额》（DB36/T 619—2011）、近年《江西省水资源公报》，对多年农田灌溉用水定额进行综合分析。

$$N_m = 660 m^3/亩$$

3.1.3 生活用水定额

依据《江西省城市生活用水定额》（DB36/T 419—2011）、近年《江西省水资源公报》，对城乡生活用水量定额进行综合分析。

城市居民：$\qquad k_c = 190 \sim 280 \text{L}/(\text{日} \cdot \text{人})$

农村居民：$\qquad k_n = 65 \sim 80 \text{L}/(\text{日} \cdot \text{人})$

3.1.4 火电企业用水量（用水量/发电量）

依据《江西省工业企业主要产品用水定额》（DB36/T 420—2011），对火电企业用水量定额进行综合分析。

$$H_d = 1000 \sim 1200 \text{m}^3/\text{万 kW} \quad （直流冷却）$$

$$H_d = 38.4 \sim 48.0 \text{m}^3/\text{万 kW} \quad （循环冷却）$$

3.1.5 河道环境生态需水量定额

河道环境生态需水量定额根据以下常用的三种方法确定：

（1）选取断面多年平均流量的 $10\% \sim 20\%$ 作为生态需水量。

（2）取 $P = 90\%$ 枯水典型年连续最枯 7 天的平均流量。

（3）取逐年最小月平均流量的 90% 保证率流量。

实际工作中可选取任意两种方法中的最小值作为该断面处的河道生态需水量。

3.2 旱警（限）用水量化指标确定

3.2.1 城市日用水量 W_c

城市一般用水户日用水量 W_c 主要依赖于城市自来水厂，水厂日供水量根据用水定额估算，或直接调查水厂相应季节实际日抽水量确定。

将水厂日供水量 W_c（万 m³）换算成流量，$Q_c = W_c/8.64$（m³/s）。当 Q_c 对应的水位低于水厂取水保障水位 Z_c 时，则只需考虑 Z_c；否则两者都须兼顾，其中自来水厂取水保障水位 Z_c 按照取水口水泵安装高程＋抽水蜗旋水位压降值（一般取 0.50m）确定。

3.2.2 农村用水量 W_n

农村用水量 W_n 主要由农田灌溉用水量 Q_{ng} 和居民生活用水量 Q_{ns} 两部分组成。

农田灌溉用水量 Q_{ng} 根据需灌溉的农田面积和灌溉定额、灌溉设计保证率（水库灌溉设计保证率一般为 75%）来计算。江西早稻需水期为 4 月 20 日左右至 7 月初，晚稻为 7 月初至 9 月底，按日平均换算成灌溉流量 Q_{ng}。10 月后出现干旱时则不需考虑农田需水量，只需适当预留一定量的其他作物用水量。

农村居民生活用水一般直接取自江河，可根据居民生活用水定额计算日平均流量 Q_{ns}。

$$Q_{ns} = \frac{NK_n}{1000 \times 86400} \quad （\text{m}^3/\text{s}）$$

式中：N 为居民总人数。

3.2.3 工业企业用水量 W_g

直接取自江河的工业企业用水量 W_g，根据企业年产值和对应规模用水定额以及火电企业用水定额计算年用水量 W_g，并换算成日平均流量 Q_g。

3.2.4　生态需水量

生态需水量根据 3.1.5 小节三种方法中的任意两种，计算河道最小生态流量 Q_s。

4　结论

旱警水位作为防旱预警和水资源可持续利用的警示性指标，加强江、河、湖、库等水体的旱警水位的研究工作，使之更具规范化、系统化，对科学指导抗旱减灾、及时发布旱情预警等工作具有十分现实的意义，不仅加快了抗旱减灾的步伐，也满足了社会经济发展的需要。

参 考 文 献

[1] 崔鹏，庄建琦，陈兴长，等. 汶川地震区震后泥石流活动特征与防治对策 [J]. 四川大学学报（工程科学版），2010 (5)：10 - 18.

[2] 王自英，王仔刚，赵梅珠. 自动雨量站资料在地质灾害监测中的应用 [J]. 气象科技，2009 (5)：627 - 631.

[3] 李朝安，胡卸文，王良玮. 山区铁路沿线泥石流泥位自动监测预警系统 [J]. 自然灾害学报，2011 (5)：74 - 81.

信江流域"2010·6"暴雨洪水分析

冻芳芳

（江西省水文局，江西南昌　330002）

摘　要： 受西南暖湿气流与弱冷空气交错的影响，2010 年 6 月 16—20 日，鄱阳湖水系信江流域发生强度大、长历时大暴雨，信江发生约 50 年一遇大洪水，支流白塔河发生超历史洪水。本文从暴雨、洪水以及与 1998 年 6 月的暴雨、洪水对比等方面对该次洪水进行了较全面的分析，有助于进一步认识信江流域的气象水文特性，提高水文预报精度，对今后的防汛工作也有重要的参考价值。

关键词： 信江流域；暴雨洪水分析

2010 年 6 月中下旬，受西南暖湿气流与弱冷空气遭遇、交绥影响，信江流域出现范围广、强度大、历时 5 天的强降雨过程。受强降雨影响，信江发生约 50 年一遇的大洪水，一级支流白塔河发生近 100 年一遇超历史洪水。该次暴雨洪水强度大且来势迅猛，给人民群众生命财产造成巨大损失，交通、水利、通信、电力等基础设施损毁严重。

1　流域概况

信江流域位于江西省东北部，发源于浙赣边界玉山县三清乡平家源，控制站梅港站以上流域面积为 15535km²，主河道长 359km。流域地势东南高西北低，山区占 40%，丘陵占 35%，平原占 25%。信江自发源地向南流称金沙溪；穿过七一水库，南经棠梨山、双明等地，在玉山县城到上饶市称为玉山水；自上饶市入丰溪河后始称信江。流域内水系发达，流域内面积大于 300km² 的支流有 12 条，大于 1000km² 的支流有 3 条。

信江流域降水丰富，流域上游多年平均降水量约为 1700mm，在闽赣交界铅山河上游最大可达 2150mm，其中铅山南面武夷山一带为著名的暴雨区；中游南部山区约为 2000mm，下游约为 1600mm。多年平均径流深上游约为 1100mm，武夷山主峰附近可达 1500mm，中游南部山区约为 1400mm，下游约为 800mm。信江的洪水多由暴雨形成，4—6 月暴雨最为集中，年最大洪峰多出现在 5—6 月。梅港水文站为信江流域控制站，集水面积为 15535km²，占信江流域（大溪渡以上流域集水面积）的 97.4%。洪水多发期，梅港站以上干流来水往往与右岸信江一级支流白塔河遭遇，形成流域大洪水。

2 降雨分析

2.1 天气背景

2010年6月中旬，南方冷空气活动较强，加上暖湿气流相对稳定，冷暖交汇势力较强，受西南暖湿气流与弱冷空气的共同影响，16—20日，江西省大面积开始降暴雨到大暴雨，局部特大暴雨。

2.2 暴雨过程及分布

信江流域"2010·6"暴雨从6月16日开始，至6月20日结束，历时5天，全流域平均降雨量为346mm，最大日面雨量为130mm，出现在19日，点最大降雨量为上饶市铅山县武夷山镇徐家厂站702mm，资溪县柏泉站672mm次之。本次暴雨过程中，最大1h降雨量为资溪县港口站72mm，最大6h降雨量为资溪县柏泉站187mm，最大12h降雨量为资溪县柏泉站278mm，最大24h降雨量为资溪县柏泉站441mm。信江流域"2010·6"暴雨逐日面雨量如图1所示。对本次降雨过程进行分析，过程累积降雨量大于300mm的笼罩面积约占信江流域面积的59%，降雨量大于400mm的笼罩面积约占15%，降雨量大于500mm的笼罩面积约占4%，全流域过程累积降雨量均在100mm以上。此次暴雨过程遍布全流域，暴雨中心位于信江中下游，其中支流白塔河是暴雨最集中的地区，其过程降雨量基本都在400mm以上。

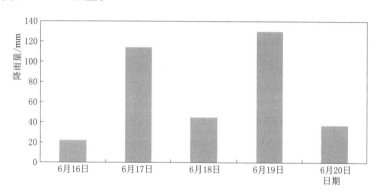

图1 信江流域"2010·6"暴雨逐日面雨量图

2.3 降雨特点

（1）暴雨覆盖面积广。降雨量300mm以上的笼罩面积占信江流域面积的59%，降雨量大于400mm的笼罩面积约占15%，降雨量大于500mm的笼罩面积约占4%。

（2）降雨历时长。16—20日持续降雨，历时5天。

（3）暴雨强度大，过程雨量大。本次暴雨过程中，柏泉站最大24h降雨量为441mm，为该站1958年有记录以来最大值，经频率分析约为100年一遇。

3 洪水及重现期分析

受强降雨影响，信江控制站梅港站 6 月 17 日 8 时起涨，起涨水位 19.08m，相应流量 680m³/s，至 21 日 0 时 30 分洪峰水位 29.82m，涨幅 10.74m，低于 1952 年建站以来实测最高水位（29.84m，1998 年 6 月 23 日）0.02m，洪峰流量 13800m³/s，超过最大流量（13600m³/s，1955 年 6 月 22 日）200m³/s。本次洪水次洪总量为 44.8 亿 m³，径流深 288mm，径流系数 0.83。

信江支流白塔河柏泉站 19 日 21 时洪峰水位 161.10m，超 1976 年历史最高水位（160.42m）0.68m；圳上站 19 日 19 时洪峰水位 80.88m，超 1992 年最高水位（79.04m）1.84m；耙石站从 17 日 8 时起涨，起涨水位 29.04m，至 20 日 9 时水位 35.23m，涨幅 6.19m，超过 1957 年建站以来实测最高水位（34.13m）1.10m。对耙石站本次洪水进行频率分析，接近 100 年一遇。

由以上分析可知，信江流域"2010·6"暴雨洪水主要特征为：本次降雨来势猛、时空分布与组成恶劣，造成信江干流洪水与主要支流白塔河 100 年一遇超历史洪水遭遇，形成大洪水。经频率分析，信江流域"2010·6"暴雨洪水约为 50 年一遇。

4 与 1998 年洪水比较

4.1 降雨

信江流域"1998·6"暴雨洪水降雨自 6 月 12 日开始，至 23 日结束，过程流域平均降雨量为 794mm，历时 12 天，最大日面雨量为 139mm，出现在 6 月 13 日。

对比分析两次暴雨过程特点如下：

(1)"2010·6"暴雨总量小于"1998·6"暴雨。"2010·6"暴雨过程累积降雨 346mm，小于"1998·6"过程降雨 794mm，但"1998·6"降雨历时较长，是"2010·6"暴雨历时的 2.4 倍。

(2)"2010·6"降雨过程是连续的，最大 1 日降雨发生在 6 月 19 日，面雨量 130mm；"1998·6"降雨过程出现多次间隔，最强降雨出现在前期，最大 1 日降雨出现在 6 月 13 日，而梅港站最大流量、最高水位分别出现在 6 月 17 日 18 时和 23 日 7 时。"1998·6"降雨的不连续，影响了洪峰流量的量级小于"2010·6"洪水过程。

(3)"2010·6"暴雨中心位于中下游，特别是下游支流白塔河超记录暴雨，推动了高峰量大洪水的形成，而"1998·6"暴雨中心位于中上游，信江干流梅港站与支流白塔河耙石站的组合洪峰流量"1998·6"洪水小于"2010·6"洪水。

4.2 洪水

"1998·6"洪水信江梅港站 6 月 12 日 14 时起涨，起涨水位 19.12m，15 日 5 时出现洪峰，洪峰水位 29.54m。由于"1998·6"暴雨过程的不连续，梅港站多次出现洪峰，

23日6时出现本次洪水过程最高水位29.84m,相应流量12600m³/s,而最大流量13300m³/s出现在6月16日1时,相应梅港站水位29.72m。

信江梅港站"2010·6"洪水与"1998·6"洪水过程如图2所示,两次洪水过程对比如下:

(1)"2010·6"洪水由于降雨时空分布造成干流洪水与支流白塔河洪水遭遇。支流白塔河控制站耙石站6月20日9时洪峰水位较1998年6月22日实测最高水位高1.10m,白塔河全流域洪水级别接近100年一遇。

(2)梅港站2010年6月21日0时30分实测洪峰流量13800m³/s,超过实测最大1955年的13600m³/s和1998年的13300m³/s。经分析,"1998·6"洪水频率约为30年一遇,"2010·6"洪水频率约为50年一遇,比1998年洪水高一个洪水量级。

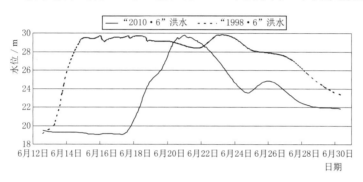

图2 信江梅港站"2010·6"洪水与"1998·6"洪水过程图

5 结语

2010年6月中下旬,信江流域发生高强度、长历时暴雨,其中支流白塔河柏泉站最大24h降雨量超历史记录最大值。受强降雨影响,信江流域发生1952年建站以来第二大洪水,支流白塔河发生超历史洪水。由以上分析可知,信江干流洪水与支流白塔河超历史洪水遭遇,是造成信江流域"2010·6"大洪水的主要原因,也是本次洪水成因的主要特点。本文分析了造成这场大洪水的降雨和洪水特性,可为信江流域的防洪、流域规划、地方城建等提供宝贵的水文资料,有助于进一步认识信江流域的气象水文特性,提高水文预报精度,对今后的防汛工作也有重要的参考价值。

参 考 文 献

[1] 芮孝芳. 水文学原理 [M]. 北京:中国水利水电出版社,2004.
[2] 林三益. 水文预报 [M]. 北京:中国水利水电出版社,2001.

2010 年长江九江段洪水分析

樊建华　曹正池

（江西省九江市水文局，江西九江　332000）

摘　要： 2010 年长江九江段先后发生两次超警戒洪水过程，本文通过对洪水成因分析，揭示长江流域暴雨洪水发生的区域、范围，不同流域洪水的发生与组合，对长江九江段水位可能产生的影响。

关键词： 洪水；成因；分析；九江段；2010 年长江洪水

2010 年 6—8 月，长江九江段先后发生两次超警戒洪水过程。第一次，九江站自 6 月 21 日 9 时水位开始起涨，6 月 26 日 21 时水位超警戒，6 月 29 日 18 时 30 分出现 20.32m 的最高水位，超警戒水位 0.32m，洪水涨幅 2.81m，7 月 2 日 21 时退出警戒，超警戒时间为 7 天。第二次，九江站自 7 月 8 日 20 时水位开始起涨，7 月 13 日 6 时超警戒，7 月 18 日 10 时出现 20.64m 的最高水位，超警戒水位 0.64m，洪水涨幅 1.42m，8 月 6 日 21 时退出警戒，超警戒时间为 25 天。两次洪水过程累计超警戒时间长达 32 天。

2010 年长江九江段洪水虽然峰值不高，计算频率为 4 年一遇，但其特点突出，值得认真分析总结，以期为今后的水文预报和防汛救灾工作提供一些参考。

1 洪水成因分析

1.1 鄱阳湖流域大暴雨

2010 年 6 月 16—25 日，鄱阳湖流域出现大暴雨过程，江西全省平均降雨 265mm。过程降雨以铅山县徐家厂站 775mm 为最大，黎川县洲湖站 725mm 次之。大暴雨笼罩范围为赣江、抚河、信江、修河及鄱阳湖共 14 万 km^2。

2010 年 7 月，赣东北地区先后出现了两次暴雨洪水过程。7 月 5—9 日，昌江渡峰坑水文站以上流域平均降雨 257mm、乐安河虎山水文站以上流域平均降雨 254mm、信江梅港水文站以上流域平均降雨 187mm。7 月 13—15 日，长江沿江和鄱阳湖周边的九江、湖口、都昌等县（市）以及昌江流域再次降大到暴雨，部分地区降大暴雨。昌江渡峰坑站以上流域降雨 282mm，乐安河虎山水文站以上流域平均降雨 117mm。

1.2 长江九江段洪水

1.2.1 鄱阳湖流域洪水

2010 年，受鄱阳湖流域强降雨影响，赣江、抚河、信江三条主要河流同时发生 50 年一遇特大洪水。6 月 22 日，赣江外洲水文站洪峰水位为 24.23m，超警戒 0.73m，洪峰流量为 21400m³/s；6 月 21 日，抚河李家渡水文站洪峰水位为 32.70m，超警戒 2.20m，洪峰流量为 11100m³/s；信江梅港站洪峰水位为 29.82m，超警戒 3.82m，洪峰流量为 13800m³/s。

受"五河"洪水影响，鄱阳湖最大一日入湖洪量达 37.2 亿 m³（6 月 21 日），3d 洪峰流量为 102.5 亿 m³，5d 洪峰流量为 156.3 亿 m³；7d 洪峰流量为 209.3 亿 m³。洪水造成鄱阳湖水位快速上涨，其中 6 月 21 日 8 时至 22 日 8 时 24h 涨幅高达 0.77m。

另受 7 月 13—15 日暴雨影响，昌江渡峰坑站 16 日出现 32.75m 的洪峰水位，超警戒 4.25m，为该站有记录以来第五高水位，整个过程水位涨幅达 8.41m，实测洪峰流量 6430m³/s，洪水频率为 10 年一遇。乐安河虎山水文站 7 月 16 日出现 26.33m 的洪峰水位，超警戒 0.33m。

1.2.2 长江中上游洪水

6 月中、下旬，长江中游洞庭湖流域的湘江、资水、沅江等水系先后发生暴雨洪水。共有 18 条河流 32 站发生超警戒以上洪水，超警戒幅度 0.02～4.00m。特别是 6 月下旬，湘江全线超过警戒水位，部分河流发生超历史实测记录洪水。7 月 8—12 日，洞庭湖流域的沅水、澧水流域全线同时发生超警戒水位，受此影响，洞庭湖城陵矶站出湖流量最高达到了 28700m³/s（6 月 27 日）。

7 月 16—17 日，汉口—九江区间支流符环河流域出现了自 1998 年以来的最大洪水，干流控制站卧龙潭站 18 日出现 28.60m 的洪峰水位，超警戒 1.60m，支流控制站花园站 17 日出现 38.96m 的洪峰水位，流量 4050m³/s，洪峰流量为有资料记录以来的历史第二位。

7 月中下旬，受降雨影响，长江上游干流发生了自 1987 年以来最大洪峰流量。三峡水库 20 日出现了入库洪峰流量 70000m³/s 的建库以来最大洪水，28 日再次出现入库洪峰流量 56000m³/s 的洪水，31 日出现最高库水位 161.01m，超过汛限水位 16.01m。三峡水库为削峰度汛，将出库流量控制在 40000m³/s 左右，最大下泄流量为 41400m³/s（7 月 20 日）。

7 月 20 日，汉江流域丹江口水库出现入库洪峰流量 27500m³/s 的洪水，25 日再次出现入库洪峰流量 34100m³/s 的洪水，该流量为 1968 年建库以来第二大入库洪峰流量。28 日出现最高库水位 154.95m，超过汛限水位 5.95m。为保水库安全度汛，丹江口水库罕见地开启了 6 孔泄洪闸，最大下泄流量达 6480m³/s，汉江干流中下游控制站皇庄站 7 月 27 日洪峰流量达 14200m³/s。

1.2.3 长江九江段洪水

一是鄱阳湖湖区及本地降雨形成的洪水对长江九江段水位的顶托和行洪的阻滞。6 月 24—30 日，鄱阳湖入湖流量连续 7d 都维持在 20000m³/s 以上。6 月 24 日 8 时湖口站出湖流量达 25000m³/s，占大通站流量的 43%。正是由于鄱阳湖洪水对长江水位的顶托作用，造成了长江九江站第一次超警戒水位的发生。

二是长江中游及武汉周边的暴雨形成的径流。前期洞庭湖洪水及汉口至九江区间支流符环河等直接入江的洪水此时正好波及九江，九江站流量逐步加大，鄱阳湖出流逐步减小，江湖关系相互对峙，导致九江站水位从 7 月 8 日起再次复涨，13 日二度超警戒，18 日出现 20.64m 的洪峰水位，超警戒 0.64m。

三是长江上游及汉江支流来水。7 月 19 日，汉江支流丹江口水库迎来 34100m³/s 的建库以来第二大入流；20 日，三峡水库迎来 70000m³/s 的建库以来最大入流。为减轻下游压力，丹江口水库下泄流量控制在 6300m³/s 左右，三峡水库按 40000m³/s 流量控制下泄。水库工程发挥了重要作用，有效地消减了洪峰水量，扼制了长江中下游河段发生更大洪水的可能，长江九江站水位在超警戒水位以上波动 20 余天后，8 月 6 日 20 时退至警戒水位以下。

2 ▶ 洪水主要特点

（1）超警戒水位持续时间较长。2010 年，长江九江段最高水位 20.64m，列 1954 年以来年最高水位的第 13 位；超警戒时间 32 天，列 1954 年以来超警戒时长的第 8 位。排列超警戒时长前 7 位的年最高水位都超过了 21.00m，可见 2010 年水位并不高，但超警戒时间较长是其特点之一。

（2）九江站水位两次超警戒的原因各异。通过成因分析可以看出，长江九江段两次超警戒洪水发生的原因各异。第一次洪水过程是由于鄱阳湖流域暴雨洪水为主要因素造成的，长江中上游洪水起到了推波助澜的作用；第二次洪水过程恰好相反，长江上游、洞庭湖、汉江流域暴雨洪水导致了九江站第二次超警戒水位的发生，鄱阳湖洪水与长江洪水相互作用，造成九江站水位长期处于高位波动。

（3）长江干流洪水造峰作用不明显。7 月 18 日九江站出现 20.64m 最高水位之后，又先后经历了两次长江干流洪水过程，但九江站水位仅有小幅波动。如 7 月 21—22 日汉口站水位受长江干支流来水影响上升了 0.4m，相应地九江站水位仅抬升了 0.02m，涨幅同步率仅为 5%；7 月 26—30 日受三峡最大出库流量过程影响，汉口站水位上涨了 0.29m，而九江站虽然出现了 58500m³/s 的全年最大流量，但水位仅上涨了 0.13m，涨幅同步率也只有 45%，最高水位也低于 7 月 18 日 20.64m 的最高水位。这两次洪水过程中，鄱阳湖的来水量明显减少，仅有长江干流的洪水影响，对九江段水位造峰的作用要明显减弱。

（4）重要水利工程为长江干流下游削峰起到了积极作用。长江上游第一次洪水过程，7 月 18 日，三峡水库迎来 70000m³/s 的建库以来最大流量，20 日，最大出库流量为 41400m³/s，削减洪峰流量 28600m³/s，削峰率为 41%。汉江丹江口水库 7 月 19 日最大入库流量为 27500m³/s，下泄流量控制在 1650～1920m³/s，削减洪峰流量 25600m³/s，削峰率 93%。

长江中上游第二次洪水过程，7 月 28 日，三峡水库最大入库流量为 56000m³/s，最大出库流量为 40200m³/s，削减洪峰流量 15800m³/s，削峰率 28%。汉江丹江口水库 7 月

19 日迎来 34100m³/s 的有记录以来的第二大入库流量，下泄流量控制在 6290m³/s，削减洪峰流量 27800m³/s，削峰率 82％。

3 结语

通过以上分析，正是三峡、丹江口等大型水库的削峰、错峰作用，有效地控制了中下游发生更大洪水的可能。如按水量还原计算，若不计三峡、丹江口水库的削峰、错峰作用，长江九江段 2010 年最高水位可涨至 21.50m 左右。

从峰现时间可判断出长江九江站的洪水成因。长江九江站与干流洪水的传导无线性相关，受鄱阳湖流域洪水影响，九江站的峰现时间一般要早于上游汉口站 1～2 天，否则反之。

从水位落差也可判断出长江九江站的洪水成因。洪水时期正常情况下，洪水从宜昌站传递到九江需 6 天左右，从螺山站传递到九江需 3 天左右，从汉口站传递到九江需 1.5 天左右。一旦汉江及武汉周边地区出现暴雨洪水，对武汉汉口水文站的水位抬升作用明显，九江段的水位变化过程则不大，汉口—九江的水位落差逐步加大，最大时可接近 7.0m（超正常落差近 1.0m）；反之，仅由鄱阳湖区暴雨形成洪水过程时，汉口—九江的水位落差逐步减小，最小时低于 5.0m。

长江流域暴雨洪水发生的区域、范围，不同流域洪水的发生与组合，对九江段水位可能产生的影响是复杂多变的，对于从事水情工作的人员来说必须密切关注，不断认识、不断积累，才能做到不断提高，才能更好地服务于和谐社会的建设事业。

2016 年修水流域暴雨洪水分析及防洪实践

樊建华

（江西省九江市水文局，江西九江　332000）

摘　要： 修水流域是暴雨洪水多发区之一。2016 年 4—7 月，修水流域先后经历了 12 次较大的暴雨过程，间隔时间短、降雨强度大，从而造成该区域入汛以来水位持续上涨、洪水过程多、洪峰水位高，长期处于超警戒状态。本文从 2016 年修水流域暴雨时空分布及其特征、发生发展过程以及修水流域下游控制河段永修县永修水文站河段特性等方面，分析了洪水发生的原因，洪水特征及其演变情况、影响因素以及时流域干流上游水库群蓄水调度情况，总结了此次战胜暴雨洪水的方式方法和成功经验。并结合 2016 年水库调度运行情况提出了水库科学调度运行的措施，以期最大限度地发挥水库工程措施在防汛减灾中的作用。

关键词： 洪水预报；洪水遭遇；防洪减灾；水库调度；修水流域；2016 年洪水

1 修水流域概况

修水流域地处长江中下游南岸鄱阳湖区西北部（江西省西北部），地处东经 114°13′36.1″～116°00′3.6″、北纬 28°30′48.9″～29°11′6.6″，流域面积 14910km² （最新河湖普查数据，其中省内面积 14905.5km²，省外面积 4.20km²）。修水流域是长江流域中下游地区多雨区域之一，降水量的年际、年内变化很大，具有明显的季节性和地域性。流域多年平均年降水量 1630.5mm，实测最大年降水量 2294mm（1998 年），实测最小年降水量 1138.5mm（1968 年）。汛期 4—9 月降水量可占全年总降水量的 69.1%，其中主汛期 4—7 月降水量可占全年总降水量的 55.8%。流域中上游降水明显多于下游，山区明显多于尾闾区。多以锋面雨为主，历时短，强度大。

修水流域具有典型的南方山区性河流特征，洪水起涨较快，洪峰持续时间短，但也经常出现复峰现象。主要暴雨洪水多发生在 4—6 月，特殊年份受台风影响，7—9 月局部地区也会发生暴雨洪水。流域发生较为典型洪水的年份有 1954 年、1955 年、1973 年、1983 年、1998 年、1999 年等。上游高沙站实测最高水位 99.00m（1973 年），下游永修站实测最高水位 23.48m（1998 年）。

流域地势西高东低，干流自西向东穿行于九岭山与幕阜山之间，各支流发育于两大山系之中，右岸较左岸发达，较大的支流多位于干流右岸九岭山脉中。流域面积大于 10km²

的支流有 306 条，其中大于 200km² 的支流有 18 条，潦河为其最大支流，流域面积为 4372km²。

流域有大型水库 3 座（柘林水库、东津水库、大垅水库），有中型水库 16 座，有小（2）型以上水库 599 座。

2 暴雨

2016 年入汛以来，受超强厄尔尼诺现象影响，修水流域暴雨频发，连续多次出现强降雨过程。与历史比较，呈现暴雨过程多、降雨强度大、降雨落区相对集中等特点。

2.1 暴雨过程

2016 年 4—7 月，修水流域先后经历了 12 次较大的暴雨过程，且暴雨出现时间早、暴雨间隔时间短。4 月 6 日刚入汛，修水流域就迎来了一场较大的暴雨过程，暴雨间隔时间短的仅为 3 天。降雨过程统计见表 1。

表 1　　　　　　　　　　　修水流域 4—7 月降雨过程统计表

月份	日期	流域平均降水量/mm	与历史同期比值/%	月份	日期	流域平均降水量/mm	与历史同期比值/%
4	6	25	72	6	1—2	111	392
	15	34	108		11	19	26
	19—20	71	288		15	28	51
5	9	35	164		18—19	43	49
	14—15	37	41	7	2—4	211	641
	25—27	60	127		15	45	343

2.2 降雨强度

2016 年，修水流域最大的一次降雨过程发生在 7 月 2—4 日，流域平均雨量达 211mm，这在修水流域实属罕见。从表 2 可以看出，参与统计的面雨量站在整个降雨过程中各时段降雨相对均匀。流域单站 1h 最大降雨量 63mm、6h 最大降雨量 138mm、12h 最大降雨量 165mm，均发生在奉新县段上站；3h 最大降雨量 112mm，发生在奉新县仰山站；24h 最大降雨量 225mm，发生在奉新县西塔站；48h 最大降雨量 370mm、72h 最大降雨量 433mm，均发生在奉新县百丈站。

2.3 降雨落区

潦河为修水流域最大支流，也是修水下游地区主要洪水的来源地，永修水文站几次大的洪水过程均与潦河大暴雨过程有着密切的联系。如 6 月 18—19 日降雨过程，潦河流域平均降雨量为 76mm，是修水干流平均降雨量的 2.7 倍。再如 7 月 2—4 日降雨过程，潦河流域平均降雨量为 225mm，也超过了修水干流平均降雨量 9%。

表2　　　　　　　　修水流域面雨量站7月2—4日降雨表量统计表　　　　　单位：mm

站名	7月2日					7月3日					7月4日					合计
	8—14时	14—20时	20—2时	2—8时	日量	8—14时	14—20时	20—2时	2—8时	日量	8—14时	14—20时	20—2时	2—8时	日量	
山口	7	19	24	29	79	18	5	3	21	47	59	14			73	199
渣津	27	17	14	32	90	45	13	6	6	70	11	2			13	173
先锋	22	20	34	30	106	41	34	3	9	87	32				35	228
白沙岭	11	14	13	31	69	18	20	24	10	72	12	3		13	28	169
黄沙桥	33	21	21	24	99	17	9	4	16	46	44	9			53	198
何市	22	10	18	23	73	16	8	2	15	41	50	20			70	184
溪口	22	11	15	26	74	26	25	10	9	70	11	3		11	25	169
港口	24	8	22	18	72	23	27	16	11	77	18	4			22	171
高沙	26	17	21	38	102	43	56	3	9	111	24	3			27	240
船滩	51	29	18	23	121	35	48	3	12	98	20	4		1	25	244
澧溪	20	17	19	30	86	44	37	3	5	89	22	3		2	27	202
石门楼	11	32	20	19	82	16	10	2	14	42	41	23			64	188
罗溪	15	44	24	24	106	23	20	2	6	51	34	12			46	203
罗坪	19	50	16	19	14	41	24	10	3	78	23	16			39	221
武宁	17	20	23	34	94	47	42	2	3	94	22	10			32	220
邢家庄	11	42	13	21	87	32	15	31	4	82	47	40	3	3	92	261
王家铺	19	14	12	25	70	28	32	2	3	65	16	11			27	162
柘林	8	50	8	25	91	47	20	27	1	95	29	55	2	2	88	274
虬津	2	32	6	24	64	82	10	9		101	11	67	2	1	81	246
永修	2	6	5	11	24	31	5	5		41	5	40	60	1	106	171
大垅	5	13	19	24	61	18	27	4	25	74	60	32		2	94	229
靖安	2	10	12	25	49	67	9	7	1	84	27	57	5		89	222
东源	15	63	34	25	137	38	28	27	14	107	100	43	1	4	148	392
周坊	2	61	25	16	104	67	11	23	2	93	32	67	2	1	102	299
高湖		54	16	13	83	54	15	13	3	85	38	58	2	2	100	268
官庄	31	50	25	16	122	19	23	13	10	95	79	42	1	3	125	342
会埠	1	8	17	29	55	63	11	43	2	79	26	54	7		87	221
晋坪	2	19	21	22	64	96	27	3	5	129	47	77	1		127	320
甘坊	2	23	15	20	60	120	29	1	8	159	62	67	2	2	133	352
仰山	4	18	21	22	95	123	30	2	7	164	66	85	2	2	155	414
万家埠	1	11	6	9	27	20	6	4		30	6	47	49	1	103	160

3 洪水特点

由于受前期江西"五河"洪水共同影响，鄱阳湖水位涨势较猛，以修水下游控制站永修水文站为例，2016年进入汛期后，水位一直受鄱阳湖水位顶托影响，出现持续上涨过程，具有底水位偏高、洪水过程多、洪峰水位高，超警戒时间长等特点。

3.1 底水位

从统计数据分析，永修站4—7月最高、最低水位虽不及历年月最高、最低水位，但月平均水位却较历史同期月平均水位高出0.64～3.19m，由于底水位偏高，为永修站后续出现大洪水埋下了"伏笔"。永修站4月平均水位17.10m，比历史同期平均水位高0.64m；5月平均水位18.80m，比历史同期平均水位高1.73m；6月平均水位19.18m，比历史同期平均水位高1.73m；7月平均水位21.39m，比历史同期平均水位高3.19m。各月平均特征水位对照见表3。

表3　　　　　　　　　　　　　永修站特征水位对照表　　　　　　　　　　单位：m

历史同期特征水位			2016年特征水位			
月份	月平均	月最高	月最低	月平均	月最高	月最低	比历史同期
4	16.46	20.63	17.13	17.10	18.90	15.28	+0.64
5	17.07	21.34	18.78	18.80	19.28	18.26	+1.73
6	17.45	22.82	19.10	19.18	20.78	18.34	+1.73
7	18.20	23.48	21.11	21.39	23.18	18.93	+3.19

3.2 洪水过程

由于底水位偏高，强降雨过程偏多，永修站出现了5次明显的洪水过程，总体趋势持续上扬，洪峰水位除个别外，逐级抬高，两度出现超警戒洪水过程。

第一次涨水过程从入汛开始至4月22日，时间跨度较长，水位从15.34m开始起涨，4月22日洪峰水位18.90m，涨幅达3.56m；第二次涨水过程出现在5月8—11日，水位从18.26m开始起涨，5月11日洪峰水位19.28m，涨幅为1.02m；第三次涨水过程出现在6月1—3日，水位从18.49m开始起涨，6月3日出现本年度第一次超警戒洪水，洪峰水位20.38m，涨幅达2.29m；第四次涨水过程出现在6月17—24日，水位从18.35m开始起涨，6月24日洪峰水位19.41m，涨幅为1.06m；第五次涨水过程出现在6月29日至7月5日，水位从18.72m开始起涨，7月5日出现本年度第二次超警戒洪水，洪峰水位23.18m，涨幅高达4.46m。永修站4—7月洪水过程如图1所示。

3.3 洪峰水位

永修站水位虽经干流水利工程调蓄，7月5日13时仍出现了23.18m的洪峰水位，超警戒水位3.18m，仅次于1998年的23.48m，位列有记录以来的第二位。根据历年最高水

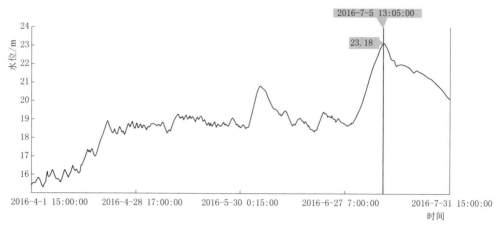

图 1 永修站 4—7 月洪水过程线图

位排频分析，2016 年永修站洪水频率为 36 年一遇；修水入湖控制站虬津水文站也出现了 24.29m 的洪峰水位，超警戒水位 3.79m；潦河入湖控制站万家埠水文站出现了 27.94m 的洪峰水位，超警戒水位 0.94m。

出现永修站洪峰水位频率较高的原因，主要有以下几点：①永修站及其附近河段位于修河下游滨湖地区，水网复杂、河道平缓，汛期受鄱阳湖回水顶托影响严重，经常出现小流量高水位现象，2016 年，鄱阳湖区 7 月 2 日水位就超警戒，并长时间处于高水位状态；②与下游支流潦河的洪水遭遇，潦河河口仅在永修站上游 2km 处，其时潦河万家埠洪峰流量达到 3740m³/s，与干流上游虬津站最大流量相当；③永修区间降雨较大，自 7 月 1—5 日，永修县境内平均过程降雨量达到 232mm；④永修水文站上游约 10km 处的杨柳津分流河流，2016 年汛前，当地水利部门在河口处筑堤清淤，汛期抬高了杨柳津河道的分流水位，造成分流量减少，使得干流主要洪水归槽顺流。上述因素都是造成永修水位增高，洪水遭遇概率偏高的原因。使得永修站水位从 7 月 3 日 12 时开始超警，至 8 月 1 日 8 时退出超警，超警时间长达 30 天，仅次于 1998 年的 91 天，超警时间位列有记录以来的第二位；虬津水文站超警时间也长达 24 天。永修站历年最高水位频率如图 2 所示。

4 洪水调度

流域的连续强降雨过程使得修水水位全线超警戒。7 月 5 日 13 时，修水洪峰顺利通过永修段，永修水文站洪峰水位 23.18m，超警戒水位 3.18m，为仅次于 1998 年 23.48m 的第二大洪水。为有效减轻下游地区防洪排涝压力，江西省防总通过科学调度修水干流柘林、东津、大垇等大型水库，以及支流潦河上罗湾、小湾等中型水库，拦蓄洪水水量达 7.8 亿 m³，其中柘林水库拦蓄洪水 6.44 亿 m³，充分发挥水库巨大的拦洪削峰等防洪效益，极大地减轻了下游河网的防洪压力，保护了下游防洪安全。

7 月 3 日 21 时 50 分，在柘林水库低于汛限水位 0.7m 时，根据降雨及来水情况，江西省防总发出第 1 号调度命令，要求 22 时 30 分开启第一溢洪道一孔闸门泄洪。4 日 11

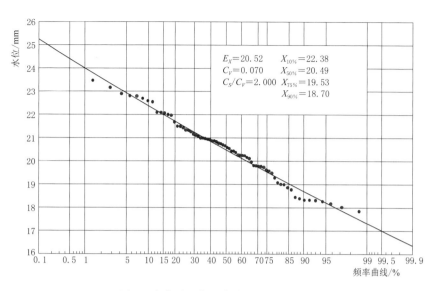

图 2　永修站历年最高水位频率曲线图

时 30 分，省防总再次发出调度命令，要求 4 日 12 时起，开启第一溢洪道全部三孔闸门泄洪，出库流量 3180m³/s。

7 月 5 日 6 时 48 分，根据修水干流及潦河来水量，经江西省水文局、九江市水文局汇商预报，柘林水库如继续维持当前泄量的情况下，修水控制站永修水文站洪峰水位将可达 23.60m，会突破有记录以来最大值。江西省防总对雨情、水情和汛情的综合分析及研判，决定实施错峰调度，在柘林水库水位 65.36m 已经超过汛限水位的情况下，当机立断作出调整柘林水库泄洪流量的决策，充分发挥水库拦洪削峰作用。7 月 5 日 8 时，按照水文部门计算的安全泄量，柘林水库泄洪流量由 3180m³/s 调整为 1860m³/s。同时，协调九江市防指，调度上游东津水库暂停泄洪，实施水库群联合调度。经计算，柘林水库减少泄洪流量，降低永修站水位 0.4m 左右。

本次洪水调度过程中，柘林水库拦蓄洪水 6.44 亿 m³，最大入库流量 7000m³/s，最大出库流量 3180m³/s，削峰率达 55%。东津水库拦蓄洪量 1.36 亿 m³，最大入库流量为 5 日 2 时 1660m³/s，出库流量 500m³/s，削峰率达 70%。大墈水库拦蓄洪水 3500 万 m³，最大入库流量 1320m³/s，最大出库流量 952m³/s，削峰率 28%。

5　洪水过后的几点思考

修水流域是江西省洪水灾害频发地区之一，区域性或局部性洪水几乎每年都有发生。对修水流域 2016 年暴雨洪水进行分析，其目的就是为了进一步了解暴雨洪水发生、发展全过程，总结人们战胜暴雨洪水的方式方法和成功经验，希望对今后的防汛工作起到一定的借鉴作用。

（1）提高堤防防洪标准。永修县为修水流域尾闾地区重点防汛县之一，上游承受修水流域洪水侵袭，下游饱受鄱阳湖洪水困扰。境内的京九铁路及杭瑞高速是重点防护对象之一。全县现有大小圩堤27座，堤线总长达262km，1998年大水过后，通过鄱阳湖二期防洪工程的实施，防洪标准有了提高，一定程度上改善了防洪条件，但一遇大洪水还是显得力不从心。为了彻底解决这些防汛短板，除继续做好平垸行洪、退田还湖、河道整治、水库除险外，还应对万亩以上圩堤进行重新查勘、设计、整修，提高这些工程的防洪标准，彻底改变逢水必险的不利局面。

（2）出台相关政策消除调度盲区。柘林水库为修水流域控制性工程，其控制面积约占修水流域面积的64%，当遇大洪水时一般削峰60%～70%，为保障下游的防洪安全起到了重要作用。水库汛期4月1日至6月30日按63.50m的汛限水位运行，7月1日至9月30日按65.00m的汛限水位运行，并按20年一遇的洪水设定了回水搬迁线。但在65.00～67.00m回水搬迁线内目前还居住着大量村民，在1973年、1983年、1993年、1998年等大水年份洪水调度中这些村民都遭受了重大损失，这些情况直接影响了调度方案的决策和实施。相关部门要尽快出政策，清除这些调度上的盲区，彻底扭转逢灾必淹、赔偿不断的被动局面。

（3）适时调整流域洪水调度模式。仅以九江市为例。目前中型水库防洪调度权限归属各县防指，大（2）型东津水库防洪调度权限归属市防指，大（1）型柘林水库防洪调度权限归属省防总。由于水库归属权不同、利益不同、调度权限不同，在实际操作过程中还存在着不少弊端。如修水县的抱子石水库与武宁县的下坊水库，这两座水库属修水干流梯级水库，多年来在防洪调度上经常出现扯皮现象，造成部分被淹农民上访申诉。本文认为，可视洪水情况，适时调整流域洪水调度模式，当出现局部洪水时，现有调度模式可基本保持不变；不同行政区域内相关联的中型水库调度权可上收至市防指；当出现流域性大洪水时，省防总可临时上收调度权限，实行流域联合调度。

6 结语

修水水系为长江流域鄱阳湖区五大水系之一，由于水利工程开发程度较高，河流干支流早已不是自然河流。尤其是大型多年调节的水库建设，对河道水流的天然流态带来了根本性的改变。不可否认的是，水利工程在调节洪水、削峰错峰、保护下游防汛压力和河堤安全方面起到了不可替代的作用。修水水系下游段地处鄱阳湖尾闾区，地势低洼、圩堤众多、水网复杂，历年都是当地防汛工作的重中之重，加之最大支流潦河的洪水影响，永修县的防汛压力巨大。尤其在鄱阳湖高水位顶托期间，修水干流洪水一旦与支流潦河洪水发生遭遇，则永修河段的压力非常明显。只有充分发挥好上游水利工程的防洪调节功能，实现信息共享、科学预判、科学调度，同时针对各主要圩堤的现状，适当提高圩堤的防洪标准，就能在大洪水面前沉着应对，确保河堤安澜、百姓安康。

参 考 文 献

[1] 谭国良. 1998年江西洪水和水文技术 [J]. 江西水利科技，1999，25（s1）：6-13.

[2] 潘华海. 柘林水库工程的防洪效益 [J]. 江西水利科技，1999，25（2）：76-79.

［3］ 李道松．"七七·六"修河洪水分析［J］．江西水利科技，1989，2（2）：7-11.

［4］ 谭国良．江西省 2005 年暴雨洪水特性及水文测报工作［J］．江西水利科技，2006，2（2）：79-82.

［5］ 杨涛．修河流域防洪调度系统开发若干关键技术讨论［J］．人民长江，2006，9（9）：98-101.

［6］ 黄兴．修潦鄱阳湖区永修县防汛形势分析及防治对策［J］．江西农业学报，2008，20（12）：105-109.

［7］ 古和今．江西省修河流域防洪减灾决策系统论述［J］．江西科学，2002，12（4）：250-253.

［8］ 熊金泉，刘翌，郑萍，等．江西省修河流域防洪调度研究系统［J］．江西科学，2004，22（5）：351-357.

［9］ 黄国勤．江西修河流域生态系统研究［J］．江西农业大学学报，2002，24（6）：873-877.

长江九江段、鄱阳湖枯水期水位偏低原因分析与思考

吕兰军

（江西省九江市水文局，江西九江 332000）

摘　要： 本文通过 3 个不同时段描述了长江九江段、鄱阳湖枯水期水位下降趋势，并分析了其水位偏低的主要原因，提出避免和解决长江九江段、鄱阳湖枯水水位偏低的相应措施。

关键词： 长江九江段；鄱阳湖；枯水水位；降雨量；生态工程；生态流量

近些年来，长江、鄱阳湖的枯水期比往年有提前到来的趋势，枯水期水位偏低，严重影响了沿江、沿湖的工农业和生活取水。2013 年长江九江段、鄱阳湖再次出现较枯水位，取水安全保障受到影响，引起各界关注。

1 枯水水位变化趋势

2013 年 12 月 3 日 8 时长江九江站水位为 8.66m，较往年偏低；2013 年 12 月 2 日 21 时鄱阳湖标志性的星子站水位为 7.99m，这标志着鄱阳湖已全面进入极枯水位，相对应的湖区通江水体面积不足 300km²，不及丰水期面积的 1/10。长江九江段、鄱阳湖枯水水位较历史同期偏低。

本文把 1981—2011 年历年 10 月、11 月、12 月的长江九江站和鄱阳湖星子站最低水位平均值，分成 1981—1990 年、1991—2000 年、2001—2011 年 3 个时段进行分析，见表 1。

表 1　　　　长江九江站、鄱阳湖星子站不同时段最低水位平均值统计表　　　　单位：m

时　段	九 江 站			星 子 站		
	10 月	11 月	12 月	10 月	11 月	12 月
1981—1990 年	14.74	11.91	9.33	14.12	11.46	9.02
1991—2000 年	13.71	11.01	9.48	13.05	10.51	9.30
2001—2011 年	11.41	9.99	8.83	10.76	9.45	8.40

注　水位平均值为吴淞基面。

从表 1 可以看出，长江九江站和鄱阳湖星子站 3 个时段的 10 月、11 月、12 月平均水位呈现下降趋势，尤其 10 月的平均水位下降幅度较大，达 1m 以上。可见，1981 年以来，

九江站、星子站 10 月、11 月和 12 月最低水位下降趋势明显。

2 枯水水位偏低的主要原因

2013 年 10 月以来，长江中下游水位快速退落，至 10 月 29 日 16 时，长江九江站水位跌至 8.97m，比 10 月 3 日 8 时的水位低了 5.16m，长江九江段提前进入枯水期；10 月 28 日 8 时，鄱阳湖都昌站水位为 8.35m，较 10 月 27 日下降 0.15m，为历史同期最低，鄱阳湖水位快速下降，提前进入枯水期。由此可见，2013 年长江九江段、鄱阳湖枯水水位不仅提前到来，而且比往年更低。造成长江九江段、鄱阳湖枯水水位偏低的原因是多方面的，其主要有以下几个方面。

2.1 降雨量偏少造成来水量不足

长江中下游和鄱阳湖流域降雨量偏少是长江九江段、鄱阳湖枯水期水位偏低的原因之一。江西省多年平均降雨量为 1638mm。进入 21 世纪以来，鄱阳湖流域年平均降雨量比 1956—2000 年平均降水量减少约 12%。如，江西省 2007—2012 年逐年平均降雨量分别为 1298.0mm、1536.0mm、1392.0mm、2086.0mm、1303.6mm、2165.0mm，6 年中有 4 年的降水量少于多年平均值。2010 年、2012 年虽然是丰水年，但降水时空分布不均，2012 年信江流域平均降水量达 2767mm，而鄱阳湖环湖区只有 1994mm，且降水主要集中在 4—6 月，九江市 3—6 月降水量占年降水量的 62%，秋、冬季干旱严重。2010 年的情况与之类似。

据统计，"五河"多年平均入湖量为 1192 亿 m^3，2008 年为 946 亿 m^3、2011 年为 969.5 亿 m^3，均少于多年平均值，来水量不足造成枯水水位偏低。表 2 列出了 2001 年以来长江九江站、鄱阳湖星子站的最低水位。

由表 2 可见，九江站、星子站近几年来的最枯水位大都在 9.00m、8.00m 以下。

表 2　　　　　　　　长江九江站、鄱阳湖星子站年最低水位统计表

年　份	九　江　站		星　子　站	
	水位/m	出现时间/(月-日)	水位/m	出现时间/(月-日)
2001	8.98	1 - 7	9.38	12 - 9
2002	8.17	2 - 24	8.4	1 - 14
2003	8.65	12 - 31	7.93	12 - 31
2004	7.69	2 - 6	7.11	2 - 4
2005	8.7	12 - 31	8.2	12 - 31
2006	7.42	2 - 14	7.8	2 - 14
2007	8.02	12 - 22	7.27	12 - 20
2008	8.02	1 - 6	7.37	1 - 6
2009	8.16	1 - 26	7.49	1 - 26
2010	8.27	1 - 26	7.74	1 - 2
2011	8.67	12 - 31	8.11	12 - 31
2012	8.44	1 - 7	7.79	1 - 6

注　水位值为吴淞基面。

2.2 上游水库群蓄水影响

江西的五大水系，近些年来加大了水能开发力度，水能梯级开发接近饱和。全省有1万多座大中小型水库及几万座山塘，汛后各水库都要蓄积一定的水量用于发电、灌溉和生活用水等。仅修河干流从东津水库开始，其下游就有郭家滩、抱子石、三都、下坊、柘林等大中型水库，累积蓄水量超过82亿m^3。大量的水蓄积在各水库，使得"五河"入湖水量较往年有所减少。

长江上游干支流水库蓄水对长江九江段、鄱阳湖的水位产生较大的影响。数据显示，长江上游干支流主要水库共29座，防洪库容合计530亿m^3。这些水库群在汛后集中蓄水运行，造成长江九江段、鄱阳湖水位降低、水量减少。如三峡工程自2003年5月5日起蓄水，进入运行初期。统计表明，九江站2003—2007年平均水位12.80m，比1988—2002年平均水位13.95m偏低1.15m；鄱阳湖星子站2003—2007年平均水位12.50m，较1988—2002年平均水位13.79m偏低1.29m。无论是长江九江段，还是鄱阳湖，三峡工程运行后5年（2003—2007年）的水情，较三峡工程运行前15年（1988—2002年）的水情明显偏枯。

三峡水库一般情况下是在10月蓄水减泄，在枯水年将会加剧长江九江段、鄱阳湖湖区干旱缺水和生态环境恶化。按照三峡水库初步设计确定的汛末蓄水方案：从10月初至11月末，三峡水库开始汛后蓄水，下泄流量将比正常年份天然状态下减少2000～8000m^3/s。因此，不同水文年的湖口水位变化：丰水年将下降0.54～1.74m；平水年下降0.46～1.63m，枯水年（2004）下降0.52～1.66m，枯水年（2006）下降0.39～1.46m。湖口站与星子站的水位关系较好，相关系数达0.90以上，10～12月湖口站水位降低0.10～1.12m，星子站水位相应降低0.01～0.76m，以致整个鄱阳湖湖区水位下降。

2.3 采砂造成的影响

沿岸河道、湖泊违规采砂严重。周边的采砂已造成不少区域的湖床下陷。如星子县（现为庐山市）入湖水道，过去河道最深处为−7m，而2012年已达−22m。湖区到处都是沙坑，像一只碗上有缺口，肯定储存不住水，也不能形成有效的水位和湖面。因此，过量的采砂导致河床、湖床急剧下切，水位持续下降。

2.4 沿江沿湖取水量加大

随着人口不断增加，工农业生产发展，以及其他社会用水量增多，特别是沿江、沿湖进驻了耗水量较大的企业，如化工、造纸、钢铁等，造成取水量大幅增加，一定程度上影响了枯水水位。如长江九江段，近几年来在长江取水的有理文造纸、理文化工、江西铜业铅锌、江西钢厂等，在鄱阳湖取水的有江西大唐、赛得利化纤、恒生化纤等，日取水量2万m^3以上的大取水户越来越多，在一定程度上影响着长江、鄱阳湖的水位。

3 ▶ 几点思考

为了解决长江九江段、鄱阳湖枯水期水位偏低的问题，必须全面统筹规划，采取合理的工程措施，加强上游水库群的优化调度，以及加强严格的采砂管理等。

3.1 加快建设鄱阳湖水利枢纽工程

枯水症结不在于江西没有水，而是水根本储存不住。目前，每年从鄱阳湖流走的水量有 1450 亿 m³，储存下来的还不到 3 亿 m³，而近几年长江补给水量越来越少。

加快鄱阳湖水利枢纽工程建设，已是解决鄱阳湖"水危机"的当务之急。

据悉，鄱阳湖水利枢纽工程拟建在鄱阳湖入长江通道最窄处，即在星子县的长岭与都昌县的屏风山之间，工程建成后，将交由长江水利委员会统一调度，采取"调枯不调洪"的运行方式，发挥鄱阳湖分洪作用，在枯水期则关闸蓄水。

鄱阳湖水位自然变幅大，是导致湖区水旱等自然灾害频发的主要原因。由于缺乏必要的调控措施，当鄱阳湖出现极端的水文情势，或面对三峡水库减泄、增泄产生的不利影响时，都显得无能为力。因此，建设鄱阳湖水利枢纽工程，增加调控能力，当长江干流出现不利于鄱阳湖生态环境的水文条件时，或鄱阳湖湖区出现极端水文条件时，可启用该工程，以维系湖区水位平缓变化。避免湖区出现不利于生态环境和工农业经济发展的水文环境。

3.2 优化水库的运行调度

江西境内各大型水库应实行统一调度，确保下泄流量，保证河流、湖泊有足够的水量和维持一定的水位高度，以满足生活、生产用水的需要。"五河"干支流蓄水工程建设的主要目的是提高"五河"干支流洪水资源利用效果。因此，可以利用"五河"干支流水库在 8—9 月汛期结束之前，适当多拦蓄一些汛末洪水，留存库中，这样在 10 月之后，可增加"五河"下泄入湖流量，弥补和减轻三峡水库减泄的不利影响，以避免湖区枯季非正常或极端干旱现象出现。

优化长江上游干支流水库群的调度，特别是对三峡水库的调度。三峡水库运行调度的主要目的是尽量减轻水库增泄或减泄流量过程中对鄱阳湖产生的不利影响，进而充分发挥三峡水库对鄱阳湖水位的调控作用，避免极端的水旱灾害出现。10—11 月三峡水库减泄流量带来的不利影响比较复杂，主要是引起湖区水位快速下降，枯水期提前。应慎重地综合考虑 10—11 月的三峡水库上游来流、江西"五河"入流以及湖区退水过程等水情预报因素，适当调整三峡水库蓄水进程。例如，当湖口水位低于 14m 时，三峡水库蓄水就应该避免因蓄水产生的下泄流量锐减，以保证湖口水位缓慢降低。在鄱阳湖枯水年份，更应该谨慎对待。此外，还可以考虑将三峡水库汛后蓄水时间适当提前到 9 月中上旬，在 9 月末之前将库水位逐步从 145m 提高到 155m 以上，适当多拦蓄一些汛末洪水留存库中，这样在 10 月就不必大量拦蓄径流，从而减轻对鄱阳湖水位变化的干扰。

3.3 确定每条河流的生态流量

水文部门应加强生态需水量的分析，提出主要河流、湖泊的生态需水量，这是保障河流、湖泊生态安全要求的最小流量，无论水资源如何开发利用都不得突破这一底线。其要求为：采用 90% 保证率最枯月平均流量作为生态水量；根据《建设项目水资源论证导则

（试行）》（SL/Z 322—2005）中"对于生态用水的确定，原则上按多年平均流量的10％～20％确定"。水文部门通过分析与计算，提出每条河流、每个湖泊的生态需水量，为保障水生态环境的安全提供科学依据，以避免水资源的盲目开发。

3.4 加大对鄱阳湖湖区采砂的管理力度

随着鄱阳湖区枯水位出现时间的提前和延长，加之仍然存在重经济效益、轻生态效益现象，导致采砂管理定点、定时、定船、定量、定功率等"五定"要求执行不到位，影响了鄱阳湖水体安全，给生态保护带来了压力。应通过减少作业采区、减少作业时间、减少作业船舶数量，严格采砂船舶准入，严格现场监管，严格控制年度采砂总量，总体上形成湖区采砂管理长效机制，将采砂活动对鄱阳湖水资源、水生态的影响降到最低限度。

3.5 建立应急水源和备用水源

当前，多数城市饮用水水源都较为单一，如果遇上连续干旱年、特殊干旱年及突发污染事故，风险程度都是非常高的。因此，应急饮用水水源和备用水源工程建设，是提高政府应对涉及公共危机的水源地突发事件的能力，维护社会稳定，保障公众生命健康和财产安全，促进社会全面、协调、可持续发展的必要措施。

应急水源是指具备应急供水水源和水量、水质符合要求，具备替代或置换应急饮用水的条件，可为保证应急供饮用水而挤占其他用水的水源。应急水源工程应距离城市相对较近，方便取水，工程措施是应急性质的，应急水源的水量不能完全满足用水需要，而且时间上不可能长久。备用水源是指完全可以与第一水源相对应的水量与水质要求的水源，在突发性水污染事故发生时可以长期使用的水源。

目前，我国规划建设应急水源和备用水源工程主要针对人口 20 万以上、以地表水为饮用水水源的城市，应扩大到县级以上所有城镇。如九江市应急饮用水水源地为赛城湖，目前赛城湖水量、水质符合饮用水要求，湖容积 49660 万 m^3，拟建的取水工程主要有机组和配套设施、引水管道和配套设施等，在 97％来水量保证率下的工程预期效果供水量达 $2.52m^3/s$，能满足应急水源的要求。备用水源初步确定为柘林水库，总库容 79.2 亿 m^3，为多年调节水库，不仅水量充足而且近年检测库区水质均优于Ⅱ类地表水标准。但是九江市县级城镇应急和备用水源还没有建立，希望相关部门给予重视。

3.6 加强水文监测与预测

加强对长江九江段、鄱阳湖枯水期的水量水质监测至关重要，可及时掌握水量水质状况，为工农业、生活用水提供可靠信息。20 世纪 60 年代鄱阳湖水质为Ⅰ类，90 年代为Ⅱ类、Ⅲ类，目前鄱阳湖水质已成为Ⅳ类，因此，必须加强对鄱阳湖水质动态监测，及时通报湖区水质。

同时，针对不同区域河流和重要湖泊开展藻类、叶绿素、浮游植物、底栖动物的监测，把水生态监测与研究作为水文部门水生态文明建设的重点。随着全球气温的升高，大气环流紊乱，影响水文的因素错综复杂；大量水利工程的兴建，破坏了河道水文的自然规律，如三峡水库建成后，长江中下游的江水变清了，对河势、冲刷等都带来影响。各地年度水量分配方案的制定需要水文部门预测下一年的来水量，水文部门应加强降水、蒸发、径流、土壤墒情、水污染、大气环流、涉水工程等对河湖水文情势影响的研究力度，找出水文变化规律，预测来年的水文情势，为政府应对枯水和干旱提供科学依据。

参 考 文 献

［1］吕兰军，王仕刚. 三峡工程对鄱阳湖珍稀候鸟栖息地水位影响分析［J］. 人民长江，1991（7）：38 - 32.

［2］吕兰军. 长江九江段、鄱阳湖水情分析及旱涝急转水文应对措施［J］. 水利发展研究，2011（11）：40 - 44.

［3］谭国良，郭生练，王俊，等. 鄱阳湖动态水位-面积-容积关系研究［J］. 中国水利水电科学研究院学报，2011（4）：274 - 278.

［4］徐卫红，张双虎，蒋云钟，等. 鄱阳湖区水资源安全问题分析［J］. 中国水利水电科学研究院学报，2011（4）：274 - 278.

［5］吕兰军，江小青，韩建军. 长江九江段入江排污口水环境质量调整与分析［J］. 江西水利科技，2005（4）：231 - 235.

长江九江段、鄱阳湖水情分析
及旱涝急转水文应对措施

吕兰军

（江西省九江市水文局，江西九江 332000）

摘 要： 长江九江段、鄱阳湖处于长江中下游，2011 年 6 月水情的旱涝急转令人深思。本文分析了九江水文站、星子水文站近些年来的水情情势，指出加强监测能力建设和提高预测预报水平是水文应对水情旱涝急转的主要手段与措施。

关键词： 水文；旱涝急转；水情情势；江西省；长江；鄱阳湖

长江在江西境内西起九江市下属的瑞昌市巢湖，东至九江市彭泽县的牛矶山，全长 151.9km。九江水文站集水面积 152.3 万 km²，占长江流域总面积的 84.6%；多年（1988—2007 年）平均年径流量为 7406 亿 m³，约占长江年总径流量的 77%。

鄱阳湖位于长江中下游南岸、江西省北部，是目前我国最大的淡水湖。鄱阳湖承纳江西省境内的赣江、抚河、信江、饶河、修河五大江河（俗称"五河"）来水，经湖盆调节后由湖口汇入长江，是一个过水性、吞吐型、季节性湖泊。鄱阳湖流域面积 16.22 万 km²，约占长江流域总面积的 9%，多年平均出湖径流量 1436 亿 m³。

1 水情特征

九江水文站历年（1904—2010 年）最高水位 23.03m（吴淞基面，下同），出现在 1998 年 8 月 2 日；历年最低水位 6.48m，出现在 1901 年；水位多年变幅达 16.55m。1988—2010 年九江站多年平均水位 13.58m，月平均水位以 7 月的 18.53m 为最高（见表 1），其次是 8 月的 17.57m 和 9 月的 16.69m；月平均水位的最低值出现在 1 月，为 9.27m，其次是 2 月的 9.55m；月平均水位 1—7 月逐月升高，7—12 月逐月降低。

表 1 　　　　　　　　　1988—2010 年九江水文站水位特征值　　　　　　　　　单位：m

时间	1 月	2 月	3 月	4 月	5 月	6 月	7 月	8 月	9 月	10 月	11 月	12 月	全年
最高	14.29	13.83	17.30	17.46	18.95	22.08	23.01	23.03	22.22	18.96	16.86	13.54	23.03
最低	8.02	7.98	8.12	10.49	11.58	12.47	14.82	14.36	12.07	9.51	8.47	8.40	7.98
平均	9.27	9.55	11.02	12.71	14.65	16.41	18.53	17.57	16.69	14.33	12.07	10.12	13.58

鄱阳湖星子水文站历年（1950—2007 年）最高水位 22.52m，出现在 1998 年 8 月 2 日；历年最低水位 7.11m，出现在 2004 年 2 月 4 日；多年水位变幅达 15.41m，居长江中下游各大湖泊之首。1953—2007 年，星子站多年平均水位 13.39m，月平均水位以 7 月的 17.80m 最高（见表 2），其次是 8 月的 16.78m 和 6 月的 16.13m；月平均水位最低值出现在 1 月，为 9.03m，其次是 2 月的 9.67m 和 12 月的 9.81m；月平均水位 1—7 月逐月升高，7—12 月逐月降低，与九江站月平均水位的年内变化趋势大体相同，不同之处在于星子站 6 月平均水位高于 9 月平均水位，而九江站则是 9 月平均水位高于 6 月平均水位，是江、湖洪水过程时间差异的表现。

表 2　　　　　　　　1953—2007 年星子水文站水位特征值　　　　　　　单位：m

时间	1 月	2 月	3 月	4 月	5 月	6 月	7 月	8 月	9 月	10 月	11 月	12 月	全年
最高	14.57	13.94	17.60	17.70	19.88	21.86	22.51	22.52	21.58	19.39	17.52	13.94	22.52
最低	7.19	7.11	7.20	7.51	10.43	11.47	12.79	10.62	9.56	8.62	8.14	7.32	7.11
平均	9.03	9.67	11.13	12.96	14.79	16.13	17.80	16.78	16.03	14.50	12.09	9.81	13.39

2 主要水情

2.1 三峡水库运行前后水情差异

九江水文站从 1988 年才开始流量测验。三峡工程自 2003 年 5 月 5 日起蓄水，进入运行初期。统计表明，九江站 2003—2007 年平均水位 12.80m，比 1988—2002 年平均水位 13.95m 偏低 1.15m；鄱阳湖星子水文站 2003—2007 年平均水位 12.50m，较三峡工程运行前的 1988—2002 年平均水位 13.79m 偏低 1.29m。无论是长江九江段还是鄱阳湖，三峡工程运行后的 5 年（2003—2007 年）的水情较三峡工程运行前的 15 年（1988—2002 年）的水情明显偏枯。

三峡工程运行后长江九江段、鄱阳湖的水情偏枯，三峡工程蓄水虽然对长江九江段、鄱阳湖会有一定的影响，但主要原因是这 5 年处于长系列中的枯水期，降水量明显偏少。

2.2 2006—2007 年枯水特征

长江九江段与鄱阳湖在 2006—2007 年出现了连年严重干旱，年最高、平均、最低水位均为近 20 年来连年最低值，尤其是九江站和星子站枯水水位分别在 12m、10m 以下的出现时间远比正常年份偏早、持续时间较正常年份显著偏长（见表 3），且 2006 年创造了枯水出现时间最早、持续时间最长的历史记录。

由表 3 可见，2006 年鄱阳湖流域内的降水量为 1633mm，仅比 1988—2007 年年平均值 1644mm 偏少 1.9%，但 2006 年长江上中游来水量（九江站年径流量）则较 1988—2007 年年平均来水量偏少 18.1%。这表明长江九江段与鄱阳湖 2006 年的严重枯水主要由长江上中游来水量严重偏少造成。2007 年长江上中游来水量比 1988—2007 年年平均值偏少 11.1%，偏少幅度明显小于 2006 年，但 2007 年鄱阳湖流域降水量较 1988—2007 年年平均值偏少 24.5%，且主要偏少时间在秋冬季。在长江上中游来水偏少与鄱阳湖流域降水偏少共同作用下，2007 年鄱阳湖再次出现严重枯水，九江站与星子站年最低水位较 2006 年更低，尤其是鄱阳湖都昌以上南部湖区，出现了自 1950 年以来的最低水位。

表 3 九江水文站、星子水文站 2006—2007 年水情特征值

| 年份 | 九江站平均流量/(m³/s) | 九江站水位/m | | | | | | |
		最高	最低	平均	12m以下初日	12m以下天数/d	10m以下初日	10m以下天数/d
2006	16900	16.89	8.09	11.80	9月11日	237	11月9日	114
2007	20900	19.00	8.02	12.21	10月20日	175	11月12日	130
多年平均	23500	20.13	8.46	13.71	11月17日	135	12月17日	68

| 年份 | 江西省降水量/mm | 星子站水位/m | | | | | | |
		最高	最低	平均	12m以下初日	12m以下天数/d	10m以下初日	10m以下天数/d
2006	1633	16.73	7.80	11.57	8月21日	258	9月27日	158
2007	1257	18.49	7.29	11.83	10月22日	176	10月31日	145
多年平均	1664	20.61	8.67	14.16	11月17日	130	12月11日	73

总的来说，鄱阳湖 2006 年枯水出现时间之早与持续时间之长创历史新纪录，而 2007 年枯水位创历史最低纪录。类似 2006—2007 年的连年干旱近 100 年来仅出现了 4 次，其他 3 次分别为 1963—1964 年、1956—1957 年和 1978—1979 年，平均 25 年一遇。

2.3 2011 年 6 月旱涝急转水情状况

2011 年春季，直到 4 月，长江中下游地区降水与多年同期相比偏少 4～6 成，为 1961 年以来同期最少。江河水位持续偏低，不仅影响了沿线自流灌溉引水设施的正常运行，也给部分地区的农业灌溉和城乡供水带来了不利影响。干旱，一度使鄱阳湖周边 130 多座灌溉泵站无法取水。进入 6 月以来，天气状况悄然变化。在冷暖空气的共同影响下，南方降雨力度突然加大，长江中下游地区更是连遭两轮强降雨袭击。天气突变使长江中下游地区刚刚摆脱了干旱的困扰，忽又迎来了洪水的袭击。江西、湖南、贵州、福建等省 10 余条河流发生超警洪水。长江中下游出现旱涝急转的严峻形势。

4 月江西省"五河"总来水量为 42.2 亿 m³，比多年同期均值偏少 75%，排历史同期倒数第一位（1963 年为 46.59 亿 m³）；5 月江西省"五河"来水量均偏少于多年同期均值，"五河"总来水量为 79.39 亿 m³，比多年同期均值少 62%，排历史同期倒数第一位，江西出现严重干旱。然而进入 6 月以后，暴雨连绵不断。从九江站、星子站的水位变化可见一斑。九江站 6 月 4 日的水位为 10.64m，几次暴雨过程使水位骤增到 6 月 22 日的 17.57m，短短的 18 天内提高了 6.93m，平均每天上涨 0.385m，历史上少见。星子站也一样，6 月 22 日出现 2011 年以来最高水位 17.42m。

造成水情旱涝急转的罪魁祸首是季风。在常年的 4—5 月，长江中下游地区降水开始增多，并逐步进入明显多雨期。而 2011 年 1—5 月，湖北、湖南、江西、安徽、江苏等省

降雨较常年同期偏少 51.1%，为 1951 年以来历史同期最少。季风是影响降水的主要因素，尽管 2011 年季风爆发时间偏早，但中期出现中断。现在季风加强，急流加强，副高北面有弱冷空气南下，冷暖空气对峙，出现了对流性降水。强降雨导致长江中下游部分地区短时间内由抗旱转为防涝。

进入 21 世纪以来，长江九江段、鄱阳湖的水情情势是枯多丰少，以枯为主。

3 水文应对旱涝急转的措施与建议

加强水文监测和提高水文预测预报水平是水文应对旱涝急转的根本手段与措施。只有不断提高水文的监测能力和预测预报水平，才能使水文在防汛抗旱两方面应对自如。

3.1 建立水文监测、预测、预警系统防御洪涝灾害

洪涝灾害的产生及其影响程度与多种人为和非人为因素密切相关。但最直接、最重要的因素则是降水，特别是区域性、连续性暴雨和大暴雨天气过程产生的降水。因此，建立水文洪涝灾害的监测、预报和警报、服务系统，提高对洪涝的监测、预报和服务能力，并采取有效的防御措施，是防治洪涝灾害，减少损失的重要办法之一。

监测就是监视灾害征兆和各种参数的变化，从而及早发现可能的灾害信息，并为灾害研究和分析提供资料。监测是防灾减灾的先导性措施，也是抗灾、减灾工作必不可少的重要环节。

洪涝灾害警报服务系统通过电视、广播、警报网、互联网、远程终端、电话等手段及时将可能发生灾害的预测信息和目前的灾情传送到政府、有关部门和社会公众。同时，指挥中心依据各方面的信息由计算机制作灾情情况及调度方案，作为紧急决策的辅助手段，以最大限度地减轻灾害损失。九江市水文局水情分中心和山洪灾害监测中心的建立，可以随时监测并发布重大水雨情信息，使水文部门的社会化服务功能和水平得到加强和提高。

3.2 建立墒情和地下水监测、预测、预警系统防御干旱灾害

了解干旱的现状及其发展趋势是干旱风险评判的最基本条件，毫无疑问，干旱监测与预警是防旱抗旱必不可少的基本工作。对于干旱的监测与描述，目前我国南方多采用气象干旱、农业干旱与水文干旱 3 种指标体系，其中气象干旱主要以降水量和蒸发量作为特征量；农业干旱则主要以农作物缺水程度为特征量；水文干旱指的是地表失水得不到及时、适量的补充，主要以土壤含水量、地下水位和江河湖库蓄水量为特征量。

一遇干旱，人们首先想到的是气象部门实施的人工增雨，其实水文可以大有作为。以地下水位和江河湖枯水水位、流量或蓄水量作为水文干旱指标的辅助特征量，不仅能描述地表失水程度（即干旱程度），同时还可反映抗旱难易程度。这是气象干旱指标和农业干旱指标难以做到的，从另一角度增添了水文干旱指标在防旱抗旱减灾中的实用价值。

此外，水文部门可以在水库的优化调度上做些文章，做好汛末的最后一场降水预测，对中型以上水库都建立起库容曲线，在水库的上游增设雨量站点，建立水库来水预报方案，最大限度地发挥这些水库的功能。同时，要增加蒸发观测站及墒情监测站，对枯水期

水文历史资料进行深加工，分析造成干旱的原因。

九江市拥有大中型水库23座，在汛期蓄水位控制在汛限水位以下，且大多数水库的上游没有足够数量的雨量站，来水量的估算缺乏科学依据，有必要增设雨量站，做好入库水量分析，在确保安全度汛的前提下尽量多蓄水。

九江市目前只有3个墒情监测站和1个地下水监测站，远远不能满足抗旱的需要，有必要增设一定数量的墒情监测站和地下水监测站，通过长期监测掌握干旱规律。

3.3 加强中小河流及山洪暴雨灾害监测力度

近些年来，国家对大江大河及重要湖泊进行了整治，较大地提高了防洪标准。目前防汛的重点在中小河流及山洪地质灾害易发区。2011年中央一号文件指出："山洪地质灾害防治要坚持工程措施和非工程措施相结合，抓紧完善专群结合的监测预警体系，加快实施防灾避让和重点治理。"

水文部门在主要江河布设了流量、水位、雨量监测站，但在中小河流上的站点极少，有必要根据规划在主要中小河流设置水文站，以发挥水文在中小河流防汛抗旱中的技术支撑作用。作为应对山洪地质灾害的非工程措施，应在每个乡镇设雨量遥测站点或在山洪易发区进行水文站点加密。

3.4 提高水资源调控能力

我国是一个水旱灾害频繁发生的国家，水资源时空分布不均，人均占有量少。我国水资源总量2.84万亿 m^3，居世界第6位。但人均水资源占有量约为2100m^3，仅为世界平均水平的28%；耕地亩均水资源占有量1400m^3，约为世界平均水平的50%。从水资源时间分布来看，降水年内和年际变化大，60%～80%集中在汛期。从水资源空间分布来看，北方地区国土面积、耕地、人口分别占全国的64%、60%和46%，而水资源量仅占全国的19%。

水利工程能有效调控水资源。面对2011年1—5月干渴的长江中下游省份，三峡水库科学调度，加大下泄流量，有效缓解了长江中下游地区严重旱情，既保障了沿江地区生活生产用水，又使得长江中下游5省可以抓住三峡水库加大流量有利时机全力提灌，效益明显。这一切都得益于水资源的科学调控。多年的经验说明，解决水资源时间分布不均的主要手段是修建水库等蓄水工程，解决水资源空间分布不均的主要手段是跨流域或跨区域调水。积极应对我国水资源现状，提高水资源调控能力刻不容缓。

"水灾一条线，旱灾一大片。"2011年如此大范围的旱灾和突如其来的洪涝灾害造成的旱涝急转状况引发了人们深深的思考。就水文部门来说，就是要提高洪涝、干旱的监测能力，提高洪涝、干旱的预测预报水平和服务水平，为防灾减灾、为经济社会的快速发展提供技术支撑。

水文在城市洪涝灾害防治中的作用与思考

吕兰军

（江西省九江市水文局，江西九江　332000）

摘　要： 近些年来，城市洪涝灾害成为影响城市社会经济健康发展和社会稳定的一大隐患，文章从水文的角度提出了应对措施，提出在城市规划阶段应进行科学论证并适时提高城市的防洪标准。

关键词： 城市；洪涝灾害；水文；应对措施

近些年来，受全球气候变化的影响，强降雨等极端天气灾害频发，城市防洪的薄弱面和脆弱性也随之暴露了出来，北京、上海、广州、重庆等大城市暴雨水灾发生的频率非常之高，有些是连年受灾。像北京继 2011 年 6 月 23 日的暴雨之后，2012 年 7 月 21 日又发生了历史罕见的特大暴雨，造成了重大人员伤亡和严重经济损失。城市洪涝灾害的发生不仅给城里的人们带来无尽的烦恼，还严重影响了生产、生活秩序，威胁着人民群众的生命财产安全，制约了城市社会经济的发展。因此，如何有效应对城市洪涝灾害，是摆在人们面前亟待解决的问题，水文作为防汛的耳目和参谋，在城市防洪方面大有文章可做。

1 城市洪涝灾害形成的原因

城市洪涝灾害形成的原因极为复杂，主要是以下几个方面。

1.1 全球气温上升，暴雨频率增加

全球气温上升是一个不争的事实，气候变化将改变水文循环的现状，引起水资源在时空上的重新分配，并对降水、蒸发、径流、土壤湿度等造成直接影响。我国位于地球环境变化速率最大的季风区，对外界变化的响应和承受力具有敏感和脆弱的特点，全球气候变化已经引起了水资源分布的变化，导致我国洪涝灾害更加频发，由于城市热岛效应明显，城区温度高于周边，城区出现局地暴雨的频率与强度均高于周边地区，局部的小气候条件容易快速形成历时短、强度大、范围小的突发性暴雨，暴雨刷新了许多地区降雨量的历史记录，像北京 2011 年 6 月 23 日 1h 降雨超过 70mm，这在北方是极为罕见的，2012 年 7 月 21 日全市平均降雨量达 170mm，为新中国成立以来最大日降水，出现水围城、车泡水以及交通中断、工厂关门、学校停课、商店停业、生活停水、停电等灾情。

1.2　城市规划没有注重防洪标准

按理，城市规划一旦定下来后是不能随意变更的，还应该由人大批准，作为地方法规。但由于很多城市规划是党委、政府主导，带有一定的随意性，政府每换届一次就重新规划一次的现象较为普遍。一届政府为了出政绩，往往在城市建设中下功夫，并且城市发展只注重地上建筑的美观，而对地下排水系统考虑不多，盲目发展时有发生，又因为很多城市的防洪标准偏低，一遇暴雨便成灾。

1.3　下垫面条件的改变

在面积相同的条件下，设想 100mm 的降雨下在郊区和城区的情形，在郊区由于有树林、田野、水塘，降雨首先被树林、土壤吸收，部分流入池塘，形成的径流汇入附近的河流；而城区，原有的绿地被大量地开发成各式建筑物，使得城区不透水地面面积占到总面积的 80% 以上，雨水无法下渗到地面以下，只好汇集到比较低的立交桥底下和地下车库，而且汇流速度快，低洼地段积水，造成交通中断。

1.4　与水争道的现象普遍存在

城市一般都是依河而建的，古人将城市水系比作城市的血脉，在城市规划建设中非常重视水系，如战国时代《管子·水地》中提出："水者，地之血气，如筋脉之流通者也。"古代城市规划多以河流作为城市景观轴线，兼具排洪、生活用水、航运、景观、休闲、文化、娱乐等多种功能，而现代城市多将道路作为城市景观轴线，非法填、堵、占用或出卖城市周边上下游河道、河沟、滩涂、低洼地带以及有限的、极为宝贵的湿地搞房地产开发或另作他用，与水争道，历史所形成的自然流态、自然调蓄洪区、生态环境等被人为破坏殆尽。如九江市以前有一条全长 47.2km 的城市内河龙开河，1997 年被填，被商业开发成现在的九龙街。

2　城市洪涝水文应对措施

这些年来，水文部门在应对城市洪涝灾害面前做了大量工作，比如开展了暴雨洪水的监测与预报等，也取得了一些成绩，积累了一些经验。水文部门在应对城市洪涝灾害面前主要可以采取以下措施。

2.1　开展城市暴雨洪水调查

由于城市水文监测起步较晚，开展城市暴雨洪水调查可以弥补水文资料的不足。主要对城市发生暴雨时引起的洪水进行分析，包括场次暴雨洪水、历史暴雨洪水，还要对城市下垫面及暴雨洪水调查得到的特征数据严格考证其可靠性。

2.1.1　城市下垫面调查

开展城市下垫面调查的目的是为城市暴雨洪水预报提供基础数据。

城市下垫面调查可以按照水体、透水、不透水等不同下垫面条件进行调查。常年有水的区域（河道、湖泊等）为水体面积；道路绿化带、绿地、公园以及没有硬化的裸露地面等区域为透水面积；柏油路面、水泥地面、其他露天的硬化地面、建筑物覆盖的地面等区域为不透水面积。通过调查、统计，计算城市各种区域的面积和低洼地带的淹没范围等。

2.1.2 城市暴雨洪水调查

城市暴雨洪水指由城市范围内暴雨产生的洪水，不包括外来洪水。

城市暴雨洪水调查是雨洪过后的行为，分为历史暴雨洪水调查和场次暴雨洪水调查。采用现场询问见证人和现场调查测量相结合的方法。

城市暴雨洪水调查内容包括当时的暴雨量、暴雨历时、洪水过后的洪痕、洪水历时、洪水淹没的范围、成灾情况等。

2.1.3 其他调查

包括供（用）水、排水调查和城市水事件调查。城市的供（用）水、排水调查主要包括对未监测到的供水量、排水量等进行调查，调查方法多采用实地典型调查和利用城市统计年鉴相结合的方法。

城市水事件调查是对发生水事件本身的一项专门调查，调查内容包括突发事件、重要事件。

2.2 城市水文站网的规划与建设

要应对城市洪涝灾害首先得要有城市水文监测，通过监测掌握第一手资料。为城市防洪、排涝、水资源管理和水环境保护等服务而设立的城市水文站网主要由流量站、水位站、泥沙站、降水量站、水面蒸发站、水质站、地下水监测站、水生态站、水文实验站等组成。

城市水文监测的核心是规划建立城市水文监测站网。通过雨量站点的整合调整，对城市降雨进行监测，及时准确地提供市区范围内的降雨状况，确定暴雨中心、降雨强度，及时提交相关部门，为城区防汛应急提供决策依据；规划建设城区排涝河道水位监测站点，全面控制城区暴雨期排涝河道的运行状况，与降雨相对照，分析和研究城市暴雨中心位置、降雨强度与河道径流的关系，开展水文预报工作，为城市防洪提供及时、准确、翔实的水文情报预报，为抗洪减灾服务；规划建设城区主要河道和低洼地区水情监测站点，监测城区主要道路部分路段和低洼地区积水深度，包括部分立交桥下积水深度，及时提交发布城区主要道路部分路段和低洼地区积水状况，同时也可以对照降雨信息，系统分析和研究暴雨与城市重要地段积水相关关系，开展深度分析城市道路及低洼地区积水预报预警，从而为防汛预警、城市交通、市民安全、市政建设提供信息保障。

2.3 城市暴雨洪水分析

进行暴雨特性和洪水特性分析，包括历史、近期或当年产生洪水的暴雨降水量、暴雨中心位置、一次降水的总量、历时、大致过程及其分布范围，并查考有关天气资料，分析暴雨成因。洪水特性分析包括考察洪水痕迹和收集有关资料，推算一次洪水的总量、洪峰流量、洪水过程以及重现期等。

2.4　城市洪水预测预报

城市洪水预报的对象是城市河流洪水和城市内涝情况，预报项目包括水位、径流量、洪峰流量、峰现时间、洪水过程、积水深度、积水时间等。

由于城市汇水区面积小，不透水面积比重大，下渗少，产流计算侧重于地表径流量分析。根据历史雨洪资料，分析得出不同下垫面条件下的地表径流系数；根据实测雨洪资料分析结果或移用相似流域资料建立降雨径流相关关系；城市产流特性受不透水面积的影响大，以不透水面积比作参数，可较好地反映城市汇水区的特征。

根据城市下垫面产汇流的特点，汇流分为地面汇流、管网汇流、河网汇流三个阶段。

在开展城市洪水预报时，先要确定城市洪水预报汇水区边界，可参考城市河道和地下排水管网的布局来划分汇水区，然后根据调查掌握的城市汇水区下垫面情况和实测降雨、蒸发、水位、流量等资料，通过城市水文预测预报模型来进行。

2.5　城市内涝预警预报系统

随着城市化进程的不断加快，城市内涝问题越来越突出，建立城市内涝预警预报系统是解决城市内涝问题的重要非工程措施。2012年8月广东水文建成了全国首个城市内涝预警系统，投入试运行后发挥了很好的社会效益。编制城市洪涝风险图，并作为城市规划建设的依据之一。

城市洪涝风险图是城市防洪除涝规划的重要组成部分，风险图应在地形图上标志达到或超出城市防洪标准的不同设计频率洪水和超标准暴雨的淹没范围、水位分布以及可能形成的行洪道等，划定不同淹没水深的风险级别，并附加水利工程设施、排涝站分布、重点防洪单位、避难场所分布、人口资产分布等各种相关信息。根据洪涝风险图，在洪涝灾害高风险区，政府应有计划地禁止大型工矿企业、高密度人口集中场所的建立，在洪涝灾害相对风险较低的地区，应引导社会保险参与洪水保险，以分担洪涝灾害发生后的损失。在编制详细专业的城市洪涝灾害风险图的同时，还应编制面向社会大众的浅显易懂的洪涝风险图，并在全社会宣传普及，使社会大众面对洪涝灾害风险可以自觉地趋利避害。

3　几点思考

城市洪涝灾害的防治需要政府及有关部门的密切配合和支持，是一个系统工程，有以下几点思考。

3.1　加强城市水文站网规划与建设

截止到2010年，全国已建成水文站3193个、水位站1467个、雨量站17245个、水质站1467个，但为城市防洪专设的水文站点极少，甚至还没有正式的规划。近几年，国家把中小河流和山洪灾害防治水文站网建设作为重点。但随着城市化、工业化进程的加快和城市人口的增加，也应把为城市洪涝灾害防治水文站网建设作为一个重点加以考虑。

3.2　开展城市水文研究

在城市水文站网建设的基础上重点研究以下问题：一是开展城市水文站网布设，要统筹与科学布设各类水文监测站点，增加城市供水、内涝、山洪灾害、水环境与水生态、地下水、企业与生活用水等方面监测的水文站点，提高城市水文监测能力；二是开展城市水资源分析与服务能力建设，加强城市供水和用水状况分析，加强城市水文预报和暴雨洪水预报，加强对城市饮用水水源地、城市水体的水质污染状况的分析；三是开展城市水文理论研究与基础应用研究，研究建立城市水文模型；研究减少雨洪灾害和开展雨洪资源利用的方法和措施；研究城市化等人类活动导致的水文系列变异规律等。

3.3　提高城市防洪标准

从近几年发生的城市内涝来看，目前大多数城市的防洪标准偏低应予以修订，现在城市不透水的地面越来越大，这会使得降雨后形成的径流系数变大，汇流速度变快。同时，城市的下穿道路也越来越多，一遇到较大降雨便成了地下蓄水池。因此，应针对城市的防洪形势，考虑极端天气等因素加以修订防洪标准，一般不低于 50 年一遇。

3.4　加强政府有关部门的协作与配合

目前造成我国城市洪涝灾害的原因，是城市化进程的加快，城市防洪能力已远远跟不上现实发展需要，但也存在管理方面的问题，比如水务没有统一管理。城市建设时可以任意填埋圈地范围内的湿地、水塘、沟渠等，而水利部门确无法介入执法，这使原本可以涵养调蓄水源的地带面积日益缩小。应由水利部门统一管理城市的供、排水系统，水利部门要参加城市规划的编制，这样才能保证城市防洪设施规划的科学性，城市规划还要进行科学论证，请水利、水文、气象、环保等相关领域的专家参加。

3.5　制定城市洪涝灾害应急预案应对突发灾害

编制城市洪涝灾害应急响应预案，建立应急响应机制，明确应急处置的组织机构和职责分工，落实突发汛情、涝情预报预警机制并在全社会范围内发布，划定不同洪水量级和降雨强度下的响应级别和相应措施，并向大众发布。在城市洪涝灾害应急处置中，要坚持政府的统一领导，联动财政、交通、通信、卫生、民政、电力、水利等部门分工协作，做好各项应急保障工作。政府有关部门要做好城市重点区域防洪排涝工作，全方位加强城市水文、气象站网建设，配备先进仪器设备，改善监测手段，加大监测密度，提高城市暴雨预测精度，延长暴雨预见期，适时启动应急响应，及时发布城市重点区域积水内涝灾害预警，提醒社会公众避开可能遇到的险情，及早转移受威胁人员，提前落实防灾减灾措施，确保人民生命财产安全。

4　结语

未雨绸缪，防患未然。连年不断的城市洪涝灾害给我们敲响了警钟，城市洪涝灾害已经成为我国经济社会健康发展的一个隐患。这就需要政府统筹协调，着眼于长远，在城市规划中进行科学论证，听取水利、水文、气象、环保、建设等多方面的意见，使城市发展建设与城市防洪标准相适应，建设人与自然和谐相处的新型城市。城市水文刚刚起步，在搞好城市水文站网规划建设的基础上大力开展城市水文研究，并不断提高水文服务城市建设的能力和水平。

相应水位法在水文预报中的应用

高经媛[1]　孔　斌[2]

(1. 江西广昌沙子岭水文站，江西抚州　344900；

2. 江西省赣州市水文局，江西赣州　341000)

摘　要： 相应水文法是一种很有效的水文预测方法，主要是利用河流洪水运动的原理，观察水位中的涨点、洪峰、波谷等关键点通过河流上下断面时的水位。相应水位法能准确地预测洪水的出现情况，有力地保护人民群众的生命安全。本文具体研究相应水位法，对该方法在水中预报的应用前景做出了展望。

关键词： 相应水位法；水文预报；水文气象特征

相应水位法在水文预报中的应用十分广泛，它能通过河流水文变化来准确地预测洪峰变化、洪水汛期等情况。在分析上一相位的水位变化状况之后，就能总结出水位变化规律，从而进行准确的水位预报。本文主要研究江西省的水文预测工作，希望研究资料能为水利工作者提供参考。

1　概述

江西省水利资源丰富，有赣江、抚河、信江、饶河、乐安河、昌江等河流，还有壮阔的鄱阳湖。其中，赣江是江西省内第一大河流，贯穿南北。赣江全长 991km，其中干流长 751km；抚河位于江西省东部，干流全长 348km，抚河在南城县城以上称盱江，为抚河上游，河长 158km，出南城县以下始称抚河。抚河自南城县至抚州市河长 77 km，为抚河中游。

2　江西省水文气象特征

纵观近年来江西省的气象特征，会发现以下规律：全省平均气温为 18.9℃，偏高 0.8℃；平均降水 1461mm。在每年的 3—5 月，均降江西省的气候状况比较复杂，平均每天有 22 个县（市）出现暴雨、冰雹等恶劣气候。

在河流汛期，江西省的暴雨范围广。以 2013 年 5 月 14—17 日为例，期间江西省就有 91 个县（市）出现暴雨或大暴雨。受各种台风的影响，江西省局部地区出现大暴雨或特大暴雨，致使赣江支流出现超警戒水位，造成洪水泛滥和山体滑坡等灾害。即使是在冬季，江西省也会出现罕见的暴雨天气。每年的 12 月下旬，江西省都会有几十个县、乡（镇）出现暴雨。

面对异常天气，气象部门应该密切监视天气变化，及时发布预警预报。全年省气象部门 7 次启动应急响应，省气象台对公众发布各类预警信号 254 次，各市县气象台发布预警信号 6986 次，全省有 1.9 亿人次接收到气象预警信号；各级政府部门在省委省政府的领导下，积极联动、及时部署、科学指挥，使气象灾害损失降到了最低。

3　江西省水文站网及设施建设概况

3.1　江西水文站网的基本情况

截至 2010 年年底，江西省已经建成水文站 107 处、基本水位站 58 处、基本水量站 719 处、水质监测断面站 18 处、地下水监测站 18 处、土壤墒情监测站 30 处、水生态试点检测站 4 处；山洪灾害预警监测站 1480 处、山洪水位监测站 116 处。这些水文站布局科学、结构合理、项目齐全，形成了完善的水文站网体系，基本上能够准确预测水文变化情况。

3.2　江西省水文设施建设情况

"十一五"江西省各项水文建设投入达 7170.4 万元，为"十五"时期的 8.16 倍，建设项目包括站网发展、站点布局、测站改造、设施设备更新、信息化建设、新技术应用等方面，大大提升了江西水文站网的监测能力。江西赣州、吉安、宜春、上饶、九江、南昌等地建成了水文分析中心，拥有自动监测站点 381 处，冰灾自动监测站点 63 处，中小河流自动检测站点 124 处，山洪雨量监测站点 1480 处，山洪水位监测站 116 处，自筹经费建设自动监测站点 38 处。

4　相应水位法在水文预报中的应用

4.1　相应河流的洪峰观测资料

江西省境内的主要水域为赣江、抚河等河流，想要准确预测这些河流的水文状况，就必须认真分析这些河流 2009—2013 年的水位变化情况，本文制作了赣江、抚河等河流的洪峰水位与预测信息表（表 1）。

表 1　　　　　　　　　赣江、抚河洪峰水位与预测信息表　　　　　　　单位：cm

年份	赣　　江		抚　　河	
	平均洪峰水位	水文预测水位	平均洪峰水位	水文预测水位
2009	227.63	212.89	211.56	210.74
2010	223.52	217.77	177.75k	177.66

年份	赣　江		抚　河	
	平均洪峰水位	水文预测水位	平均洪峰水位	水文预测水位
2011	233.66	227.752	186.48	188.56
2012	242.42	231.75	175.32	157.58
2013	237.56	233.63	188.28	186.66

4.2　利用相应水位法预测洪峰水位

根据以上检测数据，水位站的工作人员成功地预测出各种水文变化情况，比如：2011年6月19日，准确监测抚河上游24h降雨441mm，出现超高水位1.86m的洪峰。利用准确及时的水文监测数据，水位站工作人员与当地各级政府成功转移了1.9万多名当地群众。

5　结语

江西省境内水利资源丰富，拥有赣江、抚河、信江等河流，还有我国最大的淡水湖鄱阳湖。然而在每年的雨季，江西省内洪水频发，为了有效地预测河流水文变化状况，应该使用相应的水位预测法。相应水位法是通过观察往年河流水位、洪峰的高度数据，来预测今年的洪峰水位状况。这种方法简便、准确，在水文预报中得到了广泛的应用。

参　考　文　献

［1］　刘汉臣.相应水位法在水文预报的应用研究［J］.黑龙江水利科技，2012（1）：60-63.

［2］　方思和.浅谈相应水位法在洪水预报中的应用［J］.江西水利水电，2014（7）：40-42.

安福县浒坑镇"5·28"小流域大暴雨洪水分析

刘福茂

（江西省吉安市水文局，江西吉安 343000）

摘 要： 2015 年 5 月下旬，江西省安福县浒坑镇发生历史上罕见大暴雨，引发山洪地质泥石流灾害，造成重大财产损失和人员伤亡。吉安市水文局第一时间派出调查组，现场调查成灾原因、受灾范围，参与抗洪抢险，并为山洪灾害防治提供了技术支撑。

关键词： 浒坑镇；小流域；大暴雨；洪水分析

2015 年 5 月 27—28 日，受高空低槽东移、中低层切变线和西南急流共同影响，吉安市普降大暴雨，安福县浒坑镇首当其冲，遭遇强降雨袭击，浒坑镇垄上雨量站 24h 最大降雨量达 199.5mm，大暴雨引发山洪暴发、河水猛涨。南沙水流域因浒坑镇矿区人口居住集中，地质环境脆弱，加之短历时降雨强度大（浒坑镇黄田雨量站 1h 最大降雨量达 86.5mm），导致该镇局部地区发生山体滑坡和泥石流，25 栋房屋被毁、4 人死亡、2100 亩农田受淹。灾情发生后，吉安市水文局高度重视，第一时间派出调查组赶赴灾区，现场调查受灾原因，了解灾害范围，为山洪灾害防治提供技术支撑。

1 地理概况

浒坑镇位于安福县西北部，是安福县最早的建制镇之一。距县城 45km，离宜春市区 55km，浒坑镇南与严田镇交界，西与泰山乡毗邻，北与章庄乡相接，全镇国土面积 82.8km²，镇区总面积 0.8km²，森林面积 4.35 万亩，耕地面积 2100 亩。下辖瓦楼、万源、垄上 3 个行政村共 18 个村民小组，以及武功山、半山排、杨家店、芭蕉冲、张家坊 5 个社区居委会。现有人口 12369 人，集镇常住人口 11640 人，农业人口 1648 人，非农业人口 10721 人。

2 流域情况

南沙水系泸水二级支流、泰山水一级支流，流域面积 24.2km²，主河道长 12.2km，主河道纵比降 23.2‰，流域平均高程 399.00m，流域平均坡度 15.1，流域长度 9.2km，形状系数 0.29，河源位于安福县浒坑镇竹山下，主河道沿浒坑钨矿工区，穿浒坑集镇而过，于泰山乡楼下村新坊汇入泰山水。

浒坑镇现有黄田和垄上 2 个自动雨量站，分别设在南沙水和白马田水，从 2009 年开始收集资料。

3 暴雨洪水

3.1 天气形势

根据国家气候中心实时滚动监测显示，2015 年 5 月 25—31 日，赤道中东太平洋海温偏高达 1.4℃，较前一周又上升了 0.1℃。厄尔尼诺事件已持续 13 个月。5 月以来，赤道中东太平洋海温持续增强，海温距平累积高达 9.4℃，已发展成为自 1951 年来第 9 次中等以上强度的厄尔尼诺事件。厄尔尼诺现象与江西等地汛期降水的关系密切。汛期西太洋副热带高压偏南，江西全省大汛期（4—6 月）出现严重或明显洪涝的概率高。同时，北方冷空气强度偏强，向南扩张明显；西南的暖湿气流也异常强盛。冷暖空气在江西上空强烈交汇，双方势均力敌，形成南北拉锯的对峙局面，引发多个暴雨云团，造成暴雨显著偏多。

3.2 暴雨情况

由于安福县浒坑镇西部有高耸的武功山，受高空低槽东移、中低层切变和西南急流共同影响，5 月 27—28 日，安福县普降大暴雨，27 日 8 时至 28 日 8 时，全县平均降雨量为 96mm，最大点降雨量为安福县浒坑镇垄上站 223.5mm，见表 1 和表 2。

表 1　　安福县自动雨量监测站 5 月 27 日 22 时至 28 日 12 时降雨量情况　　单位：mm

乡（镇）	站名	27 日雨量	27 日 22—23 时	23—24 时	28 日 0—1 时	1—2 时	2—3 时	3—4 时	4—5 时	5—6 时	6—7 时	7—8 时	8—9 时	9—10 时	28 日累计
彭坊乡	彭坊	30	0	14	45.5	10	0	3.5	1	0	0	0	0.5	0	0
	任头	20.5	0	6	2	7.5	0	1.5	0	0.5	0	0	0	0	0
	龙下	30.5	5.5	1	16.5	0.5	0	6.5	0.5	0	0	0	0	0	0
	坪江头	29	14	2	6	1	0	6	0	0	0	0	0	0	0
	官田	37	1	7	5	16	0	6.5	2	0	0	0	0	0	0
	老洲	48.5	0	22	3.5	0	0.5	6.5	1.5	0	0	0.5	0	0	0
	由路	59	1	13	6.5	15	1	13	4.5	0	0	1	0	0	0.5
	深坳	62	0	26.5	3.5	13	0	0.5	9.5	3	0	3.5	1.5	0	1.5
	炎里	45.5	1.5	7	7.5	16	1	9	2.5	0	0	0.5	0	0	0
洋门乡	槎昌	51	0	14.5	2	1.5	6	2	0.5	3	0	0	0	0	0
	南边	25	0	8	1	0	1.5	0.5	0	2	1	4	0	0	0
金田乡	欧田	39	0	9.5	1	13	1.5	8	2	0	0.5	2.5	22.5	0	22.5
	啼鸡	33	0	5.5	1	11	0	2	8	0	0.5	2	30	0	30

续表

乡（镇）	站名	27日雨量	27日		28日										28日累计
			22—23时	23—24时	0—1时	1—2时	2—3时	3—4时	4—5时	5—6时	6—7时	7—8时	8—9时	9—10时	
金田乡	柘田水库	25.5	0	10.5	1.5	7	1.5	3	0.5	0	0.5	0.5	21.5	0	21.5
	金田	55	0	24.5	0.5	0.5	3	1	0.5	2	1	3	0	0	0
洲湖镇	诸桥	28.5	0	14	1.5	2.5	5	3	0.5	1	0.5	0.5	13	0	13
	栗田	48	0	13.5	11	1	2	1.5	1	1.5	3	4.5	5.5	0	6
	塘边	55	0	21.5	10.5	0.5	1.5	1	0.5	0.5	6.5	4	0.5	0	0.5
	北山水库	24	0	9	1	5.5	3	2	1	1	0	1.5	28	0.5	28.5
甘洛乡	甘洛	54.5	0	3.5	17.5	1	1.5	0.5	4	1.5	6.5	4.5	9.5		9.5
	下街水库	35		1	16.5			2	1.5	7	7	10.5	0.5		11
寮塘乡	株木江	80.5	0	9.5	3	7	12	1.5	4	3.5	1	35	19.5	0.5	20
	谷口水库	59	0.5	6	4	3	6.5	4	4.5	3	1	18.5	13.5	0.5	14
	寮塘	73	0	0.5	20	2.5	3.5	4.5	4.5	3	1	19	14.5	0.5	15
钱山乡	月里	48	25	0	6	0.5	0	4	0	0	1	7.5	4	0	4.5
	柿木	71	9.5	0	12	3.5	0.5	7.5	1.5	5	20.5	1.5	7	0	7.5
	保太	66.5	29	0.5	2.5	1	0.5	7.5	0	0	2	18	3	0.5	3.5
	和平	114	17	0.5	6.5	9	0	6	3	6.5	24.5	10	6.5	3	10
	里家	96.5	29.5	1.5	6.5	1.5	0.5	12	3	0	5.5	31	1	0	1
	严湖	142.5	36.5	2	4	13	0	16	0.5	0	16	45	2	1	3
	观形	73	7	0	11	7.5	0.5	6.5	2.5	5.5	21	2.5	3.5	0.5	4
	坪下	86.5	27	1.5	5	1.5	0.5	11.5	2.5	0	4	28.5	1	0.5	1.5
洋溪镇	南安	78	10.5	2	26	1.5	1	17	0	0	0.5	0.5	0	0	0
	洋溪	87	4.5	9	18	12	3.5	13	3.5	0	1	8.5	0	0	0
	典坑水库	67	6	4	19	5	0	15.5	0	0	0.5	1	0		1.5
泰山乡	社上水库	156.5	22	4	4.5	21	0	16.5	9	1.5	31	34.5	9	1.5	10.5
	月家	161	12.5	1.5	0	8	0.5	12	1.5	59	46.5	9.5	2.5	0	4.5
	南沙	189	22.5	1.5	2	8.5	0	2	12	19	74	25.5	3	18	24.5
	清江	190.5	40	5	0.5	12	0	6.5	17	5	47.5	37.5	15	4.5	20
	金顶	142.5	3.5	0.5	0	4	0	14	9	42	45	8	1.5	5.5	14
	泰山	177.5	34	2.5	0.5	11	0	3.5	13	7	49.5	33.5	18	8.5	26.5
	鲤房	156	30	1	0.5	11	0	3.5	7	3	46.5	26.5	18.5	6	24.5
浒坑镇	黄田	182.5	6	3	0.5	12	5	3	8.5	26	86	11	1.5	11.5	23
	垅上	199.5	19	4.5	1.5	10	6	1	19	15	75	25	6	16	33.5
严田镇	龙云	139.5	10	13	3	13	1	15	20	2	22	38.5	20.5	2.5	23
	岩头陂水库	159	11	5.5	2.5	36	0.5	11	17	0.5	15.5	53	3.5	0.5	4

续表

乡（镇）	站名	27日雨量	27日		28日										28日累计
			22—23时	23—24时	0—1时	1—2时	2—3时	3—4时	4—5时	5—6时	6—7时	7—8时	8—9时	9—10时	
严田镇	土桥	135	4.5	15	2	32	1	7	10	0	6.5	49	6.5	0	7
	塘背	170.5	2	14.5	1	26	1	14	13	1	28.5	60	7.5	1.5	9
	邵家	167.5	1.5	19.5	1	21	3.5	15	14	0.5	24.5	56.5	10	1.5	11.5
	杨梅	189.5	8.5	16.5	0.5	12	1.5	24.5	27	4.5	41	34.5	19	11	30
	排头	148	8	11.5	1	27	3.5	8.5	14	0	12	56.5	3.5	0	4
	胜园水库	117.5	1.5	16.5	2	28	0.5	4	6.5	0	3.5	44	6	0	6
	严田	168.5	8	17.5	0.5	21	0.5	21	21	1	22.5	47.5	17.5	2	19.5
章庄乡	三江	95.5	4	21.5	3.5	0	4.5	7	2	17	23.5	2.5	3	0	3
	白云村	138	0	10.5	0.5	3.5	6	6.5	5	53	36.5	7	3.5	0	8
	章庄	94	0	6.5	0.5	0	4.5	8	6.5	17	31.5	5.5	3	0	5.5
	将坑	96.5	0	7	0	0	12	3.5	5.5	21	33	5.5	3	0.5	7.5
	留田	59.5	0	3.5	0	0.5	4	7	14	4.5	14.5	4.5	1.5	0	16
	白沙	92	0	14	0.5	0	1.5	8.5	6.5	19	25	4.5	3	0	4.5
	会口	120.5	0	5.5	0	1.5	13	4.5	14	15	47	5.5	2.5	5.5	19
横龙镇	庙下	168.5	0	34.5	0	0	17	1.5	32	28	28.5	5.5	4	10	27
	洲里	155.5	0	18	0.5	4.5	5.5	12	23	4	29.5	47	22	9.5	32
	东谷水库	149	0	28.5	0	0.5	13	3	29	26	27	12.5	3.5	36.5	41.5
	横龙	125	0	18	1	3.5	15	2	21	6.5	16.5	29	7.5	15	22.5
平都镇	安福	123	0	28.5	15	0.5	8	4	4.5	8.5	3	39.5	4.5	15.5	20.5
	岸上	116	0	29.5	11	0	2	5.5	4	9	3.5	40	4.5	19	23.5
	钢坝	117	0	27.5	17.5	0	3.5	7	4.5	9.5	3	36.5	6	17.5	23.5
山庄乡	东头	111.5	0	28.5	0	3.5	6.5	7	18	9.5	3.5	4	8	19
	连村	124	0	36.5	1	0.5	1.5	3	11	19	10.5	28.5	3	15	19.5
	东风水库	112	0	45.5	12	0	0	2.5	7.5	10	6.5	17	4	8	17
	双田	50.5	0	7	0	0	2.5	3.5	11	3	6.5	5.5	2.5	0	6
瓜畲乡	磨下水库	71	0	11	24	0.5	0	2	4.5	5.5	3.5	15.5	4	5.5	9.5
枫田镇	下店	93.5	0	18.5	34	0	0.5	4	5.5	10	4	12.5	5	9	17
竹江乡	小车	79.5	0	0	28.5	0.5	2	3	4	5.5	3.5	25.5	9	4	13.5
	白门洲水库	75	0	0	34.5	0.5	1.5	2.5	3.5	4.5	8.5	15	22.5	3.5	26
赤谷乡	赤谷	56.5	0	10	1	0	0	3	13	6.5	3.5	4.5	3	0	8
	苍坑	42.5	0	3.5	1.5	0	0	2	7	11	4	4	3	0	6
总和		7394	473	837	514	529	174	517	557	556	1186	1293	518	281	920.5
平均		96	6.3	11	6.7	7	2.7	6.8	7.2	7.2	15.4	16.8	6.7	3.6	12

安福县现有全自动雨量监测站 77 个，其中浒坑镇 2 个（黄田站和垄上站），从降雨情况可知，5 月 27—28 日安福县降雨主要集中在浒坑镇、泰山乡、严田镇一带，其中最大 1h 降雨量、最大 3h 降雨量在浒坑镇黄田站分别为 86mm、123mm，最大 6h 降雨量、最大 12h 降雨量在浒坑镇垄上站分别为 156mm、197mm。

表 2 各 时 段 降 雨 分 布 表 单位：mm

站 点	最大 1h 降雨量	最大 3h 降雨量	最大 6h 降雨量	最大 12h 降雨量	最大 24h 降雨量
浒坑镇黄田站	86	123	144	174	182.5
浒坑镇垄上站	75	115	156	197	199.5
两站平均	80.5	119	150	185	191
全县平均	17	39.5	60	97	98

由于浒坑镇黄田和垄上雨量站系 2009 年建设安福县暴雨山洪灾害监测预警系统时设立，观测资料系列短，样本提出困难。而邻近樟山乡樟山雨量站为 1974 年建立，资料系列长，经过技术处理，借助樟山站历史资料及浒坑镇现有资料，计算出浒坑镇本次降雨频率为 2.4%，相当于 50 年一遇，见表 3 和表 4、图 1～图 3。

表 3 东谷水樟庄站历年各时段最大降雨量频率计算表

年份	1h/mm	3h/mm	6h/mm	频率/%	12h/mm	频率/%	24h/mm	频率/%
1974			89.0	2.4	90.3	2.4	124.7	2.4
1975	11.4	34.1	68.2	4.9	99.8	4.9	109.4	4.9
1976	8.4	25.1	50.1	7.3	69.4	7.3	101.3	7.3
1977	14.3	43.0	86.0	9.8	114.7	9.8	122.4	9.8
1978	5.6	16.7	33.5	12.2	55.8	12.2	95.9	12.2
1979	48.1	52.2	87.8	14.6	117.5	14.6	128.2	14.6
1982			70.5	17.1	131.0	17.1	155.3	17.1
1983			66.0	19.5	72.7	19.5	82.2	19.5
1984			78.1	22.0	78.5	22.0	98.2	22.0
1985			37.9	24.4	42.4	24.4	61.3	24.4
1986			41.0	26.8	52.0	26.8	54.0	26.8
1987			76.9	29.3	137.0	29.3	149.7	29.3
1988			78.5	31.7	92.1	31.7	100.7	31.7
1989			57.2	34.1	60.7	34.1	113.4	34.1
1990			64.5	36.6	97.6	36.6	134.4	36.6
1991			45.6	39.0	77.4	39.0	89.4	39.0
1992			43.0	41.5	65.0	41.5	92.6	41.5
1993			42.0	43.9	75.7	43.9	101.6	43.9
1994			92.8	46.3	114.2	46.3	157.4	46.3
1995			62.3	48.8	105.8	48.8	154.3	48.8
1996			81.5	51.2	84.1	51.2	89.3	51.2

年份	1h/mm	3h/mm	6h/mm	频率/%	12h/mm	频率/%	24h/mm	频率/%
1997			97.0	53.7	128.5	53.7	169.4	53.7
1998			45.5	56.1	52.9	56.1	84.9	56.1
1999			61.0	58.5	69.0	58.5	86.2	58.5
2000			43.9	61.0	55.6	61.0	79.0	61.0
2001			53.4	63.4	64.6	63.4	75.5	63.4
2002			65.6	65.9	71.1	65.9	108.6	65.9
2003			37.3	68.3	53.9	68.3	94.2	68.3
2004			62.1	70.7	72.7	70.7	82.7	70.7
2005			55.6	73.2	64.5	73.2	93.3	73.2
2006			120.6	75.6	123.4	75.6	126.3	75.6
2007			65.2	78.0	83.5	78.0	85.1	78.0
2008			42.4	80.5	62.8	80.5	70.9	80.5
2009	33.5	49.5	85.5	82.9	138.0	82.9	157.0	82.9
2010	37.0	54.0	81.5	85.4	105.0	85.4	139.5	85.4
2011	39.0	78.0	98.5	87.8	98.5	87.8	101.5	87.8
2012	24.0	46.0	50.5	90.2	61.5	90.2	82.0	90.2
2013			65.5	92.7	92.5	92.7	133.5	92.7
2014			117.5	95.1	144.5	95.1	150.0	95.1
2015			150.3	97.6	185.0	97.6	191.5	97.6

表 4   各 时 段 频 率 计 算 表

时段	E_X	C_V	C_S/C_V	频 率/%											
6h				0.1	1.0	2.0	3.3	5	10	20	50	80	95	98	99
	68.8	0.5	3.5	234.0	173.2	154.5	140.9	129.4	109.9	89.8	61.0	43.4	34.7	32.3	31.3
12h				0.1	1.0	2.0	3.3	5	10	20	50	80	95	98	99
	89.0	0.42	3.0	272.2	208.2	188.2	173.3	160.8	139.1	116.1	81.4	57.6	43.4	38.7	36.3
24h				0.1	1.0	2.0	3.3	5	10	20	50	80	95	98	99
	110.7	0.3	2.5	255.1	209.3	194.5	183.3	173.6	156.5	137.6	106.3	81.3	62.7	55.1	50.6

3.3 江河洪水情况

受5月下旬以来的强降水影响，安福县境内各江河水位迅猛上涨。其中安福站18h上涨3.25m，樟山站8h上涨1.63m，泰山站10h上涨2.67m，严田站11h上涨4.53m。见图4～图6。

3.4 洪峰水位

安福县现有水文（位）站20个，而浒坑镇境内无水文（位）站，与浒坑镇毗邻的樟山乡、泰山乡有水文（位）站。5月27—28日实测及历史调查各站点洪峰水位见表5。

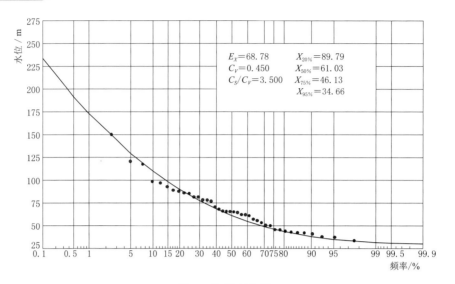

$E_x=68.78$ $X_{20\%}=89.79$
$C_V=0.450$ $X_{50\%}=61.03$
$C_S/C_V=3.500$ $X_{75\%}=46.13$
     $X_{95\%}=34.66$

图 1   6h 频率曲线

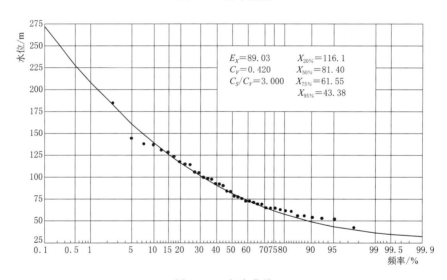

$E_x=89.03$ $X_{20\%}=116.1$
$C_V=0.420$ $X_{50\%}=81.40$
$C_S/C_V=3.000$ $X_{75\%}=61.55$
     $X_{95\%}=43.38$

图 2   12h 频率曲线

表 5 各 站 点 洪 峰 水 位

站名	水系	洪 峰 时 间	洪峰水位/m	东经/(°)	北纬/(°)	备 注
樟山	东谷水	2015 年 5 月 28 日 7：00：00	213.13	114.357200	27.523900	实测
泰山	泰山水	2015 年 5 月 28 日 8：00：00	161.63	114.284700	27.524200	实测
严田	泰山水	2015 年 5 月 28 日 10：00：00	115.22	114.358300	27.378300	实测
南沙	泰山水	1937 年 7 月 7 日	218.997			历史洪痕调查
南沙	泰山水	1960 年	218.334			历史洪痕调查
半山排（上）	南沙水	2015 年 5 月 28 日 8：30：00	220.109	114.309987	27.47503	现场洪痕实测
半山排（下）	南沙水	2015 年 5 月 28 日 8：30：00	219.109	115.309097	27.47449	现场洪痕实测

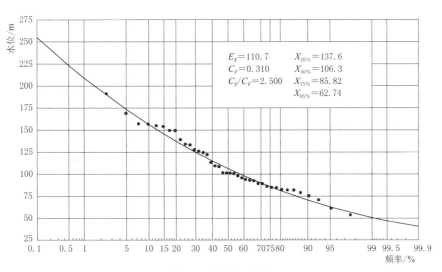

图3　24h频率曲线

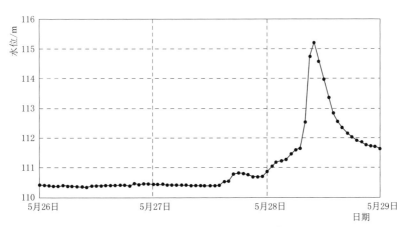

图4　泰山水严田站水位过程线

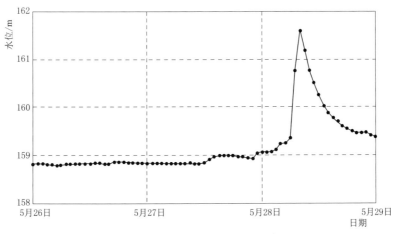

图5　泰山水泰山站水位过程线

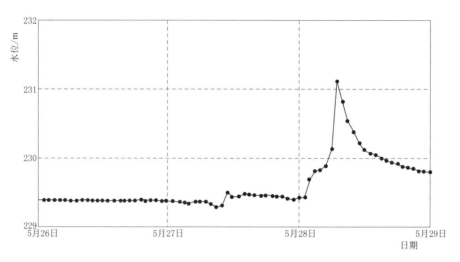

图 6　东谷水樟山站水位过程线

半山排洪痕点在浒坑镇武功山社区半山排居委会沿河路南沙水右岸，如图 7 和图 8 所示。

图 7　半山排（上）洪痕点

图 8　半山排（下）洪痕点

2014 年 12 月，吉安市水文局山洪灾害调查组在该镇调查山洪灾害时，曾经在武功山社区半山排居委会沿河路南沙水实测了水道断面，并调查了南沙水上、下断面历史最高洪水（2012 年 6 月 22 日上断面 218.449m，下断面 218.329m）。

根据水利部山洪灾害预警系统及北京七兆科技有限公司山洪灾害程序应用计算出浒坑镇南沙水设计暴雨、设计洪水 219.66m 为 50 年一遇，见表 6。南沙水洪峰水位 219.61m（上、下断面平均值）与设计洪水计算值 219.66m 基本吻合，且暴雨分析也是 50 年一遇，故可以确定 2015 年 5 月 28 日发生在南沙水的暴雨洪水为 50 年一遇。

表 6　　　　　　　　　　　浒坑镇南沙水设计暴雨、设计洪水计算值

频率	设计暴雨/mm					设计洪水	
	10min	1h	6h	24h	9h 汇流时间	洪峰/(m³/s)	水位/m
5 年一遇	23	58	84	141	98	32	218.46
10 年一遇	26	70	103	172	120	44	218.96

续表

频率	设计暴雨/mm					设计洪水	
	10min	1h	6h	24h	9h汇流时间	洪峰/(m³/s)	水位/m
20年一遇	30	81	120	203	141	57	219.30
50年一遇	35	95	143	242	167	73	219.66
100年一遇	38	106	160	271	187	85	219.92

4 暴雨洪水主要特点

（1）暴雨强度大，降雨集中，过程降水总量多。本次降雨过程涉及全县19个乡（镇），但暴雨区主要集中在浒坑、泰山、严田3个乡（镇）。最大点降雨量为浒坑镇垄上站223.5mm，其次为严田镇杨梅站219.5mm，第三为泰山乡清江站210.5mm。

（2）洪水峰高、量大、持续时间短。本次浒坑镇南沙水洪水过程峰高、量大、持续时间短。经过调查组现场测量，本次洪峰水位219.61m，洪峰流量73m³/s，为该镇有水文记录以来最高洪峰。洪峰持续时间约90min（5月28日8时至9时30分）。

5 洪灾情况

此次受灾最严重的浒坑镇，距离吉安市113km，距离县城45km，地处山区，四周高山环绕。由于圩镇人口居住集中（主要是钨矿职工及家属），地质环境脆弱，加之短时暴雨强度大，导致该镇局部地区发生山体滑坡和泥石流（图9），25栋房屋被毁、2100亩农田受淹、4人死亡（蔡文钦，男，76岁，家住安福县浒坑镇张家坊社区，系浒坑钨矿的退休职工；当日6时40分许，他独自一人在家中，有村民叫他赶快撤离，但老人没有反应，不久泥石流就冲了下来，将老人连房子一起冲走了，11时30分许，搜救人员才在河边找到老人的遗体。刘秋生，男，63岁，安福县浒坑镇武功山社区居民，住山上，看到下大雨就想出来，但突然间山沟河水陡涨，他被水冲进了沟里。除了两位老人身亡外，还有两人遇难，分别是53岁的妇女龙祝玉和4个月大的婴儿黄瑞康，他们租住在浒坑街地磅房上面的房子里，由于暴雨引发山洪泥石流导致房子垮塌，被压在床上）。

图9　蔡文钦原二层砖混结构房
被泥石流夷为平地

安福县浒坑镇"5·28"暴雨来势之猛、强度之大、范围之集中，属浒坑史上罕见。特大暴雨还给浒坑钨业造成严重损失，导致浒坑矿区上下一片汪洋，供电、供水、通信中断，外界驰援道路受阻，多栋居民房屋被洪水冲垮（图10～图14）。

图 10　三江大桥被洪水冲垮

图 11　泥石流冲进民房

图 12　浒坑镇街道变成河流

图 13　半山排社区被淹

图 14　公路变为河道

（1）井下－110m 以下深部中段部分生产设备设施被淹并损坏。

（2）尾矿库上部公路边山体塌方，约 100 万 m³ 泥石流威胁尾矿库泄洪。

（3）厂房、办公室因泥石流、塌方等造成垮塌：84 号厂雷管库被后山泥石流冲毁，夷为平地；安环科办公室共 4 间被冲垮，所有办公设备和资料被埋。

（4）毁灭性破坏生产基础设施：山上修建的防洪坝、拦砂坝迅速被砂石填埋，有 6 座被冲毁；半山排的防洪斜槽近千米全部冲毁，造成地表水直灌生产区带来安全威胁；生产生活水槽被冲毁 3 段约 150m，被塌方山体掩埋 4 段约 200m；通往生产区的公路被冲垮 8 段，造成人员、交通设备运输受阻；通往尾矿库泄洪井道路被冲断，致使大型挖掘机器无法前往抢险；3 个储油罐体因山体滑坡被悬空，形成安全隐患。

（5）整个矿区街道、公路、广场及大部分员工住房被水淹没，给员工家庭造成严重危害：据统计，有 320 名员工家里受灾，房屋倒塌 70 多间，房屋进水损坏电器和家具平均每户约 2.2 万元，个别员工直接经济损失达 20 万元。

据不完全统计，浒坑钨业直接经济损失已达 1800 万元（不含员工家庭直接损失），恢复生产、隐患处理、设备更新、房屋修缮等灾后重建费用所需约 4000 万元。320 户员工家庭直接经济损失约 800 万元。

6 成灾原因

浒坑镇"5·28"暴雨洪水造成灾害，主要原因有五个方面：一是此次暴雨属历史上罕见，暴雨洪水都同属 50 年一遇。并且暴雨集中在南沙水流域，引发山洪泥石流暴发，河水陡涨；因南沙水流域面积只有 24.2km²，主河道 12.2km，汇流时间短，产流快，洪峰持续时间短（在圩镇停留时间只有 90min），洪水陡涨陡落，预警时间短暂；二是南沙水河道弯曲，浒坑镇区主河道狭窄，社区居民在河床建房（图 15），河床严重淤积、河道堵塞、

图 15 河道建房

主河道行洪能力基本消失；三是群众防灾意识不强，安全转移不及时不彻底；四是有关部门对防汛不够重视，该镇无专职水利员、防汛专员；五是宣传教育不到位，《安全生产法》《防洪法》等法律法规宣传贯彻不够好。

7 抗洪措施

灾情发生后，吉安市委、市政府主要领导就抢险救灾工作分别作出重要指示。市领导赶赴受灾最重的浒坑镇指导抢险救灾。省国土资源厅、省民政厅、市水文局等部门领导和技术人员以及市有关部门领导接到报告后，第一时间赶到现场指导帮助抢险救灾工作。安福县及时启动四级救灾应急响应，县在家四套班子成员按照挂点分工赶到受灾乡镇村组组织开展抢险救灾工作，县主要领导、分管领导和部门负责人立即赶赴受灾最重的浒坑镇，并紧急动员消防武警、公安干警、民兵、县乡村干部 2000 余人全力参与抗灾救灾工作。

8 建议

（1）强化预报预警。及时准确地对灾害性天气进行预报预警，是防御山洪地质灾害的第一个重要环节。建议县级政府拨出专项资金，责成相关部门利用现代通信技术，建立山洪地质灾害预警手机短信服务平台，统一免费向村级以上防汛责任人发布暴雨手机预警信息。同时，建立由加密自动气象站、加密自动雨量站、数据资料处理中心构成的中小尺度

灾害性天气监测站网，为汛期气象服务快速提供第一手资料。气象、水文等部门预报预警能力的提高，能够在防御山洪地质灾害中发挥重要作用。由于山洪地质灾害往往瞬间暴发，且多发生在夜间，发送到各级防汛责任人的预警信息难以及时传达给所有受威胁人群，很难避免群死群伤事件的发生。因此，又快又准地对灾害性天气进行预警预报，对防御山洪地质灾害至关重要。这一点虽然目前不难办到，但更为关键的是，要确保受威胁群众能在最短时间内，一个不漏地得到预警信息，从而及时避险。笔者认为，山洪地质灾害易发的重点村"一套高音喇叭、若干铜锣、高频口哨"这种土洋结合应急系统的建立，能够有效解决灾害预警信息"最后一公里"的问题，对减少人员伤亡起到关键性作用。

（2）强化主动避险。目前，限于现有条件和科技水平，应对山洪地质灾害，只能立足于防，实行躲灾避灾。即在灾害来临前，及时将受威胁区的群众转移到安全地带。这是一项艰苦复杂的组织工作。除了人员居住分散、转移时间紧迫等问题外，还有思想上的阻力，主要来自部分老年人心存侥幸，或者担心离家后财物丢失而不愿意转移的想法。解决这一难题，笔者认为可以采取三条措施：首先，建立健全以人员转移为主要内容的应急机制。所有山洪地质灾害危险区，都应以村为单位制定人员转移预案。预案要明确预警信号的传送办法、群众安全转移路线和地点等内容，既要周密细致，又要具有较强的操作性。为使群众熟悉预案，要组织学习培训，帮助群众总结经验教训，认识山洪地质灾害的危险性，掌握躲灾避灾知识，并按预案要求，进行实战演习。其次，实行人员转移包干负责制。凡有转移任务的村，都要以村民小组为单位，明确每个党员骨干负责帮助转移的农户，成立应急小分队，负责帮助老弱病残人员的转移。这样，就把安全转移的责任落实到了每一个环节、每一个人头上。最后，实施转移时，要坚持按"两个宁可"的要求办，即宁可把保险系数定得高一点，把转移面扩得大一点，也绝不留一个死角；宁可在少数群众一时想不通的情况下，采取必要的强制性措施，也不让一个应该转移的人落下。

（3）强化组织领导。抓好山洪地质灾害防御，最终起决定作用的是各级党委、政府的领导，领导的责任感既来自对党高度负责、对人民群众生命财产安全高度负责的政治觉悟，又来自严格的纪律约束。纪律约束最有效的办法就是实行最严格的责任制。主要抓好四个层面责任制的强化和落实工作：首先，落实党政领导和基层干部的责任制。实行县领导包乡、乡干部包村、村干部包组、党员骨干包户，形成严密的领导责任体系。其次，落实部门责任制。所有与防御山洪地质灾害有关的部门，都要建立严密的责任制，并把具体责任细化到责任人。进入汛期后，各有关部门要严格履行责任，提供最佳服务。再次，落实水库保安责任制。对所有水库按照"四通、五落实"（即泄洪畅通、道路畅通、通信畅通、供电畅通，责任落实、预案落实、队伍落实、物资落实、防守落实）的要求，全面建立和强化责任制，关键时刻上领导，上技术人员，上抢险队伍，24小时严防死守。最后，落实防灾责任制。要对所有电站、矿山及在建涉水工程，按照属地管理的原则，制定安全度汛预案，建立严格的防灾责任制，明确责任人，落实保安措施。

（4）要确保行洪安全。由于山区来水汇流时间短、落差大，陡涨陡落、洪水历时一般都小于2小时，行洪河道一旦堵塞，很容易造成中等降雨量，特大洪水现象发生。如2015年5月28日8时，安福县浒坑镇山洪暴发，浒坑镇被淹。所以必须确保河道行洪安全，杜绝在河道内违章建筑。

目前暴雨山洪灾害的防治是被动的,是根据预警雨量进行人员转移。但不同地点、不同流域的成灾临界雨量不同,就是同一流域、同一地点,不同季节的成灾临界雨量也不同。对人员转移安置,特别是转移出来,在什么条件下可以转移回去,没有可操作性的方法措施。建议今后按科学发展观要求,加强山洪灾害防御新模式的探索,规划提出新的思路。

多预报思路的水库中长期水文预报系统探讨

吴 蓉

（江西省吉安市水文局，江西吉安 343000）

摘 要： 水库中长期水文预测系统的开发和设计，不仅要符合国际通用标准和我国有关信息技术、软件工程的设计要求和规范，还要满足水文气象部门的相关技术标准。本文立足用户需求角度，对三种不同类型的中长期水文预报对象，汇集了7种方法，分别是时间系列-马尔科夫分析、门限回归、多维混合回归、神经网络及小波分析、模糊分析、非线性动力系统学、投影寻踪回归。同时，针对不同的预报对象，通过历史数据检验提供了相应的算法方案。从计算流程、计算框架、实现程序、数据流程等方面进行分析，对构建水库中长期水文预报系统进行了探讨。

关键词： 预报思路；水库；水文预报；预报系统

水库中长期水文预报系统的开发需要将水文气象预报平台和水文气象资料数据库作为开发的基本条件，并且要满足国际通用的标准和我国相关信息技术、软件工程设计的要求，同时还要符合水文气象部门的相关技术标准。在预报的方法方面，水文预报系统应结合国际上新研发的方法和我国水文预报行业常用的成熟方法，将年、月等的水文预报系统提供给水库调度。

1 建立预报模型库

预报模型库的建立应按照《水文情报预报规范》（GB/T 22482—2008）的要求，从物理角度出发，中长期预报中常用的方法主要为统计预测和成因预测。统计预测是基于径流和径流影响因素的统计关系、成因的统计模型，成因预测是局域天气过程的演变规律、大气环流、流域下垫面物理情况的成因动力模型，是径流长期预测的发展趋势。从影响因素角度出发，中长期预报可以分为多要素预报和单要素预报。多要素预报方法主要是对外界各种因素对水文预报对象的影响进行分析，对预报对象和影响因素间的关系及变化的物理因素进行分析，使用数理统计方法进行预报模型的建立。单要素预报方法则是对水文预报对象自身的历史演变规律进行分析，对预报对象前后各时段的相关联系进行探讨，以此为依据进行预报模型的建立。

目前，随着智能优化技术和非线性系统模拟技术的不断发展和进步，在预报中使用多种模型进行比较，可以使预报的可靠性得到有效的提高。本研究中，将从时间系列-马尔科夫分析、门限回归、多维混合回归、神经网络及小波分析、模糊分析、非线性动力系统学、投影寻踪回归等方案中选择预报效果较好的方案进行预报运行体系的建立。

2 预报对象的种类

本研究中的水库中长期水文预报系统的预报对象主要有：①当年汛期逐月流量和最大流量预报，发布时间为3月，预报结果为推荐值和7种方法月预报值、汛期最大流量和发生时间；②次年最大流量和次年逐月流量预报，发布时间为每年6月和11月，预报结果为推荐值和7种方法月平均流量预报值、年最大流量预报值和发生时间；③下月枯期最小流量预报，发布时间为当月10日和25日，预报结果为推荐值和7种方法月极值流量预报值。使用独立窗口进行显示，同时将预报结果储存在气象水文中长期数据库中，方便用户查阅。按照降水预报产品、流域站点蒸发资料、气温资料和历年月流量资料、北半球长波辐射资料、西北太平洋月平均SST资料、北半球500hPa高度场旬（月）资料和100hPa高度场月值资料、北半球850hPa（200hPa）UV分量格点场资料为基础，根据预见期的差异进行因子的选择。

3 编制预报方案的要求

在水文资料年限方面，编制预报方案时应以《水文情报预报规范》为依据，在使用经验和统计方法进行长期水文预报时，选取的样本数应超出30例。在方案误差方面，汛期预报值的误差允许范围不应超出实际测量值变幅的±30%，极值发生时间可允许误差范围应按照该标准进行规范，非汛期预报值可允许误差范围不超出实际测量值变幅的±20%。在方案精准度方面，预报方案应按照《水文情报预报规范》进行检验和判断，精准度的判断标准应使用确定系数的大小和合格率进行分类。

4 水库中长期水文预报系统的设计和实现

4.1 水库中长期水文预报系统框架结构

水库中长期水文预报系统主要由预报产品检索、预报方法、质量评定、数据统计分析、统计集成方法等部分组成。每个组成部分又由多个子模块组成。数据加工处理模块主要包括各种指数加计算、数据检索、数据采集处理、数据管理维护、预报对象管理等。预报方法模块主要包括降水场预报模式、概念模型、模式产品适用、相关分析、回归分析方法、多因子综合方法、相似分析方法等。数据统计分析模块主要包括合成分析、指数资料分析、预报对象统计分析、场资料分析等。统计集成方法模块是对具有可集成性的多种预报模块、相同类型的预报结果、相同的预报结果按设计的集成方法进行运作。

4.2 水库中长期水文预报系统计算流程

水库中长期水文预报系统计算流程如图 1 所示。

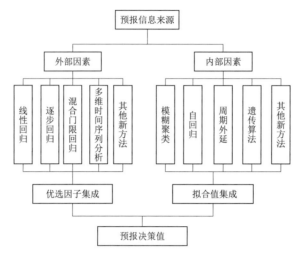

图 1 水库中长期水文预报系统计算流程

4.3 水库中长期水文预报系统流程

水库中长期水文预报系统的主界面主要由用户查询、选择预报对象、系统帮助三部分组成。点击进入到相应的界面后，选择预报对象界面中的不同预报时段按键，进入后选择预报方法界面，主要由时间系列-马尔科夫分析、门限回归、多维混合回归、神经网络及小波分析、模糊分析、非线性动力系统学、投影寻踪回归 7 种预报模块组成，可以按照不同的预报时间进行相应的预报模块选择，模块在执行操作时，会先在气象水文数据库中对所需要的数据进行读取和检查，对符合要求的数据进行计算后显示出来，之后将结果存储到中长期气象水文数据库中。如系统给出的信息是错误的，则会返回到预报系统界面中。其中的信息错误主要有：①预报对象不存在；②所需要的数据不存在、错误、缺测；③应用服务器连接错误；④模型计算错误等。

4.4 水库中长期水文预报系统结构功能

水库中长期水文预报系统结构功能如图 2 所示。

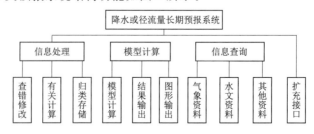

图 2 水库中长期水文预报系统结构功能图

4.5 水库中长期水文预报系统的实现

水库中长期水文预报系统使用 Microsoft 的 Visual Basic 6.0 语言进行实现。

5 总结

本研究从用户需求角度出发，对三种不同类型的中长期水文预报对象使用了时间系列-马尔科夫分析、门限回归、多维混合回归、神经网络及小波分析、模糊分析、非线性动力系统学、投影寻踪回归 7 种模块，通过历史数据检验对每一种预报对象进行了相应的算法方案推荐，构建了一个较为实用的水库中长期水文预报系统，该系统能够更好地为其他水库的调度优化提供信息系统基础。

参 考 文 献

［1］ 张铭，李承军，张勇传，等. 贝叶斯概率水文预报系统在中长期径流预报中的应用［J］. 水科学进展，2009，20（1）：40-44.

［2］ ZHU Y Y，ZHOU H C. Rough fuzzy inference model and its application in multi-factor medium and long-term hydrological forecast［J］. Water Resources Management，2009，23（3）：493-507.

［3］ 李红波，夏潮军，王淑英，等. 中长期径流预报研究进展及发展趋势［J］. 人民黄河，2012（8）：36-38，40.

［4］ 徐启宝，许尔金. 浅析水库中长期水文预报方案的编制——以泽雅水库为例［J］. 浙江水利科技，2010（1）：11-15.

［5］ WANG W C，XU D M，QIU L et al. Genetic Programming for Modelling Long-term Hydrological Time Series［C］//2009 Fifth International Conference on Natural Computation（ICNC 2009），2009（4）：265-269.

吉安市 2010 年暴雨洪水分析

刘福茂　徐　鹏

（江西省吉安市水文局，江西吉安　343000）

摘　要： 洪涝灾害问题已经成为我国经济社会发展的最重要制约因素之一，已经引起国家和地方政府的高度重视。本文结合吉安市"10·6"暴雨洪水过程，对该次暴雨洪水产生的原因、形成的灾害以及防治过程进行深入的分析。

关键词： 吉安市；暴雨洪水；分析

2010 年入汛以后，吉安气候异常，暴雨频繁，雨量强度大。特别是 6 月 17 日后，受北方冷空气和西南暖湿气流及中低层切变低涡东移影响，吉安市发生了大范围持续暴雨洪水过程，暴雨强度之大，覆盖范围之广，洪峰水位之高，洪水次数之多，高水持续时间之长均为历史罕见，是江西省的重灾区之一。现将暴雨洪水情况分析如下。

1　地理概况

吉安市地处江西中部偏西，位于赣江中游，地理位置位于东经 113°50′～115°56′、北纬 25°59′～27°58′，东与抚州市崇仁县、乐安县毗邻，南和赣州市赣县、上犹县相连，西同湖南省桂东、酃县交界，北与宜春、新余、萍乡等市接壤。吉安市总面积 25271km²。现辖 10 县 2 区 1 市。赣江自万安县良口进入吉安市，自南向北流经 6 县 2 区，于新干县三湖镇的刘家坊流出本市。

吉安市属山地丘陵区，地势东、南、西三面环山，南高北低。以赣江干流为轴线，两岸地势低平，丘陵、小盆地众多，河网水系发达。吉安市境内有流域面积大于 10km² 河流 695 条，其中 100km² 以上河流 73 条，1000km² 以上的有遂川江、蜀水、孤江、禾水、乌江、泸水、牛吼江、洲湖水共 8 条，其中遂川江、蜀水、孤江、禾水、乌江是赣江一级支流，以禾水 9103km² 为最大。

2　暴雨洪水

2.1　天气形势

2009 年，太平洋发生了厄尔尼诺现象，导致我国不断出现极端气候。厄尔尼诺现象与江西等地汛期降水的关系密切；2010 年是厄尔尼诺现象的次年，汛期西太平洋副热带高压偏南，江西全省大汛期（4—6 月）出现严重或明显洪涝的概率高。同时，北方冷空气强度偏强，向南扩张明显；西南的暖湿气流也异常强盛。冷暖空气在江西上空强烈交汇，双方势均力敌，形成南北拉锯的对峙局面，引发多个暴雨云团，造成暴雨显著偏多。由于吉安西部有雄峻的罗霄山脉，西北有高耸的武功山，6 月中下旬强盛的西南暖湿气流与来自偏西北方向的冷空气在此交汇，受地形抬高影响，空气迅速上升遇冷，因此产生了历史同期罕见的暴雨过程。

2.2　暴雨情况

自 6 月 17 日以来，吉安出现全市性持续暴雨、大暴雨过程，据实测水文资料统计，6 月 17—25 日，全市平均降水量达 312mm，为正常年 6 月总降水量的 1.3 倍，全市 13 个县（市、区）有 108 个乡（镇）的降水量超过 300mm，有 6 个县（市、区）28 个乡（镇）的降水量超过 400mm，最大为永丰县城 491mm，相当于该站正常年 6 月总降水量的 1.9 倍。

从汛期开始，4 月 1 日至 6 月 25 日，全市平均降水量 1056mm，为正常年同期降水的 1.7 倍，占正常年年总降水量的 69%，列 1951 年有水文记录以来第 2 位，仅次于 1954 年。发生概率为 50 年一遇。

从 1 月以来总的降水情况分析，1 月 1 日至 6 月 25 日，全市平均降水量 1365mm，比正常年同期偏多 44%，占正常年年降水量的 90%，为 1951 年有记录以来最大。发生概率为 50 年一遇。

2.3　江河洪水情况

受 6 月 17 日以来强降水影响，赣江同时受万安水库调洪影响（万安水库 6 月 18 日 9 时最大下泄流量 8000m³/s），吉安市各主要河流水迅猛上涨，先后多次出现超警戒以上的大洪水，其中：

（1）乌江吉水新田水文站 19 日 12 时和 21 日 11 时的洪峰水位分别超警戒 0.36m 和 3.19m，其中 21 日 11 时的洪峰水位达 56.69m，为该站自 1953 年建站以来的最大洪水，比 1982 年历史最大洪水还高 0.50m。经频率分析，发生概率为 80 年一遇。

（2）泸水吉安赛塘水文站 19 日 7 时 30 分、20 日 23 时和 25 日 7 时的洪峰水位分别超警戒 1.02m、0.44m 和 1.79m，其中 25 日 7 时的洪峰达 66.79m，为近 15 年来最大洪水。

（3）禾水吉安上沙兰水文站 19 日 10 时 30 分、21 日 8 时、24 日 7 时和 25 日 15 时的洪峰水位分别超警戒 0.12m、1.50m、0.83m 和 0.95m，其中 21 日 8 时的洪峰达 60.50m，为近 7 年来最大洪水。

（4）禾水永新水位站 20 日 17 时和 25 日 6 时的洪峰水位分别超警戒 1.03m 和 0.42m，其中 20 日 17 时的洪峰为 113.03m，为近 4 年来最大洪水。

（5）同江吉安鹤洲水文站 19 日 3 时、20 日 15 时和 24 日 21 时的洪峰水位分别超警戒 0.37m、0.57m 和 2.11m，其中 24 日 21 时的洪峰达 48.61m，为近 15 年来最大洪水。

（6）蜀水万安林坑水文站 18 日 19 时、19 日 11 时 30 分、20 日 19 时 30 分、23 日 6

时和 23 日 23 时的洪峰水位分别超警戒 2.07m、0.49m、1.18m、0.18m 和 0.75m，其中 18 日 19 时的洪峰达 88.07m，为近 5 年来最大洪水。

（7）赣江吉安水文站 19 日 20 时、21 日 11 时和 24 日 22 时的洪峰水位分别超警戒线 1.73m、2.64m 和 2.05m，其中 21 日 11 时的洪峰水位达 53.14m，相应洪峰流量 16200m³/s，为 1995 年以来（近 16 年来）最大洪水，列有记录以来第 4 大洪水。发生概率为 15 年一遇。

（8）吉水水位站 21 日 15 时的洪峰水位 51.28m，超警戒线 4.28m，仅比历史最高水位（1962 年 6 月 29 日水位 51.52m）低 0.24m。

（9）峡江水文站 21 日 22 时和 25 日 14 时的洪峰水位分别超警戒线 2.55m 和 2.09m，其中 21 日 22 时的洪峰水位达 44.05m，相应洪峰流量 15700m³/s，为 1968 年以来（近 33 年）最大洪水，列有记录以来第 3 大洪水。

（10）新干水位站 21 日 23 时和 25 日 17 时的洪峰水位分别超警戒线 1.80m 和 1.36m。其中 21 日 23 时的洪峰水位达 39.30m，为 1995 年以来（近 16 年）最大洪水。

（11）万安栋背水文站 18 日 19 时 30 分、21 日 0 时、23 日 18 时和 26 日 18 时的洪峰水位分别超警戒 0.45m、0.37m、0.69m 和 0.55m。

（12）泰和水位站 19 日 4 时、21 日 2 时、24 日 3 时和 27 日 4 时的洪峰水位分别超警戒 0.84m、0.80m、1.11m 和 0.50m。其中 24 日 3 时的洪峰为近 8 年来最大洪水。

3 暴雨洪水主要特点

（1）暴雨强度大，覆盖范围广，过程降水总量多。本次暴雨过程覆盖全市 13 个县（市、区），全市平均降水量为正常年 6 月总降水量的 1.3 倍，其中降水量最大的永丰县城为正常年 6 月总降水的 1.9 倍，全市有 28 个乡（镇）过程降水量超过 400mm，实为历史罕见。

（2）发生超警戒洪水河流多，洪水发生次数多。全市 8 条主要河流有 6 条河流水位超警戒。14 个主要水情站中（含吉水站）短短 10 天内先后共发生超警戒线的洪水多达 35 次，平均发生 2.9 次，这也是历史上不多见的。

（3）洪水峰高、量大、涨幅大。全市各河流洪峰水位超过警戒线 1.0m 以上的洪水多达 17 站次，超过 2.0m 的多达 8 站次，最大吉水站超过警戒线 4.28m。本次洪水产生的洪水总量，吉安站达 128.7 亿 m³，相当于万安水库总库容的 5.8 倍。13 个水情站洪水平均涨幅达 5.6m，其中：乌江吉水新田站达 7.7m，赣江的吉安、峡江和新干站分别达 7.34m、7.15m 和 7.1m。

（4）警戒水位以上洪水持续时间长。经统计，各站警戒水位以上洪水持续时间为：赣江的万安栋背和泰和站分别达 183h 和 170h；吉安、峡江、新干站分别达 228h、218h 和 186h，为历史少见；禾水吉安上沙兰站、泸水吉安赛塘站和乌江吉水新田站分别达 102h、88h 和 78h，其中新田站列历史第 2 位。

（5）赣江吉安市中心城区及以下河段洪水长时间居高不退。其中吉安站自 24 日 22 时至 25 日 22 时的水位均维持在 52.55～52.49m 运行，即维持在超警戒 1.99～2.05m 运行，

24h 内水位只退落 0.06m，这种江河近似湖泊的现象，实为历史罕见。

4 洪灾情况

这次特大暴雨洪水，造成吉安市 157.6 万人受灾，倒塌房屋 11356 间，128 个乡（镇）受淹，农作物受灾面积 13.6 万 hm²，绝收 3.85 万 hm²，毁坏耕地 2622.6hm²，农村公路、桥梁、电力、通信、水利等设施损毁严重，直接经济损失达 31.99 亿元。全市水库堤防等水利工程共出现险情 1217 处，其中较大险情 80 处，有 15 座水库出险、20 条千亩以上堤防出险。6 月 18 日下午，吉安县龙口水库漫坝；6 月 18 日晚间，永新禾山水库因输水闸门提不起来导致无法排泄；6 月 19 日，永丰七一水库大坝出现集中渗流；6 月 20—22 日，赣江沿线全线告急，吉水县城防洪堤出现 36 处险情，峡江仁和堤、新干县三湖联圩和沂江联圩出现大面积、大范围泡泉、渗漏、滑坡塌陷；中心城区上方的吉州区曲濑堤、禾河堤、赣江西堤、青原区梅林堤、方舟堤多处出险，永丰县八江堤三段漫堤；6 月 24 日，吉水同江堤发生 100m 堤身滑坡和 80m 堤顶裂缝。沿江沿河堤坝险象环生。三湖镇被淹，巴邱镇大部分被淹，吉水县县城部分被淹。

5 抗洪措施

（1）运筹帷幄，反应快速。6 月 18 日，面对历史罕见的特大洪水，市委市政府运筹帷幄，反应快速。全市紧急动员，一切以抗洪抢险为中心。成立了由市委书记任总指挥，市长任副总指挥的指挥体系，全面指挥调度抗洪抢险救灾。设立了指挥协调组、防汛督查组、城市防洪组、一线抢险组、救灾组、工业交通安全组、学校安全组、社会治安稳定组等 9 个工作组。9 个工作组各负其责，每日的上午 8 时和晚 8 时，省市领导、市防汛抗旱指挥部成员都要会商雨情、汛情、灾情、民情。根据气象雷达回波、云图、水文自动测报系统的信息精准研判，并作出决断，一个个指令飞速下达到抗洪一线。

（2）制定抗洪工作目标，"三保两稳"。明确"保人、保堤、保库，稳住人心、稳定社会和将洪灾损失控制在最低程度"的大目标。"不倒堤、不垮坝、不死人、不当焦点"成为全市上下努力的方向。

（3）六大重点，重点防护。一片泽国的吉安处处是险情，区分轻重缓急才能有效战胜洪魔。市防汛抗旱指挥部及时提出抗洪抢险六重点：赣江防堤；中心城区及城镇防洪；万亩以上圩堤；已排查出险情水库 180 座；险情严重、内涝严重和地质灾害易发区群众转移；山区切坡建房及山体滑坡高危区次生灾害防御等，从而使保卫战忙而不乱，高效进行。

（4）一级响应，军令如山。从 19 日开始，市直单位取消双休日休息，全市暂停各种会议和检查、评比、调研活动。20 日，市委、市政府紧急调集 50 个市直单位 1000 余名机关干部，由县级领导带队，到曲濑堤、禾埠堤和赣江西堤，实行 24 小时轮班不间断巡查。各地按要求层层组织人员上堤上坝，对所有堤防进行反复拉网式巡查，发现险情及时报告，出现险情及时排除，确保大堤万无一失。6 月 23 日零时，由于吉安赣江、乌江、禾泸水已发生流域性大洪水，且大多数大中型水库超汛限水位运行，根据省防总的要求和《吉安市防汛抗旱应急预案》的有关规定，市防指决定启动防汛Ⅰ级应急响应，要求各地各有关部门要按照防汛Ⅰ级应急响应的相关要求，立即采取相应应急措施，全力做好防汛抗洪工作。

（5）保障有力，从容不迫。防汛物资准备充分，抢险队员从容不迫。汛情发生伊始，各级党委、政府早预防、早准备、早动手，对全市所有水利抢险专业技术骨干登记造册，500多名专业人员现场指导处理泡泉、塌方、滑坡等险情1200多处。全市共调动武警、消防、公安、预备役官兵1万余人，调集490台救灾车辆、24艘冲锋舟、150艘救生船，紧急征用货运船只10艘分赴有关县（市、区）抢险转移被困人员。紧急调运木料4000m³、石料11.9万m³、麻袋131.5万个、其他填充物资600t上堤。同时，请求上级增援救生衣6800件，土工布8万m³，冲锋舟25艘。吉州区给曲濑大堤的护堤人员每人发一份"保堤秘笈"，按照科学方法巡大堤、查泡泉。

（6）准确预报，科学调度。市水文部门共采集雨水情信息96万余组数据；对外发布各类信息4.8万余条次；分析预报洪水380余站次，20日14时预报乌江吉水新田水文站21日10时洪峰水位56.80m，该站实测洪峰水位56.69m，预报值与实测值仅差0.11m；20日22时预报赣江吉安水文站21日12时洪峰水位53.10m，该站实测洪峰水位53.14m，预报值与实测值仅差0.04m；20日22时预报赣江峡江水文站21日22时洪峰水位44.10m，该站实测洪峰水位44.05m，预报值与实测值仅差0.05m；20日22时预报赣江新干水位站22日2时洪峰水位39.40m，该站实测洪峰水位39.30m，预报值与实测值仅差0.10m；21日4时预报禾水吉安上沙兰水文站21日7时洪峰水位60.50m，该站实测洪峰水位60.50m，预报值与实测值一致。洪水预报合格率达99%。6月21日，市防汛抗旱指挥部根据水文部门的水情预报，先后两次请求省防总调整万安水库下泄流量，并调度市内白云山水库、社上水库等大中型水库，错峰调节，极大地缓解了赣江两岸城市防洪压力。根据下游水情变化及新的天气形势，从6月22日22时开始，市防汛抗旱指挥部又调度各大中型水库，下达死命令全部将水位降至汛限之下，腾出库容，迎接6月24—26日的降雨。水文部门准确及时的洪水预报和水情信息，为各级领导部署抗洪抢险赢得了时间，争取了主动，为吉安市抗洪抢险取得决定性胜利做出了突出贡献。

6 抗洪成果

吉安市在庚寅年大水灾面前，确保了不溃堤、不垮坝，创造了无一人因灾伤亡，无一处堤坝决口，无一处交通干线、电力通信系统受毁的惊人奇迹。所有受灾群众有衣穿、有饭吃、有房住、有干净水喝，人心稳，社会安。

7 结语

当今，全球气候变化已经引起降水的变化、冰川雪盖的减少、海平面的上升，极端天气事件明显增加，我国洪涝干旱灾害发生的强度和频率明显增强，局部地区强暴雨、极端高温干旱以及超强台风等事件呈突发、多发、并发的趋势；随着工业化和城镇化不断向前推进发展，加上人类活动的影响，圩堤加高加固、堵汊、围垦、天然水面缩小、泥沙淤积严重，造成同频率的暴雨产生的洪峰水位比以前高，形成的洪水灾害也大，对经济社会发展和生态环境系统产生了重大影响。必须进一步加强气候变化及其不确定性研究，加强气候变化对水文水资源的影响评估和定量分析，加强气候变化对极端水文事件的影响研究，加强气候变化对水生态环境影响的研究，加强对暴雨的时空分布准确定位，及时调整预报方案。严格执行水文规范，合理调整水文站网，不断完善预报手段，坚决消除流域内的预报盲区。认真落实防汛纪律，做好汛前准备、汛前检查、防汛督查，防洪抢险设施设备特别是冲锋舟、救生船的储备。加强应对突发水旱灾害的水文应急监测及预测预报能力建设，为防灾减灾提供可靠支撑。水文能否有效应对全球气候变化带来的新情况、新问题，是我们面对的重大课题。

2010 年 6 月中下旬发生在吉安的特大暴雨过程，产生的洪水灾害在历史同期非常罕见，对本次暴雨洪水进行分析、总结、反思，为今后进一步做好抗洪抢险具有重要的现实意义。

吉安市历史典型干旱年农业旱情特点分析

谢小华　班　磊

（江西省吉安市水文局，江西吉安　343000）

摘　要： 本文以 1949 年中华人民共和国成立以来至 2012 年江西省吉安市历史上出现的典型干旱年（1963 年、1978 年、1986 年、1998 年、2003 年、2007 年）为研究对象，从降水量、河道水情以及灾情等方面进行初步分析，利用雨量距平百分比、连续无雨日等方法对旱情程度进行评估，阐述了各年干旱的规律和特点，认识了干旱的程度。结果表明：吉安市典型干旱年的干旱时间一般比较长，灾情也严重，与降水时空分布不均或降水量的多寡有明显关系；区域分布上，总趋势是吉泰盆地区域干旱较重，山区较轻，从南部到北部逐步加重。

关键词： 吉安市；旱情评估；雨量距平百分比；连续无雨日

1 吉安市概况

吉安市位于江西省中西部，地处东经 $113°50'\sim115°56'$、北纬 $25°59'\sim27°58'$，全市南北长约 218km，东西宽约 208km，总面积 25271km²，辖 10 县 2 区 1 市。全市地势东、南、西部三面环山，南高北低，整个地势由南向北徐徐倾斜，以赣江干流为轴线，两岸地势低平，丘陵、小盆地众多，平均海拔约 200m。吉安市地处亚热带湿润季风气候区，气候温和，雨量充沛，四季分明，降水量时空分布不均匀。一般每年的 3 月中旬前后，暖湿的夏季风开始盛行，雨量逐渐增加；5—6 月冷暖气流交织，极易形成静止锋，降水量猛增；7—9 月受副热带高压控制，除有局部雷阵雨及偶有台风雨外，全市雨水稀少。

在冬春季节，受来自西伯利亚及蒙古高原的干冷气团影响，降水亦较少。全市平均降水量为 1524mm，多年平均陆地蒸发量为 $610\sim810$mm，多年平均水面蒸发量为 $560\sim1160$mm，多年平均气温为 $17\sim19℃$，历年各月平均气温以 1 月为最低，7 月为最高。吉安市境内河流众多，水系发达，河流均属赣江水系。全市流域面积大于 10km² 的河流达 695 条，其中大于 100km² 的河流 73 条，大于 500km² 的河流 18 条，大于 1000km² 的河流有遂川江、蜀水、孤江、禾水、乌江、泸水、牛吼江、洲湖水等 8 条，以禾水流域面积 9103km² 为最大。

2 旱情分析

新中国成立以来，吉安市在 1963 年、1978 年、1986 年、1998 年、2003 年和 2007 年出现了六大典型干旱年，各年的干旱程度、干旱时间以及受灾情况都呈现不同的特点，现从雨量距平、最大连续无雨日、江河水情、受灾情况等方面做如下分析。

2.1 干旱等级划分方法

（1）雨量距平。采用计算期内降水量与多年平均降水量差值比多年平均降水量的相对数表示，计算期根据不同季节选择适当的计算长度，夏季采用 1 个月，春、秋季采用连续 2 个月，冬季采用连续 3 个月，再依据这个比值判定相应干旱等级，如夏季比值为 −20%～−40% 属轻度干旱，小于 −80% 属特大干旱。

（2）连续无雨日。依据计算期内连续无雨日的天数划分相应干旱等级，如夏季无雨日为 5～10d 属轻度干旱，大于 30d 属特大干旱。

2.2 1963 年

2.2.1 降水量雨量距平

旱情自 1 月开始，一直持续到 10 月。全市平均年降水量 993mm，比正常年偏少 35%，年降水之少列 1951 年以来（近 60 年来）之首。时程分布：4—6 月全市平均降水量 361mm，7—9 月全市平均降水量 218mm，均比正常年同期偏少。典型干旱年各月平均降水量距平百分比统计情况见表 1，典型干旱年降水量距平百分比旱情等级评估见表 2。连续无雨日：连续无雨日为 17～33d，井冈山最少 17d，安福、永丰、吉水最多，均为 33d，平均为 25.6d，均属中度干旱及以下。典型干旱年最大连续无雨日统计情况见表 3。

表 1　　　　吉安市典型干旱年各月平均降水量距平百分比统计表

	月份	1	2	3	4	5	6	7	8	9	10	11	12	全年
降水量多年均值/mm		63	97	155	199	234	235	126	149	87	74	61	44	1524
1963 年	月雨量/mm	2	57	102	103	147	111	91	65	63	50	142	60	993
	距平值/%	−97	−41	−34	−48	−37	−53	−28	−56	−28	−32	133	36	−35
1978 年	月雨量/mm	65	32	204	181	224	129	65	113	46	45	25	28	1155
	距平值/%	3	−67	32	−9	−4	−45	−48	−24	−47	−39	−59	−36	−24
1986 年	月雨量/mm	26	65	169	213	92	196	151	62	72	66	51	6	1169
	距平值/%	−59	−33	9	7	−61	−17	20	−58	−17	−11	−16	−86	−23
1998 年	月雨量/mm	187	158	296	134	239	326	80	60	60	35	63	23	1662
	距平值/%	197	63	91	−33	2	39	−37	−60	−31	−53	3	−48	9
2003 年	月雨量/mm	88	80	90	144	260	114	20	145	78	18	28	20	1086
	距平值/%	40	−17	−42	−28	11	−51	−84	−3	−10	−76	−53	−56	−29
2007 年	月雨量/mm	66	109	129	200	68	253	50	282	103	3	2	65	1331
	距平值/%	5	13	−17	1	−71	8	−60	89	18	−95	−96	48	−13

表 2 吉安市典型干旱年降水量距平百分比旱情等级评估表

年份	1963	1978	1986	1998	2003	2007
计算期/月	8	7	8	9～10	7	10～11
多年均值/mm	149	126	149	161	126	135
计算期降水量/mm	65	65	62	60	20	5
距平百分比/%	−56	−48	−58	−63	−84	−96
干旱等级	中度干旱	中度干旱	中度干旱	中度干旱	特大干旱	特大干旱

表 3 吉安市典型干旱年最大连续无雨日统计表

县 (市、区)	1963 年			1978 年			1986 年		
	起止日期	连续无雨日/d	干旱等级	起止日期	连续无雨日/d	干旱等级	起止日期	连续无雨日/d	干旱等级
吉州区	8 月 10 日— 9 月 6 日	28	中度干旱	11 月 12 日— 12 月 8 日	27	中度干旱	9 月 14 日— 10 月 16 日	33	中度干旱
青原区	8 月 10 日— 9 月 6 日	28	中度干旱	11 月 12 日— 12 月 8 日	27	中度干旱	9 月 14 日— 10 月 16 日	33	中度干旱
吉安县	9 月 17 日— 10 月 9 日	23	中度干旱	11 月 12 日— 12 月 8 日	27	中度干旱	9 月 7 日— 10 月 16 日	40	中度干旱
吉水县	1 月 2 日— 2 月 3 日	33	中度干旱	11 月 12 日— 12 月 8 日	27	中度干旱	9 月 7 日— 10 月 16 日	40	中度干旱
峡江县	8 月 10 日— 9 月 8 日	30	中度干旱	6 月 15 日— 7 月 15 日	31	特大干旱	9 月 7 日— 10 月 16 日	40	中度干旱
新干县	8 月 10 日— 9 月 5 日	27	中度干旱	11 月 12 日— 12 月 29 日	48	严重干旱	9 月 7 日— 10 月 16 日	40	中度干旱
永丰县	1 月 2 日— 2 月 3 日	33	中度干旱	11 月 12 日— 12 月 10 日	29	中度干旱	9 月 14 日— 10 月 16 日	33	中度干旱
泰和县	3 月 28 日— 4 月 16 日	20	轻度干旱	11 月 12 日— 12 月 8 日	27	中度干旱	9 月 14 日— 10 月 16 日	33	中度干旱
遂川县	6 月 28 日— 7 月 16 日	19	中度干旱	11 月 12 日— 12 月 8 日	27	中度干旱	9 月 14 日— 10 月 16 日	33	中度干旱
万安县	12 月 10 日— 12 月 30 日	21	轻度干旱	11 月 12 日— 12 月 8 日	27	中度干旱	9 月 14 日— 10 月 16 日	33	中度干旱
安福县	1 月 2 日— 2 月 3 日	33	中度干旱	11 月 19 日— 12 月 29 日	41	中度干旱	9 月 15 日— 10 月 16 日	32	中度干旱
永新县	10 月 17 日— 11 月 6 日	21	中度干旱	6 月 23 日— 7 月 15 日	23	严重干旱	9 月 15 日— 10 月 16 日	32	中度干旱
井冈山市	2 月 21 日— 3 月 9 日	17	轻度干旱	11 月 12 日— 12 月 8 日	27	中度干旱	9 月 16 日— 10 月 16 日	31	中度干旱

县（市、区）	1998 年			2003 年			2007 年		
	起止日期	连续无雨日/d	干旱等级	起止日期	连续无雨日/d	干旱等级	起止日期	连续无雨日/d	干旱等级
吉州区	7月30日—9月3日	36	中度干旱	7月8日—8月14日	38	特大干旱	9月23日—12月17日	86	特大干旱
青原区	7月30日—9月3日	36	中度干旱	7月8日—8月14日	38	特大干旱	9月23日—12月17日	86	特大干旱
吉安县	6月28日—7月24日	27	严重干旱	10月14日—11月18日	36	中度干旱	9月23日—11月17日	56	严重干旱
吉水县	9月11日—10月10日	30	中度干旱	6月28日—8月3日	37	特大干旱	9月11日—12月17日	98	特大干旱
峡江县	9月14日—10月9日	26	中度干旱	10月14日—11月18日	36	中度干旱	9月23日—11月17日	56	严重干旱
新干县	9月13日—10月9日	27	中度干旱	10月14日—11月17日	35	中度干旱	9月11日—11月17日	68	特大干旱
永丰县	9月13日—10月10日	28	中度干旱	10月13日—11月18日	37	中度干旱	9月11日—12月17日	98	特大干旱
泰和县	8月6日—9月3日	29	中度干旱	10月14日—11月19日	37	中度干旱	10月8日—12月17日	71	特大干旱
遂川县	7月13日—8月16日	35	特大干旱	10月13日—11月19日	38	中度干旱	9月14日—12月20日	88	特大干旱
万安县	9月14日—10月8日	25	中度干旱	10月13日—11月19日	38	中度干旱	9月24日—12月17日	85	特大干旱
安福县	9月14日—10月30日	47	严重干旱	6月30日—8月8日	40	特大干旱	9月23日—12月17日	86	特大干旱
永新县	9月14日—10月30日	47	严重干旱	6月29日—8月10日	43	特大干旱	9月24日—11月17日	55	严重干旱
井冈山市	9月14日—10月9日	26	中度干旱	10月14日—11月18日	36	中度干旱	9月24日—12月17日	85	特大干旱

2.2.2 河道水情

由于降水特别少，江河水位严重偏低，年最高水位：赣江各站比警戒水位低 3.1～5.23m 不等。年最低水位：上沙兰、鹤州为历史最低值，其他站比历史最低水位略偏高。年最小流量：上沙兰、赛塘、新田、鹤州等站均系历史最小值，其他站比历年最小流量略偏大。

2.2.3 灾情

因降水显著偏少，大部分地区出现了历史上罕见的春旱、夏旱和接踵而来的秋旱，水库干涸，山泉断流，万安、永新、泰和和吉安等县的许多地方人畜饮用水十分困难，其干旱面积之大，时间之长，旱情之严重是近 60 多年来所没有过的。

据了解，该年全市农田受灾面积超过 28.53 万 hm²，成灾人口近 144 万人。

2.3 1978 年

2.3.1 降水量雨量距平

旱期基本从 6 月开始，一直持续到年底，历时 7 个月。全市年平均降水量为 1155mm，比正常年少 369mm，偏少 24.21%，年降水之少到 1972 年以来（近 40 年来）之首，仅比历史最少的 1963 年多 162mm。旱情等级属中度干旱，时间发生在 7 月。连续无雨日：大部分县干旱程度在中度干旱级别，其中吉安市北部的新干、峡江等县达特大干旱级别，最大无雨日为 48d。

2.3.2 河道水情

年最高水位：除泰和以上的南部地区有少数站出现了略高于警戒线的水位外，其他河流均低于警戒水位 0.80～1.76m；年最低水位：除赣江各站及泸水赛塘站高于历史最低水位 0.70～1.24m 外，其他各站均接近历年最低水位。

2.3.3 灾情

干旱时间较长，受旱范围广，导致全市农田受旱面积超过 26 万 hm²。自 8 月中旬起，许多塘库干涸，溪水断流，相当部分村庄人畜饮用水困难，致使晚秋作物再次受旱超过 10 万 hm²。

2.4 1986 年

2.4.1 降水量雨量距平

该事先后出现了两次严重干旱期，分别为 4 月下旬至 5 月底、7 月中旬至 9 月底。据统计，4 月下旬全市平均降水量不到 50mm，5 月出现了全市性历史罕见的少雨期，该月全市平均降水量仅有 92mm，偏少 61%。另在 7 月中旬至 9 月底，连续 82d 全市平均降水量只有 165mm，比正常年同期偏少 47%。旱情等级属中度干旱，时间发生在 8 月。连续无雨日：最大连续无雨日均发生在 9 月中旬至 10 月中旬，为中度干旱，最大无雨日为 40d，平均为 34.8d。

2.4.2 河道水情

各站年最高水位均未达到警戒线。年最低水位除赣江各站及泸水、遂川江外，其他江河站均接近历年最枯水位。

2.4.3 灾情

干旱时间长达 4 个月，导致早稻受旱面积达 78 万 hm²，晚稻受旱面积达 14.83 万 hm²，粮食严重减产。

2.5 1998 年

2.5.1 降水量雨量距平

旱情主要发生在 7—10 月，其中 7—8 月全市平均降水量只有 140mm，比正常年同期偏少 49%，降水之少居历史同期第 2 位。时程分配上，除 7 月下旬较正常年偏多 13% 以外，其他各旬降水均较正常年同期显著偏少。

空间分布上，全市以峡江以上沿赣江两岸地区及泰和县、万安县东部和南部、遂川县东南部及安福县南部、永新县西南部及宁冈等地最少，这些地区两个月的总降水量均在100mm以内，且以万安县的涧出、柏岩降水量39mm为最少，实属历史罕见。旱情等级属中度干旱，时间多发生在9—10月。连续无雨日：干旱程度大部分县在中度干旱级别，其中遂川县为特大干旱，连续无雨日为35d。

2.5.2 河道水情

8月下旬，各站水位已接近历史最低值。其中，赣江的栋背、吉安、峡江站的最低水位仅比历史最低值高出0.40m、0.80m和0.77m，上沙兰、赛塘、新田等主要支流控制站的最低水位仅比历史最低水位高出0.21m、0.18m和0.51m。

2.5.3 灾情

据了解，高温天气自6月29日开始出现，一直持续到8月27日，历时59d，最高气温达39.4℃。由于长时间大范围高温炎热天气，导致全市出现了严重的干旱，农田受旱面积达12.47万hm²，近26万人的饮水发生严重困难。

2.6 2003年

2.6.1 降水量雨量距平

少雨期主要出现在6月上旬至8月上旬。经统计，自6月1日至8月10日连续71d全市平均降水量只有149mm，比正常年同期偏少63%，降水之少列1952年有实测资料以来第1位。空间分布上，吉安市中至北部地区降水更少。旱情等级属特大干旱，时间发生在7月。连续无雨日：连续无雨日为35～43d，最大连续无雨日为43d，吉安市中部多为特大干旱。

2.6.2 河道水情

8月上旬，有近300座小型水库已经干枯，大型水库蓄水严重不足，遂川江、禾水及赣江的泰和、新干河段出现了低于历史最低水位的枯水位，孤江、乌江、同江也出现了有实测资料以来第2位的低水位。

2.6.3 灾情

据了解，日最高气温超过35℃的高温天气持续了40多天，其中超过40℃的高温酷热天气也达10多天，实为历史少见。据有关部门统计，受灾农田面积达21.8万hm²，有近60万人及45万头牲畜因干旱而出现饮用水困难。

2.7 2007年

2.7.1 降水量雨量距平

自6月21日至8月10日，连续50d全市平均降水量仅有115mm，比正常年同期偏少51%。其中吉安、泰和、安福三站自7月1日至8月10日连续40d的降水量分别仅有10mm、6mm和29mm，降水之少均列新中国成立以来第1位。9月下旬至12月中旬，全市降水量继续偏少，11—12月全市平均降水量仅为5mm。旱情等级属特大干旱，时间发生在10—11月。连续无雨日：最大连续无雨日均发生在9月下旬至12月中旬，除吉安等3县为严重干旱外，其余均为特大干旱，最大无雨日为98d，平均为78.3d。

2.7.2　河道水情

据统计，在这两次干旱期间，各江河水库水位日渐退落，各主要支流控制站先后出现的最低水位均接近历史最低值，其中永新、新田站水位均低于历史最低水位。

2.7.3　灾情

据统计，受少雨和高温天气影响，全市有 90 多条小河断流，197 座小型水库干涸，农作物受旱面积 15.4 万 hm^2，有 22 万人饮水发生困难。

2.8　雨量距平百分比区域分布分析

点绘典型干旱年干旱期各县（市、区）雨量距平百分比分布图（图 1，1963 年泰和县、井冈山市以及吉州区 1978 年缺资料）。

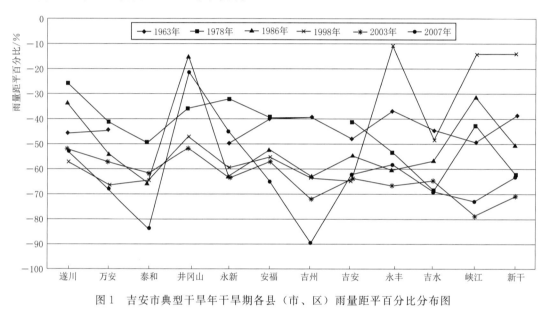

图 1　吉安市典型干旱年干旱期各县（市、区）雨量距平百分比分布图

从图中分析可知，各干旱年中，山区的遂川县、井冈山市干旱程度相对较轻，吉安北部的永丰、峡江、新干等县个别年份旱情也相对较小，这些区域植被较好，雨水较其他地区丰沛。6 个典型干旱年中，中部吉泰盆地的泰和、吉安、吉州、吉水等县、区干旱一般较重，从吉安南部到北部，干旱程度呈逐渐加大趋势。

3　结语

（1）6 年典型干旱年的干旱时间都比较长，约 60～300d，其中 1963 年的干旱时间最长，约 300d。在季节分布上，往往是夏旱接秋旱，如 1963 年、1978 年、1986 年、2003 年和 2007 年。

（2）从旱情严重程度上分析，6 年典型干旱年中，1963 年和 2007 年的旱情最严重。1963 年旱情时间最长，从 1 月开始，一直持续到 10 月，历时 10 个月，年降水量显著偏少，只有 993mm，比正常年偏少 35％，年降水之少为 1951 年以来之首，相应各月降水量都比正常年同期少 3 成以上，部分江河水位（流量）出现历史最低（小）值，年径流量显著偏小。2007 年从 9 月下旬至 12 月中旬连续干旱，连续无雨日历史最长，最大连续无雨日达 98d，全市平均为 78.3d，绝大多数县（市、区）旱情等级达到特大干旱级别；另从降水量距平分析，10—11 月距平百分比为－96％，也属特大干旱级别。

（3）降水时空分布严重不均匀，即便是年降水量偏多，也会导致干旱的发生，出现较严重旱情。例如 1998 年，年降水量为 1662mm，比正常年偏多 9％，但在 7—8 月仍出现了长时间的高温炎热天气，7—8 月全市平均降水量只有 140mm，比正常年同期少 135mm，偏少 49％，降水之少居历史同期第 2 位，导致较严重的干旱。

（4）时程分布上，大旱年的出现呈规律分布，通过分析可知，1963—2007 年，大旱年平均 8.8 年出现 1 次，最多 15 年，最少 4 年，且最近 3 次间隔年份为 4～5 年，发生频率是否相对稳定有待进一步分析。

（5）干旱程度呈现区域分布规律特点，吉泰盆地区域重于山丘区，从吉安南部到北部，干旱程度呈逐步加重趋势。

（6）用雨量距平法、连续无雨日法评估干旱等级时，由于方法的侧重面不同，应综合考虑，雨量距平法与计算期长度有关，与计算期内的前期降雨关系密切，而连续无雨日则是绝对量，因此作为水浇地主要作物水关键期的评估较合理。由于研究区域的灌区水田比重较大，对于灌区水田旱情的评估，因受水利工程的影响，用上述方法得到的干旱程度可能与现状不一致，因此灌区水田应采用其他方法分析，如缺水率法、断水天数法等。

上游水利工程对水文预报的影响

周 晶

（江西省吉安市水文局，江西吉安 343000）

摘 要：兴修水利工程是一项利国利民的工作，由此，本文对目前水利工程状况和水文预报作一阐述，研究了水利工程对水文产生的影响，并在此基础上提出几点建议以及注意事项，旨在促进水利工程的良性发展，从而更好地为社会造福。

关键词：上游；水利工程；水文预报

目前，水利工程建设日益兴起，怎样合理进行工程规划是水利事业发展的重要方向，合理地进行水利规划，不仅有利于提高水利工程质量，还可以为下游水文环境产生好的影响。水利工程不同于其他工程，开工建设的前期必须对周边的环境以及水文环境有足够的了解，要有清楚详细的规划图，对生态环境有积极影响，满足其发展需求。由此，主要探讨和研究了水利工程和水文预报的关系。

1 概述

自中华人民共和国成立至今，国家为了合理配置水资源修建了一批又一批的大中小型水利工程，以达到兴利除弊的作用，其主要作用一般都是用来发电、供水、除涝、灌溉和防洪等。水利工程的兴建在带来经济效益的同时，也减少了灾害洪涝，方便了农田灌溉。水利工程是一项使用年限长、影响范围广、施工期限长、资金投入多、技术特别复杂规模又特别大的工程。近几年，全球气候变化异常，水资源供不应求，造成矛盾日益激烈，为解决此现象和矛盾，国家更加重视水利工程的作用，并加大了力度投入，对水资源的"三条红线"严格执行，进行跨流域调水，投入大量资金兴建水利工程，加固维修河道，对之前已经修建的水利工程进行维修，实行最严厉的水资源管理制度。

2 水文预报定义

水文预报是一项严谨的工作，是水利工程的建设和投入之后的效益和安全的根本保障。因此，水利工程建设中重要的工作是水文预报工作。洪水预报和枯季径流预报是水文预报的两大组成部分，对于枯季径流预报工作，注重预测中长期径流形势的同时，更要关注短时期内的实施预报，更高效地为水库或者电站运行计划的制定提供可靠依据；而洪水预报和枯季径流预报不一样，工作期间更要关注洪水流量和洪水总量，水利工程的度汛就是靠洪水预报提供依据的。

3 水利工程与水系的关系及其对水文环境的影响

现在，对于国家发展而言，水利工程是利国利民的工程，对水系有效利用的办法是兴建水利工程，这样能起到有效治理水系的作用。我国经济迅猛发展，电力需要不断变大，电力供应缺口不断加大，而水利工程的兴建不仅能治理水系还能为国家提供大量的电力资源。正因为这种优势和效益，水利工程兴建工作在我国建设中越来越重要，利用河流水系兴建水利工程是社会发展的必然趋势。而由于科技的不断进步发展，大家也意识到只有进行合理的水利工程才能产生更大的经济效益。因此，国家开始修建一些水利设施。水利工程就开始大量产生。水利工程的建设离不开水域生态，两者紧密相连，主要包括以下内容。

3.1 水利工程的建设主要依据水域本身的特点

水利工程的建设主要是依据水域本身的结构特点，在原来水域的基础之上对其进行改变，这就说明，水域的本身特点对水利工程的建设有着很深远的影响。

3.2 河流的走向和水域的结构都会受到水利工程的影响

水利工程最根本的方式就是采用加筑堤坝和改变河流走向的方法对水域结构进行改造，不过这种方式都不是自然形成的，会对水域产生影响。

3.3 水域水文条件的改变受水利工程兴建的影响

水文规律、水的边界、水的温度、水的深浅和水流的速度是水域的生态信息。水利工程的建立确实让水域得到了一定的治理，但同时对于原有的水域水文条件也产生了一定的影响。

4 水利工程工作中水文问题的延伸

某一流域或者某一地区中水资源的规划受水文设计成果的影响。同时，也影响到社会的稳定和人民生命财产安全以及工程效益。随着社会的日益发展，水利工程中的水文问题应该得到大家的重视，应该开展相对应的研究工作，这是非常有意义的工作。水利问题主要包括以下三个方面：一是流域面积、河道断面等的改变对水文要素产生的影响；二是农村城镇化的发展必然会伴随着城市水文效应；三是对于比较特殊的水文问题的计算分析以及精确性、可靠性的提升。

5 水利工程工作中水文设计注意事项

设计规划和水利工程施工时，工程需要与实际情况是水文设计工作的依据，因此，水利工程设计施工时必须注意以下事项：一是了解工程性质。防洪是水利工程的基本功能，不一样的工程要思考的问题和内容也不一样。二是了解工程的任务和工程的性质，不一样的工程任务考虑的水文要素也不一样。对水文作针对性的设计必须对工程任务了解，同时还要了解工程的水文要素。目前，具体工程规划和流域规划是我国水利工程建设设计阶段的主要阶段。

6 结语

我国的水利工程在航运、发电、灌溉、防洪等领域有利于人类发展和生存并为之提供良好的条件。目前，世界各国人口迅猛增长，资源几近匮乏，水电供应不求，对水资源的合理利用和充分发挥其作用是目前社会发展的一大主题。不过，在开发利用这些资源的时候，也要思考到水利工程和水文之间的关系。在通过安全了解认识之后，进行全方位的研究分析，并采取相对应的举措，真正做到合理开发水资源，使得水文预报与水利工程相互贯通，从而得到可以依靠的水文相关数据资料，有效指导水利工程建设工作的顺利开展。

梅江流域"2015·5"暴雨洪水调查分析

谢水石　徐伟成

（江西省赣州市水文局，江西赣州　341000）

摘　要： 2015年5月中旬，梅江中下游发生了稀遇暴雨洪水，造成了较大的洪涝灾害。灾后的暴雨洪水调查分析表明，本次洪水梅江控制水文站洪水频率约为50年一遇，琴江中游庙子潭水文站出现约300年一遇的特大暴雨洪水。本文根据这次暴雨洪水调查情况，对"2015·5"暴雨洪水特性进行了分析，以便为该流域防汛减灾、洪水预测预报等提供依据。

关键词： 暴雨洪水；调查分析；梅江流域

1　流域概况

梅江是赣江上游的一级支流，流域面积7121km²，流域位于武夷山余脉，东、西、北三面高，南面较低，以低山、丘陵为主；发源于宁都县肖田乡王陂嶂南麓，干流自北流向西南，流经宁都县肖田、洛口、东山坝、石上、梅江、田头和瑞金市瑞林、于都段屋、贡江9乡（镇），蜿蜒流淌至于都县贡江镇水南村龙舌咀从右岸注入贡水，主河道长240km。较大支流有琳池河、黄陂河、会同河、固厚河、琴江、窑邦河6条。

流域多年平均气温19.3℃，年均降水量1660mm，4—6月占48%，降水量分布自北向南递减；年均水面蒸发量1120mm；年均径流量67.30亿m³，4—6月占50%；多年平均年悬移质输沙量125万t，4—9月占86%，大部分集中在洪水期，有"大水大沙"的特点。

流域建有团结水库［大（2）型］，竹坑、老埠、下栏、上长洲、留金坝中型水库5座，小（1）型水库51座和小（2）型水库184座，总库容4.70亿m³。流域设有石城、宁都、汾坑3个国家基本水文站和庙子潭水库专用水文站，设有山洪自动监测雨量站162个。

流域经济以水稻种植为主，2014年流域人口110多万人，其中农业人口80多万人，耕地面积约4.7万hm²。

流域上游是江西省主要暴雨区之一，暴雨洪水多发生在3—6月，以6月最为集中，洪水峰高量大。汾坑水文站自1957年建站至今，出现较大洪水的年份主要有1962年、1984年、1994年、2015年，洪峰流量分别为4780m³/s、5470m³/s、5720m³/s、5760m³/s。

2 暴雨分析

2.1 暴雨时空分布

2015 年 5 月 18 日 13 时至 21 日 21 时，受高空低槽东移和中低层切变南压共同影响，梅江流域的宁都县、石城县、瑞金市及于都县等地发生罕见暴雨。5 月 18 日 13 时起，流域局部地区开始出现降雨天气，19 时起雨势渐强，22 时全流域出现强降雨，至 19 日 16 时，全流域强降雨过程暂停，本次强降雨过程主要集中在这一时期；20 日 17 时起局部地区再次出现强降雨天气，至 21 日 21 时本次降雨过程基本结束；流域过程平均降雨量达 242mm，暴雨主要集中在 18 日 19 时至 19 日 16 时，期间（21h）流域平均降雨量 182mm，占流域过程平均降雨量的 75.2%。暴雨中心位置在瑞金市瑞林镇，石城县横江镇、大由乡等琴江流域中下游及梅江流域中游一带，暴雨中心区过程平均降雨量达 315mm，暴雨集中期 18 日 19 时至 19 日 16 时 21h 区域平均降雨量 245mm，占过程平均降雨量的 77.8%；瑞金市瑞林镇木子排站最大 1h、3h、6h、12h、24h 实测降雨量分别为 61mm、132mm、202mm、239mm、388mm，过程雨量为 498mm。

本次暴雨是 2015 年梅江流域最大的一次降雨过程，暴雨笼罩了整个梅江流域，过程降雨量由中游分别向上游及下游呈递减趋势，暴雨中心位于梅江中游及琴江下游，以宁都县黄石镇里迳村雨量站过程雨量 504mm 为最大，瑞金市瑞林镇木子排雨量站 498mm 次之。24h 最大降雨量超过 200mm 所笼罩的面积达 4338km²，超过 300mm 所笼罩的面积达 643km²。

2.2 暴雨稀遇程度

此次降雨过程，梅江流域平均过程雨量为 242mm，暴雨中心区流域过程平均降雨量达 315mm，其中过程降雨量超过 500mm 的站点有 1 个，超过 400mm 的站点有 15 个，超过 300mm 的站点有 31 个，期间，最大 1h 降雨量为瑞金市瑞林镇瑞林站 65mm，最大 3h 降雨量为宁都县黄石镇里迳村站 144mm，最大 6h 降雨量为里迳村站 212mm，最大 12h 降雨量为石城县横江镇珠玑站 278mm，最大 24h 降雨量为瑞金市瑞林镇木子排站 388mm。

根据江西省水文局 2010 年 10 月编印的《江西省暴雨洪水查算手册》查算，求得暴雨中心的木子排站等 6h、24h 最大点暴雨重现期为 300 年左右。

2.3 暴雨特征

（1）集中强降雨历时长，降雨量大。2015 年 5 月 18 日 13 时至 21 日 21 时流域过程平均降雨量 242mm，集中强降雨自 18 日 19 时持续至 19 日 16 时，历时 21h，期间流域平均降雨量 182mm，占过程降雨量的 75.2%；暴雨中心区流域过程平均降雨量达 315mm，其暴雨集中期 18 日 19 时至 19 日 16 时 21h 流域平均降雨量 245mm，占流域过程平均降雨量的 77.8%。

（2）特大暴雨笼罩面积大，24h 最大降雨量超过 200mm 所笼罩的面积达 4338km²，超过 300mm 所笼罩的面积达 643km²。

（3）点暴雨强度大，瑞金市瑞林镇木子排站 24h 最大降雨量达 388mm，12h 最大降雨量为 239mm，6h 最大降雨量为 202mm，6h、24h 最大点暴雨重现期为 300 年左右。

3 洪水调查分析

3.1 洪痕调查

洪水过后及时进行了洪痕调查。调查范围主要是宁都水文站及石城水文站以下的梅江流域，共调查了 6 个河段，其中 4 个河段为水文测验河段，实测了洪峰水位；其余 2 个河段为调查河段，其中琴江支流横江旗形墈河段，在控制断面上、下游 100～200m 内各调查洪痕 1 处，2 处洪痕皆较清晰，用全站仪法实测横断面和洪痕高程。琴江樟下河段，在控制断面上游调查洪痕 1 处，下游调查洪痕 2 处，3 处洪痕皆较清晰，用全站仪法实测了 3 个横断面及洪痕高程。

3.2 洪峰流量及其重现期估算

3.2.1 梅江宁都水文站

宁都水文站位于宁都县城关镇东门外，集水面积 2372km²，此次洪水宁都水文站从 5 月 18 日 21 时水位 183.18m 开始起涨，至 5 月 19 日 15 时 24 分出现 185.95m 的洪峰水位，水位涨幅 2.77m，实测洪峰流量 1030m³/s。根据 1951 年建站起 64 年实测流量资料和历史调查资料分析，本次洪峰流量重现期约为 2 年一遇，如图 1 所示。

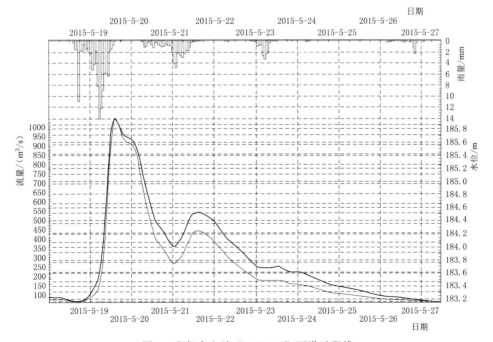

图 1　宁都水文站"2015·5"雨洪过程线

3.2.2 琴江石城水文站

石城水文站位于石城县观下乡河禄坝村，集水面积 656km²，此次洪水石城水文站从 5 月 18 日 19 时水位 221.42m 开始起涨，至 5 月 19 日 12 时 50 分出现 225.01m 的洪峰水位，水位涨幅 3.59m，实测洪峰流量 572m³/s，根据 1976 年建站至今 39 年实测流量资料和历史调查资料分析，本次洪峰流量重现期约为 2 年一遇，如图 2 所示。

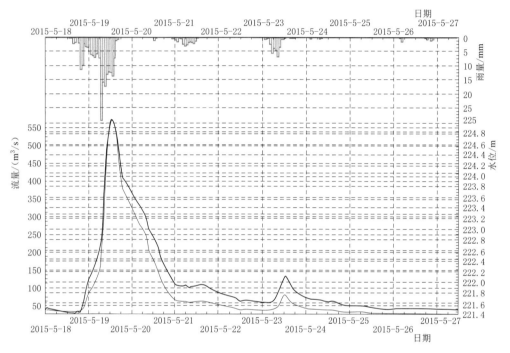

图 2 石城水文站 "2015·5" 雨洪过程线

3.2.3 琴江支流横江旗形墈断面

横江河系梅江二级支流，琴江一级支流，流域面积 220km²。调查断面位于石城县横江镇平阳村旗形墈组，调查断面流域面积 192km²。横江流域也是此次强降雨过程的暴雨中心之一，据实测资料统计，珠玑站 3h 降雨量 121mm，6h 降雨量 170mm，12h 降雨量 258mm，24h 降雨量 370mm。强降雨导致山溪洪水暴涨，5 月 19 日下午出现最高洪水位，水位涨幅约为 4.64m。

根据实测纵横断面和洪水水面比降资料分析，采用曼宁公式推算洪峰流量为 769m³/s。洪峰模数 4.01m³/(s·km²)。采用流域内石城站实测流量资料按流域面积比转换进行分析，重现期约为 30 年一遇。根据江西省水文局 2010 年 10 月编制的《江西省暴雨洪水查算手册》查算，求得的旗形墈断面洪峰流量重现期约为 30 年。

3.2.4 琴江庙子潭水库专用水文站

庙子潭水文站地处琴江中游的石城县大由乡濯龙村，集水面积 1428km²，1994 年建站至今，有连续 22 年流量资料系列。

此次洪水庙子潭水文站从 5 月 18 日 20 时水位 195.20m 开始起涨，至 5 月 19 日 17 时

30 分出现 201.40m 的洪峰水位，水位涨幅 6.20m，根据水位流量关系线高水延长推得庙子滩水文站洪峰流量为 3450m³/s，洪峰模数 2.41m³/(s·km²)。采用流域下游宁都三门滩水库坝址设计洪水（流域面积 1625km²，500 年一遇洪峰流量 3880m³/s，300 年一遇洪峰流量 3620m³/s，200 年一遇洪峰流量 3420m³/s）对比分析，重现期为 300 年左右。

3.2.5 琴江樟下断面

樟下断面位于宁都县黄石镇樟下，调查断面以上流域面积 2102km²，占琴江流域面积（2110km²）的 99.6%，本次洪水樟下断面洪水位涨幅约为 7.2m。

根据实测纵横断面和洪水水面比降资料分析，采用曼宁公式推算洪峰流量 4450m³/s，洪峰模数 2.11m³/(s·km²)。采用流域上游宁都三门滩水库坝址设计洪水对比分析，重现期为 300 年一遇左右。

3.2.6 梅江汾坑水文站

汾坑水文站是梅江控制站，位于于都县银坑镇汾坑村，集水面积 6366km²，此次洪水从 5 月 18 日 20 时水位 126.24m 开始起涨，至 20 日 8 时出现 134.50m 的洪峰水位，水位涨幅 8.26m，实测洪峰流量 5760m³/s，洪峰水位超过有实测记录资料最高水位 0.39m（1994 年最高水位 134.11m），根据本站实测流量资料及调查历史洪水资料分析，本场洪水洪峰流量重现期为 50 年一遇，如图 3 所示。

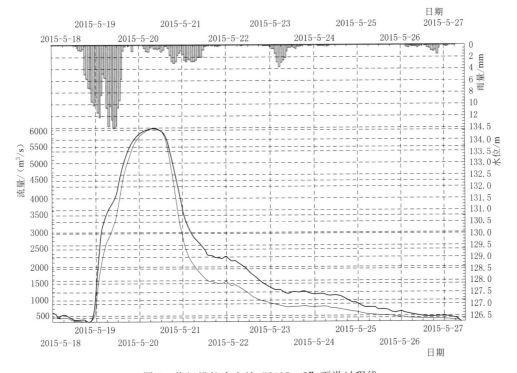

图 3　梅江汾坑水文站"2015·5"雨洪过程线

3.3　洪水分析及评价

2015 年 5 月 18 日 13 时至 21 日 21 时梅江流域稀遇的暴雨引发了严重的山洪、山体滑坡及洪涝灾害。琴江支流横江旗形埧断面洪峰流量 769m³/s，洪峰模数 4.01m³/(s·km²)；琴江庙子潭水文站洪峰流量 3450m³/s，洪峰模数 2.42m³/(s·km²)；琴江樟下断面洪峰流量 4450m³/s，洪峰模数 2.12m³/(s·km²)；梅江汾坑水文站实测洪峰流量 5760m³/s，洪峰模数 0.90m³/(s·km²)，洪峰模数随流域面积增大而减小，符合本次暴雨时空分布特性及洪水演变规律。

本次过程降雨量由梅江中游分别向上游及下游呈递减趋势，暴雨中心位于梅江中游及琴江下游，从洪水重现期分析，暴雨中心区琴江中下游洪水频率约为 300 年一遇；而梅江下游的汾坑水文站因流域面积增大，流域平均降雨量明显减小，洪水频率约为 50 年一遇，也符合本次暴雨时空分布特性及洪水演变规律。因此，认为本次调查洪水成果是较可靠的。

4 结语

梅江流域"2015·5"暴雨洪水具有暴雨历时长、强度大、范围广、洪水峰高量大、水势凶猛、暴雨洪水破坏性强、灾害损失严重等特点，对于分析研究赣南地区暴雨洪水灾害及防治对策提供了实例，其成果将为今后防汛减灾、预测预报及水利规划、设计、施工等提供依据。

参 考 文 献

［1］ 河流流量测验规范：GB 50179—9 ［S］.
［2］ 水文调查规范：SL 196—2015 ［S］.

江西省山洪灾害调查评价工作成果应用浅谈

许　攀[1]　周俊锋[2]　李世勤[2]

(1. 江西省赣州市水文局，江西赣州　341000；

2. 江西省水文局，江西南昌　330002)

摘　要： 本文首先介绍江西省山洪灾害调查评价工作成果应用情况，主要从防汛服务、灾害预警、软件平台成果共享、科研分析、非工程措施结合等领域应用展开介绍。成果的合理应用为今后防汛中各级部门的山洪灾害防治提供了方向，并为充分结合关联非工程措施发布预警提供了有力的技术支撑。

关键词： 山洪灾害调查评价；山洪灾害防治；预警；成果应用

2013—2015 年，江西省开展了山洪灾害调查评价工作，进行了 94 个县（市、区）的山洪灾害防治区重点沿河村落的分析评价，具体分析计算了设计暴雨洪水、现状防洪能力、临界雨量、预警指标、绘制了危险区图。通过山洪灾害调查评价工作，对全省的山洪灾害情况有更详细的了解和掌握，基本摸清了防治区和危险区的分布，较为合理地分析了重点防治区内沿河村落的预警指标，对于江西省防汛山洪灾害预警预报工作提供了强有力的指导。调查评价成果在全省各地近期的防汛服务工作中得到广泛应用，为保护人民生命财产安全和人员及时转移提供了有力的支撑，防灾减灾效果明显。同时江西省防办与河海大学等高校科研院所合作运用成果，开展不同区域山洪灾害特点分析、不同地貌地区小流域洪水模拟及洪水规律成因分析、暴雨临界雨量分析，为全省防汛工作提供更全面的调查数据和科研理论支持。但是目前使用效率和频率都值得我们深思，下文就从实际运用方面介绍成果的防汛决策作用和不足之处，并就成果需要补充完善和广泛利用方面提出几点建议。

1 防汛服务

1.1 防汛部门运用

在江西省防总的要求和督促下，调查评价成果在全省各地近年的防汛抗旱工作中得到广泛应用，为保护人民生命财产安全和人员及时转移提供了有力的支撑，防灾减灾效果明显。

各级防汛部门充分利用山洪灾害调查成果，结合当地实际情况，不断创新拓宽水情服务领域，为地方山洪灾害防御提供更加科学精细的技术支撑。以信丰县为例：根据水文部门（信丰县山洪灾害调查评价承担单位）提出"根据目前降雨情况，建议古陂镇镇新屋村和余村，大阿镇大阿村、金星村和禾秋村要赶紧转移"的建议，信丰县防汛指挥部门立即采取措施，紧急转移人口，使得该县在接连遭受暴雨洪水袭击倒塌房屋 102 间的情况下，成功转移人口 829 人，其中，古陂镇 260 人、大阿镇 240 人，转移人口最多，全县无一人伤亡。

信丰水文根据山洪调查分析成果，协助指导防汛抢险工作，让水情信息与具体受灾地点相结合，使得预警信息更加精准，操作性更强，取得了两次抗洪胜利的佳绩。洪水过后发现倒塌房屋多在建议搬迁区域内。为此，当地政府对信丰水文在此次抗洪抢险中的表现给予高度肯定。

1.2 公众发布

根据水利部、中国气象局公众发布山洪灾害气象预警的有关精神，为切实做好江西省中小河流洪水、山洪灾害防御工作，及时发布灾害预警信息，江西省水文局和江西省气象台经充分协商，由江西省气象台负责提供未来 24h 精细化降水预报格点产品，江西省水文局根据山洪灾害调查重点防治区及相应预警水位或雨量等成果，并运用相关方法或水文模型制作未来 24h 中小河流洪水、山洪灾害气象预警产品，由双方在各自网站对外发布。

通过前期山洪灾害调查评价成果中易受洪水危险的区域以及气象预报综合分析，江西省水文局和江西省气象台联合于 2016 年 7 月 9 日 20 时发布江西省中小河流洪水及山洪灾害气象预警：鹰潭市西部局地可能发生中小河流洪水及山洪灾害（Ⅳ级），赣州市东北部、抚州市中部和西南部等地部分地区发生中小河流洪水及山洪灾害（Ⅱ级）可能性大，其中赣州市东北部、抚州市中部局地发生中小河流洪水及山洪灾害（Ⅰ级）可能性很大；请上述地区注意做好短历时强降雨引发的中小河流洪水及山洪灾害防范工作。预报成果充分告知当地政府，为当地做好防汛决策、及时组织人员转移提供了充分的时间。

1.3 结合非工程措施利用

2010—2015 年，江西省建设完成全省 94 个县（市、区）的山洪灾害监测预警平台，以及省级和 11 个地市的山洪灾害监测预警信息管理系统，实现防汛抗旱指挥系统网络互联互通和监测预警信息的实时共享，构建山洪灾害防治技术体系。山洪灾害非工程措施建设自动雨量站 831 个、自动水位站 853 个，乡村末端预警广播Ⅱ型主站 3789 个、从站 23616 个，图像监测站 196 个、视频监测站 58 个；建设完成手摇警报器 27366 个，铜锣、鼓、号、口哨等简易预警设备 67027 台（套），手持喊话器 50642 个，编制完善县级山洪灾害防治预案 94 个、乡镇预案 1330 个、村级预案 10765 个，建设任务基本覆盖江西省山洪灾害威胁区域，为保障人民生命财产安全发挥了重要作用。其中已建非工程措施项目累计发布转移预警短信 500 多万条，启动预警广播 6783 次，转移人员 101.54 万人次，避免人员伤亡几万人次。但是目前调查发现，山洪灾害调查评价成果目前仍存在不够完善的情况，与非工程措施的衔接配合工作仍未有效开展，充分发挥成果与非工程措施的联动，才能有效地使用成果。

2 软件平台共享

调查评价数据量较大，运用难度高，为落实数据成果运用，江西省山洪灾害防治项目办组织软件商定制开发省市县数据各级共享及管理软件系统，为山洪灾害调查评价数据后期运用搭建了共享平台，展示山洪灾害调查评价的调查数据、评价数据、水文气象、非工程措施情况等信息为防汛决策服务。江西省山洪灾害调查评价省市县数据各级共享及管理软件已通过专家技术审查。但是目前软件平台未得到有效运用，数据未能很好地应用于系统决策，后期需要组织相关培训，并督促相关各方尽快完善数据导入。

3 科研分析

河海大学 2015 年与江西省防汛办在江西省合作开展"不同区域山洪灾害特点分析、不同地貌地区小流域洪水模拟及洪水规律成因分析、暴雨临界雨量分析"项目。河海大学结合江西省有关各县调查评价相关成果，开展项目研究和分析工作。共收集江西省铅山县等 28 个区县（市）的山洪灾害外业调查数据（包括现场调查业务表格数据、现场调查空间数据图层和现场调查多媒体数据）作为项目分析基础资料，为合作项目的有序开展提供了支持。反之，通过不同区域山洪灾害特点分析、不同地貌地区小流域洪水模拟及洪水规律成因分析、暴雨临界雨量分析三项研究分析，得出有关技术成果为江西山洪灾害调查评价工作提供有力技术支撑，起到较好的指导和促进作用。

4 方法建议

（1）加强成果运用。加强山洪灾害调查评价成果共享软件的运用，将调查评价成果嵌入共享平台。平台数据的完善才能确保调查评价成果合理运用到实际防汛中。开展共享软件平台的培训，要求软件商组织相关技术培训和后续软件升级服务工作。省级部门制定办法，要求充分结合非工程措施发布预警，充分调动非工程措施的使用频次，加强衔接，既可保障非工程的利用效率和运行管理，又可充分了解成果的价值。

（2）开展检验率定复核。为确保分析评价数据的准备性、可靠性和实用性，需要后期开展检验率定复核。对调查成果要进行资料收集的检查复核，尤其是危险区的数量及其区域内的自然村人口数量；对评价成果中使用的经验公式和瞬时单位线参数进行合理性分析，并主要完成水位流量关系检验复核、预警雨量检验复核、危险区范围的检验复核等内容。检验复核过程中，充分利用水文模型进行雨洪重现，讨论适用当地的预警雨量制定方法。得出相关检验复核率定成果报告后，及时严格对前期调查评价成果进行充分完善、校正，方便防汛各级的决策使用。

（3）总结经验方法。省级防汛部门总结提炼有关山洪灾害调查评价成果的运用经验，编制调查评价成果运用手册，分发至市县乡各级防汛部门，层层传导；及时组织开展全省的运用成果经验讲座，让市县乡防汛部门尽快能熟悉使用成果。汛前后定期组织调查评价单位开展调查评价成果讲堂或者举办山洪灾害调查评价成果学习培训班，加强成果学习使用。

山洪灾害防治工作任重而道远，是防汛部门要走的长征路。只有不忘初心，继续前进，发扬新时代的长征精神，把各项成果有序深入地运用在防汛决策工作，防汛人才能走好新时代的防汛长征路。

参 考 文 献

［1］ 全国山洪灾害防治项目组. 山洪灾害调查技术要求［R］，2014.
［2］ 全国山洪灾害防治项目组. 山洪灾害分析评价技术要求［R］，2014.
［3］ 全国山洪灾害防治项目组. 山洪灾害分析评价方法指南［R］，2015.
［4］ 刘昌军，郭良，岳冲. 无人机航测技术在山洪灾害调查评价中的应用［J］. 中国防汛抗旱，2014（3）：3 - 7.
［5］ 董林垚，刘纪根，张平仓，等. 山洪灾害调查评价过程实践问题刍议［J］. 中国水利，2015（13）：26 - 28.
［6］ 黄先龙，褚明华，石劲松. 我国山洪灾害调查评价工作浅析［J］. 中国水利，2015（9）：17 - 18.

山洪预警预报技术研究与应用

高 云[1] 李庆林[2]

(1. 江西省赣州市水文局，江西赣州 341000；

2. 江西省石城水文站，江西赣州 342700)

摘 要：人类的生活和生产活动对于气候的影响较大，一些比较极端的天气事件近年来日渐增多，山洪灾害在我国一些地区频发，不仅损失较为严重，而且会影响正常的生产和生活秩序。通过技术手段监测并对山洪灾害进行预警预报，可以更好地促进山洪灾害预防能力的提升，推动山区相关建设，稳定人们的生产和生活。本文重点对山洪特性特别是预警预报技术的特点进行了分析，介绍了现阶段国内外在这一领域的主流技术方法，并对我国相关工作的开展现状和相关技术的应用进行了探讨。

关键词：山洪监测；预报技术；研究应用

1 概述

本文所指山洪灾害主要是山丘区由于降雨以及融雪等情况引发的洪水还有泥石流或者滑坡等灾害。我国由于所处季风区以及山区地形地貌还有人民群众生产生活等方面的原因，山洪灾害较多，经济损失和人员伤亡较为严重，对于山区环境和正常的生产生活秩序影响较大。山洪灾害由于其成因以及偶发性等特点，较难实现根治，加强相关的监测和预警预报工作不仅可以降低经济损失和较少人员伤亡，而且可以更好地研究山洪灾害的相关规律寻求较好的防治方法，是现阶段最为有效和可行的方法。

2 相关技术研究现状

山洪灾害具有偶发性等特点，较难防治，一旦发生，相关损失又较为严重，世界范围内都较为关注，相关研究开展较多，其他国家也在致力于研发和应用较为有效的山洪监测预警预报方面相关的系统和相关管理方法，以达到减少灾害的目的。现阶段国内外相关的技术主要是通过对山洪具体的危险性加以预测和判别，通过判断威胁程度，对山洪易发区以及相关的危险等级进行区分，利用先进的监测以及预报技术对山洪发生时间以及相关的危害程度进行预警预报。

2.1　对于危险性的相关预测和判别

对于山洪灾害而言，其危险性相关的预测判别技术即在调查既往山洪灾害发生的基础上，结合气候、水文等所有相关因素，对山洪灾害相关的类型以及程度和影响范围等情况进行分析，并结合相关情况对危险区进行划定，可以更好地为政府和人民群众提供相关参考，起到预警作用。

现阶段我国主要依据山洪相关的特点，充分利用临界雨量系数相关要素判别因降雨可能诱发山洪的实际易发程度主要指标对山洪易发区进行划分。通常而言临界降雨系数就是时段暴雨均值和同时段相关临界雨量之间的比例系数。结合全国相关临界雨量的实际分布图以及历年来最大6h点的雨量均值等情况绘制相关的值线图，对临界降雨系数进行综合分析和测算并对国内山洪灾害相关的易发区实际等级进行确定，高易发区为相关临界降雨系数大于1.2的地区，系数在1.0～1.2为中易发区，若系数小于1.0则为低易发区。历史上有大量因暴雨诱发较为严重山洪灾害的相关区域要依据实际降雨范围划定相关的高易发降雨区域，并根据相关的结果对我国相关地区因降雨易诱发相关山洪灾害的程度绘制分布图，结合山洪灾害相关的降雨以及地形地质还有经济社会因素将易受山洪灾害影响的地区划分为重点防治区以及一般防治区，以便于根据情况重点进行防治。

2.2　相关预警预报技术

对于山洪实时预报工作而言，水文气象以及径流模型等条件和方法是进行相关预报的重要依据。流速快以及预见期短特别是资料短缺等相关特点是山洪灾害发生时特有的特点，决定了山洪预报工作其突出的特殊性。现阶段国内外在山洪的预警预报工作中较为常用的三种方法是：①山洪临界雨量法；②山洪预报模型与方法；③经验预报法。

2.2.1　山洪临界雨量法

这一方法通常主要依据过去一段时间内山洪发生的相关降雨情况进行分析，并实际结合相关的形成条件，利用回归以及统计还有水文模型等相关方法，对山洪临界雨量加以确定。对山洪实际发生可能性的判断主要结合天气预报还有实际降水相关情况综合分析，依照临界雨量或通过预报模型等方式进行确定。

降雨总量以及降雨强度还有流域土壤实际饱和程度等实际因素都会直接影响到山洪流量的大小。在土壤比较干的情况下，降水大量下渗，相应的地表径流就小；若土壤比较湿润，水分下渗量小，相应的地表径流就比较大。对山洪临界雨量相关指标进行确定时，要充分考虑山洪相关防治区内中小流域实际土壤的实际饱和情况。

2.2.2　山洪预报模型与方法

根据水位、流量等山洪预报工作不同要素还有流域资料情况，根据情况的不同具体选用相应的山洪预报模型以及相关方法。主要的模型和相关方法有降雨径流预报方法、流域水文模型、统计回归模型、人工神经网络模型等。

2.2.3　经验预报法

若检测的河流上游以及下游都有水位或者水文站，通过相关历史水位还有流量资料来进一步建立相应的上游水位以及流量还有下游水位以及流量的关联关系。若该流域有相关的水文历史资料则可根据历史上本地区相关中小流域在相应的特大暴雨条件下的实际情况进行整理与应用，以本流域观测资料为依据建立起相关的降雨总量与洪峰对应的预警预报方案。

3 山洪预警预报模型与方法选择

3.1 选择原则

对于山洪相关预警预报模型及其方法的选择要考虑如下方面：①流域具体特性；②预报方面的要素；③预报相关的时效以及精度要求；④相关历史资料；⑤在实际作业预报时可以实际得到的实时资料。"实用可靠、技术先进"是选用的具体原则。

3.2 选择步骤

预报模型和方法的选用是山洪预报方案编制的核心内容，应在对预报流域收集的资料认真分析论证的基础上，根据流域汇流平均时间选择适用的预报模型或方法。

3.2.1 相关资料的收集工作

该项工作主要包括相关基础资料收集以及查勘、调研、整理、分析等相关内容。依照资料收集以及相关的查勘调研方面的具体情况，对典型暴雨洪水场次方面的相关资料对流域降雨径流关系以及产汇流等方面的特征参数进行分析。

3.2.2 汇流时间确定

相关的推求方法可参照《水利水电工程设计洪水计算手册》等资料。若条件允许，可利用分布式水文模型进行相关的分析计算获得暴雨山洪实际的响应时间，作为实际预警时间。集水面积比较小的流域，对应的预警响应时间较短，采用水文模型预报，没有足够的时间可供预警以及开展避险转移工作，预警就会失去应用价值。

3.2.3 预报模型和方法选取

若实际汇流时间小于1h的流域，临界雨量预警方法比较实用；若汇流实际时间大于1h，有5年以上相关雨量和流量等历史观测资料的流域，适宜选用降雨径流图法或是相关的经验单位线法等模型及方法；若汇流时间大于1h，具备雨量和水位观测资料，但缺乏流量资料、水位流量关系相关曲线不能很好地建立起来的流域，适宜应用神经网络模型以及多元回归统计模型等相关模型来对雨量以及水位关系分析建立起来，可以直接对水位情况进行预报。若相关条件利于建立水位流量关系曲线的相关流域，能够查得相关流量，适宜应用降雨径流相关图法以及经验单位线法等相关的模型或方法。

若有小（1）型以上类型水库的流域，水库调蓄影响应该充分予以考虑，增加相应的水库出库、入库流量预报节点或建立入库洪水相应的预报以及水库相关的调度模块。缺少资料或无资料流域，可综合本流域特点以及其他流域相关水文模型参数来进行预报模型方案的建立，待资料积累完善后对相关参数重新率定或者建立、修正新预报方案。

3.3 参数确定

过程参数以及相关地理参数是山洪预报模型与方法两大基本类型参数。参数相关的率定方法也有人工试错法以及自动优选法。资料欠缺或无观测数据的流域，可利用水文比拟法对相关观测资料开展延展分析工作，资料逐步完善后再对相关方案进行修订。

参 考 文 献

[1] 国家防汛抗旱总指挥部，中华人民共和国水利水利部. 中国水旱灾害公报 2010 [R]，2011.

[2] 周金星，王礼先，谢宝元，等. 山洪泥石流灾害预报预警技术述评 [J]. 山地学报，2001，19 (6)：527 - 532.

[3] 李中平，张明波. 全国山洪灾害防治规划降雨区划研究 [J]. 水资源研究，2005，26 (2)：32 - 34.

[4] 梁家志，刘志雨. 中小河流山洪监测与预警预测技术研究 [M]. 北京：科学出版社，2010.

[5] 郭良，唐学哲，孔凡哲. 基于分布式水文模型的山洪灾害预警预报系统研究及其应用 [J]. 中国水利，2007 (14)：23 - 41.

章江流域"2009·7"山溪暴雨洪水特性分析

徐珊珊 徐伟成

（江西省赣州市水文局，江西赣州 341000）

摘 要：2009 年 7 月，受高空低槽和切边线影响，江西章江流域发生了罕见山溪暴雨洪水，造成重大洪涝灾害，本文通过对本次暴雨洪水特性进行分析，掌握章江流域山溪暴雨洪水特性，提高洪水预报精度，为该流域山洪灾害防治、预测预报等提供依据。

关键词：暴雨洪水；特性分析；章江；江西

山溪暴雨洪水普遍具有汇流快、峰值高、破坏性强、极易诱发山地灾害、灾后恢复困难等特点。2009 年 7 月 3 日，江西章江上游出现罕见山溪暴雨洪水，崇义县聂都乡、铅厂镇一带山洪暴发，章江源头洪水泛滥成灾，沿河聂都圩镇受淹、大余县城沿河主要街道受淹，城区受淹面积约 $4km^2$，淹没水深 $1\sim2m$，冲毁部分水利、交通、通信设施，河岸、河床冲刷严重，商铺大量商品物资受淹，造成经济损失超过 5000 万元，并出现人员伤亡。此次暴雨洪水造成了较大灾害损失，引起了政府的高度重视。

1 流域概况

章江是赣江上游主要支流，地处赣州市西南部，流域涉及湖南省汝城、桂东和江西省崇义、大余、上犹、南康、章贡区 7 县（市、区）境内，流域面积 $7700km^2$。流域状似菱形，流域四周大庾岭、诸广山及罗霄山余脉逶迤延伸，形成四周高中间低、西部高东部低的地形地貌，山峰海拔多在 $1000\sim2000m$，最高峰为崇义县齐云山鼎锅寨海拔 $2061m$。章江发源于大庾岭北麓的崇义县聂都乡夹州村竹洞坳，干流流经崇义、上犹、南康、章贡区 4 县（市、区），在章贡区八境台从左岸汇入赣江，主河道长 235km。主要支流有浮江河、赤土河、朱坊河、上犹江等。

章江流域属亚热带季风气候区，多年平均气温 18.7℃，多年平均降水量 1575mm，多年平均径流深 823mm；流域暴雨洪水多发，3—6 月多为锋面雨，洪水往往峰高量大；7—9 月出现台风雨，洪水一般涨落较急剧；平均 3 年左右发生一次流域性较大洪水，局部山洪时有发生。

章江流域社会经济地位重要，2011 年流域人口约 182 万人，耕地面积约 5.4 万 hm^2，地区生产总值超过 120 亿元。

章江上游建有龙潭、上犹江、油罗口 3 座大型水库，3 座大型水库控制流域面积 3457km²，总库容 10.53 亿 m³，水库对其下游洪水和径流有一定的调节作用。

2 暴雨特性分析

2.1 暴雨成因与路径

2009 年 7 月 1 日开始，高空低槽和中低层切变线从赣州市东北部逐渐移至西南部，受低槽东移和切变线南下共同影响，7 月 3 日凌晨开始，章江中上游崇义县、大余县及南康区境内普降暴雨，局部特大暴雨，3 日 16 时左右雨势开始减弱，4 日凌晨降雨基本结束。崇义县聂都站 24h 最大点暴雨量 528mm，创赣州市实测暴雨最大值新纪录，罕见暴雨引发崇义县聂都乡、铅厂镇一带山洪暴发、大余县城部分受淹，发生了极为严重的山洪、山体滑坡及洪涝灾害。

2.2 暴雨时空分布

章江中上游设有聂都、沙村、大余等 84 个雨量观测站，平均站网密度约 1 站/25km²，雨量站布设特点为上游站网密度大于中游，上游的人口稠密区站网密度较大。暴雨中心的聂都雨量站实测最大，1h、3h、6h、12h、24h 降雨量分别为 82.5mm、204.0mm、345.5mm、404.0mm、528.0mm。这次雨量分布较集中，雨强变化较大，3h 降雨量占 24h 降水量的比例达 38.6%，1h 最大雨强是 24h 平均雨强的 3.75 倍，详见表 1。

表 1　　　　　　　　　　暴雨中心（聂都站）24h 降雨时程变化特性表

暴雨时间	项目	时　段				
		1h	3h	6h	12h	24h
2009 年 7 月	降雨量/mm	82.5	204.0	345.5	404.0	528.0
	占比/%	15.6	38.6	65.4	76.5	100
	雨强/(mm/h)	82.5	68.0	57.6	33.7	22.0

本次暴雨从 7 月 3 日凌晨开始，4 日凌晨降雨基本结束，主降雨历时 24h，流域平均降雨量 208.3mm。其中雨量大于 200mm、250mm、300mm、350mm、400mm、450mm 的笼罩面积分别为 2133km²、1944km²、1064km²、513km²、227km²、82km²，暴雨中心带位于章江上游的聂都乡至铅厂镇一线，聂都乡为本次暴雨中心，7 月 1—4 日过程降雨量 548mm。本次暴雨空间分布不均匀，降雨量梯度较大，暴雨中心降雨量是流域平均降雨量的 2.19 倍，详见图 1。

2.3 暴雨主要特性

（1）降雨集中、强度高、雨量大。"2009·7"暴雨中心聂都站过程降雨量为 548mm，3h、6h、12h、24h 最大降雨量分别占过程降雨量的 37.2%、63.0%、73.7%、96.4%，3h 平均雨强 68.0mm/h。雨量之大、降雨之集中、强度之高实属罕见。

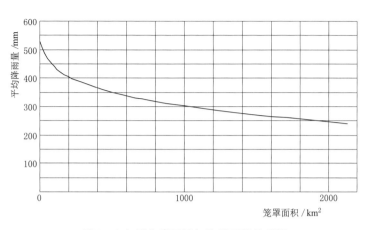

图1 24h平均降雨量与笼罩面积关系图

（2）暴雨分布极不均匀，空间变化大。"2009·7"暴雨24h流域平均降雨量为240.6mm，单站最小150mm（南康站），单站最大528mm（聂都站），暴雨中心降雨量528mm，是流域平均降雨量的2.19倍。

（3）暴雨中心位于流域上游，地形对暴雨的影响明显。章江流域四周山脉逶迤延伸，形成四周高中间低、西部高东部低的地形地貌，地形对暖湿气流的抬升和阻滞作用，增大了流域上游暴雨量。

3 洪水特性分析

3.1 洪水过程

2009年7月3日1：00左右章江上游开始降暴雨，随后山溪水位迅猛上涨，6～10h自上游至下游陆续出现洪峰，之后随着降雨减少，洪水逐渐消退，3日20：00左右章江上游洪水基本结束。章江聂都断面集水面积60.5km^2，3日1：30水位起涨，3日7：00出现洪峰，水位涨幅约4m，调查推算洪峰流量772m^3/s，洪峰模数12.8m^3/（s·km^2）。章江上游调查断面洪水分析成果见表2。

表2 　　　　　　　　　"2009·7"暴雨调查断面洪水分析成果表

断面名称	流域面积/km^2	起涨时间	峰现时间	水位涨幅/m	洪峰流量/(m^3/s)	洪峰模数/[m^3/(s·km^3)]	备注
聂都	60.5	3日1：30	3日7：00	4.00	772	12.80	
沙村	199	2日23：00	3日9：30	5.93	1390	6.98	
浮江	175	3日1：30	3日9：25	4.63	1065	6.07	章江支流
油罗口	557	3日2：00	3日10：30	4.21	1340	2.41	出库720m^3/s
牡丹亭	825	3日2：00	3日11：00	6.00	1510	1.83	受水库影响
牡丹亭	825	3日2：00	3日11：00	7.35	1900	2.30	天然状况下

3.2 洪水主要特性

（1）洪水来势凶猛。2009 年 7 月 3 日 1：30 章江上游始降暴雨，3 日 7 时聂都断面出现洪峰，涨水历时仅 5.5h，洪水具有突发性特征。

（2）洪峰模数大。聂都断面调查洪峰流量 772m³/s，洪峰模数 12.8m³/(s·km²)，实属罕见特大山洪；洪峰模数上游大于下游，且衰减较快。

（3）水急浪高。洪峰时聂都断面平均流速达 4.34m/s，洪峰时水面比降达 12.2‰。现场调查章江上游聂都乡沿岸，山溪河床内杂草树木全被洪水冲刷，整个河床泥土裸露。洪流对河床和两岸造成了十分严重的冲刷，极具摧毁力。

（4）洪水陡涨急落。聂都断面涨水历时仅 5h 左右，退水历时仅 6h 左右，涨水、退水历时与流域面积大小成正比；3～6h 以内暴雨是二次山洪的成峰雨量，是导致山洪灾害的主因。

4 结语

江西省赣州市地处亚热带湿润季风气候区，地形起伏，崇山峻岭，特殊的地理与气候条件以及降水时空分布不均匀，极易形成局部强降雨，导致山溪暴雨洪水频发。

山丘区因山高坡陡，溪流密集，降雨迅速转化为径流，汇流快、流速大，降雨后几小时即洪水泛滥成灾，灾害损失严重。通过对章江流域"2009·7"山溪暴雨洪水特性的分析，提高了对章江流域山溪洪水的暴雨特性和洪水特性的认识，为进一步探索山溪暴雨洪水预测预警技术提供了依据。

参 考 文 献

[1] 刘光文. 水文分析与计算 [M]. 北京：水利电力出版社，1992.
[2] 水文调查规范：SL 196—1997 [S].
[3] 比降面积法测流规范：SD 174—1986 [S].
[4] 水利部水文司. 水文调查指南 [M]. 北京：水利电力出版社，1991.

章江中下游河道安全泄量分析

孔德栏[1]　徐珊珊[2]　徐伟成[2]

(1. 江西省崇义县水利局，江西赣州　341300；

2. 江西省赣州市水文局，江西赣州　341000)

摘　要： 本文根据历史洪水调查和河道勘测资料，分析代表性河段的安全水位，推求各河段的河道安全下泄流量，为上游水库科学合理进行洪水调度提供基础资料，为流域防洪减灾决策提供重要依据。

关键词： 章江；河道；安全泄量

章江暴雨洪水多发，中下游沿岸地势较低，堤防少且防洪标准低，洪涝灾害是影响流域社会经济发展的心腹之患。河道安全泄量是对上游水库科学合理进行洪水调度不可缺少的基础资料，是流域防洪减灾决策的重要依据。

1 流域概况

章江是赣江上游主要支流，流经崇义、大余、南康、章贡 4 县（市、区）境内，主河道长 235km；流域面积 7700km²，流域以低山和丘陵为主，植被较好。主支上犹江由西向东流经湖南汝城和江西崇义、上犹、南康 4 县（市），在南康区三江口从左岸汇入章江，集水面积 4578km²，河道长 193km。

章江流域社会经济地位重要。2010 年流域有人口约 180 万人，耕地面积约 5.385 万 hm²，地区生产总值超 100 亿元。

章江上游建有龙潭、上犹江、油罗口 3 座大型水库，3 座大型水库控制流域面积 3457km²，总库容 10.53 亿 m³，水库对其下游洪水和径流有一定的调节作用。

流域洪灾多发，平均 3 年左右发生一次流域性较大洪水，局部性山洪时有发生。1961 年 6 月大水，坝上水文站实测最大流量 5060m³/s，沿岸受淹农田面积 2 万 hm²，受灾人口 50 多万人，死亡 30 余人，毁坏大量房屋和水利交通等设施，境内通县公路交通中断。2002 年 10 月大洪水，坝上水文实测最大流量 4200m³/s，仅南康区、章贡区就有 14 个乡（镇）、0.60 万 hm² 耕地、16.24 万人口受淹，洪灾损失达 3.88 亿元。

2 代表性河段选择

2.1 河段选择原则

根据历年洪灾调查资料，对章江及其主支上犹江安全泄量起控制作用的在其中下游区。河道安全泄量代表性河段选择的原则如下：

（1）靠近重点防洪对象。流域重点防洪对象主要有县（市、区）、街道乡镇、集中居民区、交通干道、耕地连片的平原区等。

（2）历年洪灾较频繁，灾情较重。即河岸高程较低、受淹次数较多、淹没水深较大、洪灾损失较大、影响面较广的河段。

（3）基本满足流量推算的有关技术要求，利于由河段安全水位推算河道安全泄量。技术要求：河段基本顺直，断面较稳定，近岸边水流通畅，无明显的回流区和阻水建筑物；河段内无卡口、急滩、较大的深潭，水面线无明显的转折点。河槽内无较高且密集的水生植物，岸坡无影响水流畅通的成片树林和季节性的高秆作物；比降上、下断面，应避开邻近河段的急弯和支流来水干扰，以及河洲分流所引起的断面上出现流向分汊或斜流等现象。

按照上述原则，经实地查勘、综合分析，选择了章江窑下坝水文站河段、镜坝乡鹅岭河段、三江乡董屋村河段；上犹江田头水文站河段、唐江镇平头坝村河段，凤岗镇朱家屋村河段；章江凤岗镇朱屋棚下村河段、坝上水文站河段等 8 个河段进行河道安全泄量分析，各代表性河段情况见表 1。

表 1　　　　　　　　　　代表性河段基本情况表

序号	河名	地名	集水面积/km²	河段顺直长/m	河床组成	断面情况
1	章江	窑下坝水文站	1935	500	卵石夹沙	宽浅，冲淤交错，呈渐冲趋势
2	章江	镜坝乡鹅岭村	2536	800	卵石夹沙	宽浅，岸线稳定
3	章江	三江乡董屋村	2824	1200	粗细沙	宽浅，岸线稳定
4	上犹江	田头水文站	3209	700	粗细沙	宽浅，冲淤交错，呈渐冲趋势
5	上犹江	唐江镇平头坝村	4437	1000	粗细沙	宽浅，岸线稳定
6	上犹江	凤岗镇朱家屋村	4578	1000	粗细沙	宽浅，岸线稳定
7	章江	凤岗镇朱屋棚下村	7402	1000	粗细沙	宽浅，岸线稳定
8	章江	坝上水文站	7657	800	粗细沙	宽浅，冲淤交错，呈渐冲趋势

2.2 断面布设和测量

各代表性河段布设了比降上、中、下断面，推流断面与比降中断面重合，且基本垂直流向。比降上下断面允许最小间距按公式（1）计算：

$$L = 2[S_m^2 + (S_m^4 + 2\Delta Z^2 X_s^2 S_g^2)^{1/2}]/\Delta Z^2 X_s^2 \tag{1}$$

式中：L 为比降断面间距，km；S_g 为水尺水位观读的标准差，取 5mm；S_m 为水准测量 1km 线路上的标准差，四等水准为 10mm；X_s 为比降观测允许的综合不确定度（15%）；ΔZ 为河道长 1km 的落差，mm，一般取中水位的落差。

断面起点距采用全站仪测量，高程用四等水准施测，水深用测深杆测量，同时用流速仪积点法测流，各断面情况见表 2。

安全水位处在断面测量时水位与 2002 年大洪水洪峰水位（调查）之间，计算河段安全泄量的水面比降由断面测量时的水面比降与 2002 年大洪水水面比降（调查），结合实地勘查综合分析确定，采用断面间距大于允许最小间距，满足《比降-面积法测流规范》（SD 174—1986）要求。代表性河段断面测量情况见表 2。

表 2　　　　　　　　　　代表性河段断面测量情况表

序号	代表性河段名称	断面名称	测时水位/m	断面测量时水面比降/‰	2002年大洪水水面比降/‰	采用水面比降/‰	采用断面间距/m	允许最小间距/m
1	镜坝乡鹅岭村	上	109.10	0.196	0.230	0.22	730	650
		中	109.03					
		下	108.96					
2	三江乡董屋村	上	105.84	0.187	0.111	0.15	1181	1140
		中	105.72					
		下	105.62					
3	唐江镇平头坝村	上	107.12	0.303	0.315	0.31	651	410
		中	107.02					
		下	106.92					
4	凤岗镇朱家屋村	上	105.46	0.336	0.195	0.22	709	650
		中	105.33					
		下	105.22					
5	凤岗镇朱屋棚下村	上	105.12	0.318	0.304	0.31	733	410
		中	104.98					
		下	104.89					

注　采用水面比降为相应河段安全水位时的水面比降。

3　河道安全泄量分析

3.1　河段安全水位

河段安全水位是指洪水时河段不成灾的水位上限。城镇河段一般以不淹主要街道或重要建筑物地面高程为安全水位，村落河段一般以不淹较大面积的民房地面高程为安全水位，连片农田河段一般以不淹较大面积的农田地面高程为安全水位。

3.2 河段糙率分析

根据调查河段的河床组成，断面形状等特性分析，与流域内的坝上水文站具有较好的相似性，因此，分析了坝上站的水位糙率关系。糙率计算公式为

$$n = [AR^{2/3}(\Delta Z/L)^{1/2}]/Q_c \tag{2}$$

式中：Q_c 为流量，m³/s；A 为断面面积，m²；ΔZ 为比降上、下断面水位差，m；L 为比降上、下断面间距，m；R 为水力半径，m。

根据最近的实测流量糙率资料分析，坝上站水位糙率关系相对较好，中高水位的糙率在 0.031 左右。

3.3 河道安全泄量计算

根据调查河段安全水位，坝上、田头、窑下坝水文站查用近年水位流量关系确定河道安全泄量，其余河段采用比降面积法推算河道安全泄量：

$$Q_s = KS^{1/2}/[1-(1-\xi)\alpha K^2(1/A_u^2-1/A_L^2)^{1/2}/2gL_s] \tag{3}$$

$$K = (A_u R_u^{2/3} + 2A_m R_m^{2/3} + A_L R_L^{2/3})/4n \tag{4}$$

式中：Q_s 为安全泄量，m³/s；A_u，A_m，A_L 为上、中、下水道断面面积，m²；g 为重力加速度，m/s²；L_s 为上下断面间距，m；S 为水面比降；ξ 为局部阻力系数；α 为动能校正系数；K 为河段平均输水率；R_u，R_m，R_L 为上、中、下断面的水力半径。

河段糙率根据相似河段坝上站糙率分析成果、各河段实测低水流量相应糙率及《水文调查指南》综合分析确定，水面比降取断面测量时水面比降与 2002 年 10 月大洪水水面比降（调查）的均值，求得各河段安全泄量成果见表 3。

表 3　　　　　河道安全泄量成果表

序号	河段名称	集水面积/km²	安全水位/m	水面比降/‰	糙率	安全泄量/(m³/s)
1	窑下坝水文站	1935	121.42			884
2	镜坝乡鹅岭村	2536	112.50	0.22	0.038	505
3	三江乡董屋村	2824	108.70	0.15	0.030	652
4	田头水文站	3209	119.60			1390
5	唐江镇平头坝村	4437	111.00	0.31	0.031	1660
6	凤岗镇朱家屋村	4578	108.50	0.22	0.031	1170
7	凤岗镇朱屋棚下村	7402	108.00	0.31	0.033	1900
8	坝上水文站	7657	100.66			2710

河段的安全下泄流量取决于其安全水位的高低和安全水位下河段的泄流能力。鹅岭村、董屋村、朱家屋村、朱屋棚下村河段地势低洼，安全水位较低，安全泄量相对较小，甚至小于其上游河段的安全泄量。宜优先采取疏浚河道、修筑堤防等工程措施，以尽快提高章江中下游河道的安全泄洪能力。

4 结论

河道安全泄量是流域防洪减灾决策的一项重要依据，要保证其分析成果质量：一要在流域洪水调查的基础上，正确选择代表性河段，合理确定河段安全水位；二要按规范要求全面进行水文勘测，根据河段特性，合理采用流量推算方法和相关参数。

综上分析可知，章江中下游河道安全泄量较小，洪灾频率高，防洪任务重。建议在加快章江堤防建设和河道疏浚治理的同时，根据河道安全泄量要求，科学进行流域上游水库的洪水调度，减少章江中下游地区洪水灾害损失。

参 考 文 献

[1] 比降面积法测流规范：SD 174—1986 [S].
[2] 水文调查规范：SL 196—1997 [S].
[3] 水利部水文司. 水文调查指南 [M]. 北京：水利电力出版社，1991.
[4] 河流流量测验规范：GB 50179—1993 [S].
[5] 水文资料整编规范：SL 247—1999 [S].
[6] 水位观测标准：GB/T 50138—2010 [S].

中长期水文统计预报方法及应用浅析

黄孝明　程永娟

（江西省景德镇市水文局，江西景德镇　333000）

摘　要： 对水文环境而言，它所涵盖的要素繁多且复杂，给中长期水文统计工作带来了许多困难。本文希望采用多元化综合性分析来合理取值，结合实际探讨有关中长期水文统计预报的主要方法及其应用，达到提高水文中长期统计预报精度的目的。

关键词： 中长期水文统计；水文要素；预报方法；历史演变法

客观地讲，中长期水文预报是具有较长预见期的，它能够解决防洪抗旱、蓄水弃水等工程问题，为水利企业获得最大收益。随着我国国民经济与社会的高速发展，对水文预报所提出的要求也日益提高，因此如何做到准确有效的、定性定量的中长期水文统计预报是我国水文领域必须面对的课题。

1 中长期水文统计预报方法——历史演变法

1.1 基本思路探析

就目前技术来看，按照降雨、流量、水位等水文要素历史演变规律来进行中长期水文预测统计是比较常见的做法，其预见期可以长达几年。它的基本预测起始点就是以某一个水文要素来在一段时期内反映水文状况的全面变化过程。如果将其反映到实际工作当中，就是根据水文要素的实际历史演变曲线来归纳水文规律。为此，本文总结归纳了历史演变方法中的预测规律。

（1）持续性。持续性指代了水文要素在历史变化中所呈现的升降规律和持久程度，以江西省景德镇市为例，该区域 1990—2015 年主汛期降雨量变化趋势如图 1 所示。

如图 1 所示，按照水文年雨量变化上升与下降趋势，如果当前雨量较前一年雨量偏丰，一般后一年雨量会呈现下降趋势，而如果连续两年上升，第三年则基本呈现下降趋势。

（2）相似性。相似性指代了在历时变化曲线中两短时期的变化走势存在相似之处，还以图 1 为例，2005—2010 年的演变趋势与 1992—1997 年是极其相似的，只是各年的量级均偏小，其表现规律可能为升—降—升—降—升，且表现为后一个峰值要高于前一个峰值。

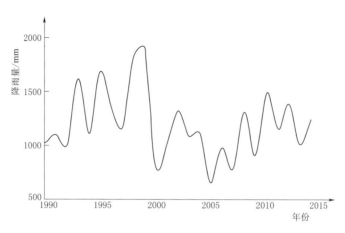

图 1 景德镇市 1990—2015 年主汛期降雨量变化趋势图

（3）周期性。周期性在中长期的水文统计预测中并不严格，因为周期性本身在历史变化中也是时刻变化的。但在周期性中，这种变化应该以某一段时期为节点而相互类似。基于周期性的间隔期间规律应该根据水文统计的工作经验和水文要素规律来适当掌握，并作出有效的分析预报，所以图 1 中也明确了这一点，那就是景德镇地区每间隔 12 年左右地区水文变化都会出现一个峰谷值。

（4）最大值与最小值的可能性。在这一方面要明确任何水文要素在历史中的具体变化趋势。如果某一个水文要素其数值超出了其历史变化的范围，虽然其发生的可能性随着年代的久远而越来越小，但依然不能忽略。所以这种在历史变化中所出现的历史变化范围也被称为最大可能性。

（5）转折点。如果水文要素在整个历史区间的变化在某一点非常明显，那么在它其后的时期中就一定会出现新特征，它也被称为是两个转折时期的转折点，这里可以将这一转折点视为是两个历史时期间的分割线。从实践经验来看，转折点并不会经常出现。图 1 中景德镇地区在 2002—2005 年雨量起伏下降且在 2005 年达到极值后，2006 年以后基本呈交替上升态势，因此就该地区汛期雨量来看，2005 年就是典型的水文周期转折点。

1.2 分析预测应用过程

客观地讲，对水文要素历史变化的分析最好经过长期年份记录，至少要在 20 年以上。这是因为有些水文要素规律变化是相当不明显的，只有通过中长期观察预测才能提高预测结果的可信度与有效度。因此，本文给出了具体的分析预测过程。

（1）进行记录整理。根据初始预测要求来制作曲线函数，其中横坐标表示年份，纵坐标表示实测的水文要素数值与历史演变曲线平均值。在采用真实数据时，应该计算出历年平均的所需分析的水文要素，并将它们原本地体现在历史演变曲线上，这样也能更直观地看出各个要素值与均值之间的具体关系。

（2）作出初步预测值。根据记录数据判断出水文流量规律以后，就可以推算未来一年可能出现的变化数值。在实施过程中，一定要注意近些年历史曲线的变化走势，观察哪两个时期的曲线变化情况是相类似的，特别是对当年的变化情况要格外注意。

（3）作出校核预测值。相比于初步预测值，校核预测值所反映的是最近 3～5 年内的水文演变趋势及历史曲线变化。而且校核预测值要求对比发现曲线变化中的例外情况，最主要是看其相似区间是否较多，而且是否符合资料数据中所给出的历史变化规律。

以上，历史演变法所给出的要素分析演变曲线在对变化规律的分析上是相对较为全面的，而且它的分析原理简单易懂，但是因其缺乏严谨的定量标准，预测可能会出现因人而异的情况。

2 中长期水文统计预报的其他方法

除比较常见的历史演变法之外，以周期均值叠加为基准的预报方法同样值得借鉴。它基于水文要素的时间叠加变化来判断水文要素变化，并将其归结为有限不同周期内的周期波的重叠积累过程，它的主要数学模型为：

$$x(t) = p_1(t) + p_2(t) + \cdots + p_n(t) + \varepsilon(t) = \sum_{i=1}^{n} p_i(t) + \varepsilon(t) \tag{1}$$

在上述模型中，$x(t)$ 表示水温要素的基本序列，$p_i(t)$ 表示第 i 个周期的周期波序列，而 $\varepsilon(t)$ 表示数学模型中所存在的误差项。依照此数学模型对水文要素数据进行实测分析，识别其所含有的周期，就能根据周期预测区间来分析出具体的水文要素变化状况。如果水文要素在周期预测期间内保持不变，则可以将周期外延、叠加进行新的预测分析，这种方法就被称为以周期均值叠加为基准的预报方法。

3 结论

本文所提出的两种预报方法各有利弊，历史演变法对于未来连续几年水文要素的变化趋势预测较为准确，但单就某一年份预测则较难定性。模型预测中，由于误差项 $\varepsilon(t)$ 难以确定会对预报结果造成一定影响，水文要素的变化存在一定的规律，在日常的长期水文预报中，应该基于地方水文要素历史演变规律来实现预测过程，并对照变化规律来合理取值，同时做到对预测统计工作经验的积累，才能使得中长期水文统计预报方法更加科学，更加精确。

参 考 文 献

[1] 鹿坤. 浅谈中长期水文预报方法 [J]. 贵州水力发电，2004，18（2）：17-19.

基于暴雨特征的山洪临界雨量计算方法研究

章四龙[1] 易 攀[2] 谢水石[3]

(1. 北京师范大学，北京 100875；2. 北京市水文总站，北京 100089；

3. 江西省赣州市水文局，江西赣州 360700)

摘 要： 山洪临界雨量是山洪灾害预警的重要指标。本文基于中国暴雨统计参数图集最新研究成果，依据暴雨洪水规律及流域地貌特性，研究提出定义清晰、计算方便的基于暴雨特征山洪临界雨量计算方法，并结合云计算平台技术，实现任意山洪预警点山洪临界雨量的在线计算。

关键词： 山洪临界雨量；暴雨统计参数；云计算；山洪预警

1 研究现状

山洪临界雨量指标的定义目前有两种：一是从降雨量直接定义，在一个流域或区域内，降雨量达到或超过某一量级和强度时，该流域或区域发生山溪洪水、泥石流、滑坡等山洪灾害，称此降雨量为该流域或区域的临界雨量；二是从山溪河临界水位（流量）间接定义，即在目标河段断面生成临界水位（流量）的累积降雨量。

山洪临界雨量计算方法上通常采用统计归纳方法和水文水力学方法。统计归纳法是直接从历史降雨数据与山洪灾害数据建立相关关系，推求临界雨量。自《国家防办山洪防御预案编制大纲》提出基于"统计归纳法"的编制临界雨量以来，有许多关于当地山洪临界雨量研究的文献。水文水力学方法以山洪灾害形成的水文学过程、水力学过程为基础，基于与保护对象相应的临界水位，采用水力学方法确定临界流量，假定不同历时的降雨输入，模拟分析一定土壤饱和度条件下的降雨流量关系，推求相应的临界雨量。

在国外，山洪预警指标基本上采用水文水力学方法确定。典型代表为美国水文研究中心研发的山洪预警指南系统（Flash Flood Guidance，FFG）中的动态临界雨量，基于水文模型计算分析，推出流域出口断面洪峰流量要达到预先设定的预警流量值所需的降雨量，即为动态临界雨量。

2 存在问题及研究思路

综上所述，山洪临界雨量定义决定了所采用的计算方法，此定义和计算方法在理论上非常正确，但在实践上面临诸多难题。

（1）两种定义的标准不一样。第一种定义是与滑坡、泥石流等灾害相应的降雨量，第二种定义是与预警水位相应的降雨量，前者山洪临界雨量往往大于后者。

（2）分析资料缺乏。我国历来没有开展山溪洪水、滑坡、泥石流等灾害的常规监测，缺乏相关山洪灾害数据，更缺乏降雨与山洪灾害之间时序和临界的对应关系。

（3）山溪河临界水位代表性不足。山溪河一般缺乏河道整治工程，河道断面沿程变化较大，临界水位沿程变化也大，难以统一确定山洪临界雨量。

（4）现有计算方法要求高。由于我国山洪灾害预警点多，统计归纳方法缺乏资料，水文水力学方法技术要求高，基层技术手段落后，因此，山洪临界雨量确定工作任务重，不确定性因素多，计算成果变化大，难以准确、快捷地确定山洪临界雨量。

山洪临界雨量主要用于山洪预警，以便提早做好人员转移避险。现行江河防汛预警广泛采用警戒水位作为预警指标。警戒水位是指在江河、湖泊水位上涨到河段内可能发生险情的水位，一般来说多取值于洪水普遍漫滩或重要堤段水浸堤脚的水位。警戒水位定义明晰、易于确定。借鉴江河防汛预警的成熟做法，考虑到山洪临界雨量确定涉及山洪灾害发生及临界水位确定等因素的不确定性，采用引发一定量级暴雨洪水的降雨量作为山洪临界雨量。《水文情报预报规范》（GB/T 22482—2008）按洪水要素重现期小于 5 年、5～20年、20～50 年、大于 50 年，将洪水分为小洪水、中洪水、大洪水、特大洪水四个等级。因此，基于服务山洪预警目的，考虑暴雨和洪水同频率关系，采用最小等级 5 年一遇暴雨洪水对应的降雨量作为山洪临界雨量，即 5 年一遇山洪临界雨量。

3 暴雨参数统计图集

《中国暴雨统计参数图集》经 200 余名科技人员历经 8 年努力，于 2006 年出版发行。该成果采用了约 2.4 万个观测站、共 190 万站年雨量资料，具有 10min、1h、6h、24h 和3d 共 5 种历时，涵盖均值等值线图、变差系数等值线图、最大点雨量分布图、100 年一遇点雨量等值线图、均值格网图、变差系数格网图、100 年一遇点雨量格网图、实测和调查最大点雨量表等 8 类暴雨统计参数成果，充分反映了全国暴雨时空分布规律，是我国设计暴雨综合研究的最新成果和重要基础资料。

4 计算方法

5 年一遇山洪临界雨量确定就是基于暴雨统计参数特征，结合山洪区流域地貌特征及分析提取的暴雨洪水规律，采用云计算和云服务等先进计算机技术，准确、快速地确定给定山洪区的山洪临界雨量。具体计算步骤如下：

（1）提取流域边界。针对某一山洪区出口断面经纬度地理信息，基于全国 30m DEM，经过数据填注、流向计算、累计流量计算等步骤，提取山洪区流域边界。

（2）确定最大汇流时间。采用瞬时地貌单位线通用公式法，以 1h 为计算时段，提取该山洪区流域瞬时地貌单位线，依据其峰现时间，确定流域最大汇流时间 D。具体公式如下：

$$U(t) = -\sum_{j=1}^{\Omega} \lambda_j \left[\sum_{i=1}^{j} \theta_{i,\Omega}(0) A_{ij} \right] e^{-\lambda_j t} \tag{1}$$

$$\theta_{j,\Omega}(0) = \frac{R_B^{\Omega-1}}{R_A^{\Omega-1}} \left(R_A^{j-1} - \sum_{i=1}^{j-1} R_A^{i-1} R_B^{j-1} P_{ij} \right) \tag{2}$$

$$A_{ij} = \frac{B_{ij}(\Omega)}{\prod\limits_{\alpha=i}^{\Omega} \left[-\lambda_j (\lambda_\alpha - \lambda_j) \right]} \qquad (\alpha \neq j) \tag{3}$$

$$P_{ij} = (R_B - 2) R_B^{\Omega-j-1} \frac{\prod\limits_{k=1}^{j-i-1} (R_B^{\Omega-j-k} - 1)}{\prod\limits_{k=1}^{j-1} (2R_B^{\Omega-j-k} - 1)} + \frac{2}{R_B} \delta_{i+1,j} \tag{4}$$

$$\delta_{i+1,j} = \begin{cases} 1 & (j = i+1) \\ 0 & (j \neq i+1) \end{cases} \qquad (i,j = 1,2,\cdots,\Omega) \tag{5}$$

式中：R_A、R_B 为面积率；λ_j 为 j 级河流的平均等待时间；$\theta_{j,\Omega}(0)$ 为 Ω 级流域 j 级流域的初始概率；P_{ij} 为状态转移概率；A_{ij} 为关于 λ_j 和 P_{ij} 的函数，没有特定含义，是一个概化的系数；$B_{ij}(\Omega)$ 为利用 λ_j 和 P_{ij} 的规律实现求解的一个子程序。

（3）提取暴雨统计参数。依据《中国暴雨统计参数图集》，根据此山洪区出口断面经纬度地理信息，采用空间距离插值法，提取 10min、1h、6h、24h 和 72h（3d）共 5 种历时相应雨量均值 $\bar{P}$、变差系数 C_V、偏差系数 $C_S = 3.5 C_V$。

（4）确定 5 年一遇不同时段设计雨量。采用皮尔逊Ⅲ型频率计算方法，依据不同时段雨量均值 $\bar{P}$、变差系数 C_V 和偏差系数 C_S，计算获得不同时段 5 年一遇设计雨量。

（5）确定与汇流时间 D 相应的 5 年一遇山洪临界雨量。依据《中国暴雨统计参数图集》使用方法，当汇流时间 D 正好为其中一标准历时，可直接采用该历时的设计雨量。当汇流时间 D 为中间任意历时，采用相邻的 2 个标准历时（较短为 S、较长为 L）设计雨量 H_S 和 H_L，由指数关系计算。

$$H_D = H_S (D/D_S)^{1-n_{S,L}} \tag{6}$$

其中，暴雨强度递减指数 $n_{S,L} = 1 + C\lg(H_S/H_L)$。4 个分段区间（10~60min、1~6h、6~24h、1~3d）的 C 值分别为 1.285、1.285、1.661、2.096。

5 云计算平台

综上所述，基于暴雨特征山洪临界雨量计算方法涉及众多环节和复杂计算。因此，采用云服务和跨平台技术，开发山洪临界雨量云计算平台，仅仅通过确定和输入山洪点经纬度信息，即可方便、准确地获取相应的 5 年一遇山洪临界雨量。

山洪临界雨量云计算平台分为三层结构。数据层配有 30m 数字高程模型和暴雨统计参数成果，应用层开发有山洪临界雨量计算模块、流域边界提取接口、地貌瞬时单位线计算接口、暴雨统计参数计算接口、雨量频率计算接口，展现层为适合智能手机、平板和计算机等终端的应用服务，如图 1 所示。

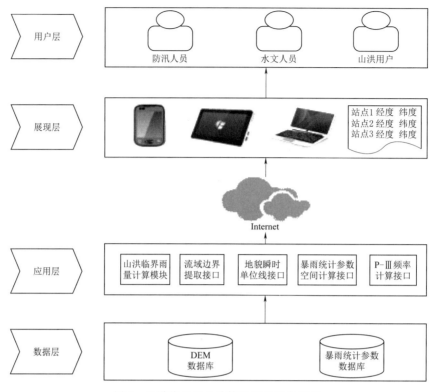

图 1 山洪临界雨量计算云服务平台框架

6 应用实例

江西省于都县地处赣州市东部，总面积 2893km²，年均降水量 1507mm。境内地貌复杂，南、东、北地势较高，逐渐向中西部倾斜，形成一个封闭式的以低山、丘陵、盆地为主、大小河流汇集贡水的丘陵低山地貌。于都县位于赣江源流的贡水中游，汇集梅江、澄江、濂水、小溪河等 4 条较大支流。

据江西省赣州市水文局山洪调查评价成果，于都县境内有 124 个山洪点。本次选取 20 个山洪点用于案例分析。具体分析过程如下：

（1）依据表 1 中山洪点的经纬度信息提取山洪点流域边界。

（2）依据山洪点位置信息和流域边界，提取山洪点地貌瞬时单位线，详见图 2。根据单位线最大值确定河流时间 D，详见表 2 中的汇流时间，以小时计。

（3）依据山洪点位置信息，空间差值提取不同时段暴雨统计参数，详见表 1。

（4）采用 P-Ⅲ型频率法，分别计算不同时段的 5 年一遇设计雨量，详见表 1。

（5）根据《中国暴雨统计参数图集》使用方法，确定与汇流时间 D 相应的 5 年一遇山洪临界雨量。

江西省赣州市水文局对于都县开展了山洪调查评价，其山洪临界雨量计算方法是以山洪点沿程最低防御点作为预警水位，通过水文水力学方法确定。对比其成果，5 年一遇山洪临界雨量总体是接近但小于依据预警水位确定的山洪临界雨量。

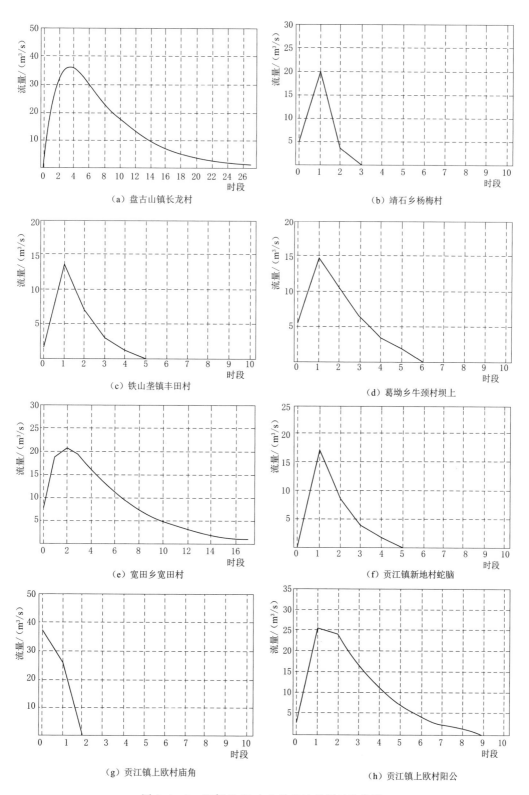

（a）盘古山镇长龙村　　　　　　　　　（b）靖石乡杨梅村

（c）铁山垄镇丰田村　　　　　　　　　（d）葛坳乡牛颈村坝上

（e）宽田乡宽田村　　　　　　　　　　（f）贡江镇新地村蛇脑

（g）贡江镇上欧村庙角　　　　　　　　（h）贡江镇上欧村阳公

图 2（一）　于都县 20 个山洪点地貌瞬时单位线

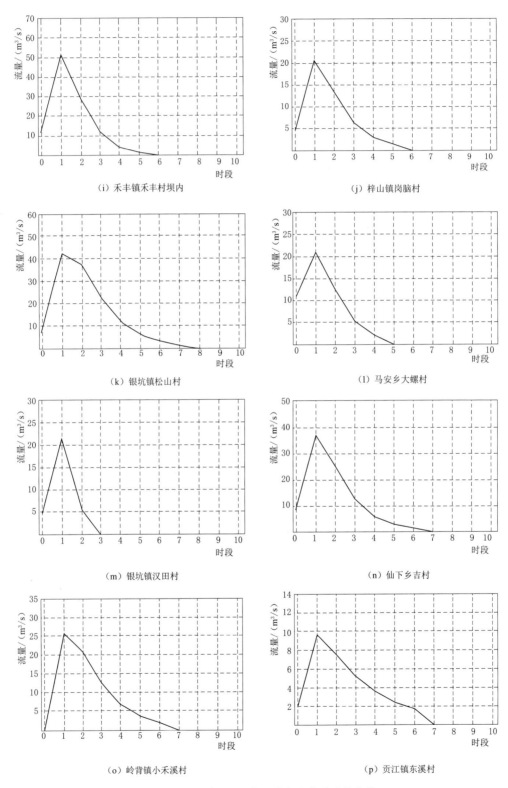

（i）禾丰镇禾丰村坝内

（j）梓山镇岗脑村

（k）银坑镇松山村

（l）马安乡大螺村

（m）银坑镇汉田村

（n）仙下乡吉村

（o）岭背镇小禾溪村

（p）贡江镇东溪村

图 2（二）　于都县 20 个山洪点地貌瞬时单位线

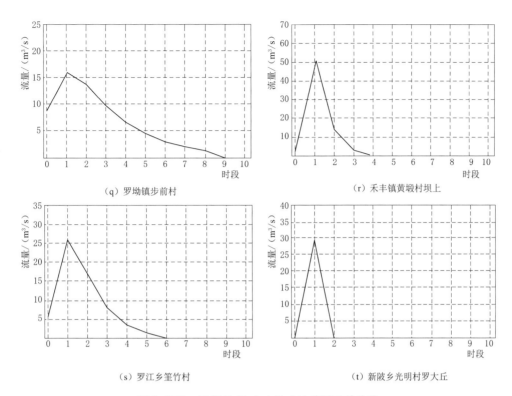

（q）罗坳镇步前村　　　　　　　　　　（r）禾丰镇黄墈村坝上

（s）罗江乡笙竹村　　　　　　　　　　（t）新陂乡光明村罗大丘

图 2（三）　于都县 20 个山洪点地貌瞬时单位线

表 1　　　　　　　江西省于都县 20 个山洪点 5 年一遇山洪临界雨量计算表

序号	站　名	汇流时间/h	最大 1h 雨量均值/mm	变差系数 C_V	1h 设计雨量/mm	6h 设计雨量/mm	临界雨量/mm
1	盘古山镇长龙村	3	43	0.4	55	90	74
2	靖石乡杨梅村	1	43	0.4	55	—	55
3	铁山垄镇丰田村	1	43	0.4	55	—	55
4	葛坳乡牛颈村坝上	1	47	0.4	60	—	60
5	宽田乡宽田村	2	47	0.4	60	90	70
6	贡江镇新地村蛇脑	1	43	0.4	55	—	55
7	贡江镇上欧村庙角	1	43	0.4	55	—	55
8	贡江镇上欧村阳公	1	43	0.4	55	—	55
9	禾丰镇禾丰村坝内	1	43	0.4	55	—	55
10	梓山镇岗脑村	1	43	0.4	55	—	55
11	银坑镇松山村	1	47	0.4	60	—	60
12	马安乡大螺村	1	47	0.35	59	—	59
13	银坑镇汉田村	1	47	0.4	60	—	60
14	仙下乡吉村	1	47	0.35	59	—	59
15	岭背镇小禾溪村	1	47	0.35	59	—	59

续表

序号	站　名	汇流时间/h	最大1h雨量均值/mm	变差系数 C_V	1h设计雨量/mm	6h设计雨量/mm	临界雨量/mm
16	贡江镇东溪村	1	43	0.35	54	—	54
17	罗坳镇步前村	1	43	0.35	54	—	54
18	禾丰镇黄塅村坝上	1	43	0.4	55	—	55
19	罗江乡笙竹村	1	43	0.35	54	—	54
20	新陂乡光明村罗大丘	1	43	0.35	54	—	54

7 结语

基于暴雨特征山洪临界雨量计算方法定义清晰，符合山洪预警业务需求。该方法充分利用《中国暴雨统计参数图集》成果，采用云计算平台，计算方便，成果合理，可作为山洪预警指标，更好地服务于我国山洪预警工作。

参 考 文 献

[1] 全国山洪灾害防治规划领导小组办公室. 山洪灾害临界雨量分析计算细则 [R]，2003.
[2] 程卫帅. 山洪灾害临界雨量研究综述 [J]. 水科学进展，2013，24 (6)：901-908.
[3] 李中平，张明波. 全国山洪灾害防治规划降雨区划研究 [J]. 水资源研究，2005 (2)：32-34.
[4] Hapuarachchi H A P, Wang Q J, Pagano T C. A review of advances in flash flood forecasting [J]. Hydrological Processes，2011，25 (18)：2771-2784.
[5] 水利部水文局. 水文情报预报规范：GB/T 22482—2008 [S].
[6] 水利部水文局. 中国暴雨统计参数图集 [M]. 北京：中国水利水电出版社，2006.
[7] 胡健伟，陆桂华，吴志勇. 基于地理信息系统技术的GIUH通用公式的应用 [J]. 河海大学学报 (自然科学版)，2005，33 (3)：269-272.
[8] 孙东亚，张红萍. 欧美山洪灾害防治研究进展及实践 [J]. 中国水利，2012 (23)：16-17.

基于流溪河模型的梅江流域洪水预报研究[*]

王幻宇[1]　陈洋波[1]　覃建明[1]　李明亮[2]　董礼明[1]

(1. 中山大学地理科学与规划学院，广东广州　510275；

2. 江西省赣州市水文局，江西赣州　341000)

摘　要： 为了探讨流溪河模型在中小河流实时洪水预报中的适用性，本文构建了一级、二级、三级河道的梅江流域洪水预报流溪河模型，采用 PSO 算法优选模型参数，并对不同河道分级的模型进行了验证。结果表明，一级河道建立的模型不能较好地模拟出实测洪水过程，尤其是洪峰流量值的模拟，不能满足模型在中小河流洪水预报中的计算要求。三级河道构建的模型可以很好地模拟实测洪水过程，采用流溪河模型进行中小河流洪水预报时，可以选择三级河道构建模型；流溪河模型采用一场实测洪水就可以对模型参数进行有效优选，在实测资料系列不长的我国中小河流洪水预报中应用具有明显优势；采用三级河道构建梅江流域洪水预报流溪河模型和优选的模型参数时，模拟效果良好，可用于梅江流域实时洪水预报。

关键词： 中小河流；洪水预报；梅江流域；流溪河模型

梅江也称梅川，古称汉水，又称宁都江，系赣江一级支流，流域内呈北高南低的不规则扇形。发源于宁都、宜黄两县交界的王陂嶂南麓，自北向南贯穿宁都县腹地，经瑞金市瑞林乡，过于都县曲阳等 7 个乡镇，至于都县贡江镇龙舌咀注入贡水。宁都水文站断面以上集水面积 2372km²，流域形似竹叶，主河长 79km。流域属亚热带季风区，多年平均降雨量 1640mm，降雨主要集中在 3—9 月，暴雨类型主要有锋面雨、地形雨、台风雨，汛期洪水陡涨陡落，是江西省典型的中小流域。宁都水文站设立于 1958 年 11 月，站址在宁都县梅江镇东门外。河段较顺直，河床细沙组成，上游约 300m 处有竹坑河汇入，上游约 700m 处有会同河汇入，上游团结水库坝址距水文站 49km。本文以宁都水文站以上流域开展研究，以下简称梅江流域。

流溪河模型是一个主要应用于流域洪水预报的分布式物理水文模型，模型将流域划分为若干单元流域，各单元流域上产生的径流量通过汇流网络进行逐单元汇流至流域出口，汇流分成边坡汇流和河道汇流，分别采用运动波法和扩散波法进行计算。流溪河模型提出

---

  * 基金项目：江西水利科技项目（KT201407），国家自然科学基金项目（50479033），"十二五"科技支撑计划项目（2012BAK10B06－04），广东省科技计划项目（2013B020200007）。

了基于 PSO 法的模型参数自动优选方法（Chen 等，2017；陈洋波等，2017），实际应用中只要有一场具有代表性的实测洪水就可以优选模型参数。采用精细化的汇流计算方法和高效率的参数优选技术，使得流溪河模型在我国中小河流洪水预报中具有很好的应用潜力。流溪河模型已成功应用于水库洪水预报（黄家宝等，2017）、中小河流洪水预报（陈洋波等，2017）、大流域水文气象耦合洪水预报（Chen 等，2017；Li 等，2017）。

为了探讨流溪河模型在梅江流域洪水预报中的适用性，提高模型在中小河流洪水模拟的效果。本文基于 90m×90m 的 DEM 数据，分别构建了一级、二级、三级河道的梅江流域洪水预报模型，采用 PSO 算法进行模型参数优选，对不同河道分级建立的流溪河模型进行了验证。结果表明，河道分级对中小河流洪水过程的影响较大，一级河道的模型不能充分表达流域洪水演进过程，三级河道可以满足模型计算精度要求。采用三级河道构建的梅江流域洪水预报流溪河模型对 50 场洪水进行模拟验证，模拟效果优良，该方案可用于梅江流域实时洪水预报。

1 梅江流域洪水预报流溪河模型构建

1.1 梅江流域洪水资料

梅江流域内有 22 个雨量站，流域出口处的宁都水文站有较长期的水文观测资料。本文收集了梅江流域内 1971 年以来的 51 场实测洪水过程的资料，包括雨量站降雨及水文站流量，均以小时为时段。将洪峰流量小于 $700\text{m}^3/\text{s}$ 的洪水定义为小洪水，洪峰流量大于 $1500\text{m}^3/\text{s}$ 的洪水定义为大洪水，其他洪水定义为中洪水，则共有小洪水 10 场，中洪水 21 场，大洪水 20 场，都具有较好的代表性。

1.2 流溪河模型构建

流溪河模型建模所需的 DEM 采用 SRTM（http：//srtm.csi.cgiar.org/）公共数据库中的数据，土地利用类型为美国地质调查局全球土地覆盖数据库中的数据（http：//landcover.usgs.gov/），包括常绿针叶林、常绿阔叶林、灌丛、高山和亚高山草甸、湖泊和耕地，土壤类型采用国际粮农组织（FAO）的土壤数据（http：//www.isric.org/），主要土壤类型有 CN10033、CN10097 和 CN10647 等。

流溪河模型基于 D8 流向法（O'Callaghan 等，1984；Jensen 等，1988）划分边坡单元和河道单元，根据 DEM 计算确定各个单元的累积流值，并设定一系列的累积流的阈值，对于累积流值大于阈值的单元，被划分成河道单元，对于累积流值小于阈值的单元，被划分成边坡单元。由于在划分河道单元时，累积流阈值的选用对计算结果的影响较大，为了避免累积流阈值选用时的不确定性，在对河道单元进行划分时，流溪河模型根据 Strahler（Strahler，1957）方法将河道分级，根据河道分级的情况确定相应的河道单元划分结果。

针对梅江流域，对累积流阈值取不同的值将河道分为一级、二级、三级。采用分段点将河道划分为若干虚拟河段，并假定同一虚拟河段的河道属性一致。不同河道分级的分段点数量不同，随着河道分级的增加，河道的分段点就会增多，虚拟河段的段数也在增加，模型对流域河道的刻画就越清晰，见表1。但是当河道分级增加到四级时，利用卫星遥感影像对四级河道进行分析可以发现，水系末端的河道形态不明显，跟实际的流域水系分布不符，所以本文采用的最高级河道为三级。基于一级、二级、三级河道分别构建梅江流域洪水预报流溪河模型（见表1）。

表1　　　　　　　　　　　　　　　模 型 结 构 信 息 表

河道分级	河道单元数	边坡单元数	结点数	虚拟河段数
1	372	303700	3	4
2	1383	302689	11	14
3	2929	301143	20	45

1.3　流溪河模型初始参数推求

流溪河模型基于各单元上的流域物理特性确定模型初始参数，对不同河道分级建立的模型，据此确定的模型初始参数相同。参数分成四大类，包括地形类参数、气象类参数、土壤类参数和土地利用类参数。流向和坡度是流溪河模型的地形类参数，根据 DEM 直接计算确定，不再调整，是不可调参数。气象类参数主要是蒸发能力，根据经验，所有单元均取为 5mm/d。土地利用类型参数是边坡糙率和蒸发系数。蒸发系数是一个非常不敏感的参数，根据流溪河模型参数化经验，统一取为 0.7。边坡糙率根据文献（Wang 等，1996）推荐值确定。

土壤类参数包括土壤厚度、饱和含水率、田间持水率、饱和水力传导率、凋萎含水率和土壤特性。饱和含水率、田间持水率、饱和水力传导率和凋萎含水率采用由 Arya 等提出的土壤水力特性计算器计算，结果见表2。土壤特性统一取为 2.5。

表2　　　　　　　　　　　　　　　土 壤 类 参 数 初 值

土壤编号	厚度/mm	饱和含水率	田间持水率	饱和水力传导率/(mm·h)	凋萎含水率
CN10033	1000	0.451	0.300	8.64	0.176
CN10039	600	0.515	0.422	1.95	0.296
CN10047	1000	0.455	0.319	6.34	0.192
CN10059	600	0.439	0.241	19.14	0.138
CN10093	1000	0.454	0.144	74.49	0.063
CN10097	700	0.455	0.314	7.04	0.187
CN10115	700	0.500	0.377	4.89	0.221
CN10123	800	0.471	0.317	9.74	0.164
CN10163	810	0.433	0.229	20.30	0.138
CN10171	810	0.451	0.252	20.33	0.126

续表

土壤编号	厚度/mm	饱和含水率	田间持水率	饱和水力传导率/(mm·h)	凋萎含水率
CN10519	1000	0.453	0.268	16.55	0.137
CN10643	1100	0.442	0.289	8.76	0.176
CN10647	1000	0.454	0.337	3.99	0.214
CN30099	1000	0.441	0.251	16.85	0.143
CN30109	1000	0.443	0.274	12.09	0.160

2 模型参数优选

在流溪河模型中，根据 DEM 将流域划分成正方形的单元流域，本文将梅江流域按 90m 分辨率的 DEM 分成 304072 个单元流域，每个单元上共有 13 个参数，导致模型进行参数优选时计算工作量非常大。每个单元流域参数都存在不确定性，当成千上万的单元流域不确定性累积叠加将会影响到分布式模型的模拟效果，而且洪水预报对模型模拟的精度要求较高，导致分布式模型在洪水预报中应用时受到限制。

流溪河模型采用 PSO 法进行模型参数自动优选，采用一场实测洪水进行模型参数优选就可以获取较优的模型参数，有效提高了模型的性能。本文以 2012062119 场次洪水进行模型参数优选，其他 50 场次洪水进行模型验证。对不同的河道分级，本文均采用 2012062119 场次洪水进行参数优选，优选的模型参数各不相同。限于篇幅，图 1 仅列出了三级河道参数优选过程中适应值和参数值的进化结果。从图中结果看出，经过 20 次的进化计算，模型参数收敛到最优值，说明流溪河模型参数优选具有较好的收敛速度。优选的洪水过程与实测洪水拟合程度非常高，确定性系数高达 0.943，相关性系数为 0.978，过程相对误差为 0.18，峰值误差为 0.042，水量平衡系数为 0.935，峰现时间差为 -5，模拟结果如图 2 所示。

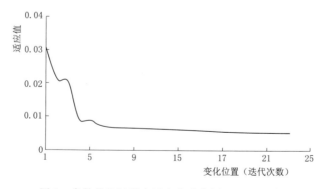

图 1 参数优选过程中适应值进化图（三级河道）

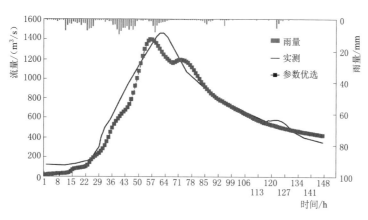

图 2　优选的洪水过程线（三级河道）

3 模型验证

采用一级、二级、三级河道建立的流溪河模型及相应的优选参数，分别对 50 场洪水进行了模拟，统计了模拟的各场洪水的 6 个评价指标。由于数据较多，表 3 仅列出了各级模型的平均统计指标，图 3 仅绘出了其中 6 场洪水的模拟结果。

表 3　　　　　　　不同河道分级的流溪河模型洪水模拟结果统计指标表

模型	确定性系数	相关系数	过程相对误差 /%	洪峰误差 /%	水量平衡系数	峰现时间差 /h
三级河道	0.51	0.87	32	5.64	1.16	−3.2
二级河道	0.49	0.86	32	7.13	1.13	−4.18
一级河道	0.43	0.72	31	12.68	1.04	−0.82

从统计指标和模拟过程可以看出，三级河道的模型模拟效果最好。说明三级河道充分刻画了洪水的河道汇流演进过程，可以满足中小河流洪水模拟的精度要求。二级河道的模型模拟效果也不错，比三级河道的模型效果稍差，而且二级、三级河道的模型的总体性能都较好，同时也说明了参数优选能降低河道分级不确定性对模型洪水模拟的影响。一级河道的模型模拟效果较差，模拟洪水过程与实测值的拟合程度不高，模拟得到的洪水峰值低于实测值，峰值误差比二级、三级河道的模型都高，不能很好地模拟实测洪水峰值。梅江流域的洪水主要由暴雨引起，洪水陡涨陡落，是典型的中小河流洪水。而中小河流洪水防治的重要指标是洪峰流量，是中小河流洪水预报的关键。因此可以认为，一级河道的模型不能充分刻画河道汇流过程，影响到模型模拟的精度，在进行中小河流洪水预报应用时不宜采用；三级河道的模型可比较理想地模拟实测洪水过程，说明三级河道划分已能充分刻画中小河流洪水过程中的河道汇流特征，模拟结果满足实际洪水预报的精度要求。

本文采用河道分级为三级，河道断面形状为矩形时的梅江流域洪水预报流溪河模型，参数采用优选的模型参数。该方案对 50 场洪水模拟的确定性系数均值为 0.51，相关系数达 0.87，洪峰误差均值为 5.64%，最大的也没有超过 20%，平均峰现时间为 −3.2h，洪

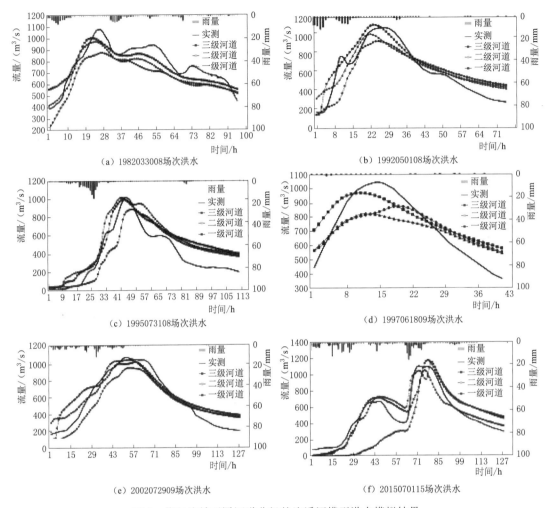

图 3　梅江流域不同河道分级的流溪河模型洪水模拟结果

水过程的模拟结果与实测值吻合很好。根据我国水文情报预报规范，该预报方案等级可评定为甲等，可用于梅江流域实时洪水预报。

4　结论

为了探讨流溪河模型在中小河流实时洪水预报中的适用性，本文以江西省梅江流域为研究对象，基于 $90m \times 90m$ 的 DEM 数据构建了一级、二级、三级河道的梅江流域洪水预报流溪河模型，采用 PSO 算法优选模型参数，并对不同河道分级的模型进行了验证。结果表明，河道分级对中小河流洪水过程的影响较大，一级河道建立的模型不能较好地模拟出实测洪水过程，尤其是洪水峰值流量的模拟，不能满足模型在中小河流洪水预报中的计算要求。三级河道构建的模型可以很好地模拟实测洪水过程，采用流溪河模型进行中小河流洪水预报时，可以以三级河道构建模型；流溪河模型采用一场洪水就可以对模型参数进行有效优选，在实测资料系列不长的我国中小河流洪水预报中应用具有明显优势；采用三级河道构建梅江流域洪水预报流溪河模型和优选的模型参数，模拟效果良好，可用于梅江流域实时洪水预报。

分布式水文模型由于模型结构复杂、参数难以率定、模型计算量大等原因，导致大部分的分布式模型不能应用到流域实时洪水预报中。本文构建不同河道分级的梅江流域洪水预报流溪河模型，采用PSO优选模型参数，并进行了模型验证。明确了采用流溪河模型进行中小河流实时洪水预报时，采用三级河道构建模型和采用PSO算法优选模型参数的方法是可行的。本文的研究可为分布式水文模型在中小河流洪水预报中的应用提供参考和借鉴。

参 考 文 献

［1］ 陈洋波. 流溪河模型［M］. 北京：科学出版社，2009.

［2］ 陈洋波，任启伟，徐会军，等. 流溪河模型Ⅰ：原理与方法［J］. 中山大学学报（自然科学版），2010，49（1）：105－112.

［3］ 陈洋波，任启伟，徐会军，等. 流溪河模型Ⅱ：参数确定［J］. 中山大学学报（自然科学版），2010，49（2）：105－112.

［4］ Yangbo Chen，Ji Li，Huijun Xu. Improving flood forecasting capability of physically based distributed hydrological model by parameter optimization［J］. Hydrology & Earth System Sciences，2017，21：1279－1294.

［5］ 陈洋波，徐会军，李计. 流域洪水预报分布式模型参数自动优选［J］. 中山大学学报（自然科学版），2017，56（3）：15－23.

［6］ 黄家宝，董礼明，陈洋波，等. 基于流溪河模型的乐昌峡水库入库洪水预报模型研究［J］. 水利水电技术，2017.

［7］ 陈洋波，覃建明，王幻宇，等. 基于流溪河模型的中小河流洪水预报方法［J］. 水利水电技术，2017.

［8］ Yangbo Chen，Ji Li，Huanyu Wang，et al. Large-watershed flood forecasting with high-resolution distributed hydrological model［J］. Hydrology & Earth System Sciences，2017，21：735－749.

［9］ Ji Li，Yangbo Chen，Huanyu Wang，et al. Extending flood forecasting lead time in a large watershed by coupling WRF QPF with a distributed hydrological model［J］. Hydrology & Earth System Sciences，2017，21：735－749.

［10］ O'Callaghan J，Mark D M. The extraction of drainage networks from digital elevation data［J］. Comput. Vis. Graph. Image Process，1984，28（3）：323－344.

［11］ Strahler A N. Quantitative Analysis of watershed Geomorphology［J］. Transactions of the American Geophysical Union，1957，35（6）：913－920.

［12］ Wang Z，Batelaan O，De S F. A distributed model for Water and Energy Transfer between Soil，Plants and Atmosphere（WetSpa）［J］. Phys. Chem. Earth，1996，21：189－193.

基于流溪河模型的湘水流域洪水预报方案研究

李国文[1]　陈洋波[2]　覃建明[2]　向奇志[1]　李明亮[3]

(1. 江西省水文局，江西南昌，330002;

2. 中山大学地理科学与规划学院，广东广州　510275;

3. 赣州市水文局，江西赣州　341000)

摘　要： 为了探讨流溪河模型在中小河流洪水预报中的适用性，本文以湘水流域构建了流溪河模型。在研究中，根据河道分级的不同分别构建了基于一级河道、一～二级河道、一～三级河道的流溪河模型，采用1场洪水进行参数优选，以50场洪水进行洪水模拟精度验证。研究结果表明，河道分级对流溪河模型模拟精度有较大影响，基于一～三级河道构建的流溪河模型可以很好地模拟洪水过程；采用1场实测洪水进行参数优选的流溪河模型，在实测资料系列不长的我国中小河流洪水预报中应用具有明显优势；研究建立的模型，模拟效果良好，可用于梅江流域的洪水预报。

关键词： 中小河流；洪水预报；湘水流域；流溪河模型

1 研究背景

湘水是江西省典型中小河流，也是江西省中小河流洪水监测系统中的重要中小河流。湘水流域面积小，洪水陡涨陡落特征明显，从造峰雨出现到洪峰产生往往只有3～4个小时的时间。上游山丘区山洪灾害频繁、中下游地区洪涝交织，灾情惨重（尹树斌，2006）。洪水预报是湘水流域防洪减灾的一项重要措施。分布式物理水文模型是新一代流域洪水预报模型，汇流计算采用具有物理意义的水动力学方法进行计算，可以精细化地计算河道汇流，为中小河流洪水预报提供了新的模型。代表性的分布式物理水文模型有 SHE 模型（Abbott 等，1986）、VIC 模型（Liang 等，1994）、WetSpa 模型（Wang 等，1996）、流溪河模型（陈洋波，2009）等。其中，流溪河模型假定流域河道断面为矩形，采用卫星遥感数据估算河道断面尺寸，为模型在无河道断面尺寸资料的山区性河流洪水预报中应用提供了条件。流溪河模型提出了基于PSO法的模型参数自动优选方法，实际应用中只要有一场具有代表性的实测洪水就可以优选模型参数。流溪河模型已经成功应用于多种规模的

---

　　* 基金项目：江西水利科技项目（KT201407），国家自然科学基金项目（50479033），"十二五"科技支撑计划项目（2012BAK10B06 - 04）。

流域洪水预报。

2 研究区概况

湘水也称雁门水，属赣江二级支流，呈南北流向。发源于赣闽交界、武夷山脉笔架山南麓的寻乌县罗珊乡天湖下，自东南向西北流经寻乌县罗珊乡，在筠门岭镇元兴村入会昌境，至筠门岭折向正北流经会昌县腹地，于会昌县湘江镇和绵江汇合后注入贡水。湘水流域处于亚热带季风气候区，3～6月常受北方冷空气南下影响，出现锋面雨，锋面雨持续时间较长，多则达半月之久，一次降雨过程多在3～5d，量大；7—9月时有台风影响，台风雨持续时间较短，一般在3d左右，降雨强度大。流域呈方形，植被尚好，麻州站多年平均流量 $47.3m^3/s$，多年平均降雨量 1560mm，多年平均蒸发量为 1069mm（蒸发能力）。水位流量关系高水时尚稳定。警戒水位为 96.00m。麻州水文站 1958 年 1 月设立于会昌县麻州乡。测验河段大致顺直，河床细沙组成，上游 200m 处有大弯，下游 500m 处也有弯道。湘水麻州以上流域面积 $1758km^2$，主河长 86km，主河道比降 1.53‰。本项目以麻州水文站以上流域开展研究，以下简称湘水流域。

3 模型构建

3.1 流溪河模型

流溪河模型采用正方形网格的 DEM 从水平方向将流域划分成网格，也称为单元流域，并分成边坡单元、河道单元和水库单元（图1）。在单元流域上进行蒸散发量及产流量的计算，各单元流域上产生的径流量通过汇流网络进行逐单元汇流至流域出口，汇流分成边坡汇流和河道汇流，分别采用运动波法和扩散波法进行计算。流溪河模型根据 DEM 数据，采用 D8 法（O'Callaghan 等，1984；Jensen 等，1988）推求河道拓扑结构，采用 Strahler 法（Strahler，1957）进行河道分级。将河道划分成虚拟河段，假定河道断面形状为矩形，用河道宽度和底坡表示断面尺寸。河道底宽采用卫星遥感影像进行估算，底坡则根据虚拟河段内各单元的高程进行估算。流溪河模型提出了基于 PSO 法的模型参数自动优选方法（陈洋波等，2016），实际应用中只要有一场数据质量较好的实测洪水过程就可以优选模型参数，大大提高了模型的性能，在我国中小河流洪水预报中应用具有明显优势。

3.2 模型基础数据

流溪河模型建模所需基础数据主要包括：DEM 数据、土地利用数据和土壤类型数据。

（1）DEM 数据，采用 SRTM（http：//srtm.csi.cgiar.org/）公共数据库中的数据，空间分辨率为 90m×90m。

（2）土地利用数据，采用美国地质调查局全球土地覆盖数据库（http：//landcover.usgs.gov/）中的数据，空间分辨率为 1000m×1000m，经重采样转换为 90m×

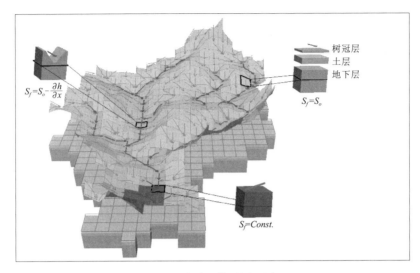

图 1　流溪河模型原理图

90m 的空间分辨率。有包括常绿针叶林、常绿阔叶林、矮树丛、湖泊和耕地在内的 5 种土地利用类型，面积占比分别为 22.4％、47.4％、20.9％、0.2％和 9.1％。

（3）土壤类型数据，采用国际粮农组织（FAO）的土壤数据（http://www.isric.org/），空间分辨率为 1000m×1000m，经重采样转换为与 DEM 相同的空间分辨率。有 12 种土壤类型，主要土壤类型有 CN10033、CN10047 和 CN10097，所占比例分别为 30.9％、14.4％和 17.1％，其余单种类型土壤不超过 15％，CN10033 所占比例最大，达到流域面积的 25％以上。

3.3　模型构建

湘水流域的流溪河模型基于 90m×90m 的 DEM 进行构建。为了分析河道汇流对流域洪水过程模拟的影响，分别将流域内河道划分成一～四级河道。当河道划分等于四级时，通过卫星遥感影像发现四级河道的河道形态不明显，故本文采用的最高级河道为三级。与之相应，在本项研究中，分别建立基于一级河道、一～二级河道和一～三级河道的 3 个流溪河模型（下文分别简称为一级河道模型、二级河道模型、三级河道模型）。针对不同河道分级的模型，分别设置节点，划分虚拟河段。对于不同的河道分级，划分的边坡单元和河道单元个数不同，设置的节点和虚拟河段数也不相同，见表 1。参照 Google Earth 遥感影像，估算了各个虚拟河道的断面宽度和底坡。

表 1　　　　　　　　　　　　模 型 结 构 信 息 表

河道分级	河道单元数	边坡单元数	节点数	虚拟河段数
一	466	219288	4	5
二	1856	217898	11	14
三	4163	215591	19	33

4 模型率定

4.1 初始参数推求

由于流溪河模型是基于各单元上的流域物理特性确定模型初始参数，相应参数值不会因为河道分级的不同而不同。因此，本项研究的 3 个模型采用相同的模型初始参数。流溪河模型初始参数分为四大类，包括：地形类参数、气象类参数、土地利用类参数和土壤类参数。

（1）地形类参数包括流向和坡度。地形参数根据 DEM 直接计算确定，不再调整，是不可调参数。

（2）气象类参数主要是蒸发能力，根据经验，所有单元均取为 5mm/d。

（3）土地利用类参数是蒸发系数和边坡糙率。蒸发系数是一个非常不敏感的参数，根据流溪河模型参数化经验，统一取为 0.7。边坡糙率根据文献（Wang 等，1996）推荐值确定，见表 2。

表 2   土地利用类参数初值表

土地利用类型	蒸发系数	糙率
常绿针叶林	0.7	0.4
常绿阔叶林	0.7	0.6
矮树丛	0.7	0.4
湖泊	0.7	0.2
耕地	0.7	0.15

（4）土壤类参数包括土壤厚度、饱和含水率、田间持水率、饱和水力传导率、土壤特性和凋萎含水率。饱和含水率、田间持水率、饱和水力传导率和凋萎含水率采用由 Arya 等提出的土壤水力特性计算器计算，结果见表 3。土壤特性统一取为 2.5。

表 3   土 壤 类 参 数 初 值

土壤编号	土壤厚度/mm	饱和含水率	田间持水率	饱和水力传导率/(mm·h)	土壤特性	凋萎含水率
CN10033	1000	0.451	0.3	8.64	2.5	0.176
CN10039	600	0.515	0.422	1.95	2.5	0.296
CN10047	1000	0.455	0.319	6.34	2.5	0.192
CN10051	1000	0.508	0.411	2.28	2.5	0.28
CN10065	1000	0.491	0.315	0.58	2.5	0.315
CN10097	700	0.455	0.314	7.11	2.5	0.187
CN10169	1000	0.47	0.284	19.5	2.5	0.11
CN10515	1000	0.444	0.16	54.102	2.5	0.806
CN10647	1000	0.454	0.337	4.06	2.5	0.214

续表

土壤编号	土壤厚度/mm	饱和含水率	田间持水率	饱和水力传导率/(mm·h)	土壤特性	凋萎含水率
CN10793	1100	0.436	0.249	15.748	2.5	0.149
CN30135	1000	0.435	0.207	28.448	2.5	0.121
CN30149	1300	0.429	0.211	24.13	2.5	0.132

4.2 参数优选

对不同的河道分级，本文统一以 2012061007 场次洪水进行模型参数优选。限于篇幅，图 2 仅列出了三级河道参数优选过程中适应值和参数值的进化结果。据图所示，经过 9 次的进化，模型参数值收敛到最优。

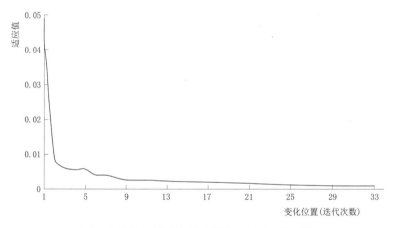

图 2 参数优选过程中适应值进化图（三级河道）

5 模型研究

5.1 不同河道分级时的洪水模拟

分别使用一级河道模型、二级河道模型、三级河道模型及对应的模型初始参数，对上述 2 场洪水进行模拟，结果如图 3 所示。对模拟结果进行统计，统计指标见表 4。

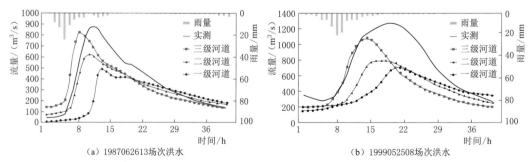

（a）1987062613场次洪水　　　　　　　　（b）1999052508场次洪水

图 3 不同河道分级时的洪水模拟结果

表 4   不同河道分级洪水模拟结果统计指标

模　型	1987062613 场次洪水				1999052508 场次洪水			
	确定性系数	洪峰误差/%	峰现时间差	径流系数	确定性系数	洪峰误差/%	峰现时间差	径流系数
三级河道模型	0.78	6.0	−3	0.93	0.67	15.7	−5	0.94
二级河道模型	0.84	28.7	−1	0.90	0.67	37.1	−2	0.64
一级河道模型	0.27	44.7	2	0.72	0.42	44.9	1	0.43

5.2　不同河道分级对流域洪水的影响

从模拟结果可以看出，河道分级对模拟的洪水过程的形状、峰值、峰现时间都有影响，可归纳如下。

（1）河道分级越多，模拟的洪水的洪峰流量越大、次洪径流系数越大、洪峰出现时间提前。对于 1987062613 号洪水，一级河道的模型模拟的洪峰流量为 $485 m^3/s$、次洪径流系数为 0.72，二级河道的模型模拟的洪峰流量为 $626 m^3/s$、次洪径流系数为 0.90，洪峰流量比一级河道时增大 29.07%，次洪径流系数增加 18%，洪峰出现时间提前 3h；三级河道的模型与二级河道的模型模拟结果相比，洪峰流量增大 31.78%，次洪径流系数增加 3%，洪峰出现时间提前 2h。对于 1999052508 号洪水，模拟结果也有此趋势（表 4）。河道分级对洪峰流量及洪水过程形状的影响显著。

（2）一级河道的模型的模拟结果与实测值有明显不同，不仅峰值流量与实测值有较大误差，洪水过程的形状与实测值也明显不同。其中，1987062613 号洪水模拟的洪峰流量与实测值的误差达到 44.7%，峰现时间滞后 2h。1999052508 号洪水模拟的洪峰流量与实测值的误差达到 44.9%，峰现时间滞后 1h；二级河道的模型模拟结果的效果与一级河道的相比有明显提高，洪水过程的形状与实测结果较为接近，峰值误差明显降低；三级河道的模型的模拟结果与实测值较为接近，模拟的洪水的峰值误差明显降低，洪水过程的形状也与实测结果趋于一致。可以得出结论，一级河道划分不能充分模拟河道汇流过程，影响了模型的模拟精度，在实际中不宜采用。

6　模型验证

6.1　麻州洪水资料

湘水流域内有 11 个雨量站，流域出口处的麻州水文站有较长期的水文观测资料。本文收集了湘水流域内 1985 年以来的 50 场实测洪水过程的资料，包括雨量站降雨及水文站流量，均以小时为时段。将洪峰流量小于 $500 m^3/s$ 的洪水定义为小洪水，洪峰流量大于 $800 m^3/s$ 的洪水定义为大洪水，其他洪水定义为中洪水，则共有小洪水 10 场，中洪水 24

场，大洪水 16 场，具有较好的代表性。

6.2 验证方法及结果

采用 3 个模型及相应的优选参数，分别对 50 场洪水进行了模拟，统计所模拟的各场洪水的 6 个评价指标。由于数据较多，表 5 仅列出了各级模型的平均统计指标，图 4 仅绘出了其中 6 场洪水的模拟结果。

表 5　　　　　　　　不同河道分级的流溪河模型洪水模拟结果统计指标表

模　型	确定性系数	相关系数	过程相对误差 /%	洪峰误差 /%	水量平衡系数	峰现时间差 /h
三级河道模型	0.73	0.94	29	5.95	1.11	−2.9
二级河道模型	0.65	0.92	30	9.79	1.10	−2.02
一级河道模型	0.59	0.86	30	11.84	1.05	−1.72

从上述的模拟结果来看，三级河道时的流溪河模型洪水模拟效果最好。不仅在各个统计指标中效果最优，模拟的洪水过程与实测的洪水过程的吻合程度也最好。二级河道时的流溪河模型洪水模拟效果也不错，但与三级河道的模型相比，总体性能差一些。一级河道时的流溪河模型洪水模拟效果较差，大部分情况下，模拟的洪峰流量较实测值偏低，峰现时间滞后，洪水过程也不理想，基本上不能将实测洪水过程模拟出来。

7 结论

本文针对湘水流域的特性，基于流溪河分布式水文模型构建湘水流域洪水预报模型。在模型构建过程中，针对河道分级对洪水预报结果的影响进行了重点研究。通过麻州水文站 50 场洪水的验证分析，可得到如下结论：

（1）在流溪河模型中，河道分级对模型模拟精度有很大影响。采用一～三级河道时构建的模型洪水模拟精度最好，可很好地模拟实测洪水过程；采用一～二级河道构建的模型洪水模拟精度较差；仅采用一级河道构建的模型不能模拟实测洪水过程。针对中小河流进行模型建模洪水预报时，河道划分以三级为宜。

（2）基于麻州站点 50 场洪水进行验证，按照一～三级河道建立的流溪河模型，洪水过程模拟结果与实测值吻合很好。根据我国水文情报预报规范，该预报方案等级可评定为甲等，可用于湘水流域实时洪水预报。

（3）流溪河模型采用 1 场洪水进行参数优选的方式，能够取得很好的模型模拟精度，在实测资料系列不长的我国中小河流洪水预报中应用具有明显优势。

（4）以湘水流域为例，流溪河模型在进行中小河流洪水预报时，性能非常稳定，对绝大多数场次洪水的模拟效果均较好，特别是对洪峰流量的模拟精度很高。

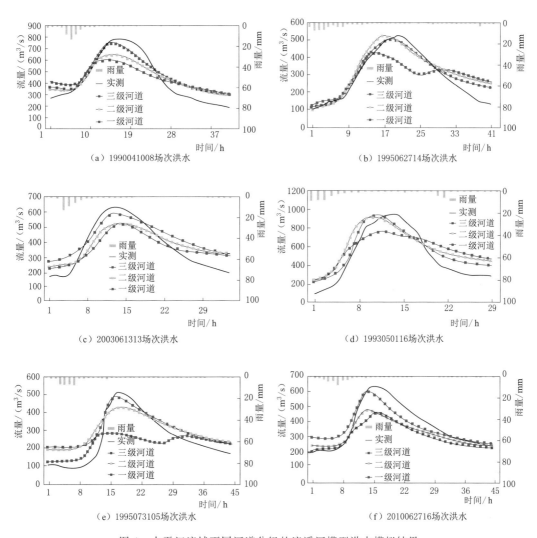

图 4　太平江流域不同河道分级的流溪河模型洪水模拟结果

参 考 文 献

[1]　尹树斌. 湘水流域近数十年洪涝灾害特性分析 [J]. 湖南师范大学自然科学学报，2006（4）：93－96.

[2]　陈洋波. 流溪河模型 [M]. 北京：科学出版社，2009.

[3]　雷晓辉，廖卫红，蒋云钟，等. 分布式水文模型 EasyDHM（I）：理论方法 [J]. 水利学报，2010（7）：786－794.

[4]　陈洋波，任启伟，徐会军，等. 流溪河模型 I：原理与方法 [J]. 中山大学学报（自然科学版），2010，49（1）：105－112.

[5]　陈洋波，任启伟，徐会军，等. 流溪河模型 II：参数确定 [J]. 中山大学学报（自然科学版），2010，49（2）：105－112.

[6]　Yangbo Chen，Ji Li，Huijun Xu. Improving flood forecasting capability of physically based distributed

hydrological model by parameter optimization [J]. Hydrology & Earth System Sciences，2016，20：375 - 392.

[7] O' Callaghan J，Mark D M. The extraction of drainage networks from digital elevation data [J]. Comput. Vis. Graph. Image Process，1984，28（3）：323 - 344.

[8] Strahler，A. N. Quantitative Analysis of watershed Geomorphology [J]. Transactions of the American Geophysical Union，1957，35（6）：913 - 920.

团结水库抗暴雨能力分析

谢水石

（江西省赣州市水文局，江西赣州 341000）

摘 要： 宁都县团结水库位于赣江二级支流贡水一级支流梅江上游，为大（2）型水库，控制流域面积 412km²，水库功能以防洪、灌溉为主，分析团结水库的抗暴雨能力对水库下游防洪至关重要。本文旨在以团结水库为例提出一种分析水库抗暴雨能力的新方法，该方法产汇流计算采用新安江模型，并以反推入库资料率定模型参数，假定暴雨根据实测降雨数据进行设计。

关键词： 团结水库；抗暴雨能力；新安江模型

1 水库概况

团结水库位于江西省宁都县梅江上游，为大（2）型水库，控制流域面积 412km²，正常蓄水位 242.00m，主汛期汛限水位 241.00m，后汛期汛限水位 242.00m，死水位 235.60m，防洪高水位 244.06m，设计洪水位 244.29m，校核洪水位 245.53m；总库容约 1.457 亿 m³，兴利库容 7800 万 m³，死库容 4280 万 m³，水面面积 11.25km²，系湖泊型年调节水库，水位-库容及水位-泄流能力关系见表 1 和表 2。

表 1   团结水库水位-库容关系

序号	水位/m	库容/万 m³	序号	水位/m	库容/万 m³	序号	水位/m	库容/万 m³
1	230.00	1400	8	237.00	52.00	15	244.00	12700
2	231.00	1700	9	238.00	60.00	16	245.00	13900
3	232.00	2200	10	239.00	70.00	17	246.00	15200
4	233.00	2700	11	240.00	80.00	18	247.00	16400
5	234.00	3300	12	241.00	91.00	19	248.00	17700
6	235.00	3900	13	242.00	103.00	20	249.00	18900
7	236.00	4500	14	243.00	115.00			

水库功能以防洪、灌溉为主，兼顾发电、养殖等综合效益，水库调节梅江洪水，削减坝址洪峰流量，减轻梅江下游洪水灾害，保护人口 5 万人，农田 2900hm²，分析团结水库的抗暴雨能力对水库下游防洪至关重要。

表 2 团结水库水位-泄流能力关系

序号	水位/m	下泄能力/(m^3/s)	序号	水位/m	下泄能力/(m^3/s)	序号	水位/m	下泄能力/(m^3/s)
1	230.00	0	8	237.00	46	15	244.00	797
2	231.00	0	9	238.00	109	16	245.00	952
3	232.00	0	10	239.00	189	17	246.00	1115
4	233.00	0	11	240.00	299	18	247.00	1292
5	234.00	0	12	241.00	408	19	248.00	1479
6	235.00	6	13	242.00	526	20	249.00	1679
7	236.00	9	14	243.00	656			

注 以上数据来源于江西省水利科学研究院开发的江西省水利工程基础信息查询系统，网址为 http://10.36.5.22，另据核实，该水库的非正常溢洪道已废止不用，故上表所列下泄能力不包括非正常溢洪道的下泄能力。

根据宁都县水利局及赣州地区水利电力勘测设计队于 1972 年 1 月编制的《宁都县团结水库初步设计书》，坝址至下游大布村河道安全流量为 300m^3/s。

根据江西省水利科学研究院及宁都县团结水库管理局于 2014 年 8 月编制的《江西省宁都县团结水库调度规程》，团结水库标准内洪水防洪调度规则如下：

（1）当库水位低于汛限水位时，水库闭闸蓄水，按水库灌溉和发电等功能要求进行调度。

（2）当库水位上涨至汛限水位时，若入库流量不大于下游防洪安全泄量，水库按入库流量开闸泄洪，库水位维持在汛限水位；若入库流量大于下游安全泄量，水库按下游安全泄量泄洪。

（3）当水库遭遇较大洪水时，在确保大坝防洪安全的前提下，尽量减小下游防护对象的洪涝灾害损失，库水位为汛限水位至 244.06m（防洪高水位）时，水库按下游安全泄量 300m^3/s 控制；库水位超过 244.06m 时，为确保大坝安全，闸门全开，按溢洪道泄流能力全力泄洪。

（4）洪水消退时，入库流量显著下降，库水位逐渐回落。当库水位降至 244.06m 至汛限水位时，应视流域内近期天气预报情况，水库按下游安全泄量 300m^3/s 控制下泄；当库水位降至汛限水位时，水库按入库流量控制泄洪，维持库水位在汛限水位。

2 分析方法

本文将分别分析流域前期饱和、半饱和两种情况下的团结水库抗暴雨能力，根据水库标准内洪水防洪调度规则，确定以下抗暴雨能力分析方法：假定该水库水位达到主汛期汛限水位（241.0m）前，按最大发电流量（16m^3/s）下泄；库水位达到 241.0m 后，如果入库流量小于安全泄量（300m^3/s），则按同入库流量相等的流量下泄，入库流量超过 300m^3/s 后则按 300m^3/s 下泄，分别计算各起调水位下不同量级的假定暴雨在水库坝前达到的最高水位，建立起对应各起调水位的暴雨量-坝前最高水位关系曲线，通过查关系曲线得到该起调水位下坝前最高水位达到防洪高水位（244.06m）时的暴雨量，该暴雨量便是该起调水位对应的抗暴雨能力。其中假定暴雨根据实测降雨资料进行设计，产汇流计算采用新安江模型，模型参数根据实测资料反推的入库流量数据进行率定。

3 起调水位确定

根据抗暴雨情况需要，起调水位选取死水位以及死水位至防洪高水位之间的整数水位，即：235.6m、236.0m、237.0m、238.0m、239.0m、240.0m、241.0m、242.0m、243.0m，244.0m 因距离防洪高水位太近，无分析意义，故不选取。

4 假定暴雨设计

假定暴雨采用流域内近 5 年最大的一次降雨过程（2012 年 6 月 22 日 9 时至 25 日 9 时）进行等比缩放，分别设计过程雨量为 600mm、500mm、400mm、300mm、200mm、100mm 的 72h 面雨量过程（时段长为 1h），详见表 3 和图 1。

表 3 假定暴雨设计成果表

时刻/h	实测降雨过程/mm	设计降雨过程雨量/mm					
	299.4	600	500	400	300	200	100
1	10.9	21.8	18.2	14.6	10.9	7.3	3.6
2	5	10	8.4	6.7	5	3.3	1.7
3	2.9	5.8	4.8	3.9	2.9	1.9	1
4	4.1	8.2	6.8	5.5	4.1	2.7	1.4
5	1.1	2.2	1.8	1.5	1.1	0.7	0.4
6	5.2	10.4	8.7	6.9	5.2	3.5	1.7
7	10.5	21	17.5	14	10.5	7	3.5
8	14.7	29.5	24.5	19.6	14.7	9.8	4.9
9	17.8	35.7	29.7	23.8	17.8	11.9	5.9
10	6.2	12.4	10.4	8.3	6.2	4.1	2.1
11	9.8	19.6	16.4	13.1	9.8	6.5	3.3
12	8.5	17	14.2	11.4	8.5	5.7	2.8
13	1.4	2.8	2.3	1.9	1.4	0.9	0.5
14	0	0	0	0	0	0	0
15	0	0	0	0	0	0	0
16	0	0	0	0	0	0	0
17	0	0	0	0	0	0	0
18	0.3	0.6	0.5	0.4	0.3	0.2	0.1
19	0.4	0.8	0.7	0.5	0.4	0.3	0.1
20	0.5	1.0	0.8	0.7	0.5	0.3	0.2

时刻/h	实测降雨过程/mm	设计降雨过程雨量/mm					
	299.4	600	500	400	300	200	100
21	0.1	0.2	0.2	0.1	0.1	0.1	0
22	0.5	1.0	0.8	0.7	0.5	0.3	0.2
23	1.9	3.8	3.2	2.5	1.9	1.3	0.6
24	9.6	19.2	16	12.8	9.6	6.4	3.2
25	11.3	22.6	18.9	15.1	11.3	7.5	3.8
26	13.2	26.5	22	17.6	13.2	8.8	4.4
27	10.4	20.8	17.4	13.9	10.4	6.9	3.5
28	8.6	17.2	14.4	11.5	8.6	5.7	2.9
29	7.5	15.0	12.5	10	7.5	5	2.5
30	6.7	13.4	11.2	9	6.7	4.5	2.2
31	8.7	17.4	14.5	11.6	8.7	5.8	2.9
32	8.9	17.8	14.9	11.9	8.9	5.9	3
33	8.3	16.6	13.9	11.1	8.3	5.5	2.8
34	3.6	7.2	6	4.8	3.6	2.4	1.2
35	1	2	1.7	1.3	1	0.7	0.3
36	0	0	0	0	0	0	0
37	0	0	0	0	0	0	0
38	0	0	0	0	0	0	0
39	0.3	0.6	0.5	0.4	0.3	0.2	0.1
40	0.7	1.4	1.2	0.9	0.7	0.5	0.2
41	0.1	0.2	0.2	0.1	0.1	0.1	0
42	0.1	0.2	0.2	0.1	0.1	0.1	0
43	0.6	1.2	1	0.8	0.6	0.4	0.2
44	2.9	5.8	4.8	3.9	2.9	1.9	1
45	3.9	7.8	6.5	5.2	3.9	2.6	1.3
46	12.6	25.3	21	16.8	12.6	8.4	4.2
47	10.9	21.8	18.2	14.6	10.9	7.3	3.6
48	13.4	26.9	22.4	17.9	13.4	9	4.5
49	26.3	52.7	43.9	35.1	26.4	17.6	8.8
50	8.1	16.2	13.5	10.8	8.1	5.4	2.7
51	0.9	1.8	1.5	1.2	0.9	0.6	0.3
52	1.7	3.4	2.8	2.3	1.7	1.1	0.6

续表

时刻/h	实测降雨过程/mm	设计降雨过程雨量/mm					
	299.4	600	500	400	300	200	100
53	0.3	0.6	0.5	0.4	0.3	0.2	0.1
54	0.1	0.2	0.2	0.1	0.1	0.1	0
55	0	0	0	0	0	0	0
56	0	0	0	0	0	0	0
57	0	0	0	0	0	0	0
58	0	0	0	0	0	0	0
59	0	0	0	0	0	0	0
60	0.4	0.8	0.7	0.5	0.4	0.3	0.1
61	0	0	0	0	0	0	0
62	0	0	0	0	0	0	0
63	0	0	0	0	0	0	0
64	0.6	1.2	1	0.8	0.6	0.4	0.2
65	0.2	0.4	0.3	0.3	0.2	0.1	0.1
66	1.2	2.4	2	1.6	1.2	0.8	0.4
67	1.1	2.2	1.8	1.5	1.1	0.7	0.4
68	0.8	1.6	1.3	1.1	0.8	0.5	0.3
69	0.4	0.8	0.7	0.5	0.4	0.3	0.1
70	2.1	4.2	3.5	2.8	2.1	1.4	0.7
71	3.3	6.6	5.5	4.4	3.3	2.2	1.1
72	6.8	13.6	11.4	9.1	6.8	4.5	2.3

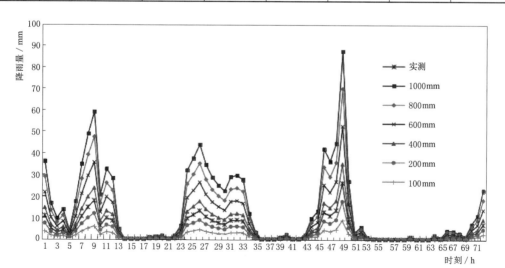

图 1 不同量级的假定暴雨时程分配图

5 产汇流计算方案构建

产汇流计算采用新安江模型，依托中国洪水预报系统进行模型参数的率定。考虑到时间久远，下垫面条件变化较大，资料系列选择 2012—2016 年团结水库实测资料反推的入库流量数据，这 5 年的最大入库流量分别为：$666m^3/s$、$97m^3/s$、$348m^3/s$、$450m^3/s$、$346m^3/s$，由于本次产汇流计算均为中高水，故舍去 2013 年资料不用，采用 2012 年、2014 年、2015 年资料进行率定，2016 年资料进行检验。雨量资料采用吴村、美佳山、带源、小吟、漳灌、北陂头、和平等 7 个雨量（水位）站的雨量数据。蒸发资料采用流域内汾坑水文站的实测资料。

模型参数率定结果见表 4，方案确定性系数 0.871，采用 2016 年资料进行检验，确定性系数为 0.845，根据《水文情报预报规范》（GB/T 22482—2008），方案等级为乙级，可进行洪水预报作业，亦满足本文对产汇流计算方案的要求。

表 4　　　　　　　　　　　　　　　模 型 参 数 率 定 表

参数名称	数值	参数名称	数值	参数名称	数值
WM	95.334	IM	0.029	CG	0.970
WUMx	0.118	SM	34.652	CS	0.959
WLMx	0.725	EX	1.5	LAG	3
K	0.923	KG	0.564	X	0
B	0.497	KI	0.136	KK	1
C	0.184	CI	0.701	MP	0

6 抗暴雨能力分析

采用中国洪水预报系统率定出的 WM 为 95.334mm，由于该参数不敏感，为计算方便，可直接取 100mm。

本文分别分析流域前期饱和（$W_0 = 100mm$）、半饱和（$W_0 = 50mm$）状态下的团结水库抗暴雨能力，并分别绘制两种状态下的抗暴雨能力曲线，实际应用中可根据当前水位及土壤含水量内插求得当前抗暴雨能力。

下面以流域前期饱和状态下，起调水位为 240.0m 的抗暴雨能力分析为例，详述其分析方法。

（1）采用率定好的模型参数计算正常状态下 6 场不同量级的暴雨所产生的入库流量过程。

（2）假设最初水库以最大流量发电（$16m^3/s$），随着不断持续的降雨，入库流量开始增大，当入库流量增大至 $16m^3/s$ 时，水库水位开始上涨，当水库涨至 241.0m 时，由于入库流量尚未达到安全泄量，先以与入库流量同等的流量下泄，等入库流量达到安全泄量后，则以安全泄量下泄。按此方法分别计算 6 场不同量级的暴雨下的出库流量过程及水库水位变化过程。图 2 所示为过程雨量为 500mm 的假定暴雨下的入库流量、出库流量及库水位过程。

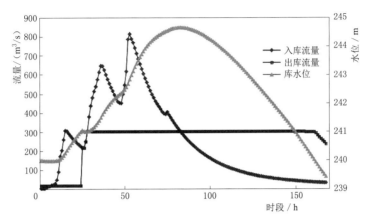

图 2　过程雨量为 500mm 的假定暴雨下的入库流量、出库流量及库水位过程

（3）通过库水位变化过程求得水库坝前可达到的最高水位，便可点绘出相应的暴雨量-坝前最高水位关系曲线（图 3），通过该曲线可查出坝前最高水位达到防洪高水位（244.06m）时所需的 72h 暴雨量为 440mm。

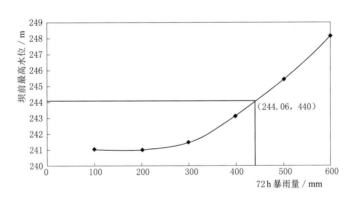

图 3　暴雨量-坝前最高水位关系曲线

按照上述方法，可分别求得两种状态下各起调水位对应的抗暴雨能力，分析成果见表 5 和图 4。

表 5　　　　　　　　　　　　　　团结水库抗暴雨能力分析成果

起调水位/m	抗暴雨能力/mm	
	饱和	半饱和
235.6	487	526
236.0	482	521
237.0	471	513
238.0	454	499

续表

起调水位/m	抗暴雨能力/mm	
	饱和	半饱和
239.0	442	480
240.0	440	471
241.0	436	468
242.0	397	438
243.0	340	365

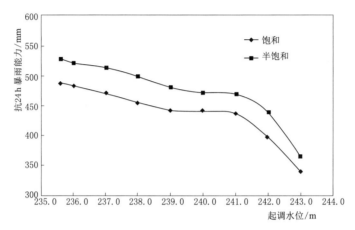

图 4　团结水库抗暴雨能力分析成果图

7 结论

根据以上分析,可得出以下结论:

(1) 该分析方法产汇流计算采用适用于湿润地区的新安江模型,模型参数根据实测资料反推的入库流量数据进行率定,确定性系数达 0.871;假定暴雨采用实测降雨数据进行等比缩放。方法可行,成果较可靠。

(2) 从分析成果可以看出,该水库起调水位在 235.6~243.0m 范围内抵抗未来 72h 暴雨能力为 340~526mm,抗暴雨能力较强,这主要是因为该水库为大型水库,集水面积较小,库容较大,纳雨能力较强。另外,本文以 2012 年 6 月 22 日 9 时至 25 日 9 时实测降雨过程等比缩放的方法进行假定暴雨过程设计,而在实际情况中,暴雨时空分布千变万化,很可能降雨过程刚刚开始强度就极大,形成一个非常尖瘦的入库流量过程,入库流量较泄流能力及安全泄量均大得多。这样的话,可能暴雨量远未达到本文所分析的抗暴雨能力,坝前库水位就已超过校核洪水位。因此,本文所分析出来的成果只可作为水库调度的参考依据,实际应用中仍需根据降雨情况灵活运用,本文旨在提出一种新的水库抗暴雨能力分析方法,也可根据本文所提出的方法编制实时抗暴雨能力计算软件,根据已经降下的暴雨及当前的库水位动态分析抵抗未来暴雨的能力。

参 考 文 献

[1] 国洪琴. 基于不同预设条件的水库抗暴雨能力浅析 [J]. 地下水，2016，38（2）：124 - 125.

[2] 张立明. 浅析不同预设条件下的水库抗暴雨能力计算 [J]. 内蒙古水利，2016（1）：18 - 19.

与城市内涝相关的排水和排涝设计
暴雨标准异同探讨

尧俊辉　钟艳亭　周柏艳　余敏琳

（江西省南昌市水文局，江西南昌　330038）

摘　要： 本文从城市内涝现象出发，指出设计暴雨标准以重现期表示合理可行，阐述市政和水利系统的重现期在数量上不一样，在本质上有差别；论述两个系统的风险理念和导致重现期差异的根源；介绍因两种重现期表征的风险，指出在提高设计标准时对年风险理念和年最大值选样法应予以肯定并逐步推广；提出两种重现期化异求同的关键在于统一风险理念和选样时采用年最大值法。

关键词： 排水和排涝；设计暴雨标准；年多个样法；年最大值法

城市内涝是指由于强降水或连续性降水超过城市排水能力致使城市内产生积水灾害的现象。而在现实生活中，往往会出现城区道路、小区内积水严重，而河道内湖的排涝泵站运行时间较短无涝可排的现象，也会有城市道路等无积水，但城市内湖、河道等水系出现涝水的情况，这就是排水与排涝设计衔接的问题。

市政排水和水利排涝均与洪水流量直接相关，制定标准时本应以设计洪水流量出现可能性的大小为依据，但由于排水和排涝涉及面积较小，一般无流量资料可直接利用，故间接由暴雨推求洪水以满足设计要求。在这种情况下，洪水流量出现可能性的大小就体现在短历时暴雨出现可能性的大小。在通常只考虑常态的产流和汇流，并期望暴雨发生的可能性和相应洪水发生可能性一样的前提下，用暴雨发生的可能性来衡量排涝与排水标准的指标是合适的。概率是表征事件出现的可能性的定量指标，相关主体往往会用直观指标重现期对事件出现的可能性进行表述。因此当前用设计暴雨重现期作为排涝与排水标准，是科学合理而又习惯的做法。

在水利系统与市政系统内部，暴雨统计取样有所不同，前者多用年最大值法，后者则用年多个样法。也正因为如此，通过统计计算之后得到的重现期有一定区别（本文用 T_1、T_2 分别代表市政系统和水利系统的重现期），两者的不一致带来了一些工程设计方面的问题，因此业界一直在探讨两者的衔接问题，也取得了许多研究成果。

本文将阐述 T_1 和 T_2 存异的根源，深入剖析统一的基础，提出使上述两个系统的重现期相统一的建议，以期为排涝与排水的科学设计创造便利条件。

1 风险理念和选样方法

1.1 风险理念

为形象地描述风险理念，举例说明。假定为保护一排水区内防护对象免遭水淹影响而受损，拟在该排水区出口处建一座排水设施。通过分析，该设施的设计暴雨采用 30min 短历时降雨量，设计标准是 5 年一遇。由当地资料计算得出 5 年重现期的 30min 短历时降雨为 42mm，以 i_0 表示。暴雨发生后，30min 降雨 i 大于 i_0 的情况下，保护对象将面临受损的风险。实际上一年内出现暴雨的场次不止一次，取一年中列前两位的暴雨场次，统计 30min 短历时降雨量为 i_1 和 i_2，分别表示年最大值和次大值。根据 i_1、i_2 以及 i_0 之间的关系，可讨论排水状况及其防护对象风险如下：

（1）$i_0 < i_2 < i_1$。年次大 30min 短历时暴雨比设计值大，说明发生年最大和年次大短历时降雨时，防护对象陷入水淹风险，即此年度防护对象至少遭受了两次风险。

（2）$i_2 < i_0 < i_1$。30min 短历时次大暴雨小于设计值，年最大超出设计值。在年最大值出现的时候，超出了排水设计能力，防护对象受损。然而在次大值发生的时候，并无风险出现，即该年度内防护对象经历了一次破坏风险。

（3）$i_0 > i_1 > i_2$。两次都比设计值要小，很明显排水系统运行顺畅，防护对象不存在风险。

上文仅仅是将一年内两场次暴雨为例予以说明，年度内多场次暴雨情况以此类推，意在引出如下两类风险理念。第一类为年风险理念，一年中出现数次暴雨必有最大者 i_{max}，若 $i_{max} > i_0$，会引发风险，当且仅当最大者引起的风险才被确定为设计风险，而次大者引起的风险则不能计入（不管是否引发事实上的破坏风险）。第二类为次风险理念，当发生了短历时降雨超过设计值的降雨时就引发风险。如一年中出现 n 次此类暴雨，则意味着此年度出现了 n 次风险，都归属于设计风险。

1.2 选样方法

风险理念不同，其相应的选样方法也存在差别，年风险理念强调，唯有被判定成年最大值的暴雨所衍生出的风险，才可归入到设计风险范畴。因此在分析的过程中，仅需把年最大值作为研究样本进行统计计算，年最大值选样法由此产生和形成。次风险理念则强调，由于次暴雨值引发的风险应归入到设计风险范畴。为准确计算设计风险，应当将次暴雨等诸多信息纳入，因而在计算以及统计分析的样本中须涵盖次大暴雨等数据，也即采取年多个样法进行选样。

2 选样法和重现期

2.1 选样法相应的重现期

$i > i_0$ 属于随机事件，用 $P_{次}(i > i_0)$ 代表其可能性，它的倒数 $\dfrac{1}{P_{次}(i > i_0)}$ 表示重现间

隔长度 T，用次数进行度量。比方说 $P_{次}(i>i_0)$ 的值为 20%，其含义是指平均 100 次关于 i 的统计中发生 $(i>i_0)$ 事件的次数是 20，则表明 $(i>i_0)$ 事件重现的间隔长度是 5次，相当平均间隔 5 次会重现 1 次，因为这时不存在任何时间概念，无法对事件的统计特征予以全面展现。如果要用时间度量重现间隔的长度，必须认真地研究分析时年重现期与次重现期两者的关系，当前已有一些两者转化方法的相关研究成果，本文阐述如下：

（1）年多个样法。假设一年选 K 次（含年最大），那么各次间的时间平均长度是 $\frac{1}{K}$年，次与年之间的关系则为 K 与 $\frac{1}{K}$。如 K 的值为 5，那么每次之间的时间长度就是 0.2年。由此可见，要想把以次度量的重现期间隔长度转变成以年度量的重现期，就一定要乘以 $\frac{1}{K}$。那么基于年多个选样法进行转换之后得到的重现期 T_1（也称"市政系统的重现期"）可表示为

$$T_1 = \frac{T}{K} = \frac{1}{K} \times \frac{1}{P_{次}} = \frac{1}{KP_{次}} \tag{1}$$

（2）年最大值法。一年选一次最大者，次与次间隔平均为 1 年时间，此时对于重现间隔长度不论是用年度量还是用次数度量所得的结果一致。比如间隔 4 次重现 1 次，也即间隔 4 年才有 1 年重现。在每年选一次的样本中，用 $P_{年}(i>i_0)$ 表示年频率，因此水利系统重现期 T_2 可用公式表示为

$$T_2 = \frac{1}{P_{年}} \tag{2}$$

对比上述两个公式，若 K 的取值为 1，即每年仅选 1 个样，将次频率转换成年频率即 $P_{次}=P_{年}$，式（1）转化为

$$T_1 = \frac{1}{P_{年}} \tag{3}$$

式（2）和式（3）相同，说明当采取年最大值选样时，T_1 与 T_2 是相统一的。

2.2 不同选样法重现期之间的关系

为便于说明 T_1 与 T_2 之间的定量关系，本文采用南昌市城区外洲水文站 1988—2017年 30 年的 30min 短历时降雨资料，用上述两种方法分别选样（令 K 值为 3），部分数据见表 1。利用下文所述方法估算 T_1 与 T_2，并对两者的关系进行进一步的阐释。

表 1   两类选样法的选样数据

序号	30min 雨量 i/mm		重现期 T/a	
	年多个样法	年最大值法	年多个样法 T_1	年最大值法 T_2
1	51.0	51.0	30	30
2	50.8	50.8	15	15
3	50.5	50.5	10	10
4	50.1	50.1	7.5	7.5

序号	30min 雨量 i/mm		重现期 T/a	
	年多个样法	年最大值法	年多个样法 T_1	年最大值法 T_2
5	49.9	49.9	6	6
6	46.3	43.4	5	5
7	43.6	38.6	4.2	4.2
8	43.4	38.5	3.8	3.8
9	42.8	37.9	3.3	3.3
⋮	⋮	⋮	⋮	⋮
30	26.4	23.0	1	1
⋮	⋮	⋮	⋮	⋮
90	17.6	—	0.33	—

注　年数为30，总次数为90。

关于 $P_{次}$ 和 $P_{年}$ 的计算有很多公式。为清晰而简单明了地描述和说明问题，遂引用基于概率的古典定义出发的概率计算式，即

$$P_{次} = \frac{m_{次}}{N_{次}} \tag{4}$$

$$P_{年} = \frac{m_{年}}{N_{年}} \tag{5}$$

式中：$N_{年}$、$N_{次}$ 为总年数和总次数；$m_{年}$、$m_{次}$ 为年最大选样、年多个样本法下的样本各项从大及小的序号。

把上面两个公式分别代入到式（3）和式（4），得

$$T_1 = \frac{N_{次}}{K m_{次}} \tag{6}$$

$$T_2 = \frac{N_{年}}{m_{年}} \tag{7}$$

本例中 $N_{次}$ 为90，$N_{年}$ 为30，$m_{年}$ 为1～30，$m_{次}$ 为1～90，根据上述推导公式不难计算 T_1 和 T_2，见表1。从表1可知，序号30之后的仅列有年多个样法的结果；在序号不超过5的情形时，两类方法得到的数值都是一样的；序号6～30，重现期虽然是相同的，但短历时雨量不同。

为什么序号5之后两种方法的成果存在差异呢？由表1不难分析出是因为此临界点后的年最大值的排序由于次雨量值的加入而后退——原本基于年最大法下位列第6的43.4mm，其在年多个样法中将位列第9，因此30min短历时降雨43.4mm在两种样本中的重现期分别为3.8a和5a。

虽然此处 T_1、T_2 都称为以年计的重现期，然而从定义上看两者具有区别。前者 T_1 的重现形式可加入次大值，也可仅是年最大值的形式，因此是多种形式的重现；而后者 T_2 的重现形式属于单一形式重现，仅是年最大值。所以针对同一 $i > i_0$ 事件，$T_1 \leqslant T_2$，

究其原因是多形式重现的可能性要比单一形式重现大。

理论上对同一随机事件（$i > i_0$）在条件稳定的情况下，只有一个重现期，这里却出现了 T_1 和 T_2，归根结底是因为在统计样本中引入了次降雨量。由此可知，T_1 与 T_2 之间的关系会受众多因素的影响，除上文所述的选样个数外，还会受到选样历时、年最大和次大暴雨的配置、次大量级等暴雨结构特征的影响，也正因为如此，很难得到一个通用性强的定量关系。

3 重现期和设计风险

从定义和数值上看，T_1 与 T_2 都存在差异。为了深入分析两者优劣，首要问题就是要明白两者的目的。第 2 节案例中排水设施的建设标准用重现期表示，重现期越大，意味着风险减小但排水设施的工程造价越高，反之则意味着造价增加但防护对象面临着更高的破坏风险。由此可见风险度与重现期存在着密切的联系，增大重现期就能降低风险。

该如何理解风险的含义呢？由于事件（$i > i_0$）的发生，保护对象实体受损，且需要较长时间才能修复，这种实质性的破坏毫无疑问应当确定为风险；事件（$i > i_0$）出现后，只是导致防护对象的功能受到一定程度的影响，使其由正常状态暂转换至非正常状态，短时间后又恢复正常，该功能方面的暂时"破坏"也可归于风险。因此在具体实践时，就需要注意区分这两种性质不同的风险。若顾及功能上的暂时风险，那么应当把一年内出现的次大暴雨等衍生的状态破坏风险归入到设计风险范畴；如仅顾及短期无法修复的实体破坏风险，那么由次大暴雨等衍生出的风险通常不应纳入设计风险。原因如下：保护对象在一年内发生事件（$i > i_0$）且受到一次破坏，在该年度又再度发生事件（$i > i_0$）受到二度破坏，第二次破坏是在首次破坏已发生的状态下出现的。如在设计时不考虑年内形成的二次风险，那么就不应将二次风险算入设计风险之中，所以一年内只可发生一次设计风险。此次风险或许是由年最大值引起，也或许是次大值造成的，但若是次大值引起，那么最大值是一定会造成破坏的。正是如此，可以说年最大值引发的风险最能客观、合理地体现设计风险的指标。

总之，T_1 所表征的风险不仅是特大值还包括多个次大值引发的风险，T_2 则只是年最大值衍生出的风险。两者存在着显著差异，T_1、T_2 的取舍是由设计目的也就是风险计量的要求所决定的，所以排水和排涝的设计目的不同也导致其分别采用了 T_1 和 T_2。

4 设计标准的化异求同

上文阐述了 T_1 与 T_2 之间的差异，要想做到化异求同，就要追溯源头从理念、目的和基础条件等处着手分析。

排涝设计与排水设计旨在科学地平衡好投资与风险之间的关系。由于我国社会经济持续快速的发展，人民生活幸福指数日益提高，安全意识不断增强，一年多次风险已不为社会公众容忍，与此同时国力日趋强盛，在增加投资适当提高工程建设标准方面也具备了一定的条件。基于此背景，应尽量规避和减少各类风险。风险最终体现在设计标准上，降低风险就意味着要提高设计标准。现从以下 4 个方面阐述提高标准、降低风险的要求和途径，与此同时，分析归纳现阶段两个并存标准化异求同的基础。

（1）风险类型。上文谈到了实体破坏风险与功能破坏风险，要降低风险就必须降低这两种风险，也就是说要降低包括水利系统和市政系统在内的所涉风险。

（2）风险计量。上文谈到了风险计量的年风险与次风险，对于何种计量风险要降低，究竟是年风险还是次风险，对此，要比照"降低风险"的最终目的是尽可能地规避或降低各种风险。为此，需要避免一年内多次频发的风险并将其减少到多年发生一次，如此就要求在风险计量时不统计年内出现的多次风险而只将年中的一次风险计入。年中的一次风险是依据年最大值所决定的，所以说当需要降低风险到多年一次时，须用年风险计量风险。

（3）重现期选择。如果用年风险求算风险的话，与其匹配的重现期是 T_2——基于年最大值法选样的重现期。

（4）增大 T_2。由上文可推，提高标准、降低风险最终反映在增大 T_2 上。现阶段日本、美国等发达国家都用 T_2 表示设计标准，其中，日本认为 T_2 的值处于 $5\sim10a$ 的范围内，而美国的 T_2 值则处于 $10\sim15a$ 范围内。目前我国在建设城市防洪排涝体系方面暴露出一些问题，迫切需要在制定科学的 T_2 上下功夫。

总而言之，提高标准降低风险是当前社会经济发展和公众的客观需求，为此需要细致地研究和找到化异求同的基础。此处的风险是指广义层面上的风险，采用年风险进行计量，与之匹配的重现期是 T_2，增大 T_2 则是提高标准的最终体现。因此大家应接受年风险理念，可以把年最大值选样法纳入相关规范中，如水利系统的相关设计洪水规范明文规定暴雨和洪水系列由年最大值组成，如此市政、水利两系统的排水和排涝设计暴雨标准便统一了，化异求同也就能实现了。

5 ▶ 结语

通过前文的阐述分析，结论如下：

（1）用设计暴雨重现期的方式表示排水与排涝标准是合理可行的。

（2）从根本上看，基于年最大值法的重现期与基于年多个样法的重现期之间存在差异，这主要归咎于两者源自的风险理念不同。

（3）在我国当前状况下，要提高设计标准，加大设计暴雨重现期。对年风险理念和年最大值选样法要加以肯定和逐步推广。

（4）统一风险理念采取年最大值选样法可实现两种重现期的化异求同。

参 考 文 献

［1］ 车五，杨正，赵扬，等. 中国城市内涝防治与大小排水系统分析［J］. 中国给水排水，2013，29（16）：13－19.

［2］ 邱瑞田，徐宪彪，文康，等. 关于确定城市防洪标准的几点认识［J］. 中国防汛与抗旱，2006，13：43－47.

［3］ 曾娇娇. 市政排水与水利排涝标准衔接研究［D］. 广州：华南理工大学，2015.

［4］ 何文学，李茶青，城市"排水、排涝、防洪"工程之间的和谐关系研究［J］. 给水排水，2015，41：85-88.

［5］ 陈鑫，邓慧萍，马细霞. 基于 SWMM 的城市排涝与排水体系重现期衔接关系研究［J］. 给水排水，2009，9（35）：114-117.

［6］ 邵卫云. 基于水文特性的暴雨选样方法的频率转换［J］. 浙江大学学报（工学版），2010，8（44）：1597-1603.

［7］ 陆廷春. 南京市六合区市政排水与水利排涝设计暴雨重现期衔接关系［J］. 水利与建筑工程学报，2012，10（6）：191-194.

［8］ 杨星，李朝方，刘志龙，等. 基于风险分析法的排水排涝暴雨重现期转换关系［J］. 武汉大学学报（工学版），2012，45（2）：171-176.

［9］ 高学珑. 城市排涝标准与排水标准衔接的探讨［J］. 给水排水，2014，6（40）：18-21.

［10］ 冯耀龙，马姗姗，肖静. 水利排涝与市政排水重现期的转换关系［J］. 南水北调与水利科技，2015，8（13）：614-617.

［11］ 水利水电规划设计院. 水利水电工程设计洪水计算手册［M］. 北京：中国水利水电出版社，1995.

［12］ 唐嗣政. 概率论与数理统计［M］. 成都：成都科技大学出版社，1995.

［13］ 夏军良. 城市防洪排涝体系建设存在的问题与对策［J］. 江西建材，2015（8）：295，300.

［14］ 方国华，钟淋娟，苗苗. 我国城市防洪排涝安全研究［J］. 灾害学，2008，23（3）：119-123.

［15］ 中华人民共和国水利部. 水利水电工程设计洪水计算规范［S］. 北京：中国水利水电出版社，2006.

江西水文监测研究与实践
（第一辑）
水资源调查评价

江西省水文监测中心　编

中国水利水电出版社
www.waterpub.com.cn
·北京·

内 容 提 要

江西省水文监测中心（原江西省水文局）结合工作实践，组织编写了江西水文监测研究与实践专著，包括：鄱阳湖监测、水文监测、水文情报预报、水资源调查评价、水文信息化应用、水生态监测六个分册，为水文信息的感知、分析、处理和智慧应用提供了科技支撑。

本书为水资源调查评价分册，共编选了 28 篇论文，反映了近年来江西省水文监测中心在水资源调查评价领域的研究与实践成果。

本书适合从事水文监测、水文情报预报、水资源管理等工作的专家、学者及工程技术人员参考阅读。

图书在版编目（CIP）数据

江西水文监测研究与实践. 第一辑. 水资源调查评价/江西省水文监测中心编. -- 北京：中国水利水电出版社，2022.9

ISBN 978-7-5226-0415-2

Ⅰ．①江… Ⅱ．①江… Ⅲ．①水文观测－江西－文集
Ⅳ．①P332-53

中国版本图书馆CIP数据核字(2022)第008598号

书　　名	江西水文监测研究与实践（第一辑）　水资源调查评价 JIANGXI SHUIWEN JIANCE YANJIU YU SHIJIAN（DI - YI JI） SHUIZIYUAN DIAOCHA PINGJIA
作　　者	江西省水文监测中心　编
出版发行	中国水利水电出版社 （北京市海淀区玉渊潭南路 1 号 D 座　100038） 网址：www. waterpub. com. cn E - mail：sales@mwr. gov. cn 电话：(010) 68545888（营销中心）
经　　售	北京科水图书销售有限公司 电话：(010) 68545874、63202643 全国各地新华书店和相关出版物销售网点
排　　版	中国水利水电出版社微机排版中心
印　　刷	北京印匠彩色印刷有限公司
规　　格	184mm×260mm　16 开本　55.25 印张（总）　1344 千字（总）
版　　次	2022 年 9 月第 1 版　2022 年 9 月第 1 次印刷
印　　数	0001—1200 册
总 定 价	**288.00** 元（共 6 册）

序

　　水文科学是研究地球上水体的来源、存在方式及循环等自然活动规律，并为人类生产、生活提供信息的学科。水文工作是国民经济和社会发展的基础性公益事业；水文行业是防汛抗旱的"尖兵和耳目"、水资源管理的"哨兵和参谋"、水生态环境的"传感器和呵护者"。

　　人类文明的起源和发展离不开水文。人类"四大文明"——古埃及、古巴比伦、古印度和中华文明都发端于河川台地，这是因为河流维系了生命，对水文条件的认识，对水规律的遵循，催生并促进了人类文明的发展。人类文明以大河文明为主线而延伸至今，从某种意义上说，水文是文明的使者。

　　中华民族的智慧，最早就表现在对水的监测与研究上。4000 年前的大禹是中国历史上第一个通过水文调查，发现了"水性就下"的水文规律，因势疏导洪水、治理水患的伟大探索者。成功治水，成就了中国历史上的第一个国家机构——夏。可以说，贯穿几千年的中华文明史册，每一册都饱含着波澜壮阔的兴水利、除水害的光辉篇章。在江西，近代意义上的水文监测始于 1885 年在九江观测降水量。此后，陆续开展了水位、流量、泥沙、蒸发、水温、水质和墒情监测以及水文调查。经过几代人持续奋斗，今天的江西已经拥有基本完整的水文监测站网体系，进行着全领域、全方面、全要素的水文监测。与此相伴，在水文情报预报、水资源调查评价、水生态监测研究、鄱阳湖监测研究和水文信息化建设方面，江西水文同样取得了长足进步，累计 74 个研究项目获得国家级、省部级科技奖。

　　长期以来，江西水文以"甘于寂寞、乐于奉献、敢于创新、善于服务、精于管理"的传统和精神，开创开拓、前赴后继，为经济社会发展立下了汗马功劳。其中，水文科研队伍和他们的科研成果，显然发挥了科学技术第一生产力的重大作用。

　　本书就是近年来，江西水文科研队伍艰辛探索、深入实践、系统分析、科学研究的劳动成果和智慧结晶。

　　这是一支崇尚科学、专注水文的科研队伍。他们之中，既有建树颇丰的

老将，也有初出茅庐的新人；既有敢于突进的个体，也有善于协同的团队；既有执着一域的探究者，也有四面开花的多面手。他们之中，不乏水文科研的痴迷者、水文事业的推进者、水文系统的佼佼者。显然，他们的努力应当得到尊重，他们的奉献应当得到赞许，他们的研究成果应当得到广泛的交流、有效地推广和灵活的应用。

然而，出版本书的目的并不局限于此，还在于激励水文职工钻科技、用科技、创科技，营造你追我赶、敢为人先的行业氛围；在于培养发现重用优秀人才，推进"5515"工程，建设实力雄厚的水文队伍；在于丰富水文文化宝库，为职工提供更多更好的知识食粮；在于全省水文一盘棋，更好构筑"监测、服务、管理、人才、文化"五体一体发展布局；推进"135"工程。更在于，贯彻好习近平总书记"节水优先、空间均衡、系统治理、两手发力"治水思路，助力好富裕幸福美丽现代化江西建设，落实好江西水利改革发展系列举措，进一步擦亮支撑防汛抗旱的金字招牌，打好支撑水资源管理的优质品牌，打响支撑水生态文明的时代新牌。

谨将此书献给为水文事业奋斗一生的前辈，献给为明天正在奋斗的水文职工，献给实现全面小康奋斗目标的伟大祖国。

让水文随着水利事业迅猛推进的大态势，顺应经济社会全面发展的大形势，在开启全面建设社会主义现代化国家新征程中，躬行大地、奋力向前。

2021 年 4 月于南昌

前　言

　　水是基础性的自然资源和战略性的经济资源，是人类生存和发展的重要物质基础，水资源的可持续利用关系到经济社会的可持续发展。

　　江西水资源丰富，水系发达，河流遍布，分布有赣江、抚河、信江、饶河、修河等重要河流，汇集在中国最大的淡水湖——鄱阳湖后注入长江。

　　江西水资源有着水量多、水质好、开发利用条件总体较好、水系相对独立、受干扰少以及开发利用量少等优点，但也存在较为突出的水安全问题。这些问题大体而言主要存在于两个方面：一个方面是数量型，例如，水资源时空不均衡，一些年份汛期洪水成灾、汛后出现旱情，当然工程型缺水现象也有偶发；另一个方面是质量型，例如，一些企业超标排污、用水效率不高，部分河湖水质下降等。在特定情形下，这两个方面的问题也会呈现同时存在、相互作用、互为因果的复杂态势。

　　水文科学，就是为解决水问题而产生和发展的。

　　因事业单位机构改革，2021年1月江西省水文局正式更名为江西省水文监测中心，原所辖9家单位更名、合并为7家分支机构。本文作者所涉及单位仍保留原单位名称。

　　江西水文早在1980年就开展了水资源调查评价工作，在地表水、地下水和水质三个方面取得了分析成果。现在，这一光荣而神圣的使命，落到了又一代水文人的肩上。

　　江西水文科技人员脚踏实地，致力于提高水资源公报质量，为落实最严格水资源管理提供基础支撑；致力于普及县域水资源公报、月报编制，助力河长制、湖长制以及生态文明示范区建设；致力于自然资源资产负债表编制，为政府管理提供决策依据；致力于创新县界河流断面监测、推进水质水量同步监测，成果丰硕、成效明显、成绩可圈可点。

　　扎实的水文实践，全面提高了江西水文的水资源调查评价能力，同时积累了一整套新认识新经验，形成了一系列新范例、新成果。江西省水文局把一批科研骨干的分析思考、探索研究成果编纂成书，给读者以参考借鉴，对水资源调查评价领域未来的创新实践，显然是有底气、有必要、有意义的。

本书内容主要涉及变化环境下的水文序列资料分析、饮用水源地保护探讨、江河水系连通及跨流域调水研究、河流水沙特征及其变化规律分析、人类活动和气候变化对水文水资源的影响分析、区域水平衡测试研究、节水城市建设实践与思考、城市供水水源应急补水分析、工业用水现状及变化趋势分析、水资源监测在流域水权制度实施中的作用研究、可持续发展与水文水资源问题探讨、降雨径流与水土流失的关系分析、水资源月报系统设计思路等。

我们希望本书给读者带来有益的帮助，但限于水平，本书难免存在纰漏，敬请广大读者批评指正。

在此，对在本书出版过程中给予关心支持的领导、专家表示衷心感谢。

编者

2021 年 4 月

目 录

CONTENTS

变化环境下湖口水文序列资料一致性分析

熊丽黎[1]   温天福[2]   李梅[1]   韦丽[1]

(1. 江西省水文局，江西南昌   330002；

2. 江西省水利科学研究院，江西南昌   330028)

摘　要： 本文用湖口站1950—2014年实测径流资料代表鄱阳湖出湖水文径流序列资料，分析了资料序列的一致性，并用数理统计定量分析方法从资料的趋势性和跳跃、突变情况等方面分析了倒灌以及其他变化环境对资料序列的一致性的影响。本文在研究过程中考虑了鄱阳湖水利枢纽设计调度方案，同时对全年及枢纽运行期水文资料进行了分析。结果表明，湖口站水文径流序列资料非一致性不显著，无须进行一致性修正。

关键词： 鄱阳湖；湖口；水文径流系列资料；一致性；数理统计

　　水文序列的一致性是为了说明这些资料是否来自同一总体，资料的一致性是所有水文计算的前提。水文序列的特征及变化可以通过定性与定量两种方式来分析，定性分析就是通过直观的图表等表明其序列有变化发生，但是其变化是否对序列的整体特征带来影响，即不是所有的改变都会改变总体的特征。因此，对于水文的一致性来说，可以通过水文资料的定性审查知道其一致性是否受到影响及哪些时段受到影响；如果受到影响则根据定量审查来检验其影响是否影响了总体的一致性。

1　研究区域概况

　　鄱阳湖是中国第一大淡水湖，鄱阳湖水利枢纽的建设是江西人民保护江西生态环境的美好愿望，该枢纽建设方案近年来正不断论证中。水文频率分析计算是水利工程规划设计、施工以及运行管理的基础工作，枢纽工程建设论证离不开水文资料的支撑。湖口站位于长江与鄱阳湖水流交换处，为鄱阳湖出口控制站，湖口站径流变化在每年某些时段受长江水流顶托影响明显，严重时呈现倒灌情势，即长江水流入鄱阳湖。因此，在用定性方法对湖口水文序列资料进行一致性分析后，还要根据长江水流对其顶托、倒灌的影响，定量审查检验其一致性。

2　降水与径流关系和累积降水量-累积径流关系

　　根据鄱阳湖流域降水与湖口站径流关系以及累积降水量-累积径流相关关系，定性分析资料的一致性。由流域年降水量与年径流量相关分析（图1），流域降水与湖口径流相关关系较好，相关系数达到0.91。从图2可以看出，历年年径流量与累积年降水量未发生明显偏离，湖口站水文序列的一致性较好。

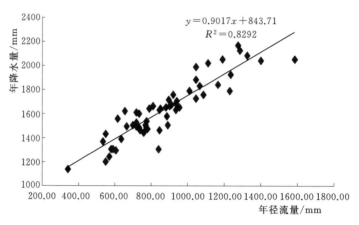

图1　湖口水文站流域年降水量与年径流量关系图

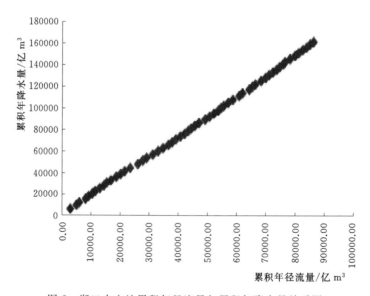

图2　湖口水文站累积年径流量与累积年降水量关系图

3 倒灌、趋势、突变分析

3.1 江湖倒灌关系变化

湖口站位于长江与鄱阳湖水流交换处，湖口站径流变化在每年某些时段受长江水流顶托影响明显，严重时呈现倒灌情势，即长江水流入鄱阳湖。1950—2014年之间湖口站倒灌情势可以在一定程度上反映长江中上游和鄱阳湖流域水文情势的相互作用，也可定性反映出湖口站径流变化是否具有一致性。

　　湖口站倒灌径流量在全年和运行时段均有减少的趋势，每 10 年分别减少 2.112 亿 m³ 和 1.394 亿 m³，相应的倒灌次数也有明显减少，如图 3 和图 4 所示，但倒灌径流量占相应时段的径流总量比例很小，最大值为 20.97%（1964 年全年）和 12.23%（1963 年运行时段），故湖口站径流量变化是否显著需要做进一步分析。

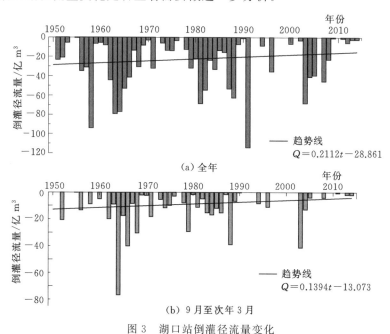

图 3　湖口站倒灌径流量变化

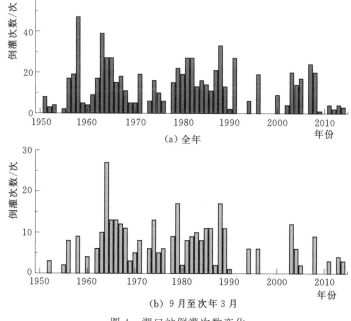

图 4　湖口站倒灌次数变化

3.2 趋势成分审查

水文序列可能包含有周期成分、非周期成分和随机成分，一般由两种或两种以上成分合成的。非周期成分包括趋势、跳跃和突变（突变是跳跃的一种特殊情况），这些成分常被叠加在其他成分上。若序列中呈现趋势或跳跃等成分，则意味着水文序列产生的相对稳定条件受到影响。

本次采用线性回归方程拟合湖口站径流与时间系列的关系，图5结果表明全年和运行时段（9月至次年3月）径流有增加趋势。对于两系列相关系数及显著性进行分析，本次采用 Pearson、Spearman 和 Kendall 三种方法分析对比，结果（表1）表明两个时段径流与时间均呈现正相关性，即径流具有增加趋势，特别是运行时段（9月至次年3月）径流增加显著性明显，湖口站相关系数分别为 0.143（Pearson 法）、0.111（Spearman 法）和 0.079（Kendall 法），但没有通过了95％显著性两侧检验，即趋势不明显。

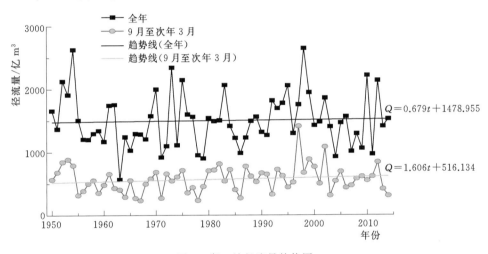

图5 湖口站径流量趋势图

表1　　　　　　　　　　湖口站径流量趋势显著性检验

检　验　方　法		全年	运行时段（9月至次年3月）
Pearson	相关系数	0.30	0.143
	显著性	0.811	0.256
Spearman	相关系数	0.048	0.111
	显著性	0.701	0.377
Kendall	相关系数	0.027	0.079
	显著性	0.751	0.353

3.3 跳跃成分审查

3.3.1 有序聚类分析方法

以有序聚类分析方法来推估最可能的突变点 τ，其实质是寻求最优分割点，使同类间的离差平方和较小而类与类之间的离差平方和较大。对于水文序列 $x_1, x_2, \cdots, x_n$，设可能的突变点为 τ，则突变前后的离差平方和分别为

$$V_\tau = \sum_{i=1}^{\tau} (x_i - \overline{x}_\tau)^2 ; V_{n-\tau} = \sum_{i=\tau+1}^{n} (x_i - \overline{x}_{n-\tau})^2$$

式中：$\overline{x}_\tau$、$\overline{x}_{n-\tau}$ 分别为 τ 前后两部分的均值。

总离差平方和为 $S_n(\tau) = V_\tau + V_{n-\tau}$，当 $S = \min\{S_n(\tau)\}$ 时 τ_0 为最优二分割点，可推断为最可能的突变点。

一般地，若序列有两个明显的阶段性过程，则总离差平方和的时序变化呈现单谷底现象；若有两个或两个以上的明显阶段过程，则总离差平方和时序变化则有两个以上的谷底。这样，可以根据谷底发生的时间划分序列变化的阶段。

为了准确识别湖口站、坝址水文序列发生显著变化的变异点，采用有序聚类法分析两时段径流序列发生变化的突变点，分析结果如图 6 所示。从图 6 中可以看出，湖口站径流量全年和运行时段离差平方和均在 1979 年达到最小值，因此，初步认为湖口站径流水文序列显著变化的转折年份。而坝址径流量全年和运行时段径流量离差平方和分别在 1968 年和 1980 年最小，分别被认为该序列资料显著变化的转折年份。

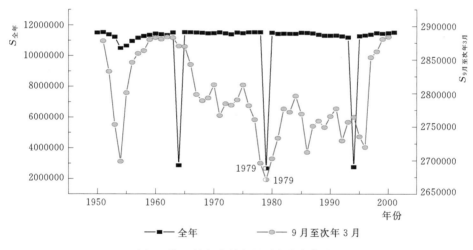

图 6 湖口站径流量离差平方和变化过程

3.3.2 Mann - Kendall 法

Mann - Kendall 法是由 Mann 于 1945 年提出的非参数统计检验方法，在时间序列分析中，Mann - Kendall 法是世界气象组织推荐的非参数检验方法，并已经广泛地用来分析降水、径流和气温等要素时间序列的变化情况。对于具有 n 个样本量的时间序列 x，秩序列 S_k 是第 i 时刻数值大于 j 时刻值个数的累计数，构造一秩序序列：

$$S_k = \sum_{i=1}^{k} r_i \quad (k = 2, 3, 4, \cdots, n)$$

$$r_i = \begin{cases} +1, & x_i > x_j \\ 0, & \text{其他} \end{cases} \quad (j = 1, 2, \cdots, n)$$

在时间序列随机独立的假定下，定义统计量：

$$UF_k = \frac{S_k - E(S_k)}{\sqrt{\mathrm{var}(S_k)}} \quad (k=1,2,\cdots,n)$$

其中 $UF_1=0$；$E(S_k)$；$\mathrm{var}(S_k)$ 是累计数 S_k 的均值方差，在 $x_1,x_2,\cdots,x_n$ 相互独立，且有相同分布时，它们可以下面公式计算：

$$E(S_k) = \frac{k(k+1)}{4}$$

$$\mathrm{var}(S_k) = \frac{k(k-1)(2k+5)}{72}$$

UF_i 为标准正态分布，它是按时间序列 $x_1,x_2,\cdots,x_n$ 计算出的统计量序列。给定显著性水平 α，查正态分布表，若 $|UF_i|>U_\alpha$，则表明序列存在明显的趋势变化。按时间序列反序 $x_n,x_{n-1},\cdots,x_1$，再重复上述过程，同时使 $UB_k=-UF_k$，$k=n,n-1,\cdots,1$，$UB_1=0$。

通过分析统计序列 UF_k 和 UB_k，不仅可以进一步分析序列 x 的趋势变化，还可以明确突变的时间，指出突变的区域。分析绘出 UF_k 和 UB_k 曲线图，若 UF_k 或 UB_k 的值大于 0，则表明序列呈上升趋势，反之则表明呈下降趋势。两统计序列构成的曲线分别记为 UF 和 UB，当它们超过临界直线时，表明上升或下降趋势显著，发生突变的可能性很大。如果两条曲线出现交点，且交点在临界直线之间，那么交点对应的时刻就是突变开始的时刻。

为了更精确地确定资料的一致性和代表性，进一步对湖口站采用 M－K 非参数检验法来检验流量资料系列是否发生突变、突变开始的时间及突变区域。以显著性水平 0.05 的临界值 ±1.96 为判别标准，分析结果如图 7 所示。由图 7 可知，湖口站全年径流量自 1986 年至 2000 年有一明显的递增趋势，但随后下降，没有超过了显著性水平临界线，说明全年径流量递增趋势不显著，径流序列 UF 和 UB 曲线在 1990 年出现交点，且交点在临界线之间，可能是发生突变的时间；运行时段自 1979 年以来有一明显递增趋势，1999 年以后递增趋势均超过了显著性水平临界线，说明运行时段流量有一定的递增趋势，径流序列 UF 和 UB 曲线在 1979 年出现交点，且交点在临界线之间，可能是发生突变的时间。

3.3.3 滑动 T 检验法

传统的 T 检验法是用来对变异点的显著性进行检验的方法，并不能用来寻找变异点。设水文时间序列的变异点 τ 将原序列分割为前后两个序列，样本容量分别为 n_1 和 n_2，且这两个序列的总体分别服从分布 $F_1(x)$ 和 $F_2(x)$，检验原假设 $F_1(x)=F_2(x)$ 是否显著。构造服从 $t(n_1+n_2-2)$ 分布的统计量 T：

$$T = \frac{\overline{x}_1 - \overline{x}_2}{S_w \left(\frac{1}{n_2} + \frac{1}{n_2} \right)^{1/2}}$$

其中 $\overline{x}_1 = \frac{1}{n_1}\sum_{t=1}^{n_1} x_t$；$\overline{x}_2 = \frac{1}{n_2}\sum_{t=n_1+1}^{n_2} x_t$；$S_w^2 = \frac{(n_1-1)S_1^2 + (n_2-1)S_2^2}{n_1+n_2-2}$；

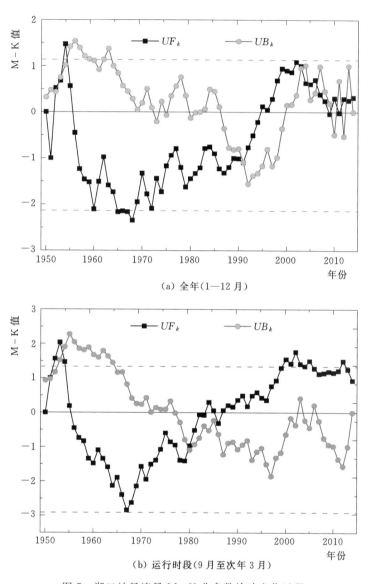

（a）全年（1—12 月）

（b）运行时段（9 月至次年 3 月）

图 7　湖口站径流量 M-K 非参数检验变化过程

$$S_1^2 = \frac{1}{n_1 - 1} \sum_{t=1}^{n_1} (x_t - \overline{x}_1)^2 \; ; \; S_2^2 = \frac{1}{n_2 - 1} \sum_{t=n_1+1}^{n_1+n_2} (x_t - \overline{x}_2)^2$$

对于给定的显著性水平 $\alpha = 0.001$ 或 0.05，若 $|T| > t_{a/2}$（临界值），则拒绝原假设，认为序列中的跳跃成分显著，τ 点为最可能变异点；反之，则接受原假设，认为序列中跳跃成分不显著。

综合前述分析，湖口突变点可能为 1979 年。进一步定量化确定存在的变异的可能性，为判断湖口站水文序列是否存在显著性跳跃提供依据。结果表明全年和运行时段湖口站径流量样本值在 1979 年前后，其方差和均值均无显著性变化，可以认为不存在跳跃点。变异点 T 检验法结果见表 2。

表2   变异点 T 检验法结果

时段	全　　年		9月至次年3月	
	1950—1979 年	1980—2014 年	1950—1979 年	1980—2007 年
均值	1458.10	1538.45	505.35	622.08
标准差	467.28	386.94	183.66	225.15
方差（F 值）	1.567（Sig. ＝0.215，差异不显著）		0.100（Sig. ＝0.752，差异不显著）	
均值（T 值）	－0.758（Sig. ＝0.451，差异不显著）		－2.241（Sig. ＝0.029，差异不显著）	
结论	1979 年不是变异点		1979 年不是变异点	

4 一致性分析结论

　　湖口水文站位于长江与鄱阳湖的交汇处，水文时间序列既受众多因素的影响，也是众多因素综合作用的反映。本次通过对趋势性和跳跃性进行定性与定量的分析，结果表明径流序列与时间关系存在一定的趋势性和跳跃性，但非一致性变化不显著。

　　该检验结果说明：近60年来鄱阳湖湖口上游影响水文资料要素成因的条件，如下垫面条件、人类活动影响等未发生较大变化，长江倒灌对湖口水文径流系列存在一定的影响，但是影响并不显著。因此可将该站的流量资料视为随机独立的样本直接进行分析计算，无须进行一致性修正。

参 考 文 献

[1]　熊立华，江聪，杜涛. 变化环境下非一致性水文频率分析研究综述 [J]. 水资源研究，2015，4（4），310－319.

[2]　丁晶，邓育仁. 随机水文学 [M]. 成都：成都科技大学出版社，1988.

[3]　张利茹，王兴泽，王国庆，等. 变化环境下水文资料序列的可靠性与一致性分析 [J]. 水文，35（2）：39－43.

[4]　谢平，陈广才，雷红富，等. 变化环境下地表水资源评价方法 [M]. 北京：科学出版社，2009.

南昌市赣江饮用水水源地保护方案研究与探讨

刘佳佳[1]　韩圣明[2]　熊　强[3]

（1. 江西省九江市水文局，江西九江　332000；2. 江西省水文局，江西南昌　330002；
3. 江西省南昌市水文局，江西南昌　330038）

摘　要： 2013 年水利部出台了《关于加快推进水生态文明建设工作的意见》，要求严格饮用水水源地保护，划定饮用水水源保护区，按照"水量保证、水质合格、监控完备、制度健全"的要求，大力开展重要饮用水水源地安全保障达标建设。本文结合南昌市赣江饮用水水源地现状，分析了水源地的安全状况及存在的问题，探讨了开展水源地保护的必要性和可行性，从工程措施和管理措施两个方面提出了具体的保护方案，为南昌市赣江饮用水水源地保护和水生态文明城市建设提供参考。

关键词： 赣江；水源地；保护方案；南昌市

1　研究背景

党的十八大以来，党中央高度重视生态文明建设，强调良好生态环境是最公平的公共产品，是最普惠的民生福祉，对加快生态文明建设作出重大战略部署。水生态文明是生态文明的重要组成和基础保障，山川秀美关键在水，建设美丽中国关键在水，维护人民群众生命健康关键也在水。

近年来，南昌市加大了城乡饮用水安全保障工作的力度，采取了一系列工程和管理措施，解决了部分城乡居民的饮水安全问题。随着经济社会的发展、人口增长和城市化进程的加快，对饮用水水源地保护工作也提出了更高的要求。通过对南昌市赣江饮用水水源地基本情况的调查研究，进一步摸清了水源地的安全状况，科学制定了水源地保护方案与管理措施，为今后一段时期赣江饮用水水源地建设、保护和管理提供了依据。

2　南昌市概况

2.1　基本概况

南昌市位于江西中部偏北，赣江、抚河下游，濒临我国第一大淡水湖鄱阳湖西南岸，国土面积为 7402.36km²，属亚热带湿润季风气候，温暖湿润，年平均气温为 17℃，多年平均年降水量为 1599mm。

2.2 水资源概况

南昌市水资源丰富,多年平均水资源总量为 65.98 亿 m³,其中地表水资源量 61.53 亿 m³,地下水资源量 17.02 亿 m³。南昌市境内水系发达,河流湖泊众多,赣江、抚河、修河、信江及清丰山溪等河流穿境而过,河网密度达到 0.57km/km²,水面面积在 1km² 以上的湖泊有鄱阳湖、军山湖、金溪湖、瑶湖、青山湖、艾溪湖、象湖、前湖等。

2.3 水源地概况

2006 年经水利部批准,南昌市赣江饮用水水源地列入全国重要饮用水水源地名录,包括朝阳水厂水源地、青云水厂水源地、双港水厂水源地、牛行/长埂水厂水源地(两水厂共用取水口和水源)、下正街水厂水源地以及在建的红角洲水厂水源地和城北水厂水源地等 7 个水源地。

2.4 水源保护区划分情况

2007 年 12 月,江西省人民政府印发《关于南昌市等市县(区)城市生活饮用水地表水源保护区范围划定的通知》(赣府字〔2007〕66 号),对赣江朝阳水厂水源地、青云水厂水源地、双港水厂水源地、牛行/长埂水厂水源地等 4 个水源地划定了水源保护区,下正街水厂水源地因扩建改造未划分水源保护区,在建的红角洲水厂水源地和城北水厂水源地也未划分水源保护区。

3 饮用水水源地安全状况分析

3.1 城市需水量预测

3.1.1 供用水概况

根据《2010 年南昌市水资源公报》和江西洪城水业股份有限公司调查资料显示,2010 年南昌市辖区总用水量为 10.04 亿 m³,城区 5 座自来水厂全年供水总量 3.05 亿 m³。

3.1.2 用水定额分析

根据《江西省城市生活用水定额》和南昌市实际调查结果,2010 年南昌市居民生活用水定额为 185L/(人·d),预测 2015 年南昌市净定额为 210L/(人·d),2020 年将达到 230L/(人·d)(见表1)。城市生态用水仅考虑城市环境卫生和城市绿化用水,按城区面积计。

3.1.3 综合生活需水量预测

2010 年南昌市城区用水的综合生活需水量为 30500 万 m³。根据南昌市的总体规划,城市人口可由 2010 年的 262 万人,增加到 2015 年的 330 万人,2020 年的 400 万人。在红角洲水厂和城北水厂未建成供水的情况下,南昌市到 2015 年综合生活需水量为 42460 万 m³,

表 1   2015 年、2020 年南昌市用水定额预测表

水平年	居民生活 /[L/(人·d)]	第三产业 /[L/(人·d)]	城市生态 /[m³/(d·km²)]
2010 年	185	105	310
2015 年	210	110	325
2020 年	230	115	340

需增加供水量 11960 万 m³，其中昌北城区缺水 1845 万 m³。2020 年南昌城市综合生活需水量为 56195 万 m³，需增加供水量 25695 万 m³，总共缺水为 8745 万 m³（见表 2）。

表 2   2015 年、2020 年南昌市缺水情况统计表

水平年	城市综合生活需水量 /万 m³	城市设计供水量 /万 m³	预测缺水量 /万 m³
2010 年	30500	47450	——
2015 年	42460	47450	1845（昌北）
2020 年	56195	47450	8745

注   由于红角洲水厂和城北水厂未建成供水，城市设计供水量暂未计算两水厂的供水量。

3.2   水源地安全状况评价

3.2.1   水质安全状况评价

依据江西省水资源监测中心 2001—2010 年赣江饮用水水源地监测数据和《地表水环境质量标准》（GB 3838—2002），采用单因子评价法对水源地水质状况进行评价，评价结果表明：赣江饮用水水源地水质符合Ⅱ类、Ⅲ类水标准，能够满足饮用水水源水质要求，水质安全评价指数为 2 级。

3.2.2   水量安全状况评价

据江西省水文局水文资料分析计算，南昌市赣江饮用水水源地最近 10 年最枯水流量为 265m³/s，设计枯水流量为 179m³/s。由此可知，最近 10 年最枯来水量保证率为 100%，能够满足目前南昌市生产和生活用水需要，水量安全评价指数为 1 级。根据城市需水量预测成果可知，到 2015 年，水量无法满足南昌市用水需要，需加快城北水厂和红角洲水厂建设。此外，从远期来看，南昌市应开展应急和备用水源建设。

3.2.3   工程安全状况评价

赣江饮用水水源地分为昌南、昌北两个独立供水管网，管网长度 2051km，基本覆盖主要建成区，根据 2010 年南昌市实际供水量和设计供水量可知，能够确保取水工程的正常运行，工程安全评价指数为 1 级。

3.2.4   主要污染风险分析

根据南昌市赣江外洲断面水质监测结果分析，赣江饮用水水源地上游来水水质多为Ⅱ类、Ⅲ类，符合饮用水水源水质要求。生米大桥和在建的朝阳大桥位于青云水厂水源地和朝阳水厂水源地上游，水源地存在一定风险。双港水厂、牛行/长埂水厂和下正街水厂取水口位于赣江南昌段西岸，东岸航运码头对其影响较小，当赣江水位高于 22.00m 时，抚

河故道来水将对 3 个水源地产生一定污染，同时其水源地水质也受到上游来水水质和跨区桥梁的影响。

3.3 存在的主要问题

（1）供水安全保障能力有待提高。南昌市供水水源单一，应急和备用水源建设滞后，抗风险能力弱。目前部分饮用水水源地尚未开展隔离防护、污染源整治等水源地保护工程，城市供水缺口增大，供水管网老化、保证率低，风险预警预报能力和应急监测能力有待进一步提高。

（2）水源地不安全因素进一步加剧。随着南昌市城镇化率及城镇居民用水量的不断提高，赣江饮用水水源地水资源紧缺状况将不断加剧，赣江超低水位、季节性缺水，给城市供水造成了困难。工业污染源增加、农业与生活面源污染加重，水污染状况严峻，目前南昌市城区部分水体受到污染，有机污染凸现，水性疾病种类增多，威胁人民的生命健康。

（3）水资源管理工作相对薄弱。南昌市赣江饮用水水源地水资源保护制度有待进一步改革与健全，水资源统一管理水平亟待提高，水源地监测站网不完善，水质水量在线监测系统和水源地监控管理系统尚未建立，水资源管理体系有待完善，水源地保护法规亟待健全。

3.4 开展饮用水水源地保护的必要性和可行性

3.4.1 必要性

（1）保障人民群众饮水安全的需要。目前南昌市赣江饮用水水源地面临水质下降、水源功能丧失、安全防护体系和保障措施薄弱等严峻形势。通过开展水源地保护方案研究，找出水源地安全存在的问题，科学制定保护与管理对策，提出水源地保护的具体措施，保障城市供水安全。

（2）实行最严格水资源管理制度的需要。2012 年 2 月，《国务院关于实行最严格水资源管理制度的意见》明确指出，要依法划定饮用水水源保护区，开展重要饮用水水源地安全保障达标建设，加快实施全国城市饮用水水源地安全保障规划，强化饮用水水源应急管理，完善饮用水水源地突发事件应急预案，建立备用水源。

（3）水生态文明城市建设的需要。南昌市作为全国 45 个水生态文明城市建设试点城市之一，在赣江饮用水水源地保护方面还存在一些问题，尤其是水源地安全保障能力建设严重滞后，与创建水生态文明城市的要求尚有较大差距。

3.4.2 可行性

（1）2011 年水利部下发《关于开展全国重要饮用水水源地安全保障达标建设的通知》，对列入名录的全国重要饮用水水源地开展安全保障达标建设工作，力争用 5 年时间达到"水量保证、水质合格、监控完备、制度健全"，初步建成重要饮用水水源地安全保障体系。

（2）2012 年南昌市委、市政府提出了"一湖清水"的战略部署，做出了把南昌建成"鄱湖明珠·中国水都"的重大决策，提出建设与完善城区供水（包括生产、生活、生态用水）安全保障体系，保障水质与水量安全。

（3）2013 年 7 月，水利部下发《关于加快开展全国水生态文明城市建设试点工作的通知》，将南昌市列为全国 45 个水生态文明城市建设试点之一。严格饮用水水源地保护，建设应急和备用水源，推进城乡饮用水安全提升工程建设，加快赣江饮用水水源地安全保障达标建设，建设安全的供用水体系，是南昌市水生态文明城市建设的主要内容。

4 饮用水水源地保护方案

4.1 水源地保护工程

（1）隔离防护工程。朝阳水厂水源地、青云水厂水源地等 6 个水源地位于城区中心，取水口两岸已有或即将建设景观围栏，具有隔离防护作用。对未开展隔离防护工程的红角洲水厂水源地采取物理隔离，沿水源保护区边界修建护栏网 4.1km，防止人类活动干扰，拦截污染物直接进入水源保护区。

（2）污染源整治工程。对朝阳水厂、青云水厂和双港水厂水源保护区内的江西造船厂、粮食码头、市沙石总公司综合码头等企业和码头实施搬迁，对保护区内所有采砂场有计划实施关闭或搬迁。加快实施朝阳洲片区象湖—抚河生活污水截污工程和取缔排污口。对赣江南昌饮用水水源区和赣江北支南昌饮用水水源区内的其他污染源进行整治，使其迁出饮用水源区。

4.2 水源地建设工程

（1）水源地改扩建工程。以 2020 年南昌市缺水量为基准，对红角洲水厂和城北水厂进行改扩建，主要采取主厂房、机组扩容以及配套电器线路改造等工程措施，新增设计取水能力 4.628m³/s，新增年供水量 14600 万 m³，铺设输水管道 24km。同时，进行供水管网改造，降低管网漏失率。

（2）应急和备用水源建设工程。由于赣江的分隔，南昌市昌南、昌北两城的供水系统相互独立，因此需分别选择昌南、昌北城区的应急和备用水源。

1）昌南城区应急和备用水源。根据昌南城区地理位置和水源分析，确定赣抚平原西总干渠为应急和备用水源。供水标准初步拟定为城市居民生活用水基本予以保证，第三产供水按 60% 供应，其他供水按 50% 供应，按上述标准计算，2020 年应急日需水量为 81 万 m³，相应流量为 9.375m³/s。工程利用三干渠引水至昌南大道西观寺闸附近，再穿越昌南大道至南桃花河，沿南桃花河自南向北至朝阳农场附近，后分两路，一路折转向东沿青山路直至青云水厂，另一路沿抚生路至朝阳水厂。

2）昌北城区应急和备用水源。根据昌北城区所处地理位置及水源状况，选定区域内的幸福水库作为应急和备用水源。供水标准同昌南城区，2020 年应急日需水量为 36 万 m³，按应急时间 15 天计算所需应急水量 480 万 m³。根据地形条件以及幸福水库出水口底高程，采用自流方式将水引至红角洲水厂。

4.3 水源地监控体系建设

（1）水源地监测站网建设。在已有监测站点的基础上，完善现有监测体系，采用人工监测和自动监测相结合的手段采集水源地安全状况数据，新建南昌市水资源监测中心，在赣抚平原西总干渠和幸福水库设置常规水资源监测断面，在朝阳水厂水源地、红角洲水厂水源地、城北水厂水源地建立 3 个水质自动监测站，开展外洲水文站等 10 个地下水监测站点的水质监测工作。

（2）水源地监控信息管理系统建设。依托江西省水资源管理系统建设，加快推进南昌市赣江饮用水水源地监控信息管理系统建设，主要包括饮用水水源地数据库建设，监控数据采集和传输系统、监控管理系统和风险预警系统建设等，利用现代化通信传输、计算机网络、数据库、系统管理等技术手段，对突发性水污染事件、水质水量变化和水源工程等情况进行监控和预报，为加强水源地监督管理提供决策依据。

4.4 水源地综合管理

（1）饮用水水源地管理体制与制度建设。建立南昌市赣江饮用水源保护目标责任制和定量考核管理办法。加强取水许可监督管理，实行用水总量控制和定额管理，全面推进节水型社会建设。加强饮用水水源污染突发事件监控，提高预警和应急处理能力。加强饮用水源保护与管理技术研究。

（2）饮用水水源保护区监督管理。全面开展南昌市赣江饮用水水源地水资源质量监测，定期向社会发布，并上报国家水源地保护主管部门。严格执行《江西省生活饮用水水源污染防治办法》，加强饮用水水源保护区入河排污口监督管理。依法实施饮用水水源保护区外限制纳污制度和污染物总量控制方案，开展陆域污染源治理和控制。

（3）饮用水水源地安全保障应急预案。根据赣江饮用水水源地实际情况，编制水源地安全保障应急预案，成立应急指挥机构，建立技术、物资和人员保障系统，落实重大事件的值班、报告、处理制度，明确相关政府部门和单位处置饮用水源突发事件的职责，建立有效的预警和应急救援机制。

5 结语

水是基础性的自然资源和战略性的经济资源，是人类生存和发展的重要物质基础，水资源的可持续利用关系到经济社会的可持续发展。通过开展水源地保护、水源地建设、监控体系建设等工程措施和水源地管理体制建设、饮用水水源保护区监督管理、应急预案编制等非工程措施，加强南昌市赣江饮用水水源地保护，保障水源地水量充足、水质优良、水生态系统良性循环，为全面推进南昌市水生态文明城市建设和构建社会主义和谐社会提供支撑。

参 考 文 献

[1] 陈雷. 加强河湖管理 建设水生态文明 [N]. 人民日报，2014-03-22（11）.

[2] 南昌市统计局. 2013 年南昌市国民经济和社会发展统计公报 [R]. 南昌市统计局，2014.

[3] 南昌市水务局. 2013 年南昌市水资源公报 [R]. 南昌市水务局，2014.

［4］ 水利部. 关于开展重要饮用水水源地核准公布工作及公布全国重要饮用水水源地名录（第一批）的通知［R］，2006.

［5］ 南昌市水务局. 2010 年南昌市水资源公报［R］. 南昌市水务局，2011.

［6］ 江西省水利规划设计院. 江西省水资源综合规划报告［R］. 江西省水利厅，2010.

秃尾河年径流变异点综合诊断研究

杨筱筱[1,2]　王双银[1]　王建莹[1]　杨会龙[1]

（1. 西北农林科技大学水利与建筑工程学院，陕西杨凌　712100；

2. 江西省水文局，江西南昌　330002）

摘　要： 研究流域水文水资源的演变规律，可为流域水资源开发利用和保护以及区域社会经济的可持续发展提供重要的决策依据。本文以秃尾河流域出口水文站高家川站1956—2004年年平均流量和年降水量资料为主，对该流域径流和降水的趋势性和跳跃性进行了分析诊断，结果表明该流域降水的趋势性和跳跃性不显著；而径流具有非常显著的减小趋势，经多种方法综合诊断，最终确定了该流域径流在1978年发生跳跃变异，最后结合实际水文调查资料从成因上对结果进行了合理性论证。综合诊断有效地解决了单一检验方法检验结果可信度较差，多种检验方法检验结果不一致的问题，对复杂的时间序列变异点的识别与检验有一定的效果。

关键词： 变异点；综合诊断；秃尾河

长期以来，基于长序列观测样本的规律及成因分析是人们认识水文规律及其与影响因素交互关系的基本途径。降水和下垫面情况等因素均影响着径流的形成，这些因素的变化会破坏径流一致性。径流变异分析作为识别非一致性序列的有效手段，可为分析径流物理成因及其水文效应提供理论基础。目前，识别检验水文时间序列的变异方法很多，但是存在单一方法检验结果不可靠、多种方法检验结果不一致等问题，使得水文时间序列变异识别检验缺乏确定性和系统性。

秃尾河流域处于毛乌素沙地与黄土高原过渡带，水土流失较严重，20世纪70年代初江西省政府在秃尾河流域开展了大规模的水土保护综合治理工作：封山育林、退耕还林，改善生态环境；改变耕作方式，减少耕地冲刷侵蚀；修建淤地坝，拦蓄径流和泥沙。这些措施改变了流域下垫面条件，使得流域径流特性发生了很大改变。本文采用谢平提出的水文变异诊断系统对秃尾河流域年径流序列进行变异诊断分析，确定其可能的变异点以及变异形式，探寻径流的相对变异规律，为研究变化情况下流域水文水资源变化过程及变化原因提供可靠依据。

1　水文变异

通过对特定区域的一段时期内水文时间序列分析认识气候、自然地理条件以及人为因素等综合作用对该地区水文要素的影响程度。水文时间序列变异是研究水文时间序列的一项重要内容，主要包括趋势和跳跃分析。趋势是水文序列稳定而规则的运动，是水文序列缓慢渐变的一种形式；跳跃是水文序列极具变化的一种形式。

采用假设检验对水文序列的趋势或跳跃成分进行统计分析，趋势推断较简单，结论也比较一致；而跳跃推断比较复杂，其发生的时间以及跳跃幅度可能由于所采用的检验方法不同得出的结论也不同。给定水文时间序列 $\{x_1, x_2, \cdots, x_n\}$，假设变异点可能发生的位置为 $k(1 \leqslant k \leqslant n)$，则变异点将原序列分割成两部分，分别组成变异前序列和变异后序列。这两个序列的统计特征，如均值、方差、变差系数和偏态系数等有明显不同。水文时间序列的变异分析的主要任务就是识别和检验变异最有可能发生的时间和形式。采用以下公式来反映水文时间序列变异现象：

$$\left.\begin{aligned}
X &= \{x_1, x_2, x_3, \cdots, x_n\} \\
X_k &= \{x_1, x_2, x_3, \cdots, x_k\} \\
X_{k+1} &= \{x_{k+1}, x_{k+2}, x_{k+3}, \cdots, x_n\}
\end{aligned}\right\} \tag{1}$$

2 水文序列变异诊断

水文变异诊断由初步诊断、详细诊断和综合诊断三个部分组成。

2.1 初步诊断

初步诊断主要是检测水文时间序列是否存在趋势性和是否存在变异。对水文序列进行分析时，可以采用过程线法、滑动平均值法来检验序列是否存在趋势，Hurst 系数法来检验序列是否存变异以及变异程度。若序列不存在变异，则采用成因分析法对其进一步分析；若序列变异存在，则对变异成分进行详细诊断。

过程线法是通过点绘水文时间序列，目估判断序列的趋势是否明显，该方法计算方便，判断直观，但只能判别趋势显著的序列。由于水文序列的随机波动，直接从过程线难以判断其趋势，可采用滑动平均值法消除波动影响，使原序列光滑化，再判断序列的趋势。

Hurst 系数法是通过计算水文序列的 Hurst 系数 H 来判断序列是否变异及其变异程度。Hurst 系数能从整体上反映序列长期相关性，这种长期相关性导致了水文序列变异，因而 Hurst 系数能从时间角度整体上对水文序列的变异进行表征。一般认为 $H = 0.5$ 时，表明其过程是随机的；$H > 0.5$ 时，原序列未来的变化趋势与过去的变化趋势相同，即原序列具有正持续效应；$H < 0.5$ 时，原序列未来的变化趋势与过去的变化趋势相反，即原序列具有负正持续效应。通常根据 Hurst 系数 H 与布朗运动增量函数之间的关系，将 $C(t)$ 转换成 H 判断序列的变异程度，见表1。

2.2 详细诊断

详细诊断主要是针对水文时间序列的趋势成分和跳跃成分进行的，即采用多种方法对

表 1	变 异 程 度 分 级	
相关函数 $C(t)$	Hurst 系数	变异程度
$0 \leqslant C(t) < r_a$	$0.5 \leqslant H < h_a$	无变异
$r_a \leqslant C(t) < r_\beta$	$h_a \leqslant H < h_\beta$	弱变异
$r_\beta \leqslant C(t) < 0.6$	$h_\beta \leqslant H < 0.839$	中变异
$0.6 \leqslant C(t) < 0.8$	$0.839 \leqslant H < 0.924$	强变异
$0.8 \leqslant C(t) \leqslant 1.0$	$0.924 \leqslant H < 1.0$	巨变异

注　α、β 为显著水平，且 $\alpha > \beta$；r_a、r_β 为 α、β 下相关函数 $C(t)$ 的最低值；$H = \frac{1}{2}[1 + \ln(1 + r_a)/\ln 2]$。

这两种成分进行检验。本次研究采用三种方法对趋势成分进行详细诊断：相关系数检验法、Spearman 秩次相关检验法、Kendall 秩次相关检验法；采用 7 种方法对跳跃成分进行详细诊断：Mann - Kendall 检验法、有序聚类分析法、Lee - Heghinian 检验法、R/S 检验法、滑动 F 检验法、滑动 T 检验法、滑动游程检验法。这些方法在变异点检测中采用的指标各不相同，判断变异点的依据也不相同，大致可分为三类：以构造的指标最大为判别标准、以是否通过给定显著性水平为判别标准、以是否超过临界值为判别标准。详细诊断实质上是从不同角度系统全面的对序列变异程度、变异位置进行检验。

2.3　综合诊断

综合诊断是在对水文时间序列进行多种方法的详细诊断后，通过趋势综合、跳跃综合以及变异形式的选择得到变异结论，再根据流域的人类活动情况和气候变化特征对径流过程变异点的诊断结果进行综合分析判断，从成因上揭示变异点发生的合理性。

趋势综合是将各种趋势检验方法得到的结论进行综合。如果某一方法判别出序列趋势显著，则其显著性为 1，反之为 -1。将所有检测方法的显著性求和，得到趋势综合显著性，若其大于等于 1，则认为趋势显著，否则不显著。采用不同的方法对变异成分进行检测，得到的变异点位置有一定的差异，跳跃综合就是要对这些变异点进行权重综合，以综合权重最大的点位最有可能跳跃点。

可按照以下方法计算综合权重：设原水文时间序列在跳跃详细诊断过程中找到 m 个可能的变异点 $\{z_1, z_2, \cdots, z_m\}$，每一个可能变异点 z_i 在通过 n 种方法被检测的次数为 t，则权重 $R_i = \dfrac{t}{n}$。

2.4　诊断结论

水文诊断系统虽然可以克服单一检验方法可信度差、多种检验方法检测结果不一致等问题，但其主要是从数学和统计的角度出发得到的结论，需要经过实地水文调查和成因分析的验证才能确定最终可靠的结果。

3 秃尾河年径流序列变异分析

3.1 流域概况

秃尾河发源于陕西神木瑶镇乡宫泊海子，自西北向东南流经瑶镇、公草湾、古今滩、高家堡，在万镇的河口岔村注入黄河，是黄河中游河口镇至龙门区间水土流失最严重的多沙支流之一，干流全长 139.6km，流域面积 3295km²。流域内资源丰富，经济发展速度较快，其经济结构以传统农业为主。改革开放以来，煤炭开采业迅速发展，同时带动了流域内运输、建筑等及服务性行业的发展，秃尾河成为当地社会经济发展的重要水源之一。

3.2 变异诊断

采用水文变异诊断系统对秃尾河流域 1956—2005 年的年降水量系列和年平均流量系列以及年径流系数进行初步诊断。点绘秃尾河流域 1956—2005 年的流域年降水量和年平均流量过程线及 5 年、10 年滑动平均值过程线，如图 1 和图 2 所示。从图中可以看出，秃尾河流域年降水量和年平均流量均有减少趋势，但是年降水量变化趋势不显著，而年平均流量的变化趋势显著。采用 Hurst 系数法对年降水和年径流进一步检验，年降水序列的 Hurst 系数 $H=0.6795$，$h_a < H < h_\beta$，其变异程度为弱变异；年平均径流序列的 Hurst 系数 $H=1$，$H>0.924$，属于巨变异；年径流序列的 Hurst 系数 $H=0.7501$，$h_\beta < H < 0.839$，其变异程度为中变异。

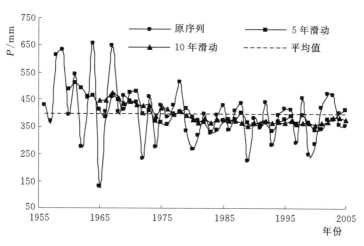

图 1 秃尾河流域年降水量及滑动平均值过程线

由以上分析可知，流域 Hurst 系数大小关系为：年径流大于年径流系数大于年降水量。在不考虑外界其他因素的影响下，年径流量仅受到降水过程的影响，两者的变化程度应一致。因此，年径流过程变异除了受到降水过程的影响，其变化主要是由于流域下垫面改变而引起的，需要对其进行详细诊断。

采用 3 种检验法对秃尾河流域年平均流量序列趋势成分进行详细诊断；采用 7 种方法

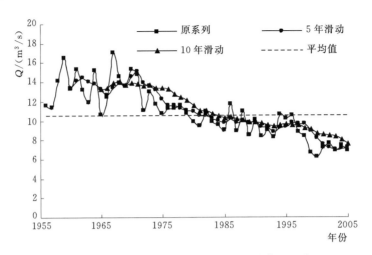

图 2　秃尾河流域年平均流量及滑动平均值过程线

对变异成分进行详细诊断，结果见表 2。

表 2　　　　　　　　　　秃尾河流域年平均流量序列变异详细诊断结果

诊 断 方 法	检验结果	诊 断 方 法	检验结果
相关系数检验法	趋势显著	Mann–Kendall 检验法	无
Spearman 秩次相关检验法	趋势显著	R/S 检验法	1973 年
Kendall 秩次相关检验法	趋势显著	滑动 F 检验法	1988 年
Lee–Heghinian 检验法	1978 年	滑动 T 检验法	1978 年
有序聚类分析法	1978 年	滑动游程检验法	1979 年

从表 2 可以看出，年平均流量序列趋势显著，但变异点检测不一致，其可能变异点有 1973 年、1978 年、1979 年和 1988 年。由于确定的变异点除 1988 年以外其他均发生在 20 世纪 70 年代，不能直接确定年径流序列发生变异的年份，需要进一步检验。按照变异点确定综合权重的方法计算得到变异点 1978 年的综合权重为 0.43，且大于其他变异年份的权重，由此确定序列最有可能的变异点为 1978 年。

3.3　成果合理性论证

在实际调查分析中，可根据以下因素来帮助确定下垫面显著变化的年份：①引起下垫面变化的水利建设和其他人类活动情况；②水资源开发利用水平；③水质污染及环境地质灾害情况。

相关专家认为随水土保持措施面积的增大径流量逐渐减少，与天然产流量相比，水土保持使流域径流量平均减少 10%～22%。根据实地水文调查发现，秃尾河流域水土保持面积在 20 世纪 50—60 年代很小，从 70 年代末期开始水土保持面积大规模增加（见表 3），流域下垫面发生了一系列的改变，直接影响到流域径流的形成。因此，从成因角度来看，确定秃尾河流域年平均流量的变异点为 1978 年是合理的，同时也可确定其变异形势为跳跃变异。

表 3		典型年份水土保持措施面积增加倍数表		
年份	梯田	林地	草地	坝地
1959	0.0	0.0	0.0	0.0
1969	9.5	2.0	3.5	7.1
1979	29.7	5.9	10.8	33.4
1989	43.6	28.7	20.1	52.5
1996	64.2	39.2	26.3	73.9

4 结论

采用水文诊断系统对秃尾河流域年径流序列进行了变异分析，初步确定其变异点为1978年，变异形式为跳跃变异。该系统通过对传统数学检验方法的检验结果进行综合分析，有效地解决了单一检验方法检验结果可信度较差，多种检验方法检验结果不一致的问题，对复杂的时间序列变异点的识别与检验有一定的效果。同时，结合实际的水文调查分析，对所确定的变异点从物理成因上进行论证，提高了结果的可信度，为进一步研究变化情况下流域水文水资源情势演变提供了理论依据。

参 考 文 献

［1］ 穆兴民，张秀勤，高鹏，等.双累积曲线方法理论及在水文气象领域应用中应注意的问题［J］.水文，2010，30（4）：47-51.

［2］ 熊立华，于坤霞，董磊华，等.水文时间序列变点分析的可靠性检验［J］.武汉大学学报（工学版），2011，44（2）：137-141.

［3］ 夏军.水问题的复杂性与不确定性研究与发展［M］.北京：中国水利水电出版社，2004.

［4］ 谢平，窦明，朱勇，等.流域水文模型——气候变化和土地利用/覆被变化的水文水资源效应［M］.北京：科学出版社，2010.

［5］ 谢平，陈广才，雷红富，等.变化环境下地表水资源评价方法［M］.北京：科学出版社，2009.

［6］ 谢平，陈广才，李德，等.水文变异综合诊断方法及其应用研究［J］.水电能源科学，2005，23（2）：11-14.

［7］ 谢平，陈广才，雷红富.基于 Hurst 系数的水文变异分析方法［J］.应用基础与工程科学学报，2009，17（1）：32-39.

［8］ 周芬.Kendall 检验在水文序列趋势分析中的比较研究［J］.人民珠江，2005（2）：35-37.

［9］ 李占斌，符素华，鲁克新.秃尾河流域暴雨洪水产沙特性的研究［J］.水土保持学报，2001，15（2）：88-91.

［10］ 范念念.秃尾河水沙冲淤特征与变化趋势分析［J］.西北水电，2008（3）：1-3.

［11］ 穆兴民，李靖，王飞，等.基于水土保持的流域降水-径流统计模型及其应用［J］.水利学报，2004（5）：122-28.

鄱阳湖流域赣江抚河尾闾区域河湖水系连通及跨流域调水初探

韦 丽 李 梅 喻中文

（江西省水文局，江西南昌 330002）

摘 要： 在气候变化和人类活动双重影响下，我国水资源形势十分严峻。国家"十二五"规划提出通过河湖水系连通和跨流域调水的治水新方略，来保障区域防洪安全、供水安全和生态安全。本文结合实际案例，对河湖水系连通及跨流域调水方案进行了初探，对受水区水资源优化配置进行分析，研究结果可为其他类似河湖连通研究和实际应用提供科学参考。

关键词： 河湖水系连通；跨流域调水；水资源配置；鄱阳湖

在气候变化和人类活动双重影响下，极端水旱灾害事件呈突发频发并发重发趋势，再加上人多水少时空分布不均等基本水情，我国水资源形势十分严峻。2011 年中央一号文件——《国务院关于加快水利改革发展的决定》中，明确将河湖连通作为"加强水资源配置工程建设"一项措施进行说明，强调"完善优化水资源战略配置格局，在保护生态前提下，尽快建设一批骨干水源工程和河湖水系连通工程，提高水资源调控水平和供水保障能力"。通过河湖水系连通工程改变自然水系连通情况，建立起大范围、跨流域的水资源统筹调配格局，进行水资源时间和空间上的重新分配，实现多源互补、丰枯调剂，是解决我国水资源配置问题的新途径。跨流域调水是实现河湖水系连通目的的重要水源条件之一，河湖水系连通是实现跨流域调水目的的工程条件之一，二者互为条件，共同构成了流域供水安全和生态安全的水量基础。本文结合实际案例，对河湖水系连通及跨流域调水进行了初探，为类似研究和实际应用提供参考。

1 河湖水系连通定义与分类

目前，河湖水系连通的理论研究还比较少，有学者在总结相关研究的基础上，结合河湖水系连通的战略目标、构成要素等，将河湖水系连通定义为：以实现水资源可持续利用、人水和谐为目标，以提高水资源统筹调配能力、改善河湖生态环境、增强抵御水旱灾害能力为重点任务，通过水库、闸坝、泵站、渠道等必要的水工程，建立河流、湖泊、湿地等水体之间的水力联系，优化调整河湖水系格局，形成引排顺畅、蓄泄得当、丰枯调剂、多源互补、可调可控的江河湖库水网体系。

河湖水系连通是保障国家水安全的治水新方略，科学的分类体系是开展河湖水系连通研究和生产实践的必然要求。目前，关于河湖连通分类没有标准的定义，有学者从河湖水系连通的概念和内涵出发，综合考虑水系连通的自然属性、经济社会属性，遵循科学性原则、系统性原则、主导性原则、区域性原则、可操作性原则五大原则，初步提出了河湖水系连通的分类体系。其中典型的分类有基于河湖水系连通在提高水资源调配能力、改善水质生态环境、防御水旱灾害等方面作用巨大，可分为资源调配型、水质改善型、旱灾害防御型3种类型。

本文研究的案例属于综合型连通工程，既要跨流域配置水资源，又要连通外江内河，提高区域河湖健康保障能力，还要疏通洪水宣泄通道，提高区域防洪标准，提高防洪抗旱能力。

2 赣抚尾闾区域概况

赣抚尾闾地区地处江西省中北部，鄱阳湖西南岸，为赣江、抚河下游及尾闾入湖河道所夹区域。区内有江西省会南昌市、全国百强县南昌县和全省最大的商品粮生产基地赣抚平原灌区，2012年区域经济总量3282亿元，约占全省的1/4，总人口617万人，约占全省的1/7，在全省经济社会发展中占有重要的地位。

区内河流纵横交错，湖泊星罗棋布。主要河流水系有赣江、抚河、清丰山溪、抚河故道、抚支故道、赣抚平原渠系等。除上述河渠外，赣抚尾闾地区南昌市城区内还有玉带河、朝阳洲水系、幸福渠、城南护城河等内河。随着变化的环境和经济的快速发展，区域出现以下问题：

（1）水系连通条件改变，湿地萎缩，部分河湖水质污染严重，水生态、水环境变差。南昌市城市内湖流速缓慢，水体交换性能较差，污染较为严重，水体绝大部分时间水质为Ⅴ类或劣Ⅴ类。其水质现状见表1。

表 1　　　　　　　　　　南昌市内湖水质现状

名　称	水质	名　称	水质
鄱阳湖	Ⅲ类	艾溪湖	劣Ⅴ类
东湖	Ⅴ类	象湖	劣Ⅴ类
南湖	劣Ⅴ类	梅湖	劣Ⅴ类
北湖	劣Ⅴ类	瑶湖	Ⅴ类
西湖	劣Ⅴ类	玉带河总渠	劣Ⅴ类
青山湖	Ⅴ类	抚河故道	Ⅱ～Ⅲ类

（2）区域水资源时空分布不均，调控能力不足，水资源承载能力不足的矛盾日益凸显。区域多年平均水资源总量为24.29亿 m^3，自产水资源量相对全省较少，但是区域水系发达，赣江、抚河穿境而过，过境水量丰富。但来水时间分布不均且来水与用水时间不合拍，在缺少有效统一调度的情况下，各类用水势必会相互挤占，矛盾凸显，影响河湖健康。

（3）赣江、抚河枯水期水位逐年走低，水环境水景观日益变差。经调查，近年来赣江外洲站水位屡创新低，抚河李家渡站也屡次出现断流现象，严重影响水生态环境和河流健康。

无论是从促进区域生态文明建设、保障水安全，还是从提高区域水资源和水环境承载能力，实现水资源配置与经济社会布局空间均衡、支撑经济社会可持续发展的角度，对赣抚尾闾地区水系进行系统整治都是十分必要和迫切的。

3 河湖水系连通及跨流域调水方案

根据赣抚下游尾闾地区水系综合整治的目标任务，规划考虑水安全、水资源、水环境、水景观、通航与岸线开发利用等因素，结合区域发展战略，以现有河湖水系、调蓄工程和引排工程为基础，以赣江、抚河、清丰山溪等主要河流为主线，以青岚湖、瑶湖、艾溪湖、青山湖、象湖等湖泊为主要节点，形成区域水网，构筑以南昌市昌南城区为核心、覆盖南昌县城、辐射进贤县和丰城市的"三横四纵"骨干水系连通格局。

赣抚下游尾闾地区水资源时空分布不均，区域自身产水量不大，加之缺乏调蓄设施，枯水期用水紧张，且区内湖泊、沟渠现状大多为独立、封闭式的水体，无外水和活水补充，水生态环境形势十分严峻，但赣抚下游尾闾地区过境水量丰富，为保障区域用水需求，规划对赣抚下游尾闾地区从赣江进行跨流域调水。近期拟在南昌县富山石歧万家村附近新建泵站，提赣江水至三干渠，根据用地安排，泵站站址可在万家至生米大桥之间进行比选；远期等赣江龙头山枢纽建成后，由樟树市梨园湾闸从库区自流引水至芗水，进清丰山溪，需在岗前渡槽上游吴石村附近新建吴石枢纽，抬高清丰山溪水位，并新开清丰山溪至三干引水渠道。

4 跨流域调水水资源配置分析

根据来水量和调查的用水量，计算调水区规划水平年不同频率的可供水量；预测受水区规划水平年不同来水频率下的需水量，计算规划水平年的可供水量和缺水量，对区域水资源优化配置进行探索。

4.1 可供水量分析

可供水量是指在某一水平年需水要求和指定供水保证率的条件下，工程设计可能为用户提供的水量。经计算，规划水平年赣江、抚河流域不同频率可供水量见表2。

4.2 受水区需水量预测

本文采用指标分析法进行需水预测。指标分析法是根据用水量的主要影响因素变化趋势，确定相应的用水指标及用水定额，然后根据用水定额和长期服务人口（或工业产值等）计算出远期的需水量。经预测，规划水平年2030年，受水区总需水量见表3，各项用水组成见图1。

表2 各流域规划水平年的可供水量

流域名称	频率/%	可供水量/(m³/s)											
		1月	2月	3月	4月	5月	6月	7月	8月	9月	10月	11月	12月
赣江(外洲站)	50	415	233	1051	1461	4401	5441	4471	1921	1051	650	901	573
	75	1581	1901	1781	2741	4401	2621	791	861	558	341	185	159
抚河(焦石坝)	50	271	337	236	630	1116	756	1201	255	113	89	76	57
	75	115	59	560	469	450	387	567	363	115	94	212	141

表3 规划水平年受水区总需水量 单位：亿 m³

项　目	规划年（2030年）、P=50%	规划年（2030年）、P=75%
农田灌溉	9.35	10.47
林牧渔畜	0.54	0.54
工业	13.75	13.75
居民生活	3.42	3.42
城镇公共	2.53	2.53
环境	5.4	5.52
合计	34.99	36.23

4.3 调水量优化配置

本次分析按照来水频率50%和75%情况选定典型年，根据需水预测结果，对不同频率典型年调水进行水资源配置。

（1）赣江可调水量分析。选定典型年1993年（50%）和2003年（75%），对规划水平年赣江可调水量进行分析，见表4。

经分析，50%和75%频率来水情况下，赣江的各月可利用水量很大，所调水量占赣江可供水量的比例很小，因此，从赣江调水完全可以满足调水需求。

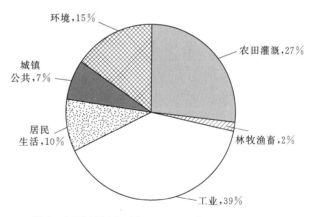

图1 区域规划水平年（P=50%）各项用水组成

表4 规划水平年赣江可调水量 单位：m³/s

频率	1月	2月	3月	4月	5月	6月	7月	8月	9月	10月	11月	12月
50%	342	160	983	1399	4338	5376	4358	1808	927	572	828	500
75%	341	159	983	1397	4337	5375	4353	1803	923	570	827	499

（2）赣抚尾闾区域缺水流量分析。选定典型年1989年（P=50%）和2003年（P=75%）进行规划水平年赣抚尾闾区域缺水流量分析，见表5。

表 5					规划水平年区域缺水流量					单位：m^3/s	
频率	1 月	2 月	3 月	4 月	5 月	6 月	7 月	8 月	9 月	10 月	11 月	12 月
50%	199	264	164	549	1036	669	1087	141	0	7.80	8.30	−9.80
75%	310	298	406	543	785	412	−30.2	−36.1	−97.9	−80.1	−47.7	−44.7

经分析，50%频率来水情况下，1—11 月，抚河来水可以满足区域用水要求，而 12 月，抚河的可利用水量满足不了区域用水需求，全年共缺水量为 0.26 亿 m^3，折合流量为 9.8 m^3/s。75%频率来水情况下，1—6 月，抚河来水可以满足区域用水要求，而 7—12 月，区域缺水 8.89 亿 m^3，最大缺水流量为 80.1 m^3/s。

（3）区域水资源优化配置。本次水资源配置按照区域总缺水量进行补水，优先补水的顺序依次为：生活用水、农业用水、工业用水、环境用水。根据配置原则，对规划水平年 75%频率的进行水资源配置，见表 6。

表 6			规划水平年区域水资源配置			单位：万 m^3	
项 目	7 月	8 月	9 月	10 月	11 月	12 月
补充生活用水量	820	820	820	320	270	270
农田灌溉用水量	10692	10692	10692	3208	680	680
补充灌区最小生态需水量	1277	2866	7465	5035	4432	4446
补充河湖所需补水量			4717	4500	4717	4500
补充工业用水量			772	772	772	772
抚河下游生态所需补水量			5626	12120	6215	5817

典型年 2003 年，7—12 月分别需从赣江调水 47.8 m^3/s、53.7 m^3/s、116.1 m^3/s、96.9 m^3/s、65.9 m^3/s、61.5 m^3/s 补充生活用水、农田灌溉用水、灌区最小生态需水、河湖活化所需补水、工业用水和抚河下游生态需水。

5 结语

河湖水系连通作为"十二五"规划国家提出的治水新方略，是提高水资源配置能力、改善水生态环境和提高抗御自然灾害能力的重要途径，同时作为跨流域调水的工程条件，两者共同构成了流域供水安全和生态安全的水量基础。本文对河湖水系连通及跨流域调水的研究还比较浅显，跨流域调水的河湖水系连通系统很复杂，随着工程实践的丰富，还有待进一步深入研究。

参 考 文 献

[1] 陈睿智，桑燕芳，王中根，等. 基于河湖水系连通的水资源配置框架 [J]. 南水北调与水利科技，2013，11 (4)：2 - 4.

[2] 王勇，鲁价奎，毛慧慧. 跨流域调水在海河流域河湖水系连通中的作用 [J]. 海河水利，2003：1 - 2.

［3］ 李宗礼，李原园，王中根，等. 河湖水系连通研究：概念框架［J］. 自然资源学报，2011，26（3）：513－522.

［4］ 李宗礼，郝秀平，王中根，等. 河湖水系连通分类体系探讨［J］. 自然资源学报，2011，26（11）：1975－1981.

［5］ 左其亭，崔国泰. 河湖水系连通体系框架研究［J］. 水电能源科学，2012，30（1）：1－5.

［6］ 李宗礼，刘晓洁，田英，等. 南方河网地区河湖水系连通的实践与思考［J］. 资源科学，2011，22（12）：2221－2224.

［7］ 江西省水利规划设计院. 江西省赣江抚河尾闾综合整治工程规划［R］，2015.

［8］ 游进军，王忠静，甘泓，等. 国内跨流域调水配置方法研究现状与展望［J］. 南水北调与水利科技，2008，6（3）：1－4.

气候变化对水文水资源影响的研究进展

胡小平　胡志伟

（江西省南昌市水文局，江西南昌　330018）

摘　要： 随着经济社会的迅猛发展，人类对资源的开发和利用效率逐步上升，导致气候发生明显变化。人类社会进入 21 世纪以来，气候问题成为全世界环境问题的焦点，对于气候问题，国际社会和各国政要引起更多的关注和重视。对气候变化给水文水资源带来的影响进行研究和分析，能够帮助人类更加清楚地认识到水文水资源系统的结构和体系，更好地将农业、工业、城市发展等问题与经济发展有效地结合起来，对水文水资源进行更好地开发利用、规划管理和运行管理。

关键词： 气候变化；水文水资源；水文模拟；水文模型

气候的变化对于水文水资源的影响意义深远，经济领域的发展和创新也将受到水文水资源系统的生态平衡影响，本文将结合气候规律和变化情景，从研究方法、水文模型、水文技术等方面综合判断气候对水文水资源的影响，对存在的问题加以分析和总结，并提出有针对性的意见。

1　气候变化对水文水资源影响研究的意义

地球的表层是由水、陆地、大气层和生态系统进行相互作用后产生的场所，上至平流层底，下至岩石圈部，包含了所有生物和非生物系统。现如今，人口数量的急剧增长和迅猛的经济建设，在工业和农业稳健提升的同时，也加重了水资源供应的负担，人类社会日益增长的物质需求与有限的水资源形成了突出的矛盾。水资源使用量的急剧上升加重了生活污水排放量和生产废水排放量，导致水资源出现不同程度的污染现象，地表水资源的环境急剧恶化。所以说，对水资源和水环境的保护和改善是十分必要的。

进入 21 世纪以来，全球二氧化碳的排放量不断攀升，促使全球气候变暖，出现温室效应，平均气温增加 0.5℃。气候变暖将对社会经济和生态系统造成灾难性的影响，势必会对水资源质量造成冲击，在一定程度上影响人类发展和进步，制约经济发展，影响农业、工业等相关工作。因此，对水文水资源体制和系统进行合理的开发利用、规划管理、环境保护和生态平衡具有现实意义和理论意义，只有更好地掌握气候变化的规律，了解水文水资源的利用情况，才能为可持续发展提供依据，真正实现经济持续发展的宏伟目标。

2 气候变化对水文水资源影响的现状

我国从 20 世纪 80 年代初对气候变化开始展开深入探讨，对气候变化给水文水资源带来的影响也进行了专门的研究和分析。我国实行的短期气候预测系统研究中，包含了气候异常对水资源和水分循环的影响评估模型，选取了青藏高原与淮河流域作为研究的区域，设立了淡水资源影响综合评价的专题，对未来气候影响水文水资源进行预测和对比。国内研究的主要内容有：气候变化对于流域内水量平衡的影响；气候变化对于洪水频率及干旱频率的影响；气候变化对于农业灌溉和工业用水量的影响；气候变化对于水质污染的影响。

3 气候变化对水文水资源影响的研究方式

气候变化对水文水资源的影响，主要是通过对气候变化所引起的降水、流域气温和蒸发等指标变化进行预测研究，进一步推断可能会发生的流域供水影响和径流增加趋势，对于气候变化的评价影响方式一般分为三种：影响法、相互作用法以及集成方法。气候的变化对水资源形成的影响研究一般采取影响法进行探讨，即 WHAT - IF 模式。如果气候发生了某种改变，那么水文循环的各个分量将会受到什么程度的影响，发生怎样的变化，经常遵循"气候变化情景设计—水文变化模拟—影响研究"的模式进行探讨，通常归纳成为四个步骤：①对未来气候的变化情况进行情景定义；②对水文水资源模型的选择、构建和验证；③把气候变化的情景当作成为流域水文模型进行数据输入，对水文循环的整体过程进行模拟、分析和水文变量检测；④将气候对水文水资源影响的结果进行科学评估，依据影响程度和变化规律提出应对方法和解决措施。

3.1 气候变化的情景生成技术

在不同的区域范围内，气候的变化情况也是不同的，具有极其特殊的不确定性和复杂性，对未来气候的变化情况难以进行精准的预测，未来气候的变化量值不一定与预计的变化数值相同。情景生成技术只是对未来可能出现结果的预测，是在一定的科学假设基础上，对未来发生的气候时间、气候状态、气候空间和气候分布进行合理推测和描述。按照现阶段已经成型的研究成果来看，对气候变化的情景生成技术有以下基本方式。

（1）任意情景设置。指的是依照未来气候可变的范围，对气候变化要素进行任意给定，包括降水、温度和湿度。例如，假设年平均气温可以升高到 1～4℃ 不等，年降水量可以减少或者增加到 5%～20% 不等，按照不同的要素进行相互组合，从而进行判断和分析，这种情景设置方式在实质上是属于敏感性的分析，是一种对性能进行检测的实验。

（2）长期历史资料分析。这其中也可以细化分为三种方式：①时间类比，选取具有短期影响意义的异常天气时间，根据历史数据资料的记载，对气候变化的状况进行冷暖期对比分析，再与当前的气候状况进行比较，建立相关分析模拟模型，构造未来气候变化的情景。这种方式的优点在于选择的气候变化完全是自然变化，而不是由非温室气体强行逼迫所导致的，气温的增幅空间不能与未来气候的增幅空间类比。②空间类比，是将某个区域当前气候的变化状况看成另一个区域气候的变化情景。由于区域气候受到大气环流和当地地形等因素的制约影响，经过这种情景比较的数据一般不具有真实性和可靠性。③古代相似法，这种方式能够通过对地质地貌的考察，将古气候变迁的规律应用到现代气候情景中进行分析比较，建立未来气候可能出现变化的情景，以此来进行类比推理。

3.2 水文模型技术

在对水文模型进行选择与使用的时候，要考虑到气候变化对水文水资源的影响，主要包含几个方面的因素：模型率定、模型精度、参数变化、现有资料精度、模型通用性和便利性等。现如今，用来对区域内水文水资源的估算评价影响较大的水文模型技术有以下三个种类。

（1）经验统计模型。依照同期的降水量、径流量和气温，对观察资料进行数据比较，对三者之间的关系进行科学建立和分析，探讨长期变化产生的规律，构建统计模型。要模型建立的过程中，要充分考虑到环境因素带来的影响，例如，地质地貌、流域面积和植被情况等。不同地域的反蒸腾效应和洪涝频率会对气温产生不同的影响，在研究的过程中要结合地域的平均变化情况，对波动性较大的效应进行统计和测试，对各项指标进行评估，才能更加准确地掌握气候变化的规律。

（2）概念性水文模型。在不同区域水量平衡的基础上，陆地上的径流降雨通过蒸发、渗透和产流的过程后，到出口断面重新生成径流的模型。这类水文模型是将水文物理现象的物理过程作为基础，对径流和气候的因果关系进行研究，分析出流域内水资源产生的效应。这一模型存在着一定的弊端，通常会忽略土壤、地形、植被等参数对空间分布的影响，通常是将流域内当作整体来看待。

（3）分布式水文模型。按照各个地域植被、地形、土地利用率、土壤和降水量的差异，将流域整体划分为不同的水文模型单元，在每一个独立的单元上，用一组经过统计后的参数来反映此部分流域的特性，这种模型的优势在于能够较为清晰地反映大陆尺度。

4 结语

综上所述，气候变化对水文水资源影响的研究是持续性的科研课题，应该将气候变化规律的系统作为主要的指导思想，在探讨气候和水文模型的过程中进行相互作用，结合实际区域的实际情况，充分考虑环境和人为因素的影响，结合植被、地形、地貌、流域等特征，建立气候模型和水文模型，进行科学规范的深入研究，提升两者的模拟精度和空间尺度，更加灵活地运用模型分析。只有掌握气候变化的规律，控制人类经济活动产生的废气排放量，合理利用资源和节约资源，对不可再生资源进行保护，真正做到节约资源，实现可持续性发展的经济目的。

参 考 文 献

［1］ 刘春蓁. 气候变化对陆地水循环影响研究的问题［J］. 地球科学进展，2014（1）：115-119.

［2］ 刘昌明，李道峰，田英，等. 基于 DEM 的分布式水文模型在大尺度流域应用研究 ［J］. 地理科学进展，2013 (5)：437－445.

［3］ 沈永平，王根绪，吴青柏，等. 长江-黄河源区未来气候情景下的生态环境变化 ［J］. 冰川冻土，2012 (3)：308－314.

［4］ 江涛，陈永勤，陈俊合，等. 未来气候变化对我国水文水资源影响的研究 ［J］. 中山大学学报 (自然科学版)，2012 (Z2)：151.

［5］ 吴金栋，王馥棠. 利用随机天气模式及多种插值方法生成逐日气候变化情景的研究 ［J］. 应用气象学报，2014 (2)：129－136.

［6］ 邓慧平，唐来华. 沱江流域水文对全球气候变化的响应 ［J］. 地理学报，2011 (1)：42.

［7］ 邓慧平，张翼，唐来华. 可用于气候变化研究的日流量随机模拟方法探讨 ［J］. 地理学报，1996 (Z1)：151.

［8］ 邓慧平，吴正方，唐来华. 气候变化对水文和水资源影响研究综述 ［J］. 地理学报，1996 (Z1)：161.

赣江水沙特征及其变化规律

闵　聘[1]　冯秘荣[2]

(1. 江西省南昌市水文局，江西南昌　330028；

2. 江西省景德镇市昌江区水务局，江西景德镇　333000)

摘　要： 本文利用赣江外洲水文站1957—2010年径流量与悬移质泥沙输沙量监测资料，分析赣江水沙特征及其变化规律，结果表明：①赣江年径流量在近年来经历了先增大后减小的变化过程，自1998年以来显著减小。②赣江入湖年输沙量在近年来也经历了先增大后减小的变化过程，1991年起赣江年输沙量快速、大幅度减小。③赣江年输沙量与年径流量相关点群均呈双层分布，年输沙量与年径流量和洪峰流量乘积的相关关系较密切，所建立的年输沙量经验公式比未加入洪峰流量的经验公式的准确性明显提高，实用性更强。

关键词： 赣江；径流量；悬移质泥沙；变化

赣江是鄱阳湖的最大入湖河流，发源于石城县洋地乡石寮东部，河口位于永修县吴城镇望江亭，主河道长823km，流域面积为82809km²（其中江西省境内面积为81527km²，占流域面积98.45%），多年平均年降水量1522mm，多年平均年径流量678.65亿m³，多年平均悬移质含沙量0.165kg/m³，多年平均年输沙量为860.88万t。

赣江流域面积占鄱阳湖流域面积的51%，年径流量平均占鄱阳湖入湖年径流量的47.1%，悬移质泥沙年输沙量平均占鄱阳湖入湖悬移质泥沙年总量的52.3%。由此可见，鄱阳湖水沙特性与关系及其变化在一定程度上受赣江水沙特性与关系及其变化的控制。因而，赣江水沙及其变化分析，对于了解和研究赣江水文特性、水资源数量与质量状况、水生态环境过程等具有重要参考意义，同时可为进一步探讨鄱阳湖水沙特征及变化规律等提供基础。

本文以赣江下游控制水文站（外洲水文站）实测年径流量与悬移质泥沙年输沙量为依据，对赣江径流及其变化、泥沙及其变化和水沙关系及其变化进行分析。

1　赣江径流及其变化

外洲水文站最大年径流量为1149亿m³，出现在1973年；最小年径流量为236.7亿m³，出现在1963年；多年平均年径流量为678.65亿m³。

年径流量在 1957—2010 年 54 年中的变化，呈现出先增后减的多年变化过程（图 1 和表 1），尤其是 1998—2010 年 13 年为显著的减小变化态势（图 2），平均减小速度达每年 14.674 亿 m³。

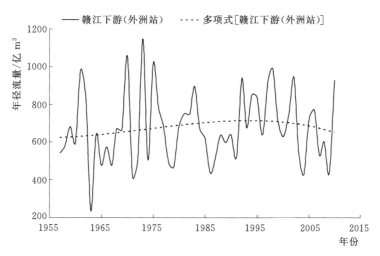

图 1　赣江下游外洲站年径流量多年变化过程线

表 1　　　　　　　　　　赣江流域多年平均年径流量变化统计

年　段	1970 年以前	1971—1980 年	1981—1990 年	1991—2000 年	2001—2010 年
多年平均年径流量/亿 m³	643.9	672.1	653.0	772.1	666.2

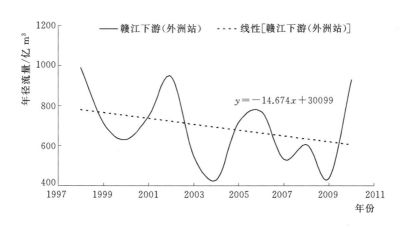

$$y = -14.674x + 30099$$

图 2　赣江下游外洲站年径流量近年变化过程线

外洲站年径流量的多年变化主要与流域内年降水量的多年变化密切相关，主要体现在以下两个方面：

（1）该站年径流量与年降水量相关点未出现随年段不同而分层的现象（见图 3）。

（2）该站降水径流双累积曲线未出现明显偏离正常方向的现象（始终保持稳定的线性关系，见图 4）。

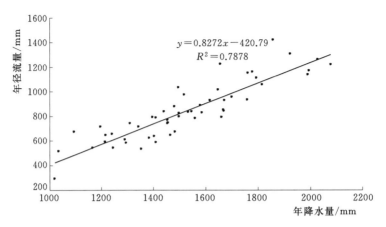

图 3　赣江外洲站年径流量与年降水量相关关系

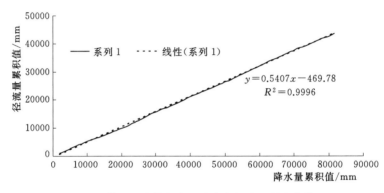

图 4　赣江下游外洲水文站降水径流双累积曲线

　　以上两个特征说明，在赣江流域，人类活动对径流量的变化直接影响作用不大，即使有影响，也是通过对降水量的影响而间接体现出来的。

2　赣江悬移质泥沙及其变化

　　外洲水文站最大年输沙量 1860 万 t，出现在 1961 年；最小年输沙量为 169 万 t，出现在 2009 年。最大、最小年输沙量相差 10 倍（倍比值 11.01），远远大于该站最大、最小年径流量倍比值，其形成原因在于最小年输沙量出现在受工程拦沙影响后的年份，是自然因素与人为因素共同影响的结果；多年平均年输沙量 860.88 万 t。

　　年输沙量在 1957—2010 年 54 年中的变化也经历了"先增后减"变化过程，且增加期远比减小期短（图 5），总体上呈显著减小态势，平均减小速度为每年 20.09 万 t。年输沙量从 1991 年起发生系统性偏小现象（图 6 和表 2），1995 年以后偏小幅度更大。造成这种现象的主要原因都是由于赣江中游首段万安水库自 1991 年建成蓄水，拦蓄大量泥沙于库区，大幅度减小库下游泥沙；1995 年后赣江上中游很多中小型水库投入使用，水土保持得到迅速增强，来沙显著减少。

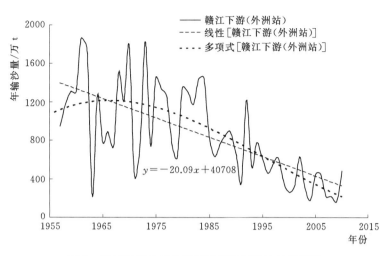

图 5 赣江下流外洲站悬移质泥沙年输沙量过程线

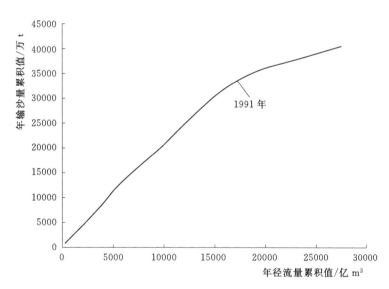

图 6 赣江下游外洲站年输沙量与年径流量双累积曲线

表 2   赣江流域年输沙量多年变化统计

年　段	1970 年以前	1971—1980 年	1981—1990 年	1991—2000 年	2001—2010 年
平均年输沙量/万 t	1197.43	1055.90	998.20	573.50	344.77

3 ▶ 赣江水沙关系及其变化

外洲站年悬移质输沙量与年径流量相关点群呈双层分布（见图 7），1957—1990 年相关点与 1991—2010 年相关点分成上、下两层，表明自 1991 年起年输沙量显著减小。

数理统计分析表明，赣江下游外洲站年输沙量与年径流量各层相关点群的相关趋势均

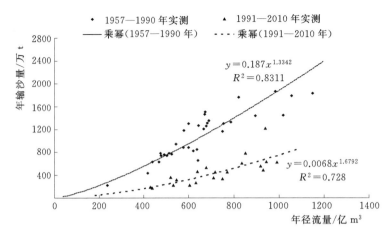

图 7 赣江下游外洲站年输沙量与年径流量相关关系

较显著，得到的经验公式分别为

（1）1957—1990 年

$$W_s = 0.1870 W_q^{1.3342} \tag{1}$$

（2）1991—2010 年

$$W_s = 0.0068 W_q^{1.6792} \tag{2}$$

式中：W_s 为赣江下游外洲站年输沙量，万 t；W_q 为赣江下游外洲站年径流量，亿 m^3。

由式（1）和式（2）可见，赣江下游外洲站水沙关系在 1991 年前、后发生了显著变化，相同年径流量对应的年输沙量大幅减小，表明在赣江流域，人类活动对水沙关系影响极大，究竟有利还是有害，利害关系将如何演变，有待进一步观察研究。

外洲站年输沙量与年径流量和洪峰流量乘积相关点群分布规律也呈两层分布形式，1957—1990 年与 1991—2010 年相关点子呈上、下两层分布格局（见图 8），且各层相关点子呈曲线形带状分布，表明分层相关关系较为密切，可以得到较理想的经验公式，分别为

（1）1957—1990 年

$$W_s = 17.879(W_q \cdot Q_m)^{0.6180} \tag{3}$$

（2）1991—2010 年

$$W_s = 1.6676(W_q \cdot Q_m)^{0.8205} \tag{4}$$

式中：Q_m 为赣江下游外洲站洪峰流量，万 m^3/s。

比较图 7 和图 8 可见，加入洪峰流量 Q_m 后，1957—1990 年和 1991—2010 年两段的 R^2 值均明显加大（1957—1990 年段 R^2 由 0.8311 加大到 0.8428，R 由 0.9116 加大到 0.9180；1991—2010 年段 R^2 由 0.7280 加大到 0.7409，R 由 0.8532 加大到 0.8608），原因在于河流悬移质泥沙是由径流挟带的，而径流主要来自洪水时期（汛期），洪峰流量综合反映了汛期坡面冲刷强度和河流挟沙能力，可较好地描述河流悬移质泥沙输移状况。表明加进洪峰流量对于提高外洲水文站年输沙量模拟效果意义重大，同时说明加进洪峰流量所建立的基于通用土壤流失方程的年输沙量经验公式，比未加入洪峰流量的经验公式的准确性、稳定性和可靠性均明显提高，实用性更强。

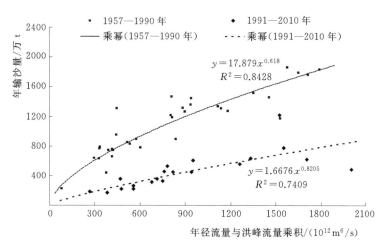

图 8　赣江下游外洲站年输沙量与年径流量和洪峰流量乘积的相关关系

4　结语

本文通过对赣江下游外洲水文站断面水沙特征、水沙关系及其变化进行分析，得到一些新的成果与认识，希望有助于赣江及鄱阳湖水文、水资源与水生态环境研究。

目前赣江只在外洲水文站以上有实测水文资料，而外洲水文站到赣江汇入鄱阳湖的入湖口尚有 80.5km，区间集水面积达 1861km²。本文因资料原因未对外洲水文站以下区域水沙特性和水沙关系及其变化特点进行分析，待有实测水文资料之时，补充这方面分析工作，以提高对赣江全流域水沙、水沙关系及其变化规律的准确认识。

参 考 文 献

［1］李明辉，周俐俐，詹寿根，等. 万安水库泥沙淤积分析［J］. 江西水利科技，2011，37（3）：191 - 194.

［2］欧阳球林，程洪，龚向民，等. 赣江河流悬移质泥沙与水土流失的耦合关系动态分析［J］. 水土保持通报，2007，27（6）：134 - 137，159.

［3］龚向民，李昆，刘筱琴，等. 赣江流域水土流失现状与发展态势研究［J］. 人民长江，2006，37（8）：48 - 50.

［4］唐永森. 赣州市水土流失与章、贡两江水沙变化态势及其成因［J］. 水土保持研究，2007，14（5）：93 - 95.

［5］龚向民，李昆，万淑燕，等. 人类活动与赣江流域泥沙变化规律研究［J］. 江西水利科技，2006，32（1）：24 - 27.

［6］闵骞，时建国，闵聃，等. 1956～2005 年鄱阳湖入出湖悬移质泥沙特征及其变化初析［J］. 水文，2011，31（1）：54 - 58.

［7］郭鹏，陈晓玲，刘影，等. 鄱阳湖湖口、外洲、梅港三站水沙变化及趋势分析（1955—2001 年）［J］. 湖泊科学，2006，18（5）：458 - 463.

［8］肖丹涛，吴菊，罗小平，等. 不同特征水文年赣江水沙变化特征分析［J］. 科技经济市场，2008，

3：95-96.

［9］ 张思华.赣江上游泥沙初步分析［J］.江西师范学报（自然科学版），1983（2）：85-94.

［10］ 孙鹏，张强，陈晓宏，等.鄱阳湖流域水沙时空演变特征及其机理［J］.地理学报，2010，65（7）：828-840.

［11］ 景可，焦菊英，李林育，等.输沙量、侵蚀量与泥沙输移比的流域尺度关系——以赣江流域为例［J］.地理研究，2010，29（7）：1163-1170.

［12］ 马宗伟，许有鹏，钟善锦，等.水系分形特征对流域径流特性的影响——以赣江中上游流域为例［J］.长江流域资源与环境，2009，18（2）：163-169.

［13］ 王小艳，高建恩，安梦雄，等.泾河水沙基本特性分析［J］.西北水资源与水工程，2001（3）：21-24.

［14］ 冉大川.泾河流域年最大洪水量及洪沙量变化分析［J］.人民黄河，1998，20（12）：27-29.

赣江水沙关系变化模拟

闵　聃[1]　胡　军[2]

(1. 江西省南昌市水文局，江西南昌　330038；

2. 江西省卓泓水利建设有限公司，江西南昌　330038)

摘　要： 本文利用赣江上游坝上、峡山、翰林桥、居龙滩水文站、中游峡江水文站和下游外洲水文站1957—2010年径流量与悬移质泥沙输沙量监测资料，分析赣江水沙关系特征和水沙关系的多年变化，通过模拟探讨水沙关系变化的原因与发展趋势。结果表明，无论是上游（赣州）、中游峡江站，还是下游外洲站，年输沙量与年径流量相关点群均呈双层分布，分层时间（年份）节点有所不同：上游（赣州）为1995年，中游峡江站和下游外洲站为1991年，与主要水库投入运行时间一致；赣江上、中、下游各代表断面年输沙量与年径流量和洪峰流量乘积的相关关系均较密切，所建立的基于通用土壤流失方程的年输沙量经验公式，比未加入洪峰流量的经验公式的准确性、稳定性和可靠性（以相关指数 R^2 为主要评判标准）均明显提高，说明这种基于通用土壤流失方程的水沙关系模式在赣江流域具有较好的适应性和实用性。

关键词： 径流量；悬移质泥沙；水沙关系；变化规律；赣江

水是生命之源、生产之要、生态之基。赣江是江西省最大河流，是长江八大支流之一。赣江之水，既事关江西水资源和生产活动，也影响长江生态环境。

赣江流域面积82809km²，占鄱阳湖流域面积的51%，其中控制水文站（外洲水文站）以上流域面积80948km²，占赣江流域总面积的97.8%。赣江（指下游外洲水文站以上集水区域）多年平均年径流量678.65亿 m³，占鄱阳湖入湖年径流量的47.1%。赣江（外洲水文站以上）多年平均年悬移质泥沙输沙量860.88万 t，占鄱阳湖入湖年悬移质泥沙总量的52.3%。

由此可见，赣江水沙状况、水沙关系及其变化不仅对于赣江水资源利用与管理、水生态保护与水环境治理至关重要，对于鄱阳湖乃至长江水资源利用与管理和水生态保护与水环境治理也十分重要。

本文利用赣江流域峡山、翰林桥、居龙滩、坝上、峡江、外洲共6个水文站1957—2010年实测水文资料，采用数据统计与模型分析相结合的办法，对赣江上游赣州断面（峡山、翰林桥、居龙滩、坝上4个水文站组合的虚拟断面）、中游峡江水文站断面和下游外洲水文站断面水沙关系及其变化进行研究，取得了一些新的成果。

1 分析方法设计

对于水沙关系的描述，最简单的方式是通过建立年输沙量与年径流量的经验关系，反映两者之间的互变现象，称为单要素模型，其表达式为

$$W_S = f(W_q) \tag{1}$$

式中：W_S 为年输沙量；W_q 为年径流量；$f(W_q)$ 为由相关关系分析确定的函数。

但河道中的水沙均来自流域坡面，泥沙是坡面水流造成坡面土壤流失的结果。根据土壤侵蚀模型，得到土壤通用流失方程：

$$W_{sed} = m \cdot E_I \cdot K \cdot C \cdot P \cdot L_S \cdot C_{FRC} \tag{2}$$

式中：W_{sed} 为年平均土壤流失量；m 为模型参数；E_I 为降雨径流侵蚀因子；K 为土壤侵蚀因子；C 为植被覆盖与耕作管理因子；P 为水土保持因子；L_S 为地形地貌因子；C_{FRC} 为粗细屑因子。

对于固定区域，可将 m、K、C、P、L_S 和 C_{FRC} 进行综合，用一个代表土壤特征及其管理措施的综合因子 P_{FRC} 进行替换，则式（2）变为

$$W_{sed} = P_{FRC} \cdot E_I \tag{3}$$

在式（3）中，P_{FRC} 可以作为一个参数，需要着重讨论的是降雨径流侵蚀因子 E_I 的计算方法。

在通用土壤流失方程中，E_L 为降水动能函数，一般用径流因子代替降水动能，用下式表达 E_L：

$$E_L = n(W_q \cdot Q_m)\beta \tag{4}$$

式中：n 为经验系数；W_q 为年径流量；Q_m 为年最大洪峰流量；β 为经验指数，通常取 $\beta = 0.56$。

合并式（3）和式（4）两式，得到本文采用的水沙关系描述方程为

$$W_S = \sigma(W_q \cdot Q_m)\beta \tag{5}$$

式中：W_S 为年输沙量，万 t；W_q 为年径流量，亿 m³；Q_m 为洪峰流量，m³/s；σ 为经验系数；β 为经验指数。

式（5）中的和 σ 由 β 由 W_S-W_q 经验相关分析确定。

根据以上讨论，本文用两种方式描述赣江流域水沙关系，并用以分析水沙关系的变化：

（1）年输沙量与年径流量相关关系，即单要素模型。

（2）基于土壤通用流失方程的年输沙量与年径流量和洪峰流量综合相关关系，即双要素模型。

2 单要素模型分析及其结果

2.1 赣江上游

赣江上游年输沙量与年径流量呈幂函数关系（见图1），且两者相关点据随着年代不同呈分层现象，其中1959—1994年相关点在上层，1995—2010年相关点在下层，各层相关点据密集成带状，表明相关关系密切，不仅较好地反映了赣江上游水沙关系，还清晰地反映了赣江上游水沙关系的变化。两个分层以1995年为界，究其原因，主要在于两个方面：①新建水库投入运行，拦沙作用显著，如赣江上游20世纪90年代前期兴建的大型水库龙潭水库和蔡坊、渔翁埠、仙人坡、罗边等中型水库都于1995年蓄水运行；②进入20世纪90年代后水土保持措施增强，水土流失显著减少。近十几年来赣江上游年输沙量大幅减少，是水库拦沙与水保减沙两方面功效共同作用的结果，研究表明，前者的作用远大于后者。

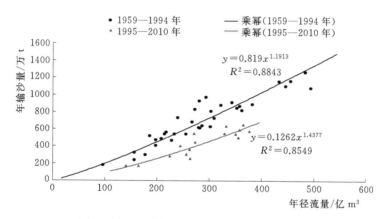

图1 赣江上游年输沙量与年径流量相关关系

通过数理统计法分析，得到赣江上游不同时期年输沙量经验公式为：

（1）1959—1994年

$$W_S = 0.8190 W_q^{1.1913} \tag{6}$$

（2）1995—2010年

$$W_S = 0.1262 W_q^{1.4377} \tag{7}$$

式中：W_S为赣江上游年输沙量，万 t；W_q为赣江上游年径流量，亿 m³。

2.2 赣江中游

赣江中游峡江站年输沙量与年径流量相关点群呈双层分布（见图2），1958—1990年的点子在上层，1991—2010年的点子在下层，表明自1991年起年输沙量显著减小。

经数理统计学分析，得到赣江中游峡江站两个时期年输沙量经验公式为

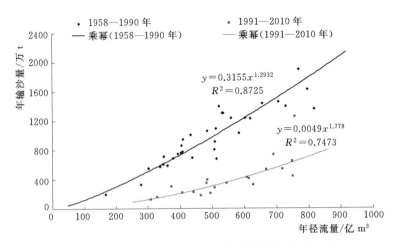

图 2　赣江中游峡江站年输沙量与年径流量相关关系

（1）1958—1990 年

$$W_S = 0.3155 W_q^{1.2932} \tag{8}$$

（2）1991—2010 年

$$W_S = 0.0049 W_q^{1.7780} \tag{9}$$

式中：W_S 为赣江中游峡江站年输沙量，万 t；W_q 为赣江中游峡江站年径流量，亿 m³。

调查表明，位于赣江中游前段（万安河段）干流在 1990 年建成江西省第二大水库——万安水库，并 1991 年开始蓄水运行。万安水库总库容 22.14 亿 m³，调节库容 18.17 亿 m³，蓄水拦沙作用巨大，有关研究表明，可拦截 80%～90% 的入库悬移质泥沙，是造成赣江中下游悬移质泥沙大幅度减小的关键原因。

2.3　赣江下游

赣江下游外洲站年输沙量与年径流量相关点群分布与中游峡江站基本相同，1957—1990 年相关点与 1991—2010 年相关点分成上、下两层（见图 3）。

数理统计分析表明，赣江下游外洲站年输沙量与年径流量各层相关点群的相关趋势均较显著，得到的经验公式分别为

（1）1957—1990 年

$$W_S = 0.1870 W_q^{1.3342} \tag{10}$$

（2）1991—2010 年

$$W_S = 0.0068 W_q^{1.6792} \tag{11}$$

式中：W_S 为赣江下游外洲站年输沙量，万 t；W_q 为赣江下游外洲站年径流量，亿 m³。

由式（10）和式（11）可见，赣江下游外洲站水沙关系在 1991 年前、后发生了显著变化，相同年径流量对应的年输沙量大幅减小，表明在赣江流域，人类活动对水沙关系影响极大，究竟有利还是有害，利害关系将如何演变，有待进一步观察研究。

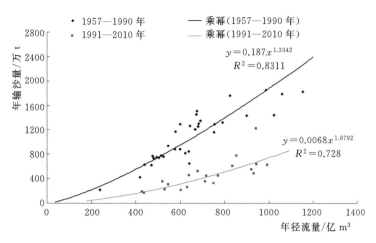

图 3 赣江下游外洲站年输沙量与年径流量相关关系

3 双要素模型分析及其结果

3.1 赣江上游

赣江上游年输沙量与年径流量和洪峰流量乘积相关点据也呈分层现象（见图 4），也是 1959—1994 年在上层，1995—2010 年在下层，反映出自 1995 年后赣江上游年输沙量在相同年径流量和洪峰流量下显著减小的水沙关系变化特征。

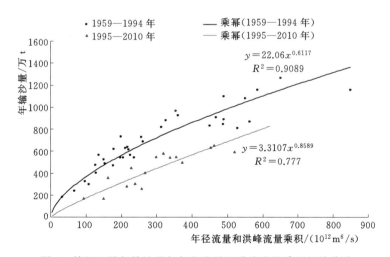

图 4 赣江上游年输沙量与年径流量和洪峰流量乘积相关关系

赣江上游不同年段基于通用土壤流失方程的年输沙量经验公式为

（1）1959—1994 年

$$W_s = 22.060(W_q \cdot Q_m)^{0.6117} \tag{12}$$

（2）1995—2010 年

$$W_S = 3.3107(W_q \cdot Q_m)^{0.8589} \tag{13}$$

式中：W_S 为赣江上游年输沙量，万 t；W_q 为赣江上游年径流量，亿 m³；Q_m 为赣江上游洪峰流量，万 m³/s。

比较图 1 和图 4 可见，加入洪峰流量 Q_m 后，1959—1994 年段的 R^2（相关系数的平方）值明显加大，表明对年输沙量的模拟效果更好；但 1995—2010 年段的 R^2 值有所减少，据分析与赣江上游水库群对洪峰流量的调节作用有关，在一定程度上掩盖了洪峰流量对降水动能的刻画功效。

3.2 赣江中游

赣江中游峡江水文站年输沙量与年径流量和洪峰流量乘积的相关点群呈两层分布形式（见图 5），也是 1958—1990 年的点子在上层，1991—2010 年的点子在下层。经相关分析，得到不同年段三者的综合经验公式为

（1）1958—1990 年

$$W_S = 21.406(W_q \cdot Q_m)^{0.6102} \tag{14}$$

（2）1991—2010 年

$$W_S = 0.9219(W_q \cdot Q_m)^{0.9301} \tag{15}$$

式中：W_S 为赣江中游峡江站年输沙量，万 t；W_q 为赣江中游峡江站年径流量，亿 m³；Q_m 为赣江中游峡江站洪峰流量，万 m³/s。

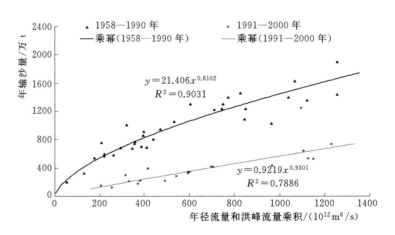

图 5　赣江中游峡江站年输沙量与年径流量和洪峰流量乘积相关关系

比较图 5 和图 2 可知，加入洪峰流量 Q_m 后，1958—1990 年和 1991—2010 年两段的 R^2 值均明显加大，表明加进洪峰流量对于提高赣江中游峡江站年输沙量的模拟效果具有重要意义。

3.3 赣江下游

赣江下游外洲站年输沙量与年径流量和洪峰流量乘积相关点群分布规律也与中游峡江站基本相同，1957—1990 年与 1991—2010 年相关点子呈上、下两层分布格局（图 6），且各层相关点子呈曲线形带状分布，表明分层相关关系较为密切，可以得到较理想的经验公式，分别为：

（1）1957—1990 年

$$W_S = 17.879(W_q \cdot Q_m)^{0.6180} \tag{16}$$

（2）1991—2010 年

$$W_S = 1.6676(W_q \cdot Q_m)^{0.8205} \tag{17}$$

式中：W_S 为赣江下游外洲站年输沙量，万 t；W_q 为赣江下游外洲站年径流量，亿 m³；Q_m 为赣江下游外洲站洪峰流量，万 m³/s。

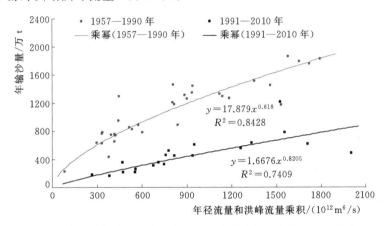

图 6　赣江下游外洲站年输沙量与年径流量和洪峰流量乘积相关关系

比较图 6 和图 3 可见，加入洪峰流量 Q_m 后，1957—1990 年和 1991—2010 年两段的 R^2 值均明显加大，表明加进洪峰流量对于提高赣江下游外洲站年输沙量模拟效果意义重大。

4　结语

本文同时采用两种不同模型对赣江流域上、中、下游代表断面水沙关系及其变化进行分析，取得了一些新成果，尤其是首次将通用土壤流失方程的水沙关系模型用于赣江流域，且应用效果令人满意，不仅有助于有关专业技术人员了解赣江流域水沙状况及其变化，同时对于赣江流域，水资源分配和用水管理、赣江面源污染研究与控制也有重要参考价值。

本文以径流量、输沙量、含沙量、洪峰流量及降水量的年统计值为依据，分析赣江流域上、中、下游代表断面（赣州、峡江和外洲）水沙关系及其 50 多年来的变化，能从宏观上反映赣江流域水沙关系的总体状况及其年际变化，但未能反映水沙关系季节差异及其多年变化情况，有必要继续收集相关资料，开展赣江流域水沙关系微观领域的分析，以弄清赣江流域水沙关系及其变化特征的全貌。

参 考 文 献

[1] 薛联青，郝振纯，李丹.流域水环境生态系统模拟评价与治理［M］.南京：东南大学出版社，2009.

[2] 闵骞，时建国，闵聃.1956—2005 年鄱阳湖入出湖悬移质泥沙特征及其变化分析［J］.水文，2011，31（1）：54－58.

[3] 赖厚桂.万安水库运行 5 年赖坝下游河床变化及其影响［J］.江西水利科技，1995，21（3）：163－166.

[4] 闵聃，蒋思珺.南昌市水资源现状与可持续利用对策［C］∥服务发展方式转变，促进中部科学崛起——2010 年促进中部崛起专家论坛文集.北京：中国科学技术出版社，2010：48－49.

江西省行政区域面雨量计算方法介绍

熊　燕[1]　闵　洁[2]

（1. 江西省南昌市水文局，江西南昌　330038；2. 江西省水文局，江西南昌　330002）

摘　要： 面雨量是一个防汛抗旱中较常用的特征量。本文从 4000 多个雨量站中，按一定原则挑选 1085 站，并对计算方法进行了调整，统一某些问题的处理原则，目标是实现江西省各行政区域雨面量计算的原则和方法达到一致，同时成果具有较好的代表性且相对合理。

关键词： 面雨量；泰森多边形；对比分析

面雨量是一个防汛抗旱中较常用的特征量。近些年来，江西省通过水情分中心、山洪灾害防治非工程措施、中小河流水文监测系统等项目建设，雨水情站网从原来不到 400 站，增加到了 4000 多站，加上水库除险加固建设的雨水情监测系统，站网规模增长迅速，迅速增长的监测站网体系，为大区域面雨量计算提供了较好条件，而且计算机技术的普遍运用及地理信息技术引入，为全面、快速、有效、准确计算面雨量提供了客观条件。

由于历史原因，江西省防汛抗旱采用 90 个县雨量代表站来计算全省行政区域面雨量，2009 年将参与计算的站网增加到 312 站，但参与计算的雨量站点资料仍嫌不足，特别是在一些偏远地区、山区，雨量站点仍比较稀疏，加上管理制度局限，在一定程度上限制了雨量资料有效应用，也直接影响到面雨量计算成果的普及、推广与运用。

降水量的多少是各级领导指挥防汛抗洪的重要决策依据。因此，进行面雨量计算方法调整非常必要。本次从现在的 4000 多个雨量站中，按一定的原则，进行挑选，最终全省选择 1085 站，并对计算方法进行了调整，统一某些问题的处理原则，目标是实现江西省各行政区域面雨量计算的原则和方法达到一致，同时成果具有较好的代表性且相对合理。

1 代表站点选择

代表站点的选择按总站数控制，根据行政区域、暴雨中心区、地形地貌、通信、交通保障等条件进行考虑。

（1）总站数原则。全省按 $150km^2$/站左右的密度控制总站点数。

（2）行政区域原则。保证每个县市区至少有一个雨量站点。依据行政区划网（http://www.xzqh.org/）中的行政区划，将本次参与计算的县（市、区）定为 100 个。

（3）暴雨中心区及地形地貌面积控制原则。暴雨中心区按照 $100km^2$/站左右的密度选取雨量站。山区按照 $150km^2$/站左右的密度选取雨量站；丘陵区按照 $200km^2$/站左右的密度选取雨量站；平原区按照 $250km^2$/站左右的密度选取雨量站；选取站点时充分考虑山区降雨受地形的抬升作用，选取有代表性的站点。

（4）易于检查维护原则。站点选取充分考虑通信、交通等运行管理维护条件。

（5）重点站必选原则。选取中央报汛站、省级报汛站、现已经是面上雨量站（特别是水文站、水位站）的站点。

2　计算范围及面积确定

以《2012 江西统计年鉴》公布的县市区为准，确定为 100 个县（市、区），各县、市辖区面积之和为 $167208.9km^2$，本次计算各设区市面积采用水资源公报相应面积（全省面积 $166948km^2$）。

3　计算方法选择

面雨量的计算方法很多，主要有泰森多边形法、逐步订正格点法、三角形法、算术平均法、格点法、等雨量线法等。算术平均法简便易行，但只适用于流域面积小、地形起伏不大，且测站多而分布又较为均匀的流域；格点法能较好地反映降水的连续性；等雨量线法精度高，但较多地依赖于分析技能，而且操作比较复杂，不便于日常业务使用；泰森多边形法或三角形法，考虑了各雨量站的权重，而且当测站固定不变时，各测站的权重也不变，比算术平均法更合理，精度也较高。本次选择以县（市、区）为最小单元，按泰森多边形法进行面雨量计算。即在全省按计算面雨量站点选择原则选用 1085 个面雨量计算站，各县行政区域面雨量依据该县内面雨量计算站监测数据按泰森多边形法计算，各市行政区域面雨量依据该市各县面雨量和县域面积采用加权平均法计算，全省行政区域面雨量依据各市面雨量和市域面积采用加权平均法计算。

4　问题的处理方法

为了保障面雨量的计算成果更加合理，需统一一些问题的处理方法。

4.1　面雨量数据存储

为了提高统计速度，特别是提高计算指定时间内累积雨量历史排位速度，面雨量数据按历年省、市、县逐日进行存储，起始时间为 1951 年，截至现在；多年逐日省、市、县面雨量值单独以表存储，每 5 年重新计算一次，5 年之内不做更新；逐日流域面雨量数据不存储，统计时通过相应权重系数临时计算。

4.2　权重系数小数位选择

通过整编资料中的全省多年逐日雨量相加计算出全省年平均雨量，作为全省年平均雨量的标准值,然后通过计算各县多年平均雨量,按权重系数的不同计算出全省多年平均雨量,分别与标准值进行对比,发现当权重系数取 6 位时,两种结果数据误差最小(约 0.367mm)。

4.3 日雨量上报问题

由于遥测系统接收机数据处理原因,部分站没有上报日雨量,还有个别地市日雨量上报存在问题(如赣州市水文局日雨量提前已生成,但一直为零,直到第二日 8 时,才一次性更新),造成面雨量过程在每日的 7—8 时会出现突变异常,处理办法是现阶段全部采用时段雨量累积来计算面雨量日值。

4.4 站点数据缺测问题

1085 个遥测站有时可能出现故障。无法监测上报数据时,将其雨量当 0 计算会造成系统偏小。处理办法:一天内没有一条时段雨量数据的站点,认为是故障站。

4.5 成果"三性"保障

(1)各级水利、防汛部门自 2013 年 1 月 1 日起统一采用所确定的站点及方法计算面雨量。

(2)将列入参与面雨量计算的雨量站作为重点站进行监测管理,并建立数据质量保证机制,确保数据正确无误,并通过雨水情交换系统将每天的小时时段雨量、日雨量及时上报省水文局,个别站点出现问题时,必须人工补报日雨量数据,通过雨水情交换系统上报省水文局。没有人工观测或固态存储的站采用临近站插补。

(3)各级防汛、水文部门在开发软件、对外发布行政区的面雨量时,必须遵循本规定的雨量站选择及计算方法。

(4)乡镇、行政村、风景区及开发区等区域可参照选择辖区内监测站计算面雨量。

(5)全省及各市、县多年平均降雨量采用"江西省重要水文站水情特征值汇编"数据。

5 计算成果对比分析

由于降雨分布不均,不同方法计算面雨量的结果有较大差异。以下按算术平均法和泰森多边形法分别计算省、市、县月及场次面雨量。两种计算方法的结果,市、县面雨量成果的差异大于省面雨量成果的差异。

5.1 全省面雨量计算

5.1.1 月面雨量计算

选用 90 个县雨量代表站,采用算术平均法计算全省面雨量,2012 年 4 月、5 月、6 月分别为 294mm、245mm、278mm;选用 1085 个雨量代表站,采用泰森多边形法计算全省面雨量,2012 年 4 月、5 月、6 月分别为 253mm、229mm、285mm;两种方法计算全省面雨量，4 月、5 月、6 月分别相差 16.2%、7.0%、－2.5%。

5.1.2 场次面雨量计算

选用 90 个县雨量代表站，采用算术平均法计算全省面雨量，2012 年 5 月 23—25 日、2012 年 6 月 6—11 日、2012 年 6 月 21—26 日分别为 27mm、90mm、117mm；选用 1085 个雨量代表站，采用泰森多边形法计算全省面雨量，2012 年 5 月 23—25 日、2012 年 6 月 6—11 日、2012 年 6 月 21—26 日分别为 24mm、87mm、129mm；两种方法计算的全省各场次面雨量分别相差 12.5%、3.4%、－9.3%。

5.2 设区市面雨量计算

5.2.1 月面雨量计算

选用县雨量代表站（景德镇城区、浮梁、乐平），采用算术平均法计算面雨量，2012 年 4 月、5 月、6 月分别为 364mm、293mm、249mm；选用景德镇市内 37 个雨量代表站，采用泰森多边形法计算景德镇市面雨量，2012 年 4 月、5 月、6 月分别为 211mm、204mm、266mm；两种方法计算的景德镇市面雨量，4 月、5 月、6 月分别相差 72.5%、43.6%、－6.4%。

5.2.2 场次面雨量计算

选用县雨量代表站（景德镇城区、浮梁、乐平），采用算术平均法计算景德镇市面雨量，2012 年 5 月 23—25 日、2012 年 6 月 6—11 日、2012 年 6 月 21—26 日分别为 66mm、70mm、87mm；选用景德镇市内 37 个雨量代表站，采用泰森多边形法计算景德镇市面雨量，2012 年 5 月 23—25 日、2012 年 6 月 6—11 日、2012 年 6 月 21—26 日分别为 51mm、61mm、101mm；两种方法计算的景德镇市各场次面雨量分别相差 29.4%、14.6%、－13.9%。

5.3 县面雨量计算

5.3.1 月面雨量计算

采用算术平均法计算彭泽县面雨量（每县一站），2012 年 6 月份彭泽县为 139mm；选用彭泽县内 10 个雨量代表站，采用泰森多边形法计算彭泽县面雨量，2012 年 6 月为 103mm；两种方法计算彭泽县面雨量，相差 35.0%。

5.3.2 场次面雨量计算

采用算术平均法计算浮梁县面雨量（每县一站），2012 年 6 月 21—26 日为 71mm；选用浮梁县内 18 个雨量代表站，采用泰森多边形法计算浮梁县面雨量，2012 年 6 月 21—26 日为 115mm；两种方法计算的浮梁县场次面雨量相差－38.3%。

6 后期改进

6.1 站点数量调整

组织相关专家，开展《江西省面雨量站点密度实验》课题研究，根据课题研究成果，进行站网数量选择、站点位置调整及替代站选择。

6.2 计算方法调整

为了满足省、市、县面雨量计算，本次面雨量计算均以县为最小单元进行选站。根据降雨分布规律，后期建议以四级流域分区为最小单元进行选站，通过泰森多边形法计算四级流域面雨量，大流域面雨量依据上级流域面雨量和面积采用加权平均法计算；县面雨量依据四级流域面雨量和所在县的权重进行计算，再依据县面雨量和面积采用加权平均法计算省、市面雨量。

6.3 改造遥测前置机系统

重点改造时段雨量上报机制，加入四段制测报要求，同时上报遥测站电压等相关信息，提高上报雨量信息的可信度。

参 考 文 献

[1] 孟遂珍，彭治班，赵秀英，等. 流域平均降水量的一种算法 [J]. 北京气象学院学报，2001 (2)：64-68.

[2] 董官臣，冶林茂，符长锋. 面雨量在气象预报中的应用 [J]. 气象，2000，26 (1)：9-13.

[3] 秦承平，居志刚. 清江和长江上游干支流域面雨量计算方法及其应用 [J]. 湖北气象，1999 (4)：16-18.

加强水平衡测试的几点思考

吕兰军

（江西省九江市水文局，江西九江　332000）

摘　要： 开展水平衡测试是创建节水型社会的一项基础工作，也是落实水资源"三条红线"管理中的用水效率红线的具体体现。本文阐述了目前水平衡测试面临的主要问题和解决办法以及水文在水平衡测试中的作用。

关键词： 水平衡；测试

2011 年中央一号文件指出：加快制定区域、行业和用水产品的用水效率指标体系，加强用水定额和计划管理。水平衡测试就是摸清企业用水现状、挖掘节水潜力、提高用水效率、降低生产成本的有效手段。

1　水平衡测试的主要作用

水平衡测试是指对一个企业、工厂、车间的各项用水、耗水、排水进行水量平衡测试和分析计算的过程。

通过水平衡测试可达到以下目的：掌握单位用水现状，如水系管网分布情况，各类用水设备、设施、仪器、仪表分布及运转状态，用水总量和各用水单元之间的定量关系，获取准确的实测数据；对单位用水现状进行合理化分析，依据掌握的资料和获取的数据进行计算、分析、评价有关用水技术经济指标，找出薄弱环节和节水潜力，制定出切实可行的技术、管理措施和规划；找出单位用水管网和设施的泄漏点，并采取修复措施，堵塞"跑、冒、滴、漏"；配置单位用水三级计量仪表，可以较准确地把用水指标层层分解下达到各用水单元，把计划用水纳入各级承包责任制或目标管理计划，定期考核，调动各方面的节水积极性；建立用水档案，提高单位管理人员的节水意识、管理水平和业务技术素质，为制定用水定额和计划用水量指标提供较准确的基础数据。

2　水平衡测试存在的主要问题

我国开展水平衡测试工作是从 20 世纪 80 年代开始的，在北方等缺水地区开展得较多，例如，北京、天津、河北、山西等地较先开展了水平衡测试探索，并出台了水平衡测试地方性行政法规、规章，而南方水资源相对丰富，很少开展这项工作。随着水资源管理的进一步加强，全面开展水平衡测试势在必行，但也存在一些问题。

2.1 缺乏强有力的政策法规支持

水利部在 2008 年发布的《取水许可管理办法》中规定"取水单位或者个人应当根据国家技术标准对用水情况进行水平衡测试，改进用水工艺或者方法，提高水的重复利用率和再生水利用率"。

在一些省、市也出台了文件，要求加强水平衡测试。例如，北京市政府出台的《北京市节约用水办法》中规定"用水单位应当采取措施加强节约用水管理，定期进行合理用水分析或者水平衡测试"；《河北省城市节约用水管理实施办法》规定"城市用水单位应当依照国家标准，定期对本单位的用水情况进行水平衡测试和合理用水分析"。

但无论是水利部下发的管理办法还是省、市出台的政策，因不属于国家层面的法规，对企业是否开展水平衡测试没有强制性要求。

2.2 缺乏必要的技术标准

水平衡测试是一项要求很严格的技术性工作，2008 年国家质量监督检验检疫局和国家标准化管理委员会发布了《企业水平衡与测试通则》，对企业水平衡及其测试的方法、程序、结果评估和相关报告书格式进行了规定。虽然水平衡测试的基本原理较简单，但在实际工作中，需要对测试对象的各个设备、车间、工厂的整个用水管网体系进行收支平衡测试，获取数据进行计算、分析，评价有关技术经济指标，找出薄弱环节和节水潜力，制定可行的技术和管理措施。

但由于每个用水行业的用水结构不相同，用水管网系统复杂，例如，钢铁、石化、造纸、火电等，其用水工艺、流程是不一样的，国家没有分行业出台技术标准，在执行过程中的可操作性不强。

2.3 水平衡测试从业单位不明确

由于国家没有出台水平衡测试的政策法规，仅仅有水利部和部分省、市政府的文件和规章，对水平衡测试从业单位没有明确规定，有企业自行测试的，也有委托水利勘测设计院、水文局等进行测试的，测试水平、报告质量难以衡量。

2.4 企业的认知不到位

水平衡测试的目的就是为节约用水挖掘潜力。有些企业认为已经安装了大量节水器具，杜绝了"跑、冒、滴、漏"的发生，没有必要进行水平衡测试；有个别企业片面认为节水工作就等同于水平衡测试，是对水平衡测试工作的误解；也有部分企业不希望将自己的实际用水数据公布于水行政主管部门，一方面不让水行政主管部门了解实际用水情况，另一方面不想足额交纳水资源费；此外，开展水平衡测试需要交纳一定的费用，因此企业的主管人员想方设法规避水平衡测试工作。

3 加强水平衡测试的几点思考

开展企业水平衡测试是一项利国利民的大事，是开展节约用水、提高用水效率、促进国民经济可持续发展的重要举措，对落实 2011 年中央一号文件提出的用水效率"红线"和规范取水许可、建设节水型社会具有重要意义。

3.1 完善国家政策和法规

水利部和部分省、市的文件和规章都对企业适时开展水平衡测试提出了要求，但是没有相应的惩治措施，在实际操作过程中对拒绝水平衡测试的企业不能采取强制性措施。国家应尽快出台水平衡测试的法规。建议由国家发展和改革委员会、水利部联合下发《水平衡测试管理办法》，对需要进行水平衡测试的用水户和水平衡测试周期进行界定，规范水平衡测试的审查和验收、成果应用等办法，省、市政府应制定水平衡测试的实施细则或管理办法，从而形成较为完善的水平衡测试管理法规体系。

3.2 分行业出台技术标准

修编现行国家水平衡测试标准，明确细化用水种类的划分、各级水表的安装率、水平衡数据统计分析等技术要求。省、市也应出台符合实际的水平衡测试地方标准，建立分行业的水平衡测试技术标准，形成较完善的水平衡测试标准体系。

3.3 对水平衡测试从业单位进行资质管理

目前，从事水平衡测试的单位主要是水文部门，因为水文部门具有这方面的技术和人才优势，水文、水资源调查评价资质证书的业务范围中包括了水平衡测试，而设区市水文机构都取得了这个证书。有些省明确了由水文部门来承担水平衡测试工作，像《河北省水文条例》第二十六条"水文机构应当按照水资源管理和节约用水的要求，组织实施水平衡测试，并由测试单位出具相应的测试报告"。建议由水利部出台《水平衡测试资质管理办法》，明确凡从事水平衡测试的单位，应当按照本办法的规定，取得水平衡测试资质证书（分甲、乙级），资质单位在规定的业务范围内开展工作。

3.4 及时应用水平衡测试成果

对水平衡测试得到的水量数据按用水单元的层次进行汇总后，编写水平衡测试报告书。以水平衡测试结果为基础，对用水单元进行合理用水评价，找出不合理用水造成浪费的水量和原因，制定出改进计划和规划。制定节水计划和规划时要把握以下几点：最大限度地提高水的重复利用率，如建立和完善冷却水"工艺水循环利用系统"，提高循环水浓缩倍数，建立中水道系统等，减少新水取用量；改革用水工艺，更新用水设备、器具，采用不用水或少用水的工艺"设备"器具；依据测试成果调整用水定额和计划用水量指标，并分解下达给用水单元。

3.5　加强宣传，鼓励企业主动开展水平衡测试

各级政府和水行政主管部门应大力宣传水平衡测试的积极意义，使用水单位意识到开展此项工作带来的经济效益、社会效益和环境效益，提高开展水平衡测试的积极性和自觉性，同时对于积极开展水平衡测试并及时整改、完善用水体系的企业适当予以奖励。2011年中央一号文件指出："加快实施节水技术改造，全面加强企业节水管理，建设节水示范工程，普及农业高效节水技术。抓紧制定节水强制性标准，尽快淘汰不符合节水标准的用水工艺、设备和产品。"水平衡测试作为节水管理的一个重要环节，必将得到重视和加强。

建设项目水资源论证制度实施过程中存在的主要问题与思考

吕兰军

（江西省九江市水文局，江西九江　332000）

摘　要： 建设项目水资源论证工作改变了"以需定供"粗放式的用水方式，对于缓解水资源短缺，保护水资源和水环境，提高水资源的利用效率，推进节水型社会建设起到了重要作用，但在具体实施过程中还存在一些问题。本章提出要加强水资源论证制度执行的督查力度，出台水资源论证条例，提高水资源论证的法律地位。

关键词： 建设项目；水资源论证；执行力度；江西省九江市

2002 年 3 月 24 日，水利部和国家发展计划委员会联合发布了《建设项目水资源论证管理办法》（水利部、国家计委 15 号令）（以下简称《管理办法》），标志着建设项目水资源论证制度在我国正式建立和实行。《管理办法》的颁布，是贯彻落实《水法》和深化取水许可制度的具体体现，对于促进水资源优化配置和可持续利用，保障建设项目的合理用水，构建节水防污型社会，促进人水和谐及维护河流健康等都具有重要意义。

1　建设项目水资源论证的主要内容

随着国家水行政主管部门对水资源论证管理力度的加大，对水资源论证的要求也日益提高。水资源论证工作涉及水量、水质、水温、水能等水资源的四大要素；涉及地表水、地下水以及污水处理回用等非常规水源；涉及取水、供水、用水、耗水、排水、节约和保护等水资源开发利用全过程；涉及建设项目取水、退水对周边地区的影响及其补救、补偿措施；涉及论证范围内当前和未来一定时期新老项目的水资源利用关系；涉及水资源可持续利用与经济社会可持续发展的关系。

建设项目水资源论证报告的编制涵盖了建设项目从取水、用水到退水的整个过程，是落实水资源"三条红线"管理的较好体现。从总量控制上来说，现在大多数省、市已经把水量细化分配到了县甚至用水大户，建设项目所在地的总水量是一定的，假如水量已分配完了，则该项目取水就不允许，首先从水量控制的角度予以否决，只能通过市场、水权转让等其他渠道获得取水许可；从用水效率上来看，报告编制过程中还要对建设项目的生产工艺、用水过程进行分析，特别是项目用水是否在用水定额范围内，对耗水量大而重复利用率达不到要求的项目给予否决；从纳污能力上来看，在报告编制时对于项目退水首先看业主是否建立自己的污水处理厂，把经过处理的污水排入工业园区综合污水处理厂再次处理，经达标后排入水体。

2 建设项目水资源论证存在的主要问题

自开展建设项目水资源论证以来，各地执行的力度不一样，工作的成绩就不一样，在执行过程中存在以下几方面的问题。

2.1 来自地方政府的阻力

一些地方政府偏重GDP增长，把招商引资作为经济快速发展的主要途径。往往把水、电、路三通作为招商条件，一些用水量大、污染严重的项目被冠以"市长工程""县长工程"，阻止进行水资源论证工作。例如，江西省九江市沿长江有瑞昌码头的造纸化工园区、赤湖工业园区、城西港区、湖口金砂湾工业园区、彭泽化工园区等许多工业园区以及鄱阳湖蛤蟆石化纤基地，每年都有大量的企业进入。有些企业在水行政主管部门的要求下会配合做水资源论证报告，但也有少数企业自认为是当地政府招商引资的重点项目，对水资源论证不以为然。水利部门作为政府属下的职能部门，存在有法不敢依、执法不敢严的现象，有时执法人员甚至无法进入工业园区进行执法检查。由于九江市具有良好的地理区位优势和丰沛的水资源，沿海一带的化工、造纸、冶金等污染项目不断转移到九江市。

目前各地、各园区开展的建设项目很多，只有发展和改革委员会审批过程中要求附上水资源论证报告的重点项目和石油、火力发电等企业，会主动与编制单位联系做水资源论证报告。个别县至今没有一个建设项目进行水资源论证。在经济发展与水资源论证工作发生矛盾时，少数地方政府只考虑经济发展因素，或把水资源论证当作争取建设项目立项的手段之一，缺乏水资源保护意识，论证工作开展阻力大。

2.2 来自项目业主的阻力

目前相当多的建设项目业主对水资源论证的认识还比较肤浅，抵触情绪很大，迫不得已的情况下才会与水资源论证报告编制单位联系做水资源论证报告书，认为水资源论证仅仅是立项过程中的一个环节或水行政主管部门刁难项目业主的一个借口；在配合做水资源论证报告的过程中缺乏相互信任，有时要求编制单位在很短的时间内拿出正式报告，甚至以为交几个钱就可以了事。水资源论证必须对建设项目用水工艺、排水处理做深入了解，但业主可能是出于商业保密的需要或其他原因，不能提供较全面的资料，因此在水资源论证报告编制中获取项目取水方式和用水工艺流程、厂址及取排水口位置、废污水处理、附近用水户或利益相关者的意见等有一定的难度。

2.3 宣传力度不够

这些年来，各省、市都由政府批准出台了水功能区划、水量分配细化方案、水域纳污能力及排污总量控制意见，《管理办法》对建设项目取用水也是有严格要求的。但现在建设项目业主都知道环境影响评价是必做的，有相当多的项目业主不知道在建设项目申报过程中需要做水资源论证报告，说明水利部门这方面的宣传力度不够。

2.4 水资源论证报告编制单位之间的无序竞争

九江市 2005 年 1 月正式实行水资源论证制度，8 年来从事论证工作的队伍逐步壮大，在九江地区有 4 家单位取得了论证资质，在一定程度上保障了九江市建设项目的合理用水，提高了用水效率和效益，促进了水资源的合理配置和可持续利用，促进了节能减排，减少了水事纠纷等，发挥了积极作用。由于取得建设项目水资源论证资质的单位多，加上承担水资源论证报告书编制是市场运作行为，因此建设项目业主从成本核算的角度委托要价最低的水资源论证资质单位也是合情合理的事，但也带来水资源论证资质单位的无序竞争。由于建设项目水资源论证没有出台相应的收费办法，在收取费用方面比较混乱，导致水资源论证报告质量参差不齐。各地经济条件和社会环境不同，收费数额有一定的灵活性，也造成水资源论证编制单位之间的无序竞争。

2.5 权威性水文资料缺乏

水资源论证主要是对取水水源的水量、水质进行全面分析，一般要有 15～30 年以上的水文监测资料，水文资料是整个论证的出发点，一旦资料失真，则会影响整个论证。建设项目取水地点附近一般没有水文站，必须用水文比拟法等方法借用相似流域水文站的历年实测资料计算出取水地点不同频率下的水文系列。现在取得水资源论证资质的单位有水文局、水利设计院、水利科研所和大专院校等 10 多个部门，除水文局外，其他水资源论证资质单位在编制水资源论证报告时不按正规渠道获取水文资料的现象较普遍，例如，引用一些其他报告中的水文数据，从而水文资料的合理性、一致性、代表性存在问题。例如，九江市曾有一家水资源论证资质单位在编制一个水电站水资源论证报告时由于没有足够的水文资料，论证报告没能通过。

2.6 评审专家专业面不广

建设项目涉及造纸、化工、水泥、冶金、火电等多个领域，而目前水资源论证方面的评审专家大多是水利系统的专业技术人员，他们对水电、防洪、供水工程项目等比较内行，对其他行业的项目虽然有所了解，但毕竟不是这方面的专家，在论证会上要他们提出报告中存在什么问题有点为难。有个别专家纯粹是凑数，发挥不了专家把关的作用，因此，水资源论证报告质量得不到保证。

2.7 建设项目现场查勘环节重视不够

单个建设项目的取水或退水对周边的影响可能是不大，但工业园区集中了几家甚至几十家企业，项目所在地的上下游都有排污企业，如果不增加专家到建设项目现场的查勘力度，就不可能作出正确判断。水资源论证是对建设项目的取水、供水、用水、耗水、排水、节水等多个方面的合理性进行审查，按理专家必须到现场进行查勘，详细了解报告所叙述的内容是否符合现实。但往往因各种原因，很少组织专家去建设项目现场了解情况。

3 对策与建议

如何科学合理开发、利用、分配有限的水资源已成为各级政府需要解决的首要问题。《管理办法》的出台，标志着建设项目水资源论证制度在我国正式建立和实行。水资源论证是保证取水许可科学合理审批的重要技术支撑。

3.1 加强宣传，扩大影响

要让水资源论证制度像环境影响评价一样做到家喻户晓，就需要大力宣传我国的国情和水情，让社会大众全面了解我国人多水少，水资源时空分布不均、与生产力布局不相匹配的基本水情并未改变，水多、水少、水浑、水脏的问题日益突出，水资源管理面临的深层次矛盾尚未根本解决，并且在全球气候变化和大规模经济开发双重因素的交织作用下，我国水资源情势正在发生新的变化。利用多种渠道大力宣传实行建设项目水资源论证制度的重要性和必要性，让社会各界普遍认同。

3.2 把水资源论证作为项目审批的必备条件

《管理办法》是国家发展和改革委员会、水利部联合制定并下发的，具有一定的约束力，各省也应由发展和改革委员会、水利厅联合下发文件。江西省发展和改革委员会、水利厅就联合下发了这样的文件，为在江西省开展建设项目水资源论证提供了政策规定。政府及有关职能部门在受理建设项目申报过程中要求业主提交水资源论证报告及水行政主管部门的批复文件，久而久之就会形成广泛共识。

3.3 加强督查力度

一些地方政府及其职能部门中，不遵守建设项目水资源论证制度的情况是存在的，越权审批和行政干预情况也是存在的。在此情况下，上级水行政主管部门要加强督查力度，有针对性地到建设项目所在地检查，发现问题及时要求整改。例如，2007年彭泽县有一招商引资项目，业主自恃有县政府撑腰，对县水利局提出的必须做水资源论证报告的要求不予理睬，九江市水利局领导得知后立即派员下去做通了工作。可见上级的督办能起到事半功倍的效果，建议开展水资源管理落实情况专项检查或水行政联合执法检查。

3.4 加强对水资源论证资质单位和评审专家的管理

2003年水利部出台了《水文水资源调查评价资质和建设项目水资源论证资质管理办法（试行）》，印发了《建设项目水资源报告书审查工作管理规定（试行）》，规范了资质申请、审批条件和程序，规范了论证报告书编制和审查要求。

虽然不少单位取得了水资源论证资质，但有个别资质单位水资源论证报告书编制质量不高，问题较多。上级主管部门应加强对资质单位的管理，①对资质单位的技术力量进行审核；②检查编制报告的具体人员是否参加过培训并取得上岗证书；③检查以往编制的报告是否存在质量问题；④开展水资源论证报告后评估。

对评审专家的选聘，应考虑不同专业的技术人员，不能只从水利部门中选聘。可聘请一些化工、造纸、冶金、制药等方面的专家和教授，对污染较为严重的项目，其评审一定要有针对性地安排具备这方面知识的专家。建立评审专家库，对专家也要进行必要的培训并取得上岗证书，除聘请国家级的评审专家外，还应考虑成立省级评审专家库，因为设区市一级承担了大量的论证报告评审任务。

3.5 加强对工业园区和城市规划的水资源论证

目前对单个建设项目进行水资源论证较多，但各地都有工业园区，集中了若干家企业，应该在园区规划建设阶段就对其进行水资源论证，避免园区盲目引进一些耗水大、污染严重的项目。例如，有不少工业园区，在"三通一平"后并没有建综合污水处理厂的规划，只是在园区引进了不少污染项目后在上级要求下匆忙上马污水处理厂，既没有前瞻性，也不讲究科学，更没有考虑水资源的合理配置。

水利部 2010 年下发了《关于开展规划水资源论证试点工作的通知》，要求本着从简单到复杂、逐步完善的原则，规划水资源论证试点重点范围包括工业园区、经济技术开发区、高新技术产业开发区、生态园区等各类开发区规划、城市和城市群的总体规划等。有必要园区在规划建设阶段就开展水资源论证工作。

3.6 加强对水文资料的管理

报告书质量的好坏，在一定程度上取决于掌握的资料是否全面，个别资质单位抄袭引用其他报告书上的水文数据，但也没有约束性的规定不让其使用。建议由国家和省级水行政主管部门出台水文资料使用审查办法，以加强对水文资料的使用与管理。

江苏省水利厅于 2012 年 11 月出台了《江苏省水文资料使用审查办法（试行）》，明确规定下列行为所使用的水文监测资料应当进行审查：编制行政区域和行业发展规划、流域和区域综合规划及重要专项规划；进行省、市重点项目建设的论证、可行性研究、设计；开展水资源调查评价、水资源论证、排污口设置论证、水环境影响评价；编制水土保持方案，核定水域纳污能力；法律、法规规定的其他行为。还规定省水行政主管部门所属水文机构具体负责水文监测资料使用的审查工作。未经水文机构进行水文监测资料使用审查的，相关部门不得组织论证、审批（审查）和验收。各地应从制度上加强对水文资料的使用与管理，从而保证水资源论证报告的质量。

3.7 尽快出台水资源论证条例

《管理办法》实施 10 年来，虽然取得的成效是明显的，但毕竟为部门规章，无法对地方政府及其他职能部门产生法律效力。水资源论证制度是一项基本的水资源管理制度，涉及水资源开发利用和保护的全过程，但《管理办法》目前还处在部门规章的级别，同时，规划水资源论证如何开展，没有具体规定，影响了水资源论证制度的法律效力，因此有必要将水资源论证制度提升为行政法规，以提高水资源论证制度的法律地位。2011 年中央一号文件指出：严格执行建设项目水资源论证制度，对擅自开工建设或投产的一律责令停止；2012 年《国务院关于实行最严格水资源管理制度的意见》中提出：严格执行建设项目水资源论证制度，对未依法完成水资源论证工作的建设项目，审批机关不予批准，建设单位不得擅自开工建设和投产使用，对违反规定的，一律责令停止。可见，中央对水资源管理非常重视，实行最严格水资源管理制度已上升为国家战略，这样就为水资源论证条例的出台创造了有利条件，水资源论证作为水资源管理的一项制度，必将得到全面落实。

随着国家水资源管理力度的不断加大，取水许可制度的不断完善，建设项目水资源论证工作一定会逐步规范，一定会成为优化流域及区域间水资源配置，加强取水许可管理，保障水资源的平衡和安全，支撑和服务区域经济发展的有力保障。

参 考 文 献

[1] 付学功.建设项目水资源论证工作中的问题及建议 [J].水利发展研究，2010 (5)：47-50.

江西省工业用水现状及其变化趋势分析

代银萍

（江西省九江市水文局，江西九江　332000）

摘　要： 本文在分析江西省现状工业用水的基础上，结合 2005—2014 年近 10 年工业用水与经济发展的变化情况，采用库兹涅茨曲线分析方法，对江西省工业用水量变化趋势做了定性分析；另根据近 10 年工业用水水源情况，指出江西省工业用水水源变化趋势。

关键词： 江西省；工业用水；趋势；分析

随着工业化进程的加快，我国工业用水量增长较快，江西省也不例外。江西省工业用水量 2005 年为 51.21 亿 m^3，2014 年达 61.25 亿 m^3，逐年有所增加，工业用水占用水总量的比例约为 25%，仅次于农业，在用水构成中占有重要地位。

2012 年《国务院关于实行最严格水资源管理制度的意见》中明确指出："到 2015 年，万元工业增加值用水量比 2010 年下降 30% 以上，到 2020 年，万元工业增加值用水量降低到 65 m^3 以下。"这就要求在增加工业产值总量的同时要减少工业用水、提高工业用水效率。另外，工业用水所产生的废水是影响水环境的主要因素，因此研究工业用水的变化趋势对提高工业用水效率、挖掘工业节水潜力以及在水生态文明建设及节水型社会建设方面具有重要意义。

1 江西省工业用水现状

江西省属于欠发达省份，以农业为主，但进入 21 世纪以后，特别是"十一五"时期以来，江西工业化步伐明显加快，工业经济在国民经济中的主导地位不断增强，在工业的强力拉动下，全省经济社会综合实力显著提升，工业化与国民经济发展实现了良性互动。2014 年，江西省全部工业完成增加值 6994.7 亿元，占生产总值比重为 44.5%。其中，规模以上工业增加值 6833.7 亿元；规模以上工业实现利税 3358.7 亿元，其中利润 2043.9 亿元。38 个行业全部实现盈利；全年规模以上工业实现主营业务收入 30537.1 亿元；主营业务收入过千亿元的行业有 11 个；主营业务收入超过百亿元的企业有 14 户；全年工业经济效益综合指数 339.3%。

根据江西省水利厅《2014 年江西省水资源公报》（以下简称《公报》），2014 年江西省工业用水量 61.25 亿 m^3，占用水总量的 23.6%。其中：火（核）电用水量 17.86 亿 m^3，占工业用水量的 29.2％；非火（核）电工业用水量 43.39 亿 m^3，占工业用水量的 70.8％。万元 GDP（当年价）用水量 165m^3，万元工业增加值（当年价）用水量 88m^3。表 1、表 2 分别列出了江西省各设区市工业用水量、万元工业增加值用水量。

表 1   **2014 年江西省工业用水量一览表**   单位：亿 m^3

行政区名称	工业用水量				
	火（核）电		国有及规模以上	规模以下	小计
	直流式	循环式			
南昌市	0.00	0.11	7.88	0.93	8.92
景德镇市	0.09	0.11	1.54	0.89	2.63
萍乡市	0.05	0.01	2.73	0.32	3.11
九江市	3.76	0.00	5.12	0.19	9.07
新余市	0.40	0.22	1.88	0.94	3.44
鹰潭市	0.00	0.15	1.86	0.11	2.12
赣州市	0.00	0.08	4.24	0.14	4.46
吉安市	1.71	0.11	3.59	0.08	5.49
宜春市	10.9	0.00	4.10	0.25	15.26
抚州市	0.00	0.00	1.46	1.09	2.55
上饶市	0.00	0.15	3.57	0.48	4.20
江西省	16.9	0.94	37.97	5.42	61.25

表 2   **2014 年江西省万元工业增加值用水量一览表**

行政区名称	万元工业增加值用水量/m^3		
	火（核）电工业	非火（核）电工业	全部工业
南昌市	179	59	59
景德镇市	335	66	70
萍乡市	735	66	68
九江市	5130	55	109
新余市	1512	62	76
鹰潭市	109	59	61
赣州市	195	58	62
吉安市	514	55	101
宜春市	5260	58	204
抚州市	—	58	58
上饶市	318	60	65
江西省	1733	63	88

2 工业用水与经济发展

2005—2014 年近 10 年，江西省经济发展较为迅速，根据江西省历年统计年鉴，工业增加值由 2005 年的 1455.50 亿元增长到 2014 年的 7504.34 亿元，年均增速 17.8%；根据江西省历年水资源公报，工业用水由 2005 年的 51.21 亿 m^3 增加到 2014 年的 61.25 亿 m^3，年均增速为 1.8%，从图 1 中可以看出，随着经济的发展，工业用水量也逐步增加，但从趋势图来看，工业增加值的增加趋势明显大于工业用水，工业增加值的年均增速远大于工业用水的年均增速，是其近 10 倍，主要是由于万元工业增加值用水量由 2005 年的 352m^3 下降至 2014 年的 88m^3。

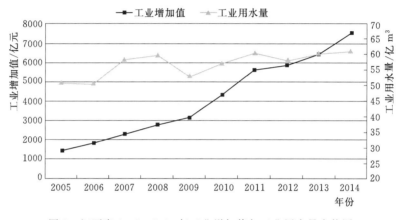

图 1 江西省 2005—2014 年工业增加值与工业用水量走势图

3 江西省工业用水变化趋势分析

工业用水行业众多，重点有电力热力的生产和供应业、化学原料及化学制品制造业、黑色金属冶炼及压延加工业、非金属矿物制品业、有色金属冶炼及压延加工和石油加工、炼焦和核燃料加工业等 6 大高耗能行业，统计、工信等部门有各自的不同行业的工业用水量数据，因统计口径不同，差异较大，不便使用。《公报》虽然没有把工业用水细分到不同的行业，只统计每年的工业用水总量，但考虑到《公报》是由水行政主管部门对外正式发布，其工业用水总量数据具有权威性，故本文以历年《公报》中的工业用水总量作为趋势分析研究的依据。

3.1 工业用水量变化趋势分析

工业用水量取决于工业产值、结构变化、工艺技术、管理水平等，其中工业结构对工业用水变化有明显影响。不同的工业结构所导致的用水规模和万元产值取水量相差很大，仅仅根据工业产值并不能确定工业用水的长期增长趋势，所以工业产业结构调整现状是分析工业用水趋势的前提条件。美国地理学家诺瑟姆将城市的发展划分为 3 个阶段：前工业化阶段、工业化阶段和后工业化阶段，工业化阶段分为早期、成熟期和后期，人类未来的发展就是后工业化阶段，后工业化社会城市化进程加快，使得后工业化城市市区人口和企业大量向郊区迁移，产生郊区化和逆城市化现象，形成卫星城镇以及城市地域互相重叠连接而形成的城市群和大城市集群区（表3）。

表3   产业结构与城市发展关系表

阶段	前工业化阶段	工 业 化 阶 段			后工业化阶段
		早期	成 熟 期	后期	
就业人员比例	第一产业	>80%	80%降至50%	50%降至20%	20%降至10%	<10%
	第二产业	<20%	20%升至40%	50%左右	50%降至25%	<25%
	第三产业	<10%	10%升至20%	20%升至40%	40%升至70%	>70%

江西省三产就业人员比例由 2005 年的 39.9：27.2：32.9 逐步调整为 2014 年的 30.8：32.2：37.0，从图 2 中可以看出，第一产业就业人员逐年下降，第二产业和第三产业就业人员逐年增加。根据产业结构与城市发展关系表，江西省处于工业化阶段的成熟期，但就第二产业而言，还处于初步成熟期，较长时间内江西省仍要大力发展工业。

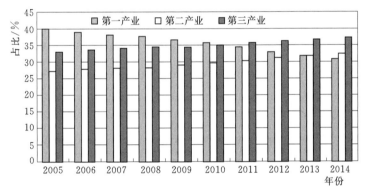

图 2   江西省 2005—2014 年三产就业人员比例情况

3.1.1   分析方法

根据相关文献，发达国家工业用水随经济发展的变化存在着一个由上升转而下降的转折点。因此，工业用水随收入增长的演变模式可以用库兹涅茨曲线形式来表示，即工业用水最初会随着人均 GDP 的增加而增加，当越过某个峰值后，就会随着人均 GDP 的增加而减少，这意味着发展中国家的工业用水不会一直持续增长。

美国经济学家西蒙·史密斯·库兹涅茨于 1955 年依据推测和经验提出了经济发展与收入差距变化关系的倒 U 形曲线假说。如果用横轴表示经济发展的某些指标（通常为人均产值），纵轴表示收入分配不平等程度的指标，则这一假说所揭示的关系呈倒 U 形，因而被命名为库兹涅茨倒 U 形假说，又称库兹涅茨曲线。库兹涅茨在说明这一倒 U 形时，设想了一个将收入分配部门划分为农业、非农业两个部门的模型。在此情况下，各部门收入分配不平等程度的变化可以由如下 3 个因素的变化来说明，即按部门划分的个体数的比率、部门之间收入的差别和部门内部各方收入分配不平等的程度。库兹涅茨推断这 3 个因素将随同经济发展而起下述作用：在经济发展的初期，由于不平等程度较高的非农业部门的比率加大，整个分配趋于不平等；一旦经济发展达到较高水平，由于非农业部门的比率居于支配地位，比率变化所起的作用将缩小，部门之间的收入差别将缩小，使财产收入所占的比率将降低，以及以收入再分配为主旨的各项政策将被采用等，各部门内部的分配将趋于平等，总的来说分配将趋于平等。

3.1.2　历年工业用水情况

根据江西省 2005—2014 年水资源公报，工业总用水量由 2005 年的 51.21 亿 m³ 增加到 2014 年的 61.25 亿 m³，年均增速为 1.9%，年变化率增幅最大为 2007 年，较上年增加 15.9%，年变化率减幅最大为 2009 年，较上年减少 11.2%，见表 4。

表 4　　　　　江西省 2005—2014 年工业用水情况

年份	火（核）电		一般工业		总用水量/亿 m³	年变化率/%
	用水量/亿 m³	年变化率/%	用水量/亿 m³	年变化率/%		
2005	25.22	—	25.99	—	51.21	—
2006	25.03	−0.8	25.54	−1.7	50.57	−1.2
2007	33.18	32.6	25.42	−0.5	58.60	15.9
2008	33.61	1.3	26.31	3.5	59.92	2.2
2009	24.96	−25.7	28.22	7.3	53.18	−11.2
2010	24.48	−1.9	32.87	16.5	57.35	7.8
2011	21.28	−13.1	39.36	19.7	60.64	5.7
2012	17.75	−16.6	40.97	4.1	58.72	−3.2
2013	18.56	4.6	41.57	1.5	60.13	2.4
2014	17.86	−3.8	43.39	4.4	61.25	1.9

一般工业用水量由 2005 年的 25.99 亿 m³ 增加到 2014 年的 43.39 亿 m³，年变化率增幅最大为 2011 年，较上年增加 19.7%；火（核）电用水量则由 2005 年的 25.22 亿 m³ 增加到 2008 年的 33.61 亿 m³ 继而下降到 2012 年的 17.75 亿 m³，之后略有增加，到 2014 年降至 17.86 亿 m³，年变化率增幅最大为 2007 年，较上年增加 32.6%，年变化率减幅最大为 2009 年，较上年减少 25.7%。火（核）电用水量的大幅增加和减少与工业总用水量大幅增加和减少的年份一致。

3.1.3　趋势分析

江西省 2005—2014 年工业用水变化走势如图 3 所示。从图中可以看出，江西省近 10 年工业用水可分 3 个阶段：

第一阶段为 2005—2009 年。这一阶段全部工业用水量的变化趋势与火（核）电用水量的变化趋势完全一致，先微降，再快速上升，又快速下降的变化趋势，一般工业用水比较平稳，至 2009 年略有上升。这 5 年火（核）电用水在全部工业用水中起主导作用，由于受各地市部分火力发电方式由直流式改为循环式影响，火（核）电用水骤减，2009 年工业用水呈急剧下降趋势。

第二阶段为 2010—2011 年。这一阶段火（核）电用水呈下降趋势，但全部工业用水

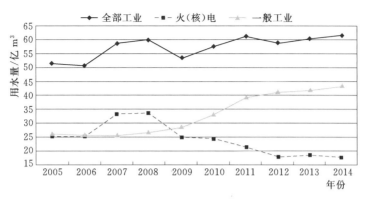

图3 江西省2005—2014年工业用水变化走势图

则呈上升趋势,因为一般工业用水出现大幅上升趋势。这一阶段,江西省大力发展工业,2010年规模以上工业增加值突破3000亿元,比上年增长21.7%,2011年接近4000亿元,比上年增长19.1%,这也是工业用水快速增长的原因。

第三阶段为2012—2014年。这一阶段,2012年全部工业用水受火(核)电用水的影响,略有下降,2013—2014年呈现缓慢增长趋势;火(核)电用水则呈现小波浪趋势,但波峰很低,整体平缓,一般工业用水呈现缓慢上升趋势,结合图1,这一阶段工业发展较快,工业用水却缓慢上升的原因主要是2012年国务院关于实行最严格水资源管理制度的意见出台,要求2015年"三条红线"指标中用水效率控制红线之一的万元工业增加值用水量较2010年下降35%,因此江西省坚持"节水、防污"并重的原则,把工业节水与防污有机结合,用水效率逐步提高,万元工业增加值用水量从2012年的100m³下降到2014年的88m³,较2010年下降37.9%,取得了节水、减污、降低成本的多重效应。

结合库兹涅茨曲线,以人均GDP(万元)为横坐标,以工业用水量为纵坐标,对江西省2004—2015年工业用水进行了线性、对数、指数、幂函数、多项式等多种曲线拟合,最终得出相关系数最佳的是3阶多项式曲线(图4)。从图4中可以看出,2005—2014年的工业用水呈现倒S形曲线,未来较长时间工业用水仍会保持缓慢增长的发展趋势,处于库兹涅茨曲线(倒U形曲线)的缓慢上升阶段。

3.2 工业用水水源趋势分析

江西省水资源丰富,拥有赣、抚、信、饶、修五大河流和中国最大淡水湖鄱阳湖及丰富的长江过境水,全省多年平均地表水资源量为1545.48亿 m³。因此,江西省工业用水水源主要来自河、湖等地表水,其次是地下水。根据江西省历年水资源公报,2005—2014年江西省工业用水水源取自地下水的比例为4.4%～5.2%,最大值是2012年的2.80亿m³,最小值为2006年的2.42亿 m³,仅相差0.36亿 m³。因此地下水源取水变化不大,历年基本保持持平,地表水的比例为94.8%～95.6%,占有绝对比重,历年地表水取水量随工业用水总量的变化而变化(见图5)。

江西省2005—2014年地表水资源利用率为10.6%～25.8%,变幅较大,受不同水平年地表水资源量的多少及农业用水变幅较大的影响,相对于全国平均地表水资源利用率水

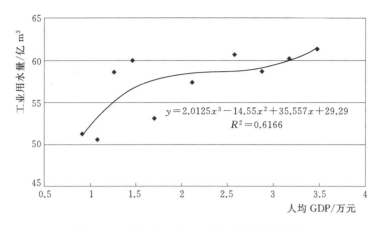

图 4 工业用水量与人均 GDP 关系曲线拟合图

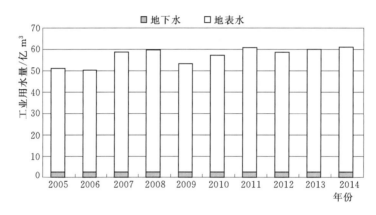

图 5 江西省工业用水水源构成

平偏低,具有巨大的开发潜力,而工业用水占地表水资源量的比例更小,为 2.5%～6.0%。因此,江西省工业用水水源仍将以地表水为主,适度利用地下水,但考虑了保护环境、节约水资源,未来非常规水源如雨水、再生水等也可成为工业用水的重要水源之一。

4 结语

工业用水量随着经济的发展不会持续增长,当达到一个峰值后会出现零增长甚至负增长,符合库兹涅茨曲线。通过对江西省 2005—2014 年的工业用水进行分析可知,江西省的工业用水处于缓慢上升阶段,用水峰值还未到来。发达国家的经验表明较高的环境保护要求是工业用水减少的宏观社会背景,产业结构升级则是工业用水实现零增长的直接原因。

针对江西省的工业用水,要注重产业结构的优化升级,由耗水多的劳动密集型向耗水少的技术知识型转变,通过环境管制、水价因素、区域间产业转移等措施来降低工业用水量,提高用水效率,重视非常规水源利用,从而走出经济增长与工业用水增加的"两难"困境。

参 考 文 献

［1］ 张吉辉. 天津市工业用水预测与节水潜力分析［D］. 天津：天津理工大学研究生部，2008.

［2］ 王磊. 城市产业结构与城市空间结构演化——以武汉市为例［J］. 城市规划汇刊，2001（3）：55－58.

［3］ 贾绍凤，张士锋，杨红. 工业用水与经济发展的关系——用水库兹涅茨曲线［J］. 自然资源学报，2004，19（3）：279－284.

节水型城市建设探讨
——以九江市为例

余昭里[1]　代银萍[2]

(1. 江西省九江市节约用水办公室，江西九江　332000；

2. 江西省九江市水文局，江西九江　332000)

摘　要： 本文对节水型城市的内涵进行了界定，阐述了九江市水资源利用现状及存在的问题，从技术考核指标入手就九江市如何建设节水型城市进行了探讨。

关键词： 九江市；节水型；城市；探讨

现阶段水资源供需矛盾日益加剧、用水效率不高、水环境恶化等问题普遍存在，影响并制约了经济社会发展和人民生活水平的提高。九江市人均水资源量为 3260m³（多年平均），虽然高于全国平均水平 2200m³，但与世界平均水平 8800m³ 相比，差距还很大。随着城市化进程的加快，城市人口的增加以及工业的发展，用水量也将增大，生活污水、工业废水增加的同时会促使水环境日趋恶化。为防患于未然，建设节水型城市势在必行，如何建设节水型城市是一个值得探讨的议题。

根据住房和城乡建设部与国家发展和改革委员会 2012 年 4 月联合下发的《关于印发〈国家节水型城市申报与考核办法〉和〈国家节水型城市考核标准〉的通知》（以下简称《通知》），节水型城市的建设要从基本条件、基础管理及技术考核指标等方面着手，针对性完成各项指标任务，才能成功创建节水型城市。本文主要从技术考核指标方面对九江市建设节水型城市进行探讨。

1　节水型城市的内涵

节水应以不降低人民生活质量和经济可持续发展能力为前提，并不是单纯的节省用水和限制用水，而是对有限水资源的合理分配与可持续利用、减少取用水。节水型城市是指一个城市通过对用水和节水的科学预测和规划，调整用水结构，加强用水管理，合理配置、开发、利用水资源，形成科学的用水体系，使其社会、经济活动所需用的水量控制在本地区自然界提供的或者当代科学技术水平能达到或可得到的水资源的量的范围内，并使水资源得到有效的保护。其内涵就是将全新的节水理念引入城市的经济发展过程中，科学合理地确定各行业、各部门、各用水户的用水指标和用水定额，实现城市水资源的高效利用和最优配置，在水市场的调节作用下形成整个城市科学合理地用水，实现资源节约型、环境友好型的良好氛围。

2 九江市水资源利用现状及存在的问题

九江市建成区面积 90.14km²，城镇人口 63 万人。2013 年市辖区国民生产总值 668.69 亿元（不包括第一产业），工业增加值 259.31 亿元，其中火电工业增加值 6.10 亿元，市内主要企业有九江石化总厂、九江发电厂等。

2.1 水资源利用现状

根据《2013 年九江市水资源公报》，九江市区总用水量 6.15 亿 m³，其中工业用水（含火电 4.06 亿 m³）5.43 亿 m³，占 88%；城镇公共用水 0.24 亿 m³，占 4%；居民生活用水 0.42 亿 m³，占 7%；生态环境用水 0.06 亿 m³，占 1%。由图 1 可见，工业用水比重最大，其次是居民生活、城镇公共用水等。

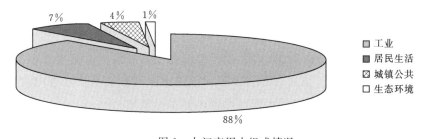

图 1　九江市用水组成情况

根据《通知》，技术考核指标主要分为综合节水指标、生活节水指标和工业节水指标 3 类，本文从这三个方面分别对九江市城区用水现状进行阐述。

2.1.1 综合节水指标现状

根据《2013 年中国水资源公报》，全国万元生产总值用水量为 109m³。2013 年九江市区万元生产总值用水量为 92m³，比全国水平低 16%，较 2012 年九江市区万元生产总值用水量 118m³ 下降 22%。根据《2013 年九江市水资源公报》，九江市城区城市供水管网漏失率为 20.1%。根据《2013 年九江市水资源质量月报》（1—12 月），九江市城区重要水功能区达标率为 100%。

2.1.2 生活节水指标现状

根据相关调查，2013 年九江市区居民人均日用水量 180L。九江市尚未建立节水型居民小区，节水型器具普及率极低，特殊行业如洗浴、洗车等用水均有计量，由自来水公司收取费用。

2.1.3 工业节水指标现状

九江市工业用水定额采用《江西省工业企业主要产品用水定额》（DB/T 420—2011），较发达省份偏高，例如，江西省植物油加工制造业的用水定额为 8m³/t，而江苏省为 1.8~4m³/t，是江苏省的 2 倍。目前，九江市尚未建立节水型企业。根据《2013 年九江市水资源公报》，2013 年九江市城区万元工业增加值（不含火电）用水量 54m³，含火电用水量 209m³，根据《九江市统计年鉴（2014）》，工业废水排放达标率为 83％。

2.2 存在的问题

根据九江市城区用水现状，比对《通知》中技术考核指标要求，九江市建设节水型城市还存在较多问题。

2.2.1 水资源时空分布不均，利用率较低且存在干旱与缺水问题

九江市水资源时空分布不均，年际间地表水资源量极值相差近 4 倍，区域之间降水量极值相差 4.7 倍，与用水需求极不匹配。降水量年内分配不均，年降水量的 40％～50％ 集中在 4—6 月，大量的水资源没有得到充分利用便流入长江，导致利用率偏低。九江虽然是丰水地区，但因水资源时空分布不均，部分地区不同时段存在干旱与缺水问题，例如，2007 年、2013 年因干旱，鄱阳湖水位下降至枯水位，以鄱阳湖湖水为饮用水源的都昌县十多万居民的饮水得不到保障；2013 年因干旱，瑞昌市农作物出现大面积减产或绝收。

2.2.2 水资源费征收标准偏低

目前九江市工商业取地表水水资源费为 0.06 元/m³，取地下水城镇公共供水管网覆盖区内水资源费为 0.024 元/m³（城镇公共供水管网覆盖区外水资源费为 0.012 元/m³），城镇公共供水取地表水水资源费为 0.04 元/m³，取地下水城镇公共供水管网覆盖区内水资源费为 0.016 元/m³（城镇公共供水管网覆盖区外水资源费为 0.08 元/m³），火力发电闭式冷却取水 0.0015 元/（kW·h）[贯流式冷却取水 0.002 元/（kW·h）]，与全国水资源费征收标准相比属最低标准。九江市工业用水所占比重最大，是节水的重点，特别是像九江发电厂、九江石化总厂等大型国企更是节水的重中之重。水资源费征收标准偏低影响了企业节水的积极性，也影响了节水型企业的申办。从 2013 年开始，力争分 3 年将地表水、地下水资源费平均征收标准调整到国家规定的 0.1 元/m³、0.2 元/m³。

2.2.3 产业结构布局不合理，工业废水排放达标率有待提高

九江市工业比较发达，石油化工、冶金建材、交通运输、电力能源、纺织服装等产业集中分布在九江市沿江一带，且部分容易产生严重污染的石化、化纤、皮革、水泥建材等产业集中位于饮用水水源地的上下游不远处或鄱阳湖保护控制区内等，极易产生重大生态环境影响，对水资源的保护不利。工业用水在发达国家占到总用水量的 50％～80％，在发展中国家也占到 10％～30％，而九江市工业用水已经占到总用水量的 88％。

发达国家工业用水重复利用率已达到 80％～85％以上的水平，而九江市工业用水重复利用率远远低于此水平。在技术考核指标中要求工业废水排放达标率为 100％，但现状离这一目标还有较大差距，因此产业的布局和结构都有待调整。

2.2.4 城市供水管网漏失严重

由于管网、阀门设备等使用年限较长，存在不同程度的老化，因而导致较为严重的"跑、冒、漏、滴"现象。建设部 2002 年发布《城市供水管网漏损控制及评定标准》（CJJ 92—2002）中要求：城市供水企业管网基本漏损率不应大于 12％。九江市城市供水管网漏失率目前达 20.1％，离这一基本要求还有较大差距，也造成了水资源的极大浪费。

2.2.5　节水意识不强

九江市水资源相对丰富，人们没有充分重视节水问题，缺乏居安思危的意识，对节水持有"无所谓"和"不必要"的态度，缺乏节水紧迫感，认为水够用且有富余，殊不知用水越多，排污就越多，而节水就是从源头上防治污染的根本措施之一。九江市节水型小区的覆盖率和节水器具的普及率远远达不到技术考核指标的要求。

3　九江市节水型城市建设探讨

节水型城市的建设要从城市供水、城市用水、城市污水处理及中水利用等各个环节入手，全面落实各项节水措施，不断提高城镇水资源的利用率。九江市用水结构主要是工业和居民生活等，节水的重点在工业，但不能忽视其他行业的用水，应综合运用法律、行政、经济、科技等多种手段，充分挖掘城市节水潜力，全方位、全面推进节水型城市的建设。

根据江西省水利厅《关于印发江西省水资源管理"三条红线"控制指标（2015年）的通知》（赣水发〔2014〕2号），2015年九江市用水总量控制在26.58亿 m^3（平水年为21.34亿 m^3），万元工业增加值用水量较2010年下降35％。以2013年为现状年，与2015年目标值相比较，用水总量已接近控制指标，需严格控制用水总量；2010年万元工业增加值用水量74 m^3，2013年较2010年下降27％，要达到目标仍要挖掘工业节水潜能；城市居民生活用水虽没有突破《城市居民生活用水量标准》（GB/T 50331）中江西城市居民人均用水量为120～180L/（人·d），但已达到上限。因此，必须从工业和城市居民生活用水上做文章，节约用水，提高用水效率。

3.1　抓住工业节水重点，挖掘工业节水潜能

2013年，江西省作出"做强南昌、做大九江、昌九一体、龙头昂起"的决策部署，把做大九江作为提升全省生产力布局的重大战略。九江市举全市之力，实施工业化核心战略，招商引资，大力发展工业。在这种大形势下，工业节水更是重中之重。

3.1.1　调整产业结构，优化产业布局

政府和有关部门应抓好宏观调控，针对工业用水，应实行总量控制、计划用水、定额管理，促进企业技术改造和节水技术改造。特别是像火力发电、石化这些企业，重点从提高工业用水重复利用率和改造高用水设备着手，推行清洁生产战略，提高工艺节水水平，加强化学工艺水处理技术和设备的研发，科学调整工业结构和用水结构，限制高耗能、高耗水、高污染行业的发展，多引进生产工艺先进的企业。在产业布局方面充分考虑水功能区的功能和水资源的承受能力，严禁在水源保护区、生态保护区、排污控制区等功能区设厂建企业，在工业用水区也要严格审批，做到布局合理。

3.1.2　运用价格杠杆，挖掘市场调节潜力

要形成节水长效机制，必须挖掘市场调节潜力，以价格机制来优化配置水资源，合理制定阶梯水价。通过水价杠杆来调节水资源的供求关系，引导人们自觉调整用水量、用水结构，让企业有节水增效的需要，群众能得到节水的实惠。同时，应建立水资源费定期调

整的机制，使水资源费能够随水价和物价的调整做出相应的调整。

3.2 严格执行建设项目水资源论证制度

《水利部关于深化水利改革的指导意见》指出：推动建立规划水资源论证制度，把水资源论证作为产业布局、城市建设、区域发展等规划审批的重要前置条件。完善重大建设项目水资源论证制度，涉及公众利益的重大建设项目，应充分听取社会公众意见。

在工作中发现有相当比例的建设项目业主抱着南方地区水量丰沛，多要一点用水指标，让自己留有余地的想法，其提出的取水方案大多超出了用水需求。所以编制单位在论证过程中一定要实事求是，对项目的每个工序用水都了如指掌。首先要了解项目是否符合国家"总量控制、结构调整"的产业政策、国家及地方产业政策的需求、水功能区划要求、水行政主管部门对水量配置管理的要求，然后深入了解该行业用水定额，查阅该行业国际、国内先进水平用水情况，进行节水潜力分析，提高水的重复利用率。水行政主管部门在审查报告时要听取各方面专家的意见，严把建设项目水资源论证关。

3.3 推广节水型器具、设备，加强技术创新

节水不仅是社会问题，还是技术问题，应通过科技进步，推广节水新技术、新工艺、新设备，提高用水效率和效益，不断提升节水水平。加强节水科技创新，依靠科技研制、开发节水的新技术和新产品，在机关、企事业单位和学校大力推广质优高效、性价比高的节水型器具。以火电、造纸、纺织等高耗水行业为重点，实施节水技术改造。同时发展城市居住小区再生水利用技术，推广使用节水型器具和设备；市政、绿化等用水尽量使用回用水和中水，推广应用喷滴灌系统；公共建筑用水应安装感应式节水龙头、节水型便器等。

3.4 完善资金投入与激励机制，全方位节水

九江市城市供水设施由于使用多年，受腐蚀和其他机械损伤比较严重，供水管道出现"跑、冒、漏、滴"现象较为普遍。政府部门应完善城市供水工程的资金投入机制，列专项资金用于城市供水工程的改造，同时管理部门应加强供水设备的日常检查和监测工作，定期对供水管道进行维修和保养，确保城市供水管网漏失率逐年减少。

应加大城市用水制度创新，完善节约用水激励和优惠措施，形成以经济手段为主的节水机制。对于为节水积极投入资金修建、购置节水设备的用水主体给予税收上的优惠，对于积极进行节水的用水主体，在相关费用上给予一定的减免。同时，在精神层面上可以给节约用水主体一定的表彰，如先进节水企业、先进节水集体等光荣称号。

3.5 采用行政及法律等手段，严格控制废污水入河排放

众所周知，污水处理的运行成本很高，企业虽然建有污水处理设施，但为了节省污水处理的开支，偷排现象普遍存在。这就需要相关部门提高监管力度，同时采取拘留、处罚、关停等行政及法律手段，严惩偷排企业，严格控制废污水入河排放，做到污水排放达标率为100%，保护水环境，以期水资源可持续利用。

3.6 加强忧患意识，重视非常规水源开发利用

九江市属于丰水地区，目前还没有开发非常规水源的意识，没有意识到非常规水源的重要性。在九江非常规水源主要有雨水、再生水（经过再生处理的污水和废水），应开展雨水利用的研究，对生活污水和工业废水经达标处理后可以用于市政道路清洗、城市绿化，非常规水源的开发利用对水环境也可起到一定的保护作用。

3.7 加大节水宣传力度

利用"世界水日""中国水周""中国节能周""全国城市节水宣传周"等活动，通过制作节水宣传手册、宣传栏，张贴节水倡议书、宣传画等多种形式，开展"节约用水教育"活动。政府有关部门应积极推动"节水型企业""节水型单位""节水型高校"的创建工作，增强人们的节水意识。

4 结语

创建节水型城市是有效节约水资源、降低城市运行成本、实现城市用水良性循环的重要措施。九江城市节水的重点在工业，在招商引资项目中应严格执行水资源论证制度，对用水大户开展水平衡测试试点，修改完善工业企业用水定额，使江西的用水定额达到国内先进水平。节约用水是全社会的责任，应充分发挥政府的宏观调控和引导作用，加强对节水型城市建设的组织领导和政策、资金支持，保证公共利益和水资源的可持续利用；鼓励社会公众的广泛参与，充分调动广大用水户节水积极性；加大节水型城市建设宣传力度，利用报刊、电视等新闻媒体，采用散发宣传单、出动宣传车、刊发节水专题报道、制作节水专题片等方式，对城市节水的重要性、紧迫性进行广泛宣传；增强全社会水资源短缺忧患意识和水资源节约保护意识，形成节约用水、合理用水的良好风尚，共同推进节水型城市建设。

参 考 文 献

[1] 韩振岭. 节水型城市建设措施 [J]. 水科学与工程技术，2010 (S1)：30-31.
[2] 刘陶，吴传清. 节水型城市的内涵及评价指标体系探讨 [J]. 科技进步与对策，2006 (1)：134-136.

九江市水资源量及其变化趋势分析

代银萍[1]　邓月萍[2]

(1. 江西省九江市水文局，江西九江　332000；

2. 江西省南昌市水文局，江西南昌　330038)

摘　要： 水文部门积累了长系列的水文资料，2008 年完成了 1956—2000 年江西省水资源调查评价工作。本文在此基础上，结合近 15 年水资源调查评价工作，分析了 1956—2015 年九江市降水的年内分配、年际变化及空间分布特征，进而阐述了九江市 60 年水资源量的特征和年际变化规律，采用线性趋势回归检验法，利用 SPSS 软件对九江市水资源量的变化趋势进行分析。结果表明：九江市水资源量由于受到降水时空分布特征的影响，其年际变化较大；历年水资源总量有增加趋势，但趋势不明显。

关键词： 水资源量；年际变化；趋势；分析

降水和径流是自然界水循环过程中的两大要素，对水资源的形成、发展和演化具有极其重要的作用。然而，随着人类活动的加剧，水循环原有的自然途径被人类活动所影响，形成了自然和人类共同作用的二元演化模式，作为其组成要素的降水和径流也未能避免。为此，在人类活动日益加剧的现实情况下，探讨降水和径流的演化规律不仅有利于了解区域内水资源时空分布和变化规律，还可为水资源的可持续利用、优化配置提供科学依据。随着长江经济带和"一带一路"倡议的推进，国家经济发展布局正由东部向中西部、由沿海向沿江转移。地处长江中游城市群中心带的九江，未来的经济发展将呈稳步上升趋势，同时对水资源也将提出更高的需求，因此，研究九江市水资源量及其变化趋势具有重要意义。

序列的趋势成分是一种随时间（或空间）变化呈现出的一种系统而连续的增加或减少的有规律变化。有关序列中趋势成分的检验、提取有多种方法，如 Kendall 秩次相关检验法、Spearman 秩次相关检验法、线性趋势回归检验法、滑动平均检验法以及趋势系数分析法等。本文采用线性趋势回归检验法，因有时这种直观判断较为困难或者不够可靠，所以借助统计检验的方法，采用 Pearson、Kendall 和 Spearman 三种方法对系列相关系数及显著性进行对比分析。

1 概况

九江市位于江西省北部，东濒鄱阳湖，南邻宜春、南昌，西毗湖南，北依长江与湖北安徽相连，地处长江中下游南岸，属亚热带季风气候区，四季分明，气候湿润，雨量充沛，但年内及年际间变化较大。九江市境内水系发达，主要河流有江西省五大河之一的修河以及修河的一级支流潦河、博阳河、长河等，集水面积在 10km² 以上的河流有 310 条，河流总长 4924km，相应的河网密度 0.227km/km²，主要湖泊有鄱阳湖、赤湖、太泊湖、八里湖等，大中型水库 25 座，水资源丰沛。

九江市辖 8 县 3 市 2 区，面积 18823km²。2015 年人口 482.58 万人，国内生产总值 1902.68 亿元，三产比例为 8∶53∶39，规模以上工业增加值为 1035.61 亿元，耕地面积 24.46 万 hm²，粮食产量 165.19 万 t。

2 降水量分布及年际变化

2.1 降水量年内分配

选取九江市高沙、虬津、湖口和新桥 4 个基本雨量站作为代表站，分别计算各站 1956—2015 年多年平均月、年降水量，绘制各站多年平均月降水量分布图，如图 1 所示。通过计算，高沙、虬津、湖口和新桥站多年平均降水量分别为 1575.7mm、1565.2mm、1372.8mm、1423.4mm，4—9 月 4 个站降水量占年降水量的 67.4%～69.3%，连续最大 4 个月降水量均出现在 4—7 月，占年降水量的 53.8%～55.6%。因此，九江市降水量年内分配不均。

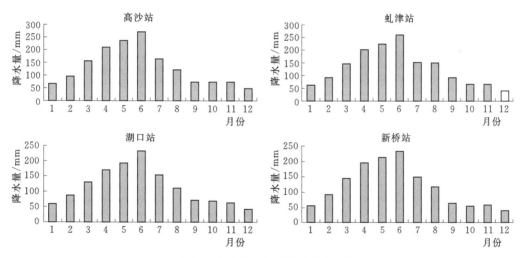

图1 九江市代表站多年平均月降水量分布图

2.2 降水量空间分布

九江市划分为汨水（江西境内）、潦河、修河干流、赤湖、彭泽区、西河中下游、湖东北区和湖西北区 8 个水资源四级分区，其中西河中下游、湖东北区和湖西北区（含鄱阳湖水面）属平原区，其他属山丘区，赤湖和彭泽区沿长江分布。通过统计计算，水资源四级分区的降水量详见表 1。从整体看，降水量山丘区高于平原区，沿长江区域最低，多年平均降水量最大的是西河中下游，为 1612.6mm，其次是修河干流，为 1586.1mm，最小的是彭泽区，为 1407.6mm，与最大值相比，少 12.7%。因此，九江市降水量空间分布不均。

表 1 九江市水资源分区降水量

序号	水资源四级区	计算面积/km²	多年平均降水量/mm	降水总量/亿 m³
1	汨水	275	1585.5	4.36
2	潦河	439	1576.1	6.92
3	修河干流	8611	1586.1	136.58
4	赤湖	2377	1427.9	33.94
5	彭泽区	1439	1407.6	20.26
6	西河中下游	290	1612.6	4.68
7	湖东北区	2437	1416.3	34.52
8	湖西北区	2955	1430.3	42.27
9	全市	18823	1506.3	283.53

2.3 降水量年际变化

统计分析了九江市 1956—2015 年共 60 年的降水量数据，降水量年际间的变化较大，增幅最大的是 2011 年的 1070.7mm 增至 2012 年的 1845.5mm，年变化率为 72.4%，其次是 1968 年的 1079.9mm 增至 1969 年的 1826.8mm，年变化率为 69.2%；减幅最大的是 2010 年的 1830.7mm 降至 2011 年的 1070.7mm，年变化率为 −41.5%，其次是 1977 年的 1653.7mm 降至 1978 年的 1038.7mm，年变化率为 −37.2%。

3 水资源量年际变化

3.1 水资源量

本文统计了九江市 1956—2015 年共 60 年的地表水资源量、地下水资源量和水资源总量，见表 2。由表 2 可知，九江市地表水资源量多年平均 146.93 亿 m³，地下水资源量多年平均 30.01 亿 m³，水资源总量多年平均 152.69 亿 m³，由于地下水资源量历年差距不大，所以地表水资源量和水资源总量出现极值的年份相同，最大值出现在 1998 年，分别为 295.07 亿 m³、301.24 亿 m³，最小值出现在 1968 年，分别为 57.18 亿 m³、63.36 亿 m³，极值比分别为 5.16 倍、4.75 倍。由图 2 可见，九江市历年水资源总量正距平有 25 年，负距平有 35 年。

3.2 水资源量特征值

选取 1956—2015 年、1956—2000 年、1956—1985 年、1986—2015 年、1966—1990

表2　　　　　　　　　　　九 江 市 水 资 源 量　　　　　　　　　　单位：亿 m³

年份	地表水资源量	地下水资源量	水资源总量	年份	地表水资源量	地下水资源量	水资源总量	年份	地表水资源量	地下水资源量	水资源总量
1956	113.73	26.95	119.91	1976	139.00	30.06	145.18	1996	155.24	32.76	161.42
1957	137.05	28.60	143.23	1977	171.47	32.78	177.65	1997	141.64	29.94	147.81
1958	126.88	29.64	133.06	1978	79.01	24.41	85.18	1998	295.07	38.43	301.24
1959	136.94	29.79	143.12	1979	90.69	25.55	96.86	1999	243.64	36.18	249.82
1960	103.30	27.03	109.48	1980	150.76	30.93	156.94	2000	123.10	28.42	129.28
1961	126.87	28.75	133.04	1981	135.20	29.57	141.38	2001	112.90	29.59	113.61
1962	110.20	27.06	116.38	1982	126.81	29.56	132.99	2002	190.22	38.78	190.88
1963	65.35	22.57	71.53	1983	217.05	34.90	223.23	2003	169.07	38.42	173.97
1964	101.32	27.47	107.50	1984	150.38	30.94	156.56	2004	112.43	28.74	117.41
1965	104.38	25.31	110.56	1985	117.14	28.02	123.32	2005	148.38	35.96	153.65
1966	121.15	29.04	127.32	1986	116.32	28.58	122.50	2006	126.65	30.27	132.31
1967	165.57	32.14	171.75	1987	128.67	28.94	134.85	2007	90.33	26.08	95.85
1968	57.18	21.40	63.36	1988	159.11	31.83	165.29	2008	113.65	32.91	118.81
1969	201.40	34.66	207.57	1989	180.06	32.68	186.24	2009	119.90	28.84	125.31
1970	207.39	34.16	213.57	1990	147.01	31.65	153.19	2010	212.47	36.90	217.04
1971	103.76	26.93	109.94	1991	179.60	33.55	185.78	2011	95.97	27.71	101.39
1972	133.81	28.45	139.99	1992	128.55	29.37	134.72	2012	191.91	39.47	196.71
1973	242.09	35.74	248.27	1993	190.20	33.10	196.37	2013	128.78	33.12	133.93
1974	128.11	28.32	134.29	1994	162.54	31.33	168.72	2014	147.76	36.60	152.51
1975	212.34	34.40	218.52	1995	244.06	35.63	250.24	2015	184.22	39.40	188.69
地表水资源多年平均			146.93	地下水资源多年平均			31.01	水资源总量多年平均			152.69

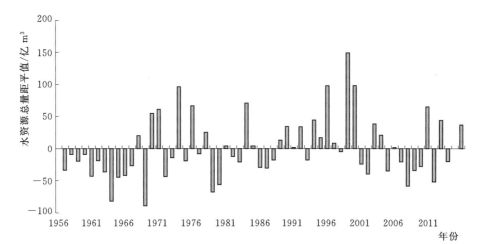

图 2　九江市历年水资源总量距平图

年和 1996—2015 年 6 个统计年限分别计算分析九江市水资源总量的特征值，包括平均值、变差系数等，采用武汉大学水资源与水电工程科学国家重点实验室的水文频率分布曲线适线软件，统计了 20%、50%、75% 和 95% 四种频率下不同统计年限的水资源量，见表 3。由表 3 可见，年均最大值是 1986—2015 年统计年限的 163.32 亿 m³，与长系列相比多 7.0%；年均最小值是 1956—1985 年统计年限的 142.06 亿 m³，与长系列相比少 7.0%；1966—1990 年统计年限与长系列相比最为接近，相对偏差为 0.5%。不同频率水资源量最大系列是统计年限 1986—2015 年，与长系列相比，20%、50%、75% 和 95% 四个频率的偏差分别为 6.3%、7.2%、8.0%、9.4%；最小系列是统计年限 1956—1985 年，与长系列相比，20%、50%、75% 和 95% 四个频率的偏差分别为 −6.4%、−7.2%、−7.9%、−9.1%。

表 3　　　　　　　　　　　　　九江市水资源量特征值表

统计年限	年数	统计参数				不同频率水资源量/亿 m³			
		年均值/亿 m³	与长系列偏差/%	C_v	C_s/C_v	20%	50%	75%	95%
1956—2015 年	60	152.69	—	0.31	2	190.45	147.83	118.68	84.02
1956—2000 年	45	154.43	1.1	0.33	2	194.89	148.86	117.71	81.19
1956—1985 年	30	142.06	−7.0	0.32	2	178.24	137.24	109.35	76.41
1986—2015 年	30	163.32	7.0	0.29	2	202.49	158.45	128.17	91.90
1966—1990 年	25	153.44	0.5	0.29	2	190.87	150.07	120.83	83.92
1996—2015 年	20	160.08	4.8	0.33	2	201.18	153.96	120.82	82.23

3.3　水资源量年际变化

九江市水资源量由于受到降水时空分布特征的影响，其年际变化较大，增幅最大的是 1968 年的 63.36 亿 m³ 增至 1969 年的 207.57 亿 m³，年变化率为 227.6%，其次是 1997 年的 147.81 亿 m³ 增至 1998 年的 301.24 亿 m³，年变化率为 103.8%；减幅最大的是 1967 年的 116.38 亿 m³ 降至 1968 年的 63.36 亿 m³，年变化率为 −63.1%，其次是 2010 年的 217.04 亿 m³ 降至 2011 年的 101.39 亿 m³，年变化率为 −53.3%，如图 3 所示。

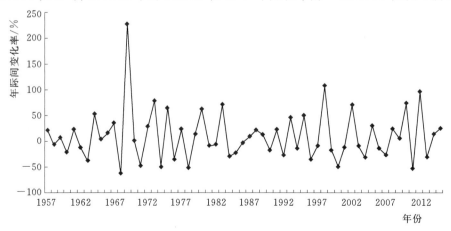

图 3　九江市水资源总量年际间变化情况图

4 九江市水资源量变化趋势分析

4.1 SPSS 软件简介

SPSS 是世界上最早的统计分析软件，由美国斯坦福大学于 1968 年研发成功，该软件的特点是界面非常友好，除了数据录入及部分命令程序等少数输入工作需要键盘键入外，大多数操作可通过鼠标拖曳、点击"菜单""按钮"和"对话框"来完成。还具有完整的数据输入、编辑、统计分析、报表、图形制作等功能。自带 11 种类型 136 个函数。SPSS 提供了从简单的统计描述到复杂得多因素统计分析方法，例如，数据的统计描述、列联表分析、二维相关、秩相关、偏相关、方差分析、非参数检验、多元回归、生存分析、协方差分析、判别分析、因子分析、聚类分析、非线性回归、Logistic 回归等。

4.2 趋势分析

利用 SPSS 软件，对九江市水资源总量进行趋势分析，通过对散点图的分析，采用线性回归方程拟合九江市水资源总量与时间系列的关系，由图 4 可见，系列符合 $y = 0.6047x - 1047.9$ 线性方程，$R^2 = 0.0505$，$R = 0.225$，由于线性方程的斜率为正值，但相关系数为 0.225，所以表明水资源总量与时间呈现弱正相关性。另采用 Pearson、Kendall 和 Spearman 三种方法对两系列相关系数及显著性进行对比分析（表 4），Pearson 法两系列相关系数为 0.225，95% 置信区间上下限范围为 $-0.009 \sim 0.442$；Kendall 法两系列相关系数为 0.150，95% 置信区间上下限范围为 $-0.010 \sim 0.309$；Spearman 法两系列相关系数为 0.227，95% 置信区间上下限范围为 $-0.015 \sim 0.465$。结果表明：九江市历年水资源总量有增加趋势，但三种方法均没有通过 95% 显著性双侧检验，即趋势不明显。

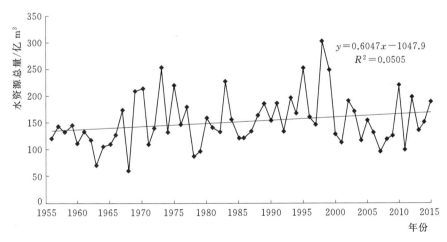

图 4 九江市历年水资源总量趋势图

表 4　　　　　　九江市水资源总量趋势相关性和显著性检验

年 份	水资源总量趋势相关性和显著性检验			水资源总量
1956—2015	Pearson 相关性			0.225
	显著性（双侧）			0.084
	N			60
	Bootstrap[a]	偏差		−0.005
		标准误差		0.115
		95%置信区间	下限	−0.009
			上限	0.442
1956—2015	Kendall 的 tau_b 相关系数			0.150
	Sig.（双侧）			0.090
	N			60
	Bootstrap[a]	偏差		0.000
		标准误差		0.084
		95%置信区间	下限	−0.010
			上限	0.309
1956—2015	Spearman 的 rho 相关系数			0.227
	Sig.（双侧）			0.081
	N			60
	Bootstrap[a]	偏差		−0.005
		标准误差		0.124
		95%置信区间	下限	−0.015
			上限	0.465

5 结语

　　九江市水资源量较为丰富，水资源总量多年平均为 152.69 亿 m³，人均水资源量约 3180m³，与江西省人均水资源量约 3420m³ 相比，少 7.0%，与全国人均水资源量 2300m³ 相比，多 38.3%。历年水资源总量与多年平均水资源总量相比，出现正距平的年份有 25 年，负距平的年份有 35 年，极值比 5.16 倍。

　　九江市降水量时空分布不均，连续最大 4 个月降水量均出现在 4—7 月，山丘区高于平原区，沿长江区域最低，年际间的变化较大，年变化率范围为 −41.5%～72.4%，受其特征的影响，水资源量年际变化较大，年变化率范围为 −63.1%～227.6%，增幅最大的是 1968 年的 63.36 亿 m³ 增至 1969 年的 207.57 亿 m³，年变化率为 227.6%，减幅最大的是 1967 年的 116.38 亿 m³ 降至 1968 年的 63.36 亿 m³，年变化率为 −63.1%。

　　利用 SPSS 软件，采用线性回归方程拟合九江市水资源总量与时间系列的关系，系列符合 $y = 0.6047x - 1047.9$ 线性方程，表明水资源总量与时间呈现弱正相关性。另采用

Pearson、Kendall 和 Spearman 三种方法对两系列相关系数及显著性进行对比分析,得出的结论是九江市历年水资源总量有增加趋势,但趋势不明显。

参 考 文 献

[1] 胡东来,严登华,宋新山.宜宾以上长江流域水资源变化趋势分析 [J].南水北调与水利科技,2008 (2):53-56.

[2] 刘昌明,陈效国.黄河流域水资源演变规律与可再生性维持研究进展 [M].郑州:黄河水利出版社,2001.

[3] 凌卫宁,范继辉.广西水资源近年来变化趋势及可利用水资源潜力分析 [J].广西水利水电,2011 (4):45-48.

[4] 邓敬一,方荣杰,牛津剑.2001—2012 年郑州市水资源变化趋势分析与相关对策 [J].水资源保护,2016 (1):148-153.

水文应积极参与最严格水资源管理

吕兰军

（江西省九江市水文局，江西九江　332000）

摘　要： 要有的放矢地开展水资源管理工作，水文工作是基础，不可或缺。实行最严格水资源管理制度，作为技术支撑的水文部门应积极主动参与。

关键词： 水文；水资源管理

2012 年年初，国务院发布了《关于实行最严格水资源管理制度的意见》，这是继 2011 年中央一号文件和中央水利工作会议明确要求实行最严格水资源管理制度以来，对实行该制度作出的全面部署和具体安排。作为实行最严格水资源管理制度的技术支撑部门，水文应积极参与落实最严格水资源管理。

（1）参与当地水资源配置、调度、规划的编制及实施。赋予水文部门参与工业园区、重大产业布局和城市总体规划等水文、水资源论证工作；国民经济和社会发展规划以及城市总体规划的编制、重大建设项目的布局，所应用的水文资料应经水文部门审核，以满足当地的水资源条件和防洪要求。

（2）参与对用水单位的监督管理。对新（改、扩）建取水项目（含地下水）及新设置入河排污口项目，先提交取退水量、取退水断面位置、入河排污口设置申报等有关材料报水文部门预审，赋予水文部门技术把关的权力，确定这些项目是否符合地表水功能区划要求，再报水行政主管部门审核认可后编制项目的水资源论证报告，办理取退水、入河排污口设置许可等相关手续。

（3）赋予水文对水资源的监测评价职能，如明确水文为水功能区水量水质监测的职能部门，还应赋予技术监督监理职能。水文部门对大中型灌区、重点工业用水企业、生活服务业用水单位开展用水定额指标体系典型调查和水平衡测试工作。

（4）赋予水文在水资源基础资料的法定计量统计作用。为全面掌握本地区的水资源状况，对来水量和用水量有一个准确的认识，政府及水行政主管部门应赋予水文部门负责水资源资料、取用水计量和统计的法定职能，定期收集统计供水、生产生活生态用水以及与水资源相关的国民经济状况的资料，进行整理分析并建立数据库。明确水文为水资源公报编制单位。

（5）把水文纳入水资源管理考核成员单位，参与对当地政府及有关部门水资源管理目标的考核；把水文部门的省界、市界、县界水量水质监测成果和水功能区达标控制指标作为对当地政府及有关部门领导考核重要依据。

水资源管理中的水质监测与服务探讨

代银萍

（江西省九江市水文局，江西九江 332000）

摘　要：面对我国日益严峻的水资源和水环境形势，解决复杂的水资源问题，迫切需要实行最严格水资源管理制度，推动经济社会发展与水资源和水环境承载能力相协调。本文提出水质监测在水资源管理中的重要性并对如何提升水质监测与服务能力进行了阐述。

关键词：水资源管理；水质监测；服务管理

水质监测是以江、河、湖、库、地下水等水体以及工业废水和生活污水的排污口为对象，对水质进行监测，检验水的质量是否符合国家规定的有关水的质量标准，为防治水污染、保护水资源提供科学依据。水质监测是合理利用和有效保护水资源的重要基础性工作，对于保障饮用水水源地水质安全、维护广大人民群众根本利益、构建和谐社会、落实科学发展观、实现水资源的可持续利用，具有十分重要的意义。

2011 年中央一号文件《关于加快水利改革发展的决定》（以下简称"一号文件"），对新形势下水资源质量的重要性进行了全新的阐述："确立水功能区限制纳污红线，从严核定水域纳污容量，严格控制入河湖排污总量。各级政府要把限制排污总量作为水污染防治和污染减排工作的重要依据，明确责任，落实措施。对排污量已超出水功能区限制排污总量的地区，限制审批新增取水和入河排污口。建立水功能区水质达标评价体系，完善监测预警监督管理制度。"从中可以看出，中央下决心要解决我国水污染、水资源质量下降的问题，实行最严格的水资源管理制度。水文部门开展的水质监测、分析与评价是水文服务于经济社会发展和水资源管理的重要抓手。水文水质监测可以在城镇居民用水安全、水功能区管理、应对突发性水污染事件、农村饮用水安全等方面发挥积极作用，提供优质服务。

1 水文部门水质监测现状

水文部门在 20 世纪 50 年纪初便开展了水化学分析，主要检测水中的八大离子以及总硬度、总碱度等与水利工程建设密切相关的项目。随着经济社会的发展，监测项目不断增加，到目前监测业务范围扩展到了地表水、饮用水、地下水、污水及再生水、大气降水、底泥质与土壤等两大类近 80 个参数。

1.1 水质常规监测

水文部门在主要江河、重点湖泊布设了一些水质监测断面（点），定期进行水质监测。如九江市水环境监测中心对长江九江段、修河流域、博阳河、长河的 33 个断面（点）等开展每季度一次的水质监测。

1.2 重点城市供水水源地水质监测

供水水源地一般是指以集中供水取水口为中心的地理区域，在全国各大、中城市都划定了供水水源地保护区。为切实履行《水法》赋予水行政主管部门统一管理水资源的职能，加强城市供水水源地保护，水利部于 1999 年 3 月 9 日下发了"关于组织发布重点城市主要供水水源地水资源质量状况旬报的通知"（简称《旬报》），要求由经国家计量认证考核合格的各级水环境监测中心对城市供水水源地进行水质监测，保证监测结果的准确性和公正性。九江市水文局从 2000 年 5 月开始在九江市区三个水厂进行水质监测，定期发布《江西省重要城市主要供水水源地水资源质量旬报》。

1.3 省界和部分市界水质监测

自 2000 年起水文部门相继开展了省界水体水质监测工作，2007 年开展设区市界水体水质监测。根据监测结果编制和发布界河水资源动态监测通报。江西省水利厅根据省、市水环境监测中心的监测成果定期发布《江西省界河水资源动态监测通报》，通报 18 个省界和 16 个市界断面的水质状况。

1.4 不定期的排污口水质调查

为配合水资源规划，各级水环境监测中心对辖区内的主要排污口进行了调查。九江市水环境监测中心在 2000 年、2006 年先后开展了两次排污口调查，对长江九江段的 26 个主要排污口和全市 168 个排污口进行了全面调查，并建立档案。

1.5 专业规划和水资源论证中的水质监测

水文部门承担了水功能区划、水域纳污能力及限制排污总量意见、水量分配细化研究、水资源综合规划等一些专业报告的编制工作。九江市水文局还开展了辖区内主要湖泊水质普查和近 50 个建设项目水资源论证中的水质分析工作。

1.6 监测能力

近几年来，政府和水行政主管部门非常重视水环境监测工作，先后为各级水环境监测中心配置了原子吸收分光光度计、原子荧光光度计、气象色谱仪、离子色谱仪等大型分析仪器，为应对突发性水污染事件，还配备了现场监测车和多参数现场监测仪。

2 提升水质监测与服务能力的措施

当前，水资源短缺和水污染问题日益突出，为保护水资源和防治水污染，中央一号文件明确的水资源管理的三条红线中就明确水功能区限制纳污红线。如何落实好一号文件，政府和水行政主管部门应大力加强监测能力建设，提高为经济社会发展和水资源管理服务的能力和水平。

2.1 调整和充实水质监测断面（点）

目前，江西省现有水质站设置于 20 世纪 80 年代，由于经济社会的快速发展，有相当部分水质站的设置已不能完全满足水质监测工作需要，在考虑水质监测的同时尽量考虑与量结合，以实现水质水量同步监测。

城市是一个地方的经济中心而且人口密集，在监测断面的布设上应作为重点来考虑。可以在河流的城市河段至少设置 3 个监测断面，即城市上游 1km、城市中的主要纳污段、城市下游 1km 分别设监测断面，以掌握河流在流入城市之前、期间、之后的水质状况。

在重点排污口应设置监测点。对重点入河排污口进行监督监测，是水法赋予水行政主管部门的职责，通过监测及时通报入河排污达标情况，对于超标排污的入河排污口，及时向政府和环保部门作出通报，要求他们采取措施加强管理和治理力度，做到达标排放。开展工业园区的水质监测。现在各设区市、县都建有工业园区，可以在工业园区上游 1km、园区、园区下游 1km 分别设置监测断面，以掌握工业园区对河流水质的影响，为水资源保护提供基础信息。

2.2 供水水源地水质监测

饮水是人类生存的基本要求。饮用水水质安全关系到经济和社会事业的发展，关系到人民群众生命安危和社会稳定。目前，在全省只开展了设区市供水水源地水资源质量旬报的监测，但县级供水水源地的水质监测尚未全面开展，应逐步涵盖到所有县（市、区）。

2.3 加强水功能区水质监测

江西各地都编制完成了水功能区划。2007 年 6 月，江西省人民政府批复《江西省地表水（环境）功能区划》，为水资源保护和管理提供了科学依据。江西省水利厅随后出台了一系列加强水功能区监督管理的措施，并将开展重点水功能区水质监测作为其中的重点来实施。

水文部门根据江西省水利厅的要求对水功能区进行了水质监测。监测范围包括保护区、保留区、缓冲区、饮用水水源区等 205 个重点水功能区。监测频次为每个月监测一次，并按时把监测结果寄送水利部、流域机构、各级人民政府和有关部门，收到较好的效果。江西省政府批复的 579 个水功能区中，目前只监测了 205 个，显然满足不了水资源管理的需要，有必要在总结前期监测工作的基础上，根据保障饮水安全和水功能区的管理要求，研究确定扩大监测范围，增加监测频次，进一步加强水功能区水质监测。

2.4 开展农村饮用水水质监测

由于农作物对农药、化肥的吸收率较低，致使部分化学物质在土壤中积累，然后因降水、特别因灌溉冲刷而进入部分河流或下渗到含水层而污染水体，导致对周边农村饮用地表水、地下水水质污染,尤其是农村普遍使用的"压水井"饮用的浅层地下水,水质污染较重。

中央一号文件指出:"加强农村饮水安全工程运行管理,落实管护主体,加强水源保护和水质监测,确保工程长期发挥效益。"随着农村饮用水工程建设进度的加快,水质监测被提到议事日程。农村饮水安全工作已经被列为水利部门的首要任务,作为水利系统唯一从事水质监测的机构,水文部门应参与农村饮水安全状况调查评估和水样的采集、分析以及报告的编写等工作。

2.5 把水功能区达标作为对领导干部的考核指标

中央一号文件指出:"严格实施水资源管理考核制度,水行政主管部门会同有关部门,对各地区水资源开发利用、节约保护主要指标的落实情况进行考核,考核结果交由干部主管部门,作为地方政府相关领导干部综合考核评价的重要依据。"江西省委、省政府决定:"2011 年起,省政府将水利改革发展纳入对市、县政府考核评价体系,市、县、乡三级党委、政府也要把水利改革发展纳入目标考核内容,对水利建设、管理、改革等各项水利工作任务以及水利投入政策落实情况、配套资金到位情况等有关政策进行督查和考核,考核结果作为干部综合考核评价的重要依据。"

可以把省界、市界、县界水质状况和水功能区达标率作为各级政府考核的依据。

2.6 提高水质监测能力和监测人员的水平

近几年,水文部门水质监测工作的服务面越来越宽,工作量成倍增加,这对于加强水环境监测中心的能力建设提出新的更高的要求。为此,应从环境设施、技术装备、人品素质、制度建设等各方面入手,不断提高服务能力,适应工作需要。

在硬件建设方面,应配置水质监测车、监测船和相应大型仪器设备。由于实验室面积不够,一些大型分析仪器无法配置。如九江市水环境监测中心实验室总面积才 $340m^2$,离水利部要求的 $1000m^2$ 相差甚远。应加快省、市水环境监测中心实验室的扩建和改造。

可以在重点水域和重要河段逐步建设水质自动监测站。水质自动监测具有连续观测水质水量变化情况的特点,对监视突发水污染,为管理部门提供快速决策有非常重要的作用,同时由于监测频次远远多于人工取样化验,水质数据积累多,因此水质评价结果更加客观准确,水质自动监测站的建立将进一步提高对重点水域的水质预警及快速反应能力。

要搞好水质监测工作,没有一支过硬的水质监测队伍是不可能的。要解决水质监测人员不足的问题,目前全省水质监测人员相对偏少,他们既负责水质取样,又负责水质检测、分析与评价,任务繁重。有必要引进补充水质监测人才,加大监测人员技术培训力度,提高监测人员的业务能力和水平,还要加大大型仪器设备开发、实验室质量管理等方面人才的培养力度。

2.7 提高水质信息的时效性

水质信息与水量信息不同,水质信息能否发挥更好的功效,在很大程度上取决于水质信息发布是否快速及时。时隔几天甚至几个月才发布的水质信息,即使其监测工作做得很完善，监测数据很科学，但由于时过境迁，也难以起到很好的效果。为满足政府和水行政、环境保护主管部门对水质监测成果的时效性要求，就应尽快建立水资源实时监控及管理调度系统，提高水质信息管理水平和水质分析评价能力，加快水质监测工作信息化现代化的步伐。

中央一号文件指出："加强水量水质监测能力建设，为强化监督考核提供技术支撑。"江西省委、省政府决定："加快水量水质自动监测、水文气象应急机动监测和信息处理能力建设，建立健全现代化的水文信息采集、传输和处理及预报会商体系。"水质关系到人类的生存和健康及经济社会的可持续发展，水文部门应抓住有利时机，在一号文件指引下，争取政府和水行政主管部门更多的政策支持，提升自身能力，使水文水质监测真正成为经济社会发展和水资源管理和保护的技术支撑。

水资源论证三大问题讨论

叶烈鉴[1]　闵骞[2]　孙曲萍[3]

（1. 江西省乐平市水务局，江西景德镇　333300；

2. 江西省鄱阳湖水文局，江西九江　332800；

3. 江河水利开发中心有限责任公司江西分公司，江西景德镇　333000）

摘　要： 从实践出发，将水资源论证工作中遇到的水资源论证的称呼、水资源论证的分类、水资源论证资质授予、从业人员资格管理、论证等级与资质的关系、最严格水资源管理制度在水资源论证中的体现等 18 个实际问题，归纳成概念性、管理性和技术性三大类型，并逐一提出认识与看法。

关键词： 水资源论证；问题；讨论

自水利部和国家计委发布《建设项目水资源论证管理办法》至今，我国水资源论证工作已经走过十年半历程。

我国水资源论证经历了三个发展阶段，其中 2002—2004 年 3 年为水资源论证起步阶段，此阶段水资源论证主要针对需申请取水许可的新、改、扩建的建设项目，且未形成统一的规范性技术体系，论证内容与方法由操作者自行把握。2005—2010 年为水资源论证快速发展阶段，《建设项目水资源论证导则》（SL/Z 322—2005）的发布与实施，标志着水资源论证快速发展阶段的开始，《导则》的实施使水资源论证迅速走向成熟与繁荣。2010 年"规划水资源论证"的提出与试点，使水资源论证广度与深度得到创新性拓展，宣示着我国水资源论证进入全面发展新阶段。实际上，我国水资源论证理念起源于之前的1997 年，以水利部和国家计委联合下发《关于建设项目办理取水许可预申请的通知》（水政资〔1997〕83 号）和国家计委制定、国务院印发《水利产业政策》（国发〔1997〕735号）两个文件的颁布为标志。所以，严格地说 1997—2001 年应该为我国水资源论证的孕育阶段（或称之为酝酿阶段）。

尤其是 2005 年后的 7 年多来，我国水资源论证为水资源科学管理与可持续利用发挥了十分重要、无法替代的作用。但与此同时，在实践中也呈现出一些需要讨论与解决的问题。本文结合作者工作实践，对水资源论证中概念性、管理性和技术性三大问题，进行粗浅的讨论，供有关专家批评。

1 ▶ 概念性问题的两点认识与讨论

1.1 水资源论证的称呼

过去一直用"建设项目水资源论证"进行称呼，实际上不仅是建设项目需要进行水资源论证，还是与取、用、退水有关的、对水资源情势（水量、水质及其时空变化）和水资源利用造成影响的涉水事件，都应进行水资源论证，因此以"水资源论证"作为称呼，不仅较为准确与清晰，且涵盖面也十分广泛。

1.2 水资源论证的分类

2010 年以前，以"建设项目水资源论证"为主，2011 年形成了"规划水资源论证"理念和实践，今年各地大量取水单位《取水许可证》到期，换发《取水许可证》的水资源论证工作大量出现，目前基本上形成了建设项目、规划、取水许可三大领域里的水资源论证工作，因此，应将水资源论证分成以下三类：

(1) 建设项目水资源论证。

(2) 规划水资源论证。

(3) 取水许可水资源论证。

其中"建设项目水资源论证"主要针对新建、改建、扩建工程；"规划水资源论证"主要针对各项规划，不仅是工业园区规划，对所有需要取、用、退水的规划，或与取、用、退水有关的规划，都应进行水资源论证，以说明规划内容是否与当地水资源情势及其变化相适应；"取水许可水资源论证"主要针对《取水许可证》换发，以说明过去取得的取水许可量是否还能维持，是否需要核减或限制。

2 ▶ 管理性问题的几点认识与讨论

2.1 水资源论证法规

目前只有部级的《建设项目水资源论证管理办法》，不仅名称不能适应现在水资源论证工作的范围，内容也不够全面，更缺乏国家层面上的权威性。在全面执行《国务院关于实行最严格水资源管理制度的意见》（以下简称《意见》）的今天，极有必要制定颁布《中华人民共和国水资源论证条例》，以便与《意见》配套，以保障"最严格水资源管理制度"的真正落实，同时使水资源论证工作有法可依。

2.2 水资源论证政策

目前水资源论证工作量大，需求多，存在资质管理混乱、从业人员良莠不齐、论证结论不够准确、论证报告不太规范、评审程序不够严肃，评审专家专业水平差异大等众多问题，都需要水行政主管部门制定一系列政策，加以规范和改进。

2.3　水资源论证资质授予

在有些省市，目前水资源论证资质证只对全民所有制的事业单位颁发，而不对民间水务公司发放，这不仅有失公平，也与发达国家先进水务咨询体系不相适应。拟全民与民间一视同仁，给予同等对待，只要符合资质条件，就应授予相应的水资源论证资质。在严把水资源论证资质审核、考核关的前提下，向民间水务公司授予相应水资源论证资质，不仅不会降低水资源论证质量，还有利于通过竞争提高水资源论证的整体水平与质量，更好地发挥水资源论证的真实作用。

2.4　从业人员资格管理

过去水资源论证从业人员资格仅通过一次短期培训取得，而且培训活动参加人员不进行资格审查，造成了谁报名早，谁就取得了从业资格的不严密、欠规范局面，是造成从业人员良莠不齐的主要原因。笔者认为，水资源论证从业人员资格的获取不应过于随便，必须同时考虑以下三个方面因素：

（1）从事水文水资源工作的经历与业绩。

（2）通过必要的培训与考试。

（3）无水资源论证不良行为后果。

另外，对水资源论证资格，也应像资质一样，采用等级管理办法，如设立一、二、三级水资源论证师（或员）。

3　技术性问题的若干认识与讨论

3.1　水资源论证导则

当前水资源论证已经形成建设项目水资源论证、规划水资源论证与取水许可水资源论证三大类型，尽管三类水资源论证涉及的内容大多相似，但针对的对象和侧重点明显不同，因此，需要制定各类水资源论证的技术导则。如有必要，还可以制定与各类水资源论证的二次分类相对应的子"导则"，例如，2011年2月发布的《水利水电建设项目水资源论证导则》。

此外，现行两个《导则》中给出的《水资源论证报告书》编写提纲存在不少重复内容，过于繁杂，极有必要进行修减。从这方面看，2005年以前的"论文式"的水资源论证"报告"，反而值得提倡。总的来说，《报告书》简明扼要，言简意赅。

3.2　论证等级与资质的关系

实际工作中，水资源论证等级的确定随意性较大，论证内容、论证深度与论证等级的关系难以准确体现，论证工作等级与论证单位资质没有严格挂钩。这两方面的问题，需要在法规、政策和导则中进一步明确。

3.3 "三生"用水次序

目前各地水资源配置原则虽然由过去的"统筹安排生产、生活、生态用水",改变为"统筹生活、生产、生态用水",但生态用水依然放在最后,不利于河湖健康和水资源保护。

现行《导则》中也在"取水影响"分析中提出满足"生活、生产、生态要求的最小下泄流量",同样也是将生态用水放在最后位置。

当遇到水量不足时,业主一般会提出挤占生态用水的要求,使得水资源论证报告编制人员难以准确把握"三用水"次序和确定论证结论的原则与次序。

3.4 生态用水量的确定

在水量短缺的情况下,拟保证河湖最小生态用水量,这一原则必须毫不动摇。

但河湖最小生态用水量的确定目前尚无统一方法,《导则》中推荐的"以多年平均流量的10%或以历年最小流量作为最小生态流量"的确定方法,在实践中发现存在显著不合理性。例如,对于大江大河这两种方法基本可行;但对于径流季节变化大的小河小溪明显不适用。作者在实践中认识到,《导则》中推荐的两种方法中,在小河小溪中前者偏大,后者又偏小(有时为0)。作者认为,小河流最小生态流量以采用最小月平均流量系列90%频率对应的数量较适应,且最好能根据维护水生态健康需要,分季或分月确定最小生态流量。

水资源的配置,拟以"在满足河道最小生态流量的前提下,统筹安排生活、生产用水"为基本原则。对于饮水工程,还应实行以轻微污染河水作为农业灌溉用水,置换优质水库水作为饮水水源的水资源配置模式,以体现生活用水优先于生产用水的水资源配置原则。

3.5 可供水量与可用水量

过去的水资源论证中,很多《水资源论证报告书》将取水口断面可供水量与可用水量混淆,或者等同。从理论上说,河流断面的可用水量应该在可供水量的基础上,减去已获批(许可)但尚未使用的水量。而实际上各地许可的用水量一般很大,使得今后可用水量很小,导致由获批水量确定的可用水量在水资源论证中很难使用。建议在新一轮取水许可中,从水资源论证做起,严把核准关,该核减的必须在《水资源论证报告书》中体现出来;水行政主管部门必须以《水资源论证报告书》为主要依据,核发或换发放《取水许可证》,以便水资源论证成果为当地水资源配置与管理发挥真正作用。

3.6 取、用、退水影响程度的定性

目前各地提出的《水资源论证报告书》中,对于取、用、退水对水资源情势、水环境和第三方的影响,多用极小、很小、小、较小、不大等定性词语,且之间无严格的区分。在今后制定或修改《导则》时,必须对定性等级配以定量标准,如影响量在1%以下为"极小",影响量在1%～3%之间的为"很小",影响量在3%～5%之间的为"较小",影

响量在 5%～10% 之间的为"不大"等。

3.7　以泉水为水源的论证

从成因上说，泉水为地下水的一种，但取水方式及影响状况上看，又类似于地表水，如一般不挖井取水，难以超量取用，不产生地下水漏斗等。但在现行《导则》中对于以泉水为水源的水资源论证，对其论证类型、等级、方法均未做明确的说明，在今后编制新导则或修改老《导则》时，应对以泉水为取水水源的论证做详细、明确的规定、论述，以便实际操作。

3.8　最严格水资源管理制度的体现

《国务院关于实行最严格的水资源管理制度的意见》发布后，各地都制定了"用水总量控制、排污总量控制和用水效率控制""三条红线"，但目前编制的《水资源论证报告书》中很少实际应用。

从理论上说，"三条红线"应该作为各地水资源论证的重要依据，但目前"三条红线"只在大江大河中划定了，在设区市以下行政区域和小河流、湖泊、水库中尚未划定，给"三条红线"在水资源论证中实际应用造成很大困难。

3.9　取、退水影响补偿方案

在实践中，取、退水对第三方有明显影响时，补偿方案的编制仅限于工程领域和技术领域，在经济领域难以涉及，即使编制了经济补偿方案，也难以得到业主和第三方的认可，更难编制出可以协调双方利益、避免各方利益冲突的补偿措施和方案。建议以后的导则中，不涉及经济补偿内容，经济补偿完全由业主和第三方自主处理。

3.10　枯水流量频率分析

利用 P-Ⅲ 型曲线模拟枯水流量时，其结果由参数 $\bar{e}$（平均值）、C_v（变差系数）和 C_s（偏态系数）确定，由于目估调整而使其随意性很大，有时编制人员为了迁就业主对取、用、退水的意愿，人为通过调改频率曲线参数使枯水流量设计值加大，造成水资源论证结论失真。因而，极有必要制定既科学，又有可操作性，且不能随意改变的频率曲线分析的强制性规定，减少或限制频率曲线分析中的随意性和任意性。

3.11　典型年的选择与使用

习惯上，一定设计频率下取水口来水量的分析，通常采用典型年法，一般办法是一个设计频率取用一个典型年，来水过程最不利的年份优先选用。但对于来水量变化极大的小型河流或水库，即使是丰水年份，也会出现几个月的日平均流量不符合要求的现象，甚至会出现一年中大多数日期平均流量不符合要求的不合理情况，原因在于分析结论完全取决于一个典型年的径流年内分配过程。实际工作中，两个年径流量相近的年份，径流年内分配过程差异极大，例如，其中一年几乎天天的日平均流量符合要求，而另一年则大多数日期平均流量不符合要求。

建议每种类型（丰、平、枯、特枯水）选择 2～3 个年径流量与设计年径流量最相近的典型年，进行来水过程分析，以提高由典型年径流过程分析来水可靠程度的有效性和真实性。

3.12 取水保证率

不同编制人员对取水保证率有不同的理解，采用不同的方法对其进行来水可靠性论证。作者认为，取水保证率是受来水频率制约的，所谓取水保证率应该对应不同频率来水而言。通常人们所说的取水保证率，一般是指正常年份（平水年，50％频率）的取水保证概率。

例如，部分编制人员用 95％频率年份的径流过程（日平均流量过程），分析 95％取水保证率的可靠性，作者认为在大江大河可行，但在小河流一般不可行，即以取水保证率作为来水频率的分析方法没有通用性。

4 结语

水资源论证是水资源科学配置、严格管理的重要内容和手段，对于维持水资源可持续利用具有不可替代的重要作用。但在概念、管理和技术三个方面均存在一些问题，需要通过研究和讨论，科学地解决这些问题，使我国的水资源论证得到不断完善，水资源论证成果更加科学、准确，为最严格的水资源管理制度的实施发挥重大作用。

近年来水资源论证实践表明，由于同一河流、湖泊、水库用水户大量增加，用水类型增多，不仅造成天然可供水量显著减少，行政许可后的可用水量也显著下降，水资源利用形势越来越复杂，水量分析计算越来越困难；加上退水增多，退水水质混杂，污水处理难以到位，退水影响分析计算越来越难以准确、清晰。两个方面的综合使然，致使水资源论证困难加大，与日益提高的水资源管理要求适应难度与日俱增，对水资源从业单位、人员的基础知识、基本素质、洞察能力、综合水平的要求不断提高，需要从业单位、人员加强沟通、增强交流、强化培训，努力提高能及时适应水资源管理形势变化的水资源论证能力。

参 考 文 献

[1] 水利部水资源管理司，水利部水资源管理中心. 建设项目水资源论证培训教材 ［M］. 北京：中国水利水电出版社，2009.

[2] 水利部综合事业局，水利部水资源管理中心. 建设项目水资源论证报告书案例汇编 ［M］. 北京：中国水利水电出版社，2008.

探索水资源监测在信江流域水权制度实施中的作用

李晓敏　叶玉新

（江西省上饶水文局，江西上饶　334000）

摘　要： 水资源短缺、用水浪费和水污染严重是当前我国水资源问题的主要矛盾，全面推进水权制度建设，是解决我国水资源问题的重要制度措施，而水权制度的实施需要水资源监测提供数据支撑。本文结合水资源监测实践，探索水资源监测在信江流域未来的水权分配和水权交易实施中的作用及实施过程中可能存在的问题及水资源监测未来的发展方向。

关键词： 水权分配；水权交易；水资源监测；水量；水质

中国是一个水资源短缺的国家，水资源总量为 $2.8 \times 10^{12} m^3$，实际可用水资源量仅为 $1.1 \times 10^{12} m^3$，人均占有水资源量为 $2231 m^3$，仅相当于世界人均水平的 1/4，已被联合国列为 13 个贫水国家之一。而信江流域水资源相对较丰沛，人们对水资源的管理和保护工作的重要性认识不够，水资源利用率低及水资源浪费现象较为严重，因此制定并实施可持续战略计划乃当务之急。水权制度的建立和完善，可以为正确处理上游和下游、地表水和地下水、农业用水和城市用水、经济用水和生态用水等之间关系，为运用经济手段和以市场方式处理供水与需水、用水短缺与浪费、开源与节流、防污等问题提供强有力的制度保障。2007 年，江西省已完成了信江流域的水量分配编制工作。

1　流域概况

信江流域位于江西省东北部，东经 $116°19' \sim 118°31'$，北纬 $27°32' \sim 28°58'$。流域西滨鄱阳湖，北以怀玉山脉与饶河分界，南隔武夷山脉接福建省，东经丘陵通浙江省钱塘江上游。信江干流发源于浙赣边境的怀玉山，在上饶市汇纳金沙溪、玉琅溪、饶北河、丰溪河后始称信江。主流全长 359km，落差 750m，流域面积 $17599km^2$，占全省面积 9.4%。信江干流自东流向西，先后流经广丰、上饶、铅山、横峰、弋阳、贵溪、鹰潭、余干等县市，支流众多，呈南北流向，集水面积在 $100 \sim 1000km^2$ 的有 42 条，$1000km^2$ 以上的有 4 条，以白塔河为最大，其次为丰溪河。

信江流域位于副热带季风湿润气候区，具有四季分明、雨量充沛日照充足、无霜期较长的特点。流域多年平均径流量 209.1 亿 m^3，降水深 1860mm，但降雨量年内分配不均，

4—9月降水量占全年69.3％。多年平均蒸发量在750mm。境内武夷山、怀玉山区为降水高值区，暴雨多、范围广、强度大，极易形成大洪水，约70％的洪水发生在4—6月，洪水峰高量大，特殊年份7—9月甚至10月受台风影响也会出现暴雨。

信江流域多年平均水资源总量为173.8亿m^3，50％频率水资源总量167.08亿m^3，75％频率水资源总量132.47亿m^3，95％频率水资源总量92.60亿m^3。信江干流历年未出现过河道断流现象。

信江流域2010年纳入废污水约31705万t/a。其中COD入河量40951t/a；氨氮入河量3157.7t/a。在对全流域的水质评价中，代表河长790.1km（含50km^{2}以上支流），水功能区水质目标达标率为100％。

信江流域用水区域涉及3个设区市（上饶市、鹰潭市、抚州市），15个行政县（区）。信州区、广丰、贵溪、鹰潭经济总量较大，企业较多，耗水量大，重点污染源分布于此。信江流域水质逐年呈下降趋势，尽管不算严重。为解决未来枯水期、用水高峰期的取水矛盾和水质问题，水权制度的建设和实施势在必行。

2 水权制度

水权制度建设的根本目的是维护代内、代际公平、维护河流健康生态、促进节约用水，最终实现水资源可持续利用。通过对权力总量限制，平衡生态环境与人类用水关系，促进人类有序开发利用水资源，保障河流生态环境用水安全、保障人类自身用水安全、促进节约用水，在人水和谐的基础上，实现水资源的可持续利用。"十一五"规划提出"完善取水许可和水资源有偿使用制度，实行用水总量控制与定额管理相结合的制度，健全流域管理与区域管理相结合的水资源管理体制，建立国家初始水权分配制度和水权转让制度"。2007年12月水利部发布了《水量分配暂行办法》，意味着黄河水权成功改革之后，中国将全面建立和推广水权制度。建立水权制度将改变"上游优先"原则和"谁投资谁拥有水资源"的规则。

2.1 水权分配

水量分配，是指在统筹考虑生活、生产和生态与环境用水的基础上，将一定量的水资源作为分配对象，向行政区域进行逐级分配，确定行政区域生活、生产的水量份额的过程。

水量分配坚持可持续利用和协调发展原则、以供定需原则、民主协商与集中决策相结合原则、生活和生态基本用水优先的原则，注重公平与适度兼顾效率原则，尊重现状用水原则，合理用水原则和合理留余原则；妥善处理上下游、左右岸的用水关系确定水权的分配比例，掌握整个流域的总取水量，而取水量又受气候、空间等多个因素影响，难于确定，但可与通过计算多年的平均径流量来大致估计。另外，由于水资源具有流动性，因此在确权之后即水权制度的实施过程中，监督成本会比较大。

2.2 水权交易

运用市场机制和经济手段来合理分配水资源也是目前国际社会在提高水资源利用效

率、解决水事冲突、促进水资源持续有效利用和管理等问题中十分重视的政策和战略举措。

水权交易是水资源使用权的部分或全部转让，它与土地转让是相分离的。水权的交易既可以是消费性的也可以是非消费性的；既可以是持续的，也可以是非持续的；既可以是永久的，也可以是短期的或偶尔的。虽然水权交易本身应该是永久或很长时期的，但为了确保安全性，水权的转让不应该是永久的；水权应该是一个季节、一年或多年的出租、抵押或典当等。

水权的交易应该具备三个基本前提：①可交易的水权：意味着水资源使用者同意再分配水权，并且他们可以从水权交易中得到补偿；②定义明晰的水权：对于农民来讲，它有利于提高个人（如农民）或群体对于公共灌溉管理部门讨价还价的能力；③安全的水权：用水者在考虑了全部机会成本之后，可以在卖水和用水之间做出合理选择，从而促进了投资和节约用水。

2000 年，义乌市向上游东阳市出资 2 亿元买断每年 5000 万 m³ 水资源的永久使用权，成我国首例水权交易的成功典范。

3　水资源监测在水权分配和水权交易中的作用

在水权制度的实施过程中，由于对水量和水质有着预测、计划和实时定量的要求，因此完善的水文基础设施和水资源监测就显得尤为重要。

3.1　水文基础设施

信江流域有健全的水文监测站网，观测项目齐全。建有 124 处配套雨量站，12 处水文站，其中控制性水文站有梅港、上饶水文站，均属于国家基本水文站，主要测定项目有雨量、蒸发、水位、流速、流量、沙量分析等。在水量测量方面，长期以来，水文部门从事水文测验工作，形成了一系列的标准法规，建立了相对完善的技术标准及监督体系；在径流预测方面，主要采用时间序列法、小波分析分析法、模糊分析法、人工神经网络法、灰色系统法、马尔可夫链法、信息熵分析法等方法。

信江流域有健全的水情预测预报中心，建立 24 小时值班制度，对水情进行短期预报、中期预报和长期预报。①短期预报：根据流域的水文特性，目前短期预报采用降雨径流单位线、上下游水位（流量）相关法、MIKI 1、新安江三水源模型等方法，对未来 12 小时、24 小时、48 小时流域定量降水预报；未来 3 天入库流量预报。②中期（3～7 天）预报：洪水期，利用短期预报方法，结合气象预报成果；非汛期一般采用退水模型和随机水文学方法。一般预报 7 天逐日日平均入库流量、降水预报。③长期（旬、月、年）预报运用数理统计、历史相似法，一般预报各时期旬平均、月平均、年平均入库流量以及年最大流量、降水预报。

3.2　水资源监测

信江流域内水质监测站点按水功能区进行布设，现有 32 处水质监测站，2015 年规划新增 24 处水质监测站。全面覆盖所有国家重要水功能区、省划水功能区、省界河流、县市界河等。

水质监测主要侧重于为水资源的开发、利用、管理与保护服务，在站点设置上以流域为单元并充分考虑与水文站的结合，因此监测站网具有流域管理与量质结合的优势。在监测项目上，由于从天然水化学监测发展延伸而来，因此具有综合河流天然水化学特征与河流水污染特征的特点。在监测频次上，由于与水文站结合，在采样上具有便利的条件。

3.3   水资源监测的作用

（1）水权的分配，分为市级区域及跨地级市用水户（灌区）水量分配、县级市级区域及跨县用水户（灌区）水量分配、县级灌区水量分配和县级自备水源企业水量分配，灌区内用户及自来水公司服务对象的水量分配，从而实行水量的层层分配，其中引、退水水量和水质情况需要实时的水资源监测信息。有多余水量时，可在政府的调控下通过水权转让进行水的再次分配，由水资源部门依法登记再次分配的水权。

（2）对超额取水用户征收水资源费，解决水事纠纷等用水管理具有重要意义，需要有资质的监测部门对各行政区和取水用户的用水情况进行公正监测和监督，为政府决策管理提供参谋意见。信江流域内的上饶水资源监测中心和抚州水资源监测中心 1998 年通过国家级计量认证，有较完善的监测设备与较雄厚的技术力量，所测数据具有科学性、权威性，能较好地执行监测和监督任务。

（3）水权的交易市场的建立，必须在水资源信息畅通、时效性提高的基础上才能进行，因此实时准确的水资源监测信息及预测预报是水权市场的基础。

4 水资源监测水权制度实施过程中存在的问题

水权制度对水资源监测提出了更高的要求，目前的水资源监测站网和监测系统无法满足水权制度实施过程中所需的信息量。

4.1   水量监测存在的问题

目前水文监测站网主要是根据防洪抗旱的需要而设立，站网密度和监测频次较低，站网的密度和水量监测频次不能满足水权制度的要求，不能很好地掌控水量的实时变化情况，不能掌控取水用户取、退水水量实时情况。

4.2   水质监测存在的问题

（1）水质监测站网的分布不尽合理。水质监测断面按水功能区的划分而设定，大部分水质断面与在水功能区内的水文监测断面相结合，而水文断面一般人类活动影响较小的河段，水质受污染的程度较低，其断面水质不能很好地反映江河的本底情况。

（2）水质监测频次不高。由于监控断面多，覆盖面积广，监测人员有限。无法全面及时掌握功能区内各个取水用户取、退水的水质情况和河流的水质变化情况。

（3）质、量分离。水质、水量还是传统的分别监测，只有较少的站点进行了每月一次的水质、水量同步监测。

5 水资源监测未来的发展方向

为了在水权制度实施过程中发挥个更大的作用，水资源监测可从以下几方面完善：

（1）优化水资源监测站网。规划建立省、市、县界分级监测站网及各单位取、退水监测站网。加强对用水的监督管理，包括对用水的监测、监视、现场检查和公众参与，及时发现问题，确保用水优化。

（2）强化用水计量监测。规划建立取、退水监测站网。同时，开展水平衡测试等工作，为节约用水提供更全面的信息，为制定"宏观控制指标"和"微观定额指标"提供依据，进一步探索水资源预测预报工作，为加强信江流域水资源统一管理提供服务。

（3）强化水质监测。进一步加强对信江流域干支流及水功能区、水库、湖泊、重要水源地的水质监测，及时反映水量、水质状况，掌握水功能区的水质变化动态；进一步提高应对突发性水污染事件的能力，建立快速反应机制。

（4）建立水资源在线监测系统，监控行政区河界，水厂、工厂进出水、明渠流量和水质，监测地下水水位、监测水源地水质以及进行水权分配和水权交易的信息管理。定期对在线监测结果进行实验比测和校正。水资源在线监测系统实时性和连续性是人工监测无法比拟的，它大幅度提高了监测数据传输和分析效率，有效提高了对突发、恶性水质污染事故的预警预报及快速反应能力，为有效保护水资源、合理利用水资源、加强社会节水意识、水权制度建设发挥重要作用。

（5）开展水权制度试点工作。借鉴国内其他试点的工作经验，结合信江流域自身的特点，通过对试点区域内的水资源优化配置和水权制度试验，积极探索节水型社会之路，在实战中不断完善水资源监测工作。

6 结语

为了加强信江流域水资源管理，有必要建立和实施水权制度。水资源监测通过不断优化监测站网和建立在线监测系统，能为水权分配和水权交易搭建良好的信息平台，为政府决策提供科学依据。

参 考 文 献

[1] 崔传华. 水权初始分配方法初探 [J]. 河海水利，2005（4）：5-6.

[2] 王新才. 长江流域水资源管理工作思路与对策 [J]. 人民长江，2011，42（18）：6-10.

[3] 李达，邢智慧. 水资源监测网络研究 [J]. 水资源研究，2009，30（3）：9-10.

[4] 孟庆强，李晓燕. 广州市水资源在线监测信息系统问题研究 [J]. 供水技术，2009，3（4）：34-36.

[5] 但德忠. 我国环境监测技术的现状与发展 [J]. 中国测试技术，2005，31（5）：1-5.

崇仁县用水现状调查及思考

刘 鹏

（江西省抚州市水文局，江西抚州 344000）

摘 要：本文通过对崇仁县水资源开发利用现状的调查，结合《国务院办公厅关于印发实行最严格水资源制度考核办法的通知》，思考在南方水资源较为丰富地区如何做好水资源管理工作。

关键词：水资源；现状；调查；思考

水是人类赖以生存和发展的自然资源，直接影响人类的生活质量及社会经济发展。2012 年国务院 3 号文件发布了《国务院关于实行最严格水资源管理制度的意见》，明确了"三条红线"控制的主要内容：水资源开发利用控制红线、用水效率控制红线、水（环境）功能区限制纳污红线，以最严格的水资源管理制度来应对严峻的水资源形势，保障经济社会全面协调可持续发展。

要做好"三条红线"的管理，首先要对辖区内的水资源量及开发利用现状做详细调查，摸清各类型的用水状况，真实把握经济社会发展对水资源的压力，才能有针对性地提出水资源节约措施，提高用水效率，达到最严格水资源管理的目的。本文对江西省抚州市崇仁县的水资源量及开发利用现状典型调查，根据 2008—2012 年全县总用水量资料进行了用水现状统计，详见表 1。

表 1 　　　　　　　　　　崇仁县 2008—2012 年总用水量统计表

年 份	2008	2009	2010	2011	2012
水资源量/亿 m³	14.41	14.28	26.43	10.89	24.34
总用水量/亿 m³	2.05	2.16	2.36	2.53	1.97
农业灌溉用水量/亿 m³	1.65	1.71	1.92	2.08	1.52
总耗水量/亿 m³	1.28	1.10	1.12	1.16	0.85
农业用水所占比例/%	80.5	79.2	89.3	82.2	77.2
地表水控制利用率/%	14.22	15.1	8.93	23.2	8.09

1 崇仁县基本情况

1.1 自然地理

崇仁县位于江西省中部偏东，抚州市西南，东北接临川区，东南毗宜黄县，西南邻乐安县，北连丰城市；该县地处山丘区，属亚热带季风性湿润气候，总人口约 36 万人，国土面积 1520km² ，其中耕地面积 218km² ，现辖 7 镇 8 乡，3 个垦殖场，161 个村居（委）会。

1.2　河流水系

崇仁县内水系发达，主要河流为抚河的二级支流——崇仁水，境内支流流域面积在 10km² 以上的有 35 条，100km² 以上有 7 条。流域地势西南高东北低，上游为低山区，中游属丘陵，下游属丘陵平原区，上游具有山区性河流的特点，洪水期间易发生泥石流等山洪地质灾害。

1.3　水利工程情况

崇仁县水资源丰富，水利工程众多，中型水库有 3 座（港河水库、虎毛山水库、石路水库），小型水库 140 余座，总库容约 14759 万 m³ ；万亩以上引水工程一座（宝水渠）。由于崇仁县是农业大县，该县水利工程主要以灌溉为主，3 座中型水库的实际灌溉面积为 4.163 万亩，宝水渠实际灌溉面积 3.5 万亩，农业灌溉用水有效利用系数为 0.42。

1.4　水资源现状调查

崇仁县水资源时空分布不匀，多年平均降水量 1802.3mm，多年平均水资源量 15.8 亿 m³ （地表水资源量 15.8 亿 m³ ，地下水与地表水不重复计算量为 0），且年内分配不均，降水量连续最大 4 个月一般出现在 3—6 月，占年降水量的 50% 左右，且经常以洪水形式出现。由于境内调蓄容量有限，丰水年易形成洪涝灾害，枯水年、平水年来水量不足，地下水储量有限，不能满足工农业和生活等用水需要。

根据抚州市水资源监测中心长期对崇仁县永胜桥、崇仁大桥两个监测断面的评价结果，全县全年为 II 类水，丰水期为 II 类水，枯水期为 III 类水〔采用《地表水环境质量标准》（GB 3838—2002）〕。

2　用水现状及存在的问题

2.1　供水量

2012 年崇仁县总供水量为 1.97 亿 m³ ，其中地下水开采量为 0.06 亿 m³ ，地表水供水量为 1.91 亿 m³ 。

2.2　用水量

崇仁县用水主要为农业用水、居民生活用水、工业用水等。

根据《抚州市人民政府关于实行最严格水资源管理制度的实施意见》（抚府发〔2012〕34 号），至 2015 年，崇仁县用水总量控制为 1.8023 亿 m³ 。

据《2012年抚州市水资源公报》，崇仁县2012年总用水量为1.97亿 m³，其中农田灌溉用水量为1.52亿 m³，林牧渔畜用水量为0.05亿 m³，工业用水量为0.22亿 m³，居民生活用水量为0.14亿 m³，城镇公共用水量0.03亿 m³，生态环境用水量0.01亿 m³。可见，崇仁县现状用水量已经超过了2015年的控制总量。由于农业用水占比大，可以通过发展农业节水来减少用水总量。

根据崇仁县2008—2012年总用水量统计分析（表1），崇仁县的地表水控制利用率较低，但由于国家对水资源的严格管理，用水仍将受到控制指标的限制。

2.2.1 农业用水情况

根据调查，崇仁县农作物主要以水田为主，辅以旱田经济作物（油菜、菜地等），农业用水主要是农田灌溉用水，也是本县用水的主要组成部分。崇仁县大部分水库及宝水渠均有灌溉任务，由于缺乏灌溉用水的计量设施，农业用水采用定额估算法，净灌定额采用当年降水与蒸发情况结合农作物生长期计算得来。

从表1可以看出，崇仁县农业用水占总用水量的比例为80.5%。

根据调查，2012年崇仁县耕地面积为33.79万亩，实灌面积为29.18万亩；2012年为丰水年，全年降水量为历年最大且分布均匀，适合农作物生长，崇仁县农业用水占全县用水总量的74.9%。经计算，农田灌溉综合用水量为521m³/亩。《江西省农业灌溉用水定额》中赣东区早晚稻50%年份净灌定额分别为173m³/亩和300m³/亩。通过现场调查，该县的农田灌溉取水未安装计量设施，由于未实施节水工程，采用漫灌，灌溉定额较高，农田灌溉水利用系数较低，约为0.43。

2.2.2 居民生活用水调查

通过崇仁县自来水公司提供的2012年城市（县城）公共供水基层表，2012年崇仁县自来水公司供水总量896万 t，其中居民家庭用水385万 t，工业用水38万 t，公共服务用水219万 t，其他用水20万 t，漏损水量234万 t，计算出居民生活用水定额为76L/（人·d），城镇公共用水定额为120L/（人·d），漏损率为26%。按照《江西省城市生活用水定额》，小城市的综合用水定额为190～240L，其中居民用水定额为140～180L，崇仁县用水定额小于该指标，原因是县城区周边的自建房居民大多以手压或抽水的方式采用地下水供水。根据调查，崇仁县居民生活用水定额为145L/（人·d），居民家中未使用节水器具，节水意识比较淡薄；城市供水管网年老失修，漏损严重。

2.2.3 工业用水调查

2012年崇仁县规模以上工业增加值24.83亿元，其中工业园区为23.30亿元，占93.8%。工业园区投产企业主要涉及机械、机电、轻工、建材、食品、饮料、服装等多个行业，多为低耗水行业。

据调查，工业园区部分企业由县自来水公司供水，由于工业园区离县城有5km左右，管网供水不足，大部分企业有自备水源，有些打井抽取地下水，有些在附近水库取水，只有极少数企业办理了取水许可证且未安装计量设施。园区自来水厂正在筹备阶段。

根据对园区内江西万泰铝业、江西天行化工有限责任公司、崇仁县万鑫铜材有限公司3家大型企业的调查结果，3家企业的生产用水均从水库取水，未办理取水许可证，未安装计量设施。其中江西天行化工有限责任公司和崇仁县万鑫铜材有限公司两家企业共同建造了一座小（2）型水库。

由于未安装计量设施，几家企业估算的产品用水定额与《江西省工业企业主要产品用水定额》指标相差甚远。

2.2.4 污水处理情况

崇仁县污水处理厂 2010 年建成运行，通过污水收集管网集中县城的雨污水，进入沉淀处理池，进行活性污泥处理、沉淀、紫外线消毒等处理，水质合格后排入崇仁河。一期建成后日处理能力为 1 万 t，2012 年共处理污水 329.4 万 t，无回用；二期处理能力 1 万 t，尚未建设。

由于崇仁县工业园区与县城有 5km 左右，县城污水收集管网未能铺设至工业园区范围，目前园区污水处理厂正在筹建中。

3 对策

随着崇仁县经济的进一步发展和人口的增长，水资源供需矛盾将越来越突出，尤其是农业用水占全县总用水量的 80％以上。从目前现状分析，要解决崇仁县用水中存在的问题，缓解水资源日趋紧张的局面和实现节水发展，提出以下建议和对策：

（1）政府应落实《抚州市人民政府关于实行最严格水资源管理制度的实施意见》，建立完备的水资源规划体系，健全水资源监管体系，提升水资源管理水平，落实各行业、各部门分工，明确下级政府的水资源管理控制指标并纳入目标考核。

（2）加快农田水利改造，健全管理体制。近年来，国家加大了对水利工改造的力度，当地政府应抓住机遇，加快对中小型水库的除险加固，对区域内的农田水利特别是灌溉渠道进行改造建设，提高渠道的防渗的能力，减少输水损失，提高渠系水利用系数；健全灌溉管理体制，安装取水计量设施，加快水费改革，实施按实际用水收费。

（3）推广节水灌溉技术。该区域内农作物以水稻为主，灌溉方式以漫灌为主；应利用水稻在不同生长期的需水量，在保证水稻高产的前提下，应大力推广水稻节水灌溉，如喷灌、滴灌等技术，提高灌溉水利用系数。

（4）全面推进节水型社会建设，加强节水宣传，推广节水器具，树立公众水资源危机意识，提高公众保护、节约水资源的思想。首先加强工业用水管理。随着经济的发展，工业用水量将会逐年递增，有关部门在引进企业时应选择高产低耗的行业；落实水资源论证制度、取水许可和水资源费征收管理，安装计量设施，严格取用水总量控制，实现用水的有效监督；其次进行管网改造，推进水费制度改革，实行阶梯式水价的管理，提高居民节约用水意识，鼓励企业提高水的重复利用率。

水资源工程层次分析法的应用实践研究

饶　鹏

（江西省抚州市水文局，江西抚州　344000）

摘　要： 水资源对于人类的生存发展有着不可替代的重要作用，水是生命之源。但是目前我国部分地区面临水资源严重短缺的问题，尤其是人们生活所需的淡水资源。水资源污染、用水量过大等都是造成水资源短缺的重要原因，如何提高水资源的利用率，降低水资源浪费，是保障生产生活用水的关键。随着国家经济发展和人们用水需要，水资源工程正在不断兴建和扩展。本文从水资源工程层次分析法入手，发现问题并提出相应解决方案，以期能够提高我国水资源利用率，满足人们用水需求。

关键词： 水资源工程；层次分析法；环境影响；应用实践研究

水资源不仅是人类生存必需的能量资源，也是地球上其他生物的生命之源，水资源的重要性十分突出。随着现代化社会的高速发展，生产用水量大大提高，所需水资源量剧增，造成了水资源匮乏的问题，人类的各项活动也给水体造成了非常大的污染。就我国目前水资源现状来看，水资源问题日益严重。为解决水资源短缺问题，大力兴建水资源工程，需要综合考虑国家地理和环境特征，本文将采用层析分析法进行应用实践。

1　我国水资源工程现状及层次分析法的简要概述

我国目前水资源现状不容乐观，由于经济高速发展，各类工厂建设日益剧增，工厂建设发展了经济，但是工厂污水排放量相对较大，再加上一些工厂为了节约生产成本，将未经过处理的污水直接排入江河湖泊，造成水资源大量污染。现代化的社会生活本身对水资源的利用程度就比较高，尤其是可饮用的淡水资源更是人们生活中不可缺失。然而水资源的大量污染造成可利用水资源大量减少，造成水资源短缺，珍贵的可饮用淡水资源更是有限。再加上近年来我国人口的不断递增，导致我国工业、农业以及生态等多个领域的发展受到了严重的限制，人类生产生活活动造成的垃圾较多，也对水资源造成了很大的污染。本文对我国当前水资源的现状，我国的生态流域中的水资源现状进行安全评估，以便对我国水资源情况进行全面的分析。

我国对于水资源安全评估需要涉及的方面比较广，对不同的方面、不同的角度进行研究，这样的评估方法势必会产生不同的评价结果。通过对水资源安全问题的分析研究可知，一个相当复杂的系统问题，并不能通过某个或某几个方面的一两个指标参数就能对其做出全面的评价分析。基于层次分析法的水资源安全综合评价系统的模型，有利于提高我国目前水资源安全问题的管理体系。水资源安全管理主要面临的问题是水资源污染严重，淡水资源短缺，采用层次分析法对我国江河流域的水资源水质进行检查评估，有效地解决水资源短缺的问题。为我国当前水资源的安全管理状况和全面发展提供相应的理论数据以及参考经验，提高水资源的利用率，发掘出更多的可利用水资源，保护水资源不被污染，是我国目前水资源工程建设所需要面对的重大挑战。

2 水资源工程层次分析法安全评估模型的分析

我国社会经济体制的高速发展，提高了人们的生产生活水平，人们对生活水平的提高提出了更高的要求。水资源作为人们生产生活中最重要的能源之一，必然要有所提高。建立层次分析法的水资源安全评估模型，可有效地解决我国水资源面临的问题，层次分析法要具有针对性，可通过评估结果发现我国江河流域水资源存在的问题，并且对我国水资源的规范化、水资源工程建设、水利工程运行等有着重要的影响，具有针对性的评估模式可有效地发现存在的问题。但也存在一定的局限性，这样就增加了水资源系通过的复杂性，水资源工程层次分析法的应用还需要进一步的研究。

水资源安全问题一直是社会最为关心问题之一，它直接影响着人们生活的质量和人们身体的健康。水资源安全评估是对水质的检测，只有完全符合安全标准的水资源才能真正地投入到人们的生活中被使用。影响水资源安全问题的因素有很多，最为直接的因素是环境因素。无论是自然灾害还是人为造成的水资源污染，都对水资源安全提出了重大挑战，因此，对我国江河流域的水资源安全体系进行评估有着重要的意义和作用。层次分析法是对水资源安全问题管理的一项检验方法，需要注意以下两点：①建立层次分析法的水资源安全评估模型需要以水资源安全评价体系为基础，以层次分析法建立模型评价结构和指标参数的权重，以模糊评价模型确立评价矩阵，建立基于层次分析法的水资源安全评估模型；②针对所建立层次分析法的水资源安全评估模型需要通过实际的江河流域的水资源情况进行分析，用于验证所建立的水资源模型是否正确。对于评估结果的分析是否有助于水资源评价体系，进一步完善水资源管理体系建设。

3 水资源工程层次分析法安全评估模型的应用

就目前我国水资源管理现状来看，我国水资源发展潜力较大，结合评估报告对水资源的管理提出新的解决方案，与时俱进，结合现代化社会经济的发展状况，采用层次分析法对水资源安全问题进行进一步的全面分析，并通过水资源安全评估模型进行全面分析。

3.1 基于层次分析法我国水资源安全问题分析

层次分析法采用地区分层分析，结合当地的水资源总量、经济发展状况、人口数量等三个主要方面进行了详细的分析。通过层次分析法对我国水资源安全全面分析结果如下：

我国整体水资源总量相对丰富，经济发展水平较高，但是由于我国人口的基数过大，对我国水资源生态环境造成了一定的压力，整体呈现脆弱的状态；我国淮河、海河、黄河水资源总量较为中等，但是由于经济发展水平较低，导致水资源生态环境脆弱；我国西北地区水资源匮乏，但是水资源利用率较高，从经济发展角度来看，缓慢的经济发展速度导致水资源生态环境脆弱，然而从人口方面来看，稀疏的人口降低了生态环境压力，相对生态环境的承载能力比较强。不同的地区水资源安全问题呈现的形态不同，水资源工程建设方法也就要有所改变，结合当地的实际情况进行合理规范化建设，提高水资源的利用率，保证人们生活用水的安全性。

3.2 基于层次分析法我国水资源安全评估模型

通过上述层次分析法的分析结果可知，我国东南地区水资源以长江流域为代表，其水资源总量相当丰富，但由于经济发展水平较高，人口基数较高，水资源利用率并不高，相对来说水资源生态系统脆弱。加强水资源的调度是解决地区水资源问题的主要手段，通过实施南水北调中线战略来实现；海河、黄河、淮河地区水资源总量中等，经济发展水平较低，但是人口基数大，所以该地区水资源生态系统也较为脆弱；相反，西北地区水资源匮乏，经济缓慢加上人口稀少，水资源利用率反而很高，水资源生态系统也相对较强。通过分析生态环境的水资源承载量而言，西北地区的水资源承担量表现出盈余状态，相反在北京、天津等地区的水资源承载能力则是呈现紧张的形势。因此，加强水资源安全管理是必然要求，通过现代化科学技术积极发展水资源处理技术，提高水资源的利用率。

4 结语

人类发展要注重对环境的保护，不应以牺牲环境作为代价，我们的生产生活离不开自然环境，以牺牲环境换取发展必将受到大自然的惩罚。淡水资源的珍贵程度源于它是人类生命延续的生命之源，兴建水资源工程是为了更好地净化水资源，为人类生活用水提供可靠资源。建立层次分析法的水资源安全评估模型，对于解决我国水资源匮乏有着重要的意义。随着社会经济的发展，净化水技术也得到了很大提高，从而提高了我国水资源的利用率，保障了人们生产生活用水。

参 考 文 献

[1] 李静芝. 洞庭湖区城镇化进程中的水资源优化利用研究 [D]. 长沙：湖南师范大学，2013.

[2] 郭明菲. 层析分析法在水资源工程环境影响评价中的应用 [J]. 资源节约与环保，2015（10）：121，135.

[3] 张薇薇. 基于集体分析和模糊层次分析法的城市系统评价方法 [D]. 合肥：合肥工业大学，2007.

[4] 罗少福，常鹏. 可持续发展进程中水资源工程层次分析法的应用 [J]. 资源节约与环保，2014（7）：118.

[5] 王志良. 水资源管理多属性决策与风险分析理论方法及应用研究 [D]. 成都：四川大学，2003.

[6] 王露伟. 石漠化农村社区参与式水资源管理模式与示范 [D]. 贵阳：贵州师范大学，2015.

城市建设中水资源管理问题的探讨

熊　强[1]　章倍思[2]

(1. 江西省宜春水文局，江西宜春　331200；
2. 江西省南昌市水文局，江西南昌　330000)

摘　要： 随着整体经济水平日新月异的变化，城市建设规划也被正式拿上台面，越来越受到经济整体建设工程的重视，水资源的管理规划无疑是城市建设内容中极为重要的部分。如何管理有限的水资源，让水资源能得到有效而充分地利用，并且能合理地分配给缺水程度不一的地区，这些问题都是城市建设中水资源管理需要密切关注的重点内容。本文就如今城市建设中水资源管理存在的种种疏漏现状做出具体的针对分析，探讨了有效合理管理水资源的种种方式与方法，以达到城市居民人人都能合理利用水资源的理想效果。

关键词： 水资源现状；资源管理；方法研究

水是生命之源，社会生活中，农业建设离不开水，工业建设也需要水，最基本的人类生存也必须依赖于水的支持，因此，水资源可以说是世上最珍贵而重要的资源毫不为过。在城市建设中，水资源的管理一直是一个极容易被人忽视却又重要万分的部分。合理利用水资源，认真珍视水资源，不仅是城市建设管理者的任务，也是每个城市居民应尽的责任与义务。让每一滴水落到真正需要它的地方，这才是水资源管理的重中之重。下面让我们一起来认真探讨一下，在目前的城市建设环节中，水资源管理方面存在哪些具体的问题，面对这些具体的疏漏，我们应该怎么具体切实的解决它们。

1 我国城市建设中水资源管理现状及形成原因分析

1.1 我国城市建设水资源管理现状

我国资源丰富，人口众多，在城市建设中，资源的分配就会显得棘手和麻烦。水资源的分布不均也造成了城市水资源管理分配的难度。在如此复杂的资源及人口背景下，我国的城市建设水资源管理难以避免地出现了一些令人担忧的现状，现总结如下。

1.1.1 水资源管理没有形成形系

在水资源供给充足的南部城市里，由于人们没有对水资源稀缺的恐慌意识，所以都没

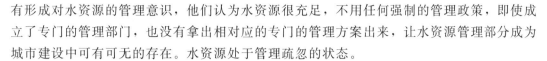

有形成对水资源的管理意识，他们认为水资源很充足，不用任何强制的管理政策，即使成立了专门的管理部门，也没有拿出相对应的专门的管理方案出来，让水资源管理部分成为城市建设中可有可无的存在。水资源处于管理疏忽的状态。

1.1.2　水资源污染和浪费严重

　　在城市建设中，工业的建设与发展一直是居于极其重要的地位的，一个城市不可以没有工业，但工业的高速发展带来的首当其冲的危害就是水资源的大量污染。化工品四处排放，河流小溪湖水里到处都是化学原料、生活不可降解垃圾，清水变成了废水，水资源的源头变脏，后期的过滤处理就于事无补了。大量的水资源变得不可利用之后，剩下的可利用的水资源由于管理失当又在被利用过程中被大量浪费，居民用水没有节制，没有节约意识，让水资源白白流失。综上所述，水资源的管理状况可以说是一团糟。

1.2　我国水资源管理现状形成原因分析

1.2.1　城市建设对水资源管理的重视程度不够

　　水资源管理之所以没有形成具体的体系，没有一套可行的清晰的管理条款，究其根本原因还是在于建设者对水资源管理这个部分不够重视，没有花很多精力来研究它，执行它。认为水资源管理可有可无，对管理益处没有形成正确的认识，所以才会管理失当，执行力度低。这种管理态度自上而下，恶意循环，就会造成大家的都不重视，水资源得不到有效率的管理。

1.2.2　居民浪费意识严重

　　在城市建设中，由于宣传和教育力度不够，很多居民都没有形成对水资源的良好爱护与节约意识。虽然很多公共场所都会贴着节约用水的标语，但每个居民的家却没有贴，虽然政府实行了阶梯水价制度，但上涨的部分水价很多人都没有将其当一回事。制止力度低了以后，那些喜欢浪费，没有任何节约意识的人依旧我行我素地浪费着水资源，将水资源看作取之不尽之不竭的再生资源。再者，很多工厂在进行工业建设时也没有良好的正确的用水方式，浪费现象十分严重，由于节水设备需要额外花钱买，所以在为了省钱的情况下，工厂用水都没有一套完备的节水设备和节水做法，都是滥用横行。农业建设更是如此，滴灌和喷灌一直不普及，农田灌溉基本上采取的是漫灌的形式，浪费严重。综上所述，工业用水不加节制，农业用水浪费横行，加上居民用水没有整体的节约意识，造成了水资源的浪费和严重的利用不当。

1.2.3　污染物的排放和处理不科学

　　水资源的污染状况近年来随着工业的发展越来越严重。工业污水不加处理四处排放，化学污染直接危害到河流溪水的可利用性，而且工厂容易扎堆，污染更是严重扎堆，整条河流都被直接污染，过滤处理没有任何用处。不仅如此，生活垃圾也是分类大意，四处堆放处理。一些不可降解的垃圾，甚至是一些存在化学污染的垃圾，都被随意地抛在湖水河流中，长时间的浸泡使得其化学污染越来越重，最终河流变黑变臭，水资源再难利用。清澈的河流硬生生变成了污水河。

1.3 城市建设中水资源管理的方法研究

1.3.1 形成整体的水资源管理体系

城市建设中水资源的管理部门应该加大管理力度，正式形成水资源管理的庞大体系，将水资源管理意识由上至下灌输给每一位管理者，让每一位当职者拿出管理的决心和斗志来，提高管理的执行力度，制定出一套切实可行的管理方案，颁布相应的水资源管理的法律法规，依靠管理者实行开来，从而培养居民的水资源利用意识，让水资源得到高度有效的利用。

1.3.2 提高居民的节约用水意识

居民的节约用水意识形成在个人，培养在高层，因此，水资源管理部门应该在教育环节，社会宣传环节加大节约用水意识的灌输和培养，让居民从小就形成节约用水的意识。另外，颁布一些强制性以及惩罚性的法律法规来约束每一位用水者，让他们时刻反省自身行为，做到文明、高效的用水。

1.3.3 科学地规划和利用水资源

在城市用水中，很多水资源的开发都存在或多或少的不当之处，水资源的开采没有节制，没有整体的计划，没有任何科学的指导。因此，在水资源的开采环节，应该有一个宏观的开采计划和科学的可行性分析，做到合理开采和利用水资源，让水资源从源头得到科学合理的利用。杜绝胡乱开发水资源，让水资源的源头开采受到污染或滥用等威胁。

2 结语

水资源的有效利用一直以来是科学发展观的必要要求和基本需要。节约用水亦符合我们中华民族的传统美德，让水资源在城市建设中得到真正有益的管理，这才是每一个城市居民生活真正的福音。让我们每一个人携起手来，团结一致，养成节约用水、高效用水的良好意识，让每一滴水能够滴到真正需要它的地方，让我们的生命之源澄亮洁净，永远温柔的滋养着我们每一个人的生命。

参 考 文 献

[1] 姬鹏程，孙长学，张璐琴. 水资源费征收标准研究 [J]. 宏观经济研究，2011 (8)：56 - 57.

[2] 倪红珍. 水经济价值与政策影响研究 [D]. 北京：中国水利水电科学研究院，2007 (8)：25 - 26.

水文对水资源可持续利用的重要性分析

杨　欣　　刘雪谋

（江西省宜春水文局，江西宜春　331200）

摘　要：水是生命之源。面对水资源紧缺的现状，怎样做好水文监测，实现水资源的可持续利用，是目前研究的重点。本文对水资源可持续利用及水文对水资源可持续利用的重要性进行分析，并提出了水文为水资源可持续利用服务的问题及建议。

关键词：水文；水资源；可持续利用；重要性

人类的生存离不开水，水是人类赖以生存和发展的基础。随着国家经济的发展，城市生活用水和工业用水量都在逐年增加，导致目前我国的水资源出现了危机。怎样节约水资源，做好水资源的可持续利用，是目前我们需要解决的重要问题。而水文研究是做好水资源工作的基础，对水资源的可持续利用具有重要的意义。

1　水资源可持续利用概述

水资源是人们生活的基本源泉，无论是人们的生活还是工农业的发展，都离不开水。一旦水资源出现紧缺，会对人们的生活和国家经济的发展带来极大的影响，对生态环境保护也带来难以挽回的损失。面对我国水资源紧缺的现状，必须节约水资源。而节约水资源的表现之一，便是水资源的可持续利用。目前水资源的可持续利用主要有开源和节流两个方面，其主要思想既要满足当下的用水情况，又不对后代的水资源利用造成威胁。只有实现水资源的可持续利用，才能实现国家经济的长远发展。

2　水文对水资源可持续利用的重要性

水文对于水资源的可持续利用具有重要的意义。要对水资源的可持续利用进行研究，就必须先了解和认识水文。水文，是指研究水的分布情况以及运动变化规律的一门学科。要进行水资源的可持续利用工作，就要先了解水的运动规律以及具体的分布情况。面对水资源紧缺，我们必须对水资源的合理利用给予必要的重视，必须对水资源进行研究，知水而后用水。只有对水资源的开发及水资源的规律进行研究，而后才能够拿出合理的用水方案。具体来说，水文对水资源可持续利用的重要性主要体现在以下几个方面：

（1）水文工作的信息化服务为水资源的可持续利用工作提供了强有力的信息保障和技术支持。水文工作的任务之一便是收集水资源分布情况及运动规律等信息，通过对信息的分析进行可持续水资源发展建设。

（2）水文的预测预报工作有助于防洪抗旱工作的开展。通过水文对洪涝及旱情及早掌握，提前做好准备工作，能够最大限度地减轻洪涝或干旱对人们造成的损害。同时通过水文研究，能够把握当地的水资源运动规律，进而预测当地的洪旱灾害发生时间及其他情况，进而在掌握规律的基础上进行治理。

（3）水文监测和水资源评价功能，提高水资源的管理和利用水平。通过对全国的水资源分布情况、变化情况进行监测，对各地水资源的利用情况以及缺水情况进行分析，进而根据实际情况进行水资源的调节，如南水北调工程，将水资源丰富地区的水调到水资源紧缺的地区，这样能够在全国范围内在一定时期缓解水资源紧张的问题；通过对当地的水资源情况进行监测和评价，了解当地的用水情况及水质情况，进而根据调查情况拿出具体措施，节约水资源，减少对水资源的污染。

（4）水文基础设施为水利工程发展和建设提供支持。水资源的可持续利用必然离不开水利工程的发展和建设，而水文基础设施为水利工程的发展和建设提供了强有力的支持。

3 水文为水资源可持续利用服务的问题及建议

水文主要是对水资源进行监测和评价，包括对全国的和各地的各个流域水资源的情况。如水资源的调动情况和当地的工农业用水分配情况、水质情况、水资源变化情况等，以及各个流域的生态环境如湿地调节情况，各流域的干旱或洪涝情况，水资源的保护情况如污水排放等。通过水资源的监测进行水文评价，进而为水资源的可持续利用服务。

随着国家经济的发展和科技的进步，在当下的水文监测评价工作中出现了很多问题，导致水文监测工作面临着极大的挑战，具体来说，主要有以下几个方面：①经济的发展及科技的进步为水文监测带来了新的发展机遇，但是也带来了一定的挑战。怎样将先进科技运用到水文监测中，使之更好地为水资源可持续利用服务，是目前的一大难题。先进仪器的研发和监测人员的培训，是当下比较重要的问题。②人类活动对水文的研究造成了一定影响。一直以来，南水北调等工程虽然暂时性地缓解了水资源紧缺问题，但是从长远来看，却对水文研究带来了不利影响。由于人为因素的破坏，导致水资源的自然分布及自然循环功能受到阻碍，进而影响了水资源的可持续利用。并且，由于人们用水不加以节制，水资源浪费严重。工业废水和生活废水进入江海河流，造成了水质破坏。这些问题都加大了水文工作的难度。③水文工作的信息化力度不够，资料整编工作为工作人员带来沉重的负担。虽然目前水文工作已经在一定程度上实现了信息化，但是信息化并不完整和全面。例如，有的地区水文监测系统不够完整，导致监测结果出现偏差。有的站点实现了监测信息化，但资料整编主要依靠人力，工作人员在整编的过程中难免会出现一些失误，导致最终分析结果不合理或者资料不齐全。④水文基础设施不完备，建设水平不均衡。水文基础设施建设需要一定的资金投入，但是很多地方尤其是经济落后地区的经济投入力度不够。

要使水文更好地为水资源可持续利用服务，需要做到以下几点：

（1）加大科技投入力度，进行先进的检测仪器研究，将先进科技引入到水文监测中来。并且要加大对水文工作者的培训力度，让他们尽快掌握最新的技术，提高自身的工作能力和监测水平。

（2）加强对人类水资源利用的管理工作。要实现水资源的可持续利用，水文监测只是基础，必须做好水资源的管理。尤其是水资源的节约与水质保护。政府要制定相关的水资源利用规定。

（3）加强信息化建设力度，各地水文监测部门都要做好本地的水文监测信息化建设，完善信息化监测系统。国家要整合所有的信息资源，建立统一的水文监测信息化平台。

（4）加强水文监测基础设施建设。由于各地经济的发展状况不同，各地政府的财政收入情况不同，对于水文基础设施建设的投入力度也不同。尤其是一些经济欠发达地区，对于水文基础设施建设的投入力度不够，导致水文监测工作难以进行到位，监测水平也与经济发达地区有一定的差距。面对这一现状，需要国家财政进行拨款，或者各地政府加大资金投入力度，真正重视水文监测工作，建立完善的水文监测基础设施。

4 结语

总之，水文对于水资源可持续利用具有重要意义。在水资源可持续利用的研究进程中，必须要做好水文监测，加强水文基础设施建设，完善水文监测信息化水平，加大科技投入力度，提高水文监测水平，做好水资源管理工作，进而使水文能够更好地为水资源可持续利用服务。

参 考 文 献

[1] 杨汉明. 以高标准高质量水文技术服务支撑最严格的水资源管理 [J]. 陕西水利，2012 (6)：5 - 7.
[2] 于伟东. 海河流域水平衡与水资源可持续开发利用分析与建议 [J]. 水文，2010 (3)：79 - 82.
[3] 陆桂华. 勇于创新狠抓落实为实现全省水资源的可持续利用而努力 [J]. 江苏水利，2010 (4)：9 - 12.

论吉安市青原区节水型社会建设的做法与建议

周 骏

（江西省吉安市水文局，江西吉安　343000）

摘　要： 集约节约利用水资源是我国当前及今后水资源利用的总体方针。本文结合了江西省吉安市青原区节水型社会建设试点相关经验对开展社会性水资源集约利用工作进行探讨，阐述了就如何建设节水型社会提出了一些建议。

关键词： 节水型社会；建设经验；成效；建议对策

水是人类的宝贵资源。近些年来，随着我国经济发展水平的不断提高，水资源紧张问题日趋凸显。集约节约利用水资源，已经成为当前社会的普遍共识。2009 年 12 月，江西省吉安市青原区被列为江西省第二批节水型社会建设示范区试点城市，成为吉安市首个入选省级节水型社会建设试点的地区。笔者结合青原区几年来建设节水型社会的经验、教训对如何做好节水型社会提出一些看法和建议，以供大家参考。

1 青原区水资源利用情况概述

青原区是吉安市的中心城区，于 2001 年成立。辖区内有 7 个乡镇（街道）、1 个垦殖厂、1 个省级开发区，面积为 914km²。2014 年全区总人口 21.99 万人，耕地面积 24.3 万亩，国内生产总值（GDP）76.85 亿元。财政收入 7.3182 亿元。

青原区水资源比较丰沛，多年平均降雨量 1515.3mm，多年平均年水资源总量 7.56 亿 m³，人均水资源量 3530m³，与全省人均水资源量 3446m³ 基本持平。全区有小型以上水库 53 座，小山塘 1384 座，中型灌区 2 处，电灌站 76 处，抗旱井 900 余眼。辖区有赣江、孤江、富水河三条河流。据吉安市 2014 年水资源公报，2014 年青原区总用水量约 3.09 亿 m³（含华能电厂 1.82 亿 m³），其中农田灌溉用水量 0.99 亿 m³，工业用水量 1.92 亿 m³（其中华能 1.82 亿 m³），生活用水量 0.12 亿 m³，林牧渔畜用水量 0.03 亿 m³，生态环境用水量 0.03 亿 m³。

青原区水资源有以下特点：①水资源总量比较丰富，但降水时空分配不均间，遇干旱年会出现用水紧张的矛盾。7—9 月是全区用水高峰期，但全年降雨 50％集中在 4—6 月。②水资源利用率较低。全区水资源虽丰富，但开发利用率仅 19％。③管理性缺水。工业节水减排已初见成效，但农业、生活节水有待进一步提高。

2 青原区开展节水型社会建设的基本措施及取得的成效

2.1 建立、健全科学高效的管理体制和运行机制

①设立明确强力的领导机构。成立了由区长为组长、区委、区政府分管领导任副组长，相关区直部门主要负责人和乡镇长为成员的区节水型社会建设领导小组，负责协调全区水资源开发、配置、节约、保护和管理工作。②做好全社会的宣传鼓动工作。按照进机关、进农村、进企业、进学校、进社区、进家庭的"六进"方针，积极开展节水知识宣传活动，区水务局与武汉大学联合开展了"节水从你做起"的主题宣传活动。③科学统筹，明确目标。先后编制了《青原区水资源综合规划》及《农田灌溉工程建设规划》《水功能区纳污能力核定》《工业节水规划》《节水型社会建设规划》《节水型社会建设试点工作实施方案》等纲领性文件。④引入考核机制，将节水型社会工作完成情况和相关责任单位及领导干部年度考核相挂钩，提高各相关单位对节水型社会建设的重视程度，自我加压，推动节水型社会建设工作顺畅发展。⑤加大水资源建设项目审批力度。对高污染、高耗水，或环保设施不到位、不运行的企业，坚决采取关停并转措施。

2.2 建设、完善全方位的节水型社会体系

建设节水型社会，不是仅仅依靠政府就能实现的，这是一项需要全社会共同参与的重大活动。政府在其中，只是起着组织项目的规划、设计，协调各方面互动发展作用。节水型社会的建设，更多的要依赖于全社会的共同努力。青原区从农业、工业、生态、社区、学校五个方面着手，开展节水型社会建设，从而推动整个社会节水事业的全面进步。在农业方面，大力开展水利资源基础工程建设，累计投资 5400 万元，加固水库 32 座，新增水库蓄水能力 140 万 m^3。全面推动农业节水，投入资金 2.3 亿元，整治渠道 883.8km，每年节水 5161 万 m^3。优化农作物种植结构，提高经济作物种植比例，实施农业科技节水，因地制宜推广喷灌、滴灌等高效农业灌溉技术。在工业方面，深化产业结构调整，通过制定、实施配套政策，推动科技创新，促进环保型企业发展，加快传统企业生产方式由粗放型向环保型转变。严格审查项目建设，对投资小、规模小、高污染、高能耗的企业实施关停并转。在生态方面，加快生态新型人居环境建设，做好水库养殖、污水处理、水土综合治理等工作，建立人水和谐生态系统。在学校方面，坚持节约用水从小做起的方针，加大对在校学生的集约、节约高效利用水资源思想教育，通过主题班会，知识讲座等多种方式，做好节水宣传，普及节水常识。加大学校节水基础设施建设，其中，井冈山大学投资 700 万元，实施空气源智能热水系统建设试点，每月节水 5200t。在社区方面，建立城建、水务、环保等部门联合审批制度，明确要求新建和改扩建的公共和民用建筑，必须使用节水型生活器具。截至目前，中心城区节水器具普及率达 61%，其中机关小区、华能生活区等居民小区普及率 100%。加大城市供水管网改造力度。投入资金 1.05 亿元，进行水厂扩建并改造自来水管网，城区管网漏率低至 15%。

2.3 扩宽融资渠道，夯实资金保障

试点期间，青原区共争取省级以上水利资金 58.892 亿元，用于节水型社会建设，区政府从土地出让收益中提取 10％用于农田水利建设，区财政每年从征收的城市建设维护税中按 25％比例切块，用于城市防洪排涝和水务工程建设管护，共落实区级水务投入 1 亿元，将征收的城市污水处理费全部用于城市污水处理设施建设和管护，整合区城建等区直单位的资产资源，用于节水建设。

经过 5 年的努力，青原区节水型社会试点建设工作成效显著。截至 2014 年年底，全区年用水量 1.27 亿 m³（不含华能电厂 1.82 亿 m³ 用水量），万元 GDP 用水量 200m³，农田灌溉水利用系数 0.485，农业节水灌溉率 41.9％，万元工业增加值用水量 55m³，工业用水重复利用率 71％，城镇供水管网漏损率 14.7％，节水器具普及率 61％，城市生活污水集中处理率 71.2％，地表水功能区水质达标率 100％，各项指标均达到了节水型社会试点建设期间的目标，并于 2015 年 11 月通过了江西省水利厅组织的节水型社会建设验收。

3 关于做好节水型社会的建议

集约、节约用水，是实现社会主义现代化，建设繁荣富强新中国伟大事业中必不可少的重要一环。它的落实，有赖于社会各个方面的努力，结合青原区相关工作的经验，笔者认为，要做好节水型社会建设工作，需要从以下几个方面着手：

（1）深入持久地开展节约用水宣传工作，提高社会公众的认知水平，使节水成为全社会的共识，成为社会公众的自觉行为。继续加强对社会各阶层特别是青少年的节水宣传，建议国家将保护水资源和节约用水知识纳入教科书，成为学生的必修课。

（2）加强政府对节水型社会建设的领导，推进部门协调和合作，强化对区直部门及乡镇节水工作考核，做到层层有责任，逐级抓落实。

（3）深化水价改革，形成合理机制，加大"两费"征收力度。实行阶梯式水价和超计划累计加价制度，加大水资源费和污水处理费的征收力度，充分利用经济杠杆促进节水型社会建设工作。

4 结束语

在新的历史时期，面对水资源紧缺问题日渐加剧的严峻形势，各级政府和有关部门，必须充分发挥组织、协调作用，引导社会各方面资源，加快节水型社会建设，科学规划，合理统筹，落实资金和制度保障，推动我国水资源利用事业健康发展，为国民经济建设和人民生活和谐幸福夯实保障。

参 考 文 献

[1] 陈莹，赵勇，刘昌明. 节水型社会评价研究 [J]. 资源科学，2004，26（6）：83-89.

万安水库泥沙淤积分析

陈光平　程爱平

（江西省赣州市水文局，江西赣州　341000）

摘　要： 万安水电站是江西省最大水电工程，也是赣江干流的控制性工程，于1993年5月30日下闸蓄水以来，受水位抬高影响，入库含沙水流受水库回水顶托，流速减缓，挟沙能力降低，部分粗颗粒泥沙先行降淤，细颗粒泥沙潜入库底，以异重流的形式向前推进，在库底形成浑水水库，浑水水库中的细颗粒泥沙随着时间的推移，大部分沉淤下来。泥沙堆积下来，对水库的运行以及效益将产生很大的影响。为了解和掌握万安库区泥沙淤积变化规律和建库后泥沙淤积量，开展万安水库泥沙淤积分析工作。

关键词： 泥沙淤积；分析报告；万安水库

1 基本情况

1.1 自然地理

万安水库坝址位于江西省万安县芙蓉镇上游2km的土桥头，地处东经114°41′，北纬26°33′，上游距赣州市、下游距吉安市各90km，控制面积36900km²。

万安水库位于赣江中游。武夷山脉盘踞于东，为赣、闽两省的天然屏障；南岭山脉的大庾岭和九连山横亘于南，是赣粤两省的天然分水岭；诸广山脉居于西缘，将赣、湘两省相连；雩山山脉贯穿于中东部，从宁都肖田开始，自东北向西南延伸，穿过兴国、于都、赣县、安远和会昌，斜座在贡江岸边。

1.2 河流水系

赣江发源于石城县洋地乡石寮崬，河口为永修县吴城镇望江亭。流域面积82809km²，主河道长823km。纵贯江西南北，赣州以上为上游，属山区性河流，河道多弯曲，水浅流急，沿途纳湘水、濂江、梅江、平江、桃江，称为贡水，在赣州市八景台与章江汇合而成赣江。自赣州市至新干县为中游，新干以下至河口称为下游。

1.3 水文测站

峡山水文站地处赣州市于都县罗坳乡峡山村，集水面积15975km²，是贡江控制站，国家重要水文站。

居龙滩水文站地处赣州市赣县大田乡居龙滩村，集水面积 7751km²，是桃江控制站，国家重要水文站。

翰林桥水文站地处赣州市赣县吉埠镇老合石村，集水面积 2689km²，是平江控制站，国家重要水文站。

坝上水文站地处赣州市章贡区水南镇腊长村，集水面积 7657km²，是章江控制站，国家重要水文站。

棉津水文站地处吉安市万安县芙蓉镇，集水面积 36818km²。为赣江上游控制站，位于万安电站上游约 16km 处。1985 年撤销流量、悬移质输沙率，收集有 1956—1984 年连续 29 年流量及泥沙资料。

西门水文站 1979 年设立，为万安水利枢纽工程设计施工及科研需要而设立的专用水文站。集水面积 36900km²，位于万安电站下游约 2km 处，距河口 346km。已收集 1984—1987 年连续 4 年流量及泥沙资料。

吉安水文站地处吉安市吉州区，集水面积 56223km²，1930 年设立，为赣江中游控制站，国家重要水文站。

1.4 万安水库概况

万安水库为大（1）型水利枢纽工程，集水面积 369003km²，总库容 22.14 亿 m³，设计蓄水位 100.00m，初期运行蓄水位 96.00m，正常库容 10.38 亿 m³，平均水深 10.38m。

2 上游来沙量分析

万安水库的来沙量主要是赣江上游的贡江、桃江、平江及章江这四条主要支流（以下简称"四支"）的来沙量。因此，选取贡江峡山站、桃江居龙滩站、平江翰林桥站、章江坝上站作为万安入库泥沙控制站。在这四条支流上，均建有国家基本水文站，有泥沙测验项目。

2.1 基本情况

赣江上游四支均在赣州市，赣州市流域面积 35672km²（赣江部分），占万安水库流域面积的 96.7%，万安水库的来水量及产沙量主要来源于赣州。赣州多年平均年降水量为1560mm。年降水量的年际变化较大，最大年平均降水量是最小年平均降水量的 2.02 倍。降水时空分配不均，4—6 月是降水量最集中的时期，占年降水量的 41%～55%。年平均降水日数为 156～170d，是全国降水日数最多的地区之一。

多年平均年径流总量为 336.5 亿 m³，平均年径流深 854.6mm。径流量的年内分配不平衡，汛期平均径流量占全年径流量的 72.6%，非汛期平均径流量占全年径流量的27.4%。径流量的年际变化规律与降水量的年际变化规律一致，最大年径流深在 1450～1850mm 之间。

2.2 来沙量分析

2.2.1 上游四支历年泥沙变化

赣江上游四支贡水峡山站、桃江居龙滩站、平江翰林桥站、章水坝上站及棉津站1959—2011年历年来沙量见表1。棉津站泥沙资料系列从1959年至1984年，棉津水文站位于万安水库坝前位置，1988年撤销，棉津站泥沙量减去上游四支总来沙量为赣江上游四支至万安水库坝址区间的来沙量。

表1　　　　　　　　　赣江上游四支及棉津站历年来沙量　　　　　　　　单位：万t

年份	峡山站	居龙滩站	翰林桥站	坝上站	棉津站	赣江上游四支至万安水库坝址区间
1959	424	156	127	140	939	92
1960	244	106	101	90.6	601	56
1961	524	214	201	219	1190	30
1962	477	111	168	153	958	49
1963	86.7	23.7	43.7	26.4	196	15
1964	416	168	101	123	845	37
1965	249	73.7	114	85.4	593	71
1966	274	141	75.8	75.3	561	—5
1967	157	56.2	51.5	59.5	371	47
1968	358	115	179	180	791	—41
1969	249	67.3	130	94.6	579	38
1970	431	101	131	156	933	114
1971	118	36.3	44.3	40.5	249	10
1972	220	67.2	82.7	104	557	83
1973	591	226	180	268	1410	140
1974	271	94.7	111	67.8	618	73
1975	529	233	137	182	1250	170
1976	444	170	134	143	1020	129
1977	328	106	153	146	834	112
1978	370	127	80.2	108	810	125
1979	217	72.4	75.5	39.6	487	82
1980	440	234	151	144	1110	141
1981	426	141	144	170	962	81
1982	307	116	77.3	128	713	85
1983	483	246	149	221	1300	200
1984	427	200	143	156	1080	154
1985	344	180	85.5	116	806	80

年份	峡山站	居龙滩站	翰林桥站	坝上站	棉津站	赣江上游四支至万安水库坝址区间
1986	242	116	49.5	82.3	545	55
1987	250	145	86.7	82.3	627	63
1988	313	135	81.5	89.4	688	69
1989	205	137	55.1	71.5	523	53
1990	296	177	104	60.9	709	71
1991	143	42.4	46.9	65.3	332	34
1992	545	267	125	220	1286	126
1993	228	231	41.4	114	682	68
1994	445	162	103	157	962	95
1995	349	154	59.5	75.5	709	71
1996	255	192	56.4	48.1	613	61
1997	304	119	83.4	76.3	648	65
1998	345	147	74	88.9	727	72
1999	220	86.7	62.9	37	453	46
2000	191	96.4	26.9	49.8	405	41
2001	235	190	51	71	608	61
2002	314	123	72.9	86.6	663	66
2003	126	108	21.7	29.2	318	33
2004	96	32.3	31.2	11.5	192	21
2005	232	98.7	82.5	38.6	503	51
2006	303	130	48.9	69.8	613	61
2007	175	61.7	36.4	33.8	342	35
2008	128	29.1	49.8	55.4	292	30
2009	95.7	12	22.1	41.9	193	21
2010	358	42.9	63	38.2	558	56
2011	71.9	20.7	16	18.8	143	16
合计	15870	6638	4722	5252	36096	3614

绘制赣江上游四支及棉津站 1959—2011 年历年来沙量如图 1 所示。统计万安水库上游不同阶段多年平均来沙量见表 2。由图 1 可知，上游四支来沙量 1959 年以来总体上来讲是下降趋势，特别是 1995 年后赣江上游四支来沙量明显偏少。由表 2 可知，赣江上游四支 1959—1984 年多年平均来沙量 726 万 t/a，1985—1993 年多年平均来沙量 620 万 t/a，1994—2011 年多年平均来沙量 447 万 t/a。分析其主要原因：一方面因为赣江上游修建多座水库拦沙的作用，另一方面大量采砂等人类活动造成的。

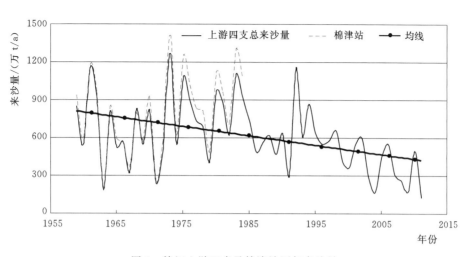

图 1 赣江上游四支及棉津站历年来沙量

表 2　　　　　　　　各阶段万安水库上游多年平均来沙量变化　　　　　　　　单位：万 t/a

年　份	峡山站	居龙滩站	翰林桥站	坝上站	四支总计	棉津站	上游四支与万安区间
1959—1984	348.5	130.9	118.7	127.7	726.0	806.0	80.3
1985—1993	285.1	158.9	75.1	100.2	619.9		
1959—1993	332.2	138.1	107.4	120.6	698.7		
1994—2011	235.8	100.3	53.4	57.1	446.7		

2.2.2　棉津站及区间来沙量

建立 1959—1984 年赣江上游四支总来沙量与棉津站来沙量相关关系见图 2。由图 2 可以看出，赣江上游四支总来沙量与棉津站来沙量相关系数 $R^2 = 0.977$，相关关系良好。依据此关系线，可计算棉津站位置 1985—2011 年历年来沙量，相应可计算出上游四支与万安坝址区间历年来沙量，计算结果见表 1。

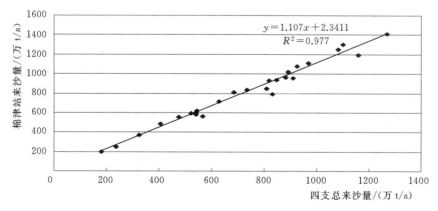

图 2 赣江上游四支总来沙量与棉津站来沙量相关关系图

2.2.3 万安水库建库前后来沙量

万安水库于 1993 年 6 月下闸蓄水发电，因此以 1994 年为建库的分界线。棉津站泥沙资料系列为 1959—1984 年，为便于分析，分别采用 1959—1984 年作为一个系列，1985—1993 年作为一个系列进行分析。分别计算万安水库建库前 1959—1993 年、建库后 1994—2011 年万安水库入库站位置棉津站来沙量，见表 3。

表 3　　　　　　　　　万安水库建库前后不同阶段来沙量　　　　　　　单位：万 t

年　份	峡山站	居龙滩站	翰林桥站	坝上站	棉津站	上游四支与万安区间
1959—1984	9061	3403	3085	3321	20957	2088
1985—1993	2566	1430	676	902	6197	618
1959—1993	11627	4833	3761	4222	27154	2706
1994—2011	4244	1806	962	1027	8942	902

1959—1984 年赣江上游四支总来沙量约 18900 万 t，期间棉津站来沙量约 21000 万 t，因此推算赣江上游四支至棉津站区间来沙量约 2100 万 t，区间多年平均来沙量 80.8 万 t/a；1985—1993 年赣江上游四支总来沙量 5580 万 t；建库前 1959—1993 年，赣江上游四支流总来沙量 24500 万 t，赣江上游四支至棉津站区间来沙量 2700 万 t，合计 27200 万 t，多年平均 780.8 万 t/a。

建库后 1994—2011 年赣江上游四支流来沙量 8040 万 t，棉津站来沙量 8940 万 t，赣江上游四支至万安库区区间来沙量为 900 万 t。

3　下游出库泥沙分析

万安水库出库泥沙主要由西门站控制。该站只收集了 1984—1987 年连续 4 年泥沙资料。但距离上游棉津站仅 18km 且中间无支流加入，所以可借用棉津站的资料代替西门站资料，棉津站撤销后采用吉安站资料反推西门站泥沙量。

3.1　棉津站与吉安站泥沙关系

棉津水文站位于万安电站上游约 16km 处，是万安电站的入库站，1984 年停测。棉津站至吉安站逐年泥沙情况见表 4。从 1959—1960 年、1964—1984 年两个系列分析统计（1961—1963 年吉安站无资料），棉津站的多年实测泥沙量 18600 万 t，吉安站多年实测泥沙量为 22400 万 t，区间泥沙总量为 3800 万 t，区间多年平均来沙量为 165 万 t。

表 4　　　　　　棉津站至吉安站区间泥沙统计表（1959—1984 年）　　　　　单位：万 t

年份	棉津站	吉安站	区间	年份	棉津站	吉安站	区间
1959	939	1130	191	1966	561	698	137
1960	601	904	303	1967	371	435	64
1964	845	1150	305	1968	791	1070	279
1965	598	694	96	1969	579	877	298

续表

年份	棉津站	吉安站	区间	年份	棉津站	吉安站	区间
1970	933	1290	357	1978	810	794	−16
1971	249	339	90	1979	487	592	105
1972	557	621	64	1980	1110	1300	190
1973	1410	1559	149	1981	962	1140	178
1974	618	662	44	1982	713	959	246
1975	1250	1400	150	1983	1300	1390	90
1976	1020	1180	160	1984	1080	1230	150
1977	834	954	120	合计	18600	22400	3800

点绘棉津站与吉安站 1956—1984 年历年输沙量相关关系见图 3。由图 3 可见，两站输沙量相关关系较好。

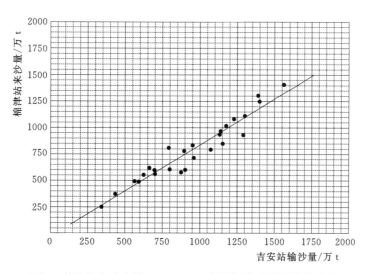

图 3　棉津站与吉安站 1956—1984 年历年输沙量相关关系图

3.2　西门站输沙量的推求

西门水文站距棉津水文站下游约 18km，之间无较大支流汇入，该站距万安电站坝址下游约 2km，为出库站，西门站与棉津站集水面积之比为 0.998。1965—1983年借用棉津站输沙资料，将棉津站 1965—1983 年历年输沙资料与根据吉安站减各支流输沙量推求出的西门站历年泥沙进行对比，推求 1988—2011 年西门站历年输沙量（见表 5）。

3.3　出库泥沙分析

根据表 5 分别计算西门站历年径流量、输沙量 5 年滑动变化值及建库前后多年平均输沙量，分别见表 6、表 7。

表5   西门水文站历年输沙量推求

年份	年输沙量/万 t		备　注	年份	年输沙量/万 t		备　注
	棉津站实测	吉安站减各支流推求西门站			棉津站实测	吉安站减各支流推求西门站	
1965	593	585		1988		767	
1966	561	626		1989		500	
1967	371	369		1990		596	
1968	791	887		1991		192	
1969	579	726		1992		961	
1970	933	1052		1993		227	
1971	249	294		1994		412	
1972	557	566		1995		258	
1973	1410	1440		1996		240	
1974	618	628		1997		174	
1975	1250	1261		1998		261	
1976	1020	890		1999		191	
1977	834	761		2000		124	
1978	810	733		2001		215	
1979	487	485		2002		326	
1980	1110	1150		2003		46	
1981	962	942		2004		36	
1982	713	445	禾水上游溃坝	2005		147	
1983	1300	955		2006		232	
1984	1080	1082	棉津站1985年停测，1984—1987年为西门站实测输沙量资料	2007		157	
1985	848	864		2008		148	
1986	476	537		2009		104	
1987	639	735		2010		186	
多年平均	791	783		2011		88	

表6   西门水文站历年输沙量变化情况

年　份	1965—1970	1971—1975	1976—1980	1981—1985	1986—1990	1991—1995	1996—2000	2001—2005	2006—2010
输沙量（5年平均值）/万 t	732	838	804	858	627	410	198	154	165

表7   建库前后西门站多年平均输沙量

年　份	1965—1993年（建库前）	1994—2011年（建库后）
多年平均输沙量/（万 t/a）	738	184

西门站建库前输沙量变化较为明显，建库前年最大输沙量为1440万t，建库后年最大输沙量为412万t；建库前多年平均年输沙量为738万t，建库后多年平均年输沙量为184万t，即建库后出库泥沙量平均每年减少了554万t。从近10年西门站年输沙量情况看，年际间变化较小，年输沙量在150万t左右，趋于稳定。

4 库区泥沙分析

（1）赣州断面淤积计算。从万安水库施测的大断面成果表及点绘的大断面图中分析，在高程95.00m的基准上，分别按每隔两年计算一次大断面面积，前后面积差即为本断面淤积的面积。见表8。

表8　　　　　　　　　　水库建库前后赣州断面淤积情况表　　　　　　　　　　单位：m²

年份	1988	1990	1992	1994	1998	2004	2006	2008	2010	2011
面积	1727	1370	1308	1440	1370	1341	1551	1690	1779	1443
淤积面积		357	62	−132	70	29	−210	−139	−80	336

注　"−"为冲刷，"+"为淤积。

从点绘的大断面图4分析，冲淤变化主要在河道主槽。从2006—2010年大断面分析，河床有下切趋势，按泥沙运行规律不太合理。分析主要原因可能是河道取沙以及测量误差等因素所致。

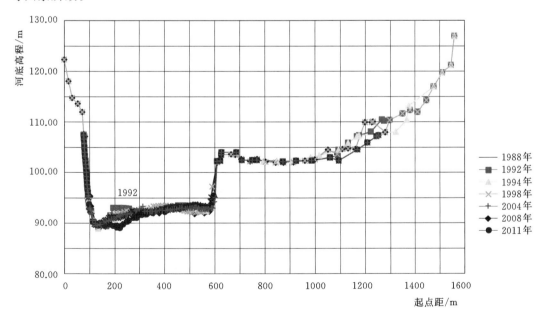

图4　赣州历年大断面图

从计算的大断面面积分析，建库前1988—1994年间，河道主要是以淤积为主。建库后2006—2010年以冲刷为主。总的趋势为建库后冲刷变化不大。

（2）大湖江断面泥沙淤积分析。从万安水库施测的大断面成果表及点绘的大断面图中分析，在高程 95.00m 的基准上，分别按每隔两年计算一次大断面面积，前后面积差即为本断面淤积的面积。见表 9。

表 9　　　　　　　　万安水库建库前后大湖江断面淤积情况表　　　　　　　　单位：m²

年份	1988	1990	1992	1994	1996	1998	2000	2002	2004	2006	2008	2010	2011
面积	7102	7202	6778	7022	6584	6715	6650	6724	6403	6446	6189	6331	6234
淤积面积		−100	424	−244	438	−131	65	−74	321	−43	275	−142	97

注　"−"为冲刷，"+"为淤积。

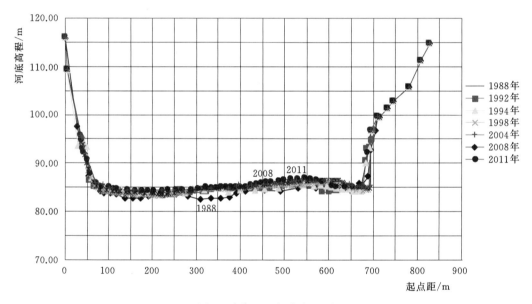

图 5　大湖江历年大断面图

从点绘的在断面图 5 分析，水库蓄水前的 1988—1994 年间，大断面的冲淤交替，但总的趋势变化不大。但从 1996 年开始，虽有冲刷，但以淤积为主，从建库后的 1994—2011 年间，共淤积的面积为 788m²，河床主槽淤高 1.2m 左右。

从表 9 中分析，万安水库建库前（至 1994 年）冲淤变化较为频繁，但总的是以冲刷为主。建库后（1994—2011 年）年际间有冲，有淤，但总的趋势以淤积为主。

5 ▶ 结语

（1）1959—1984 年，赣江上游四支峡山、居龙滩、翰林桥、坝上四站泥沙总量 18900 万 t，棉津站泥沙总量 21000 万 t，区间总来沙量为 2100 万 t，区间多年平均来沙量 80.8 万 t/a。

（2）由赣江上游四支流历年总来沙量及推算出的棉津站历年来沙量，计算出建库前 1959—1993 年万安水库建库前总泥沙量 24500 万 t。

（3）建库后 1994—2011 年，赣江上游四支入库总来沙量 8040 万 t，上游四支流至万安水库区间来沙量900万t，万安水库库来沙量8940万t。

（4）建库后1994—2011年万安水库出沙量3350万t，因此粗略估算建库后万安水库总淤积量5590万t，河道采砂等人类活动影响未统计。

（5）赣州断面淤积情况有冲有淤，无明显的冲淤变化规律；大湖江断面淤积情况为有冲有淤，总趋势以淤积为主，建库后已淤高约1.2m。

水文地质资源勘察探析

何 威

（江西省赣州市水文局，江西赣州　342100）

摘　要： 我国的人口基数大，水资源需求量也相对较大，给水文地质资源勘察管理部门的工作带来了一定的压力。水文地质资源勘察作为一门寻找水资源的专业学科，其相关的内容对于实际的勘察工作有着重要的参考价值。水文地质资源勘察技术在实际的应用过程中，需要解决各种复杂的问题。这对技术人员的专业能力要求较高，需要对整个勘察过程有着清晰的工作思路，出色地完成岗位工作。本文将对水文地质资源勘察的类型及相关的工作内容展开深入地分析，以便为实际的勘察工作提供一定的参考建议。

关键词： 水文地质；资源勘察；专业学科；参考价值

水文地质资源勘察相关的工作内容比较丰富，主要的工作目的是通过一定的技术手段找到蕴藏量巨大的水资源，从而满足人们实际的生产生活。在水文地质勘察的过程中，必须依靠其专业知识快速地解决实际工作中遇到的各种问题，从而为后续工作的开展奠定良好的基础。水文地质资源勘察属于工程地质勘察的主要内容，做好与其相关的技术工作，对于有效解决工程地质勘察工作中的相关问题具有重要的指导意义。水文地质资源勘察工作在实际的开展过程中，应该结合工程勘察相关的技术原理，从根本上处理好常见的工程技术问题。水文地质资源勘察相关工作的有效开展，将会对我国国民经济的发展带来深远的影响。

1 水文地质问题在工程地质勘察中的重要性

水文地质资源勘察的工作内容与工程地质勘察的部分内容具有紧密的联系，其工作过程中出现的问题对于工程地质勘察具有主要的参考价值。工程地质勘察在实际工作的开展过程中，由于其涉及的范围较广，相关的研究工作难度较大，需要结合与其相关的内容解决实际的问题。水文地质问题在工程地质勘察中起着重要的作用，主要表现在：①水文地质资源勘察的核心工作是寻找地下水，而岩体特性对于地下水的存在有着重要的参考价值。工程地质勘察主要的工作内容包括对岩土体的组成充分及结构特性的分析研究。因此，地下水的勘察对于工程地质勘察的工作有着一定的影响。②地下水分布的区域对于工程建筑物的使用寿命有着直接的影响。这也间接地说明了研究水文地质问题对于工程地质勘察的重要性。

2 水文地质勘察内容与类型

2.1 水文地质勘察内容

水文地质勘察的主要内容包括以下几个方面：①地下流动水资源的监测；②大气物理环境分析；③水文地质分布勘察；④水文地质的测绘；⑤相关水资源组成成分的分析试验。不同的勘察内容侧重点不同，对于实际工作的作用效果有很大的差异。大气物理环境分析勘察主要采用的是物理钻探的方法来寻找抽水试验点。其他的物理方法包括电场作用法、浅层地震试探法、电荷作用试探法。地下流动水资源的监测对于水文地质勘察的作用非常大，直接关系着水文地质勘察各项工作开展的实际效果，对于水资源的存在与否有着重要的参考依据，对其他水文地质勘察的相关内容在实际的勘察工作中，起着巨大的推动作用。为了便于长期的观察，在钻探的过程中应该预留一些钻孔。

2.2 水文地质勘察类型

根据勘察目的的不同，可以将水文地质勘察分为不同的种类。主要包括水资源来源地的地质勘察、整体水文地质勘察、物理及化学特性作用明显的水文地质勘察及工程施工方面的水文地质勘察。

3 水文地质勘察要查明的主要问题

3.1 地下水的动态类型

储存介质的相关特性不同，形成的地下水水质也存在着较大的差别。主要有：①流动范围较大的岩类水。这主要指地下水在岩石的一些缝隙中流通，岩石特性的相互作用影响着地下水组成成分；②火山活动作用的地下水。这些地下水中碳酸盐所占的比例成分较大；③基性岩石缝隙中的地下水。由于这类岩石的形成年代较早，相应地下水的水质较好，蕴藏量也比较丰富。这些不同种类的地下水，在勘察的过程中必须对周围相关的物质进行必要地科学分析。

3.2 地下水的补给、排泄条件和径流

水文地质资源勘察过程中经常进行抽水试验，主要针对的就是这类问题。抽水深度的确定需要依据实际工程的技术要求。抽水的时间一般维持在 20 小时左右，最大不超过 24 小时。通过抽水试验的数据分析工作，可以对地下水的补给、排泄条件和径流问题形成大致地判断。在降深抽水试验的过程中，其中最大的水位必须与工程勘察过程中的水位保持一致，相关的技术参数可以作为计算过程中的参考标准。

3.3 地下水的静止水位和其变化的幅度

在水文地质资源勘察的过程中，经常会预留一些观测孔及抽水孔，主要作用是为了随

时观察地下水的静止水位及其变化的幅度。在具体的观测过程中，需要借助一些参考资料解决相关的问题。例如，地震液的含量对于周围砂土的影响，勘察过程中地下水的基础深度与周围地质构造相互之间的关系等。

3.4 预测地下水引起的不良地质作用

地质作用力的大小对于地下水的分布有着很大的影响。在实际的勘察过程中，必须对地质构造的相关数据进行一定的分析，从而获得科学的参考数据。通过这些参考数据的合理利用，可以避免水文地质资源勘察过程中一些安全事故的发生，减少不必要的损失。同时，不良地质作用引起的地面沉降、土地塌陷及海水含盐量过大等问题，也给人们的生产生活带来了很大的影响。

4 水文地质勘察的必要性

4.1 预防因地下水升降而引起的岩土工程危害

土壤沼泽化、土质疏松等问题的出现，都属于常见岩土工程危害的表现形式。不同区域的水位变化幅度存在很大的差异，对于人们的生产生活有着一定的影响。在人口分布相对比较密集的城市，水位变化幅度过大将会对整个城市的安全带来很大地威胁。因此，在水文地质资源勘察施工的准备阶段，必须对周围地下水的升降工作进行必要的准备，避免相关的岩土工程灾害的发生。

4.2 预防因地下水动水压力作用而引起的岩土工程危害

由于外在的各种作用力的相互制约，自然状态下的地下水动水的压力作用并不明显，甚至可以忽略不计。但是，在人为因素的干扰作用下，地下水动水压力作用的效果就非常突出，很容易造成岩土工程危害现象的出现。这主要是人为因素的作用破坏了原先地下水动水压力之间的平衡性，引起了周围土壤内部结构的变化。因此，在做好勘察工作的同时，也必须加大对相关预防工作的重视程度。

4.3 预防地下水位对岩土物理力学性质的影响

岩土物理力学性质对于地下水的形成和分布有着重要的影响，需要对其相关特性进行必要地研究。工程勘察的工作内容包括对岩土特性的分析，其整体的物理力学性质与工程质量密切相关。因此，应该做好地下水位对岩土物理力学性质影响的相关研究工作。

5 结语

科学技术的发展推动了社会各行业的整体进步。为了保证工程质量，相关的工程项目在勘察的过程中必须对各个工作环节的技术参数进行必要的分析，从而消除安全隐患的影响。水文地质资源勘察作为工程地质勘察的主要内容，研究其相关的实际应用对于工程地质勘察有着重要的参考价值。

参 考 文 献

［1］ 王优谊．探析矿区水文地质勘探的相关问题［J］.山西冶金，2015（5）：102－103.

［2］ 李文佳．水文地质资源勘察探析［J］.科技与企业，2015（7）：93.

库兹涅茨曲线在工业用水与经济增长
关系分析中的应用
——以景德镇市为例

赵 雨[1] 胡 赟[2] 韦 丽[2]

(1. 江西省景德镇市水文局，江西景德镇 333000；

2. 江西省水文局，江西南昌 330002)

摘 要： 本文基于库兹涅茨曲线理论和景德镇市 2003—2014 年工业用水数据、经济指标，分析景德镇市工业用水与经济增长之间的关系，结果表明景德镇市工业用水量随着时间的推移、经济的增长，呈现出 N 形的变化趋势，万元工业增加值用水量随着经济的增长呈现下降的变化趋势。为了促进景德镇市工业用水与经济协调发展，需要政策干预并加强工业用水管理和节水工作。

关键词： 工业用水；经济增长；库兹涅茨曲线；景德镇市

研究人员发现工业用水量随人均 GDP 的变化过程，符合库兹涅茨曲线规律。工业用水在上升到一定阶段后可能停止增长甚至转而下降。工业用水库兹涅茨曲线的存在有很重要的意义。它给了发展中国家一个良好信号：工业用水量不会一直持续增长。

景德镇市是江西省重要的农业、工业与旅游城市，本文以 2003—2014 年《景德镇市水资源公报》和《景德镇市国民经济和社会发展统计公报》的数据为基础，分析景德镇市工业用水与经济的变化趋势和景德镇市工业用水库兹涅茨曲线的适用性，探究工业用水与经济发展之间的关系，结合最严格水资源管理制度对景德镇市工业用水进行探讨。

1 库兹涅茨曲线的适用性分析

1.1 库兹涅茨曲线理论

诺贝尔奖获得者库兹涅茨首次用倒 U 形曲线来描述经济增长与收入分配的关系。随着人均收入的增长，最初收入分配的不均衡会加剧，但随后会出现一转折点并开始下降。随后出现环境库兹涅茨曲线（EKC），经济学家借用库兹涅茨曲线来描述环境污染与人均 GDP 的关系，很多学者对库兹涅茨曲线进行改进和实证分析。对 EKC 的多种关系形态的解释有很多，可以将部分解释用于分析工业用水与经济增长之间的关系。这种变化模式不仅限于环境质量。有关研究发现工业用水在经过几个增长时期后将达到一个顶点，而后开始下降。或许可以利用库兹涅茨曲线解释和概括用水特别是工业用水与经济发展之间的关系。这给了一个积极的信号：工业用水不会一直增加，在跨过某个转折点后，会出现停止增长，甚至下降的趋势。

1.2 工业用水与经济的变化趋势

2003—2014 年景德镇市工业用水量及其占比变化趋势如图 1 所示，逐年变化的总体趋势呈现出先上升后下降的态势。工业用水量从 2003 年的 2.07 亿 m³ 起伏上升至 2010 年的 3.37 亿 m³，然后下降到 2012 年的 2.54 亿 m³，2013 年和 2014 年又略微上升，分别比 2012 年上升了 0.01 亿 m³ 和 0.09 亿 m³。工业用水量占用水总量的比重亦存在这种变化，而且与之保持基本同步的演变趋势。

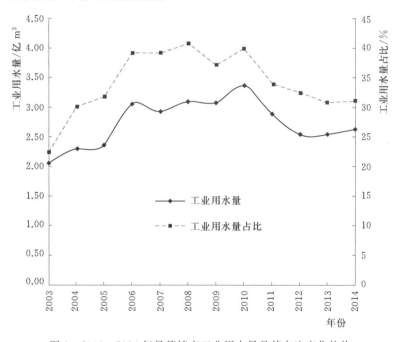

图 1　2003—2014 年景德镇市工业用水量及其占比变化趋势

2003—2014 年景德镇市人均 GDP 和工业增加值的逐年变化趋势如图 2 所示，数据根据 2003 年不变价和可比口径增速进行了调整。人均 GDP 从 2003 年的 9270 元逐年增长至 2014 年的 36276 元，工业增加值从 2003 年的 61 亿元逐年增长至 2014 年的 360 亿元。人均 GDP 和工业增加值的变化均呈现逐年增长的趋势。

1.3 工业用水变化影响因素

工业用水按火（核）电、国有及规模以上非国有工业、规模以下非国有工业等三类分别统计用水量。工业用水量的统计与工业总产值、工业增加值、用水定额等指标密不可分且与这三类工业的变化情况密切相关。

景德镇市由 20 世纪 80 年代中后期形成了以陶瓷为"主体"，机械、电子和建材、食

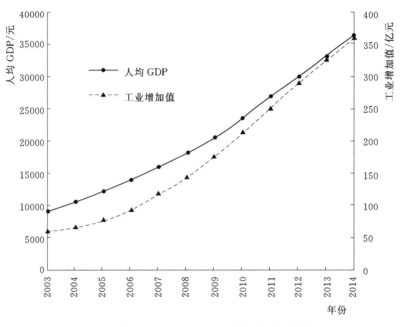

图 2 景德镇市人均 GDP 和工业增加值逐年变化趋势

品为"两翼"的产业格局。经过多年发展,逐步形成了机械家电、航空汽车、化工医药、电子信息、新型陶瓷和特色食品六大支柱产业。2006 年,明确指出要构筑第七大支柱产业——电力能源。2008 年又迎来光伏产业落户。另外,景德镇市三次产业结构的比重变化由 2000 年的 11.1∶51.1∶37.8 发展到 2007 年的 9.3∶56.2∶34.5,二产比重呈整体上升态势,结构进一步优化。景德镇市发电厂 2011 年冷却水系统由原有的直流式逐步改造为闭式循环式(闭式循环冷却水系统的特点是节水而且没有因蒸发而引起的浓缩,补充新水量较少)。工业用水量中仅火电用水量这一项 2011 年就比 2010 年下降了 0.93 亿 m^3。此举大大节约了火电用水量,使火电发展与用水下降并驾齐驱成为现实。2008 年 10 月,景德镇市被水利部列为全国第三批 42 个节水型社会试点城市。2014 年被水利部和全国节约用水办公室授予"第三批全国节水型社会建设示范区"称号。2003—2014 年,景德镇市万元 GDP 用水量从 147m^3 降低到 36m^3,万元工业增加值用水量从 340m^3 降低到 70m^3。工业用水重复率从 2005 年的 30% 提高到 2011 年的 67%。工业节水取得了阶段性成效,这对工业用水量的减少提供了有力支撑。

根据图 1 所示的工业用水量逐年走势,随着时间的推移,经济的发展,景德镇市工业用水量从 2003—2010 年历经一定的增长之后,已呈现出库兹涅茨曲线经历上升的转折点之后转而下降的雏形,工业用水过程具有库兹涅茨曲线形态特征。

2　工业用水与经济增长之间的关系

2.1　万元工业增加值用水量与人均 GDP 的关系

通过万元工业增加值用水量(工业用水量除以工业增加值)这一相对指标与人均

GDP 建立关系得到图 3 景德镇市工业用水效率与人均 GDP 关系。与《新环境库兹涅茨曲线：工业用水与经济增长的关系》中全国组别和东部组别所呈现的曲线形态较为接近，总体趋势为随着时间推移和经济增长，万元工业增加值用水量呈现下降态势，所拟合的指数曲线相关性良好，能够反映出二者的趋势变化，同时也与最严格水资源管理制度所确立的用水效率控制红线指标万元工业增加值用水量降低相符。2011—2014 年景德镇市万元工业增加值用水量较 2010 年降低比例分别为 33%、44%、47%、49%，提前完成了降低 35% 这一用水效率控制指标。

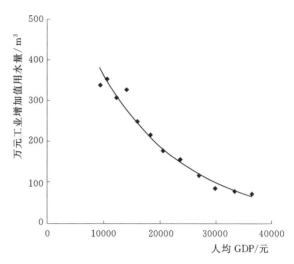

图 3　景德镇市万元工业增加值用水量与人均 GDP 关系

人均 GDP 常作为发展经济学中衡量经济发展状况的指标，是人们了解和把握一个国家或地区的宏观经济运行状况的有效工具，能够较好地反映当地经济发展水平。如果将工业用水量与人均 GDP 联系起来，就会呈现出一个很明确的库兹涅茨曲线式的关系。也就是说工业用水量最初随着人均 GDP 的增加而增加，当越过某一个阈值后，就开始随着人均 GDP 的增长而降低。经济学家借用库兹涅茨曲线来描述环境污染与人均 GDP 的关系，确实发达国家的环境污染伴随经济的发展经历了与收入不均衡一样恶化转而改善的过程。研究人员发现工业用水量随人均 GDP 的变化过程，也符合库兹涅茨曲线规律。

2.2　工业用水量与经济增长定量分析

2.2.1　数据说明

工业用水量数据来源于景德镇市水资源公报，由于编制单位从 2006 年之后变动，故根据编制方法、用水定额和历年情况对 2003 年、2004 年工业用水量的数据进行了适当调整。为了消除价格因素等影响，使数据具有可比性，景德镇市的国内生产总值和工业增加值等指标根据 2003 年的不变价和各年可比口径增速进行了调整。

2.2.2　模型选取与建立

在认为库兹涅茨曲线存在的基础上，针对景德镇市 2003—2014 年时间序列的工业用水量和人均 GDP 数据进行分析。根据国内外研究经验，通常描述库兹涅茨曲线的模型有线性模型、二次多项式、三次多项式、Logistics 函数和指数函数等。其中的差异与选取时段、选取国家或地区及其经济社会发展程度、规模效应、结构效应与技术效应等状况，用水与经济发展的协调情况有着密切关系。本文选取最常用的三种模型建立景德镇市工业用水与经济增长之间的关系，计量模型如下。

模型（1）：$\qquad Y_t = a + bX_t + cX_t^2 + e_t \qquad\qquad$ (1)

模型（2）：$\qquad Y_t = a + bX_t + cX_t^2 + dX_t^3 + e_t \qquad$ (2)

模型（3）：$\qquad \ln Y_t = a + b(\ln X_t) + c(\ln X_t)^2 + d(\ln X_t)^3 + e_t \qquad$ （3）

式中：Y_t 为某时段的工业用水量；X_t 为人均 GDP；a、b、c 均为系数；e_t 为随机扰动项。

模型中，根据系数的取值，曲线形态会呈现不同的形态。当 $c = d = 0$ 时，模型均呈线性。模型（1）中，$b < 0$，$c > 0$ 时，工业用水与经济增长之间的关系呈 U 形曲线；$b > 0$，$c < 0$ 时，二者之间呈倒 U 形曲线（典型的库兹涅茨曲线）。模型（2）和模型（3）中，$b > 0$，$c < 0$ 且 $d > 0$ 时，二者之间呈 N 形曲线；$b < 0$，$c > 0$ 且 $d < 0$ 时，二者之间呈倒 N 形曲线。当模型（2）和模型（3）的 $d = 0$ 时，它们均相当于式（1）。

2.2.3　模型回归模拟

根据 2003—2014 年工业用水量和人均 GDP 的系列数据分别点绘关系图并进行三个模型的回归模拟得到图 4 和图 5。

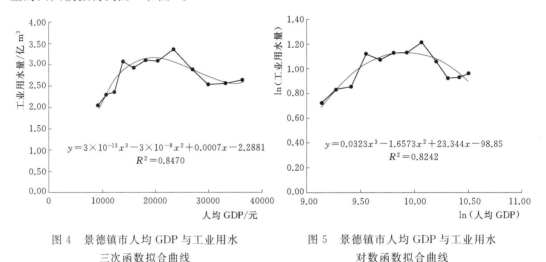

图 4　景德镇市人均 GDP 与工业用水　　　图 5　景德镇市人均 GDP 与工业用水
　　　　三次函数拟合曲线　　　　　　　　　　　　对数函数拟合曲线

相比之下，可以看出，图 4 三次多项式也就是模型（2）的相关系数较高，相关性较好，较能反映出工业用水与经济增长之间的关系，其次是模型（3）对数函数，模型（1）二次多项式的相关性稍差。由模型（2）和模型（3）的回归方程系数 $b > 0$，$c < 0$，$d > 0$ 可知，景德镇市工业用水量与经济增长之间的关系呈 N 形曲线，不是典型的库兹涅茨倒 U 形曲线，而是一段倒 U 形曲线与一段正 U 形曲线的叠加，说明景德镇市经济发展的同时，工业用水量下降之后又有上升的势头。

根据模型（2）的回归方程，得到 2003—2014 年时段内的两个拐点的工业用水量分别为 3.17 亿 m^3 和 2.56 亿 m^3，对应的人均 GDP 分别为 19687 元和 35200 元（以 2003 年不变价调整），分别更接近于 2009 年和 2014 年，即 2003—2009 年前后，工业用水量随着经济的增长呈上升趋势，2009 年前后至 2014 年前后，工业用水量随着经济的增长呈下降趋势，如果人均 GDP 按照时段内的平均增速递增的话，那么由模型（2）的回归方程可知，2014 年之后的工业用水量数值将会比 2014 年略微增长。此 N 形曲线右侧部分上升幅度（2013—2014 年）较左侧部分（2003—2009 年前后）上升幅度变缓。2014 年正好处于 N 形曲线右侧拐点，这意味着随着景德镇市城市化和工业化的发展仍有可能带来工业用水量的增长[8]，工业用水和经济发展的和谐统一需要引起重视并采取相应措施。

2.3 景德镇市工业用水与经济增长关系探讨

2003—2014 年景德镇市工业用水量与经济增长的曲线形态已经形成，但随着经济的发展，工业用水量下降之后又有上升的势头，需要加强落实最严格水资源管理制度，确保景德镇市未来工业用水量不再增加的可能性。同时，经过工业用水量不再增加的几年之后，把后续年份的散点接着点绘在景德镇市工业用水量与经济发展的关系图上，原本的 N 形曲线形态或将趋近于倒 U 形形态。

有关研究表明，工业水资源利用与工业经济增长、产业结构变化之间存在长期均衡关系，它们之间均具有双向因果关系。从长期来看，景德镇市的工业用水量可能在一定的水量区间内波动，而工业经济发展、产业结构变化等也应该在一定的范围之内。那么，库兹涅茨曲线适用于一定的时段内，这种关系形态在长期看来可能会消失。如果存在，那么它的意义在于水资源利用与经济的协调发展。

3 结论与建议

通过分析景德镇市工业用水与经济增长之间的关系，得到如下结论：①景德镇市工业用水量随着时间的推移、经济的增长，呈现出 N 形的变化趋势；②景德镇市万元工业增加值用水量随着经济的增长整体呈现下降的变化趋势。随着最严格水资源管理制度的逐步实行，景德镇市未来的万元工业增加值用水量将会下降，工业用水量有可能不再增加，工业用水量与经济发展关系曲线将有可能接近倒 U 形。

倒 U 形环境库兹涅茨曲线隐含着一个重要的政策建议，即解决环境问题的关键仍然在于经济增长，当经济增长到一定程度时，在各种因素的共同作用下环境问题会得到改善。那么，当景德镇市的经济增长到一定的程度之后，其工业水资源利用在各种影响因素的共同作用下也将维持在一个相对稳定的水平并与之协调发展。为了促进景德镇市工业用水与经济发展的协调发展，建议加强落实最严格水资源管理制度、产业结构优化升级等政策干预，还需要在用水管理、节水工作等方面不断推进。

江西省印发的《江西省人民政府关于实行最严格水资源管理制度的实施意见》（赣府发〔2012〕29 号），划定了全省及各设区市 2015 年水资源管理"三条红线"控制指标。景德镇市 2015 年的用水效率控制指标，即万元工业增加值用水量较 2010 年降低比例为 35%。

参 考 文 献

[1] 陈军. 水资源与农村贫困关系的库兹涅茨曲线分析 [J]. 牡丹江大学学报，2014，23（1）：80 - 81，102.

[2] 贾绍凤，张士锋，杨红，等. 工业用水与经济发展的关系——用水库兹涅茨曲线 [J]. 自然资源学报，2004，19（3）：279 - 284.

［3］ 张陈俊，章恒全. 新环境库兹涅茨曲线——工业用水与经济增长的关系 ［J］. 中国人口·资源与环境，2014，24 (5)：116－123.

［4］ 贾绍凤，康德勇. 中国用水何时达到顶峰？［J］. 水科学进展，2000，11 (4)：470－477.

［5］ 贾绍凤. 工业用水零增长的条件分析——发达国家的经验 ［J］. 地球科学进展，2001，20 (1)：51－59.

［6］ 《景德镇》课题组. 景德镇 ［M］. 北京：当代中国出版社，2011.

［7］ 刘婷婷，马忠玉，万年青，等. 经济增长与环境污染的库兹涅茨曲线分析与预测——以宁夏为例 ［J］. 地域研究与开发，2011，30 (3)：62－66.

［8］ 陈晓迅，张丽霞，夏海勇. 人口、经济增长对环境影响的库兹涅茨曲线分析——以昆山市为例 ［J］. 南京人口管理干部学院学报，2010，26 (3)：37－41.

［9］ 张兵兵，沈满洪. 工业用水与工业经济增长、产业结构变化的关系 ［J］. 中国人口·资源与环境，2015，25 (2)：9－14.

江西省水资源月报系统设计思路

刘　鹏[1]　刘佳佳[2]　赵　俊[3]

(1. 江西省宜春水文局，江西宜春　336000；
2. 江西省九江市水文局，江西九江　332000；
3. 江西省南昌市水文局，江西南昌　330000)

摘　要： 江西省水资源月报系统是江西省水资源管理系统的一个重要子系统。系统基于 Web 技术开发，使用 Oracle 数据库，采用 Tomcat 服务器，实现 Web 客户端对数据库相关信息的存取、访问、集成管理；实现数据交换及分析，具有报表及权限管理功能。将实现江西省水资源月报发布的信息化，大大减轻月报填制编写工作量，提高编制时效和月报质量，便于新手快速掌握月报、公报编制流程，更好地为水生态、新农村建设及河长制服务。

关键词： 水资源月报；编制；江西省

1　问题的提出

江西省水资源公报发布系统是江西省水资源管理信息平台的一部分，已经初步完成开发，并且已经部署在国家统一下发的三级通用软件中。2017 年上半年，江西省在瑞昌、德兴完成县级水资源月报编制的试点工作。水资源管理、水生态环境保护、河长制等都需要强有力的技术支撑，水资源月报的编制工作恰逢其时。逐月的水资源、水质、水旱情的分析评价，能为地方经济社会建设与规划及今后的国民经济建设发展提供有价值的依据。江西省水资源月报系统的设计，是对江西省水资源管理信息平台的完善，是在水资源公报基础上的创新，有助于提高月报编制者的工作效率，及时掌握水资源状况，为水资源严格管理和科学决策提供基础资料和技术支撑。江西省水资源月报由各个县区水利局委托水文部门进行编制，然后对外发布。

2　存在的问题及研究意义

2.1　存在的问题

（1）数据不一致。各地针对当地的数据进行逐级汇总的时候易出错，最后会出现各级数据不统一；其次月报数据汇总累计和公报数据不一致。

（2）数据缺乏合理性。首先，水资源公报表格中的各项内容为汇总累计值，不是原始数据，缺乏准确性和时效性；其次，取用水信息只能选取重点、有代表性的进行统计，不能全面反应全社会的供用水状况；另外，灌溉用水量的计算应该考虑降水蒸发因素。

（3）没有统一规范的指导标准。目前水利部未出台统一的月报编制指导标准，因此会影响月报、公报数据的合理性。

（4）约束性指标导致数据缺乏原始性。实际编制过程中，会统筹考虑水资源调查评价、水资源管理"三条红线"考核等其他地方性约束指标的平衡问题，所以数据缺乏原始性。

2.2 研究意义

在国内水利信息化的大潮下，江西省水资源月报系统的设计首开国内月报编制系统先河，是在公报编制系统上的一次创新，同时也是深化水资源管理的一次创新。系统规范了月报编制的统一标准，大大减轻基层编制人员的工作量，提高编制时效和月报质量，为进一步提升相关部门的社会服务能力起到积极作用。

3 水资源月报系统总体设计

3.1 外部环境

为响应水利部水利信息化建设的要求，全国很多省市已经开展水利信息化建设，以满足未来水利建设的需求。诸如江西省水资源管理系统的建设，江西省水资源管理系统是为了搭建一个水资源管理信息平台，实现与国家、流域水资源管理系统之间的互联互通，结合江西省水资源管理的现状，开展水资源管理业务应用、应急管理、决策支持系统等系统建设，已达到基本掌握江西省"三条红线"考核指标完成情况的目标。目前，该项目还在实施过程中，江西省水资源月报系统是该系统的组成部分之一。

3.2 水资源月报系统的建设目标

通过搭建一个统一的平台，不同层级的用户有不同的权限，可以在系统中实现标准化的数据录入、系统自动汇总计算校核、系统自动对数据进行比较分析等方式实现月报编制的自动化、规范化。脱离原有的公报编制模式，并且对数据录入过程实现数据筛选，对不同数据分项设置数据格式及范围，一旦录入的数据出现异常，系统会自动提示用户进行修改。

3.3 系统内容架构

按照江西省水资源月报的编制需要，以水资源管理发展为导向，水资源月报系统包括基本信息、ArcGIS 地图信息、水资源量、水资源开发利用、水体水质评价、水资源管理"三条红线"指标及落实情况、重要水事摘登。江西省水资源月报系统内容如图 1 所示。

江西省水资源月报系统	基本信息	来水部分、开发利用、基本要求、社会经济指标、用水户分类、计算过程、其他相关资料
	地图信息	调用"江西省水利一张图"
	水资源量	降水、地表水资源量和出入境水资源量、还原水量计算、浅层地下水资源量、水资源总量
	水资源开发利用	农田灌溉用水量、林牧渔畜用水量、工业用水量、城镇公共用水量、居民生活用水量、生态环境用水量、用水总量、历年用水量比较、供水量、耗水量、废污水排水量、用水指标分析计算、蓄水动态
	水体水质评价	地表水水质、地下水水质
	水资源管理"三条红线"指标落实情况	用水总量、用水效率、水功能区限制纳污、评价指标
	重要水事	当地重要水事摘登

图 1　江西省水资源月报系统内容图

图 1 中水资源开发利用包含内容较多，包括农田灌溉用水量、林牧渔畜用水量、工业用水量、城镇公共用水量、居民生活用水量、生态环境用水量、用水总量、历年用水量比较、供水量、耗水量、废污水排水量、用水指标分析计算、蓄水动态等。

3.4　系统技术架构

水资源月报系统将基于 Web 技术开发，使用 Oracle 数据库，采用 Tomcat 服务器，实现 Web 客户端对数据库相关信息的存取、访问、集成管理。系统搭建分为数据层、Web 服务器、Web 客户端 3 个层次。系统采用 B/S 技术，以浏览器为界面，通过调用"江西省水利一张图"的基础地图信息、江西省水文局水雨情数据库的水雨情信息来满足水资源月报编制的各项需求。

3.5　系统框架

按照江西省水资源管理系统顶层设计的相关要求，系统图层在"江西省水利一张图"的支撑下进行建设，同时，与江西省水资源管理系统中的其他软件进行资源和信息共享。基于上述外部环境的考虑，系统采用面向服务的 SOA 架构体系进行设计，包含数据存储层、应用支撑层和应用层三大部分（见图 2）。

（1）数据存储层。在江西省水资源管理系统"五大库"的基础上，构建水资源月报数据库，采用 Oracle 构建。

（2）应用支撑层。包括地图服务和水资源月报数据服务。地图服务通过调用"江西省水利一张图"来实现应用支撑，水资源月报数据在整合 cxf、spring 等主流开发框架的基础上进行封装，形成标准数据服务。

（3）应用层。通过调用地图服务、水资源月报数据服务进行数据的查询等操作，根据

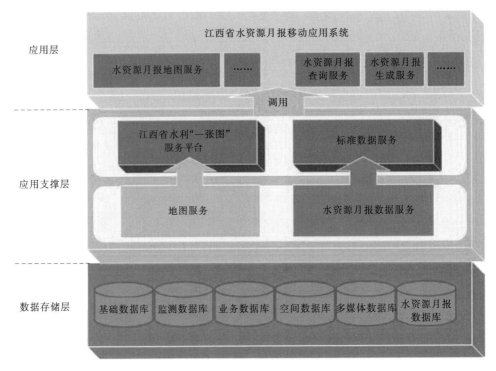

图 2　江西省水资源月报系统架构图

用户需要自动生成水资源月报。

4　系统功能设计

4.1　系统功能设计概要

（1）基本信息查询。省、市、县三级用户可以根据不同的权限查询月报编制所需的相关信息。例如，雨水情信息、相关水资源的报表数据、历史水资源数据等。

（2）地图服务。省、市、县三级用户可通过系统调用江西省水利"一张图"的专题地图服务，生成水资源月报文稿所需要的专题地图（如天然年径流深等值线图等）。

（3）水资源量分析计算。省、市、县三级用户可通过基础信息查询功能调用出来的数据，在本功能区完成辖区内降水、地表水资源量和出入境水资源量、还原水量、浅层地下水资源量、水资源总量的计算。

（4）水资源开发利用。省、市、县三级用户可通过基础信息查询功能及地图服务的相关数据，在本模块进行农田灌溉用水、工业用水、居民生活用水等的计算及成果展示和查询。

（5）水体水质评价。省、市、县三级用户通过接入的实时监测数据，在本模块进行本辖区内的地表水和地下水的水体水质评价。

（6）"三条红线"指标落实概况。本模块主要是展示及分析辖区内的水资源管理"三条红线"指标的落实情况。主要有用水总量、用水效率、水功能区限制纳污、评价指标等。

（7）重要水事。省、市、县三级用户可在本模块录入辖区内月度重要水事。

（8）报表管理。对前面各模块自动计算分析出来的数据进行自动汇总，提供编辑及导出打印功能。

（9）系统设置。省、市、县三级用户可在本模块进行个性化定制，如水资源月报报表定制；省、市管理员可在此进行权限的设置；系统其他的一些基本设置功能。江西省水资源月报系统功能如图3所示。

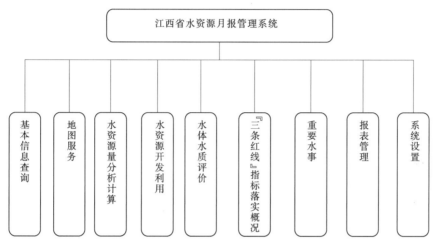

图3　江西省水资源月报系统功能图

4.2　数据交换功能

（1）信息审核。系统对同级部门推送和跨级数据上报的数据，形成固定或者可以配置的审核流程，保障数据交换前的准确性。

（2）同级部门推送。县级用户将每个月生成的月报，每个季度生成的季报，每年生成的年报，给相关有需要且有权限的单位进行推送。当有通知性的消息时，系统会自动将信息推动到相关责任人员，如水文局用户将数据推送到水利局用户。

（3）跨级数据交换。本系统的用户分为三级，先由县级用户统计本行政区的水资源管理数据，上报所属的市级用户，由市级用户汇总所辖各县的统计资料，上报省级用户，最后由省级用户汇总所辖各市的统计资料。如县级用户每个月生成的月报通过该系统上报市水文局，市水文局汇总后上报省水文局，最终由省水文局汇总存档，然后下发或上报给需要且有权限的单位，在上报和汇总过程中，也可以进行反馈，以保证数据的合理性。

4.3　数据分析功能

系统对月报组成的各部分数据进行管理，包括概述、水文监测信息、蓄水动态、取用水信息、水资源质量等方面，为编制月报提供数据基础。

（1）水资源月报所涉基本数据。对各县市的基本情况、地理位置、水域情况、水文站网、水功能区、取用水户的基本信息可以录入生成模板，并且可以对模板进行修改并保存至数据库。

（2）水文监测信息。对现有数据库中的降水量、蒸发量、流量、出入境水资源量、地下水资源量进行调用，并且可以查询、校核。同时可以根据不同查询条件生成数据表、过程线、饼状图、柱状图等形式输出。

（3）蓄水动态。提供行政分区和水资源分区水库蓄水动态的查询、统计，用户可以根据需要，选择不同的查询条件，显示对应的数据表（例如，水库名称、水库座数、月初蓄水总量、月末蓄水总量、月蓄水变量等，同时生成对应的过程线、饼状图、柱状图等统计图）。同时还可以对生成的数据表进行定制修改，包括对数据选项和数据内容的增加与删除，以便达到柔性的需求。

（4）水资源开发利用基本信息。提供重点灌区、重要工业用水户、重点公共用水户、生活用水、农林牧渔用水、用水总量控制红线预警的查询、统计功能，同时根据信息情况，自动生成对应的过程线、饼状图、柱状图等输出形式。用水总量控制红线预警功能在第4个季度时，系统会根据前3个季度取用水量情况，来判断第4个季度用水量，对取用水总量已达到或超过控制指标的地区，系统会发生预警，提示是否暂停审批建设项目新增取水；对取用水总量接近控制指标的地区，系统会发生预警，提示是否限制审批新增取水；严格地下水管理和保护，实现采补平衡。

（5）水资源质量。提供地表水水功能区水质（主要考虑全因子达标评价、水功能区限制纳污红线主要控制项目达标评价）、湖库水质（主要考虑水库全年、汛期、非汛期的水质级别与主要污染项目）、界河水体水质（主要考虑各监测断面全年、汛期、非汛期的水质类别及符合Ⅲ类水比例，主要超标项目）、饮用水水源地水质（主要考虑供水水源地水质合格率，全年均优于Ⅲ类水的供水水源地）、入河排污口水质（主要考虑入河排污口水质类别，主要污染项目）、地下水水质（主要考虑地下水的水质类别，主要超标项目，计算面积等）的查询统计功能，系统自动生成相应的数据表，同时还可以生成对应的过程线、饼状图、柱状图等统计图，并可以对相应的数据表进行编辑，以便达到柔性需求。

4.4　报表管理功能

（1）月报管理。系统提供月报模板，并可以进行月报的灵活定制，系统可自动将上一个月的月报数据加载进系统，也可以根据实际需要自动生成月报，并进行上报、审核。

（2）季报管理。系统提供季报模板，并可以进行季报的灵活定制，系统可自动将上一季度的季度数据加载进系统，也可以根据实际需要自动生成季报，并进行上报、审核。

（3）报表分析。将生成并审核通过后的月报、季报数据进行分析后，自动进行汇总，并可将汇总的数据以图表的形式进行展示。

4.5　权限管理功能

（1）权限分配。权限分配功能实现对不同层级、不同部门、不同人员进行权限分配设置，县级机构仅可查看本辖区内的系统数据，市级用户可以查看管辖的县及市级的数据信息，省级用户可查看全省范围内的数据信息。不同的用户可以具备多重角色，不同角色可按照工作岗位、处室、业务领域等进行菜单功能的分配。用户登录系统后不能操作无权限的功能菜单。

（2）系统操作日志。记录每位用户的登录日志、在系统中的重要操作日志，可记录用户的操作轨迹。江西省水资源月报系统界面如图4所示。

图4　江西省水资源月报系统界面图

5　系统应用效果

（1）江西省水资源月报系统较好地减少了月报填制编写任务，通过系统内置相关分析计算模块自动计算，指引月报的填报，同时便于新手快速掌握月报、公报编制流程。

（2）由于出入境水量每个月都在优化，系统中出入境水量的计算应该考虑再度优化以达到真值或相对真值。

（3）江西省水资源月报的编制首开全国先河，水资源月报编制系统中的上报数据目前还不能和公报数据对等，将在后期优化中进行改进。

（4）江西省水资源月报系统将根据每个地市的地方特色，加入个性化定制，如水生态、新农村建设及河长制建设等。

6　结语

（1）江西省水资源月报系统通过监测数据实时接入、相关基础数据（如取用水户基本信息等）直接调用、人工数据录入的方式，将水资源月报传统的人工汇总上报方式转变为各编制单位同步联动、录入相应信息自动计算形成月报的智能化模式，使得水资源月报的编制更加规范化，提高水资源月报编制的时效性和编制质量。

（2）江西省水资源月报的各个功能模块的设计，减轻基层编制人员的工作量，提升数据的准确性，同时通过规范化模板，使水资源月报的编制更加容易上手、通俗易懂、方便可行、程序规范。

（3）开发江西省水资源月报系统，是一次创新，顺应当前国内水利信息化的大潮，将水资源月报作为水资源公报编制的依据，同时使水资源月报系统成为监督水资源管理利用水平的一个统计平台，为进一步提升相关部门服务社会的能力和水平起到积极的作用。

参 考 文 献

[1] 王蓓卿，卢卫，何锡君，等. 浙江省水资源公报数据库信息系统设计思路［J］. 浙江水利科技，2015（6）：80-83.

[2] 德兴市水利局. 德兴市水资源月报［R］，2017.

[3] 瑞昌市水利局. 瑞昌市水资源月报［R］，2017.

[4] 侯俊山. 安阳市水资源动态月报工作探析［J］. 河南水利与南水北调，2011（10）：12-13.

[5] 谢碧云，刘哲，管党根，等. 长江流域水资源质量公报发布系统设计与实现［J］. 人民长江，2015（9）：98-100.

气候变化对宜春水文水资源系统的影响探究

龙 斌 黄 敏

（江西省宜春水文局，江西宜春 336000）

摘　要：水乃生命之源，随着全球气候变暖，水资源变得更为珍贵。水资源问题和
气候问题均成为全世界人类共同关注的话题之一，水资源关系到人类的生
存大计。气候的变化会使得水文循环发生一系列变化，气候变化也会对水
文资源系统产生一定影响，因此必须做好相应准备。本文将以宜春气候变
化为例，分析气候变化对宜春水文水资源系统的影响。

关键词：气候变化；宜春；水文水资源系统；影响

全球气候变暖问题已经成为全世界人们均较为关注的问题之一，气候一方面会对人们
的生活和生产产生一定影响，另一方面对生态环境也产生一定影响。气候变化的部分原因
可归于自然循环受到干扰，部分原因可归于地球气候系统受到干扰。气候变化会引起水资
源数量的改变和在时间、空间上的重新分布，继而影响到社会经济的长远发展。随着气候
的日益变化以及对水文水资源系统所产生的影响，人们需做好气候变化分析，继而采取针
对性的解决措施来应对气候变化，使得人类社会能够持续性发展。

1　宜春地区的地理特征、气候变化以及水文特征分析

宜春位于江西省西北部，宜春是典型的山地、丘陵、平地兼有的地区，平原占 26％
左右。宜春流经赣江、抚河和袁河等流域，水资源较为丰富，有利于农作物生长。宜春市
的主要河流水质均达到国家级标准，先后获得国家卫生城市等称号。宜春具有亚热带湿润
气候特点，全市平均气温达到 16～17℃。宜春夏季最高气温大于 34℃，数年来夏季气高
温平均时间在 30 天左右。宜春平均降水量较为丰富，每年 4 月宜春地区的雨量逐渐增多，
7 月开始逐渐减少。晚秋和冬季的降雨量比较少。宜春地区产生的洪涝灾害主要是因为降
雨量分布不均所导致，尤其是在 5 月和 6 月集中暴雨。宜春地区水下资源和低下热水资源
也较为丰富，温汤温泉已经成为全中国皆知的温泉。

2　气候变化对水资源的影响

（1）蒸发量增强。全球气候变暖下，蒸发量也因此增加。蒸发量的增加也就意味着发

生洪涝旱灾的比例也随之上升，部分宜春径流量少的河流会因为气候变暖而加速蒸发，原本水量充沛的宜春河流随着降水量的增加而发生洪涝灾害。蒸发量的增加会减少河流流量，因此宜春河流的污染程度也有所增加，宜春河流的废弃物随着河水温度的上升而更容易被分解，进一步导致宜春河流水质下降情况出现。

（2）水资源管理。由于受到全球气候变暖的营销，宜春地区的河流径流逐渐缩小。随着宜春城镇化人口的日益增加，水资源短缺情况较为严重，水资源的供需矛盾也日益加剧，此时，必须及时评估宜春水资源的承载能力，采取针对性措施来消除水资源的供需矛盾。气候变化势必会对水文循环系统产生相关影响，既体现在水资源数量方面，又体现在时间和空间的分布方面，因此对宜春地区的水资源使用安全产生一定负面威胁，继而提高水资源的管理难度，加大挑战。

（3）生态环境变化。气候变暖会导致宜春河流水文日益上升，最终影响到宜春地区河流水域的水质和相关结构，再加上宜春部分径流量日益减少，所以地下水域中的化学成分将会有所增加。基于此，宜春的河流水质将会受到较大影响，一方面增加了浮游动物和藻类植物，另一方面宜春部分地区的鱼类也会迁徙。从上述现象来看，气候一旦发生变化，宜春地区的水量势必也会发生一定变化，继而引发环境恶化或者生态恶化等。

3 气候变化对水文循环的影响

水文循环系统是气候系统中不可或缺的组成部分，不仅仅受到气候系统的影响，而且会对气候系统产生一定作用。气候的变化对水文循环系统势必会产生一定影响，从宜春地区的水循环现象来看，气候变化对水循环的特点产生至关重要的作用。从具体情况来看，气候系统中降水因子、日照因子、相对湿度因子和气温因子等均会影响到水循环过程。气候系统中最为重要的输出部分是降水。降水会直接影响到水文循环，降水一般从水循环开始，日照和气温等是影响路面水分蒸发的主要因子。也就是说，气候变化势必会对径流、蒸发、降水、水位等产生影响。从宜春地区的水文特征来看，近年来陆地降水量呈现逐年增加趋势，因此对降水产生一定影响。从宜春地区的径流量来看，由于受到气候影响，所以径流量下降趋势也比较快。除此之外，宜春径流变化还受到人类活动影响。宜春地区还因为受到全球气候变暖影响，蒸发量也呈现逐年下降趋势，出现上述情况的主要原因在于全球气候变暖导致地表热量发生变化。在全球气候变暖的情况下，宜春地区的水位有上升发展趋势，最终导致土地盐渍化，不利于供水安全。

4 气候变化条件下宜春水资源的解决策略

气候变暖导致宜春的水资源系统受到一定程度影响，此时需要找出针对性解决措施，从而实现长远发展。

（1）通过加强节约用水和高效率用水来应对全球气候变暖问题。由于宜春市人口呈现逐年上升发展趋势，所以水资源的供需矛盾日益突出，此时必须做好节约用水和高效率用水工作。事实上，宜春地区人们未有强烈的节约用水意识，存在普遍浪费水资源情况，继而加剧供水用水矛盾。基于此,在日后工作过程中,相关工作人员必须加大对水资源的相关管理,首先要做到节约用水,其次要做到积极保护好宜春地区水资源的质量,控制污水排放量,降低环境成本,便于构建节约用水型宜春城市。

(2)强化供需用水管理,积极控制水资源的消费状况。宜春政府可以建立合理水费,按阶梯水价方式来加强对供需用水的管理。对工业节水和居民用水等加以合理投资,以市场为导向,建立水资源管理模式,不断完善合理化的水资源管理机制。

(3)遵循人水和谐基础原则预防洪涝水旱灾害。随着宜春地区水文循环过程脚步的不断加快,因此会频繁出现暴雨事故。基于此,为了让宜春地区的水资源得到长远发展,需遵循人水和谐的基础原则,因地制宜,提高宜春河流地区预防洪涝灾害的能力。

参 考 文 献

[1] 景昕婷. 试析人类活动和气候变化对水文水资源的影响 [J]. 中国科技投资,2016,14 (35):208.

[2] 张利平,陈小凤,赵志鹏,等. 气候变化对水文水资源影响的研究进展 [J]. 地理科学进展,2008,27 (3):60-67.

[3] 石缀花,李惠民. 气候变化对我国水文水资源系统的影响研究 [J]. 环境保护科学,2005,31 (6):59-61.

[4] 李成山,杨希帅. 关于气候变化对我国水文水资源的影响研究 [J]. 大科技,2016,12 (11):104-104.

水文对水资源可持续利用的重要性探究

黄 敏 龙 斌

（江西省宜春水文局，江西宜春 336000）

摘 要： 随着我国经济的快速发展，城镇化发展进程中出现诸多问题，尤其是水文资源日益破坏殆尽。水资源的安全供应是一个地区乃至一个国家的发展基础，近年来水资源的发展供需矛盾越来越严重。本文将以宜春地区的水文变化为例，分析水文对水资源可持续利用的重要性。

关键词： 水文；水资源；可持续利用；重要性

水资源是人们生活生产中不可或缺的要素之一，持续利用好水资源且让水资源能够发挥出最大优势是现阶段需要解决的主要矛盾之一。水资源的可持续利用是建立在当地地区的水文特点基础上，继而将水资源的可持续利用发挥到极致，并且提高宜春地区的水资源利用水平，满足人们的生存和生产需求。但是，现阶段来看，宜春地区的水资源开发利用尚未高度重视水文条件，继而使得宜春地区的水资源流失情况较为常见。宜春地区的水资源较为丰富，但是随着人口的增加，人均用水量面临着较为严峻问题。只有不断维护好宜春地区的生态环境，合理利用水资源，才能够使得水资源得到合理利用，保证经济建设能够得到可持续发展。

1 宜春地区的水文特征

宜春市地处赣西北山区向赣抚平原过渡带，地形较为复杂。宜春境内水资源较为丰富，流域面积也较为广泛。有学者表明，宜春各个地区的水资源降水量均呈现不同年度的日益增加趋势，其中增加最多的是赣江下游干流区。宜春地区受到地理位置和气候条件等影响，所以降水量分布不均匀。宜春地区产生的洪涝灾害主要是因为降雨量分布不均所导致，尤其是在 5 月和 6 月集中暴雨。宜春地区的地下水资源量也较为丰富，据统计显示，宜春地区 2008 年全市地下水资源量达 48 亿 m^3，平原地区地下水资源量达 5 亿 m^3，山丘地下水资源量高达 43 亿 m^3。

2 水资源可持续利用的基本概念

水资源是一种人类生活生存过程中最为重要的组成部分，水资源具有以下特点：①自然属性；②可再生性；③分布不均匀性；④蒸发特性；⑤汇流特性。水资源本身还具有自我净化能力，在水循环过程中，对生态环境产生重要影响。因此，水资源还具有以下社会自然属性：①水资源具有经济属性，主要体现在可能造成的灾害方面、在转让时需要经济量度、参与到人类的生活生产中突出其经济价值；②对不同地区均有着基本使用权，和社会属性不同，主要体现在开发水资源时需秉持着可持续发展原则。

3 水文对水资源可持续利用的重要价值

（1）为水资源的可持续发展利用提供相关参考依据。从现阶段来看，宜春地区的水文工作需以防洪涝灾害作为重中之重，除此之外，还需要重点关注水资源的合理开发和合理利用。基于此，为水资源的可持续发展提供更为全面的服务。

1）提前预防好洪涝灾害工作。宜春地区的降雨量分布不均，所以极易发生洪涝灾害情况。此时，相关工作人员必须及时预测水文特征，以便于最大限度地减轻洪涝干旱灾害，降低对人类生活所产生的负面影响。水文工作在开展时还需准确分析水资源的运动规律，在掌握水资源客观规律基础之上，便于下一次更为科学地预测洪涝干旱灾害。

2）收集宜春地区的水资源具体分布情况，掌握水资源的基础运动规律。水文工作者可以利用好信息化手段，为水资源的相关分析提供技术保证。

3）通过水文监测工作来合理评估水资源，水文工作者需掌握好先进的科学手段和技术手段，继而得出较为科学且准确的水文数据。

（2）积极改善宜春地区的水生态环境。随着宜春地区城镇化的进展脚步不断加快，城市用水污染问题和饮用水的安全问题日益突出。宜春城市生态环境保护工作对城市居民的生活水平造成较大影响，另外也制约着经济可持续发展。基于此，相关工作人员可以采用较为先进的技术好手段来准确了解宜春城市水资源的分布状况。

（3）积极改善水资源工作工作。宜春现阶段面临着水资源污染问题，继而制约着宜春经济地区的可持续发展。相关工作人员必须严格执行水资源管理工作，将水资源的相关保护措施落实到具体实际工作之中。水文工作一方面承担着社会责任，另一方面对自然生态加以保护。基于此，需要水文各个工作部门人员密切合作，做好水资源的保护工作，进一步提高水资源的管理效率和管理质量。

4 水文与水资源可持续利用的关系

宜春地区水资源总量较为丰富，但是由于人口比较多，所以人均用水量并不足，因此导致宜春地区的经济发展受到一定影响。水文和水资源可持续利用的关系比较密切，水文给水资源的可持续利用提供强有力支持，主要体现在以下几个方面：①预测水文水平大幅度提高；②不断完善水资源评价效果；③能够给水资源的保护提供更为全面的保护；④加强对水文基础建设，将水的信息化建设工作做到更好。从另一个角度来看，水资源的可持续利用对水文工作提出更高要求，在水资源管理方面，对水资源的质量和水资源的流域调度等提出更高要求。宜春地区人们普遍对节约用水意识不强，所以在建设一个节约用水型社会等方面也提出更高要求。

5 ▶ 加强水文工作促进水资源可持续利用的相关措施

水文工作的工作核心是：①水生态平衡；②社会经济发展。加强对水文监测体系的相关建设，与此同时不断提高水文预测能力。在宜春地区的预防洪涝灾害过程中，需提供优质服务水文情报，便于提供更为可靠的参考数据。宜春地区水资源污染情况相比起水资源短缺情况更为严重，水环境的恶化超出水资源的自我净化能力。部分工业用水对水资源也造成一定威胁，水文部门应该加强对水环境的保护工作和水质的监测工作。水文工作者需结合最新的实践成果，加强水文工作队伍建设，提高水文队伍的整体素质，借鉴国际先进理论与宜春地区的具体情况来促进水资源可持续利用工作。

参 考 文 献

[1] 高月. 浅谈水文对水资源可持续利用的重要性 [J]. 科技创新与应用，2014，15 (14)：141.
[2] 陈玲，谢伟. 论水文对水资源可持续利用的重要性 [J]. 能源与节能，2017 (2)：112-114.
[3] 刘晓品. 水文对水资源可持续利用的重要性分析 [J]. 中小企业管理与科技，2016，12 (9)：98-100.

江西水文监测研究与实践（第一辑）

鄱阳湖监测

江西省水文监测中心 编

中国水利水电出版社
www.waterpub.com.cn
·北京·

内 容 提 要

　　江西省水文监测中心（原江西省水文局）结合工作实践，组织编写了江西水文监测研究与实践专著，包括：鄱阳湖监测、水文监测、水文情报预报、水资源调查评价、水文信息化应用、水生态监测六个分册，为水文信息的感知、分析、处理和智慧应用提供了科技支撑。

　　本书为鄱阳湖监测分册，共编选了23篇论文，反映了近年来江西省水文监测中心在鄱阳湖监测领域的研究与实践成果。

　　本书适合从事水文监测、水文情报预报、水资源管理等工作的专家、学者及工程技术人员参考阅读。

图书在版编目（C I P）数据

江西水文监测研究与实践. 第一辑. 鄱阳湖监测 /
江西省水文监测中心编. -- 北京 : 中国水利水电出版社,
2022.9
　ISBN 978-7-5226-0415-2

　Ⅰ. ①江… Ⅱ. ①江… Ⅲ. ①鄱阳湖－水文观测－文
集 Ⅳ. ①P33-53

中国版本图书馆CIP数据核字(2022)第168363号

书　　名	江西水文监测研究与实践（第一辑）　　鄱阳湖监测 JIANGXI SHUIWEN JIANCE YANJIU YU SHIJIAN (DI - YI JI) POYANG HU JIANCE	
作　　者	江西省水文监测中心　编	
出版发行	中国水利水电出版社 （北京市海淀区玉渊潭南路1号D座　100038） 网址：www.waterpub.com.cn E - mail：sales@mwr.gov.cn 电话：(010) 68545888（营销中心）	
经　　售	北京科水图书销售有限公司 电话：(010) 68545874、63202643 全国各地新华书店和相关出版物销售网点	
排　　版	中国水利水电出版社微机排版中心	
印　　刷	北京印匠彩色印刷有限公司	
规　　格	184mm×260mm　16开本　55.25印张（总）　1344千字（总）	
版　　次	2022年9月第1版　2022年9月第1次印刷	
印　　数	0001—1200册	
总 定 价	**288.00**元（共6册）	

序

水文科学是研究地球上水体的来源、存在方式及循环等自然活动规律，并为人类生产、生活提供信息的学科。水文工作是国民经济和社会发展的基础性公益事业；水文行业是防汛抗旱的"尖兵和耳目"、水资源管理的"哨兵和参谋"、水生态环境的"传感器和呵护者"。

人类文明的起源和发展离不开水文。人类"四大文明"——古埃及、古巴比伦、古印度和中华文明都发端于河川台地，这是因为河流维系了生命，对水文条件的认识，对水规律的遵循，催生并促进了人类文明的发展。人类文明以大河文明为主线而延伸至今，从某种意义上说，水文是文明的使者。

中华民族的智慧，最早就表现在对水的监测与研究上。4000年前的大禹是中国历史上第一个通过水文调查，发现了"水性就下"的水文规律，因势疏导洪水、治理水患的伟大探索者。成功治水，成就了中国历史上的第一个国家机构——夏。可以说，贯穿几千年的中华文明史册，每一册都饱含着波澜壮阔的兴水利、除水害的光辉篇章。在江西，近代意义上的水文监测始于1885年在九江观测降水量。此后，陆续开展了水位、流量、泥沙、蒸发、水温、水质和墒情监测以及水文调查。经过几代人持续奋斗，今天的江西已经拥有基本完整的水文监测站网体系，进行着全领域、全方面、全要素的水文监测。与此相伴，在水文情报预报、水资源调查评价、水生态监测研究、鄱阳湖监测研究和水文信息化建设方面，江西水文同样取得了长足进步，累计74个研究项目获得国家级、省部级科技奖。

长期以来，江西水文以"甘于寂寞、乐于奉献、敢于创新、善于服务、精于管理"的传统和精神，开创开拓、前赴后继，为经济社会发展立下了汗马功劳。其中，水文科研队伍和他们的科研成果，显然发挥了科学技术第一生产力的重大作用。

本书就是近年来，江西水文科研队伍艰辛探索、深入实践、系统分析、科学研究的劳动成果和智慧结晶。

这是一支崇尚科学、专注水文的科研队伍。他们之中，既有建树颇丰的

老将，也有初出茅庐的新人；既有敢于突进的个体，也有善于协同的团队；既有执着一域的探究者，也有四面开花的多面手。他们之中，不乏水文科研的痴迷者、水文事业的推进者、水文系统的佼佼者。显然，他们的努力应当得到尊重，他们的奉献应当得到赞许，他们的研究成果应当得到广泛的交流、有效地推广和灵活的应用。

然而，出版本书的目的并不局限于此，还在于激励水文职工钻科技、用科技、创科技，营造你追我赶、敢为人先的行业氛围；在于培养发现重用优秀人才，推进"5515"工程，建设实力雄厚的水文队伍；在于丰富水文文化宝库，为职工提供更多更好的知识食粮；在于全省水文一盘棋，更好构筑"监测、服务、管理、人才、文化"五体一体发展布局；推进"135"工程。更在于，贯彻好习近平总书记"节水优先、空间均衡、系统治理、两手发力"治水思路，助力好富裕幸福美丽现代化江西建设，落实好江西水利改革发展系列举措，进一步擦亮支撑防汛抗旱的金字招牌，打好支撑水资源管理的优质品牌，打响支撑水生态文明的时代新牌。

谨将此书献给为水文事业奋斗一生的前辈，献给为明天正在奋斗的水文职工，献给实现全面小康奋斗目标的伟大祖国。

让水文随着水利事业迅猛推进的大态势，顺应经济社会全面发展的大形势，在开启全面建设社会主义现代化国家新征程中，躬行大地、奋力向前。

2021 年 4 月于南昌

前　言

鄱阳湖是中国第一大淡水湖，上承赣江、抚河、信江、饶河、修河五大河，位于江西省北部、长江中下游南岸。湖口水文站水位 22.59m 时，相应面积 5100km²。鄱阳湖是国际重要湿地，长江干流重要调蓄性湖泊，世界自然基金会划定的全球重要生态区之一，对维系区域和国家生态安全具有重要作用。

整个鄱阳湖都处在江西境内，但这并不妨碍鄱阳湖以其典型的湖泊水域生态系统、湿地生态系统、江湖相互作用的水文环境与生态结构，构成了这个地球上不可多得的水科学研究天然环境实验室。

立足这一科研高地，1957 年江西水文进军鄱阳湖开始长列水文观测。1959 年，鄱阳湖水文局的前身——中国科学院江西分院湖泊实验站在鄱阳湖成立，围绕十大项目开展科学研究，出版了大量研究文集，其中《鄱阳湖的湖流和风浪实验》获 1978 年省科学大会奖。

立足这一科研高地，江西水文于 2009 年再次大规模向鄱阳湖进军，鄱阳湖水文生态基地基本建设完成，鄱阳湖地理信息测量取得存在成果，鄱阳湖建设的 DF 活体浮游植物及生态环境在线监测系统填补了国内空白，《变化环境下鄱阳湖水文水资源研究与应用》获大禹水利科技奖。

因事业单位机构改革，2021 年 1 月江西省水文局正式更名为江西省水文监测中心，原所辖 9 家单位更名、合并为 7 家分支机构。本文作者所涉及单位仍保留原单位名称。

水文科技工作者的不懈努力，为保护鄱阳湖一湖清水提供了水文方案，为打造"美丽中国"江西样板提供了水文支撑，为共建长江经济带的需要提供了水文智慧，本书就是这一努力的成果之一。

本书集江西水文近年监测分析研究鄱阳湖水环境、水生态、水资源的最新成果之大成，作者主要是致力于鄱阳湖监测研究实践的一线水文科技工作者，他们围绕鄱阳湖开展长序列、多领域、系统化监测研究，既有对鄱阳湖水生态环境、湖流特征等方面的观察分析，也有对鄱阳湖水位关系变化、冲淤变化等的深入研究，还有对鄱阳湖生态与候鸟、藻类、植物群落关系的探讨。这些凝聚着水文工作者智慧、心血和奉献精神的成果，为人们全面了解鄱阳湖水文生态现象，掌握鄱阳湖水文生态基本特征，更加深入地认识鄱阳湖水文生态演变规律，提供了宝贵的第一手资料。

我们衷心希望本书能给读者带来有益的帮助，但限于水平，本书难免存在纰漏和错误，敬请广大读者批评指正。

在此，对本书出版过程中给予关心支持的领导和专家表示衷心感谢。

编者

2020 年 4 月

目 录

CONTENTS

鄱阳湖综合水环境特征研究

邓燕青[1]　张志章[2]　赵义君[2]　余银波[2]　陶华芬[2]

(1. 江西省水文局，江西南昌　330002；

2. 河海大学环境学院，江苏南京　210098)

摘　要： 以鄱阳湖 1998—2012 年水质资料及 2008—2012 年"五河七口"水文数据，对鄱阳湖污染负荷的特点进行对比分析，结果表明：①平水年 COD_{Mn}、氨氮、TP 入湖量分别为 278563.7t、47218.06t、10931.3t。丰水年 COD_{Mn}、氨氮、TP 入湖量分别为 513296.5t、80452.18t、14095.05t。枯水年 COD_{Mn}、氨氮、TP 入湖量分别为 219094.8t、46051.37t、6448.57t；②污染物通过"五河七口"进入鄱阳湖的量占进入鄱阳湖总污染物的绝大部分；③干湿沉降量较"五河"入湖所占的比例要小得多，但大于长江倒灌入湖污染物的量；④不同污染物之间相比也呈现不同的规律，COD_{Mn} 经"五河"入湖的比例最高的是丰水年，经长江倒灌的比例最高的是枯水年；氨氮经"五河"入湖的比例为 96%，经干湿沉降入湖的比例约为 4%；TP 在枯水年经长江倒灌的比例为 3%，其余水文典型年均只占 1%。

关键词： 鄱阳湖；长江倒灌；干湿沉降；上游"五河"；COD；氨氮；TP

鄱阳湖是中国长江中游典型的通江湖泊，是中国第一大淡水湖，也是国际重要湿地，在维系区域水量平衡与生态安全方面发挥着重要作用，有防洪、调节气候、涵养水源、净化水质和维持生物多样性等功能。鄱阳湖涉及南昌、新建、进贤、余干、鄱阳、都昌、湖口、九江、星子、德安、共青城和永修等市县，上游承接赣江、抚河、信江、饶河、修河五条主要河流来水，经湖区调蓄后由湖口注入长江，是一个季节性较强的吞吐型湖泊。目前鄱阳湖已有的水环境研究成果主要集中在水质变化特征以及鄱阳湖流域水文特征的研究与分析，如闵骞、占腊生利用鄱阳湖区 1952—2011 年水文监测资料，分析了鄱阳湖近 60 年来枯水特征及其变化规律；郭华、张奇等研究分析了 1960—2008 年鄱阳湖流域的气候和水文变化特征，用水量和能量平衡关系解释了这些特征，揭示了鄱阳湖流域水文变化特征的成因及干旱和洪涝发生的规律；刘倩纯、余潮等于 2010 年 10 月、2011 年 5 月采集了鄱阳湖主湖区、"五河"入湖口以及碟形湖的表层水样，对水质理化参数进行了测定分析，分析结果表明鄱阳湖水质理化参数存在显著的时空差异。虽然这些研究成果极大地推动了鄱阳湖水环境研究的进展，但是关于鄱阳湖水质驱动的研究很少。

　　由于鄱阳湖受下游长江及上游"五河"水文情势的影响较大，为进一步量化湖体水质所受到的影响，利用江西水文局及鄱阳湖水文局的相关监测数据，计算得到鄱阳湖不同水文典型年各类型污染物通过不同途径进入鄱阳湖所占的比例。研究思路主要为：鄱阳湖的污染物按来源可分为纵向源和横向源两方面，其中横向源包括上游"五河"入湖、长江倒灌入湖。纵向源包括干湿沉降和底泥释放。本次计算缺少关于底泥释放的相关实验数据和研究数据，且鄱阳湖的换水周期较短，底泥释放量相较于其他三个来源较小，因此本文只考虑了前三个污染源的影响。根据收集的水质监测数据及水文资料，选取COD、氨氮、TP这三项污染物分别计算它们经不同途径的入湖量。考虑到丰水年、平水年、枯水年的水文情势有很大的不同，故对不同水文典型年三项污染物的入湖量依次计算分析，得出的结果具有一定的参考价值，可作为研究鄱阳湖的基础资料，得到的结论可为江西省有效治理鄱阳湖的水质问题、控制鄱阳湖的水环境质量提供一定的依据。

1 研究区域

鄱阳湖位于东经115°47′～116°45′、北纬28°22′～29°45′，在江西省北部长江中下游南岸。鄱阳湖涉及南昌、新建、进贤、余干、鄱阳、都昌、湖口、九江、星子、德安、共青城和永修等市县，上游承接赣江、抚河、信江、饶河、修河五条主要河流来水，经湖区调蓄后由湖口注入长江，是一个季节性较强的吞吐型湖泊。鄱阳湖可分为南、北两部分，北面为入江水道，长40km，宽3～5km，最窄处约2.8km；南面为主湖体，长133km，最宽处达74km。鄱阳湖水面面积与库容随季节变幅较大。根据近50年观测资料，鄱阳湖多年最高最低水位差达15.79m；最大年变幅为14.04m，最小年变幅也达9.59m。湖口站历年最高水位22.59m（1998年7月31日，吴淞基面）时，湖区水面面积4500km²，容积为340.0亿m³。湖口水文站历年最低水位5.90m（1963年2月6日）时，面积仅为146km²，容积为4.5亿m³。湖区多年平均水位13.30m，对应水面面积与库容分别为2291.9km²、21亿m³。鄱阳湖区多年平均年降水量1632mm，降水时空分布不均，具有明显的季节性和地域性；降水量主要集中在3—8月，约占全年总量的74.4%。鄱阳湖的入湖水量由五大水系和湖区区间径流组成，五大水系多年平均入湖水量1250亿m³，占入湖总水量的87.1%；五大水系入湖水量中，赣江、抚河、信江、饶河、修河分别占47.1%、10.8%、12.4%、8.2%、8.6%。入湖水量最大的为赣江水系，最小的为饶河水系。鄱阳湖入长江水量年内变化与上游"五河"入湖水量年内变化趋势一致，但由于湖盆的调蓄影响，各月占年总量的比重不同，入江水量集中在4—7月，占年总量的53.7%。

2 研究方法与材料

根据鄱阳湖近几十年来的年径流量数据分析，确定2008年为平水年，2010年为丰水年，2011年为枯水年。

横向入湖污染物通量主要包括上游"五河"的污染物入湖量以及长江倒灌时携带的污染物入湖量，根据江西省水文局水文站点提供的资料，可以得到"五河"入湖全年的流量变化过程及长江倒灌的时长与流量；又根据鄱阳湖水质监测数据，可知鄱阳湖"五河"入湖口及长江倒灌口的污染物浓度的全年变化值，将这些值代入下列公式可计算出"五河"入湖及长江倒灌的污染物的量。

河道污染物入湖量的计算公式为

$$W_h = Q_h \times T_h \times C_h \times 10^{-6} \tag{1}$$

式中：W_h 为单条河道污染物入湖总量，t；Q_h 为河流流量，m^3/h；T_h 为时间，h；C_h 为污染物浓度，mg/L。上游"五河"各污染物的总量之和即为鄱阳湖污染物河道入湖总量。

长江倒灌入湖量的计算公式为

$$W_d = Q_d \times T_d \times C_d \times 10^{-6} \tag{2}$$

式中：W_d 为长江倒灌入库污染物总量，t；Q_d 为湖口倒灌入湖流量，m^3/h；T_d 为倒灌时长，h；C_d 为倒灌污染物浓度，mg/L。

纵向入湖主要为大气干湿沉降，大气干湿沉降是指氮（N）、磷（P）、硫（S）等多种物质经大气传输途径进入水体，是水生态系统生物地球化学物质循环研究的重要组成内容。随着工业和农业的快速发展，全球环境污染急剧扩大。与其他污染源相比，大气干湿沉降中的氮、磷污染不容忽视。在河流、小型湖库，干湿沉降对污染负荷贡献不显著，但对一些大型浅水湖泊，干湿沉降也是重要源强。鄱阳湖大气干湿沉降率是根据鄱阳湖降尘监测站监测数据计算得到的。结合鄱阳湖近年来降雨统计资料，将湖面面积取为 $2692m^2$，对 2008 年、2010 年、2011 年全年逐月干湿沉降通量进行了计算。

3 鄱阳湖综合水环境特征分析

3.1 横向入湖污染负荷分析

3.1.1 "五河"入湖污染负荷分析

由表 1 可知，2008 年（平水年）"五河"入湖 COD_{Mn}、氨氮、TP 约为 31233.5t、5649.10t、1366.887t；2010 年（丰水年）"五河"入湖 COD_{Mn}、氨氮、TP 约为 58895.5t、9655.95t、1719.094t；2011 年（枯水年）"五河"入湖 COD_{Mn}、氨氮、TP 约为 23960.8t、5520.91t、763.652t。丰水年鄱阳湖入湖污染物最多，相比于平水年和枯水年，丰水年 COD_{Mn} 入湖量分别多出 46.9%、59.3%，氨氮入湖量分别多出 41.5%、42.8%，TP 入湖量分别多出 20.5%、55.6%。

表 1 　　　　　　　鄱阳湖"五河"入湖污染物量计算结果　　　　　　　单位：t/a

点　位	污染物种类			点　位	污染物种类		
NO.1 赣江外洲	COD_{Mn}	氨氮	TP	2010 丰水年	94731	11001	2811.4
2008 平水年	132514.3	19274.8	5601.7	2011 枯水年	36291.6	4406.8	1309.1
2010 丰水年	213971.8	24188.1	5395.8	NO.3 昌江渡峰坑	COD_{Mn}	氨氮	TP
2011 枯水年	96973.2	10085.2	1823.1	2008 平水年	10240.4	1789.9	216.5
NO.2 信江梅港	COD_{Mn}	氨氮	TP	2010 丰水年	16891.3	2914.9	612.9
2008 平水年	45459.1	3666.1	2624.9	2011 枯水年	9460.8	1021.8	310.3

点 位	污染物种类			点 位	污染物种类		
NO.4 乐安河石镇街	COD$_{Mn}$	氨氮	TP	2010 丰水年	3237.5	256.8	39.1
2008 平水年	27370.1	16919.7	1360.2	2011 枯水年	1303.7	135.4	18.1
2010 丰水年	48477.1	28143.7	3070.2	NO.7 博阳河梓坊	COD$_{Mn}$	氨氮	TP
2011 枯水年	24062	25024.5	2179.3	2008 平水年	901.4	49.43	12.2
NO.5 永修	COD$_{Mn}$	氨氮	TP	2010 丰水年	2293.3	203.9	37.6
2008 平水年	12791	1172.5	293.1	2011 枯水年	791.2	74.2	16.1
2010 丰水年	19615.4	1863.5	431.5	NO.8 抚河李家渡	COD$_{Mn}$	氨氮	TP
2011 枯水年	9646.9	1117	218.3	2008 平水年	19148.7	2176	530.9
NO.6 西河石门街	COD$_{Mn}$	氨氮	TP	2010 丰水年	71946.2	8675.9	1354.3
2008 平水年	1443.1	144.3	55.5	2011 枯水年	13156.8	2302.4	234.9

由图 1 可知平水年 COD$_{Mn}$ 入湖量最多的是赣江外洲，占总入湖量的 53％，其次为信江梅港，占总入湖量的 18％，其余入湖口占 29％。氨氮入湖量最多的是赣江外洲，占总入湖量的 43％；其次为乐安河石镇街，占总入湖量的 37％；其余入湖口占 20％。TP 入湖量最多的是赣江外洲，占总入湖量的 52％；其次为信江梅港，占总入湖量的 25％；其余入湖口占 33％。

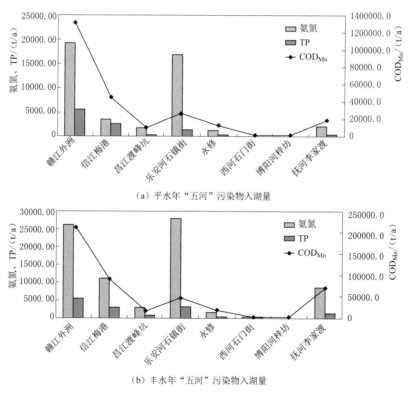

（a）平水年"五河"污染物入湖量

（b）丰水年"五河"污染物入湖量

图 1（一）"五河"各污染物年入湖量

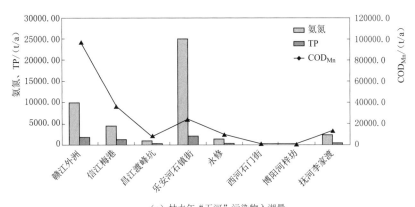

（c）枯水年"五河"污染物入湖量

图1（二）"五河"各污染物年入湖量

丰水年 COD_{Mn} 入湖量最多的是赣江外洲，占总入湖量的 45％，其次为信江梅港和抚河李家渡，分别占 20％ 和 15％；其余入湖口占 20％。氨氮入湖量最多的是乐安河石镇街，占总入湖量的 37％；其次为赣江外洲，占总入湖量的 31％，其余入湖口占 32％。TP入湖量最多的是赣江外洲，占总入湖量的 39％；其次为信江梅港和乐安河石镇街。

枯水年 COD_{Mn} 入湖量最多的是赣江外洲，占总入湖量的 51％；氨氮、TP 入湖量最多的是乐安河石镇街，分别约占总入湖量的 57％、36％。

赣江外洲与乐安河石镇街以及抚河李家渡占污染物入湖总量的比重较大。这是因为赣江外洲的流量较大，虽然污染物浓度较低，但污染物总量依旧占的比重最大。乐安河石镇街的流量虽较小，但污染物浓度较高，尤其是氨氮及 TP 的值较高，是其他河流的数倍。因此污染物入湖总量也占了较高的比重。

3.1.2　长江倒灌量

不同水文典型年污染物长江倒灌量计算结果见表2和图2。由表2可知，长江倒灌污染物量平水年＜丰水年＜枯水年，这可能与枯水年鄱阳湖水位较低，长江倒灌量增加有关。丰水年长江水位有所上升，倒灌量与平水年相比有增无减，污染物量也呈现丰水年大于枯水年的特点。与"五河"入湖相比，长江倒灌量只占较小的一部分。

表 2　　　　　　　　　　不同水文典型年污染物长江倒灌量　　　　　　　　单位：t/a

长江倒灌	COD_{Mn}	氨氮	TP
2008 平水年	7122	184.8	98
2010 丰水年	7337	236.06	118.3
2011 枯水年	9315	340.2	222.7

3.2　纵向入湖污染负荷分析

根据南京地理湖泊研究所鄱阳湖站干湿沉降监测资料，对 2008 年、2010 年、2011 年全年逐月干湿沉降通量进行了计算，结果见表3和图3、图4。由表3可知，干湿沉降的污染物丰水年＞平水年＞枯水年，原因在于降雨量丰水年＞平水年＞枯水年。由图3可

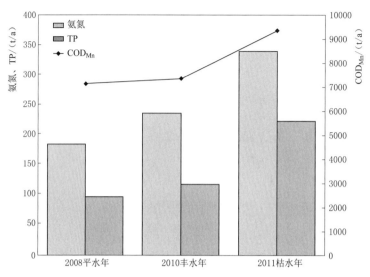

图2 各污染物不同水文典型年长江倒灌量

知，COD、氨氮和TP在不同水文典型年呈现相同的规律，同一种污染物在同一水文典型年不同月依旧呈现丰水年＞平水年＞枯水年的规律。5—8月由于降雨量增加，污染物的干湿沉降量也随之增加，随后降雨量逐渐减少，污染物的干湿沉降量也逐渐降低。

表3　　　　　　　　　鄱阳湖不同水文典型年干湿沉降量　　　　　　　　单位：t/a

干湿沉降	COD_{Mn}	氨氮	TP
2008 平水年	21573.6	1840.5	138.2
2010 丰水年	34795.9	2968.5	224
2011 枯水年	18093.6	1543.9	116.6

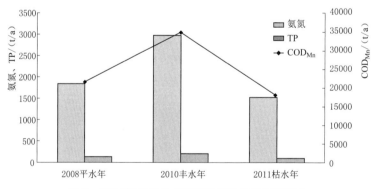

图3　鄱阳湖不同水文典型年污染物干湿沉降量

4 结论

不同水文典型年污染物经不同途径进入鄱阳湖所占的比例如图5所示。由图5可得出

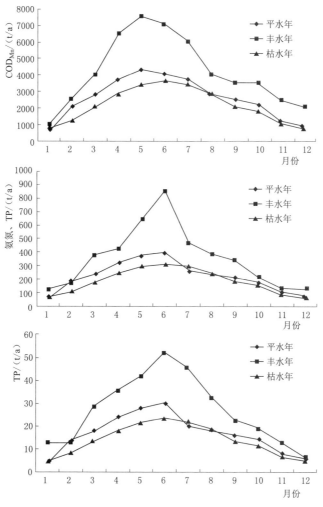

图 4 不同水文典型年各污染物干湿沉降量

以下结论：

（1）平水年 COD_{Mn} 入湖总量为 278563.7t，氨氮 47218.06t，TP 为 10931.3t。丰水年 COD_{Mn} 入湖总量为 513296.5t，氨氮为 80452.18t，TP 为 14095.05t。枯水年 COD_{Mn} 入湖总量为 219094.8t，氨氮为 46051.37t，TP 为 6448.57t。鄱阳湖污染物入湖量总体上呈现丰水年最大，枯水年最小的规律。污染物入湖量的大小与水文情势有关。丰水年鄱阳湖上游"五河"水量大，湖面降雨多，长江倒灌量少。因此丰水年鄱阳湖污染物经上游"五河"与干湿沉降的量大于平水年和枯水年的量，即丰水年＞平水年＞枯水年；丰水年鄱阳湖污染物经长江倒灌的量小于平水年和枯水年的量，即枯水年＞平水年＞丰水年。

（2）COD_{Mn} 经上游"五河"入湖的量占总入湖量的 88%～92%，其中丰水年"五河"入湖污染物更占优势，达到了 92%，枯水年"五河"入湖污染物占总污染物的比例较平水年和丰水年有所降低，分别为 90% 和 88%，由于水量的降低，不同水文典型年之间的

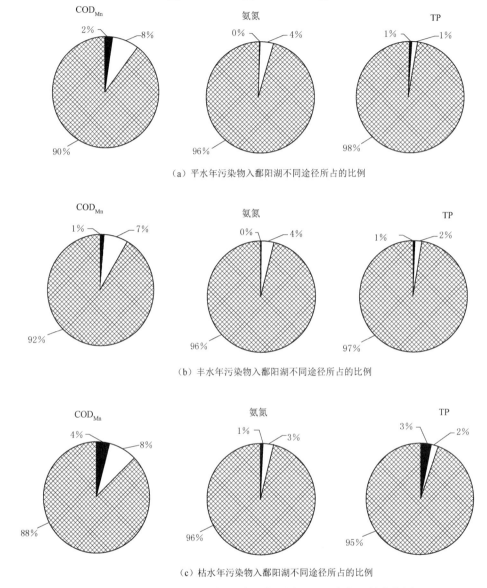

图 5　不同水文典型年污染物入鄱阳湖不同途径所占的比例分布图

COD_{Mn}差值为 2%。COD_{Mn}干湿沉降量较"五河"入湖所占的比例要小得多，为 7%~8%，由于鄱阳湖的水面面积大，通过干湿沉降进入鄱阳湖的污染物也不容忽视。COD_{Mn}长江倒灌与上述两类途径相比，所占的比例较低，为 1%~4%。

（3）氨氮经上游"五河"入湖的量占总入湖量在不同的水文典型年都为 96%，几乎占了入湖总量的全部；氨氮经干湿沉降入湖量为 3%~4%；长江倒灌入湖的量很少，除枯水年倒灌量占总入湖量的 1%外，其余水文典型年均低于 1%。

（4）TP 经上游"五河"入湖的量占总入湖量在平水年占 98%，丰水年占 97%，枯水年占 95%，经长江倒灌的量占 1%~3%，经干湿沉降的量占 1%~2%。与干湿沉降量大于长江倒灌量不同的是，枯水年 TP 经长江倒灌的比例大于干湿沉降所占的比例。

由上述可知，"五河"入湖为鄱阳湖污染物的主要来源，控制"五河"的污染物排放为控制鄱阳湖污染物超标的最主要目标。但是干湿沉降也不容忽视，应当从各个方面统筹考虑，采取综合保护措施，方能还鄱阳湖一方清水。

参 考 文 献

[1] 杨桂山，马荣华，张路，等. 中国湖泊现状及面临的重大问题与保护策略 [J]. 湖泊科学，2010，22 (6)：799 - 810.

[2] 赵其国，黄国勤，钱海燕. 鄱阳湖生态环境与可持续发展 [J]. 土壤学报，2007，44 (2)：318 - 326.

[3] 闵骞，占腊生. 1952—2011 年鄱阳湖枯水变化分析 [J]. 湖泊科学，2012 (5)：675 - 678.

[4] 郭华，张奇，等. 鄱阳湖流域水文变化特征成因及旱涝规律 [J]. 地理学报，2012，67 (5)：699 - 709.

[5] 刘倩纯，余潮，等. 鄱阳湖水体水质变化特征分析 [J]. 农业环境科学学报，2013，32 (6)：1232 - 1237.

[6] 郭华，张奇. 近 50 年来长江与鄱阳湖水文相互作用的变化 [J]. 地理学报，2011，66 (5)：609 - 618.

[7] 席海燕，王圣瑞，郑丙辉，等. 流域人类活动对鄱阳湖生态安全演变的驱动 [J]. 环境科学研究，2014，27 (4)：398 - 405.

[8] 叶许春，张奇，刘健，等. 气候变化和人类活动对鄱阳湖流域径流变化的影响研究 [J]. 冰川冻土，2009，31 (5)：835 - 842.

[9] 李昌彦，王慧敏，佟金萍，等. 气候变化下水资源适应性系统脆弱性评价——以鄱阳湖流域为例 [J]. 长江流域资源与环境，2013，22 (2)：172 - 181.

[10] 戴雪，万荣荣，杨桂山，等. 鄱阳湖水文节律变化及其与江湖水量交换的关系 [J]. 地理科学，2014，34 (12)：1488 - 1496.

[11] 金国花，谢冬明，邓红兵，等. 鄱阳湖水文特征及湖泊纳污能力季节性变化分析 [J]. 江西农业大学学报，2011，33 (2)：388 - 393.

[12] 刘成，张翔，肖洋，等. 鄱阳湖五河流域入湖年径流变化特征分析 [J]. 水电能源科学，2015，33 (5)：1 - 18.

鄱阳湖低枯水位变化及趋势性分析研究

喻中文　胡魁德

（江西省水文局，江西南昌　330002）

摘　要： 选取鄱阳湖代表水位站历年来水位观测资料，分析湖区水位代表站水位变化情况，采用 Mann-Kendall 非参数检验（M-K 检验）、Kendall 秩次相关检验（Kendall 检验）、Spearman 秩次相关检验（Spearman 检验）、线性回归趋势检验（LRT 检验）等四种方法分析研究鄱阳湖湖口、星子、都昌、棠荫、康山等 5 个水位站的变化趋势。分析表明鄱阳湖湖区湖口站、星子站、都昌站 10 月和 11 月平均水位均已出现趋势性降低变化。

关键词： 鄱阳湖；水位；变化；趋势；研究

　　鄱阳湖是我国最大的淡水湖泊，位于江西省的北部、长江中游南岸，承纳赣江、抚河、信江、饶河、修河五大河（简称"五河"）及博阳河等支流来水，经调蓄后由湖口注入长江，是一个过水型、吞吐型、季节性湖泊。鄱阳湖不仅是长江中下游洪水的重要调蓄场所，同时也是长江流域生态系统的重要组成部分，是世界著名的湿地，在长江流域治理、开发与保护中占有十分重要的地位，对鄱阳湖生态经济区建设极为重要。

　　受三峡等长江上游干支流水库调度运用等人类活动及降雨等自然条件变化的影响，近年来鄱阳湖区出现了枯水时间提前、水位偏低、枯水持续时间延长的情况，不仅严重影响到湖区用水安全，严重制约湖区经济社会发展，而且对湖区水环境、湿地及水生态系统也造成损害。

　　本文依据鄱阳湖区代表水位站历年水位观测资料，分析研究了鄱阳湖区代表水位站枯水期水位变化情况，并采用 Mann-Kendall 非参数检验（M-K 检验）、Kendall 秩次相关检验（Kendall 检验）、Spearman 秩次相关检验（Spearman 检验）、线性回归趋势检验（LRT 检验）等四种方法分析鄱阳湖湖口、星子、都昌、棠荫、康山等 5 个水位站的变化趋势，同时，分析了三峡水库蓄水和补水对湖区星子站水位变化的影响进行了分析评价。

1　星子站水位分析

　　星子水位站建于 1934 年，为中央报汛站，位于鄱阳湖中段的星子县（现庐山市）境内，鄱阳湖湖口水道中上游左岸，是鄱阳湖重要出口，是水利部门水利公报数据采用的站点，为鄱阳湖水位控制站。

在 1956—2012 年 57 年资料系列中，有的年份鄱阳湖枯水期自 8—9 月就开始了，一般到次年 2—3 月结束，特殊年份枯水期要延长到次年 4—5 月才结束。为能准确地了解鄱阳湖枯水特征，以 7 月至次年 6 月划分年度，统计星子站各级枯水位出现时间和持续天数。星子站枯水（水位 10m 以下，此时鄱阳湖动态面积 1317km²，容积 26.0 亿 m³）和严重枯水（水位 8m 以下，此时鄱阳湖动态面积 600km²，容积 14.0 亿 m³；水位 6m 以下，此时鄱阳湖动态面积 248km²，容积 8.5 亿 m³）出现时间提前、持续时间加长的特征明显（表 1），1956—2002 年系列平均持续时间为 136d、79d 和 12d，而 2003—2012 年平均达 175d、106d 和 20d，如按年代统计，2003—2012 年系列枯水持续时间则列六个年份的平均值之首位。2006 年 10m 以下和 8m 以下持续时间分别达到 277d 和 156d，2010 年 10m 以下和 8m 以下持续时间分别达到 216d 和 166d，分别列在 57 年系列中枯水持续时间最长的前两位。

表 1　　　　　　　　　　鄱阳湖星子站不同等级枯水位平均出现天数及时间多年统计表

年　段	某级以下水位出现天数及时间								
	10m			8m			6m		
	天数/d	初日	平均出现日期	天数/d	初日	平均出现日期	天数/d	初日	平均出现日期
1960—1969	132	11 月 7 日	11 月 17 日	81	11 月 22 日	12 月 8 日	22	12 月 26 日	12 月 29 日
1970—1979	139	9 月 1 日	11 月 13 日	80	10 月 24 日	11 月 26 日	13	12 月 11 日	12 月 19 日
1980—1989	109	10 月 16 日	11 月 23 日	65	11 月 25 日	12 月 9 日	3	1 月 15 日	
1990—2002	117	9 月 19 日	11 月 8 日	54	11 月 13 日	12 月 2 日	1	2 月 27 日	
1956—2002	127	9 月 1 日	11 月 11 日	72	10 月 14 日	12 月 2 日	11	12 月 9 日	12 月 21 日
2003—2012	175	8 月 22 日	10 月 14 日	106	9 月 28 日	10 月 29 日	20	12 月 11 日	12 月 15 日
1956—2012	136	8 月 22 日	11 月 6 日	79	9 月 28 日	11 月 24 日	12	12 月 9 日	12 月 18 日

根据星子站实测水位按年份进行统计，2002 年前星子站 10m 以下水位最早出现时间为 20 世纪 70 年代的 9 月 1 日，8m 以下水位最早出现时间为 50 年代末的 10 月 14 日；2003—2012 年星子站 10m 以下和 8m 以下水位最早出现时间均为 2006 年，分别为 8 月 22 日和 9 月 28 日，分别提前了 10d 和 16d，这也是星子站 57 年系列中枯水出现时间最早的年份。

2 ▶ 鄱阳湖各水位站 9 月至次年 3 月各月水位变化

三峡工程采用"一级开发、一次建成、分期蓄水、连续移民"的建设方案，2003 年 6 月蓄水至 135m，2008 年 11 月蓄水至 172.8m，2009 年 6 月 30 日，三峡电站 26 台机组首次实现全部同时并网发电，同年 10 月进行 175m 试验性蓄水。2003 年三峡水库开始蓄水运行，国内外专家、学者均将 2003 年定为三峡水库蓄水的开始时间，即 2003 年以前为三峡蓄水前，2003 年后为三峡蓄水后。

以湖口站、星子站、都昌站、棠荫站、康山站为湖区水位代表站，分析各站 9 月至次年 3 月各月平均水位的变化（表 2）。图 1 和图 2 为三峡蓄水前后湖口站和星子站水位过程线的比较。

表 2　　　　　　　　　鄱阳湖区各站 9 月至次年 3 月平均水位变化表　　　　　　　　　单位：m

测站	9 月	10 月	11 月	12 月	1 月	2 月	3 月
湖口	−0.8	−2.2	−1.6	−0.54	0.25	0.38	0.67
星子	−0.8	−2.17	−1.64	−0.77	−0.4	−0.55	−0.22
都昌	−0.81	−2.14	−1.67	−1.12	−1.03	−1.06	−0.6
棠荫	−0.77	−1.81	−1.05	−0.64	−0.63	−0.38	−0.05
康山	−0.52	−1.27	−0.58	−0.29	−0.32	−0.29	−0.08

注　表中数值为 2003—2012 年系列月平均值减去 1956—2002 年系列月平均值。

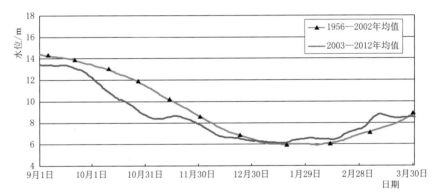

图 1　三峡蓄水前后湖口站 9 月至次年 3 月水位过程比较图

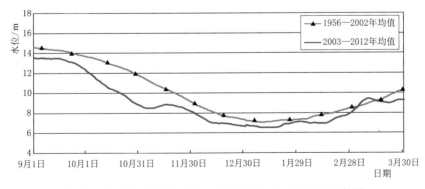

图 2　三峡蓄水前后星子站 9 月至次年 3 月水位过程比较图

在三峡水库蓄水期间（9—10 月），由于水库的蓄水导致干流流量减小，长江干流水位降低（表现为湖口水位降低），干流水位的降低导致鄱阳湖水快速流出，鄱阳湖区水位下降。由表 2 可以看出，鄱阳湖各水位站水位变化基本遵循入江水道水位整体下降较大，而都昌以上距离都昌越远其下降值越小的规律，这也说明了越往上游三峡水库蓄水的影响越小。

在三峡水库补水期（1—3 月），干流流量增加，长江干流水位抬升，这使得湖口水位也相应抬升。从水位变化可以看出，在枯水期，由于"五河"来水较小，从上游到下游水位降低值越来越大，而由于三峡水库的补水，长江干流水位有所抬高，也对入江水道水位有一定的顶托作用，使得在都昌附近水位降低值达到最大。

在 11 月和 12 月间，三峡水库在 11 月中旬以后基本不会蓄水，而此时五河来水也较小，随着三峡水库对枯水补给的逐渐增加，对湖口站水位较 1956—2002 年有一定的抬升，这使得 2003—2012 年与 1956—2002 年水位的差值略低于星子站，湖口站、星子站、都昌站、棠荫站、康山站 11—12 月平均水位均降低，从水位变化值可以看出，由于"五河"来水较小，从上游至下游水位降低值越来越大，而长江干流由于三峡的补水，使得在都昌附近水位降低值达到最大。

综上，三峡水库蓄水运用对鄱阳湖 9 月至次年 3 月水位会产生一定影响，其中 10—11 月影响最大，空间分布上都昌附近影响幅度最大。

3 9 月至次年 3 月各月平均水位变化趋势分析

为了进一步鄱阳湖代表水位站水位演变的总体规律，本文采用 Mann - Kendall 非参数检验（M - K 检验）、Kendall 秩次相关检验（Kendall 检验）、Spearman 秩次相关检验（Spearman 检验）、线性回归趋势检验（LRT 检验）等四种方法分析鄱阳湖湖口、星子、都昌、棠荫、康山等 5 个水位站 1956—2012 年每年 9 月至次年 3 月逐月平均水位的变化趋势。检验结果见表 3。

表 3 鄱阳湖区水位长期变化趋势检验结果表

月份	测站	Mann - Kendall 非参数检验法	Kendall 秩次相关检验法	Spearman 秩次相关检验法	线性回归趋势检验法	检验结果
9	湖口	0.33	0.32	−1.98	0.26	无趋势
	星子	−0.49	−0.50	−1.52	−0.65	无趋势
	都昌	−0.48	−0.49	−1.10	−0.62	无趋势
	棠荫	−0.46	−0.49	−0.53	−0.51	无趋势
	康山	−0.11	−0.14	−0.96	−0.01	无趋势
10	湖口	−1.98	−2.02	2.40	−1.98	显著降低
	星子	−2.80	−2.82	2.96	−2.95	显著降低
	都昌	−2.64	−2.66	2.90	−2.75	显著降低
	棠荫	−2.55	−2.56	3.24	−2.80	显著降低
	康山	−3.33	−3.37	3.84	−3.50	显著降低

续表

月份	测站	Mann-Kendall 非参数检验法	Kendall 秩次相关检验法	Spearman 秩次相关检验法	线性回归 趋势检验法	检验结果
11	湖口	-1.30	-1.34	0.84	-1.38	显著降低
	星子	-2.28	-2.30	1.66	-2.60	显著降低
	都昌	-1.99	-2.00	0.64	-2.44	显著降低
	棠荫	-1.65	-1.72	0.37	-1.89	无趋势
	康山	-1.71	-1.75	1.22	-1.87	无趋势
12	湖口	0.28	0.26	-1.82	0.33	无趋势
	星子	-0.47	-0.49	0.10	-0.54	无趋势
	都昌	-0.69	-0.71	1.11	-0.80	无趋势
	棠荫	-0.45	-0.52	-2.36	-0.29	无趋势
	康山	-0.31	-0.35	-1.27	-0.55	无趋势
1	湖口	3.17	3.14	-5.91	3.24	显著升高
	星子	0.73	0.68	0.36	0.75	无趋势
	都昌	-0.55	-0.60	0.67	-0.64	无趋势
	棠荫	-0.99	-1.06	-0.30	-0.94	无趋势
	康山	-0.67	-0.72	0.27	-0.85	无趋势
2	湖口	3.00	2.99	-3.10	3.11	显著升高
	星子	-0.03	-0.06	0.24	0.13	无趋势
	都昌	-1.16	-1.18	0.31	-1.41	无趋势
	棠荫	-1.16	-1.24	-1.84	-1.41	无趋势
	康山	0.24	0.24	-1.3	-0.12	无趋势
3	湖口	2.07	2.05	-2.85	2.45	显著升高
	星子	0.45	0.45	-1.22	0.73	无趋势
	都昌	-0.5	-0.54	-0.92	-0.51	无趋势
	棠荫	-0.32	-0.4	-4.83*	-0.09	无趋势
	康山	1.23	1.23	-2.52	1.23	无趋势

从上述分析可见，由于三峡水库的蓄水运用，湖区水位出现了相应的趋势性变化，其中蓄水期间10月由于蓄水量较大，湖口站、星子站、都昌站、康山站、棠荫站均出现显著降低的趋势，而9月由于长江干流水位较高，表现不显著，11月三峡蓄水影响到都昌站，表现出显著降低趋势，都昌以上则表现不显著；在枯水期1—3月，由于三峡水库的补水，使得湖口站水位呈现显著升高的趋势变化，而湖口站水位抬高的作用难以影响到星子以上湖区水位，湖口以上各站月平均水位无显著变化趋势。

三峡水库蓄水和补水对星子站水位变化影响的研究

三峡工程是在长江干流上兴建的大型水利枢纽工程,三峡水库的运行必然会对长江九江段流量与水位产生相应的影响,进而影响鄱阳湖出湖流量、水位和蓄水量。而鄱阳湖星子水位站处在鄱阳湖入江水道的上端,其水位受长江及鄱阳湖来水变化、入江水道泄流能力变化等因素的影响。本文仅就三峡水库蓄水和补水对星子站水位变化的影响进行初步分析。

4.1 三峡蓄水对星子站水位的影响

根据 2008—2012 年三峡水库蓄水运用对湖口水位的影响,利用近年来的湖口—星子站水位相关关系,得到三峡水库蓄水运用对星子站水位的影响,见表 4。

表 4　　　　　三峡水库 2008—2012 年蓄水对星子站水位影响　　　　单位:m

项　目	9 月下旬	10 月	11 月	12 月
2008—2012 年湖口站实测均值对应星子站水位	13.03	10.49	9.70	8.38
三峡蓄水量还原后湖口站水位均值对应星子站水位	13.65	11.58	9.98	8.33
三峡蓄水对星子站水位影响	−0.62	−1.09	−0.28	−0.05

2008—2012 年三峡蓄水期,因三峡水库蓄水导致湖口站水位下降,进而降低了星子站的水位,9 月下旬平均降低 0.62m、10 月平均降低 1.09m、11 月平均降低 0.28m、12月平均降低 0.05m。

4.2 三峡补水对星子站水位的影响

根据 2009—2012 年三峡水库补水运用对湖口水位的影响,利用近年来的湖口—星子站水位相关关系,得到三峡水库补水运用对星子站水位的影响,见表 5。

表 5　　　　三峡水库 2009—2012 年 1—2 月补水对星子站水位影响　　　　单位:m

项　目	1—2 月
1956—2012 年实测日均水位	7.04
2009—2012 年实测日均水位	6.69
三峡补水对星子站水位影响	0.35

2009—2012 年 1—2 月因三峡补水抬高湖口水位后,对星子水位降低有减缓作用,减缓的降低幅度为 0.35m。

5 结语

三峡水库自 2003 年蓄水运用以来,鄱阳湖区枯水位显著降低、枯水出现时间大幅提前、枯水持续时间显著延长,湖区控制站普遍出现历史最低水位。对 1956—2012 年水位资料系列的趋势性分析表明，湖口站、星子站、都昌站 10 月和 11 月平均水位均已出现趋势性降低变化。

湖区星子站水位受三峡水库蓄水及鄱阳湖来水变化、入江水道泄流能力变化等因素的影响。根据星子站实测水位资料，2008—2012 年系列相比于 1956—2002 年系列，9 月下旬、10 月、11 月、12 月平均水位分别降低了 0.93m、2.51m、1.26m、0.44m。而在三峡水库补水期，因三峡补水抬高湖口水位后，对星子站水位降低有减缓作用，减缓的降低幅度为 0.35m。

参 考 文 献

［1］ 闵骞.鄱阳湖水位变化规律的研究［J］.湖泊科学，1995，7（3）：281-288.

［2］ 《鄱阳湖研究》编委会.鄱阳湖研究［M］.上海：上海科学技术出版社，1998.

［3］ 长江水利委员会水文局.三峡工程蓄水后长江中下游水文情势变化专题研究报告［R］，2010.

［4］ 谭国良，郭生练，王俊，等.鄱阳湖生态经济区水文水资源演变规律研究［M］.北京：中国水利水电出版社，2013.

鄱阳湖动态水位-面积、水位-容积关系研究

李国文　喻中文　陈家霖

（江西省水文局，江西南昌　330002）

摘　要： 本文提出建立动态水位-面积、水位-容积关系的构想。针对鄱阳湖不同水情变化产生的湖面各处水位差异，运用微积分、泰森多边形理论，结合现有水文（水位）站数量和分布、鄱阳湖湖盆特征和不同时期水情特点，研究鄱阳湖水文（水位）站分区水位与面积、水位与容积关系，开展鄱阳湖区动态水位-面积、水位-容积理论研究和实践。

关键词： 鄱阳湖；动态；水位；面积；容积；研究

1　问题的提出

　　湖泊不同水位条件下的面积、容积是一项最基本的水文特征值。新中国成立以来，长江水利委员会和江西省测绘局曾经进行过三次鄱阳湖地理测量，分别在 1954 年（中国人民解放军海军东海部队）、1983 年（江西省测绘局）和 1998 年（长江水利委员会）建立了鄱阳湖高程-面积和高程-容积关系成果，这些成果在实际工作中均得到广泛的应用。应用这一关系，人们推求出湖口水文站历年实测最高水位 22.59m（1998 年 7 月 31 日）时相应通江水体（包括湖盆区、青岚湖和"五河"尾闾河道）面积为 3708km²，湖体容积为 303.6 亿 m³；同样，推求出湖口水文站历年实测最低水位 5.90m（1963 年 2 月 6 日）时相应通江水体面积为 28.7km²，容积为 0.63 亿 m³。

　　现代科学的发展进步使遥感影像图像得到广泛应用。根据 2011 年 5 月 18 日 Aqua 卫星对鄱阳湖水面的遥感监测，鄱阳湖主体及附近水域面积为 1326km²。由于遥感影像只是反映平面信息，无法获得鄱阳湖相应容积，因此遥感影像的运用也存在一定的局限性。

　　鄱阳湖水域辽阔，是我国最大的淡水湖泊，具有"高水是湖，低水似河""洪水一片，枯水一线"的独特形态。鄱阳湖是开敞湖泊，湖区水位涨、落既由五河入湖水量多少控制，也受长江顶托强弱影响，入湖五河来水变化和长江干流水位变化的不同组合，造成湖区水位年内、年际变化极大。特别是鄱阳湖水位越低，湖区各站水位差别越大，在不同来水情况下，同一水位数据所对应的面积、容积均不相同。湖面落差越大，形状越复杂，越难建立符合实际的水位-面积、水位-容积关系，使得湖区面积、容积的推算存在很大的不确定性。然而对于洪水、枯水演算和预报，防汛抗旱指挥决策和水资源利用管理，以及水生态、水环境保护，都迫切需要了解鄱阳湖准确的面积与水量。本研究尝试建立鄱阳湖动

态水文条件下水位-面积、水位-容积关系，以满足工作需求。

2 动态关系的研究

2.1 湖区河相、湖相情势

在开敞式湖泊，建立动态水位-面积、水位-容积关系，目前没有先例。基于湖区布设的多处水文站长期观测水位资料，将系统观测水位资料统一到国家高程基面分析，可知不同时期湖泊水位存在较大的差异性。以位于湖区的康山站、棠荫站、都昌站、星子站、湖口站、吴城站为例，每年3—6月鄱阳湖流域内降水增加，五河来水增多，南、北湖区水位差由大至小，湖区由河相逐渐转为湖相；7—8月前期鄱阳湖流域主汛期，后期长江干流主汛期，江、河来水多，水情相互影响，湖区呈湖相；9—10月鄱阳湖流域来水减小，但江、湖仍为较高水位，南、北湖水位差逐渐拉开，湖区由湖相转为河相；11月至次年2月五河来水减小至最小、湖区水位降低至最低，南、北湖水位差最大，湖水归槽，湖区呈河相（图1）。

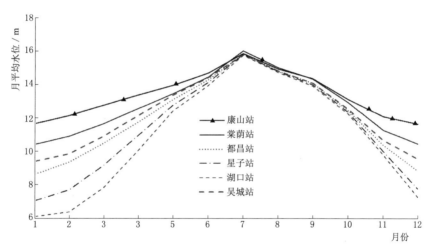

图1　鄱阳湖各水文站月平均水位变化比较（1985国家基准高程）

2.2 湖盆分区研究

微积分是研究函数的微分、积分以及有关概念和应用的数学分支。它是数学的一个基础学科，主要包括极限、微分学、积分学及其应用。假设水文在鄱阳湖区设立高密度的水位观测站点，运用微积分法，我们就可以准确地推求各分区在不同水位条件下相应的面积和容积。通过将鄱阳湖区细分为 n 个小的单元，对每个单元分别计算出同时水位相应的面积和容积，即可求得鄱阳湖动态面积和容积。

$$F(x)=\int_a^x f(t)\mathrm{d}t \quad x\in[a,b] \tag{1}$$

然而，从经济以及实际操作的角度考虑，水文站网的设立是有限的，我们不可能在鄱阳湖区建立足够多的水位观测站。为此，在实际运用中，我们利用泰森多边形对鄱阳湖进行分区，通过计算各分区对应的面积、容积可以求得鄱阳湖湖盆的水位-面积、水位-容积关系曲线。

泰森多边形可用于定量分析、定性分析、统计分析、邻近分析等。例如，可以用离散点的性质来描述泰森多边形区域的性质；可用离散点的数据来计算泰森多边形区域的数据；判断一个离散点与其他哪些离散点相邻时，可根据泰森多边形直接得出，若泰森多边形是 n 边形，则与 n 个离散点相邻；当某一数据点落入某一泰森多边形中时，它与相应的离散点最邻近，无须计算距离（图 2）。

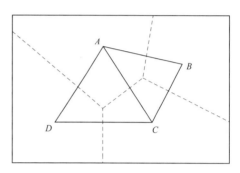

图 2　泰森多边形计算原理

根据泰森多边形计算原理，依据入湖河水和湖区水面的变化，尤其是低水位时期湖面各处水位的显著差异，结合鄱阳湖现有水文（水位）站数量和分布，采用泰森多边形将鄱阳湖（湖盆区）分成 9 个区域，每个区域选择 1 个代表水文（水位）站。本次研究采用的水文（水位）站分别是：湖口水道北部区域的湖口水文站，湖口水道南部区域的星子水位站，北部湖面开阔区域的都昌水位站，西部入湖河口区域的吴城水位站，南部湖面开阔区域的棠荫（蛇山）水文站，东北部湖湾区域的龙口水位站，南部入湖河口区域的康山水文站，东部入湖河口区域的鄱阳水位站，南部湖湾区域的三阳水位站。

2.3　碟形湖与单退、双退圩堤

人们在长期生产生活中，对湖区进行广泛的开发应用，鄱阳湖形成湖中的碟形湖、湖汊还建立了多处单退、双退圩堤。根据调查分析，鄱阳湖共有碟形湖 47 个。碟形洼地的面积与容积从隔离水位（与将其隔开的四周洲滩最低处等高的水位）起算，该水位以下各级水位对应的面积和容积，由 2010 年鄱阳湖基础地理测量得到的地形图确定。

鄱阳湖区共有退田还湖圩堤 235 座，分双退圩堤、保护面积 1 万亩以下单退圩堤和保护面积 1 万亩以上单退圩堤三种类型。

3　计算与分析

3.1　统一基面水位的换算

由于历史原因，鄱阳湖区各水文（水位）站采用的基面均为吴淞基面或冻结基面，基面的不统一，对湖区防汛抗旱、水资源管理、生态环境保护及生态经济区建设带来诸多不便和影响。本文采用 2010 年鄱阳湖基础地理测量成果，将各站基面统一至 1985 国家基准高程。各站吴淞（冻结）基面与 1985 国家基准高程换算系数见表 1。

表 1   鄱阳湖各水文（水位）站基面换算系数

站名	湖口	星子	都昌	棠荫	康山	龙口	鄱阳	三阳	吴城
系数	−1.836	−1.859	−1.653	−1.716	−1.707	−1.705	−1.892	−2.018	−2.260

注   1985 国家基准高程＝吴淞基面＋换算系数。

3.2   鄱阳湖范围及分区设定

鄱阳湖区有湖盆区、"五河"尾闾区、国家蓄滞洪区、退田还湖圩区四个区域，其中湖盆区和"五河"尾闾区为通江区域（通江水体），国家蓄滞洪区和退田还湖圩区为有条件通江区域。本次鄱阳湖高程-面积、高程-容积关系计算范围为 2010 年鄱阳湖基础地理测量实测鄱阳湖区 21m 高程以下区域。

湖盆区：指鄱阳湖单一区域的湖体部分，为入湖河流尾闾以下、湖口以上的区域。

"五河"尾闾区：指赣江、抚河、信江、饶河、修河五大入湖河流下游受鄱阳湖涨水顶托明显影响的河段。

国家蓄滞洪区：指康山、珠湖、黄湖和方洲斜塘蓄滞洪区。

退田还湖圩区：指 1998 年特大洪水后江西省人民政府确定的在一定标准下自然进水蓄洪的圩堤区域，分双退圩堤、保护面积 1 万亩以下单退圩堤和保护面积 1 万亩以上单退圩堤三种类型。

军山湖区域：军山湖边界以军山湖大堤和自然湖岸 21m 等高线连接构成。

碟形湖：鄱阳湖（湖盆区）内分布着许多大小不一、形状各异的碟形洼地，高水位时与大湖面连成一片，为通江水体的组成部分；低水位时被周围较高洲滩与通江水体隔离，成为暂时独立的小水体。

通江区域（通江水体）：为湖盆区与入湖河流尾闾区（含青岚湖）的合称。

3.3   碟形湖高程-面积、高程-容积关系的确定

本次研究的碟形湖水位特征是利用实测 1∶10000 数字地形图分析确定碟形湖控制高程，然后根据数字高程模型分析各碟形湖的高程-面积、高程-容积关系。经分析，鄱阳湖区共有碟形湖 47 个，总面积 478.81km²，总容积 6.21 亿 m³。

3.4   单退、双退圩堤高程-面积、高程-容积关系的确定

鄱阳湖区共有单退、双退圩堤 235 座，其中单退 149 座（万亩以上 25 座、万亩以下 124 座），双退 86 座。退田还湖圩区的面积与容积从还湖水位起算，还湖水位以下各级水位对应的面积和容积，采用实测 1∶10000 数字地形图分析确定；还湖水位以上各级水位对应的面积和容积，直接引用水利部门已有成果，不做其他形式的修正，总面积为 747.59km²，容积为 37.55 亿 m³。

3.5   动态水位-面积、水位-容积关系的确定

根据鄱阳湖水文（水位）站实测水位资料，将各站水位资料换算成统一的 1985 国家

基准高程，分别建立不同时段星子站水位与湖区其他 8 站水位的相关关系。分析结果表明星子站水位与其他 8 站水位的相关关系以逐月各旬平均水位关系最好。

利用 9 个分区代表水文（水位）站 1990—2010 年逐月各旬平均水位，通过各分区水位-面积、水位-容积关系推算逐月各旬各分区的面积、容积和鄱阳湖（湖盆区）的面积、容积，将逐月各旬鄱阳湖（湖盆区）的面积和容积与其对应的星子站旬平均水位进行相关关系分析，得出以星子站为代表的鄱阳湖（湖盆区）水位-面积和水位-容积关系。

3.5.1 湖盆区水位-面积、水位-容积关系曲线

点绘星子站水位与鄱阳湖湖盆区面积、容积相关关系点群图，点群图分析表明：水位 16m 以上时，点群集中成带状；7m 水位以下的点群逐渐趋于向 5m 左右位置集中；5～16m 的点群比较分散，但呈季节性分层分布，3—6 月的点据位于下层，7—8 月的点据位于中层，11 月至次年 2 月的点据位于上层（图 3 和图 4）。

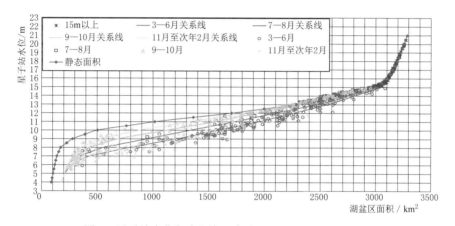

图 3　星子站水位与鄱阳湖（湖盆区）面积关系点群分布

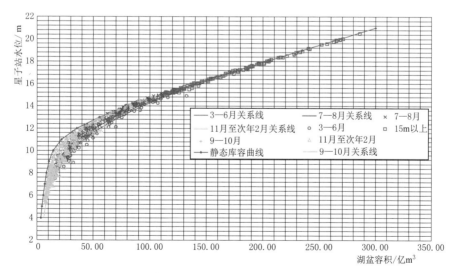

图 4　星子站水位与鄱阳湖（湖盆区）容积关系点群分布

鄱阳湖湖盆区水位-面积和水位-容积关系相关点群的这种分层分布规律，与鄱阳湖水情变化受长江与五河双重影响的水文规律是一致的。7m 水位以下的点群逐渐趋于向 5m 左右位置集中，反映出 7m 水位以下时湖水完全归槽，鄱阳湖呈河相，湖面绝大部分区域水情受五河来水控制，受长江干流来水影响的区域极小，湖盆区水位-面积和水位-容积关系基本由主航道槽蓄特性决定。水位-面积和水位-容积关系相关点群的上述季节性分层分布规律，基本反映了鄱阳湖、长江及五河的江湖、河湖关系特征。

鄱阳湖湖盆区水位-面积、水位-容积关系见表2。由于篇幅关系，本论文中仅列出包含碟形湖情况下的鄱阳湖湖盆区水位-面积、水位-容积关系。

表 2   星子站水位与鄱阳湖湖盆区面积、容积关系

水位 /m	动态面积/km²					动态容积/亿 m³				
	3—6 月	7—8 月	9—10 月	11月至次年 2 月	综合线	3—6 月	7—8 月	9—10 月	11月至次年 2 月	综合线
4	200			200	200	6.00				6.20
5	215			210	215	7.50			7.00	7.00
6	290			233	260	9.25			8.25	8.50
7	470		315	291	400	11.89		10.24	9.41	10.50
8	785		435	360	630	16.37		13.08	11.44	14.00
9	1208		682	522	980	22.00		16.67	14.00	19.50
10	1554	1297	1086	841	1319	30.85	26.90	22.62	18.90	26.40
11	1963	1730	1589	1331	1726	42.00	37.43	32.87	28.30	36.50
12	2305	2113	2025	1812	2066	56.00	51.10	46.20	41.30	49.50
13	2612	2472	2391	2297	2396	73.50	68.77	64.03	59.30	66.00
14	2812	2768	2742	2752	2752	94.40	90.90	87.47	84.20	87.00
15	3012	3020	3020	3020	3020	118.00	115.97	112.80	110.97	111.97
16	3102	3102	3102	3102	3102	139.86	139.86	139.86	139.86	139.86
17	3153	3153	3153	3153	3153	171.13	171.13	171.13	171.13	171.13
18	3190	3190	3190	3190	3190	202.83	202.83	202.83	202.83	202.83
19	3224	3224	3224	3224	3224	234.89	234.89	234.89	234.89	234.89
20	3256	3256	3256	3256	3256	267.28	267.28	267.28	267.28	267.28
21	3287	3287	3287	3287	3287	300.00	300.00	300.00	300.00	300.00

3.5.2 全湖区水位-面积、水位-容积关系

本次鄱阳湖全湖区水位-面积、水位-容积关系计算范围为 2010 年鄱阳湖基础地理测量实测鄱阳湖区 21.00m 高程以下区域。鄱阳湖全湖区范围可分为通江水体、单双退和蓄滞洪区。

根据以上对鄱阳湖湖盆区、碟形湖、单双退等水位-面积、水位-容积关系的推求，可以分析得到以星子站水位为代表的鄱阳湖全湖动态以及静态水位-面积、水位-容积关系。表3 为考虑碟形湖影响情况下不含军山湖的鄱阳湖全湖区水位-面积、水位-容积关系表。

表3   鄱阳湖全湖区水位-面积、水位-容积关系

水位/m	动态面积/km²					动态容积/亿 m³				
	3—6月	7—8月	9—10月	11月至次年2月	综合线	3—6月	7—8月	9—10月	11月至次年2月	综合线
4	210			210	210	6.19			6.19	6.39
5	231			226	231	7.82			7.32	7.32
6	313			256	283	9.76			8.76	9.01
7	500		345	321	430	12.66		11.01	10.18	11.27
8	822		472	397	667	17.48		14.19	12.55	15.11
9	1254		728	568	1026	23.52		18.19	15.52	21.02
10	1625	1368	1157	912	1390	32.90	28.95	24.67	20.95	28.45
11	2083	1850	1709	1451	1846	45.00	40.43	35.87	31.30	39.50
12	2614	2422	2334	2121	2375	61.24	56.34	51.44	46.54	54.74
13	3091	2951	2870	2776	2875	82.78	78.05	73.31	68.58	75.28
14	3498	3454	3428	3438	3438	109.76	106.26	102.83	99.56	102.36
15	3904	3912	3912	3912	3912	141.51	139.48	136.31	134.48	135.48
16	4152	4152	4152	4152	4152	173.16	173.16	173.16	173.16	173.16
17	4347	4347	4347	4347	4347	216.19	216.19	216.19	216.19	216.19
18	4519	4519	4519	4519	4519	261.18	261.18	261.18	261.18	261.18
19	4664	4664	4664	4664	4664	307.17	307.17	307.17	307.17	307.17
20	4812	4812	4812	4812	4812	354.90	354.90	354.90	354.90	354.90
21	4950	4950	4950	4950	4950	404.48	404.48	404.48	404.48	404.48

4 成果应用

4.1 鄱阳湖特征水位-面积、水位-容积成果试算

应用鄱阳湖（湖盆区）星子站水位-面积、水位-容积关系综合曲线，利用星子水文站1951—2010年实测水位资料系列的最高水位、最低水位、平均水位，确定鄱阳湖（全湖区＝湖盆区＋"五河"尾闾区＋国家蓄滞洪区＋退田还湖圩区＋青岚湖）对应水位与面积、水位与容积。

4.1.1 历年最高水位对应的面积和容积

星子站历年（1951—2010年）最高水位20.66m（1985国家基准高程），对应的鄱阳湖（全湖区静态）面积和容积计算值为4905km²和387.2亿 m³；鄱阳湖（全湖区动态综合线）面积和容积计算值为4905km²和387.2亿 m³（不包括军山湖）。

4.1.2 历年平均水位对应的面积和容积

星子站历年（1951—2010年）平均水位11.57m（1985国家基准高程），对应的鄱阳

湖（全湖区静态）面积和容积计算值为 $1603km^2$ 和 32.6 亿 m^3；鄱阳湖（全湖区动态综合线）面积和容积计算值为 $2028km^2$ 和 47.2 亿 m^3。

4.1.3 历年最低水位对应的面积和容积

星子站历年（1951—2010 年）最低水位 5.25m（1985 国家基准高程），对应的鄱阳湖（全湖区静态）面积和容积计算值为 $125km^2$ 和 5.00 亿 m^3；鄱阳湖（全湖区动态综合线）面积和容积计算值为 $239km^2$ 和 7.82 亿 m^3。

4.2 鄱阳湖枢纽工程建立条件下库区水位-面积、水位-容积试算

鄱阳湖水利枢纽闸址以上湖盆（扣除Ⅰ区）高程 21.00m 时，面积为 $3120km^2$，相应容积为 278.6 亿 m^3（不含蓄滞洪区）；高程 14.00m 时面积为 $2572km^2$，相应容积为 70.43 亿 m^3；高程 11.00m 时面积为 $873km^2$，相应容积为 16.08 亿 m^3。

5 小结

本文运用微积分、泰森多边形理论，结合现有水文（水位）站数量和分布、鄱阳湖湖盆特征和不同时期水情特点，研究鄱阳湖水文（水位）站分区水位与面积、水位与容积关系，推求星子站动态水位对应的鄱阳湖区面积、容积，开展湖泊动态水位-面积、水位-容积理论研究和实践。此研究成果将在湖泊研究、植被调查、生态保护、鄱阳湖生态经济区建设中得到广泛应用。同时，随着水位观测资料的延长，水文站网的加密，鄱阳湖水位-面积、水位-容积关系成果将更加真实可靠。通过此项研究，为我国大湖水域建立动态水位-面积、水位-容积关系提供科学方法。

参 考 文 献

［1］ 胡春红，阮本清. 鄱阳湖水利枢纽工程的作用及其影响研究［J］. 水利水电技术，2011，42（1）：1-7.

［2］ 谭国良，郭生练，王俊，等. 鄱阳湖生态经济区水文水资源演变规律研究［M］. 北京：中国水利水电出版社，2013.

鄱阳湖洪水预报方案研制

李国文[1] 喻中文[1] 吕孙云[2]

(1. 江西省水文局，江西南昌 330002；

2. 长江水利委员会水文局，湖北武汉 430010)

摘 要：鄱阳湖为长江中下游洪涝灾害频繁的地区，鄱阳湖洪水预报方案研制对于科学调度鄱阳湖防洪减灾具有重要意义。本文分析了鄱阳湖洪水及其灾害特征，根据星子站实测水位与星子站、湖口站前期水位、涨率、区间平均降雨量、"五河七口"入湖流量与湖口出流量之差进行相关分析，建立了湖泊水量平衡方案与多要素相关分析预报两种方案，用于鄱阳湖洪水作业预报。通过建立的鄱阳湖洪水预报方案，可以对鄱阳湖洪水进行科学预报。

关键词：鄱阳湖；洪水；预报；方案

鄱阳湖为长江中下游洪涝灾害频繁的地区，洪涝灾害危及湖区人民生命财产安全，严重地制约着湖区社会经济的发展。鄱阳湖区受"五河"来水及长江顶托影响，河湖口洪道以上河段洪水下泄的影响比较显著；同时"五河"的出流受到鄱阳湖顶托的影响。因此鄱阳湖洪水预报方案研制对于科学调度鄱阳湖防洪减灾具有重要意义。

近年来，鄱阳湖区洪涝灾害频发，已引起国家和社会各界的普遍关注。我国许多学者对鄱阳湖洪水洪涝灾害特征、成因、灾情评估、减灾对策进行了大量的研究，取得了一系列的成果。闵骞对鄱阳湖区 20 世纪 90 年代洪水特征进行了研究，并对鄱阳湖洪水水位变化趋势进行了计算与分析，徐高洪、秦智伟采用面积比拟法、修正总入流法、单水源模型、新安江三水源模型对湖区洪水进行了分析计算，分析了围垦对鄱阳湖洪水位的影响，舒长根、刘影等从高洪水位与江西暴雨关系方面，提出了对鄱阳湖高洪水位进行预报的思路和方法，这些研究仅对鄱阳湖洪水成因、洪水水位变化以及鄱阳湖洪水预报的思路和方法进行了研究和探讨，而对鄱阳湖洪水预报方案的研制研究的较少。本文以星子水位站为代表站，研究分析鄱阳湖湖泊水量平衡和多要素相关分析预报两种洪水预报方案，并进行预报检验。

1 鄱阳湖洪水及其灾害特性

鄱阳湖可用"洪水一片，枯水一线"来形容其奇特的自然景象。湖口水位站达到 1998 年实测最高水位 22.59m 时，湖面面积达 4070m²，容积 320 亿 m³；枯水季节，水位下降，洲滩出露，湖水归槽，蜿蜒一线，当达最低水位 5.90m 时，湖面面积仅为 146km² 。鄱阳湖的洪水（指水位）可以概化为单峰和双峰。"五河"（赣江、抚河、信江、修河、饶河）洪水推迟，长江洪水提前，两者遭遇；据统计单峰型出现频率约为 42.5%，且出现单峰时，水位一般较高，年最高水位都在 18m 以上，超过 20m 的占 52.9%。鄱阳湖区洪水灾害发生频繁，平均 5 年有 4 年受灾，据统计，发生大洪水灾害的年份主要有 1954 年、1983 年、1995 年、1998 年、1999 年、2010 年等。

在鄱阳湖区和"五河"尾闾地区，洪涝灾害的致灾原因分为两个方面：一是河流本身来水过大、水位过高致使洪水漫过圩堤或使圩堤溃决，如 2010 年"6·21"唱凯堤决口即属于这一类型；二是由于鄱阳湖洪水顶托，"五河"尾闾长期维持高水位使圩堤内的渍水无法及时排除，圩堤长期在高水位下浸泡致使堤体松软，由此引发灾害危险。

2　星子水位站基本情况

鄱阳湖洪水预报以星子水位站为代表站。星子水位站地处星子县（现庐山市）南康镇，鄱阳湖湖口水道中上游左岸，是鄱阳湖重要出口，位于东经 $116°02'36''$、北纬 $29°26'45''$，于 1934 年建站，观测项目有水位、降水量、蒸发量、水温等。多年平均降水量 1454.6mm，年最大降水量 2295.8mm（1954 年），年最小降水量 774.3mm（1978 年）；多年平均水位 13.50m，历年最高水位 22.52m（1998 年 8 月 2 日），历年最低水位 7.11m（2004 年 2 月 4 日）。星子站是中央重要报汛站，担负着鄱阳湖湖区防汛水文测报任务，为鄱阳湖区、长江中下游防汛抗旱服务；为湖区水资源综合评价和治理、开发、利用鄱阳湖，湖泊科研提供翔实水文资料；为当地经济建设服务。

3　鄱阳湖洪水预报方案研制

本文研究并编制了湖泊水量平衡和多要素相关分析预报两种方案。

3.1　湖泊水量平衡方案

湖泊水量平衡的具体表达式为

$$W_入 + W_P = W_出 + W_E + \Delta W \tag{1}$$

式中：$W_入$ 为入湖水量，$W_入 = \overline{Q} \cdot \Delta t$；$W_P$ 为湖面降雨水量，$W_P = P \cdot \overline{F}$；$W_出$ 为出湖水量，$W_出 = \overline{q} \cdot \Delta t$；$W_E$ 为湖面蒸发水量，$W_E = E \cdot \overline{F}$；$\Delta W$ 为湖盆蓄水变量，$\Delta W = \Delta H \cdot \overline{F} = (H_2 - H_1)\overline{F}$。其中 $\overline{Q}$ 为平均入湖流量，$\overline{Q} = \sum Q_河 + Q_区$，$Q_河$ 为五河七口入湖流量，$Q_区$ 为鄱阳湖区间入湖流量；Δt 为时段长度；P 为湖面降水深；$\overline{F}$ 为平均湖面面积；$\overline{q}$ 为湖口平均出湖流量；E 为湖面蒸发深度；ΔH 为 Δt 内的水位变化；H_1、H_2 为时段初、末的湖水位。

为便于计算，将湖面产水量归入区间产水量之中，湖面蒸发量影响较小，可忽略不计。则式（1）变为

$$W_\text{入} = W_\text{出} + \Delta W \tag{2}$$

其中

$$W_\text{入} = W_\text{五河} + W_\text{区间} = (\textstyle\sum Q_\text{河} + Q_\text{区}) \Delta t$$

将式（2）具体化为

$$\overline{Q} \cdot \Delta t = \overline{q} \cdot \Delta t + (H_2 - H_1) \cdot \frac{F_1 + F_2}{2} \tag{3}$$

取 $\Delta t = 1\text{d}$，式（3）变为

$$H_2 = H_1 + 0.1728 \frac{\overline{Q} - \overline{q}}{F_1 + F_2} \tag{4}$$

其中，F_1、F_2 分别为时段初、末的湖面面积，km^2；式（4）即为水量平衡法的预报方程。

3.1.1 预报步骤

（1）确定入湖 $\overline{Q}$。$\overline{Q} = \frac{1}{2}(Q_1 + Q_2)$，$Q_1$ 是已知的，Q_2 需要用"五河七口"及鄱阳湖区间入湖流量预报方法进行预报。

（2）确定出湖 $\overline{q}$。$\overline{q} = \frac{1}{2}(q_1 + q_2)$，$q_1$ 是已知的，q_2 也需要用"五河七口"及鄱阳湖区间出湖流量预报方法进行预报。

在利用水量平衡法预报鄱阳湖洪水位时，要做好以下三个方面的工作：

1）计算区间入湖流量 $Q_\text{区}$。

2）预报时段末的入湖流量 Q_2。

3）预报时段末的出湖流量 q_2。

3.1.2 预报应用

限于资料，目前尚无法建立 Q_2、q_2 的预报方案；鄱阳湖区间入湖量要建立模型进行估算。

（1）预算方程简化处理。在式（4）中，令 $Q' = \overline{Q} - \overline{q}$，称为平均净入湖流量。则

$$Q' = (Q_1 - q_1) + (\Delta Q - \Delta q)/2$$

其中，$\Delta Q = Q_2 - Q_1$ 为入湖流量的增量，$\Delta q = q_2 - q_1$ 为出湖流量的增量。一般来说，Δq 随 ΔQ 变化而改变（Δq 的变化时刻较 ΔQ 稍滞后）。现假定 Δq 与 ΔQ 的变化在短时段内相近，得到

$$H_2 \approx H_1 + 0.1728 \frac{Q_1 - q_1}{F_1 + F_2} \tag{5}$$

以式（5）作为目前鄱阳湖洪水预报的简化方程。使用时，先假定一个 H_2，在高程面积-关系曲线上查得一个 F_2，代入式（5）计算第一个 H_2 与初设的 H_2 有差异，则重新假设 H_2，计算出第二个 H_2；通过多次反复试算，直到由式（5）计算的 H_2 与假设的 H_2 相同。

（2）$Q_\text{区}$ 的估算。选用"五河七口"控制站（外洲、李家渡、梅港、渡峰坑、虎山、万家埠、虬津）和鄱阳湖星子、都昌、康山三站共 10 站，以这 10 个站的平均降水量代表鄱阳湖区间降水量。区间产流量的计算，采用地理学方法，即取大汛时期的径流量系数 $\alpha = 0.85$，乘以区间降水量，得区间产流量。区间汇流使用由博阳河梓坊水文站和乐安河

石镇街水文站历史资料综合推得的经验单位线 $Q_区(t)=(155;78,8;2)$ 确定。这里的 $Q_区(t)$ 是 1mm 区间平均降水量对应的单位线（包含了产流量计算在内）。区间汇流也可用滞后演算法计算 $Q_区(t)=Q_{区0}\times C_s+(1-C_s)\times Q_r$。$C_s=0.5\sim0.7$，$Q_r$ 为一时段区间平均产流量。

将以上预报模型，对鄱阳湖星子站 1985—2003 年历史洪水进行预报检验，其预报精度见表 1。

表 1   鄱阳湖星子站预报精度表

误差 $\Delta H_2/m$	$\leqslant 0.02$	$\leqslant 0.04$	$\leqslant 0.06$	$\leqslant 0.08$	$\leqslant 0.10$	均方误差	平均误差
天数/d	1003	1577	1903	2112	2291	0.06	0.04
合格率/%	40.6	63.8	77.0	85.4	92.7		

3.1.3 方案评定

根据《水文情报预报规范》（SL 250—2000）的规定进行方案评定，结合鄱阳湖特性，确定检验指标为 0.1m。经检验，预报检验总天数 2472d，预报误差不大于 0.06m 的占 77%，预报误差不大于 0.10m 的占 92.7%，方案平均预报误差为 0.04m，确定性系数为 0.999。结果表明，该预报方案为甲级，可用于洪水作业预报。

3.1.4 误差分析

分析超过 0.10m 的误差发现，预报出现较大误差的主要原因在于"ΔQ 与 Δq 相近"的假设有时与实际情况有较大的出入，这一假设是造成预报出现较大误差的主要原因。该方案的主要改进方向是：建立 Q_2 与 q_2 预报方案，将利用式（5）进行作业预报改为直接使用式（4）进行作业预报。

3.2 多要素相关分析预报方案研制

多要素相关分析预报方案，即根据星子站实测水位与星子站、湖口站前期水位、涨率、区间平均降雨量及"五河七口"入湖流量与湖口出流量之差进行相关分析，建立多要素相关方程，用于鄱阳湖洪水作业预报。

"五河"、鄱阳湖和长江是紧密相连的水体，存在相互联系、相互影响、相互制约的水文动态变化，水量动态平衡的规律。通常 4—6 月"五河"来水，湖区水位上涨，若湖口出流增加 10000m³/s，九江同级水位情况下，九江过流能力减少 9000～11000m³/s，致使九江在中高水位时，水位抬高 1～2m，7—9 月长江上游来水增加，九江流量增加 10000m³/s，湖口过流能力减少 8000m³/s。这时，江水入湖，湖口水位抬高 1～2m。因此，长江上游来水增加或减少，在湖口站前期水位与湖口出湖流量反映，据此建立多要素相关分析预报方案。

3.2.1 一日方案

根据星子站实测水位与星子站、湖口站前一日水位、涨率、区间平均降雨量和前一日"五河七口"入湖流量与湖口出湖流量之差进行相关分析计算，得出以下预报方程

$$Y_1=1.0614H_{星1}+0.4725\Delta H_{星1}-0.0635H_{湖11}-0.0826\Delta H_{湖11}$$
$$+0.0190K_1+0.0151S_1+0.052 \tag{6}$$

式中：Y_1 为星子站一日预报水位；$H_{星1}$、$\Delta H_{星1}$、$H_{湖11}$、$\Delta H_{湖11}$ 分别为星子站、湖口站前一日实测水位和涨率；K_1 为前一日区间平均降雨量除以 10 的比值；S_1 为前一日"五河七口"入湖流量与湖口出湖流量之差除以 1000 的比值。

用上述预报方程对鄱阳湖星子站 1991—2003 年历史洪水进行预报检验，按《水文情报预报规范》(SL 250—2000) 的规定进行方案评定，结合鄱阳湖特性，确定检验指标为 0.1m。经检验，预报方程相关系数为 0.9993，预报平均误差为 0.03m，均方误差为 0.03m，方案合格率为 97.9%，为甲级方案。

3.2.2 二日方案

根据星子站实测水位与星子站、湖口站前二日水位、涨率、区间平均降雨量和前二日"五河七口"入湖流量与湖口出湖流量之差进行相关分析计算，得出以下预报方程

$$Y_2 = 1.0697 H_{星2} + 0.4424 \Delta H_{星2} - 0.0836 H_{湖12} + 0.0656 \Delta H_{湖12} + 0.0535 K_2 + 0.0349 S_2 + 0.293$$

(7)

式中：Y_2 为星子站二日预报水位；$H_{星2}$、$\Delta H_{星2}$、$H_{湖12}$、$\Delta H_{湖12}$ 分别为星子站、湖口站前二日实测水位和涨率；K_2 为前二日区间平均降雨量除以 10 的比值；S_2 为前二日"五河七口"入湖流量与湖口出湖流量之差除以 1000 的比值。

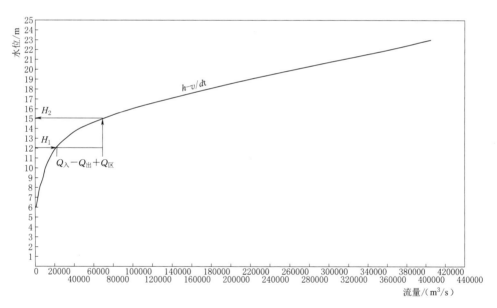

图 1　星子站水量平衡水位预报曲线

(注：时段长为 24h)

3.3　方案评定

用 2003 年、2004 年、2005 年、2006 年、2010 年 5 年资料 148 个点作检验，回归方程计算误差小于 0.1m 的占 99%；小于 0.15m 的占 93%；小于 0.2m 的占 97%。洪峰预报误差均小于 0.1m。星子站水量平衡水位预报曲线见图 1。星子站多变数回归相关预报图见图 2，检验计算合格率统计见表 2。

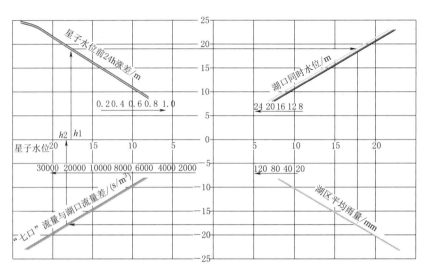

图 2 星子站多变数回归相关预报图

表 2 检验计算合格率统计表

误差/m	<0.1	<0.15	<0.2	备注
回归方程计算合格率/%	88	93	97	5 年资料 148 个点
水量平衡计算合格率/%	75	81	93	5 年资料 148 个点

4 小结

鄱阳湖区自古就是长江流域乃至我国洪涝灾害的重灾区和多发区,编制该区域的洪水预报方案是本文研究的主要内容。为提高鄱阳湖湖区水文预报精度和时效,本文研究并编制了湖泊水量平衡和多要素相关分析预报两种方案,并以星子站进行预报检验。经检验,预报方程相关系数为 0.9961,预报平均误差为 0.07m,均方误差为 0.06m,方案合格率为 78.8%。这两种预报方案均可作为鄱阳湖洪水的预报方案,其成果较为合理。

参 考 文 献

[1] 闵骞. 20 世纪 90 年代鄱阳湖洪水特征的分析 [J]. 湖泊科学,2002,14(4):232-330.

[2] 闵骞. 鄱阳湖洪水水位变化趋势的计算与分析 [J]. 水资源研究,2002,23(3):37-39.

[3] 徐高洪,秦智伟. 鄱阳区间洪水计算方法 [J]. 湖泊科学,1998,10(1):31-36.

[4] 舒长根,刘影,吕建星. 鄱阳湖高洪水位及其预报 [J]. 广东气象,2006(3):50-53.

鄱阳湖湖流监测与分析

喻中文[1]　司武卫[2]　关兴中[1]

(1. 江西省水文局，江西南昌　330002；

2. 江西省鄱阳湖水文局，江西九江　332800)

摘　要：湖流是湖泊最重要的水文特征，是湖泊泥沙与化学物质运移、沉降与悬浮的重要动力条件，因此湖流监测与研究是鄱阳湖水质变化分析、水质模型建立的基本依据。鄱阳湖湖流的监测与研究，对于鄱阳湖水利枢纽工程论证、规划、设计和施工均具有重大意义。本文对鄱阳湖进行的五次湖流监测成果进行了分析，研究结果表明湖流随地形、水位的高低、水势的涨退、风力等因素而变化。

关键词：鄱阳湖；湖流；监测；分析

1 概况

鄱阳湖是我国最大的淡水湖，被誉为"仅剩的一盆清水"，具有重要的生态功能。目前鄱阳湖区存在洪涝灾害频繁、土壤侵蚀、周边面源和点源污染加剧、湿地资源与生物多样性减少、城市与工业用地扩展、血吸虫病传播加剧等问题，成为影响鄱阳湖水环境水生态的重要因素。研究成果表明，鄱阳湖水环境质量正逐年下降，生态功能呈退化趋势。鄱阳湖水文生态监测研究将为维护鄱阳湖健康生命、保护和提高鄱阳湖区人居环境提供有力的支撑。

湖流是湖泊最重要的水文特征。湖流流速数值小、流向复杂多变以及对湖区水质的影响是湖泊与河流的重大区别。鄱阳湖在 1962—1974 年开展过湖流监测，1975 年以后，鄱阳湖、长江及五河形态与水文特征均发生了显著变化，鄱阳湖湖流必然随之发生很大改变。湖流是湖泊最重要的水文特征，是湖泊泥沙与化学物质运移、沉降与悬浮的重要动力条件，因此湖流监测与研究是鄱阳湖水质变化分析、水质模型建立的基本依据。鄱阳湖湖流的监测与研究，对于鄱阳湖水利枢纽工程论证、规划、设计和施工均具有重大意义。

中华人民共和国成立初期，鄱阳湖就开展了水文监测研究工作。1959 年鄱阳湖实验站建造了第一个波浪观测站——都昌波浪实验站，对湖区波长、波速、风向风速、波状、波向、水位、水深和天气状况进行了监测等；1963 年 10 月，在全湖布设 89 处固定垂线进行鄱阳湖地表形态、水文气象流动调查和定位观测，对固定垂线湖流、悬移质含沙量、湖底质、泥沙颗粒分析、水质等进行了监测；进入 21 世纪以来，为进一步掌握鄱阳湖湖流特征与形态，分别在 2007 年 9 月启动了鄱阳湖水质水量动态监测，分别于 2010 年 10 月、2010 年 12 月（2 次）、2012 年 5 月、2013 年 3 月开展了五次鄱阳湖湖流监测。

2 监测系统

五次鄱阳湖湖流监测主要对鄱阳湖湖面与入湖"五河"尾闾水位、流态（流速、流向）、流量、波浪以及滨湖地区主要水文气象要素进行监测。

鄱阳湖水文生态监测研究的水流（水量）监测，依据水文站网布设有关规范、规程，充分依托鄱阳湖区现有水文站网。在此基础上，进一步优化、调整、充实水文站网，以满足鄱阳湖水文生态监测研究水流（水量）监测的需要，形成完整的鄱阳湖水文生态监测站网体系。其具体布置如下：

（1）鄱阳湖湖面水位监测，共布设 12 处监测站。
（2）鄱阳湖湖面波浪监测，新设棠荫站，新建波浪自动在线监测系统。
（3）入湖"五河"尾闾水位监测，共布设 16 处监测站。
（4）入湖"五河"尾闾流态（流速、流向）、流量监测，共布设 20 处监测站。
（5）入江水道的水位、流态（流速、流向）、流量监测，布设 1 个控制监测站。
（6）鄱阳湖湖面与滨湖地区水文气象要素监测，共布设 2 处监测站。
（7）滨湖地区地下水水位、水温、水质监测，共布设 6 处监测站。
（8）滨湖地区土壤墒情监测，共布设 9 处监测站。

3 监测方法

3.1 监测断面布设

鄱阳湖湖流监测首次采用网格法布设监测断面。网格法是以网格为制图单元，反映制图对象特征的一种地图表示方法。在鄱阳湖湖流监测中，为准确掌握鄱阳湖湖流状况，需要在湖区布设一定的监测断面，一般来讲，监测断面越多，越能够反映鄱阳湖湖流的基本情况，但从经济以及实际操作的角度考虑，湖区监测断面的设立是有限的，我们不可能在鄱阳湖区建立足够多的湖流监测断面。为此，在实际运用中，我们根据鄱阳湖湖盆形态、主航道走向、湖流特征，考虑监测垂线与常规监测垂线的一致性，测点分布的均匀性原则，采用网格法，在鄱阳湖湖区布设一定的监测断面。断面上布设的监测垂线相对稳定，遇鄱阳湖水位落槽，则将垂线转移主航道或深水区，鄱阳湖水资源动态监测各河入湖口站点作为补充，包括各入湖河流控制站在内，保证每测次监测垂线（站点）不少于 50 条。对大水体多次开展湖流监测，在鄱阳湖水文史上，以及我国大型湖泊水文监测史上都属首次。

3.2 监测仪器

鄱阳湖湖流监测采用流动船测的方法。为保证监测资料的一致性、可靠性、同步性，全面掌握鄱阳湖湖流在不同水位级、涨退水面变化规律，取得鄱阳湖湖流原始监测资料，为开展鄱阳湖相关研究奠定基础，鄱阳湖湖流监测动员了大量的全省大量技术人员，对赣江、抚河、信江、饶河、修河、博阳河、西河的入湖控制站以及鄱阳湖湖面进行了同步监测。在监测过程中，垂线平面位置采用动态 GPS 定位，流速流向采用走航式 ADCP 测流系统施测。通过这些仪器设备的应用，提高了监测能力，保证了监测精度。

3.3 监测数据的存储、传输

对于自动在线监测获得的数据，通过配置服务器、工作站、液晶大屏幕、绘图仪、网络打印机、交换机、路由器等硬件，开发数据库、监控等软件，建立具有数据自动存储、传输、接收、处理、分析、查询等综合功能的数据集成系统，实现远程控制水文气象监测参数设置、实时数据接收、处理、入库、报表自动生成等功效。

对于人工监测获得的数据，通过人工录入数据集成系统，实现数据入库存储、自动处理、报表自动生成等功效。

4 成果分析

4.1 湖流的空间分布

湖流随地形、水位的高低、水势的涨退、风力等因素而变化。其变化特征主要有：

（1）以松门山为界，北部湖区（入江水道）流速大于南部湖区（主湖体）。据统计，五次监测中，北部湖区平均流速分别为 0.248m/s、0.923m/s、0.666m/s、0.348m/s、0.570m/s，南部湖区平均流速分别为 0.184m/s、0.691m/s、0.551m/s、0.551m/s、0.728m/s。

（2）主航道流速大于洲滩、湖湾和碟形湖区。五次监测中，主航道最大测点流速为 0.74～1.79m/s；洲滩、湖湾和碟形湖区流速一般不超过 0.3m/s，最小测点流速为 0。

（3）主航道流向主要受水流动力制约，湖水沿航道走向流动；湖湾洲滩流向主要受地形、风力等因素的影响，流向各异。

4.2 湖流与水位的关系

（1）全湖平均流速随水位的变化。从表 1 可以看出，第一次监测平均水位 12.52m，高于漫滩水位，全湖平均流速 0.213m/s，为五次监测的最小值；第二、第三、第五次监测，水位均在漫滩水位以下，湖水归槽，全湖平均流速随水位的升高而增大，第二次监测期间，平均水位 8.68m，全湖平均流速 0.830m/s，第三次监测期间，平均水位 8.53m，全湖平均流速 0.640m/s，第五次监测期间，平均水位 8.09m，全湖平均流速 0.624m/s。

（2）垂线流速随水位的变化。以代表湖口、星子、吴城、康山的 1 号、11 号、31 号、

60 号垂线的水面流速为例,分析湖流的垂线流速随水位的变化。从表 1 中可以看出,从各条典型垂线的五次监测结果分析,漫滩水位以上(第一、第四次监测),除上游康山(60 号)垂线外,其余垂线变幅不大;漫滩水位以下(第二、第三、第五次监测),以第二次流速为最大,第三次次之,第五次最小。流速随水位的变化和全湖平均流速随水位的变化规律呈对应的关系。

表 1 典型垂线水位-湖流变化分析表

监 测 时 间	平均水位 /m	湖口(1 号) 流速/(m/s)	星子(11 号) 流速/(m/s)	吴城(31 号) 流速/(m/s)	康山(60 号) 流速/(m/s)
2010 年 10 月 9—12 日	12.52	0.744	0.398	0.397	0.270
2010 年 12 月 19—20 日	8.68	1.006	1.23	1.22	0.760
2010 年 12 月 28—29 日	8.53	0.763	0.940	1.19	0.430
2012 年 5 月 17—18 日	15.22	0.756	0.391	0.385	0.844
2013 年 3 月 11—12 日	8.09	0.484	0.949	0.952	0.323

综上所述,流速与水位(吴淞基面)的关系可概括为:①漫滩水位以上流速小于漫滩水位以下流速;②漫滩水位以下流速随水位上涨而增大。

5 总结与展望

本文通过对湖流进行外业动态监测及内业分析后可知,湖流随地形、水位的高低、水势的涨退、风力等因素而变化。其变化特征主要有:①以松门山为界,北部湖区(入江水道)流速大于南部湖区(主湖体);主航道流速大于洲滩、湖湾和碟形湖区;主航道流向主要受水流动力制约,湖水沿航道走向流动;湖湾洲滩流向主要受地形、风力等因素的影响,流向各异。②流速与水位的关系可概括为漫滩水位以上流速小于漫滩水位以下流速;漫滩水位以下流速随水位上涨而增大。

参 考 文 献

[1] 程时长,卢兵. 鄱阳湖湖流特征 [J]. 江西水利科技,2003.
[2] 闵骞. 近 50 年鄱阳湖形态和水情的变化及围垦的关系 [J]. 水科学进展,2000,11(1):76-81.

鄱阳湖流域水资源特征以及入湖径流量变化特征分析

喻中文　谭国良　李国文

（江西省水文局，江西南昌　330002）

摘　要：鄱阳湖流域占江西省国土总面积的97.2%，占长江控制流域面积的9%，鄱阳湖流域水资源变化对长江流域有着显著影响。本文通过分析鄱阳湖流域降水、径流等水文水资源要素，得出了各要素的年际、年内及地域空间上的变化规律。同时，采用Mann-Kendall（M-K）方法分析鄱阳湖流域降水量以及各站年入湖径流变化趋势的显著性。

关键词：鄱阳湖；水资源；特性；入湖径流量

鄱阳湖位于长江中下游南岸，庐山东南麓，江西省北部，为中国最大淡水湖。承纳赣江、抚河、信江、饶河、修河五大水系及区间（"五河"控制水文站以下至湖口之间的区域，含湖区直接入湖河流）来水，调蓄后经湖口汇入长江，构成以鄱阳湖为汇集中心的完整水系。鄱阳湖流域由五大水系流域和鄱阳湖区构成，总面积162225km²，占江西省国土面积的97.2%。五大水系控制水文站以上流域面积137143km²，占鄱阳湖流域总面积的84.5%，控制站以下至湖口的区间面积25082km²，占15.5%。

水资源是基础自然资源，是生态环境的重要控制性因素之一；同时又是战略性经济资源。近年来，水资源的国家战略及其相关科学问题，是全球共同关注和各国政府的重点议题之一。近年来，有关鄱阳湖的研究相对较多，陈静对鄱阳湖流域水资源利用现状进行了分析，罗蔚、张翔等对近50年鄱阳湖流域入湖总水量变化与旱涝急转规律进行了分析，严蜜、刘健对鄱阳湖流域干旱气候特征进行了研究，这些研究大多是针对鄱阳湖水资源开发利用现状以及洪水、干旱等特性的分析，对鄱阳湖流域水资源特征以及入湖径流变化的研究较少。为更好地研究鄱阳湖，本文应用近50年鄱阳湖流域实测水文资料，对鄱阳湖流域降水量、径流量进行了分析，利用Mann-Kendall（M-K）方法对鄱阳湖入湖径流演变特征进行了研究。

1　降水

1.1　降水特征

鄱阳湖流域地处中亚热带湿润季风气候区，气候温和，雨量丰沛，光照充足，无霜期较长。流域降水具有雨量丰沛、时段集中、强度大、时空分布不均等特点。鄱阳湖流域降水量丰沛，降水主要受季风影响，其水汽主要来自太平洋西部的南海，其次是东海和印度洋的孟加拉湾。一般每年的4月前后，暖湿的夏季风开始盛行，雨量逐渐增加。由于5—6月冷暖气流交绥于江南地带，且经常出现于流域内，降水量猛增。7—9月由于受到副热带高压的控制，除有地方性雷阵雨及偶有台风雨外，全流域雨水稀少，而在冬春季节，受来自西伯利亚及蒙古高原的干冷气团影响，降水较少。

1.2 降水年内分布

鄱阳湖流域降水量年内分配的特点是季节分配不均，汛期暴雨多，强度大。历年各月降水量，一般从1月的4%左右开始逐月上升，5月、6月达17%～19%，为全年最高，自7月开始逐月下降，11月、12月为全年最小值，约占全年的3%。最大月降水量出现的月份全流域比较有规律，各地都出现在5—6月，最小月降水量出现的月份，全流域普遍出现在11—12月。降水分配不均，主要集中在汛期（4—9月），其降水量占全年降水量的60%～90%，1—3月、10—12月合计只占10%～40%。

1.3 降水年际变化

鄱阳湖流域1956—2011年多年平均年降水深为1631.0mm，折合降水总量为2646.0亿 m^3；鄱阳湖流域2001—2011年平均年降水深为1601.8mm，折合降水总量为2598.5亿 m^3。流域年降水量最大值为1975年的2139.6mm，折合降水总量为3471亿 m^3；最小值为1963年的1145.6mm，折合降水总量为1858亿 m^3，极值比为1.87，年降水系列的 C_V 值为0.16。年降水量变差系数 C_V 值反映了鄱阳湖流域年降水量年际之间的变化比较稳定，1956—2000年系列与2001—2011年系列 C_V 值比较接近，不同系列鄱阳湖流域年降水量统计值见表1。

表1　　　　　　　　　　　　鄱阳湖流域降水量特征值统计表

系　列	年降水量均值		C_V	年降水量最大值/mm	年降水量最小值/mm	极值比
	降水深/mm	降水量/亿 m^3				
1956—2000 年	1647.6	2670.1	0.16	2139.6 (1975 年)	1145.6 (1963 年)	1.87
2001—2011 年	1601.8	2598.5	0.17	2086.2 (2010 年)	1298 (2007 年)	1.61
1956—2011 年	1631.0	2646.0	0.16	2139.6 (1975 年)	1145.6 (1963 年)	1.87

1.4 降水地区分布

鄱阳湖流域降水量有5个高值区，①怀玉山山区：该区位于乐安河的古坦、清华一带，其多年平均年降水量普遍大于2000mm；②武夷山山区：该区位于信江南部，资溪以东的武夷山脉地带，与福建省北部边境形成一个高值区，其多年平均年降水量达2000mm。该高值区与地形的高程有明显关系，其年降水量的分布随高程的增高而递增；

③九岭山山区：该区位于铜鼓以东，宜丰以北，靖安以西的九岭山南麓为主的狭长地区，其多年平均年降水量普遍大于1800mm，最高值出现在宜丰县潭山镇找桥村附近，其值略大于2000mm；④罗霄山山区：该区位于井冈山市和遂川西部地区，与湖南省界形成一狭长的高值区，多年平均年降水量大于1600mm，而在其中心区的小夏、七岭、上洞一带，其年降水量普遍大于1800mm；⑤庐山山区：由于地形抬升的关系，在星子县（现庐山市）庐山山区形成了一个降水量高值区。中心区庐山降水量达1800mm以上。低值区在赣中南盆地，该区位于峡江以南，信丰以北，东至吉水、白沙、兴国，西达林坑、横岭、坪市的广大地区，其多年平均年降水量小于1500mm，中心区小于1400mm，出现在吉安以南，赣州以北的吉泰盆地。

2 地表水资源量

2.1 径流的多年变化及年内分配

鄱阳湖流域多年平均年径流量为1436亿 m³，平均年径流深885.1mm。径流年内分布不均，汛期集中。4—6月径流量约占全年的50%，4—9月径流量占全年的66%～81%，且多以暴雨洪水形式出现，占年径流量35%～40%的洪水资源不仅白白流失，且易造成洪涝灾害。

鄱阳湖流域径流量年际分布不均，丰水年如1998年径流量2429亿 m³，枯水年如1963年径流量558.3亿 m³，前者约是后者的4.4倍；来水高峰期与用水高峰期不同步，7—9月为用水高峰季节，占全年用水量的60%～70%，而来水量仅占全年的23%左右，加之水工程调蓄能力不足，往往容易出现干旱缺水。

2.2 径流地区分布特点

流域多年平均年径流深大致呈如下特点：大部分地区为700～1100mm，总趋势是东部大于西部，中部小于东部与西部，在深渡、虎山、梅港、李家渡、芜头、宁都、石城一线以东地区普遍大于1000mm，大致从南部的赣州盆地开始，从赣州市沿赣江流向北，经吉泰盆地、鄱阳湖湖区至长江沿岸，形成3个低值区。全省高值区有：怀玉山高值区、武夷山高值区、九岭山高值区和井冈山高值区，其中心地带径流深均大于1200mm，全省最高值在武夷山区，中心地带径流深大于1400mm。

3 地下水资源量

鄱阳湖流域地下水资源量372.6亿 m³，占水资源总量的24.3%。水资源三级区中，地下水资源量以赣江栋背以上95.9亿 m³为最大，赣江峡江以下49.3亿 m³次之，饶河最小，为31.4亿 m³。除鄱阳湖环湖区有19.3亿 m³的不重复量外，其他三级区的地下水资源量均为重复量。地下水资源量的成果见表2。

表 2   水资源三级区地下水资源量成果表

三级区	面积/km²	地下水资源量/亿 m³	地下水资源量模数/（万 m³/km²）
修河	14539	33.4	22.97
赣江栋背以上	40231	95.9	23.84
赣江栋背—峡江	22493	47.2	20.98
赣江峡江以下	18224	49.3	27.05
抚河	15811	40.2	25.43
信江	15535	40.1	25.81
饶河	14218	31.4	22.08
鄱阳湖环湖区	21174	.34.9	16.48

4 水资源总量

鄱阳湖流域 1956—2000 年平均水资源总量为 1532.5 亿 m³，其中地表水资源量为 1513.0 亿 m³，地下水资源量与地表水资源量的不重复计算水量约为 19.5 亿 m³。水资源三级区调查评价成果见表 3。

水资源三级区中，水资源总量最大的是赣江栋背以上，为 344.7 亿 m³，占全流域的 22.5%；其次为赣江栋背—峡江的 203.0 亿 m³，占全流域的 13.3%，均小于其面积比（24.8%、13.9%）；最小的是修河，为 135.2 亿 m³，占全流域的 8.8%。

表 3   水资源三级区调查评价成果表

三级区	面积/km²	降水量/亿 m³	地表水资源量/亿 m³	地下水资源量/亿 m³	水资源总量/亿 m³
修河	14539	241.8	135.2	33.4	135.2
赣江栋背以上	40231	633.2	344.7	95.9	344.7
赣江栋背—峡江	22493	351.9	203.0	47.2	203.0
赣江峡江以下	18224	294.8	168.3	49.3	168.3
抚河	15811	273.9	161.9	40.2	161.9
信江	15535	286.7	184.2	40.1	184.2
饶河	14218	261.6	152.5	31.4	152.5
鄱阳湖环湖区	21174	326	163.1	34.9	182.6
鄱阳湖生态经济区	51205	1037.3	480.7	—	492.4

5 鄱阳湖流域降水量以及入湖径流演变分析

本文采用肯德尔秩次相关检验法来分析鄱阳湖流域降水量变化趋势以及鄱阳湖入湖径流变化趋势的显著性。自 Mann（1945）和 Kendall（1975）提出这种非参数检验法后，这一方法已经广泛地用于水文气象资料趋势成分检验，它不仅可以检验时间序列趋势的上升与下降，而且还可以说明趋势变化的程度，能够很好地描述时间序列的趋势特征。Yue Sheng 和 Wang ChunYuan 的研究表明，如果气象序列的自相关性较高，在进行 M－K 检验前应该先剔除序列的自相关性，否则就会产生误差。对于给定的时间序列（x_j，$i=1$，2，$\cdots$，n），计算一阶自回归系数

$$\rho_1 = \frac{Cov(x_i, x_{i+1})}{Var(x_1)} = \frac{\dfrac{1}{n-2}\sum_{i=1}^{n-1}(x_i - \overline{x})(x_{i+1} - \overline{x})}{\dfrac{1}{n-2}\sum_{i=1}^{n-1}(x_i - \overline{x})^2} \tag{1}$$

利用变换 $x'_i = x_i - \rho_1 x_{i-1}$ 剔除自相关性得到新序列 $\{x'_i, i=1,2,\cdots,n\}$，为简单计，将变换后的新序列仍然记为 $\{x_i, i=1,2,\cdots,n\}$。确定该序列的对偶数（$x_i < x_j, i, j=1$，$2,\cdots,n$）的个数 p，然后计算 Kendall 统计量 τ、方差 σ_τ^2 和标准化变量 U

$$\tau = \frac{4p}{n(n-1)} - 1, \sigma_\tau^2 = \frac{2(2n+5)}{9n(n-1)}, U = \frac{\tau}{\sigma_r^2} \tag{2}$$

统计量 U 可作为趋势性大小的衡量标准。$U>0$ 和 $U<0$ 分别说明有增大趋势和减小趋势，$|U|$ 越大，则趋势越明显。当给定显著性水平 α 后，可在正态分布表中查得临界值 $U_{\alpha/2}$，若 $|U|>U_{\alpha/2}$，即说明序列的趋势性显著。

5.1 降水变化趋势

图 1 为鄱阳湖流域年降水系列、5 年滑动平均及趋势线。从图中可以看出，鄱阳湖流域年降水量呈缓慢上升态势。采用肯德尔秩次检验法进行显著性检验，T 检验统计量为 0.52，小于相应检验值 $t_{\alpha/2}=1.645$（$\alpha/2=0.1$）。鄱阳湖流域年降水量系列增长趋势不显著。

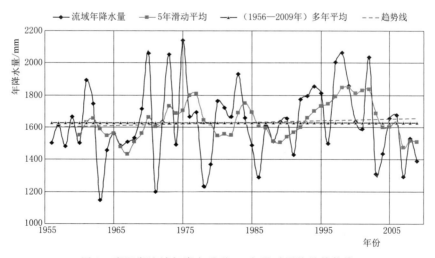

图 1 鄱阳湖流域年降水系列、5 年滑动平均及趋势线

5.2 入湖径流变化趋势

由于篇幅所限，本次入湖径流演变规律不考虑湖区产流部分，因此研究采用鄱阳湖 7 个控制水文站的年径流量进行演变趋势分析。通过使用滑动平均和肯德尔秩次相关检验法对"五河"入湖流量的演变趋势进行分析，从结果可以看出，各站的径流量趋势变化不大，其中，李家渡站、虬津站的年径流量有缓慢下降趋势，外洲、梅港、虎山、渡峰坑、万家埠等站的年径流量有缓慢上升的趋势。

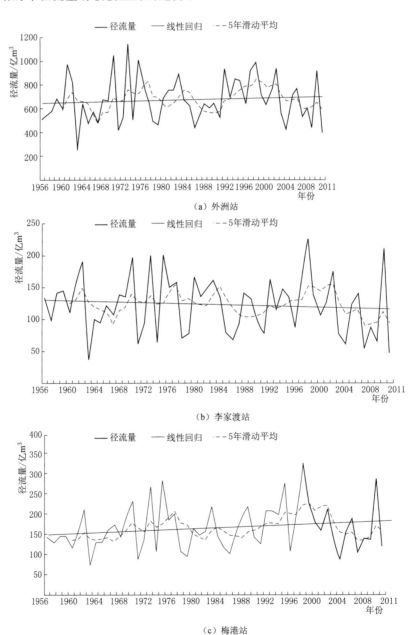

图 2（一） 各站 1956—2011 年径流量的演变趋势（虬津站 1982—2011 年）

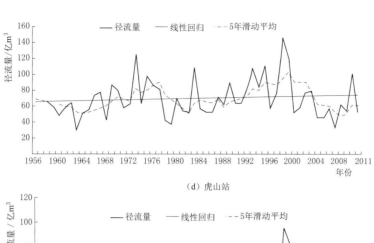

（d）虎山站

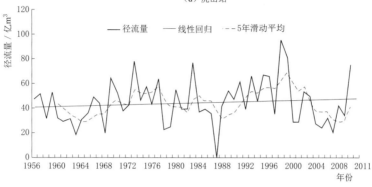

（e）渡峰坑站

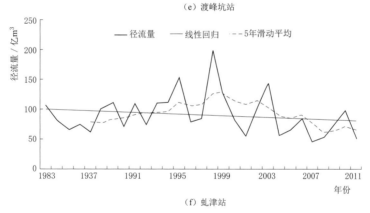

（f）虬津站

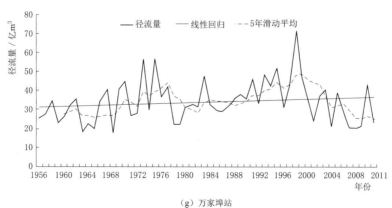

（g）万家埠站

图 2（二） 各站 1956—2011 年径流量的演变趋势（虬津站为 1982—2011 年）

从图中可以看出，除虬津、李家渡两站外其余五站均有缓慢上升趋势，但各站入湖径流年际演变有一个共同规律，即各站径流在近20年均有明显下降趋势，说明"五河"入湖流量近20年在逐渐下降。

表4给出了"五河"各站径流变化M-K检验结果，七站的结果都在-1.96与1.96之间，表明各站径流变化均不显著。其中，虬津站径流的下降趋势相对最为明显，梅港站的径流量上升趋势相对最为显著，虎山站径流的上升趋势最不显著。

表4 各站径流 M-K 检验结果

站名	渡峰坑	虎山	李家渡	梅港	虬津	外洲	万家埠
U	0.46646	0.22616	-0.79156	1.0601	-1.163	0.87637	0.69262

总的来看，赣江、抚河、信江、饶河、修河"五河"的鄱阳湖入湖径流1956—2011年间的演变趋势并不显著，均没有通过显著性检验，其中抚河在此期间有缓慢下降的趋势，其余四河均有缓慢上升的趋势。但值得注意的是，"五河"在近20年（1992—2011年）都有较为明显的下降趋势。

6 结语

本文在查清鄱阳湖全流域水资源总量的基础上，通过使用滑动平均和肯德尔秩次相关检验法对鄱阳湖流域降水量以及入湖径流变化趋势进行了分析研究，通过分析，鄱阳湖流域降水量和入湖径流量变化趋势均不明显，但"五河"在近20年入湖径流有明显的下降趋势。入湖径流下降的原因还有待进一步的分析。

参 考 文 献

[1] 陈静. 鄱阳湖流域水资源利用现状分析及建议 [J]. 长江流域资源与环境，2004（12）：93-96.
[2] 罗蔚，张翔，邓志民，等. 近50年鄱阳湖流域入湖总水量变化与旱涝急转规律分析 [J]. 应用基础与工程科学学报，2013，21（5）：343-345.
[3] 严蜜，刘健. 鄱阳湖流域干旱气候特征研究 [J]. 湖泊科学，2013，25（1）：65-72.

鄱阳湖入湖水环境变化趋势与成因分析

刘 恋

（江西省水文局，江西南昌 330002）

摘 要：对 2005—2014 年鄱阳湖 8 条主要入湖河流水环境质量进行分析评价，结果表明，8 条主要入湖河流水体水质都不同程度地呈现下降趋势，氨氮、高锰酸盐指数、总磷浓度上升趋势明显。通过计算入湖污染物通量，结合鄱阳湖流域社会经济发展和污染物排放情况分析可知，其成因为：鄱阳湖入湖污染物以面源污染为主，入湖污染物通量主要受径流量影响，部分河流通量大小以污染物浓度影响为主。

关键词：鄱阳湖；水环境；污染物；变化趋势；成因

鄱阳湖位于江西省北部，是我国最大的淡水湖。改革开放以来，随着人口增长、工业化和城市化进程加快，以及片面追求经济效益、资源粗放式开发等人为因素，鄱阳湖地功能退化、土地严重沙化现象，甚至出现了江南最大沙地。另外，水污染问题也不断加剧，越来越多的污水排放以及逐年增加的农药、化肥施用，在污染源头上影响着鄱阳湖的水质，这些污染物随着地表径流排入湖体，造成湖泊水质恶化，水生生态系统结构遭到破坏，湖泊的净化和综合功能减退，进而导致一系列环境问题。因此，加强鄱阳湖水质动态监测，建立水生态安全监测体系，及时掌握湖泊水生态变化，健全相关的保护措施，是保障鄱阳湖水环境与水生态安全的关键所在。

1 主要入湖河流控制断面水质变化趋势分析

基于鄱阳湖 8 个主要入湖河流控制断面（赣江外洲、抚河李家渡、信江梅港、昌江渡峰坑、乐安河石镇街、修河永修、西河石门街、博阳河梓坊）2005—2014 年的水质监测资料，运用季节性 Kendall 检验法，选取总磷（TP）、氨氮、高锰酸盐指数三项指标，对"五河"及西河、博阳河的入湖河流水质变化趋势进行分析，见表 1。

表 1 　鄱阳湖主要入湖河流控制断面水质变化趋势分析成果表

水质断面名称	总 磷	氨 氮	高锰酸盐指数
赣江外洲	无趋势	高度显著上升	无趋势
抚河李家渡	无趋势	高度显著上升	高度显著上升

续表

水质断面名称	总　磷	氨　氮	高锰酸盐指数
信江梅港	高度显著下降	高度显著上升	显著上升
昌江渡峰坑	无趋势	无趋势	高度显著下降
乐安河石镇街	高度显著上升	高度显著上升	高度显著上升
修水永修	无趋势	无趋势	高度显著上升
西河石门街	显著下降	显著上升	无趋势
博阳河梓坊	无趋势	无趋势	高度显著上升

通过表 1 分析可见，2005—2014 年鄱阳湖 8 条主要入湖河流水体水质都不同程度地呈现下降趋势，氨氮、高锰酸盐指数上升趋势明显，其次为总磷，乐安河石镇街断面现状水质最差。

1.1　总磷变化趋势分析

根据 8 条主要入湖河流控制断面 2005—2014 年总磷年均值，绘制图 1 进行具体断面变化趋势分析。

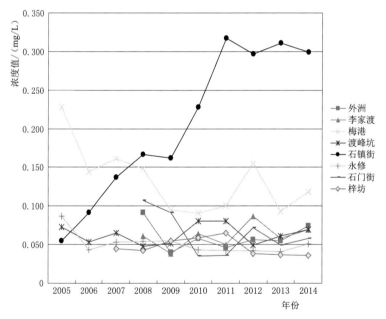

图 1　鄱阳湖入湖总磷浓度变化趋势分析图

由图 1 可知，乐安河石镇街断面 2005—2014 年总磷浓度值最大，呈高度显著上升趋势，由 2005 年的最小值 0.055mg/L 增大至 0.299mg/L，2011—2013 年保持在比较高的浓度水平，2011 年达到最大值 0.317mg/L。信江梅港断面呈高度显著下降趋势，由 2005 年的最大值 0.228mg/L 下降至 0.118mg/L，2010 年达到最小值 0.091mg/L。西河石门街断面呈显著下降趋势，由 2008 年的最大值 0.107mg/L 下降至 0.058mg/L，2010 年达到最小值 0.035mg/L。赣江外洲、抚河李家渡、昌江渡峰坑、修水永修、博阳河梓坊断面无明显升降趋势，2005—2014 年均保持在 Ⅱ 类水限值以内。2014 年乐安河石镇街断面总磷浓度值最大为 0.299mg/L，博阳河梓坊断面最小为 0.036mg/L。

1.2 氨氮变化趋势分析

由图 2 可知，乐安河石镇街断面氨氮浓度值最大，呈高度显著上升趋势，2005—2009 年变化较为平稳，2010—2014 年加速上升，2014 年达到最大值 6.70mg/L。由图 3 可知，赣江外洲、抚河李家渡、信江梅港断面呈高度显著上升趋势，西河石门街断面呈显著上升趋势，昌江渡峰坑、修河永修、博阳河梓坊断面氨氮无明显升降趋势，以上 7 个断面 10

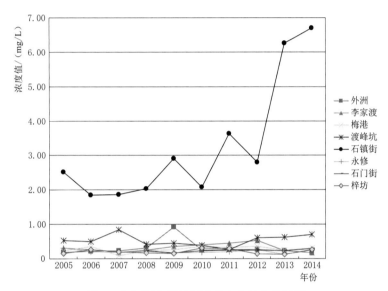

图 2　鄱阳湖入湖氨氮浓度变化趋势分析图

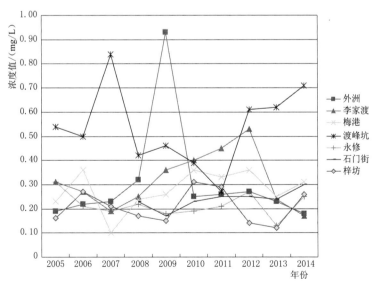

图 3　鄱阳湖入湖氨氮浓度变化趋势分析图（无石镇街）

年间浓度值均保持在Ⅱ～Ⅲ类水限值以内。2014年乐安河石镇街断面氨氮浓度最大值为6.70mg/L，抚河李家渡断面氨氮浓度最小值为0.17mg/L。

1.3　高锰酸盐指数变化趋势分析

由图4可知，8条主要入湖河流控制断面高锰酸盐指数浓度值基本保持在Ⅱ类水限值以内。抚河李家渡、乐安河石镇街、修水永修、博阳河梓坊断面高锰酸盐指数呈高度显著上升趋势，乐安河石镇街断面浓度值最大，2006—2013年间上升尤为明显，2006年由最小值2.4mg/L增大至2013年的最大值4.6mg/L。信江梅港断面呈显著上升趋势，昌江渡峰坑断面呈高度显著下降趋势，赣江外洲、西河石门街断面无明显升降趋势。2014年乐安河石镇街断面高锰酸盐指数浓度最大值为3.7mg/L，修河永修断面高锰酸盐指数浓度最小值为2.2mg/L。

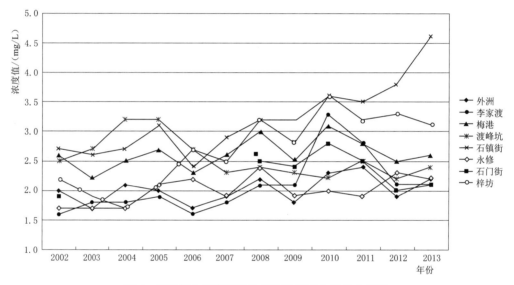

图4　鄱阳湖入湖高锰酸盐指数浓度变化趋势分析图

2　入湖污染物通量计算

根据公式：$T_i = C_i Q$，计算8条主要入湖河流入湖污染物通量。式中 T_i 为河流入湖污染物通量，C_i 为河流入湖控制断面污染物浓度，Q 为河流入湖控制断面流量。

由图5可知，入湖污染物通量的大小与河流中污染物浓度以及河流的径流量成正比例关系，入湖污染物通量的峰值与最小值均与流量的峰值与最小值年份对应。鄱阳湖流域的径流量主要受流域降水的影响，用水量占降水量比重小，故流域降水量大，入湖径流就大，遇枯水年，鄱阳湖入湖径流就小。

入湖河流多年平均流量关系为：赣江＞信江＞修河＞抚河＞乐安河＞昌江＞西河＞博阳河。2010年和2012年入湖污染物通量猛增，与当年江西多流域洪水导致入湖径流量大增相关。例如乐安河氨氮入湖通量主要受其污染物浓度影响，这主要是因为该区污染物以

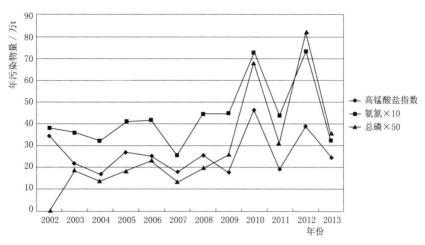

图 5　鄱阳湖入湖污染物通量变化趋势分析图

点源为主，主要为乐安河乐平市工业园区废污水，污染物主要为氨氮，导致入湖污染物通量主要受浓度影响。

3　入湖污染物通量变化驱动原因分析

入湖污染物通量主要与污染物浓度与径流量等因素有关，而污染物浓度与流域范围内社会经济发展情况、废污水排放情况、工业企业生产布局、污染物排放集中处理等相关；径流量与流域范围降水量、用水量等情况相关。

3.1　社会经济发展情况

鄱阳湖流域经济社会蓬勃发展，工业、建筑业等产值稳步增长，产值增长和产业内部结构直接影响着工业废污水排放量；人口增长和生活水平的提高也增加了生活、服务领域废污水排放的增加。

对 2009—2013 年鄱阳湖流域人口、农田实灌面积、牲畜、国内生产总值、工业增加值情况进行统计分析并生成图 6。从图 6 可知，鄱阳湖流域人口、农田实灌面积、牲畜三项经济社会指标增长较为平缓，而国内生产总值、工业增加值增长幅度较大，最大增长比率可达 32.5%。

鄱阳湖流域入湖污染物主要以面源污染为主，面源污染是影响水环境质量的主要原因，也是鄱阳湖

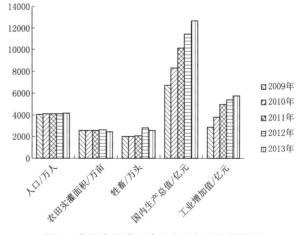

图 6　鄱阳湖流域经济社会指标变化趋势图

入湖通量的重要影响因子。而面源污染中又以农业非点源污染占最大份额。化肥、农药和除草剂的施用，都会导致氮素和磷素进入水体，而水田灌溉采用淹灌、漫灌等浪费用水的方式，又使大量化肥未经作物吸收就随农田回归水流入河网，进一步污染了水体。集约化畜禽养殖也会对农业非点源污染产生重要影响，畜禽粪尿的直接流失和大量作为有机肥料施用到有限的农田中，造成其养分得不到充分利用。

3.2 污染物排放情况

根据江西省环境统计年报，2005—2013 年全省废污水排放量平均每年以约 1.04 亿 t 的速度递增，化学需氧量排放量平均每年以约 0.44 万 t 的速度递增，氨氮排放量平均每年以约 0.31 万 t 的速度递增（图 7）。

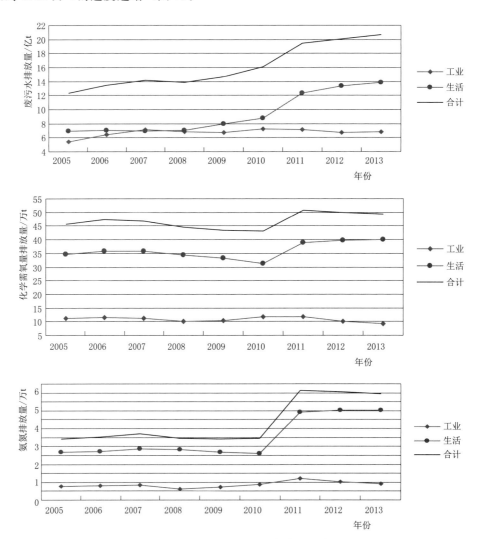

图 7　鄱阳湖流域工业和城镇污染负荷变化特征趋势图

2007 年以后，节能减排行动和流域清洁生产等的实施初见成效，全省污染物排放总量得到有效控制，出现小幅下降趋势。但随着近年来江西经济发展速度和城镇化进程加快，污染物排放压力仍较大，特别是工业点源废水的化学需氧量、氨氮排放量仍在增加。其中 2010—2013 年全省废污水排放量平均每年以约 1.54 亿 t 的速度递增，化学需氧量排放量平均每年以约 2.04 万 t 的速度递增，氨氮排放量平均每年以约 0.83 万 t 的速度递增。全省废水排放量的增加，导致湖水中污染物的增加，这是进入 21 世纪后鄱阳湖水质下降趋势加快的重要原因。

4 结语

2005—2014 年鄱阳湖 8 条主要入湖河流水体水质都不同程度地呈现下降趋势，通过分析可知鄱阳湖入湖污染物以面源污染为主，入湖污染物通量主要受径流量影响。部分河流通量大小受其污染物浓度影响，如乐安河流域以点源污染排放为主，工业园区废污水污染物主要为氨氮，导致乐安河入湖污染物通量主要受其污染物浓度影响。

参 考 文 献

[1] 黄国勤. 保护鄱阳湖"一湖清水"的重大意义及战略对策 [C]//中国可持续发展研究会. 2011 中国可持续发展论坛 2011 年专刊（一）. 中国广东珠海，2011.

[2] 罗珍珍. 环鄱阳湖区农村面源污染成因及控制对策研究 [D]. 南昌：南昌大学，2009.

[3] 刘娟. 环鄱阳湖主要工业城市对鄱阳湖水污染的贡献及污染物总量控制研究 [D]. 南昌：南昌大学，2009.

[4] 向速林，王全金，徐刘凯. 鄱阳湖区域农业面源污染来源分析与控制探讨 [J]. 河南理工大学学报（自然科学版），2011，30（3）：357-360.

鄱阳湖湿地适宜生态需水位研究
——以星子站水位为例

刘惠英[1]　王永文[2]　关兴中[3]

(1. 南昌工程学院水利与生态学院，江西南昌　330099；

2. 河海大学水利水电学院，江苏南京　210098；

3. 江西省水文局，江西南昌　330002)

摘　要： 根据鄱阳湖水位频率的实际情况，以星子站水位为例，利用生态水文法对鄱阳湖湿地的适宜生态需水位进行了研究。通过分析 1953—1973 年、1956—2000 年、2006—2010 年期间鄱阳湖水位和一些代表物种如白鹤和芦苇的生长、分布及变化规律，表明：①针对鄱阳湖湿地水位剧烈变化的特征，将适宜水位分为枯水期和丰水期两个时段进行研究更为合理；②在丰水期以 12～15m 作为适宜水位，枯水期以 11～14m 作为适宜水位，作为关键时段的 4 月和 10 月适宜水位一定要得到保证；③水位条件变化虽然不能从根本上改变鄱阳湖湿地植物的带状分布，但水位变化直接决定各种物种的数量及生物量。

关键词： 鄱阳湖；湿地；适宜生态需水位

目前，由于人口压力大、水资源时空分布不均匀和水土配置不协调，加之以前的水资源配置中没有考虑生态需水，因而存在较大范围内的生态缺水问题；同时湖泊不断萎缩、干枯的现实和由此造成资源性缺水的严重局面，使得寻找一个湖泊的合理水位、发挥湖泊湿地生态系统正常功能已成为湿地管理和永续利用的基本保证。

鄱阳湖湿地是中国第一批加入拉姆萨尔湿地公约的湿地，是国际重要湿地。国务院于 2009 年 12 月 12 日批准鄱阳湖生态经济区建设规划，鄱阳湖更加受到广泛关注。鄱阳湖湿地具有许多功能和价值，包括调节水源、防洪蓄洪、有机物质生产、保护土壤功能、CO_2 固定和 O_2 释放、降解污染、科研和文化价值等，其生态系统服务功能价值更是无法估量。进行鄱阳湖湿地适宜水位研究，有利于鄱阳湖堤岸保护和控制，有利于指导鄱阳湖湿地的生态保护与建设、自然资源有序开发和产业合理布局，推动鄱阳湖生态经济区的经济社会与生态保护协调、健康发展。

我国对湿地的生态需水研究主要集中在东北和华北地区，像扎龙湿地、白洋淀湿地，南方地区偏少。而针对鄱阳湖湿地的研究也主要集中在湿地重要功能的分区、景观格局、湿地资源变化和开发等方面，涉及鄱阳湖湿地生态需水位的研究鲜有报道。针对国内外湿地研究的现状和鄱阳湖的研究现实，将水文和生态因子结合，就鄱阳湖湿地的适宜生态位水位进行具体的分析和计算，为合理规划鄱阳湖水资源，建立湖泊湿地生态需水预警机制，保护及恢复湿地物种多样性提供依据。

1 区域概况

鄱阳湖位于长江中下游南岸，江西省北部，庐山东南麓，为中国最大淡水湖。公元 6 世纪末 7 世纪初，因水域扩展到鄱阳县境内，隋人称为鄱阳湖，沿袭至今。湖泊成因系中生代末期燕山运动断裂而形成地堑性湖盆，属新构造断陷湖泊。位于东经 $115°7'\sim116°5'$、北纬 $28°2'\sim29°5'$，上承赣江、抚河、信江、饶河、修河五河之水，下接长江。在正常的水位情况下，鄱阳湖面积有 $3283km^2$（湖口水位 21.71m），容积达 300 亿 m^3。每年流入长江的水量超过黄河、淮河、海河水量的总和。鄱阳湖在九江的水面面积为 $2000km^2$，流域有都昌、湖口、星子、永修、德安、庐山等 6 个县（市、区）。

作为国际重要湿地的鄱阳湖湿地，是长江干流重要的调蓄性湖泊湿地，在中国长江流域中发挥着巨大的调蓄洪水和保护生物多样性等特殊生态功能，是我国十大生态功能保护区之一，也是世界自然基金会划定的全球重要生态区之一，对维系区域和国家生态安全具有重要作用。鄱阳湖是白鹤等珍稀水禽及森林鸟类的重要栖息地和越冬地。鄱阳湖是一个季节性湖泊，水位变化非常显著，每年 4—9 月为汛期，10 月至次年 3 月为枯水期，有"丰水一大片，枯水一条线"的说法。鄱阳湖水位随季节变化，年内水位变幅巨大，春季水位开始升高，到夏季达最高值，秋季水位回落，到冬季达最低值；年际降水变化比较大，但总体平衡。鄱阳湖湿地范围的确定主要是参考《全国湿地资源调查技术规程（试行）》有关湿地范围界定的要求，以星子水文站的多年平均最高水位作为依据而界定的（水位数据采用吴淞高程，下同）。星子水位站建于 1934 年，为中央报汛站，位于鄱阳湖中段的星子县（现庐山市）境内。

2 数据来源和研究方法

2.1 数据来源

鄱阳湖区现设有梓坊站、石门街站、岗前站、铺头站、彭冲涧站 5 个水文站；设有屏峰、老爷庙、星子、都昌、棠荫、南峰、龙口、瑞洪、康山、三阳、滁槎、楼前、蒋埠、东江闸、昌邑、吴城、吴城、观口等 18 个水位站；此外还设有雨量站 46 个、蒸发站 5 个、水质监测站 19 个、墒情监测站 4 个。从目前对数据的分析来看，星子站水位受五大河流和长江水位影响较小，同时又是水利部门水利公报数据采用的站点，因此本文用星子站水位代表来研究鄱阳湖的适宜生态需水位。

2.2 适宜生态水位的计算原理

适宜生态水位是指维持湖泊湿地生态系统基本完整所需要的最低水位，其生态目标是保障湖区合适的湖泊湿地面积，防止湖泊萎缩和严重退化，维持湖区湿地生态系统的基本完整，能充分发挥其生态功能。适宜生态水位在最小生态水位的基础上强调了生态系统的完整性，比最小生态水位有更高的要求，在保护水生植物和水生动物的基础上，更进一步强调鸟类的保护。

湿地天然生态系统具有稳定的生态结构，因此可以利用湿地生态演变过程经验对其进行分析，从而确定适宜的湿地范围。随着水资源开发利用量的不断增加，可供生态系统使用的水量不断减少，生态系统必然经历 3 个阶段：生态结构稳定物种最丰富或生物量最大；物种减少或生物量减小生态结构不稳定；物种消失生态结构退化。在这 3 个阶段中，要维系鄱阳湖湿地这些功能并保持稳定的物种结构需要一定的水量，在湖泊地形条件不变的前提下，湖水容量与水位密切相关，并且湿地的空间变化也受制于水量，水位高低直接影响生物的生存和湿地生态恢复。生态结构稳定物种最丰富时所对应的生态环境条件可认为是最适宜的条件，此时的水位可认为是适宜生态水位。

从生态结构观点来看，要保护湿地内生物的完整性和多样性，必须理清各种物种的时空分布和相互之间的依存关系，从而确定那些最脆弱、对水位变化最敏感的物种，建立适宜生态需水和敏感物种的关系。因此敏感物种（或指示物种）的选择至关重要。指示物种的生长历史现状清楚了，适宜生态需水就能确定。

2.3 指示物种的确定

2.3.1 枯水期生态因子的选择——鄱阳湖白鹤

白鹤是鄱阳湖国际重要湿地最重要的水禽，栖息于开阔的沼泽湿地及浅水湖泊，属国家 I 级重点保护动物，世界级濒危珍贵动物，具有最高保护等级。据资料显示，鄱阳湖区白鹤数量达 3000 多只，占世界白鹤总数的 98％以上，已成为世界上最大的白鹤越冬地。而且据江西省林业科学研究院对在鄱阳湖自然保护区越冬白鹤的跟踪研究发现，白鹤具有时空动态性，觅食地特征明显，主要受水位和食物的控制，栖息于芦苇沼泽湿地，以水生植物的根、茎为食，因此可把白鹤作为指示物种。

每年的 10 月，大批白鹤陆续到达鄱阳湖，春季离开的时间在 3 月末至 4 月初。白鹤在鄱阳湖的越冬时间，正好是鄱阳湖的枯水期。在这整个区间，湿地的生态现状对白鹤的影响比较重要，尤其是白鹤刚到时 10 月的水文条件导致的生态条件对白鹤的去留至关重要。故把 10 月作为枯水期的一个代表点，从而比较整个代表点的水文条件。

2.3.2 丰水期指示物种的选择——芦苇

鄱阳湖的环境条件是十分适宜水生植物的生长和繁殖的。但是鄱阳湖年水位变化较大，每年 4—9 月为汛期，10 月至次年 3 月为枯水期，构成了"洪水茫茫一片水连天，枯水沉沉一线滩无边"的独特景观，这种时令性湖泊的特点促成了湖滩草洲的发展，从而对水生植物产生特定的影响，使得鄱阳湖水生植被的结构动态具有一定的独特性。

鄱阳湖天然湿地植被主要分布于 11.00～18.00m 高程区域，面积达 2260km^2，占天然湿地总面积的 56.5％，340 多种湿地植物绝大多数生长在鄱阳湖冬季露出的滩地上。随水深的变化植被沿岸边向湖心呈不规则的环带状分布，由于鄱阳湖是一个由多个子湖组成的大型湖泊，在枯水期水生植被的环状分布常被隔断，再加以季节性枯洪水位的变化，导致了湿生植物带的发展，抑制了挺水植物带的蔓延，这些特点是长江中下游其他封闭式湖泊所没有的。水生植被按生活型划分为 4 类：湿生植物带、挺水植物带、浮叶植物带和沉水植物带。在不同的植物带中，有着不同的植物种类和群丛，挺水植物带分布高程最广，但所占面积最少，分布在 12.00～15.00m 高程的浅滩上，汛期水深一般在 0.5～3.5m，仅为 185km^2，只占全湖总植被面积的 8.2%。挺水植物以芦苇和荻为代表，芦苇、荻主要分布在 12.00～14.00m 高程的洲地或河流边岸，是最需保护的植物带。荻从历史至今数量一直不多，挺水植物以芦苇为代表。

芦苇是一种广布的多年生草本植物，喜湿、喜光，多生于河滩、湿地、沼泽、盐碱地、堰坝及池塘。其茎粗、秆长，质地较坚韧，杂质少，富含纤维，是造纸的理想优质原料，还广泛用于工业、农业、交通、医疗、建筑和食用，同时在保护环境和净化污水中也起到重要的作用。作为多年水生或湿生的高大禾草的芦苇，适宜生长浅水中或低湿地地区，常形成苇塘，素有"禾草森林"之称。芦苇属于典型的挺水植物，水对芦苇生长影响十分显著且四季分明，芦苇生长遵循"春浅、夏深、秋落干"的水分需求特点。自然生长的鄱阳湖芦苇作为我国八大芦苇之一，是目前分布较少的一种，亟须保护。

历史上鄱阳湖区的芦苇生长十分繁盛，据资料记载，在 1947—1957 年自然芦苇在鄱阳湖的生长面积在 330km^2 以上。由于长年水位变化大，湿地面积不断缩小，同时毁芦围垦现象严重，到 1987 年江西省科学院调查时面积和数量急剧减少，总面积不到 6.70km^2，而目前鄱阳湖自然生长的芦苇的面积就更少了。鄱阳湖水生植被是鄱阳湖水域生态系统中最主要的初级生产者，也是鄱阳湖生态系统的基础。水生植被不仅影响鱼类等水生动物的生存，甚至影响整个湿地生态系统的平衡。在水生植被中，以芦苇为代表的挺水植物带，虽然分布高程范围最广，但占总面积比例最低、数量最少，而且生长时间最长，它不能像有些物种一样能在短期内完成由种子到发芽、生长、成熟、结果的全部过程。芦苇的生长期贯穿整个丰水期，在 11 月结束。每年 4 月芦苇开始发芽，并且鄱阳湖由枯水期转为丰水期，白鹤飞离湖区。在整个丰水期，把 4 月定为关键月份，选择芦苇作为指示物种是可以满足研究需要的。

3 结果与分析

3.1 水位变化特征

鄱阳湖受季风影响，降水年内分配不均，降水主要集中于 4—6 月，占全年降水总量的 45.7%，3—8 月占全年降水总量的 73.5%，而 1—2 月和 9—12 月降水仅占全年降水总量的 26.5%。鄱阳湖湖区的 5 个水文站和 18 个水位站，各水位站水面涨落过程基本是一致的，水位在 12m 以下时，从下至上的星子、都昌、棠荫、康山等站水位依次抬高，水位差较大，说明低水位时鄱阳湖具有河道的特点，湖水全部进入主航道，主航道以外的湖滩完全暴露，湖泊形态消失，水文特征与河流一致；水位在 12～15m 时，是由河道特性转为湖泊特性的过渡区，水位在 15m 以上时完全为湖泊特性，"高水是湖，低水似河"的独特地理景观得以完全体现。

1953—2011 年的近 60 年间，鄱阳湖最高水位 22.59m，出现在 1998 年 7 月；最低水位 8.33m，出现在 2011 年 2 月；年内最大变幅 10m，多年水位变幅 13.09m，居长江中下游各大湖泊之首。年最高水位变幅 5.84m，由此可见年际变化也很明显。图 1 对 1953—1973 年、1956—2000 年、2006—2010 年 3 个区段内月平均水位情况做比较，表明近十多年来月均水位变化较大，其中 1 月水位的降幅达 21.6%，针对选定指示物种关键时期的 4 月和 10 月，水位降低率分别为 16.2% 和 20.1%。除了年际间的变化，水位在年内的变化也很剧烈，图 2 为 2006—2010 年共 60 个月的月均水位变化情况，作为丰水期和枯水期分界点的 4 月和 10 月月均水位分别为 7.67～12.93m 和 9.29～13.95m。

面对鄱阳湖水位季节性剧烈变化的特征，用单一指标作为适宜生态水位的衡量标准显然是不合适的。因此按照实际水位变化规律和物种对水分的响应将自然年分为两个区间：将 4—9 月丰水期作为一个区间，将 10 月至次年 3 月枯水期定为另外一个区间，针对这两个区间，选择关键时段，求出两个适宜生态水位。

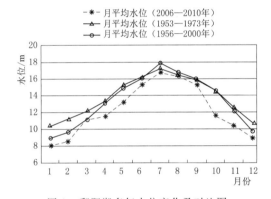

图 1　鄱阳湖多年水位变化及对比图

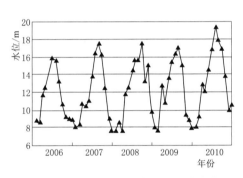

图 2　2006—2010 年鄱阳湖月均水位变化图

3.2　指示物种和水位的关系

3.2.1　丰水期（4—9 月）

根据芦苇在鄱阳湖湿地的分布特征可知，在 12.00～17.00m 高程范围内，绝大多数分布在 12.00～15.00m 范围内，而芦苇的生长特征是一般 3 月中下旬从地下根茎长出芽，4—5 月大量发生，9—10 月开花。在芦苇大量生长的 4 月，水位一定要满足生长的需要，也就是说水位一定要在 12.00～15.00m 才能保证芦苇这个种群数量稳定生物量最大的需要。从多年的水文资料发现，在 4 月这个关键点，从 1953—1992 年水位一直在 10.27～16.41m，平均水位为 13.80m，基本可以满足芦苇的生长要求；但在 2006—2010 年水位在 7.67～12.93m，均值为 11.54m，不能满足芦苇生长对水分的需要。

3.2.2　枯水期（10 月至次年 3 月）

对于选定的枯水期指示物种白鹤，一般会在 10 月中下旬到达湖区，此时洲滩逐渐显露，水生植物枯死，其残体布满洲滩，可作为白鹤越冬的食物。水生植物分布在 9.00～17.00m 高程内，大多数分布在 11.00～15.00m 高程内。对照水位资料可以发现，在 1953—1992 年，10 月水位一直在 10.46～18.50m，平均水位为 14.74m，当时白鹤数量较少，1980 年只有 400 多只，说明当时的水文条件还不完全适宜白鹤的生活需要；在 2006—2010 年同期水位在 9.29～13.95m 变化，均值为 11.63m，从野外定点观测资料发现，白鹤数量在 2010 年年末已达 3500 多只的情况来看，说明此间的水文条件及由水文条件影响的其他自然条件能够满足白鹤的生活需要。

4 结语

（1）鄱阳湖湿地作为湖泊型、过水型湿地，水位变剧烈化，按照实际水位变化规律和物种对水分的响应，将自然年分为两个区间：4—9 月（丰水期）、10 月至次年 3 月（枯水期），选择关键月 4 月和 10 月作为切入点，确定 2 个适宜生态水位指标是合乎实际的。目前国内同类研究，对湖泊或是河道适宜水位的研究在年内水位只是一个值，这个对于鄱阳湖来讲是不合适的。鄱阳湖独特而鲜明的水位变化，使得适宜水位在枯水期和丰水期的差距是很明显的。

（2）通过湖区物种调查发现，水位条件变化虽然不能从根本上改变鄱阳湖湿地植物的带状分布，但水位变化直接决定各种植物所处地理位置的淹没时间和淹没深度，对各种植物的数量及生物量都起到控制作用；作为白鹤食物来源的湿地植物，种群分布是环境影响和生物适应共同作用的结果，各种植物都有自己特定的水文条件，水生条件决定了植物种群的空间分布及差异。这些表明，鄱阳湖生态系统的特征及其变化主要受制于水环境，尤其是水位。目前对于鄱阳湖生物多样性的研究，偏重物种分布和互相关系，对水位的认识还有待加强。也有研究对白鹤的分布进行了阐释，但没有说明和水环境之间的关联，一定要对水位给以足够的重视。

（3）在丰水期，水位上涨，湿地生物的生境得到扩展，有利于湿地生态功能效益发挥。以 4 月作为关键时段，得到的适宜水位区间是 10.27～16.41m，根据芦苇的分布选择 12.00～15.00m 作为适宜水位；在枯水期，湿地地表水量与丰水季节相比呈递减的趋势，会限制和压缩水生生物的生境，使湿地的生态功能和效益受损。在以 10 月作为关键时段，得到的适宜水位区间是 9.29～13.95m，根据指示物种白鹤的食物来源——水生植物的分布，适宜水位应该为 11.00～14.00m。表明鄱阳湖其世界最重要水禽越冬栖息地的地位不断增强，越冬水禽数量明显增加，白鹤已经成为鄱阳湖国际重要湿地保护区的象征，以白鹤作为指示物种完全是可行的。同时得到的适宜水位与鄱阳湖湖控工程提出的"控枯不控洪"和控制水位降到 16.00m 左右的目标完全适合。但同时从水位资料比较发现，近年来，水位提前消退现象明显且有加剧的趋势。水位提前消退，使滩地失水板结，大量沉水植物的地下根和块茎难以被越冬候鸟挖食，不利于候鸟的觅食、栖息，以及来年候鸟生境的恢复。这会导致越冬鸟类在后续月份食物的持续供应问题，对越冬的鸟类会有不利影响。将来可以从鹤类觅食特征和退水关系继续进行深入研究。此外，本文中对适宜水位进行研究时只选择了 2 个月作为代表，另外 10 个月的适宜水位没有涉及，在下一步的研究中将对其余月份水位与生物的关系进行研究。

（4）得到的适宜生态水位可以为鄱阳湖湿地生态需水的分析计算提供基础。在湿地水土资源与生态系统管理上，最小水位和适宜水位可分别定为红色预警与黄色预警标示予以重视，这些都为湿地水土资源合理利用和湿地规划管理提供了可靠的参考依据。

参 考 文 献

［1］ 谢冬明，邓红兵，王丹寅，等. 鄱阳湖湿地生态功能重要性分区［J］. 湖泊科学，2011，23（1）：136－142.

［2］ 陈敏建，工立群，丰华丽，等. 湿地生态水文结构理论与分析［J］. 生态学报，2008，28（6）：2887－2893.

［3］ 王立群，陈敏建，戴向前，等. 松辽流域湿地生态水文结构与需水分析［J］. 生态学报，2008，28（6）：2894－2899.

［4］ 戴向前. 扎龙湿地生态水文结构分析与生态需水计算［D］. 北京：中国水利水电科学研究院，2005.

［5］ 赵翔，崔保山，杨志峰. 白洋淀最低生态水位研究［J］. 生态学报，2005，25（5）：1033－1040.

［6］ 鄱阳湖研究编委会. 鄱阳湖研究［M］. 上海：上海科学技术出版社，1988.

［7］ 肖复明，张学玲，蔡海生. 鄱阳湖湿地景观格局时空演变分析［J］. 人民长江，2010，41（19）：56－59.

［8］ 刘成林，谭胤静，林联盛，等. 鄱阳湖水位变化对候鸟栖息地的影响［J］. 湖泊科学，2011，23（1）：129－135.

［9］ 李枫，杨红军，张洪海，等. 扎龙湿地丹顶鹤巢址选择研究［J］. 东北林业大学学报，1999，27（6）：57－60.

［10］ 孙志勇，黄晓凤. 鄱阳湖越冬白鹤觅食地特征分析［J］. 动物学杂志，2010，45（6）：46－52.

［11］ 官少飞，郎青，张本. 鄱阳湖水生植被［J］. 水生生物学报，1987，11（1）：9－12.

［12］ 时强，曹昀，张聃，等. 鄱阳湖区发展芦苇产业的问题与对策［J］. 江苏农业科学，2011，39（4）：538－540.

［13］ 闵骞. 近50年鄱阳湖形态和水情的变化及其与围垦的关系［J］. 水科学进展，2000，11（1）：76－81.

［14］ 揭二龙，李小军，刘士余. 鄱阳湖湿地动态变化及其成因分析［J］. 江西农业大学学报，2007，29（3）：500－503.

鄱阳湖不同时期冲淤变化分析

廖　智[1]　蒋志兵[2]　熊　强[3]

(1. 江西省赣州市水文局，江西赣州　341000；

2. 江西省景德镇市水文局，江西景德镇　333000；

3. 江西省南昌市水文局，江西南昌　330018)

摘　要：本文根据"五河"控制站泥沙特征变化和湖口站出湖泥沙特征变化情况，分析了出入湖泥沙年际、年内变化规律，同时采用典型断面法，依据1998年长江水利委员会鄱阳湖测量成果以及2010年鄱阳湖基础地理测量成果分析了鄱阳湖不同区域的冲淤变化情况，探求了鄱阳湖区的冲淤分布情况。

关键词：鄱阳湖；冲淤；变化；分析

鄱阳湖位于长江中下游南岸，江西省的北部，承纳赣江、抚河、信江、饶河、修河五大水系及区间来水，调蓄后经湖口汇入长江。鄱阳湖流域总面积162225km²，五大水系控制水文站以上流域面积137143km²，占鄱阳湖流域总面积的84.5%。受三峡等长江上游干支流水库、"五河"控制性水库调度运用等人类活动及降雨等自然条件变化的影响，长江干流、鄱阳湖"五河"水沙条件的变化都将会引起江湖关系的连锁反应，影响到江湖、河湖生态系统的完整性与稳定性、江湖蓄泄能力、湿地功能以及水资源的开发和保护。

为研究鄱阳湖泥沙淤积及其影响，国内外专家学者做了大量的研究工作。程时长、王仕刚对鄱阳湖现代动力进行了分析，认为鄱阳湖物质来源主要是"五河"带来的泥沙，同时研究了"五河"入湖口扩散区、湖体的冲淤动态变化；曹统照在《鄱阳湖淤积量计算方法的探讨》中应用极限淤积量的概念，引进拦沙效率系数与极限淤积容积剩余率系数，导出了吞吐型过水湖泊或水库的淤积量计算方程式，对鄱阳湖淤积量进行计算；马逸麟、熊彩云等对鄱阳湖不同区域的泥沙淤积特点行了详细的描述，对鄱阳湖泥沙源进行了分析，在此基础上对鄱阳湖未来泥沙淤积的发展趋势进行了详细预测。这些研究所依据的资料基本为鄱阳湖21世纪以前的，资料年限较短，不能反映近期鄱阳湖水沙变化剧烈的实际。

本文根据"五河"控制站泥沙特征变化和湖口站出湖泥沙特征变化情况，分析了出入湖泥沙年际、年内变化规律，揭示了鄱阳湖的冲刷、淤积情况以及出入湖泥沙的演变规律。本文采用实测典型断面比较，依据1998年长江水利委员会鄱阳湖测量成果以及2010年鄱阳湖地理信息测量成果分析鄱阳湖不同区域的冲淤变化情况，探求鄱阳湖区的冲淤分布情况。

1 分析数据来源及方法

鄱阳湖入湖泥沙主要来源于赣江、抚河、信江、饶河、修河五大河流、直入鄱阳湖诸河及湖区区间。本次主要采用"五河"控制站（外洲、李家渡、梅港、渡峰坑、虎山、虬津、万家埠）及湖口站历年实测悬移质泥沙资料来分析入湖、出湖泥沙。

鄱阳湖不同时期的冲淤变化分析方法主要采用典型断面法，横向沿湖盆南北向约每5km布设一个断面，全湖共布设横断面32个。分析断面数据采用2010年鄱阳湖地理信息测量成果及1998年长江水利委员会鄱阳湖测量成果，两成果均通过有关部门的验收，成果质量可靠。典型断面范围主要为湖盆区，南起青岚湖下游（南昌县幽兰乡北涂村）、北至湖口（湖口县城）。分析比较1998年与2010年实测大断面图、断面面积、平均河底高程、断面最低点、湖区自北向南纵断面（深泓线）的变化情况等。

2 冲淤量变化

据实测资料统计，在不考虑"五河"控制站以下水网区入湖沙量的情况下，1956—2002年鄱阳湖入湖、出湖年均输沙量分别为1465万t、938万t；2003—2012年"五河"入湖年均输沙量为607万t，较1956—2002年多年均值偏小58.6%；2003—2012年年均出湖输沙量为1238万t，较1956—2002年多年均值偏大31.9%（含采砂活动影响）。比较2010年、1998年湖区实测地形可知，1998—2010年，湖区总体处于冲刷状态，尤其是窄长的入江水道河段，断面变化较大，湖口站断面深槽平均下切约2m（表1）。

鄱阳湖出口控制站湖口水文站（1956—2012）多年平均输沙量991万t，其中2—4月占年输沙量的60.1%。在长江7—9月洪水期，有时长江水倒灌入湖，泥沙也随江水倒灌入湖，多年平均倒灌沙量为132万t，在不考虑五河控制站以下水网区入湖沙量的情况下，湖区年均淤积泥沙324万t，占总入湖沙量的24.6%。

表1　　　　　　　　　　鄱阳湖出入湖悬移质泥沙统计表

时间	湖口站输沙量/（万t/a）	鄱阳湖入湖沙量/（万t/a）	湖口站含沙量/（kg/m³）	鄱阳湖入湖含沙量/（kg/m³）
1956—2012年	991	1315	0.109	0.115
1956—2002年	938	1465	0.106	0.128
2003—2012年	1238	607	0.126	0.056
2003—2007年	1464	512	0.172	0.052
2008年	731	439	0.079	0.046
2009年	572	307	0.074	0.041
2010年	1590	1351	0.093	0.081
2011年	765	458	0.09	0.067
2012年	1400	951	0.066	0.058

从图 1 可以看出，2000 年以前，"五河"入湖沙量基本大于湖口出湖沙量，说明 2000 年以前鄱阳湖呈淤积状态；2000 年以后，随着"五河"入湖沙量的减少，鄱阳湖采砂搅动水流使得湖口出湖沙量增加等因素的影响，"五河"入湖沙量均小于湖口出湖沙量，鄱阳湖呈冲刷状态。

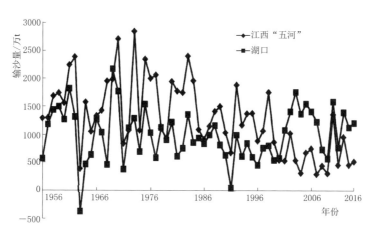

图 1　历年来"五河"入湖及湖口沙量变化图

进入 20 世纪以来，"五河"年均入湖沙量较 1971—1980 年减少了一半以上，使得鄱阳湖淤积逐渐减缓。2003 年前，"五河"年均入湖泥沙 1465 万 t，出湖悬移质泥沙 938 万 t，湖区年均淤积泥沙 527 万 t；2003—2012 年"五河"年均入湖泥沙 607 万 t，出湖悬移质泥沙明显增多，达到 1238 万 t。

从年内冲淤规律来看，鄱阳湖 4 月之前为河相，比降较大，流速相对较快，且"五河"处于涨水阶段，入湖流量增加，流域来沙能顺利通过鄱阳湖进入长江，主要冲刷主航道附近的淤积泥沙，出湖沙量大于入湖沙量；4 月开始，"五河"进入汛期，流域入湖的水、沙骤增，湖水位升高，洲滩逐渐淹没，鄱阳湖呈湖相景观，比降减小，流速减缓，泥沙落淤，出湖沙量小于入湖沙量；7 月之前长江水位不高，"五河"流量大，虽然湖内大量淤沙，但出湖沙量的比重仍较大；7—9 月为长江干流汛期，湖水受顶托或发生江水倒灌，入湖泥沙大部分淤积在湖内，江沙倒灌则更增加泥沙淤积幅度；10 月以后，湖水随长江洪水退落而快速下泄，洲滩逐渐显露，鄱阳湖再成河相，湖区泥沙开始冲刷。可见，鄱阳湖泥沙年内冲淤变化规律一般为低水冲、高水淤。

3　冲淤分布特征

从湖区淤积形态来看，由于"五河"来沙量、时程分配不同，流态变化复杂，且河段地形差异较大，使泥沙淤积在平面上和高度上的分布都不同。流域来沙主要淤积在水网区的分支口、扩散段、弯曲段凸岸和湖盆区的东南部、南部、西南部的各河入湖扩散区。在水网区河道的淤积表现为中洲（心滩）、浅滩、拦门沙等形态，在湖盆表现为扇形三角洲、"自然湖堤"等形态。

3.1 典型断面图分析比较

根据鄱阳湖区地形图及断面布设情况，将湖区划分为 6 个区域，套绘 1998 年与 2010 年实测的 32 个湖区典型断面图，对典型断面进行分析比较。

3.1.1 湖盆入江水道区域（1～10 号断面）

1998—2010 年，鄱阳湖湖盆入江水道区域除 1 号断面发生轻微淤积外，其他断面均发生下切，下切均在 10.00m 高程以下河床，10.00m 以上变化较小，断面变化最大为 9 号断面，10.00m 高程以下湖底平均高程下降 7.91m。该区域总体为下切，主流摆动不大，主流河床冲刷下切明显。

3.1.2 赣江、修河河口湖盆区域（11 号、12 号、13－1 号、14 号断面）

1998—2010 年，鄱阳湖赣江、修河河口湖盆区域典型断面均发生冲刷，冲刷均在 15.00m 高程以下河床，15.00m 以上变化较小，最大变化发生在 12 号断面，15.00m 以下河床平均高程下切 0.16m，断面最低点下切幅度达到 4.50m 左右。该区域总体为冲刷，但冲刷强度小于入江水道区域。

3.1.3 湖盆中部区域（13－2～23 号断面）

1998—2010 年，鄱阳湖湖盆中部区域除 13－2 号断面主流区冲刷较大、16－1 号断面发生轻微冲刷外，其他断面均发生淤积，淤积强度较小，淤积基本集中在 16.00m 高程以下河床，以上变化较小，断面变化最大为 20－1 号断面。可见近十几年来，鄱阳湖中部区域总体仍以淤积为主，与三峡工程运用前基本一致。

3.1.4 湖盆东北部区域（13－3 号、15－2 号、16－2 号断面）

1998—2010 年，鄱阳湖湖盆东北部区域在 14.00m 高程以下有冲有淤，14.00m 高程以上较为稳定。该区域冲淤变化基本维持平衡，断面变化较小。

3.1.5 湖盆南部区域（24～26 号断面）

1998—2010 年，湖盆南部区域 15.00m 高程以下断面发生冲刷，但总体冲刷强度较入江水道区域仍是偏小的，断面变化最大为 26 号断面，断面平均下切 0.41m，断面最大下切深度接近 5.00m 左右。

3.1.6 青岚湖下游区域（27～28 号断面）

1998—2010 年，鄱阳湖区青岚湖下游区域 27 号断面在 17.00m 高程以下发生冲刷，17.00m 高程以下河床平均下切 0.40m，28 号断面变化较小。

综上所述，1998—2010 年，鄱阳湖入江水道区域冲刷下切较为显著，断面变化最大，最大冲刷深度为 10.57m（出现在江水道 2 号断面）。赣江、修河河口区域断面总体表现为冲刷，但冲刷强度较小。湖区中部区域断面总体表现为淤积，但强度较小。东北部、南部、青岚湖下游区域断面有冲有淤，断面总体变化不大。

3.2 平均河底高程及断面最低点分析

根据 1998 年、2010 年实测断面资料统计分析，计算各断面河底最低点，并计算 15.00m 高程以下断面平均湖底高程（计算结果见表 2）。鄱阳湖自北向南湖床最低点高程变化见图 2。

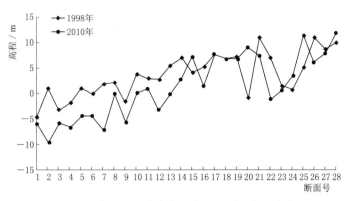

图 2　鄱阳湖自北向南各断面湖底最低点高程变化图

从表 2 中可以看出，与 1998 年断面比较，2010 年湖区河底最低点平均下切 1.87m，最大下切深度 10.57m（出现在 2 号断面），湖底平均高程平均下切 0.54m，最大下切深度为 7.91m（出现在入江水道 9 号断面）。北部入江水道区域 1998—2010 年河底下切严重，断面年平均下切速率最大为 0.61m（出现在 9 号断面）；中部区域呈缓慢淤积，年淤积速率最大为 0.06m；南部区域为轻度冲刷，年冲刷速率最大为 0.03m。其中：

表 2　　　　　　　　鄱阳湖自北向南断面最低点及湖底平均高程统计表　　　　　　　　单位：m

断面号	断面最低点高程		1998—2010 年变化值	平均湖底高程		1998—2010 年变化值
	1998 年	2010 年		1998 年	2010 年	
1	−4.71	−5.90	−1.19	4.72	5.08	0.36
2	0.97	−9.60	−10.57	9.07	8.64	−0.44
3	−3.36	−5.82	−2.46	8.53	7.45	−1.08
4	−2.00	−6.79	−4.79	8.48	7.76	−0.72
5	1.01	−4.31	−5.32	8.40	6.58	−1.82
6	−0.14	−4.50	−4.36	7.71	6.32	−1.39
7	1.85	−7.33	−9.18	8.86	6.51	−2.35
8	2.00	−0.15	−2.15	9.15	8.89	−0.26
9	−1.96	−5.69	−3.73	8.87	0.96	−7.91
10	3.87	0.10	−3.77	9.18	8.67	−0.51
11	2.96	1.09	−1.87	9.64	9.42	−0.22
12	2.70	−3.26	−5.96	11.01	10.53	−0.48
13 − 1	5.61	−0.30	−5.91	12.54	12.24	−0.30
13 − 2	5.00	−1.54	−6.54	9.99	8.76	−1.23
13 − 3	10.61	10.56	−0.05	11.46	11.31	−0.15
14	7.00	2.80	−4.20	12.35	12.51	0.16
15 − 1	4.00	7.40	3.40	10.68	10.69	0.01
15 − 2	9.40	9.46	0.06	10.74	10.78	0.04

断面号	断面最低点高程		1998—2010 年变化值	平均湖底高程		1998—2010 年变化值
	1998 年	2010 年		1998 年	2010 年	
16－1	5.11	1.48	－3.63	11.95	11.80	－0.15
16－2	9.00	5.69	－3.31	11.40	11.32	－0.07
17	7.59	7.82	0.23	11.94	11.98	0.03
18	6.82	6.94	0.12	12.34	12.42	0.08
19－1	7.39	6.90	－0.49	12.37	12.40	0.03
19－2	4.65	10.36	5.71	13.18	13.90	0.72
20－1	－1.27	9.10	10.37	12.62	12.90	0.28
20－2	8.77	11.50	2.73	12.90	13.04	0.15
21	11.14	7.40	－3.74	12.79	13.00	0.21
22	7.05	－1.20	－8.25	12.95	13.00	0.05
23	1.38	0.60	－0.78	12.50	12.55	0.05
24	0.72	3.40	2.68	13.00	12.57	－0.43
25	5.00	11.6	6.60	12.18	12.13	－0.05
26	11.09	6.23	－4.86	13.52	13.11	－0.41
27	8.54	8.00	－0.54	13.38	13.08	－0.3
28	9.85	11.90	2.05	12.97	12.88	－0.09
平均			－1.87			－0.54

（1）1～14 号断面（湖盆入江水道区域，赣江、修河河口区域）平均河底高程呈下切趋势，最大下切深度为 7.91m，平均下切深度 1.15m。

（2）15～23 号断面（湖盆区中部、东北部区域）平均河底高程呈淤高趋势，最大淤积深度为 0.72m，平均淤积深度 0.11m。

（3）24～28 号断面（湖盆南部、青岚湖下游区域）平均河底高程呈下切趋势，最大下切深度为 0.43m，平均下切深度 0.26m。

3.3 近年来鄱阳湖入江水道河床下切的原因分析

近年来，鄱阳湖入江水道区域下切严重，断面变化大，最大下切深度为 10.57m（出现在入江水道 2 号断面）。其形成的主要原因：一是长江干流水位降低使得入江水道比降加大进而形成溯源冲刷。2003 年以来尤其是 2008 年三峡试验性蓄水以来，三峡水库蓄水运用后，长江干流沿程发生冲刷，除 1—3 月外，其他月份水位均出现明显降低，10 月平均水位更是降低了 2.20m，由于干流水位降低，使得鄱阳湖入江水道比降明显加大，形成了溯源冲刷；二是五河上游水库群及水土保持工程增强了拦蓄泥沙能力进而形成清水下泄造成的冲刷。赣江、抚河、信江、饶河、修河等五河上游陆续兴建了一些水库和水土保持等水利工程，这些工程的兴建拦蓄了部分泥沙，水库下游清水下泄不仅冲刷着五河，也冲刷着鄱阳湖湖床及入江水道；三是采砂，但在 2008 年江西省加强湖区采砂管理后这一因素影响程度降低，并已得到控制。

4 结语

本文依据鄱阳湖两次测量成果，采用典型断面法分析了鄱阳湖不同区域的冲淤变化及冲淤分布特征。通过分析，1998—2010 年入江水道区域下切明显，枯水河床高程呈下降趋势，15.00m 水位以下断面面积明显增大；赣江、修河河口区域略冲；抚河、信江入湖河口至湖盆过渡带由于上游来沙造成沉降，使得湖盆中部、东北部区域仍有所淤积，断面河床高程呈上升趋势，河床平均高程淤积约 0.11m；鄱阳湖南部、青岚湖下游区域断面略有冲刷，断面变化不大，河床平均高程下切 0.26m。

参 考 文 献

[1] 程时长，王仕刚. 鄱阳湖现代冲淤动态分析 [J]. 江西水利科技，2004，28 (2)：125 - 128.

[2] 曹统照. 鄱阳湖淤积量计算方法的探讨 [J]. 海洋与沼泽，1987 (4)：320 - 327.

[3] 马逸麟，熊彩云，易文萍. 鄱阳湖泥沙淤积特征及发展趋势 [J]. 资源调查与环境，2003 (1)：29.

长江九江段、鄱阳湖枯水期取水安全保障与思考

吕兰军

（江西省九江市水文局，江西九江 332000）

摘　要： 进入21世纪以来，长江九江段、鄱阳湖枯水期较往年有所提前，且枯水水位偏低，对取水造成很大的影响，本文分析了枯水水位偏低形成的原因并提出了应采取的措施。

关键词： 长江九江段；鄱阳湖；枯水水位

近些年来，长江、鄱阳湖的枯水期比往年有提前到来的趋势，枯水期水位偏低，严重影响到沿江、沿湖的工农业和生活取水。2013年长江九江段、鄱阳湖再次出现较枯水位，引起各界关注。

1 枯水水位偏低造成的影响

2013年12月2日21时，我国最大淡水湖鄱阳湖湖口站水位跌至7.88m，鄱阳湖标志性的星子站水位为7.99m，这标志着鄱阳湖已全面进入极枯水位，相对应的湖区通江水体面积不足300km²，不及丰水期面积的1/10。受持续少雨和长江水位降低的共同影响，鄱阳湖枯水期较常年提前近两个月，湖区通江水体面积骤减90%。在连续两个月的枯水期里，丰水期水天一色的湖面变成了一条条"河沟"和茫茫"草原"，使得居住在鄱阳湖沿岸的人们面临无鱼可打、生活用水紧张、工农业生产困难等窘迫局面。

1.1 对城镇居民生活用水的影响

2013年12月3日长江九江站水位为8.66m，较往年偏低，对九江市城区河西、河东、第三水厂取水造成很大的影响，各水厂不得不通过增开取水机组或加开大取水量机组以增加取水能力，电耗较正常水位时高出25%左右，为应对持续下降的低水位，确保自来水正常生产，各水厂还为取水机组更换大叶轮以增加取水机组取水量。10月24日，鄱阳湖都昌站水位8.61m，比往常同期水位低了3m，受鄱阳湖水位持续下降影响，都昌县城供水出现紧张，一些高层住户经常断水，都昌自来水公司紧急架设新线路，请专业施工队，采用大功率水泵到深水区取水来缓解城镇居民用水困难。

1.2 对工农业生产用水的影响

2013年的枯水期，江西各地持续干旱少雨，长江九江段以及江西境内主要江河湖泊

水位持续走低，部分河流跌破历史最低水位，对农业灌溉的影响较大，冬季作物因枯水水位偏低造成取水困难，旱灾严重。

因水位偏低对航运的影响较大，大吨位的船泊无法顺畅航行，只能减少载运量，因水道变窄还容易发生船泊碰撞事故。

一些沿江、沿湖耗水量大的工矿企业也会因枯水水位偏低造成取水困难，影响企业的正常生产。

1.3　对生态环境的影响

江河水位与地下水是相连相通的，长江、鄱阳湖水位下降就意味着地下水水位也将下降，地下水水位下降将引起现有房屋可能面临倾斜、开裂、地基层的下沉等隐患，此外水位下降使大片河湖滩涂干涸，河床龟裂。

因枯水期水位偏低，鄱阳湖因湖水面积锐减，由湖相变成了河相，整个鄱阳湖变成了大草原，影响到了鄱阳湖的生态环境。

1.4　水质下降处理成本增加

在枯水期，因水资源量减少，河流、湖泊的自净能力急剧下降，不仅影响地表水体的数量，而且还会影响地表水体的品质。生活用水对水质要求较高，为了满足生活用水要求，自来水厂增加了水质处理成本，部分对用水水质有要求的企业也相应地增加了处理开支。

2　枯水水位偏低的原因分析

2013 年 10 月以来，长江中下游水位快速退落，至 10 月 29 日 16 时，长江九江站水位跌至 8.97m，比 10 月 3 日 8 时的水位低了 5.16m，长江九江段提前进入枯水期；10 月 28 日 8 时，鄱阳湖都昌站水位为 8.35m，较前一天下降 0.15m，为历史同期最低，鄱阳湖水位快速下降，提前进入枯水期。可见，2013 年长江九江段、鄱阳湖枯水水位不仅提前到来，而且比往年更低。造成长江九江段、鄱阳湖枯水水位偏低的原因是多方面的，主要有以下几方面的因素。

2.1　降雨量偏少造成来水量不足

长江中下游和鄱阳湖流域降雨量偏小是长江九江段、鄱阳湖枯水期水位偏低的原因之一，进入 21 世纪以来，鄱阳湖流域年平均降雨量比 1956—2000 年平均降雨量减少约12%。比如江西省多年平均降雨量 1638mm，1993—2002 年平均降雨量为 1780mm，2003—2008 年平均降雨量 1460mm，造成江西五大河流入湖水量减少。据统计，五河多年平均入湖量 1192 亿 m^3，2008 年年径流量为 946 亿 m^3、2011 年为 969.5 亿 m^3，均少于多年平均，来水量不足造成枯水水位偏低。表 1 列出了 2001 年以来长江九江站、鄱阳湖星子站的最枯水位，从中可以看出，九江站、星子站近几年来的最枯水位大都在9.0m、8.0m 以下。

表1　　　　　长江九江站、鄱阳湖星子站年最低水位统计（吴淞基面）

	年　份	2001	2002	2003	2004	2005	2006	2007	2008	2009	2010	2011	2012
九江站	水位/m	8.98	8.17	8.65	7.69	8.7	7.42	8.02	8.02	8.16	8.27	8.67	8.44
	出现时间/（月-日）	1-7	2-24	12-31	2-6	12-31	2-14	12-22	1-6	1-26	1-26	12-31	1-7
星子站	水位/m	9.38	8.4	7.93	7.11	8.2	7.8	7.27	7.37	7.49	7.74	8.11	7.79
	出现时间/（月-日）	12-9	1-14	12-31	2-4	12-31	2-14	12-20	1-6	1-26	1-2	12-31	1-6

2.2　上游水库群蓄水影响

江西的五大水系，近些年来加大了水能开发力度，水能梯级开发接近饱和，全省有1万多座大中小型水库及几万个山塘，汛后各水库都要蓄积一定的水用于发电、灌溉和生活用水等，仅修河干流从东津水库开始，其下游就有郭家滩、抱子石、三都、下坊、柘林等大中型水库，累积蓄水量超过82亿m³，大量的水蓄积在各水库，使得五河入湖水量较往年有所减少。

长江上游干支流水库蓄水对长江九江段、鄱阳湖的水位产生较大的影响。数据显示，长江上游干支流主要水库共29座，防洪库容合计530亿m³。这些水库群在汛后集中蓄水运行，造成长江九江段、鄱阳湖水位降低、水量减少。比如，三峡工程自2003年5月5日起蓄水，进入运行初期。统计表明，九江站2003—2007年平均水位12.80m，比三峡工程运行前的1988—2002年平均水位13.95m偏低1.15m；鄱阳湖星子站2003—2007年平均水位12.50m，比1988—2002年平均水位13.79m偏低1.29m。无论是长江九江段，还是鄱阳湖，三峡工程运行后的5年（2003—2007年）的水情，较三峡工程运行前的15年（1988—2002年）的水情明显偏枯。

三峡水库一般情况下是在10月蓄水减泄，在枯水年就会加剧长江九江段、鄱阳湖湖区干旱缺水和生态环境恶化。按照三峡水库初步设计确定的汛末蓄水方案从10月初至11月末，三峡水库开始汛后蓄水，下泄流量将比正常年份天然状态下减少2000~8000m³/s，不同水文年的湖水位变化如下：①丰水年湖口水位下降0.54~1.74m；②平水年湖口水位下降0.46~1.63m；③枯水年（2004年）湖口水位下降0.52~1.66m；④枯水年（2006年）湖口水位下降0.39~1.46m。湖口站与星子站的水位关系较好，相关系数达0.90以上，10—12月湖口站水位降低0.10~1.12m，星子站水位相应降低0.01~0.76m，以致整个鄱阳湖湖区水位下降。

2.3　采砂造成的影响

沿岸河道、湖泊违规采砂严重。周边的采砂船已将不少区域的湖床开挖下陷。以星子县入湖水道为例，从1999年以来采砂猖獗。过去河道最深处为-7m，2012年已达-22m，到处都是沙坑，不能形成有效水位和湖面，过度采砂的结果是河床、湖床下切，同样水量的情况下水位下降。

2.4　沿江沿湖取水量加大影响枯水水位

随着各地招商引资力度的加大，沿江沿湖近些年来大量的企业进入，特别是化工、造纸、钢铁等耗水量大的企业的引入，造成沿江沿湖取水量大幅增加，也在一定程度上影响了枯水水位。如长江九江段，近几年来在长江取水的有理文造纸、理文化工、江西铜业铅锌、江西钢厂，在鄱阳湖取水的有江西大唐、赛得利化纤、恒生化纤等，日取水量 2 万 m³ 以上的大取水户越来越多，在一定程度上会影响长江、鄱阳湖的水位。

3 几点思考

3.1 加大对水库的运行调度力度

一是江西境内各大型水库应实行统一调度，确保下泄流量。"五河"干支流蓄水工程建设的主要目的，是想提高"五河"干支流洪水资源利用。这样可以利用"五河"干支流水库在 8—9 月汛期结束之前，适当多拦蓄一些汛末洪水留存在水库中，这样在 10 月以后，可在一定程度上增加"五河"下泄入湖流量，弥补和减轻三峡水库减泄的不利影响，以避免湖区枯季非正常或极端干旱现象出现。但必须全省一盘棋，实行统一调度，确保河流、湖泊有足够的水量和维持一定的水位高度，以便于生活、生产用水的需要。

二是加大优化长江上游干支流水库群的调度，特别是对三峡水库的调度。三峡水库运行调度的主要目的是想尽量减轻水库增泄或减泄流量过程对鄱阳湖产生的不利影响，进而充分发挥三峡水库对鄱阳湖水位的调控作用，避免极端的水旱灾害出现。10—11 月三峡水库减泄流量带来的不利影响比较复杂，主要是引起湖区水位快速下降，枯水期提前。应慎重地综合考虑 10—11 月的三峡水库上游来流、江西"五河"入流以及湖区退水过程等水情预报因素，适当调整三峡水库蓄水进程。例如，当湖口水位低于 14.0m 时，三峡水库蓄水就应该避免因蓄水产生的下泄流量锐减，以保证湖口水位缓慢降低。在鄱阳湖枯水年份更应该谨慎对待。此外，还可以考虑将三峡水库汛后蓄水时间适当提前到 9 月中上旬，在 9 月末之前将库水位逐步从 145m 提高到 155m 以上，适当多拦蓄一些汛末洪水留存库中，这样在 10 月就不必大量拦蓄径流，从而减轻对鄱阳湖水位变化的干扰。

3.2 加大对鄱阳湖湖区采砂的管理力度

随着鄱阳湖区枯水位提前和时间延长，加之仍然存在重经济效益、轻生态效益的倾向，导致采砂管理定点、定时、定船、定量、定功率等"五定"要求执行不够到位，一定程度影响到鄱阳湖水体安全，给生态保护带来压力。应通过减少作业采区、减少作业时间、减少作业船舶数量，严格采砂船舶准入、严格现场监管、严格控制年度采砂总量，总体上形成湖区采砂管理长效机制，将采砂活动对鄱阳湖水资源、水生态保护的影响降到最低限度。

3.3 确定每条河流的生态流量

由于人口的快速增长和经济社会的快速发展，加快了水资源的开发与利用，造成部分河流出现干枯，甚至断流，出现生态危机。水文部门应加强生态需水量的分析，提出主要河流、湖泊的生态需水量，这是保障河流、湖泊生态安全要求的最小流量，无论水资源如何开发利用都不得突破这一底线。一是采用90%保证率最枯月平均流量作为生态水量，二是根据《建设项目水资源论证导则（试行）》（SL/Z 322—2005）中"对于生态用水的确定，原则上按多年平均流量的10%～20%确定"。水文部门通过分析与计算，提出每条河流、每个湖泊的生态需水量，这样就为保障水生态环境的安全提供了科学依据，以避免水资源的盲目开发。

3.4 建立备用水源和应急水源

目前多数城市饮用水水源都较为单一，如遇上连续干旱年、特殊干旱年及突发污染事故的发生，风险程度都是非常高的，因此，建设应急饮用水水源和备用水源工程建设，是提高政府应对涉及公共危机的水源地突发事件的能力，维护社会稳定，保障公众生命健康和财产安全，促进社会全面、协调、可持续发展的必要措施。当枯水水位偏低造成取水困难时可以启用应急水源。

应急水源是指具备应急供水水源和水量、水质符合要求，具备替代或置换应急饮用水的条件，可为保证应急供饮用水而挤占其他用水，工程应距离城市相对较近，方便取水，工程措施是应急性质的，应急水源的水量不能完全满足用水需要，而且时间上不可能长久。备用水源是指完全可以与第一水源相对应的水量与水质要求的水源，在突发性水污染事故发生时可以长期使用的水源。

目前，我国规划建设应急饮用水水源和备用水源工程主要针对人口20万人以上、以地表水为饮用水水源的城市，应扩大到县级以上所有城镇。如，九江市应急饮用水水源地为赛城湖，目前赛城湖水量、水质符合饮用水要求，湖容积49660万 m^3，拟建的取水工程主要有机组及配套设施、引水管道及配套设施等工程的新建，在97%来水量保证率下的工程预期效果供水量达 $2.520m^3/s$，能满足应急水源的要求。备用水源初步确定为柘林水库，总库容79.2亿 m^3，为多年调节水库，不仅水量充足而且近年检测库区水质均优于Ⅱ类地表水标准。但九江地区县级城镇应急和备用水源还没有建立。

3.5 加快建设鄱阳湖控制工程

枯水症结不在于江西没有水，而是水根本储存不住。目前，每年从鄱阳湖流走的水量有1450亿 m^3，而储存下来的还不到3亿 m^3。这几年长江补给水量越来越少。

尽快建设鄱阳湖水利枢纽工程，已是解决鄱阳湖"水危机"的当务之急。鄱阳湖水位自然变幅大，是导致湖区水旱等自然灾害频发的主要原因。由于缺乏必要的调控措施，当鄱阳湖出现极端的水文情势，或面对三峡水库减泄或增泄产生的不利影响时，都显得无能为力。因此，在鄱阳湖口设置必要的控水工程，增加调控能力，当长江干流出现不利于鄱阳湖生态环境的水文条件时，或鄱阳湖内出现极端水文条件时，都可以启用湖口控水工程，以维系湖区水位平缓变化，避免湖区出现不利于生态环境和工农业经济发展的水文环境。据悉，鄱阳湖水利枢纽拟建在鄱阳湖入长江通道最窄处，即在星子县的长岭与都昌县的屏风山间，修建一个由108个水闸组成的水利枢纽工程。工程建成后，将交由长江水利委员会统一调度，采取"调枯不调洪"的运行方式，发挥鄱阳湖分洪作用，在枯水期则关闸蓄水。

3.6　加强水文监测、分析与预测

加强对长江九江段、鄱阳湖枯水期的水量水质监测至关重要，可以及时掌握来水量和来水水质状况，为工农业、生活用水提供可靠信息。尽管与太湖、巢湖、滇池相比，鄱阳湖的水质稍好，但纵向相比，鄱阳湖的水质已变差。在 20 世纪 60 年代，鄱阳湖水是 I 类水；在 90 年代是 II 类、III 类水，而目前鄱阳湖水已是 IV 类水，有必要加强对鄱阳湖的水质动态监测，及时通报湖区水质。还应针对不同区域河流和重要湖泊开展藻类、叶绿素、浮游植物、底栖动物的监测，把水生态监测与研究作为水文部门水生态文明建设的重点。随着全球气温的升高，大气环流紊乱，影响水文的因素错综复杂，同时，大量水利工程的兴建破坏了河道水文的自然规律，比如三峡水库建成后，长江中下游的江水变清了，对河势、冲刷等都带来影响。各地年度水量分配方案的制定需要水文部门预测来年的来水量，水文部门应加强降水、蒸发、径流、土壤墒情、水污染、大气环流、涉水工程对河湖水文情势影响的研究力度，找出水文变化规律，预测来年的水文情势，为政府应对枯水和干旱提供科学依据。

参　考　文　献

[1]　吕兰军. 三峡工程对鄱阳湖珍稀候鸟栖息地水位影响分析 [J]. 人民长江，1991 (7)：38-32.

[2]　吕兰军. 长江九江段、鄱阳湖水情分析及旱涝急转水文应对措施 [J]. 水利发展研究，2011 (11)：40-44.

[3]　谭国良. 鄱阳湖动态水位-面积-容积关系研究 [M]. 北京：中国水利水电出版社，2013.

[4]　张双虎. 鄱阳湖区水资源安全问题分析 [M]. 北京：中国水利水电出版社，2013.

DF 活体藻类在线监测结果与叶绿素 a 的关系研究

刘爱玲[1]   李 梅[2]   熊丽黎[2]

(1. 江西省鄱阳湖水文局，江西九江 332800；

2. 江西省水文局，江西南昌 330002)

摘 要： 测定水体中藻类含量是判断水体是否富营养化的关键，本文针对鄱阳湖水体中常见的优势藻类，在进行纯培养后利用 DF 活体浮游植物在线监测系统和多参数水质分析仪（YSI6600）测定样品的叶绿素 a 含量。通过分析 6 组荧光值与叶绿素 a 含量之间的关系，建立了单种藻和混合藻中叶绿素 a 含量与荧光值之间的校准公式。在野外监测时，校准公式经简单调整，得到的叶绿素 a 含量与同步监测基本一致。

关键词： 延迟荧光；浮游植物；叶绿素 a；校准公式

鄱阳湖是中国最大的淡水湖，近年来，随着湖区周边工业经济水平的不断升高，各种污水流入鄱阳湖，使得水体富营养化越来越严重，藻类生长繁殖加快，影响用水质量。因此，必须测定水体中藻类含量的情况，才能有效保证人民群众的用水安全。衡量水体中浮游植物现存量的方法很多，可以藻细胞密度、生物量、叶绿素，或其他指标表示。叶绿素 a 存在于所有的浮游植物中，是估算浮游植物生物量的重要指标。叶绿素 a 能吸收光能，在激发光的照射下能产生荧光，荧光的强弱与其含量有着密切的关系。浮游植物叶绿素 a 的测定方法主要有分光光度法和荧光法两种，它的测定比用计数法测定藻类的数量要简便和快捷，目前为一个常用测定藻类现存量的办法。

延迟荧光（DF）是植物光合器官在停止光照后的发光现象，是活细胞的专属特性，是光合效率的指示指标，叶绿素在其中起关键作用。1951 年，科学家研究发现了植物光诱导延迟荧光现象，其激发光谱取决于受试细胞的色素情况，此特征可以用于区别不同的藻属，并可通过数学计算来评估群落光合中不同色群的贡献率。延迟荧光技术可有效屏蔽再悬浮、死的生物和腐殖质对测量精度的干扰，而其他荧光测量技术无法实现。因此，延迟荧光技术已成为目前水华监测的研究热点。

匈牙利科学家利用延迟荧光技术对浮游生物的辨别与测量能力发明了 DF 活体浮游植物及生态环境在线监测系统。通过研究光合速率、量子效率、延迟荧光强度、叶绿素含量及初级生产量之间的关系，寻找延迟荧光强度与叶绿素含量及初级生产力的关系，并通过浮游植物色素的激发光谱来辨别不同的藻属。该系统已在匈牙利巴拉顿湖、以色列金纳雷特湖、匈牙利区域的蒂萨河进行了推广应用，并取得了较好的效果，在国内尚无使用先例。2011 年，为了填补藻类在线监测的空白，鄱阳湖引进了该系统，本研究立足于 DF 监测数据中的 6 组荧光值，通过分析纯种藻中荧光值与其叶绿素 a 的关系，尝试建立叶绿素 a 与监测荧光值的校准公式，以在野外监测中予以应用。

1 鄱阳湖常见藻类

在不同季节，鄱阳湖藻类优势种也各自不同。本研究根据鄱阳湖藻类生长现状，选取具有代表性的藻种开展相关研究。以微囊藻（*Microcysis aeruginosa*）、鱼腥藻（*Anabeana*）、四尾栅藻（*Scenedesmus quadricanda*）、卵圆隐藻（*Oval Cryptophyta*）、小环藻（*Cyclotella*）分别代表蓝藻、绿藻、隐藻和硅藻，该纯种藻均购自中科院水生生物研究所。

本文利用 DF 活体浮游植物在线监测系统对鄱阳湖藻类进行观测分析，该系统依托于鄱阳湖蛇山水量水质水生态自动监测站。DF 活体藻类在线监测系统可识别包括蓝藻、绿藻（包括绿藻、裸藻等）、隐藻（包括硅藻、金藻、黄藻等）和硅藻 4 种藻类。

2 藻类叶绿素 a 及其荧光值的校准公式

2.1 单种藻叶绿素 a 及其荧光值的校准公式

在野外监测时，DF 系统每天 6 时自动取湖水进行藻类分析，并根据在 6 组波段下的荧光值，将其划分为蓝藻、绿藻、隐藻和硅藻 4 类。本试验为了研究荧光值与样品叶绿素 a 的关系，将培养好的纯藻样品用相应的培养基稀释为几个不同浓度，用 DF 仪进行检测。

图 1 是厂家根据 DF 活体藻类分析仪测定纯种藻的荧光值，以及各个样品的叶绿素 a 值和其他经验值，所作出的不同藻类在不同波段下荧光值/叶绿素 a 的关系，反映了在不同波段下，每种藻中每一份叶绿素 a 所占的荧光值。由图可知，同一波段下不同的藻类，荧光值对叶绿素 a 的贡献是有很大差异的。

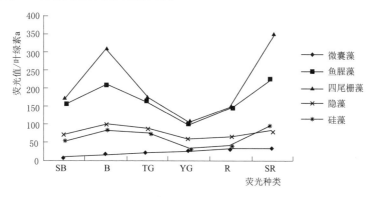

图 1 不同荧光值与纯种藻叶绿素 a 的关系图

在图 1 的基础上，我们对不同的藻类在不同波段下荧光值与叶绿素 a 值进行研究，分析其相关关系。以栅藻为例，根据监测结果（表 1），计算出不同波段荧光值与叶绿素 a 的关系（表 2）。从表 2 可以看出，荧光值与叶绿素 a 之间呈线性相关，相关关系较好。根据计算出的线性关系，结合图 1 显示的各波段荧光与叶绿素 a 的关系，通过加权平均，建立栅藻叶绿素 a（Y）与各个波段荧光值（x）的线性关系。

同样方法可建立其他藻类叶绿素 a 与各个波段荧光值的校准公式，结果如下：

表 1   不同浓度栅藻荧光值与叶绿素 a 原始检测值

样品	荧 光 种 类						叶绿素 a/(μg/L)
	SB	B	TG	YG	R	SR	
原样	14340	26294	14970	9290	13030	29356	328.0
1/3 原样	3385	6295	3465	2270	3138	7519	83.0
1/9 原样	1623	2924	1714	1117	1506	3343	38.0

表 2   不同荧光值与栅藻叶绿素 a 的关系

藻种	荧光种类	线性关系	相关系数
栅藻	SB	$Y_3 = 0.023x_1$	$R = 0.99970$
	B	$Y_3 = 0.0125x_2$	$R = 0.99980$
	TG	$Y_3 = 0.022x_3$	$R = 0.99950$
	YG	$Y_3 = 0.0354x_4$	$R = 0.99990$
	R	$Y_3 = 0.0252x_5$	$R = 0.99985$
	SR	$Y_3 = 0.0112x_6$	$R = 1.00000$

$$Y_3 = 0.0038x_1 + 0.54 \times 0.0021x_2 + 0.0037x_3 + 1.57 \times 0.0059x_4 + 1.10 \times 0.0042x_5 + 0.48 \times 0.0019x_6$$

微囊藻：$Y_1 = 0.00067x_1 + 0.0005x_2 + 0.00033x_3 + 0.00017x_4 + 0.00017x_5 + 0.00017x_6$

鱼腥藻：$Y_2 = 0.0031x_1 + 0.71 \times 0.0022x_2 + 0.0029x_3 + 1.54 \times 0.0047x_4 + 0.0032x_5$
            $+ 0.66 \times 0.0021x_6$

隐藻：$Y_4 = 0.0042x_1 + 0.74 \times 0.0031x_2 + 0.82 \times 0.0035x_3 + 1.26 \times 0.0052x_4$
        $+ 1.21 \times 0.005x_5 + 0.0038x_6$

硅藻：$Y_5 = 0.0027x_1 + 0.62 \times 0.0018x_2 + 0.67 \times 0.0020x_3 + 1.68 \times 0.0040x_4$
        $+ 1.17 \times 0.0030x_5 + 0.55 \times 0.0016x_6$

2.2   混合藻叶绿素 a 及其荧光值的校准公式

为了消除不同藻类之间的相互影响造成的误差，将微囊藻、鱼腥藻、栅藻、隐藻 4 种藻按照一定的比例配制成不同浓度的混合样品，并检测各个样品的叶绿素 a。将 DF 测得的混合藻样品荧光结果代入所建公式中进行计算，结果与仪器测定的叶绿素 a 结果相差较大（表 3）。所以要确定混合藻中各种藻的叶绿素 a（Y）与荧光值（x）的相关关系，需要进一步校准相关参数。

表 3　　　　　　　　　方程计算的叶绿素 a 与测定值结果对比　　　　　　　　单位：$\mu g/L$

样 品	叶绿素 a 计算值					叶绿素 a 测定值
	微囊藻	鱼腥藻	栅藻	隐藻	总值	
混合藻原样	14.4	119.9	138.5	172.4	445.2	150.05
1/2 原样	7.7	64.2	74.3	92.5	238.7	79.50
1/4 原样	4.3	36.2	41.8	52.0	134.3	40.05

根据图 1 中各种藻在各个波段下荧光值/叶绿素 a 的值，运用加权平均，计算出各波段中荧光值/叶绿素 a 的平均值，再计算每种藻中每份叶绿素所占荧光值占该波段总荧光值的比例，结果见表 4。

表 4　　　　　　　　　　　各种藻占总荧光值的比例　　　　　　　　　　　　　　　%

藻种类	微囊藻	鱼腥藻	栅藻	隐藻	硅藻
所占比例	0.0417	0.3085	0.3882	0.1440	0.1176

将所计算出的比例代入混合藻的荧光值中，计算各种藻在各个波段下所分配的荧光值。依次将各种藻在各个波段所分配的荧光值代入单种藻的校准公式中，重新计算各种藻相应的叶绿素 a 含量，与实际叶绿素 a 含量进行比较，结果见表 5（每个样品经多次测量取平均值）。

表 5　　　　　　　　　叶绿素 a 方程计算值与测定值结果对比　　　　　　　　单位：$\mu g/L$

样 品	微囊藻		鱼腥藻		栅 藻		隐 藻	
	计算值	测定值	计算值	测定值	计算值	测定值	计算值	测定值
混合藻原样	0.6	2.53	36.98	22.59	53.78	79.1	24.82	18.35
1/2 原样	0.32	1.27	19.81	11.3	28.82	39.55	13.32	9.18
1/4 原样	0.18	0.63	11.15	5.65	16.23	19.78	7.48	4.59

由表 5 可知，根据公式计算出来的叶绿素 a 值与测定值有一定差异，需要进一步对其校准参数进行分析。在此，建立叶绿素 a 计算值与实际值相关曲线，如图 2 所示。微囊藻、鱼腥藻、栅藻、隐藻的线性参数分别为 4.116、0.5955、1.4336、0.7206，因此，混合藻中微囊藻、鱼腥藻、栅藻和隐藻的叶绿素 a 与荧光值的校准公式分别调整为：

微囊藻：$Y_1 = 4.116 \times (0.00067x_1 + 0.0005x_2 + 0.00033x_3 + 0.00017x_4 + 0.00017x_5 + 0.00017x_6)$

鱼腥藻：$Y_2 = 0.5955 \times (0.0031x_1 + 0.71 \times 0.0022x_2 + 0.0029x_3 + 1.54 \times 0.0047x_4 + 0.0032x_5 + 0.66 \times 0.0021x_6)$

栅藻：$Y_3 = 1.4336 \times (0.0038x_1 + 0.54 \times 0.0021x_2 + 0.0037x_3 + 1.57 \times 0.0059x_4 + 1.10 \times 0.0042x_5 + 0.48 \times 0.0019x_6)$

隐藻：$Y_4 = 0.7206 \times (0.0042x_1 + 0.74 \times 0.0031x_2 + 0.82 \times 0.0035x_3 + 1.26 \times 0.0052x_4 + 1.21 \times 0.005x_5 + 0.0038x_6)$

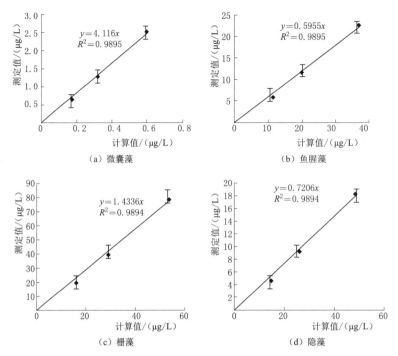

图 2　各种藻中叶绿素 a 计算值与测定值相关关系

3　校准公式在野外监测中的应用

　　为验证所建立的校准公式在野外监测结果中的应用效果，本次试验选取了 2012 年某时段的 8d 连续监测结果，分别应用校准公式计算出相应的微囊藻、鱼腥藻、栅藻和隐藻的叶绿素 a 值，并将结果相加，与多参数水质分析仪同步监测的叶绿素 a 值进行比较（表 6）。由表可见，其相关性不理想。

表 6　　　　　　　野外监测中方程计算的叶绿素 a 和 YSI6600 监测结果　　　　　　单位：μg/L

测次	荧　光　种　类						叶绿素 a 计算值	YSI6600 叶绿素 a	计算值乘以 0.0386
	SB	B	TG	YG	R	SR			
1	844	840	861	807	828	826	59.73	2.73	2.69
2	782	753	751	755	745	780	54.64	2.19	2.11
3	502	477	511	466	490	529	35.23	2.23	2.13
4	443	439	441	465	460	448	32.60	0.93	1.45
5	424	412	407	414	414	418	29.86	1.46	1.58
6	868	1462	1082	780	854	1389	69.12	2.14	3.05
7	986	1647	1140	844	950	1510	75.88	4.22	3.47
8	1086	1838	1268	873	1004	1715	82.27	3.52	3.33

　　由于校准公式是建立在纯培养藻类的基础上，没有考虑任何外界环境如泥沙等的影

响，而且也没有加上硅藻的叶绿素 a 值。而鄱阳湖的藻类优势种为硅藻的时期居多，湖区水体含沙量高，湖水中的泥沙，TSS 等极大地干扰了 DF 仪对藻类的测定。因此，为了找到这些因素的影响参数，将计算的叶绿素 a 值加上经验值进行小范围内的调整，得到一组新的叶绿素 a 值，用这组值与多参数水质分析仪测定的叶绿素 a 建立相关曲线，如图 3 所示。

将图 3 中得到的野外校准参数 0.0386 为系数，加入校准公式，则野外监测下叶绿素 a 与荧光值的校准公式调整为：

微囊藻：$Y_1 = 0.0386 \times 4.116 \times (0.00067x_1 + 0.0005x_2 + 0.00033x_3 + 0.00017x_4$
$+ 0.00017x_5 + 0.00017x_6)$

鱼腥藻：$Y_2 = 0.0386 \times 0.5955 \times (0.0031x_1 + 0.71 \times 0.0022x_2 + 0.0029x_3$
$+ 1.54 \times 0.0047x_4 + 0.0032x_5 + 0.66 \times 0.0021x_6)$

栅藻：$Y_3 = 0.0386 \times 1.4336 \times (0.0038x_1 + 0.54 \times 0.0021x_2 + 0.0037x_3$
$+ 1.57 \times 0.0059x_4 + 1.10 \times 0.0042x_5 + 0.48 \times 0.0019x_6)$

隐藻：$Y_4 = 0.0386 \times 0.7206 \times (0.0042x_1 + 0.74 \times 0.0031x_2 + 0.82 \times 0.0035x_3$
$+ 1.26 \times 0.0052x_4 + 1.21 \times 0.005x_5 + 0.0038x_6)$

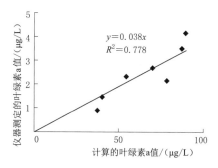

图 3 方程计算的叶绿素 a 值与
野外实测值相关关系图

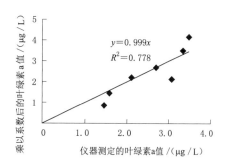

图 4 野外校准公式计算的叶绿
素 a 值与测定值关系图

利用上述的校准公式计算得到的叶绿素 a 结果见表 6，与多参数水质分析仪测定的叶绿素 a 建立相关曲线，如图 4 所示。由图可见，加入野外校准参数后，计算出的叶绿素 a 值与实际测定值相关曲线斜率已经接近 1，两组数值基本一致，表明所建立的校准公式经调整后可以适用于野外监测。

4 结论

本研究通过分析纯种藻样品中 DF 检测荧光值和其叶绿素 a 的相关关系，建立了纯藻和混合藻中荧光值和叶绿素 a 的校准公式，并将其应用于野外监测中。然而，野外环境下，水体的含沙量、流速、TSS 等相关指标会对 DF 的测定结果产生干扰，而这些指标在水体中是时刻变化的，对藻类荧光的影响也极其复杂。在本研究中，根据鄱阳湖泥沙和硅藻等特征，仅给出了一个经验值对校准公式进行了调整，使得校准公式可以应用在野外监测中。若能根据所在地的水文环境计算出一个准确的校准参数，则用此方法可得出准确的叶绿素 a 值。因条件限制，本研究所建立的校准公式仍存在进一步细化的空间，有待继续研究。

本研究建立的荧光值与叶绿素 a 之间的校准公式，可以利用监测到的荧光计算出样品中的叶绿素 a 含量，为叶绿素 a 测定提供了一种新方法，扩大了 DF 活体浮游植物在线监测系统的应用范围，进一步提高了本项目在其他河流湖泊推广使用的价值。

参 考 文 献

［1］ 于海燕，周斌，胡尊英，等. 生物监测中叶绿素 a 浓度与藻类密度的关联性研究 ［J］. 中国环境监测，2009，25（6）：40-43.

［2］ 美国公共卫生协会，等. 水和废水标准检验法 ［M］. 15 版. 宋仁元，等，译. 北京：中国建筑工业出版社，1985.

［3］ 金相灿，屠清瑛. 湖泊富营养化调查规范 ［M］. 2 版. 北京：中国环境科学出版社，1990.

［4］ 韩桂春. 淡水中叶绿素 a 测定方法的探讨 ［J］. 中国环境监测，2005（1）：55-57.

［5］ 董正臻，董振芳，丁德文. 快速测定藻类生物量的方法探讨 ［J］. 海洋科学，2004，28（11）：1-2，5.

［6］ Istvánovics V，Honti M，Osztoics A，et al. Eckert On-line delayed fluorescence excitation spectroscopy, as a tool for continuous monitoring of phytoplankton dynamics and its application in shallow Lake Balaton（Hungary）［J］. Freshwater Biology，2005，50：1950-1970.

［7］ 曾礼漳，邢达. 植物光诱导延迟荧光与光合作用的内在关联性研究 ［J］. 激光生物学报，2006，15（3）：236-239.

［8］ Honti M，Istvánovics V，Osztoics A. Measuring and modelling in situ dynamic photosynthesis of various phytoplankton groups ［J］. Verh. Internat. Verein. Limnol，2005，29：194-196.

［9］ Honti M，Istvánovics V，Osztoics A. Stability and change of phytoplankton communities in a highly dynamic environment the case of large, shallow Lake Balaton（Hungary）［J］. Hydrobiologia，2007，581：225-240.

［10］ Honti M，Istvánovics V，Kozma Z. Assessing phytoplankton growth in River Tisza（Hungary）［J］. Verh. Internat. Verein. Limnol，2008，30（1）：87-89.

［11］ Istvánovics V，Honti M. Longitudinal variability in phytoplankton and basic environmental drivers along Tisza River, Hungary ［J］. Verh. Internat. Verein. Limnol，2008，30（1）：105-108.

近 50 年鄱阳湖水位变化特征研究

欧阳千林[1]　刘卫林[2]

(1. 江西省鄱阳湖水文局，江西九江　332800；

2. 南昌工程学院，江西南昌　330099)

摘　要：基于鄱阳湖棠荫水文站近 50 年（1962—2012）水位资料，采用 Mann - Kendall 法和最大熵谱法分析鄱阳湖湖区水位的演变趋势和周期性。研究结果表明：①年平均水位、年最高水位没有显著变化趋势，年最低水位具有显著下降趋势；②年平均水位、年最高水位的突变点为 2005 年，突变后期转为微弱下降趋势，年最低水位的突变点为 2003 年和 2005 年，突变后期下降速度加快；③年平均水位以 25～26a 为第一主周期，6～7a 为次主周期，11a、12a、16a 为第三主周期，年最高水位以 19a 为主周期，年最低水位以 6a 为第一主周期，16a 为次主周期；④未来 10 年内鄱阳湖水资源量并无显著衰减趋势，洪水位并无上升趋势，年最低水位持续走低，进入枯水时间提前，枯水持续时间延长。

关键词：鄱阳湖；水位；Mann - Kendall 法；最大熵谱

鄱阳湖位于长江中下游的南岸，江西的中北部，地处东经 $115°47'\sim116°45'$、北纬 $28°22'\sim29°45'$，上承赣江、抚河、信江、饶河、修河"五河"之水，下接我国第一大河——长江。近年来随着极端天气频繁发生，鄱阳湖区洪涝灾害、干旱发生概率显著增加，引起了国内学者关注，他们针对鄱阳湖区洪涝和干旱的演变规律及驱动因素开展了一系列研究，如郭华等利用鄱阳湖流域 12 个气象站数据研究了鄱阳湖流域的旱涝规律和原因，得到旱涝规律与降水变化的关系；刘健等利用鄱阳湖流域外洲等 3 个主要水文站的月径流资料，运用小波变换分析了月径流的周期，得出外洲等 3 站月径流具有 25～26a、8a 和 3～4a 周期变化特征；闵骞等利用都昌 60 年水位数据分析了鄱阳湖枯水变化规律，通过枯水位和长江来水及"五河"来水进行对比分析，得出枯水位变化与长江来水和"五河"来水关系密切。上述研究大部分针对鄱阳湖流域降雨径流特性进行了分析，对鄱阳湖湖区水位演变规律的系统研究较少，而鄱阳湖湖区水位的涨落与渔业、农业的发展、候鸟迁徙、生态景观等有着密切的关系。因此，进行鄱阳湖湖区水位演变规律研究，对鄱阳湖堤岸保护和控制、湿地生态保护与建设以及生态经济区的经济社会健康发展具有重要意义。本文基于鄱阳湖棠荫水文站近 50 年实测水位资料，采用 Mann - Kendall 非参数检验和最大熵谱等方法对鄱阳湖湖区水位基本特征、趋势性和周期性进行定性和定量分析，以期为鄱阳湖生态经济区的经济社会与生态保护协调、健康发展提供科学依据。

1 数据和方法

1.1 数据选择

棠荫水文站位于江西省都昌县棠荫岛上,是鄱阳湖水文局 4 个自办站点之一。鄱阳湖五大入湖大河中,除修河和赣江北支外,其他河水都要在这里汇集。棠荫岛远离湖岸,高水位时四面环水,受长江来水涨落影响相对较小,且不论是从洪水还是从枯水考虑都对主湖区水位具有较好的代表性。故本文选取棠荫水文站 1962—2012 年水位数据分析鄱阳湖湖区水位变化趋势和规律。

1.2 研究方法

1.2.1 Mann-Kendall 法

Mann-Kendall(M-K)法是一种非参数统计检验方法,因其样本不需遵从一定的分布,也不受少数异常值干扰的优点,被广泛应用于气象与水文的时间序列趋势研究。基本思想为:假设 H_0 是独立同分布的时间序列 $(x_1, x_2, \cdots, x_n)$,假设 H_1 是双边检验,对于所有的 i,$j \leqslant n$,且 $i \neq j$,x_i 和 x_j 的分布是不同的,建立统计变量 S 如下式:

$$S = \sum_{i=1}^{n-1} \sum_{j=i+1}^{n} \text{Sgn}(x_j - x_i) \tag{1}$$

式中:Sgn( ) 为符号函数。

Mann-Kendall 法已经证明该统计变量 S 服从正态分布,其均值为 0,方差 $Var(S) = n(n-1)(2n+5)/18$。当 $n > 10$ 时,标准的正态统计量通过下式计算:

$$Z = \begin{cases} \dfrac{S-1}{\sqrt{Var(s)}} & s > 0 \\ 0 & s = 0 \\ \dfrac{S+1}{\sqrt{Var(s)}} & s < 0 \end{cases} \tag{2}$$

在给定的 α 显著性水平上,如果 $|z| \geqslant z_{1-\alpha/2}$,则原假设不可接受,即在 α 显著水平上,序列具有上升或下降趋势性,且 $Z > 0$ 时呈上升趋势,$Z < 0$ 时呈下降趋势。

另外 M-K 法还可用于对时间序列突变点和突变区域进行检验。

1.2.2 最大熵谱

最大熵谱分析是一种自相关函数外推的方法。在每一步外推过程中,要求熵达到最大,从而确定未知的自相关函数值,借以达到谱估计逼真和稳定程度最好的目的。最大熵谱法比经典谱分析具有更高的灵敏度,且不需要加入窗函数等优点得到广泛应用。数学表达式如下:

$$S(w) = \frac{\sigma_m^2}{\left| 1 - \sum_{i=1}^{m} b_i e^{-jwi} \right|^2} \tag{3}$$

式中：$S(w)$ 为谱值；σ_m^2 为预报误差；b_i 为自回归系数；j 为复数系数；w 为角频率。

2 结果与分析

2.1 水位基本特征

2.1.1 年内基本特征

对棠荫水文站水位资料进行统计分析得知，鄱阳湖多年平均水位为 14.53m（吴淞基面，下同），1—7 月水位逐渐上升，7 月至次年 1 月水位逐渐降低（图 1）。年最高水位多年平均为 19.19m，一般出现在 5—9 月，其中以 7 月最多，占 61%；年最低水位多年平均为 11.38m，一般出现在 12 月至次年 1 月，其中以 12 月最多，占 39%。

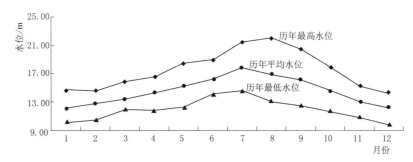

图 1 近 50 年鄱阳湖水位各月份变化特征

2.1.2 年际基本特征

鄱阳湖历年最高水位 22.57m，出现在 1998 年 7 月 30 日；历年最低水位 9.64m，出现在 2007 年 12 月 18 日（图 2）。多年最大年内变幅为 10.94m，出现在 1998 年；多年最小年内变幅 4.42m，出现在 1972 年。

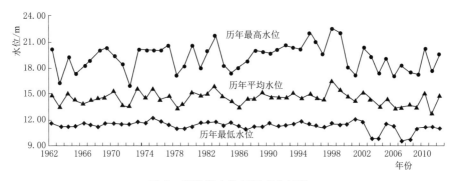

图 2 鄱阳湖水位年际变化特征

鄱阳湖各月份特征水位的年际变化幅度也很大，其中又以 8 月 8.88m 为最大，其次是 9 月 7.93m、7 月 6.85m；最小变化幅度月份为 3 月 3.95m，其次是 11 月 4.14m。表明水位越高，其变化幅度越大。在水位相同的情况下，涨水段年内变幅小于退水段年内变幅，对于月平均水位约偏小 1.24m，原因可能在于涨水段主要受"五河"来水影响，退水段长江水量顶托作用明显。

2.2 演变趋势及突变点分析

2.2.1 演变趋势检验

（1）年特征水位年际变化趋势。对年最高水位、最低水位及平均水位进行 Mann-Kendall 法检验，检验结果见表 1。从表 1 可以看出，年平均水位和年最高水位未通过显著趋势检验；年最低水位通过 95％的显著性检验，且 Z 值为负值，表明年最低水位具有显著下降趋势。

表 1 　　　　　　　　鄱阳湖年特征水位 M-K 趋势检验 Z 值统计

特征水位	年平均水位/m	年最高水位/m	年最低水位/m
Z 值	-0.67	-0.02	-2.02*

＊　表示通过 95％显著性检验。

（2）月特征水位年际变化趋势。对月最高水位、月最低水位及月平均水位进行 Mann-Kendall法检验，结果如图 3 所示。从图中可知，10—11 月月平均水位、月最高水位、月最低水位都通过显著性检验，且 Z 值为负，表明这两个月特征水位具有显著下降趋势，特别是 10 月月平均水位、月最低水位通过 99％显著性检验，表明其下降趋势更加突出；3 月月最高水位通过 90％的显著性检验，且 Z 值为正，表明 3 月月最高水位具有显著上升趋势。

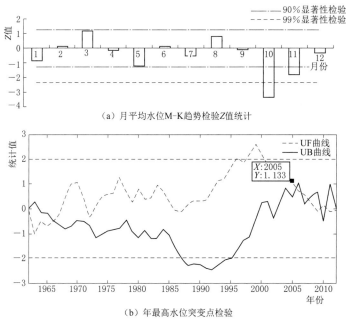

（a）月平均水位M-K趋势检验Z值统计

（b）年最高水位突变点检验

图 3（一）　鄱阳湖月特征水位 M-K 趋势检验 Z 值统计

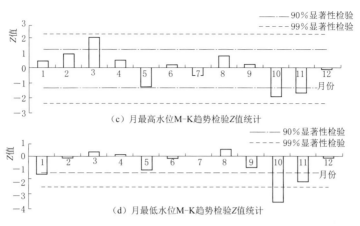

（c）月最高水位M-K趋势检验Z值统计

（d）月最低水位M-K趋势检验Z值统计

图 3（二）　鄱阳湖月特征水位 M-K 趋势检验 Z 值统计

2.2.2　Mann-Kendall 检验特征水位突变点

利用 Mann-Kendall 突变性检验分析鄱阳湖年特征水位突变特征，结果如图 4 所示。

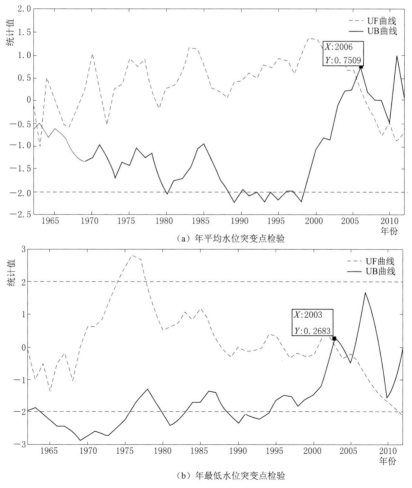

（a）年平均水位突变点检验

（b）年最低水位突变点检验

图 4　特征水位 M-K 突变点检验

（1）年平均水位突变检验。从图 5 可以看出，在 1980 年以前年平均水位的 UF 曲线在零值线上下波动，表明此段水位变化极不稳定；1980—2005 年具有微弱上升趋势；2005 年以后年平均水位转为下降趋势。年最低水位 M‐K 检验突变点有 2 个，通过与滑动 T 检验结果对比，将 2005 年确定为年平均水位突变点，其余应为杂点。

（2）年最高水位突变检验。年最高水位在 1962—1967 年具有下降趋势，1967—1988 年具有微弱上升趋势；1988—2009 年年最高水位上升迅速，特别在 1998—2000 年具有显著上升趋势，是突变时间区域；2010 年后具有下降趋势。年最高水位 M‐K 检验突变点较多，通过与滑动 T 检验结果对比，将 2005 年确定为显著突变点，其余应为杂点。

（3）年最低水位突变检验。年最低水位在 1969 年以前具有下降趋势；1970—1987 年年最低水位具有上升趋势，特别在 1974—1978 年具有显著上升趋势，是突变时间区域；1980—2005 年水位变化不稳定；2006 年后呈下降趋势，特别在 2010 年后具有显著下降趋势。年最低水位 M‐K 检验突变点有 3 个，通过与滑动 T 检验结果对比，将 2003 年和 2005 年确定为显著突变点，其余应为杂点。

2.3 周期性分析

2.3.1 周期计算

去除序列趋势成分后，对序列进行归一化，再进行平稳性检验。经检验，序列都符合平稳性三个条件。最大熵谱法理论上采用赤池准则和最终预测误差（FPE）准则进行定阶，但在实际运用上发现最优阶数都偏低，故一般采用序列长度的 $1/3\sim1/2$ 作为最优阶数。

月平均序列阶数选择为 250；年最高水位序列选择阶数为 24；年最低水位序列选择阶数为 14。计算月平均、年最高、年最低序列最大熵谱，各序列最大熵图如图 5 所示。

从图 5 中可以看出，月平均水位振荡最强的几个频率为 21 个月（约 2a）、79 个月（约 7a）、134 个月（约 11a）、144 个月（12a）、189 个月（约 16a）、306 个月（约 26a），年最高水位振荡强烈频率为 6a、10a、13a、16a、19a，年最低水位振荡强烈频率为 6a、9a、13a、16a。

2.3.2 显著性检验

谱值图给出振荡强烈频率是最可能的周期，但其是否是显著周期还需要检验，本文利用文献 [13] 中的方法进行序列周期的相关系数检验。

对月平均水位序列周期进行相关系数显著性检验得知：$T=306$ 个月（25～26a）、$T=79$ 个月（6～7a）和 $T=134$ 个月（11a）、$T=144$ 个月（12a）、$T=189$ 个月（16a）分别通过置信度 $a=0.002$、$a=0.02$ 和 $a=0.1$ 的显著性检验；$T=21$ 个月（约 2a）未能通过显著性检验，表明该周期并不明显。

对年最高水位序列周期进行相关系数显著性检验得知：$T=19a$ 通过置信度 $a=0.1$ 的显著性检验，其他可能周期均未通过检验。

对年最低水位序列周期进行相关系数显著性检验得知：$T=6a$、$T=16a$ 分别通过置信度 $a=0.02$、$a=0.1$ 的显著性检验，其他可能周期均未通过检验。

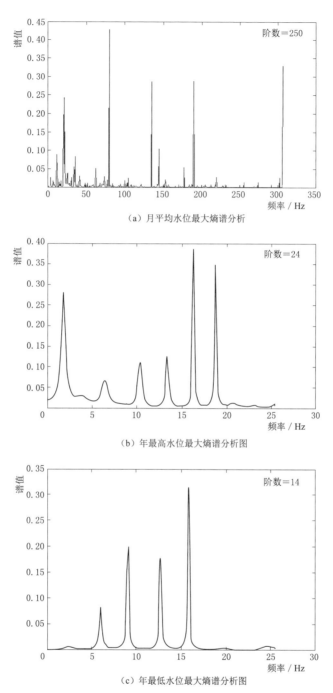

（a）月平均水位最大熵谱分析

（b）年最高水位最大熵谱分析图

（c）年最低水位最大熵谱分析图

图 5　月平均、年最高、年最低序列最大熵谱值图

2.4　鄱阳湖水文情势演变趋势探讨

　　鄱阳湖的水文情势演变趋势受到自然条件和人类活动的双重影响，故本文从水位变化

趋势、周期和人类活动三个方面分析鄱阳湖水文情势演变的原因。

2.4.1 水资源量演变趋势

水资源量的演变趋势可以用年平均水位来分析，从变化趋势上可以将年平均水位分为三个阶段，即 1962—1980 年水位不稳定变化阶段、1980—2005 年水位上升阶段和 2005—2012 水位下降阶段。鄱阳湖在 20 世纪 80 年代以前经历了联圩和围垦计划，将使得湖泊容积减少，将使得同等气候条件下水位的上升，但 1962—1980 年水位处于不稳定变化阶段，故该时段应处于少水期，从周期分析结果可知年平均水位具有 25～26a 的第一周期，故若将 1962—1980 年作为年平均水位年际少水期，则 1980—2005 年和 2005—2030 年应分别作为年平均水位年际丰水期和少水期。在 1980—2005 年期间发生的退田还湖工程和山江湖工程虽然具有降低水位的作用，但其作用小于年代际上的丰水期作用，故年平均水位呈微弱上升趋势；2005—2030 处于年代际的少水期，且鄱阳湖的大规模无序采砂运动兴起，使得年平均水位在 2005 年发生突变，从而具有下降趋势，但其趋势并不显著，故未来 10 年内年平均水位处于少水期，若没有发生大规模的人类活动影响，将保持微弱衰减趋势。

2.4.2 洪水位演变趋势

以年最高水位演变规律来分析鄱阳湖洪水位演变趋势。20 世纪 80 年代以前围垦对鄱阳湖年最高水位上升应具有一定的推动作用，但从 M－K 检验图上可以看出 1986 年以前年最高水位并没有显著的上升趋势，应是年代际的少水期抵消了围垦效应，故将 1985 年以前作为少水期，而年最高水位具有 19a 的周期，则 1987—2005 年和 2006—2024 年分别作为年代际丰水期和少水期，加上受到人类活动影响，从而形成年最高水位变化规律。故未来 10 年内鄱阳湖的洪水位并无显著上升趋势。

2.4.3 枯水演变趋势

从以下两个方面来分析枯水演变规律：

（1）年最低水位演变趋势，从总体趋势上分析，年最低水位具有下降趋势，且从 2003 年发生突变，水位下降速率加大，若将 2003 年以后作为年最低水位少水期，则 1968—1973 年、1974—1979 年、1980—1985 年分别为年际少水期、丰水期、少水期，但 1970—1987 年是上升趋势，这是因为围垦效应大于周期效应，这也解释了 1974—1979 年具有显著上升趋势。同理，2009—2014 年、2015—2020 年分别作为丰水期和少水期，但由于采砂运动的恶化，导致 2009—2014 年处于下降趋势，故未来 10 年年最低水位将持续走低。

（2）枯水持续时间演变规律，根据历年枯水期水位时间分布和主航道两侧洲滩高程将鄱阳湖枯水划分 4 个阶段，分别计算其持续时间，结果见表 2。

表 2　　　　　　　　　　枯水期各级水位持续时间趋势计算

项目	一般枯水期 (12.4～13.4m)	中度枯水期 (11.4～12.4m)	较重枯水期 (10.4～11.4m)	严重枯水期 (<10.4m)	总计 (<13.4m)	进入枯水时间	退出枯水时间
倾向率	—	90%，4.1d/a	95%，1.9d/a	—	95%，4.7d/a	95%，−2.1d/a	90%，2.1d/a

从表 2 中可以看出，中度枯水持续时间增加最快，较重枯水持续时间也在增加，这将加重周边县市的取水和航运困难程度。同时，进入枯水时间继续提前，这可以从 10—11 月最高水位、最低水位和平均水位具有显著下降趋势上得到证明，表明枯水开始时间向 10—11 月靠近；从表 2 中还可以看出退出枯水时间延后，枯水持续时间提前。

3 结论

（1）通过 Mann – Kendall 检验方法分析鄱阳湖特征水位的总体变化趋势发现，年最低水位具有显著下降趋势，年最高水位和年平均水位未检验出显著趋势；10 月和 11 月的月最高水位、月最低水位和月平均水位均呈显著下降趋势，3 月月最高水位呈显著上升趋势。

（2）通过 Mann – Kendall 法来分析鄱阳湖年特征水位突变点发现，年平均水位、年最高水位均在 2005 年发生突变并转为微弱下降趋势；年最低水位在 2003 年、2005 年发生突变，下降速率变大。

（3）通过最大熵谱方法分析鄱阳湖特征水位周期性发现，年平均水位以 25～26a 作为第一周期，6～7a 作为第二周期，11a、12a、16a 作为第三周期；年最高水位以 19a 作为主周期；年最低水位以 6a 作为第一周期，16a 作为第二周期。

（4）对鄱阳湖水位的趋势及周期特征进行综合分析发现，未来 10 年内鄱阳湖水资源量无显著衰减趋势；洪水位并无显著上升趋势；年最低水位持续走低，进入枯水时间向 10—11 月提前，退出枯水时间延后，枯水持续时间继续延长。

受分析资料限制，本文仅对影响鄱阳湖水位的变化因素进行了定性分析，今后可进一步研究鄱阳湖水位变化机理，并就鄱阳湖水位变化影响因素进行深入定量分析。

参 考 文 献

[1] 郭华，HU Qi，等. 鄱阳湖流域水文变化特征成因及旱涝规律 [J]. 地理学报，2012（5）：699 – 709.

[2] 刘健，张奇，许崇育，等. 近 50 年鄱阳湖流域径流变化特征研究 [J]. 热带地理，2009（3）：213 – 224.

[3] 闵骞，占腊生. 1952—2011 年鄱阳湖枯水变化分析 [J]. 湖泊科学，2012，24（5）：675 – 678.

[4] 黄晓平，龚燕. 鄱阳湖渔业资源现状与养护对策研究 [J]. 江西水利科技，2007（4）：2 – 6.

[5] 吕兰军，王仕刚. 三峡工程对鄱阳湖珍稀候鸟越冬栖息地水位影响分析 [J]. 人民长江，1991（7）：38 – 43.

[6] 谢冬明，郑鹏，邓红兵，等. 鄱阳湖湿地水位变化的景观响应 [J]. 生态学报，2011（5）：1269 – 1276.

[7] 黄淑娥，钟茂生. 鄱阳湖水体淹没模型研究 [J]. 应用气象学报，2004（8）：494 – 499.

[8] 蔡晓斌，陈晓玲. 鄱阳湖水位空间差异及其对湿地水文分析的影响 [J]. 华中师范大学学报，2011（3）：139 – 143.

[9] 曹洁萍，迟道才，武立强，等. Mann – Kendall 检验方法在降水趋势分析中的应用研究 [J]. 农业科技与装备，2008（10）：39 – 40.

［10］ 刘卫林，王永文. 赣江中下游枯水期水量调度研究［J］. 长江科学院院报，2013，30（9）：11－16.

［11］ 孔兰，谢江松，陈晓宏，等. 珠江口最高洪潮水位变化规律研究［J］. 水资源研究，2012（1）：315－319.

［12］ 赵丽娜，宋松柏，谢萍萍. 陕北年径流序列谱分析研究［J］. 水资源与水工程学报，2009（6）：16－25.

［13］ 涂方旭，胡圣立. 用最大熵谱方法分析气候序列周期［J］. 广西科学，1994，1（3）：58－61.

［14］ MORGAN K，SOMERVLLLE C R. Maximum entropy spectral analysis of montecarlo simulations of a closed finite human population［J］. Canadian Studies in Population，1976（3）：1－17.

鄱阳湖枯水对农业生态影响与对策分析

闵　骞

（江西省鄱阳湖水文局，江西九江　332800）

摘　要： 进入 21 世纪后的近 11 年来，鄱阳湖枯水程度显著加剧，尤其是近 5 年来最低水位不断被刷新。通过实地调查，获取沿湖各地农业供水、用水影响信息，表明近年来鄱阳湖严重枯水对湖区农业供水、用水造成很大困难，对各地社会经济发展产生极大负面影响。根据沿湖各地县、乡（镇）、村干部、群众建议，提出应对枯水的农业供用、用水对策。

关键词： 枯水；供水用水影响；供水用水对策；鄱阳湖

近 10 年来，鄱阳湖水位一直处于偏枯状态，且连续几年出现历史罕见特枯水位，与之前 50 年相比，年最高水位、最低水位、平均水位均偏低，是近 60 年来水位最枯的 10 年。严重枯水不仅给湖区供、用水造成重大困难，还对湖区生态环境造成严重的负面影响，成为社会经济发展和生态环境维护的突出问题。

在秋冬季枯水加重的同时，近 10 年来鄱阳湖春季枯水也明显加重，如 2011 年 3—5 月鄱阳湖出现近 60 年来最严重的春季枯水，对农业生产和生态环境的不利影响比秋冬季枯水更为严重，社会经济影响更大。

通过对鄱阳湖枯水特征及其变化的分析和枯水社会经济影响的调查研究，为鄱阳湖生态经济区建设、鄱阳湖生态经济区供、用水管理以及鄱阳湖区抗旱减灾提供科学依据。

1　枯水特征及其变化

以位于鄱阳湖中部的都昌水位站为代表，统计鄱阳湖枯水特征及其变化。

分别统计都昌水文站 1952—1960 年、1961—1970 年、1971—1980 年、1981—1990 年、1991—2000 年、2001—2010 年 6 个年段年最低水位的平均值，表明自 20 世纪 80 年代至今，鄱阳湖年最低水位呈下降变化趋势，2001—2010 年为鄱阳湖年最低水位最低时期（表 1）。

表 1　　　　　　　　　　　都昌水文站年最低水位多年变化统计　　　　　　　　　　　单位：m

时　间	1952—1960 年	1961—1970 年	1971—1980 年	1981—1990 年	1991—2000 年	2001—2010 年	1952—2010 年
年最低水位	9.64	9.41	9.54	9.96	10.07	9.02	9.61
年平均水位	13.90	13.77	13.71	14.15	14.19	13.12	13.81

　　鄱阳湖枯水（都昌水文站水位低于 12.8m）一般出现在 11 月至次年 3 月，部分（1/4 左右）年份出现在 10 月至次年 3 月，考虑到鄱阳湖水位下退速度一般自 10 月明显加快，且 10 月仍然为鄱阳湖区主要农作物（水稻和棉花）生理需水高峰期，需要从鄱阳湖大量取水灌溉，故一般将 10 月至次年 3 月作为鄱阳湖枯水期。统计表明，鄱阳湖枯水期平均水位总体呈下降态势，尤其是 2001—2011 年处于最低状态（表 2）。

表 2　　　　　　　　都昌水文站枯水期平均水位多年变化统计　　　　　　　单位：m

时　　间	1952—1960 年	1961—1970 年	1971—1980 年	1981—1990 年	1991—2000 年	2001—2010 年	1952—2010 年
1—3 月	11.48	10.83	11.26	11.52	11.75	10.78	11.27
10—12 月	12.34	12.85	12.37	13.03	12.51	11.24	12.39
10 月至次年 3 月	11.90	11.83	11.83	12.34	12.11	10.88	11.81

　　在鄱阳湖地区，过去一般只对出现在 10 月至次年 2 月的秋、冬季枯水给予高度重视，原因在于秋、冬季枯水对成熟期晚稻灌溉和城乡集中供水造成明显的负面影响。近年来随着人们对生态环境的关注，对于出现在 3—5 月的春季枯水日益重视，原因在于 3—5 月不仅是春耕生产最繁忙、最关键的时期，也是湖草萌生最快、鱼类繁殖最旺盛的时期，出现在此期间的枯水与当地春耕生产和湖区生态状况密切相关，对湖区春耕生产和生态健康影响重大，对鄱阳湖区社会经济和生态环境的负面影响明显大于冬季枯水。

　　由统计数据可知，在 1952—2011 年，3—5 月平均水位以 2001—2011 年最低（12.74m，见表 3），比 1952—2011 年平均值偏低 0.75m，比 1952—2000 年平均值偏低 0.92m，说明鄱阳湖春季枯水正在加剧。

表 3　　　　　　　　都昌水文站 3—5 月平均水位多年变化统计

时　　间	1952—1960 年	1961—1970 年	1971—1980 年	1981—1990 年	1991—2000 年	2001—2011 年	1952—2011 年
平均水位/m	13.75	13.41	13.60	13.77	13.77	12.74	13.49
低于枯水标准年数/a	0	2	4	1	0	5	12

2　枯水对农村和农业供水、用水的影响

2.1　2008 年枯水对湖区供水、用水的影响

　　以开展枯水对农村和农业供水、用水影响定期调查的都昌县为例，2008 年水文年度内（2008 年 4 月至 2009 年 3 月）鄱阳湖出现的 4 次枯水中，以出现在 2008 年 12 月上旬至 2009 年 3 月下旬的第三次枯水过程负面影响最大；其次是 2008 年 10 月下旬后期至 11 月上旬前期的第二次枯水过程，农村取水发生了较为明显的困难，部分旱地作物灌溉受到阻碍；出现在 2008 年 5 月上旬至 6 月上旬的第一次枯水过程，对沿湖乡镇早稻灌溉产生一定影响，尤其是自流灌溉无法进行，不仅加大了取水难度，增加了取水成本，还使部分早稻发生轻度旱情，影响其成活发育。

　　根据都昌县防办与农业局提供的统计资料表明，2008 年都昌县早稻受旱面积约 2 万

亩，秋冬旱作物（主要是棉花）受旱面积12000亩，与2006年和2007年相比，农作物旱灾面积较小，主要是由于鄱阳湖异常枯水出现时间相对较晚（2008年10月下旬以后），大部分主要农作物（如晚稻、花生、红薯等）已经成熟，基本不需灌溉。

2008年冬季鄱阳湖中部湖区异常枯水，对都昌县的不利影响主要体现在两个方面：一是城乡居民生活用水发生困难，二是民间航道基本瘫痪。据县防办统计，全县农村饮用水困难人数达12.7万人；城镇集中供水困难更大，如都昌县城自来水厂从2008年12月22日起就出现自然取水困难，便立即从九江市请来专业清淤公司，每天花费5000余元，保证临时搭建的二级提水泵站正常取水，直到2009年2月26日，时间长达67d，包括二级提水泵站设备购置与安装，总开支达39万元（每吨水成本增加0.39元），才做到县城大多数居民家庭基本不断水。但由于水压偏低，加上春节前后用水量特别大，仍有部分居住在较高地段和较高楼层的居民出现间断性停水，严重地影响了这些居民的正常生活，尤其是春节前后的节日生活受到严重影响，社会负面影响极大，政府有关部门和供水企业的工作压力很大，稍有不慎，便会引发民众的不满情绪。

由于湖水位异常偏低，沿湖地带的地下水位也随之下降，农村井水出量大幅减少，很多村庄出现排队挑井水的现象，高峰时农村用水困难人数超过10万人。

都昌县大多数民众居住在鄱阳湖畔，民船是农村群众运输与进城采购的主要交通工具，尤其是离县城较远的湖边居民，基本上依靠小型机动船只进县城搬运生活必需物资。2008年冬季鄱阳湖中部湖区长时间异常枯水，都昌县城原港道码头完全显露成陆地，无论大小船只均无法驶进县城，只能停靠在县城西南面2km以外的湖汊内，造成部分沿湖农村居民进城困难。调查时，周溪、三汉港、和合、大沙等沿湖乡镇的很多船民情绪激动，部分民众甚至怨声载道，表现出极大的忧虑，纷纷强烈要求有关部门想方设法对严重枯水进行控制，切实解决枯水给民众带来的生活困难，以便让沿湖农村居民像以前那样，顺利地将小船直接开进县城采购年货和访亲拜友。

2.2　2011年枯水对湖区农业供水、用水的影响

鄱阳湖区以种植双季水稻为主，春耕生产一般指的是早稻种植。每年4月1—20日是早稻沤田、育秧的备耕关键时期，4月20日至5月10日是早稻整田、插秧的耕种关键时期，这两段时间水量丰沛是顺利开展春耕生产的重要保障，但绝大多数年份降水量难以满足春耕生产用水，需要从鄱阳湖和入湖河流尾闾引水或抽水，补充降水量的不足。由此可见，4月上旬至5月上旬鄱阳湖水位的高低，对湖区春耕生产影响极大，如果此段时间内鄱阳湖水位较高，有利于引水或抽水春耕；水位偏低，不能引水，甚至难以抽水，则不利于春耕生产；尤其是出现类似于今年的极端枯水，部分排灌站无法抽水，则会严重影响春耕生产的正常开展。

2011年4月上旬至5月上旬平均水位比正常年份（多年平均情况）同期平均水位偏低4.33m，排1952—2011年有水文记录以来的倒数第一位，由于鄱阳湖水位一直严重偏低，湖区20多万亩水田缺水，早稻插秧受到不同程度的影响，特别是赣江北支持续断流，十几座排灌站抽不到水，造成新农场、朱港农场、恒湖垦殖场和新建县联圩乡近10万亩水田无法及时栽插早稻，3万余人、5000多头大牲畜因鄱阳湖严重枯水而发生饮水困难。

根据调查，到 2011 年 10 月 15 日鄱阳湖鱼类捕获量减少约 80%，螺蛳、蚌壳、马莱眼子草、苦草等作为越冬候鸟重要食料的生物量减少 40%～70%，沿湖农作物灌溉成本增大约 50%，水体自净能力明显减退，水质普遍下降一个等级，不仅水量少，水质也差，水资源利用形势较为严峻。

3 农业供水、用水对策探讨

3.1 实行鄱阳湖枯水调控，保障沿湖用水安全

近十几年来鄱阳湖枯水逐渐加剧，鄱阳湖区几乎每年都会出现秋季农村灌溉供水、用水困难，冬季城乡居民生活和工业生产供水、用水不足，春季农村春耕生产供水、用水亏缺"三大季节性供水、用水障碍"。采取适当方式对鄱阳湖枯水进行合理调控，将枯水位控制在一定程度（例如湖口水文站水位 12m 以上），达到基本消除"三大季节性供水、用水障碍"的目的。

3.2 降低农村取水口高程，保证湖区有效供水

鄱阳湖中南部（都昌县城以南）枯水期水位下降速度比北部更快，水位下降幅度比北部更大，城镇自来水厂和农村排灌站取水口高程偏高程度更普遍，应该尽快对这些取水工程进行全面改造，尤其是要降低取水口高程，切实解决目前部分取水工程一年多次取不到水的尴尬局面，确保湖区有效供水。

3.3 建设分段排灌站网，消除赣江北支断流影响

近几年来每年赣江北支断流时间都在半年以上，特别是"三大季节性供水、用水障碍"时期往往就是赣江北支断流时期，调查表明，要通过输深赣江北支河底解决断流问题几乎不太可能，原因在于输深河底容易造成两岸圩堤崩塌，危害防洪安全。比较现实的办法是，在不出现断流的河段多建设小型排灌站，分段解决灌溉问题。赣江北支河底均为沙质土壤，渗透性极强，不断流河段一般不会干枯，可保证小型排灌站长期抽到水。

3.4 建立农业旱灾补偿机制，增强灾后恢复能力

目前鄱阳湖区未开展旱灾保险，无论出现多大的旱灾，都是无法得到经济补偿的，遭遇特大干旱时，损失惨重，农业生产和农村生活难以恢复。应尽快建立旱灾补偿机制，增强湖区农村广大民众灾后恢复能力。

4 结语

本文分析表明，近十几年来鄱阳湖枯水正在朝着低水位大幅下降，春季枯水频繁且朝加剧的方向发展。有关研究表明，在全球气候变化影响下，未来 20 年长江流域总体处于偏旱气候带，说明 2030 年以前长江流域属干旱频发气候态，发生连续性干旱的概率非常

大。在此形势下，当前鄱阳湖枯水局面极可能继续维持 10～20 年，鄱阳湖沿湖农村供水、用水形势必将朝着更加严峻的方向发展，对鄱阳湖生态经济区建设中的生态农业发展和农村生态环境保护构成不可忽视的威胁，应引起社会各界的足够重视。

参 考 文 献

［1］ 闵骞. 鄱阳湖水位变化规律的研究［J］. 湖泊科学，1996，7（3）：215－221.

［2］ 闵骞. 鄱阳湖退水规律初步探讨［J］. 海洋湖沼通报，1989（4）：30－34.

［3］ 闵骞，闵聃. 鄱阳湖区干旱演变特征与水文防旱对策［J］. 水文，2010，30（1）：84－88.

［4］ 闵骞. 论鄱阳湖生态经济区水资源保障体系的构建［C］∥服务发展方式转变，促进中部科学崛起——2010 年促进中部崛起专家论坛文集. 北京：中国科学技术出版社，2010.

［5］ 陆永军，贾良文，莫思平. 珠江三角洲网河低水位变化［M］. 北京：中国水利水电出版社，2008.

［6］ 王西琴，刘斌，张远. 环境流量界定与管理［M］. 北京：中国水利水电出版社，2010.

鄱阳湖水质时空变化及受水位影响的定量分析

刘发根[1]　李　梅[2]　郭玉银[1]

(1. 江西省鄱阳湖水文局，江西九江　332800；

2. 江西省水文局，江西南昌　330029)

摘　要： 基于 2008—2012 年水质水位数据，分析水位变化下的鄱阳湖水质时空变化特征，并定量研究水位变动对水质的影响。结果表明：①鄱阳湖水质自 2007 年起呈恶化趋势，主要在水位涨落下湿地植被生物净化作用强弱转换影响下，丰水期水质好于枯水期。但有时因降雨初期非点源污染加剧，水位上升而水质下降；②水质沿主航道水流方向从主湖体东南部到入江水道逐渐好转，主要受乐安河、信江等入湖河流携污影响，同时受到滨湖城镇排污、采砂加剧内源污染释放等的影响；③星子站水位每上升 1m，鄱阳湖全湖Ⅰ～Ⅲ类水比例提高 6.2％。

关键词： 水质；时空变化；水位；鄱阳湖

鄱阳湖是中国最大的淡水湖和全球重要生态区，承载着鄱阳湖生态经济区的可持续发展，以占长江 15.5％ 的年径流量影响长江中下游用水安全，具有重要的生态、生活、生产功能。但近年来，鄱阳湖"一湖清水"面临区域社会经济发展等人为因素和全球气候变化等自然因素带来的挑战。鄱阳湖生态经济区建设的深入推进和鄱阳湖水利枢纽工程的论证建设，需密切关注鄱阳湖水质变化。因此，及时分析鄱阳湖近年水质时空演变规律，识别威胁"一湖清水"的关键因素，可为鄱阳湖水环境保护提供最新的技术依据。

湖泊水质时空变化规律与影响因素研究，是当今水质领域的一个研究热点，在鄱阳湖早已开展。主要研究内容如下：

(1) 研究 1981—1990 年、1991—2000 年鄱阳湖水质变化；1991—2006 年星子站断面水质变化和 2008 年 4 个断面的水质空间分布规律；2003—2008 年不同时段 3 个断面、2003—2008 年 6 个断面及"五河七口"、2006—2010 年西北水域 8 个断面、2007—2008 年不同时段、2008 年丰枯水期、2008—2010 年不同时段下、1986—2008 年历史状况及 2010 年现状、2010 年 10 月及 2011 年 5 月 10 个样点的水质时空变化规律。

(2) 针对鄱阳湖主要污染物为氮、磷的特点，研究 2003—2004 年不同时段 4 个断面、2005 年 8 月、2008—2009 年 4 次监测下、2011 年 7 月的氮、磷污染特征。

(3) 在影响因素方面，研究 2005 年 8 月氮、磷来源、2008—2010 年不同时段下水质与各产业及水量的相关性、2008 年 4 个站点污染物浓度与水位的年内变化规律、2011 年 7 月氮、磷分布与悬浮泥沙和水流作用的关系等。

已有研究结论基本相似，即：鄱阳湖水质逐渐恶化、枯水期水质劣于丰水期；饶河、信江污染较重；污染从南部湖区向北部降低。但各研究的监测频次较低或站点较少，影响到时空变化特征研究的代表性和精度；另外，水位年内变幅大是鄱阳湖的重要特征，已有学者对水位变化、换水周期的水质响应展开了定性分析，可进一步开展定量研究。

本文根据 2008—2012 年鄱阳湖水位变化及 19 个站点逐月水质监测资料，联合采用单因子评价法和综合污染指数法，分析鄱阳湖水质时空分布特征，识别主要污染源及水位变化下湿地植被生物净化能力强弱转换等关键水质影响因素，并定量分析水位变化下的水质响应程度，初步建立鄱阳湖水质经验回归公式。

1 材料与方法

1.1 研究区域概况

鄱阳湖汇纳赣江、抚河、信江、饶河（由昌江、乐安河汇合而成）、修河等五大河及西河、博阳河等区间径流，经调蓄后于湖口注入长江，鄱阳湖水系在江西省境内的面积占 96.62%。以松门山为界，鄱阳湖南面为主湖体，北面为入江水道。作为过水性、季节性、吞吐型通江湖泊，鄱阳湖具有"高水是湖、低水似河"的独特形态。丰水期湖水漫滩，湖面扩大；枯水期湖水落槽，洲滩显露，湖面缩小，流速加快，与河道无异。丰水期和枯水期的湖泊面积相差 27 倍，容积相差 66 倍；多年平均换水周期为 19d。

1.2 数据来源

水质、水位数据来自江西省鄱阳湖水文局。共布设 19 个监测站点（主要河流入湖口 8 个、湖区 11 个），2008—2012 年每月监测 1 次，但乐安河口、信江东支、昌江口 3 个站点在 2008—2011 年为每两个月监测 1 次。项目检测依据《地表水环境质量标准》（GB 3838—2002）进行。

1.3 水质评价方法

本研究评价鄱阳湖水质时，联合采用单因子评价法和算术平均型综合污染指数法。根据鄱阳湖水质特点和实际监测情况，选取水温、pH、溶解氧、高锰酸盐指数、氨氮、总磷为单因子法评价指标，选取氨氮、总磷、高锰酸盐指数为综合污染指数法评价指标，均采用《地表水环境质量标准》（GB 3838—2002）Ⅲ类水标准作为评价标准。

单项污染指数 $P_i = \dfrac{C_i}{S_i}$，其中 C_i 为指标 i 的实测浓度，S_i 为指标 i 的评价标准值。综合污染指数：$P = \dfrac{1}{n}\sum_{i=1}^{n} P_i$，其中 n 为选取的指标数目。

根据综合污染指数 P 的大小可判断水体的综合污染程度,分为如下 4 类:

(1) 合格:$P \leqslant 0.8$,各项水质指标基本上能达到相应的功能标准,即使有个别指标超标,但超标倍数较小(1 倍以内),水体功能可充分发挥,无明显制约因素。

(2) 基本合格:$0.8 < P \leqslant 1.0$,少数指标超过标准,但不直接影响水体功能效应,水体功能没有受到明显损害,但在一定程度上受到某些水质指标的制约。

(3) 污染:$1.0 < P \leqslant 2.0$,多项指标已超过标准值,水体功能明显受到制约。

(4) 重度污染:$P > 2.0$,各项指标的总体均值已超过标准 1 倍以上,部分指标可能超过数倍,水体功能受到严重危害。

2 结果与分析

2.1 水位变化特征

据多年观测,鄱阳湖水位变化受五河及长江来水双重影响,4—6 月随五河洪水入湖而水位上涨,7—9 月因长江洪水顶托或倒灌而维持高水位,10 月至次年 3 月为低水位期。鄱阳湖水位年内变幅大,多年(1956—2000 年)最高最低水位差达 $10.34 \sim 16.69 \mathrm{m}$,有 77.8% 的年份最高水位发生在 6—7 月,79.3% 的年份最低水位发生在 12 月和 1 月。2008—2012 年,鄱阳湖水位变化总体符合历史规律,水位(星子站)年内变幅达 $9.37 \sim 12.57 \mathrm{m}$,月均水位高于 $14.00 \mathrm{m}$(吴淞高程)均出现在每年 5—9 月。2011 年水位明显偏低,仅 6—7 月的水位超过 14m。2009 年和 2012 年在 3 月提前入汛,4 月水位反而低于 3 月,如图 1 所示。

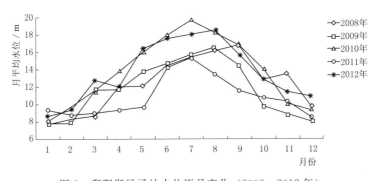

图 1 鄱阳湖星子站水位逐月变化(2008—2012 年)

2.2 水质时间变化

2.2.1 年际变化

1999—2012 年,鄱阳湖水质呈恶化趋势,劣于Ⅲ类水域面积显著增加(Spearman 秩相关系数,显著性水平 $P < 0.01$)。2007—2012 年,劣于Ⅲ类的水域面积比例占 29% ~ 85%,主要超标污染物为总磷、氨氮,如图 2 所示。

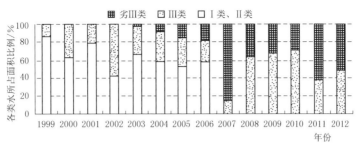

图 2　鄱阳湖水质年际变化

2.2.2　季节变化

从表 1 可辨析鄱阳湖 2008—2012 年内各月份的水质差异。总体上，鄱阳湖 5—10 月Ⅰ～Ⅲ类水质站点比例大于 40%，3—10 月综合污染指数小于 1（水体未被污染）；表明鄱阳湖丰水期水质好于枯水期，这与已有多项研究结果相同。但有时在降雨初期，地表径流携带大量非点源污染物入湖，导致丰水期水质下降。如 2012 年受台风引发强降雨影响，鄱阳湖 8 月水质与 7 月相比：Ⅰ～Ⅲ类水比例下降 20.4%，综合污染指数增大 0.3。相关研究也表明，暴雨径流是造成乐安河（入湖"五河"中饶河的支流）流域非点源氮污染的主要因素。2008 年鄱阳湖主要入湖河流氨氮非点源负荷比例均不小于 60%，高锰酸盐指数非点源负荷比例均大于 70%。

分析丰水期水质好于枯水期的原因具体如下：

（1）丰水期湖水浸漫洲滩湿地，鄱阳湖呈湖相，流速减小，物理自净作用弱于河相时，但湿地植被吸收降解污染物的生物自净作用加强；加上丰水期温度高，湿地植被生产力加强，促进水质净化。对鄱阳湖入湖、出湖污染物通量的研究佐证了这一机理。

（2）入湖水质丰水期略好于枯水期。"五河"汇合成的入湖水体，2008—2012 年各月水质中有 8 次Ⅰ～Ⅲ类水比例低于 80%，其中 6 次出现在 10 月至次年 3 月的非汛期季节。

单因子评价与综合污染指数结果基本一致，即单因子评价得出的Ⅰ～Ⅲ类水比例越高，综合污染指数越小。但也有不一致的现象，一般出现在枯水期，如 2008 年 2—3 月，Ⅰ～Ⅲ类水比例低于 1 月，但综合污染程度却比 1 月轻。详见表 1 中带下划线的数据。因此，为全面、准确地评价鄱阳湖水质，有必要联合使用单因子评价法和综合污染指数法。

表 1　　　　　　　　　　　　　　鄱阳湖水质逐月差异

月份	Ⅰ～Ⅲ类水质站点比例/%					综合污染指数				
	2008 年	2009 年	2010 年	2011 年	2012 年	2008 年	2009 年	2010 年	2011 年	2012 年
1	30.8	27.8	11.1	15.4	40.0	1.1	0.7	2.3	1.0	1.6
2	11.8	15.4	7.1	23.5	61.1	1.0	1.6	1.7	1.4	0.8
3	15.4	22.2	22.2	28.6	53.3	0.8	0.7	0.8	1.6	0.8
4	66.7	33.3	33.3	33.3	47.1	0.7	0.7	0.7	1.3	0.7
5	88.9	44.4	55.5	28.6	80.0	0.6	0.6	0.7	1.1	0.4
6	78.6	64.3	71.4	94.5	70.6	0.5	0.5	0.4	0.4	0.5

月份	Ⅰ～Ⅲ类水质站点比例/%					综 合 污 染 指 数				
	2008 年	2009 年	2010 年	2011 年	2012 年	2008 年	2009 年	2010 年	2011 年	2012 年
7	72.2	88.9	100.0	64.3	73.3	0.6	0.4	0.4	0.6	0.6
8	71.4	85.7	93.4	55.5	52.9	0.6	0.4	0.4	0.9	0.9
9	83.3	66.7	61.1	16.7	66.7	0.5	0.5	0.6	1.2	0.5
10	92.9	57.1	38.5	5.6	52.9	0.5	0.6	0.7	1.8	1.1
11	55.6	5.9	23.5	28.6	6.7	0.6	1.4	1.0	1.2	1.3
12	30.8	21.4	17.6	38.9	17.6	0.8	1.0	1.5	1.9	1.0

注　带下划线数据的单因子评价与综合污染指数评价的结果不一致。

虽然有研究认为，4—7月鄱阳湖水质还受到农田施肥等的影响。但从整体趋势来看，水质在年内季节变化上，水位涨落、河湖两相转换引起的湿地植被对湖水的生物自净作用的强弱变化成为关键因素：水位高，转为湖相，湿地植被降解吸收湖水中氮、磷营养盐等污染物，生物自净能力加强，水质好转。

2.3　水质空间分布

2.3.1　各河流入湖口水质

各河流入湖口水质按Ⅰ～Ⅲ类水比例从好到差排序为：修河口、抚河口、昌江口、赣江主支口、赣江南支口、信江西支口、信江东支口、乐安河口。水质最好的是修河口，Ⅰ～Ⅲ类水占80%；水质最差的是乐安河口，劣Ⅴ类水占41%，超标污染物为总磷、氨氮，如图3所示。从综合污染角度分析，修河、昌江、抚河、赣江等河流入湖口水质均合格，信江入湖口为基本合格～污染程度，乐安河口则达污染～重度污染程度，如图4所示。

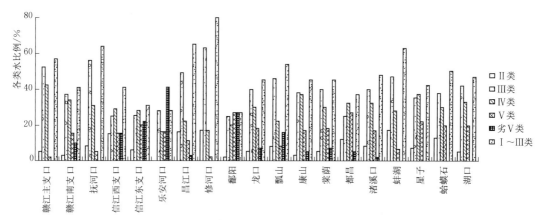

图 3　鄱阳湖水质空间分布（单因子评价法）

2.3.2　湖区水质

湖区各监测站点水质按Ⅰ～Ⅲ类水比例从好到差排序为：入江水道（蛤湖、渚溪口、湖口、蛤蟆石、星子）、棠荫、康山、都昌、瓢山、主湖体东部（龙口、鄱阳）。水质最好的是入江水道的蚌湖站点，Ⅰ～Ⅲ类水占 63%；水质最差的是主湖体东部的鄱阳、龙口站点，劣Ⅴ类水超过 24%，如图 4 所示。从综合污染角度分析，主湖体东部（鄱阳、龙口）及中心（瓢山、棠荫）受到污染，其他水域的水质合格，详见图 4。

湖区的首要污染物为总磷，在各站点的超标概率超过 95%；其次是氨氮，主要在主湖体超标。

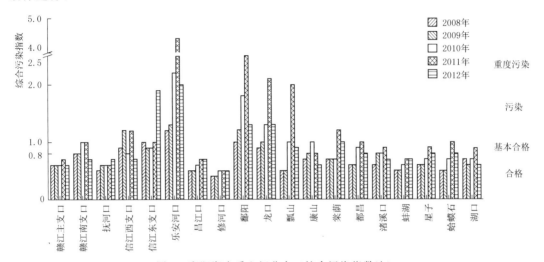

图 4　鄱阳湖水质空间分布（综合污染指数法）

2.3.3　水位变化下的水质空间分布特征

前面研究发现，鄱阳湖水质在年内时间尺度上受到水位涨落下湿地植被生物净化能力强弱转换的影响。而水质的空间分布特征是否与水位有关，目前尚无此类研究成果。故以 2012 年为例进行分析，发现鄱阳湖各站点综合污染指数的分布特征，在 2012 年高、中、低不同水位下均较一致，与 2012 年全年平均及图 5 中 2008—2011 年的分布特征均较一致（图 5），即鄱阳湖水质的空间分布特征较稳定，与水位变化关系不大。

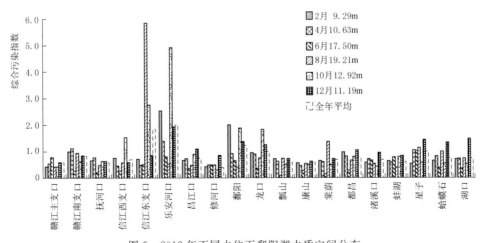

图 5　2012 年不同水位下鄱阳湖水质空间分布

总之，鄱阳湖水质从主湖体东南部的河流入湖口，向湖区中间、下游及北部入江水道逐渐好转，表明鄱阳湖水质在空间分布上主要受入湖河流（乐安河、信江）携带污染物影响，沿主航道水流方向，污染物逐渐稀释、降解；同时，都昌、星子、湖口等滨湖城镇附近水域的水质有所恶化，表明滨湖城镇的养殖、生活、工业等陆源排污影响到湖区水质；另有研究发现，湖区总磷浓度受悬浮泥沙和采砂活动的影响较大，湖区采砂和捕捞螺蛳等活动对底泥造成强烈扰动，加剧了底泥中污染物的释放，这一内源污染不容忽视。湖区水质空间分布与水位变化关系不大。

2.4 水位变化下的水质响应定量分析

前述分析表明，鄱阳湖丰水期水质好于枯水期。进一步研究鄱阳湖水位-水质响应关系，发现鄱阳湖Ⅰ～Ⅲ类水质站点比例、水位（星子站）两者正相关关系明显（Person相关系数 $r=0.779$，显著性水平 $p<0.001$）。利用一元线性回归原理，初步建立基于水位（星子站）的鄱阳湖全湖水质经验公式

$$y=(0.062x-0.3005)\times100\%$$

式中：x 为星子站水位（吴淞高程），m；y 为鄱阳湖全湖Ⅰ～Ⅲ类水比例，%。

按此经验公式，星子站水位每上升 1m，鄱阳湖全湖Ⅰ～Ⅲ类水比例提高 6.2%。

3 结论与建议

（1）1999—2012年，鄱阳湖水质呈恶化趋势，劣于Ⅲ类水域面积显著增加。水质在年内季节变化上主要受水位影响，丰水期水质好于枯水期，主要是由于丰水期湖水浸漫洲滩后启动湿地植被对湖水的生物净化机制和丰水期入湖水质更好。但有时受暴雨冲刷加剧流域非点源污染的影响，水位上升但水质下降。

（2）鄱阳湖水质的空间分布特征与水位关系较小，主要受入湖河流（乐安河、信江）携带污染物影响，呈现沿主航道方向，从主湖体东南部到入江水道，水质逐渐好转的特征；同时，湖区水质还受到滨湖城镇养殖、生活、工业等陆源排污和湖区采砂、捕捞螺蛳等内源污染的影响，都昌、星子、湖口县附近湖域的水质下降。

（3）建立鄱阳湖Ⅰ～Ⅲ类水比例与水位（星子站）的一元线性回归经验公式，得出鄱阳湖水位-水质响应的定量成果：星子站水位每上升 1m，鄱阳湖全湖Ⅰ～Ⅲ类水比例提高 6.2%。今后可在分析五河、干湿沉降等入湖污染物通量的基础上，结合对湿地植被降解污染物、内源污染释放等的研究，建立污染物降解的机理性模型，对鄱阳湖水质预测做深入研究。

（4）鄱阳湖的主要污染物是总磷、氨氮，污染来源集中在乐安河、信江。为保护鄱阳湖水环境，确保实现"2015年鄱阳湖水质稳定在Ⅲ类以上"的鄱阳湖生态经济区规划目标，一方面应减轻污染排放，当前应重点开展乐安河、信江等入湖河流的总磷、氨氮达标治理，加强滨湖城镇（都昌、星子、湖口）养殖、生活、工业污水减排治理，妥善控制湖区采砂、捕捞螺蛳，并密切关注枯水期水质；另一方面，应强化湖泊水体自净能力，如提高枯水期水位至湖水漫滩启动湿地植被生物净化机制，将有助于改善

鄱阳湖水质。

（5）单因子评价法与综合污染指数法，对鄱阳湖枯水期水质的评价结果存在较多差异；建议联合使用这两种方法，以全面、准确地评价鄱阳湖水质。

（6）鄱阳湖为大型浅水湖泊，限于实际采样可行性，本研究在湖区的采样布点均位于主航道上，对鄱阳湖主湖体大水面的水质代表性存在一定局限，今后应采取加密监测布点的方式，深入开展研究。

参 考 文 献

［1］ 吕兰军. 鄱阳湖水质现状及变化趋势［J］. 湖泊科学，1994，6（1）：86-93.

［2］ 曾慧卿，何宗健，彭希珑. 鄱阳湖水质状况及保护对策［J］. 江西科学，2003，21（3）：226-229.

［3］ 万金保，蒋胜韬. 鄱阳湖水环境分析及综合治理［J］. 水资源保护，2006，22（3）：24-27.

［4］ 万金保，何华燕，曾海燕，等. 主成分分析法在鄱阳湖水质评价中的应用［J］. 南昌大学学报（工科版），2010，32（2）：113-117.

［5］ 莫明浩，方少文，宋月君，等. 鄱阳湖湖区三站点水质评价及其变化特征研究［J］. 水资源与水工程学报，2012，23（4）：90-94.

［6］ 毛战坡，周怀东，王世岩，等. 鄱阳湖水环境演变特征研究［J］. 中国水利水电科学研究院学报，2011，9（4）：267-273.

［7］ 淦峰，林联盛，孙国泉，等. 鄱阳湖（西北水域）水环境现状及其评价［J］. 江西科学，2011，29（3）：415-420.

［8］ 高桂青，阮仁增，欧阳球林. 鄱阳湖水质状况及变化趋势分析［J］. 南昌工程学院学报，2010，29（4）：54-57.

［9］ 胡春华. 鄱阳湖水环境特征及演化趋势研究［D］. 南昌：南昌大学，2010.

［10］ 李荣昉，张颖. 鄱阳湖水质时空变化及其影响因素分析［J］. 水资源保护，2011，27（6）：9-13，18.

［11］ 王圣瑞，舒俭民，倪兆奎，等. 鄱阳湖水污染现状调查及防治对策［J］. 环境工程技术学报，2013，3（4）：342-349.

［12］ 刘倩纯，余潮，张杰，等. 鄱阳湖水体水质变化特征分析［J］. 农业环境科学学报，2013，32（6）：1232-1237.

［13］ 夏黎莉，周文斌. 鄱阳湖水体氮磷污染特征及控制对策［J］. 江西化工，2007（1）：105-106.

［14］ 王毛兰，胡春华，周文斌. 丰水期鄱阳湖氮磷含量变化及来源分析［J］. 长江流域资源与环境，2008，17（1）：138-142.

［15］ 胡春华，周文斌，王毛兰，等. 鄱阳湖氮磷营养盐变化特征及潜在性富营养化评价［J］. 湖泊科学，2010，22（5）：723-728.

［16］ 陈晓玲，张媛，张琍，等. 丰水期鄱阳湖水体中氮、磷含量分布特征［J］. 湖泊科学，2013，25（5）：643-648.

［17］ 顾平，万金保. 鄱阳湖水文特征及其对水质的影响研究［J］. 环境污染与防治，2011，33（3）：15-19.

［18］ 王旭，肖伟华，朱维耀，等. 洞庭湖水位变化对水质影响分析［J］. 南水北调与水利科技，2012，10（5）：59-62.

［19］ 江西省水利厅. 江西河湖大典［M］. 武汉：长江出版社，2010.

［20］ 金国花，谢冬明，邓红兵，等. 鄱阳湖水文特征及湖泊纳污能力季节性变化分析［J］. 江西农业大学学报，2011，33（2）：388-393.

［21］ 刘发根，王仕刚，郭玉银，等. 鄱阳湖入湖、出湖污染物通量时空变化及影响因素分析（2008—2012 年）［J］. 湖泊科学，2014，26（5）：641 - 650.

［22］ 郭春晶，周文斌. 鄱阳湖周边几种养殖水体的富营养化现状及对水环境影响［J］. 南昌大学学报（理科版），2012，36（4）：380 - 384.

鄱阳湖水利枢纽工程对长江干流下游补水影响分析

曾金凤

（江西省赣州市水文局，江西赣州　341000）

摘　要： 依据鄱阳湖控制站湖口水文站、长江中下游大通水文站、鄱阳湖星子水位站1956—2014年历年实测流量、水位资料，分析了天然状态下受长江上游控制性水利工程影响下鄱阳湖对长江下游的补水影响，并采用静库容模拟鄱阳湖水利枢纽实施后对长江干流下游的补水影响。通过天然状态和水利枢纽工程运行后补水影响分析比较，结果表明水利枢纽运行不仅有利于增加长江下游河道枯水期水资源量，维持下游河道的生态环境，而且在长江干流咸潮入侵、水污染事件等特殊情况下有应急补水的潜力。

关键词： 鄱阳湖；水利枢纽工程；补水影响；静库容

长江中下游来水总量较为丰富，但受中上游水利工程影响，加上时空分布不均、季节变化大、需水量激增，存在河道排污量大，河口地区盐水入侵、水资源供需矛盾突出等问题。有研究成果表明，三峡等上游控制性水库蓄水，9—10月鄱阳湖出流量加大，长江中下游湖口水文站水位降低。11月后，鄱阳湖对长江下游的补水作用逐步减弱，长江下游水资源问题更加凸显。

鄱阳湖流域占长江流域总面积的9%，多年平均入长江的总径流量1436亿 m³，占长江总水量的15.6%。天然状态下，鄱阳湖枯水期对长江干流下游的水量补给，主要是通过"五河"来水下泄及降低湖区水位、减少湖容，加大出湖流量来实现。鄱阳湖水利枢纽建成后，在每年9月上中旬长江水位比较高时，通过调节闸门控制出流，调蓄一定水量，使湖区水位短时维持在一个相对较高的水平。在三峡工程开始蓄水后，在下泄"五河"来水的基础上再释放这部分水量，增加长江下游河道枯水期水资源量，有利于维持下游河道的生态环境。

针对拟建的鄱阳湖水利枢纽工程，江西省鄱阳湖水利枢纽建设办公室组织开展了鄱阳湖水利枢纽水资源论证项目，分析论证该工程取水和退水的合理性、可靠性与可行性。在此基础上，本文拟通过鄱阳湖控制站湖口水文站、长江中下游大通水文站、鄱阳湖星子水位站1956—2014年历年实测流量、水位资料，为定量分析鄱阳湖水利枢纽实施后可能给长江干流下游水资源量带来的影响提供必要的基础支撑。

1 研究对象概况

1.1 鄱阳湖水利枢纽工程设计及调度方案概况

拟建的鄱阳湖水利枢纽工程坝址选定于鄱阳湖入江水道（东经 116°07′、北纬 29°32′），介于庐山区长岭与湖口县屏峰山之间，两山之间湖面宽约 2.8km，为鄱阳湖入长江通道最窄之处。该处上距星子县（现庐山市）约 12km，下至长江汇合口约 27km。

规划中的鄱阳湖水利枢纽工程以"一湖清水"为建设目标，坚持"江湖两利"的原则，按"调枯不控洪""恢复和科学调整江湖关系""与控制性工程联合运用""综合影响最小""水资源统一调度"方式运行，以满足生态保护和综合利用要求控制相对稳定的鄱阳湖枯水位，达到提高鄱阳湖枯水期水资源和水环境承载能力，改善供水、灌溉、生态环境、渔业、航运、血吸虫病防治，保护水资源，恢复和科学调整江湖关系等综合效益。鄱阳湖水利枢纽工程调度规划方案见表 1 和图 1。

表 1 鄱阳湖水利枢纽工程调度规划方案

时 段	时 间	江湖连通状态及调度方案
江湖连通期	3 月中旬至 8 月底	闸门全开，江湖连通，江湖水流、能量自由交换
枢纽蓄水期	9 月 1—15 日	9 月 1—15 日，下闸节制湖水位，至 15 日水位一般控制在 14.5m
长江上游水库群蓄水期	9 月 16 日至 10 月底	9 月 16—30 日，闸上水位逐步均匀消落至 14.0m；至 10 月 10 日，降至 13.5m；至 10 月 20 日，均匀消落至 13.0m；10 月底，水位降至 12m 左右；在消落过程中若外江水位达到闸上水位，则闸门全开
补偿调节期	11 月 1 日至次年 3 月 10 日	根据最小通航流量、水生态与水环境用水等需求，并考虑湖滩底泥晾晒要求，调节水位： 12m 降至 11m（11 月 1—10 日） 11m 降至 10.2m（11 月 11 日至 12 月底） 10.2m 降至 10m（次年 1 月 1 日至 1 月底） 10~10.5m 波动（2 月 1 日至 2 月底）
恢复期	3 月上旬	视来水情况，与长江湖口水位相应，逐渐江湖联通

注 调度方案由江西省鄱阳湖水利枢纽建设办公室提供。

1.2 长江中上游控制性水利工程概况及调度方案

有关分析资料表明，长江中上游形成以三峡、金沙江溪洛渡、向家坝，雅砻江锦屏一级、二滩，岷江紫坪铺、瀑布沟，嘉陵江亭子口等 11 座流域控制性水库群，其总调节库容 433.03 亿 m³，总防洪库容 338.22 亿 m³。

按长江上游控制性水利枢纽调度方式，11 座控制性水库中，除雅砻江锦屏一级、二滩水库在 8 月上旬开始蓄水外，其余水库均在 9 月上旬开始蓄水，三峡工程于 9 月 15 日开始蓄水。中上游各水库蓄水期间，因三峡工程的下泄流量减少，从而对长江下游水位产生影响。

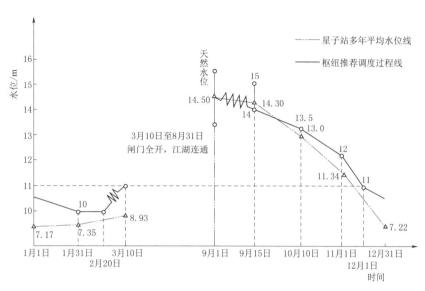

图1 鄱阳湖水利枢纽工程调度规划方案

2 鄱阳湖对长江下游干流补水影响

2.1 天然状态下鄱阳湖的补水影响

天然情况下,鄱阳湖对长江干流下游的补水作用基本在10月。在12月至次年2月长江特枯时段,由于鄱阳湖的水位已经很低、湖容小,对下游补水作用很小。长江上游水库群蓄水期增加了鄱阳湖的出流,湖区水位在9—10月下降较大,枯水期提前,枯水期对下游的补水作用进一步减小。

2.1.1 水位变化

长江中上游控制性水利工程运行前后,长江中下游湖口站不同时间节点多年平均水位及相应湖容见表2。

表2 控制性水利工程运行前后湖口站不同时间节点多年平均水位、通江水体容积表

时间节点	1956—2002 年			2003—2014 年			前后变化	
	多年平均水位/m	相应通江水体容积/亿 m³	湖容变化量/亿 m³	多年平均水位/m	相应通江水体容积/亿 m³	湖容变化量/亿 m³	多年平均水位/m	相应通江水体容积/亿 m³
9 月 1 日	14.4	85.34		14	73.2	—	−0.4	−12.14
10 月 1 日	13.35	56.38	−28.96	12.83	44.01	−29.19	−0.52	−12.37
11 月 1 日	11.39	20.05	−36.33	8.72	4.20	−39.81	−2.67	−15.85
12 月 1 日	8.57	3.94	−16.11	7.85	2.83	−1.36	−0.72	−1.11
1 月 1 日	6.31	1.6	−2.34	6.49	1.71	−1.12	0.18	0.11

时间节点	1956—2002 年			2003—2014 年			前后变化	
	多年平均水位/m	相应通江水体容积/亿 m³	湖容变化量/亿 m³	多年平均水位/m	相应通江水体容积/亿 m³	湖容变化量/亿 m³	多年平均水位/m	相应通江水体容积/亿 m³
1 月 17 日（多年平均最低日）				6.13	1.48	−0.22	6.13	1.48
2 月 1 日	5.97	1.39	−0.21	6.43	1.67	0.19	0.46	0.28
2 月 4 日（多年平均最低日）	5.92	1.37	−0.02				−5.92	−1.37
2 月 28 日	6.9	1.97	0.6	7.38	2.39	0.72	0.48	0.42
3 月 31 日	8.8	4.33	2.37	8.31	3.5	1.11	−0.49	−0.83

从表 2 比较长江中上游控制性水利工程运行前后多年平均值，2003—2014 年湖口站 9 月至 12 月初各时间节点的水位偏低 0.4～2.67m。其中，11 月的水位偏低最明显。至 11 月 1 日，湖口站平均水位只有 8.72m，与 1956—2002 年间 12 月 1 日的多年平均水位（8.57m）接近，相应通江水体容积仅为 4.20 亿 m³；尽管 2003—2014 年系列 9 月 1 日平均湖容较 1956—2002 年系列小 12.14 亿 m³，但 2003—2014 年系列 9—10 月湖容减小值却比 1956—2002 年系列大 3.71 亿 m³，导致 11 月鄱阳湖几乎无多少水可补充下游。

至 12 月 1 日，湖口站平均水位由控制性水利工程运行前的 8.57m 降至 7.85m，相应通江水体容积由 3.94 亿 m³ 降至 2.83 亿 m³。若湖区水位降到历史最低的 4.01m（1963 年，对应湖区容积为 0.59 亿 m³），只能对下游补充 2.24 亿 m³ 水量，补水作用更小。

2.1.2 径流变化

长江中上游控制性水利工程运行前后，长江中下游湖大通站、湖口站月均径流量见表 3。

表 3　长江中上游控制性水利工程运行前后大通站、湖口站月平均径流量统计表

月平均径流量		1 月	2 月	3 月	4 月	5 月	6 月	7 月	8 月	9 月	10 月	11 月	12 月
1956—2002 年（控制性水利工程运行前）	大通站/亿 m³	287	281	423	622	905	1034	1355	1160	1016	870	586	378
	湖口站/亿 m³	47.4	61.8	120.3	182.7	218.8	226.8	160.7	128	98.5	103.1	80.4	51.2
	湖口占大通比例/%	16.52	21.99	28.44	29.37	24.18	21.93	11.86	11.03	9.69	11.85	13.72	13.54
2003—2014 年（控制性水利工程运行后）	大通站/亿 m³	335	337	517	570	814	1011	1187	1101	954	688	487	378
	湖口站/亿 m³	47.1	63.5	132.3	155	189.9	226.8	128.6	125.9	98.5	94.3	61.2	60
	湖口占大通比例/%	14.06	18.84	25.59	27.19	23.33	22.43	10.83	11.44	10.32	13.71	12.57	15.87

从表 3 比较长江中上游控制性水利工程运行前后多年径流平均值，湖口站年平均径流量占大通站年均径流量的比例基本相同，分别为 16.59%、16.51%；9 月、10 月、12 月出湖径流量占大通站百分比分别由 9.69%、11.85%、13.54% 上升到 10.32%、13.71%、15.87%。11 月出湖径流量比则由 13.72% 下降为 12.57%。说明在上游控制性水库蓄水期的 9—10 月，因干流水位降低，在年径流量减少的情况下，鄱阳湖的出湖径流量却增大。

2.2 水利枢纽建成后鄱阳湖对长江下游补水影响

鄱阳湖水利枢纽实施后，在三峡工程汛后蓄水前，若枢纽能拦蓄汛期部分洪水资源，在其蓄水期间加大下泄流量，一是缓解三峡工程蓄水对长江下游水资源利用的影响；二是缓解12月至次年3月长江口盐水入侵影响；三是通过调节有效控制9—11月鄱阳湖区水位，对长江下游干流遇特殊情况具有一定的补水潜力。

2.2.1 多年平均情况下鄱阳湖对下游补水影响

根据现阶段拟定的枢纽运行调度方式，利用长江中下游湖口水文站1956—2002年系列9月至次年3月平均实测流量、鄱阳湖星子水位站同期实测水位资料进行静库容模拟调度，按照均匀拦蓄和下泄考虑，得到不同时段枢纽控制条件下的湖口出流情况，成果见表4。

表4　　　　　　　　　不同时段枢纽控制运用对湖区水位、出湖水量的影响

日 期	实 测			枢纽调度后			枢纽调度前后		
	水位/m	相应湖容/亿 m³	出湖水量/亿 m³	水位/m	相应湖容/亿 m³	出湖水量/亿 m³	水位变化/m	出湖水量变化/亿 m³	相应流量变化/(m³/s)
8月31日	14.51	94.99	49.75	14.51	94.99	41.33	0.66	−8.42	−609
9月15日	14.18	86.57	153.63	14.84	101.33	161.02	0.84	7.39	186
10月31日	11.63	31.39	132.07	12.47	38.76	132.53	2.97	0.46	9
12月31日	7.25	2.77	109.65	10.22	9.65	112.78	1.72	3.13	61
2月28日	8.46	5.88	121.20	10.18	9.66	123.96	0.44	2.76	103
3月31日	10.22	13.97		10.61	14.99				

根据表4分析枢纽运行后，鄱阳湖出湖水量、流量变化，与长江中下游大通水文站径流量比较。

(1) 枢纽蓄水期（9月1—15日）平均出湖水量减少8.42亿 m³，相当于日均减少下泄流量609 m³/s；长江干流大通站该时段的平均流量为42000 m³/s，枢纽在此期间减小的下泄流量约占大通站的1.5%，对下游该时期的水资源利用影响小；9月15日湖区水位抬高0.66m，增加湖容14.76亿 m³。

参照三峡工程可行性论证阶段以及相关的研究成果，潮差对盐度影响的大小与长江口上游来水量有关，当大通站月平均流量在30000 m³/s以上时，潮差对吴淞水厂氯化物的影响甚微；大通站月平均流量在11000 m³/s及以下时，长江口盐水入侵问题较严重。

对比分析，枢纽蓄水期枢纽调度运行减少后大通站日均流量为41391 m³/s，大于30000 m³/s。因此，该时段枢纽工程运行对盐水入侵程度影响甚微。

此外，枢纽在此期间减小的下泄流量仅占大通站的1.5%，对九江—大通区间流量的改变轻微。由此初步分析，流量变化对下游水资源利用及河道水生生物的影响轻微。

(2) 长江上游水库群蓄水期（9月16日至10月31日），平均出湖流量增加7.39亿 m³，

相当于日均增加流量 186m³/s；10 月 31 日，湖区水位抬高 0.84m，增加湖容 7.37 亿 m³。

（3）补偿调节期（11 月 1 日至次年 3 月 10 日）。

1）11 月 1 日至 12 月底，平均出湖流量增加 0.46 亿 m³，相当于日均增加流量 9m³/s；12 月 31 日，湖区水位抬高 2.97m，增加湖容 6.88 亿 m³。

2）1—2 月，平均出湖流量增加 3.13 亿 m³，相当于日均增加流量 61m³/s；2 月 28 日，湖区水位抬高 1.72m，增加湖容 3.78 亿 m³。

3）3 月，平均出湖流量增加 2.76 亿 m³，相当于日均增加流量 103m³/s。由于实测系列中，有些年份星子站 3 月底水位仍低于 10m（如 1963 年 3 月 31 日实测水位 6.91m，1974 年 3 月 31 日实测水位 7.22m），故至 3 月底，多年平均闸上、下游水位仍有 0.39m 的落差。

综上所述，现阶段推荐的调度方式除在 9 月 1—15 日蓄水期减少下泄水量对长江下游轻微影响外，在长江上游水库群蓄水期、补偿调节期分析，9 月下旬至次年 3 月，枢纽运行后流量相对天然略有增加，在整个枯水期均可不同程度地增加鄱阳湖的下泄流量，对下游水资源利用、减少盐水入侵以及河道水生生物有有利影响。

在三峡工程蓄水期可增加下泄量 7.39 亿 m³。同时，还能在 12 月至次年 2 月长江水位最低的 3 个月中，维持湖区一定水位和容积（10.18m 水位对应的湖容为 9.66 亿 m³），具备为下游紧急情况提供应急供水的条件。如下游出现咸潮上溯、水污染事件时可采用特殊调度方式（如迅速降低湖水位，集中加大下泄），提供应急水资源。

2.2.2 特殊典型年补水作用

经长江干流大通站、鄱阳湖五河控制站水文资料统计分析，2009—2010 年长江干流来水以及鄱阳湖五河来水均较枯，大通站径流量较多年平均偏少 11.3%，五河入湖径流量比多年平均值偏少 30.1%。同时，2009—2014 年三峡工程已按照 175m 蓄水位进行调度运用，选择枯水年 2009—2010 年作为典型年进行动态模拟调度，以综合反映三峡工程运用后鄱阳湖水利枢纽运行调度对出湖流量的影响。

比较枢纽调度前后通过闸址处的不同时段平均流量，见表 5，不同时段出湖径流量变化见表 6。

表 5　　　　　　　　　枢纽调度运用前后，不同时段过闸流量变化情况表

时　段	闸址处平均过流流量/(m³/s)			天数/d	大通站实测平均流量/(m³/s)	变化值占大通站比例/%
	枢纽调度运行前	枢纽调度运行后	变化值			
9 月 1—15 日	4217	600	−3617	15	36813	−9.82
9 月 16 日至 10 月 31 日	1797	2403	606	46	20103	+3.02
11 月 1—30 日	2108	2279	171	30	13997	+1.22
12 月 1—31 日	2388	2486	98	31	12042	+0.82
1 月 1 日至 2 月 28 日	3194	3341	147	59	13832	+1.06
3 月 1—8 日	6117	7318	1201	8	16537	+7.26

表6	枢纽调度运用前后，不同时段出湖径流量变化情况表		单位：亿 m³
时间段	出湖总水量		总水量变化
	枢纽调度运行前	枢纽调度运行后	
9月1—15日	54.7	7.8	−46.9
9月16日至10月31日	71.4	95.5	24.1
11月1—30日	54.7	59.1	4.4
12月1—31日	64.0	66.6	2.6
1月1日至2月28日	162.8	170.3	7.5
3月1—8日	42.3	50.6	8.3
小计	449.8	449.8	0.0

从表5、表6计算结果分析如下：

（1）枢纽蓄水期（9月1—15日），枢纽调控蓄水46.9亿 m³，日均减少出湖流量3617m³/s，占同期大通实测平均流量36813m³/s的比例为9.82%。

参照三峡工程可行性论证阶段的研究成果，以及相关的研究成果，对比分析，枢纽蓄水期枢纽调度运行减少后大通站日均流量为33196m³/s，大于30000m³/s。因此，该时间段枢纽工程运行对下游盐水入侵程度影响较小。

此外，枢纽在此期间减小的下泄流量约占大通站的9.82%，对九江至大通区间流量的改变较小。由此初步分析，流量变化对下游资源利用及河道水生生物的影响较小。

（2）长江上游水库群蓄水期（9月16日至10月31日），枢纽调度后增加鄱阳湖下泄径流量24.1亿 m³，日均增加出湖流量606m³/s，占同期大通实测平均流量20103m³/s的比例为3.01%。

（3）补偿调节期（11月1日至次年3月10日）。

1）11月1—30日，枢纽调度后出湖径流量增加4.4亿 m³，日均增加出湖流量171m³/s，占同期大通实测平均流量13997m³/s的比例为1.22%。

2）次年1月1日—2月28日，枢纽调度后出湖径流量增加7.5亿 m³，日均增加出湖流量147m³/s，占同期大通实测平均流量13832m³/s的比例为1.06%。

3）次年3月1—8日，枢纽水位逐步消落至与外江水位平齐，枢纽调度后出湖径流量增加8.3亿 m³，日均增加出湖流量1201m³/s，占同期大通实测平均流量16537m³/s的比例为7.26%。

由长江上游水库群蓄水期、补偿调节期分析，9月下旬至次年3月，枢纽运行后流量相对天然略有增加，对下游水资源利用、减少盐水入侵及下游至河口水生生物有有利影响。

综上所述，在三峡工程蓄水期和此后的1—3月可增加鄱阳湖的下泄流量为下游补水。湖区留存的水量（10.18m 水位对应的湖容为9.66亿 m³）可为下游紧急情况提供应急水源。枢纽建成后，还可根据流域水资源情势，进一步优化调整其调度运用方式，充分发挥其补水作用。

3 小结

天然情况下枯水期鄱阳湖对长江干流下游的补水作用，主要是通过五河来水下泄及降低湖区水位、减少湖容来实现。

（1）三峡水利枢纽运行前后比较，由于三峡等上游水库蓄水，湖口站水位降低，9月1日鄱阳湖通江水体容积减少 12.14 亿 m^3，9—10月湖容量减少却增加出流量 3.87 亿 m^3。9—10月鄱阳湖出流量加大，湖泊蓄水提前入江，鄱阳湖11月后对长江下游的补水作用逐步减弱。

（2）根据典型年及典型枯水时段的分析，三峡及上游干支流水库运用后湖口水位降至更低，湖水更快流出，鄱阳湖枯水期对下游的补水作用进一步减弱。

按照鄱阳湖水利枢纽目前拟定的调度方式运行后，鄱阳湖对长江干流下游的补水作用如下：

1）9月1—15日，多年平均情况以及典型枯水时段的下泄水量减少。水位降低 0.66m，下泄水量减少 8.42 亿 m^3，占同期大通实测平均流量的比例分别为 1.50%、9.82%，对长江下游水资源开发利用、盐水入侵程度及河道生态环境影响小。

2）9月15日至次年3月底，多年平均情况下可增加下泄水量约 13.7 亿 m^3，典型枯水年可增加下泄水量约 46.9 亿 m^3。

3）水利枢纽运行后比运行前最低水位 7.25m（12月31日）提高 2.93m，最低水位 10.18m 时，湖区留存的水量为 9.66 亿 m^3，具有在长江干流咸潮入侵、水污染事件等特殊情况下对下游应急补水的潜力。

参 考 文 献

［1］ 王政祥. 长江大通以下地区的水资源研究［J］. 水利水电快报，2008，65（10）：22－26.

［2］ 刘振胜，李英，黄薇，等. 长江下游干流枯季水量分配方案研究［J］. 人民长江，2005，36（10）：15－18.

［3］ 朱红耕，黄红虎. 长江下游水情变化趋势分析［J］. 黑龙江水专学报，2012，29（4）：18－20.

［4］ 许继军，陈进，常福宣，等. 控制性水利工程对长江中下游水资源影响与对策［J］. 人民长江，45（7）：11－17.

［5］ 水利部长江水利委员会. 鄱阳湖水情变化及水利枢纽有关影响研究［R］，2013，12.

［6］ 长江勘测规划设计研究有限责任公司，江西省水利规划设计院. 鄱阳湖水利枢纽项目建议书（第一分册）［R］，2012.

［7］ 马建华. 长江流域控制性水库统一调度管理若干问题思考［J］. 人民长江，2012，43（9）：18－20.

鄱阳湖夏季水面蒸发与蒸发皿蒸发的比较研究

赵晓松[1] 李 梅[2] 王仕刚[3] 刘元波[2]

(1. 中国科学院南京地理与湖泊研究所湖泊与环境国家重点实验室，江苏南京 210008；

2. 江西省水文局，江西南昌 330002；

3. 江西省鄱阳湖水文局，江西九江 332800)

摘　要： 水面蒸发是湖泊水量平衡要素的重要组成部分。基于传统蒸发皿观测蒸发不能代表实际水面蒸发，而实际水面蒸发特征仍不清楚。本研究基于涡度相关系统观测的鄱阳湖水体实际水面蒸发过程，在小时尺度和日尺度分析了水面蒸发的变化规律及其主要影响因子，并与蒸发皿蒸发进行比较。研究表明，实际水面蒸发日变化波动剧烈，变化范围为 0～0.4mm/h 之间。水面蒸发的日变化特征主要受风速的影响。鄱阳湖夏季 8 月日水面蒸发量与蒸发皿蒸发量在总体趋势上具有很好的一致性。8 月平均日水面蒸发量（5.90mm/d）比蒸发皿蒸发量（5.65mm/d）高 4.6%。水面日蒸发量与蒸发皿蒸发量的比值在 8 月上、中、下旬分别为 1.24、1.00、0.92，呈现下降的趋势。鄱阳湖夏季水面日蒸发量与风速和相对湿度相关性显著，而蒸发皿蒸发与净辐射、气温、饱和水汽压差和相对湿度均呈显著相关。这是由于蒸发皿水体容积小，与湖泊相比其水体热存储能力小，因此更容易受到环境因子的影响。

关键词： 实际水面蒸发；蒸发皿蒸发；涡度相关；鄱阳湖

　　水面蒸发是江河湖泊、水库等自然水体的水量循环和能量平衡的重要因素。全球陆地表面的蒸发量约占陆地降水量的 60%～65%。水面蒸发研究对于认识区域气候、旱涝变化趋势、水资源形成及变化规律、水资源评价等具有重要的意义。目前，国内外对蒸散发进行计算时，多基于蒸发器（皿）（如 E-601 型蒸发器、ϕ20cm 蒸发皿）观测数据。蒸发器（皿）由于本身及周围空气的动力和热力条件与流域地表有所不同，测得的蒸发量并不能代表自然界真实的蒸发量，有时偏差非常大，并且不同类型仪器的比较也很困难。即使通过蒸发皿折算系数的校正也不能很好地反映蒸量的动态变化，因为蒸发皿折算系数受多种因素影响而且随季节变化。尽管蒸发皿观测的蒸发量并不能代表真实水体蒸发，但其长期观测对认识潜在蒸发的变化规律仍具有积极的理论价值。

　　随着全球地表温度升高影响的加剧，气候变化预测的研究认为气温升高将增加陆地水体的蒸发量，然而观测的结果却发现蒸发皿蒸发长期的变化呈降低的趋势。这一现象称为蒸发悖论，这一争论的焦点是关于自然水体的实际蒸发机制仍不清楚。目前，涡度相关系统作为地表水热通量观测的国际标准手段，已被广泛应用于地表植被和内陆水体中。国际上利用涡度相关系统进行的湖泊水体通量观测，最早报道见于 1991 年，在印度尼西亚的 Lake Toba 和美国浅水湖泊进行了数日至数月不等的短期通量观测。而长期的湖泊水体观测始于 21 世纪初，分别在加拿大的 Great Slave Lake 和 Great Bear Lake 和美国的 Ross Barnett Reservoir。美国的 Williams Lake、以色列的 Eshkol reservoir、智利北部的 Ti-lopozo wetland 和芬兰南部的 Lake Valkea - Kotinen 等也开展了短期测量。多数研究基于长期或短期的观测，分析了不同大小、不同纬度湖泊或水库等水面蒸发的特征，及在不同时间尺度水面蒸发的影响因子。

我国学者的关于水面蒸发观测和估算的早期开展了大量研究。主要集中在三个方面：①应用不同蒸发器观测的水面蒸发折算系数的研究，研究表明，折算系数受到辐射、水温、风速和储热量等的时空差异，长江流域基于 E - 601 型蒸发器对 $20m^2$ 蒸发池之间的折算系数变化为 0.75~1.09；②水面蒸发模型的研究，基于彭曼公式和道尔顿公式建立了全国通用的水面蒸发公式；③水面蒸发量变化趋势的研究，基于蒸发皿蒸发分析了全国水面蒸发特征，以及长江流域和鄱阳湖流域蒸发特征及其影响因子。近年来，基于涡度相关方法观测湖泊水体的水热通量变化过程才刚刚开始，例如太湖，而其主要关注内容是大气与湖泊间的水热交换系数。基于涡度相关直接观测湖泊水体蒸发的研究还未展开。作为我国的最大淡水湖泊，鄱阳湖最大水面面积达到 4000 余 km^2。长期以来，鄱阳湖的水面蒸发量估算基本上依据蒸发皿蒸发量进行计算。实际水面蒸发过程及主要影响因素不明，这也导致目前该湖的湖泊水量平衡计算中存在较大的不确定性。

本研究基于涡度相关系统观测鄱阳湖水体的水面蒸发，分析不同时间尺度鄱阳湖夏季水面蒸发的变化特征，比较夏季水面蒸发与蒸发皿蒸发在变化趋势上的不同，以及环境因子对两者影响机制的差异，为准确估算湖泊水面蒸发的长期变化奠定了基础。

1 研究方法

1.1 研究站点与观测仪器

鄱阳湖位于东经 $115°47'$~$116°45'$，北纬 $28°22'$~$29°45'$ 范围，本研究的试验站点位于鄱阳湖东部，都昌县附近的蛇山岛上（东经 $116°24'$、北纬 $29°05'$）。鄱阳湖面积为 $4380km^2$（不包括军山湖，2010 年鄱阳湖基础地理信息测量成果），年内水位变化剧烈，平均变幅达 11m 左右。鄱阳湖地属亚热带湿润季风气候，湖区年平均气温为 17.1℃，多年平均降水量为 1570mm，降水集中在 4—6 月，占全年降水量的 45%~50%。主风向为北和北偏西风。西北方向距离棠荫岛约 2km，距离城镇边界的岸边约 6km。蛇山岛的面积约为 $0.2km^2$，南北长 500m，东西长 450m。棠荫岛面积约为 $0.8km^2$。

为减少蛇山岛本身对观测的影响，观测铁搭架设在蛇山岛北部，涡度相关系统仪器安装在 38m 的观测铁搭上。考虑到岛本身的高度，观测高度距离湖面 58m。采用三维超声风速和 CO_2/H_2O 分析仪（EC150，Campbell Scientific Inc，Logan，UT，USA）测量三

维风速和大气的 H_2O 浓度，采用频率为 10Hz，通过数据采集器（CR3000，Campbell Inc.）进行存储。用净辐射仪（CNR4，Kipp&Zonen B. V.，Delft，The Netherlands）观测辐射平衡的四个组分（向下、向上长波辐射，向下、向上短波辐射）。采用小气候系统仪器观测气温和相对湿度（HMP155A，Vaisala Helsinki，Fenland）。涡度相关系统和小气候系统安装高度为 38m，辐射观测安装高度为 2.5m。水热通量、辐射和小气候系统数据的输出步长为 30min。用水温计（SWL1-1）测量 50cm 水深处的水温。应用 E601-B 蒸发皿测量蒸发，地点位于棠荫岛气象观测站内。水温和蒸发皿蒸发的采样频率为每天一次，于 8：00 采集数据。涡度相关系统仪器和小气候仪器于 2013 年 7 月 26 日安装并开始观测。本文选取 2013 年 8 月 1—30 日数据进行分析，避免水位降低后洲滩出露的影响，通量信息主要来自鄱阳湖水体。测量期间风向以北偏西及南偏东为主。

1.2　数据处理过程

对涡度相关观测的 10Hz 数据进行筛选和修正。数据处理采用目前普遍使用的较为成熟的方法，应用 EddyPro 软件进行处理。包括：①数据筛选，4 倍标准差提出野点，信号强度和诊断值判断数据有效性；②应用平面坐标拟合方法进行倾斜修正；③频率损失修正；④感热的超声虚温修正；⑤密度效应修正——WPL 修正。通过湍流谱分析、平稳性检验和总体湍流特征检验进行数据质量控制。获得三个评价等级的通量数据，分别为 0（高质量）、1（中质量）、2（低质量）。

涡度相关技术是通过快速测定大气的物理量（如温度、水汽密度、CO_2 浓度等）与垂直风速的协方差来计算湍流通量的一种方法。通过测量水汽密度可以获得水汽通量（即潜热通量 LE），公式表达为

$$LE = \lambda \overline{w'\rho_v'} \tag{1}$$

式中，w' 为垂直风速；ρ_v' 为水汽密度，kg/m^3；垂直风速和水汽密度脉动协方差；λ 为汽化潜热，2440J/kg。

在分析中，水面蒸发（E）单位通常用 mm/h 或 mm/d 表示。水面蒸发可通过潜热通量转换，公式为 $E = LE/\lambda$，此时 E 的单位为 $kg/(m^2 \cdot s)$，根据水的密度（kg/m^3），再乘以相应的时间步长，即可转换为 mm/h 或 mm/d 的蒸发速率单位。

进行数据处理和评价后，输出 30min 评价的通量数据，用于进一步的分析。在进行环境因子等分析时，需要剔除数据质量为 2 的数据。在计算日蒸散量时，需要对缺失的数据进行插补，本研究所选时段数据缺失比例为 9.5%，当连续缺失数据小于 3 个时，应用线性内插方法进行数据插补。

1.3　通量观测源区分析

涡度相关系统观测的通量代表了上风向一定范围内的通量信息，即通量源区（Footprint）。对于不均匀的下垫面条件，常需利用 Footprint 分析了解下垫面不同位置、对传感器所测湍流通量贡献的大小，及对观测数据作质量判别。关于通量源区的计算有很多解析模型。本研究应用 Hsieh 方法分析不同大气条件下 Footprint 分布，来确定观测时段内通量信息来源。通量源区分布如图 1 所示。8 月 1—30 日期间风向主要来自西北和东南方

向。在稳定大气条件下，90%的通量信息来自上风向距观测塔5km范围内。在不稳定大气条件下，通量源区的范围较小，在距观测塔1～2km范围内。当风向为北和西北方向，且在稳定条件下，水热通量的源区受到棠荫岛的影响，但棠荫岛的面积仅占该方向通量源区面积的4%。若考虑到棠荫岛所处位置的通量贡献率（小于20%），则棠荫岛对水面蒸发的影响小于1%。当风向为南和东南方向，水热通量的源区受到蛇山岛本身的影响，而蛇山岛的面积仅占该方向通量源区面积的1%，即使是在不稳定条件通量源区范围较小时，蛇山岛的面积占通量源区面积的比例仍小于3%。若考虑到蛇山岛所处位置的通量贡献率（小于40%），则蛇山岛对水面蒸发的影响约为1%。总体而言，观测期内主要通量信息均来自水体，受蛇山岛和棠荫岛的影响较小，可以忽略。

 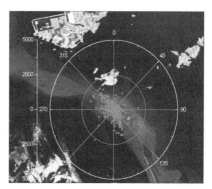

（a）稳定条件　　　　　　　　　　（b）不稳定条件

图1　源区Footprint分布图

（0°表示北向，90°表示东向，180°表示南向，270°表示西向）

（底图为Landsat8 6-5-4波段合成影像，

时间为2013年8月2日，水位15.6m）

2 研究结果

2.1 水面蒸发的日变化特征

通过涡度相关测量的30min平均潜热通量转换为水面蒸发速率，选取8月13—15日为代表，分析水面蒸发速率和主要环境因子的日变化过程（图2）。根据净辐射的分布特征，选取的时间段内，8月13日为典型的晴天过程，净辐射呈单峰正态分布，最大值达600W/m²，出现在12:00左右，而8月14日和15日为多云或阴天天气，净辐射呈波动变化，其日平均值低于晴天。水面蒸发速率日变化过程，较净辐射呈现更为剧烈的波动变化，且无明显的日变化规律。水面蒸发速率变化为0～0.4mm/h，在夜间有零星的负值出现。从图2可以看出，水面蒸发速率的波动变化与净辐射、气温和饱和水汽压差（VPD）规律的日变化过程无显著相关，而与风速的波动具有很好的一致性，统计分析显示，日变化过程中水面蒸发速率与风速Pearson相关系数为0.27（P=0.001）。当风速较大时往往对应较高的水面蒸发速率。这说明在日尺度水面蒸发速率主要受风速的影响，风速加强了大气与水面之间的湍流交换作用，从而促进了水面蒸发速率的升高。尽管风速是水面蒸发速率变化的主要影响因子，气温和饱和水汽压差也对水面蒸发有抑制或促进作用。例如8月14日的日变化过程，在5：00—10：00风速较大，对应较高的水面蒸发速率，10：00之后风速迅速下降，而此时气温和饱和水汽压差升高，促进了水面蒸发过程，使得水面仍保持较高的蒸发速率。当20：00之后风速再次升高时，对应较低的气温和VPD值，此时水面蒸发速率也较低。

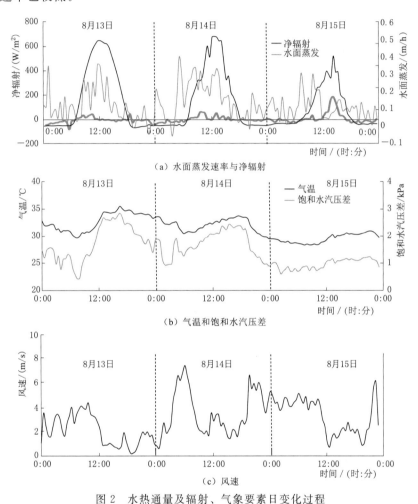

图2　水热通量及辐射、气象要素日变化过程

2.2　实际水面蒸发与蒸发皿蒸发的比较

　　基于涡度相关系统是目前普遍认可的最可靠的实际蒸发观测方法，为研究自然水体蒸发变化规律提供了直接的证据。与蒸发皿观测的蒸发量进行比较，可以检验蒸发皿蒸发的代表性和准确性。8月蒸发皿日蒸发量与涡度相关观测的水面蒸发量，及其他环境因子的变化如图4所示。由于蒸发皿蒸发是8：00观测，其蒸发量代表前日8：00至当日8：00的蒸发量。为了与其进行对比，涡度相关观测的水面蒸发采用前日8：00至当日8：00的蒸发量累计作为当日的蒸发量。从时间序列图中可以看出（图3），两者在一定程度上

表现出一致性，在 8 月初蒸发量较大，然后呈逐渐降低的趋势。两者均呈现波动变化，在相位上略有差异，峰值和谷值不完全同步。总体来看，8 月日均净辐射、气温和饱和水汽压差均呈下降趋势。平均风速的变化波动较大，总体呈下降趋势，但在 8 月中下旬出现较大风速。在 8 月初水面蒸发明显高于蒸发皿蒸发，而 8 月 25—28 日显著低于蒸发皿蒸发。蒸发皿蒸发平均值为 5.65mm/d，标准差为 1.18mm/d，低于涡度相关的水面蒸发 5.90mm/d，标准差为 2.20mm/d。标准差大说明实际蒸发量存在更大的波动范围。

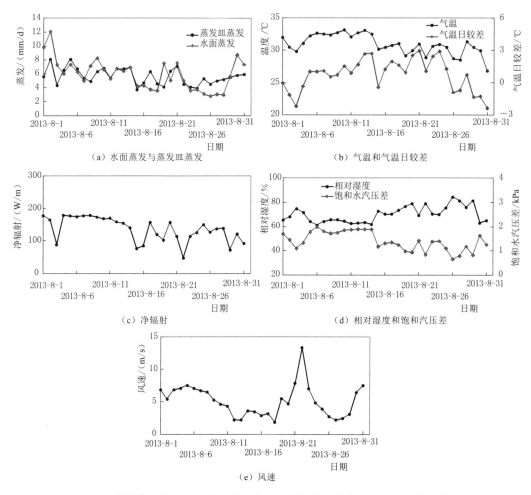

图 3　鄱阳湖 8 月水面日蒸发量、蒸发皿蒸发量及气象水文要素变化过程

通过散点比较分析表明（图 4），水面蒸发速率与蒸发皿蒸发速率两者具有很好的一致性，但观测点较为分散。涡度相关水面蒸发略大于蒸发皿蒸发，斜率为 0.3，相关系数为 0.31，均方根误差（RMSE）为 1.86mm/d。8 月累计蒸发皿蒸发量为 175.0mm，而涡度相关观测的水面蒸发量为 183.04mm，较前者高 4.6%。闵骞等基于蒸发皿折算系数计算鄱阳湖水面蒸发，1955—2004 年平均年蒸发量为 1081.2mm，鄱阳湖蒸发年均 1081.2mm（1955—2004 年），其中 8 月平均蒸发量为 169.5mm，占全年的 15.7%。这一数值低于本研究中 8 月的蒸发量。而对应 1955—2004 年多年平均 8 月气温为 28.96℃，

也低于本研究中 2013 年 8 月的月均气温（30.9℃）。鄱阳湖夏季 8 月实际水面日蒸发量（E_{ec}）与蒸发皿日蒸发量（E_{pan}）的比值（E_{ec}/E_{pan}）变化为 0.5～1.7（图 5）。计算 E_{ec}/E_{pan} 10 天平均值得到，8 月上旬 E_{ec}/E_{pan} 平均为 1.24，中旬为 1.00，下旬为 0.92。闵骞分析了鄱阳湖都昌蒸发站 E-601 蒸发皿对漂浮水面蒸发器的折算系数，表现为折算系数在 6—10 月大于 1，其他月份小于 1。研究表明，这一比值受到不同地点和不同季节的影响。在干旱的以色列地区，标准 Class-A 蒸发皿观测的水库蒸发与涡度相关蒸发比

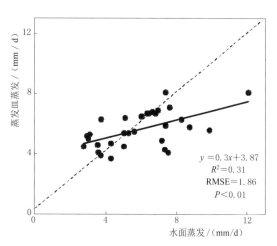

图 4　蒸发皿蒸发与涡度相关蒸发对比

值变化为 0.96～1.94（7—9 月），表现为蒸发皿高于水面蒸发。在 Sparkling Lake，蒸发皿蒸发与湖泊蒸发存在明显的季节变化差异。两者在 7 月和 8 月有很好的一致性，在 9—10 月水面蒸发比蒸发皿蒸发低 30%～40%。造成水面蒸发与蒸发皿蒸发之间差异的原因是由蒸发皿本身结构所引起的，受到蒸发皿容积的限制，蒸发皿的水量和水深远远小于实际湖泊水体，其具有较小的热储存能力，更容易受到季节和环境的影响。

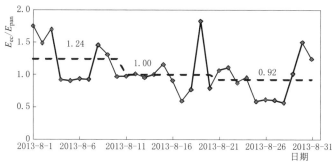

图 5　鄱阳湖 8 月实际水面日蒸发量（E_{ec}）与蒸发皿日蒸发量（E_{pan}）的比值（E_{ec}/E_{pan}）变化

2.3　环境因子影响机制

鄱阳湖夏季水面日蒸发量和蒸发皿日蒸发量与环境因子（净辐射 R_n、气温 T_a、风速、饱和水汽压差 VPD、相对湿度 RH、水温 T_w 和气温日较差 DT）的相关分析见表 1。水面日蒸发量与风速的相关性最显著（$r=0.506$，通过 99% 置信区间检验）。其次是相对湿度（$r=-0.477$）和水温（$r=0.456$），而与辐射和气温无显著相关性。蒸发皿蒸发量与净辐射（$r=0.569$），水汽饱和压差（$r=0.52$）、相对湿度（$r=-0.499$）和气温（$r=0.424$）均显著相关，通过 99% 置信区间检验。而与其他因子无明显相关性。

通过逐步回归方法，水面日蒸发量与环境因子相关关系的回归方程为 $E_{ec}=0.35WS+0.60T_w-0.53DT-0.097RH-4.54$（$R^2=0.628$，RMSE=1.44），风速、水温、相对湿度和气温日较差通过检验进入回归方程。在日尺度上，方程能解释潜热通量变

化的 63%。蒸发皿蒸发量的回归方程为 $E_{pan} = 0.018R_n + 3.193$（$R_2 = 0.324$，RMSE = 0.99），尽管在单因子分析时有多个因子与蒸发皿蒸发量有显著相关，但仅有净辐射通过检验进入回归方程，方程仅能解释蒸发皿蒸发量变化的 32%。即使考虑气温、饱和水汽压差、相对湿度和气温日较差，回归方程的相关系数仅提高到 0.40。

表 1　鄱阳湖夏季水面日蒸发量和蒸发皿日蒸发量与环境因子的相关关系（样本数为 31）

项目	净辐射	气温	风速	饱和水汽压差	相对湿度	水温	气温日较差
水面蒸发量	0.077	0.127	0.506**	0.396*	−0.477**	0.456*	−0.336
蒸发皿蒸发量	0.569**	0.424**	0.051	0.520**	−0.499**	0.308	0.232

注　* 为通过 95% 置信区间检验，** 为通过 99% 置信区间检验。

通过单因子相关分析发现，鄱阳湖夏季水面蒸发速率和蒸发皿蒸发速率与环境因子不尽相同，其散点分布如图 6 所示。蒸发皿蒸发速率与气温、净辐射呈很好的正相关关系（R^2 分别为 0.18 和 0.32），而水面蒸发速率与其则相关性不明显。两者与 VPD 均呈明显的正相关关系。水面蒸发速率与风速呈显著正相关，与气温日较差呈显著负相关，而蒸发皿蒸发速率与两者无明显相关性。水面蒸发受到动力因素（风速等）和热力因素（气温和辐射等）综合作用的影响。任国玉等研究表明蒸发量主要受到日照时数、平均风速和温度日较差的影响。并通过这些因素呈现的减少趋势，来解释我国蒸发皿蒸发量近 50 年来长期趋向减少的原因。鄱阳湖夏季水面蒸发并未表现出与气温和辐射等热力因素显著相关，这是因为夏季 8 月气温和辐射等变化幅度不大，因此表现为风速等动力因素是水面蒸发的主要控制因子。而与大水面的水面蒸发相比，位于棠荫岛上的蒸发皿观测更容易受到周围环境的影响。Venäläinen 等认为水面蒸发受水体面积影响。由于蒸发皿水体容积小，与湖泊相比水体热容量较小，因此与大气热交换更加强烈。

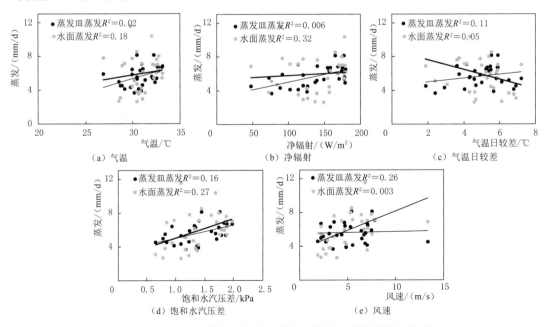

图 6　涡度相关观测水面蒸发和蒸发皿蒸发与环境因子的关系

3 结语

水面蒸发研究对于区域气候、旱涝变化趋势、水资源形成及变化规律、水资源评价等具有重要的意义。本研究基于涡度相关系统观测鄱阳湖夏季水面蒸发，分析了水面蒸发在小时尺度和日尺度的变化规律，对比分析了夏季水面蒸发与蒸发皿蒸发在变化趋势和对环境因子响应方面的差异。水面蒸发日变化波动剧烈，无明显的变化规律。其变化过程与净辐射无明显相关性，而主要受风速的影响。说明在日尺度上，水面蒸发主要受动量驱动。鄱阳湖夏季 8 月日水面蒸发量与蒸发皿蒸发量在趋势上具有很好的一致性，均为下降的趋势。但其比值变化较大，表现为 8 月初高值时，蒸发皿蒸发低估实际水面蒸发，而在月末低值时，高估实际水面蒸发。与环境因子的相关分析发现，鄱阳湖夏季日水面蒸发量主要受风速和相对湿度的影响，而蒸发皿蒸发受净辐射、气温、饱和水汽压差等因素的影响。湖泊水体蒸发对于了解湖泊水量变化，及区域水循环和水资源具有重要意义。

参 考 文 献

[1] Huntington T G. Evidence for intensification of the global water cycle：review and synthesis [J]. Journal of Hydrology，2006，319 (1)：83 - 95.

[2] 裴步祥. 蒸发和蒸散的测定与计算 [M]. 北京：气象出版社，1989.

[3] Grismer M. Pan evaporation to reference evapotranspiration conversion methods [J]. Journal of irrigation and drainage engineering，2002，128 (3)：180 - 184.

[4] 毛锐，高俊峰. 太湖地区湖泊水面蒸发 [M]. 北京：科学技术文献出版社，1993.

[5] Brutsaert W，Parlange M. Hydrologic cycle explains the evaporation paradox [J]. Nature，1998，396 (6706)：30 - 30.

[6] Ohmura A，Wild M. Is the hydrological cycle accelerating [J]. Science，2002，298 (5597)：1345 - 1346.

[7] Baldocchi D D. Assessing the eddy covariance technique for evaluating carbon dioxide exchange rates of ecosystems：past，present and future [J]. Global Change Biology，2003，9 (4)：479 - 492.

[8] 盛琼，申双和，顾泽. 小型蒸发器的水面蒸发量折算系数 [J]. 南京气象学院学报，2007，30 (4)：561 - 565.

[9] Sene K，Gash J，McNeil D. Evaporation from a tropical lake：comparison of theory with direct measurements [J]. Journal of Hydrology，1991，127 (1)：193 - 217.

[10] Stannard D I，Rosenberry D O. A comparison of short - term measurements of lake evaporation using eddy correlation and energy budget methods [J]. Journal of Hydrology，1991，122 (1)：15 - 22.

[11] Blanken P D，et al. Eddy covariance measurements of evaporation from Great Slave Lake，Northwest Territories，Canada [J]. Water Resources Research，2000，36 (4)：1069 - 1077.

[12] Rouse W R，et al. The role of northern lakes in a regional energy balance [J]. Journal of Hydrometeorology，2005，6 (3)：291 - 305.

[13] Rouse W R，et al. An investigation of the thermal and energy balance regimes of Great Slave and Great Bear Lakes [J]. Journal of Hydrometeorology，2008，9 (6)：1318 - 1333.

[14] Liu H，et al. Eddy covariance measurements of surface energy budget and evaporation in a cool sea-

son over southern open water in Mississippi［J］. Journal of Geophysical Research，2009，114（D4）：D04110.

［15］ Anderson D E，et al. Estimating lake – atmosphere CO_2 exchange［J］. Limnology and Oceanography，1999，44：988 – 1001.

［16］ Assouline S，et al. Evaporation from three water bodies of different sizes and climates：Measurements and scaling analysis［J］. Advances in Water Resources，2008，31（1）：160 – 172.

［17］ Nordbo A，et al. Long – term energy flux measurements and energy balance over a small boreal lake using eddy covariance technique［J］. Journal of Geophysical Research：Atmospheres（1984 – 2012），2011，116（D2）.

［18］ Lenters J D，Kratz T K，Bowser C J. Effects of climate variability on lake evaporation：Results from a long – term energy budget study of Sparkling Lake，northern Wisconsin（USA）［J］. Journal of Hydrology，2005，308（1）：168 – 195.

［19］ 闵骞. 水面蒸发器折算系数昼夜差别初步分析［J］. 水文，1988（4）：14.

［20］ 施成熙，等. 水面蒸发器折算系数研究［J］. 地理科学，1986，6（4）：305 – 313.

［21］ 牛振红，孙明. 水面蒸发折算系数的对比观测实验与分析计算［J］. 水文，2003，23（3）：49 – 51.

［22］ 王远明，李成荣. 宜昌站水面蒸发折算系数分析［J］. 人民长江，1999，30（1）：41 – 45.

［23］ 王梅，王建波，那景坤. E – 601 型蒸发器水面蒸发实验分析［J］. 黑龙江水专学报，2004，31（3）：10 – 12.

［24］ 毛锐. 太湖水面蒸发量预报模型及其应用［J］. 湖泊科学，1992，4（4）：8 – 13.

［25］ 施成熙，卞毓明，朱晓原. 确定水面蒸发模型［J］. 地理科学，1984，4（1）：1 – 10.

［26］ 濮培民. 水面蒸发与散热系数公式研究（一）［J］. 湖泊科学，1994，6（1）：1 – 12.

［27］ 赵振国. 水面蒸发系数公式探讨［J］. 水利学报，2009，40（12）：1440 – 1443.

［28］ 李万义. 适用于全国范围的水面蒸发量计算模型的研究［J］. 水文，2000，20（4）：13 – 17.

［29］ 王永义. 水面蒸发计算方法及其检验［J］. 地下水，2006，28（2）：15 – 16.

［30］ 任国玉，郭军. 中国水面蒸发量的变化［J］. 自然资源学报，2006，21（1）.

［31］ 闵骞. 鄱阳湖水面蒸发规律初探［J］. 水文，1994（6）：35 – 42.

［32］ 闵骞，苏宗萍，王叙军. 近 50 年鄱阳湖水面蒸发变化特征及原因分析［J］. 气象与减灾研究，2007，30（3）：17 – 20.

［33］ 王艳君，姜彤，许崇育. 长江流域蒸发皿蒸发量及影响因素变化趋势［J］. 自然资源学报，2005，20（6）.

［34］ 闵骞，刘影. 鄱阳湖水面蒸发量的计算与变化趋势分析（1955—2004 年）［J］. 湖泊科学，2006，18（5）：452 – 457.

［35］ 肖薇，等. 大型浅水湖泊与大气之间的动量和水热交换系数——以太湖为例［J］. 湖泊科学，2012，24（6）：932 – 942.

［36］ 谢冬明，等. 鄱阳湖湿地水位变化的景观响应［J］. 生态学报，2011，31（5）：1269 – 1276.

［37］ Wilczak J M，Oncley S，Stage S A. Sonic anemometer tilt correction algorithms［J］. Boundary – Layer Meteorology，2001，99（1）：127 – 150.

［38］ Moore C. Frequency response corrections for eddy correlation systems［J］. Boundary – Layer Meteorology，1986，37（1 – 2）：17 – 35.

［39］ VanDijk A I. Estimates of CO_2 uptake and release among European forests based on eddy covariance data［J］. Global Change Biology，2004，10（9）：1445 – 1459.

［40］ Webb E K，Pearman G J，Leuning R. Correction of flux measurements for density effects due to heat and water vapour transfer［J］. Quarterly Journal of the Royal Meteorological Society，1980，

106 (447): 85 - 100.

[41] Göckede M, et al. Quality control of CarboEurope flux data - Part 1: Coupling footprint analyses with flux data quality assessment to evaluate sites in forest ecosystems [J]. Biogeosciences, 2008, 5 (2): 433 - 450.

[42] Falge E, et al. Gap filling strategies for defensible annual sums of net ecosystem exchange [J]. Agricultural and Forest Meteorology, 2001, 107 (1): 43 - 69.

[43] Hsieh C I, Katul G, Chi T. An approximate analytical model for footprint estimation of scalar fluxes in thermally stratified atmospheric flows [J]. Advances in Water Resources, 2000, 23 (7): 765 - 772.

[44] Haenel H D, Grünhage L. Footprint analysis: a closed analytical solution based on height - dependent profiles of wind speed and eddy viscosity [J]. Boundary - Layer Meteorology, 1999, 93 (3): 395 - 409.

[45] Schmid H P. Footprint modeling for vegetation atmosphere exchange studies: a review and perspective [J]. Agricultural and Forest Meteorology, 2002, 113 (1): 159 - 183.

[46] Tanny J, Cohen S, Assouline S, et al. Evaporation from a small water reservoir: Direct measurements and estimates [J]. Journal of Hydrology, 2008, 351 (1): 218 - 229.

[47] Stauffer R E. Testing lake energy budget models under varying atmospheric stability conditions [J]. Journal of Hydrology, 1991, 128 (1): 115 - 135.

[48] Krabbenhoft D P, et al. Estimating groundwater exchange with lakes: 1. The stable isotope mass balance method [J]. Water Resources Research, 1990, 26 (10): 2445 - 2453.

[49] Venäläinen A, et al. Comparison of latent and sensible heat fluxes over boreal lakes with concurrent fluxes over a forest: Implications for regional averaging [J]. Agricultural and Forest Meteorology, 1999, 98: 535 - 546.

围湖养殖对军山湖浮游甲壳动物群落结构的影响

刘宝贵[1,3]　谭国良[2]　邢久生[2]　李　梅[2]　陈宇炜[1]

(1. 中国科学院南京地理与湖泊研究所 湖泊与环境国家重点实验室，江苏南京　210008；
2. 江西省水文局，江西南昌　330002；3. 中国科学院大学，北京　100049)

摘　要： 于2012—2013年丰水期、平水期、枯水期对鄱阳湖阻隔湖泊——军山湖浮游甲壳动物的群落结构和时空分布变化进行调查，结果表明，军山湖浮游甲壳动物丰度为29.4（平水期）～154.7个/L（枯水期），生物量为0.64（丰水期）～7.44mg/L（枯水期）；枝角类中，僧帽溞（*Daphnia cucullata*）在枯水期和平水期占优势，象鼻溞（*Bosmina* spp.）、网纹溞（*Ceriodaphnia* spp.）和秀体溞（*Diaphanosoma* spp.）则在丰水期占优势；桡足类中，无节幼体（nauplius）和桡足幼体（copepodid）在丰度上占优势；浮游甲壳动物年均丰度在湖心区（J6、J7、J8和J9）较高，在河口区（J4和J5）和湖口区（J1）较低。认为水产养殖活动可能是决定军山湖浮游甲壳动物季节分布和群落结构的关键因素，流速在空间分布上的不均匀导致其空间分布的差异性。军山湖浮游甲壳动物丰度显著高于鄱阳湖主湖区，且群落结构特征与鄱阳主湖区不同。这可能是因为军山湖阻隔后水流变缓、水体交换周期变长和营养水平升高等水环境特征更有利于浮游甲壳动物的生长繁殖，而水产养殖可能是造成两者群落结构差异的主要原因。

关键词： 阻隔湖泊；浮游甲壳动物；群落结构；时空分布；水产养殖

军山湖原属鄱阳湖南部一个大湖叉，地理位置为东经116°15′～116°28′、北纬28°24′～28°38′，于20世纪50年代建闸截流后形成独立于鄱阳湖的湖泊。军山湖成湖以后，水文水动力及湖区营养状况都发生了巨大变化。军山湖自成湖以来，主要用于河蟹养殖，已从90年代之前的人放天养，逐渐发展成现今的产业化经营管理模式；养殖规模从20世纪末的不足湖区水域面积的1/5，发展到目前的全湖养殖。据估算，水产养殖所带来的TN、TP和COD等污染物入湖量分别占相应污染物入湖总量的35.2%、50.4%和46.4%。

浮游甲壳动物位于初级生产者和高级消费者之间，在物质循环和能量流动过程中起着纽带和桥梁作用，对水体环境的变化亦十分敏感，其时空分布与群落结构状况能较好地指示湖泊未来的生态环境变化，浮游动物群落结构同时受"上行效应"和"下行效应"的影响。于2012—2013年丰水期、平水期、枯水期对鄱阳湖阻隔湖泊——军山湖浮游甲壳动物的群落结构和时空分布变化进行调查，以期为军山湖水文水资源人工调配和湖泊生态评估与管理利用提供科学依据。

1 研究方法

1.1 研究区概况

军山湖南北长 22km，东西宽 5km，处于我国亚热带季风气候区，雨量充沛，流域平均降水量 1580mm，年最大降水量 2326mm，年最小降水量 1078mm。受流域降水和鄱阳湖水位的双重影响，军山湖水位达 16.6～18.0m，流域面积 616km²，水域面积（枯水期～丰水期）180～220km²，最大水深 6.4m，平均水深 6.5m，ρ（TN）1.15mg/L，ρ（TP）0.033mg/L，ρ（NH_4^+ - N）0.355mg/L，ρ（COD_{Mn}）2.75mg/L，养殖面积 213km²，养殖规模 1800t，投饵强度 6675t/km²。

军山湖与金溪湖、青岚湖相连，承纳池溪水和幸福港等支流来水，最终汇入鄱阳湖。军山湖曾经盛产甲鱼、鳜鱼和银鱼等水产品，自建闸成湖以后，主要用于养殖河蟹。清水大闸蟹养殖规模已由区域养殖发展为全湖养殖。

1.2 采样点及采样时间

依据军山湖的形态特征，均匀布设 10 个采样点，分别为 J1～J10。采样时间分别为2012 年 8 月（丰水期）、12 月（枯水期），2013 年 4 月（平水期）、8 月（丰水期）。

1.3 样品采集和分析

浮游甲壳动物的样品采集和分析参照文献［12］。采用 5L 有机玻璃采水器分别采集距表层 0.5m 和 1.5m 水层水样，共计 10L，经 25 号浮游生物网（孔径 64μm）过滤后装入 50mL 塑料瓶中，加入 5％（v/v）体积分数的甲醛溶液固定后带回实验室在解剖镜下全部计数和鉴定。种群密度较高的样品则采用稀释方法抽样计数。生物量则依据体长-体质量回归方程计算得到。

由于不同类群之间丰度差异较大，将桡足类与枝角类分别论述，并依据各季节浮游动物相对丰度来确定优势种（属），即每种（属）浮游动物生物量占总浮游动物生物量的10％以上定为优势种（属）。由于丰度的空间分布变化与生物量的空间分布变化基本一致，分析浮游甲壳动物空间分布规律时，仅采用丰度数据。

2 结果与分析

2.1 军山湖浮游甲壳动物的丰度与生物量

2012—2013 年军山湖浮游甲壳动物总丰度为 29.4～154.7/L，总生物量为 0.64～

7.44mg/L。枝角类丰度和生物量均以枯水期为最高（136.48/L，7.26mg/L），丰水期最低（13.16/L，0.48mg/L）。桡足类丰度以丰水期为最高（19.73/L），平水期最低（1.9/L）；生物量则以枯水期为最高（0.18mg/L），平水期最低（0.08mg/L）。

枝角类浮游甲壳动物主要由僧帽溞、象鼻溞、网纹溞、裸腹溞、秀体溞、透明薄皮溞和长刺溞7属构成（图1）。其中，象鼻溞和透明薄皮溞全年都可检出，并自枯水期至丰水期丰度和生物量呈现先减少后增加的趋势；僧帽溞只在枯水期和平水期出现，且枯水期丰度和生物量远高于平水期；网纹溞和秀体溞只在平水期和丰水期出现，且丰水期丰度和生物量高于平水期；长刺溞只在平水期出现，裸腹溞只在丰水期出现。2012—2013年4次采样中，象鼻溞出现频率最高，为82.5%；其后依次为秀体溞52.5%，网纹溞50.0%，僧帽溞45.0%，其余皆不大于25.0%。

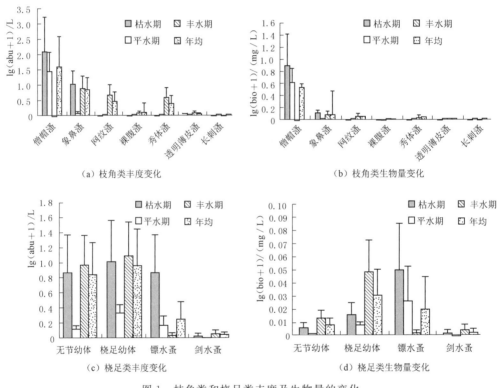

（a）枝角类丰度变化　　　　　　　　（b）枝角类生物量变化

（c）桡足类丰度变化　　　　　　　　（d）桡足类生物量变化

图1　枝角类和桡足类丰度及生物量的变化

除剑水蚤在平水期没有出现以外，桡足类其他种类都属于全年出现类［图2（c）、图2（d）］。无论是丰度还是生物量，无节幼体、桡足幼体和剑水蚤都以丰水期为最高，平水期最低；镖水蚤则以枯水期为最高，丰水期最低。无节幼体、桡足幼体、镖水蚤和剑水蚤在全部样点中出现的频率分别为97.5%、100.0%、57.5%和17.5%。

2.2　军山湖浮游甲壳动物的优势类群

除丰水期外，枝角类丰度或生物量比例均占绝对优势。枝角类年均丰度和年均生物量占总浮游甲壳动物的比例分别达76.2%和95.2%。且枝角类生物量比例远高于丰度比例。

在枝角类中，僧帽溞年均生物量占总生物量的89%，处于绝对优势地位；其次是象鼻溞，占7%。僧帽溞和象鼻溞年均丰度分别达81%和12%。因而，在僧帽溞出现的季节（枯水期和平水期）其丰度或生物量占绝对优势；只有在丰水期象鼻溞（48%）、网纹溞（28%）和秀体溞（21%）丰度才表现出优势（图3）。

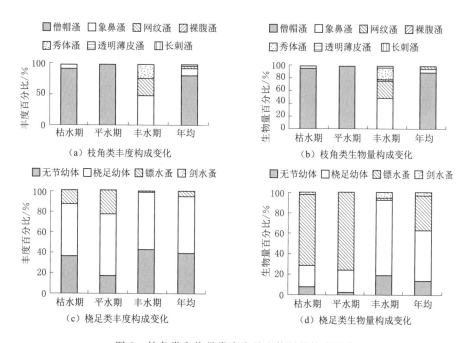

图2 枝角类和桡足类丰度及生物量的构成变化

与此类似，桡足幼体和无节幼体在年均丰度和年均生物量上占优势，分别占桡足类年均丰度和年均生物量的55%、39%和51%、13%；由于镖水蚤个体相对较大，虽然其年均丰度未达总丰度的10%，但其年均生物量却占总生物量的33%。图3中桡足幼体丰度在各个时期都占桡足类总丰度的50%以上；无节幼体丰度比例也较高，枯水期为36%，平水期为17%，丰水期为42%；镖水蚤和剑水蚤丰度所占比例相对偏低。由于个体大小的原因，无节幼体和桡足幼体的生物量所占的比例远低于丰度比例，而镖水蚤和剑水蚤生物量比例远高于丰度比例。

2.3 军山湖浮游甲壳动物的空间分布

空间上，军山湖浮游甲壳动物年均丰度以J6~J9样点较高（图3）。枝角类总丰度的空间分布差异较大，湖心区样点（J6~J9）丰度较高，河口区（J4和J5）和湖口区（J1）样点丰度较低；空间构成则主要以僧帽溞和象鼻溞为主，而J5是唯一没有僧帽溞出现的样点，J4样点僧帽溞丰度比例则在50%以下。与此类似，桡足类浮游甲壳动物总丰度的空间分布差异较大，J6~J9样点丰度较高；而空间构成的差异性较小，所有样点均以桡足幼体和无节幼体占优势，只有J4和J9样点镖水蚤丰度比例大于10%。

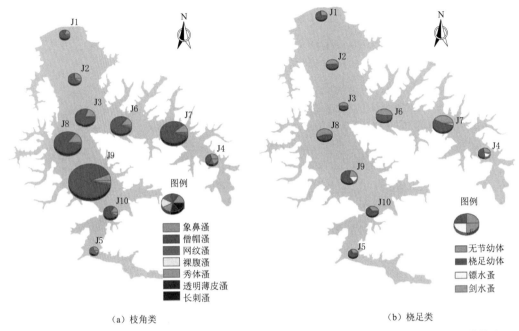

图 3　枝角类和桡足类年均丰度的空间分布（圆饼的大小代表总丰度，圆饼的组分表示群落构成）

3 讨论

浮游甲壳动物的丰度和生物量与温度、食物、捕食之间存在重要联系。自然条件下浮游甲壳动物一般可在春季、夏季或秋季达到峰值，很少在冬季出现峰值。而军山湖浮游甲壳动物总的生物量在枯水期（冬季）最高，丰水期（夏季、秋季）最低，该结果与鄱阳湖主湖区的研究结果不同，甚至相反。军山湖成湖以后，水流变缓，水体交换周期变长，营养水平升高，浮游生物的生产力水平得以提高。然而，夏季藻类生物量的增加并未使浮游甲壳动物生物量高于枯水期。这可能是由于丰水期进行的人工养殖活动增加了对浮游甲壳动物的捕食压力，抑制了其增长。同时，丰水期-枯水期水位变化高达 2.65m，丰水期来水对浮游动物的稀释作用也不可忽视。

由各属的年内变化规律可知，不同种类浮游甲壳动物对丰水期、枯水期的响应规律不同。例如，枯水期～平水期枝角类僧帽溞、象鼻溞、透明薄皮溞和桡足类生物量骤减；平水期～丰水期枝角类象鼻溞、网纹溞、裸腹溞、秀体溞、透明薄皮溞和桡足类（除镖水蚤外）生物量显著升高。而不同时期枝角类或浮游甲壳动物总生物量由大到小依次为枯水期、平水期和丰水期。这是因为僧帽溞年均生物量占总生物量的比例较高，僧帽溞在丰水期的消失即可导致丰水期总生物量显著降低。可见，僧帽溞在军山湖浮游甲壳动物群落竞争中处于优势地位。

僧帽溞是军山湖所检出的浮游甲壳动物中占绝对优势的种类，它有长长的壳刺，尖锐的"头盔"，可能是其幸免于被捕食而占绝对优势的重要原因之一。另外，僧帽溞属于嗜寒种类，适宜生长在湖泊或水库的敞水区以及水流慢的江河池塘中。10月以后（枯水期），温度降低、水位稳定和捕食压力减小等因素为僧帽溞生长带来了更有利的条件。与僧帽溞类似，在军山湖丰水期、枯水期形成优势的种类，如象鼻溞、网纹溞、秀体溞、无节幼体和桡足幼体等由于体积较小而不易被捕食者发现。与此相反，虽然军山湖的水流速、营养盐和透明度等理化条件均适宜大型溞的生长，但由于透明薄皮溞、裸腹溞、镖水蚤和剑水蚤等体积较大，无壳刺，甲壳不能将躯体完全包被，容易被捕食者发现而吞食，难以形成竞争优势。文献［32］指出，大型溞和剑水蚤在幼鱼胃容物中的比例可占总的浮游甲壳动物的90％以上。

2012年，鄱阳湖主湖区浮游甲壳动物总丰度为1.0（1月枯水期）～59.9/L（8月丰水期）。其丰水期丰度远高于军山湖，枯水期丰度远低于军山湖。造成这种差异的原因是：①丰水期鄱阳湖湖面宽阔，流速变缓，可被浮游动物食用的有机质丰富等条件促使其大量繁殖，达到峰值；②枯水期鄱阳湖呈现河流形态，流速加快，水体浑浊，且此时温度较低，可被浮游动物利用的食物不足等条件导致其丰度达谷值。

鄱阳湖主湖区浮游甲壳动物（丰度比例）主要由无节幼体（33％）、剑水蚤（33％）和象鼻溞（24％）等构成；鄱阳湖主湖区与军山湖相比有较大差异，主要体现在僧帽溞比例较低，剑水蚤比例较高。军山湖遭阻隔后水流变缓，水体交换周期变长，营养水平升高，可能是造成军山湖浮游甲壳动物密度高于鄱阳湖主湖区的主要原因；大范围、高密度的水产养殖可能是造成军山湖浮游甲壳动物群落结构异于鄱阳湖主湖区的主要原因。

军山湖浮游甲壳动物年均丰度的空间分布呈现开阔水域高于近岸区域的特点。空间构成上J4和J5样点与其他样点有所不同。J4样点位于幸福港、池溪水入湖的河口，J5样点位于钟陵水的入湖口，相对来讲，两处水流速较快，不利于浮游甲壳动物的生长。因此，喜好静水区域的僧帽溞在J4和J5样点的丰度比例较低。与此类似，由于鄱阳湖主湖区水流流速较快，浮游动物丰度远低于军山湖；而在丰水期，鄱阳湖南部湖区湖面开阔、流速减缓、沿岸静水区漂移扩散等因素，使浮游甲壳动物丰度显著高于北部湖区。

4 结语

自成湖以来，军山湖已经由原来的草型湖完全转变为藻型湖，浮游植物群落结构发生了显著改变。与鄱阳湖主湖区相比，军山湖浮游甲壳动物丰度出现枯水期远高于丰水期和平水期的现象；浮游动物种群构成以不易被捕食者发现的种类为主。

参 考 文 献

［1］ 王苏民，窦鸿身．中国湖泊志［M］．北京：科学出版社，1998．

［2］ 潘洪超，潘洪超，欧阳珊，等．军山湖河蚬的种群动态及生产量研究［J］．环境科学与管理，2011，36（3）：102－105．

［3］ 官少飞，张天火．江西军山湖水生维管束植物［J］．江西水产科技，1994（2）：10－17．

［4］ 冯坤，彭建华，万成炎，等．三道河水库浮游甲壳动物群落结构特征的初步研究［J］．水生态学杂志，2010，3（3）：18－22．

[5] 杨宇峰，黄祥飞. 鲢鳙对浮游动物群落结构的影响 [J]. 湖泊科学，1992，4（3）：78-86.

[6] 周凤霞，陈剑虹. 淡水微型生物与底栖动物图谱 [M]. 北京：化学工业出版社，2011.

[7] 许木启，朱江，曹宏. 白洋淀原生动物群落多样性变化与水质关系研究 [J]. 生态学报，2001，21（7）：1114-1120.

[8] 林秋奇，胡韧，段舜山，等. 广东省大中型供水水库营养现状及浮游生物的响应 [J]. 生态学报，2003，23（6）：1101-1108.

[9] 徐隆君，陆鑫歆，王忠锁. 梁子湖浮游甲壳动物的生物多样性 [J]. 生态学报，2009，29（12）：6419-6428.

[10] PACE M L. An empirical analysis of zooplankton community size structure across lake trophic gradients [J]. Limnology and Oceanography，1986，31（1）：45-55.

[11] 许木启，王子健. 利用浮游动物群落结构与功能特征监测乐安江—鄱阳湖口重金属污染 [J]. 应用与环境生物学报，1996，2（2）：169-174.

[12] 章宗涉，黄祥飞. 淡水浮游生物研究方法 [M]. 北京：科学出版社，1991.

[13] 魏杰，赵文，李多慧. 温度、盐度、非离子氨对不同驯化时间蒙古裸腹溞存活、生殖和种群增长的影响 [J]. 大连海洋大学学报，2010，25（6）：495-501.

[14] 何志辉，刘治平，韩英. 盐度和温度对蒙古裸腹溞生长、生殖和内禀增长率（r_m）的影响 [J]. 大连水产学院学报，1988，10（2）：1-8.

[15] DAVIDSON N L Jr，KELSO W E，RUTHERFORD D A. Relationships between environmental-variables and the abundance of cladocerans and copepods in the atchafalaya river basin [J]. Hydrobiologia，1998，379（3）：175-181.

[16] 蒋燮治，堵南山. 中国动物志：节肢动物门甲壳纲淡水枝角类 [M]. 北京：科学出版社，1979.

[17] 郑重. 淡水枝角类的生殖 [J]. 动物学杂志，1959，1（1）：22-27.

[18] THORP J H，BLACKAR，HAAG K H，et al. Zooplankton assemblages in the ohio river：seasonal，tributary，and navigation dam effects [J]. Canadian Journal of Fisheries and Aquatic Sciences，1994，51（7）：1634-1643.

[19] GAUGHAN D J，POTTER I C. Composition，distribution and seasonal abundance of zooplankton in a shallow，seasonally closed estuary in temperate australia [J]. Estuarine，Coastal and Shelf Science，1995，41（2）：117-135.

[20] FRONEMAN P W. Seasonal changes in zooplankton biomass and grazing in a temperate estuary，South Africa [J]. Estuarine，Coastal and Shelf Science，2001，52（5）：543-553.

[21] 冯坤，万成炎，彭建华，等. 三峡库区26条支流浮游甲壳动物的群落结构 [J]. 水生态学杂志，2012，33（4）：40-48.

[22] 林秋奇. 流溪河水库后生浮游动物多样性与群落结构的时空异质性 [D]. 广州：暨南大学，2007.

[23] BETSILL R K，VANEDNAVYLE M J. Spatial heterogeneity of reservoir zooplankton：a matter of timing [J]. Hydrobiologia，1994，277（1）：63-70.

[24] BRANCO C W，ROCHA MIA，PINTO G F，et al. Limnological features of funil reservoir（RJ，Brazil）and indicator properties of rotifers and cladocerans of the zooplankton community [J]. Lakes & Reservoirs：Research & Management，2002，7（2）：87-92.

[25] KOROSI J B，KUREK J，SMOL J P. A review on utilizing bosmina size structure archived in lake sediments to infer historic shifts in predation regimes [J]. Journal of Plankton Research，2013，35（2）：444-460.

[26] 张堂林，李钟杰. 鄱阳湖鱼类资源及渔业利用 [J]. 湖泊科学，2007，19（4）：434-444.

[27] 蒋伟伟，刘正文，郭亮，等. 沉积物再悬浮对浮游动物群落结构影响的模拟实验 [J]. 湖泊科学，2010，22（4）：557-562.

［28］ 李静，陈非洲. 太湖夏秋季大型枝角类（Daphnia）种群消失的初步分析［J］. 湖泊科学，2010，22（4）：552－556.

［29］ 范凤娟. 中国象鼻溞属的形态与分子系统发育学研究［D］. 广州：暨南大学，2010.

［30］ 鲁敏，谢平. 武汉东湖不同湖区浮游甲壳动物群落结构的比较［J］. 海洋与湖沼，2002，33（2）：174－181.

［31］ JEPPESEN E，JENSEN J P，SONDERGAARD M，et al. Trophic structure，species richness and biodiversity in danish lakes：changes along a phosphorus gradient［J］. Freshwater. Biology，2000，45（2）：201－218.

［32］ AKOPIAN M，GARNIER J，POURRIOT R. A large reservoir as a source of zooplankton for the river：structure of the populations and influence of fish predation［J］. Journal of Plankton Research，1999，21（2）：285－297.

［33］ 金国花，谢冬明，邓红兵，等. 鄱阳湖水文特征及湖泊纳污能力季节性变化分析［J］. 江西农业大学学报，2011，33（2）：388－393.

鄱阳湖阻隔湖泊浮游植物群落结构演化特征——以军山湖为例

刘　霞[1]　钱奎梅[1]　谭国良[2]　邢久生[2]　李　梅[2]　陈宇炜[1]

(1. 中国科学院南京地理与湖泊研究所，湖泊与环境国家重点实验室，江苏南京　210008；

2. 江西省水文局，江西南昌　330009)

摘　要： 人类改造自然的行为——建闸筑堤对湖泊生态系统有着重要影响，由于缺乏生态监测对比数据，对阻隔湖泊的浮游植物群落结构变化及其响应特征缺乏足够的认识。为探明阻隔湖泊浮游植物群落结构演变趋势，选取了鄱阳湖典型阻隔湖泊——军山湖，于2007—2008年和2012—2013年对其浮游植物进行丰枯水期调查，重点分析群落结构特征。结果显示：2012—2013年共检出浮游植物6门53属，主要由绿藻（种属数占47.2%）、硅藻（种属数占22.2%）、蓝藻（种属数占14.8%）、裸藻（种属数占9.3%）等组成。丰水期优势种属为飞燕角甲藻（*Ceratium hirundinella*）（生物量百分比20.5%）、鱼腥藻（*Anabeana* spp.）（生物量百分比18.5%）和微囊藻（*Microcystis* spp.）（生物量百分比12.9%），枯水期优势种属为卵形隐藻（*Cryptomonas ovata*）（生物量百分比38.4%）、颗粒直链硅藻（*Aulacoseira granulata*）（生物量百分比15.2%）和微囊藻（生物量百分比10.5%）。浮游植物细胞数量主要由蓝藻（85.4%~87.0%）构成；丰水期生物量主要由蓝藻（45.0%）、甲藻（21.1%）、硅藻（15.6%）和绿藻（11.5%）组成；枯水期生物量则由隐藻（38.2%）、硅藻（31.3%）和蓝藻（21.1%）组成。与2007—2008年军山湖浮游植物群落结构相比，主要变化趋势有：①丰水期，浮游植物优势种从2007—2008年的甲藻-硅藻，甲藻绝对优势型转变为2012—2013年的蓝藻-甲藻，蓝藻绝对优势型；枯水期，从2007—2008年的甲藻-硅藻，甲藻绝对优势型转变为2012—2013年的隐藻-硅藻-蓝藻，隐藻绝对优势型。②浮游植物细胞数量由2007—2008年的2.66×10^6 cells/L上升至2012—2013年的6.77×10^7 cells/L，生物量由2007—2008年的0.72mg/L增加至2012—2013年的12.30mg/L。总之，军山湖浮游植物群落结构中贫营养型的甲藻比例减少，金藻消失，富营养型的蓝藻和隐藻增加。因此，通过建闸筑堤对湖泊进行人为阻隔后，湖区水体交换时间延长，水流流速变缓等水文条件的改变均促进了浮游植物富营养指示种在军山湖湖区内的生长聚集。

关键词： 浮游植物；优势种；群落结构；演替；富营养化；水体交换时间

建闸筑堤是人类改造自然最为典型的例子，我国第一大淡水湖——鄱阳湖周边湖汊都不同程度地受到建闸筑堤的影响。资料显示，珠湖、新妙湖、南北湖和军山湖等均原系鄱阳湖东部、北部及南部较大湖汊，20 世纪 50—60 年代，由于人类筑堤建闸活动的干扰，隔断了这些湖汊与鄱阳湖的联系，从此由天然湖汊演变为受人工调控的阻隔湖泊。鄱阳湖诸多阻隔湖泊中，以军山湖面积最大，为 192.5km²，最大水深 6.4m，平均水深 4.0m，其原属鄱阳湖南部一大湖汊，与金溪湖、青岚湖相连，介于东经 116°15′~116°28′、北纬 28°24′~28°38′，为治理水旱灾害，当地政府在 1958—1959 年于三阳街至泸浔渡方向筑堤建闸。军山湖被阻隔后，与鄱阳湖水交换周期延长，湖泊对污染物的净化和水体自净能力下降；另外，此类阻隔湖泊均是重要的养殖湖泊，而军山湖尤以河蟹养殖而闻名。阻隔湖泊以上特点均会引起水生生态系统结构发生明显转变。目前，国内对此类阻隔湖泊生态系统中的重要类群——浮游植物群落结构现状，尤其是湖泊被人为阻隔后，浮游植物群落结构的变化趋势关注甚少。

浮游植物作为水域生态系统中的主要初级生产者和食物链的基础环节，在物质循环和能量转化过程中起着重要作用，由于其个体小、细胞结构简单等特点，对栖息环境的变化极为敏感，能及时地反映水域生态环境变化，而环境变化直接或间接影响着浮游植物种类组成、数量变化和群落结构演化，同时群落结构也是反映水环境状况的重要指标。因此，基于浮游植物群落结构的变化分析，能有效地指示阻隔湖泊水环境演化的状况。

本文以鄱阳湖最大的人为阻隔湖泊——军山湖为研究对象，于 2007—2009 年和 2012—2013 年丰水期和枯水期进行浮游植物的种类组成、优势种、丰度和生物量等生态学特征的系统调查，结合历史资料，详细分析了军山湖浮游植物群落结构特征和演替规律，探讨湖泊被阻隔后，浮游植物群落结构演变趋势，以期为湖泊水环境治理，特别是湖-湖、江-湖间水利工程的实施提供科学依据。

1 材料与方法

1.1 采样点及采样时间设置

鉴于军山湖形态特征及其渔业状况，均匀布设 10 个采样点。监测时间分别为：2007 年 10 月（枯水期），2008 年 6 月（丰水期），2012 年 7 月（丰水期）、11 月（枯水期），2013 年 4 月（平水期）、8 月（丰水期）。

1.2 样品采集和分析

采用 5L 有机玻璃采水器采集离表层 0.5m 和 1.5m 水层等量水样，混匀后取 1L 带回实验室，浮游植物样品用鲁戈试剂固定沉淀 48h 后进行显微镜分类计数，计数时，用细小虹吸管（内径 3mm）移取上层清液，最后定容到 30mL。取浓缩后的 0.1mL 样品在显微镜下放大 400 倍进行鉴定，浮游植物种类鉴定参照文献［10］。浮游植物生物量根据细胞体积的测定计算，将 1mm³ 细胞体积换算成 1mg 鲜重生物量。由于某些不定型群体类型的藻类如微囊藻属等经摇动散开后在定量计数时不易鉴定到种，故本文在描述常见种属细胞数量时统一采用属的分类阶元。

1.3 群落结构参数

选用 Shannon - Wiener 多样性指数 H、Bray - Curtis 相似性系数等参数来描述浮游植物群落的结构特征。公式如下：

$$H = \sum_{i=1}^{S} p_i \ln(p_i) \tag{1}$$

$$B_{(m,n)} = 100 \times \left(1 - \frac{\sum_{i=1}^{S} x_{im} - x_{in}}{\sum_{i=1}^{S} x_{im} + x_{in}} \right) \tag{2}$$

式中：S 为物种数目；p_i 为属于种 i 的个体占全部个体种的比例；x_{im} 和 x_{in} 分别为第 i 物种在第 m 年份和第 n 年份的物种数或生物量。

本文依据各季节浮游植物生物量百分比确定优势种，即每种或每属浮游植物生物量占总浮游植物生物量 10% 以上定为优势种。

1.4 数据统计分析

本文各种统计学检验均采用 Past 统计软件完成，绘图使用 SigmaPlot 10.0 软件完成。

2 结果

2.1 2007—2008 年浮游植物群落种类组成结构特征

2.1.1 细胞数量和生物量结构组成

2007—2008 年调查期间，共检出浮游植物 7 门 29 属，其中绿藻门 11 属、硅藻门 7 属、蓝藻门 5 属、裸藻门 2 属、甲藻门 2 属、隐藻门 1 属、金藻门 1 属（表 1）。Shannon - Wiener 指数丰水期为 1.194，枯水期为 1.271，浮游植物群落组成季节相似性百分比可达 74.45%（表 2）。

表 1　　　　　　　　　2007—2008 年军山湖浮游植物种类组成

物　种	丰水期	枯水期
绿藻门		
栅藻 *Scenedesmus* spp.	+	+
二角盘星藻 *Pediastrum duplex*	+	+
纤维藻 *Ankistrodesmus*	+	
四角藻 *Tetraedron*	+	+
空星藻 *Coelastrum*	+	
弓形藻 *Schroederia*	+	
新月藻 *Closterium*	+	+
鼓藻 *Cosmarium* spp.		+
角星鼓藻 *Staurastrum*	+	
集星藻 *Actinastrum*	+	

物　　种	丰水期	枯水期
小球藻 Chlorella	＋	＋
硅藻门		
颗粒直链硅藻 Aulacoseira granulata	＋＋＋	＋＋＋
小环藻 Cyclotella spp.	＋	＋＋
异极藻 Gomphonema spp.	＋	
脆杆藻 Fragilaria spp.	＋	＋
针杆藻 Synedra spp.		＋
舟形藻 Navicula spp.	＋	＋
双菱藻 Surirella spp.	＋＋	＋＋＋
蓝藻门		
微囊藻 Microcystis spp.	＋＋＋	＋＋
鱼腥藻 Anabeana spp.	＋＋	＋＋
浮游蓝丝藻 Planktothrix spp.	＋＋	
席藻 Phormidium	＋	＋
平裂藻 Merismopedia spp.	＋	＋
裸藻门		
裸藻 Euglena spp.	＋＋	
尖尾裸藻 Euglena oxyuris	＋	＋＋
甲藻门		
多甲藻 Peridinium spp.	＋＋	
飞燕角甲藻 Ceratium hirundinella	＋＋＋	＋＋＋
隐藻门		
卵形隐藻 Cryptomonas ovata	＋＋	
金藻门		
锥囊藻 Dinobryonaceae sp.	＋	＋＋

注　"＋＋＋"表示生物量百分比＞10％；"＋＋"表示生物量百分比为1％～10％；"＋"表示生物量百分比＜1％。

表2　　　　　军山湖不同年度不同季节浮游植物种类组成相似性系数　　　　　％

项　　目	A 枯水期	A 丰水期	B 枯水期	B 丰水期
A 枯水期	1	74.45	21.17	7.34
A 丰水期	74.45	1	18.27	5.72
B 枯水期	21.17	18.27	1	18.88
B 丰水期	7.34	5.72	18.88	1

注　A 表示 2007—2008 年，B 表示 2012—2013 年。

2007—2008 年军山湖浮游植物群落细胞数量年均值为 2.66×10^6 cells/L，丰水期和枯

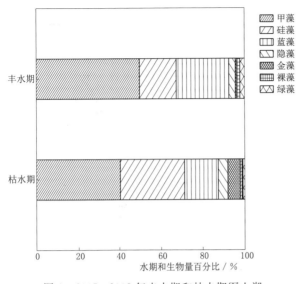

图例：
甲藻
硅藻
蓝藻
隐藻
金藻
裸藻
绿藻

水期和生物量百分比 / %

图 1 2007—2008 年丰水期和枯水期军山湖
浮游植物生物量百分比组成

水期细胞数量相差不大，其中丰水期细胞数量为 $2.75×10^6$ cells/L，枯水期细胞数量为 $2.57×10^6$ cells/L。丰水期蓝藻细胞数量最高，为 $2.66×10^6$ cells/L，占总浮游植物细胞数量的 93.8%；与蓝藻相比，其他门类浮游植物细胞数量均可忽略不计。枯水期仍以蓝藻细胞数量最高，达 $2.35×10^6$ cells/L，占总浮游植物细胞数量的 87.2%，其次为金藻，百分比值为 7.2%。

以浮游植物生物量分析，2007—2008 年军山湖浮游植物生物量年均值为 0.72mg/L。丰水期和枯水期生物量相差不大，分别为 0.61mg/L 和 0.83mg/L。丰水期，甲藻为主要贡献者，生物量为 0.31mg/L，生物量百分比为 49.7%，其次为蓝藻和硅藻，生物量百分比分别为 25.3% 和 17.7%；枯水期，甲藻仍为主要贡献者，生物量为 0.34mg/L，生物量百分比为 40.4%，其次为硅藻和蓝藻，生物量百分比分别为 30.8% 和 16.3%。分析军山湖浮游植物各门类生物量季节变化：隐藻、金藻、裸藻和绿藻在丰水期和枯水期均有一定数量出现，其中金藻生物量百分比季节性变化较大，从枯水期的 5.8% 减少至丰水期的 0.6%（图 1）。

2.1.2 优势种属构成及其季节更替

2007—2008 年丰水期浮游植物优势种属为甲藻门飞燕角甲藻，蓝藻门的微囊藻及硅藻门的颗粒直链硅藻，生物量百分比分别为 45.8%、16.7% 和 13.6%；亚优势种属为硅藻门的双菱藻，蓝藻门的鱼腥藻和浮游蓝丝藻，裸藻门的裸藻，甲藻门的多甲藻以及隐藻门的卵形隐藻。枯水期浮游植物优势种属为甲藻门的飞燕角甲藻、硅藻门的颗粒直链硅藻和双菱藻，生物量百分比分别为 41.2%、15.8% 和 12.9%；亚优势种属为硅藻门的小环藻、蓝藻门的微囊藻和鱼腥藻、裸藻门的尖尾裸藻以及金藻门的锥囊藻（表 1）。

2007—2008 年军山湖浮游植物主要优势种类组成的季节变化趋势：丰水期以飞燕角甲藻、微囊藻、颗粒直链硅藻等占优，枯水期以飞燕角甲藻、颗粒直链硅藻、双菱藻等占优。飞燕角甲藻是 2007—2008 年军山湖丰水期和枯水期绝对优势种，其生物量百分比均大于 40%，与飞燕角甲藻相比，颗粒直链硅藻丰水期和枯水期生物量百分比略低，为 13%～16%。综上，2007—2008 年丰水期和枯水期军山湖浮游植物构成中均以甲藻和硅藻占优。

2.2 2012—2013 年浮游植物群落种类组成结构特征

2.2.1 细胞数量和生物量结构组成

2012—2013 年调查期间，共检出浮游植物 6 门 53 属，其中绿藻门 25 属，硅藻门 12

属，蓝藻门 8 属，裸藻门 5 属，甲藻门 2 属，隐藻门 1 属（表 3）。Shannon – Wiener 指数丰水期为 1.86，枯水期为 1.711，浮游植物群落组成季节相似性百分比仅为 18.88%（表 2）。

表 3　　　　　　　　　　　　　2012—2013 年军山湖浮游植物种类组成

物　种	丰水期	平水期	枯水期
绿藻门			
栅藻 *Scenedesmus* spp.	++	++	++
四角盘星藻 *Pediastrum tetras*		+	
二角盘星藻 *Pediastrum duplex*	+	+	+
单角盘星藻 *Pediastrum simplex*			+
十字藻 *Crucigenia* spp.	+	+	+
纤维藻 *Ankistrodesmus*	+	++	++
四棘藻 *Treubaria*		+	
四角藻 *Tetraedron*	+	+	
四星藻 *Tetrastum*	+		
实球藻 *Pandorina*	+		
空星藻 *Coelastrum*	+	++	
弓形藻 *Schroederia*	+		
新月藻 *Closterium*	+		
粗刺四棘藻 *Treubaria crassispina*			++
蹄形藻 *Kirchneriella*	+		
丝藻 *Ulothrix* spp.	+	+	
鼓藻 *Cosmarium* spp.	++	+++	+
角星鼓藻 *Staurastrum*	++	+	
集星藻 *Actinastrum*	+		+
网状空星藻 *Coelastrum reticulatum*	+		
团藻 *Volvox*	++		
网球藻 *Dictyosphaerium*	+	+	
卵囊藻 *Oocystis*	+	+	
小球藻 *Chlorella*	+	++	
多芒藻 *Golenkinia*	+		
硅藻门			
颗粒直链硅藻 *Aulacoseira granulata*	++	+++	+++
螺旋颗粒直链硅藻 *Aulacoseira granulate* Her.	+		
小环藻 *Cyclotella* spp.	+	++	++
桥弯藻 *Cymbella* spp.		++	++
异极藻 *Gomphonema* spp.			+
脆杆藻 *Fragilaria* spp.	+	++	++

物　　种	丰水期	平水期	枯水期
针杆藻 *Synedra* spp.	＋	＋	＋＋
舟形藻 *Navicula* spp.	＋		＋
布纹藻 *Gyrosigma* spp.	＋	＋	＋＋
星杆藻 *Asterionella* spp.		＋	
双菱藻 *Surirella* spp.	＋＋		＋＋
潘多硅藻 *Bacillaria paradoxa*			＋＋
蓝藻门			
微囊藻 *Microcystis* spp.	＋＋＋	＋＋	＋＋＋
拟鱼腥藻 *Anabaenopsis* spp.		＋＋	
鱼腥藻 *Anabeana* spp.	＋＋＋	＋＋＋	＋＋
螺旋藻 *Spirulina* spp.	＋		＋
浮游蓝丝藻 *Planktothrix* spp.	＋＋	＋	
席藻 *Phormidium*	＋＋	＋＋	＋＋
色球藻 *Chroococcus*			＋
平裂藻 *Merismopedia* spp.	＋	＋	＋
裸藻门			
裸藻 *Euglena* spp.	＋	＋＋	＋＋
梭形裸藻 *Euglena acus*			＋＋
尖尾裸藻 *Euglena oxyuris*	＋		
扁裸藻 *Phacus* spp.			＋＋
囊裸藻 *Trachelomonas nodsoni*	＋	＋	
甲藻门			
多甲藻 *Peridinium* spp.	＋	＋＋	
飞燕角甲藻 *Ceratium hirundinella*	＋＋＋		
隐藻门			
卵形隐藻 *Cryptomonas ovata*	＋＋	＋＋	＋＋＋

注　"＋＋＋"表示生物量百分比＞10％；"＋＋"表示生物量百分比为1％～10％；"＋"表示生物量百分比＜1％。

2012—2013年军山湖浮游植物群落细胞数量年均值为6.77×10^7 cells/L，其中丰水期细胞数量最高，可达1.23×10^8 cells/L，枯水期细胞数量最低，仅为8.33×10^6 cells/L。丰水期以蓝藻细胞数量最高，可达1.05×10^8 cells/L，占总浮游植物细胞数量的85.4％；其次是绿藻，细胞数量为1.69×10^7 cells/L，生物量百分比为13.7％。枯水期仍以蓝藻细胞数量最高为7.25×10^6 cells/L，却显著低于丰水期蓝藻细胞数量，占总浮游植物细胞数量的87.0％；其次为绿藻、硅藻和隐藻，生物量百分比分别为4.8％、4.0％和3.8％。

以浮游植物生物量分析，2012—2013 年军山湖浮游植物生物量年均值为 12.30mg/L。丰水期生物量最高，达 20.60mg/L，蓝藻为主要贡献者，其生物量为 9.27mg/L，生物量百分比为 45.0%；其次为甲藻、硅藻和绿藻，生物量百分比分别为 21.1%、15.6% 和 11.5%。枯水期生物量最低，仅为 2.46mg/L，隐藻为主要贡献者，生物量百分比为 38.2%；其次为硅藻和蓝藻，生物量百分比分别为 31.3% 和 21.1%。军山湖浮游植物各门类生物量季节变动：裸藻在丰水期和枯水期均有一定数量出现；蓝藻和隐藻丰水期和枯水期生物量百分比值变化显著，其中蓝藻生物量百分比从枯水期的 21.1% 增加到丰水期的 45.0%，隐藻生物量百分比从枯水期的 38.2% 减少到丰水期的 6.5%；而甲藻曾在丰水期大量出现，在枯水期未被检测出（图2）。

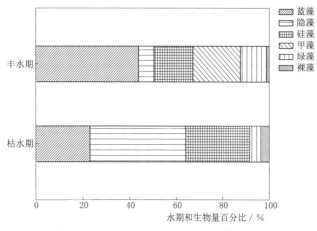

图 2　2012—2013 年丰水期和枯水期军山湖浮游植物生物量百分比组成

2.2.2　优势种属构成及其季节更替

2012—2013 年丰水期浮游植物优势种属为甲藻门的飞燕角甲藻、蓝藻门的鱼腥藻和微囊藻，生物量百分比分别为 20.5%、18.5% 和 12.9%；亚优势种属分别为绿藻门的栅藻、鼓藻、角星鼓藻、团藻，硅藻门的颗粒直链硅藻、双菱藻，蓝藻门的浮游蓝丝藻、席藻及隐藻门的卵形隐藻。平水期浮游植物优势种属为硅藻门的颗粒直链硅藻，蓝藻门的鱼腥藻及绿藻门的鼓藻，生物量百分比分别为 23.7%、18.8% 和 18.1%；亚优势种属为绿藻门的栅藻、纤维藻、空星藻、小球藻，硅藻门的小环藻、桥弯藻、脆杆藻，蓝藻门的微囊藻、拟鱼腥藻、席藻，裸藻门的裸藻，甲藻门的多甲藻以及隐藻门的卵形隐藻。枯水期浮游植物优势种属为隐藻门的卵形隐藻、硅藻门的颗粒直链硅藻和蓝藻门的微囊藻，生物量百分比分别为 38.4%、15.2% 和 10.5%；亚优势种属为绿藻门的栅藻、纤维藻、粗刺四棘藻，硅藻门的小环藻、桥湾藻、脆杆藻、针杆藻、布纹藻、双菱藻、潘多硅藻，蓝藻门的鱼腥藻、席藻和裸藻门的裸藻、梭形裸藻、扁裸藻（表3）。

2012—2013 年军山湖浮游植物主要优势种类组成的季节变化趋势：丰水期以飞燕角甲藻、鱼腥藻、微囊藻等占优，平水期以颗粒直链硅藻、鱼腥藻、鼓藻等占优，枯水期以卵形隐藻、颗粒直链硅藻、微囊藻等占优。综上，2012—2013 年浮游植物从初春的蓝藻和绿藻转变为夏季的甲藻和蓝藻，到冬季则是隐藻和蓝藻占优。蓝藻在全年均有出现，且为优势门类。蓝藻门中的主要优势种鱼腥藻和微囊藻也存在一定的季节演替趋势，初春的鱼腥藻转变为夏季的微囊藻和鱼腥藻，冬季，微囊藻成为蓝藻门中的主要优势种。其他浮游植物如颗粒直链硅藻在冬、春季占优，飞燕角甲藻仅在夏季大量出现，而卵形隐藻不仅是夏季的优势种，也是冬、春季的较优势种。

3 讨论

3.1 军山湖浮游植物群落结构特征和演替规律

2007 年以来，军山湖浮游植物种类组成中富营养型（如绿藻、蓝藻）和耐污型藻类的种（属）数目增加，如蓝藻从 2007—2008 年 5 属增至 2012—2013 年的 8 属，裸藻从 2007—2008 年的 2 属增至 2012—2013 年的 5 属（表 1，表 3）；贫营养型藻类种（属）数目减少或消失，如金藻在 2007—2008 年枯水期曾为亚优势种，但在 2012—2013 年调查中未被检出。2012—2013 年，群落 Shannon - Wiener 指数略有增加。枯水期，2012—2013 年与 2007—2008 年浮游植物相似性为 21.17，即约 80％的种类组成不同；丰水期，两时段浮游植物相似性系数为 5.72，仅约 6％的种类组成相同（表 2）。Bray - Curtis 相似性系数比较分析，自 2007 年以来，军山湖浮游植物群落结构已发生了显著改变。

根据浮游植物生物量百分比划定优势种结果显示，军山湖优势种属组成发生了很大变化。与 2007—2008 年丰水期和枯水期优势种属对比，2012—2013 年丰水期，直链硅藻已不再是优势种；细胞个体较大的飞燕角甲藻的绝对优势地位被微囊藻和鱼腥藻替代，但它仍是优势种。2012—2013 年枯水期，飞燕角甲藻已不再是绝对优势种，而被卵形隐藻所取代；直链硅藻仍保持较优势地位；细胞个体较小的微囊藻成为新的优势种。简言之，丰水期，军山湖浮游植物群落从 2007—2008 年的甲藻-硅藻，甲藻绝对优势型转变为 2012—2013 年的蓝藻-甲藻，蓝藻绝对优势型，枯水期，浮游植物群落从 2007—2008 年的甲藻-硅藻，甲藻绝对优势型转变为 2012—2013 年的隐藻-硅藻-蓝藻，隐藻绝对优势型。已有研究表明，甲藻大量生长繁殖经常会发生于中营养或贫营养水体中，当水表层营养盐浓度较低时，甲藻能够进行垂直迁移利用水体下层营养盐，从而在贫营养水体中保持较好的竞争力。2007—2008 年中国科学院南京地理与湖泊研究所开展的中国湖泊水质、水量和生物资源调查结果显示，与长江中下游其他湖泊相比，军山湖水质较好，仍属于中营养水平。因此，2007—2008 年军山湖浮游植物飞燕角甲藻占优是对其中营养水体环境的响应。甲藻也常与硅藻相伴而生，硅藻的大量生长会消耗水中的营养，使其中的一种或多种无机营养物质的浓度降低到适宜甲藻生长的水平，同时硅藻可生成维生素 B12 等对甲藻生长十分重要的有机营养物有助于甲藻水华的形成，这也印证了 2007—2008 年军山湖浮游植物群落中飞燕角甲藻与颗粒直链硅藻的相伴而生。2007—2008 年丰水期，蓝藻中微囊藻生物量百分比可到达 13.6％，鱼腥藻和浮游蓝丝藻也是较优势种，生物量百分比分别为 5.3％和 1.3％；枯水期，微囊藻相对生物量仍较高，可占总浮游植物生物量的 9.9％。由此可见，虽然 2007—2008 年军山湖湖区水质总体较好，但仍有向富营养化发展的潜在趋势。蓝藻中的微囊藻和鱼腥藻，以及硅藻中的颗粒直链硅藻均是富营养化水环境的典型指示种；陈宇炜等研究发现太湖梅梁湾污染较严重的河口区域隐藻比例上升，有取代蓝藻成为优势种群的趋势，隐藻不仅是水体富营养化的指示种，而且也喜好有机营养盐丰富的湖泊环境，这一特性与甲藻类似。2012—2013 年军山湖浮游植物群落结构中蓝藻-隐藻-硅藻-甲藻的大量共存指示了湖区富营养化，且部分水域有机质含量丰富的湖泊环境特征。

另一方面，军山湖浮游植物细胞数量和生物量不断增加。2007—2008 年浮游植物细胞数量年均值只有 2.66×10^6 cells/L，2012—2013 年则达 6.77×10^7 cells/L，为 2007—2008 年的 25 倍多；至 2012—2013 年，军山湖浮游植物生物量年均值达 12.30mg/L，其值比 2007—2008 年增加了 17 倍。

军山湖浮游植物群落结构组成现状显示，蓝藻和隐藻在生物量百分比上占绝对优势，且浮游植物总细胞数量和生物量大量增加，浮游植物这些群落结构上的变化指示了军山湖水体的富营养化进程。

3.2 影响浮游植物群落结构演替的因子分析

浮游植物群落结构及其细胞数量和生物量变化主要受水文因素（如水体交换周期、水位变化等），物理因素（如水温、光照等），化学因素（营养盐等）及生物因素（浮游动物和滤食性鱼类摄食等）的影响。

建闸筑堤前，军山湖原系鄱阳湖南部的一大子湖，筑堤建闸控制后，军山湖与鄱阳湖阻隔，两者之间的能量流（水量、水位）、物质流（泥沙、污染物）、生物流和价值流均停止交换。虽然过去的农业活动使集水区域的营养物质等汇入军山湖，但由于与鄱阳湖存在自然联通，湖与湖之间不断地进行着水体交换，军山湖水体可以一直维持较好的状况。然而，自 1950 年以来，随着人口的迅速增长和现代化农业的发展，流域内污染物逐渐增加，加之人类活动建闸筑堤的干扰，使得军山湖不能与鄱阳湖进行充分的水体交换，因此污染物质在湖区内大量汇集，湖内有机物大量聚集，营养程度升高。军山湖渔业历史悠久，湖汊被阻隔前，就有捕捞生产；阻隔后，从 70 年代末至今以增养殖为主。自 1981 年开始，军山湖大力发展河蟹养殖。水产养殖是军山湖年入湖 COD、TN 和 TP 的不同污染源中贡献最大的污染源，分别占到入湖 COD、TN、TP 总量的 52.9%、35.9% 和 60.6%，其次畜禽养殖与农业种植业对军山湖入湖负荷的贡献率也较大。2011 年水质监测结果显示，不考虑降解动力学作用，军山湖 TN、TP 的平均浓度将达到 1.75mg/L、0.298mg/L。TN 浓度与鄱阳湖湖区 TN 浓度（2009—2011 年年均值为 1.719mg/L）相当，TP 浓度已超过鄱阳湖湖区 TP 浓度（2009—2011 年年均值为 0.09mg/L）。据数据显示，军山湖为浮游植物蓝藻的大量生长繁殖提供了充足的营养盐条件。

与军山湖仅一堤之隔的鄱阳湖，1983—1988 年综合科学考察数据显示，绿藻和硅藻是鄱阳湖的主要优势门类。2009—2012 年浮游植物主要优势门类仍为硅藻，占总浮游植物生物量的 67.0%，而蓝藻仅占 4.0%。2009—2011 年鄱阳湖浮游植物生物量年均值仅为 0.203mg/L，仅为军山湖浮游植物生物量年均值的 1.7%。鄱阳湖最显著的特点是与长江联通，水体交换时间仅为 10d，水流流速在水位高程 15.00m 以下时，可达 1.48～2.85m/s，而与鄱阳湖失去联系后的军山湖，水体交换时间受人工控制显著延长，江西省鄱阳湖水文局现场测定数据显示，2012—2013 年军山湖入湖口幸福港断面平均流速为 0.08m/s，池溪水断面平均流速仅为 0.02m/s，水流流速较被阻隔前显著下降。水流较缓的湖泊环境更有利于浮游植物，特别是蓝藻在湖区的大量生长聚集。综上，湖泊被阻隔后，军山湖水体交换时间的延长为浮游植物蓝藻的大量聚集提供了优越的水文条件。

军山湖水生植物的演化趋势为：1998 年常见水生植物有 20 种左右，主要有马来眼子菜、苦草、黑藻、聚草、金鱼藻、小茨藻等，星散分布于湖湾区。2012—2013 年水草调查显示，湖内水生植物已经彻底消失。以上结果充分证实了军山湖初级生产力类型已由草型湖泊转变为草-藻型湖泊，继而演变成完全的藻型湖泊。

4 结语

军山湖与鄱阳湖失去联系，成为独立的阻隔湖泊后，水生生态系统结构和功能发生了显著改变，具体表现为：水生植物完全消失，湖区植被覆盖率为零；浮游植物富营养指示种——蓝藻、喜有机质物种——隐藻和甲藻大量增加。究其原因，①近十年来，随着人口迅猛增长，现代化农业发展，水产养殖、畜禽养殖与农业种植业加重了军山湖入湖污染负荷，且由于水体交换时间延长，水体自净能力下降，使得污染物大量聚集在湖区内；②阻隔后的军山湖水流流速变缓，更加有利于浮游植物蓝藻在湖区内的聚集。

（本研究在采样过程中得到了中国科学院鄱阳湖湖泊湿地观测研究站鄱阳湖团队的帮助，在此表示感谢！）

参 考 文 献

［1］ 王苏民，窦鸿身. 中国湖泊志［M］. 北京：科学出版社，1998.

［2］ Reynolds C S, Huszar V, Kruk C, et al. Towards a functional classification of the freshwater phytoplankton［J］. Journal of Plankton Research，2002，24（5）：417 – 428.

［3］ Becker V, Caputo L, Ordóñez J, et al. Driving factors of the phytoplankton functional groups in a deep Mediterranean reservoir［J］. Water Research，2010，44（11）：3345 – 3354.

［4］ Longhi M L, Beisner B E. Patterns in taxonomic and functional diversity of lake phytoplankton［J］. Freshwater Biology，2010，55（6）：1349 – 1366.

［5］ Popovskaya G I. Ecological monitoring of phytoplankton in Lake Baikal［J］. Aquatic Ecosystem Health and Management，2000，3（2）：215 – 225.

［6］ Ismael A A, Dorgham M M. Ecological indices as a tool for assessing pollution in El – Dekhaila Harbour（Alexandria，Egypt）［J］. Oceanologia，2003，45（1）：121 – 131.

［7］ Reynolds C S. What factors influence the species composition of phytoplankton in lakes of different trophic status［J］. Hydrobiologia，1998，369/370：11 – 26.

［8］ Reynolds C S. Planktic community assembly in flowing water and the ecosystem health of rivers［J］. Ecological Modelling，2003，160（3）：191 – 203.

［9］ 刘建康. 高级水生生物学［M］. 北京：科学出版社，2005.

［10］ 胡鸿均，魏印心. 中国淡水藻类：系统、分类及生态［M］. 北京：科学出版社，2006.

［11］ Shannon C E, Weaver W. A mathematical theory of communication［M］. University of Illinois Press，1971.

［12］ Bray J R, Curtis J T. An ordination of the upland forest communities of southern Wisconsin［J］. Ecological Monographs，1957，27（4）：325 – 349.

［13］ Cantonati M, Tardio M, Tolotti M, et al. Blooms of the dinoflagellate *Glenodinium sanguineum* obtained during enclosure experiments in Lake Tovel（N. Italy）［J］. Journal of Limnology，2003，

62 (1)：79 - 87.

[14] Fukuju S，Takahashi T，Kawayoke T. Statistical analysis of freshwater red tide in Japanese reservoirs [J]. Water Science and Technology，1998，37 (2)：203 - 210.

[15] Green K. Dinoflagellate blooms on the surface ice of Blue Lake，Snowy Mountains，Australia [J]. Victorian Naturalist，2012，129 (5)：181 - 182.

[16] Zohary T. Changes to the phytoplankton assemblage of Lake Kinneret after decades of a predictable，repetitive pattern [J]. Freshwater Biology，2004，49 (10)：1355 - 1371.

[17] 张琪，缪荣丽，刘国祥，等. 淡水甲藻水华研究综述 [J]. 水生生物学报，2012，36 (2)：352 - 260.

[18] Robert E L. Phycology，Fourth edition [M]. USA：Colorado State University Press，2008.

[19] 陈宇炜，高锡云，秦伯强. 西北太湖夏季藻类中间关系的初步研究 [J]. 湖泊科学，1998，10 (4)：35 - 40.

[20] Barone R，Naselli - Flores L. Distribution and seasonal dynamics of Cryptomonads in Sicilian water bodies [J]. Hydrobiologia，2003，502 (1 - 3)：325 - 329.

[21] 刘霞，陆晓华，陈宇炜. 太湖北部隐藻生物量时空动态 [J]. 湖泊科学，2012，24 (1)：142 - 148.

[22] Grigorszky I，Kiss K T，Béres V，et al. The effects of temperature，nitrogen，and phosphorus on the encystment of *Peridinium cinctum*，Stein (Dinophyta) [J]. Hydrobiologia，2006，563 (1)：527 - 535.

[23] 吉晓燕. 军山湖入湖污染负荷及水环境容量研究 [D]. 南昌：南昌大学，2011.

[24] Wu Z，Cai Y，Liu X，et al. Temporal and spatial variability of phytoplankton in Lake Poyang：The largest freshwater lake in China [J]. Journal of Great Lakes Research，2013，39 (3)：476 - 483.

[25] 《鄱阳湖地图集》编纂委员会. 鄱阳湖地图集 [M]. 北京：科学出版社，1993.

[26] Zhu H H，Zhang B. The Lake Poyang [M]. Hefei：Press of University of Science and Technology of China，1997.

鄱阳湖入江水道冲淤变化特征研究

欧阳千林　王　婧　司武卫　包纯红

(江西省鄱阳湖水文局,江西九江　332800)

摘　要: 基于1996—2010年枯水期6幅TM遥感影像数据和2010年、2015年典型断面测量数据,从不同尺度对鄱阳湖入江水道区冲淤变化规律进行研究。研究得知:①入江水道主槽总体表现稳定,不存在游荡现象;②入江水道主槽总体表现为冲刷,年冲刷速率为0.01m;③濂溪区朱家村以北河段、星子水文站断面附近因受人类活动较少,主槽岸线未发生显著变化,表征为冲刷集中区,年冲刷速率分别达0.08m、0.04m;濂溪区至庐山市老虎垄之间河段、庐山市陶子发河段在2000—2010年受人类活动影响显著,在2010年后人类活动影响显著减弱情况下分别表征为冲淤平衡区和淤积区。

关键词: 遥感,鄱阳湖,入江水道,冲淤,分析

鄱阳湖是中国最大的淡水湖泊,上承赣江、抚河、信江、饶河、修河五大河及博阳河、漳田河、西河等来水,经湖盆调蓄后经湖口注入长江,是过水性、吞吐性、季节性的湖泊,具有"洪水一片、枯水一线"的独特水文特征。湖盆自东向西,由南向北倾斜,湖底平坦,湖水不深,最深处约在蛤蟆石附近,高程为−7.50m(1956黄海高程,下同),滩地高程多为12.00~17.00m。由于河床的往返摆动、分汊,形成了扇形冲溢平原,河网、湖沼星罗棋布。

湖泊冲淤特征在不考虑人为因素和地质构造影响下,主要受入湖、出湖泥沙,湖流分布特征和水流挟沙能力而定。马逸麟等认为鄱阳湖处于非均衡发展阶段,湖盆总体在淤浅,湖面逐渐向东北湖湾滨湖地带漫延扩大;朱玲玲等认为三峡水库蓄水后,鄱阳湖进入冲刷状态,且冲刷主要集中在入江水道、赣江、修河河口区域;程时长等认为现代鄱阳湖的泥沙淤积并不是均匀发展的,它与入湖河流的输沙量以及湖区各地段的微地形地貌特征等因素密切相关,鄱阳湖水下河道一般表现为冲刷;廖智等认为鄱阳湖入江水道区下切明显,河床高程呈下降趋势。从目前研究成果来看,鄱阳湖整体范围内冲淤变化研究较为透彻,却很少有专家学者针对鄱阳湖断面稳定性方面作深入研究。

鄱阳湖入江水道控制着鄱阳湖出湖水量的变化,其冲淤规律影响着断面是否稳定、水位−流量关系是否稳定,进而影响水量平衡研究、湖泊洪水预报等各个方面,故摸清入江水道区冲淤变化和断面稳定性具有重要意义。本文基于遥感数据和典型断面测量数据,从不同尺度范围进行入江水道冲淤特征及典型断面形态变化进行分析,探求其稳定性。

1 研究范围与数据来源

鄱阳湖断面主要由河道、沙洲、泥滩、草洲等组成，低水时水流落槽，形如河道，高水时水流漫滩，茫茫一片，本文以 2003 年 7 月 30 日（星子站水位 16.51m）遥感影像中水体范围作为研究边界，同时考虑从湖口至老爷庙平均每 5km 绘制一断面作为典型断面，如图 1 所示。

物体由于性质和环境不同，对电磁波反射特性也不同，在可见光与近红外波段，可根据水体和周围环境对太阳光不同波长反射强度的差异，对被研究水体进行多波段摄影，根据影像数据进行水体形态和分布的研究。目前遥感技术在水文中广泛应用于水面面积、地下水、水质、水生态等各个领域。本文中遥感影像来源于地理空间云中 Landsat 卫星观测数据，根据实际情况选取 1996—2010 年中 6 幅鄱阳湖枯水期水位接近的影像数据，遥感影像数据分辨率为 30m，表 1。

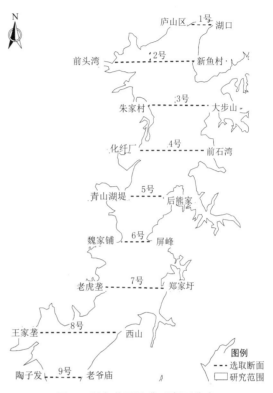

图 1 研究范围及典型断面分布

表 1			研究区 TM 影像				
序号	影像获取的时间	影像类型	水位/m	序号	影像获取的时间	影像类型	水位/m
1	2003 - 07 - 30	TM	16.51	5	2004 - 12 - 31	TM	7.18
2	1996 - 12 - 9	TM	8.00	6	2007 - 01 - 06	TM	6.03
3	2000 - 01 - 02	TM	6.89	7	2010 - 01 - 14	TM	6.11
4	2004 - 02 - 15	TM	5.45				

2 主河道演变特征

2.1 水体特征的提取

2.1.1 光谱特性

水体因对太阳光具有强吸收性，所以在大部分传感器的波长范围内，总体呈现较弱的反射率，并具有随着波长的增加而进一步减弱的趋势。具体表现为在可见光的波长范围内，其反射率约为4%～5%。由于水体在近红外及随后的中红外波段（740～2500nm）范围内几乎无反射率，因此，这一波长范围常被用来研究水陆分界，圈定水体范围。本文选取Landsat卫星的波段3、波段4、波段5合成假彩色遥感图进行水体特征的提取。

2.1.2 提取方法

由于遥感数据在获取过程中存在畸变，先对遥感影像进行辐射纠正、几何配准等预处理，而后进行波段5、波段4、波段3的假彩色合成，在假彩色遥感影像中，水体呈蓝色，边滩和枯水期露出水面的心滩均呈棕红色，潜伏水下的滩地呈灰蓝色，沙滩呈白色，草洲呈绿色，如图2所示。

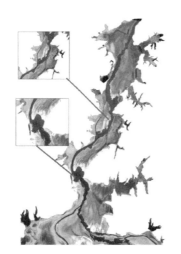

（a）遥感影像合成　　　　　　　　　　（b）监督分类成果

图2　TM影像合成及要素提取

2.2　主河道演变分析

利用ArcGIS软件影像分类中的ISO聚类非监督分类软件进行处理，采用栅格处理工具中的栅格转面工作将栅格数据转为矢量数据，然后删除由于误差而产生的细小水体。1996年和2004年影像水位相差0.82m，可作为一组进行分析；2004年和2010年影像水位相差0.66m，可作为一组进行分析，绘制对比图如图3所示。

由1996年和2004年影像对比分析得知，主河道总体表现稳定，2号、3号断面岸线向主槽缩进，4号、5号、7号、8号断面东部地区、9号断面岸线向四周扩散，1号、6号断面处岸线未发现显著变化趋势。将2004年和2010年影像进行对比，1号、2号、8号断面处岸线未发现显著变化趋势，其余断面岸线均表现向四周扩散，又以5～7号之间、9号断面附近变化最为剧烈。

为具体探讨断面岸线变化原因，将1996年、2000年、2004年、2007年和2010年遥感影像数据进行对比分析（见图4）：①从时间来看，岸线变化基本以2000年为转折点，入江水道区2000年前断面岸线未发生变化，2000年以后岸线发生剧烈变化，且主要集中

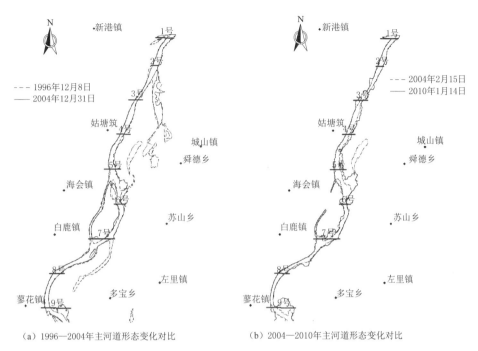

（a）1996—2004年主河道形态变化对比　　　（b）2004—2010年主河道形态变化对比

图3　入江水道区主河道对比

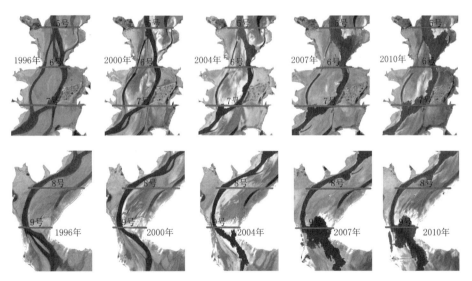

图4　典型断面遥感影像对比

在2004—2007年，2007年之后岸线变化有所减缓；②从空间来看，岸线变化主要集中在5号、6号断面之间东部地区以及9号断面附近，断面发生剧烈变化，沙洲变成港湾，岸线呈锯齿状，而在6号、7号断面水面宽度加宽，岸线由原来的平滑变成锯齿状；8号断面附近未发生明显的变化。

究其原因主要在于受河道采砂影响，2000年起受房地产驱动影响和长江干流禁止采砂影响，鄱阳湖采砂船日益增多。2001—2007年，鄱阳湖采砂船主要集中在松门山以北的入江水道区，2007 年以后，采砂行为逐步向湖体中部地区扩展，其采砂行为既有政府批复的合理采砂，也有屡禁不止的偷采、盗采。据江丰等分析 2001—2010 年采砂重量相当于 1955—2010 年鄱阳湖自然沉积量的 6.5 倍，约 2154×10^6 t。

总体而言，从 1996—2010 年近 15 年间，入江水道区主槽未发生游荡现象，总体表现稳定。其中湖口入江口（1～3 号断面）、星子（8 号断面）主槽岸线未发生显著变化；受采砂影响，濂溪区至庐山市老虎垄（5～7 号断面）之间、庐山市陶子发（9 号断面）附近变化剧烈，岸线呈锯齿状。

3 典型断面冲淤变化分析

2007 年后受采砂区规划等各种因素影响，导致采区南迁，表明自 2007 年后鄱阳湖入江水道区受人类采砂活动影响较小。本文根据 2010 年和 2015 年实测大断面资料统计分析，断面变化剧烈段基本发生在 10.00m 以下，通过计算各典型断面最低点和 8.00m、9.00m、10.00m 以下断面平均高程和断面最低点高程来分析断面稳定性，见表 2。

表 2   典型断面冲淤变化特征   单位：m

断面号	断面最低点			断面平均高程（10.00m 以下）			断面平均高程（9.00m 以下）			断面平均高程（8.00m 以下）		
	2010 年	2015 年	相比	2010 年	2015 年	相比	2010 年	2015 年	相比	2010 年	2015 年	相比
1	−5.90	−3.18	2.72	2.40	1.64	−0.76	2.10	1.35	−0.75	1.90	1.06	−0.84
2	−9.69	−9.60	0.09	8.15	8.02	−0.12	4.28	4.40	0.12	2.47	2.25	−0.22
3	−5.82	−8.66	−2.84	6.93	6.23	−0.70	5.99	5.28	−0.71	3.84	3.24	−0.60
4	−6.79	−5.19	1.60	7.16	7.18	0.02	6.62	6.82	0.19	−0.72	−0.04	0.68
5	−4.30	−6.41	−2.11	6.11	6.07	−0.04	3.78	3.93	0.14	0.77	1.67	0.89
6	−4.50	−3.77	0.73	5.88	5.87	−0.02	5.69	5.82	0.14	3.95	3.96	0.01
7	−7.30	−2.72	*	3.76	4.99	*	2.21	2.47	*	1.54	2.02	*
8	−0.15	−0.40	−0.25	7.54	7.30	−0.24	6.95	6.71	−0.24	5.57	5.02	−0.55
9	−5.69	−4.75	0.94	0.23	1.19	0.96	0.10	0.98	0.88	−0.18	0.80	0.98

注   表中"相比"列负值表示冲刷，正值表示淤积，＊表示两次监测断面未能完全重合，不参与本次分析。

从断面最低点对比来看，2015 年入江水道区断面最低点较 2010 年相比整体表现上升。其中，断面最低高程抬升主要表现在 1 号、4 号、6 号、9 号断面，断面最低高程下切主要表现在 3 号、5 号、8 号断面；变化最为明显的为 3 号断面，下切 2.84m，年平均下切 0.47m，其次为 1 号断面，上升 2.72m，年平均上升 0.45m。

从断面平均高程看，入江水道区主槽总体表现为冲刷，年冲刷速率为 0.01m，其冲刷主要集中在 8.00～10.00m 高程，淤积主要集中在 8.00m 以下高程。其中，1～3 号断面、5～8 号断面总体表征为冲刷，又以 1 号断面年冲刷率 0.14m 为最大，5 号、6 号断面年冲刷率小于 0.01m 为最小；4 号、9 号断面总体表征为淤积，年淤积率分别为 0.01m、0.16m。

在消除或减弱人类活动影响下，鄱阳湖河道冲淤和断面形态主要受入湖、出湖泥沙和湖流空间分布等有关。1957—2002 年，"五河"年平均入湖 1420 万 t，湖口年平均出湖 946 万 t，年平均淤积量为 474 万 t，若以鄱阳湖星子站多年平均水位下水体面积估算淤积厚度为 1.5mm，这与马逸磷等研究成果较为一致，他还认为入江水道区为鄱阳湖冲刷区，且主要集中在老爷庙至星子河段。通过 2010 年和 2015 年间典型断面对比，得知入江水道区为冲刷区这个概念未发生改变，但集中区由原来老爷庙至星子河段转变为入江口河段即濂溪区朱家村以北河段，而星子河段虽也表征为冲刷，但冲刷速率有所减少，主要由于同水位下流速较 21 世纪前有所减少，受主槽流速大于洲滩流速，枯水期流速大于平水期和丰水期影响，表明入江水道区存在"槽冲滩淤"现象，这与断面冲淤变化较为一致。

21 世纪以来，人类活动更加频繁，如湖区采砂、三峡工程、"五河"干流水利枢纽等，鄱阳湖区泥沙时空变化发生异变。根据江西省第一次水利普查公报公布结果，江西共有水库 10819 座，总库容为 320.81 亿 m³，其中大型水库有 30 座，中型水库达 263 座。加之江西省山江湖工程的启动，大面积进行植树造林工程和水土保持，水土流失情况减弱，河道泥沙含量进一步减少。"五河"年平均输沙量均有整体显著下降趋势，赣江流域的年均输沙量从 20 世纪 80 年代初开始有显著减少趋势，而抚河、饶河、信江、修河四个流域的年平均输沙量均从 21 世纪初有显著减少趋势。而采砂过程中必然搅动底质，湖水变得浑浊，出湖沙量随之增大，据分析湖口出湖沙量以 2000—2002 年为突变点，出湖泥沙含量增大趋势明显。

综上分析，21 世纪前后鄱阳湖入江水道区冲淤变化规律已发生较大变化，2000—2010 年受人类采砂活动影响，其断面变化受出湖、入湖泥沙影响较小，难以进行规律探求，2010 年之后受采砂区逐渐南迁和各项水力因素逐步契合，断面变化理应逐年稳定。

4 总结

通过对鄱阳湖入江水道遥感影像和选取的典型断面进行分析，并从泥沙变化特征、人类活动影响和湖流变化特征出发探讨入江水道冲淤变化和断面形态变化原因，得到如下结论：

（1）2000—2010 年受采砂活动影响鄱阳湖入江水道冲淤特征已发生较大变化，其断面变化受出湖、入湖泥沙影响较小，难以进行规律探求；2010 年之后受采砂区逐渐南迁和各项水力因素逐步契合，断面变化主要受湖区水情及出湖、入湖泥沙影响。

（2）鄱阳湖入江水道主槽总体表现稳定，不存在游荡现象。1996—2010 年，濂溪区朱家村以北（1～3 号断面）、星子水文站附近（8 号断面）主槽岸线未发生显著变化；受采砂影响，濂溪区至庐山市老虎垄（5～7 号断面）之间、庐山市陶子发（9 号断面）附近变化剧烈，岸线外扩，呈锯齿状。

（3）2010 年以后，入江水道区主槽总体表现为冲刷，年冲刷速率为 0.01m，濂溪区朱家村以北、星子水文站断面附近河段为冲刷集中区，冲刷速率分别为 0.08m、0.04m；庐山陶子发河段为淤积集中区，淤积率达 0.16m；濂溪区化纤厂至庐山市王家垄河段冲淤基本达到平衡。

参 考 文 献

［1］ 马逸麟，熊彩云，易文萍. 鄱阳湖泥沙淤积特征及发展趋势［J］. 资源调查与环境，2003，24（1）：29-37.

［2］ 朱玲玲，陈剑池，袁晶，等. 洞庭湖和鄱阳湖泥沙冲淤特征及三峡水库对其影响［J］. 水科学进展，2014，25（3）：348-356.

［3］ 程时长，王仕刚. 鄱阳湖现代冲淤动态分析［J］. 江西水利科技，2002，28（2）：125-128.

［4］ 廖智，蒋志兵，熊强. 鄱阳湖不同时期冲淤变化分析［J］. 江西水利科技，2015，41（6）：419-432.

［5］ 罗卫，况润元，袁秀华，等. 基于MODIS影像的鄱阳湖枯水年水文特征分析［J］. 水电能源科学. 2014，32（1）：13-16.

［6］ 何婷. 应用遥感技术监测额尔齐斯河（新疆段）水质的研究［J］. 广西水利水电，2018（3）：86-90.

［7］ 陈卉萍，章重. 基于遥感和GIS的信江尾闾及入鄱阳湖口冲淤变化分析［J］. 江西水利科技，2014，40（2）：130-134.

［8］ 陈玮彤，张东，施顺杰，等. 江苏中部淤泥质海岸岸线变化遥感监测研究［J］. 海洋学报，2017，39（5）：138-148.

［9］ 谷娟，秦怡，王鑫，等. 鄱阳湖水体淹没频率变化及其湿地植被的响应［J］. 生态学报，2018，38（21）：1-9.

［10］ 李婷，薛丽，顾华奇. 基于卡方自动交互检测的GF-1影像鄱阳湖湿地信息提取［J］. 测绘与空间地理信息，2018，41（9）：68-74.

［11］ 王琪，周兴东，罗菊花，等. 近30年太湖沉水植物优势种遥感监测及变化分析［J］. 水资源保护，2016，32（5）：123-135.

［12］ 江丰，齐述华，廖富强，等. 2001—2010年鄱阳湖采砂规模及水文泥沙效应［J］. 地理学报，2015，70（5）：837-845.

［13］ 王婧，曹卫芳，司武卫，等. 鄱阳湖湖流特征［J］. 南昌工程学院学报，2015，34（3）：71-74.

［14］ 莫明浩，杨筱筱，肖胜生，等. 鄱阳湖五河流域入湖径流泥沙变化特征及影响因素分析［J］. 水土保持研究，2017，24（5）：197-203.

［15］ 顾朝军，穆兴民，高鹏，等. 鄱阳湖流域径流泥沙变化趋势、突变及周期特征研究［C］//2016第八届全国河湖治理和水生态文明发展论坛论文集. 中国水利技术信息中心，2016.

鄱阳湖水功能区划细化及保护区统筹优化探讨

刘发根　郭玉银

（江西省鄱阳湖水文局，江西九江　332800）

摘　要： 鄱阳湖现行水功能区划在落实最严格水资源管理制度及湖长制管理中显现诸多不足，如水功能区范围过宽致无法明确地方政府责任、未统筹协调多个自然保护区范围重叠问题等。依据明确主体、分解责任、统筹兼顾、有效覆盖的原则，探讨利于管理且切实可行的水功能区划方案，建议将鄱阳湖环湖渔业用水区、鄱阳湖保留区等国划水功能区，在省划层面细化到县级行政区，构建国划与省划统一而逐层分解的水功能区划体系，并统筹多个自然保护区而划定"鄱阳湖水生生物保护区"水功能区，以促进最严格水资源管理及湖长制能有效保护鄱阳湖水生态环境。

关键词： 水资源保护；水功能区；保护区；优化；鄱阳湖

水功能区划是水资源开发利用与保护、水污染防治和水环境综合治理的重要依据。制定水功能区划并根据经济社会发展和水资源开发利用情况及时进行调整，是实行最严格水资源管理制度的重要内容，并为"河长制""湖长制"等政策落实提供基础性技术支撑。

《水功能区划分标准》（GB/T 50594—2010）实施以来，蔡临明等多位学者研究了如何对区域原有水功能区划进行调整，以顺应水资源开发利用与社会经济发展变化，并满足最严格水资源管理制度需求；雷智祥等则详细分析了单个水功能区的调整方案；任静进一步基于区域发展规划对水功能区划进行优化调整研究。

鄱阳湖是中国最大淡水湖和全球重要生态区，承载着鄱阳湖生态经济区和江西国家生态文明试验区的可持续发展，每年向长江贡献 15.5％年径流量的优质水资源而强化长江中下游用水安全保障，具有重要的生态、生活、生产功能。江西省多年来努力加强鄱阳湖生态环境保护，但近年来鄱阳湖水质却持续下降。

深层分析，鄱阳湖水质下降，与水功能区划这一水资源管理的基础与抓手不完善、不好用密切相关。本文针对鄱阳湖水功能区划存在的问题进行水功能区优化调整，使水功能区划与自然保护区布局相协调，实现精准区划，便于最严格水资源管理制度、河长制、湖长制等管理政策有效发力，切实促进对鄱阳湖生态环境的保护与管理。

1　当前鄱阳湖水功能区划及问题

鄱阳湖目前存在两种水功能区划：2012 年颁布的《全国重要江河湖泊水功能区

划（2010—2030）》（简称"国划"）、2007 年颁布的《江西省地表水（环境）功能区划》（简称"省划"）。国划，是国家就水功能区水质达标状况考核江西省政府工作绩效；省划，是江西省政府考核地市级政府的水功能区水质达标工作绩效。目前鄱阳湖共划定 20 个水功能区，其中 10 个同时属于国划和省划水功能区，4 个为国划水功能区，6 个为省划水功能区。

当前，鄱阳湖水功能区划主要存在以下问题。

1.1　部分水功能区范围过宽，未明晰地方责任

部分水功能区覆盖多个县、市（区），无法明确地方政府的水功能区达标考核责任。

（1）"鄱阳湖环湖渔业用水区""鄱阳湖保留区"均涉及南昌市、上饶市、九江市等三市多个县、市（区）。

（2）"鄱阳湖长江江豚保护区"涉及九江市都昌县、上饶市鄱阳县。

（3）"鄱阳湖鲤鲫鱼产卵场自然保护区"涉及上饶市（鄱阳县、余干县）、南昌市南昌县。

（4）"都昌候鸟省级自然保护区"，涉及九江市都昌县、南昌市新建区。

由于分不清是哪个县、市（区）的责任水域，治污不力致水质恶化却无法区分是哪个地方政府的责任，下功夫改善水质也难以在本级政府的水功能区达标考核体系中体现政绩，导致沿湖各县、市（区）开展鄱阳湖水污染治理与水环境保护的积极性不高，鄱阳湖遭受"公地的悲剧"，成为"省里的鄱阳湖、世界的鄱阳湖"，与沿湖县、市（区）反而关系不大。水功能区未细化到具体行政区，达标考核责任就未能明确，因而就难以落实水功能区达标、污染治理与水质保护的职责。

1.2　多个自然保护区未划定水功能区

根据自然保护区最新区划资料，水功能区划未能覆盖所有省级以上自然保护区，不利于珍稀濒危物种的保护。

（1）于 2007 年成立的鄱阳湖鳜鱼翘嘴红鲌国家级水产种质资源保护区，在国划、省划中均未划定水功能区。

（2）江西省政府于 2004 年成立的鄱阳湖长江江豚省级自然保护区，在国划中已划为水功能区保护区，但在省划中尚未划定水功能区。

（3）江西省政府于 2014 年成立的鄱阳湖银鱼产卵场省级自然保护区、鄱阳湖鲤鲫鱼产卵场省级自然保护区，在省划中均未划定水功能区。而在国划中虽已划定"鄱阳湖银鱼自然保护区""鄱阳湖鲤鲫鱼产卵场自然保护区"等水功能区保护区，但其范围与自然保护区范围不一致。

1.3　自然保护区范围重叠，水功能区划需统筹协调

受自然保护区历史管理体制影响，目前鄱阳湖自然保护区分别由林业、农业等部门成立，多处出现范围交叉重叠，在划定水功能区时应注意统筹协调。

（1）鄱阳湖鲤鲫鱼产卵场省级自然保护区、鄱阳湖鳜鱼翘嘴红鲌国家级水产种质资源

保护区，其范围均包括南昌县三湖，而南昌县政府 1999 年批准成立以湿地为保护对象的"南昌三湖县级自然保护区"，三者有重叠。

（2）鄱阳湖长江江豚省级自然保护区，分老爷庙小区和龙口小区。其中，老爷庙小区与都昌候鸟省级自然保护区的多宝子保护区有重叠；龙口小区，则包含在鄱阳湖鲤鲫鱼产卵场自然保护区、鄱阳湖鳡鱼翘嘴红鲌国家级水产种质资源保护区的范围内。

（3）鄱阳湖鳡鱼翘嘴红鲌国家级水产种质资源保护区，覆盖了鄱阳湖鲤鲫鱼产卵场省级自然保护区的余干县境内水域和大部分鄱阳县境内水域，也覆盖了余干县政府 2001 年成立的余干康山湖区候鸟县级自然保护区水域。

（4）鄱阳湖银鱼省级自然保护区于 1986 年成立，面积 20.0 km²。后因环境发生变化，江西省政府于 2014 年重新批准成立"鄱阳湖银鱼产卵场省级自然保护区"，总面积 171.03 km²，覆盖了 1997 年成立的青岚湖省级自然保护区（保护对象为越冬候鸟及湿地生态，面积 10.0 km²）。

（5）1980 年成立的鄱阳湖河蚌自然保护区现已撤销，相关水域与鄱阳湖国家级自然保护区、鄱阳湖南矶湿地国家级自然保护区、鄱阳湖保留区重叠。但国划仍对鄱阳湖河蚌自然保护区划定了水功能区。

1.4　个别国划水功能区水质管理目标过高

《水功能区划分标准》（GB/T 50594—2010）规定："保留区水质标准应不低于现行国家标准《地表水环境质量标准》（GB 3838）规定的Ⅲ类水质标准或按现状水质类别控制"。国划中"鄱阳湖湖区保留区"水质管理目标为Ⅱ类，从保留区今后可能转为开发利用区及管理难度两方面分析都不太适合。过高的水质管理目标，超过了区域经济社会发展的承受能力，并不利于水功能区水质管理工作。

1.5　部分国划与省划水功能区的名称、水质目标有冲突

在鄱阳湖有部分水功能区在省划中的水质管理目标低于国划，水功能区名称也不一致。如鄱阳湖里的保留区，在国划里称为"鄱阳湖湖区保留区"，水质管理目标为Ⅱ类；在省划里称为"鄱阳湖保留区"，水质管理目标为Ⅲ类。又如水功能区"鄱阳湖都昌候鸟自然保护区"，在国划中的水质管理目标为Ⅱ类，在省划中却为Ⅲ类。

1.6　部分相邻国划水功能区之间水质目标缺少衔接

鄱阳湖九江工业用水区的水质管理目标为Ⅳ类，相邻的鄱阳湖湖区保留区水质管理目标为Ⅱ类，缺少中间水质目标类别的水功能区进行过渡衔接。

2　鄱阳湖水功能区划优化探索

针对前述问题，根据《水功能区划分标准》（GB/T 50594—2010）、《水功能区监督管理办法》等规范及最严格水资源管理、河长制等政策要求，依据明确主体、分解责任、统筹兼顾、有效覆盖等原则，建议对鄱阳湖水功能区划做如下调整优化，优化后鄱阳湖共有

12个国划水功能区、22个省划水功能区，详见图1和图2。

图1 优化后鄱阳湖水功能区划（国划，12个水功能区）

图2 优化后鄱阳湖水功能区划（省划，22个水功能区）

2.1 重视"渔业用水区"排污监管，细化省划"环湖渔业用水区"

鄱阳湖环湖渔业用水区为环湖周边用圩堤隔成的湖汊、子湖，分布在7个县（区）：南昌县（大沙坊湖）、进贤县（陈家湖、军山湖）、余干县（康山湖）、鄱阳县（雪湖、企湖、大鸣湖等）、都昌县（新妙湖、西湖、平池湖、酬池湖）、湖口县（南北港、皂湖）、九江市濂溪区（鞋山湖）。这些用于渔业养殖的湖汊、子湖，秋冬季捕鱼及汛期排涝时会往鄱阳湖排入营养盐浓度较高甚至有较多藻类生长的养殖废水，污染鄱阳湖，造成主湖区局部蓝藻积聚，引发水华隐患。

在国划层面，可以仅划定"鄱阳湖环湖渔业用水区"这一个水功能区。而在省划层面，为明晰管理责任，建议将"鄱阳湖环湖渔业用水区"按县级行政区划细化为以下 6 个渔业用水区（濂溪区的鞋山湖处于濂溪区姑塘湿地自然保护区内，另行划定水功能区）：

（1）鄱阳湖南昌环湖渔业用水区：范围为"大沙坊湖"，考核责任主体为南昌县。

（2）鄱阳湖进贤环湖渔业用水区：范围为"军山湖、陈家湖"，考核责任主体为进贤县。

（3）鄱阳湖余干环湖渔业用水区：范围为"康山湖"，考核责任主体为余干县。

（4）鄱阳湖鄱阳环湖渔业用水区：范围为"雪湖、企湖、大鸣湖等"，考核责任主体为鄱阳县。

（5）鄱阳湖都昌环湖渔业用水区：范围为"新妙湖、西湖、平池湖、酬池湖"，考核责任主体为都昌县。

（6）鄱阳湖湖口环湖渔业用水区：范围为"南北港、皂湖"，考核责任主体为湖口县。

上述 6 个省划"环湖渔业用水区"水质管理目标建议维持为目前的Ⅲ类。

2.2 合理设定"鄱阳湖保留区"水质目标及细化

为简明起见，建议将国划"鄱阳湖湖区保留区"更名为"鄱阳湖保留区"，统一该水功能区在国划、省划中的名称。

按照《水功能区划分标准》（GB/T 50594—2010）"保留区水质标准应不低于《地表水环境质量标准》（GB 3838）规定的Ⅲ类水质标准或按现状水质类别控制"的规定，考虑到水质目标的可达性和可操作性，建议鄱阳湖保留区的水质管理目标定为Ⅲ类。同时与相邻的鄱阳湖九江工业用水区的Ⅳ类水水质目标实现顺利衔接。

鄱阳湖保留区水域涉及沿湖 3 个地级市的 7 个县、市（区）：南昌市新建区、上饶市鄱阳县、九江市（濂溪区、都昌县、永修县、庐山市、湖口县）。为明晰保护责任，建议将"鄱阳湖保留区"按行政区划细化。而位于九江市 5 个县、市（区）的水域与南昌市新建区的水域相连，且各自面积不大，建议划设为 1 个水功能区。因此，建议将国划"鄱阳湖保留区"在省划层面细化为以下 2 个水功能区：

（1）鄱阳湖九江保留区：范围为"鄱阳湖九江市、新建区境内其他水域"，包含濂溪区姑塘湿地自然保护区、湖口县屏峰湿地自然保护区，考核责任主体为九江市。

（2）鄱阳湖鄱阳保留区：范围为"鄱阳湖鄱阳县境内其他水域"，其中包含东鄱阳湖国家湿地公园局部水域，考核责任主体为鄱阳县。

2.3 将江豚、鲤鲫鱼、鳜鱼翘嘴红鲌等保护区合并划定水功能区

据 1.3 节中的分析，鄱阳湖长江江豚省级自然保护区、鄱阳湖鲤鲫鱼产卵场省级自然保护区、鄱阳湖鳜鱼翘嘴红鲌国家级水产种质资源保护区在都昌县、余干县、鄱阳县的水

域均有交叉，建议国划将其统筹合并划定1个水功能区"鄱阳湖水生生物保护区"，省划则细化为5个水功能区，水质管理目标均为Ⅱ类。

（1）鄱阳湖鄱阳水生生物保护区：范围为鄱阳湖鲤鲫鱼产卵场省级自然保护区、鄱阳湖鳡鱼翘嘴红鲌国家级水产种质资源保护区、鄱阳湖长江江豚省级自然保护区龙口小区等的鄱阳县境内水域，面积为397.0km²，考核责任主体为鄱阳县。

（2）鄱阳湖余干水生生物保护区：范围为鄱阳湖鲤鲫鱼产卵场省级自然保护区、鄱阳湖鳡鱼翘嘴红鲌国家级水产种质资源保护区、鄱阳湖长江江豚省级自然保护区龙口小区等的余干县境内水域（包含余干康山湖区候鸟县级自然保护区），面积为360.0km²，考核责任主体为余干县。

（3）鄱阳湖南昌水生生物保护区：范围为"鄱阳湖鲤鲫鱼产卵场省级自然保护区、鄱阳湖鳡鱼翘嘴红鲌国家级水产种质资源保护区的南昌县境内水域（三湖）"，该水域同时属于以湿地为保护对象的南昌三湖县级自然保护区，面积为9.0km²，考核责任主体为南昌县。

（4）鄱阳湖都昌水生生物保护区：范围为"鄱阳湖鳡鱼翘嘴红鲌国家级水产种质资源保护区的都昌县境内水域（西湖、焦潭湖、石牌湖、撮箕湖等）"，面积为65.0km²，考核责任主体为都昌县。

（5）鄱阳湖都昌江豚候鸟自然保护区：范围为鄱阳湖长江江豚省级自然保护区的老爷庙小区，以及都昌候鸟省级自然保护区的多宝子保护区水域（这两处保护区大部分重叠），面积为103.0km²，考核责任主体为都昌县。

2.4 合并"鄱阳湖银鱼自然保护区"与"青岚湖自然保护区"

鄱阳湖银鱼产卵场省级自然保护区，其范围覆盖青岚湖省级自然保护区水域。建议将国划中的"鄱阳湖银鱼自然保护区"和"青岚湖自然保护区"合并为"鄱阳湖银鱼候鸟自然保护区"，水质管理目标为Ⅱ类，范围为"鄱阳湖银鱼产卵场省级自然保护区水域"，包含青岚湖省级自然保护区。省划与国划保持一致。该自然保护区大部分位于进贤县，局部在南昌县，建议考核责任主体为进贤县。

2.5 将"都昌候鸟自然保护区"新建区水域并入"鄱阳湖南矶湿地国家级自然保护区"

都昌候鸟省级自然保护区有部分水域位于南昌市新建区，紧邻鄱阳湖南矶湿地国家级自然保护区，这两个保护区的保护对象都是湿地、候鸟。为与行政区划相一致，便于管理，建议将都昌候鸟自然保护区在新建区的水域，合并入鄱阳湖南矶湿地国家级自然保护区的水功能区。

2.6 撤销"鄱阳湖河蚌自然保护区"

因鄱阳湖河蚌自然保护区已撤销，相关水域也与鄱阳湖国家级自然保护区、鄱阳湖南矶湿地国家级自然保护区、鄱阳湖保留区等重叠，建议国划撤销该水功能区。

2.7 统一国划与省划的水质管理目标

将"鄱阳湖都昌候鸟自然保护区"的省划水质管理目标，设定为与国划相统一，即为Ⅱ类水。

3 结论与展望

3.1 结论

依据明确主体、分解责任、统筹兼顾、有效覆盖等原则，对鄱阳湖水功能区划提出优化调整建议，使水功能区达标考核、湖泊健康评价等措施更加切实可行，促进最严格水资源管理考核、河长制、湖长制等制度有效发力，破解鄱阳湖水质下降困境，切实加强对鄱阳湖生态环境的保护与管理。

（1）将水功能区"鄱阳湖环湖渔业用水区""鄱阳湖保留区"在省划层面，各细化为6个、2个水功能区，以明确滨湖区地方政府对鄱阳湖的水资源管理保护责任。

（2）将交叉重叠的"鄱阳湖长江江豚省级自然保护区""鄱阳湖鲤鲫鱼产卵场省级自然保护区""鄱阳湖鳜鱼翘嘴红鲌国家级水产种质资源保护区"统筹合并划定为1个国划水功能区"鄱阳湖水生生物保护区"，在省划层面细化为5个水功能区。

（3）将重叠的鄱阳湖银鱼自然保护区、青岚湖自然保护区合并为1个水功能区"鄱阳湖银鱼候鸟自然保护区"；将都昌候鸟省级自然保护区的新建区水域合并入"鄱阳湖南矶湿地国家级自然保护区"。

（4）国划撤销"鄱阳湖河蚌自然保护区"。

（5）国划"鄱阳湖区保留区"更名为"鄱阳湖保留区"，水质目标调整为Ⅲ类。省划"鄱阳湖都昌候鸟自然保护区"的水质目标调整为Ⅱ类。

3.2 展望

本文对鄱阳湖水功能区划进行了优化探讨，有如下三方面的问题有待进一步研究：

（1）作为季节性、过水性湖泊，鄱阳湖年内水域面积变幅较大，丰水期和枯水期的湖泊面积相差 27 倍。本文划定水功能区时，鄱阳湖总面积 $3326km^2$（对应星子站水位 16.83m，吴淞高程）。如何合理界定各水功能区的面积？是否应按丰水期、平水期、枯水期界定各水功能区面积？

（2）按《地表水环境质量标准》（GB 3838—2002），河流与湖泊的总磷限值标准不同，常出现Ⅲ类河流水体进入湖泊后成为Ⅴ类水的矛盾现象。如何在水功能区划中，在河流入湖口前段划定适当的过渡区或前置库，并采取湿地净化等适合的除磷措施，使得河流达标水体的总磷降解至达到湖泊水体总磷限值，顺利衔接河流、湖泊水功能区，促进鄱阳湖水资源管理？

（3）因鄱阳湖水文情势复杂多变，且主湖体水质还受上游五河等来水影响，在确保达到各河入湖水质管理目标的基础上，各水功能区考核责任主体有待科学合理设定。本文第

2 节中考核责任主体划分仅为个人思考，可能不尽合理。

参 考 文 献

［1］ 水功能区划分标准：GB/T 50594—2010 ［S］. 北京：中国计划出版社，2011.

［2］ 蔡临明. 浙江省水功能区划修编案例分析与关键问题探讨 ［J］. 中国水利，2013，731 (17)：44 - 46.

［3］ 罗慧萍，逄勇，徐凌云. 无锡市水功能区划调整方案研究 ［J］. 水资源与水工程学报，2015，26 (5)：114 - 120.

［4］ 蔡临明，倪宪汉，俞建军. 浙江省水功能区划修编及监管建议 ［J］. 中国水利，2016，807 (21)：41 - 43.

［5］ 何晓珉. 浙江省水功能区、水环境功能区划调整主要问题及建议 ［J］. 浙江水利科技，2015，197 (1)：52 - 54.

［6］ 蔡临明，倪宪汉，俞建军，等. 浙江省重点水功能区划修编研究——以滩坑水库为例 ［J］. 中国水利，2015，781 (19)：35 - 37.

［7］ 周宝佳. 河流水功能区划修编及管理浅析——以重庆市永川区为例 ［J］. 中国水运，2015，15 (5)：180 - 181，219.

［8］ Hou X. Revision of water function division and countermeasures for water resources protection in Jiangjin district of chongqing city in China ［J］. Journal of Landscape Research，2011，3 (12)：54 - 57，70.

［9］ 陈小丽. 灌河响水段水功能区划调整浅析 ［J］. 吉林水利，2010 (3)：23 - 25.

［10］ 田英，张悦. 水功能区调整工作浅析 ［J］. 东北水利水电，2016，34 (6)：38 - 39.

［11］ 余乃旺. 水功能区划调整的必要性及其方法探析 ［J］. 江苏水利，2010 (5)：36 - 37.

［12］ 雷智祥，朱振华，聂其勇. 江苏省北六塘河水功能区连云港段功能区划调整方案研究 ［J］. 治淮，2014 (5)：12 - 14.

［13］ 黄志刚. 灵岐河源头水保护区水功能区划的调整 ［J］. 广西水利水电，2013 (3)：60 - 62.

［14］ 任静. 基于区域发展规划的太湖水功能区划研究 ［D］. 江苏：苏州科技学院，2012.

［15］ 江西省政府办公厅. 关于公布上饶五府山等 7 处新建省级自然保护区名单的通知（赣府厅字发〔2014〕34 号）. 2014.

［16］ 江西省环境保护厅. 关于公布全省 107 处市县级自然保护区范围和界线的通知（赣环然字〔2016〕15 号）. 2016.

［17］ 水利部. 水功能区监督管理办法（水资源〔2017〕101 号）. 2017.

［18］ 钱奎梅，刘霞，段明，等. 鄱阳湖蓝藻分布及其影响因素分析 ［J］. 中国环境科学，2016，36 (1)：261 - 267.

［19］ 江西省水利厅. 江西河湖大典 ［M］. 武汉：长江出版社，2010.

鄱阳湖水位波动与"五河"入湖水量和长江干流水情的关系

张范平　方少文　周祖昊　张梅红

（江西省水文局，江西南昌　330002）

摘　要：受鄱阳湖流域内"五河"入湖水量和长江干流水文情势的共同影响，鄱阳湖水位在年内和年际间均表现出明显的高动态特性，塑造出鄱阳湖独特的湿地景观和生态格局。三峡工程运行以来，鄱阳湖水文情势发生了显著变化，表现为枯水期提前且持续时间延长，湖区水位不断突破历史最低值。为了探究鄱阳湖水位动态变化与鄱阳湖流域内"五河"入湖水量和长江干流水情之间的关系，本研究基于1953年以来鄱阳湖星子站逐日监测水位、鄱阳湖流域"五河七口"逐日检测流量和长江干流宜昌站月平均流量，应用统计分析方法，从年尺度和月尺度对鄱阳湖水位与"五河"入湖水量和宜昌站径流的相关性进行分析。结果表明：在年尺度上，鄱阳湖年平均水位与"五河"年入湖水量和宜昌站年径流量的相关系数分别为0.736和0.642，"五河"入湖水量的影响作用更大；在月尺度上，1—4月，鄱阳湖月平均水位主要受"五河"入湖水量的控制，与宜昌站径流量之间不存在相关性；5—7月和12月，鄱阳湖月平均水位受"五河"入湖水量和宜昌站径流量的共同作用，但"五河"入湖水量占主导作用；8—11月，宜昌站径流量对鄱阳湖水位的控制作用较"五河"入湖水量更为明显，其中9—10月鄱阳湖水位和"五河"入湖水量不存在显著相关性。因此，鄱阳湖水位动态变化是受"五河"入湖水量和长江干流水文情势共同作用的结果，在年内不同时期两者的作用强度不同。

关键词：鄱阳湖；水位动态变化；"五河"入湖水量；宜昌站径流量

鄱阳湖是我国最大的淡水湖泊，也是长江水系的重要组成部分，在调蓄长江洪水、维持流域水量平衡和保持生物多样性等方面发挥着不可替代的作用。鄱阳湖水位在鄱阳湖流域赣江、抚河、信江、饶河和修河（简称"五河"）入湖水量和长江干流水情的共同控制下在年内和年际上均表现出高动态性，也塑造出鄱阳湖湿地独特的景观格局。三峡水库蓄水运行以来，鄱阳湖独特的水文节律被打破，湖泊枯水出现时间提前且持续时间延长，湖区水位不断突破历史最低值，湿地植被出现了明显的演替和退化现象。鄱阳湖秋季极端枯水现象同时影响着湖区周边的经济社会用水安全。鄱阳湖水位变化主要是受"五河"入湖水量和长江干流水情的影响，因此本文将从不同时间尺度上分析"五河"入湖水量和长江干流水情对鄱阳湖水位的影响程度。

1 数据与方法

1.1 研究区概况

鄱阳湖（东经 115°47′~116°45′，北纬 28°22′~29°45′）位于江西省北部，长江南岸，上承赣江、抚河、信江、饶河、修河"五河"来水，调蓄以后经九江市湖口县注入长江，是我国面积最大的淡水湖泊，也是长江中下游仅存的两个通江湖泊之一。

鄱阳湖湖区，一般是指鄱阳湖流域"五河七口"控制站以下至湖口之间的未控区间（包括湖泊水面和水文控制站至湖泊周边的陆面和水面），面积约 25082km²，占鄱阳湖流域面积的 15.5%。

鄱阳湖北部狭长，为入江水道，南部宽广，为浅水湖主湖体；鄱阳湖南北长 173km，东西最宽处达 74km，平均宽 18.6km，入江水道最窄处的屏峰卡口仅 2.88km，平均水深7.38m，湖岸线长 1200km。

1.2 数据来源

本文中鄱阳湖水位数据以星子站多年（1953—2015 年）逐日实测水位数据为代表；"五河"入湖水量包括鄱阳湖流域赣江（外洲站）、抚河（李家渡站）、信江（梅港站）、饶河（虎山站和渡峰坑站）和修河（虬津站和万家埠站）（简称"五河七口"）多年（1953—2015 年）实测逐日平均流量（单位为 m³/s）和年径流量（单位为亿 m³）；长江干流水情以宜昌站多年（1953—2015 年）实测逐日流量数据为代表。

1.3 研究方法

Pearson 简单相关系数：对定距连续变量的数据进行计算，其计算公式如下：

$$r = \frac{\sum_{i=1}^{n}(x_i - \overline{x})(y_i - \overline{y})}{\sqrt{\sum_{i=1}^{n}(x_i - \overline{x})^2}\sqrt{\sum_{i=1}^{n}(y_i - \overline{y})^2}} \tag{1}$$

式中：x_i 和 y_i 分别为两个样本 n 次独立观测值，$\overline{x} = \frac{1}{n}\sum_{i=1}^{n}x_i$，$\overline{y} = \frac{1}{n}\sum_{i=1}^{n}y_i$。

$0 \leqslant |r| \leqslant 1$，$|r|$ 越大，两样本间的相关程度越高；$0 < r \leqslant 1$，表示两样本间存在正相关，若 $r=1$，则表明变量间存在着完全正相关；$-1 \leqslant r < 0$，表示两样本间存在负相关，若 $r=-1$，则表明变量间存在着完全负相关；$r=0$，表示两个变量间不存在线性相关关系。简单相关系数所反映的并不是任何一种确定关系，而仅仅是线性关系，且相关系数反映的线性关系并不一定是因果关系。

相关分析适用于仅包括两个变量的数据分析，当数据文件包含多个变量时，直接对两个变量进行相关分析往往不能真实反映两者之间的相关关系，此时就需要用到偏相关分析，以从中剔除其他变量的线性影响。偏相关分析也称为净相关分析，是在控制其他变量的线性影响下分析两变量间的线性相关关系，一般用偏相关系数来表征。偏相关分析可以有效地揭示变量间的真实关系，识别干扰变量并寻找隐含的相关性。

如果有 g 个控制变量，则称为 g 阶偏相关。假设有 n（$n>2$）个变量 X_1，X_2，$\cdots$，X_n，则任意两个变量 X_i 和 X_j 的 g 阶样本偏相关系数计算公式如下：

$$r_{ij \cdot l_1 l_2 \cdots l_g} = \frac{r_{ij-l_1 l_2 \cdots l_{g-1}} - r_{il_g-l_1 l_2 \cdots l_{g-1}} r_{jl_g \cdot l_1 l_2 \cdots l_{g-1}}}{\sqrt{(1-r_{il_g-l_1 l_2 \cdots l_{g-1}}^2)(1-r_{jl_g-l_1 l_2 \cdots l_{g-1}}^2)}} \tag{2}$$

式中：右边均为 $g-1$ 阶的偏相关系数，其中 l_1，l_2，$\cdots$，l_g 为自然数从 1 到 n 除去 i 和 j 的不同组合。以一阶偏相关为例，控制变量 X_3，分析变量 X_1 和 X_2 之间的净相关性，此时的偏相关系数为

$$r_{123} = \frac{r_{12} - r_{13} r_{23}}{\sqrt{(1-r_{13}^2)(1-r_{23}^2)}} \tag{3}$$

式中：r_{12}、r_{13} 和 r_{23} 分别为变量 X_1 与变量 X_2 的简单相关系数、变量 X_1 与变量 X_3 的简单相关系数和变量 X_2 与变量 X_3 的简单相关系数。

2 结果与分析

2.1 鄱阳湖水位年内年际变化基本特征

鄱阳湖多年平均水位为 13.3m，多年平均最高水位为 19.09m，多年平均最低水位为 7.96m；鄱阳湖水位年内变化幅度达 11.13m，极值比为 1.47。从空间上来看，越接近入江口，鄱阳湖水位年内变化幅度越大，如湖口站水位年内变化极值比为 2.17，而康山站水位年内变化极值比仅为 1.31。鄱阳湖年平均水位不存在显著的变化趋势，但 2003 年以后，鄱阳湖年平均水位、年最高水位和年最低水位均出现快速下降的趋势。鄱阳湖多年平均水位、最高水位和最低水位在三峡工程运行后较运行前分别下降了 1.05m、1.03m 和 0.44m。鄱阳湖月平均水位均有不同程度的下降，其中 10 月下降幅度最大，达到 2.46m。

2.2 "五河"入湖水量和长江干流水情对鄱阳湖水位变化的影响

对比"五河"年入湖水量和长江干流宜昌站年径流量与鄱阳湖星子站年平均水位之间的相关性（表 1），可以看出"五河"年入湖水量与鄱阳湖星子站年平均水位的相关系数为 0.736，宜昌站年径流量与鄱阳湖星子站年平均水位的相关系数为 0.642；分别将宜昌站年径流量和五河入湖水量作为控制变量，则"五河"年入湖水量与鄱阳湖星子站年平均水位的偏相关系数为 0.842，宜昌站年径流量与鄱阳湖星子站年平均水位的偏相关系数为 0.792。由此可见，对于鄱阳湖年平均水位的高低，"五河"入湖水量和长江干流水情都对其有影响，但"五河"入湖水量的主导作用更强。

从月尺度来看，在年内不同时期"五河"入湖水量和宜昌站径流量对鄱阳湖水位变化

的作用强度不同。1—4月，鄱阳湖月平均水位与"五河"入湖水量的相关系数分别为0.913、0.87、0.847和0.799，两者具有显著的相关性，而相同时段内，鄱阳湖月平均水位和宜昌站径流量之间几乎不存在相关性；5—7月，鄱阳湖月平均水位与"五河"入湖水量和宜昌站径流量均存在相关性，但"五河"入湖水量占主导作用；8—11月，宜昌站径流量对鄱阳湖水位的控制作用较"五河"入湖水量更为明显，其中9—10月鄱阳湖"五河"和五河入湖水量不存在显著相关性；12月，鄱阳湖月平均水位与"五河"入湖水量和宜昌站径流量均存在相关性，但"五河"入湖水量占主导作用。

为了分析三峡工程运行前后长江干流水情变化和"五河"入湖水量对鄱阳湖水位变化的影响，分别计算了三峡水库运行前后星子站年平均水位、月平均水位和"五河"入湖水量与宜昌站径流量之间的偏相关关系。从计算结果来看，三峡工程运行后宜昌站年径流量和鄱阳湖年平均水位间的偏相关系数为0.796，高于三峡水库运行前的0.79；而"五河"年入湖水量和鄱阳湖年平均水位间的偏相关系数由三峡工程运行前的0.893减小为三峡工程运行后的0.806。三峡工程运行前，"五河"年入湖水量较长江干流水文情势对鄱阳湖水位变化的影响更大；三峡工程运行后，长江干流水文情势和"五河"入湖水量多寡对鄱阳湖水位变化的影响已经相差不大，偏相关系数分别为0.806和0.76。

表1　　鄱阳湖不同时间尺度水位与宜昌站径流量和"五河"入湖水量相关系数

时间序列	相 关 系 数		偏 相 关 系 数	
	"五河"入湖水量	宜昌站径流量	"五河"入湖水量	宜昌站径流量
年平均水位	0.736	0.642	0.842	0.792
1月平均水位	0.913	0.152	0.891	−0.199
2月平均水位	0.870	−0.053	0.879	−0.270
3月平均水位	0.847	0.06	0.884	−0.051
4月平均水位	0.799	0.045	0.820	0.170
5月平均水位	0.783	0.383	0.816	0.621
6月平均水位	0.700	0.55	0.713	0.566
7月平均水位	0.690	0.357	0.673	0.413
8月平均水位	0.431	0.681	0.500	0.666
9月平均水位	0.235	0.538	0.376	0.616
10月平均水位	0.228	0.822	0.259	0.827
11月平均水位	0.374	0.44	0.505	0.630
12月平均水位	0.773	0.381	0.801	0.647

注　表中鄱阳湖水位与"五河"入湖水量在9月和10月不具有相关性，其余月份均在0.01水平上显著相关；鄱阳湖水位与长江干流宜昌站径流量在1—4月不具有相关性，其余月份在0.01水平上显著相关。

从月尺度来看，三峡工程运行前后长江干流水文情势和"五河"入湖水量对鄱阳湖水位变化共同影响的格局并没有大的改变，但是在某些月份，"五河"入湖水量和长江干流水文情势对鄱阳湖水位的影响强度有所变化，如7月，宜昌站月径流量和鄱阳湖月平均水位间的相关关系由三峡工程运行前的不相关变为三峡工程运行后的显著相关（相关系数由

0.201 增加至 0.662）。

3 结论与讨论

　　鄱阳湖水位主要受"五河"入湖水量的多寡和长江干流水情的影响，其中长江干流水情对鄱阳湖水位的影响主要表现为顶托、倒灌和拉空作用。三峡水库蓄水运行以来，长江干流水情对鄱阳湖水位的影响程度呈现增加的趋势，特别是近十几年来，鄱阳湖退水期（10—11 月）多次出现极端枯水事件主要是由长江干流水沙情势变化引起的。1955—2000 年鄱阳湖年均入湖泥沙 1609.89 万 t，湖口站年平均输沙量为 941.54 万 t，年净淤积泥沙 668.35 万 t，沉积速率为 1.41mm/a；2001—2015 年鄱阳湖年均入湖泥沙 673.4 万 t，湖口站年平均输沙量为 1269.9 万 t，年净侵蚀泥沙 596.5 万 t；即 2000 年后湖口站输沙量大幅增加，鄱阳湖泥沙平衡状态由净沉积向净侵蚀转变。再加上采砂对湖盆结构、入江水道和湖岸线等湖泊形态的影响，改变了江湖水量交换条件。因此，鄱阳湖泥沙平衡状态的变化和人为采砂对鄱阳湖形态的改变对鄱阳湖水位变化的影响也不容忽视。

参 考 文 献

[1] 罗蔚，张翔，邓志民，等. 近 50 年鄱阳湖流域入湖总水量变化与旱涝急转规律分析 [J]. 应用基础与工程科学学报，2013，21（5）：845 - 856.

[2] 胡振鹏，葛刚，刘成林. 鄱阳湖湿地植被退化原因分析及其预警 [J]. 长江流域资源与环境，2015，24（3）：381 - 386.

[3] 谭国良，郭生练，王俊，等. 鄱阳湖生态经济区水文水资源演变规律研究 [M]. 北京：中国水利水电出版社，2013.

[4] 王力宾. 多元统计分析：模型、案例及 SPSS 应用 [M]. 北京：经济科学出版社，2010.

[5] 张范平，方少文，周祖昊，等. 鄱阳湖水位多时间尺度动态变化特性分析 [J]. 长江流域资源与环境，2017，26（1）：126 - 133.

[6] 张范平. 鄱阳湖水位变化特征及驱动因素 [R]. 江西省水利科学研究院博士后出站报告，2017.

[7] DAI Xue，WAN Rongrong，YANG Guishan. Non - stationary water - level fluctuation in China's Poyang Lake and its interactions with Yangtze River [J]. Journal of Geographical Sciences，2015，25（3）：274 - 288.

[8] 刘志刚，倪兆奎. 鄱阳湖发展演变及江湖关系变化影响 [J]. 环境科学学报，2015，35（5）：1265 - 1273.

[9] 中华人民共和国水利部. 中国河流泥沙公报（2003—2015 年）[M]. 北京：中国水利水电出版社，2004—2016.

[10] 王野乔，龚健雅，夏军，等. 鄱阳湖流域生态安全及其监控 [M]. 北京：科学出版社，2016.

鄱阳湖水位多尺度动态变化规律研究

张范平[1] 方少文[2] 周祖昊[3] 温天福[1] 张梅红[1]

(1. 江西省水利科学研究院，江西南昌 330029；

2. 江西省水文局，江西南昌 330002；

3. 中国水利水电科学研究院，北京 100038)

摘　要：利用鄱阳湖湖口、星子、都昌、吴城、棠荫和康山等水位站多年逐日水位资料，采用统计分析法、趋势分析法、Mann - Kendall 非参数检验法和（Morlet）小波分析法分析了鄱阳湖水位年内变化特征、年际变化趋势、突变特征及其周期性（未提到水位极值变化规律）。结果表明：鄱阳湖水位在年内具有高动态变化的特征，月最高水位一般出现在 7 月，平均水位为17.75m，最低水位一般出现在 1 月，平均水位为 10.8m，年内变化幅度达6.95m；鄱阳湖水位在多年尺度上呈现微弱的下降趋势，但是自 2003 年以来下降幅度较大，并多次出现极低枯水位；按代际来对比，则 2000 年以后的平均水位是所有年代中最低的；鄱阳湖水位有 3 个比较明显的突变点，即 1955 年、1965 年和 2006 年，突变前后最大水位差达到了 2m 左右，越接近入江口变化幅度越大（结果与分析中并未得到该结论）；鄱阳湖水位受多种因素的影响，并没有表现出明显的周期特性，只在时间尺度上表现出微弱的周期特性。

关键词：鄱阳湖；水位动态变化；Mann - Kendall；Morlet 小波

鄱阳湖（东经 $115°47'\sim116°45'$，北纬 $28°22'\sim29°45'$）位于江西省北部，长江南岸，上承赣江、抚河、信江、饶河、修河"五河"来水，调蓄以后经九江市湖口县注入长江，是我国面积最大的淡水湖泊，也是长江中下游仅存的两个通江湖泊之一。鄱阳湖水位受"五河"入湖水量和长江干流顶托作用，在年内和年际间变化幅度都比较大。鄱阳湖高动态的水位特征，形成其独特的"夏秋一水连天，冬春荒滩无边"湖泊湿地景观和生态格局。但近年来，鄱阳湖湖区低水位提前且持续时间延长的现象日益明显，湖区水位不断突破历史最低值，导致湿地生态系统出现退化趋势，湿地生态安全和水安全面临极大的挑战。多年观测资料显示，鄱阳湖极枯水位多发生于每年 12 月至次年 1 月。然而受长江来水不足及江西省境内降水偏少的影响，2013 年 11 月 17 日鄱阳湖星子站水位跌破 8m，相应的湖区通江水体面积不及丰水期面积的十分之一，鄱阳湖极枯水位出现时间大幅提前。近年来，受极端气候和高强度人类活动的影响，鄱阳湖区洪涝灾害和干旱发生概率明显增加，这给鄱阳湖的防洪安全、用水安全和生态安全提出了严峻的考验。针对鄱阳湖面临的一系列问题，国内很多学者以长系列水位观测资料和现场试验对鄱阳湖水位变化特征及其驱动因素、三峡工程运行后鄱阳湖和长江之间水量交换关系以及水位变化对湿地生态系统的影响等多个方面做了深入研究。湖泊湿地水位作为流域/区域内气候水文变化与人类活动影响程度的直观反应指标以及湿地生态系统发展和演变的主要驱动因素之一，分析其变化趋势、极端水位出现时间、突变特征以及周期特征具有重要的经济意义、社会意义和生态意义。

1 数据与方法

1.1 资料来源

本文选用鄱阳湖湖区湖口、星子、都昌、吴城、棠荫和康山 6 个水位站多年实测逐日水位数据，从多个时间尺度上分析鄱阳湖水位动态变化过程。6 水位站的详细数据特性见表 1。

表 1　　　　　　　　　　　鄱阳湖主要水位站点水位变化特征统计表

水位站	序列长度	不均匀系数 C_n	月极值比	变差系数 C_V	水位/m			年极值比
					最大值	最小值	平均值	
星子	1953—2014 年	0.218	1.97	0.07	16.12	10.96	13.37	1.48
都昌	1952—2013 年	0.172	1.69	0.07	16.42	10.97	13.79	1.50
康山	1952—2013 年	0.088	1.31	0.05	17.27	13.80	15.19	1.25
棠荫	1958—2013 年	0.124	1.46	0.07	16.43	12.67	14.55	1.30
吴城	1990—2012 年	0.153	1.57	0.08	16.76	12.18	14.60	1.38
湖口	1953—2013 年	0.253	2.17	0.05	15.59	10.79	12.84	1.44
平均值	—	0.168	1.64	0.065	16.43	11.895	13.96	1.39

1.2 研究方法

1.2.1 统计分析法

应用统计分析法描述水位在年内及年代际的变化特性。对于水位年内变化特性，用不均匀系数 C_n 表示

$$C_n = \sqrt{\sum_{i=1}^{12} \frac{(h_i/\overline{h} - 1)^2}{12}} \tag{1}$$

式中：h_i 为月平均水位，m，$i=1,2,\cdots,12$；$\overline{h}$ 为年平均水位，m；C_n 越大表明水位年内变化幅度越大。

对于水位年际变化特性采用变差系数 C_V 和水位极值比 K（年最高水位和最低水位之比）表示。

$$C_V = \frac{\sigma}{\overline{H}} \qquad (2)$$

其中 $\overline{H} = \frac{1}{n}\sum_{j=1}^{n} H_j$，$\sigma = \sqrt{\dfrac{\sum\limits_{j=1}^{n}(H_j - \overline{H})^2}{n}}$

式中：H_j 为第 j 年的年平均水位，m，$j = 1，2，\cdots，n$；n 为观测年限；$\overline{H}$ 为多年平均水位，m。C_V 和 K 的值越大表明水位年际变化越大。

1.2.2 Mann-Kendall 非参数检验法

Mann-Kendall 法属于非参数检验方法，可以用来检验一个时间序列的变化趋势和识别序列是否有突变点。该方法的优点是不需要样本遵从一定的分布，也不受少数异常值的干扰，更适用于类型变量和顺序变量，且计算简单，被广泛应用于气象、水文资料的趋势分析和突变检测中。

1.2.3 小波分析法

小波分析（Wavelet Analysis）是 20 世纪 80 年代后期在 Fourier 变换的基础上发展起来的一种信号的时间-频率（时间-尺度）分析方法，是发展起来的新的应用数学分支，它的思想来源于伸缩和平移方法。和 Fourier 变换相比，小波变换是时间和频域的局部变换，它适用于处理局部或暂态信号，因而能有效地从信号中提取信息，通过伸缩和平移等运算功能对函数或信号进行多尺度细化分析（Multiscale Analysis），解决了 Fourier 变换不能解决的许多困难问题。近年来，小波分析在水文学和气象学中的应用逐渐增多，如水文气象序列周期分析、水文序列滤波、水文序列趋势分析、水文序列奇异性检测和水文序列预测预报等。

2 结果与分析

2.1 水位年内变化规律

鄱阳湖 6 个水位站多年月平均水位年内变化过程如图 1 所示。从图中可以看出，鄱阳湖月最高水位一般出现在 7 月，平均水位为 17.75m，最低水位一般出现在 1 月，平均水位为 10.8m，年内变化幅度达 6.95m。从表 1 中不均匀系数 C_n 和月极值比的统计结果可以看出，6 站水位年内变化极值比（即最高水位与最低水位的比值）分别为湖口站 2.17、星子站 1.97、都昌站 1.69、吴城站 1.57、棠荫站 1.46 和康山站 1.31，可以看出鄱阳湖水位年内变化受长江水位的影响很大，越靠近湖口，水位年内变化幅度越大。

2.2 水位年际变化趋势

由于湖口、星子、都昌和康山 4 站的水位观测时间序列比较完整（1953—2013 年），本文以这 4 站水位的平均值作为鄱阳湖的平均水位，分析鄱阳湖水位多年变化趋势，如图 2 所示。

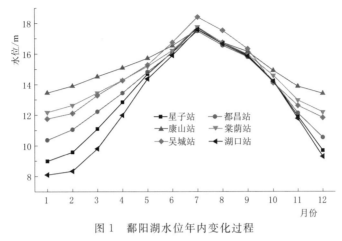

图 1　鄱阳湖水位年内变化过程

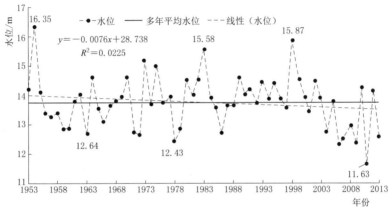

图 2　鄱阳湖水位多年变化趋势

从图 2 中可以看出，鄱阳湖水位在多年尺度上呈现微弱的下降趋势，但是自 2003 年以来下降幅度较大，并多次出现极低枯水位。应用 Mann - Kendall 方法对鄱阳湖 6 个水位站多年径流变化趋势进行分析，统计量 Z 值见表 2。从表中可以看出，6 个水位站的 Z 值全部为负值，即水位整体呈现下降趋势。其中星子、都昌、康山、棠荫和湖口的统计量 Z 的绝对值 $|Z|<1.65$，没有通过显著性检验，说明这 5 站水位下降趋势并不明显；吴城站统计量 $1.96<|Z|<2.58$，通过了 95% 显著性水平检验，说明该站水位下降趋势明显。因为吴城站的水位序列长度为 1990—2012 年，而其余 5 站的水位时间序列都比较长，这也说明了鄱阳湖水位在近 60 年呈现微弱的下降趋势，但是 1990 年之后水位下降速度明显加快。

表 2　　　　　　　　　鄱阳湖各水位站 Mann - Kendall 趋势变化统计

水位站	Z 值	变化趋势	显著性水平
星子	−0.74	降低	不显著
都昌	−1.15	降低	不显著
康山	−0.87	降低	不显著
棠荫	−0.94	降低	不显著

续表

水位站	Z 值	变化趋势	显著性水平
吴城	−2.43[①]	降低	显著
湖口	−0.72	降低	不显著

① 表示通过95%显著性检验。

鄱阳湖水位的累积距平图如图3所示。从上图中可以看出，鄱阳湖的水位在1955—1972年处于下降趋势，1973—1979年出现波动，1980—2003年处于上升趋势，2004年之后下降趋势明显，并且下降速度加快。

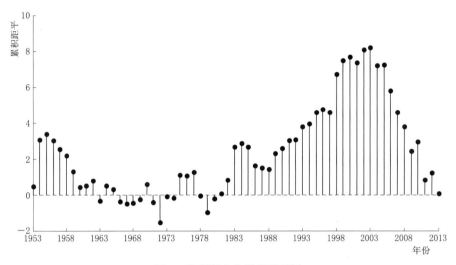

图 3　鄱阳湖水位累积距平图

鄱阳湖6个水位站实测水位在年际间的变化特征统计结果见表3。从图表中可以明确看出，2000年以后鄱阳湖各水位站的水位均出现大幅下降，出现了有记录以来历史最低水位。与20世纪90年代的水位和多年平均水位相比，21世纪以后鄱阳湖水位分别下降了1.08m和0.52m。

表 3　　　　　　　　　　　　　鄱阳湖水位年际变化特征　　　　　　　　　　　　单位：m

水位站	1950—1959 年	1960—1969 年	1970—1979 年	1980—1989 年	1990—1999 年	2000 年至今	各站多年平均水位
星子	13.47	13.15	13.24	13.73	13.90	12.70	13.37
都昌	14.03	13.60	13.73	14.11	14.28	13.02	13.79
康山	15.43	15.00	15.10	15.29	15.49	14.82	15.19
棠荫	—	14.44	14.51	14.77	14.95	14.09	14.55
吴城	—	—	—	—	15.16	14.05	14.60
湖口	13.05	12.58	12.60	13.14	13.36	12.31	12.84
鄱阳湖平均水位	14.04	13.71	13.84	14.21	14.52	13.44	13.96

2.3 水位极值变化规律

表 1 中 6 个水位站的水位变差系数 C_V、水位最大最小值和年极值比的统计结果表明，鄱阳湖水位在多年间存在较大的差异，水位变化年极值比为 $1.25 \sim 1.50$，距离长江干流较近的湖口、星子和都昌 3 站变化幅度更大，最高水位和最低水位差分别达到了 4.8m、5.16m 和 5.45m。综合来说，鄱阳湖在 20 世纪 90 年代平均水位最高，而在 2000 年以后平均水位最低。表 4 统计了鄱阳湖 6 个水位站日、月、年尺度上最高水位、最低水位及其出现的时间，对比图 2 可以看出，鄱阳湖年平均最高水位出现在 1954 年和 1998 年（棠荫和吴城站没有 1954 年的实测水位），最低水位出现在 2011 年。

表 4   鄱阳湖极端水位情况统计表

水位站	星子	都昌	康山	棠荫	吴城	湖口
日最低水位/m	7.11	7.53	11.97	9.64	9.21	5.91
出现时间	2004年2月4日	2013年12月15日	2004年1月11日	2007年12月18日	2012年1月5日	1963年2月6日
月最低水位/m	7.28	8.3	12.2	9.92	9.64	6.07
出现时间	2004年2月	2009年1月	2004年1月	2007年12月	2007年12月	1963年2月
年最低水位/m	10.96	10.97	13.80	12.67	12.18	10.79
出现时间	2011年	2011年	2011年	2011年	2011年	2011年
日最高水位/m	22.52	22.43	22.43	22.57	22.98	22.53
出现时间	1998年8月2日	1998年8月2日	1998年7月30日	1998年7月30日	1998年8月2日	1998年7月30日
月最高水位/m	21.96	21.85	21.86	21.96	22.42	22.01
出现时间	1998年8月	1998年8月	1998年8月	1998年8月	1998年8月	1998年8月
年最高水位/m	16.12	16.42	17.27	16.43	16.76	15.59
出现时间	1954年	1954年	1954年	1998年	1998年	1954年

2.4 水位突变特性

应用 Mann－Kendall 法检验时间序列的突变特性时，将 UF 和 UB 两条统计量序列曲线和 $UF_{0.05} = \pm 1.96$ 两条直线绘制在同一张图上。如果 UF 和 UB 两条曲线在两条临界线 $UF_{0.05} = \pm 1.96$ 之间相交，则说明该序列有突变，交点对应的时刻便是突变开始的时间。通过对比分析发现，鄱阳湖 6 个水位站的水位突变情况几乎相同，有 3 个比较明显的突变点，即 1955 年、1965 年和 2006 年，突变前后水位变化情况见表 5。下面以湖口站和康山站的 Mann－Kendall 检验图分析鄱阳湖水位突变情况。

表 5   鄱阳湖水位 Mann－Kendall 突变检验结果

水位站	突变年份	突变前平均水位/m	突变后平均水位/m	突变前后水位变化幅度/m
	1954	15.01	13.01	−2.00
都昌	1965	13.01	13.47	0.46
	2005	13.47	12.43	−1.04

续表

水位站	突变年份	突变前平均水位/m	突变后平均水位/m	突变前后水位变化幅度/m
星子	1956	15.00	13.52	−1.48
	1965	13.52	13.86	0.34
	2007	13.86	12.49	−1.37
康山	1955	16.18	14.94	−1.24
	1968	14.94	15.28	0.34
	2006	15.28	14.63	−0.65
棠荫	2005	14.65	13.90	−0.75
吴城	2006	14.93	13.62	−1.31
湖口	1955	14.35	12.46	−1.89
	1969	12.46	12.98	0.52
	2005	12.98	12.08	−0.90

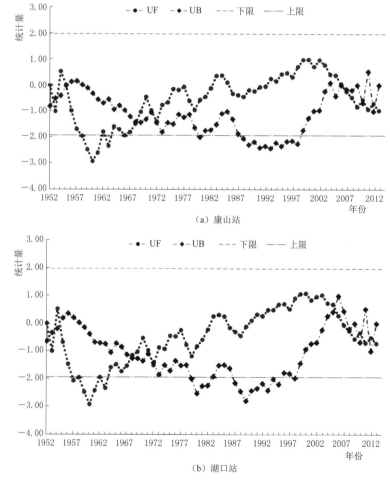

（a）康山站

（b）湖口站

图 4　鄱阳湖水位 Mann-Kendall 突变检验结果

鄱阳湖水位M-K突变检验结果如图4所示，从图中可以看出，康山站和湖口站都发生了3次（明显的）水位突变，突变点分别为1955年、1968（1969）年和2006（2005）年。康山站1955年之前的平均水位为16.18m，1956—1968年的平均水位为14.94m，平均水位降低了1.24m；1969—2006年的平均水位为15.28m，平均水位升高0.34m；2006—2013年的平均水位为14.63m，平均水位降低了0.65m。湖口站水位受长江干流的影响较大，水位的突变表现得也更明显。湖口站1956—1969年的平均水位比1955年之前的平均水位降低了1.89m，1970—2005年的平均水位比1956—1969年的平均水位升高了0.52m，2005—2013年的平均水位比1970—2005年的平均水位降低了0.9m。

2.5 水位变化周期规律

下面以湖口、星子、都昌和康山4站的水位平均值作为鄱阳湖的水位，应用小波分析法对鄱阳湖水位变化的周期特性进行分析。本文应用Morlet复值小波对预处理后的鄱阳湖的年水位时间序列进行分解，得到小波系数。绘制小波系数实部等值线图，如图5所示。

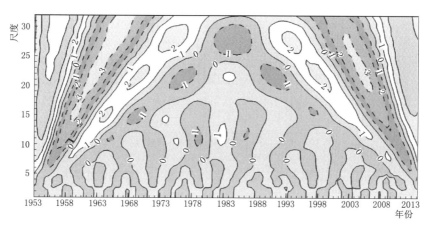

图5 小波系数实部等值线图

当小波系数实部值为正时，代表水位较高，为负时表示水位较低。从图5中可以看出鄱阳湖水位变化没有明显的周期特性，只在12年以上尺度（周期中心约为28年）表现出一定的周期性，但也不甚明显。鄱阳湖位于鄱阳湖生态经济开发区的核心地带，受人工取用水的扰动比较大，加之气候变化和"五河"流域与长江干流大型水库调蓄过程的影响，使得鄱阳湖湖区水位过程发生变异，表现出明显的不规则特性。

小波方差图能反映水位时间序列的波动能量随尺度的分布情况，可用来确定水位演变过程中存在的主周期。鄱阳湖水位小波方差图如图6所示，从图中可以看出，只有1个相对明显的峰值，对应28年的时间尺度。

根据小波方差的检验结果，绘制出控制鄱阳湖水位变化的28年尺度周期的小波系数图，如图7所示。从主周期趋势图中可以分析出在不同的时间尺度下，水位存在的平均周期及丰、枯变化特征。图8显示了在28年特征时间尺度上，鄱阳湖水位变化的平均周期为18年左右，大约经历了3.5个丰、枯变化期。

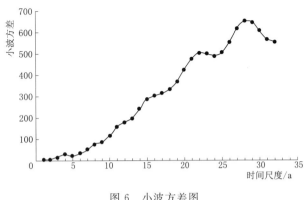

图 6　小波方差图

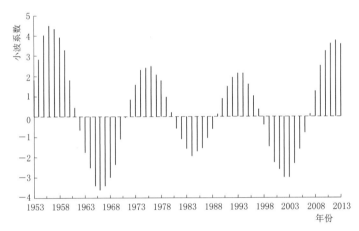

图 7　鄱阳湖水位变化的 28 年特征时间尺度小波实部过程线

3　结语

鄱阳湖水位变化即受流域降水、径流、蒸发等自然因素的影响，也受到流域水库调节、环湖区农业、工业和社会用水、采砂、围垦等人工措施的影响，且后者的影响占主导作用。本文通过多种方法对鄱阳湖水位年内年际的变化特征进行分析，得出如下结论。

（1）年内变化：鄱阳湖水位在年内具有高动态的变化特征，且越靠近鄱阳湖入长江口水位年内的变化幅度越大，多年平均月最高最低水位差达到 6.95m。

（2）年际变化：鄱阳湖水位从 20 世纪 50 年代至今，水位整体呈现微弱的下降趋势，但是自从 1990 年以后，水位的下降趋势明显加快，特别是 2003 年以后，鄱阳湖连续多年出现极端枯水情况。

（3）极值变化：鄱阳湖多尺度极端水位分析结果表明，湖区日、月、年最高水位出现在 1954 年和 1998 年（棠荫站和吴城站没有 1954 年的水位观测资料）；6 站最低水位出现时机则不一致，但都主要集中在 2003 年之后（湖口站日、月最低水位出现在 1963 年）。

（4）突变特性：鄱阳湖的水位存在 3 个比较明显的突变点，即 1955 年、1965 年和

2006 年。以湖口站为例，1956—1969 年的平均水位比 1955 年之前的平均水位降低了 1.89m，1970—2005 年的平均水位比 1956—1969 年的平均水位升高了 0.52m，2005—2013 年的平均水位比 1970—2005 年的平均水位降低了 0.9m。

（5）周期性：受多种因素的共同影响，鄱阳湖水位多年变化的周期特性已经被扰乱，仅存在一个相对明显的周期，大约为 18 年，20 世纪 50 年代至今大约经历了 3.5 个丰、枯变化期。

鄱阳湖水位变化受多因素的综合作用在年内和年际间都表现出不稳定性，在分析其演变特性的基础上对单因子及多因子耦合作用下鄱阳湖水位的变化趋势及其作用机制将是未来的研究重点。

参 考 文 献

［1］ 叶春，刘元波，赵晓松，等. 基于 MODIS 的鄱阳湖湿地植被变化及其对水位的响应研究［J］. 长江流域资源与环境，2013，22（6）：705 - 712.

［2］ 罗蔚，张翔，邓志民，等. 近 50 年鄱阳湖流域入湖总水量变化与旱涝急转规律分析［J］. 应用基础与工程科学学报，2013，21（5）：845 - 856.

［3］ 欧阳千林，刘卫林. 近 50 年鄱阳湖水位变化特征研究［J］. 长江流域资源与环境，2014，23（11）：1545 - 1550.

［4］ 汪迎春，赖锡军，姜加虎，等. 三峡水库调节典型时段对鄱阳湖湿地水情特征的影响［J］. 湖泊科学，2011，23（2）：191 - 195.

［5］ XUE D，WAN R，YANG G. Non - stationary water - level fluctuation in China's Poyang Lake and its interactions with Yangtze River［J］. Journal of Geographical Sciences，2015，25（3）：274 - 288.

［6］ 刘志刚，倪兆奎. 鄱阳湖发展演变及江湖关系变化影响［J］. 环境科学学报，2015，35（5）：1265 - 1273.

［7］ CAI X，FENG L，WANG Y，et al. Influence of the Three Gorges Project on the Water Resource Components of Poyang Lake Watershed：Observations from TRMM and GRACE［J］. Advances in Meteorology，2015，2015：1 - 7.

［8］ 谢冬明，郑鹏，邓红兵，等. 鄱阳湖湿地水位变化的景观响应［J］. 生态学报，2011，31（5）：1269 - 1276.

［9］ 胡振鹏，葛刚，刘成林，等. 鄱阳湖湿地植物生态系统结构及湖水位对其影响研究［J］. 长江流域资源与环境，2010，19（6）：597 - 605.

［10］ 刘旭颖，关燕宁，郭杉，等. 基于时间序列谐波分析的鄱阳湖湿地植被分布与水位变化响应［J］. 湖泊科学，2016，28（1）：195 - 206.

［11］ 于延胜，陈兴伟. 基于 Mann - Kendall 法的径流丰枯变化过程划分［J］. 水资源与水工程学报，2013，24（1）：60 - 63.

［12］ 张晓，李净，姚晓军，等. 近 45 年青海省降水时空变化特征及突变分析［J］. 干旱区资源与环境，2012，26（5）：6 - 12.

［13］ 于延胜，陈兴伟. 基于 Mann - Kendall 法的水文序列趋势成分比重研究［J］. 自然资源学报，2011，26（9）：1585 - 1591.

［14］ YUE S，PILON P，CAVADIAS G. Power of the Mann - Kendall and Spearman's rho tests for detecting monotonic trends in hydrological series［J］. Journal of Hydrology，2002，259（1）：254 - 271.

［15］ Hamed K H. Trend detection in hydrologic data：the Mann–Kendall trend test under the scaling hypothesis ［J］. Journal of Hydrology，2008，349（3）：350–363.

［16］ 邹春霞，申向东，李夏子，等. 小波分析法在内蒙古寒旱区降水量特征研究中的应用 ［J］. 干旱区资源与环境，2012，26（4）：113–116.

［17］ 王文圣，丁晶，向红莲，等. 小波分析在水文学中的应用研究及展望 ［J］. 水科学进展，2002，13（4）：515–520.

［18］ 桑燕芳，王中根，刘昌明. 小波分析方法在水文学研究中的应用现状及展望 ［J］. 地理科学进展，2013，（9）：1413–1422.

［19］ 王楠，李栋梁，张杰. 黄河中上游流域夏季异常降水的变化特征及环流分析 ［J］. 干旱区地理，2012，35（5）：754–763.

鄱阳湖藻类生长对水文气象要素的响应研究

欧阳千林　郭玉银　王　婧

（江西省鄱阳湖水文局，江西九江　332800）

摘　要： 本文基于 2014—2016 年藻类实测成果，分析藻类生长对流速、水温、太阳辐射的响应特征，并探讨流速、气温的预警阈值。结果表明：①鄱阳湖适宜藻类生长流速区间具有空间差异性；②鄱阳湖蓝藻生长最适宜的水温为 25～30℃；③藻类生长与太阳辐射量呈一定正相关关系；④当湖口流速小于 0.4m/s 时，或湖区连续三日最高气温平均值达到 27.5～35.2℃ 时，应密切注意东北湖湾、北部湖区和南部湖区藻类生长情况，特别是当几个适宜条件同时发生时，更应加密测次，同时实时修正预警指标。

关键词： 鄱阳湖；藻类；水文；气象；响应

1 引言

湖泊富营养化是世界范围内严重的水质问题之一，已经成为制约社会经济持续发展的重要因素。鄱阳湖是我国最大的淡水湖泊，是国际重要湿地，在国内外享有盛誉。但是鄱阳湖第二次科学考察成果表明，鄱阳湖水质呈下降趋势，局部湖区氮、磷营养盐浓度较高，并出现藻类高密度繁殖现象，都昌、军山湖、康山湖、撮箕湖、战备湖等湖区水面均有肉眼可见的大群体蓝藻聚集。

蓝藻水华的形成不外乎内因主导和外因驱动，目前大多数研究学者认为，蓝藻独特的生理特点是其内因，丰富的营养盐、合适的水体温度和辐射强度是主要外因，而合适的水流条件则更加有利于藻类聚集，从而形成水华。目前，大多数藻类研究和预警主要集中在太湖，而对鄱阳湖藻类研究的重视程度较轻。本文基于实测资料，结合前人研究成果，分析水文气象因子对鄱阳湖藻类生长的驱动作用，为鄱阳湖藻类预警提供一定的技术支撑。

2 研究区域与数据来源

2014—2016 年，根据鄱阳湖的水文特征，选取康山、蛇山、都昌、星子、湖口 5 个监测站点，每月开展常规藻类监测，共开展 36 次监测。每次监测均采集了定性和定量样品，定性样品用 25 号浮游生物网在表层呈"∞"状缓慢拖曳采集，定量样品用取 1L 水样用鲁哥氏液（浓度约 1.5%）固定，回实验室后进行藻类属类及数目检定。同时收集鄱阳湖水温、湖流、气温、日照时数等资料。

3 鄱阳湖藻类变化特征

鄱阳湖浮游藻类主要有8门80属，其中又以绿藻、硅藻、蓝藻数量最多，共占藻类种类的87.5%。根据监测成果显示，鄱阳湖藻类在年内具有周期性变化，7—9月为藻细胞密度最大的月份，且主要以蓝藻为主；12月至次年1月藻细胞密度最小，主要以硅藻为主。总体而言，鄱阳湖藻细胞密度在年内变化上呈现这样一种规律：4月，蓝藻开始复苏，藻细胞密度逐渐增大，但空间差异较小，随着时间推移，江西进入雨季，湖区水位上涨，湖面逐渐扩大、流速减小，同时日照充足，给蓝藻生长提供了适宜的外部环境，蓝藻快速生长，至8月达到高峰，而后随着水面减小、空间适宜环境变化，藻类分布空间分布差异明显，藻类密度逐渐减小，优势种转变为硅藻，至次年1月达到最低（图1）。

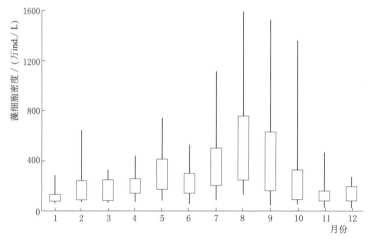

图1 鄱阳湖浮游藻类藻细胞密度年内变化箱线图

4 水文气象条件影响分析

4.1 流速

从藻类细胞密度及年内变化特征看，4—9月藻细胞密度较大，且主要表征为蓝藻，故本文仅选取最具形成水华条件的4—9月进行分析。关于藻类生长对流速变化响应国内外专家均有大量研究，一般认为，湖泊藻类生长存在一定的适宜流速区间，在该区间内，流速越增大，越有利于藻类生长繁殖或聚集；若超出该区间范围，则随着流速增大，会抑制藻类生长繁殖或聚集。0.5m/s应是蓝藻生长的最大阈值，超出该流速范围将不利于蓝藻生长繁殖或聚集。为获取鄱阳湖适宜流速范围及区间，首先利用藻细胞密度与流速进行对比分析，获取初步流速范围，然后点绘藻细胞与流速关系曲线，根据藻类生长与流速的一般性规律，进行流速适宜区间调整，如图2所示。

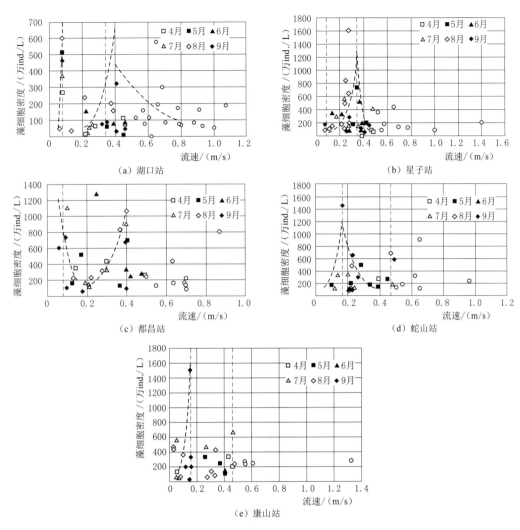

图 2　鄱阳湖各区域藻细胞密度与流速关系图

根据适宜流速范围内流速促进蓝藻生长（成正比），超出流速范围流速抑制蓝藻生长（成反比）的规律，获得各站点蓝藻生长适宜流速区间范围。主要可以得出以下结论：①各站适宜流速范围均不同，除受各区域水力条件影响外，还表明不同水域蓝藻生长促进或抑制各因子重要程度有所差异；②湖口站适宜范围为 0～0.40m/s，星子站适宜范围为 0.08～0.34m/s，都昌站适宜范围为 0.16～0.40m/s，蛇山站适宜范围为 0.05～0.17m/s，康山站适宜范围为 0～0.15m/s；③并非静水条件最为适宜蓝藻生长，只有存在微小扰动，且扰动力度不大的情况下，才能最大力度促进蓝藻生长繁殖或聚集。

4.2　水温

水温是藻类进行光合作用的必要条件，决定细胞内酶反应的速率，水温的变化不仅会影响藻类的生长，还会导致藻类的演替。一般认为，水温与藻类生长呈线性关系，水温越高，越适合藻类生长繁殖。为正确探究鄱阳湖藻类生长对水温的响应，将藻细胞密度按照中营养、轻度富营养和中度富营养分别对各监测点藻细胞浓度与水温建立 Pearson 相关（一种线性相关系数，表征两个变量间线性相关强弱的程度），计算 Pearson 相关系数（表1）。

表1　　　　　　　　　不同营养程度下藻细胞密度与水温 Pearson 系数统计表

营养程度	项　目	湖口站	星子站	都昌站	棠荫站	康山站
中营养	Pearson 相关系数	0.22	0.412	0.627	0.339	0.121
	相关程度	弱相关	中等相关	强相关	弱相关	无相关
轻度富营养	Pearson 相关系数	0.092	0.361	0.444	0.458	0.319
	相关程度	无相关	弱相关	中等相关	中等相关	弱相关
中度富营养	Pearson 相关系数	0.2	0.329	0.477	0.009	0.444
	相关程度	弱相关	弱相关	中等相关	无相关	中等相关

在尽量消除空间特征差异和营养盐的影响下，通过 Pearson 相关系数可以看出，都昌区域藻类生长与水温关系较为密切，湖口区域藻类生长与水温关系较弱，基本不受水温影响，其他区域水温仅在特定的情况下对藻类生长有影响。为获取藻类生长最适宜的水温条件，以藻类生长与水温关系最为密切的都昌区域为典型代表区域进行分析（图3），在水华风险初具条件时（藻细胞密度＞100 万 ind./L），月平均水温基本达到 12℃。从全年角度来看，最大藻细胞密度基本上处于 6—9 月，且表现出优势种基本为蓝藻，故探讨鄱阳湖水华风险应主要集中分析蓝藻，从图中可以看出适宜水温为 14.9～31.6℃，而在实验室内试验得知，蓝藻暴发最适宜的温度为 25～30℃，在水温超过 30℃时，蓝藻生长受到抑制。2017 年 6—9 月藻细胞浓度较 2015 年、2016 年少，而根据监测结果，2017 年水温超过 30℃的天数为 38d，最高水温为 34.6℃，2015 年、2016 年水温超过 30℃的天数分别有 21d、38d，最高水温分别为 33.6℃、33.8℃，表明持续性高温对藻类生长有一定的抑制作用。一般认为，蓝藻水华的形成过程大致分为下沉越冬、复苏、生物量增加（生长）、上浮及积聚 4 个阶段，而实验室内蓝藻复苏水温为 12.5℃，综合考虑鄱阳湖实际情况和

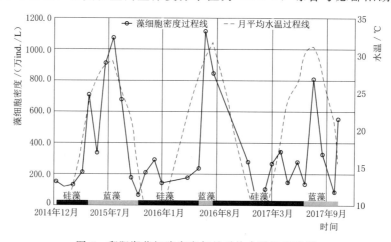

图3　鄱阳湖藻细胞密度与月平均水温过程线图

实验室研究成果，作者认为 12.5℃为蓝藻复苏预警水温，25℃为进入蓝藻最适宜的水温阈值，30℃为抑制蓝藻生长的水温阈值。

4.3 日辐射

对湖泊藻类生长而言，其通过太阳辐射能量进行光合作用，在一定范围内太阳辐射强度越大，藻类光合作用能力越强，从而促进藻类大量繁殖。根据鄱阳湖藻类特性，本文仅从蓝藻角度进行阐述，蓝藻的生长具有时间差异性，水温在 12.5℃开始复苏，此时一般处于 3—4 月，而 25℃水温为蓝藻最适宜的水温，且逐渐表征为优势种，此时一般处于 7—9 月，故本文只分析 4—9 月，将藻细胞密度按照中营养、轻度富营养和中度富营养分别对各站点进行日辐射与藻细胞密度进行 Pearson 相关系数分析（见表2）。

表 2　　　　　不同营养程度下藻细胞密度与月辐射总量相关关系统计表

营养程度	项　目	星子站	都昌站	棠荫站	康山
中营养	Pearson 相关系数	—	0.625	—	0.323
	相关程度		强相关		弱相关
轻度富营养	Pearson 相关系数	0.501	0.54	0.06	0.056
	相关程度	中等相关	中等相关	无相关	无相关
中度富营养	Pearson 相关系数	—	—	0.769	—
	相关程度			强相关	

根据统计结果，都昌区域 4—9 月藻类生长与辐射量呈强正相关关系，具有辐射量越大，藻类生长越茂盛等特点，其他区域内藻类生长在不同条件下与辐射量呈或强或弱相关性。表明：①鄱阳湖区域内藻类生长因子权重呈地域差异特征；②鄱阳湖日辐射变化对藻类生长不起决定性作用。

5　预警机制探讨

上述分析得知，流速、水温、太阳辐射量均能对蓝藻生长产生促进或者抑制作用，但利用其进行条件预警略显不便。就流速而言，湖口站位于鄱阳湖与长江交汇处，流速受上游来水和长江洪水影响，从一定程度上能反映湖区流速变化。基于湖流监测成果进行流速区域相关性分析，湖口流速与入江水道、北部湖区、主湖区（含东北湖湾）、南部湖区平均流速相关系数 R^2 分别为 0.622、0.510、0.453、0.366，相关曲线为幂函数分布；将入江水道平均流速与北部湖区、主湖区（含东北湖湾）、南部湖区平均流速相关系数 R^2 分别为 0.946、0.870、0.724，相关关系紧密，函数关系呈幂指数分布。利用湖口流速和入江水道、入江水道与北部湖区、主湖区（含东北湖湾）、南部湖区的相关关系，将各区域适宜流速反映在湖口流速上，得出当湖口流速小于 0.4m/s 时，入江水道区进入藻类生长适宜范围；当湖口流速小于 0.28m/s 时，主湖区、东北湖湾进入藻类生长适宜范围；当湖口流速小于 0.24m/s 时，北部湖区进入藻类生长适宜范围；当湖口流速小于 0.15m/s 时，南部湖区进入藻类生长适宜范围。湖口流速受湖口流量和水道断面面积控制，不同水位级下同一流量对应不同的流速，按 1m 进行水位分级，分别计算各适宜流速下湖口流量阈值（表3）。

表3　　　　　　　　　　　　不同水位级下湖口流量预警指标

水位/m	湖口流量上限预警值/（m³/s）			
	入江水道	主湖区、东北湖湾	北部湖区	南部湖区
13.00～14.00	3600	2500	2100	1300
14.00～15.00	4100	2900	2400	1500
15.00～16.00	4500	3300	2800	1700
16.00～17.00	5100	3600	3100	1900
17.00～18.00	5500	3900	3300	2000
18.00～19.00	6000	4100	3600	2100
19.00～20.00	6500	4500	3900	2400
20.00～21.00	7000	5000	4200	2600

水温的变化主要来源于气候条件的变化，若能使用气温来反映水温阈值则较为方便，根据水温气温散点关系可以使用 Logistic 函数（增长函数）来进行模拟，具体形式表现为 $Y=\dfrac{A}{B+CD^{-KX}}$（Y 表示水温；X 表示气温；A、B、C、D、K 为参数），同时考虑气温对水温影响的滞后效应，以及到升温期和降温期影响程度不一，将全年按照气温变化特征划分为升温期（1—7 月）、降温期（8—12 月）分别进行模拟（图4），并获取各参数值。

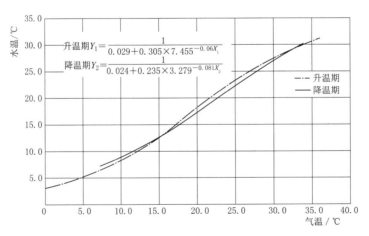

图4　鄱阳湖升温期和降温期水温、三日滑动气温分析图

根据拟合成果进行气温阈值计算得到：若连续三日滑动最高气温达到 14.8℃，蓝藻开始复苏；若达到 27.5℃，蓝藻达到最适宜水温，开始大量繁殖；若达到 35.2℃，蓝藻生长反而起到抑制。

6 结论与建议

本文根据实测成果，分析藻类生长对流速、水温、辐射的响应规律，并依据特征成果提出以湖口流量和气温为指标的预警阈值，主要有以下结论：

（1）并非静水条件最为适宜蓝藻生长，只有存在微小扰动，且扰动力度不大的情况下，才能最大力度促进蓝藻生长繁殖或聚集；受区域水力条件和其他因子影响，各区域适宜流速范围均不同；当水温达到12.5℃时，蓝藻开始复苏，25～30℃为蓝藻生长最适宜的水温条件；藻类生长与辐射量呈一定正相关关系。

（2）当湖口流速小于0.4m/s时，入江水道区流速提供藻类生长较为适宜的动力条件，且随着湖口流速的减小，适宜流速空间范围从北至南逐渐扩大；当连续三日最高气温平均值达到14.8℃，蓝藻开始复苏；达到27.5℃，蓝藻达到最适宜水温，开始大量繁殖；若达到35.2℃时，蓝藻生长反而起到抑制。

（3）适宜蓝藻生长繁殖的动力、水温条件应是持续的、长时间作用的，根据鄱阳湖藻类空间分布性质及其对流速、水温的响应特点，建议着重注意春夏两季受长江顶托或上游来水较小情况下东北湖湾、北部湖区和南部湖区，当适宜条件同时发生时应重点加密测次，实时修正预警指标。

参 考 文 献

[1] 戴国飞，张萌，冯明雷，等. 鄱阳湖南矶湿地自然保护区蓝藻水华状况与成因分析 [J]. 生态科学. 2015，34（4）：26-30.
[2] 高月香，张永春. 水文气象因子对藻华爆发的影响 [J]. 水科学与工程技术，2016（2）：10-12.
[3] 林毅雄，韩梅. 滇池富营养化的铜绿微囊藻（Microcystis aeraginoda Kütz）生长因素的研究 [J]. 环境科学进展，1998，6（3）：82-87.
[4] 姜张咏，蒋建军，等. 基于数据的太湖蓝藻变化与水温关系研究 [J]. 环境科技，2009，22（6）：28-31.
[5] Rhee G Y，Gotham I J. The effect of environmental factors onphytoplankton growth：temperature and the interactions oftemperature with nutrient limitation [J]. Limnology and Oceanography，1981（26）：635-648.
[6] 孔繁翔，高光. 大型浅水富营养化湖泊中蓝藻水华形成机理的思考 [J]. 生态学报，2005，25（3）：589-595.
[7] 姜晟，张咏，蒋建军，等. 基于MODIS数据的太湖蓝藻变化与水温关系研究 [J]. 环境科技，2009，22（6）：28-31.
[8] 刘霞，陆晓华，陈宇炜. 太湖浮游硅藻时空演化与环境因子的关系 [J]. 环境科学学报，2012，32（4）：821-827.
[9] Hickman M. Effects of the discharge of thermal effluent from a power station on Lake Wabamun，Alberta，Canada - the epipelic and epipsamic algal communities [J]. Hydrobiologia，1974，45（2）：199-215.
[10] 陈杰. 三峡水库小江回水区浮游植物群落结构特点及其影响因素研究 [D]. 重庆：重庆大学，2008.

［11］ Robarts R D，Zohary T. Temperature effects on photosynthetic capacity，respiration，and growth rates of bloom – forming cyanobacteria ［J］. New Zealand Journal of Marine and Freshwater Research，1987，21 (3)：391 – 399.

［12］ 张毅敏，张永春，张龙江，等. 湖泊水动力对蓝藻生长的影响 ［J］. 中国环境科学，2007，27 (5)：707 – 711.

［13］ Steinman A D，Mcintire C D. Effects of current velocity and light energy on the strucutre of periphyton assemblages in laboratory streams ［J］. Journal of Phycology，1986，22 (3)：352 – 361.

［14］ Mitrovic S M，Oliver R L，Rees C，et al. Critical flow velocities for the growth and dominance of Anabaena circinalis in some turbid freshwater rivers ［J］. Freshwater Biology，2003，48 (1)：164 – 174.

［15］ 刘凤丽，金峰. 富营养化水体中流速对藻类生长的调控作用研究 ［J］. 节水灌溉，2009，34 (9)：52.

［16］ 黄程，钟成华，邓春光，等. 三峡水库蓄水初期大宁河回水区流速与藻类生长关系的初步研究 ［J］. 农业环境科学学报，2006，25 (2)：453 – 457.

［17］ 孔繁翔，于洋，等. 升温过程对藻类复苏和群落演替的影响 ［J］. 中国环境科学，2009，29 (6)：578 – 582.

［18］ 王婧，曹卫芳，司武卫，等. 鄱阳湖湖流特征 ［J］. 南昌工程学院学报，2015 (3)：71 – 74.

［19］ 许丹，陆宝宏，程昕野，等. 应用 Logistic 曲线预测水库垂向水温 ［J］. 河海大学学报（自然科学版）. 2013，41 (3)：235 – 240.

［20］ 董林蠹，陈建耀，付丛生，等. 珠海小规模溪流水温与气温关系研究 ［J］. 水文，2011，31 (1)：81 – 87.

江西水文监测研究与实践
（第一辑）
水文信息化应用

江西省水文监测中心 编

中国水利水电出版社
www.waterpub.com.cn
·北京·

内 容 提 要

江西省水文监测中心（原江西省水文局）结合工作实践，组织编写了江西水文监测研究与实践专著，包括：鄱阳湖监测、水文监测、水文情报预报、水资源调查评价、水文信息化应用、水生态监测六个分册，为水文信息的感知、分析、处理和智慧应用提供了科技支撑。

本书为水文信息化应用分册，共编选了 14 篇论文，反映了近年来江西省水文监测中心在水文信息化应用领域的研究与实践成果。

本书适合从事水文监测、水文情报预报、水资源管理等工作的专家、学者及工程技术人员参考阅读。

图书在版编目（C I P）数据

江西水文监测研究与实践. 第一辑. 水文信息化应用/
江西省水文监测中心编. -- 北京 ：中国水利水电出版社，
2022.9
ISBN 978-7-5226-0415-2

Ⅰ．①江… Ⅱ．①江… Ⅲ．①水文工作－信息化－江
西－文集 Ⅳ．①P33-53

中国版本图书馆CIP数据核字(2022)第168360号

书　　名	江西水文监测研究与实践（第一辑）　　水文信息化应用 JIANGXI SHUIWEN JIANCE YANJIU YU SHIJIAN（DI-YI JI） SHUIWEN XINXIHUA YINGYONG
作　　者	江西省水文监测中心　编
出版发行	中国水利水电出版社 （北京市海淀区玉渊潭南路 1 号 D 座　100038） 网址：www.waterpub.com.cn E-mail：sales@mwr.gov.cn 电话：(010) 68545888（营销中心）
经　　售	北京科水图书销售有限公司 电话：(010) 68545874、63202643 全国各地新华书店和相关出版物销售网点
排　　版	中国水利水电出版社微机排版中心
印　　刷	北京印匠彩色印刷有限公司
规　　格	184mm×260mm　16 开本　55.25 印张（总）　1344 千字（总）
版　　次	2022 年 9 月第 1 版　2022 年 9 月第 1 次印刷
印　　数	0001—1200 册
总 定 价	**288.00 元（共 6 册）**

凡购买我社图书，如有缺页、倒页、脱页的，本社营销中心负责调换

《水文信息化应用》
编 委 会

主　编：李良卫　金叶文

副主编：夏思远　王述强

编　委：张　飞　尧俊辉　班　磊　朱志杰　袁　程

　　　　黄燕荣　江澜宏　曾　亮　王　颢

序

　　水文科学是研究地球上水体的来源、存在方式及循环等自然活动规律，并为人类生产、生活提供信息的学科。水文工作是国民经济和社会发展的基础性公益事业；水文行业是防汛抗旱的"尖兵和耳目"、水资源管理的"哨兵和参谋"、水生态环境的"传感器和呵护者"。

　　人类文明的起源和发展离不开水文。人类"四大文明"——古埃及、古巴比伦、古印度和中华文明都发端于河川台地，这是因为河流维系了生命，对水文条件的认识，对水规律的遵循，催生并促进了人类文明的发展。人类文明以大河文明为主线而延伸至今，从某种意义上说，水文是文明的使者。

　　中华民族的智慧，最早就表现在对水的监测与研究上。4000年前的大禹是中国历史上第一个通过水文调查，发现了"水性就下"的水文规律，因势疏导洪水、治理水患的伟大探索者。成功治水，成就了中国历史上的第一个国家机构——夏。可以说，贯穿几千年的中华文明史册，每一册都饱含着波澜壮阔的兴水利、除水害的光辉篇章。在江西，近代意义上的水文监测始于1885年在九江观测降水量。此后，陆续开展了水位、流量、泥沙、蒸发、水温、水质和墒情监测以及水文调查。经过几代人持续奋斗，今天的江西已经拥有基本完整的水文监测站网体系，进行着全领域、全方面、全要素的水文监测。与此相伴，在水文情报预报、水资源调查评价、水生态监测研究、鄱阳湖监测研究和水文信息化建设方面，江西水文同样取得了长足进步，累计74个研究项目获得国家级、省部级科技奖。

　　长期以来，江西水文以"甘于寂寞、乐于奉献、敢于创新、善于服务、精于管理"的传统和精神，开创开拓、前赴后继，为经济社会发展立下了汗马功劳。其中，水文科研队伍和他们的科研成果，显然发挥了科学技术第一生产力的重大作用。

　　本书就是近年来，江西水文科研队伍艰辛探索、深入实践、系统分析、科学研究的劳动成果和智慧结晶。

　　这是一支崇尚科学、专注水文的科研队伍。他们之中，既有建树颇丰的

老将，也有初出茅庐的新人；既有敢于突进的个体，也有善于协同的团队；既有执着一域的探究者，也有四面开花的多面手。他们之中，不乏水文科研的痴迷者、水文事业的推进者、水文系统的佼佼者。显然，他们的努力应当得到尊重，他们的奉献应当得到赞许，他们的研究成果应当得到广泛的交流、有效地推广和灵活的应用。

然而，出版本书的目的并不局限于此，还在于激励水文职工钻科技、用科技、创科技，营造你追我赶、敢为人先的行业氛围；在于培养发现重用优秀人才，推进"5515"工程，建设实力雄厚的水文队伍；在于丰富水文文化宝库，为职工提供更多更好的知识食粮；在于全省水文一盘棋，更好构筑"监测、服务、管理、人才、文化"五体一体发展布局；推进"135"工程。更在于，贯彻好习近平总书记"节水优先、空间均衡、系统治理、两手发力"治水思路，助力好富裕幸福美丽现代化江西建设，落实好江西水利改革发展系列举措，进一步擦亮支撑防汛抗旱的金字招牌，打好支撑水资源管理的优质品牌，打响支撑水生态文明的时代新牌。

谨将此书献给为水文事业奋斗一生的前辈，献给为明天正在奋斗的水文职工，献给实现全面小康奋斗目标的伟大祖国。

让水文随着水利事业迅猛推进的大态势，顺应经济社会全面发展的大形势，在开启全面建设社会主义现代化国家新征程中，躬行大地、奋力向前。

2021 年 4 月于南昌

前　言

　　水文科学和水文工作的成果就是信息，其表现形式主要是数据。水文科学就是在对海量数据进行采集、传输、存储、处理的基础上为人类文明服务的，从这个意义来说，水文与信息化无疑存在着天然渊源与联系。

　　江西水文早在 1930 年就开始以电报发送观测数据；1950 年开始资料整编，1980 年使用计算机整编并产生了中国第一本电算整编水文年鉴；1982 年完成微机资料整编系统研究，获得全国微机应用成果奖；1988 年建立具有国内先进水平的水文数据库，为建立全国水文数据库技术标准提供了范例；20 世纪 90 年代建成水文自动测报系统，2007 年在全国率先建成水情分中心，水文综合信息服务系统获得省政府科技进步奖。江西水文信息化的步伐坚实而有力。

　　因事业单位机构改革，2021 年 1 月江西省水文局正式更名为江西省水文监测中心，原所辖 9 家单位更名、合并为 7 家分支机构。本文作者所涉及单位仍保留原单位名称。

　　伴随着这种渊源与联系，伴随着不断引进消化运用最新信息与通信技术，水文事业走进了当今意义上的信息化时代。

　　当今的水文信息化，应当融合现代计算机和通信手段，运用数据、云计算和区块链等前沿技术，实现水文信息的全方位采集、全自动处理、全要素分析、全系列研究和全领域运用，进而以最高效率、最佳匹配、最好结果，为经济社会发展提供强力支撑、优质服务。换言之，就是构筑水文行业最高层次、最为敏锐、最为实用的"神经系统"。责任重大，使命光荣。

　　站在新的历史阶段和机遇窗口，水文信息化已然成为水文事业继续前行的基石，寄托着国家与社会对水文增强支撑力、扩展服务面、提升贡献率的深切期望。事实上，江西水文为把这种期望变成现实，已经付出的艰苦的努力，也取得了实实在在的成果，本书就是这一成果的具体表现之一。

　　本书内容主要涉及云计算条件下水文数据共享平台应用研究、地理信息系统在水文水资源管理中的应用价值分析、遥测终端在水情预报中的应用研究、水文资料整编与数据库技术融合探究、抗旱规划项目建设实践及非工程措施建设分析、东江源区智慧水文设计与实现探索、办公软件综合应用研究、水资源管理系统开发运维一体化云服务平台研究等方面，还有信息化条件下加强行业管理、提升水文监测、拓展水文服务等方面的一些理性思考和探索实践。

我们希望本书能给读者带来有益的帮助，但限于水平，本书难免出现疏漏之处，敬请广大读者批评指正。

在此，向在本书出版过程中给予关心支持的领导和专家表示衷心感谢。

编者

2020 年 3 月

目 录

CONTENTS

基于云计算的水文数据共享平台的应用研究

尹炜靖[1]　万定生[1]　关兴中[2]

（1. 河海大学计算机与信息学院，江苏南京　210098；

2. 江西省水文局，江西南昌　330002）

摘　要： 水文数据是研究水问题重要的基础信息，是我国重要的基础性科学数据资源之一。本文研究云计算现有的特点，结合水文数据规模庞大、分布地域广泛等特点，分析开源性云平台 Hadoop 中分布式文件系统 HDFS、计算模型 Map/Reduce、数据仓库 Hive 技术，设计基于 Hadoop 的水文云平台，并解决平台实现过程中服务器虚拟化、大规模异构水文数据存储以及元数据管理等关键性问题，最终使得平台具有安全可靠、易维护和良好的可扩展性等特点。

关键词： 云计算；水文数据；共享平台；Hadoop

水文水资源科学数据是研究水问题重要的基础信息，是我国重要的基础性科学数据资源之一，科学研究、国民经济建设及一切与水有关的活动均需要水文水资源科学数据的支持。所以，水文水资源科学数据的共享是国家科学数据共享工程中不可缺少的组成部分。我国水文水资源科学数据共享虽已取得了一定进展，但总体上存在着共享机制不健全、技术标准不完善、共享氛围不浓、共享技术不成熟等问题。

我国已初步建成覆盖中央和部分流域机构和省（自治区、直辖市）的分布式的水文水资源数据共享中心，可以通过部署在水利部水利信息中心的中央节点访问国家重要水文站（951 个）基本水文资料数据库和中央报汛站（约 3200 个）实时水雨情数据库，但是如果访问分节点的基础水文数据时，需要登录到分节点进行访问，资源共享不足。同时如果分节点数据受到损坏，系统不能迅速响应。

那么，如何才能做到数据灾害时迅速响应、系统易扩展、易维护、资源共享、数据安全等问题呢？近年来，云计算的出现和蓬勃发展，为解决上述问题提供了一种全新的思路。云计算作为一种基于互联网的新型的计算模式，使信息技术更加简单、易用，使得信息普及成本大幅下降，使得人们能够更好地获取和运用信息。作为新一代信息技术发展的重点，云计算技术将成为新一代信息技术产业发展中的支柱领域之一。可以预见，云计算将能够在水文行业数据共享发展中发挥重要作用。本文就提出基于云计算的水文数据共享平台解决方案，尝试利用云计算的特点，解决水文数据共享存在的问题。

1 云计算及相关技术

1.1 云计算

云计算最基本的特征是在互联网上将 IT 资源当作服务来提供，包括应用程序、计算能力、存储能力、网络、编程工具，甚至于通信服务和协作工作等。维基百科对云计算的定义是：云计算是一种能够将动态伸缩的虚拟化资源通过互联网以服务的方式提供给用户的计算模式。

1.1.1 云计算的特点

（1）弹性服务。服务的规模可快速伸缩，以自动适应业务负载的动态变化。

（2）强大的计算能力和存储能力。云计算将大规模的计算和存储数据分布在大量的分布式计算机上。

（3）可扩展性。现在大部分的软件和硬件都对虚拟化有一定支持，各种 IT 资源，软件、硬件都虚拟化放在云计算平台中统一管理，通过动态的扩展虚拟化的层次达到对以上应用进行扩展的目的。

（4）高可靠性。云计算使用了数据多副本容错、计算节点同构并可互换等措施用来保障云服务的高可靠性。

（5）虚拟化。这是云计算的一个基本特点，包括资源虚拟化和应用虚拟化。每一个应用部署的环境和物理平台是没有关系的，通过虚拟平台进行管理达到对应用进行扩展、迁移、备份、操作均通过虚拟化层次完成。

1.1.2 云计算体系架构

云计算采用了面向服务的架构思想，其架构可分为核心服务层、服务管理层、用户访问接口层（见图 1）。核心服务层将硬件基础设施、软件运行环境、应用程序抽象成服务，这些服务具有可靠性强、可用性高、规模可伸缩等特点。服务管理层为核心服务提供支持，进一步确保核心服务的可靠性、可用性与安全性。用户访问接口层实现端到云的访问。

（1）云计算核心服务层通常可以分成 3 个子层：基础设施即服务层（infrastructure as a service，IaaS）、平台即服务层（platform as a service，PaaS）、软件即服务层（software as a service，SaaS）。IaaS 是指云计算服务商提通过 Internet 向消费者提供虚拟的硬件资源，如虚拟的主机、存储、网络、安全等资源。PaaS 是指云计算服务商提供应用服务引擎，如互联网应用程序接口（API）或运行平台，用户基于服务引擎构建该类服务。SaaS 是指用户通过标准的 Web 浏览器来使用 Internet 上的软件。

（2）服务管理层对核心服务层的可用性、可靠性和安全性提供保障，对核心服务层提供的服务进行管理。

（3）用户访问接口层实现了用户对云计算服务的泛在访问，通常包括命令行、Web 服务、Web 门户等形式。

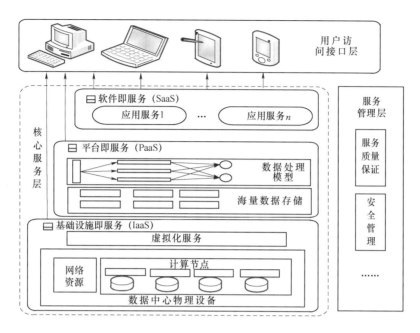

图 1   云计算架构

1.2   Hadoop 技术

Hadoop 是 Apache 软件基金会旗下的一个开源分布式计算平台，以 Hadoop 分布式文件系统（Hadoop Distributed File System，HDFS）和 MapReduce（Google MapReduce 的开源实现）为核心的 Hadoop 为用户提供了系统底层细节透明的分布式基础框架。

最底层的是 HDFS 分布式存储模型，它会为数据块创建多个副本，并放置在集群的计算节点中。HDFS 提供一整套保护数据的验证、校验、备份和存储等机制。MapReduce 是分布式计算模型，它将应用切分为多个小任务，分配至各个节点并行执行。所以，用户可以利用 Hadoop 轻松地组织计算机资源，从而搭建自己的分布式计算平台，并且可以充分地利用集群的计算和存储能力，完成海量的数据的处理。

2 平台设计

2.1   平台的设计目标

水文数据云计算平台设计的目标是利用 Hadoop 分布式存储方式，针对海量异构水文数据的特点，建立海量水文数据的存储框架，同时利用 Hadoop 基于廉价设备处理海量数据的优势，利用各地水文局的 PC 服务器搭建 Hadoop 云计算平台，支持海量水文数据的分析处理需求，同时解决水文数据实时提取有效水文数据的效率、数据安全和灾难备份等问题。

2.2 平台架构

构建水文数据共享平台应遵循信息系统的一般模型，针对水文数据的异构数据的特点，同时整合分散的计算资源，对外提供统一的服务。图2为水文数据共享云平台架构。

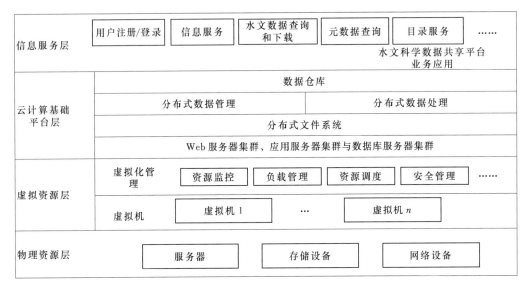

图 2 水文数据共享云平台架构

（1）物理资源层。物理资源层是水文数据共享云计算系统的最底层，物理资源层提供了最基本的硬件资源，将中央和各省水文信息中心的服务器、计算机、存储设备组合起来构成一个集群环境。

（2）虚拟资源层。虚拟资源层则通过分布式技术和虚拟化技术对服务器、存储设备与网络设备等硬件资源进行虚拟化，屏蔽各水文单位千差万别的硬件资源，以虚拟机为单位进行统一自动化管理，实现资源监控、负载管理、资源调度、安全管理等功能。

（3）云计算基础平台层。该层是水文科学数据共享云计算系统的核心部分，以虚拟机为单位构建 Web 服务器集群、应用服务器集群与数据库服务器集群，作为水文数据共享云平台的运行环境，以分布式文件系统为基础，实现分布式数据管理和分布式数据处理，利用数据仓库对外提供统一访问接口，为平台实现高性能的分布式计算环境和安全性的分布式数据存储。

（4）信息服务层。该层主要实现水文数据共享平台的应用功能，包括用户注册/登录、信息服务、水文数据查询和下载、元数据查询、目录服务等功能。

2.3 关键技术的研究

2.3.1 服务器虚拟化

虚拟化技术源于 20 世纪 60 年代，其技术本质上是一种逻辑简化技术，它通过对底层复杂的物理结构的屏蔽来实现物理层向逻辑层的转化，即将底层的物理运动向逻辑运动的转化，最终实现软件应用与底层硬件相隔离的效果，提高了 IT 资源的利用率和灵活性。

服务器是水文数据共享云计算平台的主要的硬件资源，其资源利用率直接影响平台性能。考虑到水利部和各省、市水文局的大量服务器并没有得到充分的利用，为了提高水文数据共享云计算平台的可靠性和使用性能，提出将真实的物理服务器虚拟成若干的虚拟服务器，以提高资源的利用效率。图3给出服务器虚拟的示例图。

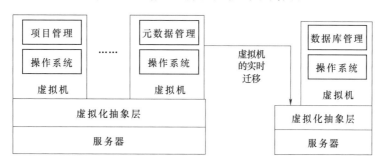

图3　服务器虚拟示例图

在一台物理服务器上构建虚拟化抽象层，利用虚拟监视器（Virtual Machine Monitor，VMM）或者虚拟化平台（Hypervisor）的实现方法，负责服务器的抽象、资源的调度及管理，将项目管理、数据库管理等运行在两个或者多个虚拟机上，充分利用服务器资源。本平台拟采用VMware Workstation实现寄宿虚拟化，该类型是VMM运行在一个宿主操作系统中，需要通过宿主操作系统来实现自己的功能。该方法实现较为容易，且性能不错。通过实现服务器虚拟化可实现实时迁移、快速部署、提高资源利用率等优点。

2.3.2　基于 Hadoop 的海量水文数据存储及数据仓库的建立

水文数据共享云计算平台最核心的部分是云计算基础平台层，其采用 Hadoop 分布式技术，为平台提供高效的、安全的数据存储、管理及高性能的数据计算模型。

该层次采用 Hadoop 技术中的分布式文件系统（HDFS）为水文异构数据提供分布式存储，如图4所示，采用主/从的体系结构，集群由一个 NameNode 和很多个 DataNode 组成。在服务器虚拟化集群中选择一个服务器作为主节点，其他节点作为从节点。NameNode 部署在主节点上，负责维护文件系统的命名空间（Namespace），管理分布式文件系统的元数据，执行文件的打开、关闭与重命名等命名空间操作，并协调客户端对文件的访问。DataNode 存储实际的数据，负责处理客户的读写请求，依照 NameNode 命令执行数据块的创建、复制、删除等工作。每个文件被分成默认为64MB的数据块，冗余存储在从节点的 DataNode 上。例如，当复制因子为3时，一个数据块副本存放在本地机架的 DataNode 中，另一个副本存放在同一个机架的另一个 DataNode 中，最后一个副本存放在其他机架的 DataNode 中。这种方法实现简单，通过冗余备份和故障恢复机制，可以确保海量水文数据的可靠存储。

采用 Hadoop 技术支持的 Clouder 公司开发的 Sqoop 工具，将各水文单位的关系型数据库中的数据导入 HDFS 中，下面以日降水量表为例给出将 Oracle 中数据导入 HDFS 的 shell 脚本。

♯Oracle 的连接字符串，其中包含了 Oracle 的地址、SID 和端口号。
CONNECTURL＝jdbc:oracle:thin:@121.248.200.18:1521:HY

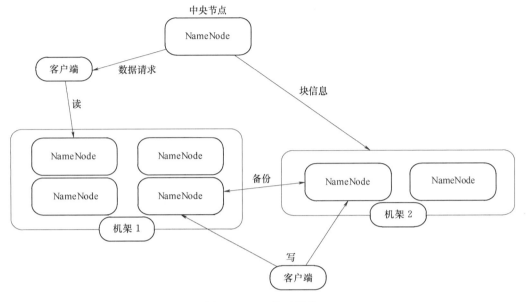

图 4　HDFS 体系结构

```
＃使用的用户名
ORACLENAME＝jx
＃使用的密码
ORACLEPASSWORD＝jx
＃需要从 Oracle 中导入的表名
oralceTableName＝hy_dp_c
＃需要从 Oracle 中导入的表中的字段名
columns＝STCD,DT,P,PRCD
＃将 Oracle 中的数据导入 HDFS 后的存放路径
hdfsPath＝apps/as/hive/＄oralceTableName
sqoop import—append—connect ＄CONNECTURL—username ＄ORACLENAME—
password ＄ORACLEPASSWORD—target - dir ＄hdfsPath—num - mappers 1—table
＄oralceTableName—columns ＄columns—fields - terminated - by '\001'
```

　　采用 Hadoop 的开源数据工具 Hive 实现水文科学数据共享云平台的数据仓库，处理海量数据和管理元数据。可以把 Hive 中海量水文数据的元数据结构化成多个表，Hive 将元数据存储在数据库中，例如，MySQL、Oracle。Hive 中的元数据包括表的名字、表的列、表的属性、表的数据所在目录等。海量的水文数据都是分布式存储在 HDFS 中的，通过访问水文资料元数据对其进行解析和转换，最终形成基于 Hadoop 的 Map/Reduce 任务，通过执行这些任务完成数据处理。

　　该数据仓库中，Hive 提供了一套类似于数据库的数据存储和处理机制，将水文元数据映射为表，并且可以生产 Map/Reduce 任务，对存储水文数据进行处理。在 Hive 最上层提供基于接口，降低共享平台的功能开发难度和对 Map/Reduce 作业的使用难度。在水文信息数据仓库中通过将水文数据和元数据的分离简化管理，可以直接访问各个数据节点，同时满足高性能和数据共享、数据安全的需求。利用 Hive 将 Hadoop 与关系型数据库相结合，用关系型数据库负责元数据管理。

2.3.3 元数据技术

元数据最常见的定义是"关于数据的数据"。更准确一点说：元数据是描述流程、信息和对象的数据。这些描述涉及像技术属性（例如，结构和行为）这样的特征、业务定义（包括字典和分类法）以及操作的特征（如活动指标和使用历史）。

将资源元数据系统部署在水文数据共享平台的中央节点上，包括元数据维护模块、元数据管理模块、元数据存储库。其中，元数据维护模块负责元数据实体维护，并且负责元数据的抽取和整合，针对每一种数据源，基于 XML Schema 的元数据表示规范将存储在 HDFS 上分布式数据抽取出有效的、规范的元数据。元数据管理模块负责元数据的分析和可视化。元数据存储库负责元数据的存储。

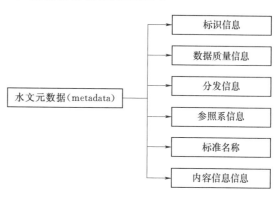

图 5　水文元数据 XML 根节点

根据水文数据特点，水文元数据以水文要素——测站为基础粒度，提取数据集的元数据，抽取标识信息、数据质量信息、分发信息、参照系信息、标准名称、内容信息这六个子集设计出如图 5 所示的水文元数据 XML 根节点。具体子节点的 XML 描述由于本文篇幅有限就不再一一介绍了。

3　平台实现

本平台的开发和部署充分利用各分布式资源节点上的闲置 PC 资源，无须购买和添置新的节点服务器，分布式节点的管理和调度通过 Hadoop 框架的部署统一由中央节点的主服务器管理。在平台的服务信息层中，旨在为用户提供统一、友好、交互式的 Web 界面。使用 Eclipse 开发工具对系统进行实现，采用 J2EE 体系架构，有助于系统的开发和部署，进而提高可移植性、安全与再用价值。基于 MVC（Model View Controller）的开发模式，将业务逻辑和数据显示分离开来，利于系统的开发和管理，同时提高系统的重用性。

系统包括用户管理模块、元数据管理模块、数据共享服务模块、规范标准模块。用户管理模块实现用户的注册、权限管理、用户信息等功能。元数据管理模块实现元数据的发布、添加、修改等功能。数据共享服务模块负责实现科学数据的分类，使用户根据需要进行有效的定位查询等。规范标准模块则实现介绍相关的标准规范和政策法规等。

基于云计算的水文数据共享平台，能够高效地管理具有规模大、地域性分散的水文科学数据，同时整合利用廉价的硬件资源，使得平台的扩展性大大增强，为水文数据的处理提供高效的计算处理模式。

4 结语

本文旨在针对水文多源异构数据的特点，构建基于云计算的水文数据共享平台。通过研究虚拟化技术、Hadoop 技术、元数据技术等问题，设计基于 Hadoop 的水文数据共享平台，以符合新一代水文科学数据共享的发展趋势，同时满足国家、社会、水文工作者对水文数据的使用需求。由于水文数据是我国重要的基础性科学数据资源之一，基于 Hadoop 建立的私有云能够有效解决数据共享带来的安全性问题。

参 考 文 献

[1] 朱明星，白婧怡，蔡佳男，等. 水利科学数据共享体系建设初探 [J]. 中国水利，2006 (5)：47 - 48，60.

[2] 朱星明，章树安，陈蓓玉，等. 可持续发展水文水资源信息共享探索及实践 [J]. 水利学报，2006，37 (1)：109 - 114.

[3] 王俊修. 基于云计算架构的视频监控系统应用研究 [J]. 中国安防，2011 (8)：93 - 96.

[4] 罗军舟，金嘉晖，宋爱波，等. 云计算：体系架构与关键技术 [J]. 通信学报，2011，32 (7)：3 - 21.

[5] 陆嘉恒. Hadoop 实战 [M]. 北京：机械工业出版社，2011：2 - 7.

[6] 杨鸿宾，宋明. 元数据管理平台总体架构设计研究 [J]. 计算机系统应用. 2007 (11)：17 - 20.

[7] 孟令奎，李三霞，张文，等. 面向水文数据共享的水文核心元数据模型研究及应用 [J]. 水文，2012，32 (1)：1 - 5，12.

[8] 白浩泉，姚立红，陆松年，等. 基于 MapReduce 并行计算模型的报警聚合算法 [J]. 信息技术，2011，35 (4)：85 - 88，92.

江西省水文数据库检索系统设计与实现

卢静媛[1] 张 阳[1] 蒋志兵[2]

(1. 江西省水文局，江西南昌 330002；

2. 江西省景德镇市水文局，江西景德镇 333000)

摘 要： 江西省水文数据库检索系统是为了适应水文水利信息化、计算机技术和江西省水文局资料管理的发展需要而设计的，其在江西省水文工作中，实现了水文监测数据的录入、存储、分析统计、查询、管理、输出等，为水文部门分析及管理提供准确的数据，同时也为社会相关部门科学研究等提供可靠依据。本文旨在提出水文数据库检索系统软件项目的设计与实现。

关键词： 水文资料；信息检索；数据库

1 基本情况

1.1 研究背景

随着社会经济的不断发展，水资源问题变得日益突出。水文成果是水利工程建设、水资源开发利用、科学研究和国民经济建设的基础数据，但水文水资源监测数据涉及项目种类繁杂、数据量庞大，以往的数据库检索软件远不能适应新形势的要求。为了提高水文监测数据管理工作的准确性和时效性，建立水文数据库检索系统以实现水文资料工作的规范化、信息化、科学化。

中华人民共和国成立以来，江西水文工作者通过不懈努力，积累了大量的第一手水文资料，20 世纪 70 年代以前，江西省水文资料整编都是靠人工翻阅查找、计算、抄写数据。早在 20 世纪 80 年代，全省水文系统的广大职工在水文资料计算机电算整编、水文数据库建设等方面，进行了大胆尝试和不懈的努力，并取得了阶段性成果。从 1995 年开始，江西省水文局在 MICRO－VAX 机上利用 Oracle 数据库版本建立了江西省基础水文数据库系统。1998 年年底将历史水文数据转储入库，占当时总数据量的 95％。各地市水文局配备微机后，江西省把水文数据库移植到微机上，建立了基于 DOS 操作系统和 FoxPro 数据库的江西省基础水文数据库应用系统，为本单位及社会各界提供水文资料服务，在当时发挥了积极作用。由于长江流域从 1989 年起，黄河流域自 1990 年起不再刊印水文年鉴，水文资料数据库容量的不断增加以及社会发展对水文资料数据要求的不断提高，原有的数据库应用系统已无法满足现今社会各界对水文数据资料的需求，有必要利用计算机和网络信息技术实现水文信息存储的现代化，更加快速准确地为防洪预测预报、水资源分析管理、水利工程开发利用等提供高质量的信息服务。

1.2 研究意义

江西省水文数据库检索系统是全省水文基础数据存储、集中交换和综合服务的中心，是实现水利信息资源开发利用的基础。随着科技和信息技术的不断发展，基础水文数据库将随着科技进步不断提高自身的质量，不断提高维护管理与社会服务水平，跃上新的台阶，这是不容置疑的。目前，鄱阳湖生态经济建设被提升为国家重要战略，鄱阳湖水利枢纽工程建设的前期论证工作需要大量的水文信息资源，建立江西省水文数据库检索系统是服务于鄱阳湖生态经济建设的重要保证。

1.3 存在问题

国家基础水文数据库江西节点水文数据系列长度为 82 年（1930—2013 年），按照原来的水文数据库 3.0 表结构标准，数据库共有 32 种表，近 50 万站年数据。目前水文数据库数据存在的主要问题包括：①为实现与中央水文数据库的无缝对接，需将 3.0 表结构数据格式转换为 4.0 表结构数据格式，此项工作需花大量的时间；②入库数据质量不高，特别是 1988 年之前的数据质量不高，尚不能满足入库要求；③需对部分缺漏数据进行补录，确保水文数据资料的连续和完整；④虽然投入专项经费对数据库中的数据进行了分段检查，但仍有部分入库数据质量达不到数据库应用标准，部分数据缺漏以及一些基本信息表没有建立等。

针对江西省水文系统各单位的电脑普及情况，江西省水文数据库检索系统的开发平台选用 Windows XP，开发工具优先选择 VB. NET、Access 2000、Microsoft SQL Server 2000 等。该系统的实现重点是考虑数据查询、检索的方便性，模块功能的完整性，数据录入、输出及操作的简便易行性。

2 水文数据检索系统设计

2.1 系统需求分析

江西省水文数据检索系统是一项功能众多、结构复杂、涉及多种测站类型、观测项目庞杂的软件系统工程，总的来说有以下几个方面。

2.1.1 软件设计要求

（1）应执行中华人民共和国行业标准《水文资料整编规范》。

（2）软件设计应具有良好的通用性、可扩展性和可维护性。鉴于水文水资源监测工作程序的复杂性，系统必须易于维护。能满足江西省不同类型水文测站、不同观测项目资料的规范化、操作统一简单化，提高水文监测数据处理的时效性。

（3）软件设计的先进性。要适应科学发展和水文监测技术的成熟，要适应大量信息传输、处理、交换的需要，解决系统与其他监测数据接口的无缝连接，使系统具有较强的生命力。

（4）充分考虑江西省暴雨洪水以及测验条件、测验手段等方面的特点，增强软件的适应性，适应江西省水文监测数据管理的特殊要求。

2.1.2 软件功能要求

（1）根据国家基础水文数据库建设发展情况，应增加3.0与基础水文数据库表结构转换功能，实现与中央水文数据库无缝对接。

（2）由于数据均由测站人员或是各市局从事测资人员进行操作，所以数据入库界面应采用中文界面，使其简单实用、清晰直观，便于操作与管理。

（3）根据情况适时增加特征值统计功能，特别是旬表类特征值统计。

（4）根据江西省暴雨洪水特点增加逐日降水等对照检查。

（5）同时为了满足水文资料整编需要，增加实测大断面等图的综合对照检查功能。

（6）当原始水文监测数据录入时，如果出现错误，软件应及时进行报错并对异常数据进行提示改正，读取数据时，也可以以图表的形式进行查错，并要求可以直接在界面上将数据加以改正。

2.1.3 系统运行环境要求

（1）硬件环境：586以上微机、内存64M以上，打印机（激光打印机）。

（2）软件环境：Windows 98/Me/NT 或 Windows 2000/XP。

（3）数据库管理系统为 SQL Server 2000。

2.2 系统总体架构

江西省水文数据库检索系统是在建设江西省基础水文数据库和全省水文资料属性库的基础上，开发相应的管理和信息服务软件。它主要包括基础水文数据库管理子系统、水文数据查询子系统、水文资料特征值统计子系统、水文资料图形绘制子系统和水文资料合理性检查子系统的开发建设。江西省水文数据库检索系统总体结构如图1所示。

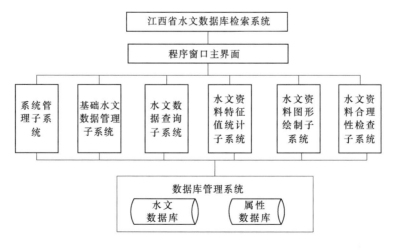

图1　江西省水文数据库检索系统总体结构图

2.3 系统的功能设计与模块构成

该系统结合江西水文的实际情况，尽可能地满足基础水文数据专业管理、防汛减灾、政府决策、水利规划设计、水资源综合开发利用管理和社会公众服务实际需要，充分发挥水文资料的价值，数据库检索系统功能设计主要满足以下功能。

2.3.1 功能设计

（1）数据维护。水文基础数据的增加、删除、修改、校核等操作功能，可以进行批量录入、批量导入、批量修改删除等操作。

（2）数据浏览查询。对水文基础数据库的所有业务数据进行精确匹配查询、模糊查询、逐项浏览等，即通过测站编码、河名、站名等对水文测站站点分布、基本信息、资料年限等信息进行查询。

（3）数据统计分析。依据不同业务算法对不同测站的水文基础数据进行统计分析，生成需要的数据序列。

（4）数据调用输出。针对查询分析结果生成各类标准表项，并能通过 Excel 等表格转出。

（5）图形图像。绘制出各测站的水位过程线、实测大断面等图，同时可以对数据进行校核修改，而不需要到数据库中进行修改。

2.3.2 模块构成

江西省水文数据库检索系统主要由以下五个子功能模块构成。

（1）水文数据管理子系统。主要完成对江西省基础水文数据库的日常管理和维护，完成对数据库水文数据的录入、删除和修改，以及进行数据的导入/导出、3.0 表结构数据格式与 4.0 表结构数据格式的数据相互转换和数据备份等操作，另外还可以直接删除库中重复数据，提高江西省水文数据质量。

（2）水文数据查询子系统。本子系统在水文数据管理子系统的基础上进行水文水资源监测数据的查询、调用、输出，面向水利行业的专业用户，以水文资料整编成果表现形式提供数据查询服务。输入查询要素，根据输入要素确定符合条件的水文对象范围，选择满足条件的记录；输入查询条件，按现有水位站、水文站、降水、蒸发站等查询条件，并按测站编码、按水系等方式进行查询，查询结果用表格显示出来。

按照测站特性和观测项目，该子系统分为反映逐日数值的逐日表、反映瞬时变化过程的摘录表、反映实测内容的实测表、月年统计表四大功能模块，为广大用户提供直观便捷的操作界面，如图 2 所示。

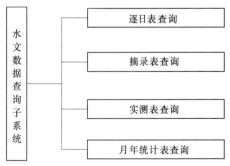

图 2 水文数据查询子系统的功能结构

1）逐日表查询。该模块主要为反映逐日数值及月年统计值的逐日表，分为逐日平均水位表、逐日平均流量表、逐日平均含沙量表、逐日平均输沙率表、逐日降水量表、逐日水温表、逐日蒸发量表等。

2）摘录表查询。该模块主要为反映瞬时变

化过程的摘录表，分为洪水水位要素摘录表、洪水水文要素摘录表、洪水含沙量摘录表、降水量摘录表四大项。

3）实测表查询。该模块主要为反映实测内容的实测表，分为实测流量成果表、实测大断面成果表、实测悬移质输沙率成果表、实测悬移质颗粒级配成果表、实测悬移质单样颗粒级配成果表等。

4）月年统计表查询。该模块主要为水流沙的月年统计表，分为输沙率月年统计表、水温月年统计表、月年悬移质颗粒级配成果表等。

（3）水文资料特征值统计子系统。该子系统在水文数据管理、水文数据检索子系统的基础上，经过提取、加工、计算得到各测站的水位、流量、泥沙、降水等要素的极值。根据水文要素可分为水流沙特征值、降水量特征值、蒸发量特征值三大统计模块。

1）水流沙特征值统计模块。在该模块下可以对水位、流量、含沙量、输沙率进行极值统计。

2）降水量特征值统计模块。在该模块下主要对降水量进行特征值统计。根据江西省降水特点主要划分为年降水量统计、日时段最大降水量统计、分钟时段最大降水量统计、小时时段最大降水量统计等。

3）蒸发量特征值统计模块。在该模块下主要对蒸发量进行极值统计。

（4）水文资料合理性检查子系统。水文资料的合理性检查是水文资料整汇编的一个重要步骤，本子系统采用各种图表来检验资料成果是否符合水文要素的变化规律，以便发现和处理差错。为水文资料的审查和整汇编提供智能化辅助分析审查环境，在该环境下对水位资料、流量资料、降水量资料、悬移质泥沙颗粒级配等资料进行单站合理性检查、综合合理性检查等，并生成误差统计表。

在该子系统下，建立图形与数据库系统之间的动态连接，用户在使用其功能模块时，可查询到与之相应的水文数据库中的数据，以图形和报表方式直观进行各种水文要素综合对比检查、单站合理性检查、综合合理性检查等。

（5）水文资料的图形绘制子系统。该子系统主要功能是生成水文资料图形，绘制某测站观测项目（水位、流量、含沙量）的过程线，如水位关系线、水位流量关系线、含沙量过程线等，还可以生成历年实测大断面成果图进行查看。

2.4 水文数据库检索系统用户界面设计

系统界面应可操作性强，界面清晰明了，有利于使用和维护，符合用户的日常使用习惯。输入用户名和密码，即可登录到系统的主界面。系统主界面主要由菜单栏、工具栏、数据查询区、系统功能区和文本编辑区等组成（见图3）。

根据各个功能模块使用需要，一般功能模块做成单文档界面，依附于软件系统主界面，如水文数据检索、水文资料特征值统计等。但从实际角度出发，为了更好地直观指导测站测验工作的作用，水位过程性、水位流量关系曲线等图形处理模块做成多文档界面。

2.5 数据库建库

在开发设计数据库时，应严格按照有关规范和标准，既要使其总体结构具有较高的易

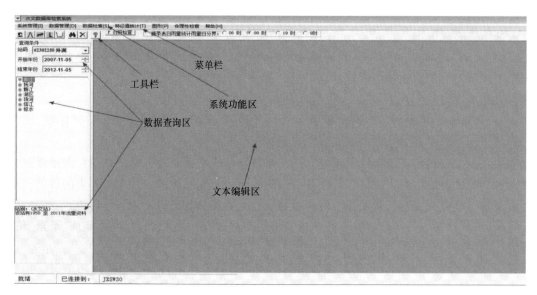

图 3　水文数据库检索系统用户界面

管理性、可扩展性、安全性，同时又要保证水文数据的有效、可靠、完整、完全，充分满足现代水文对水文水资源监测数据的要求，并在功能结构先进合理，操作使用灵活方便的同时，为其他子系统提供转换接口功能，以适应软件系统功能扩充的需要。

2.5.1　数据库建库步骤

（1）按照《基础水文数据库表结构及标识符标准》（SL 324—2005）要求在数据库服务器上建立水文数据库。主要信息包括测站信息、日表信息、摘录信息、月年统计信息、实测成果信息、时段统计信息及注释信息等。

（2）资料收集。收集已有的历史水文资料的信息。

（3）资料整合。通过编制程序和手工结合的方式，对收集的所有水文资料完成非标准结构的格式调整。

（4）资料检查及入库。将整合的数据批量入库，再进行合理性和一致性检查；检查后选择合适的数据库连接，将数据库结构生成到相应的数据库内。

数据库建库流程如图 4 所示。

2.5.2　数据收集和入库

（1）数据收集。

1）对于来自各设区市的数据，因为数据量较大，如果全部由省水文局负责其可靠性、完整性、准确性的话，是不可能实现的。因此，必须明确由各数据上报单位为责任主体，校验和检查其汇交的数据资料并对这些资料的可靠性、完整性和准确性负责。

2）建立数据汇交监督机制。除第一次汇交数据外，以后每年在各地水文资料整编完成以后，都需要

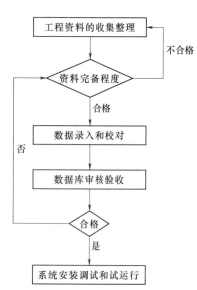

图 4　数据库建库流程图

各单位及时将有关站点资料上报省水文数据中心。省水文数据中心对各市水文局及相关工程管理部门报送的数据情况进行检查和核对。具体包括按时报送情况、准确报送情况、报告检查的错误情况，并在每年5月发布各单位资料汇交情况，以此敦促各单位及时上报水文数据。

明确汇交数据资料的范围、时间和具体格式。

在数据收集工作开展前，对各市水文局或工程管理部门下达数据汇交任务，明确规定各自应上报的数据范围、时间和具体数据格式。各种数据应遵守的技术规范，保障集中的数据完整、统一、没有歧义。

（2）数据入库。水文数据库是一个动态的数据库，每年都有大量新增数据需要入库。针对不同数据格式和来源，数据的入库主要采用以下两种方式：

1）手工入库。要求入库数据格式必须符合国家水文数据库表结构要求。这种方式主要针对的是补录部分的数据，数据补录时严格要求按照库表结构规定录入数据。

2）新增数据批量入库。要求入库的数据格式通过软件转换后完全符合国家水文数据库表结构，这种方式主要针对每年的整编数据，即需要软件（如南方片水文资料整汇编程序等）将数据格式转换为库表结构要求的格式后入库。

3 总结和展望

3.1 总结

江西省水文数据库检索系统是以江西省水文数据查询检索等问题为开发对象，运用先进的计算机软件技术，建立智能化的、可视化的、集成化的支持水文数据管理工作各个环节的水文数据库检索系统，以实现江西省不同类型水文测站、不同观测项目资料整合的统一化、规范化和操作的简单化。该系统具有以下功能，能使各级水文数据检索工作效益和水平有明显的提高，最终实现了对水文水资源数据快速统计分析及维护。

（1）能将3.0数据表结构与4.0进行很好的对接。

（2）能有效提高水文资料调用工作效率。

（3）能方便地进行各项水文资料单站合理性检查、综合性合理性检查。

（4）方便地进行图形与水文数据库双向查询、交叉查询，提供强大的信息支持和全方位管理。

（5）能支持水文资料的统计分析、特征值分析和其他相关分析，生成新的水文资料序列。

3.2 进一步展望

随着现代社会和水文技术的发展，日益庞大的水文信息只会更加不适用。因此，完善的水文数据库检索系统必须涉及水文的各个领域，更好地为国民经济生产服务。下一步，江西省水文数据库检索系统将增加对地下水、水质等数据资料的数据录入整合等功能，使水文数据库检索系统功能日趋完善；增加对历年水文整编成果的指定某一时段或某一条件的分析查询功能，如对历年降水满足特定条件的测站进行分析归纳、提取某水文要素进行频率分析计算等，以满足区域水文特性分析。

参 考 文 献

［1］ 余达征，史金松. 江西水文数据库系统研究［J］. 河海大学学报，1992（3）：60－65.

［2］ 罗秀满. 计算机及网络技术在水文数据库中的应用［J］. 地下水，2000（2）：23－24.

［3］ 孙昌爱，金茂忠，刘超，等. 软件体系结构研究综述［J］. 软件学报，2002，13（7）：1228－1237.

［4］ 江西省水文局. 江西水系［M］. 武汉：长江出版社，2007.

［5］ 朱国增. 水文资料电算整编与水文数据库建设综述［J］. 广西水利水电，2007（6）：58－60.

江西省水资源管理系统开发运维一体化云服务平台的研究与实现

谢泽林

（江西省水资源管理系统一期工程建设项目部，江西南昌　330002）

摘　要： 随着云服务应用的普及和运维自动化的发展，江西省水资源管理系统的原有设计的 IT 架构不能满足水利大数据和云计算的要求，必须适应水利大数据存储、提取及其应用的需求，搭建开发运维一体化云服务平台。本文试图从 IaaS（基础架构服务层面）、PaaS（平台服务层面）和 SaaS（软件服务层面）的三个层面来论述搭建江西省水资源管理系统开发运维一体化云平台的可操作性，并对搭建后的云平台进行了展望。

关键词： 水资源；管理系统；开发运维一体化；云平台

随着云服务应用的普及和运维自动化的发展，《江西省水资源管理系统一期工程实施方案》原有设计中所采用的传统 IT 架构凸显不足，传统 IT 架构以项目和应用为出发点，针对每套应用和每个项目，都会建设和搭建相应的服务器、存储、网络、系统管理、数据库、中间件和应用等相关软硬件，无法适应水利大数据存储、提取及其应用的需求，搭建开发运维一体化云平台，成为江西省水资源管理系统建设的当务之急。

（1）开发运维一体化云平台架构特点。在传统 IT 基础架构面临瓶颈后，开始寻求新的数据中心平台解决方案，已有众多省级数据中心，成功从传统 IT 基础架构平台成功转为开发运维一体化云平台架构，彻底解决传统数据中心"烟囱式、项目式和固定式"的问题，成功将数据中心搭建为云化的数据中心。

在开发运维一体化云平台的架构中，先将数据中心所有资源进行池化，形成资源池或者资源湖，同时针对各类型业务，实现数据中心资源的充分利用，从池中自动化的取出需要资源，形成按需自动分配的资源分配模式，使资源得到最好最充分的利用。同时，在运维一体化云平台架构的搭建方式上，开发可以完全容纳传统 IT 基础架构的内容，将原有的资源统一进行池化，提供自动化的统一资源分配，在需要的时候，即可从池中自动化的快速分配出相应的资源给到上层数据库和业务应用。

（2）开发运维一体化云平台建设目标。江西省水资源管理系统云平台建设的目标，是为了快速响应水资源业务应用需求，通过搭建 IaaS（基础架构服务层面）、PaaS（平台服务层面）和 SaaS（软件服务层面）三个服务平台，形成统一的江西省水资源开发运维一体化云平台，如图 1 所示。

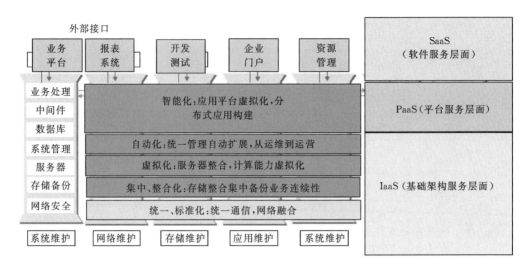

图 1　开发运维一体化云平台的三个服务平台

（3）开发运维一体化云平台的实现。开发运维一体化云平台建设分为三个服务平台：IaaS 平台（基础架构服务层面）、PaaS 平台（平台服务层面）和 SaaS 平台（软件服务层面）；每个平台进行横向建设，同时三个平台又相互统一，形成统一的大型为开发运维一体化服务的云平台。

在省和地市级的多个数据中心建设中，实现分布式数据中心建设，实现一主中心和 11 个分布式子中心，并形成统一的开发运维一体化云平台，搭建能分能合的灵活的开发运维一体化云平台数据中心架构。

1 云平台 IaaS 建设方案

1.1 IaaS（基础架构服务层面）

IaaS 是为了给上层应用、数据库和其他分机构单位提供基础架构服务。开发运维一体化云平台的 IaaS 层面，分为三大块资源：存储池资源、计算池资源和数据保护资源，同时三大块资源使用统一的资源监控管理组件和统一的资源自动化操作软件，进行资源的统一管理和自动化调度，实现 IaaS 云平台的落地解决方案（见图 2）。

1.2 省级 IaaS 建设

（1）省级 IaaS 建设目标。在针对省级数据中心平台的 IaaS 层面的硬件资源建设中，建立存储资源池、计算资源池和数据保护资源（见图 3）。

（2）省级 IaaS 存储资源池建设。在整个存储资源池的建设中，根据数据的分类建设为两大存储资源池：高性能存储池和大数据存储池。无论是高性能存储池还是大数据存储池，都以横向存储为理念，都可进行存储资源池的横向扩展，使整个存储池达到横向扩展、高性能、大数据和灵活的特性。

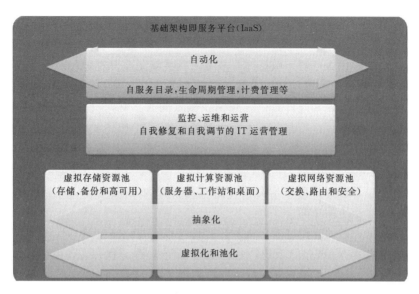

图 2 云平台 IaaS 层面落地解决方案

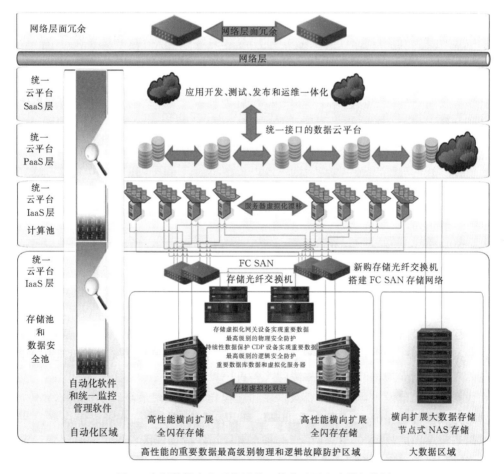

图 3 省级数据中心开发运维一体化云平台建设拓扑图

根据省级数据中心的建设经验，高性能存储池每台都满足以下容量和性能要求及标准：

配置在针对虚拟化服务器＋数据库环境下可提供满足实际存放 100 台以上的虚拟化服务器＋20TB 左右数据库的可用数据容量，配置在提供以上可用容量的同时提供类 RAID6 的闪存物理磁盘保护方式，允许存储任意两块磁盘同时损坏，允许存储 20％数量的磁盘连续损坏，数据不丢失，存储服务不中断，配置在提供以上类 RAID6 数据保护方式 XDP 的同时提供比 RAID1 还好的性能，存储提供每秒不少于 25 万次 I/O 纯读操作和每秒不少于 10 万次 I/O 纯写唯一数据操作（无重复数据写入）的实际可用性能，配置在提供以上实际可用读写 I/O 性能的同时，所有 I/O 操作的平均延迟为 0.5ms，配置存储全局缓存中的重复数据删除和压缩功能。

根据省级数据中心的建设经验，大数据存储节点满足以下容量和性能要求及标准：

横向扩展节点式 NAS 存储系统，单一文件系统架构，单一文件系统可扩展至 20PB 的容量，配置 8 个 24TB 存储节点，每个节点配置 2 个 10Gbps 和 2 个 1Gbps 以太网前端接口，每节点配置 24GB 节点缓存，每个节点配置 12 个 2TB 6Gbps 7200RPM SATA－3 磁盘，配置两个内部 18 口 Infiniband 交换机连接，配置节点之间的负载均衡软件，配置文件夹限额软件。

同时在省厅配置 2 台 48 口的存储光纤 SAN 交换机，实现存储和服务器之间的快速光纤 SAN 网络交互数据，使高性能存储的性能得到充分的发挥。

（3）省级 IaaS 计算资源池建设。省级数据中心的计算资源池建设，除了需要采购物理硬件服务器组建硬件资源池外，还需要使用服务器的虚拟化软件，将所有物理硬件服务器搭建为计算资源池，实现统一的计算资源池架构。

根据省级数据中心的建设经验，计算资源池建设的服务器硬件根据以下要求进行配置：

省级数据中心配置 16 台物理硬件服务器，其中 6 台为数据库服务器，10 台为应用服务器，根据相应的数据库和应用服务器要求的性能进行配置。此外再配置一套服务器虚拟化软件。

（4）省级 IaaS 数据安全建设。在云平台 IaaS 层面的建设过程中，数据安全建设是必不可少的，数据安全意味着整个数据中心的命脉，数据安全建设尤为重要。

省级数据为所有地市数据的汇总，数据保护做得更加精细，整个数据保护分为物理层面的数据保护和逻辑层面的数据保护。物理数据保护可预防硬件故障等物理层面的故障，逻辑数据保护为预防黑客入侵删除数据或者人工误删除和误操作等数据逻辑层面的故障。

在数据安全的建设中，针对重要数据库和虚拟化数据实现最高级别的物理故障防护，即存储的双活数据保护，做到物理故障时不停机。

在数据安全的建设中，针对重要数据库和虚拟化数据实现最高级别的逻辑故障防护，即存储的持续性数据保护（CDP），在出现任何黑客入侵删除数据或者人工误删除和误操作等数据逻辑层面的故障时，可在存储上将重要数据库数据回滚到任意的时间点，实现类似于数据时光机的功能。

在节点式存储配置的过程中，要求针对大数据存储进行节点式的数据保护，即任意节点和硬盘损坏都不会影响大数据存储的运行，数据也不会丢失，这样既节约了容量，又实现了针对大数据的数据保护。

此外，配置 IaaS 统一资源监控管理软件和自动化操作软件。

1.3　地市级 IaaS 建设

（1）地市级 IaaS 建设目标。在针对地市级数据中心平台的 IaaS 层面的硬件资源建设中，主要建立存储资源池、计算资源池，辅助进行数据安全建设（见图 4）。

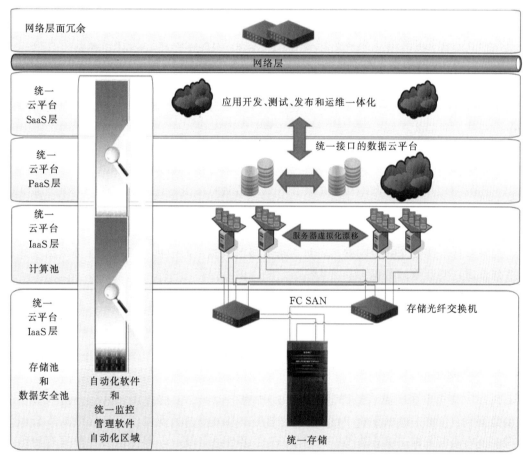

图 4　地市级数据中心开发运维一体化云平台建设拓扑图

（2）地市级 IaaS 存储资源池建设。根据地市级数据中心建设的经验，地市数据中心针对数据进行分析挖掘等的应用少，地市的数据中心主要起着上收数据，同时回传给省数据中心的作用。地市数据中心在存储上，可以使用 SSD＋SAS＋NL－SAS 的三种类型磁盘的进行数据存储的建设模式。

使用统一存储池存放数据库数据和地市的图片等数据，在整个数据的建设中，应用存储自动分层功能，将经常使用的数据存放在高速磁盘上，将不经常使用的数据存放在低速的大容量磁盘上，实现性能和容量的均衡。

根据地市数据中心的建设经验，建设的存储提供以下配置：配置两个高可用控制器，每个控制器缓存配置 16GB，存储总缓存配置 32GB，提供写缓存镜像，配置 8 个 8GB/s 的前端 FC 光纤通道端口，后端磁盘端口采用 6Gbps SAS 2.0 磁盘接口，聚合带宽 96Gbps，配置 2 块 100GB 企业级 SSD 固态硬盘（用于扩展存储可用二级缓存），配置 10 块 600GB 10000r/min 6GB/s SAS 硬盘，配置 13 块 1TB 7200r/min 6GB/s NL-SAS 硬盘，配置冗余电源和冗余散热系统，配置图形化存储管理软件，配置基于阵列的性能分析软件，配置精简资源调配功能软件，配置服务质量管理（QoS）软件，配置重复数据消除和压缩功能软件，配置固态硬盘扩展存储二级缓存功能软件，配置针对存储虚拟池的全自动存储分层功能软件，配置异构阵列数据迁移功能软件。

同时在每个地市配置 2 台 8 口激活的存储光纤 SAN 交换机，实现存储和服务器之间的快速光纤 SAN 网络交互数据。

（3）地市级 IaaS 计算资源池建设。地市级数据中心的计算资源池建设，除了需要采购物理硬件服务器组建硬件资源池外，还需要使用服务器的虚拟化软件，将所有物理硬件服务器搭建为计算资源池，实现统一的计算资源池架构。

根据地市级数据中心的建设经验，计算资源池建设的服务器硬件根据以下要求进行配置：地市级数据中心配置 4 台物理硬件服务器，其中 2 台为数据库服务器，2 台为应用服务器，根据相应的数据库和应用服务器要求的性能进行配置。此外再配置一套服务器虚拟化软件。

（4）地市级 IaaS 数据安全建设。地市级的所有应用数据都会上传一份到省级数据中心，地市级的数据安全建设和保护，可以由省级的数据中心数据来提供，保障数据在地市和省级都有一份，保障数据不会丢失。

2　云平台 PaaS 建设方案

2.1　平台服务云平台的落地解决方案

PaaS（平台服务层面）目标是结合基础架构平台，给上层应用和其他分机构提供统一的数据平台服务。在云平台 PaaS 层面的部署中，分为两大块资源：省级数据库云平台资源和地市级数据库云平台资源，通过 PaaS 云平台进行统一，并提供公共数据调用接口给 SaaS 平台，实现 PaaS 云平台的落地解决方案（见图 5）。

2.2　全省水资源 PaaS 数据云平台建设方案

在整个省级与地市级的云平台 PaaS 层面解决方案中，针对省级数据库和地市级数据库用水利部发布的标准进行统一的接口调用，将统一的接口调用到数据中心当地的 PaaS 平台，在省级和地市级数据中心各采购一套 PaaS 平台软件，通过 PaaS 平台将省中心和 11 个地市中心的 PaaS 平台进行对接，实现 PaaS 平台的大统一，如图 6 所示。

（1）全省水资源数据库平台统一接口调用。该接口为公共接口，需要数据库厂商给出一个水利部统一制定的二次开发的接口和统一数据库调用接口。

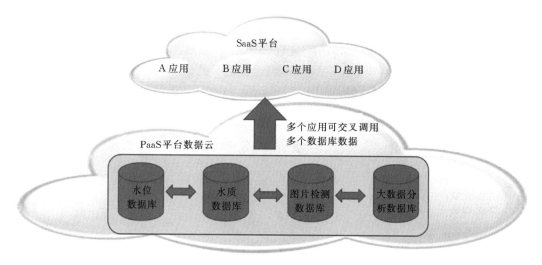

图 5　云平台 PaaS 层面落地解决方案

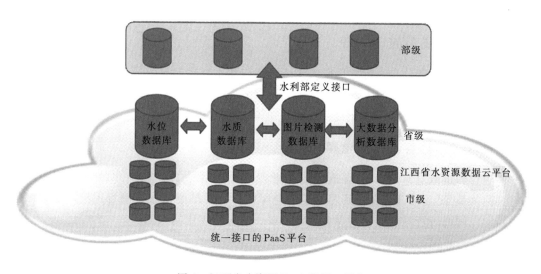

图 6　江西省水资源 PaaS 数据云平台

（2）全省水资源 PaaS 统一数据云平台建设。将在省级数据中心和每个地市级数据中心采购一套 PaaS 云平台软件，每个数据中心数据库的统一接口都提供到当地的 PaaS 云平台软件，通过 PaaS 云平台软件的分布式部署功能，将多个 PaaS 云平台合并为一个统一的 PaaS 云平台，并把统一调用接口提供给上层的 SaaS 云平台，实现 SaaS 云平台的统一 PaaS 调用，同时统一调动 IaaS 云平台，形成统一云平台。

3　云平台 SaaS 建设方案

在省级数据中心和地市级数据中心搭建统一的 SaaS 云平台，每个数据中心采购一套 SaaS 云平台软件，并联合形成统一的 SaaS 云平台。SaaS 云平台将基于容器技术打造几大核心组件：

SaaS 开发运维一体化平台、SaaS 应用容器镜像仓库和企业容器统一云平台，并通过这几大核心组件进行持续创新的开发，帮助实现快速开发和业务快速发布的快速转型。

在整个 SaaS 平台的建设中，帮助用户完整统一的整体云平台，结合 PaaS 和 IaaS 云平台进行一体化集成，同时帮助客户构建应用容器镜像仓库，形成 DveOps 的开发运维一体化平台，加快应用发布，缩短发布周期，整个应用过程可追溯，可持续发展，如图 7 所示。

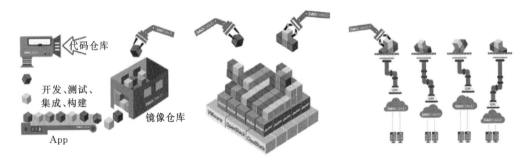

图 7   SaaS 平台的 DveOps 平台

3.1   SaaS 的开发运维一体化

在该平台内制定分布式持续集成流水线，形成流水线式的开发运维体系。通过类似工厂流水线的方式，应用开发人员自动化生产符合 Docker 环境的 App 应用程序，支持云端及私有云混合部署，提供应用开发和测试的一体化环境。

3.2   SaaS 的应用容器镜像仓库

应用容器镜像仓库是一个可追溯的企业级容器镜像仓库。从流水线下来的应用软件（又称"镜像"）被存放在应用容器镜像仓库中，并且整个存放过程可追溯，支持多租户级别的应用商店管理模式，实现开发、测试、交付持续化能力。

3.3   SaaS 的企业级容器云平台

企业级容器云平台支持横向可扩展的容器集群管理，实现开发运维策略化能力。应用软件通过企业级容器云平台，可以被企业级容器云平台发布到任何一种云上部署，后续的运维、管理、回收、销毁等过程均由企业级容器云平台负责，为大规模构建全省级别应用打下了坚实的基础。

4   开发运维一体化云平台搭建后展望

开发运维一体化云平台建设目标为在全省建设跨 12 个数据中心部署统一的云平台服务，实现 IaaS、PaaS 和 SaaS 云平台内各个组件的对接，形成统一界面的云平台，建设完成后可以自动化的查看、使用和简单部署，在一个界面内查看和操作全省数据中心内所有应用、数据库、存储、计算和数据保护的资源。

数据挖掘技术在水文数据分析中的应用

尹 涛[1] 关兴中[2] 万定生[1]

(1. 河海大学计算机与信息工程学院，江苏南京 210098；

2. 江西省水文局，江西南昌 330002)

摘 要： 为提高水文预测精度，使得预测能够更简单化、智能化，本文引入数据挖掘相关技术，以江西省鄱阳湖地区四个重要水文站水位历史数据为基础，基于 Oracle 的数据挖掘平台 ODM 和商务智能平台 BIEE 设计实现了水文数据分析系统，取得了较为理想的效果。

关键词： 数据挖掘；水文分析；ODM；BIEE

水灾是现实生活中频发的一种自然灾害，我国至今积累了大量宝贵的水文数据资料，如何充分利用这些长期积累的历史水文数据进行水文分析和预报显得非常重要。

使用数据挖掘技术可以智能地从大量的、不完全的、有噪声的、模糊的数据中提取出有用信息，将数据挖掘技术应用于水文领域可以建立起误差小、精度高的水文分析预测模型。同时在模型建立好之后，如何对数据进行直观的、多角度的分析和展示也具有重要的意义。

作为全球领先的数据库服务提供商，Oracle 公司的数据库集成了数据挖掘和 OLAP 分析的核心和引擎，并向开发者提供了数据挖掘平台 ODM（Oracle Data Mining）、OLAP 数据分析以及一套完整的数据分析展现技术解决方案 BIEE（Oracle Business Intelligence Enterprise Edition）。

基于这样的背景，本文从应用的角度，利用 Oracle 的 ODM 和 BIEE 解决方案展开对水文数据分析预测系统的设计和研究。

1 数据挖掘技术及工具

1.1 数据挖掘技术

数据挖掘也称为知识发现，是指从大量数据中抽取出那些隐含的、令人感兴趣的、有价值的知识的过程。数据挖掘是数据库技术的深层次应用，可以进一步提高信息资源的使用价值和使用效益，能更好地解决日益复杂多变的决策问题，进一步提高决策的准确性和可靠性，为科学决策提供基础和依据。

数据挖掘的过程可以分为：问题定义→数据收集及预处理→模型建立→结果解释及模型评估→模型应用等五个阶段。"问题定义"是整个过程中第一个也是最重要的阶段，数据挖掘是为了发现令人感兴趣的知识，首先必须要明确数据挖掘的具体需求和所需采用的具体方法。"数据收集及预处理"阶段：对数据的选择、清洗和转换，使得数据适合于知识的挖掘和算法的使用；"模型建立"阶段：根据问题的定义选择挖掘的算法，根据实际情况调整参数并执行计算，得到相应模型；"结果解释及模型评估"阶段：对建立的模型进行测试、评估，获得模型的质量，如果所建模型不符合要求，要回退到之前的阶段，重新检查数据清洗的质量、算法的选择和参数的调整，调整之后再重新建立并评估模型，直至所建模型符合要求；"模型应用"阶段主要是将建立的模型应用实际需求中，输入应用数据，获得输出结果并展示。

常用的数据挖掘技术有：

（1）分类与预测。在训练数据中找出描述或识别数据类的模型，以便能够使用模型预测类编号未知的对象。

（2）关联分析。用于发现关联规则，这些规则是数据对象之间的关系或一些数据与另一些数据之间的派生关系。

（3）聚类分析。聚类分析是无指导学习，聚类的目的是根据一定的规则合理地进行分组或聚类，并描述不同的类别。

（4）序列分析及时间序列。用于说明数据中的序列信息及序列对之间的关系，关注于序列数据之间的关系及随时间变化的趋势。

1.2 ODM 与 BIEE

1.2.1 ODM

ODM 是 Oracle Database 集成的数据挖掘功能。数据挖掘直接在数据库中进行，由此省去了数据的移动、复制、安全和扩展性问题，极大地降低了挖掘的成本。ODM 提供了简单、可靠和有效的数据管理和分析环境，挖掘的对象和模型都直接存放在 Oracle 数据库中，因此数据的处理、模型的评估和应用都非常方便，挖掘的性能也得到了保证。此外，ODM 的挖掘任务可以安排为自动运行、异步运行和独立运行，通过使挖掘过程的自动化，ODM 能极大地减少从数据到信息的滞后时间。

根据训练数据的有无，ODM 提供了两种类型的挖掘功能：有监督的学习和无监督的学习，涵盖了数据挖掘的主要功能类别以及主要的算法。具体的功能类型及算法见表1、表2。

表 1　　　　　　　　　　　　　　　　ODM 功 能 列 表

有监督的学习功能	无监督的学习功能
属性重要度（attribute importance）	异常检测（anomaly detection）
分类（classification）	关联规则（association rules）
回归（regression）	聚类（clustering）
	特征抽取（feature extraction）

表 2 　　　　　　　　　　　　　　ODM 算 法 列 表

算　　法	功　　能
决策树（decision tree）	分类
普通线性模型（generalized liner models）	分类和回归
最小描述长度（minimum description length）	属性重要性
简单贝叶斯（naïve Bayes）	分类
支持向量机（support vector machine）	分类和回归
Apriori 算法	关联规则
K - Means 算法	聚类
非负矩阵因子分解（non - negative matrix factorization）	特征抽取
一类支持向量机（one class support vector machine）	异常检测
正交划分聚类（orthogonal partitioning clustering）	聚类

　　可通过 Java 和 PL/SQL API 以及图形客户端 Data Miner 访问 ODM 模型构建和评估函数。通过 Oracle Data Miner，可以非常方便地定义整个挖掘的过程流。每一个挖掘的阶段和步骤都用一个 Node 来表示，从源数据的准备、数据的预处理、模型的建立及评估到模型的应用以及结果的输出都可以在其中定义及处理。

1.2.2　BIEE

　　BIEE 在 Oracle 整个商业智能体系架构中承担数据分析应用和可视化展示工作。通过定义 BIEE 的数据模型可以无缝地连接各个异构数据源，创建业务逻辑映射并定义展现对象，从而提供一个完善的企业级智能系统解决方案。Oracle BIEE 主要由数据源、BI 服务器（BI Server）、BI 展现服务（BI Presentation Services）组成，具体架构信息如图 1 所示。

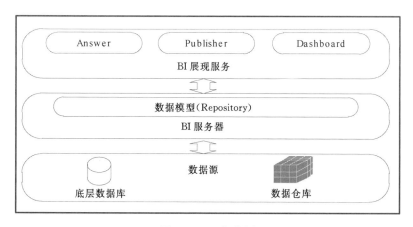

图 1　BIEE 架构图

　　在 BIEE 架构中，BI 服务器和由 BI 服务器所操作的数据模型（Repository）是其核心，是建立数据模型、进行数据整合、提供后台服务的重要组件。具体数据模型结构为：①物理层，可以建立多个不同类型的数据源，BIEE 并没有存储数据，只是保存了指向数据的定义。②业务逻辑层，从多个物理数据源抽象出来的多维数据模型，一般是星型模型或雪花模型。该层主要涉及对维度、层次、度量等的设计，对业务逻辑层的定义和修改不会对物理层以及元数据产生影响。③展现层，基于角色的信息化视图，可以去掉业务中不关心的字段，简化视图。展现层只是从业务逻辑层获取数据用来展示，所以定义的时候不能跨多个业务逻辑模型。所有数据访问都是基于角色与安全的。

数据模型（Repository）定义完成后，可以通过 BIEE 前端 Web 页面工具来展示数据。前端 Web 数据展示工具有：Answer，以图表、透视表等多种方式可视化展现查询结果，并且可以在设定了维度的数据上进行下钻。Answer 具有即席查询、分析展现方式多样化、交互式报表和共享报表等特点。Interactive Dashboards：提供了完全交互的分析内容集合，其中包含各种丰富的可视化图形，为信息的展示提供了个性化的页面。通过 Answer 建立的报表和查询，都可以在此进行发布，并自由地进行布局和编排。

2　水文数据分析系统功能设计

本系统的主要功能是在 Oracle ODM、AWM（Analytic Workspace Manager）和 BIEE 解决方案基础上进行设计实现的。主要内容涉及数据预处理、数据挖掘、多维数据立方体建立、BIEE 数据三层模型建立、前端数据展现几个部分。具体系统结构设计如图 2 所示。

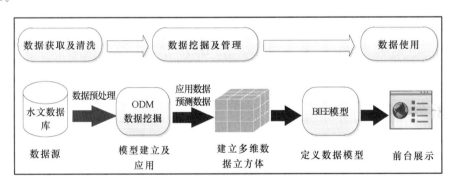

图 2　水文数据分析系统结构设计图

按数据流来分，本系统主要分为数据获取与清理、数据挖掘及管理、数据使用三个部分。各个部分的具体功能如下：

（1）数据获取与清洗。主要有水文数据获取和数据的预处理两个部分。采用水文历史数据作为系统的源数据。由于源数据的不完整性，其中存在大量的空值、噪声数据和不规范数据，因此在进行数据挖掘前必须对其中的空值、极端数据等进行预处理，为下一阶段的数据挖掘提供高质量的、清洁的数据。

（2）数据挖掘及管理。这一部分主要包含利用 ODM 进行数据挖掘和利用 AWM 对应用数据集、挖掘结果建立多维立方体两部分。

1）ODM 数据挖掘部分：利用 Data Miner 工具，对进行过预处理的水文数据进行数据挖掘，获得有价值的关系模型。模型建立之后要对该模型进行测试，判断模型的准确率。如果符合实际要求，将其部署应用于实际预测。

2）数据立方体的建立部分：利用 AWM 工具，对要进行模型应用的水文数据以及预测的结果数据进行整合，建立多维度的数据立方体，便于之后 BIEE 平台的数据分析和展现。

（3）数据使用。这一部分主要有 BIEE 资料库 Repository 数据模型定义和前台 Web 展示两部分。

1）Repository 数据模型定义部分：在之前建立的数据立方体的基础上，定义 BIEE 的三层数据模型，由于数据立方体的多维度特性，在 BIEE 的资料库模型中可以定义丰富的展示内容，多角度的展现水文数据的相关信息和挖掘结果，并能进行数据的钻取。

2）前台 Web 展现部分：建立三层数据模型之后，利用 Answer 工具建立在前台展示的相关报表、统计图形等元素；最后在交互式仪表盘 Dashboard 中集中展示，为用户提供丰富的、多角度的水文信息和挖掘模型应用的结果信息。

3 系统实现与应用

3.1 数据获取与清理

原始数据采用江西省鄱阳湖地区四个重要的水文站点（星子、都昌、棠荫、龙口）从 1960 年到 2009 年的历史水位数据。这四个测站的历史水位数据丰富并且各站点的水位之间存在一定的关系，这为水文数据挖掘提供了很好的对象。

经过检查，原始数据中存在大量的空值、噪声数据和重复值，因此采用如下方法进行预处理：对于重复值，直接删除这些重复的记录；对于不是大规模连续出现的空值，采用求 15 日均值填充该空值的方法来消除；对于连续的超过 5 日但不超过 1 个月的空值，采用求临近 5 年同期平均值填充来消除；对于连续 1 个月以上的空值，则删除所有测站的同期记录，剔除该月份或年份的所有记录；对于那些噪声的极端值，则在下一阶段的 ODM 中进行筛选和替换。数据预处理之后，根据挖掘问题的定义，重建表结构，将同一时期的龙口、棠荫、都昌、星子 T 日水位、星子 $T+1$ 日水位存放于一条记录中。

3.2 模型建立

3.2.1 ODM 数据挖掘

根据数据源中数据的相互关系，以及数据挖掘的流程，定义问题为发现星子 $T+1$ 日水位与龙口、棠荫、都昌、星子 T 日水位之间的关系模型，进而利用龙口、棠荫、都昌和星子 T 日水位来预测星子站的 $T+1$ 日水位。挖掘的平台工具是 ODM 的图形客户端 Data Miner，在其中定义数据挖掘的整个流程之后就可以运行并获得模型和预测结果，具体流程定义如图 3 所示。

模型训练的数据源是上一阶段预处理过的 1960—2004 年水位数据，模型应用数据集是 2005—2009 年的水位数据；在正式挖掘之前利用 Data Miner 中的 Transform 模块对所有数据进行极端值的筛选和替换，剔除噪声数据；挖掘的算法是 Data Miner 的 Re-

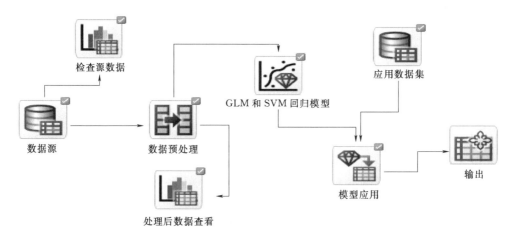

图 3 ODM 挖掘流程定义

gression 模型中的 GLM 算法和 SVM 算法，参数除 SVM 中的 Kernel Function 设置为 Liner 外，其他采用默认值，算法会自动对数据进行归一化处理。在模型建立过程中，选用训练数据中的 60% 数据用于模型的训练，另外的 40% 数据用于模型的评测，以评估模型质量和预测的精度。运行模型建立及测试模块之后，获得所建的 GLM 回归模型的平均预测精度为 84.362%，均方差为 0.531，SVM 回归模型的平均预测精度为 86.434%，均方差为 0.416。可知挖掘所得模型精度高，满足实际要求，可应用于下一步的预测。

3.2.2 建立数据立方体

在模型应用获得预测结果之后，在 AWM 工具中将 2005—2009 年的四个测站数据以及模型预测的星子站水位数据建立两个数据立方体。具体是 CUBE_1 存储四个测站 2005—2009 年的日水位值以及 GLM 和 SVM 模型预测水位值和预测精度信息，包含时间（年、月、日三级）一个维度；立方体 CUBE_2 存储星子站从 2005 年到 2009 年的历史水位信息，有最高水位、平均水位、最低水位三类，包含时间维度（年、月两级）。两个立方体的数据存储在 CUBE_1、CUBE_2 两个事实表和 TIME1_TABLE 维表中。

3.3 数据使用

3.3.1 BIEE 三层数据模型

由于在上一阶段建立了两个数据个立方体，包含了丰富的水位历史数据和预测数据，并定义了观察数据的维度，因此 BIEE 数据模型的定义就比较简单易行，具体如图 4 所示。

（1）物理层。定义包含数据库连接信息的连接池，数据引用 CUBE_1、CUBE_2 两个立方体事实表和 TIME1_TABLE 维表。

（2）业务逻辑层。根据定义的物理层，将物理层的数据表以一种业务用户的多维度视角重新组织，包括事实表、维表，事实表度量。在本系统中，事实表为 CUBE_1、CUBE_2，维表为时间维度表（年、月、日三个级别），度量为各个测站历史水

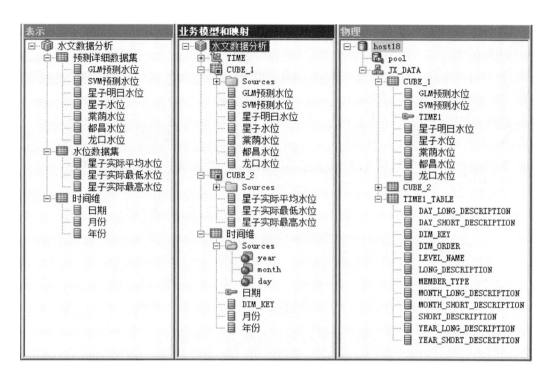

图 4　BIEE 三层数据模型设计

位、平均水位、预测水位、最高水位、最低水位、GLM 和 SVM 预测水位。建立时间维表对应的逻辑维 TIME 和逻辑源 Source 并定义事实表、维表和度量之间的映射关系。

（3）展现层。根据定义的业务逻辑层，去掉逻辑维度信息、字段描述信息和主外键，仅保留关心的字段和度量信息并以用户所熟悉的语言描述，如时间维、预测详细数据集、水位数据集等。

3.3.2　前台 Web 展示

为了更好地展示模型预测信息和水文统计结果，系统利用 BIEE 提供的报表、图形展示方式提供丰富的信息展示。基于水位数据的特点和模型预测结果的展示要求，利用 BI Answer 制作了水文回归模型预测信息汇总查询表、星子月水位信息查询表、预测水位与实际水位曲线图、星子站历史水位信息图。利用 Answer 制作好以上各个报表和图形后，在 Dashboard 中集中进行发布和展示，最终的展示效果如图 5 和图 6 所示。

（1）水文回归模型预测信息汇总表：提供了从 2005 年到 2009 年各测站水位查询，GLM 和 SVM 模型预测值及预测精度查询，提供了最详细的数据报表查询功能。

（2）实际水位与预测水位曲线图：比较 GLM 和 SVM 模型预测水位与实际值之间的关系，可用于反映模型的精度信息。

（3）星子历史水位信息图：提供星子站历史年均水位、月均水位、最高水位、最低水位的查询和比较。可反映出水位变化的相关信息。

水文回归模型预测信息汇总表

选择年份 2005 ▼　　　　　　　　　　　　　选择月份 05 ▼

日期	龙口水位	棠荫水位	都昌水位	星子水位	星子明日水位	GLM预测水位	SVM预测水位	GLM预测准确率	SVM预测准确率
01日	14.17	13.63	12.26	11.01	11.04	11.05	11.03	99.91%	99.91%
02日	14.21	13.58	12.16	11.04	11.07	11.07	11.05	100.00%	99.82%
03日	14.29	13.53	12.17	11.07	11.09	11.10	11.08	99.91%	99.91%
04日	14.36	13.49	12.17	11.09	11.19	11.12	11.10	99.37%	99.20%
05日	14.42	13.53	12.23	11.19	11.38	11.22	11.20	98.59%	98.42%
06日	14.49	13.62	12.31	11.38	11.58	11.40	11.38	98.45%	98.27%
07日	14.53	13.77	12.47	11.58	11.88	11.60	11.58	97.64%	97.47%
08日	14.53	13.89	12.62	11.88	12.32	11.89	11.88	96.51%	96.43%

⇧ ⇡ ⇩ ⇩ 行 1 - 15

实际水位与预测水位曲线图

—星子月水位
—GLM预测水位
—SVM预测水位

图 5　水文回归模型预测信息展示界面

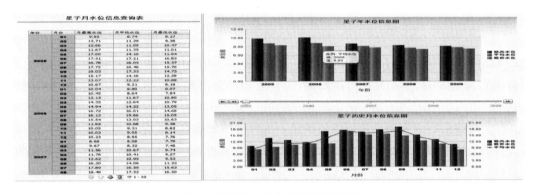

图 6　星子历史水位分析展示界面

4 结语

　　水文预测具有非常重要的现实意义，同时水文数据量庞大，影响预测的因素多，相比较于传统的水文预测方法，数据挖掘技术可以智能地从大量的、不完全的、有噪声的、模糊的数据中提取出有用信息，建立起误差小、精度高的水文预测模型，这个过程简单、智能，而且所得模型预测精度高，完全能满足实需求。本文引入数据挖掘相关技术，以江西省鄱阳湖地区四个重要测站的历史水位数据为基础，基于 Oracle 公司提供的数据挖掘平台 ODM 和商务智能平台 BIEE 设计实现了水文数据分析预测系统，提供了历史水位分析和预测功能，取得了较为理想的效果。

参 考 文 献

［1］ 刘飞跃，徐新茹，徐萍. Oracle BIEE 的概述与应用［J］. 中山大学学报（自然科学版），2009，
48（3）：344－346.

［2］ 许惠君，李彩林，刘晓安. 数据挖掘技术在水库调度中的研究与应用［J］. 计算机与数字工程，
2006，34（9）：61－63.

［3］ 曾大聃，袁峻. 数据挖掘在电子政务办公系统中的应用［D］. 上海：华东师范大学，2010.

［4］ 朱传华. 三峡库区地质灾害数据仓库与数据挖掘应用研究［D］. 武汉：中国地质大学，2010.

［5］ 郭涛，张浩，陆剑锋. 数据挖掘系统开发及 Oracle Data Mining 应用［J］. 机械工程与自动化，
2005，129（1）：49－51.

［6］ 万定生，胡玉婷，任翔. 带反馈输入 BP 神经网络的应用研究［J］. 计算机工程与设计，2010，
31（2）：398－400.

地理信息系统在水文水资源中的应用价值

占雷龙

（江西省南昌市水文局，江西南昌 330000）

摘 要：地理信息系统，简称 GIS。近些年来，地理信息系统在水文水资源中的应用越来越普遍，那么如何在水文水资源信息的收集上恰到好处地运用地理信息系统，是我们面临的一个重要问题。本文对地理信息系统的概念、分类以及如何恰当的利用做一个简单的分析。

关键词：地理信息系统；分类；水文水资源；应用价值；个例分析

早在几十年前，美国的地理学家就研究出来了专门用于管理和收集空间分布消息的系统。随着科技的日益进步，这种系统被不断地完善，最终形成一个统一的名称——地理信息系统。地理信息系统是由硬件、软件、地理信息以及个人设计所组成一种系统，能够对地理信息进行收集、储存、整理、分析和处理。地理信息系统的用处十分广泛，不同行业会有不同的解释，本文主要阐述对地理信息系统的概念，分析其利弊，分析地理信息系统中在具体的工作之中的作用，然后用一个案例来具体说明地理信息系统在水文水资源中的作用。

1 地理信息系统的分类

随着科技的发展以及社会发展的需求，地理信息系统的种类也日趋丰富。以数据结构为依据来划分，地理信息系统大致可分为矢量型系统和栅格型系统。由于这两种系统各有利弊，因此来说，目前最为普遍的趋势就是将两者结合起来使用。以下介绍几款应用比较广泛的地理信息系统：①ARC/INFO，是由美国环境研发所设计出来的一款地理信息系统，它是以矢量数据为主的一款系统，功能完备；②GRASS，是由美国陆军工程师兵团建筑工程研究室发明，是一款以栅格型数据结构为主的系统，其主要的优势就是对于信息的处理方便快捷；③IDRISI，也是一款以栅格型数据为主的商业性的地理信息处理系统，其最大的特点就是价格比较便宜、处理信息的速度比较快，但是功能不够完备；④ERDAS，是一款功能相对于来说比较完备的系统，它其实是将图片处理与 GIS 相结合的一款系统，多应用于商业之中，这款系统既可以处理矢量型数据，同时也可以处理栅格型数据。

除此之外，为满足不同行业的需要，技术人员也研究出不同类型的地理信息系统。当然，在实际的应用之中，要按照不同的要求和研究的对象来选择不同的地理信息系统。当研究的对象涉及点、线一类的，一般采用以矢量数据为主的地理信息处理系统；倘若研究的对象是以面为主的，就会采用以栅格型数据为主的地理信息处理系统。当然，要具体问题具体分析，力求将地理信息系统的功能发挥到极致。

2 地理信息系统的作用

地理信息系统在应用时会根据不同行业的需求，展现出它不同的作用，但是一般来说，地理信息系统都包含了以下几个普遍的功能。①位置状况收集，地理信息系统可以根据特定的地理位置收集到该地区的具体状况，从而便于收集者根据反馈出来的信息进行具体分析；②定位功能，根据不同的条件，找出确定的位置，例如，寻找降雨量在大于30mm的地区分布；③判断趋势，对于某种变量随时间变化的趋势进行实时监控；④模式确定，例如，有多少污水进入河流且污染源在何处；⑤制定模型和预测分析，地理信息系统可以根据所收集的信息制定出相应的模型，对现有情况进行预测分析，以做出相应的方案。

地理信息系统现在已经在多个领域显示出它的功能，在水文水资源中的作用也显得特别突出。但是必须清楚地认识到地理信息系统的用处也是有限的，人们无法完全依赖于这个系统，地理信息系统只能提供有效的信息，然后人们可以根据这些宝贵的信息，做出相应的方案解决相应的现实问题。地理信息系统的作用在不同的领域也显示的各不相同，要具体问题具体分析。

3 地理信息系统在水文水资源中的应用

地理信息系统具有较强的信息收集、处理、反馈等作用，对于空间和非空间的信息都能做到及时搜集。水文水资源信息是时刻更新的，必须及时地关注着这些信息，在这方面上，地理信息系统更加显示出它的优势，下面作者就具体介绍下地理信息系统在水文水资源中的应用。

地理信息系统在水文水资源中的作用大致分为三个方面。第一方面，地理信息系统与水文模型的有机结合。例如，利用地理信息系统与地下水模型的结合，可以在两者的有机结合之中，或更加确切地了解到地下水流情况，深浅情况，甚至是对水质的检测；再如，也可以将洪水模拟与地理信息系统进行结合，然后预先根据相应的信息进行对洪水的预测，从而能够提前做出解决方案，尽最大可能减少损失。第二方面，地理信息系统在水资源的开发规划和运行管理上的作用。例如，在地下水的开发利用之中，可以运用地理信息系统提前将地下水的情况了解清楚，然后根据获取的信息，制定相应的地下水开采方式；再如，地理信息系统在区域水管理中的应用。第三方面，利用地理信息系统对相关理论进行研究。例如，利用地理信息系统进行水文过程的空间变化等。

4 案例分析

接下来将运用一个具体的案例来说明，地理信息系统在流域水管理决策支持系统中的应用。流域水管理决策是一个相当复杂的过程，要想得到完善的决策，不仅取决于研究人员的渊博知识，还必须拥有最确切与及时的信息。

决策支持系统是为了解决特定的管理问题而设定的，它具有相当的应变性。通常来说，一个决策支持系统包括四个部分：第一部分是数据管理系统，主要是对收集的数据进行分析、处理、整理、存储等，一般的地理信息系统都具有这样的功能；第二部分是模型管理系统，该系统主要是相关的定量计算模型、模型的应用等；第三部分是人机界面系统，这一部分主要的作用是便利的寻找和控制决策支持系统的工作流程和运行；第四部分就是知识库管理系统，该部分的主要作用就是进行相关知识的收集与整理，以及对相关经验的记录和各种情况的分析，从而为目前的工作提供借鉴意义。在决策支持系统中，除了这四个部分之外，不能忽略的是决策者的自身因素以及决策环境的优劣。

以爱尔兰国立大学都柏林学院水资源研究所开发的流域水管理决策支持系统与流域水量模型及水质模型等有机结合为例来探究地理信息系统的作用。在这项研究中，主要通过以下几个步骤来进行整个探究的过程的：①文件管理，对相关文件的浏览，得出有效的信息；②数据处理，通过对所得数据的整理，得出相关信息，绘制出相应的资料图文、列表；③水量模拟，这包括模型介绍、实时介绍等部分；④水质模拟，该部分包括水质模拟预测、预知结果绘图、预知结果列表等；⑤地形模拟，该部分中对河流的分布进行研究，分析出土壤的类型，并且绘制出区域地形图，通过所获取的信息结合实时雨量分布图以及各河段的流量等信息，从而得出该地区确切的地理信息；⑥相关介绍，就是对该项研究进行分析研究；⑦运行该系统和并打印。当然，除了以上几个步骤之外，在具体的工作过程之中，还必须借助一系列的计算公式等来完成此项研究。

除此之外，对该研究中的一些问题进行简单的说明。在解决污染面上是否具有污染源的问题，可以运用流域面上的相关地理信息，如植被覆盖信息、土壤类型以及流域内的农业区分布情况信息等来系统地考虑污染源的由来；在地形分析模拟之中，则包含流域水系图、土壤的种类、地形坡度、地区的降水等方面的信息，利用这些信息来通过一系列的计算、分析、绘图等，为水量模拟以及水质模拟提供相关的数据信息。人机界面主要是由ARC/INFO 提供的 AML 语言以及相关的软件来编程的。该软件最大的特点就是方便快捷，在工作之中发挥了很大的作用。

5 结语

地理信息系统作为一种新型的应用型科学技术，在未来的发展中必将有更为辽阔的空间。地理信息系统发展的时间并不是非常久远，因此在很多方面也存在着很多不足之处，需要不断地进行完善，以适应日益发展的科研要求。由于经济发展和科研要求的日益迫切，社会对地理信息系统的依赖也越来越强烈，这在很大程度上为地理信息系统的发展提供了动力。但是也必须清楚地认识到，地理信息系统只是项目研究的辅助工具，不可盲目地夸大它的作用。

地理信息系统在水文水资源中的应用，也将进一步推动水文水资源科学的深入发展。毋庸置疑，未来地理信息系统在水文水资源的发展中必定会上一个新的台阶。

<h2 style="text-align:center">参 考 文 献</h2>

［1］ 文康，梁庚辰. 总径流线性响应模式与线性扰动模型［J］. 水利学报，1986（6）：1-10.

云计算背景下计算机安全问题及对策

文建宇

（江西省鄱阳湖水文局，江西九江　332800）

摘　要： 随着科学技术的不断发展，计算机的运用也越来越被人们所重视，为企业的各项发展提供了重要的技术保障。作为云计算背景下的计算机，更是被广大用户所喜爱。但是由于云计算是以互联网作为其运行基点，在其方便、快捷的同时，也在信息数据安全方面带来了许多问题。本文重点讨论云计算背景下计算机安全问题及对策。

关键词： 云计算；计算机安全；对策方法

近年来，计算机在发展过程中已经逐渐成为人们日常生活中必不可少的一种工具。云计算可以让计算机在电脑硬件和软件的限制下完成计算。人们对于计算机的使用也不再局限于邮件的收发及信息的搜索、传达等，在云计算背景下，已经实现了良好的资源共享功能。云计算在运用过程中虽然给用户带来了较大的便利，但也随之带来一定的信息安全隐患。因此，云计算机背景下，对于计算机安全问题的防范尤为重要。

1 云计算背景下计算机的安全问题

（1）云计算背景下计算机的数据存储和数据传输都存在严重的安全隐患，计算机网络技术的迅速发展加快了云计算的发展，通过网络平台传输的信息数据也呈爆炸式增加，其中不乏隐藏着一些具有安全隐患的信息，严重威胁用户计算机数据信息的安全。云计算下的计算数据的共享储存的方式很容易以公共分享的方式引发数据泄密问题，利用虚拟储存信息的方式也可能会有信息获取权限的安全问题出现。此外，在数据传输过程中容易发生遭到黑客攻击、恶意软件病毒侵袭，修改或拦截传递过程中的数据，从而严重威胁信息数据的安全。

（2）由于云程序访问权的设置，很多用户在下载数据时往往需要交纳费用或注册账号才能下载资源，这一过程给黑客提供了极大的空间，很多黑客会利用这些程序漏洞，从中盗取用户的支付宝、银行卡密码或个人信息等，并对原始程序数据进行修改，在信息传输过程中恶意攻击，将病毒植入被篡改的信息中，从而破坏原始数据。

（3）很多计算机用户的安全意识和法律观念都非常薄弱，使得网络犯罪行为更加猖狂。由于互联网的开放性、虚拟性等特点，导致用户容易受到网络取证问题的困扰。

很多不法分子利用网络中用户信息的保密性，对于其所造成的信息安全问题存在侥幸心理，破坏网络安全，而公安部门由于取证的困难无法获得相关证据对其进行依法处理。

2 云计算背景下解决计算机安全的对策方法

（1）云计算的提供商要从数据的加密与隔离、第三方提供商的实名认证、安全备份及安全清除等多方面进行综合考虑，解决云背景下的储存安全问题。采用标准加密 IDEA-PrettyGoodPrivacy 系统对文件进行加密，这样使得用户就必须使用密码才能读取其文件。同时使用虚拟机的基础设施，对运行中的虚拟网络进行安全监控，制定相应虚拟机的安全策略，加强针对非法以及恶意的虚拟机进行流量监视。

（2）加强云计算的用户权限及访问控制管理，避免给不法分子留下任何可乘之机。加强云背景下的系统安全，采取有效访问控制策略予以防范，防止其窃取用户的资料及破坏其所存储的数据信息，包括其中的各种数据。相关法律部门应尽快从云计算的发展进程和业务模式入手，制定出云数据保护法等相应的网络安全法律法规，对一些快捷、廉价的网站，进行技术监控。

（3）对使用云计算服务的用户，加强用户权限及访问控制的监管力度，对云背景下的计算机系统安全进行强化，采取一系列的有效访问控制策略，防止不法分子窃取用户的数据资料，或者破坏用户存储的数据信息。在计算机网络取证方面，用户与提供云计算的服务商之间必须对双方所要承担的责任与义务达成共识，其中包括保留法律诉讼的权利、证词的真实性等。云计算的提供商必须提供真实可靠的数据，保证用户的信息安全。

3 结语

综上所述，云计算的普及和发展已经是网络计算机技术发展的必然趋势，拥有良好的市场潜力，同时由于它的虚拟性、开放性等特点，使其在实际应用中也存在较大的安全隐患。用户的信息资源很容易被黑客等不法分子破坏和攻击，造成信息数据的泄露和丢失。对此，云计算网络技术人员应该加强分析现存的安全问题，及时更新不漏。相关法律部分也要不断完善信息安全犯罪条例，严惩信息安全违法犯罪者，促进云计算机背景下网络完全的和谐发展。

参 考 文 献

[1] 邓维，刘方明，金海，等. 云计算数据中心的新能源应用：研究现状与趋势 [J]. 计算机学报，2013，3（27）：66-68.

[2] 李强，郝沁汾，肖利民，等. 云计算中虚拟机放置的自适应管理与多目标优化 [J]. 计算机学报，2011，12（5）：97.

［3］ 孙天明. 解决云计算安全问题的思考［J］. 中国教育网络，2011，12（19）：78.

［4］ 杨健，汪海航，王剑，等. 云计算安全问题研究综述［J］. 小型微型计算机系统，2012，33（3）：472－479.

［5］ 钱葵东，常歌. 云计算技术在信息系统中的应用［J］. 指挥信息系统与技术，2013，4（5）：46－50.

浅析计算机在上饶市水文系统中的应用及建议

平 艳

（江西省上饶水文局，江西上饶 334000）

摘 要： 电子计算机的应用，推动了水文事业的发展。几年来，上饶市水文局以"引进、应用、开发、创新"为应用计算机的方向，在部水文局和省水利厅的重视和关怀下，上绕市水文系统在资料整编、水资源计算、站网分析，水情电报自动接收、译码，水文数据远程传输和水文科研等方面使用计算机取得了一些成果。

关键词： 计算机；水文；建议

1 计算机在水文业务工作上的应用

1.1 计算机整编水文资料

上饶市水文系统在全市江河湖海上设立了 13 个水文测站和 124 个人工雨量站，担负着为国家收集宝贵的水文资料。这些站点每年从人工观测或从自记仪器上摘录的原始数据有 30 多万个。用计算机来解决这项工作，是抓电算工作的首要突破口。近年来，上饶水文系从电算整编单项水文资料开始逐步发展到其他项目的资料整编，同时还研制了资料分类存储、检索等软件，从而提出了一套较为完善的水文资料电算整编系统，使江西省的水文资料整编基本实现了电算化，取得了较大的社会效益和经济效益。

1.2 水资源分析计算

随着社会主义建设不断深入开展，水资源已成为当前能源的重要组成部分。多年来，广大水文职工长年累月收集了数以亿计的水文资料，而这些长系列的资料通过综合统计和分析，计算出区域水资源是一项十分庞大的工作。大量的水文数据，靠人工分析计算难能胜任。对此应用微机进行了 2 万多站年的水文频率计算，并根据计算地下水资源原理，开发了地下水资源自动分割基流的软件，利用计算机逻辑判别功能，绘制出地下水过程线和计算出地下水资源的各项成果。该软件系统的投产，提高工效几十倍，效果令人满意，受到同行专家赞赏。

1.3 站网分析规划

水文站网布设的合理与否，是关系到收集资料的效果和研究区域水文规律的关键。尤其是我国目前经济还不很发达，水文事业的投资仍很有限，更充分合理地利用这有限的资金，去布设合理的水文站网，得到其最佳效益是水文系统亟待解决的问题。目前站网分析的模型复杂，水文地理参数要靠多次优选综合才能拟定，人工手算是无法进行的，我们充分利用计算机这一有力工具，对上饶市近 10 年 20 个水文站、蒸发站和所属 140 个雨量站等资料约 300 万个水文数据进行站网分析，使这项人工难能实现的愿望成为现实，从而初步综合出江西省水文规律，为合理布设水文站网和无测站地区使用水文资料提供科学依据。

1.4 水情电报自动接收和水文数据远程传输

水情电报是洪水情报预报的重要依据，而水文数据的远程传输是计算机联网和信息资料共享的基础，为了充分发挥计算机效益，我们与有关部门研制成功了单板机接收水情电报，BIM - PC 微机处理编排版的计算机自动接收水情电报系统。1986 年汛期试投入使用以来，共接收处理了 14 万个字符的报文，其误码率与电传相比在千分之一以下，符合使用标准。同时我们研制了借助电话线实现省水文总站微机和水文分站微机之间的水文数据相互传输系统。由于这套系统采用自动握手传送接收和自动纠误重发的技术，保证了水文数据远程传输的质量。

1.5 计算机软、硬件资源的开发

随着计算机事业的迅速发展，计算机的更新换代和不同档次机器间的兼容给计算机用户带来一定的困难。几年来，我们先后购置了一台 MC68K 微机，三台 BIM - PC 微机和 10 台 PB - 70 可编程计算器，能否使这些设备发挥应有的作用，需要合理的安排使用和不断的开发。对此，我们先给每个分站配上一台 PB - 700 计算器，有的分站配上 BIM - PC 微机，为了能使低档机向上兼容使用高档机资源，我们开发了 BIM - PC 微机和 MC68K 微机间的通信软件，PB - 700 机带动宽行打印机输出软件，使这些低档计算机在水文计算、洪水预报、水质分析计算和数据分散录入等方面都发挥了一定的作用。扩大了计算机使用范围。

2 对我国水文系统计算机发展的意见

2.1 管好用好计算机，领导是关键

如何管好用好水文防汛部门现有计算机，使它们充分发挥作用呢？除了与计算机软、硬件技术人员的水平及能够使用计算机的工程技术人员数量有关外，更重要的是要有一个强有力的领导班子，能科学地管理计算机，善于组织领导计算机的技术人员和应用软件人员，能明确提出任务，经常检查督促任务的执行情况，组织调动技术人员密切协作、攻克技术难关。

2.2 明确计算中心（处、科、室）的任务

近几年来，各省（自治区、直辖市）水文总站和流域机构水文局（处）都相继成立了计算机科（室），有的流域机构成立了计算中心。要充分发挥现有计算机的作用，必须加强对计算中心（处、科、室）的领导，明确其任务和职责。水文防汛部门的计算机单位，担负着计算机硬、软件的安装、维护、检修和开发工作，应与水文防汛技术人员密切配合，参加一些大型应用系统的硬件、软件开发和研制；同时对计算机用户进行技术培训；为用户提供可靠的计算机系统和机时等工作。

2.3 做好计算机人才的培训工作

现在全国水文防汛部门的大多数计算机的使用效率是比较低的，有的甚至处于闲置状态。要充分发挥计算机的作用，必须有大量的适用的应用软件支持，使本部门的大多数技术人员学会使用计算机，而大型应用软件的研制和开发要靠计算机技术人员、应用软件人员和专业技术人员密切配合才能完成。因此，做好计算机人才的培训工作是当务之急。笔者建议全国水文系统还应大力举办高级语言、计算方法、数据处理、基本操作、文件管理、数据库、汉字信息处理、实时水情信息接收处理软件和洪水预报软件等各种计算机技术培训班。

2.4 提高电子计算机在图形、图像处理方面的应用水平

近几年来，精简指令系统计算机技术（Reduced Instruction Set Computer，RISC）的迅速发展和广泛应用，使电子计算机的体积大大缩小，而处理速度及能力却提高了十倍、几十倍乃至上百倍，为高速处理图形、图像提供了更好的软硬件环境。在国际上，出现了比较成熟的地理信息系统（如 ARC/INFO 和 GENSYS 等）；国内除了已广泛应用国外的地理信息系统外，也已研制出适合国情的处理图形、图像管理软件。今后，除了要继续开发、研制数值计算、数据处理和数据库等方面的应用软件外，还应抓紧图形、图像方面软件的开发、研制工作，使电子计算机更好地为防汛抗旱和水文水资源信息管理服务。

参 考 文 献

[1] 赵玉然. 微机整编水文资料软件系统的开发与应用 [J]. 河北水利，1999（3）.

浅谈水文资料整编与数据库技术

杨 嘉 邓 卉

（江西省抚州市水文局，江西抚州 344000）

摘 要： 近年来，水利事业的不断变化与发展，在一定程度上促进了我国的经济建设发展，但与发达国家相比仍然存在着许多不足，需要结合实际加以改进。水文信息作为水利工程及水旱灾害等重要内容，对水利事业的发展有着不可替代的重要作用。下面文章就水文信息中资料的整编及数据库建设等问题进行简要的分析与总结，并结合实际，提出合理化的解决措施，仅供参考。

关键词： 水文；水文资料整编；数据库技术

水利工程建设事业作为国民经济建设的基础，对提高我国的综合实力有着举足轻重的重要作用。随着各种新技术的层出不穷，对水利建设发展而言既是一种机遇也是一种挑战。下面就水利工程中最基本的重要因素之一水文信息的资料整编与数据库建设进行简要的分析与总结，针对其存在问题提出合理化的解决方案，从而有效地发挥其在水利工程建设中的作用。

1 水文资料整编的含义

1.1 水文资料整编

水文资料整编就是将最原始的水文数据资料通过一定的科学技术进行存储与编辑，然后再对其进行有效的汇编及审核，从而为国家的水利决策提供可靠的信息数据。其主要内容包括以下因素：考证、定线（只有流量、泥沙等项目有此内容）、制表、合理性检查等。整编结果均已表格的方式进行呈现：第一种是反映逐日数值及月年统计值的逐日表，第二种是反映实测内容的实测成果表，第三种是反映瞬时变化过程的摘录表以及考证资料、综合图表等。通常情况下，完整的水文资料整编工作需要经过整编、审查、复审、汇编、刊印几项工作。

1.2 水文资料收集

水文资料收集相比较而言是一种比较复杂的工作流程，在进行收集过程中不仅仅要充分考虑其人为因素的影响，更要考虑其自然因素。从某种角度来讲，在对水文资料进行收集时，必须采用先进的设备仪器对其进行观测，将所获得的信息进行很好的整理及信息整合，但是在一些相关部门或者单位往往不重视这些信息数据，不能按照有关规定及标准进行收集，针对信息进行分析、审核、汇编等。这在很大程度上就影响了水文资料的真实性。自然因素如环境变化等因素也会对水文资料的收集产生一定影响，如果在此过程中不能采用先进的技术加以改善势必会影响最终的水文资料数据的正确性。所以，国家及相关水利部分必须重视水文资料的整编工作，将重要水文文献收藏好，制定一套严格地、科学地管理方案及措施，推动水文资料整编工作的开展。

2 水文资料整编技术

2.1 水位资料的整编

水位资料的整编主要内容包括以下几点：①考证水尺零点高度，绘制水平线；②整编日平均水位表及洪水水位摘录表。然基础核心工作则是对水尺零点高度的确认与考证，对于此过程而言，不仅仅要求相关人员对其进行反复测量与试验，更要求其必须严格按照有关规定进行测量考证。通常情况下，我国会采用"冻结基面"的方法来应对水位资料数据的变化，实时进行检测，从而保障数据在一个大范围内始终是连续有效的，这种方法至今被广泛使用，并取得了良好的效果。

2.2 流量资料的整编

流量资料的整编工作相对比较复杂，主要是通过流量成果设置其表格对其进行整编，在表格中可以清楚地了解到各个时期水文资料数据的变化，包括速度、水位、面积的大小等。最近几年，随着各种流量整编技术的出现，同时结合了我国境内河流的特点，将此种技术应用其中，大大推动了我国水文资料整编的技术与方法，并提高了资料质量。

3 水文数据库技术

数据库技术早在 20 世纪 80 年代就被应用于水文检测系统领域中，为水利部门提供了高效准确的水文资料数据，将水文资料数据整理统计并建立相应的水文数据库，从而使其数据更加科学。早在 1986 年我国便提出了在全国范围内建设水文数据库，将与水文有关的资料数据进行科学有效的整编存储，实现其资源共享为相关单位全面动态的水文资料。从一定意义上而言，水文数据库的建立是一项比较严峻的艰巨任务，需要结合实际对其数据库进行整体布局及建设，并采取阶段式实施的方式逐步加以完善。

4 促进水文数据库建设的一些建议

4.1 完善水文数据库建设基础设施

基础设施的完善是建立水文数据库的基础，作为一项重要的基础项目在水文数据库建设过程中必须加强基础设施建设，充分了解基础设施对水文数据库建设的重要作用。相关部门及领导者要将资金合理使用，投入基础设施建设过程中，这样才能从根本上保障水文数据库的建设。

4.2　通过资源的整合和共享实现服务面的扩展

就目前而言，水文数据库的建设还不能够完全实现资源的共享与整合，所以在此过程中，必须加强水文数据库的建设与资料的整理，依据实际情况进行合理分析与存储。在建设过程中，可以将信息技术软件推广在其中，充分利用现代信息服务等软件实现资源的全面整合与覆盖。

4.3　统一规划，分层建设

水文数据收集、整理等工作是一项需要长期坚持与努力的重要工程，而水文数据库的建设在此基础上也具有长期性。在水文数据库的建设中，应当在统一规划的基础上保证水文数据库的基础建设，对水文数据需求比较紧迫的行业要优先完善水文数据库建设。将地方水文数据库建设统一纳入国家水文数据体系，各级节点应当符合统一规划的要求。

4.4　加大人才培养力度与技术创新

人才作为水利工程建设数据库与维护的主体，对水文数据库建设有着不可替代的重要作用。随着我国各项政策及管理制度的完善对于人才的需求也越来越高，对此相关部门及领导者必须重视人才的作用，加强其人才培养及科技创新，全面提升人才在水文数据库中的效用，可以依据水文数据库建设的特点设置人才培养管理机制，真正意义上推动水文数据库的建设与发展。

5　水文数据库未来展望

水文数据库的建设，为我国水文资料整编带来了巨大的改变，在提高整编速度和整编质量方面起到了巨大的推动作用。在未来水文资料整编工作中，应当加强其与数据库资源的有效整合。目前，水文数据库中存储了大量的经过整编的资料，但是其中大部分是以水文年鉴表的形式存在的，所以在面向应用和服务方面还存在着一些弊端。另外，数据库资源的存储方式比较单一，数据的表现形式也仅仅是简单的数据，缺乏相关的图形、音频等表现形式，同时缺乏相关的经济信息作为支撑，对流域内的地理信息还有待于完善。因此，在水文数据库未来的发展中，应当加强水文资料与数据库技术的整合，使水文信息的服务功能不断增强，促进我国水文系统的不断完善。

6　结语

综上所述，水文资料作为水利工程建设的基础数据，对整个水利工程建设的发展有着不可忽视的重要作用。针对现阶段的发展现状及存在问题，必须提出合理化的解决措施，充分发挥水文资料的意义，一定程度上不仅仅要提高水文资料的整编技术及准确性，还要从整体上满足水利工程建设的发展需要，促进其发展。

参 考 文 献

[1] 曹伟征. 计算机技术进行水文资料整编定线方法 [J]. 东北水利水电，2010 (9)：61-63.

[2] 王成，冯锐. 合理性分析在水文资料整编中的重要作用 [J]. 内蒙古农业科技，2010 (3)：95.

[3] 尚艳丽，侯元，李军，等. 水文资料整编工作相关问题分析 [J]. 地下水，2010 (3)：137-138.

[4] 卢祖河，黄永利，陈宏立，等. 提高水文资料整编质量的探讨 [J]. 河南水利与南水北调，2009 (5)：51-52.

[5] 曹润珍. 提高现代水文资料质量的对策 [J]. 山西水土保持科技，2008 (4)：25-26.

基于 WebGIS 技术的水库安全管理系统设计与实现

吴 晓[1] 汪小珊[2]

（1. 江西省水利科学研究院，江西南昌 330029；2. 江西省宜春水文局，江西宜春 336028）

摘 要： 水库安全度汛一直是我国防汛抗洪的难点和重点，中小型水库的安全度汛已成为当前全国防汛工作的一个薄弱环节。随着国家对水利行业的逐步投入，江西省大部分中小型水库已经安装了水位、雨量、大坝渗压、渗流等自动监测设备。江西省水利厅基于网络地理信息（WebGIS）技术，建设了一套全省中小型水库安全管理系统。实现了库区降水量、水位、大坝渗压、渗流、浸润线的水库自动化监测和可视化管理，为水库的安全管理与运行调度提及时、准确、直观的数据。

关键词： 水库安全管理；自动化；WebGIS

中小型水库是我们国防洪安保工程体系和水利基础设施的重要组成部分。截至 2014 年 5 月底江西省水库大坝注册登记大型水库 25 座，中型水库 238 座，小（1）型 1444 座，小（2）型 8923 座，其中大部分水库大坝工程建于 20 世纪六七十年代。

随着互联网技术的发展，WebGIS 技术也逐渐变得成熟，并且获得了非常广泛的应用。在电子地图上显示水利工程等空间数据也成为一种趋势。利用 WebGIS 技术，结合江西省水利普查数据，实现对全省中小型水库水位、雨量、监测、视频等数据进行在线综合展示。

1 现状及需求分析

1.1 水库安全管理现状

江西省大部分中小型水库已经安装了水位、雨量、大坝渗压、渗流等自动监测设备以及图像、视频采集等设备。这些监测数据由各类设备厂家收集管理，其成果一般直接存入数据库或磁盘文件中。监测成果缺乏统一、直观的信息展示方式。此外，各类监测设备一般由各水库管理所自行查看和管理。省厅难以对全省中小型水库监测信息有全面的掌握。

1.2 需求分析

系统建设的主要内容从功能上可以划分为四个子系统：地理信息子系统、水库信息子系统、综合查询子系统、系统管理子系统。

（1）地理信息子系统是在江西省水利基础地图的基础上叠加显示全省中小型水库位置分布以及监测信息。以不同颜色的点来标识水库的安全状态（无数据、正常、超限、预警、告警）。输入水库名称或者在电子地图上点击水库实现水库的空间查询和定位。

（2）水库信息子系统可以查询指定水库的实时监测信息，如实时库水位、降雨信息、坝体渗流压力、浸润线等。同时可以查询指定水库的考证表、巡检表、调度方案、防洪预案等水库安全相关信息。

（3）综合查询子系统是省级用户对全省中小型水库的综合统计查询，并可以形成相关报表。

（4）系统管理子系统主要是水库相关的配置，如水库基本信息管理，水库断面图配置，水库大坝测点配置、视频监控配置等。

2 技术方案

2.1 设计思路

（1）采用 SuperMap DeskPro 制图平台，在江西省水利普查的空间数据成果的基础上，结合江西省交通、行政区划等图层，制作出江西省水库安全管理水利专题地图并发布地图服务。底图的制作和发布遵循谷歌地图的相关规范，使地图可以和谷歌地图进行切换显示。

（2）设计江西省中小型水库安全监测数据库，利用设备厂商的传输软件。将各水库安全监测数据传输至省服务器。同时编写通用的视频、图像收集程序，用户只需对 IP 和端口进行配置，获取不同水库的图像视频信息。

（3）以 WebGIS 电子地图为展示平台，同时结合谷歌卫星影像、街道、地形等底图图层，综合显示水库的降水、水位、图片、坝体渗流等安全监测信息。提供快速搜索引擎，用户可以通过水库名称、拼音及首字母快速查询和定位到指定水库。

（4）采用颜色预警方式，将水库状态分为无数据（灰色）、正常（绿色）、超限（黄色）、预警（紫色）、告警（红色）。当水库监测数据达到预警和告警值时候，进行闪烁提醒。

（5）提供省、市、县三级权限管理。县级用户（水库管理单位）可以对自己管辖的水库进行配置等维护。

2.2 网络结构设计

系统分为省、市、县（管理所）三级用户体系，省级、市级和县级用户都是通过广域网访问系统，根据系统设定的权限访问不同的数据。系统部署在两台服务器上，其中一台用于 GIS 和数据库服务器，另一台用于 Web 服务器。

系统网络结构如图 1 所示。

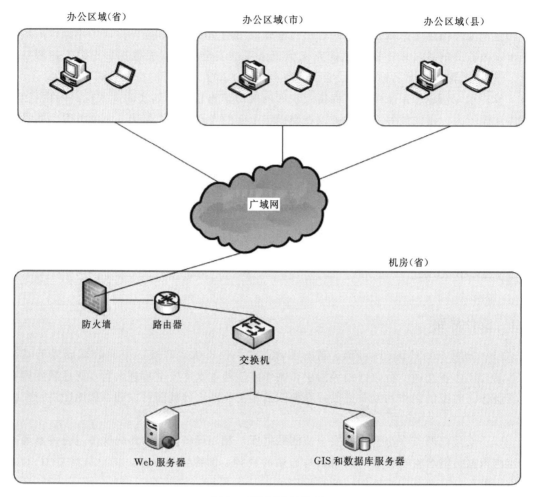

图 1　系统网络结构图

2.3　逻辑结构设计

系统采用 B/S 架构部分提供数据服务，使得数据的访问形式简单化和可靠化，并且便于管理和发布。由 C/S 架构部分提供表现形式，使得系统对数据的控制和组织更加有效，对用户的表现形式更加友好美观。系统在逻辑上可以划分为四层：应用系统（用户层）、应用支撑（逻辑层）、数据存储以及信息采集，如图 2 所示。

（1）信息采集。通过水位监测站、雨量监测站站、气温监测站、大坝监测点等将水库相关的数据采集到服务器。本系统中数据采集由各设备厂商完成。

（2）数据存储。根据相关标准建立业务数据库、GIS 空间库等，存储系统涉及的数据，对于图片、视频等大数据则直接存储在文件系统中。

（3）应用支撑。提供 GIS 平台、JSON 数据交换平台，完成定时刷新、视频接收、预警分析、报表生成等逻辑。为各种应用提供接口。

（4）应用系统。地理信息、水库信息、综合信息等各子系统的具体实现。

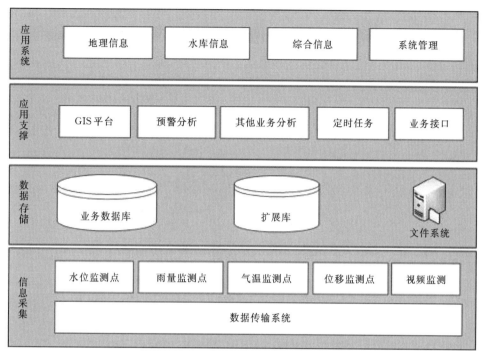

图 2 系统逻辑结构图

3 WebGIS 设计

地理信息是省中小型水库位置分布和大坝监测数据的重要的展示平台。通过电子地图和水库列表的方式，可以快速查询定位到用户指定的水库位置、并快速地连接到水库的视频监控、实时监测数据等信息。

通过 SuperMap DeskPro 软件，对全省水利数据以及行政区划数据进行数据处理及地图制作。形成符合业务需求的水利专题地图。利用 SuperMap iServer 软件对制作好的地图进行发布。

瓦片技术（tile）是 WebGIS 中常用的一种技术，利用金字塔瓦片技术在服务器端预先生成不同级别的瓦片地图方法，提高地图的生成、发布、显示和浏览效率，减轻服务器负载和网络传输负担。采用地图切片技术可以极大地提高地图的响应速度，增强了 WebGIS 的用户体验。

为了使发布的水利专题图能和谷歌地图进行无缝叠加，在制作水利专题地图时采用和谷歌一样的 Web Mecator 投影，同时在地图瓦片制作时，采用和谷歌地图一样的切片方案。

地图制作和发布后，采用 SuperMap iClient for Flex API 进行开发，形成目前运行的江西省中小型水库安全管理系统。水库 WebGIS 设计流程如图 3 所示。

图3　水库 WebGIS 设计流程

4 系统特点

（1）综合显示。以电子一张图的方式，综合显示全省中小型水库的水位、雨量、坝体渗流压力、视频等信息。电子地图支持地形图、影像图、水系图的切换。

（2）快速检索。以电子地图为引擎，通过输入水库名称或者拼音首字母，或者在地图上进行点击，可以实现水库的快速查询和定位。

（3）预警监控。采用颜色预警方式，将水库状态分为无数据（灰色）、正常（绿色）、超限（黄色）、预警（紫色）、告警（红色）等，直观地在一张图上显示了全省中小型水库的安全状态。

（4）多维展示。支持地图、图片、视频、断面图、浸润线、报表显示，全方位展示水库安全监测数据。

5 结语

系统投入使用后，使水库安全管理更加直观和便捷，采用 WebGIS 技术，使全省中小型水库的监测数据有了更全面、更直观的展示。有效地提升了水库安全监测的信息化水平，使水库信息化更上一个台阶。

参 考 文 献

［1］　昌大清科信息技术有限公司. 江西省水库安全管理系统建设方案［R］, 2014.

［2］　李治洪. WebGIS 原理与实践［M］. 北京：高等教育出版社，2008.

基于数据查询功能的基础水文数据库建设

朱志杰

（江西省吉安市水文局，江西吉安　343000）

摘　要： 基础水文数据库是国家重要的基础信息资源，涉及很多的重要数据信息，同时也是水文数据的载体，可以根据水文业务工作的实际情况，布置出具体的基础设施。随着现代化科学技术的不断发展，为了更好地适应水文信息化变化的趋势，及时准确地为人们提供水文信息服务，就必须要对数据库的功能进行完善，使其可以承载更多的数据载体。本文通过对数据库管理系统的分析，探索数据查询功能的应用模式，并根据 Excel 应用软件对数据的录入功能，筛选和查询相关的数据。

关键词： 数据查询功能；基础水文数据库；水文数据

数据查询功能的实现是水文数据库管理的重要内容，分用 Visual FoxPro 查询、Excel 导入外部数据查询、Excel 筛选查询三种方法对数据进行查询，可以保障数据信息的准确性和可靠性。同时也简化了操作的步骤，能使水文数据库的管理人员及时掌握到水文系统的运作情况，根据查询到的数据分析，可以用于工程水文分析计算、洪水预报等工作中。

1　数据查询功能

1.1　利用 Visual FoxPro 查询

在利用 Visual FoxPro 对数据进行查询的过程中，系统会自动设置查询命令和查询向导，操作人员只需要根据系统的指示，按照实际的查询需要，对水文数据库进行选择。Visual FoxPro 数据库管理系统可以运用分组查询、多表查询的方式，对水文数据信息全面地查找和筛选，使查询结果数据可以具备输出功能，并被技术分析人员及时捕获，用于水文分析工作中。系统在查询的过程中，会产生独立的查询文件，最后技术人员可以通过调用该文件的形式，掌握到数据信息内容。根据对某基础水文数据库的分析，本文观察了日时段最大降水量表的字段，制定了表 1。

这个查询程序中，只需要在窗口数据库中去查询数据即可，字段要选择显示的数据字段，并能根据数据条件，设置相应的功能。

表 1　　　　　　　　　　　　　　日时段最大降水量表的字段定义

序号	字段标识	字 段 名	主键序号	计量单位	类型及长度	是否允许空值
1	MXPDR	最大降水量时段长度	2		N（3）	否
2	MXP	最大降水量		mm	N（5.1）	
3	BGDT	起始日期			T	
4	STCD	站码	1		C（8）	否
5	YR	年	3		N（4）	否
6	MXPRC	最大降水量注解码			C（4）	

1.2　利用 Excel 导入外部数据查询

Excel 功能软件的导入外部数据功能可以实现数据查询筛选过程，可以对 Visual Fox-Pro 数据库的表进行记录，进而及时掌握到数据信息的变化形式。在实际查询的过程中，技术人员首先要打开一张空表，通过导入外部数据的相关操作，新建数据库查询，同时根据查询向导的指示，选择要筛选的项目。这个数据查询的过程，要求技术人员要熟练操作计算机系统，可以自主完成查询的过程，并能对数据进行有效的分析。

1.3　利用 Excel 筛选查询

利用 Excel 功能软件对数据库中的数据进行筛选，主要包括条件筛选和高级筛选，技术人员需要结合具体的数据查询任务，去选择筛选查询的条件。自动筛选的方法应用，一般应用在简单条件筛选中，系统会自动将无价值的数据信息进行隐藏，技术人员只需要对有用的数据进行分析即可，使用自动筛选条件还可以同时对多个字段进行筛选操作，在很大程度上提高了工作人员的查询效率。高级筛选条件一般用于条件复杂的筛选操作，通过技术人员的筛选，数据信息会显示在原数据表格中，原始数据表格会对数据信息进行分析，如果满足查询的需要，原始数据表格会把记录隐藏起来。不符合查询条件的记录，会在筛选数据表中显示，系统不会隐藏数据内容起来，根据这种查询的方式，技术可以更加全面的分析数据信息之间的差别，便于进行数据比对。使用高级筛选条件功能的查询过程，可以实现多个数据应用多个筛选条件的目标，这就要求技术人员要根据数据查询的需要，对系统的功能进行操作，使其可以准确地分析出数据的使用价值，并按照查询的需要，对数据清单进行列表显示。

2　数据查询功能在基础水文数据库中的应用

2.1　Excel 高级筛选功能的应用

Excel 高级筛选功能的应用可以对数据进行统一的处理，并保证处理后的数据信息内容可以应用在实际中，高级筛选会涉及站码和年份，所以在最大降水量监控的过程中，技术人员要及时采集的水量变化的信息。Excel 高级筛选过程中，会根据技术人员输入的关键字，系统自动会对采集到的数据信息进行筛选，所以最大降水量的观察和统计直接会影响到筛选的结果。Excel 高级筛选功能可以使数据之间形成比较，这种应用的模式在很大程度上简化了技术人员的实际操作过程，同时系统准确的分析，也可以提高查询的准确性，所以在基础水文工作中，应该加大对 Excel 高级筛选功能的利用效率，使其可以运用自身的分类功能，对数据进行比较，进而掌握到最能反映出基础水文数据库结构的信息内容。

2.2 优化数据库表结构

数据查询功能的应用，可以对基础水文数据库中数据表进行优化，系统对数据信息的隐藏处理，使技术人员及时掌握到有用的数据信息内容，同时也会提高系统的采集效率。对于数据表来说，其结构会直接影响到数据的存储和采集，在使用数据查询功能的过程中，技术人员可以根据程序的编写内容，去合理设置查询的步骤，传统的数据表形式，已经不能满足众多数据的查询需求。所以这种优化的过程，也可以完善数据查询功能，使其可以更加全面的应用在基础水文数据库中。

2.3 实现数据格式的转换

在数据查询的过程中，技术人员要按照系统的指示，建立新的数据查询表，这个表在初始化的情况下，表内没有任何数据信息，而历史信息要想进入新建的表格内，就必须通过格式转换的过程。数据查询功能的运用就可以实现格式转换，而且不会影响到数据本身的内容，针对基础水文数据库的信息含量，必须要有明确的分类系统，才能使技术人员及时掌握到变化的数据信息内容。新建的数据查询表可以存储特定类型的数据内容，技术人员通过数据查询功能的运用，可以采集到转换格式之后的数据，通过实际的分析和研究，就可以应用在实际的水文管理工作中。

3 结语

随着我国科学技术的发展，基础水文数据库的数据查询工作已经有了很大的提高，可以针对复杂数据库系统进行操作，并可以及时对数据内容进行分析。Visual FoxPro 查询功能的使用，使计算机技术很好地融合在数据查询中，并利用 Excel 导入外部数据查询过程，更好地掌握了水文数据的变化情况。所以水文工作的人员要结合现代科学技术发展的步伐，最大限度地提高数据查询工作的效率，实现全面的技术控制管理模式，提高数据分析和采集的能力，运用数据查询功能来完善水文监控工作。

参 考 文 献

[1] 陈鸿利，张文存，熊太玲，等. 对基础水文数据库的认识和应用 [J]. 河南水利与南水北调，

2012，25（13）：136－140.

［2］ 黄庙由，李世宇，张霞，等. Visual FoxPro 数据库教程［J］. 水土保持应用技术，2013，16（20）：152－156.

［3］ 王冠国，李楠，王丽，等. 基于数据库和 Visual FoxPro 查询功能的水文数据查询［J］. 电子科技大学，2013，2（14）：170－175.

水文遥测终端在水情预报中的应用初探

刘金霞

（江西省吉安市水文局，江西吉安　343000）

摘　要：随着国家经济的不断发展，建设也越来越完善，面对这些骄人的进步成果，我们需要去维护和爱惜生活的这片土地，但是由于自然灾害的频频发生，对国家发展造成了阻碍，山洪灾害和干旱等水情是治理的重点，水情的调控显得格外重要。针对我国的地域广阔，地理情况复杂的特点，监测水情我们选择了水文遥测终端，它是一种无线电数字通信为基础的自动远距离监测监控技术平台，对于地理位置特殊、监测难度较大的水域的水情预报提供了便利。

关键词：水情调控；水文遥测终端；水情预报

1　水情遥测终端的通信方式及工作原理

1.1　水文遥测终端常见通信方式

水文遥测终端是一项集计算机技术、无线电通信技术、自动控制技术结合在一起的高技术系统，是一个高端的技术平台，由无线电远程终端、中继站、主控站和相应的现场设备以及与主控站相连的控制台几部分构成，水文遥测终端的功能主要是"四遥"，包括遥测、遥控、遥信和遥调。

水文遥测运用较为广泛的通信方式主要是四种，包括GSM、GPRS、卫星基站和超短波。在20世纪末，超短波和卫星基站是运用的最多的通信方式，其中超多波属于专网，不受其他外界因素的干扰，具有很强的独立性，通信的稳定性和可靠性较高，90年代时卫星通信和超短波方式相比，省去了中继站这一环节，传输距离比超短波更远，且不受限制。到了21世纪，主要的水文遥测通信方式为GSM/GPRS技术，由于其高端的性能，超短波和卫星基站的通信方式迅速被其取代。

1.2　水文遥测终端的通信特点

20世纪末广泛应用的VHF超短波通信方式，是将电台作为中转站进行数据的传播，由于该系统是采用普通的数据传播电台，所以外界干扰造成了一定的影响，通信速率较低，但误码率较高，信号较弱且传送范围较小，除这些问题外，超短波通信不可避免电磁干扰，对系统的正常、安全运行造成了困难。但超短波通信组网灵活、扩展较为容易，维修便捷和运行成本较低，而且受气候条件影响较小，在当时广泛应用于水文遥测。

发展到现在，水文遥测的通信方式主要是 GSM/GPRS，它的优点主要表现为安全性高、可靠性好、稳定性强以及运行维护费用低。当 GSM 移动基站出现问题时，信息将被传送至其他基站，GSM 网络展现了良好的冗余保护能力，信息发送的安全性有了保障。GSM 无线通信模块能提供验证功能，通过短消息进行检查无线终端工作是否运行良好，出现故障短消息即发送失败，无法进行水文监测，这时需要前往现场去检查。由于 GSM 网络一旦建成除了向支付短信费用外，GSM 网络不需要维护费用，成本费用大大降低。

1.3　水文遥测终端的工作原理

水文遥测终端主要通过水位遥测仪和雨量感应器进行水文情况的监测，在无人值守的情况下，水位遥测仪可自动感应水位，且是全天候监控，对于每时的井水水位进行记录，记录的数据将通过无线电信号传送到遥测站，储存到遥测终端。雨量感应器主要是采用上下翻斗的形式来测量雨量，翻斗中的触点与感应器的弹簧开关通过频繁的接触，达到精确测量的效果，上下翻斗时将降雨量信号进行转换，发送至遥测终端时为物理信号储存下来。

终端收到的水位记录和降雨量数据，运用电脑进行分析，将处理的水文情况制成报表、图像等，进行水情预报，出现危机的情况时，需要进行预警，以便做好相应的自然灾害防范准备。

2　水文遥测终端的应用

2.1　遥测终端应用的具体环境举例分析

举例说明水文遥测终端的具体环境，假设所要监测的地区处于低山丘陵地区，总地势呈现为东高西低，该地区水资源丰富，河流众多，流域面积较为广阔，并且建立了梯级水力发电厂。但是受到地形条件和气候的影响，导致水资源年际变化较大，时空分布不均，水旱灾害的频发对经济的发展、人民的生命安全造成了威胁，特大洪水造成的巨大的损失，应用水位遥测终端对该地的水文情况进行监测，加紧对洪涝灾害的观测及分析，对于自然灾害的预报调度有着重要的作用。

2.2　遥测终端的实时应用

将水文遥测终端和国家防汛指挥系统结合起来，设置多处中央报讯站，远距离对水文情况进行检测，遥测终端通过中继系统，对水位、雨量的定时信息进行收集，传送至终端储存，实现水情监控的自动化管理。除了水位和雨量是自动生成外，计算机系统读取水位信息，制成了流量关系曲线，而且计算机针对实时变化的流量数据进行修正，最后生成相应的水情监控报告。即使有特大降水情况发生，水文遥测终端将实时数据发送至水文部门，进行数据的分析和预测，同时终端将数据传至各防汛部门，做好洪涝灾害的防范。

2.3 遥测终端的应用时效

吉安市水文局紧跟时代步伐，早年引进遥测终端在水情、防汛抗旱和水文测报方面，并取得显著成效。至今为止，已基本建成国家防汛抗旱指挥系统工程吉安水情分中心和暴雨山洪灾害监测预警系统，全市668个自动监测雨量、水位站，雨水情信息采集传输全部实现雨水情自动监测、采集、存储、处理和传输，实现雨水情信息 Led 显屏浏览和 Web 查询，雨水情信息可在5分钟内收齐，10分钟内上传至国家和省、市防汛抗旱指挥机构。这些成绩都与遥测终端在水文实时测报上的应用是分不开的，水文遥测终端自动化的运行不仅节约了时间而且减少了错报率，提高了工作的有效性，是现代水文监测必不可少的技术。

3 结语

水文遥测终端技术的发明，对我国旱涝灾害的监测和预警有了重要的影响，遥测终端通过收集信息、发送信息和储存信息，对信息进行集中管理，再将这些信息资料进行分析和制作报表，对水文情况进行全面的传送，对旱涝灾害的预报，预测有效地进行传递，将各种灾害造成的损失降至最低，为保护人民的生命财产安全起到了关键作用，保障了国家经济的平稳发展。

参 考 文 献

[1] 李鹤，邹晓天，陶明，等. 水文遥测终端在吉林水情预报中的应用分析 [J]. 农业与技术，2012（3）：98.
[2] 陈子君. 远程测控终端的设计与加密及其在自来水厂的应用 [J]. 工业控制计算机，2012：76-78.

智能测控技术在水文测验中的应用

刘训华　高栋材　张祥其

（江西省赣州市水文局，江西赣州　341000）

摘　要：水文测验应用智能测控技术、测验信号无线收发技术及相关技术，成功地解决了水文测验仪器自动定位、水下信号无线传输、数字显示、自动采集水样、判别故障、自动输出流量计算表等技术难题。

关键词：智能化；水文缆道；流量泥沙测验

水文测验是水文行业中的一项基础性工作，负责收集流域内河道水体在时、空中的变化及演变规律。资料的精度和时效性对于防汛抗旱、水资源规划和利用，具有很大的影响。

目前，水文测验中对流量数据的采集，主要依靠测船用手工方法测得，尚处在人工操作仪表进行定位、计时、计数阶段，其局限性如下：

（1）资料的精度依赖于操作人员的业务素质和熟练程度。

（2）效率低下，其时效性无法保证防汛的需要。

（3）操作人员要下到河中去采集数据，存在危险作业问题。

（4）测验中的复杂情况，人工难以判定。

基此，应用智能测控技术，能很好地解决水文测验中存在的上述问题，同时结合现有的水文缆道技术，赣州市水文局研制了智能水文缆道流量、泥沙测定系统。

1　智能水文缆道流量、泥沙测定系统概述

智能水文缆道流量、泥沙测定系统应用计算机测控技术、无线通信技术，变频技术及相关先进技术组合而成。系统集成了数据采集、传输、转换、分析、计算、存储、打印等功能。该系统具有：精确控制仪表定位；复杂情况智能判断；自动测流、测沙；自动计算测流成果；自动修正定位误差和测深误差之功能。

系统提供了自动和手动两种测流、测沙模式。在自动模式下，系统可一次性采集几十个乃至几百个点的水文数据，对采集的数据进行分析和计算，形成图表打印出来。同时对该次成果进行合理性检查，以评估数据的精度等级，进而确定成果的不确定度。

由于洪水的演变规律极为复杂，极端情况下，系统可在手动模式下采集数据，这样，系统的应用就极为灵活机动，可在各种环境下使用。

2 系统硬件的设计

系统硬件由水下部分和岸上部分组成。水下部分负责数据的采集、编码、传输等功能；岸上部分负责数据接收、解码，对采集的数据进行分析和计算，智能测控系统根据分析和计算的结果，精确控制仪表定位，完成所有采集点的数据采集。

2.1 水下硬件部分

设计中引入微电脑控制，使各传感器信号通过程序控制，有效地解决了各传感器信号之间的时序控制问题。同时将各信号利用软件编码，极大地提高了信号的抗干扰性。数据传输采用了短波通信，以解决水下信号的衰减问题。结构框图如图1所示。

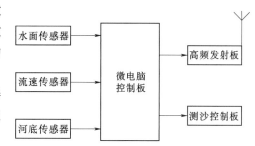

图 1　水下硬件部分结构框图

在微电脑程序控制下，依次将各传感器采集的数据通过软件编码，利用高频发射电路将数据传回主控机房。

水下硬件部分包括：

（1）传感器。包括水面传感器、流速传感器、河底传感器。

（2）数据采集、编码、发射电路。

（3）水下信号程序控制微电脑电路。

2.2 岸上硬件部分

岸上硬件部分结构示意图如图2所示。

2.2.1 岸上硬件部分

（1）计算机测控单元。

（2）数据接收、解码单元。

（3）电动动力单元。

（4）仪表位置信号采集单元。

（5）采样器测沙单元。

（6）数模通信转换单元。

2.2.2 岸上硬件部分的设计特点

（1）注重模块化设计，每个功能单元为一个模块，使得系统的硬件简单、明了，便于维护。

（2）利用计算机作为控制、计算平台。使系统易于升级。

（3）最大限度地用软件来取代硬件，系统运行极为稳定。

（4）采用非接触式器件检测信号，提高防雷性能。

（5）将强、弱电器件分离，达到抗干扰效果。

根据各个单元提供的信号，依据测流测沙数学模型及测流测沙程序自动控制各设备的

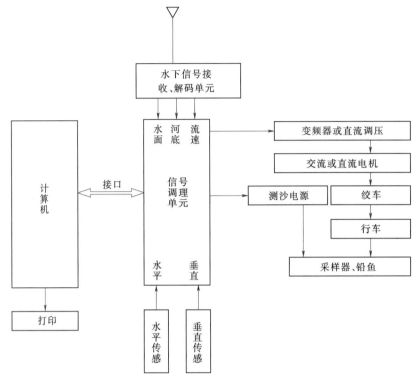

图 2 岸上硬件部分结构示意图

运转，对出现的意外情况及故障进行分析、判断、提示，并完成数据的处理、计算、存储、打印。

3 系统软件的设计

系统软件由两部分组成，硬件控制程序用 Visual Basic 语言编写，报表程序由 FoxPro 软件编写。

3.1 硬件控制程序的设计

该软件采用 VB 编程，界面简洁、友好，操作简单方便，最大限度地利用窗口的图形显示功能，直观形象地表达了系统运行状态。主要功能菜单有：系统参数、运行参数、实时监控、系统校正、数据分析。

软件设计最大限度地满足一线操作人员的使用习惯，分自动和手动两种模式。断面图以实际断面按比例绘制，可动态显示仪表运行位置。还设有三个信号指示灯，当收到水面、流速、河底信号时，相应指示灯点亮。如图 3 所示。操作人员只要用鼠标点击操作，就可轻轻松松按设定的参数自动完成一次测量。测量期间系统将自动判断信号故障、去除信号颤抖。

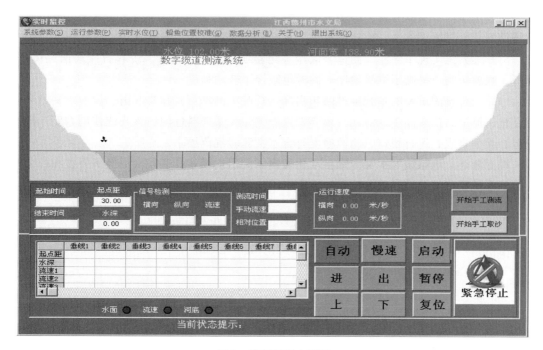

图 3　控制程序主界面

3.2　报表程序的设计

按行业规范要求来设计报表，既考虑到手工计算报表的便利，又有计算机报表的精度和特点，历次测量数据有查询功能，输出水深、流速横向分布图，打印流量测验计算表、实测流量成果表。

4　结语

该系统几年来在赣市和外市及外省水文站得到推广，使用情况表明：系统性能良好、运行稳定、操作简便、实用性强、测验精度符合水文规范要求。经济效益和社会效益显著，解决了长期以来困扰水文行业的危险作业问题，提高了测验精度，使水文测报工作进入了一个崭新的局面。

为此，受江西省科技厅委托，江西省水利厅于 2002 年 1 月 21 日在赣州市主持了水文机器人智能，水文缆道流量、泥沙测定系统项目的鉴定会。会议成立了由 8 人组成的鉴定委员会，设立了测试小组，进行了现场测试。鉴定委员会听取了课题组介绍，经过评议审查，形成鉴定意见如下：

（1）智能水文缆道流量、泥沙测定系统，应用计算机测控技术对测量仪器进行准确定位、自动测深、测速、采集悬移质泥沙水样，并能自动完成计算，打印输出测验成果报表，设备技术先进，功能齐全。

（2）本系统的创新点是其研制的数码式短波段水下信号发射器。真正实现了流速、水面、河底测深信号及监测状态等多种信号的无线传输，而且信号清晰、可靠，互不干扰；独特的测沙电源输送方法，成功地解决了水文缆道取沙这一关键技术。

（3）本系统实现了测深、测速、取沙等测验项目测控、计算、资料打印输出一体化，缩短了测验历时，提高了测验精度。同时也减轻了劳动强度。

（4）经现场测试及本系统经过两年实际运行收集的江西赣州市峡山、坝上水文站和福建上杭、漳平、广东韶关、浙江兰溪等省内外测站大量资料证明：该系统使用方便、操作简单、界面直观、运行稳定、测验精度符合水文测验规范要求。

综上所述，该系统对水文缆道自动化做出了突出贡献，具有较大的经济效益和社会效益。该系统在水文缆道自动测流取沙方面踞国内领先水平，有推广价值。

中小型企事业单位计算机网络安全策略与技术防范措施

谢水石

（江西省景德镇市水文局，江西景德镇　333000）

摘　要： 随着计算机技术的发展，计算机网络技术的应用越来越广泛，中小型企事业单位急需通过应用计算机网络提高办公自动化程度。计算机网络技术在中小型企事业单位的应用，可以提高企事业单位的工作效率，促进企事业单位的科学化和规范化管理。但是在计算机网络技术的应用过程中存在着一些网络安全问题，本文将对中小型企事业单位的计算机网络安全问题进行分析，提出相应的计算机网络安全策略和技术防范措施。

关键词： 中小型企事业单位；计算机网络；安全策略；技术防范措施

计算机网络技术日益成熟，计算机网络在社会上的应用也急剧增多，中小型企事业单位越来越多地采用计算机网络技术来进行办公。但是在计算机网络应用的过程中，由于中小型企事业单位对网络安全问题不够重视以及工作人员的操作不规范等问题，使中小型企事业单位的网络安全受到极大的威胁。所以，必须加强中小型企事业单位的计算机网络安全工作，采取行之有效的网络安全策略与技术防范措施。

1　计算机网络安全问题综述

随着全球科技的发展，计算机网络在全球各个领域得到了极为广泛的应用，但网络安全问题也随之而来。网络安全通常是指网络信息的安全和网络的控制两个方面，网络信息安全就是要确保信息的完整性、准确性、保密性以及可用性，网络控制安全主要是指访问控制、身份认证等方面。计算机网络安全问题在全球范围内都比较普遍，已经超越了国界的限制，成为全球性的网络安全问题，其主要表现有两个方面：一方面是网络威胁，另一方面是网络犯罪。网络安全所受到的威胁主要是黑客的攻击或者是黑客入侵，网络犯罪则是指利用互联网络进行诈骗等犯罪行为。我国计算机用户逐渐增多，网络安全问题也十分严峻，主要面临的网络安全问题是计算机病毒的威胁、网站网页遭篡改、黑客网络攻击等，每年由于计算机网络安全问题给我国带来巨大的经济损失。

2 企事业单位计算机网络安全面临的威胁

中小型企事业单位在办公过程中应用计算机网络技术，可以提高网络资源的共享率，加速数据的储存和传输，在很大程度上提高中小型企事业单位的工作效率。但是计算机网络在中小型企事业单位的应用面临着许多安全威胁，主要面临的安全威胁有以下几点：

中小型企事业单位计算机网络系统极易出现漏洞，但是因为内部没有形成统一的网络安全管理制度，所以无法及时发现系统漏洞，对其进行修复和重新安装。

U盘等移动存储设备与中小型企事业单位内部的计算机网络端口进行非法的连接，造成网络系统感染病毒或者直接瘫痪，对中小型企事业单位的内部信息安全造成威胁。

中小型企事业单位缺乏对计算机网络终端的有效监控，不能及时了解计算机网络中出现的问题，并及时解决，同时无法对计算机网络配置的应用软件进行集中统一的管理[3]。

由于中小型企事业单位员工的计算机网络技术水平存在较大差异，大部分工作人员没有熟练掌握计算机网络的应用技术，经常出现由于工作人员的操作不当，造成数据的删除或者格式化，信息数据全部丢失，有时由于没有设置或是及时更改计算机网络的使用权限，增加了网络入侵的危险。

由于中小型企事业单位在网络管理上的缺失，对计算机网络安全造成威胁，一些单位中没有专门的部门负责计算机网络安全工作，责任分工十分不明确，使网络安全的漏洞增多。对中小型企事业单位的计算机网络的登录账号和密码缺乏身份认证方式或者密码过于简单，都会使中小型企事业单位的计算机网络安全威胁增加。

3 计算机网络安全策略与技术防范措施

基于计算机网络在中小型企事业单位中应用存在的安全隐患，而计算机网络在中小型企事业单位中的应用又势在必行的现实趋势，中小型企事业单位应该加强对计算机网络安全的管理工作，制定行之有效的计算机网络安全策略，采取相应的技术防范措施。

3.1 对计算机网络采取物理隔离措施

中小型企事业单位的计算机网络经常出现信息泄露的情况，针对这一问题，可以对计算机网络采取物理隔离措施，提高计算机网络数据的安全性，对中小型企事业单位的保密信息进行有效的安全管理。所谓物理隔离是使用隔离卡将一台计算机隔离成两台虚拟的计算机，对内外网进行有效的隔离，同时数据可以进行安全的交换，有效地避免了计算机网络的攻击和企事业单位信息的泄露。

3.2 规范计算机网络安全管理

在中小型企事业单位中设立计算机网络安全部门或者领导小组，对单位内部的计算机网络安全管理工作进行统筹规划，制定全面系统的安全管理制度，安排专业人才对计算机网络进行维护，将网络安全责任落实到个人。对工作人员进行计算机网络技术方面的培训，提高工作人员的网络安全意识和计算机网络技术的应用水平，避免由于操作上的失误，造成信息的丢失和泄露。

3.3 在计算机网络中设置安全防火墙

网络防火墙其实是一种维护网络安全的策略和行为，中小型企事业单位内部和外部网络之间的传输都要通过防火墙，可以对不安全信息进行有效的阻隔。将计算机的主机按照重要程度进行相应的划分，分为不同的区域，然后在每个区域的进出口处设置防火墙，限制信息的进出。通常中小型企事业单位采用的防火墙结构是屏蔽子网结构，能够在很大程度上增加外部攻击的难度，提高网络的安全性。

3.4 对计算机网络系统定期杀毒，避免病毒感染

中小型企事业单位的计算机系统极易受到病毒的感染，一旦感染病毒，将造成巨大的经济损失，所以要在中小型企事业单位的计算机安装全面的杀毒软件或者网络防毒软件，定期对计算机以及网络系统中存在的病毒进行查杀，提高计算机网络的安全性。

3.5 对重要数据信息进行加密管理

企事业单位的信息数据有许多都涉及机密，可以对这些数据进行加密管理，在数据存储和传输的过程中，增加数据的安全系数。对于重要的数据在进行存储时，要设置相应的密码，并且进行及时的更新，在数据传输时，采用适当的密钥对数据进行加密，避免在数据传输的过程中出现数据泄露。

4 结论

随着计算机网络技术的发展，中小型企事业单位对于计算机网络的应用将越来越广泛，所以要加强对计算机网络安全的管理。中小型企事业单位要充分认识到计算机网络安全的重要性，采取科学合理的网络安全策略，对计算机网络安全进行有效的技术防范，避免由于计算机网络安全问题给中小型企事业单位带来不可逆转的巨大损失。

参 考 文 献

[1] 刘庆宇. 浅析计算机网络的安全策略与技术防范对策 [J]. 数字技术与应用，2013（10）：207.

[2] 王新，郭美霞. 信息技术是计算机网络系统信息保密管理的关键 [J]. 计算机安全，2012（3）：71 - 75.

[3] 关启明. 计算机网络安全与保密 [J]. 河北理工学院学报，2003（2）：84 - 89.

[4] 花伟伟. 基于内部网络安全防范方案的设计 [D]. 淮南：安徽理工大学，2012.

[5] 宋国华. 某企业计算机网络安全系统设计与实现 [D]. 成都：电子科技大学，2012.

[6] 赖月芳. LINUX 环境下的防火墙网络安全设计与实现 [D]. 广州：华南理工大学，2013.

[7] 杨晨. 探析网络安全策略中存在问题及防范措施 [J]. 信息与电脑（理论版），2014（1）：127 - 128.

东江源区智慧水文的设计与实现

曾金凤

（江西省赣州市水文局，江西赣州　341000）

摘　要：本文围绕日益复杂的东江源区水资源综合管理需求，积极跟踪云计算、大数据、物联网、3S等关键技术和信息共享平台，提出了"智慧水文"的建设构想。依托先进的智能化传感器设备、新一代网络传输技术及水文模型，初步设计了高密度的站网体系、动态的感知体系、智联的大数据体系、智慧的决策支撑体系、智能的综合应用体系，提出建设好东江源区智慧水文的意见建议。为实现"保东江源一方净土，富东江源一方百姓，送粤港两地一江清水"的政务目标提供技术支撑，为实现赣州水文"以水文信息化带动水文现代化"的发展目标开展有益探索。

关键词：水文信息化；水资源管理；智慧东江；信息技术；东江源区

被喻为政治、经济、生命之水的珠江流域东江水备受社会各界关注，东江源区的水资源管理因此涉及的目标众多，并不断呈现出新的生态问题与发展需求。传统水文营运手段已不足以应对，迫切需要以物联网技术为支撑，构建区域水文智慧化管理系统，以提升东江源区水循环综合调配水平，提高洪旱灾害管理和应对突发水事件的能力，保障源区供水安全，保护水生态环境。

基于上述背景，顺应智慧化的发展趋势，积极跟踪云计算、物联网、大数据、移动互联网等新技术，围绕东江源区流域综合管理的需求，提出东江源区"智慧水文"的建设构想。拟通过建设完备的监测、传输、模型体系，集成现代分析技术和数据统计技术，建立水文智慧化业务决策支持平台，以更加精细和动态的方式管理东江源区域水文生产、管理和服务流程，实现东江源区水文营运的数字化、信息化、智能化，为实现"保东江源一方净土，富东江源一方百姓，送粤港两地一江清水"的政务目标提供技术支撑，为实现赣州水文"以水文信息化带动水文现代化"的发展目标开展有益探索。

1 东江源区现状

1.1 东江源区概况

东江源区域涉及寻乌、安远、定南、龙南、会昌5县，有定南水、寻乌水两条主要水系，流域面积 3524km², 水资源总量 30.2 亿 m³。

源区森林覆盖率 80%，地热资源丰富，野生动植物种类繁多，物产丰饶，是世界上最大的吸附型稀土矿主产区之一，我国主要的脐橙生产基地，全国优质供港生猪生产基地。由历史、人口、资源、发展方式等多种因素影响，源区水生态涵养和调节功能渐渐弱化，部分河段水体水质令人担忧，部分区域水土流失严重，生态环境严峻。

1.2 东江源区水文需求

随着赣南苏区振兴发展的推进，源区经济增长和城镇消费升级，水资源约束力持续加大，生态服务价值持续下降，源区的综合管理与环境的治理决策干扰因素日趋复杂。为此，源区的水生态保护与修复进一步引起社会政府部门、流域机构、科研院所、社会团体等各方的高度关注。开展生态补偿试点、进行水生态保护与修复、构筑南方地区重要生态屏障、打好源区脱贫攻坚战……东江源区不断呈现出新的建设模式与发展需求。

1.3 东江源区水文发展现状

赣州水文于 1975 年起开展源区水文水生态监测，至水文监测模式与基础信息在遥感、遥测等信息技术的推动下得到了快速的传输及有效的处理，已经初步实现了水情、雨情等相关信息的采集、处理、传输、接收、监测以及洪水联机预报，并取得了一些成效。由于传统技术的惯性、各种自然社会条件的制约、经济发展的不平衡以及人们的工作生活习惯等原因，目前源区水文在自动、精准、智能化方面还比较薄弱。但随着资源环境变化与人们对水文水资源信息的精细化需求，源区水文测验与服务支撑中一些不足也逐渐显现。

（1）数据资源不齐全。目前，源区有水位、水量、水质、雨量、蒸发、墒情、悬移质 7 类监测站点 140 个。前期的站网注重防汛抗旱和水文资料收集，监测项目更多地停留在传统的水文水质监测与资料收集。数据资源信息单一，涉及面窄，关联拓展面较小。

（2）信息采集模式滞后。现有监测主要采用驻测、巡测、遥测的方式，监测水平处于自动、半自动及人工的并行模式，不满足监测监控和分析研究上速度、广度和精度需求，监督模式达不到"完整、及时、高效、便捷"的要求。

（3）智能化水平程度不高。各类水文水质数据资源分散，业务应用建设零散，系统开发及数据共享不便捷，信息化建设水平与水文管理需求要求不匹配，智能化水平程度不高，提供的专业支撑能力有限，决策支撑能力发挥有限。

2 建设目标

东江源区"智慧水文"建设围绕新时期治水思路，持续推进"大水文"发展战略和"三提升、六举措"要求，以需求为导向，应用为核心，创新突破，标准先行，充分发挥水文站网监测优势，集成云平台、大数据、物联网、3S 等关键技术和信息共享平台，构建高密度的站网体系、动态的感知体系、智联的大数据体系、智慧的决策支撑体系、智能的综合应用体系 5 个部分，打造"感控一体化、数据大集中、服务多层次、保障全方位"的智慧源区，使其成为：①水文水资源管理调度与决策中心；②水文水生态信息汇聚与交流中心；③水文现代化建设成果的展示中心；④源区水生态文明监测权威机构与代言人。

3 建设方案

3.1 高密度站网体系

基于当前的站网现状基础、行业与政府部门需求、水文水生态监测与研究以及水文未来发展延伸需求，对源区现有监测站点进行分析调整和补充完善。构建雨水情预测预报、水质水量联合评价考核、水功能区水质达标考核、水资源双控管理、地下水资源开发利用、生态修复效益评估、水文水生态研究，以及源区水库群泥沙变化、果业开发面源污染、矿业开采点源污染、地热水变化等专项分析研究的监测站网。

为此，东江源区监测要素从7个扩展到13个，新增推移质泥沙、地下水、气温、水温、水生态、土壤6个项目，见表1。监测站点由140站新增到255站，站网密度由25.17km²/站增加到13.82km²/站。其中，定南水监测站点由81站新增到111站，站网密度由20.78km²/站增加到15.16km²/站；寻乌水监测站点由59站新增到144站，站网密度由31.2km²/站增加到12.78km²/站。

表1 东江源区水生态监测站网规划站网统计 单位：站

流域水系	时期	现有监测要素							规划后新增监测要素					小计
		水位	雨量	水量	蒸发	墒情	水质	泥沙	地下水	气温	水温	水生物	土壤	
定南水	现状	17	48	2	0	3	10	0	1	—	—	—	—	81
	新增	4	10	4	2	4	5	1	1	3	1	4	0	30
寻乌水	现状	4	35	2	1	5	9	1	1	1	0	—	—	59
	新增	13	9	11	0	2	11	7	8	1	3	3	15	85
东江源区	现状	21	83	4	1	8	19	1	2	1	0	—	—	140
	新增	17	10	15	2	6	16	8	9	4	4	7	15	115

注 "—"代表未测。

至此，东江源区的站网监测要素相对齐全，站网密度大，功能多样，基本能满足东江源区水文预测预报、水量监控调度、水功能区达标考核、"河长制"实施、生态补偿试点、地下水演变、水生态修复效益评估及水生态科学专项分析研究等需求。

3.2 动态的感知体系

利用传感器、物联网、遥感观测、数据采集与交换等技术手段，运用空、天、地一体化的直接监测，与新闻媒体、其他行业来源等互联网间接监测相结合，常规监测与应急监测相结合，传感器监测与文字、语音、视频监测相结合，实现水文水生态监测自动化、动态化、可视化，构建立体感知的水文监测系统，以动态感知实体东江源区的水文水生态状态。

（1）感知领域。该手段包括河道监测、水库监测、涉水工程监测、供水监测、排水监测、水生态监测、水权交易等。

（2）感知信息。该手段包括水文水生态监测指标如水位、流量、雨量、水质、蒸发量、墒情、泥沙，水资源循环开发利用环节原水、地下水、取水、供水、用水、污水、排水，涉水工程运行状态特征如水库闸门监控、泵站监控、大坝安全、视频和环境动力数据等。

（3）感知手段。该手段利用无人机、雷达、ADCP等设备，结合空间技术、遥感技术和通信技术等，便捷对涉及水文水生态的各类信息进行定位、采集、传递、识别、处理、分析等。

3.3 智联的大数据体系

数据资源是构建智慧东江源的重要基础。东江源区实现水文智能化服务，首先需实现响应及时、处理快捷准确、分析到位的大数据服务需求，建设庞大的大数据服务中心，从而进行数据创新服务，提供数据挖掘和关联分析，为涉源区水事物的管理决策提供依据。

体系通过监测器、传感器、控制器等与互联网相连接，突破水文局限，将源区环保、地矿、水保及水库电站等相关数据纳入其中，将源区所测的水文、气象、供排水、水权交易以及经济社会指标等信息，通过互联网，利用大数据技术将生产库、前置库和中心数据库进行有机整合，实现监测的自动化、资料数据化、信息交换的方便化，为智能水文提供数字化信息源。同时，该体系还将利用面向对象的数据模型实现数据实体间的广泛关联，在保障基本数据支撑服务的同时，支持水信息的汇聚、存储、供给与服务，深度挖掘数据资源的潜在价值，为源区涉水事务管理和决策源源不断地输送血液。

3.4 智能的决策体系

构建基于通信技术和虚拟技术的智能水决策和水调度系统，建立雨水情预测预报预警、水功能区纳污能力核定、河流水库健康评价、水资源实时调度、水资源优化配置、水污染预警和处置、防洪抗旱减灾指挥等智慧化业务决策支持平台，开展防汛抗旱管理、水资源优化配置管理、水生态环境保护修复管理的智能仿真、智能诊断、智能预警以及智能调度，以所需模块的定量化、管理信息化、决策智能化，实现水文业务的优化决策、精准调配、高效管理、自动控制、主动服务的目标，随时为客服提供个性化、订单式服务，满足水管理精准投递，涉及水利工程建设与维护、防洪抗旱减灾、供水分配、节水、水环境保护、水安全保障、水权交易、水法律政策制度、水文化传承建设等各方面需求。

3.5 智慧的应用体系

通过门户及网站、水文管理综合业务应用、空间基础应用、日常工具应用、水文管理支撑保障应用，搭建信息服务平台、业务管理平台、虚拟仿真平台，以智能的信息处理、机器学习、知识理解、辅助决策等技术，实现体系间的有机协同、深度融合、智能管理与决策支持。主要有3部分：

（1）信息服务平台。为业务管理和决策提供信息支持，包括实时监测、数据审核、数据查询、报警管理、报表中心、统计分析、GIS、视频监控、成果展示等应用。以电子政务系统为核心，搭建面向大众如源区 3 县、东江流域及香港民众，水行政主管部门如水利部、珠江流域水利委员会、长江流域水利员会、江西省水利厅、江西省水文局等的网上服务平台。在此基础上，相关部门单位可根据需要逐步拓展站网布局、加密监测监控频次、增加监测指标参数，提供权威、规范、全面、实时、互动式的服务。

（2）业务管理平台。通过信息服务平台对数据进行采集、监测和统计，并利用相关模型技术进行分析，为源区业务的智能化、精细化管理提供支持。

（3）虚拟仿真平台。利用超图三维平台、虚拟仿真方式呈现集水文监测、灾害预警、水文调度以及水文科普于一体的交互式体验系统。通过水文要素监测，暴雨形成和预警过程动画模拟，水库调度，知识问答等模块，开展水文要素监测过程进行演示和介绍，模拟水库调度以及水文灾害预防科普等知识讲解，模拟暴雨从形成到预警、行动全过程。

4 建议

鉴于源区水文水生态监测模式滞后、信息资源利用程度不高、数据共享水平低、信息孤岛现象凸显、现有数据资源不成体系、已有应用系统间的协同性不强，缺乏综合决策支持方面的应用等问题，结合源区发展需求对构建东江源区智慧水文，提出如下建议。

4.1 排除建设中可能障碍

"智慧水文"建设可能遇到的主要问题有：①认识上的障碍。由于信息技术的快速发展，传统文化或传统工作方式的惯性影响，导致不能准确把握新技术发展趋势，或难以做好新技术条件下的相关业务流程再造规划，习惯于把本部门本单位的"信息化"做到极致，不愿意跨部门协作、协同和共享。②体制机制的障碍。当前涉及相关部门存在职能交叉、部门割据、分工不清、业务层级多、办事重复、效率低的特点，对新兴的信息技术条件下的业务重组、流程再造形成障碍。③技术条件的限制。"智慧水文"结构要基于网络技术、物联网技术、三网融合技术、云计算技术及其接口标准等技术和产品的成熟度。④安全保障的限制。在新技术条件下，无论是信息安全保密还是信息系统的安全可靠运行，都可能遭遇新的障碍。只有解决好上述这些障碍，才能有力有效推进源区智慧水文的建设。

4.2 整合现有数据资源

数据资源正逐步成为人类社会发展的重要战略性资源，成为构建源区"智慧水文"的重要基石。多年监测积累的宝贵水文水生态数据资源的有效利用与否，是东江源区智慧水文取得实质性成效的关键。因此，汇聚整合东江源区水文、气象、矿管、环保、水保、水利等多行业（部门）的相关数据，积累各类水文水生态监测基础设施、实时监测信息、业务管理信息、政务信息、元数据信息等，以实现水文信息资源的集成交换、集中存储、分级管理和分层维护，服务于防汛保安、水资源调度、水环境整治、水生态修复等多任务应用。

4.3　协同集成应用系统

应用系统的互联互通、协同集成是构建"智慧水文"的必由之路。应用系统的协同集成包括功能整合和流程协同两个方面。加快系统功能模块的解耦和聚合，业务与事务之间的协同，逐步构建东江源区水文业务（事务）全面协同，开发综合决策能力的应用体系，实现业务（事务）应用与实际工作的深度融合，为东江源区的涉水事务的管理决策提供应用支撑。

4.4　统筹安排实施进度

纵观智慧城市和智慧行业建设思路，结合赣州水文与东江源区的实际，智慧水文的建设不是单纯的技术升级、局部的单打独斗、短期的工程建设，而是全面的整合发展、广泛的协同共赢、长期的统筹积累。根据江西省水文局、珠江水利委员会的信息化顶层设计，东江源区智慧水文的建设拟按照"五年打基础，十年见成效"的总体部署，分两个阶段实施。第一阶段为2018—2023年，开展并完成数据资源的有效整合与共享，实现有机协同、共建共享的"数字水文"。第二阶段为2023—2028年，以"数字水文"为依托最终实现支撑东江源区深度融合、综合管理现代化的"智慧水文"。

4.5　出台配套保障措施

东江源区"智慧水文"建设必须配之以严谨的保障措施才能有序推进：①加强领导、创新机制。在着力解决各层面认识问题、排除各类障碍的同时，形成分工明确、流转规范的扁平化管理机制。②统筹规划、标准先行。在协调做好分层级、分部门规划的同时，加快形成专业接口标准规范。③规范业务、体现服务。在动态分析、精细管理的规范流程条件下，形成跨部门协同的标准化服务应用。④部门衔接、各级联动。在东江源区、江西省、广东省、香港各级政府部门、流域机构相互衔接的同时，突出水文行业主导协调、其他部门的共建联动。⑤加强培训、保障安全。在加强水文专业信息技术管理业务复合型人才培养和应用人员培训的同时，切实采取各种有效措施确保信息系统建设运行的安全。

5　小结

从数字水文到智慧水文，不仅仅是技术的进步，还意味着诸多理念、要素的跨越和拓展。本文仅是根据东江源区现状特点与发展需求，在未来水文发展趋势判断的基础上，围绕站网布局、测验改革、工作方式、管理模式、服务手段方面，提出大水文、大监测、大数据、互联网＋方面的一些思考和设想，可为东江源区智慧水文科技发展预测和科技布局提供参考，还存在很多不足，未来仍需不断完善。

参　考　文　献

［1］　曾金凤. 东江源区水生态监测站网规划与需求分析［J］. 人民长江，2017，39（8）：30-35.

［2］　李德仁，龚健雅，邵振峰.从数字地球到智慧地球［J］.武汉大学学报：信息科学版，2010，35（2）：127-132.

［3］　蒋云钟，冶运涛，王浩.智慧流域及其应用前景［J］.系统工程理论与实践，2011（6）：1174-1181.

［4］　杨鹏.关于建设"智慧长江"的思考［J］.人民长江，2014，45（12）：30-35.

［5］　卢卫，李红石，王明琼.浙江省"智慧流域"建设思路探讨［J］.人民长，2014.45（9）：104-107.

［6］　王超锋，安根凤，袁春丽.智慧水利的发展和关键技术研究［J］.南水北调，2015（14）：98-101.

［7］　刘勋，赵勇，雷新民.物联网技术在智能水务建设中的应用研究［J］.给水排水，2014（11）：99-104.

［8］　王忠静，王光谦，王建华，等.基于水联网及智慧水利提高水资源效能［J］.水利水电技术，2013，44（1）.

［9］　刘旗福，曾金凤.东江源水质时空变化与保护政策关联分析［J］.人民珠江，2014（2）：35-39.

［10］　曾金凤.东江源区氨氮时空变化及影响因素分析［J］.人民珠江，2015（4）79-84.

［11］　左其亭.中国水利发展阶段及未来"水利4.0"战略构想［J］.水电能源科学，2015，33（4）：1-5.

［12］　胡传廉.基于新技术条件的城市智慧水网发展规划初探［J］.中国水利，2011（11）：39-41.

［13］　赵坚.市级水管理单位建设"智慧水务"的思考［J］.水利发展研究，2016，9：64-67.